Motorwagen und Fahrzeugmaschinen für flüssigen Brennstoff

Ein Lehrbuch für den Selbstunterricht
und für den Unterricht an technischen Lehranstalten

Von

Dr. techn. **A. Heller**
Berlin

Mit 650 in den Text gedruckten Figuren

Manuldruck 1919

Springer-Verlag Berlin Heidelberg GmbH 1912

ISBN 978-3-662-23266-8 ISBN 978-3-662-25295-6 (eBook)
DOI 10.1007/978-3-662-25295-6

Softcover reprint of the hardcover 1st edition 1912

Vorwort.

Als das Ergebnis einer fast zehnjährigen Tätigkeit als Berichterstatter der Zeitschrift des Vereines deutscher Ingenieure auf dem Gebiete des Motorfahrzeugwesens übergebe ich das vorliegende Werk der Öffentlichkeit. Nicht ohne das gewisse Zögern, das wohl jeder empfindet, wenn er sich von einer wichtigen Arbeit trennt, allein dennoch mit der Hoffnung, daß schon in diesem ersten Versuche derjenige Gedanke verwirklicht ist, welcher mich bei meiner Arbeit hauptsächlich geleitet hat.

Dieser Gedanke war, zu beweisen, daß es nicht mehr angängig ist, Bücher über das Motorfahrzeug in der Form von weitgehenden Systembeschreibungen zu verfassen, sondern daß sich dieses Gebiet in seiner heutigen Entwicklung schon ebenso wie andere Zweige der Technik gut für die Behandlung in einer der allgemein-theoretischen Vorbildung unserer Ingenieure angepaßten, wissenschaftlich-kritischen Art eignet. Damit war der naheliegende Wunsch verbunden, eine Grundlage zu schaffen, worauf sich Vorträge an technischen Lehranstalten aufbauen lassen.

Das Bedürfnis nach einem solchen Werk scheint vorhanden zu sein, seit der Motorwagen über den Rahmen des ausgesprochenen Sportfahrzeuges hinausgewachsen und ein Fahrzeug von allgemeiner Bedeutung für den Straßenverkehr geworden ist; damit hat der Motorwagen die Rolle, die er etwa 15 Jahre lang als Sportwerkzeug gespielt hatte, teilweise aufgegeben, um Gemeingut der Technik im gewerblichen Sinne zu werden. Bezeichnend für diesen Umschwung in der Stellung des Motorwagens in der Technik ist es, daß in den letzten Jahren die meisten technischen Hochschulen diesem Fachgebiet Aufmerksamkeit widmen, also seine Kenntnis als wichtigen Bestandteil der allgemeinen Ausbildung unserer Ingenieure ansehen.

Es kann jetzt nicht mehr der Zweck eines für solche Bedürfnisse zugeschnittenen Lehrbuches über Motorwagen sein, dem Leser, wie es bisher fast ohne Ausnahme geschehen ist, einen mehr als oberflächlichen Begriff von der Wirkungsweise der Maschine und anderen Teilen eines Motorwagens beizubringen, und ihn im übrigen durch Wiedergabe aller erreichbaren Abbildungen in den Stand zu setzen, Erzeugnisse in- oder ausländischer Fabriken womöglich schon von der Ferne zu unterscheiden. Vielmehr müssen die zumeist ganz ungewöhnlichen Anforderungen, die an die zahlreichen Wagenteile gestellt werden, untersucht, Rechnungsgrundlagen — soweit solche dafür vorhanden sind — zusammengestellt und ausgeführte Bauarten auf ihren Wert hin kritisch beleuchtet werden, damit ein brauchbarer Behelf — nicht so sehr für die Kenntnis — als für den Entwurf des Motorwagens geschaffen wird.

Diese Richtlinien sind bei der Bearbeitung der nachfolgenden Abschnitte befolgt worden. Die Art der Behandlung des Stoffes entspricht derjenigen, welche bei den Aufsätzen der Zeitschrift des Vereines deutscher Ingenieure üblich ist, d. h. es sind allgemeine Maschinenbaukenntnisse vorausgesetzt und nur solche Gebiete eingehender erklärt, die erfahrungsgemäß dem Maschineningenieur etwas ferner liegen. Das trifft insbesondere zu für die Abschnitte über Brennstoffe und Zündvorrichtungen, die in ihrem Zusammenhang mit dem Motorwagenbetrieb bis jetzt noch nicht ausführlich besprochen worden sind.

Rücksichten auf den Umfang des Buches und auf den gegenwärtigen Stand des Motorwagenbaues haben es angezeigt erscheinen lassen, den Inhalt ausschließlich auf Wagen mit Verbrennungsmaschinen zu beschränken. Aber auch innerhalb dieses Rahmens mußten Beschreibungen ausgeführter Wagenbauarten oder Erörterungen über allgemeine Fragen, z. B. über die Aussichten und die Wirtschaftlichkeit der Anwendung von Motorfahrzeugen auf verschiedenen Zweigen des Verkehrswesens, ausgeschaltet werden, denn solche Fragen sind in der einschlägigen Literatur vielfach behandelt, und feste Regeln lassen sich hier in Ermangelung weit zurückliegender Betriebserfahrungen noch nicht aufstellen. Einen Ersatz hierfür bieten wohl die an geeigneten Stellen eingefügten Quellennachweise.

Auch eine umfassende Besprechung der Verfahren bei Messungen an Motorwagen sowie der heute vorliegenden Arbeiten auf dem Gebiete der Normalisierung von Motorwagenteilen ist für eine spätere Zeit, wo diese Fragen weiter als bisher gediehen sein werden, zurückgestellt worden.

An Unterlagen haben mir eine umfangreiche Literatur, hierunter einige Versuchsarbeiten, sowie Zeichnungen zur Verfügung gestanden, die von mir bei Veröffentlichungen in der Zeitschrift des Vereines deutscher Ingenieure benutzt worden sind. Ich habe es unterlassen, an die Fabriken wegen neuerer Zeichnungen heranzutreten, weil es die von mir gewählte Art, den Stoff zu behandeln, mir gestattet hat, auf die Wiedergabe der „neuesten Typen" zunächst zu verzichten. Indem ich aber diesen Anlaß benutze, den Fabriken meinen Dank für ihre Beihilfe auszusprechen, darf ich wohl hoffen, daß sie, wie bisher, auch weiterhin bereit sein werden, mich in meiner Tätigkeit zu fördern.

Dem Vorstande des Vereines deutscher Ingenieure, mit dessen Genehmigung ich dieses Werk verfaßt habe, und der Verlagsbuchhandlung Julius Springer, die alles getan hat, um meinem Buche die bewährte, gediegene Ausstattung der Lehrbücher dieses Verlages zu geben, und die alle meine dahingehenden Wünsche bereitwilligst erfüllt hat, bin ich zu besonderem Danke verpflichtet.

Berlin, im März 1912.

Dr. techn. A. Heller.

Inhaltsverzeichnis.

Seite

Einleitung . . . 1
Entwicklung des Motorfahrzeugwesens . . . 1
Gottlieb Daimler . . . 4
Normalbauarten . . . 7

Die Förderung mit Motorwagen auf Straßen . . . 10
Rollwiderstand . . . 10
Widerstand auf Steigungen . . . 19
Luftwiderstand . . . 19
Adhäsion . . . 21
Beispiele . . . 23

Die Baustoffe . . . 27
Gußeisen . . . 27
Aluminium . . . 27
Aluminiumlegierungen . . . 27
Bronzen . . . 29
Stahl . . . 31

Die Brennstoffe . . . 36
Benzin . . . 36
Benzol . . . 41
Spiritus . . . 46
Heizwert . . . 46
Eigenschaften der Dämpfe . . . 48
Geschwindigkeit der Verdampfung . . . 57

Die Vergaser . . . 60
Oberflächenvergaser . . . 60
Spritzvergaser . . . 61
Theorie von Krebs . . . 63
Vergaser mit selbsttätiger Zusatzluft-Regelung . . . 66
Vergaser mit Handregelung . . . 69
Theorie der Vergaser . . . 72
Mehrdüsenvergaser . . . 77
Gestalt der Brennstoffdüse . . . 81
Einfluß der Druckschwankungen . . . 85
Verdampfung im Vergaser . . . 87
Berechnung der Vergaser . . . 89
Bauteile des Vergasers . . . 93

Die Zündung . . . 96
Batterie-Kerzenzündung . . . 96
Selbsttätige Unterbrecher mit sehr hoher Schwingungszahl . . . 100
Batterie-Abreißzündung . . . 102
Magnetdynamo . . . 102
Hochspannungsdynamos . . . 104
Doppelzündungen . . . 111
Andere dynamo-elektrische Zündmaschinen . . . 113
Zündkerzen . . . 116
Bau der Zündvorrichtungen . . . 119
Zündzeitpunkt . . . 122

Seite

Die Fahrzeug-Verbrennungsmaschine . . . 129
Allgemeines . . . 129
Berechnung der Hauptabmessungen . . . 129
Kennlinien . . . 131
Wahl der Zylinderzahl . . . 137
Dynamik der Fahrzeugmaschine . . . 138
Anordnung der Zylinder . . . 150
Anordnung der Steuerventile . . . 154
Zylinder . . . 161
Steuerung . . . 165
Ansaugen . . . 165
Verdichtung . . . 167
Zündung und Expansion . . . 170
Auspuff . . . 171
Verteilung der Arbeitsvorgänge . . . 174
Bauteile des Triebwerkes . . . 177
Kolben . . . 177
Kurbelwelle . . . 182
Pleuelstange . . . 195
Kurbelgehäuse . . . 199
Bauteile der Steuerung . . . 205
Steuerventile . . . 205
Steuerdaumen und Gestänge . . . 212
Gestänge für Abreißzündungen . . . 219
Ventilfedern . . . 220
Zahnräder . . . 225
Kolbenschiebersteuerung . . . 226
Regelung . . . 230
Schmierung . . . 231
Kühlung . . . 239
Unmittelbare Kühlung . . . 241
Mittelbare Kühlung . . . 247
Kühlwasser . . . 250
Umlaufpumpen . . . 252
Kühlung mit selbsttätigem Umlauf . . . 253
Kühler . . . 256
Berechnung der Kühlfläche . . . 259
Anlassen . . . 264
Schalldämpfer . . . 268
Allgemeine Anordnung der Zubehörteile . . . 270
Zweitaktmaschinen . . . 273

Kupplungen . . . 276
Kegelkupplungen . . . 277
Entlastete Kupplungen . . . 280
Lamellenkupplungen . . . 283
Handhabung der Kupplungen . . . 289

Wechselgetriebe . . . 290
Schubgetriebe . . . 290
Schaltung der Schubgetriebe . . . 296
Umlaufgetriebe . . . 303
Reibrädergetriebe . . . 307
Elektrische Kraftübertragung . . . 310
Berechnung der Übersetzungen . . . 310
Vorgänge beim Schalten . . . 317
Bauteile der Wechselgetriebe . . . 317
Zahnräder . . . 317
Wellen . . . 319
Lager . . . 320
Gehäuse . . . 320
Schmierung . . . 320
Rechnungsbeispiel . . . 321

Seite

Hinterachsantrieb . . . 327
Ausgleichgetriebe . . . 327
Übertragung der Bewegung auf das Ausgleichgetriebe . . . 331
Kegelradantrieb . . . 331
Schneckenantrieb . . . 331
Teile des Kettenantriebes . . . 337
Bauart und Einzelheiten des Hinterachsantriebes . . . 341
Kettenantrieb . . . 343
Kardanantrieb . . . 345
Gelenke . . . 347
Hinterachsbrücken . . . 351
Wirkungsweise der Achsabstützung . . . 355
Antrieb von De Dion & Bouton . . . 357
Antrieb der Daimler-Motoren-Gesellschaft . . . 360
Ungleichförmigkeit der Bewegungen . . . 362
Berechnung der Abmessungen . . . 365

Fahrwerk . . . 369
Wagenkasten . . . 369
Wagenrahmen . . . 375
Einbau des Triebwerkes . . . 379
Federn . . . 384
Federanordnungen . . . 388
Verbindung der Federn mit den Achsen . . . 391
Achsen . . . 392
Radzapfen . . . 393
Räder . . . 396
Felgen . . . 398
Bereifung . . . 400
Gleitschützer . . . 406
Lenkung . . . 407
Anordnung des Lenkgestänges . . . 407
Bauliche Ausbildung . . . 413
Antrieb . . . 416
Bremseinrichtungen . . . 420
Anordnung der Bremsen . . . 420
Bauarten . . . 423
Einbau . . . 424
Handhabung . . . 426
Ausgleichvorrichtungen . . . 426
Berechnung . . . 428
Bremsen mit der Maschine . . . 430

Anhang . . . 432
Gesetz über den Verkehr mit Kraftfahrzeugen . . . 432
Verordnung über den Verkehr mit Kraftfahrzeugen . . . 435
Anweisung über die Prüfung von Kraftfahrzeugen . . . 442
Anweisung über die Prüfung der Führer von Kraftfahrzeugen . . . 448
Grundzüge für die zur Förderung der Einbürgerung von Armeelastzügen von der Heeresverwaltung zu gewährenden Prämien . . . 451
Bedingungen für den Bau von Armeelastzügen . . . 452
Neue Vorschriften . . . 456
Besondere Vertragsbedingungen der Versuchsabteilung der Verkehrstruppen für die Lieferung von Personenkraftwagen mit Verbrennungsmotoren . . . 457
Vorschriften für Räume zur Unterbringung von Kraftwagen mit Verbrennungsmotoren . . . 459
Auszug aus dem Reichsstempelgesetz . . . 461

Ausführliches Namen- und Sachverzeichnis . . . 463

Einleitung.

Entwicklung des Motorfahrzeugwesens.

In den letzten zwanzig Jahren, die für die Entwicklung der gesamten Technik so außerordentlich segensreich gewesen sind, ist förmlich aus einem Nichts heraus eine völlig neue Industrie geschaffen worden, die nicht allein schon heute einen der hervorragendsten Teile unserer gesamten Maschinenindustrie bildet, sondern auch wegen der Aussichten auf die Zukunft, die sie bietet, als eine der segensreichsten bezeichnet zu werden verdient. In einer verhältnismäßig kurzen Zeit hat es der Motorwagen verstanden, das Interesse der weitesten Schichten der Bevölkerung zu fesseln, der er die Aussicht auf ein neues schnelles, bequemes und trotzdem verhältnismäßig billiges Beförderungsmittel eröffnet hat.

Das Wachstum des Motorfahrzeugverkehrs im Deutschen Reich gestattet die nachstehende auf Grund der amtlichen Statistiken[1]) zusammengestellte Zahlentafel zu beurteilen. Die Zahl der Motorfahrzeuge hat sich demnach allein in dem kurzen Zeitraum von vier Jahren, der hier betrachtet ist, auf mehr als das Doppelte erhöht und ihre heutige Gesamtzahl von 57805 zeigt, in wie weite Kreise die Benutzung dieses Fahrzeuges gedrungen ist.

Bestand an Motorfahrzeugen im Deutschen Reich.

Motorfahrzeuge		Berlin mit Provinz Brandenburg	Preußen	Bayern	Sachsen	Württemberg	Baden	Deutsches Reich
für Personenbeförderung am 1. Januar	1907	4028	16084	2264	2173	949	1079	25185
	1908	4600	18701	4163	3158	1439	1510	34224
	1909	5419	20990	4825	3925	1736	1726	39475
	1910	6547	24737	5607	4969	2150	2033	46922
	1911	8884	29201	5607	5626	2352	2236	53478
für Güterbeförderung am 1. Januar	1907	515	858	92	49	65	38	1211
	1908	675	1152	192	97	103	53	1778
	1909	784	1372	271	137	116	69	2252
	1910	965	1782	410	198	155	109	3019
	1911	1336	2461	625	352	231	142	4327
insgesamt am 1. Januar	1907	4543	16942	2356	2222	1014	1117	27026
	1908	5275	19853	4355	3255	1542	1563	36022
	1909	6203	22362	5096	4062	1852	1795	41727
	1910	7512	26519	6017	5167	2305	2142	49941
	1911	10220	31662	6230	5978	2583	2378	57805

Es ist demnach nicht zu viel gesagt, wenn man die Motorfahrzeugindustrie als einen der hervorragendsten Teile unserer gesamten Maschinenindustrie bezeichnet; man bedenke hierbei auch noch, daß z. B. schon im Jahre 1905 dem

[1]) Die Statistik wird alljährlich in den „Vierteljahrsheften zur Statistik des Deutschen Reiches" veröffentlicht.

Werte nach annähernd ebensoviel an Motorfahrzeugen aus Deutschland ausgeführt worden ist, wie Lokomotiven oder Lokomobilen, oder wie elektrische oder Dampfmaschinen. Die Einfuhr von Motorfahrzeugen nach Deutschland in dem gleichen Jahre ist annähernd doppelt so groß gewesen, wie diejenige von Lokomotiven, Lokomobilen, elektrischen und Dampfmaschinen zusammengenommen und sie hat trotz der Entwicklung der heimischen Motorfahrzeugindustrie im Laufe der Jahre nicht abgenommen.

Die Entwicklung auf diesem Gebiete wird am besten durch die folgende Übersicht über den Außenhandel des Deutschen Reiches mit Motorfahrzeugen gekennzeichnet.

Werte in Millionen Mark.

Jahr	Einfuhr			Ausfuhr		
	Personenmotorwagen	Lastmotorwagen	Motorfahrräder	Personenmotorwagen	Lastmotorwagen	Motorfahrräder
1903	5,028	0,172	0,443	5,288	0,973	0,585
1904	6,938	0,208	0,638	10,469	1,392	1,121
1905	12,611	0,313	0,581	13,841	2,378	1,560
1906/07	14,163	0,242	0,193	11,306	3,419	1,595
1907	17,421	0,414	0,146	9,686	3,437	1,338
1908	12,670	0,433	0,144	11,570	2,055	1,022
1909	12,181	0,544	0,107	17,083	2,284	1,318
1910	12,575	0,679	0,112	29,120	3,228	1,241

Die angeführten Zahlen umfassen aber noch nicht den ganzen Handel auf diesem Gebiete. Rechnet man nämlich die Ersatzteile, insbesondere die gesondert versandten Maschinen und Gummireifen dazu, so ergeben sich Ausfuhrziffern, die den Wert von 100 Mill. Mark noch übersteigen.

Wie sich die deutschen Motorfahrzeugfabriken entwickelt haben, zeigt eine amtliche Erhebung über die Erzeugung und die wirtschaftlichen Verhältnisse der Motorfahrzeugfabriken in den letzten Jahren. Aus den Ergebnissen sind die nachstehenden Erzeugungsziffern entnommen. Es wurden im Deutschen Reiche jährlich hergestellt:

im Jahre	1901	1903	1906	1907	1908	1909
Motorfahrräder	41	2991	3923	3776	3164	3703
Personenwagen und Untergestelle . .	845	1311	4866	4647	5118	8723
hiervon bis zu 6 PS Leistung . . .	481	217	1356	1304	2038	4269
„ über 6 bis zu 10 PS Leistung	306	598	873	744	1048	2422
„ „ 10 „ „ 25 „ „	37	407	1460	1908	1746	1568
„ „ 25 PS Leistung	21	89	1177	691	286	464
Lastwagen und Untergestelle	39	140	352	504	493	721

Der Wert der Erzeugnisse unserer Motorfahrzeugfabriken hat demnach im Jahre 1909 etwa 50 bis 60 Mill. M. betragen, wobei Wagenteile und Maschinen nicht eingerechnet sind. Der Wert der Erzeugung von Zubehörteilen im Jahre 1909 wird auf annähernd 100 Mill. M. beziffert.[1])

Noch mehr als für Deutschland bedeutet das Motorfahrzeugwesen für Frankreich, die Wiege des neuzeitlichen Motorwagens. Hier kann man gegenwärtig die Erzeugung von Motorwagen mit Sicherheit überhaupt als den größten Industriezweig ansehen, und die Ausfuhrziffer Frankreichs auf diesem Gebiete, die schon

[1]) Vgl. auch Dr. Sperling, „Zur volkswirtschaftlichen Bedeutung der Motorfahrzeugindustrie", Der Motorwagen 1911, S. 219.

1906 die Summe von 100 Mill. M. überschritten hat, mag im Vergleich zu der Tatsache, daß Deutschland damals im ganzen nur für etwa 500 Mill. M. Maschinen ausführte, als Maßstab dafür gelten, welchen Umfang die französische Motorwagenerzeugung heute besitzt.

Nach den amtlich veröffentlichten Angaben hat Frankreich in den Jahren 1908, 1909 und 1910 für 102,00, 117,5 und 141,5 Mill. M. allein an Personenmotorwagen ausgeführt, während die Einfuhr auch im Jahre 1910 noch nicht die Summe von 8 Mill. M. erreicht hat.

Über den Umfang des Motorfahrzeugverkehrs in Frankreich sind so genaue Angaben wie im Deutschen Reiche nicht vorhanden, da die amtlichen Statistiken nur die zum Privatgebrauch bestimmten, besteuerten Fahrzeuge, nicht aber die Fahrzeuge im öffentlichen Verkehr und die Lastfahrzeuge umfassen. Von solchen Privatfahrzeugen wurden gezählt:

am 1. Januar	Fahzeuge bis zu 2 Sitzplätzen	Fahrzeuge mit mehr als 2 Sitzplätzen	insgesamt
1899	726	946	1672
1900	1259	1638	2897
1901	2493	2893	5386
1902	3404	5803	9207
1903	3849	9138	12987
1904	4394	12713	17107
1905	4767	16556	21323
1906	5253	21109	26362
1907	6069	25226	31295
1908	7580	30006	37586
1909	9414	35355	44769
1910	11617	42052	53669

Die Gesamtzahl der auf französischen Straßen verkehrenden Motorfahrzeuge kann hiernach für das Jahr 1910 auf annähernd 72000 bis 75000 veranschlagt werden.

In England hat sich der Bau von Motorwagen mit Antrieb durch Verbrennungsmaschinen erst nach dem Jahre 1896, d. h. nach der Aufhebung der „Locomotives on high-ways"-Akte[1]), zu entwickeln begonnen. Man hat aber hier verstanden, durch geschickte Nachahmung festländischer Konstruktionen und durch Vermeidung der in Frankreich und Deutschland gemachten Fehler das Versäumte in kürzester Frist nachzuholen, so daß die englischen ebenso wie die italienischen, belgischen und österreichischen Motorwagen, die noch später in die Öffentlichkeit getreten sind, bei guter Ausführung den deutschen und den französischen heute als ebenbürtig gelten dürfen.

Anders die Vereinigten Staaten von Amerika: hier, wo der auf die Massenerzeugung zugeschnittene Maschinenbau sozusagen Tradition geworden ist, hat man sich im Gegensatz zu Europa von Anfang an auf den Bau von kleinen, billigen Wagen verlegt, insbesondere der auch bei uns bekannten runabouts, daneben aber auch gute europäische Erzeugnisse für die Reichen eingeführt. Hierbei sind eine Reihe von geradezu kennzeichnend amerikanischen Wagenbauarten, die Oldsmobile-, Pope-, Ford-Wagen usw. geschaffen worden, die, wenn sie auch der Entwicklung des Motorfahrzeugbaues in Amerika nicht viel nützten, für uns dennoch in gewisser — hauptsächlich negativer — Hinsicht vorbildlich gewesen

[1]) Auch „red flag"-Akte genannt, weil jedem auf Straßen verkehrenden Maschinenfahrzeug ein Mann mit einer roten Fahne vorangehen mußte.

sind, als sich das Bestreben herausstellte, den Absatz unserer Motorwagenfabriken durch Herstellung von billigen Wagen im Preise von 3000 bis 5000 M. zu erweitern. In den letzten Jahren hat man allerdings auch in den Vereinigten Staaten die Herstellung von Sonderbauarten von Motorwagen beinahe ganz zugunsten derjenigen aufgegeben, die sich bei uns eingeführt haben. Man hat eingesehen, daß die aus Frankreich, Deutschland und Italien eingeführten Wagen trotz ihrer viel höheren Preise den Bedürfnissen der Käufer viel besser entsprechen, als die einheimischen Erzeugnisse und ist selbst bei den billigen Wagen, in deren Massenherstellung die amerikanischen Fabriken immer noch unerreicht geblieben sind, im wesentlichen auch den Richtlinien gefolgt, die sich bei uns herausgebildet haben.

Nach den im vorstehenden gemachten Angaben steht die industrielle Bedeutung des Motorwagens schon außer Frage. Für die Wichtigkeit dieses neuen Zweiges der Technik in volkswirtschaftlicher Hinsicht kann man anführen, daß der Kreis der auf diesem Gebiete beschäftigten Arbeiter, Meister, Wagenführer usw., ungerechnet alle die Arbeiter und Beamten der vielen Nebenindustrien, die erst durch den Motorfahrzeugbau groß geworden sind, schon annähernd ebenso ausgedehnt ist, wie derjenige unserer hochentwickelten elektrotechnischen Industrie. Haben doch die Löhne der Arbeiter allein im Jahre 1909 bereits 22,5 Mill. M. betragen. Daneben kommt aber dem Motorwagen auch eine ungewöhnliche Bedeutung in kultureller Hinsicht zu. Je mehr seine Anwendung zunimmt, je weiteren Kreisen der Bevölkerung seine Vorteile zugänglich gemacht werden können, desto mehr ergibt sich, daß der Motorwagen einen Fortschritt im Verkehrswesen bedeutet, da er uns gestattet, unsere täglich kostbarer werdende Zeit besser auszunützen, als es mit den bisherigen Mitteln möglich war, und in absehbarer Zukunft unserem ganzen Straßenverkehr einen neuen Stempel aufdrücken wird. Hierin liegt auch die Gewähr dafür, daß der Motorwagen im Gegensatz zu den früheren Versuchen jetzt nicht mehr von der Bildfläche verschwinden wird.

Gottlieb Daimler.

An der Entwicklung des Motorwagens ist seine Antriebsmaschine, die Fahrzeugmaschine für flüssigen Brennstoff, in hervorragender Weise beteiligt. Mit gewissem Recht führt man die Entstehung des Motorwagens, wie wir ihn uns heute vorstellen, auf die Erfindung der kleinen schnellaufenden, mit flüssigem Brennstoff betriebenen und mit Hilfe eines Glührohres gezündeten Viertakt-Verbrennungsmaschine durch Gottlieb Daimler — das D. R. P. Nr. 28022 vom 16. Dezember 1883 — zurück, die es zum ersten Male möglich machte, die Geschwindigkeit solcher Maschinen von etwa 150 bis 180 Uml./min bei den früheren Viertaktmaschinen auf 500 bis 800 Uml./min zu steigern und dadurch das Gewicht im Verhältnis zur Leistung wesentlich zu verringern. Die erste für den Wagenbetrieb gedachte Zwillingsbauart dieser Maschine, Fig. 1 und 2[1]), bei der die beiden schräg gegeneinander gestellten Zylinder mit einem Zündabstand von etwa einer vollen Umdrehung auf einen gemeinsamen Kurbelzapfen einwirken, läßt die Anordnung und alle wesentlichen Teile schon so erkennen, wie wir sie noch heute bei Maschinen für Motorfahrräder und kleinere Wagen finden, insbesondere das gesteuerte Auslaßventil und das selbsttätige Einlaßventil, die beiden schweren Schwungscheiben, die das als Ölbehälter ausgebildete Kurbelgehäuse fast vollständig ausfüllen usw. Was eigentlich den Erfolg dieser Maschine begründet hat, ist nicht leicht zu sagen. Die Viertaktmaschine war als Erfindung von Otto damals schon bekannt. Auch die Verwendung von flüssigem Brennstoff war nicht mehr neu. Anscheinend ist die Ursache des Erfolges nur der Umstand, daß

[1]) Güldner, Verbrennungsmotoren. 2. Aufl., S. 114

Daimler das Gemisch bis zur Selbstzündung im Zylinder verdichtete und nicht, etwa wie sein Vorgänger Markus bei seinen ersten Versuchen, gezwungen war, es mit Hilfe von Druckluft herzustellen, was in einem besonderen Behälter geschehen mußte. Auch die Glührohrzündung, auf die in dem ersten Daimler-Patent ebenfalls Wert gelegt wird, war zu dieser Zeit durch elektrische Zünd-

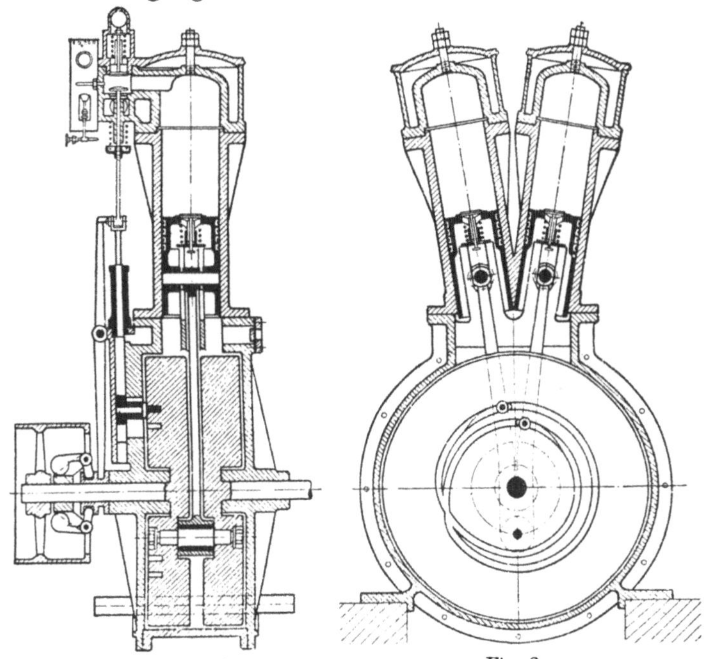

Fig. 1. Fig. 2.

Fig. 1 und 2. Erste schnellaufende Wagenmaschine von Gottlieb Daimler. D. R. P. Nr. 28022.

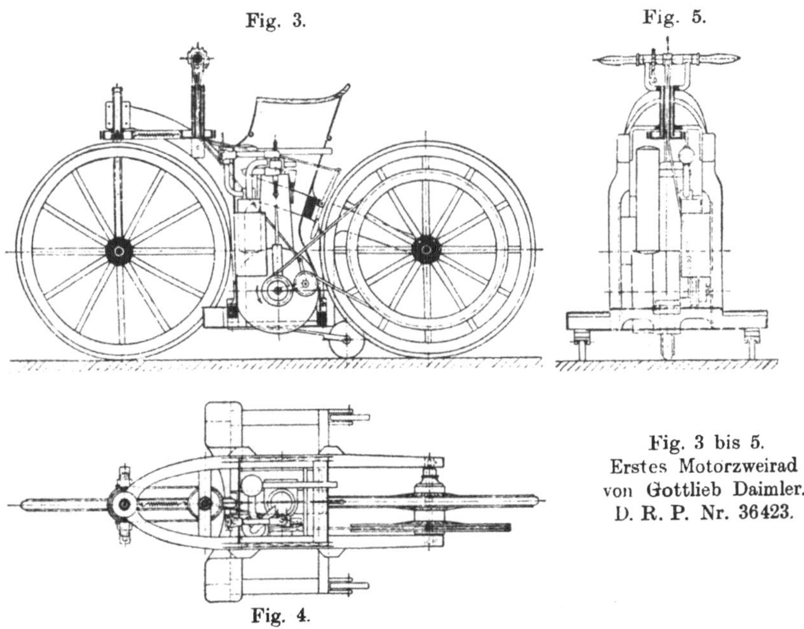

Fig. 3. Fig. 5. Fig. 4.

Fig. 3 bis 5. Erstes Motorzweirad von Gottlieb Daimler. D. R. P. Nr. 36423.

vorrichtungen, sogar durch magnetisch-elektrische, eigentlich schon überholt. Sie diente im übrigen nach dem Wortlaut der Patentschrift nur zur Aushilfe, nämlich nur im Anfang des Betriebes, solange die Zylinderwände noch nicht genügend erwärmt waren.

Fig. 6.

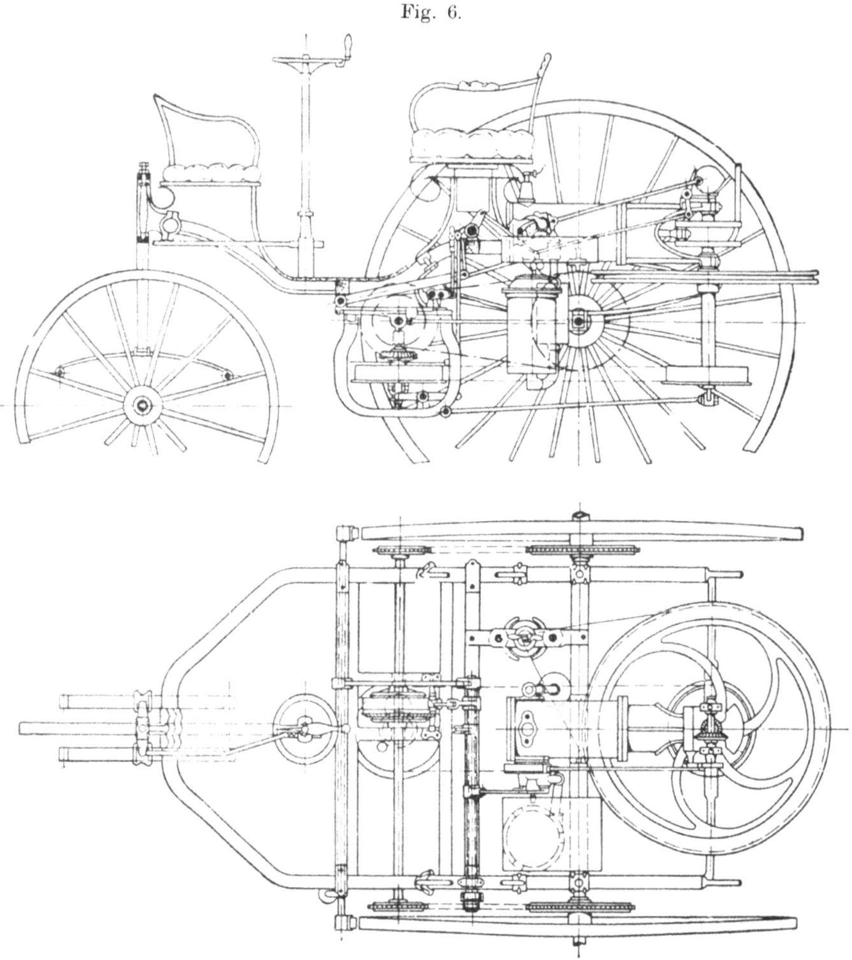

Fig. 7.

Fig. 6 und 7. Erster Motorwagen von Benz. D. R. P. Nr. 43826.

Daimler hat seine Maschine zum erstenmal in einem Motorzweirad eingebaut, Fig. 3 bis 5[1]), das er am 10. November 1886 zum erstenmal durch die Straßen von Cannstatt gesteuert hat. Den Ruhm, den ersten Motorwagen gebaut zu haben, nimmt die Fabrik von Benz für sich in Anspruch, deren dreirädriger Wagen aus dem Jahre 1887 gemäß dem D. R. P. Nr. 43826 vom 8. April 1887 in Fig. 6 und 7 wiedergegeben ist. Aus diesen Anfängen heraus hat sich in der zweiten Hälfte der 90er Jahre die heutige Normalbauart des Motorwagens entwickelt, an der sich, solange nicht grundsätzliche Umwälzungen eintreten, in der nächsten Zeit kaum vieles ändern dürfte, und von der man ohne besondere zwingende Gründe nicht abgehen sollte.

[1]) D. R. P. Nr. 36423 vom 29. August 1885.

Normalbauarten.

Die kennzeichnenden Merkmale dieser **Normalbauart**, die in ihren beiden Hauptformen durch die Fig. 8 bis 11 veranschaulicht wird, sind angesichts der heutigen Popularität des Automobils ziemlich allgemein bekannt. Auf dem aus Blech gepreßten, eigentümlich geschweiften Grundrahmen *a*, der auch zur Aufnahme des Wagenkastens (Karosserie) dient und **[**-förmigen Querschnitt besitzt, ist vorn die vier- oder auch sechszylindrige Maschine *b* mit ihren unmittelbaren Zubehörteilen gelagert, nämlich dem ganz vorn oder (bei den Renault-Wagen) auch hinter der Maschine befindlichen Kühler *c*, gegebenenfalls der Pumpe, die das Kühlwasser in Umlauf zu versetzen hat (Wagen mit Thermosyphon-Kühlung brauchen keine Umlaufpumpe), dem Vergaser und der Zünddynamo. An die

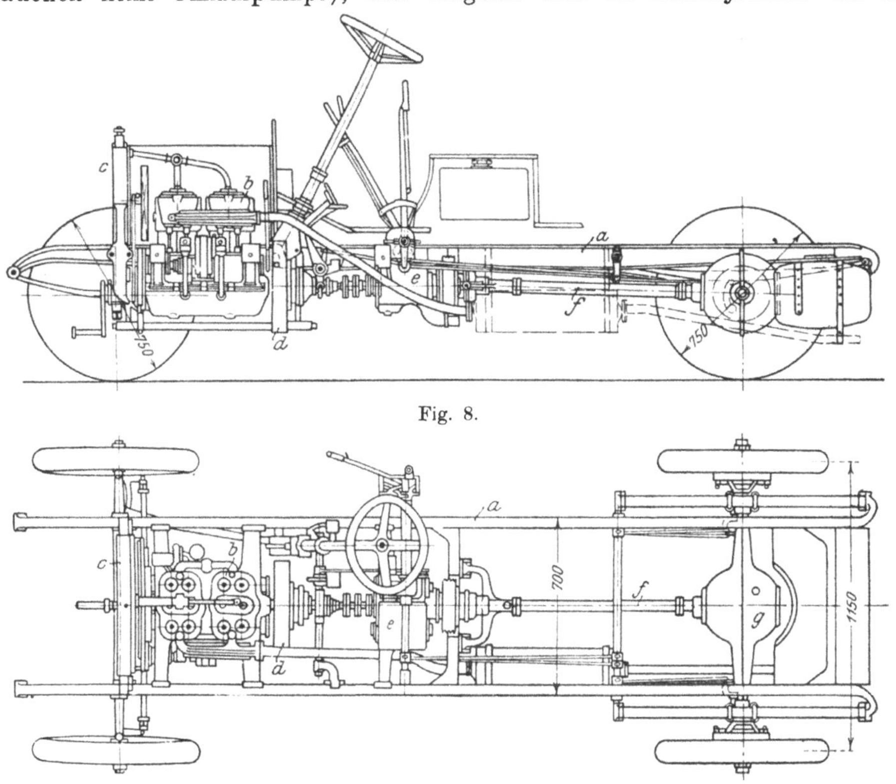

Fig. 8 und 9. Normalbauart eines Motorwagens mit Kardanantrieb.

Maschine schließt sich die Kupplung *d*, die früher fast ausschließlich als Lederreibkupplung mit kegelförmigen Eingriffsflächen ausgebildet wurde, in neuerer Zeit dagegen wegen der größeren Widerstandsfähigkeit gegen Abnutzung mehr und mehr durch irgendeine Metallkupplung, die ganz in Öl läuft, vorzugsweise durch die Lamellenkupplung, ersetzt wird. Diese Kupplung überträgt die Bewegung der im allgemeinen mit hoher Geschwindigkeit (800 bis 1200 Uml./min und mehr) umlaufenden Maschinenwelle auf das Wechselgetriebe *e*, ein in einem öldichten Gehäuse eingeschlossenes Zahnräderwerk, dessen Übersetzungsverhältnis während der Fahrt veränderlich ist, und das dazu bestimmt ist, bei ziemlich gleichbleibender Geschwindigkeit der Maschinenwelle die Fahrgeschwindigkeit des Wagens regeln zu können. Von dem Wechselgetriebe wird die Bewegung entweder (bei den Kardan-Wagen, Fig. 8 und 9) durch eine an beiden Enden (bei kleineren Wagen auch nur an einem Ende) mit Kreuzgelenkkupplungen versehene Längswelle f auf das in der Mitte der Hinterachse sitzende Ausgleichgetriebe g (Differential) und hierdurch auf die Hinterräder übertragen, oder (bei den Kettenwagen, s. Fig. 10 und 11) das Ausgleichgetriebe, das dann gewöhnlich im Getriebekasten mit eingeschlossen ist, sitzt auf einer Hilfswelle f, an deren Enden zwei Ketten zum Antrieb der Hinterräder angreifen. Die Aufgabe des Ausgleichgetriebes besteht darin, den Hinterrädern oder den beiden Teilen der Hilfswelle beim Befahren von Krümmungen unbeschadet des gemeinschaftlichen Antriebes voneinander unabhängige Bewegungen zu gestatten.

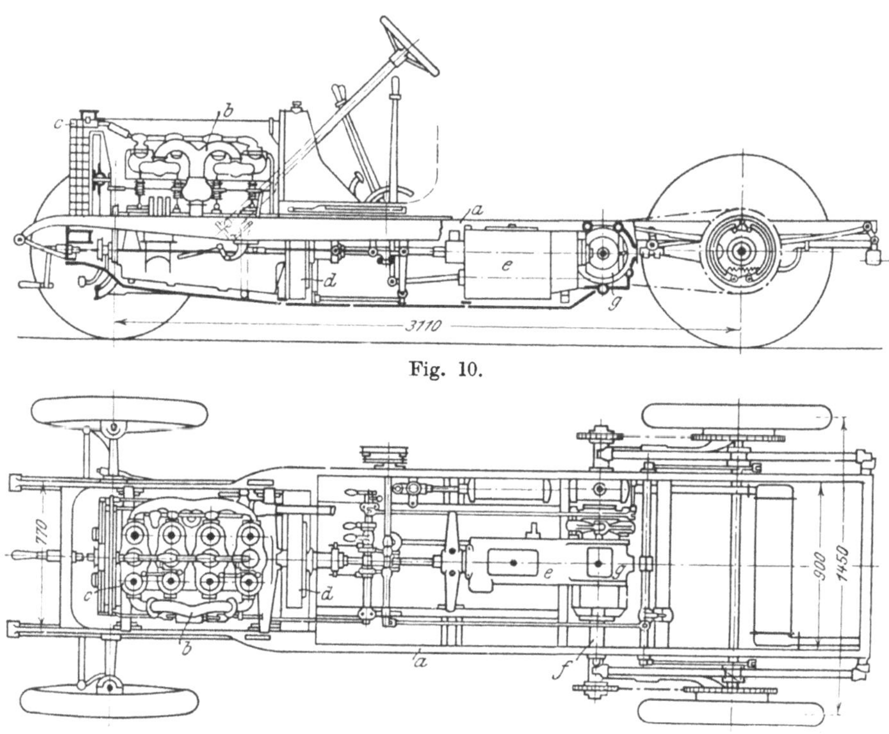

Fig. 10.

Fig. 11.

Fig. 10 und 11. Normalbauart eines Motorwagens mit Kettenantrieb.

Wie aus diesen kurzen Kennzeichnungen hervorgeht, unterscheidet sich der Kettenwagen von dem Kardan-Wagen nur hinsichtlich der Anwendung einer Hilfswelle, die zusammen mit den gelenkigen Ketten den Antrieb der Hinterräder etwas unabhängiger von den unvermeidlichen senkrechten Schwingungen der Hinterachse während der Fahrt gestaltet. Dagegen werden die Wagen mit Kettenantrieb schwerer als die Kardan-Wagen, auch laufen sie niemals so geräuschlos wie diese. Anderseits spricht der Umstand, daß bei den Kardan-Wagen das Gehäuse des Ausgleichgetriebes als Achse dienen muß, während die treibende Hinterradwelle geteilt ist, und daß hierbei das ganze Gewicht dieses Gehäuses unabgefedert von den Luftreifen der Hinterräder getragen werden muß, gegen den Kardan-Antrieb. Nichtsdestoweniger macht er bei leichten und in der letzten Zeit auch bei schwereren Wagen immer weitere Fortschritte, insbesondere seit man es sogar zuwege gebracht hat, die Hinterachsbrücken, die das Ausgleichsgetriebe einschließen, aus zwei Blechhälften im Gesenk zu pressen. Nur bei den schwersten Wagen ist der Kettenantrieb heute noch beibehalten.

Die Gesamtheit der vorstehend erwähnten Wagenteile einschließlich der in der Regel elliptisch gebogenen Blattfedern und der mit Holzspeichen und einer aus Blech gebogenen Felge versehenen Räder wird von dem Begriff Fahrgestell oder Untergestell (Chassis) umfaßt, und dieser Teil des Wagens ist es, der den Ingenieur in erster Linie angeht. Daß die Ausstattung und namentlich auch die Formgebung des Wagenkastens einen großen Einfluß auf das kaufende Publikum, heute noch immer die Liebhaber, besitzen, ist bekannt; beim Entwurf eines modernen Vergnügungswagens müssen daher Ingenieur und Wagenbauer Hand in Hand arbeiten, wenn etwas Vollkommenes zustande kommen soll.

Eine Einteilung der Bauarten der heutigen Motorfahrzeuge, die vielfach gebräuchlich ist, ergibt sich zunächst aus dem Umstande, daß der Motorwagen ein Beförderungsmittel für Personen und Güter sein soll. Diese Einteilung in Personenwagen und Güterwagen ist aber ebensowenig wie die ebenfalls vorkommende Einteilung in Luxus- oder Sportwagen und Nutzwagen für die Kennzeichnung der verschiedenen Konstruktionen geeignet. Wesentlichen Einfluß auf die Konstruktion des Wagens üben, wenn man von Sonderkonstruktionen, z. B. für Rennzwecke, absieht, heute nur mehr die Maschinenleistung und das zu befördernde Gewicht, mit dem das Gewicht des Wagens stets in gewissem Zusammenhang steht. Beschränkt man sich auf Wagen mit vier Rädern, so kann man, von dem kleinsten Wagengewicht und der kleinsten Maschinenleistung ausgehend, das ganze Gebiet der Motorwagen einteilen in

die kleinen Motorwagen, die heute aussichtsvollste Form der Personenmotorwagen für den Privatgebrauch, die sich auch als schnellfahrende städtische Lieferungswagen für den Bestelldienst größerer Geschäftsbetriebe eignen, sodann

die Wagen mittlerer Leistung, die in der Form von Personenwagen als Reisewagen für Vergnügungszwecke oder als Motordroschken für gewerbliche Zwecke dienen, und die mit entsprechend geändertem Aufbau ebenfalls als Lieferungswagen oder Stückgutwagen für größere Entfernungen benutzt werden.

Von den schweren Motorwagen, deren Tragfähigkeit 3000 bis 6000 kg betragen kann, sind die Personenwagen als Motoromnibusse, die Güterwagen in verschiedener Ausführung als Lastwagen in Anwendung. Sie bilden auch die Grundlage für die Ausbildung besonderer Motorfahrzeuge, z. B. Wagen für Gesellschaftsfahrten, Feuerwehrwagen usw.

In eine Erörterung der allgemeinen Gesichtspunkte für den Bau und die Anwendung der obigen Gattungen von Motorfahrzeugen sei an dieser Stelle nicht eingetreten. Gerade diese Gegenstände sind in der vorhandenen Zeitschriften- und Buchliteratur bis jetzt fast ausschließlich behandelt worden, so daß hierauf verwiesen werden kann.[1]) Zudem kommen hierbei noch vielfach Ansichten in Frage, die keineswegs allgemein anerkannt und durch Versuche im praktischen Betriebe erwiesen worden sind, so daß man wohl zweckmäßig erst eine Klärung der Meinungen abwartet. Soweit übrigens die Gattung des Motorwagens die baulichen Einzelheiten beeinflußt, ist darauf in den nachfolgenden Abschnitten Bezug genommen.

---

[1]) Der Einfachheit wegen sei nur eine Reihe von einschlägigen Aufsätzen aus der Zeitschrift des Vereins deutscher Ingenieure angeführt, die allerdings zumeist von mir selbst verfaßt sind:

Über kleine Motorwagen s. Z. Ver. deutsch. Ing. 1905, S. 451, 1910, S. 916.

Über Motordroschken s. Z. Ver. deutsch. Ing. 1906, S. 2038.

Über Motoromnibusse und andere schwere Motorwagen s. Z. Ver. deutsch. Ing. 1906, S. 688, 1907, S. 1423, 1908, S. 1951.

Über Eisenbahnmotorwagen s. Z. Ver. deutsch. Ing. 1905, S. 1541, 1906, S. 860, 1909, S. 1090.

Die Förderung mit Motorwagen auf Straßen.

Rollwiderstand.

Die Berechnung der Widerstände, die ein mit einer größeren Geschwindigkeit und mit eigener Kraft auf einer Straße von beliebigem Zustand fahrender Wagen zu überwinden hat, läßt sich nach dem gegenwärtigen Stande unserer Kenntnisse beim Motorwagen ebensowenig wie bei einem Eisenbahnfahrzeug genau durchführen. Man kennt wohl die Arten dieser Widerstände, die durch die rollende und die Zapfenreibung der Räder, durch den Widerstand der Luft sowie durch etwaige Steigungen oder Krümmungen verursacht werden, ist aber bei ihrer Bewertung ausschließlich auf die Ergebnisse der zahlreichen, aber unvollkommenen Versuche angewiesen und gezwungen, sich bei der Berechnung der erforderlichen Leistung mit Näherungswerten zu begnügen.

Reibungsziffern des Gesamtwiderstandes $f = \frac{P}{G}$, worin P die Zugkraft und G das Gesamtgewicht eines Straßenfahrzeuges in kg sind, und die von Morin herrühren, finden sich bereits in der „Hütte"[1]. Neuere Zahlen, als die dort angegebenen, haben ähnliche Versuche von Résal geliefert, deren Ergebnisse für gewisse Sonderfälle brauchbar sein dürften.

Werte von f für Straßenfahrzeuge nach Resal.

Art des Bodens	f
natürlicher, unbefestigter, tonhaltiger und trockener Boden	0,250
natürlicher, unbefestigter, sandhaltiger oder kalkhaltiger Boden	0,165
festgestampfter, gleichmäßiger Boden	0,040
neu geschotterte Landstraße	0,125
steinige Landstraße mittlerer Beschaffenheit	0,080
steinige Landstraße sehr guter Beschaffenheit	0,033
gepflasterte Landstraße, Wagen abgefedert, im Schritt (1,5 m/sek) fahrend	0,030
gepflasterte Landstraße, Wagen abgefedert, im schnellen (5 m/sek) Trab fahrend	0,070
gepflasterte Landstraße, in sehr gutem Zustand, abgefederter Wagen, Schritt	0,025
gepflasterte Landstraße, in sehr gutem Zustand, abgefederter Wagen, schneller Trab	0,060
mit ungehobelten Eichenbohlen belegte Straße	0,022
Straße mit gußeisernen, flachen Gleisen oder sehr harten Granitspuren	0,010
Eisenbahn mit guten Schienen	0,007
Eisenbahn mit sehr gutem Oberbau und geschmierten Achsen	0,005

Watson[2] gibt folgende, in erster Linie wohl für schwere Wagen mit Eisenreifen bestimmte Werte für f an:

---

[1]) Vgl. z. B. „Hütte" 19. Aufl., I, S. 213.

[2]) American Machinist (Europ. Ausg.) 1907, S. 806.

Werte von f nach Watson.

Art der Straße	f
Eisenbahnschienen	0,0046
Guter Asphalt	0,0067
Mittlerer Asphalt	0,0098
Schlechter Asphalt	0,0129
Straßenbahnschienen	0,0134
Holzpflaster	0,0134
Gutes Kopfsteinpflaster	0,0156
Beste Macadamstraße	0,0192 bis 0,0206
Gewöhnliche Macadamstraße	0,0224 bis 0,0268
Weiche Macadamstraße	0,0433
Beste Schotterstraße	0,0254
Guter Steinweg	0,0268
Gewöhnlicher Steinweg	0,0580
Sehr schlechter Steinweg	0,107
Bester Lehmweg	0,049
Harter trockener Lehmweg	0,046
Sandweg	0,161
Loser Sand	0,250

Die Werte der vorstehenden Zahlentafeln sind aber mit genügender Annäherung nur für Fahrzeuge anwendbar, deren Räder die für Pferdefuhrwerke üblichen Durchmesser besitzen, mit Eisenreifen versehen sind und die auch nicht viel schneller fahren als Pferdefuhrwerke. Für Motorfahrzeuge, bei denen im allgemeinen die Vorder- und Hinterräder im Gegensatze zu Pferdefuhrwerken gleich groß bemessen werden und bei denen außerdem hauptsächlich Radreifen aus Gummi in Betracht kommen, treffen diese Zahlen nicht mehr zu.

Daß die Raddurchmesser einen Einfluß auf den Rollwiderstand haben, ist schon lange bekannt. Man sieht dies auch sofort ein, wenn man berücksichtigt, wie verschieden sich Räder von verschiedenen Durchmessern gegenüber einer Straße von gleichbleibender Oberflächenbeschaffenheit verhalten.

Betrachtet man in Fig. 12 zwei Räder A und B von verschiedener Größe bei ihrem Rollen über die Unebenheiten a und b einer Straße, so findet man, daß das kleine Rad, nachdem es ebenso wie das große über das Hindernis a hinweggerollt ist, zwischen den beiden Hindernissen a und b die Straße nochmals berührt, während das große sie überbrückt, also um den Betrag h weniger gesenkt und wieder gehoben zu werden braucht. Diese Erkenntnis hatte schon Coulomb[1]) veranlaßt, den Rollwiderstand dem Raddurchmesser verkehrt proportional zu setzen. Die Gültigkeit dieses Gesetzes ist aber von anderen bald bestritten worden, z. B. von Hele-Shaw, der den Rollwiderstand nur der Wurzel aus dem Raddurchmesser verkehrt proportional setzt.

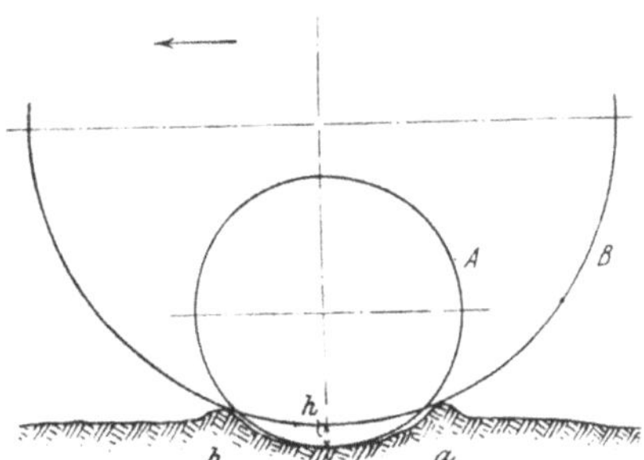

Fig. 12. Verhalten verschieden großer Räder beim Rollen.

In Wirklichkeit dürfte in den meisten Fällen, wo Motorwagen auf Straßen verkehren, von den Vorteilen, die die großen Räder bieten würden, überhaupt

[1]) In einem 1871 von der Akademie der Wissenschaften in Paris preisgekrönten Werk.

kein Gebrauch gemacht werden können, weil bei großen Rädern die durch Steine usw. verursachten Stöße bei schneller Fahrt erheblich stärker ausfallen, als bei kleinen Rädern, und weil ferner auch die Übersetzungsverhältnisse ungünstiger ausfallen. Nur bei solchen langsam fahrenden Motorwagen, die mit sehr ungünstigen Straßenverhältnissen zu rechnen haben, z. B. den schweren Motorlastwagen der Heeresverwaltung, der landwirtschaftlichen Betriebe usw. wird man zu größeren Raddurchmessern greifen dürfen, um den Rollwiderstand zu vermindern, aber auch da nicht über 850 bis 950 mm gehen.

Insofern mit abnehmender Breite des Radkranzes die Tiefe des Einsinkens eines Rades in die Straßendecke und damit auch der Rollwiderstand zunimmt, wird man der Kranzbreite ebenfalls einen Einfluß auf den Widerstand beizumessen haben, obgleich auf fester Straße wegen der größeren Oberflächenberührung der Rollwiderstand mit der Kranzbreite der Räder zunimmt.

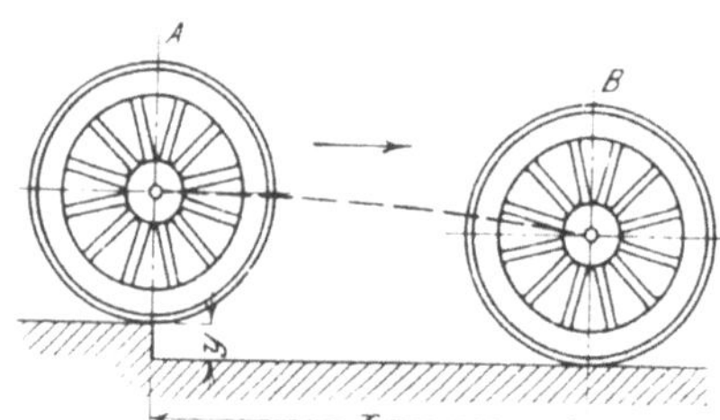

Fig. 13. Verhalten eines Rades bei unabgefederter Wagenlast.

Endlich wird der Rollwiderstand auch davon beeinflußt, ob das Gewicht, das auf dem Rade lastet, abgefedert ist, oder nicht. Während ein Rad, auf dem eine unabgefederte Last ruht, beim Fahren über eine abfallende Stufe, von der Höhe y, siehe Fig. 13[1]), nach dem bekannten Gesetz von der wagerechten Bewegung mit gegebener Anfangsgeschwindigkeit auf einem Stück x den Boden verlassen und dann wieder aufstoßen muß, bevor es aus der Stellung A in die Stellung B gelangt, wird diese Sprungweite, wenn zwischen die Last Q des Wagens und das Rad eine Feder von gleichbleibender Spannung eingeschaltet ist, dadurch vermindert, daß beim Verlassen der Stufe y das Rad außer durch die Schwerkraft noch durch die Kraft Q nach unten beschleunigt wird, also den festen Boden viel schneller erreicht. Hierbei wird zunächst an der Höhenlage des Gesamtschwerpunktes nichts geändert und das bei unabgefederter Last erforderliche wiederholte Heben fällt fort.

Im Zusammenhange hiermit steht schließlich der Einfluß der Nachgiebigkeit der Bereifung auf den Rollwiderstand. Da der nachgiebige Reifen nur immer an der Berührungsstelle zwischen Rad und Fahrbahn zusammengedrückt wird, bleibt er mit dem Boden in Berührung, auch dann, wenn ein Rad mit abgefederter Last den Boden bereits verlassen würde, der nachgiebige Reifen verhindert also, daß beim Auftreffen des Rades ein fühlbarer Stoß entsteht. Umgekehrt wird der nachgiebige Laufreifen beim Auffahren auf eine Erhöhung verhindern können, daß das Rad sich über diese Erhöhung hinaus erhebt und hinterher wieder zurückfällt.

Alle diese Einflüsse bringen es mit sich, daß man den in den vorstehenden Zahlentafeln angeführten Werten des Rollwiderstandes von Resal und Watson bei Motorwagen keine sehr große Anwendbarkeit beimessen kann.

Dagegen scheinen die Werte, die bei Versuchen von Arnoux und Genossen im Jahre 1904 in Paris erhalten worden sind, brauchbar zu sein. Bei diesen Versuchen hat man Gummireifen verschiedener Art auf die Räder von 1020 mm Durchmesser und 120 mm Breite einer elektrischen Droschke von 1800 kg Betriebsgewicht aufgezogen und bei Geschwindigkeiten von 10 bis 30 km/st die Gesamt-Fahrwiderstände durch Ablesen der Stromstärke und der Spannung bestimmt. Nebenbei wurde noch bei den Luftreifen der Einfluß des Druckes im Innern des

[1]) Der Motorwagen 1907, S. 454.

Reifens auf den Fahrwiderstand untersucht. Die in der nachstehenden Zahlentafel wiedergegebenen Hauptergebnisse sind Mittelwerte aus Hin- und Rückfahrten auf der Versuchsstrecke und geben in kg/t die gesamten Fahrwiderstände einschließlich des Luftwiderstandes, aber abzüglich der Stromverluste in den Motoren und Leitungen an.

Versuche über den Fahrwiderstand von Wagen mit verschiedenen Gummireifen.

	Luftdruck im Innern der Luftreifen . . . . . at	2		5	6		
	Fahrgeschwindigkeit . . . . km/st	20	30	20	10	20	30
Luftreifen	Boland	37,5	49,3	36,0	26,6	36,0	42,8
Luftreifen	Samson mit Ledergleitschutz	38,6	57,8	35,5	27,3	35,2	49,3
Luftreifen	Hérault „ „	40,0	57,7	38,1	31,4	38,1	56,3
Luftreifen	Falconnet (Trapezquerschnitt)	38,6	55,1	35,6	28,6	36,0	51,4
Luftreifen	„ (abgerundeter Trapezquerschnitt)	34,6	52,5	32,2	25,1	32,5	49,1
Luftreifen	„ (gewöhnlicher Querschnitt) . . .	33,8	46,9	32,2	23,4	30,5	44,6
Luftreifen	„ mit Lempereur-Gleitschutz . . .	40,5	55,5	38,5	33,4	37,7	49,2
Luftreifen	Gallus mit vollem Gleitschutz	36,4	51,9	33,0	26,8	34,5	49,2
Luftreifen	„ „ halbem „	41,8	57,8	—	31,7	37,2	55,7
	Vollreifen von Torilhon	—	—	—	23,0	31,4	44,8

Diese Zahlen lassen auch trotz der verhältnismäßig niedrigen Fahrgeschwindigkeiten schon einen Einfluß des Luftwiderstandes auf den Gesamt-Fahrwiderstand erkennen.

Auf das angegebene Betriebsgewicht von 1800 kg bezogen, kann man als Mittelwerte von f für den Rollwiderstand (ohne Luftwiderstand) aus diesen Ergebnissen folgende Zahlen ansehen:

bei Vollgummireifen $f = 0{,}012$
„ Luftreifen $f = 0{,}014$
„ Gleitschutzreifen $f = 0{,}018$.

Auf allgemeine Anwendbarkeit kann man aber auch bei diesen Zahlen nicht rechnen. Das beweist allein schon der Umstand, daß es noch immer von der Art und dem Zustande der Straße abhängen wird, ob ein und dasselbe Fahrzeug mit Luftreifen einen größeren Rollwiderstand hat als mit Vollgummireifen.

Die durch die obigen Mittelwerte angedeutete, scheinbare Überlegenheit der Vollgummireifen wird auch von deutschen Quellen bestätigt.

W. A. Th. Müller[1]) hat z. B. bei seinen Versuchen mit einer elektrischen Droschke der Siemens-Schuckert-Werke die in Fig. 14 dargestellten Ergebnisse erzielt, die, selbst auf unebenem Steinpflaster, für Vollgummireifen geringere Werte des Kraftverbrauches als für Luftreifen zeigen.

E. Sieg[2]) gibt als Ergebnis seiner mit Berliner elektrischen Droschken angestellten Versuchsfahrten folgende Zahlen an:

Bereifung vorne	Bereifung hinten	Stromverbrauch Wattst/km
Vollgummi, Sorte I	Luftreifen mit Gleitschutz	179
Luftreifen	„ „ „	162
Vollgummi, Sorte I	Vollgummi, Sorte II	148
„ „ II	Luftreifen	131
„ „ II	Vollgummi, Sorte II	116

[1]) „Der Motorwagen" 1908, S. 184.
[2]) ETZ 1908, S. 1261.

Auch diese Werte sprechen scheinbar zugunsten des Vollreifens, obgleich hier der Unterschied mehr in der besonderen Art der benutzten Vollreifen als in grundsätzlichen Eigenschaften aller Vollreifen begründet zu sein scheint.

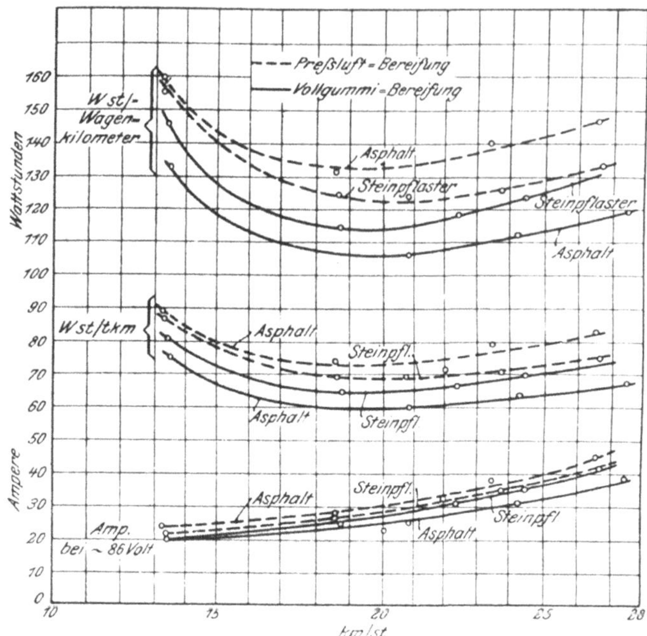

Fig. 14. Ergebnisse der Versuche von W. A. Th. Müller.

Auf einem den vorstehenden Ergebnissen gänzlich widersprechenden Standpunkt steht aber Michelin. Nach seiner Meinung bilden die bei der Fahrt auf nicht ganz glattem Pflaster unvermeidlichen Erschütterungen einen wesentlichen Teil des Rollwiderstandes, da hierbei ebenso wie beim vollständigen Fehlen einer nachgiebigen Bereifung ein unaufhörliches Heben und Fallenlassen der belasteten Wagenräder stattfindet. Diese Erschütterungen sind bei Reifen aus Vollgummi deshalb so wesentlich stärker als bei Luftreifen, weil die Luftreifen die Eigenschaft besitzen, sich dem Hindernis auf der Straße teilweise anzuschmiegen, was bei den viel weniger zusammendrückbaren Vollreifen so gut wie ausgeschlossen ist.

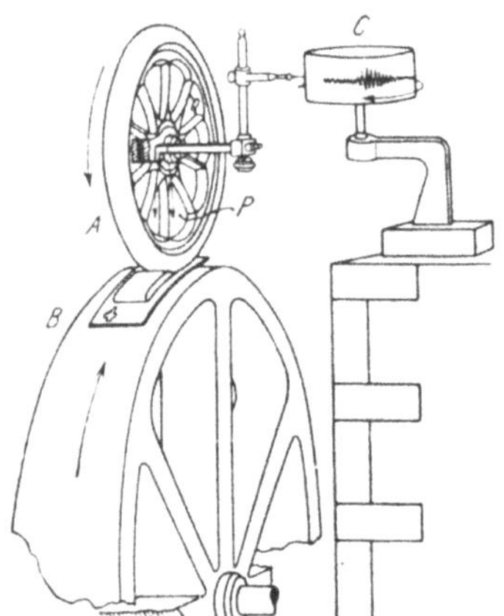

Fig. 15. Versuchseinrichtung von Michelin.

Michelin hat diese Anschauung durch einige beachtenswerte Versuche bekräftigt,[1]) die er mit der in Fig. 15 dargestellten Einrichtung angestellt hat. Diese Einrichtung besteht aus einem Rad B mit breitem Kranz, das mit Hilfe eines Elektromotors oder sonstwie mit einer Umfangsgeschwindigkeit von 25 km/st angetrieben wird. Auf dem Umfange dieses Rades läßt man das Laufrad A eines Motorwagens abrollen, das hierbei dauernd mit $P = 500$ kg belastet und in einem Gestell so ge-

[1]) Mémoires et compte rendu des travaux de la Société des Ingénieurs Civils de France, April 1908.

lagert ist, daß man seine senkrechten Bewegungen während des Abrollens auf einer von einem Uhrwerk gleichförmig bewegten Schreibtrommel C unmittelbar aufzeichnen kann.

Die Linien, die man erhält, zeigen auffallenderweise schon ohne daß auf dem abgedrehten Umfange des Rades B irgendwelche Unebenheiten vorhanden wären, bei den Vollreifen eine größte Höhe der Schwingungen von 6 bis 7 mm bei Luftreifen dagegen nur eine größte Höhe von $^1/_2$ mm.

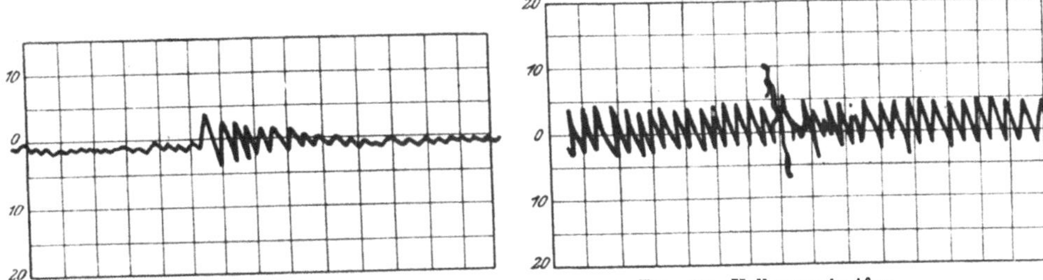

Fig. 16. **Luftreifen.** Fig. 17. Vollgummireifen.

Fig. 16 und 17. Versuche mit dem Hindernis Nr. 1.

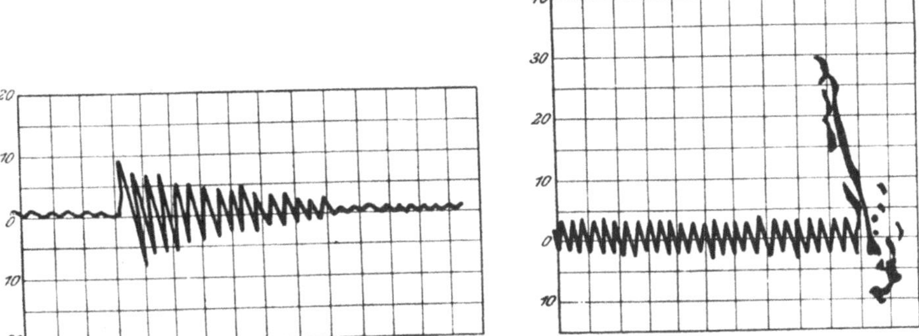

Fig. 18. **Luftreifen.** Fig. 19. Vollgummireifen.

Fig. 18 und 19. Versuche mit dem Hindernis Nr. 2.

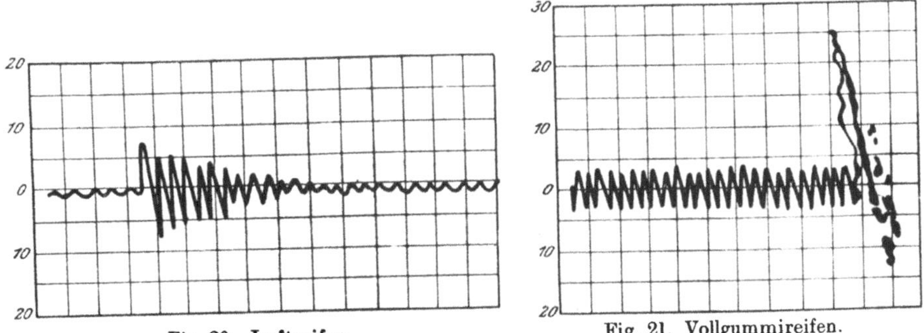

Fig. 20. **Luftreifen.** Fig. 21. Vollgummireifen.

Fig. 20 und 21. Versuche mit dem Hindernis Nr. 3.

Noch schärfer zeigt sich aber das gänzlich verschiedene Verhalten von Vollgummireifen und Luftreifen, wenn man auf dem Umfange des Rades B künstliche Hindernisse in der Form von aufschraubbaren Platten mit Erhöhungen anbringt.

Die Fig. 16 und 17 zeigen z. B. die Ergebnisse eines Versuches mit dem Hindernis Nr. 1, einem 20 mm hohen Eisen von (halbkreisförmigem) ⌓-Querschnitt. Fig. 18 und 19 beziehen sich auf die Versuche mit dem Hindernis Nr. 2, einem 20 mm hohen Eisen von (halbelliptischem) ⌓-Querschnitt, siehe auch Fig. 15. während die Fig. 20 und 21, bzw. 22 und 23 die Ergebnisse der Versuche mit entsprechenden, aber 30 mm hohen Hindernissen Nr. 3 und Nr. 4 darstellen.

Es ist ersichtlich, daß das 20 mm hohe Hindernis von halbkreisförmigem Querschnitt bei Luftreifen einen größten Hub der Radnabe von etwa 4 mm, bei Vollreifen dagegen einen Hub von 10 mm bewirkt. Der Luftreifen nimmt also $^4/_5$ der Höhe des Hindernisses allein auf, ohne die Schwingung an die Radnabe weiterzugeben, der Vollgummireifen nimmt demgegenüber nur die Hälfte der Höhe pes Hindernisses in sich auf.

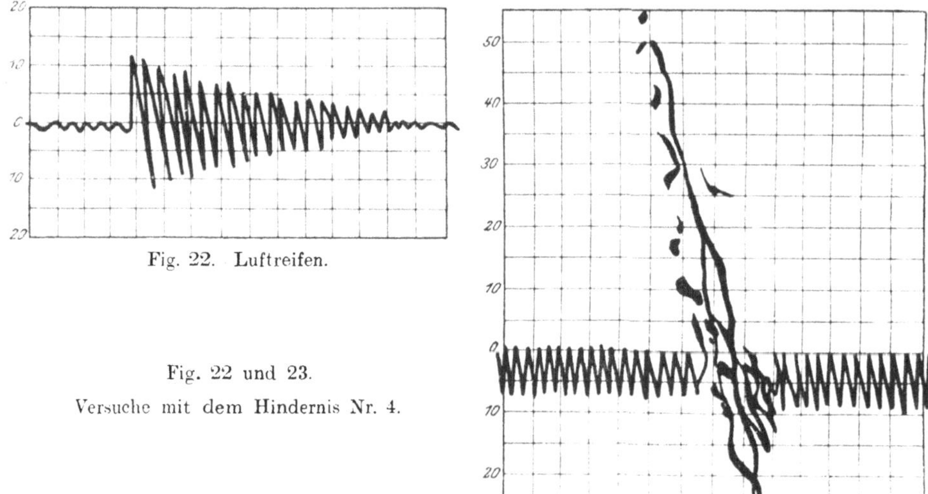

Fig. 22. Luftreifen.

Fig. 22 und 23.
Versuche mit dem Hindernis Nr. 4.

Fig. 23. Vollgummireifen.

Das bereits schwierigere Hindernis Nr. 2 von halbelliptischem Querschnitt und ebenfalls 20 mm größter Höhe zeigt ein noch weniger günstiges Verhalten des Vollgummireifens, nämlich eine größte Erhebung der Nabe von 29 mm. Nicht nur also, daß der Vollgummireifen in diesem Falle nichts von der Höhe des Hindernisses in sich aufnimmt, der Sprung, womit das Rad über das Hindernis hinweg gelangt, ist sogar höher als das Hindernis selbst. Demgegenüber beträgt bei Luftreifen die größte Erhebung der Radnabe nur 9 mm.

Das gleiche Verhalten kann man bei den 30 mm hohen Hindernissen Nr. 3 und Nr. 4 beobachten: das halbkreisförmige Hindernis Nr. 3 gibt bei Luftreifen nur 7 mm, bei Vollreifen 26 mm größte Nabenerhebung (s. Fig. 20 und 21); das halbelliptische Hindernis Nr. 4 bei Luftreifen 11 mm, bei Vollreifen 59 mm größte Erhebung.

Der von Michelin aus diesen Tatsachen gezogene Schluß, daß sich der Vollgummireifen auch bezüglich des Rollwiderstandes ungünstiger verhalten müsse als der Luftreifen, wird durch Zugversuche Michelins bestätigt.[1])

Diese mit einem leichten Wagen von 570 kg Leergewicht sowie von 920 mm Durchmesser der Vorder- und 1120 mm Durchmesser der Hinterräder angestellten

[1]) H. Rodier, Automobiles, 1905.

dynamometrischen Schleppversuche haben folgende Werte für die Widerstandsziffer (einschließlich des Luftwiderstandes) ergeben:

Art der Straße	Fahrgeschwindigkeit km/st	Art der Bereifung		
		Eisen	Vollgummi	Luftreifen
Gute, trockene, staubige Makadamstraße	11,7 . . . gegen den Wind	0,0272	0,0245	0,0223
	11,7 . . . mit dem Wind	0.0253	0,0228	0,0208
	19,7 . . . gegen den Wind	0,0344	0,0299	0,0248
	19,7 . . . mit dem Wind	0,0276	0,0252	0,0238
Gute, harte, aber feuchte Makadamstraße	11,0	0,0274	0,0265	0.0240
	20,0	0,0399	0,0356	0,0318
Gute, aufgeweichte Makadamstraße	21,0	0,0456	0,0426	0,0350
Etwas aufgefahrene Makadamstraße	22,0	0,0338	0,0280	0,0225

Eine Erklärung für den offenbaren Widerspruch zwischen diesen Werten und den Ergebnissen der Müllerschen Versuche wird man wohl nur in dem Einfluß der Straßenoberfläche zu suchen haben; während z. B. bei den Versuchen von Müller der Einfluß des Arbeitsaufwandes beim Zusammendrücken des Luftreifens gegenüber den sonstigen Ursachen des Rollwiderstandes überwiegt, tritt dieser bei den Versuchen von Michelin, die auf einer viel unregelmäßigeren Fahrbahn stattgefunden haben, gegenüber dem Arbeitsaufwand für das häufige Heben und Wiederfallenlassen des Wagengewichts zurück. Es ist demnach nicht ohne Einfluß auf die Zahlenwerte geblieben, daß die Versuche, die zugunsten des Vollgummireifens sprechen, vornehmlich auf Asphalt- oder Steinpflaster, und die Versuche, die zugunsten der Luftreifen ausgefallen sind, nur auf Makadamstraßen angestellt worden sind.

Immerhin gestattet dies bereits, je nach dem Zweck, für den ein bestimmtes Fahrzeug ausersehen ist, unter den vorhandenen die Auswahl einer annähernden Ziffer für den Rollwiderstand zu treffen. Für Stadtbetriebe mit Droschken, Omnibussen, kleinen Geschäftswagen usw. wird man mit Vollgummireifen, für Reisewagen u. dgl. wird man dagegen unter sonst gleichen Verhältnissen bei Luftreifen auf geringere Rollwiderstände rechnen können. Im übrigen kommen die kennzeichnenden Unterschiede im Verhalten von Luftreifen und Vollgummireifen auch in den Ergebnissen der Müllerschen Versuche zum Ausdruck, insofern als, wie aus Fig. 14 ersichtlich, der Kraftverbrauch bei Luftreifen auf dem Asphaltpflaster größer ist, während bei Vollgummireifen auf Steinpflaster mehr Kraft verbraucht wird. Leider lassen sich aus den Versuchen die Ziffern des Gesamtwiderstandes zum Vergleich mit denjenigen von Michelin nicht berechnen, weil die Verluste des Wagengetriebes bei verschiedenen Geschwindigkeiten nicht bekannt sind.

Dagegen läßt sich aus den Angaben des Diagramms in Fig. 14 wenigstens berechnen, wieviel Kilogramm einschließlich aller Verluste des Motors und des Getriebes auf je 1000 kg des Wagengewichts aufgewendet werden müssen, um den Wagen unter den verschiedenen Geschwindigkeits-, Straßen- und Reifenverhältnissen 1 km weit fortzurollen. Diese Zahlen ermöglichen dann, die Ergebnisse der Müllerschen Versuche untereinander leichter zu vergleichen.

Hierfür muß man berücksichtigen, daß

$$1 \text{ Wattstunde} = 3600 \text{ Wattsekunden} = 3600 \times 0{,}102 \text{ mkg}$$

ist. Die gesuchte Vergleichszahl ergibt sich also aus:

$$\frac{\text{Abgelesene Wattstunden/tkm} \cdot 3600 \cdot 0{,}102}{1000} \text{ in kg/t.}$$

Unter Benutzung der in Fig. 14 durch kleine Kreise angedeuteten genauen Werte erhält man dann

für Vollgummireifen:

auf Asphaltpflaster bei	13,5	20,8	24,3	27,4 km/st
Gesamt-Zugkraft	27,54	22,03	23,13	24,60 kg/t
auf Steinpflaster bei	13,4	18,75	22,4	24,45 km/st
Gesamt-Zugkraft	29,74	23,68	24,60	25,34 kg/t
für Luftreifen:				
auf Asphaltpflaster bei	13,25	18,5	23,5	26,5 km/st
Gesamt-Zugkraft	32,68	26,81	28,27	30,48 kg/t
auf Steinpflaster bei	13,3	18,6	23,8	26,6 km/st
Gesamt-Zugkraft	31,95	25,34	26,07	29,17 kg/t

Bei der Benutzung dieser Zahlen ist darauf zu achten, daß darin alle elektrischen und Reibungsverluste von den Spannungs- und Strommessern bis zu den Radumfängen enthalten sind.

Der Vollständigkeit halber sind endlich noch die Versuche zur Bestimmung des Rollwiderstandes zu erwähnen, die von einem Ausschuß der British Association unter dem Vorsitze von Sir J. J. Thornycroft in den Jahren 1902 und 1903 angestellt worden sind. Bei diesen Versuchen hat man eine verschieden belastete, abgefederte Achse mit Eisen- und Luftreifenrädern von verschiedenen Durchmessern durch einen vorgespannten Motorwagen mit verschiedenen Geschwindigkeiten auf Kopfstein- und Makadampflaster geschleppt und die Zugkraft dynamometrisch bestimmt.[1]) Aus dem Schlußbericht[2]) dieses Ausschusses seien folgende Zahlen mitgeteilt:

1. Versuche mit zwei Lastwagenrädern von 1016 mm Durchmesser mit seitlich abgerundeten eisernen Laufreifen von 76,2 mm Breite auf Kopfsteinpflaster von 152 mm × 76 mm Steingröße:

Fahr-geschwindigkeit km/st	Zugkraft in Kilogramm bei		
	178 kg Achs-belastung	305 kg Achs-belastung	432 kg Achs-belastung
14,4	10,45	14,95	19,05
16,0	10.90	16,10	20,40
17,6	11,35	17,00	21,80
19.2	11.80	17,70	22.70

2. Versuche mit Luftreifen von 610 mm × 70 mm, 864 mm × 89 mm und 864 mm × 114 mm auf Makadampflaster und auf Kopfsteinpflaster. Diese Versuche haben ergeben, daß der Fahrwiderstand unter sonst gleichen Verhältnissen auf Makadampflaster größer ist als auf Kopfsteinpflaster, daß er ferner mit zunehmendem Raddurchmesser annähernd proportional abnimmt und daß er ferner bei gleichen Raddurchmessern mit dem Durchmesser des Luftreifens wächst. Für Luftreifen von 610 mm × 70 mm ergeben sich auf Makadampflaster:

bei	11,2	12,8	14,4	16,0	17,6	19,2	20,8	22,4	24,0	25,6 km/st
	57,1	58,0	59,2	59,8	60,4	61,3	62,0	62,7	63,4	63,7 kg/t

als Gesamtwiderstand einschließlich des Luftwiderstandes und der Zapfenreibung.

[1]) Die Einrichtungen für diese Versuche sind in der Zeitschrift Engineering vom 3. Oktober 1902 beschrieben.

[2]) Engineering vom 25. September 1903.

Die vorstehenden Zahlen lassen sich mit den früher angeführten nicht unmittelbar vergleichen, sollen aber nach dem Ausspruch des Ausschusses mit den Versuchsergebnissen von Morin, Dupuit und Michelin gut übereinstimmen.

Widerstand auf Steigungen.

Zu den Widerständen auf der Fahrbahn gehören ferner die auf Steigungen auftretenden Widerstände, die sich bekanntlich durch

$$w_s = Q \cdot \sin \alpha$$

ausdrücken lassen, wenn α der Steigungswinkel ist. Da aber die Steigung von Straßen in der Regel in v. T. der wagerechten Länge angegeben zu werden pflegt, so kann man, vgl. Fig. 24, die auf einer Steigung von der Länge l und der Höhe h geleistete Arbeit auch annähernd ausdrücken durch

$w_s \cdot l = Q \cdot h$ oder

$w_s = Q \cdot \frac{h}{l}$, wobei für $Q = 1000$ kg

$h = 1$ m

$l = 1000$ m

$w_s = 1$ kg wird; für jedes v. T. Steigung und für je 1000 kg Wagengewicht hat man daher annähernd 1 kg Widerstand zu rechnen.

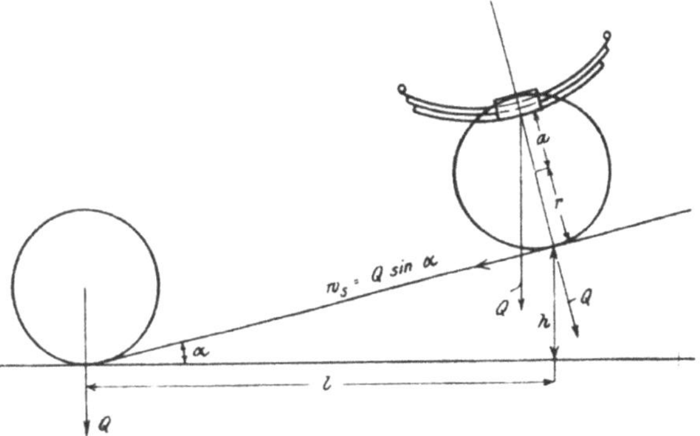

Fig. 24. Widerstand auf Steigungen.

Bei stärkeren Steigungen werden aber die Unterschiede zwischen $\sin \alpha$ und $\text{tang}\, \alpha$ zu groß, um vernachlässigt werden zu können. Man hat daher den Widerstand parallel zur Fahrbahn anzunehmen. Dazu kommt, daß, genau genommen, das Wagengewicht bei Motorwagen nicht an der Berührungsstelle des Rades mit der Fahrbahn, sondern an den höher liegenden Federn angreift und somit, abgesehen von dem Moment des Widerstandes $r \cdot w_s = Q \cdot r \cdot \sin \alpha$ ein zusätzliches Moment $Q \cdot a \cdot \sin \alpha$ zu überwinden ist, dessen Größe von der (übertrieben dargestellten) Entfernung a abhängig ist. Da diese Entfernung mit dem Halbmesser r wächst, so empfiehlt es sich, bei Fahrzeugen, die große Steigungen befahren, nicht zu große Räder anzuwenden.

Luftwiderstand.

Bei den hohen Geschwindigkeiten, die Motorfahrzeuge auf gewöhnlichen Straßen und nicht ausschließlich bei Rennen erzielen können, ist schließlich auch der Luftwiderstand zu berücksichtigen. Unterlagen für die Berechnung dieses Widerstandes sind in den Berichten über die Schnellfahrten der Studiengesellschaft für elektrische Schnellbahnen[1]) in einem für die Bedürfnisse des Motorfahrzeugbaues vollkommen ausreichenden Maße gegeben, so daß sich ein Eingehen auf die älteren Versuche von Poncelet, Thibault usw. wohl erübrigt. Nach der „Hütte" ist der spezifische Luftwiderstand

[1]) Vgl. z. B. Glasers Annalen vom 15. Juni 1906.

$$p = \frac{P}{F} = \psi \cdot \gamma \cdot \frac{v^2}{2g}, \text{ worin}$$

F die senkrecht zur Richtung des Windes stehende Fläche in Quadratmetern,
P den Winddruck in Kilogramm,
ψ eine zwischen 1 und 3 schwankende Erfahrungszahl,
g die Erdbeschleunigung,
v die Windgeschwindigkeit in m/sek und
γ das Gewicht von 1 cbm Luft in Kilogramm (für trockene Luft bei 0° und 760 mm ist $\gamma = 1{,}239$ kg/cbm).

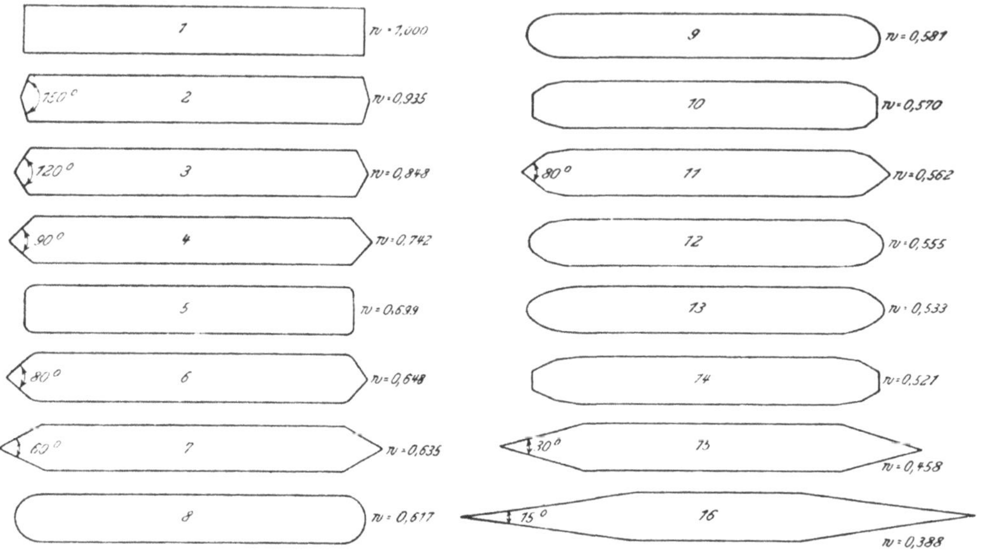

Fig. 25 bis 40. Luftwiderstandziffern verschiedener Wagenformen.

Auch die Schnellbahnversuche haben das bereits von Newton aufgestellte Gesetz von der Zunahme des spezifischen Luftwiderstandes (bzw. des Winddruckes auf die Flächeneinheit) mit dem Quadrate der Geschwindigkeit bestätigt. Die große Zahl von Messungen hat hierbei unter Berücksichtigung der gleichzeitig gemessenen Windstärken für den Luftwiderstand die einfache Formel

$$p = 0{,}0052\, V^2 \quad (V \text{ in km/st})$$

ergeben, der sich alle Ablesungen ohne Rücksicht auf die etwa vorhandenen Druck- und Temperaturschwankungen ziemlich genau anschließen.

Was die Bestimmung der Fläche F anbelangt, die als senkrecht zum Wind bewegte Fläche anzusehen ist, so genügt es, hierfür, wie bereits von Güldner[1]) vorgeschlagen worden ist, für überschlägliche Berechnungen das Produkt aus Spurweite und größter Höhe des Wagens über die Mitte der Vorderachse einzusetzen.

Immerhin sind aber beim Entwurf des Wagens die Ergebnisse der Versuche mit verschiedenen Wagenformen zu beachten, die ebenfalls von der Studiengesellschaft angestellt worden sind, und bei denen sich einige auch für Motorwagen brauchbare Grundrißformen ergeben haben.

Die von der Studiengesellschaft für ihre Pendelversuche verwendeten Modelle mit den ihnen entsprechenden Verhältniszahlen w für den Luftwiderstand sind in

[1]) Z. Ver. deutsch. Ing. 1900, S. 1046.

Fig. 25 bis 40 wiedergegeben. Wagenformen, wie etwa das Modell 10, die nur 57 v. H. des Luftwiderstandes einer rechteckigen Wagenform ergeben, werden somit stets anzustreben sein.

Auch seitliche Vorsprünge, die wenn auch nur wenig vortreten, tragen stets zur Erhöhung des Luftwiderstandes bei, wie weitere Versuche der Studiengesellschaft bewiesen haben, s. Fig. 41 bis 50. Lassen sich solche bei Motorwagen auch nicht ganz vermeiden, so wird man dennoch stets trachten müssen, die Wagenform den aus diesen Versuchen folgenden Gesetzen möglichst anzupassen.

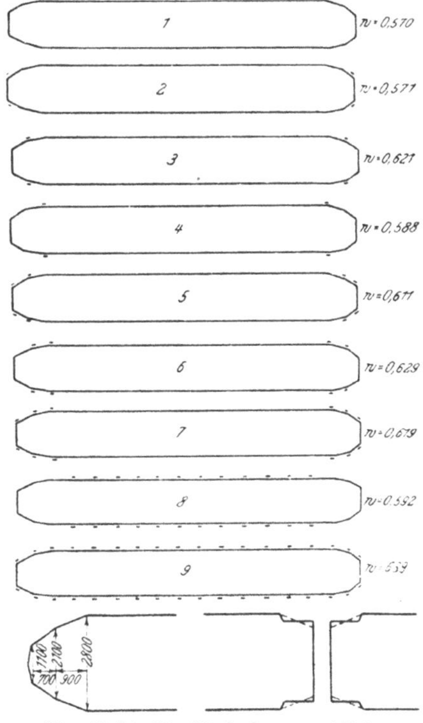

Fig. 41 bis 50. Einfluß von seitlichen Vorsprüngen auf die Luftwiderstandziffer.

Nach dem vorstehenden bereitet die annähernde Berechnung der Widerstände, die bei der Bewegung eines gegebenen Fahrzeuges auf einer gegebenen Straße mit einer gegebenen Geschwindigkeit auftreten können, keine wesentlichen Schwierigkeiten mehr. Man bestimmt an der Hand der angeführten Zahlenwerte zunächst diejenige Ziffer des gesamten Rollwiderstandes, die den vorliegenden Verhältnissen am meisten zu entsprechen scheint, und schlägt zu dem sich hieraus ergebenden Rollwiderstand diejenigen Widerstände, die bei der Überwindung von etwaigen Steigungen sowie durch die Luft und den Wind verursacht werden, wobei man um etwaigem Gegenwind Rechnung zu tragen, die gegebene Fahrgeschwindigkeit um 5 bis 6 m erhöhen kann

Den so erhaltenen Gesamtwiderstand hat man sich an der Achse der Treibräder wagerecht angreifend zu denken. Von der vorhandenen Adhäsion hängt es ab, ob es überhaupt möglich ist, das Fahrzeug mit einer solchen Kraft vorwärts zu bewegen, daß der Widerstand überwunden werden kann.

Adhäsion.

Bekanntlich vollzieht sich der Antriebsvorgang des Motorwagens in der Regel derart, daß ein von der Maschine herrührendes Drehmoment M_d die hinteren Treibräder vom Halbmesser r zu drehen versucht. Damit sich die Treibräder nicht unter dem stillstehenden Wagen drehen, sondern unter Vorwärtsbewegung des Wagens auf dem Boden abrollen, muß die treibende Umfangskraft $P = \frac{M_d}{r}$ kleiner sein als die **Adhäsion** oder Gegenstützkraft der gleitenden Reibung, jene Kraft nämlich, die an dem Umfang der Treibräder angreifend, das Gleiten dieser Räder unter dem stillstehenden Wagen verhindert. Diese Stützkraft ist das Produkt aus dem Reibungsgewicht Q_r des Wagens und der Reibungsziffer μ für gleitende Reibung.

Beim Antrieb eines Wagens hat man sich somit folgende Kräfte und Momente in der Hinterachse zu denken:

1. Adhäsion . . . $\mu\, Q_r$ am Radumfang,
2. Umfangskraft . $P = \frac{M_d}{r}$ am Radumfang und vorwärts drehendes Moment M_d,
3. Widerstand . . W an der Achse, oder
4. Widerstand . . W am Radumfang und rückwärts drehendes Moment M_d'.

Der Antrieb wird erst dann möglich, wenn ein Überschuß $P - W$ vorhanden ist, der zum Beschleunigen des Wagens dient, also

$$P > W,$$

die Vorwärtsfahrt hingegen nur dann, wenn

$$\mu \cdot Q_r > P > W.$$

Auch über die Größe von μ sind wir verhältnismäßig schlecht unterrichtet. Während für Eisenbahnfahrzeuge im Mittel mit

$$\mu = 0{,}14 \text{ bis } 0{,}154$$

gerechnet werden kann, kommen bei Motorfahrzeugen, die auf gewöhnlicher rauher Straße und in der Regel auf Gummireifen fahren, bedeutend höhere Werte in Frage.

Jeanteaud[1]) gibt folgende, anscheinend aber für Räder mit Eisenbereifung geltende Werte an:

auf trockenem Holzpflaster . . . . . $\mu = 0{,}20$
auf feuchtem Holzpflaster . . . . . . $\mu = 0{,}25$
auf trockenem Steinpflaster . . . . . $\mu = 0{,}30$
auf feuchtem Steinpflaster . . . . . . $\mu = 0{,}35$
auf trockener Makadamstraße . . . . $\mu = 0{,}25$ bis $0{,}40$
(je nach dem Gewicht des Wagens)
auf feuchter Makadamstraße . . . . . $\mu = 0{,}42$
(für sehr schwere Wagen).

Bei Wagen mit Gummibereifung, insbesondere solchen mit Luftreifen, pflegt man sich um die Frage der Adhäsion wenig zu kümmern, weil diese in der Regel mehr als ausreichend ist. Daß allerdings auch hier Ausnahmen vorkommen, denen man aber überhaupt nicht Rechnung tragen kann, läßt sich an nebeligen Herbsttagen, wo die Straßen mit einem weichen, klebrigen Schmutz bedeckt zu sein pflegen, vielfach beobachten.

Arnoux[2]) behauptet, daß unter solchen Verhältnissen der Wert von μ, der für Luftreifen auf trockener Makadamstraße 0,67, auf trockenem Asphaltpflaster 0,715 und auf nassem Asphaltpflaster 0,81 betragen kann, bis auf 0,17, auf Asphaltpflaster sogar bis auf 0,062 sinken kann.

In solchen Fällen läßt sich also überhaupt nicht verhindern, daß die Treibräder solange gleiten, bis sie wieder größeren Widerstand finden.

Von ausschlaggebender Bedeutung wird die Frage der Adhäsion nur bei Motorlastwagen oder anderen schweren Motorwagen, insbesondere solchen, die ansteigende Strecken befahren oder noch angehängte Wagen ziehen sollen. Wegen der außerordentlichen Veränderlichkeit von μ empfiehlt es sich hierbei, mit möglichst geringen Werten, etwa $\mu = 0{,}15$ zu rechnen, wenn man vermeiden will, daß der Betrieb zu häufig versagt. Da die Adhäsion außer von μ auch von dem Druck Q_r auf die Treibräder abhängig ist, so wird man trachten, diesen Druck so groß zu wählen, wie es die Bauart der zu befahrenden Straße gestattet (bei Makadamstraßen etwa bis 7000 kg auf einer Achse). Häufig werden die zulässigen Achsdrücke auch durch Brücken usw., auf deren Tragfähigkeit Rücksicht ge-

[1]) H. Rodier, Automobiles 1905.

[2]) Périssé, Automobiles à pétrole, S. 10.

nommen werden muß, beschränkt. Endlich kann, wenn die erforderliche Adhäsion auf keine andere Weise erreichbar ist, in Erwägung gezogen werden, beide Achsen eines Motorwagens anzutreiben, wodurch das ganze Gewicht des Wagens zur Erzeugung der Adhäsion herangezogen wird.

Für Wagen mit einer angetriebenen Achse, also von normaler Bauart, kann man bei überschläglichen Berechnungen zur Ermittlung des auf die Adhäsion entfallenden Teiles Q_r des Gesamtgewichtes Q folgende Zahlen von Lutz[1]) anwenden:

bei normalen Personenwagen ist $\frac{Q_r}{Q} = 0,56$ bis $0,62$,

bei mittleren Lieferungswagen $\frac{Q_r}{Q} = 0,60$ bis $0,64$,

bei Motoromnibussen $\frac{Q_r}{Q} = 0,64$ bis $0,68$,

bei schweren Motorlastwagen $\frac{Q_r}{Q} = 0,66$ bis $0,68$.

In jedem gegebenen Falle ist es aber leicht, entweder diejenige Reibungsziffer μ zu bestimmen, bei der z. B. eine vorhandene Steigung gerade noch befahren werden kann, oder diejenige Nutzlast, die unter gegebenen Adhäsions- und Steigungsverhältnissen bewältigt werden kann, usw. Leider sind zumeist die Reibungsziffern, mit denen unter ungünstigen Verhältnissen gerechnet werden muß, die Unbekannten. Daraus ergeben sich die Schwierigkeiten, die bei den Versuchsfahrten mit Motorlastwagen, insbesondere auch bei denjenigen der Heeresverwaltungen vorgekommen sind.

Ein Mittel, die Reibungsziffer von Radreifen künstlich zu erhöhen, bilden die eisernen Stollen, die in der Form von ganz niedrigen, flachköpfigen Stahlnieten bei den Gleitschützern für Gummireifen fast allgemein Verwendung finden, in der Form von einschraubbaren Spitzen oder aufschraubbaren U-Eisenschuhen aber auch für Lastwagen mit Eisenbereifung geeignet sind. In den zuletzt genannten Ausbildungen sind die Stollen allerdings nur dann verwendbar, wenn, z. B. bei den militärischen Übungen, auf die Erhaltung der Straße keine große Rücksicht genommen zu werden braucht. Ihre Wirksamkeit ist außerdem von dem Zustand der Straße auch nicht unabhängig. Ist nämlich die Straße sehr glatt und fest, z. B. sehr stark gefroren, so daß der Raddruck die Stollen nicht in die Straßendecke eindrücken kann, so tritt auch hier das Gleiten ein.

Eis und Schnee bringen überhaupt große Veränderungen in den Adhäsionsverhältnissen hervor. Am ungünstigsten sind sie für eiserne Radreifen, weniger ungünstig aber für Gummireifen. Hier muß das Rad schon bis zur Achse eingesunken sein, ohne festen Grund gefunden zu haben, bevor es anfängt zu gleiten. Ein guter Notbehelf beim Gleiten der Treibräder ist endlich eine nicht zu dünne Kette, die schraubenförmig um den Reifen herumgeschlungen wird.

Beispiele.

Die Anwendbarkeit der vorstehenden Angaben auf die praktische Rechnung zeigen folgende Beispiele:

Zu berechnen sei ein zweiachsiger Wagen von $Q = 1000$ kg Gesamtgewicht mit einer senkrecht zur Fahrt gemessenen Widerstandfläche von $F = 3$ qm, der auf vollkommen wagerecht verlaufender Straße eine Geschwindigkeit von $V = 60$ km/st besitzt. Der Gesamt-Rollwiderstand sei mit 20 kg/t gegeben.

[1]) Automobil-Technisches Handbuch 1909, S. 259.

Dann ist

$$w_r = \frac{20 \cdot 1000}{1000} = 20 \text{ kg}$$

und

$$w_l = 3 \cdot 0{,}0052 \cdot 60^2 = 56{,}16 \text{ kg}$$

und

$$W = w_r + w_l = 76{,}16 \text{ kg}.$$

Zur Überwindung dieses Widerstandes ist ein Drehmoment an der Treibachse erforderlich, das einer Nutzleistung von

$$N_e = \frac{W \cdot V \cdot 1000}{3600 \cdot 75} = 16{,}92 \text{ PS}_e$$

entspricht.

Hat der Wagen die angegebene Geschwindigkeit auf einer Steigung von 15 v. T. zu erreichen, so erhöht sich der Gesamtwiderstand um w_s, das annähernd, oder, da im vorliegenden Falle $\operatorname{tang} \alpha = \sin \alpha = 0{,}015$ ($\alpha = 0^0\,51'\,34''$),

genau

$$w_s = \frac{15 \cdot 1000}{1000} = 15 \text{ kg}$$

beträgt.

Das erforderliche Drehmoment entspricht sodann einer Nutzleistung von

$$N_e = \frac{W \cdot V \cdot 1000}{3600 \cdot 75} = 19{,}41 \text{ PS},$$

während sich die mit dem früheren Drehmoment erreichbare Geschwindigkeit aus

$$\frac{V\,[w_r + w_s + 3 \cdot 0{,}0052\,V^2]\,1000}{3600 \cdot 75} = 16{,}92 \text{ mit annähernd } 39 \text{ km/st}$$

berechnen läßt.

Entfällt von dem oben angegebenen Wagengewicht ein Teil $Q_r = 700$ kg auf die Treibachse, so ist die bei einer Reibungsziffer $\mu = 0{,}16$ der gleitenden Reibung erreichbare Adhäsion $= 700 \cdot 0{,}16 = 112$ kg, und es kann von dem Wagen mit $w_r + w_s = 35$ kg eigenem Bahnwiderstand auf einem Anhänger Nutzlast von $w_r' + w_s' = 112 - 35 = 77$ kg Gesamtwiderstand mitgeführt werden, bevor die Treibräder gleiten.

Das hieraus folgende Gewicht Q' von Anhänger und Nutzlast zusammengenommen beträgt bei gleichen Rollwiderständen

$$Q' = \frac{77 \cdot 1000}{20 + 15} \sim 2220 \text{ kg}.$$

Dabei ist allerdings wegen der zu erwartenden geringen Fahrgeschwindigkeit von dem Luftwiderstand abgesehen.

Mit einer an der Treibachse verfügbaren Leistung von $N_e = 16{,}92$ PSe würde aber auf der Steigung von 15 v. T. dann — wieder abgesehen vom Luftwiderstand — nur eine Geschwindigkeit von

$$V = \frac{16{,}92 \cdot 3600 \cdot 75}{112 \cdot 1000} = 20{,}38 \text{ km/st}$$

erreicht werden können.

Die vorstehende Rechnung nimmt noch keine Rücksicht auf den Wirkungsgrad des Wagens selbst, gibt also noch keine unmittelbare Unterlage für die Bestimmung der Leistung der Wagenmaschine.

Für die Berechnung des Kraftbedarfes von Motorlastwagen und Lastzügen dürfte sich auch nachstehender Vorgang empfehlen[1]):

[1]) Vgl. Filehr, Der Motorwagen 1910, S. 684.

Die an den Hinterrädern verfügbare Zugkraft der Maschine

$$Z = \frac{N \cdot 75}{v} \cdot \mu$$

(N = Bremsleistung in PS_e, v = Fahrgeschwindigkeit in m/sek,

μ = Gesamtwirkungsgrad des Getriebes)

muß ausreichen, um den Fahrwiderstand

$$F = 1000 \cdot Q \cdot f$$

(Q = Wagengewicht in t, f = Fahrwiderstand in kg/kg)

zu überwinden und außerdem noch einen gewissen Kraftüberschuß für die Bewältigung des Steigungswiderstandes zu liefern. Für eine Steigung von s Meter Höhe auf a Meter Länge gilt dann folgende Beziehung:

$$1000\,Q \cdot s = \left(\frac{N \cdot 75}{v} \cdot \mu - 1000\,Q \cdot f\right) \cdot a.$$

Setzt man hierin $a = 100$, so daß s in v. H. ausgedrückt wird,

$v = \frac{V}{3{,}6}$, so daß V in km/st erscheint,

ferner $\mu = 0{,}7$ als guten Mittelwert,

$f = 0{,}02$ „ „ „

so ergibt sich die in v. H. ausgedrückte Steigung

$$s = \frac{18{,}9 \cdot N}{Q \cdot V} - 2$$

und daraus durch Umrechnen die erforderliche Leistung in PS

$$N = \frac{Q \cdot V}{18{,}9}(s + 2)$$

oder die erreichbare Fahrgeschwindigkeit in km/st

$$V = \frac{18{,}9 \cdot N}{Q \cdot (s + 2)}.$$

Diese Gleichungen sind aber an die Bedingungen geknüpft, daß die Zugkraft die verfügbare Adhäsion nicht übersteigt.

$$\frac{N \cdot 75}{v} \cdot \mu \leq 1000\,Q_r \cdot \varphi$$

(Q_r = Adhäsionsgewicht in t, φ = Reibungsziffer der gleitenden Reibung.)

Tritt dieser Fall ein, so ist in den obigen Gleichungen an Stelle der vollen Zugkraft nur die Adhäsion zu setzen. Die größte zulässige Steigung beträgt dann

$$s = \frac{100\,Q_r \cdot \varphi}{Q} - 2.$$

Für die Verhältnisse in den deutschen Bundesstaaten[1]) darf Q den Wert von 9 t nicht überschreiten, während mit Rücksicht auf die Gummireifen (größte Breite 170 mm doppelt) Q_r höchstens 7 t betragen darf.

Setzt man für Gummibereifung $\varphi = 0{,}3$
und für Eisenbereifung $\varphi = 0{,}23$,

so kann man für alle Verhältnisse die erforderlichen Maschinenleistungen berechnen. Zu berücksichtigen ist hierbei, daß für deutsche Verhältnisse die Höchstgeschwindigkeit in der Ebene

[1]) Siehe Anhang S. 452.

bei Gummibereifung $v = 16$ km/st
bei Eisenbereifung $v = 12$ km/st

betragen darf und daß auf den höchsten Steigungen nur mit dem 1. Gang, d. h. mit einer im Verhältnis von annähernd 1 : 4,5 verminderten Geschwindigkeit gefahren wird.

Die Berechnung ergibt dann, daß für einen Motorlastwagen von 9000 kg Gesamt- und 7000 kg Adhäsionsgewicht mit Gummibereifung die Adhäsion noch zum Befahren einer Steigung von

$$s = \frac{100 \cdot 7 \cdot 0{,}3}{9} - 2 \simeq 21{,}3 \text{ v. H.}$$

ausreicht, daß hierfür bei einer kleinsten Geschwindigkeit von $\frac{16}{4{,}5} = 3{,}55$ km/st eine Maschinenleistung von

$$N = \frac{9 \cdot 3{,}55\,(21{,}3 + 2)}{18{,}9} = \sim 39{,}4 \text{ oder } 40 \text{ PS}$$

erforderlich ist, die ausreicht, um eine Steigung von

$$s = \frac{18{,}9 \cdot 40}{9 \cdot 16} - 2 = 3{,}25 \text{ v. H.}$$

mit voller Geschwindigkeit zu befahren.

Bei Eisenbereifung beträgt die höchste befahrbare Steigung wegen der verminderten Adhäsion nur

$$s = \frac{100 \cdot 7 \cdot 0{,}23}{9} - 2 \simeq 16 \text{ v. H.,}$$

wobei die Fahrgeschwindigkeit $\frac{12}{4{,}5} = 2{,}66$ km/st

beträgt, und hierfür ist eine Maschinenleistung von

$$N = \frac{9 \cdot 2{,}66\,(16 + 2)}{18{,}9} \simeq 22{,}8 \text{ PS}$$

erforderlich, die man aber, damit ebenso wie bei Gummibereifung Steigungen bis zu 3,25 v. H. mit voller Geschwindigkeit befahren werden können, zweckmäßigerweise auf

$$N = \frac{9 \cdot 12}{18{,}9}\,(3{,}25 + 2) \simeq 30 \text{ PS}$$

erhöhen wird.

Durch Mitführen eines 1500 kg schweren Anhängers für 5000 kg Nutzlast erhöht sich das insgesamt zu bewegende Gewicht auf 15,5 t.

Mit Gummibereifung reicht dann die unverändert bleibende Adhäsion nur mehr für eine Steigung von

$$s = \frac{100 \cdot 7 \cdot 0{,}3}{15{,}5} - 2 = 11{,}5 \text{ v. H.}$$

aus, während die hierfür erforderliche Maschinenleistung

$$N = \frac{15{,}5 \cdot 3{,}55}{18{,}9}\,(11{,}5 + 2) = 39{,}4,$$

also wieder 40 PS beträgt. Bei Eisenbereifung vermindert sich die größte zulässige Steigung auf

$$s = \frac{100 \cdot 7 \cdot 0{,}23}{15{,}5} - 2 \sim 8{,}5 \text{ v. H.,}$$

wobei auch hier die Maschinenleistung unverändert bleibt.

Die in vorstehenden Rechnungen benutzten Werte für μ, f und φ sind gute Mittelwerte und dürfen nur dort verwendet werden, wo keine ungünstigen Verhältnisse zu erwarten sind, also bei gut instand gehaltenen Wagen, Straßen und bei günstigen Wetterverhältnissen. Welchen außerordentlichen Schwankungen φ ausgesetzt ist, ist schon weiter oben betont worden.

Die Baustoffe.

Die hohen Beanspruchungen, denen die Teile eines Motorwagens ausgesetzt sind, die sozusagen unberechenbaren Stöße, die sie beim Betriebe auf unebenen Straßen aushalten müssen, und die unerläßliche Forderung nach möglichst weitgehender Einschränkung des Wagengewichtes bringen es mit sich, daß die dem allgemeinen Maschinenbau geläufigen Baustoffe — Gußeisen, Flußeisen, Siemens-Martinstahl — in dieser einfachen Handelsform bei Motorwagen fast gar nicht verwendet werden können.

Gußeisen hat man bis jetzt nur bei den Maschinenzylindern beibehalten, obgleich auch hier zahlreiche Versuche vorliegen, statt des Gußeisens Stahl einzuführen, um an Gewicht zu sparen. Aber auch das im Motorwagenbau verwendete Gußeisen muß, wenn es möglich sein soll, die außerordentlich dünnwandigen Gußstücke fehlerfrei herzustellen, von besonderer Gußfähigkeit, insbesondere von recht niedrigem Kohlenstoffgehalt sein, ebenso wie an seine Festigkeit große Ansprüche gestellt werden.

Andere Teile, wie Getriebegehäuse, Kurbelgehäuse, verschiedene Lagerböcke usw. sucht man von anderen Beanspruchungen als solchen, die von ihrem Eigengewicht herrühren, möglichst zu entlasten, um sie dann aus dem weit weniger widerstandsfähigen, aber wesentlich leichteren Aluminium gießen zu können, wo immer es sich mit dem Preis vereinbaren läßt.

Aber auch beanspruchte Teile lassen sich, wenn die Anforderungen nicht hoch sind, aus Aluminium gießen, sobald man einen geringen Teil Kupfer zusetzt. Die Vorteile dieses Zusatzes, der das spezifische Gewicht nicht wesentlich erhöht, läßt die nachstehende Zusammenstellung[1]) erkennen.

Festigkeit von Aluminium und Al-Cu-Legierungen.

Bezeichnung des Stoffes	Spez. Gew.	Streckgrenze kg/qmm	Zugfestigkeit kg/qmm	Dehnung v. H.
Reines Aluminium, 5 mm-Blech, hart	2,96 bis 2,99	13,4	13,8	3,5
„ „ 2 mm-Blech, hart		15,9	16,5	2,5
Aluminium mit 2 v. H. Kupfer, 8 mm-Blech, hart		23,0	24,5	3,5
„ „ 3 v. H. „ „ „ „		26,1	27,6	2,5
„ „ 4 v. H. „ „ „ „		27,5	29,5	2,5

Bei einem Zusatz von 4 v. H. Kupfer erhöht sich demnach die Zugfestigkeit des Aluminiums bereits auf mehr als das Doppelte.

Andererseits lassen sich dort, wo bisher gewöhnliche Bronze verwendet wurde, durch Zusatz von Aluminium ebenfalls Vorteile in bezug auf Festigkeit bei gleichzeitiger Verminderung des spezifischen Gewichtes erzielen, wobei gleichzeitig schmiedbare und walzbare Legierungen erhalten werden.

[1]) Zeitschr. des Mitteleuropäischen Motorwagen-Vereins 1909, S. 457.

Festigkeit von Bronze-Aluminium-Legierungen.

Bezeichnung des Stoffes	Spez. Gew.	Streckgrenze kg/qmm	Zugfestigkeit kg/qmm	Dehnung v. H.
Bronze mit 5 v. H. Aluminium, geschmiedet . . .	8,320	13,0	38,0	50,0
„ „ 5 v. H. „ gewalzt	8,320	14,5	45,5	74,5
„ „ 7 v. H. „ geschmiedet . . .	7,917	15,5	42,5	53,0
„ „ 8 v. H. „ „ . . .	7,749	20,0	47,7	43,0
„ „ 9 v. H. „ „ . . .	7,651	30,0	53,7	17,5
„ „ 10 v. H. „ „ . . .	7,522	32,5	57,8	15,7

Die vorstehenden Zahlen lassen erkennen, daß es vorteilhaft sein kann, an vielen Stellen statt des Gußeisens Aluminiumlegierungen anzuwenden, ohne hierbei die Ansprüche an die Festigkeit ebenso herabsetzen zu müssen, wie es beim reinen Aluminium der Fall war.

Die Fortschritte auf diesem Gebiete, an denen bisher hauptsächlich die Aluminium-Industrie A.-G. zu Neuhausen (Schweiz) beteiligt gewesen ist, sind im übrigen noch lange nicht abgeschlossen. Erst neuerdings ist unter dem Namen „Elektronmetall" eine angeblich aus Aluminium und Magnesium bestehende Legierung aufgetaucht, die von der Chemischen Fabrik in Griesheim hergestellt wird, und die im gegossenen Zustande 22 kg/qmm Zugfestigkeit bei 8 v. H. Dehnung, im verdichteten Zustande aber sogar 32 bis 36 kg/qmm Zugfestigkeit bei 13 bis 16 v. H. Dehnung besitzen soll und dabei nur ein spezifisches Gewicht von 1,8 aufweist, also noch wesentlich leichter als Aluminium ist. Auch das von dem Hütteningenieur A. Wilm, Berlin-Schlachtensee, herrührende „Duraluminium" von 2,8 spezifischem Gewicht, das ursprünglich schmied- und preßbare Stücke mit 15 bis 20 kg/qmm Streckgrenze und 15 bis 18 v. H. Bruchdehnung herzustellen gestatten soll, gehört hierher. Es wird jetzt in Deutschland von den Dürener Metallwerken und in England von Vickers Sons & Maxim hergestellt[1]) und besteht zu 90 v. H. aus Aluminium, während im übrigen darin 0,5 v. H. Magnesium 3,5 bis 5,5 v. H. Kupfer und 0,5 bis 0,8 v. H. Mangan enthalten sind. Sein spezifisches Gewicht beträgt 2,75 bis 2,84, sein Schmelzpunkt liegt bei etwa 650° C. und seine Festigkeitseigenschaften kommen denjenigen des Flußstahles nahe. Zusätze von Blei, Zinn und Zink, die die Beständigkeit anderer Aluminiumlegierungen so ungünstig beeinflussen, sind hier vermieden. Je nach dem Verwendungszweck kann man die Zusammensetzung sowie die Wärmebehandlung so verändern, daß man entweder ein weiches, schmiedbares, walzbares und ziehbares Material oder ein hartes, entsprechend weniger dehnbares erhält. Die Schwankungen, die sich hierbei ergeben, sind

Spez. Gewicht	2,75	bis	2,84	
Streckgrenze	18,82	„	25,75	kg/qmm
Zerreißfestigkeit	34,72	„	45,28	„
Dehnung	23	„	18	v. H.
Kontraktion	34	„	26	„
Härte nach Brinell	98	„	125	

Diese Werte beziehen sich auf 7 mm dicke gewalzte Bleche. Die Elastizitätsziffer beträgt 730000 bis 700000 kg/qcm.

Die Festigkeitseigenschaften der Legierung ändern sich übrigens auch während der Bearbeitung ganz erheblich. In der nachstehenden Zahlentafel sind Versuche an verschieden zusammengesetzten Proben angegeben, deren Festigkeit mit fortschreitender Verdünnung beim Auswalzen gemessen wurde. Die Zahlen lassen erkennen, in welcher Weise mit fortschreitender Bearbeitung die Festigkeit zu- und die Dehnung abnimmt.

[1]) Verhandl. d. Vereins z. Beförd. d. Gewerbfl., Dezember 1910 u. Engineering vom 7. Okt. 1910.

Festigkeitseigenschaften der Duraluminium-Legierungen H, 681 A, 681 B, 681 C und 681 D in verschiedenen Härtestufen.

Härtestufen	Legierung H (spez. Gew. 2,750)					Legierung 681 A (spez. Gew. 2,789)					Legierung 681 B				
	Streckgrenze kg/qmm	Bruchgrenze kg/qmm	Dehnung v. H.	Kontraktion v. H.	Kugeldruckhärte	Streckgrenze kg/qmm	Bruchgrenze kg/qmm	Dehnung v. H.	Kontraktion v. H.	Kugeldruckhärte	Streckgrenze kg/qmm	Bruchgrenze kg/qmm	Dehnung v. H.	Kontraktion v. H.	Kugeldruckhärte
Weiche Bleche. 7 mm dick . .	19,0	36,0	25,0	34	98	24,7	41,8	21,1	29,5	113	28,1	43,5	17,6	21,7	121
Gewalzt auf 6 mm Stärke	—	38,0	10,0	22	118	41,0	47,6	9,0	21,5	134	47,0	50,0	8,0	16,3	141
Gewalzt auf 5 mm Stärke	—	42,0	6,3	18	118	—	—	—	—	—	—	52,7	5,3	12,7	149
Gewalzt auf 4 mm Stärke	—	43,5	5,0	13	131	48,6	52,7	5,0	14,5	149	—	55,0	4,0	9,7	156
Gewalzt auf 3 mm Stärke	—	45,5	5,0	14	139	—	—	—	—	—	—	56,6	3,4	7,3	159
Gewalzt auf 2 mm Stärke	—	47,5	4,0	12	139	53,0	56,0	4,0	13,2	157	—	58,5	2,5	6,6	163

Härtestufen	Legierung 681 C					Legierung 681 D (spez. Gew. 2,833)				
	Streckgrenze kg/qmm	Bruchgrenze kg/qmm	Dehnung v. H.	Kontraktion v. H.	Kugeldruckhärte	Streckgrenze kg/qmm	Bruchgrenze kg/qmm	Dehnung v. H.	Kontraktion v. H.	Kugeldruckhärte
Weiche Bleche, 7 mm dick . .	28,6	45,2	17,6	22,0	124	25,9	45,9	17,5	21,0	125
Gewalzt auf 6 mm Stärke	47,7	51,5	7,4	14,5	147	41,2	52,2	8,6	18,0	144
Gewalzt auf 5 mm Stärke	—	54,0	5,2	12,5	155	45,2	55,2	6,6	15,0	—
Gewalzt auf 4 mm Stärke	—	56,2	4,5	8,7	161	—	—	—	—	—
Gewalzt auf 3 mm Stärke	—	58,0	3,5	8,0	165	53,0	59,0	4,6	11,0	166
Gewalzt auf 2 mm Stärke	—	60,3	3,1	6,3	168	54,1	62,1	3,0	11,0	174

Auch den Phosphorbronzen, die bei einem Gehalt von mehr als 0,7 v. H. Phosphor sehr günstige Reibungsziffern aufweisen und trotzdem wegen ihrer Härte sehr widerstandsfähig gegen Abnutzung sind, wird bei der Bemessung von Lagerschalen, Stopfbüchsen usw. Aufmerksamkeit geschenkt. Untersuchungen von A. Philips[1]), die dem Institute of Metals vorgelegt worden sind, haben gezeigt, daß für Lagermetalle mit 0,8 bis 1,0 v. H. Phosphor Zugfestigkeiten von 28 bis 35 kg/qmm erreichbar sind, und zwar entsprechend dem zunehmenden Gehalt an Kupfer und der Abnahme des Gehaltes an Zinn.

Für schwer beanspruchte Teile, z. B. Schneckenräder, die mit gehärteten Teilen zusammenarbeiten, aber trotzdem bei hoher Festigkeit geringe Abnutzung aufweisen sollen, ist ferner die von der Skodawerke A.-G. in Pilsen (Böhmen) hergestellte Rübel-Bronze geeignet[2]), die insbesondere große Widerstandsfähigkeit gegen hohe Temperaturen besitzt. Diese Bronze, deren Festigkeit an die

[1]) Vgl. Engineering vom 18. Dezember 1908.

[2]) S. a. Zeitschr. d. österr. Ing.- u. Arch.-Ver. 29. Mai 1908.

Werte von Stahl herankommt und die diesem gegenüber den Vorzug hat, daß sie sich gießen läßt, ist keine Legierung, sondern eine Verbindung von Kupfer, Eisen, Nickel und Aluminium, die im Verhältnis der Atomgewichte zusammengestellt ist. Von den 5 Marken A, B, C, D und H dieser Bronze, die heute hergestellt werden, kommt die Sorte A nur für Gußstücke in Betracht. Sie läßt sich in jeder gewünschten Form und Wandstärke gießen, wobei der Guß außerordentlich scharfkantig und porenfrei ausfällt, und ergibt roh gegossen eine Festigkeit von 83 kg/qmm bei 3 v. H. Dehnung. In jedem Falle kann man, unabhängig von der Abkühlung auf 75,7 kg/qmm Zugfestigkeit rechnen, während die Bruchdehnung bei plötzlicher Abkühlung nur 3 v. H. beträgt. Die Schmelztemperatur dieser Bronze liegt bei etwa 1400° C. Der Bruch ist rötlich, an den bearbeiteten Stellen zeigt sie aber die Farbe des Nickels. Diese Bronze ist somit in hohem Grade geeignet, einen Ersatz für das Gußeisen bei Maschinenzylindern zu liefern.

Eine weichere, ebenfalls gießbare Bronze, die als Ersatz für Phosphor- und Aluminiumbronzen, sowie von Durana- oder Deltametall gedacht ist, ist die Sorte B, die durch Zusammenschmelzen der Kupfer-Zinklegierung Cu_3Zn mit der reinen Atomgewichtverbindung $Cu_2Fe_2Ni_3Al$ erhalten und in zwei Sorten „hart" und „weich" hergestellt wird. Diese Bronze, die bei mittlerer Temperatur eine Festigkeit von 43,6 bis 44,7 kg/qmm bei 41,5 bis 39 v. H. Dehnung aufweist, ist auch gegenüber dauernd hohen Temperaturen sehr widerstandsfähig.

Warmzerreißversuche mit 300 mm langen Stäben von 20 mm Durchmesser haben z. B. folgende Werte ergeben:

Dauertemperatur °C	Streckgrenze kg/qmm	Zerreißgrenze kg/qmm	Bruchdehnung v. H.
190	17,2	38,5	44,5
290	18,0	34,19	43,5
380	15,7	30,2	31.1
485	13,7	20,44	11,9

Wie günstig diese Werte sind, erkennt man noch besser, wenn man sie mit den Ergebnissen der Versuche von Stribeck[1]) an Durana-Metallstäben und derjenigen von v. Bach[2]) an Bronzestäben vergleicht (s. weiter unten). Abgesehen davon, daß diese Bronze ebenso leicht gießbar ist, wie die Sorte A, hat sie noch den Vorteil, daß sie durch eine leichte Wärmebehandlung an den fertigen Gußstücken in ihrer Festigkeit bis auf 55 kg/qmm verbessert werden kann.

Vergleichende Zusammenstellung von Warmzerreißversuchen mit Bronzen.

Versuche mit Rübel-Bronze Marke B „weich"			Versuche von Stribeck mit Durana-Metallstäben			Versuche von v. Bach mit Bronzestäben		
Dauertemperatur °C	Zugfestigkeit kg/qmm	Dehnung v. H.	Dauertemperatur °C	Zugfestigkeit kg/qmm	Dehnung v. H.	Dauertemperatur °C	Zugfestigkeit kg/qmm	Dehnung v. H.
200	43,68	28	22	40,8	31,8	20	24,91	17,4
400	34,24	25,2	207	31,2	40,8	200	20,67	13,1
500	27,35	19,3	414	7,5	57,0	400	11.13	1,4
			470	2,84	52,9	500	6,93	0,3

[1]) Z. Ver. deutsch. Ing. 1904, S. 897.
[2]) Z. Ver. deutsch. Ing. 1900, S. 1745.

Von den übrigen Rübel-Bronzen hat ferner noch die Marke H für den Motorwagenbauer Interesse. Diese hat 55 bis 65 kg/qmm Festigkeit bei 30 bis 15 v. H. Dehnung und kann zu Schmiede- oder Walz- oder Preßstücken verarbeitet werden. Rohre aus diese Bronze haben z. B. bei 35 mm Durchmesser und 1,5 mm Drücke von 550 at bei gewöhnlicher Temperatur und von 400 at bei 250° C ohne Formänderung ausgehalten.

Stahl.

Der wichtigste Baustoff für Motorfahrzeuge, über den wir heute verfügen, ist aber der durch Hinzufügen von verschiedenen Metallen legierte, hochwertige Stahl. Obgleich die Kenntnis dieser Stähle im Schiffbau oder im Geschützbau schon sehr weit zurückreicht, haben sie dennoch ihre heutige allgemeine Bedeutung fast nur durch den Motorwagenbau erlangt. Der ungewöhnlich schnell wachsende Bedarf auf diesem Gebiete, vereint mit der Bereitwilligkeit, große Mittel für Versuche aufzubringen, die dem damals neuen Sport zugute kommen sollten, hat bewirkt, daß heute fast alle Hüttenwerke in der Lage sind, Sonderstähle für Motorwagenteile zu liefern. Die Kenntnis dieser Stähle sowie ihres sehr verschiedenen, nicht leicht zu beherrschenden Verhaltens bei der Wärmebehandlung bildet heute sozusagen eine Wissenschaft für sich. Was davon in den Rahmen eines Lehrbuches für den Motorwagenbau hineingehört, ist etwa folgendes:

Von den Metallen, die geeignet sind, den Kohlenstoff zu ersetzen, um bessere Festigkeitseigenschaften hervorzubringen, ist an erster Stelle das Nickel zu erwähnen.

Nach Thallner[1]) kommen für die Praxis Nickelgehalte zwischen 2 und 6 v. H. und von 25 v. H. in Betracht. Unter 2 v. H. ist der Nickelgehalt von so unbedeutendem Einfluß, daß ein praktischer Nutzen daraus nicht erwächst, oberhalb 6 v. H. wird der Stahl martensitisch, schwer zu bearbeiten und unnötig teuer. Von 12 bis 25 v. H. sinkt die Zerreißfestigkeit zugunsten der Zähigkeit, die bei 25 v. H. Nickelgehalt ihren Höchstwert erreicht. Außerdem soll dieser Nickelstahl etwas widerstandsfähiger gegen Säuren sein als gewöhnlicher Stahl. Für praktische Verhältnisse ist allerdings Stahl mit 25 v. H. Nickelgehalt bei weitem zu teuer. Zu beachten ist, daß Nickelstahl ungewöhnlich hohe Festigkeitswerte erst bei der Wärmebehandlung liefert.

Longmuir[2]) hat für unbehandelte Stähle folgende Werte angegeben:

Nickelgehalt v. H.	Streckgrenze kg/qmm	Bruchgrenze kg/qmm	Dehnung auf 50 mm Länge v. H.	Kontraktion v. H.
0,00	32,3	58,7	25,0	51,73
1.20	36,8	63,0	21,0	42,80
2,15	36,4	64,0	24,5	51,83
4,25	44,8	73,6	20,0	33,06
4,95	52,2	92,4	2,0	3,71

Bei diesem Stahl, der neben Nickel auch 0,40 v. H. Kohlenstoff und 0,8 bis 1,0 v. H. Mangan, enthält, tritt also, wenn der Nickelgehalt zwischen 4,25 und 4.95 v. H. liegt, ein sehr spröder Zustand ein, der natürlich zu meiden ist.

Ungleich höher sind aber die Werte, die man erzielt, wenn man den Nickelstahl der Wärmebehandlung unterwirft. Ein gewöhnlicher Handelsnickelstahl mit 2,95 v. H. Nickel- und 0,20 v. H. Kohlenstoffgehalt ergibt bei verschiedener Behandlung folgende Werte:

[1]) Der Motorwagen 1907, S. 461.

[2]) Metallurgie 1909, S. 378.

Art der Behandlung	Streckgrenze kg/qmm	Bruchgrenze kg/qmm	Dehnung auf 50 mm v. H.	Kontraktion v. H.
Unbehandelt	41,4	61,8	29,0	56,3
Von 800° C an der Luft abgekühlt	44,7	60,1	30,0	58,3
„ 900° C „ „ „ „	42,3	60,3	30,5	55,9
„ 950° C „ „ „ „	45,5	60,2	27,5	56,6
In Öl bei 760° C abgeschreckt und bei 435° C angelassen	43,9	64,5	27,0	59,3
„ „ „ 760° C „ „ „ 530° C „	49,0	67,3	27,5	57,2
„ „ „ 760° C „ „ „ 630° C „	49,9	66,3	28,5	59,1
„ „ „ 760° C „ „ „ 670° C „	48,3	63,3	28,0	59,1
In Wasser bei 780° C abgeschreckt und bei 420° C angelassen	107,5	120,0	10,0	42,1
„ „ „ 780° C „ „ „ 600° C „	77,0	86,0	17,5	57,9
„ „ „ 780° C „ „ „ 660° C „	58,0	73,4	21,5	54,1
„ „ „ 920° C „ „ „ 460° C „	79,3	92,4	10,5	26,6
„ „ „ 920° C „ „ „ 550° C „	93,2	98,2	19,5	51,1
„ „ „ 920° C „ „ „ 550° C „	90,6	95,3	15,0	53,4

Der Einfluß des Abschreckens ist also insbesondere bei Abschrecken in Wasser ganz beträchtlich und steigt mit steigenden Abschrecktemperaturen.

Aus den beiden angeführten Versuchsreihen kann man schließen, daß unter normalen Bedingungen die durchschnittlichen Eigenschaften des Nickelstahls mit geringem Kohlenstoff- und etwa 3 v. H. Nickelgehalt nach dem Abschrecken in Öl folgende sein werden:

Streckgrenze	46,1 kg/qmm
Bruchgrenze	61,5 ,,
Dehnung auf 50 mm	24 v. H.

Ein weiteres zur Erhöhung der Festigkeitseigenschaften des Stahles dienendes Metall ist das Chrom, und zwar nicht allein für sich, sondern in Anwesenheit von Nickel mit dem Stahl legiert. Chrom erhöht die Härtbarkeit und zugleich die Festigkeitseigenschaften des Nickelstahls und wird in der Praxis in Mengen von 0,25 bis 3 v. H. zugesetzt. Das Höchstmaß der Einwirkung auf die Härtbarkeit wird bei 1 bis 5 v. H. Chromzusatz, das Höchstmaß der Einwirkung auf die Festigkeit bei 2 bis 2,5 v. H. Chromzusatz unter gleichzeitiger Anwesenheit eines Kohlenstoffgehaltes von höchstens 1 v. H. erzielt. Übermäßiger Chromzusatz kann in bestimmten Fällen schädlich wirken.

Nach Guillet[1]) erhält man bei

Stahl mit 0,25 bis 0,45 v. H. Kohlenstoff,
2,5 bis 2,75 v. H. Nickel,
0,275 bis 0,60 v. H. Chrom:

Behandlung	Streckgrenze kg/qmm	Bruchgrenze kg/qmm	Dehnung auf 50 mm Länge v. H.
Bei 900° C ausgeglüht und langsam abgekühlt	34,6 bis 48,8	53,8 bis 73,0	15 bis 20
Bei 850° C abgeschreckt und bei 350° angelassen	58,4 bis 97,7	78,0 bis 107,7	8 bis 12

und bei Stahl mit 0,25 bis 0,45 v. H. Kohlenstoff,
5 bis 6 v. H. Nickel,
0,5 bis 1,0 v. H. Chrom:

[1]) Journal of the Iron and Steel Institute 1904, II, S. 166.

Behandlung	Streckgrenze kg/qmm	Bruchgrenze kg/qmm	Dehnung auf 50 mm Länge v. H.
Bei 900° C ausgeglüht und langsam abgekühlt	53,8 bis 73,0	64,2 bis 85,0	20 bis 25
In Wasser abgeschreckt u. nicht wieder angelassen	63,8 bis 107,7	78,0 bis 122,5	11 bis 18

Gegenüber dem Nickelstahl läßt sich also bei dem Chromnickelstahl bei guter Dehnung eine höhere Streckgrenze und Bruchgrenze erreichen.

Ähnlich liegen die Verhältnisse bei dem Vanadiumstahl und dem Chrom-Vanadiumstahl, der allerdings nach den eingehenden Untersuchungen von Sankey und Smith[1]) nebenbei auch noch eine hohe Widerstandsfähigkeit gegen dynamische Beanspruchungen aufweist und daher in erster Linie für Achsen und Wellen in Frage kommt, wenn der Preis kein Hindernis bildet.

Das vorstehend Angeführte dürfte zur allgemeinen Kenntnis der neuen Baustoffe für den Motorwagenbau genügen.

Da aber dem Konstrukteur nicht so sehr Angaben über Streckgrenze, Bruchfestigkeit und Dehnung, sondern darüber erwünscht sind, wie weit er bei den verschiedenen im Handel vorkommenden Sonderstählen bei vernünftiger Sicherheit in der zulässigen Beanspruchung gehen darf, so sind nach den Angaben von Ewerding[2]) nachstehend diese zulässigen Beanspruchungen in kg/qmm für verschiedene Arten der Belastung sowie für Beanspruchung auf Zug, Druck, Biegung, Schub und Drehung angeführt, und zwar gelten

I für ruhende Belastung,
II für eine zwischen 0 und einem Höchstwert (P)
und III für eine zwischen $-P$ und $+P$ wechselnde Belastung, während
die zulässige Beanspruchung für Zug mit k_z,
,, ,, ,, ,, Druck ,, k_d,
,, ,, ,, ,, Biegung ,, k_b,
,, ,, ,, ,, Schub ,, k_s,
und ,, ,, ,, ,, Drehung ,, k_t,
in kg/qmm bezeichnet werden.

Kruppsche Spezial-Automobilstähle.

		$\frac{A\,7\,J}{Z}$ naturhart		$\frac{A\,12\,P}{Z}$ naturhart		$\frac{C\,46\,O}{Z}$ naturhart		$\frac{EF\,36\,O}{Z}$ schwach gehärtet		$\frac{EF\,36\,O}{Z}$ stärker gehärtet		$\frac{EF\,60\,O}{Z}$ gehärtet		$\frac{A\,4\,J}{Z}$ gehärtet		$\frac{E\,112\,O}{Z}$ gehärtet		$\frac{E\,120\,O}{Z}$ gehärtet		$\frac{SJH}{Z}$ gehärtet	
		von	bis	von	bis	von	bis	von	bis	von	bis	von	bis	von	bis	von	bis	von	bis	von	bis
k_z	I	13,5	16,5	16,5	19,5	22,0	25,0	27,0	30,0	40,0	43,0	41,0	44,0	13,5	16,5	18,0	21,0	19,5	22,5	40,0	60,0
	II	9,0	11,0	11,0	13,0	14,6	16,6	18,0	20,0	26,6	28,6	27,2	29,2	9,0	11,0	12,0	14,0	13,0	15,0	26,6	40,0
	III	4,5	5,5	5,5	6,5	7,3	8,3	9,0	10,0	13,3	14,3	13,6	14,6	4,5	5,5	6,0	7,0	6,5	7,5	13,3	20,0
k_d	I	13,5	16,5	16,5	19,5	22,0	25,0	27,0	30,0	40,0	43,0	41,0	44,0	13,5	16,5	18,0	21,0	19,5	22,5	40,0	60,0
	II	9,0	11,0	11,0	13,0	14,6	16,6	18,0	20,0	26,6	28,6	27,2	29,2	9,0	11,0	12,0	14,0	13,0	15,0	26,6	40,0
k_b	I	13,5	16,5	16,5	19.5	22,0	25,0	27.0	30,0	40,0	43,0	41,0	44,0	13,5	16,5	18,0	21,0	19,5	22,5	40,0	60,0
	II	9,0	11,0	11,0	13,0	14,6	16,6	18,0	20,0	26,6	28,6	27,2	29,2	9,0	11,0	12,0	14,0	13,0	15,0	26,6	40,0
	III	4,5	5,5	5,5	6,5	7,3	8,3	9,0	11,0	13,3	14,3	13,6	14,6	4,5	5,5	6,0	7,0	6,5	7,5	13,3	20,0
k_s	I	10,8	13,2	13,2	15,6	17,6	20,0	21,6	24,0	32,0	34,4	32,8	35,2	10,8	13,2	14,4	16,8	15,6	18,0	32,0	48,0
	II	7,2	8,8	8,8	10,4	11,6	13,2	14,4	16,0	21,4	23,0	21,8	23,4	7,2	8,8	9,6	11,2	10,4	12,0	21,3	32,0
	III	3,6	4,4	4,4	5,1	5,8	6,6	7,2	8,0	10,7	11,5	10,9	11,7	3,6	4,4	4,8	5,6	5,2	6,0	10,65	16,0
k_t	I	10,2	12,6	12,4	14.8	16,5	18,9	20,0	22,4	30,0	32,4	30,7	33,1	10,0	12,4	13,5	15,9	14,6	17,0	30,0	45,0
	II	6,8	8,4	8.2	9,8	11,0	12,6	13.2	14,8	20,0	21,6	20,4	22,0	6,6	8,2	9,0	10,6	9,6	11,2	20,0	30,0
	III	3,4	4,2	4,1	4,9	5,5	6,3	6,6	7,4	10,0	10,8	10,2	11,0	3,3	4,1	4,5	5,3	4,8	5,6	10,0	15,0

[1]) Proc. of the Institution of Mechanical Engineers 1904, S. 1235.

[2]) Der Motorwagen 1908, S. 628.

Die angegebenen zulässigen Belastungen liegen zwischen 0,3 und 0,4 der Elastizitätsgrenze. Auf die Bruchgrenze der ruhenden Belastung bezogen, bewegen sich die Sicherheitszahlen zwischen 5 und 15 je nach der Art der Beanspruchung. Die Stähle kommen für alle hoch beanspruchten Teile eines Motorwagens, z. B. Achsen, Wellen, Stangen usw. in Betracht und sind je nach dem verfügbaren Preis auszuwählen. Als schweißbarer Stahl wird insbesondere die Marke $\frac{A\,12\,P}{Z}$, als Stahl für Rahmenteile die Sorte $\frac{C\,46\,O}{Z}$, als Stähle für die im Einsatz zu härtenden Zahnräder werden die Sorten $\frac{EF\,60\,O}{Z}$ und $\frac{A\,4\,J}{Z}$ bezeichnet usw.

Die verhältnismäßig hohe Inanspruchnahme, die hier zugelassen werden muß, erklärt sich aus der Rücksicht auf das Gewicht. Sie ist im übrigen bei diesen überaus zähen Baustoffen nicht so bedenklich, weil diese gelegentlich auch über die Streckgrenze hinaus beansprucht werden dürfen, ohne daß deshalb der betreffende Teil schon gefährdet wäre. Bei wiederholter Inanspruchnahme über die Streckgrenze hinaus tritt allerdings an der betreffenden Stelle eine Ermüdung ein, die den Bruch zur Folge hat.

In ähnlicher Weise sind nachstehend auch die zulässigen Beanspruchungen für Stähle des Krefelder Stahlwerkes und der Bismarckhütte zum unmittelbaren Gebrauch angeführt:

Krefelder Automobil-Spezialstähle.

		K. St. 3 naturhart		Z. R. 2 naturhart		K. St. 2 naturhart		K. St. 1 im Einsatz härtbar		Z. R. 1 im Einsatz härtbar	
		von	bis	von	bis	von	bis	von	bis	von	bis
k_z	I	16,25	19,25	14,0	17,0	22,0	25,0	11,25	14,25	14,0	17,0
	II	10,8	12,8	9,4	11,4	14,6	16,6	7,5	9,5	9,4	11,4
	III	5,4	6,4	4,7	5,7	7,3	8,3	3,75	4,75	4,7	5,7
k_d	I	16,25	19,25	14,0	17,0	22,0	25,0	11,25	14,25	14,0	17,0
	II	10,8	12,8	9,4	11,4	14,6	16,6	7,5	9,5	9,4	11,4
k_b	I	16,25	19,25	14,0	17,0	22,0	25,0	11,25	14,25	14,0	17,0
	II	10,8	12,8	9,4	11,4	14,6	16,6	7,5	9,5	9,4	11,4
	III	5,4	6,4	4,7	5,7	7,3	8,3	3,75	4,75	4,7	5,7
k_s	I	11,3	15,4	11,2	13,6	17,6	20,0	9,0	11,4	11,2	13,6
	II	8,6	10,2	7,4	9,0	11,7	13,3	6,0	7,6	7,4	9,0
	III	4,3	5,1	3,7	4,5	5,85	6,65	3,0	3,8	3,7	4,5
k_t	I	12,2	14,6	10,5	12,9	16,5	8,9	8,45	10,85	10,5	12,9
	II	8,2	9,8	7,0	8,6	11,0	12,6	5,6	7,2	7,0	8,6
	III	4,1	4,9	3,5	4,3	5,5	6,3	2,8	3,6	3,5	4,3

Bismarckhütte-Automobil-Spezialstähle.

		F. A. E. im Einsatz härtbar, roh		N. C. 6 roh		N. C. 4 roh		N. 4 E. im Einsatz gehärtet		N. C. 4 im Einsatz gehärtet	
		von	bis	von	bis	von	bis	von	bis	von	bis
k_z	I	12,5	15,5	22,5	30,0	18,75	25,0	25,0	30,0	37,5	50,5
	II	8,3	10,3	15,0	20,0	12,5	16,6	16,6	20,0	25,0	33,0
	III	4,15	5,15	7,5	10,0	6,25	8,3	8,3	10,0	12,5	16,5
k_d	I	12,5	15,5	22,5	30,0	18,75	25,0	25,0	30,0	37,5	50,0
	II	8,3	10,3	15,0	20,0	12,5	16,6	16,6	20,0	25,0	33,0

		F. A. E. im Einsatz härtbar, roh		N. C. 6 roh		N. C. 4 roh		N. 4 E. im Einsatz gehärtet		N. C. 4 im Einsatz gehärtet	
		von	bis	von	bis	von	bis	von	bis	von	bis
k_b	I	12,5	15,5	22,5	30,0	18,75	25,0	25,0	30,0	37,5	50,0
	II	8,3	10,3	15,0	20,0	12,5	16,6	16,6	20,0	25,0	33,0
	III	4,15	5,15	7,5	10,0	6,25	8,3	8,3	10,0	12,5	16,5
k_s	I	10,0	12,4	18,0	24,0	15,0	17,4	20,0	24,0	30,0	40,0
	II	6,6	8,2	12,0	16,0	10,0	11,6	13,3	16,0	20,0	26,0
	III	3,3	4,1	6,0	8,0	5,0	5,8	6,65	8,0	10,0	13,0
k_t	I	9,4	11,8	16,0	22,0	14,1	18,75	18,75	22,0	28,0	37,5
	II	6,2	7,8	11,2	15,0	9,4	12,5	12,5	15,0	18,6	25,0
	III	3,1	3,9	5,6	7,5	4,7	6,25	6,25	7,5	9,3	12,5

Die Auswahl unter den hier angeführten Baustoffen wird, worauf schon mehrfach hingewiesen worden ist, durch die Rücksicht auf den Preis bestimmt. Es ist daher nicht angängig, von irgendeinem bestimmten zu sagen, daß er sich z. B. für Wellen in erster Linie eignet, besser als irgendein anderer. Da es heute nicht mehr wie zur Zeit der großen Rennen Aufgabe des Konstrukteurs sein kann, den Wagen um jeden Preis so leicht wie möglich herzustellen, so ist die Wahl der geeigneten Baustoffe fast nur mehr Sache der Kalkulation.[1]) In der Tat kann man aus allen hier angeführten Stoffen brauchbare Wagenteile erhalten. Um nur ein Beispiel herauszugreifen:

Revillon[2]) hat eine Untersuchung veröffentlicht, in der er nachweist, daß für die Herstellung von Zahnrädern ganz verschiedene Arten von Stählen in Betracht kommen können, wenn sie nur die Eigenschaften aufweisen, daß sie sich leicht bearbeiten und gut härten lassen. Die Untersuchung erstreckt sich auf 26 verschiedene Stähle, die in vier Gruppen geteilt sind:

1. Stähle ohne Nickel oder Chrom, die wegen ihres geringen Herstellungspreises gebraucht werden,
2. Nickel-Chromstähle mit wenig Kohlenstoff, in Wasser mit oder ohne darauffolgendes Anlassen härtbar,
3. Nickel-Chromstähle mit geringem Gehalt an Nickel und Chrom, in Öl oder Wasser gehärtet,
4. Nickelstähle mit hohem Nickelgehalt und mit oder ohne Chrom.

Aus jeder Stahlsorte wurden Zahnräder hergestellt, die in einem 15 PS-Getriebe 70 Std. lang laufen mußten. Das Ergebnis der Versuche war:

In jeder der 4 Gruppen finden sich Stähle, die mehr oder weniger zur Herstellung von Getrieben geeignet sind.

Stähle ohne Nickelgehalt sind billige Handelserzeugnisse, aus denen wohl harte Getriebe gemacht werden können, aber diese sind sehr spröde. Sie können vielfach verwendet werden, erfordern aber eine schwierige, ihrer Zusammensetzung angepaßte Wärmebehandlung.

Weiche Nickelstähle, die in Wasser abgeschreckt werden, sind ungenügend hart, geben aber im Einsatz gehärtet hochwertige Zahnräder.

Mit wachsendem Kohlenstoffbehalt finden sich Stähle, die sich an der Luft oder in Öl abschrecken lassen und deren Eigenschaften in bezug auf Schlagfestigkeit und Dehnung mit wachsendem Nickelgehalt besser werden.

---

[1]) Vgl. Der Motorwagen 1910, S. 635.

[2]) Metallurgie 1909, S. 400.

Das Ausglühen muß immer sorgfältig durchgeführt werden, damit der Stahl für die Bearbeitung weich genug gemacht wird; nach der Bearbeitung des Stückes genügt es, den Stahl an der Luft abzukühlen, um genügende Härte und Schlagfestigkeit zu erreichen.

Der große Nachteil dieser Stähle ist ihre hohe Empfindlichkeit gegen den geringsten Wechsel in der Zusammensetzung, der sie — z. B. bei zu großem Gehalt an Nickel oder Kohlenstoff — entweder unbearbeitbar oder an der Luft unhärtbar machen kann. In solchen Fällen hilft das Härten in Öl, aber man ist dann nicht mehr dagegen geschützt, daß sich die Stücke beim Härten verziehen. Stähle mit hohem Gehalt an Nickel sind außerdem sehr teuer.

Ähnliche Ergebnisse würde auch eine Untersuchung geliefert haben, die sich auf die Verwendbarkeit dieser Stähle für andere Maschinenteile erstreckt hätte.

Die Brennstoffe.

Für den Betrieb der Maschinen von Motorwagen mit Verbrennungsmaschinen kommen heute ausschließlich flüssige Brennstoffe in Betracht, deren hohem Arbeitsvermögen im Verhältnis zu ihrem Gewicht und ihrem Rauminhalt es nicht zuletzt zuzuschreiben ist, daß die heutigen Motorwagen fast durchweg mit Verbrennungsmaschinen ausgerüstet werden. Da diese Brennstoffe verdampft werden müssen, bevor sie, mit Luft zu einem zündfähigen Gemisch vermengt, in den Zylinder der Maschine gelangen, so ist die Auswahl unter den verfügbaren flüssigen Brennstoffen von vorne herein auf solche beschränkt, die schon bei gewöhnlicher Temperatur verdampft werden können.

Als solche stehen heute drei Arten von Brennstoffen zu Gebote: Benzin, Benzol und Spiritus.

Benzin.

Unter der Bezeichnung Benzin versteht man heute ein Erzeugnis der Erdöldestillation, dessen spezifisches Gewicht zwischen 0,68 und 0,72 liegt und das zwischen 60° und 120° C vollständig verdampft. Da das natürliche Erdöl kein einheitlicher Körper im chemischen Sinne ist, so ist es auch das Benzin nicht. Aus der nachstehenden Übersicht[1]) über die wichtigsten Eigenschaften der Kohlenwasserstoffe der sogenannten Sumpfgas-(CH_4)-Reihe läßt sich entnehmen, daß für die Zusammensetzung des Benzins hauptsächlich die Kohlenwasserstoffe der Sumpfgasreihe vom Hexan bis zum Octan in Betracht kommen können.

Kohlenwasserstoffe der Sumpfgasreihe.

Bezeichnung	Chemische Formel	Spez. Gewicht	bei ° C	Molekular-gewicht	Siedepunkt ° C	Spez. Volumen in verdampften Zustande cbm/kg
Pentan	C_5H_{12}	0,626	17	72	36	0,3100
Hexan	C_6H_{14}	0,663	17	86	68,5	0,2595
Heptan	C_7H_{16}	0,688	15	100	98	0,2232
Octan	C_8H_{18}	0,719	0	114	125	0,1957
Nonan (α)	C_9H_{20}	0,742	12	128	130	0,1744
Decan	$C_{10}H_{22}$	0,757	16	142	161	0,1572
Indecan	$C_{11}H_{24}$	0,756	16	156	194,5	0,1431
Dodecan	$C_{12}H_{26}$	0,755	15	170	214,5	0,1313
Tredecan	$C_{13}H_{28}$	0,778	15	184	234	0,1213
Tetradecan	$C_{14}H_{30}$	0,796	—	198	252	0,1127
Pentadecan	$C_{15}H_{32}$	0,809	—	212	270	0,1052

[1]) E. Sorel: Carburation et combustion dans les moteurs à alcool. Paris 1904, S. 141.

Die Herstellung des Benzins aus dem Erdöl durch Sammlung derjenigen Bestandteile, welche zwischen 60° und 120° C überdestillieren, sowie durch nachfolgendes mehrfaches Rektifizieren und Reinigen mit Schwefelsäure bedingt, daß von den oben erwähnten Kohlenwasserstoffen außer den Hauptbestandteilen Hexan und Heptan immer noch andere, schwerere oder leichtere in geringen Mengen darin vorhanden sein können.

Ist demnach das spezifische Gewicht bei den oben angeführten reinen Kohlenwasserstoffen ein Maß für die Verdampfbarkeit, so ist es dies für das Benzin, genau genommen, nicht mehr, zumal da es die Fabriken unter dem Einfluß des großen Bedarfes an den mittleren Kohlenwasserstoffen, der sich mit dem Wachstum des Motorwagenverkehrs ausgebildet hat, heute ausgezeichnet verstehen, zu leichte und zu schwere Bestandteile so zu mischen, daß das gewünschte spezifische Gewicht erreicht wird. Im Betrieb verdampfen dann die leicht flüchtigen Teile des Benzins so schnell, daß sie mitunter nicht einmal in die Maschine gelangen, die schweren Teile dagegen verdampfen überhaupt nicht und bringen durch teerartige Niederschläge Störungen an den Zündkerzen, Kolben und Ventilen hervor.

Einen Schutz hiergegen bietet die fraktionierte Verdampfung einer bestimmten Menge des Brennstoffes, wobei man entweder, wie in Fig. 51, eine Beziehung zwischen der verdampften Benzinmenge und der Temperatur aufstellt[1]), so daß man aus der Gleichmäßigkeit des Verlaufes der Verdampfung auf die Zusammensetzung des Benzins schließen kann, oder, wie in Fig. 52 und 53, nach Verdampfen von je $^1/_{10}$ der benutzten Benzinmenge,

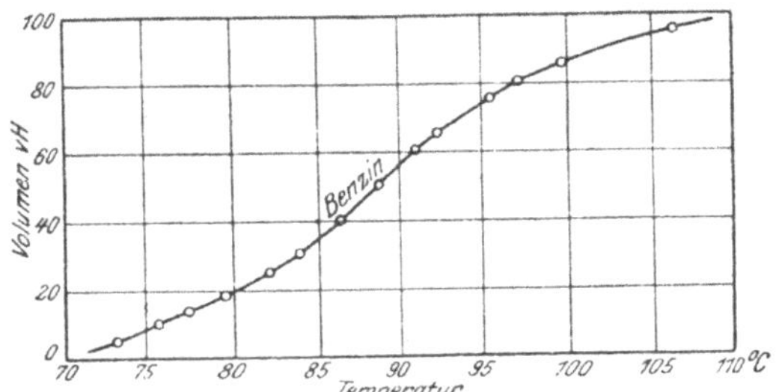

Fig. 51. Beziehung zwischen der verdampften Menge und der Temperatur.

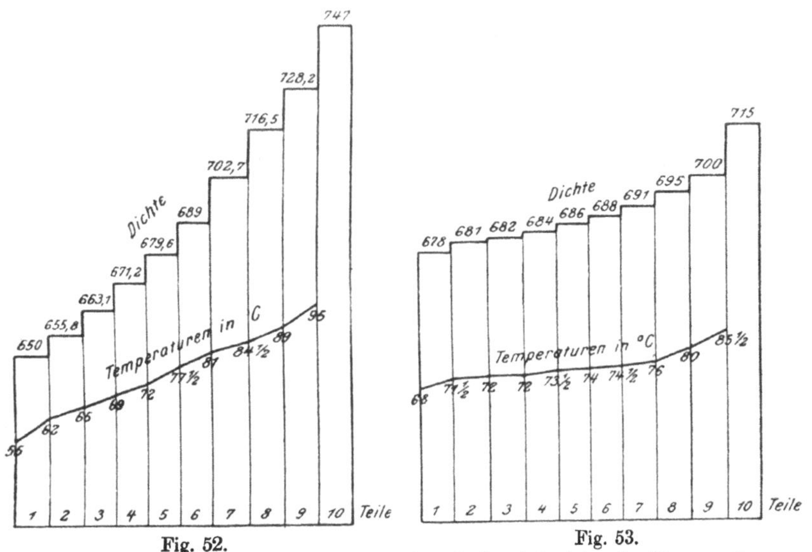

Fig. 52. Fig. 53.

Fig. 52 und 53. Verdampfen von gleichen Teilen bei steigender Temperatur.

[1]) K. Neumann, Untersuchung des Arbeitsprozesses im Fahrzeugmotor, Mitteil. über Forsch.-Arb., Heft 79.

die zugehörige Temperatur und das spezifische Gewicht des verdampften Teiles aufzeichnet[1]). Auch diese Darstellung gestattet, aus dem Verlauf der Temperaturen und spezifischen Gewichte auf die Gleichmäßigkeit der Zusammensetzung des Benzins zu schließen. So zeigt sie sofort, daß, obgleich die in Fig. 52 und 53 untersuchten Brennstoffe annähernd gleiche spezifische Gewichte hatten, der erste von ihnen zum Teil zu leichte, also zu leicht flüchtige, zum Teil zu schwere Kohlenwasserstoffe enthält, somit bei weitem nicht so günstig zusammengesetzt ist, wie der zweite.

Die Ergebnisse einer Reihe von solchen fraktionierten Verdampfungen, die Sorel im Jahre 1902 ausgeführt hat[2]), geben Aufschluß darüber, wie sich die verschiedenen Stoffe der Kohlenwasserstoffreihe in dem Benzin verhalten. Eine davon ist nachstehend als Beispiel wiedergegeben.

Automobilin (spez. Gewicht 0,699).

Zehntel verdampft	Temperatur °C	Spez. Gewicht des verdampften Teiles	Bestandteile
1	58 bis 64 bis 68	0,664	Spuren von Isopentan.
2	68 bis 72	0,669	Mischung von Hexan und
3	72 „ 76	0,678	Hextan.
4	76 „ 81	0,687	
5	81 „ 87	0,694	In der Hauptsache Heptan.
6	87 „ 95	0,704	
7	95 „ 101	0,715	Heptan bis Nonan (normal).
8	101 „ 109	0,725	Verschiedene Formen des
9	109 „ 127	0,733	Nonans.

Weitere Ergebnisse von ebensolchen Verdampfungen, die vorkommendenfalls auch zum Vergleich herangezogen werden können, zeigt die folgende Zusammen stellung, deren Werte teils von Sorel, teils von Heirman herrühren.

Fraktionierte Verdampfung

Spez. Gew.:	0,690		0,7126		0,7189		0,7211		0,699	
Zehntel ver-mpft	Temp. °C	Spez. Gew.	Temp. °C	Spez. Gew.	Temp. °C	Spez. Gew.	Temp. °C	Spez. Gew.	Temp. °C	Spez. Gew.
1	68—71,5	0,678	60—73	0,6793	60—73	0,678	65—74,5	0,694	58—68	0,664
2	71,5—72	0,681	73—76	0,6894	73—78	0,689	74,5—77,5	0,702	68—72	0,669
3	72	0,682	76—78,5	0,6961	78—82,5	0,699	77,5—80	0,708	72—76	0,678
4	72—73,5	0,684	78,5—81	0,7016	82,5—87	0,708	80—82,5	0,713	76—81	0,687
5	73,5—74	0,686	81—83	0,7101	87—91	0,716	82,5—85	0,719	81—87	0,694
6	74—74,5	0,688	83—86	0,7162	91—95,5	0,724	85—88	0,724	87—95	0,704
7	74,5—76	0,691	86—89	0,7216	95,5—100	0,731	88—91,5	0,729	95—101	0,715
8	76—80	0,695	89—93	0,7277	100—106	0,738	91,5—96	0,733	101—109	0,724
9	80—85,5	0,700	93—99	0,7358	106—115	0,746	96—102	0,740	109—127	0,733
10	Rest	0,715	—	0,7483	—	0,760	—	0,749	—	—

Bei der Vielartigkeit der Kohlenwasserstoffe, aus denen ein gegebenes Benzin zusammengesetzt sein kann, ist es ohne Elementaranalyse nicht möglich, die zur Verbrennung von 1 kg dieses Benzins notwendige theoretische Luftmenge zu bestimmen.

[1]) Heirman, L'automobile à essence. Paris 1908, S. 45.
[2]) a. a. O., S. 126.

Das bei einer solchen Elementaranalyse zu beobachtende Verfahren ist aber verhältnismäßig einfach und in jedem Laboratorium durchführbar. Es besteht lediglich darin, eine gegebene Benzinmenge zu verbrennen und die entstehende Kohlensäure sowie den gebildeten Wasserdampf genau zu wägen.

Neumann[1]) benutzte hierbei ein mit Kupferoxyd als Oxydationsmittel beschicktes Verbrennungsrohr, dem ein an der einen Seite zugeschmolzenes, an der andern Seite mit einem doppelt gebohrten Stopfen geschlossenes Glasrohr mit einem Benzin-Sprengkügelchen vorgeschaltet wurde. Durch das Glasrohr wurde ein getrockneter und gereinigter Luftstrom gesandt, der sich nach dem Zertrümmern des Sprengkügelchens mit Benzin sättigte und in dem Verbrennungsrohr verbrannte, wobei der Kohlenstoff Kohlensäure und der Wasserstoff Wasserdampf bildete. Die Kohlensäure wurde in Kalilauge, der Wasserdampf im Chlorkalziumrohr aufgefangen.

Sobald die chemischen Bestandteile des Benzins bekannt sind, kann man die zur vollständigen Verbrennung erforderliche Luftmenge, die Zusammensetzung der Abgase bei der theoretischen, vollständigen Verbrennung und die bei der Verbrennung entstehenden Wassermenge leicht berechnen.

Findet man z. B., daß das Benzin aus 14,9 v. H. Wasserstoff und 85,1 v. H. Kohlenstoff zusammengesetzt ist[2]), so gelten folgende Verbrennungsgleichungen:

$$2H_2 + O_2 = 2H_2O$$
$$4\,\text{kg} + 32\,\text{kg} = 36\,\text{kg}$$
$$C_2 + 2O_2 = 2CO_2$$
$$24\,\text{kg} + 64\,\text{kg} = 88\,\text{kg}$$

und hieraus, wenn man die Raumteile in Kubikmetern bei 15° C und 760 mm Barometerstand ausdrückt

$$0{,}149\,\text{kg}\ H_2 + 0{,}909\,\text{cbm}\ O_2 = 1{,}818\,\text{cbm}\ H_2O$$
$$0{,}815\,\text{kg}\ C + 1{,}730\,\text{cbm}\ O_2 = 1{,}730\,\text{cbm}\ CO_2.$$

verschiedener Brennstoffe.

Spez. Gew.:	0,669		0,684		0,705		(Lampenpetroleum) 0,801	
Zehntel verdampft	Temp. °C	Spez. Gew.	Temp. °C	Spez. Gew.	Temp. °C	Spez. Gew.	Temp. °C	Spez. Gew.
1	45—52	0,639	42—60	0,648	45—66	0,655	138—177	0,755
2	52—53	0,647	60—63	0,655	66—70	0,664	177—197	0,765
3	53—58	0,653	63—68	0,665	70—77	0,676	197—212	0,776
4	58—63	0,678	68—71	0,670	77—84	0,688	212—236	0,783
5	63—67	0,666	71—75	0,675	84—90	0,701	236—253	0,795
6	67—71	0,673	75—83	0,686	90—101	0,713	253—274	0,796
7	71—79	0,686	83—88	0,693	101—112	0,726	—	—
8	79—89	0,698	88—96	0,704	112—123	0,749	—	—
9	89—120	0,715	96—106	0,718	123—160	0,814	—	—
10	—	—	—	—	—	—	—	—

Für die Gewichtseinheit von Benzin erhält man folgende Verbrennungsgleichung:

$$1\,\text{kg Benzin} + 2{,}639\,\text{cbm}\ O_2 = 1{,}730\,\text{cbm}\ CO_2 + 1{,}818\,\text{cbm}\ H_2O$$

[1]) Mitteil. über Forsch.-Arb., Heft 79.

[2]) Wie bei Neumann s. a. a. O.

und mit der theoretischen Luftmenge:

1 kg Benzin + 12,57 cbm Luft = 1,730 cbm CO_2 + 1,818 cbm H_2O + 9,93 cbm N_2.

Das Gewicht des hierbei entstehenden Wasserdampfes beträgt, auf 15° C und 760 mm Barometerstand bezogen:

$$w = \frac{1,818 \cdot 18}{24,4} = 1,341 \text{ kg}^{1)}.$$

Nach der obigen Berechnung beträgt der Anteil der Kohlensäure an den nicht kondensierbaren Erzeugnissen der Verbrennung, auf den Rauminhalt bezogen

$$\frac{1,730 \cdot 100}{1,730 + 9,93} \simeq 14,8 \text{ v. H.}$$

Zu einem ähnlichen, allerdings nur annähernd richtigen Ergebnis kann man gelangen, wenn man nach Grebel[2]) annimmt, daß das Benzin vorzugsweise aus Hexan und Heptan besteht. Die theoretische Verbrennung von Hexan liefert die Gleichung:

$$C_6H_{14} + 19\,O = 6CO_2 + 7\,H_2O$$

2 Raumteile + 19 Raumteile = 12 Raumteile + Kondensat.

Da 19 Raumteile Sauerstoff 71,77 Raumteile Stickstoff bedingen und ferner
12,0 ,, Kohlensäure entstehen, so werden bei der Verbrennung 83,77 Raumteile nicht kondensierbare Gase gebildet, worin der Anteil der Kohlensäure

$$\frac{12 \cdot 100}{83,77} = 14,323 \text{ v. H. beträgt.}$$

Auf einem ähnlichen Wege kann man finden, daß bei der theoretischen, vollständigen Verbrennung

Heptan . . . . 14,4 v. H.
und Octan . . . . 14,5 v. H.

Kohlensäure in den nicht kondensierbaren Verbrennungsrückständen liefern, daß man also für ein gegebenes Benzin von z. B. 0,700 spez. Gewicht, im Mittel auf 14,4 v. H. Kohlensäure in den Verbrennungsrückständen der theoretischen Verbrennung rechnen kann.

Das Verfahren ist wegen der wechselnden Zusammensetzung des Benzins verschiedener Herkunft für wissenschaftliche Untersuchungen bei weitem nicht genau genug. Für den praktischen Versuchsstand, wo es sich in der Hauptsache darum handelt, die Vergaserquerschnitte richtig zu ermitteln, könnte es aber dennoch von Wert sein, weil es ermöglicht, auf verhältnismäßig einfache Weise zu erkennen, ob die Verbrennung vollständig ist oder nicht.

Da die bekannten Orsat- oder Hempel-Apparate gestatten, den Raumgehalt der Auspuffgase einer Maschine an Kohlensäure ziemlich genau zu bestimmen, so läßt sich der Verbrennungsvorgang mit Hilfe einer solchen Einrichtung wenigstens qualitativ beurteilen, was für den gedachten Zweck mitunter auch genügt und weit leichter durchführbar ist, als die eben angegebene chemische Elementaranalyse. Findet nämlich die Verbrennung von Hexan mit Luftmangel statt, z. B. nur mit 18 Raumteilen O, so gilt folgende Verbrennungsgleichung:

---

[1]) Hütte 1905, S. 293.

[2]) Mémoires et Compte rendu des travaux de la Société Ingénieurs Civils de France 1908, S. 841.

$$C_6H_{14} + 18O = 5CO_2 + CO + 7H_2O.$$

18 Raumteilen Sauerstoff entsprechen .	67,88	Raumteile	Stickstoff.
Hierzu .	12	„	Kohlensäure

und Kohlenoxyd zusammen, so daß insgesamt 79,98 Raumteile nicht kondensierbare Verbrennungserzeugnisse entstehen, deren Anteil an Kohlensäure nur mehr

$$\frac{10 \cdot 100}{79,88} = 12,51 \text{ v. H.}$$

beträgt.

Bei einem 17 Raumteilen Sauerstoff entsprechenden Luftmangel findet man nur mehr 10,49 v. H. Kohlensäure in den Verbrennungsrückständen des Hexans, bei 17 Raumteilen Sauerstoff 8,28 v. H., bei 15 Raumteilen 5,82 usw.

Andererseits wird auch bei Luftüberschuß der Gehalt der Auspuffgase an Kohlensäure niemals den Wert erhalten können, den er bei vollständiger Verbrennung hat, sondern kleiner sein müssen, weil sich nebenbei noch freier Sauerstoff darin befindet.

Hexan mit 20 Raumteilen Sauerstoff verbrannt, statt der 19 Raumteile bei der theoretischen Verbrennung, liefert:

$$C_6H_{14} + 20O = 6CO_2 + O + 7H_2O.$$

20 Raumteilen Sauerstoff entsprechen . .	76,5	Raumteile	Stickstoff.
Hierzu . .	12	„	Kohlensäure
und . . .	1	„	Sauerstoff
Insgesamt	89,5	Raumteile	nicht kondensier-

bare Verbrennungsrückstände deren Anteil an Kohlensäure

$$\frac{12 \cdot 100}{89,5} = 13,4 \text{ v. H.}$$

beträgt.

In der Tat bietet also die Kohlensäureprüfung wenigstens einen Anhalt dafür, wie weit die wirkliche Verbrennung von derjenigen mit der theoretischen Luftmenge entfernt ist. Hat man zudem noch die Möglichkeit, die Auspuffgase daraufhin zu prüfen, ob sie freies Kohlenoxyd (durch Absorption in einer Säurelösung von Kupferchlorür erkennbar) oder freien Sauerstoff (durch Absorption in Pyrogallussäure erkennbar) enthalten, so kann man daraus schließen, ob der bei praktischen Versuchen in jedem Falle unter dem angegebenen Höchstwert bleibende Kohlensäuregehalt der Auspuffgase auf Luftüberschuß oder auf Luftmangel zurückzuführen ist.

Benzol.

Die Bedeutung des Benzols als Brennstoff für Motorwagen rührt erst aus den letzten Jahren her, den Jahren nämlich, wo unter dem Einfluß des großen Aufschwunges der Motorwagenindustrie eine Teuerung in Benzin eingetreten war. Gegenwärtig ist wohl die Bedeutung des Benzols wieder etwas zurückgegangen, da die Benzinpreise infolge des wirtschaftlichen Niederganges in den Vereinigten Staaten sowie in Europa, der nebenbei auch einen scharfen Wettbewerb zwischen dem Standard Oil-Trust und der galizischen Petroleumindustrie zur Folge hatte, stark gesunken sind. Immerhin wird der hauptsächlich den Bemühungen der Daimler-Motoren-Gesellschaft in Marienfelde bei Berlin zu dankende Fortschritt, der in der Brauchbarmachung des Benzols für den Motorwagenbetrieb zu erblicken ist, auch in der Zukunft seinen Wert nicht verlieren, da man immer wieder auf das Benzol zurückgreifen kann, wenn die Preise des Benzins zu hoch steigen sollten.

Benzol ist bei einem mittleren spezifischen Gewicht von 0,885 etwas schwerer als Benzin, dessen spezifisches Gewicht 0,68 und 0,75 beträgt; es verdampft ähnlich wie das Benzin schon bei 80° C, geht aber erst bei 120° vollständig über. Bei Temperaturen in der Nähe von 0° erstarrt das Benzol, indessen haben sich wesentliche Schwierigkeiten bei seiner Verwendung für den Betrieb von Fahrzeugmaschinen aus diesem Grunde noch nicht ergeben. Allerdings darf man Benzol nicht in einem Vergaser verwenden wollen, der für Benzin eingeregelt ist, weil bei unrichtiger Bemessung der Luftmenge leicht ölige oder teerige Rückstände gebildet werden, die die Zündung stören.

Ein Grund für das Fehlschlagen älterer Versuche, Benzolbetrieb einzuführen, scheint nach den Beobachtungen von A. Spilker[1]) zu sein, daß man häufig geglaubt hat, statt des gereinigten Handelsbenzols ungereinigtes Rohbenzol anwenden zu können. Spilker weist nach, daß in dem leichtsiedenden Rohbenzol eine vor einigen Jahren unter dem Namen Cyclopentadin bekannt gewordene Verunreinigung vorhanden zu sein pflegt, die sich in reinem Zustande sehr schnell, in verdünntem Zustande aber nach einiger Zeit auch verändert und hierbei harzige, in Benzol teils lösliche, teils unlösliche Verbindungen bildet, die anscheinend die Ursache sind, daß beim Betrieb mit Rohbenzol teerartige Rückstände im Zylinder verbleiben. Wenigstens ist nur diese Erklärung für die bekannte Tatsache möglich, daß frisch bereitetes Rohbenzol die Ventile und Zündkerzen bedeutend weniger verschmutzt, als längere Zeit lagerndes Rohbenzol der genau gleichen Art.

Aus den Versuchen ist also zu folgern, daß man für Fahrzeugmaschinen nur gereinigtes Handelsbenzol verwenden darf.

Im Gegensatz zu Benzin kennzeichnet sich das Benzol durch eine verhältnismäßig einheitliche chemische Zusammensetzung. Es wird vorzugsweise nach dem 1887 von Franz Brunck in Dortmund erfundenen Verfahren aus dem Koksofengas gewonnen,[2]) indem man das Koksofengas mit einem bei der Teerdestillation abfallenden, zwischen 200° und 300° verdampfenden Leichtöl wäscht.

Fig. 54 stellt den Arbeitsgang einer von der Berlin-Anhaltischen Maschinenbau-A.-G. ausgeführten Anlage zur Behandlung von 30000 cbm Gas täglich auf Zeche Emscher dar. Das in Wagen zur Fabrik gebrachte Waschöl wird in den Kessel für frisches Waschöl abgelassen und mittels einer im Keller angeordneten Dampfpumpe auf den letzten von zwei hintereinander geschalteten Wäschern gedrückt, während das Koksofengas in den ersten Wäscher eingeleitet wird, so daß das benzolarme Gas mit frischem Öl in Berührung kommt. Im oberen Teil des Wäschers befindet sich ein Blech mit Tropfrohren; auf dieses fällt das Waschöl und rieselt dann dem Gasstrome entgegen, wobei es sich auf die ganze Fläche der Stabeinlagen verteilt und so mit dem Gas in eine innige Berührung kommt. Die Wirkung der Wäscher wird dadurch erhöht, daß dem Gas nicht nur eine große Waschfläche geboten, sondern daß es auch gezwungen wird, fortwährend seinen Weg zu ändern, und sich beim Durchgang an den Stabeinlagen ständig stößt.

Nach dem Durchgang durch den Wäscher sammelt sich das Waschöl in dem unteren als Sammelbehälter ausgebildeten Teile, aus dem es durch eine zweite Pumpe auf den mittleren Wäscher gedrückt wird. Hier fließt es wieder nach unten und sammelt sich wieder im unteren Teile an, um durch eine dritte Pumpe auf den ersten Wäscher gedrückt zu werden. Aus diesem läuft das nunmehr mit Kohlenwasserstoffen geschwängerte Öl in den Kessel für gesättigtes Öl.

Das gesättigte Waschöl wird durch Abtreibvorrichtungen wieder gereinigt. Vorher wird es durch einen Wärmeaustauscher gesaugt, dort auf 75° bis 80° vorgewärmt und dann noch zur Erleichterung des Abdampfens in einem Dampfvor-

---

[1]) Chemiker-Zeitung 1910, Nr. 54.

[2]) Z. Ver. deutsch. Ing. 1910. S. 70.

wärmer auf 125° bis 140° weiter erhitzt. Das so vorgewärmte, gesättigte Waschöl tritt nunmehr in den vorletzten Ring der Benzolabtreibvorrichtung und fließt von Zwischenboden zu Zwischenboden in die schmiedeeiserne Blase, wo durch den

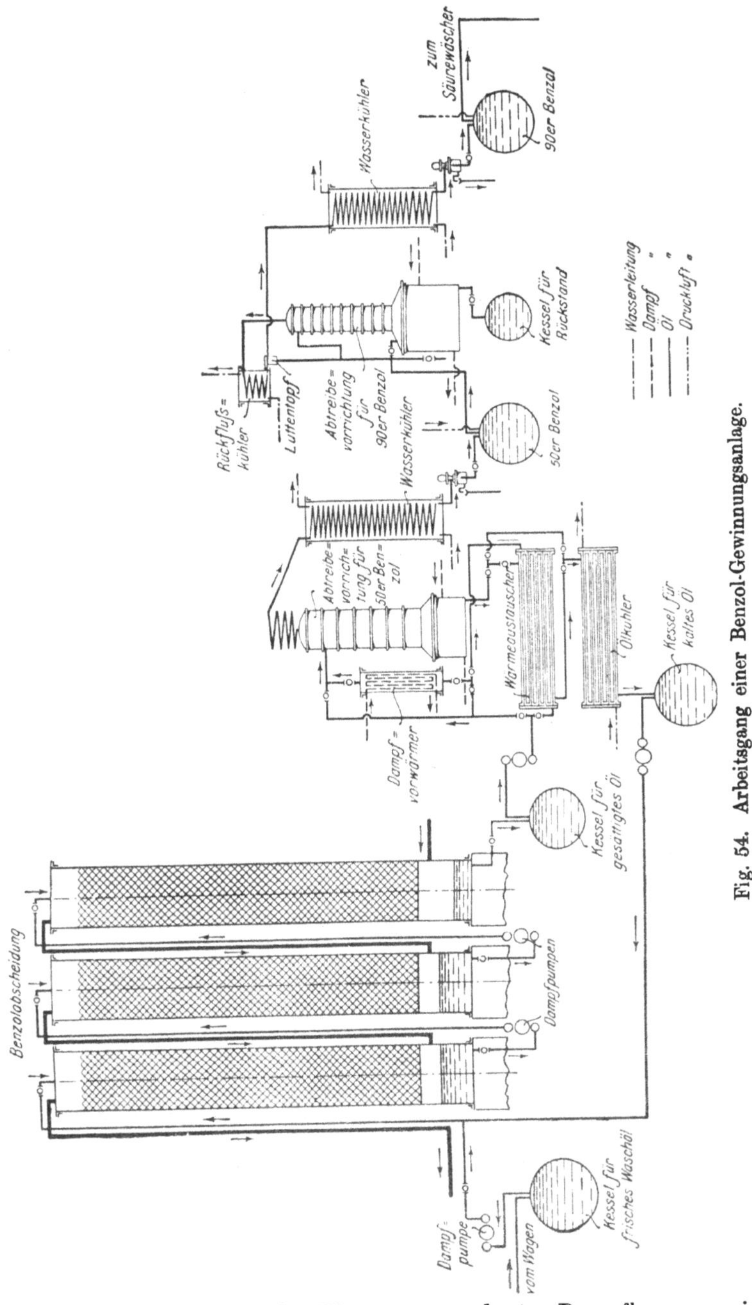

Fig. 54. Arbeitsgang einer Benzol-Gewinnungsanlage.

Dampf, der in die am Boden der Blasen angeordneten Dampfbrausen eingelassen wird, sowie durch Dampfschlangen das Benzol abgetrieben wird. Die aufsteigenden Benzoldämpfe kommen auf ihrem Wege mit dem von den Zwischenböden abfließenden Öl in innige Berührung und bewirken hierdurch eine äußerst schnelle Reinigung des gesättigten Waschöles. Weiter werden den aufsteigenden Dämpfen dadurch, daß sie sich an den Zackentellern stoßen und durch das auf dem Boden befindliche Öl gehen müssen, die mitgerissenen Ölbestandteile entzogen, die in die Blase zurückfließen. Hierdurch entsteht ein sehr gutes reines Destillat, das auf seinem weiteren Wege zum Wasserkühler durch eine über der Abtreibvorrichtung angeordnete Schlange läuft, in der sich höher siedende mitgerissene Bestandteile niederschlagen und zur Blase zurückgeführt werden.

Aus der Abtreibvorrichtung gelangen die Benzoldämpfe in den Wasserkühler, schlagen sich an dessen von Kühlwasser umgebener Schlange nieder und sammeln sich in flüssiger Form in der unter dem Kühler angeordneten Vorlage an. Dort scheiden sich Wasser und Benzol nach dem spezifischen Gewichte und werden getrennt abgeleitet und aufgefangen. Das Benzol (50er Rohbenzol) fließt in den hierfür bestimmten Kessel, der geteilt ist und ohne Betriebsstörung abwechselnd geleert und gefüllt werden kann.

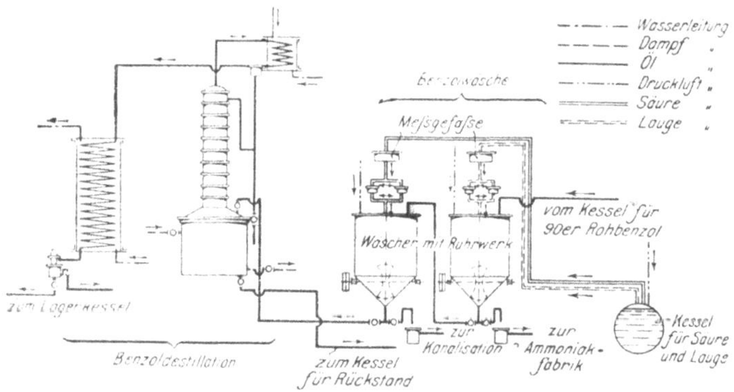

Fig. 55. Reinigungsanlage für 90er Rohbenzol.

Das abgetriebene, vom Benzol befreite Waschöl kann nunmehr wieder für die Benzolabscheidung auf die Benzolwäscher gepumpt werden, jedoch muß es vorher auf eine Temperatur heruntergebracht werden, die es für das Waschen wieder brauchbar macht. Hierzu dienen der schon erwähnte Wärmeaustauscher, sowie ein Ölkühler. In dem ersten wird das heiße Öl auf rund 60° C, in dem zweiten wird es auf 20° abgekühlt. Öl, Dampf, Wasser und Benzoldampf bewegen sich in allen Vorrichtungen im Gegenstrom.

Für die weitere Verarbeitung von 50er auf 90er Rohbenzol verwendet man ähnliche, nur kleinere Abtreibvorrichtungen, wobei das 50er Benzol durch Druckluft aus dem Auffangkessel in die Blase der Abtreibevorrichtung befördert wird.

Das gewonnene 90er Rohbenzol hat wohl ein wasserklares Aussehen, enthält aber trotzdem Verunreinigungen, wie Schwefelverbindungen, Schwefelkohlenstoff und Thiophen, von denen es durch Behandlung mit Schwefelsäure und Natronlauge sowie durch weitere Rektifikation befreit werden muß. Hierzu dient die in Fig. 55 dargestellte Einrichtung, deren Wirkungsweise nach dem Vorstehenden schon verständlich ist.

Wie erwähnt, bildet den wichtigsten Ausgangstoff für die Benzolerzeugung das Koksofengas. Nach einer Aufstellung von Bunte sollen 100 kg Steinkohlen beim Verkoken 30 cbm Gas, enthaltend 1250 g Benzol, und 50 kg Teer, enthaltend 90 g Benzol, liefern.[1]) Daneben kann es auch aus dem Steinkohlenteer der Gas-

[1]) Vgl. Allgemeine Automobil-Zeitung vom 22. März 1907.

anstalten gewonnen werden, wie es ja auch den Hauptbestandteil des Leuchtgases bildet. Da die Gewinnung von Nebenerzeugnissen bei den großen Kokereianlagen noch nicht sehr eingeführt ist, so kann man auf eine erhebliche Steigerung der Benzolerzeugung in der Zukunft noch rechnen. Im Oberbergamtsbezirk Dortmund hat sie im Jahre 1907 33755 t betragen.

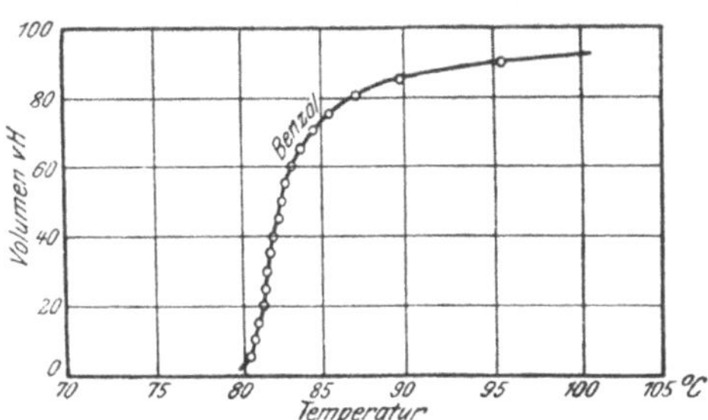

Fig. 56. Verdampfungskurve von Handelsbenzol.

In chemischer Beziehung stellt sich das im Handel erhältliche 90er Reinbenzol als ziemlich reines C_6H_6, vermischt mit Toluol (C_7H_8) und Xylol (C_8H_{10}) dar. Das erkennt man auch schon aus dem Verlauf seiner Verdampfungskurve, Fig. 56, deren größter Teil in dem Gebiete zwischen 80 und 85 ° C gelegen ist.

Die wesentlichsten Eigenschaften der Bestandteile des Benzols sind nachstehend angegeben:

Bestandteile des Reinbenzols.

Bezeichnung	Chem. Formel	Spez. Gewicht		Molekular-gewicht	Siedepunkt °C	Spez. Volumen in verdampftem Zustand
		γ	bei °C			
Benzol . . .	C_6H_6	0,890	15	78	80,4	0,2862
Toluol . . .	H_7H_8	0,875	15	92	111	0,2426
Xylol	C_8H_{10}	—	—	106	137	0,2105

Die theoretische Verbrennungsgleichung des 90er Benzols kann man mit hinreichender Genauigkeit auf diejenige des Benzols (C_6H_6) stützen.

Sie lautet $C_6H_6 + 15\,O = 6\,CO_2 + 3\,H_2O$, oder, wenn man, genauer, das Benzol aus 92,2 v. H. Kohlenstoff und 7,6 v. H. Wasserstoff zusammengesetzt annimmt (der Rest entfällt auf verschiedene Stoffe)[1]), so kann man in ähnlicher Weise wie oben für die Verbrennung von Benzin folgende Gleichungen aufstellen:

$$0{,}076 \text{ kg } H_2 + 0{,}464 \text{ cbm } O_2 = 0{,}926 \text{ cbm } H_2O$$
$$0{,}922 \text{ kg } C + 1{,}874 \text{ cbm } O_2 = 1{,}874 \text{ cbm } CO_2.$$

Für 1 kg Handelsbenzol ergibt sich

$$1 \text{ kg Benzol} + 2{,}338 \text{ cbm } O_2 = 1{,}874 \text{ cbm } CO_2 + 0{,}926 \text{ cbm } H_2O$$

und als theoretische Verbrennungsgleichung

$$1 \text{ kg Benzol} + 11{,}171 \text{ cbm Luft} = 1{,}874 \text{ cbm } CO_2 + 0{,}926 \text{ cbm } H_2O + 8{,}833 \text{ cbm N}.$$

Der Anteil der nicht kondensierbaren Verbrennungsrückstände an Kohlensäure beträgt demnach bei der theoretischen Verbrennung

$$\frac{1{,}874 \cdot 100}{10{,}680} = 17{,}3 \text{ v. H.}$$

Auch diesen Wert kann man in ähnlicher Weise wie bei dem Benzin zur qualitativen Beurteilung der Verbrennung heranziehen.

---

[1]) Grebel a. a. O., S. 805.

Spiritus.

Was endlich den Spiritus anbetrifft, dessen Herkunft und Gewinnung bekannt sein dürften, so kommt dieser heute aus verschiedenen, noch näher zu erläuternden Gründen für Motorfahrzeuge recht wenig in Betracht. Seine chemische Zusammensetzung ist wohl ziemlich gleichmäßig, wie aus dem Verlauf der Verdampfungskurve in Fig. 57 hervorgeht, allein seine Benutzung für technische Zwecke wird bekanntlich in den meisten Staaten von der Denaturierung abhängig gemacht, durch welche die guten Eigenschaften des Äthylalkohols zum Teil beeinträchtigt werden.

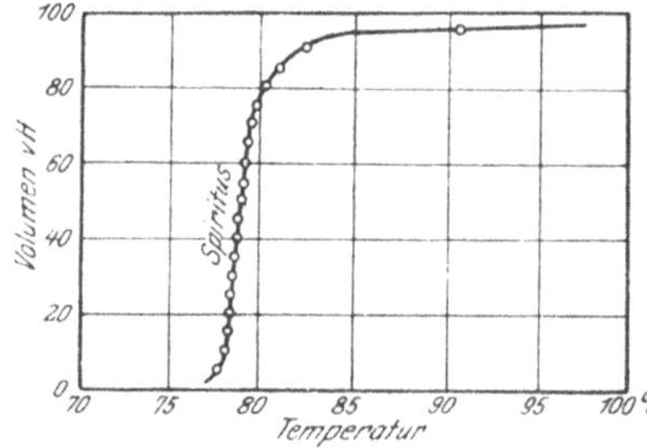

Fig. 57. Verdampfungskurve von Spiritus.

Dazu kommt, daß, ungeachtet der Steuerfreiheit, die dem durch das Denaturierverfahren ungenießbar gemachten Spiritus gesichert worden ist, der Marktpreis des Spiritus bei weitem höher ist, als derjenige der anderen, im vorstehenden behandelten Brennstoffe. Da aber gerade die Preisfrage großen Schwankungen unterworfen und heute auch nicht vorauszusehen ist, ob nicht, z. B. infolge der Abnahme der Erdöl- und Kohlenvorräte der Welt später vielleicht doch noch auf den Spiritus zurückgegriffen werden muß, dessen Herstellung sich im übrigen auch verbilligen kann, wenn irgendeines der Verfahren, die auf die Erzeugung von Spiritus aus Holzspänen, Torf usw. abzielen, von Erfolg begleitet ist, so seien der Vollständigkeit wegen die entsprechenden Angaben auch über Spiritus hier angefügt.

Bestandteile von denaturiertem Spiritus.

Bezeichnung	Chem. Formel	Molekulargewicht	Siedepunkt °C	Spez. Volumen in verdampftem Zustande cbm/kg
Methylalkohol . .	CH_4O	32	64,5	0,6975
Äthylalkohol . . .	C_2H_6O	46	78,4	0,4852
Azeton	C_3H_6O	58	56,4	0,3848

Das spezifische Gewicht des 90° Methylalkohols beträgt 0,8339
„ „ „ „ „ Äthylalkohols „ 0,8337
und von 90° Äthylalkohol mit der gleichen Menge von
90er Benzol vermischt 0,854

Für einen Vergleich der Brauchbarkeit der hier besprochenen Brennstoffe für den Betrieb von Motorwagen sind, abgesehen von Preisfragen, die bereits berührt worden sind und weiter unten ebenfalls Erwähnung finden werden, verschiedene Kennzeichen maßgebend.

Heizwert.

In bezug auf den Heizwert bestehen zwischen Benzin und Benzol keine erheblichen, zwischen diesen und Spiritus aber sehr bedeutende Unterschiede. Ist auch der Heizwert allein kein ausreichendes Mittel, um zu erkennen, ob und inwieweit sich ein gegebener Brennstoff bei Motorwagen verwenden läßt — Rohöl hat einen sehr hohen Heizwert, ist aber dennoch nicht brauchbar —, so wird man dennoch unter sonst auch nur annähernd gleichartigen Verhältnissen erwarten dürfen, daß eine gegebene Verbrennungsmaschine mit hochwertigem Brennstoff mehr Leistung ergibt, als mit einem von geringerem Heizwert.

Die Heizwerte von Benzin, Benzol und Spiritus verhalten sich aber wie rd. 10000 : 9300 : 5300, während sich die Preise[1]) annähernd wie 35 : 22 : 30,4 verhalten. Aus diesen Zahlen allein ist schon die außerordentlich ungünstige Stellung zu ersehen, die der Spiritus als Brennstoff für Motorfahrzeuge vorläufig noch gegenüber den beiden anderen Brennstoffen einnimmt.

Nach dem von Güldner[2]) gegebenen Beispiel sind im folgenden die Gewichte, Wärmedichten und Wärmepreise von flüssigen Brennstoffen zusammengestellt und zum Teil ergänzt:

	Petroleum	Roh-Erdöl	Mittleres Benzin	90er Benzol	90° Spiritus
Gewicht von 1 cbm . . kg	800	830	690	885	834
Raum von 1 kg . . . ltr	1,25	1,21	1,45	1,13	1,20
Bei einem Heizwert von WE/kg	10 500	10 000	11 000	10 033	5600
kommen auf 1 ltr . . . WE	8400	8300	7600	8860	4680
also Raum für 1000 WE . ltr	0,119	0,121	0,131	0,113	0,214
Wärmedichte (Petroleum = 100)	100	98,3	90,7	105	55,5
Bei einem Preis von . Pf/kg	25	11	35	22	30,4
kosten 1000 WE . . . Pf	2,38	1,10	3,18	2,19	5,42
also kommen auf 1 Pf. WE	420	910	315	456	181

Die obigen Angaben über die Heizwerte sind schon die unteren Heizwerte, die nach Abzug der Verdampfungswärme des Wassers erhalten werden.

Was die Bestimmung des Heizwertes anbetrifft, so wird man sich hierzu für praktische Zwecke genau genug des bekannten Junkersschen Kalorimeters[3]) bedienen können, ohne auf die Elementarberechnung mit Hilfe der Verbandsformel[4]) zurückgreifen und vorher eine Elementaranalyse des Brennstoffes vornehmen zu müssen. Übrigens ergeben sich bei Anwendung der Dulongschen Formel Fehler von 3 bis 7 v. H.[5]) Wie wenig im übrigen der Heizwert der benzinähnlichen Brennstoffe von ihrem spezifischen Gewichte beeinflußt wird, ist aus der nachstehenden Zahlentafel zu ersehen. Die Werte stimmen auch mit denjenigen von Neumann überein, der für sein aus 14,9 v. H. Wasserstoff und 85,1 v. H. Kohlenstoff zusammengesetztes Benzin von 0,719 spez. Gewicht bei 15° einen mittleren Heizwert von 10 160 WE/kg gefunden hat.

Heizwerte von benzinartigen Brennstoffen.[6])

	Bezeichnung	Dichte bei 15° C	Unterer Heizwert WE/kg
	Pentan	0,630	10 230
	Hexan	0,680	10 430
	Heptan	0,736	10 400
englische Handelsbezeichnungen	Bowley's Special . . .	0,684	10 660
	Carless	0,704	10 420
	Express	0,707	10 020
	Ross	0,714	10 370
	Pratt (a)	0,719	10 340
	Pratt (b)	0,720	10 330
	Carburine	0,720	10 380
	Shell (ord.)	0,721	10 400
	Dynol	0,725	10 290
	Simcar Benzol	0,762	9490
	0,760 (Baillie)	0,767	10 300
	0,760 Shell	0,767	10 140
	Coaline	0,846	9270

1) Der Motorwagen 1909, S. 104.

2) Verbrennungsmotoren 2. Aufl., S. 512.

3) S. Z. Ver. deutsch. Ing. 1895, S. 564.

4) S. Güldner, Verbrennungsmotoren, 2. Aufl., S. 579.

5) The Engineer 17. Februar 1911.

6) Anhang zu dem Vortrag von Watson am 12. Mai 1909 „On the thermal and combustion efficiency of a four-cylinder petrol motor".

Für sehr genaue Untersuchungen müßte man allerdings noch berücksichtigen, daß der Vorgang der Verbrennung in den Maschinenzylindern nicht, wie bei dem Junkersschen Kalorimeter, im Gleichdruck, sondern bei fast gleichbleibendem Volumen stattfindet, und daß dabei mitunter Unterschiede in den tatsächlich abgegebenen Wärmemengen auftreten können, die nicht ohne Einfluß auf das Ergebnis bleiben.

Für eine größere Anzahl von Verbindungen, die für den Motorwagenbetrieb in Betracht kommen, hat Sorel[1]) die betreffenden Werte angegeben, die auch schon den Abzug für das Wasser enthalten.

Wärmeentwicklung bei Gleichdruck- und bei Hochdruck-Verbrennung.

Bezeichnung	Chem. Formel	Molekular-gewicht	Von 1 kg abgegebene WE	
			bei Gleichdruck	bei Hochdruck
Wasserstoff	H_2	2	29100	28950
Kohlenoxyd	CO	28	2432	2425
Azetylen	C_2H_2	26	12234	12280
Äthylen	C_2H_4	28	12193	12214
Äthan	C_2H_6	30	12977	12996
Methan	CH_4	16	13344	13344
Allylen	C_3H_4	40	11662	11691
Propylen	C_3H_6	42	12078	12106
Propan	C_3H_8	44	12580	12600
Amylen	C_5H_{10}	70	11490	11525
Benzol	C_6H_6	78	9950	9985
Naphthalin	$C_{10}H_8$	128	9708	9749
Methylalkohol	CH_4O	32	5312	5312
Äthylalkohol	C_2H_6O	46	7054	7067
Azeton	C_3H_6O	58	7310	7330
Äthylaldehyd	C_2H_4O	44	6125	6138

Für den Heizwert des Alkohols gibt Güldner[2]) nach den Meyerschen Versuchen

$$6480 \text{ WE/kg oder } 6480 \cdot 0{,}7946 \sim 5150 \text{ WE/ltr},$$

für denjenigen des Benzols

$$9550 \text{ WE/kg oder } 9550 \cdot 0{,}866 \sim 8270 \text{ WE/ltr}$$

an. Den Heizwert von Mischungen kann man nach Güldner nach den Formeln

$$H = a \cdot 6480 + b \cdot 9550 \text{ in WE/kg}$$

und

$$H = a \cdot 5150 + b \cdot 8270 \text{ in WE/ltr}$$

berechnen, wenn a und b die Anteile von Alkohol und Benzol an der Mischung in v. H. darstellen.

Sorel[3]) hat bei seinen Versuchen den unteren Heizwert des nach den französischen Vorschriften aus 10 Teilen 90°igem Äthylalkohol und 1 Teil 90°igem Methylalkohol hergestellten denaturierten Spiritus auf 5906 WE/kg und denjenigen einer Mischung aus gleichen Teilen von so denaturiertem Spiritus und 90er Benzol auf 7878 WE/kg bestimmt.

Eigenschaften der Dämpfe.

Für das Verhalten der Brennstoffe im Vergaser sind die Dampfspannungen bei verschiedenen Temperaturen maßgebend. Diese sind bereits vielfach bestimmt worden. Man bedient sich hierzu des luftleeren Teiles eines Barometerrohres

[1]) a. a. O., S. 61.

[2]) Verbrennungsmotoren, 2. Aufl., S. 527.

[3]) a. a. O., S. 61.

wobei nur darauf geachtet werden muß, daß der zu verdampfende Brennstoff stets im Überschuß vorhanden ist.

Dampfspannungen einiger Brennstoffe[1]) in Millimetern Quecksilbersäule.

Temperatur °C	Isopentan spez. Gew. 0,628	Hexan spez. Gew. 0,663	Benzin[2]) spez. Gew. 0,719	Automobilin spez. Gew. 0,699	1. ZehntelAutomobilin spez. Gew. 0,664	Stellin spez. Gew. 0,669	9. Zehntel Stellin spez. Gew. 0,715	Motonaphtha spez. Gew. 0,705	Benzomoteur spez. Gew. 0,684	Schieferöl	Benzol spez. Gew. 0,890	90er Benzol spez. Gew. 0,885
—40	—	—	4,6	—	—	—	—	—	—	—	—	—
—30	58	7	9,2	—	—	—	—	—	—	—	—	—
—20	100	14	17,4	—	—	—	—	—	—	—	5,79	—
—10	164	26	31,6	—	—	—	—	—	—	—	14,83	—
0	258	45	55	99	227	164	42	152	162	16	26,54	—
5	319	58	—	115	259	190	48	170	181	17	36	96
10	390	74	—	133	296	220	55	191	203	19	45	122
15	475	95	—	154	336	255	63	214	228	22	61	151
20	572	119	—	179	384	296	72	240	255	24	77	192
25	690	154	—	210	447	358	83	260	286	28	96	258
30	815	184	—	251	522	433	99	292	320	30	120	376
35	—	228	—	301	607	512	119	345	364	34	156	—
40	—	276	—	360	715	596	139	413	416	39	188	—
45	—	335	—	422	839	685	166	496	475	43	224	—
50	—	401	—	493	—	792	198	575	536	48	271	—
55	—	482	—	561	—	—	233	660	617	53	326	—
60	—	567	—	648	—	—	278	768	725	59	390	—
65	—	674	—	739	—	—	330	—	812	67	468	—
70	—	785	—	846	—	—	383	—	—	76	557	—
75	—	—	—	—	—	—	438	—	—	87	656	—
80	—	—	—	—	—	—	498	—	—	100	758	—

Dampfspannungen von Alkohol und Spiritus.

Temperatur °C	Azeton spez. Gew. 0,806	Methylalkohole von		Mischungen von Methylalkohol und Azeton im Verhältnis von		Mit Azeton und Methylalkohol denaturierter Alkohol spez. Gew. 0,833	Alkohol-Benzol-Mischungen, enthaltend an denaturiertem Alkohol Raumteile		
		99°	90° spez. Gew. 0,8337	75:25 spez. Gew. 0,8269	50:50 spez. Gew. 0,820		75	50	28,6
0	63	29,6	29	52	61	15	41	43	62
5	81	43	42	67	77	20	52	55	73
10	110	55,2	54	85	97	27	66	69	86
15	154	83	80	108	122	37	84	87	101
20	182	109,5	104	131	147	51	102	106	121
25	227	141	129	161	182	68	130	138	148
30	280	182	162	204	227	92	163	177	180
35	337	232	209	262	286	117	205	218	219
40	403	293	266	327	352	151	255	262	263
45	487	361	330	401	424	192	310	319	337
50	582	435	399	478	503	238	390	403	415
55	690	539	481	576	600	293	453	488	496
60	814	627	583	691	711	363	564	590	605
65	939	762	716	809	838	445	674	704	740
70	—	—	884	—	—	538	795	820	884
75	—	—	—	—	—	645	—	—	—
80	—	—	—	—	—	810	—	—	—

[1]) Sorel, a. a. O. S. 134. [2]) Neumann, S. 15.

Die in der ersten Zusammenstellung enthaltenen Dampfspannungen für wesentlich unter Null liegende Temperaturen haben für Motorwagen, obgleich deren Vergaser stets warm gehalten werden, insbesondere für das Anlassen bei kalter Witterung Interesse. Man kann sie dort, wo die Messung im Barometerrohr nicht möglich ist, auch rechnerisch bestimmen, da die Clapeyronsche Gleichung eine wichtige Beziehung zwischen der Verdampfungswärme und der Änderung des Dampfdruckes mit der Temperatur liefert.[1])

Ist v das spezifische Volumen des gesättigten Benzindampfes in cbm/kg.
v' das spezifische Volumen des flüssigen Benzins in cbm/kg,
P der Druck in at,
r die Verdampfungswärme,

so gilt ganz allgemein

$$A(v - v')dP = \frac{r}{T}dT$$

und

$$Pv = RT.$$

Da man v' gegen v vernachlässigen kann und v sich mit hinreichender Genauigkeit aus den Gasgesetzen berechnen läßt, so wird

$$\frac{dP}{P} = \frac{r}{A \cdot R} \frac{dT}{T^2}$$

und wenn man angenähert $AR = \frac{2}{\mu}$ setzt, worin das μ das scheinbare Molekulargewicht des Benzindampfes ist, so kann man über ein nicht zu großes Temperaturintervall integrieren:

$$\int_{P_1}^{P_2} \frac{dP}{P} = \frac{\mu r}{2} \int_{T_1}^{T_2} \frac{dT}{T^2}$$

$$\ln P_1 = \ln P_2 - \frac{\mu r}{2} \frac{T_2 - T_1}{T_1 T_2}.$$

Aus den Zusammenstellungen ist ferner ersichtlich, daß die Dampfspannungen der verschiedenen Brennstoffe schon bei den im Betriebe vorkommenden Temperaturen zwischen 20° und 60° C außerordentliche Unterschiede aufweisen. Eine Zusammenstellung dieser Ergebnisse ist in Fig. 58 dargestellt. Fig. 59 zeigt ferner einige Spannungslinien nach Neumann.

Die Bedeutung dieser Linien für die Praxis ergibt sich sofort daraus, daß durch jede dieser Linien bekanntlich das Gebiet des nassen Dampfes für den betreffenden Brennstoff von demjenigen des überhitzten Dampfes getrennt wird.

Automobilin (Linie 1 in Fig. 58) ist z. B. bei 35° nur dann vollständig verdampft zu erhalten, wenn der Druck nicht höher als 300 mm Quecksilbersäule ist. Da solche Unterdrücke (0,396 at abs.) im allgemeinen bei Maschinen nicht vorkommen können, so muß man, damit der Brennstoff vollständig verdampft in den Zylinder gelangt, entweder die Temperatur wesentlich steigern oder darauf verzichten, den Brennstoffdampf gesondert herzustellen; man muß ihn vielmehr schon bei seiner Bildung mit Luft verdünnen. Beide Verfahren werden bei den gebräuchlichen Vergasern angewendet.

Die Dampfspannungen gestatten ferner, die Temperaturen zu berechnen, bei denen Luft mit irgendeinem Brennstoffdampf vollkommen gesättigt werden kann. Dazu ist es aber erforderlich, diejenigen Wärmemengen zu bestimmen, welche zum

[1]) Neumann, S. 15.

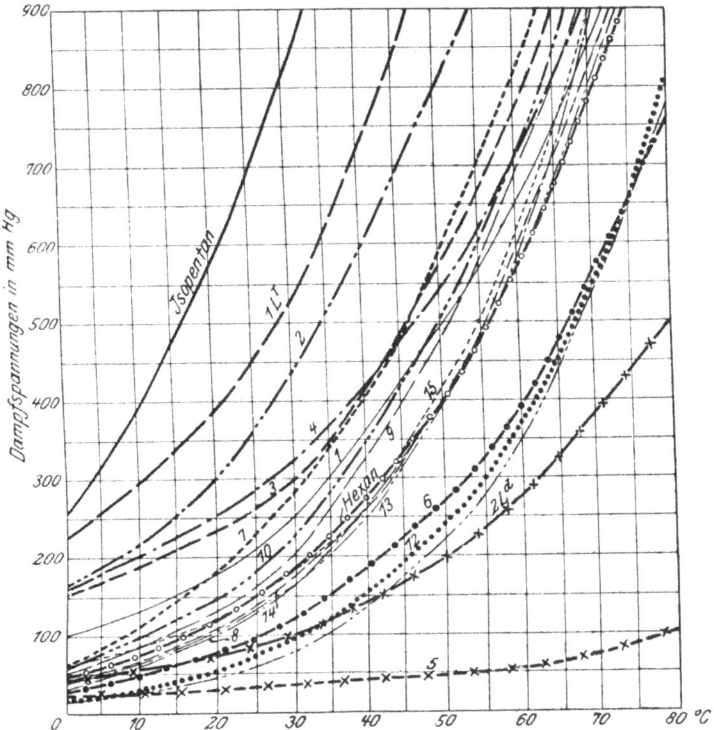

1 ...... Automobilin
1 L^r ...... Automobilin (leicht verdampfbare Teile)
2 ...... Stellin
2 L^d ...... Stellin (schwer verdampfbare Teile)
3 ...... Motonaphta
4 ...... Benzomoteur
5 ...... Schieferöl
6 ...... Benzin
7 ...... Azeton
8 ...... 90⁰iger Methylalkohol
9 ...... 75 Raumteile Methylalkohol + 50 Raumteile Azeton
10 ...... 50 Raumteile Methylalkohol + 50 Raumteile Azeton
11 ...... 90⁰iger Äthylalkohol
12 ...... Äthylalkohol mit 9 denaturiert
13 ...... 75 Raumteile denaturierter Äthylalkohol + 25 Raumteile Benzin
14 ...... 50 Raumteile denaturierter Äthylalkohol + 50 Raumteile Benzin
15 ...... 28 Raumteile denaturierter Äthylalkohol + 71,4 Raumteile Benzin

Fig. 58. Dampfspannungen von flüssigen Brennstoffen.

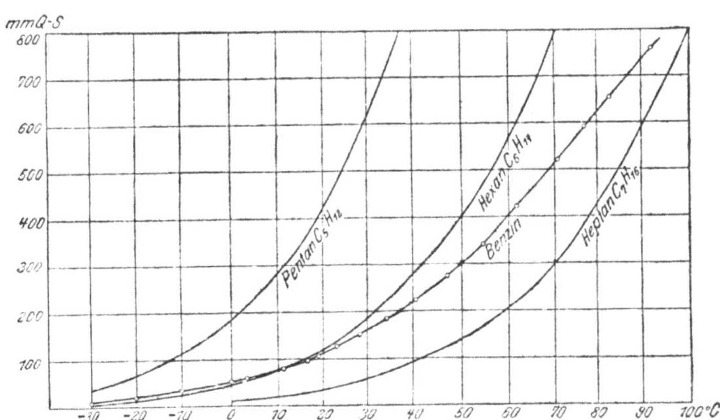

Fig. 59. Dampfspannungen nach Versuchen von Neumann.

Verdampfen von 1 kg des Brennstoffes verbraucht und dem umgebenden Luftstrom entzogen werden müssen.

Nach Landolt und Börnstein[1]) beträgt die von 0° C an gerechnete Erzeugungswärme für Dampf aus

Heptan (C_7H_{16}) . . . Siedepunkt 98° . . . $\lambda = 0{,}5 \cdot 98 + 74{,}0 = 123$ WE/kg,
Hexan (C_6H_{14}) . . . Siedepunkt 68° . . . $\lambda = 0{,}5 \cdot 68 + 79{,}4 = 113$ WE/kg.

Für Benzindampf wird man daher nach Neumann[2]) mit genügender Annäherung als Erzeugungswärme annehmen

$$\lambda = 120 \text{ WE/kg}$$

und, da für die spezifische Wärme des flüssigen Benzins 0,50, wie oben beibehalten werden darf, so ist die Verdampfungswärme

$$r = \lambda - q = 120 - 0{,}50 \cdot t$$

worin t den Siedepunkt darstellt.

Die Wärme, die erforderlich ist, um 1 kg des Brennstoffes bei 15° C und 1 at Druck aus dem flüssigen in den Dampfzustand überzuführen, beträgt nach der gleichen Quelle:[3])

für Benzin, Siedepunkt 92° . . . $0{,}50(92-15) + 74 = 112{,}5$ WE/kg
und Benzol, Siedepunkt 80° . . . $0{,}50(80-15) + 93 = 125{,}5$ WE/kg

Diese Wärmemenge ist im Vergleich mit den Heizwerten gering, erreicht aber gleichwohl für Spiritus 5 v. H. des Heizwertes.

Bei der Verdampfung muß aber die gesamte Erzeugungswärme der umgebenden Luft entzogen werden. Zur Berechnung der hierdurch entstehenden Temperaturerniedrigung ist die Kenntnis der spezifischen Wärme des Benzindampf-Luftgemisches bei gleichbleibendem Druck erforderlich, die für verschiedene Mischungsverhältnisse verschieden ist.

Hat man ein Gemisch, das nur die theoretische Luftmenge enthält, z. B. wie auf S. 40 angegeben, $V_L = 12{,}57$ cbm, so erhält man die spezifische Wärme c_p des Gemisches aus

$$c_p = G_B \cdot 0{,}50 - V_L \cdot \gamma \cdot 0{,}24,$$

worin $G_B = 1$ kg das Gewicht des flüssigen Brennstoffes,
0,50 seine spezifische Wärme,
$\gamma \cdot V_L = 12{,}57 \text{ cbm} \times 1{,}188$ das Gewicht der Luft bei 15° und 1 at und
0,24 ihre spezifische Wärme bedeutet.

Das ergibt

$$c_p = 3{,}98,$$

wobei allerdings Voraussetzung ist, daß die ganze Brennstoffmenge auch in der Luft verdampft ist.

Da die Gesamtwärme des Benzindampfes

$$\lambda = 120 \text{ WE/kg}$$

beträgt, so muß sich die Temperatur des Gemisches nach dem vollständigen Verdampfen um

$$\triangle t = \frac{120}{3{,}98} = 30{,}2^\circ \text{ C}$$

erniedrigen.

Zur Bestimmung des Partialdruckes des Brennstoffdampfes in dem Brennstoff-

[1]) Physikalisch-chemische Tabellen 1905, S. 402, 476.
[2]) S. 15.
[3]) Landolt und Börnstein 1905, S. 400. 478

Luftgemisch bedient man sich des Mariotte-Gay-Lussacschen Gesetzes. Dieses bestimmt für Luft

$$P_L \cdot V = G_L \cdot R_L \cdot T,$$

und für Benzindampf $$P_D \cdot V = G_D \cdot R_D \cdot T.$$

Da $P = P_L + P_D$, so erhält man

$$P_D = \frac{G_D R_D}{G_L R_L + G_D R_D} \cdot P$$

z. B ist für das theoretische Mischungsverhältnis

$$G_D = 1 \text{ kg},$$
$$G_L = 12{,}57 \cdot 1{,}188 = 14{,}678 \text{ kg},$$
$$R_L = 29{,}26 \text{ und}$$
$$R_D = \frac{848}{\mu}\text{[1]},$$

worin μ das scheinbare Molekulargewicht des Benzindampfes ist. Dieses bestimmt man aus der auf die Luft bezogenen Dampfdichte und dem Molekulargewicht der Luft:

$$\mu = 3{,}69 \cdot 28{,}95 = 107$$

folglich $$R_D = 7{,}93.$$

Nunmehr kann man berechnen:

$$P_D = \frac{1 \cdot 7{,}93}{14{,}678 \cdot 29{,}26 + 1 \cdot 7{,}93} \cdot 737{,}4 = 13{,}3 \text{ mm Quecksilbersäule}$$

Diesem Druck entspricht nun nach der bekannten Spannungskurve des betreffenden Brennstoffes eine Sättigungstemperatur, die, um den obigen Temperaturabfall vermehrt, diejenige Temperatur liefert, welche die Luft mindestens haben muß, damit ein vollständiges Verdampfen des Brennstoffes überhaupt möglich ist.

Um die Anwendung dieses Verfahrens bei anderen Brennstoffen zu erleichtern, sind nachstehend die Dampfdichten usw. für die schon früher genannten Brennstoffe der Benzinreihe und getrennt davon die von Sorel angeführten zusammengestellt.

Dampfdichten nach Thomas und Watson.

Bezeichnung	Gewicht von 1 cbm bei 0° und 760 mm in dampfförmigem Zustand kg	Dichte, bezogen auf Luft = 1
Pentan	3,25	2,51
Hexan	3,86	2,99
Heptan	4,46	3,45
Bowley's Special	3,95	3,05
Carless	4,02	3,11
Express	4,34	3,35
Ross	4.30	3,33
Pratt (a)	4,09	3,16
Pratt (b)	4,14	3,20
Carburine	4,24	3,28
Shell (ord.)	4,23	3,27
Dynol	4,43	3,43
Simcar Benzol	4,19	3,24
0,760 (Baillie)	4,25	3,29
0,760 Shell	4,35	3,36
Coaline	4,28	3,31

[1]) Hütte, 19. Aufl., S. 291.

Die weiter unten folgende Zahlentafel von Sorel enthält neben den Dampfdichten d die zur theoretisch vollkommenen Verbrennung erforderlichen Luftmengen L und die zugehörigen Partialdrücke P_D des gesättigten Brennstoff-Luftgemisches, mit deren Hilfe man aus den Spannungskurven in Fig. 58, S. 51, die zugehörigen Mindest-Endtemperaturen bei vollständiger Verdampfung ablesen kann, allerdings nur soweit sie nicht unter Null liegen.

Man findet z. B. daraus, daß die Mindesttemperatur eines vollständig gesättigten Gemisches von denaturiertem Alkohol und Luft (Linie 12) etwa 250° beträgt.

Dampfdichten usw. nach Sorel[1]).

Bezeichnung	d kg/cbm	L cbm/kg	P_D mm Quecksilbers.
Pentan	3,225	11,950	19,2
Hexan	3,877	11,858	16,2
Heptan	4,481	11,832	14,1
Octan	5,110	11,795	12,5
Nonan (α)	5,734	11,766	11,1
Decan	6,361	11,741	10,0
Undecan	6,988	11,721	9,2
Dodecan	7,616	11,704	8,4
Tredecan	8,244	11,691	7,8
Tetradecan	8,853	11,681	7,2
Pentadecan	9,505	11,671	6,7
Benzol	3,494	10,343	20,4
Toluol	4,122	10,521	17,1
Xylol	4,751	10,652	14,7
Methylalkohol	1,433	5,042	92,3
Äthylalkohol	2,061	7,015	49,2
Azeton	2,599	7,419	37,5
90° Äthylalkohol	1,678	5,997	68,77
90° denaturierter Alkohol	1,620	5,942	71,50
Mischung aus gleichen Teilen Benzol u. denatur. Alkohol	2,530	8,218	34,80

Die Berechnung der zum Verdampfen erforderlichen Wärme gestaltet sich bei zusammengesetzten Brennstoffen oft sehr schwierig, läßt sich aber für eine genaue Untersuchung der Eigenschaften eines Brennstoffes nicht umgehen. Für einen bestimmten Fall von Benzin, wo sich der theoretische Luftbedarf aus der chemischen Zusammensetzung ergibt, ist die Rechnung weiter oben auf S. 52 bereits durchgeführt worden. Für eine Anzahl anderer Brennstoffe liefert das Buch von Sorel[2]) brauchbare Unterlagen.

Danach kann man alle in die Gruppe Benzin fallenden Brennstoffe annähernd als einheitlich aus Hexan bestehend ansehen, dessen spezifische Wärme im flüssigen Aggregatzustand = 0,50 und dessen Erzeugungswärme beim Verdampfen von 0° an abweichend von der weiter oben stehenden Zahl mit 117 WE/kg angegeben wird.

Das aus der theoretischen Luftmenge von 15,337 kg und 1 kg flüssigem Hexan bestehende Gemisch liefert bei einer Temperaturverminderung um 1°

Hexan	0,50 WE
Luft $15{,}337 \cdot 0{,}2375 =$	3,642 „
Zusammen	4,142 WE

[1]) a. a. O. S. 149.
[2]) a. a. O. S. 143.

Mithin tritt beim Verdampfen von 1 kg Hexan eine Temperaturerniedrigung von $\frac{117}{4,142} = 28,04^0$ C ein.

Da die aus dem Partialdruck und der Spannungskurve des Hexandampfes erhältliche Mindesttemperatur für die Bildung eines gesättigten Benzindampf-Luftgemisches bei diesem Mischungsverhältnis — 17,2 beträgt, so muß die Anfangstemperatur von Luft und flüssigem Hexan mindestens $-17,2 + 28,04 = +10,84^0$ betragen, wenn vollständiges Verdampfen möglich sein soll.

Bei Anwendung der 1,3fachen theoretischen Luftmenge, also von 19,938 kg Luft auf 1 kg Hexan sinkt die zulässige Mindesttemperatur des Hexandampf-Luftgemisches auf -24^0, während sich die spezifische Wärme auf

$$0,500 + 19,938 \cdot 0,2375 = 5,235 \text{ WE}$$

erhöht; die niedrigste zulässige Anfangstemperatur ist demnach

$$-24 + \frac{117}{5,235} = -1,7^0 \text{ C}.$$

Bei 1,7facher theoretischer Luftmenge beträgt die Mindesttemperatur für das Gemisch -27^0 und die niedrigste Anfangstemperatur -10^0 C.

Für den aus

0,9098 kg	90°igem Äthylalkohol,
0,0682 „	90°igem Methylalkohol und
0,0210 „	Azeton
1,000 kg	

bestehenden denaturierten (französischen) Spiritus (A) sind die Verdampfungswärmen der Einzelbestandteile einzuführen, die nach **Regnault** für Temperaturen in der Nähe von 20° betragen:

wasserfreier Äthylalkohol	252 — 11,4 = 240,6	WE/kg
„ Methylalkohol	267 — 12,6 = 254,4	„
Azeton	137,3	„
Wasser	592,0	„

Beim Verdampfen von 1 kg Spiritus dieser Art werden demnach verbraucht:

für Äthylalkohol . .	240,6 · 0,7797 =	187,59 WE
„ Methylalkohol . .	254,6 · 0,0574 =	14,60 „
„ Azeton	137,3 · 0,0210 =	2,88 „
„ Wasser	592 · 0,1419 =	83,41 „
	Zusammen	288,48 WE.

Andererseits sind die spezifischen Wärmen in der Nähe von 20° C

für 90°igen Äthylalkohol . .	0,791
„ „ Methylalkohol . .	0,680
„ Azeton	0,5015.

Demnach beträgt die spezifische Wärme des aus 1 kg denaturiertem Spiritus und der theoretischen Luftmenge von 7,685 kg bestehenden Gemisches:

90°iger Äthylalkohol . .	0,791 · 0,9098 = 0,7196	} 0,7764
„ Methylalkohol . .	0,680 · 0,0682 = 0,0463	
Azeton	0,5015 · 0,0210 = 0,0105	
Luft	0,2375 · 7,685 = 1,8252	
	$c_p = 2,6016.$	

Die zulässige Mindesttemperatur des Spiritus-Luftgemisches beträgt aber nach der Spannungskurve $+25{,}8^0$, infolgedessen müßte die niedrigste Anfangstemperatur

$$+25{,}8+\frac{288{,}4}{2{,}6016}=136{,}68^0\,\mathrm{C}$$

betragen, damit vollständiges Verdampfen in der angegebenen Luftmenge ermöglicht wird.

Diese für den Betrieb von Wagenmaschinen außerordentlich ungünstigen Verhältnisse erfahren auch dadurch keine wesentliche Verbesserung, daß man die Luftmenge auf das 1,7fache der theoretischen steigert: obwohl dadurch die spezifische Wärme des Gemisches auf 3,8791 erhöht und die Mindesttemperatur auf $17{,}5^0$ herabgesetzt wird, so ergibt sich immer noch als erforderliche Anfangstemperatur $91{,}87^0$ C.

Wenn man also bei etwa 15^0 C Außentemperatur versuchen wollte, ohne Zuhilfenahme einer äußeren Wärmequelle Spiritus in einem Vergaser mit der 1,7fachen theoretischen Luftmenge zu verdampfen, so würde das Gemisch notwendigerweise stark abgekühlt werden. Sind

T die erreichte Endtemperatur in ^{0} C,
x die von 1 kg verdampfte Brennstoffmenge in kg und
0,5 der Wasserwert des Vergaserkörpers, so gilt:

$$15\cdot[1\cdot 0{,}7764+7{,}685\cdot 1{,}7\cdot 0{,}2375+0{,}5]=$$
$$=x\cdot 288{,}48+[(1-x)\,0{,}7764+7{,}685\cdot 1{,}7\cdot 0{,}2375+0{,}5]\,T,$$

woraus

$$x=\frac{4{,}3791\,(15-T)}{288{,}48-0{,}7764\,T}.$$

Für $T = 15^0$ C ist $x = 0{,}00$ kg
$= 10^0$ „ $= 0{,}078$ „
$= 5^0$ „ $= 0{,}154$ „
$= 0^0$ „ $= 0{,}227$ „
$= -5^0$ „ $= 0{,}297$ „

Es wird also wohl eine Verdampfung stattfinden, aber nur in so geringem Maße, daß an den Betrieb der Maschine nicht zu denken ist.

Wesentlich günstiger gestalten sich aber die Verhältnisse, wenn man ein Gemisch von gleichen Raumteilen denaturiertem Spiritus dieser Art und von Benzol zu verdampfen sucht.

In 1 kg dieser Mischung sind enthalten:

denaturierter Spiritus	0,486 kg
Benzol	0,515 „

Die Verdampfungswärme von 1 kg dieser Mischung ist:

für denaturierten Spiritus	$0{,}486\cdot 288{,}48$	$= 140{,}201$ WE
„ Benzol	$0{,}515\cdot 109$[1])	$= 56{,}135$ „
		196,336 WE/kg,

während die spezifische Wärme von 1 kg beträgt:

für denaturierten Spiritus	$0{,}486\cdot 0{,}7764$	$= 0{,}377$
„ Benzol	$0{,}515\cdot 0{,}4359$	$= 0{,}223$
		$c_p = 0{,}600$ WE/kg.

Bei Anwendung der theoretischen Luftmenge von 10,629 kg für 1 kg dieses Brennstoffes beträgt die Mindesttemperatur des Brennstoffdampf-Luftgemisches

[1]) Nach Landolt und Börnstein 1905 allerdings 121,6.

nach der Spannungskurve $-4{,}2^0$ C, während die für 1^0 Temperaturverminderung frei werdende Wärme von

1 kg Brennstoff	0,600 WE
und 10,629 kg Luft	2,524 WE
	3,124 WE

beträgt. Die zulässige Anfangstemperatur ist daher nur mehr

$$-4{,}2+\frac{196{,}336}{3{,}124}=58{,}5^0 \text{ C}.$$

Bei Verwendung der 1,7fachen theoretischen Luftmenge sinkt die zulässige Mindesttemperatur des Gemisches auf $-14{,}8^0$ C, während seine verfügbare Wärme auf 4,915 WE steigt, so daß die zulässige Anfangstemperatur mindestens noch $-14{,}8+\frac{196{,}336}{4{,}915}=25{,}9^0$ C betragen muß, wenn man vollständige Verdampfung erzielen will.

Bei einer Anfangstemperatur von 15^0 C wie oben wird man daher, da man über ein Temperaturgefälle von $15+14{,}8=29{,}8^0$ und somit über eine Wärmemenge von $4{,}915\cdot 29{,}8=146{,}47$ WE verfügt, von jedem Kilogramm des Brennstoffes

$$\frac{146{,}47}{196{,}336}\sim 74{,}5 \text{ v. H.}$$

verdampfen können.

Damit läßt sich bereits zur Not die Maschine in Gang setzen. Ist sie einmal im Laufen, so sorgt die ausstrahlende und die Heizwärme der Abgase bald dafür, daß mit einer höheren Anfangstemperatur gearbeitet wird.

Die Geschwindigkeit der Verdampfung.

Die Durchführung der im vorstehenden untersuchten Verdampfungsvorgänge erleidet im praktischen Betriebe eine wesentliche Erschwerung dadurch, daß die dafür zu Gebote stehende Zeit außerordentlich beschränkt ist. Diese Zeit beträgt bei Maschinen mit 1200 bis 1800 Uml/min nur $^1/_{40}$ bis $^1/_{60}$ Sekunde.

Nimmt man an, daß wie nach dem Daltonschen Gesetz die Geschwindigkeit der Verdampfung $\frac{dp}{dt}$ bei einer gegebenen Temperatur annähernd proportional gesetzt werden darf dem Unterschied zwischen der dieser Temperatur entsprechenden höchsten Dampfspannung, also dem Sättigungsdruck p_s, und der tatsächlich vorhandenen Dampfspannung p_1

$$\frac{dp}{dt}=k(p_s-p_1),$$

wobei man den unveränderlichen äußeren Druck unberücksichtigt läßt, so beträgt die zu einer Steigerung des Druckes von p_1 auf den Partialdruck P_D erforderliche Zeit

$$t=\frac{1}{k}\ln\frac{p_s-p_1}{p_s-P_D},$$

oder, da man beim Ausgang vom flüssigen Zustand $p_1=0$ setzen kann,

$$t=\frac{1}{k}\ln\frac{p_s}{p_s-P_D}=k'\log\frac{p_s}{p_s-P_D},\qquad k'=\frac{1}{k}\cdot 2{,}3026.$$

Die Konstante k, die ausschließlich von der Natur des Brennstoffes abhängig ist, kennt man nicht. Dagegen bietet ein Vergleich der Werte $\log\frac{p_s}{p_s-P_D}$.

d. h. der Briggschen Logarithmen dieses Bruches, ein Mittel, um das Verhalten verschiedener Brennstoffe in dieser Hinsicht zu beurteilen.

Zu diesem Zwecke sind nachstehend die Werte dieses Ausdruckes für verschiedene Verhältnisse angeführt:[1])

Werte von $\log \frac{p_s}{p_s - P_D}$ für Hexan.

Mischungsverhältnis, bezogen auf die theoretische Luftmenge n	P_D mm Qu.-S.	bei 60° C $p_s = 567$mm	bei 50° C $p_s = 401$mm	bei 40° C $p_s = 276$mm	bei 30° C $p_s = 184$mm	bei 20° C $p_s = 119$mm	bei 10° C $p_s = 74$mm	bei 0° C $p_s = 45$mm
1,0	16,2	0,01259	0,01790	0,02627	0,04003	0,06356	0,10730	0,19382
1,1	14,7	0,01140	0,01622	0,02377	0,03616	0,05727	0,09618	0,17177
1,3	12,5	0,00968	0,01375	0,02013	0,03056	0,04820	0,08354	0,14133
1,5	10,8	0,00835	0,01185	0,01734	0,02627	0,04132	0,06851	0,11918
1,7	9,6	0,00741	0,01052	0,01052	0,02327	0,03653	0,06034	0,10421

Werte von $\log \frac{p_s}{p_s - P_D}$ für Benzol.

Mischungsverhältnis, bezogen auf die theoretische Luftmenge n	P_D mm Qu.-S.	bei 60° C $p_s = 390$mm	bei 50° C $p_s = 271$mm	bei 40° C $p_s = 188$mm	bei 30° C $p_s = 120$mm	bei 20° C $p_s = 77$mm	bei 10° C $p_s = 45$mm	bei 0° C $p_s = 27$mm
1,0	20,4	0,02333	0,03399	0,04989	0,08092	0,13367	0,26227	0,61182
1,1	18,6	0,02122	0,03088	0,04525	0,07314	0,12008	0,22996	0,50708
1,3	15,8	0,01796	0,02609	0,03813	0,06131	0,09974	0,18783	0,38214
1,5	13,8	0,01564	0,02270	0,03311	0,05306	0,08577	0,15906	0,31079
1,7	12,2	0,01380	0,01997	0,02914	0,04657	0,07491	0,13734	0,26110

Werte von $\log \frac{p_s}{p_s - P_D}$ für denaturierten Spiritus.

Mischungsverhältnis, bezogen auf die theoretische Luftmenge n	P_D mm Qu.-S.	bei 60° C $p_s = 363$mm	bei 50° C $p_s = 238$mm	bei 40° C $p_s = 151$mm	bei 30° C $p_s = 92$mm	bei 20° C $p_s = 51$mm	bei 10° C $p_s = 27$mm	bei 0° C $p_s = 15$mm
1,0	71,50	0,09527	0,15517	0,27861	0,66276	—	—	—
1,1	65,58	0,08654	0,13999	0,24742	0,54186	—	—	—
1,3	56,21	0,07306	0,11701	0,20222	0,41003	—	—	—
1,5	49,22	0,06329	0,10063	0,17132	0,30255	0,45714	—	—
1,7	43,78	0,05582	0,08829	0,14871	0,28054	0,84903	—	—

Werte von $\log \frac{p_s}{p_s - P_D}$ für ein Gemisch von denat. Spiritus und Benzol.

Mischungsverhältnis, bezogen auf die theoretische Luftmenge n	P_D mm Qu. S.	bei 60° C $p_s = 590$mm	bei 50° C $p_s = 403$mm	bei 40° C $p_s = 262$mm	bei 30° C $p_s = 177$mm	bei 20° C $p_s = 106$mm	bei 10° C $p_s = 69$mm	bei 0° C $p_s = 43$mm
1,0	34,8	0,02640	0,03923	0,06189	0,09507	0,17283	0,30482	0,71966
1,1	31,8	0,02406	0,03570	0,05619	0,08600	0,15491	0,26831	0,58425
1,3	27,1	0,02042	0,03024	0,04742	0,07217	0,12823	0,21864	0,43207
1,5	23,6	0,01773	0,02621	0,04097	0,06214	0,10938	0,18179	0,34567
1,7	20,9	0,01566	0,02313	0,03610	0,05457	0,09538	0,15670	0,28908

[1]) Sorel, a. a. O. S. 145.

Die vorstehenden Angaben ermöglichen, das Verhalten der betrachteten Brennstoffe nunmehr auch von dem Standpunkte der zum Verdampfen erforderlichen Zeit aus zu vergleichen. Man erkennt, daß diese Zeit mit zunehmendem Luftüberschuß geringer wird, weil der Partialdruck ebenfalls abnimmt.

Es zeigt sich aber ferner, daß für die Beurteilung der Verdampffähigkeit eines Brennstoffes die Spannungskurve allein nicht ausreicht. Hexan und die Spiritus-Benzolmischung haben z. B. annähernd zusammenfallende Spannungskurven, wie man aus Fig. 58, S. 51, erkennen kann. Nichtsdestoweniger verdampft Hexan bedeutend schneller als diese Mischung, die man auf etwa 60° C erwärmen muß, um sie ebenso schnell verdampfen zu können, wie Hexan bei 40° C. Noch viel langsamer verdampft denaturierter Spiritus.

Fig. 60. Fig. 61.

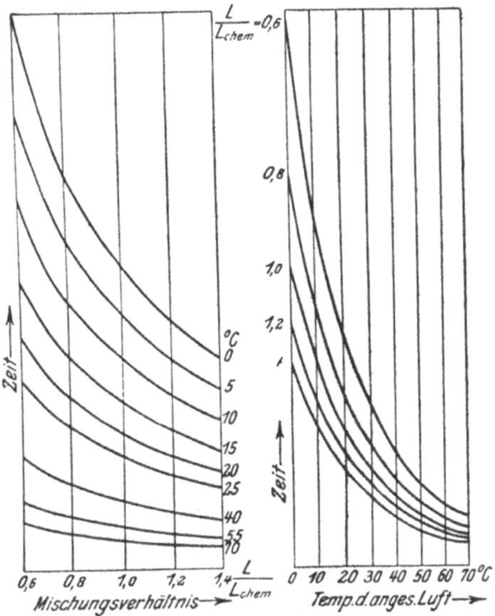

Fig. 60 und 61. Abhängigkeit der Verdampfgeschwindigkeit von dem Mischungsverhältnis und von der Temperatur.

Da die Verdampfung durch Anwendung eines Luftüberschusses beschleunigt werden kann, so wird man zuweilen gezwungen sein, mit größerem Luftüberschuß zu arbeiten, als für die beste thermische Ausnutzung des Brennstoffes erwünscht sein mag, nur damit nicht tropfbar flüsssige Brennstoffteile in den Zylinder der Maschine gelangen.

Die Abhängigkeit der zum Verdampfen erforderlichen Zeit von dem Mischungsverhältnis und von der Temperatur ist noch in Fig. 60 und 61 nach den Berechnungen von Neumann[1]) wiedergegeben, wobei folgende Zahlenwerte zugrunde gelegt sind:

Mischungsverhältnis, bezogen auf die theoret. Luftmenge . . . . . n	0,6	0,7	0,8	0,9	1,0	1,1	1,2	1,3	1,4
Auf 1 kg Benzin kommen an Luft . . . . . . kg	8,80	10,28	11,79	13,19	14,68	16,15	17,60	19,08	20,52
Sättigungsdruck des Benzindampfes mm Qu.-S.	21,9	18,9	16,6	14,8	13,3	12,1	11,2	10,3	9,6
Entsprechende Sättigungstemperatur . . . . ° C	— 16,8	— 19,1	— 20,7	— 22,6	— 24,3	— 25,8	— 27,1	— 28,2	— 29,4
Spez. Wärme des Gemisches von 1 kg Benzin und der entsprechenden Luftmenge . . . . . c_p	2,59	2,94	3,28	3,63	3,98	4,34	4,68	5,02	5,37

[1]) S. 38.

Temperaturabnahme bei vollständigem Verdampfen von 1 kg Benzin °C	46,4	40,8	36,6	33,1	30,2	27,7	25,7	23,9	22,4
Zulässige niedrigste Anfangstemperatur für vollständiges Verdampfen °C	+ 29,6	+ 21,7	+ 15,9	+ 10,5	+ 5,9	+ 1,9	— 1,4	— 4,3	— 7,0

Die Vergaser.

Die Vergaser sind dazu bestimmt, aus dem flüssig zugeleiteten Brennstoff ein für den Betrieb einer Verbrennungsmaschine geeignetes Brennstoffdampf-Luftgemisch herzustellen. Nach ihrer Wirkungsweise unterscheidet man Oberflächen- oder Verdunstungsvergaser, die, wie die Bezeichnung schon ausdrückt, den Brennstoff über eine größere Oberfläche verbreiten damit er schneller verdampfen kann, und Spritzvergaser, gekennzeichnet durch eine feine Düse, aus der der Brennstoff durch den Unterdruck des saugenden Maschinenkolbens herausgetrieben wird, um mit der gleichzeitig angesaugten Luft gemischt zu werden.

Die Oberflächenvergaser gelten heute so ziemlich als veraltet. Sie erfordern, wenn sie überhaupt wirksam sein sollen, große Oberflächen, die man in der Regel in Dochten unterbringen muß, und sind nur für leicht flüchtige, vollkommen gleichartig zusammengesetzte Brennstoffe geeignet, da sonst die schwerer verdampfbaren Bestandteile des Brennstoffes zurückbleiben. Benzinähnliche Brennstoffe von ganz ungleichmäßiger Zusammensetzung und mit teilweise recht schwer verdampfbaren Bestandteilen, wie sie heute die Regel für den Motorwagenbetrieb bilden, kommen somit für solche Vergaser nicht mehr in Betracht.

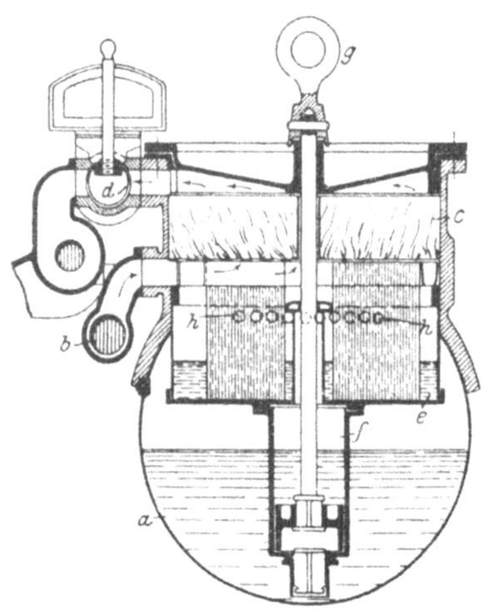

Fig. 62. Oberflächen-Dochtvergaser der Lanchester Engine Company in Birmingham.

Ein großer Vorteil der Oberflächenvergaser ist aber, daß das von ihnen gelieferte brennbare Gemisch nur tatsächlich verdampften und keinen tropfbar flüssigen Brennstoff enthält, also den Betriebsanforderungen der Fahrzeug-Verbrennungsmaschine sehr gut entspricht. Das ist wohl auch der Grund, warum immer wieder versucht wird, von den heutigen Vergasern die ausschließlich Spritzvergaser sind, auf Oberflächenvergaser zurückzugehen.

Als Beispiel eines Oberflächen-Dochtvergasers ist in Fig. 62 der Vergaser der Lanchester Engine Company in Birmingham dargestellt. Der Vergaser ist in einem aus Blech genieteten, zylindrischen Benzinbehälter *a* eingebaut, der hier gleichzeitig eine Versteifung des Wagenrahmens bildet und unter dem Sitze des Wagenführers angeordnet ist. Die bei *b* angesaugte Luft, die durch Vorbeiführen an dem Auspufftopf der Maschine vorgewärmt wird, streicht durch die mit Benzin getränkten, aufgelösten Enden der Dochte *c* und gelangt durch einen mit der Hand einstellbaren Drosselhahn *d* zu den Einlaßventilen der Maschine. Die Füllung der Benzinkammer *e* an den Dochten, die für eine Fahrt des Wagens von einigen

Stunden ausreicht, kann mit Hilfe einer Pumpe *f* erneuert werden, die durch Auf- und Niederbewegen des von dem Führersitz aus leicht erreichbaren Ringes *g* betätigt werden kann. Daß die Kammer hierbei überfüllt wird, ist nicht zu befürchten, da der überschüssige Brennstoff durch die Überlauföffnungen *h* abfließen kann.

Es liegt nahe, statt den Brennstoff über große Dochtflächen zu verteilen, die von der Luft bestrichen werden, die mit Brennstoffdämpfen zu sättigende Luft mit möglichst großer Oberfläche unmittelbar durch den flüssigen Brennstoff hindurchtreten zu lassen. In diesem Falle wird man sich aber damit begnügen müssen, nur einen Teil der Luft auf diesem Wege anzusaugen, damit der Druckverlust die Leistung der Maschine nicht beeinträchtigt.

Ein ebenfalls ohne Docht arbeitender Oberflächenvergaser der Progreß-Motoren- und Apparatebau G. m. b. H. in Charlottenburg, der für ein Motorfahrrad bestimmt ist, wird durch Fig. 63 dargestellt. Die Abteilung *a* des vereinigten Benzin- und Ölbehälters, die durch eine während des Betriebes luftdicht zu verschließende Öffnung *b* von außen gefüllt werden kann, nimmt 6 Liter Benzin auf und steht mit dem Vergaserraum *c* durch ein Schraubventil *d* in Verbindung. Durch

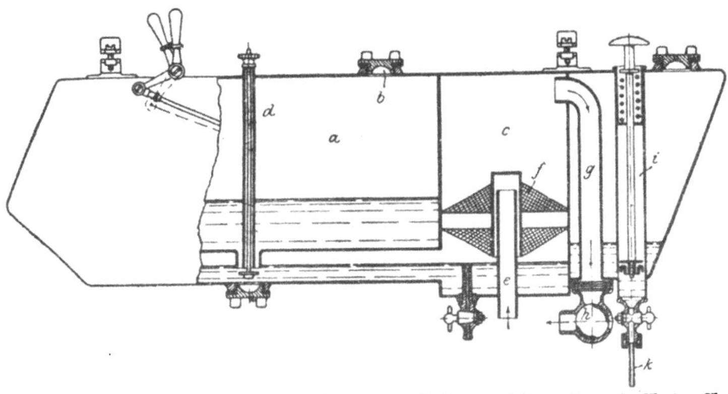

Fig. 63. Oberflächen-Vergaser der Progreß-Motoren- und Apparatebau G. m. b. H. in Charlottenburg.

das Rohr *e* wird von unten her Luft in den Vergaser eingesaugt, die zunächst gegen den durch die Höhe des Überfallrohres in der Höhe einstellbaren Flüssigkeitsspiegel und hierauf durch zwei kegelförmige, mit Brennstoff angefeuchtete Siebe *f* getrieben wird, wo sie sich mit Brennstoffdampf anreichert. Dem so vorbereiteten brennbaren Gemisch kann in dem Regulierhahn *h*, der in die Leitung *g* eingebaut ist, noch frische Luft zugesetzt werden, wobei auch eine Möglichkeit gegeben ist, die Leistung der Maschine zu regeln. Der andere Teil des Behälters dient zur Aufnahme von Schmieröl und wird mit Hilfe der Pumpe *i* bedient.

Die Spritzvergaser leiten ihre Herkunft von Maybach, dem bekannten Oberingenieur der Daimler-Motoren-Gesellschaft in Untertürkheim bei Stuttgart ab. Seine grundsätzliche Wirkungsweise möge zunächst an der Hand der Fig. 64 erläutert werden: In dem Behälter *a* wird mittels eines Schwimmers *b* und eines von diesem durch die Hebel *c* beeinflußten Nadelventiles *d* der Brennstoff stets in der gleichen Höhe erhalten. Der durch die Leitung *e* zufließende Brennstoff steht zu diesem Zwecke unter einem gewissen Druck, der aber nur sehr gering zu sein braucht. Aus dem Schwimmergehäuse wird die Düse *f*, deren Öffnung sich durch ein Nadelventil *g* einstellen läßt, so hoch gefüllt, daß der Brennstoff durch den Unterdruck, der in dem Vergaser herrscht, herausgetrieben wird, an mehreren vorgebauten Sieben *k* zerstäubt und in der bei *j* zuströmenden frischen

Luft verdampft. In seinem oberen Teile ist der Mischraum h des Vergasers durch Leitungen i mit den Zylindern verbunden sowie mit einem Drosselhahn l versehen, der die Füllung der Zylinder zu verändern gestattet.

Die beschriebene Wirkungsweise des Spritzvergasers scheint und ist auch in der Tat sehr einfach. Es hat sich aber beim Betriebe der Maschinen sehr bald ein Übelstand aller dieser Vergaser geltend gemacht, der darin besteht, daß sie mit wachsenden Unterdrücken im Mischraum, also mit wachsenden Umlaufzahlen der Maschinen, Gemische liefern, die immer reicher an Brennstoff sind. Die Ursachen dieser Erscheinung vollständig aufzuklären und Mittel anzugeben, die gestatten würden, sei es das Mischungsverhältnis von Brennstoff und Luft bei Spritzvergasern bei wechselnden Unterdrücken in der Saugleitung unveränderlich zu erhalten, oder es den Bedürfnissen der Maschine anzupassen, ist in der Praxis bis heute noch nicht gelungen. Wegen der schwankenden Unterdrücke erhalten die Maschinen im allgemeinen brennbare Gemische von außerordentlicher Verschiedenheit, was ihre Wirtschaftlichkeit und Betriebssicherheit sehr beeinträchtigt. Daß die Lösung des „Vergaserproblems", mit dem man sich heute in der Praxis abzufinden sucht, so gut oder so schlecht es eben geht, eine der wichtigsten Fragen des neueren Motorwagenbaues ist, bedarf keiner besonderen Begründung.

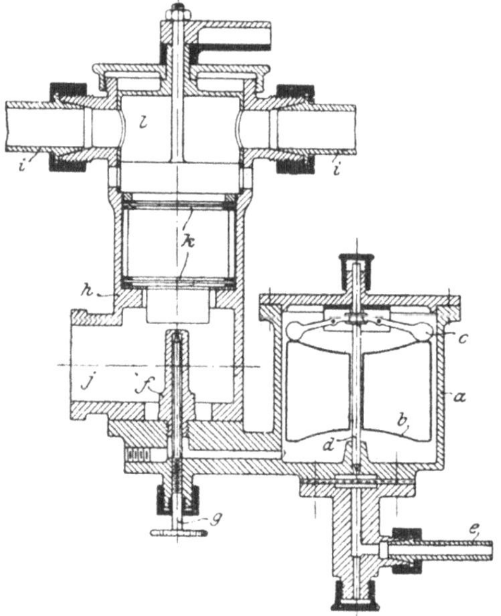

Fig. 64. Einfacher Spritzvergaser.

Daß die Vergaser tatsächlich großen Schwankungen des Unterdruckes im Laufe des Betriebes ausgesetzt sind, kann man sofort erkennen, wenn man sich die wichtigsten Betriebszustände einer Wagenmaschine vergegenwärtigt: Beim Anlassen wird zunächst unter langsamem Drehen an der Kurbel ein verhältnismäßig geringer Unterdruck erzeugt, der aber ausreichen soll, um entzündbares Gemisch in die Zylinder gelangen zu lassen. Ist die Maschine in Gang gekommen, so steigt mit wachsender Umlaufzahl der Unterdruck solange, bis die bis dahin offen gehaltene Saugleitung gedrosselt wird, weil beim Fahren in der Ebene die Leistung der Maschine selten voll ausgenützt werden kann. Dies hat die Wirkung, daß sich der Unterdruck an der Vergaserdüse vermindert, ohne daß sich aber der Unterdruck in der Saugleitung ändert. Gelangt dann der Wagen auf eine Steigung, wo der Kraftbedarf größer ist, so wird zunächst die Drosselung der Saugleitung aufgehoben, der Unterdruck an der Vergaserdüse steigt also. Mit wachsendem Widerstand fällt aber die Umlaufzahl der Maschine schließlich doch ab, und man muß durch Verändern der Getriebeübersetzung das Drehmoment dieses Widerstandes an der Maschinenwelle vermindern, damit die Maschine nicht ganz stecken bleibt. Während dieses Vorganges tritt aber eine Verminderung des Unterdruckes an der Vergaserdüse ein, was um so unerwünschter ist, als gerade dann möglichst viel Gemisch in die Zylinder gelangen sollte. Außer den beschriebenen Betriebsvorgängen üben auch noch andere, mehr zufällige, ihren Einfluß auf den Unterdruck an der Vergaserdüse aus.

Man hat wohl auch versucht, die Schuld an der Veränderung des Gemisches bei höheren Umlaufzahlen dem Umstande zuzuschreiben, daß das Ansaugen aus dem Vergaser selbst bei Maschinen mit mehreren Zylindern nicht gleichmäßig, sondern stets absatzweise stattfindet. Während die Luft diesen Saugstößen der einzelnen Zylinder fast synchron zu folgen imstande sei, sagte man, fließe der spezifisch viel schwerere Brennstoff bei einigermaßen schneller Folge der Saugstöße in einem gleichmäßigen Strahle aus der Düse, so daß bei höheren Umlaufzahlen verhältnismäßig mehr Brennstoff als Luft abgegeben werde, also an Brennstoff reicheres Gemisch in die Zylinder gelange. Ohne zunächst die Richtigkeit dieser Vermutungen prüfen zu wollen, kann man aber diese Annahme trotzdem als allein ausreichende Erklärung für die veränderte Wirkungsweise eines Vergasers von der Hand weisen. Die Unterschiede in dem Mischungsverhältnis, die hierdurch hervorgerufen werden könnten, sind bei weitem nicht derart, wie die tatsächlich beobachteten. Außerdem ist bekannt, daß das Übel bei wesentlicher Vermehrung der Zylinder in unverminderter Stärke auftritt, obgleich sich dann der Einfluß der Saugstöße vermindern müßte.

Der erste Versuch, den Vorgang in einem Vergaser rechnerisch zu erklären, rührt von Krebs her. Nach seiner der Akademie der Wissenschaften zu Paris vorgelegten Abhandlung gilt für die Geschwindigkeit v_B beim Ausfluß des Brennstoffes aus einer Vergaserdüse die Formel:

$$v_B = \sqrt{2g\,\frac{\gamma_\omega}{\gamma_B}\,(h-h')},$$

worin γ_ω das spezifische Gewicht des Wassers,
γ_B das spezifische Gewicht des Brennstoffes,
h den Unterdruck im Vergaser in mm Wassersäule,
h' eine in mm Wassersäule ausgedrückte Widerstandshöhe bedeutet,

die

1. dem Umstande, daß der Brennstoff nicht ganz bis zum oberen Rande der Düse stehen darf,
2. den kapillaren Widerständen der Düse

Rechnung tragen soll.

Diese Widerstandshöhe h' hat Krebs bei Versuchen mit der Mindestumlaufzahl von Maschinen auf 21 mm bestimmt.

Für die Geschwindigkeit v_L der Luft beim Durchfluß durch den Vergaser nimmt Krebs die Formel:

$$v_L = \sqrt{2gh\,\frac{\gamma_\omega}{\gamma_L}}$$

an. Solange die Querschnitte unverändert bleiben, ist das Mischungsverhältnis z dem Verhältnis der Ausflußgeschwindigkeiten proportional:

$$z = c\cdot\frac{v_B}{v_L} = c\cdot\sqrt{\frac{\frac{\gamma_\omega}{\gamma_B}(h-h')}{\frac{\gamma_\omega}{\gamma_L}h}} = c\cdot\sqrt{\frac{\gamma_L}{\gamma_B}}\sqrt{\frac{h-h'}{h}}$$

Die Gültigkeit dieser Formel erstreckt sich aber nur auf die Mindestgeschwindigkeit einer Maschine. Bei höheren Umlaufzahlen soll dem auf Luft und Brennstoff sehr verschieden wirkenden Einfluß der Saugstöße durch eine Berichtigungszahl Rechnung getragen werden, so daß dann die Formel lautet:

$$z = c\cdot\sqrt{\frac{\gamma_L}{\gamma_B}}\sqrt{\frac{h-h'}{h}}\left(\frac{\pi}{2}-\frac{\alpha}{\sqrt{h}}\right).$$

Diese Berichtigung wird so bestimmt, daß bei der Mindestumlaufzahl der Maschine

$$\frac{\pi}{2} - \frac{\alpha}{\sqrt{h_{min}}} = 1$$

wird.

Im allgemeinen strebt man nun an, daß das Mischungsverhältnis z bei wechselnden Werten von h unveränderlich sein soll. In diesem Falle muß man das Verhältnis der Durchflußquerschnitte F_B für den Brennstoff und F_L für die Luft verändern. Dieses Verhältnis kann man in ähnlicher Weise ableiten, wie oben das Mischungsverhältnis.

Bei veränderlichen Querschnitten ist nämlich

$$z = c' \cdot \frac{v_B \cdot F_B}{v_L \cdot F_L},$$

wenn mit v_B und v_L die Geschwindigkeiten bezeichnet werden.

$$\frac{F_L}{F_B} = \frac{c'}{z} \cdot \frac{v_B}{v_L} = c_1 \sqrt{\frac{\gamma_L}{\gamma_B}} \sqrt{\frac{h - h'}{h}},$$

beziehungsweise

$$\frac{F_L}{F_B} = c_1 \sqrt{\frac{\gamma_L}{\gamma_B}} \sqrt{\frac{h - h'}{h}} \left(\frac{\pi}{2} - \frac{\alpha}{\sqrt{h}}\right).$$

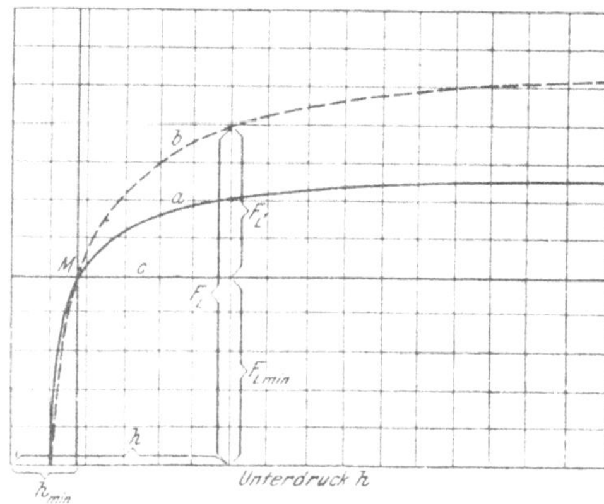

Fig. 65. Vergaserdiagramm von Krebs.

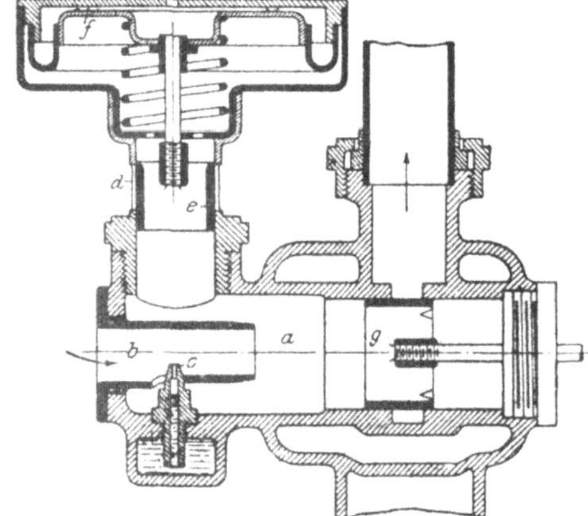

Fig. 66. Krebs-Vergaser der Société des Etablissements Panhard & Levassor in Paris.

In Fig. 65 stellen die Linien a und b die Veränderlichkeit von F_L mit zunehmenden Werten von h ohne und mit Berichtigung dar. Man kann sich nun, wenn man durch den Schnittpunkt M der beiden Linien eine Wagerechte c zieht, den einem bestimmten Unterdruck h entsprechenden Wert des Luftquerschnittes F_L jederzeit zusammengesetzt denken aus einem unveränderlichen Teil $F_{L\,min}$, der der Mindestumlaufzahl der Maschine (h_{min}) entspricht, und einem veränderlichen Teil $F_{L'}$, der mit dem Unterdruck zunimmt, und die zum Verdünnen des zu reich werdenden Brennstoffgemisches bestimmte Zusatzluft liefern soll.

Die Theorie von Krebs läuft also, mit anderen Worten, darauf hinaus, bei wachsenden Umlaufzahlen der Maschine, also bei zunehmenden Unterdrücken im Vergaser, zusätzliche Luftquerschnitte zu eröffnen, damit das Mischungsverhältnis zwischen Brennstoffdämpfen und Luft gleichmäßig erhalten wird.

Die konstruktive Lösung dieser Aufgabe stellt der in Fig. 66 abgebildete

Vergaser der Société des **Etablissements Panhard & Levassor** in **Paris** dar. In den Mischraum *a* des Vergasers wird neben der durch das Rohr *b* senkrecht zur Düse *c* eintretenden Luft, deren Menge dem Mischungsverhältnis bei der Mindestumlaufzahl der Maschine entspricht, bei höherer Umlaufzahl eine gewisse Menge von Zusatzluft angesaugt, die durch die Öffnung *d* im Oberteil des Vergasers hindurchgelassen wird. Der Schieber *e*, der diese Öffnung steuert, ist zu diesem Zwecke mit einem Kolben *f* fest verbunden, der auf der einen Seite unter dem Druck der äußeren Luft, auf der anderen Seite unter demjenigen einer Feder steht, und daher um so mehr niedergedrückt wird, je höher der Unterdruck im Vergaser infolge der zunehmenden Maschinengeschwindigkeit ansteigt. Unabhängig von dieser völlig selbsttätigen, den Wagenführer nicht belastenden Regelung des Mischungsverhältnisses bleibt die Regelung der Maschinenleistung mit Hilfe des Drosselschiebers *g*.

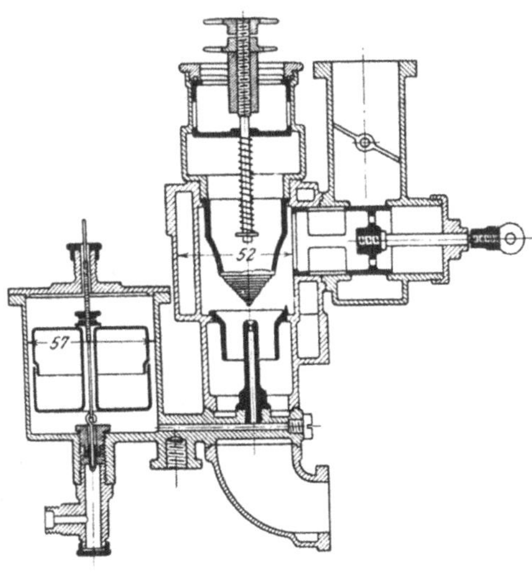

Fig. 67. Vergaser der Britannia Engineering Company in Colchester.

Fig. 68.

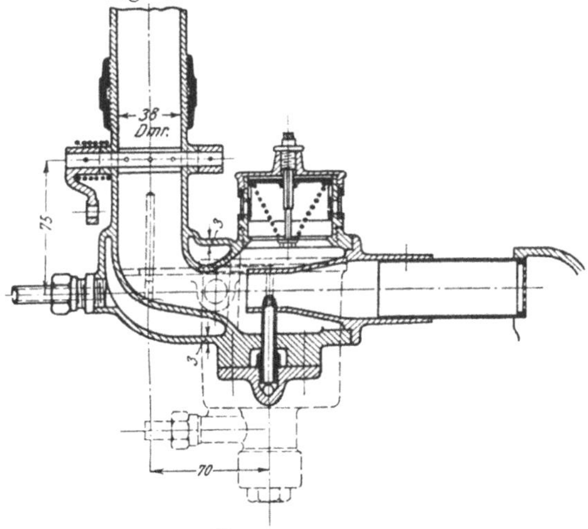

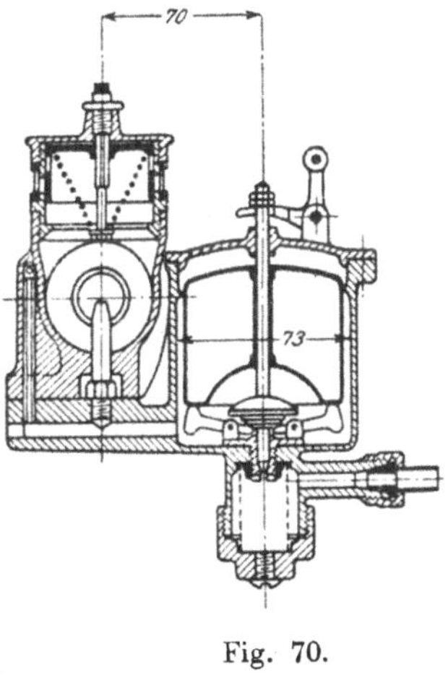

Fig. 70.

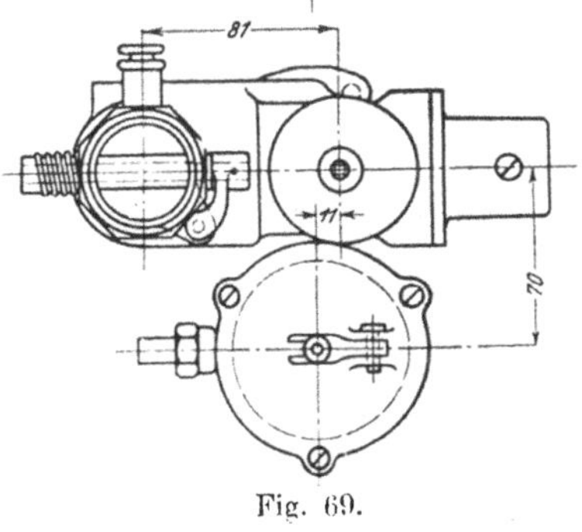

Fig. 68 bis 70. Vergaser von Gebr. Windhoff in Rheine.

Fig. 69.

Das erwähnte von Krebs zuerst aufgestellte Gesetz, daß bei wachsendem Unterdruck im Vergaser Zusatzluft zugeführt werden muß, damit die Gleichförmigkeit des Mischungsverhältnisses gewahrt bleibt, beherrscht noch heute den Vergaserbau fast vollständig. Die Unterschiede, die nichts destoweniger die Vergaserkonstruktionen verschiedener Fabriken aufweisen — jede Fabrik will ihre eigene Vergaserbauart besitzen — beschränken sich im wesentlichen darauf, ob diese Regelung der Zusatzluftzufuhr selbsttätig stattfindet oder nicht.

Vergaser mit selbsttätiger Regelung.

Vergaser mit selbsttätiger Zusatzluft-Regelung hat in ihrer Grundform Krebs bereits selbst angegeben. Abweichungen hiervon treten auf hinsichtlich der Mittel zum Steuern der Zusatzluftöffnungen. Das einfachste Mittel ist wohl der unter dem Druck einer weichen Feder stehende Kolben- oder Hohlschieber, s. z. B. Fig. 67, durch dessen Höhlung ein mit der Höhe des Unterdruckes steigendes Maß von Zusatzluft eingelassen wird. Diese Schieber können, wenn sie mit einem Boden versehen und in entsprechende Gehäuse eingesetzt sind, gebremst werden, damit sie durch die Saugstöße nicht ins Flattern geraten. Fig. 68 bis 70 zeigen einen solchen für einen kleinen Motorwagen bestimmten Vergaser. Weitere Ausführungen solcher Vergaser mit gebremsten Zusatzluftschiebern zeigen die Fig. 71 sowie Fig. 72 und 73. Bei dem einen Vergaser von Brasier, Fig. 71, sind in dem sich düsenartig erweiternden, also auch als Ejektor wirkenden Mischraum zwei Spritzdüsen angeordnet, damit sich die daraus austretenden Strahlen gegenseitig zerstäuben; bei

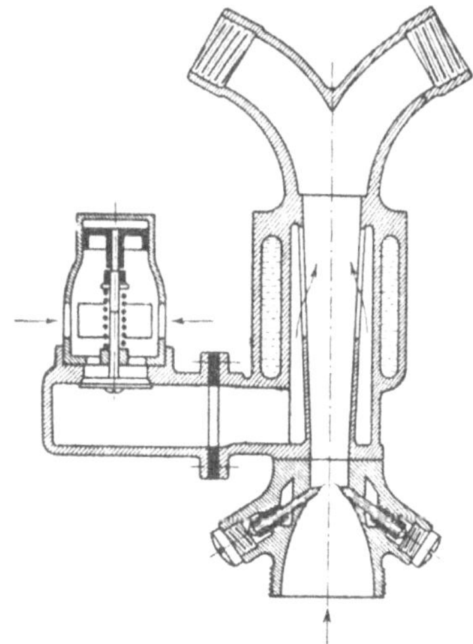
Fig. 71. Vergaser von R. Brasier in Paris.

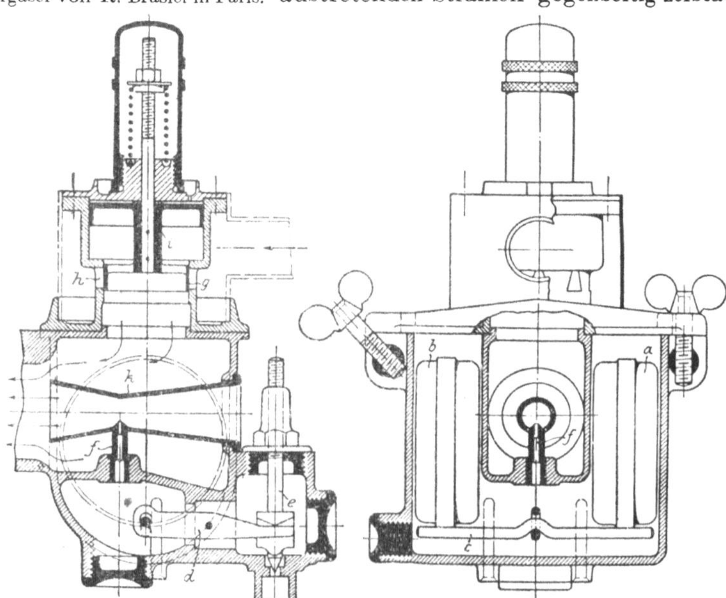

Fig. 72 und 73. Vergaser der Fahrzeugfabrik Eisenach.

dem anderen Vergaser der Fahrzeugfabrik Eisenach, Fig. 72 und 73, sind zunächst zwei unabhängige Schwimmerkörper *a* und *b* zu erwähnen, die durch Hebel *c* und *d* das Nadelventil für die Benzinzuführung beeinflussen. Der Zweck dieser Anordnung ist, den Brennstoffstand in der Düse *f* von etwaigen seitlichen Neigungen des Wagens unabhängig zu machen, indem dann der eine Schwimmer um so viel gehoben wird, als der andere sich senkt, so daß die Stellung des Hebels *d* davon unberührt bleibt. Für die Zuführung der Zusatzluft wird der Ringschieber *g* benutzt, der bei steigendem Unterdruck im Vergaser die Öffnungen *h* im oberen Teil des Vergasergehäuses frei gibt. Der Schieber *g* ist mit einem Kolben *i* verbunden, den eine Feder ständig einporzieht. Bei diesem Vergaser ist ferner darauf Bedacht genommen, die Zusatzluft möglichst weit an der Brennstoffdüse vorbeizuführen, die zu diesem Zwecke von einer Düse *k* umgeben ist. Die Ejektorwirkung dieser Düse hat zur Folge, daß die Hauptluft beim Durchströmen eine große Geschwindigkeit erreicht, welche verhindert, daß brennbares Gemisch aus der Saugleitung in den Vergaser zurück und durch die Luftöffnungen austritt und sich dabei entzündet.

Zu erwähnen ist ferner der ebenfalls in diese Gruppe gehörige ältere Vergaser der Wolseley Tool and Motor Car Company in Birmingham, Fig. 74, bei dem der Zusatzluftschieber *a* unter dem Einfluß einer federbelasteten Membran *b* steht, worauf die Auspuffgase drücken. Da sich der Druck in der Auspuffleitung mit steigender Umlaufzahl der Maschine erhöht, so wird auch hier erreicht, daß der Schieber *a* mit zunehmender Geschwindigkeit gehoben wird und mit seiner unteren Kante Öffnungen freilegt, durch die Luft in die Saugleitung *c* einströmen kann.

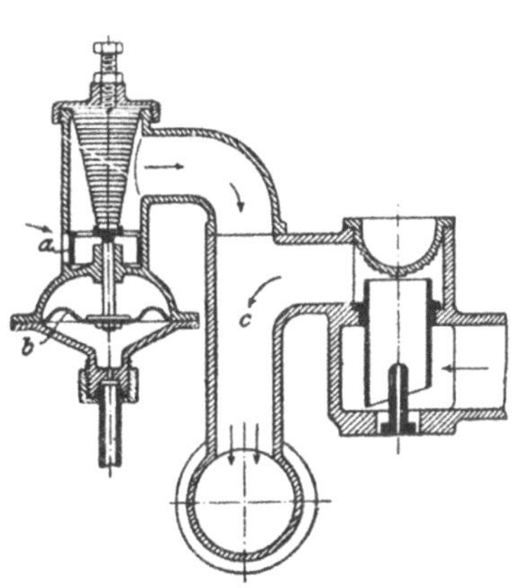

Fig. 74. Vergaser der Wolseley Tool and Motor Car Company in Birmingham.

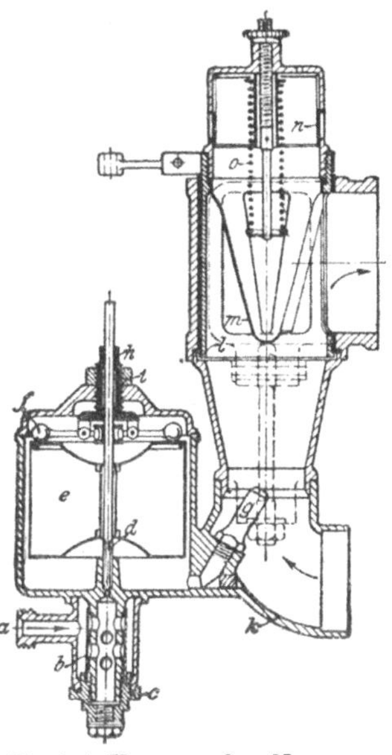

Fig. 75. Vergaser der Neuen Automobil-Gesellschaft in Berlin.

Einen Vergaser, den die Neue Automobil-Gesellschaft in Berlin bis in die neueste Zeit verwendet hat, stellt die Fig. 75 dar. Der Brennstoff tritt hier bei *a* ein und fließt zunächst durch das Sieb *b*, das etwaige Verunreinigungen zurückhält und nach Abschrauben des Pfropfens *c* gereinigt werden kann. Die Menge des austretenden Brennstoffes wird durch die Nadel *d* geregelt, die von dem Schwimmer *e* mit Hilfe der doppelarmigen Hebel *f* eingestellt wird. Die Massen des Schwimmers und der Hebel *f* sind dynamisch gegen die Masse der Nadel *a* ausgeglichen, so daß bei Erschütterungen während der Fahrt keine senkrechten Schwingungen der Nadel eintreten sollen. Bei Verwendung von Brennstoffen mit verschiedenem spezifischem Gewicht wird der

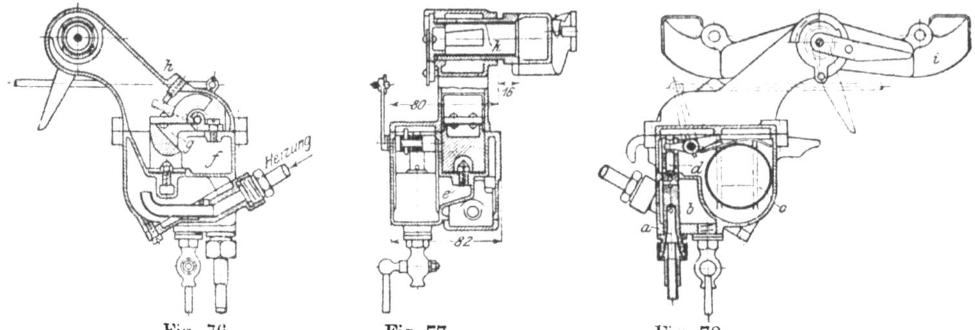

Fig. 76. Fig. 77. Fig. 78.
Fig. 76 bis 78. Vergaser der Berliner Motorwagenfabrik in Berlin-Reinickendorf.

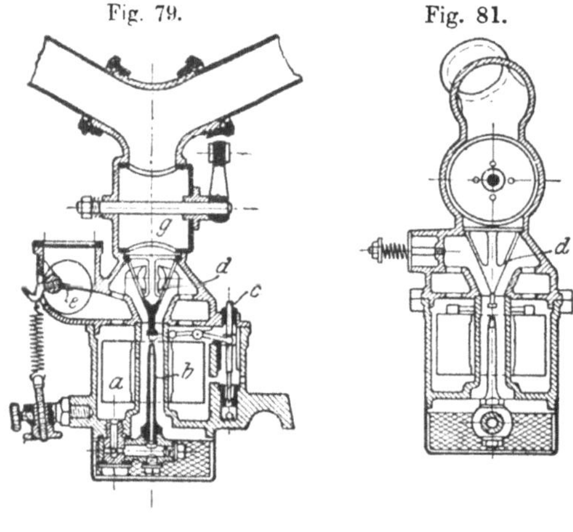

Fig. 79. Fig. 81.

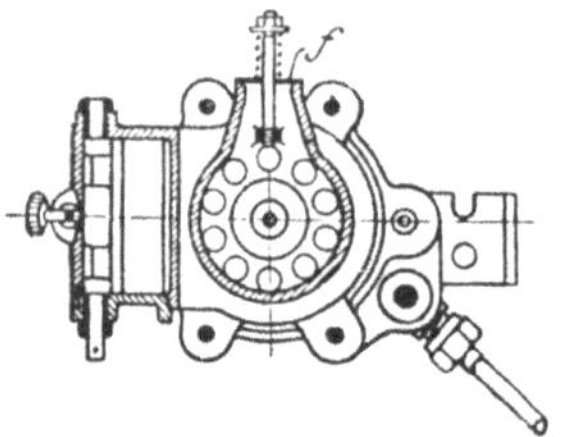

Fig. 80.

Fig. 79 bis 81. Vergaser der Adlerwerke, vorm. Heinrich Kleyer, A.-G. in Frankfurt.

Stand des Brennstoffes in der Spritzdüse *g* durch Auf- oder Niederschrauben des Teiles *h* eingestellt, der dann durch die Gegenmutter *i* festgeklemmt wird. Beim Ingangsetzen der Maschine kann der Führer durch kurzes Emporziehen der Nadel *d* den Brennstoff zum Überlaufen bringen; der Brennstoff verdampft dann in dem Rohrkrümmer *k*. An dieser Stelle tritt auch die Luft ein, die je nach der Jahreszeit mehr oder weniger vorgewärmt werden kann. Die Zusammensetzung des Gemisches wird dadurch geregelt, daß der mit Fenstern versehene Zusatzluftschieber *n*, der unter dem Einfluß einer Feder *o* steht, durch den Unterdruck in der Saugleitung verschieden eingestellt wird. Das fertige Gemisch kann durch Drehen des Schiebers *l* gedrosselt werden. In diesem Schieber ist ein Trichter *m* eingebaut, durch dessen Öffnung die Zusatzluft eintritt.

Statt eines Kolbenschiebers wird bei dem Vergaser der Berliner Motorwagen-Fabrik, Berlin-Reinickendorf, Fig. 76 bis 78, eine beschwerte Klappe verwendet, durch die im übrigen an der Wirkungsweise nicht viel geändert wird. Der Brennstoff tritt bei *a* ein und gelangt zuerst in eine Kammer *b*, wo sich etwaige Verunreinigungen absetzen können. Durch den Schwimmer *c* und das Nadelventil *d* wird der Stand des Brennstoffspiegels in der Düse *e* wie üblich geregelt. Der Düsenraum ist außerdem mit einem Heizmantel versehen. Bei langsamem Lauf der Maschine wird die ganze in den Raum *f* vor der Düse gelangende Luft an der Düse vorbeigesaugt, während mit steigendem Unterdruck ein immer größerer Teil der Luft durch die Öffnung *g* in das Saugrohr eingelassen wird. Diese Öffnung wird von einer mit Gewicht belasteten Klappe *h* aus Messingblech gesteuert. An der Einmündung des Saugrohres in den zweiarmigen Krümmer *i* sitzt der vom Lenkrad aus verstellbare Drosselschieber *k*.

Eine Klappe als selbsttätiges Steuermittel für die Zusatzluft benutzt endlich auch der Vergaser der Adlerwerke, vorm. Heinrich Kleyer, A.-G. in Frankfurt a. M., Fig. 79 bis 81, dessen Schwimmer *a* konzentrisch um die Düse angeordnet ist, damit Schwankungen des Wagens keinen Einfluß auf die Höhe des Brennstoffspiegels in der Düse ausüben können. Der Schwimmer betätigt durch zwei doppelarmige Hebel das Nadelventil *c*. Außer der von unten her durch einen Siebkörper zutretenden Hauptluft wird in den mit einem kegeligen Verteilkörper *d* versehenen Mischraum bei wachsendem Unterdruck eine zunehmende Menge von Zusatzluft durch die Klappe *e* eingelassen, die unter dem Einflusse einer Feder steht. Der Vergaser ist ferner durch ein Überdruckventil *f* gegen Rückschläge von der Maschine her gesichert.

Vergaser mit Handregelung.

Die Erwägung, daß die Wirksamkeit der selbsttätigen Zusatzluft-Steuerteile von manchen Zufälligkeiten abhängig ist, große Sorgfalt des Wagenführers beim Reinigen erfordert und insbesondere während des Betriebes schwer oder gar nicht überwacht werden kann, war die Veranlasssung, daß man dazu übergegangen ist, diese Teile mit der Hand einstellbar zu machen. Die hierher gehörigen Bauarten betreffen entweder solche Vergaser, bei denen die Stellvorrichtung für die Zusatzluft vollkommen unabhängig ist, oder solche Vergaser, bei denen diese Stellvorrichtung mit dem Hauptdrosselschieber verbunden wird.

Zu der ersten Gruppe gehört z. B. der Longuemarre-Vergaser, Fig. 82, der sich durch die kegelige, mit feinen Kanälen versehene Spritzdüse *a* kennzeichnet. Dieser Vergaser erhält seine Hauptluft durch die Öffnungen *b* des Doppelkegels, der die Düse umschließt, während ein Teil der gesamten bei *c* eintretenden Luft durch Heben des Rohrschiebers *d* außen an diesem Doppelkegel vorbeigeleitet werden kann. Der Rohrschieber kann durch einen mit einem Exzenter *f* versehenen Hebel *e* gehoben werden. Auch bei dem Vergaser der Süddeutschen Automobilfabrik Gaggenau, Fig. 83, S. 70, der für eine Luftschiffmaschine bestimmt ist, wird von der gesamten zuströmenden Luft ein Teil als Zusatzluft abgezweigt und außen an einer die Vergaserdüse *a* umschließenden Hülse *b* vorbeigeführt. Die Öffnungen für die Zusatzluft werden von einem Rohrschieber *c* gesteuert, der unabhängig von dem für das fertige Gemisch bestimmten Drosselschieber *d* mit der Hand eingestellt werden kann.

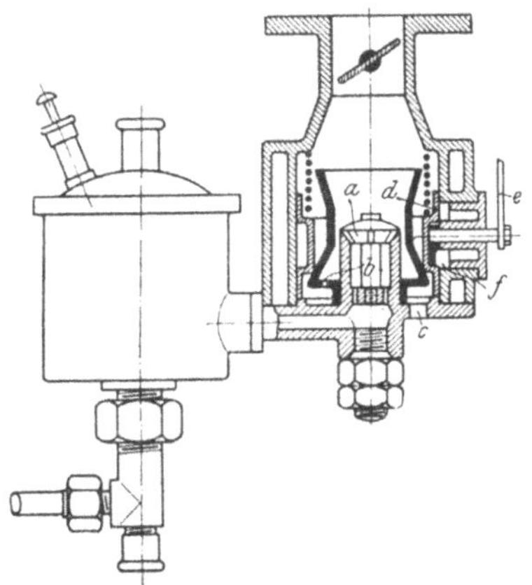

Fig. 82. Vergaser von Longuemarre & Cie. in Paris.

Den Anstoß zu der Verbindung des Zusatzluftschiebers mit dem Drosselschieber hat eine Konstruktion der Daimler-Motoren-Gesellschaft in Untertürkheim aus dem Jahre 1906 gegeben, die mit der Abänderung, daß der Schieber nicht mehr vom Regulator, sondem mit der Hand eingestellt wird, noch heute in Gebrauch ist, siehe Fig. 84. Der Drosselschieber, dessen Wirkung darauf beruht, daß sein Vorderrand mehr oder weniger in den Weg des abziehenden Gemisches geschoben wird, trägt gleichzeitig Öffnungen, durch die ein Teil der von unter her zuströmenden Luft als Zusatzluft an der der Spritzdüse entgegengesetzten Seite des Mischraumes zugeleitet werden kann. Die Zusatzluftöffnungen sind so zu bemessen, daß sie in der innersten Lage des Drosselschiebers, also etwa beim Andrehen der Maschine, geschlossen, in der mittleren Lage, die etwa der vollen Maschinengeschwindigkeit bei Höchstleistung entspricht, voll geöffnet und in der äußersten Lage, in die der Drosselschieber gelangt, wenn der Wagen z. B. auf einer Steigung in der Geschwindigkeit abzufallen beginnt, wieder ganz geschlossen sind. Annähernd auf dem gleichen Gedanken beruht der Benzolvergaser der Daimler-Motoren-Gesellschaft, Zweigniederlassung Marienfelde bei Berlin, Fig. 85 und 86. Die in der üblichen Weise an ein Schwimmergehäuse angeschlossene Düse *a* läßt je nach dem herrschenden Unterdruck eine entsprechende Menge von Brennstoff austreten, die in der an dem unteren Ende der Düse *b* eintretenden Hauptluft sowie in der Zusatzluft, die durch die Öffnungen *c* zuströmen kann, verdampft wird. Damit das Gemisch bei dem Austritt auch gleich-

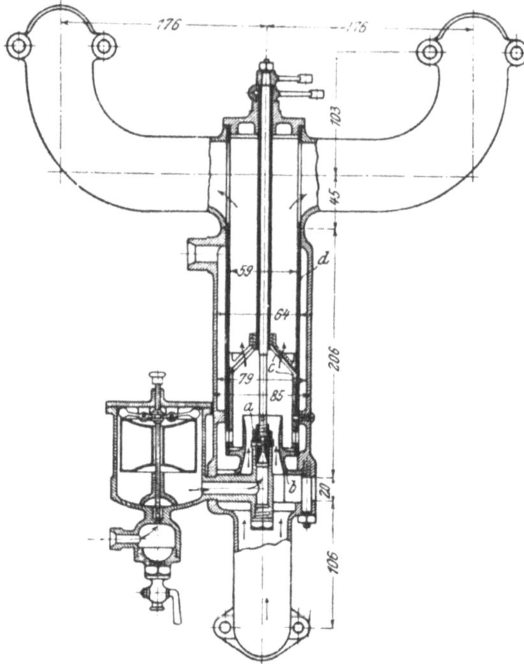

Fig. 83. Vergaser der Süddeutschen Automobilfabrik Gaggenau.

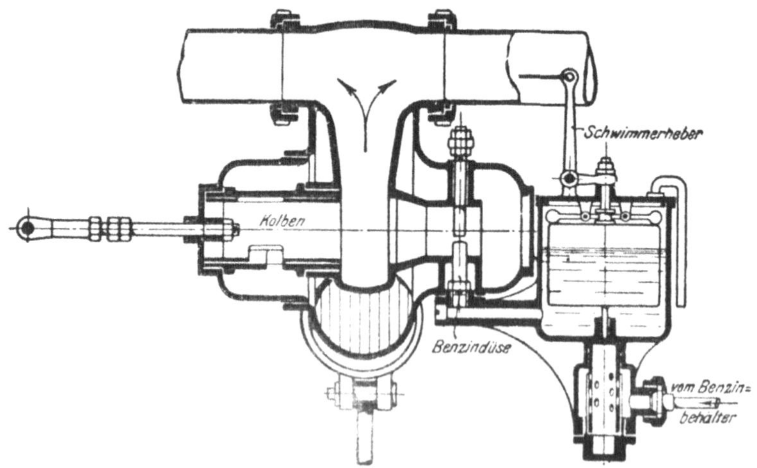

Fig. 84. Vergaser der Daimler-Motoren-Gesellschaft in Untertürkheim.

förmig ist, wird es in den Öffnungen *d* noch gedrosselt. Die Anordnung der Kegeldüse *b* mit bezug auf die Spritzdüse *a* sowie die Abmessungen der Öffnungen *c* und *d* sind so gewählt, daß man durch Verstellen des Rohrschiebers *e*

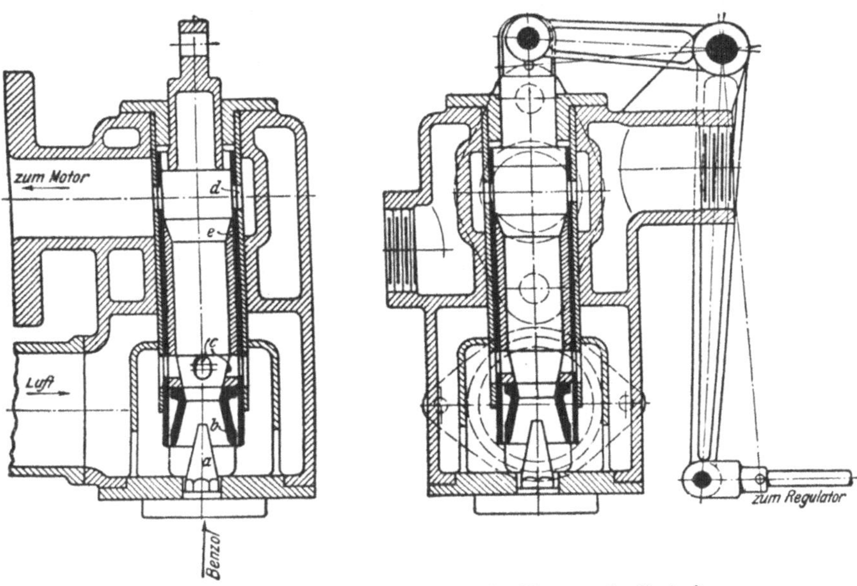

Fig. 85 und 86. Benzolvergaser der Daimler-Motoren-Gesellschaft, Zweigniederlassung Marienfelde bei Berlin.

den Zutritt von Hauptluft und Nebenluft in dem richtigen Verhältnis zueinander verändern sowie gleichzeitig den Austritt der Gemisches zur Maschine drosseln und, weil sich auch der Unterdruck an der Brennstoffdüse ändert, den Austritt von Brennstoff aus der Duse derart regeln kann, daß stets ein zündfähiges Gemisch erhalten wird. Bei der Höchstleistung der Maschine werden also durch Emporziehen des Rohrschiebers die Drossel- und die Zusatzluftöffnungen vollständig freigegeben und gleichzeitig der Zutritt für die Hauptluft auf den größten Querschnitt eingestellt. Bei der Mindestleistung dagegen wird der Einfluß des verminderten Unterdruckes im Vergaser durch Verringern der Querschnitte für Haupt- und Zusatzluft etwas ausgeglichen. Da alle Regelbewegungen durch den Rohrschieber *e* ausgeführt werden, so ist der Vergaser sehr einfach zu bedienen. Schließt man den Schieber an einen Regulator an, so ist der Vergaser vom Wagenführer vollkommen unabhängig.

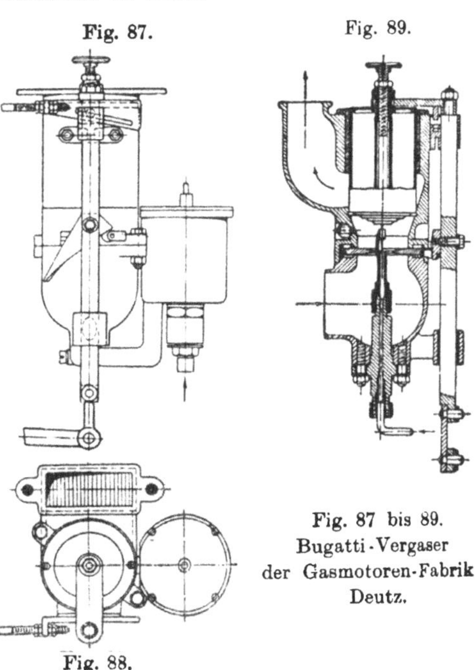

Fig. 87 bis 89. Bugatti-Vergaser der Gasmotoren-Fabrik Deutz.

Drossel- und Luftschieber sind endlich auch bei dem Bugatti Vergaser der Gasmotoren-Fabrik Deutz, Fig. 87 bis 89, S. 71, miteinander vereinigt. Allerdings ist hier von einer Zusatzluftregelung vollständig abgesehen, vielmehr ist in den die Düse umschließenden Raum eine Irisblende eingebaut, die den gesamten Luftzutritt beherrscht. Die Öffnungen der Irisblende und des darüber befindlichen Drosselschiebers werden mit Hilfe einer einzigen Stange eingestellt, die vom Führersitz aus betätigt wird. Beide Regelteile kehren unter der Einwirkung von Federn selbsttätig in ihre innerste Lage zurück, so daß man die Maschine verhältnismäßig geräuschlos andrehen kann.

Die Theorie der Vergaser.

Die in dem Vorstehenden enthaltene Übersicht, deren Umfang sich noch weit vergrößern ließe, da es sich die meisten Fabriken angelegen sein lassen, über eigene Vergaserbauarten zu verfügen, zeigt, daß sich in der Tat die heutigen Vergaserkonstruktionen aller großen Motorfahrzeugfabriken im wesentlichen auf das Krebssche Gesetz von der Zusatzluft stützen.

Und doch sind die Grundlagen dieses Gesetzes theoretisch nicht einwandfrei. Wenn man trotzdem daran in der Praxis festhält, so ist das nur dadurch zu erklären, daß man mit den Vergasern ziemlich befriedigende Erfahrungen gemacht hat, und zwar aus zweierlei Gründen:

1. hat Krebs selbst die Theorie offenbar seinem Vergaser gewissermaßen auf den Leib geschrieben, d. h. die Berichtigungswerte sind von ihm so gewählt, daß die Theorie seinem in der Praxis bereits ziemlich erprobten Vergaser entsprechende Werte liefern mußte;

2. enthält das von Krebs angegebene Verfahren des Zusatzluftbeimischens tatsächlich einen der Wege, die man beschreiten muß, wenn man auch durch die Theorie zu Vergasern gelangen will, deren Mischungsverhältnis man beherrschen kann. Offenbar kann nämlich auch das Freigeben von Zusatzluftöffnungen die Wirkung haben, daß der bei höheren Umlaufzahlen wachsende Unterdruck im Vergaser verringert wird, daß also die Kraft, die für den Zutritt von Luft und Brennstoff in den Vergaser allein bestimmend ist, und die sonst bei steigender Umlaufzahl der Maschine anwachsen würde, gleichmäßiger erhalten wird.

Die theoretischen Grundlagen, die Krebs angegeben hat, sind aber nicht richtig, weil seine Formeln für die Ausflußgeschwindigkeiten nicht zutreffen.

Zunächst findet der Ausfluß des Brennstoffes aus einer Vergaserdüse nicht nach einem Gesetz

$$v_B = \sqrt{2gh} \quad \text{oder} \quad v_B = \sqrt{2g(h-h')}$$

statt, sondern, wie schon von Rummel[1]) und von anderen nachgewiesen worden ist, nach einem Gesetz, daß eher dem Satz von Poiseuille entspricht.

Rummel sagt hierüber etwa folgendes:

Die Theorie der inneren Reibung von Flüssigkeiten führt darauf, eine Proportionalität zwischen dem Druck der Reibungswiderstände und der ersten Potenz der Geschwindigkeit

$$p_r = c \cdot v$$

anzunehmen.

Die Unstimmigkeit zwischen dieser Formel und den Erfahrungen der Praxis erklärt man damit, daß, entgegen der Reibungstheorie, die gleichgerichtete, nebeneinander verlaufende Flüssigkeitsfäden voraussetzt, Wirbelbewegungen auftreten, deren Einflüsse mit dem Quadrate der Geschwindigkeit steigen.

Für enge Röhren ist dagegen die Übereinstimmung zwischen Theorie und Versuch nachgewiesen, und mit solchen engen Röhren haben wir es bei Vergasern zu tun.

[1]) Der Motorwagen 1906. S. 709 u. f.

Genau genommen, ist aber nicht der kleine Querschnitt des Rohres die maßgebende Größe für die Gültigkeit des Gesetzes von Poiseuille, nach dem

$$p_r = v \cdot \frac{32\, l}{d^2} \cdot \eta$$

ist, sondern die Geschwindigkeit der Flüssigkeit in Verbindung mit den Abmessungen des Rohres.

Nach Reynolds[1]) werden die der Theorie entsprechenden Verhältnisse durch Wirbelbildung gestört, sobald die Geschwindigkeit eine gewisse kritische Grenze

$$v_k = 26 \frac{1}{d} \cdot \frac{\eta'}{s'} \quad \text{(c. g. s)}$$

übersteigt. Es bedeutet hierbei

η' die relative innere Reibungsziffer,
s' die relative Dichte der Flüssigkeit,

beides bezogen auf Wasser von 10^0 C, für welches somit

$$\frac{\eta'}{s'} = 1$$

gilt.

Reynolds fand, daß oberhalb dieser Grenze der Reibungswiderstand der 1,7. Potenz der Geschwindigkeit proportional war. Dabei herrscht an der Grenze der kritischen Geschwindigkeit ein labiler Zustand, der bei der geringsten Störung Wirbelbildung zur Folge hat.

Andererseits ist das Poiseuillesche Gesetz auch nicht unbedingt für kurze Röhren gültig.

Während nun die in Vergasern vorkommenden Geschwindigkeiten in der Regel die kritischen Werte, die Reynolds angenommen hat, nicht zu erreichen pflegen, während also hiernach für die Verhältnisse bei Vergasern das Poiseuillesche Gesetz gelten sollte, gibt Grüneisen,[2]) auf Grund seiner Versuche über den Bereich der Gültigkeit des Poiseuilleschen Gesetzes einen wesentlich niedrigeren Wert:

$$v_k = 6{,}6 \cdot 10^{-6} \left(\frac{\eta'}{s'}\right) \cdot \frac{1}{d} \cdot \left(\frac{l}{d} - 4{,}5\right)^{2.08} \quad \text{(c. g. s.)}$$

für die kritische Geschwindigkeit an, d. h. derjenigen Geschwindigkeit, bei welcher die Abweichung vom Poiseuilleschen Gesetz bereits 1 v. T. beträgt. Hiernach wird man aber bei Vergaserdüsen auf völlige Proportionalität zwischen der ersten Potenz der Ausflußgeschwindigkeit und den Reibungswiderständen nicht mehr rechnen dürfen.

Rummel nimmt nun an, daß man für den Reibungswiderstand ein Gesetz von der Form

$$\frac{p_r}{\gamma_B} = a_1 v_B + a_2 v_B^2$$

aufstellen kann, weil nach der Theorie höchstens die ersten zwei Potenzen der Geschwindigkeit einen Einfluß auf den Reibungswiderstand ausüben, und zieht dann für den Ausfluß des Brennstoffes aus der Düse das allgemeine Strömungsgesetz von Flüssigkeiten:

$$\frac{v_B^2}{2g} + h' + \frac{p_r}{\gamma_B} = h_0 - h$$

heran, s. Fig. 90, S. 74, worin $h_0 = 0$ dem Atmosphärendruck entspricht und die anderen Größen die bekannten, auf die Atmosphäre bezogenen Druckhöhen darstellen.

[1]) Phil. Trans. London 1883 (A) 174, S. 935.
[2]) Wiss. Abh. d. Phys.-Techn. Reichsanst. Bd. IV; Heft 2, 1905, S. 153.

Somit ist
$$v_B{}^2\left(\frac{1}{2g}+a_2\right)+a_1 v_B+h'=-h.$$
Führt man
$$v_B=\frac{Q_B}{F_B\cdot t}$$
ein, worin Q_B die in der Zeit t ausfließende Brennstoffmenge,
F_B der Ausflußquerschnitt der Düse

ist, so ergibt sich
$$\left(\frac{Q_B}{F_B\cdot t}\right)^2\left(\frac{1}{2g}+a_2\right)+\frac{Q_B}{F_B\cdot t}\cdot a_1=-(h+h')$$
oder für $t=1$
$$c_1 Q_B{}^2+c_2 Q_B=H,$$
wenn man
$$H=-(h+h')$$

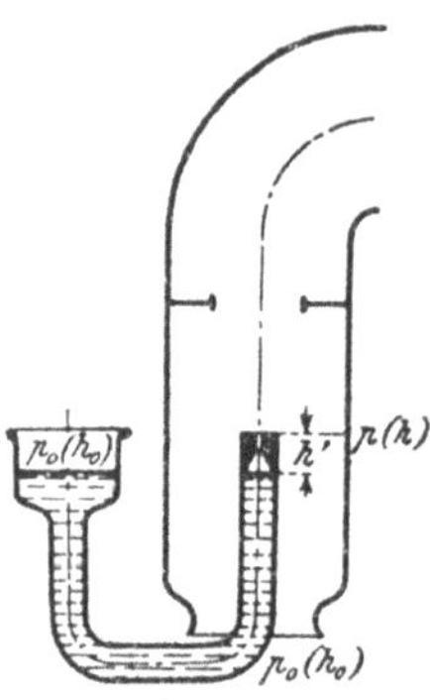

Fig. 90. Druckverhältnisse im Spritzvergaser.

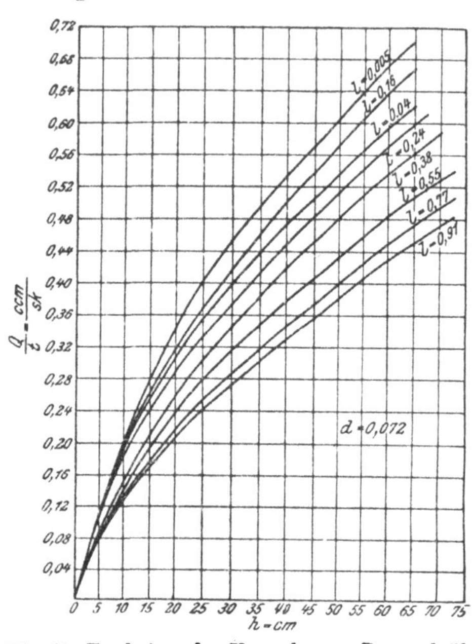

Fig. 91. Ergebnisse der Versuche von Rummel über den Ausfluß von Wasser aus Vergaserdüsen.

als den insgesamt wirksamen, auf die Atmosphäre bezogenen Unterdruck in Meter Wassersäule ansieht und
$$c_1=\left(\frac{1}{2g}+a_2\right)\frac{1}{F_B{}^2}$$
$$c_2=a_1\cdot\frac{1}{F_B}$$
setzt.

Die Werte von c_1 und c_2 lassen sich für jeden Fall bestimmen, indem man Q_B, t und h mißt.

Rummel hat diese Versuche mit Wasser durchgeführt; die Ergebnisse einer Reihe dieser Versuche mit einer Düse von veränderlicher Länge und

0,072 cm Dmr.

sind in Fig. 91 wiedergegeben.

Obgleich bei diesen Versuchen mit Überdruck und nicht mit Unterdruck gearbeitet worden ist, kann man aus dem Verlauf der $\frac{Q_B}{t}$-Linien bei verschiedener Düsenlänge einen sehr wichtigen Schluß ziehen:

Offenbar üben die Reibungswiderstände den größten Einfluß auf die von der Düse gelieferte Brennstoffmenge aus. Sie steigen mit der Länge der Düse und nähern den Verlauf der $\frac{Q_B}{t}$-Linie mit wachsender Länge der Düse immer mehr dem Proportionalitätsgesetz von Poiseuille, nach dem die $\frac{Q_B}{t}$ Linie eine Gerade ist.

Aber auch mit Brennstoffen liegen Ergebnisse von Versuchen vor, aus denen man im wesentlichen folgern darf, daß das eben abgeleitete Ausflußgesetz für die gebräuchlichen Vergaserdüsen annähernd richtig ist. Abgesehen von der Arbeit von A. Lauret[1]), auf die noch zurückzukommen sein wird, sei insbesondere auf die Versuche von P. S. Tyce[2]) verwiesen, deren Ergebnisse namentlich für die Beurteilung des Verhaltens von Düsen verschiedener Bauart wertvoll sind.

Was nun den Ausfluß von Luft aus der Öffnung des Vergasers an der Düse anbelangt, so hätte man, streng genommen, dafür die Zeunersche Geschwindigkeitsgleichung

$$v_L = 44{,}4\sqrt{T\left(1-\left[\frac{p_0}{p}\right]^{\frac{m-1}{m}}\right)}$$

anzuwenden, worin

T die absolute Anfangstemperatur,
p_0 den Anfangsdruck, d. h. den äußeren Druck,
p den Enddruck, d. h. den Druck an der Düse,
$m = 1{,}286$ den Ausflußexponenten

darstellt.

Für die außerordentlich geringen Druckänderungen, um die es sich bei dieser Strömung handelt, ist aber eine Vereinfachung zulässig, dahingehend, daß man von der Änderung des spezifischen Volumens absieht.

Die Zulässigkeit dieser Vereinfachung für Druckunterschiede bis zu etwa 500 mm Wassersäule, also Unterschiede, wie sie beim Betrieb von Fahrzeugmaschinen selten überschritten werden dürften, hat Durley für Öffnungen von rd. 75 mm Dmr. sehr ausführlich durch Versuche nachgewiesen.[3]) Man gelangt somit unter diesen Verhältnissen zu der Fliegnerschen Formel für die Ausflußmenge, die für eine mittlere Temperatur t in die Form

$$\frac{Q_L}{t} = a \cdot F_L \sqrt{h}$$

gebracht werden kann.

Zu einer ähnlichen Form gelangt auch Rummel[4]), indem er, gleichfalls unter der Voraussetzung, daß die Luft bei der Strömung durch den Vergaser ihr spezifisches Volumen nicht verändert, die bereits weiter oben angegebene allgemeine Strömungsgleichung

$$v_L^2 + h' + \frac{p_r}{\gamma_L} = h_0 - h$$

anwendet und darin wie früher $h_0 = 0$

$$\frac{p_r}{\gamma_L} = a \cdot v_L^2$$

einsetzt.

Er erhält dann eine Gleichung von der Form

$$v_L = c\sqrt{H}$$

die, weil v_L und $\frac{Q_L}{t}$ proportional sind, dem gleichen Gesetze der Abhängigkeit von H entspricht, wie die obige.

Die Vorgänge bei der Strömung von Luft und flüssigem Brennstoff durch

---

1) Der Motorwagen 1908, S. 972.
2) The Horseless Age vom 19. und 26. August 1908.
3) Transactions of the Am. Soc. of Mech. Eng. 1906, S. 193.
4) A. a. O. S. 754.

den Vergaser erscheinen nunmehr annähernd geklärt. Es ergibt sich, daß die Abhängigkeit der in der gleichen Zeit ausströmenden Brennstoff- und Luftmengen von dem Unterdruck H im Vergaser so verschieden ist, daß allein hierin schon eine ausreichende Begründung für die beobachtete Anreicherung der Luft mit Brennstoffdämpfen bei wachsender Umlaufzahl der Maschine erblickt werden kann.

In der Praxis strebt man — ob mit Recht oder Unrecht, sei vorläufig außer acht gelassen — an, das Verhältnis

$$z = \frac{Q_B}{Q_L}$$

bei verschiedenen Werten von H möglichst unveränderlich zu erhalten.

Dazu gibt es nun verschiedene Wege:

1. Man regelt den Vergaser bei einem gegebenen Mindestunterdruck, gewöhnlich durch vorsichtiges Verändern der Düsenöffnung, auf dem Maschinenprüfstande so ein, daß für diesen Wert des Unterdruckes z dem besten Erfahrungswert (etwa 1 : 16) entspricht, und sorgt durch Freilegen größerer Luftquerschnitte dafür, daß dieser Mindestunterdruck bei den höheren Umlaufzahlen der Maschine nicht so schnell ansteigt, wie es der stärkeren Saugwirkung der Maschine entspricht.

Man sieht nun hier sofort: das Krebssche Verfahren des Zusatzluft-Beimengens hat auch seine Berechtigung, denn es läuft im Grunde genommen nur darauf hinaus, das Wachsen des Unterdruckes im Vergaser zu verzögern. Es kommen aber dafür nur selbstätige Zusatzluftschieber oder -ventile in Frage, denn es ist ausgeschlossen, einen solchen Teil mit der Hand so zu regeln, daß der Unterdruck im Vergaser, den man während der Fahrt nicht fühlt oder mißt, tatsächlich in den Grenzen erhalten wird, die die Unveränderlichkeit des Mischungsverhältnisses vorschreibt.

Gleichgültig ist es für den hier in Rede stehenden Zweck, ob die Zusatzluft an einer besonderen Stelle des Vergasers, d. h. abseits von der Düse eingeführt wird, wo sie zunächst gar nicht in Berührung mit dem verdampfenden Benzin kommen kann, ob man die Zusatzluft vor der Düse abzweigt und außen um die Brennstoffdüse herumführt, oder ob man endlich die ganze Luftmenge durch einen veränderlichen Querschnitt zuleitet. Denn in ihrer vorläufig allein in Betracht kommenden Einwirkung auf den Unterdruck im Vergaser bleiben sich die drei Verfahren vollkommen gleich. Da aber die Geschwindigkeit der Verdampfung bei gleichen Brennstoffmengen mit wachsender Luftmenge zunimmt, so wird man im allgemeinen demjenigen Verfahren den Vorzug geben dürfen, bei welchem die ganze Luftmenge sofort mit dem Brennstoff in Berührung gelangt. In Anbetracht der Kürze der Zeit, die überhaupt für das Verdampfen verfügbar ist, mag unter Umständen dieses Verfahren bessere Brennstoffverdampfung liefern, als die anderen Verfahren.

Auch die zwangläufige Verbindung des Zusatzluftschiebers mit dem Drosselschieber, d. h. die Anordnung beider Arten von Kanälen auf einem Schieber, an der z. B. von der Daimler-Motoren-Gesellschaft seit längeren Jahren festgehalten wird, ist zulässig. Sie erfordert aber, daß die Zusatzluftöffnungen, wie schon erwähnt, bei geschlossenem Drosselschieber geschlossen, in der Mittelstellung des Schiebers geöffnet und in der äußersten offenen Lage wieder geschlossen werden, und daß in den Zwischenstellungen des Drosselschiebers von den Zusatzluftöffnungen gerade nur soviel geöffnet wird, als zur Erhaltung des unveränderlichen Mischungsverhältnisses notwendig ist.

Das Verfahren beim Einregeln eines solchen Vergasers ist allerdings außerordentlich mühsam und auf die Richtigkeit seiner Ausführung nur durch zeitraubende Messungen auf dem Prüfstande zu untersuchen.

Das gleiche läßt sich von der Zuführung der gesamten Luft durch einen veränderlichen Querschnitt sagen. Nach der Lösung, die Bugatti dafür gefunden hat, S. 71, wird die Weite der Öffnung des Luftschiebers von einer Führungskurve abhängig gemacht, die natürlich nur auf dem gleichen umständlichen Wege, wie bei dem anderen Verfahren, genau bestimmbar ist.

Das umständliche Einregeln und Ausprobieren des Vergasers, das bei aller Mühe wegen der unzureichenden Meßverfahren, die dabei verwendet werden können, selten zu dem gewünschten Ziele führt, bildet aber außerdem ein Hindernis für die fabrikmäßige Herstellung. Es ist in hohem Grade unerwünscht, daß Maschinen, deren Teile nach dem Grenzlehrenverfahren hergestellt, die also ohne jeden Aufwand von Feilen- und Schabearbeiten zusammengebaut worden sind, hinterher längere Zeit auf dem Prüfstande laufen müssen, nur damit der Vergaser eingeregelt werden kann. Die krummlinige Begrenzung der Zusatzluftkanäle und die Form der Führungskurven für den Luftschieber lassen sich eben auf dem Fabrikationswege nicht so genau kopieren, daß nicht hinterher doch noch Nachfeilen erforderlich wäre. Ebensowenig ist es aber auch denkbar, die Federn der selbsttätigen Zusatzluftschieber oder -ventile in Reihen so genau herzustellen, daß ihr Spannungsgesetz bei dem fertig zusammengebauten Vergaser den z. B. auf dem Versuchswege ermittelten Anforderungen genau entspricht.[1])

Die Betrachtung ergibt somit, daß das „Zusatzluft"-Verfahren, obgleich sich theoretisch gegen die Vollkommenheit der Lösung, die es bieten kann, nichts einwenden läßt, in der Praxis zu unvollkommen arbeitenden Vergasern führen muß. Man beschränkt sich dann eben nur darauf, aus der Maschine auf dem Prüfstand die bestmögliche Volleistung herauszuholen, ohne sich darum zu kümmern, unter welchen Gemischverhältnissen die Maschine hierbei und insbesondere bei der Mittelleistung arbeitet, auf die es sehr oft, namentlich im Stadtverkehr, ankommt.

2. Den zweiten Weg, das Mischungsverhältnis

$$z = \frac{Q_B}{Q_L}$$

mit verschiedenen Werten des Unterdruckes H unveränderlich zu erhalten, nämlich, im Gegensatz zu dem Vorgang beim Zusatzluftverfahren, bei unveränderlichen Luftquerschnitten die ausfließenden Brennstoffmengen den gleichzeitig durchströmenden Luftmengen anzupassen, hat man verhältnismäßig selten betreten, obgleich er anscheinend Aussichten bietet, das Ziel auf eine weit weniger mühevolle Weise zu erreichen. Hauptsächlich scheute man es, und mit Recht, die feinen, schon gegen jedes von dem Brennstoff mitgerissene Staubteilchen empfindlichen Düsen mit Drossel- oder anderen Regelvorrichtungen zu versehen, die selbsttätig nachstellbar sein müßten und deshalb wohl an und für sich unzuverlässig wären, ganz abgesehen davon, daß sie in den Händen unverständiger Wagenführer zu großer Brennstoffvergeudung Anlaß bieten müßten. Von vornherein ist es leicht einzusehen, daß es sich bei der Regelung der Ausflußverhältnisse von Brennstoffdüsen im wesentlichen um eine verhältnismäßige Einschränkung der Brennstoffabgabe bei höheren Umlaufzahlen handeln müßte, da, wie nachgewiesen, der Ausfluß von Brennstoff aus einer Vergaserdüse in verhältnismäßig größerem Maße zunimmt, als der Durchfluß von Luft durch einen gegebenen Vergaser. Im Gegensatz hierzu wird bei den meisten sogenannten Registervergasern der Zweck verfolgt, mit wachsendem Unterdruck zusätzliche Brennstoffquerschnitte zu eröffnen, was offenbar zu dem entgegengesetzten Ergebnis führen muß.

Auf einen aus den letzten Jahren stammenden Versuch, die Registervergaser auch theoretisch zu rechtfertigen, sei an dieser Stelle gerade deshalb hingewiesen, weil man in der Fachliteratur den entsprechenden Vergaser vielfach lobend erwähnt

[1]) Vgl. The Horseless Age vom 4. August 1909.

hat. Es handelt sich um den in Fig. 92 abgebildeten „Zenith“-Vergaser, dessen Theorie in der schon erwähnten Abhandlung von A. Lauret aufgestellt worden ist. Das Wesentliche dieses Vergasers zeigt die schematische Darstellung in Fig. 93. Der mit einer Drosselklappe C, Fig. 93, versehene Mischraum A des Vergasers, in den durch die bei D angeschlossene Maschine an der Öffnung B Luft angesaugt wird, enthält neben der üblichen, von einem Schwimmergehäuse F aus durch die Leitung E gespeisten Hauptdüse G eine Hilfsdüse H, die ihren Brennstoff durch die Leitung K aus einem Rohre J bezieht. Dieses ist bei I an das Schwimmergehäuse angeschlossen und oben offen.

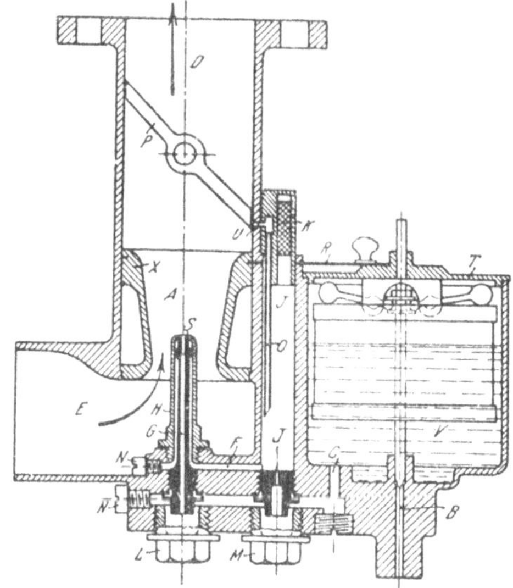

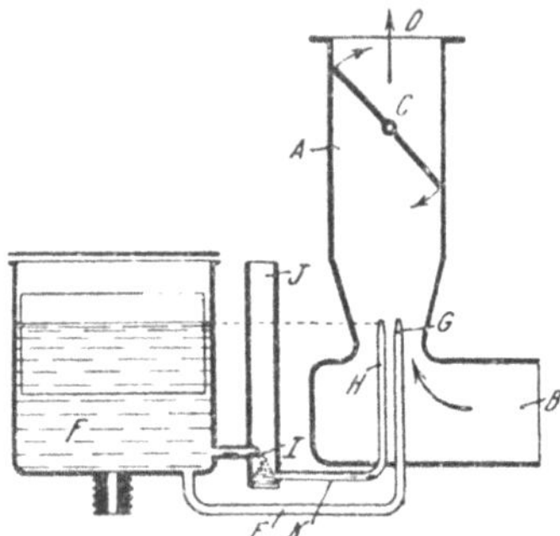

Fig. 92 und 93. Zenith-Vergaser.

Bei der wirklichen Ausführung, Fig. 92, werden die beiden Brennstoffdüsen konzentrisch ineinander angeordnet, derart, daß die Hauptdüse G innen und die ringförmige Hilfsdüse H außen liegt und sich die Mündungen beider Düsen bei S in der gleichen Höhe des Mischraumes A befinden. Die Luft tritt bei E in den besonders eingesetzten Trichter X ein. Aus dem durch die Leitung B in der bekannten Weise gespeisten Schwimmergehäuse V fließt der Brennstoff durch eine Bodenöffnung C in den zur Hauptdüse G führenden Kanal sowie durch die kalibrierte Öffnung I in das oben offene und mit einem Sieb K überdeckte Standrohr J, aus dem durch den Kanal F die Hilfsdüse H gespeist wird. Die Schrauben L, M und N gestatten, diese Kanäle zu reinigen.

Bei langsamem Gang der Maschine und insbesondere auch bei Leerlauf, wo der Unterdruck im Vergaser nicht ausreicht, um den Brennstoff durch die Düsen zu treiben, wird der Brennstoff unmittelbar aus dem Standrohr J angesaugt, was dadurch gefördert wird, daß vor der Drosselklappe P eine Bohrung U und ein Röhrchen O zum Standrohr abgezweigt werden. Da sich bei Stillstand der Maschine das Standrohr mit Brennstoff füllt, so gelangt dieser bei den ersten Drehungen der Anlaßkurbel schnell auf die Drosselklappe, wodurch das Anlassen erleichtert wird.

Die Theorie dieses Vergasers stützt sich ebenso wie diejenige eines neuerdings von W. Morgan und E. B. Wood[1]) bekanntgegebenen Vergasers auf die Annahme, daß es möglich sei, durch die Hilfsdüse eine von den Unterdrücken im Vergaser unabhängig bleibende, also dauernd unveränderliche Brennstoffmenge zuzuführen und dadurch das Anreichern des Gemisches zu verhindern.

Diese Annahme dürfte aber kaum zutreffen: Bei dem Zenith-Vergaser soll z. B. diejenige Brennstoffmenge, welche dem Standrohr J zufließt, bei allen

[1]) The Horseless Age 7. Dezember 1910.

Unterdrücken im Mischraum des Vergasers unveränderlich bleiben, weil hierfür der hydrostatische Überdruck des Schwimmerbehälters maßgebend ist. Nun unterliegt das Absaugen von Brennstoff aus dem Standrohr mittels der Hilfsdüse im allgemeinen den gleichen Gesetzen, die für die Hauptdüse gelten; bei wachsendem Unterdruck im Vergaser saugt also die Hilfsdüse aus dem Standrohre, soweit dieses Brennstoff enthält, in der gleichen Weise zunehmende Brennstoffmengen ab, wie die Hauptdüse aus dem Schwimmerbehälter.

Wird aber die Zuflußöffnung vom Schwimmerbehälter zum Standrohre so bemessen, daß bei dem Mindestunterdruck im Vergaser in das Standrohr nur gerade ebensoviel Brennstoff eintritt, wie durch die Hilfsdüse abgesaugt werden kann, so ist bei einem höheren Unterdruck ein etwaiger Brennstoffvorrat im Standrohr sehr bald abgesaugt, und dann saugt die Hilfsdüse absatzweise einmal die von außen zutretende Luft und das andere Mal den Brennstoff an, der sich inzwischen angesammelt hat; die Hilfsdüse gibt also bei wachsender Maschinengeschwindigkeit zunächst verhältnismäßig zuviel Brennstoff ab (bis das Standrohr leer ist) und dann keinen gleichmäßigen Benzinstrahl mehr, sondern sozusagen eine Aufeinanderfolge von Benzin- und Luftspritzern, die einmal zu reiches, ein anderes Mal zu armes Gemisch bedingen. Dabei entsteht auch im Standrohre Unterdruck, wodurch an das Standrohr mehr Brennstoff abgegeben wird, als bei der Mindestumlaufzahl. Die Voraussetzungen für die Theorie dieses Vergasers sind also nicht erfüllt.

Daß die gewöhnlichen Registervergaser, die nur bei höheren Umlaufzahlen zusätzliche Benzinquerschnitte frei machen, gar keine Daseinsberechtigung haben können, geht aus der einfachen Überlegung hervor, daß schon die Hauptdüse solcher Vergaser bei höheren Umlaufzahlen verhältnismäßig zu viel Brennstoff abgibt und daß daher das Mischungsverhältnis nur noch weiter verschlechtert werden kann, wenn man außerdem zusätzliche Benzinquerschnitte freigibt. Macht man aber zugleich mit den zusätzlichen Brennstoffquerschnitten auch Zusatz-Luftquerschnitte frei, so ist die Regelung der Brennstoffzufuhr eigentlich überflüssig; denn es genügt, wenn man nur die Luftquerschnitte veränderlich macht.

Dagegen hat man mit einigem Erfolg versucht, die Brennstoffabgabe der Vergaserdüse bei wechselnden Unterdrücken dadurch zu beeinflussen, daß man die für den Austritt des Brennstoffes aus der Düse maßgebende wirksame Druckhöhe veränderte. Bei solchen Vergasern findet also der Zutritt von Luft nach dem Gesetz

$$c_3 Q_L^2 = h_0 - h$$

statt, wenn h_0 den atmosphärischen Luftdruck

und h den Unterdruck im Vergaser

bezeichnet, während der Ausfluß von Brennstoff dem Gesetze

$$c_1 Q_B^2 + c_2 Q_B = h_1 - (h - h')$$

folgt, wobei sich h_1 ändert, und zwar um so mehr unter den atmosphärischen Druck sinkt, je stärker die von der Maschine ausgeübte Saugwirkung ist. Wird also mit zunehmendem Unterdruck im Vergaser das für den Austritt des Brennstoffes maßgebende Druckgefälle gegenüber demjenigen Druckgefälle vermindert, welches für den Durchtritt von Luft maßgebend ist, so kann man tatsächlich verhindern, daß bei zunehmendem Unterdruck im Vergaser zu reiches Brennstoffgemisch erzeugt wird.

In der Tat hat man mit einem nach diesem Verfahren arbeitenden Luftregler von Gillet-Lehmann mitunter recht gute Erfahrungen gemacht. Dieser Regler, Fig. 94, S. 80, wird mit dem Ende B auf das im übrigen abgedichtete Schwimmergehäuse aufgesetzt und mit Leitungen C und D an den Mischraum des Vergasers sowie an eine zwischen dem Drosselschieber und der Maschine gelegene Stelle der Saugleitung angeschlossen. Fig. 95 zeigt den Einbau dieser Vorrichtung bei einem Vergaser der Adlerwerke. Auf diese Weise stellt man folgende Verbindungen her:

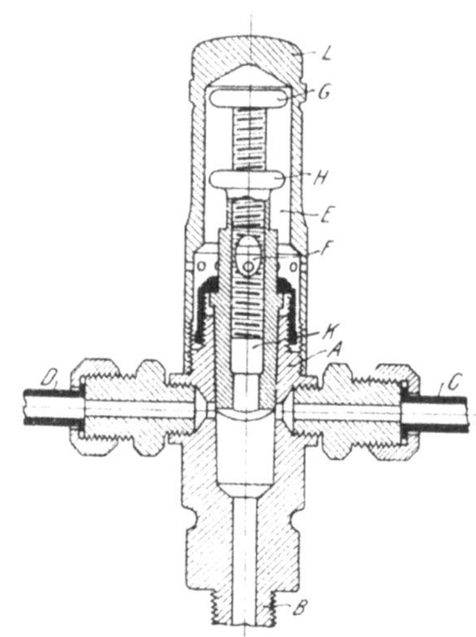

Fig. 94. Luftregler von Gillet-Lehmann.

1. zwischen der Außenluft und dem Schwimmergehäuse durch die Bohrungen der auf das Gehäuse A aufgeschraubten Kappe L und die Seitenöffnungen F sowie die Längsbohrung des Hahnkükens K,
2. zwischen dem Mischraum des Vergasers und der Saugleitung der Maschine über die Leitungen C und D,
3. zwischen der Außenluft und dem Mischraum,
4. zwischen der Außenluft und der Saugleitung,
5. zwischen dem Schwimmergehäuse und dem Mischraum,
6. zwischen dem Schwimmergehäuse und der Saugleitung.

Alle diese Verbindungen lassen sich hinsichtlich ihrer Weite einstellen, wozu einerseits die auf die Öffnungen F wirkende Stellschraube G mit Gegenmutter H, andererseits das abgeschrägte untere Ende des Hahnkükens K dienen.

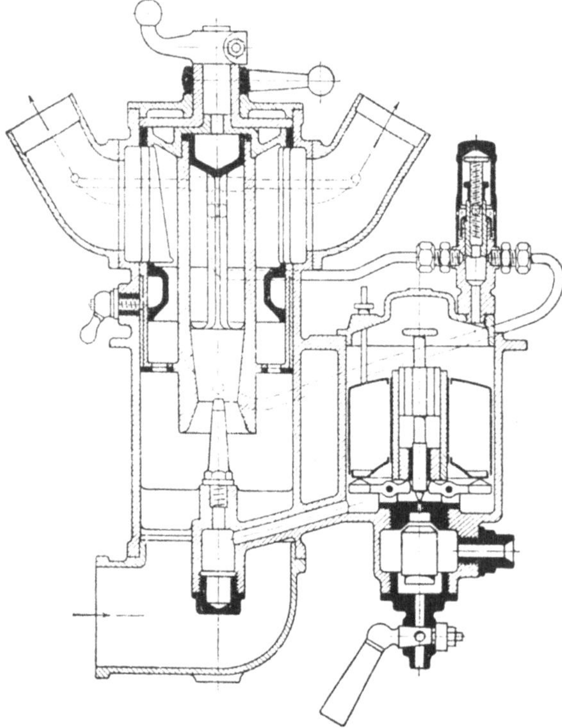
Fig. 95. Einbau des Luftreglers von Gillet-Lehmann bei einem Vergaser der Adlerwerke.

Es ist wohl überflüssig, erst in umständlicher Weise untersuchen zu wollen, ob es auf diese Weise überhaupt möglich ist, mit einer einzigen Einstellung des Reglers das Mischungsverhältnis bei allen Werten des Unterdruckes, die im Betriebe vorkommen, unveränderlich zu erhalten. Man kann vielmehr diese Frage ohne weiteres verneinen, denn das Nachströmen von Luft, worauf es ja bei allen diesen Verbindungen ankommt, folgt eben anderen Gesetzen als der Ausfluß des Brennstoffes aus der Düse. Im besten Falle ist also mit einem solchen Regler für einen bestimmten Betriebszustand das richtige Mischungsverhältnis und für die übrigen eine gewisse Annäherung an die richtigen Verhältnisse zu erreichen, und zwar — und das ist auch schon ein großer Vorteil — mit viel weniger Mühe, als man bei den gebräuchlichen Vergasern mit Zusatzluft-Regelung aufwenden müßte. Nichtsdestoweniger hat man mit diesen Reglern gute Erfahrungen gemacht; das würde aber nur beweisen, daß die Vergaser, wobei der Regler verwendet worden ist, schlecht eingeregelt gewesen sein müssen.

Eine ziemlich einwandfreie Lösung der Aufgabe, einen Vergaser herzustellen, der bei stark wechselnden Unterdrücken im Mischraum Luft und Brennstoff in stets gleichbleibendem Verhältnis zueinander mischt, dürfte sich aber finden lassen, wenn man, was bisher nicht geschehen ist, der Gestalt der Brennstoffdüse etwas größere Aufmerksamkeit schenkt.

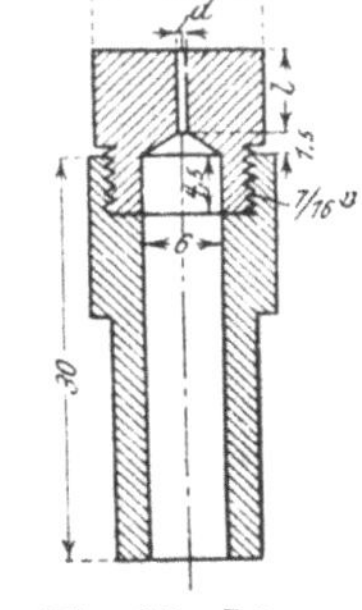
Fig. 96. Längsschnitt der gebräuchlichen Vergaserdüse.

Die Arbeiten von Rummel, die wohl auch schon gewisse Schlüsse auf den Einfluß von Länge und Durchmesser auf die Ausflußmenge ziehen lassen, erstreckten sich sämtlich auf Düsen von dem in Fig. 96 dargestellten Längsschnitt, d. h. auf Düsen, die aus einem kürzeren oder längeren zylindrischen Kanal von der Länge l und dem lichten Durchmesser d gebildet werden. Auf solche Düsen dürfte die von Rummel angegebene Ausflußformel

$$c_1 Q_B^2 + c_2 Q_B = H$$

ja wohl — selbst für Brennstoff — zutreffen.

Es ist nun aber einleuchtend: Wenn es gelänge, durch die Formgebung der Düse ihre Ausflußverhältnisse so zu beeinflussen, daß sie einem Gesetze von der Form

$$c Q_B^2 = H,$$

d. h. einer Parabel entsprechen würden, so wären damit die Schwierigkeiten, mit denen unsere heutigen Vergaserbauarten zu kämpfen haben, sofort vermindert, denn dann folgte der Austritt von Luft und Brennstoff gleichartigen Gesetzen, und das Mischungsverhältnis wäre ausschließlich von solchen festen Werten abhängig, die für die Strömung von Luft und Brennstoff durch Öffnungen maßgebend sind, dagegen nicht mehr von der wechselnden Größe des Unterdruckes.

Eine solche Formgebung für Vergaserdüsen scheint nun nicht unmöglich zu sein. Um sich hiervon zu überzeugen, braucht man nur einen Blick auf die Fig. 97 bis 101[1]), S. 82 und 83, zu werfen, welche die Abhängigkeit der Ausflußmengen für die Zeiteinheit von dem Unterdruck bei fünf verschiedenen Düsen angeben. Die Längsschnitte dieser Düsen sind in Fig. 102 bis 106, S. 84, wiedergegeben.

Zur Bestimmung der in den vorstehenden Diagrammen und in der beigefügten Zahlentafel wiedergegebenen Ausflußmengen dient eine sehr einfache Vorrichtung von der in Fig. 107, S. 84, erkennbaren Art. Die etwa 1,6 kg Benzin von 0,71 spezifischem Gewicht fassende Flasche A ist an dem einen Arm einer genauen Wage B aufgehängt. In ihren offenen Hals taucht der eine Arm eines entsprechend gehaltenen Heberrohres C derart ein, daß die Beweglichkeit der Wage hierdurch in keiner Weise beeinträchtigt wird. Das untere Ende des Heberrohres mündet in eine Mariottesche Flasche D, aus der durch einen Schlauch das Nadelventil E und das Schwimmergehäuse F gespeist werden. Die zu untersuchende Düse H ist in einem luftdicht geschlossenen Glasgehäuse G angeordnet und läßt sich mit Hilfe der von außen stellbaren und mit einem Zeiger J versehenen Nadel I regeln. Der austretende Brennstoff wird durch ein Rohr K in eine Flasche L abgeleitet. An das Gehäuse G sind durch eine Leitung N ein Barometerrohr M zum Ablesen

[1]) The Horseless Age vom 19. und 26. August 1908.

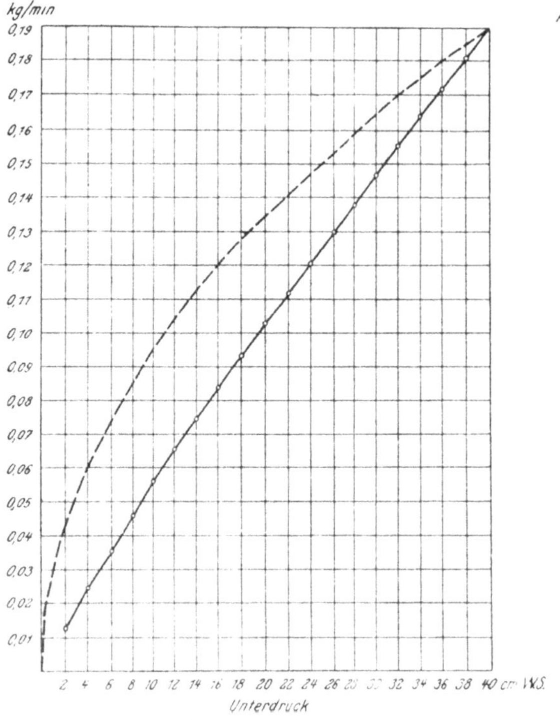

Fig. 97. Düse A.

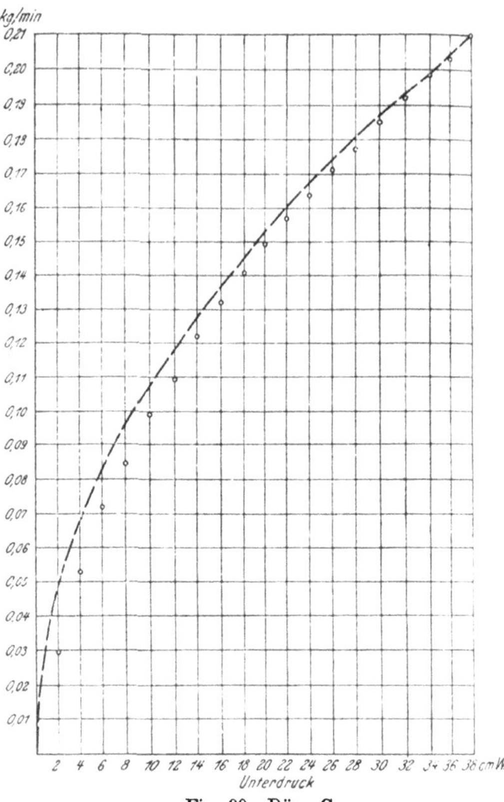

Fig. 99. Düse C.

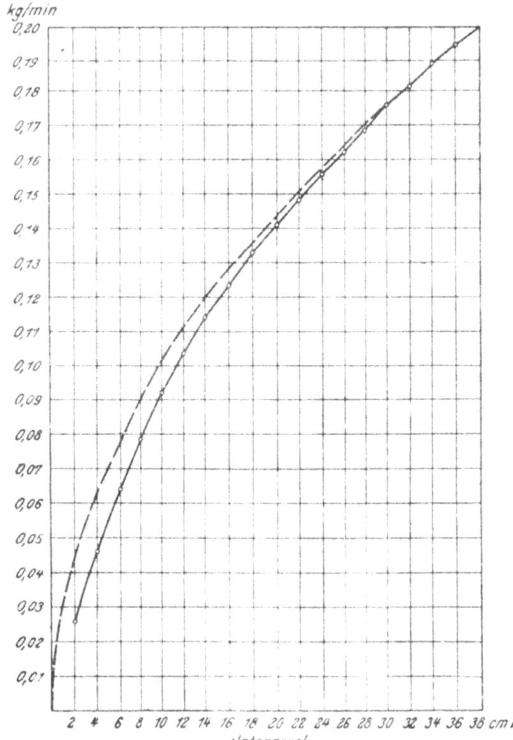

Fig. 98. Düse B.

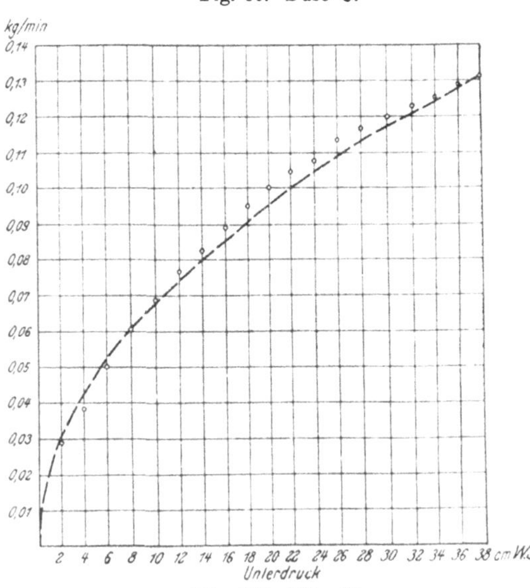

Fig. 100. Düse D.

Fig. 97 bis 100. Ausflußgesetze der Düsen in Fig. 102 bis 105.

des Unterdruckes und durch das Zweigstück O ein Druckluft-Strahlsauger angeschlossen, dessen Wirkung sich mit Hilfe des Ventiles V regeln läßt.

Ergebnisse der Versuche mit den Düsen in Fig. 102 bis 106.

Unterdruck cm Wassersäule	Ausflußmengen in kg/mm bei				
	Düse A	Düse B $d = 1{,}4$ mm	Düse C $d = 1{,}75$ mm	Düse D $d = 1{,}4$ mm	Düse E $d = 1{,}75$ mm
2	0,0124	0,0258	0,0296	0,029	0,0261
4	0,0245	0,046	0,0532	0,0384	0,0435
6	0,0354	0,064	0,0715	0,0504	0,056
8	0,0459	0,0787	0,0845	0,0605	0,0667
10	0,056	0,0922	0,0985	0,069	0,0747
12	0,0655	0,1035	0,1095	0,0768	0,082
14	0,0747	0,1140	0,122	0,0825	0,089
16	0,0841	0,1235	0,132	0,089	0,095
18	0,0935	0,133	0,141	0,0954	0,101
20	0,103	0,141	0,1495	0,1007	0,106
22	0,112	0,148	0,157	0,1045	0,1115
24	0,1207	0,1555	0,164	0,108	0,1166
26	0,130	0,1618	0,1715	0,1135	0,123
28	0,138	0,1685	0,1775	0,1168	0,127
30	0,1468	0,1755	0,1855	0,120	0,131
32	0,1555	0,1816	0,1925	0,123	0,1355
34	0,164	0,1875	0,1988	0,1256	0,140
36	0,172	0,1930	0,2042	0,129	0,1445
38	0,181	0,1985	0,2115	0,1315	0,148

Bei Beginn des Versuches öffnet man zunächst den Stopfen der Flasche D und saugt in das Heberrohr C Brennstoff an. Hierauf wird die Flasche D wieder geschlossen, und sobald der Brennstoff in das Schwimmergehäuse F eintritt, wird dieses in seiner Höhenlage gegenüber der Düse H so geregelt, daß der Brennstoff genau auf dem oberen Rand der Düse steht. Mit Hilfe des Ventiles V kann dann das Gebläse in Tätigkeit gesetzt und der gewünschte Unterdruck eingestellt werden. Man bringt dann die Wage B in das Gleichgewicht und beginnt mit dem Versuch, sobald der Zeiger genau einspielt, indem man ein bekanntes Gewicht wegnimmt und die Zeit bestimmt, nach deren Verlauf die Wage abermals genau einspielt.

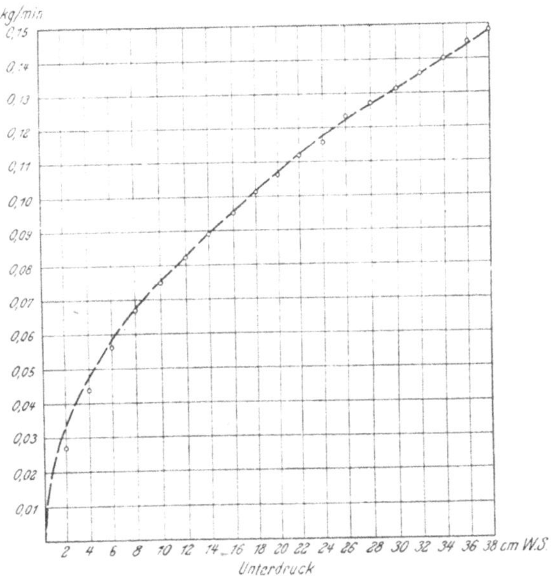

Fig. 101. Ausflußgesetz der Düse E in Fig. 106.

Die in den obigen Figuren sowie in der Zahlentafel enthaltenen Ergebnisse sind außerordentlich lehrreich. Während die Longuemarre-Düse A nach Fig. 102

einen ziemlich geradlinigen Verlauf der Beziehung zwischen der Ausflußmenge und dem Unterdruck zeigt, während ferner die Düsen *B* und *C* nach den Fig. 103 und 104, die annähernd gerade Bohrungen von 4 bis 5 Durchmessern Länge besitzen, noch ziemlich stark von den zum Vergleich eingezeichneten Parabeln abweichen, lassen die Düsen *D* und *E* nach Fig. 105 und 106 schon eine bedeutende Annäherung des Ausflußgesetzes an die Parabel erkennen, die selbst durch die Regelnadel bei der Düse nach Fig. 106 nur in untergeordnetem Maße beeinflußt wird. Düsen von der Gestalt wie in Fig. 105 und 106 werden aber heute noch fast gar nicht verwendet; wie man sofort erkennt, mit großem Unrecht, denn in der Tat könnte man mit solchen Düsen einen Vergaser von allen Wechseln des Unterdruckes ziemlich unabhängig machen.

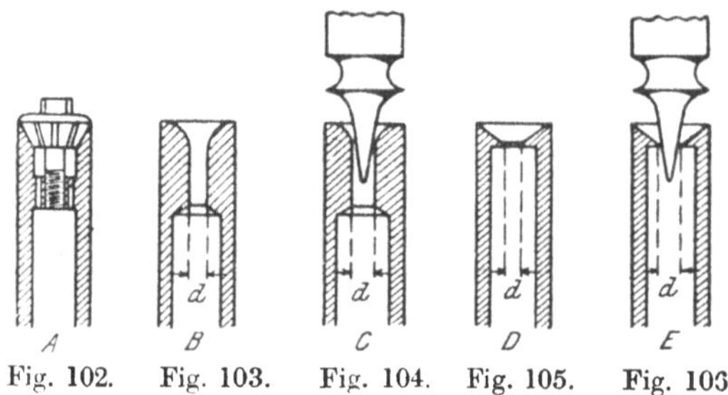

Fig. 102. Fig. 103. Fig. 104. Fig. 105. Fig. 106.
Fig. 102 bis 106. Längsschnitte verschiedener Vergaserdüsen.

Kennzeichnend für solche Düsen ist die außerordentlich geringe Länge ihres rohrförmigen Teiles. Es ist beachtenswert, daß dieses Ergebnis durch die Arbeiten von Rummel teilweise bestätigt wird, insofern auch Rummel gefunden hat, daß sich durch Wahl recht kurzer Düsen die Ungleichförmigkeit des Mischungsverhältnisses verbessern läßt.[1]) Er schränkt allerdings diesen Ausspruch für Düsen von weniger als 1 mm Länge wieder ein, in der Annahme, daß für so kurze Düsen die von ihm verwendeten theoretischen Grundlagen der Düsenreibung nicht mehr Geltung haben. Andererseits ist aber klar, daß, je geringer die Düsenlänge ist, um so geringer auch der Einfluß der Kapillarität auf das Ausströmen von Brennstoff aus der Düse sein wird. Da nun die Unterschiede in den Ausflußmengen von Brennstoff und Luft bei wechselnden Unterdrücken vorzugsweise dem Einfluß der Kapillarität zuzuschreiben sind, so erscheint die Vermutung nicht ganz

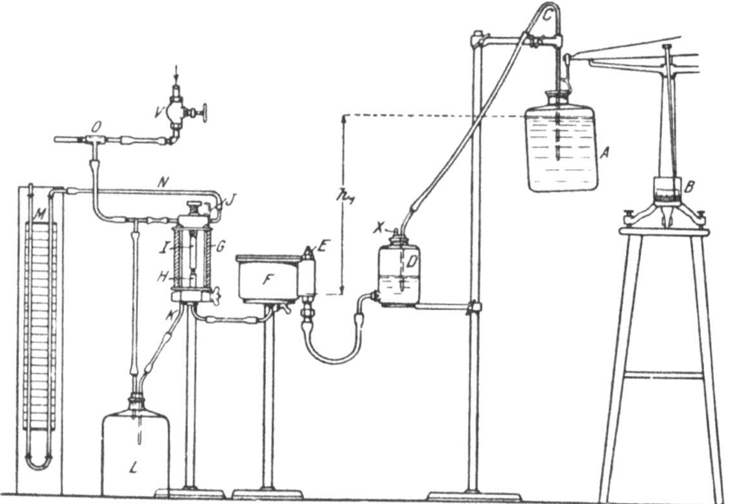

Fig. 107. Einrichtung zum Prüfen von Vergaserdüsen.

[1]) Der Motorwagen, 1906, S. 793.

unberechtigt, daß Düsen gänzlich ohne Kapillarwiderstand jenem Ausströmgesetz folgen müßten, das für Luft und für Öffnungen in einer sehr dünnen Wand Geltung hat, d. h. dem Parabelgesetz. Es bleibt abzuwarten, ob weitere Versuche mit solchen Vergaserdüsen die mitgeteilten Erfahrungen bestätigen, denn die bisherigen Versuche nehmen auf die Nebenerscheinungen des Vorbeiströmens der Luft an der Düsenmündung, insbesondere auf die mit dem Unterdruck veränderliche Saugwirkung des Luftstromes sowie auf die etwaigen Luftwirbel keine Rücksicht, und es ist nicht ausgeschlossen, daß diese Erscheinungen an der Veränderlichkeit des Mischungsverhältnisses großen Anteil haben.[1]) Sicher ist aber, daß die Möglichkeit, die Ausflußgesetze von Luft und Brennstoff bei Vergasern auch nur angenähert auf die gleiche Form zu bringen, weite Ausblicke auf die Vereinfachung von Bauart und Handhabung der Vergaser eröffnet. Z. B. entfallen mit einem Schlage alle Regelvorrichtungen für den Luftzutritt; nur die Drosselvorrichtung in der Saugleitung der Maschine bleibt bestehen. Ihre Einstellung bestimmt in Verbindung mit der Umlaufzahl der Maschine den Unterdruck im Vergaser und die Menge des stets annähernd gleichförmig zusammengesetzten Gemisches, die gebildet werden soll.

Einfluß der Druckschwankungen.

Die vorstehenden Betrachtungen stützen sich ausschließlich auf Versuche, die bei gleichbleibendem, und nur bei einem neuen Versuch verändertem Unterdruck im Vergaser angestellt worden sind. Es wäre nun noch zu prüfen, wie weit diese Ergebnisse durch das stoßweise Saugen der Maschine beeinflußt werden könnten.

Da ist zunächst zu bemerken, daß die häufig gemachte Annahme, bei einer Mehrzylindermaschine, die mit einigermaßen hoher Umlaufzahl läuft, könnten die Saughübe der einzelnen aufeinander folgenden Zylinder nicht mehr fühlbare Druckschwankungen hervorrufen, nicht richtig ist. Fig. 108, S. 86, zeigt den Verlauf der Drücke in der Saugleitung einer Vierzylindermaschine unmittelbar an der Anschlußstelle des Vergasers, auf Grund von Versuchen von Watson[2]) bei drei verschiedenen

---

[1]) Die zurzeit vorliegenden theoretischen Grundlagen widersprechen allerdings dieser Annahme: Bezeichnet man nämlich mit

p_L den Anfangsdruck der Luft (beim Eintritt in den Vergaser),

p_L' den Enddruck der Luft (im Saugrohrkrümmer),

p_B den Anfangsdruck des Brennstoffes (im Schwimmergehäuse),

p_B' den Enddruck des Brennstoffes (an der Düsenmündung),

so kann man den Vergaser als Strahlpumpe auffassen, für die sich die Zeunersche Theorie vom Lokomotivblasrohr („Das Lokomotivenblasrohr", Zürich 1863, S. 97) anwenden läßt. Hiernach ist, unter Vernachlässigung der geringen Änderung des spezifischen Volumens der Luft beim Durchströmen, und ohne Rücksicht auf das geringe Volumen des ausfließenden Brennstoffes, der Druckunterschied, $p_B - p_B'$, welchem der Brennstoff durch die Strahlwirkung des Luftstromes ausgesetzt wird,

$$p_B - p_B' = \frac{(1+\xi)\,q^2}{(1+\xi)\,q^2 - 2\,(q-1)}\,(p_B - p_L')$$

oder

$$p_B - p_B' = \frac{(1+\xi)\,q^2}{(1+\xi)\,q^2 - 2\,(q-1)}\,[(p_L - p_L') + (p_B - p_L)]$$

Hierin sind q das Verhältnis zwischen dem Luftquerschnitt in der Saugleitung (entsprechend dem Enddruck p_L') und dem engsten Luftquerschnitt an der Düsenmündung, ξ eine Widerstandsziffer. Nun sind bei den gebräuchlichsten Vergasern $p_B = p_L =$ dem Atmosphärendruck, somit nimmt die obenstehende Gleichung die Form an:

$$p_B - p_B' = A\,(p_L - p_L'),$$

solange ξ und q Festwerte bleiben, mit anderen Worten:

Die Zeunersche Theorie vom Lokomotivblasrohr führt zu dem Ergebnis, daß sich die Saugwirkung $p_B - p_B'$ des Luftstromes auf den in der Düse vorhandenen Brennstoff nur proportional mit dem Druckunterschied ändert, welcher die Luftströmung veranlaßt.

[2]) Vortrag in der Institution of Automobile Engineers 1909.

Umlaufzahlen. In allen Fällen ist mit A der Zeitpunkt des Öffnens und mit B der Zeitpunkt des Schließens des Einlaßventiles bezeichnet. Zum Vergleich ist ferner der Verlauf der Kolbengeschwindigkeiten angegeben

Es zeigt sich, daß bei 656 Uml./min der Druck in der Saugleitung kurz vor dem Öffnen des Ventiles die Atmosphäre erreicht und diese sogar noch eine Zeitlang überschreitet, was offenbar eine Folge des Anstauens der Saugluft unter der Einwirkung der Trägheit sowie etwaiger Rückwirkungen aus dem mit Auspuffgasen gefüllten Zylinder sein kann. Mit wachsender Kolbengeschwindigkeit fällt aber der Druck in der Saugleitung sehr schnell bis zu einem Wert von — 0,091 kg/qcm und steigt dann bis zum Schluß des Ventiles wieder an, was abermals nur auf die Trägheit der einmal in Bewegung befindlichen Luftsäule zurückzuführen ist.

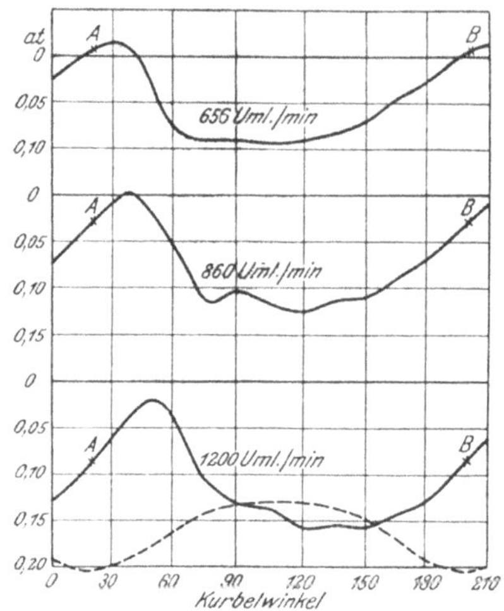

Fig. 108. Druckschwankungen in der Saugleitung einer Vierzylindermaschine.

Der Verlauf des Druckes bei den höheren Umlaufzahlen ist ähnlich, mit dem Unterschiede, daß bei 860 Uml./min die atmosphärische Spannung gerade noch erreicht und als niedrigster Druck — 0,126 kg/qcm erzielt wird, während bei 1200 Uml./min der Druck schon vollständig unter der Atmosphäre bleibt und einen niedrigsten Wert von — 0,161 kg/qcm erreicht. Ob diese Ergebnisse nicht auch durch Resonanzerscheinungen in der Saugleitung beeinflußt sind, läßt sich nicht prüfen. Dagegen spräche immerhin der Umstand, daß die Druckschwankungen bei drei verschiedenen Umlaufzahlen gleichartig aufgetreten sind.

Diese erheblichen Druckschwankungen lassen sich allerdings nur durch Indizieren der Saugleitung mit einer sehr weichen Feder erkennen, während man, wenn man auf die Saugleitung ein Manometer aufsetzt, nur eine Art von mittleren Drücken ablesen kann, deren Abhängigkeit von der Umlaufzahl z. B. aus folgenden Werten ersichtlich ist:

Uml./min	577	613	843	850	1051	1079	1234	1248
Abs. Druck kg/qcm	0,9723	0,9709	0,9454	0,9454	0,9247	0,9219	0,9037	0,9044

Diese Drücke sind aber nicht die wirklichen mittleren Drücke in der Saugleitung[1]). Daher kommt es auch, daß man sie nicht dazu benutzen kann, die wirklich durch die Saugleitung strömenden Luftmengen zu berechnen, sondern die Luftmenge mit Luftuhren oder kalibrierten Düsen messen muß. Die zahlenmäßigen Ergebnisse dieser Messungen können im übrigen, was die Höhe des Unterdruckes anbelangt, keineswegs als vorbildlich gelten, denn die Unterdrücke sind wegen der augenscheinlich zu gering bemessenen Ansaugquerschnitte für praktische Verhältnisse viel zu groß. Schon um die Maschinenleistung nicht zu schmälern, wird man beim Entwurf von Vergasern nicht über 50 bis 60 cm Wassersäule Unterdruck gehen.

Die durch das Kolbenspiel hervorgerufenen Schwankungen des Unterdruckes dürften nun zur Folge haben, daß sich die tatsächlich von dem Vergaser ab-

[1]) S. a. Neumann, Mitteil. üb. Forsch.-Arbeiten, Heft 79, S. 8.

gegebenen Mengen von Luft und Brennstoff gegenüber denjenigen, welche sich aus der Berechnung mit Hilfe des wirklichen mittleren Unterdruckes ergeben würden, etwas erhöhen, weil sich der Einfluß der Trägheit geltend machen wird. Dadurch dürfte auch das Mischungsverhältnis beeinflußt werden. Die Fehler, die hierdurch wegen der verschiedenen Masse von Benzin und Luft in das Mischungsverhältnis hineingetragen werden, können aber nicht groß sein. Obgleich nämlich das spezifische Gewicht des flüssigen Benzins etwa 600 mal so groß ist wie dasjenige der Luft, so stehen doch bei einem Mischungsverhältnis von etwa 1:20 die zu gleicher Zeit in Bewegung befindlichen Massen von Luft und Benzin nur mehr in einem Verhältnis von etwa 1:30, während ihre Geschwindigkeiten bei hohen Umlaufzahlen im Verhältnis von etwa 35:1 gewählt werden können. Die den Quadraten der Geschwindigkeiten proportionalen lebendigen Kräfte von Luft und Brennstoff dürften demnach, wenn die Querschnitte richtig bemessen werden, bei den höchsten Geschwindigkeiten nicht nur keine Anreicherung, sondern viel eher eine Verdünnung des Gemisches herbeiführen.

Solange also die Abhängigkeit der Ausflußmengen für Luft und Brennstoff von der Höhe des Unterdruckes unverändert bleibt — und es ist gezeigt worden, daß es möglich ist, dieses Ziel angenähert durch besondere Gestaltung der Brennstoffdüsen zu erreichen —, solange dürfte auch der Einfluß der durch das Kolbenspiel verursachten Druckschwankungen keine wesentliche Rolle bei dem Ausfall des Mischungsverhältnisses spielen.

Im übrigen läßt sich auch eine Verfeinerung der Vergaserwirkung, die den Schwankungen des Unterdruckes in dieser Hinsicht Rechnung trägt, beim Eichen von Düsen berücksichtigen, indem man trachtet, bei den höheren Umlaufzahlen je nach Bedarf etwas unterhalb oder oberhalb der Parabel zu bleiben. Ein Mittel hierzu bietet z. B. die Anwendung eines Nadelventils zum Einstellen der Düsenweite, s. Fig. 106, S. 84, das, wie aus Fig. 101, S. 83, hervorgeht, die gewünschte Wirkung hervorbringt.

Die Verdampfung im Vergaser.

Mit der Zuteilung der vorgeschriebenen Brennstoff- und Luftmengen allein ist die Aufgabe des Vergasers noch nicht erfüllt. Ein wichtiger Teil seiner Aufgabe besteht noch darin, das Verdampfen des Brennstoffes in der verfügbaren kurzen Zeit zu erleichtern. Vorrichtungen, die zu diesem Zwecke den Brennstoff über eine größere Oberfläche verteilen, ohne aber hierbei den Saugwiderstand zu erhöhen, sind somit sehr erwünscht. In dieser Hinsicht sind geschickt eingebaute Zerstäuberkegel, s. z. B. Fig. 67, S. 65, besser zu empfehlen als Siebe. Düsen, die, wie z. B. die in Fig. 106, S. 84 abgebildete, den Brennstoffstrahl schon beim Austritt kegelig verbreitern, dienen dem gleichen Zweck.

Daneben kommt die Heizung des Vergasers mit Auspuffgasen oder dem Kühlwasser der Maschine in Betracht, die in dem Maße, als sich die Verwendung schwerer verdampfender Brennstoffe verbreitet, immer mehr an Bedeutung gewinnt. Bei der Heizung durch die Auspuffgase ist zu berücksichtigen, daß die Versuche von Neumann[1]) nur bis zu einer Temperatur der angesaugten Luft von 40° C eine Verbesserung des Arbeitsvorganges ergeben haben, aber auch, daß naturgemäß die Heizung der Art des Brennstoffes und der Verdichtung der Maschine angepaßt werden muß. Die Schwierigkeit aller Vergaserheizungen, daß sie nämlich gerade beim Anlassen, wo sie am notwendigsten wären, nicht wirken, läßt sich allerdings vorläufig nicht beseitigen.

Daß man sich bei der Heizung der Vergaser Beschränkungen auferlegen muß, hat zum Teil auch darin seinen Grund, daß mit wachsender Temperatur des Ge-

---

[1]) S. a. a. O. S. 30.

misches der Lieferungsgrad des saugenden Maschinenzylinders und damit die Maschinenleistung abnimmt. Bei einer besonderen Gruppe von Vergasern wird daher der Brennstoff zunächst nur mit einem Teil der entsprechenden Luftmenge zusammengebracht, das Gemisch geheizt und sodann durch Zufügen des Restes der Luft in kaltem Zustande wieder abgekühlt. Allerdings muß man dabei beachten, daß durch diese Abkühlung keine Kondensation der Brennstoffdämpfe verursacht werden darf.

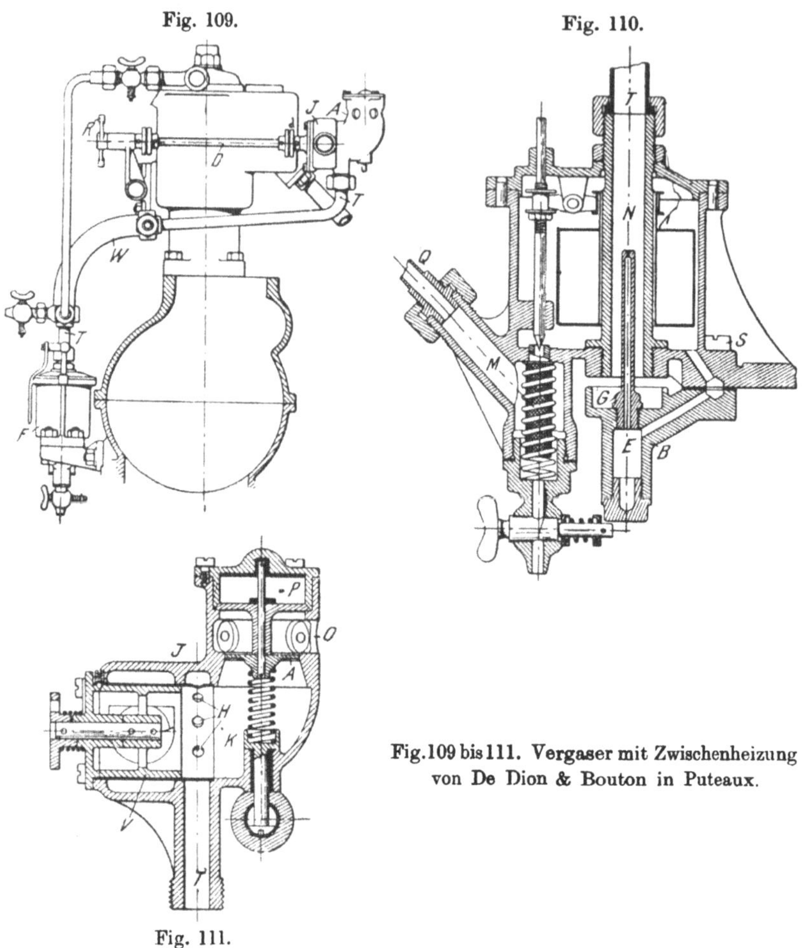

Fig. 109. Fig. 110. Fig. 111.

Fig. 109 bis 111. Vergaser mit Zwischenheizung von De Dion & Bouton in Puteaux.

Das Wesen dieser zuerst von De Dion & Bouton in Puteaux angewendeten, sozusagen mit Zwischenheizung arbeitenden Vergaser zeigt die Fig. 109. Von dem Mischraum des Spritzvergasers *F*, der an der unteren Hälfte des Kurbelgehäuses angebracht ist und dem daher der Brennstoff mit natürlichem Gefälle zufließt, führt eine Leitung *T* zum Gehäuse *A* an dem Saugrohrstutzen *J*. Diese Leitung ist in ihrem unteren Teile mit einem Heizmantel *W* versehen, der mit Wasser aus den Kühlmänteln der Maschine gespeist wird. Das Mischungsverhältnis zwischen dem angewärmten Brennstoffgemisch und der in dem Gehäuse *A* zutretenden kalten Luft wird durch ein selbsttätiges Ventil beeinflußt, während der zylindrische Drosselschieber mit Hilfe des Hebels *R* und der Spindel *D* eingestellt wird.

Fig. 110 zeigt den zugehörigen Vergaser, dessen Schwimmer konzentrisch um den schornsteinähnlichen Mischraum *N* angeordnet ist. Der Düsenteil *B* ist mit Schrauben *S* angeschraubt und mit einer Pfanne *G* versehen, auf der sich überfließender, nicht gleich verdampfter Brennstoff ansammelt. Verunreinigungen des Brennstoffes werden in der Kammer *E* zurückgehalten, wenn sie nicht vor dem Sieb zurückgeblieben sind, das in den Brennstoffeinlauf *M* eingebaut ist. Bei *Q* ist die Brennstoffleitung angeschlossen. In dem Vergaser wird ein annähernd gesättigtes Brennstoffdampf-Luftgemisch hergestellt, das durch die Leitung *T* dem Mischgehäuse *J*, Fig. 111, zuströmt. Es gelangt hierbei durch die Öffnungen *H* des Schiebers *V*, der in seinem vorderen Teile die seitlich abzweigenden Öffnungen zu den Zylindern steuert, und wird hier in dem Raum *K* durch die Mischluft verdünnt und gekühlt, die durch die Öffnungen *O* und durch das selbsttätige Ventil *A* eingelassen wird. Das Ventil hat eine einstellbare Feder und wird durch einen Bremskolben *P* gehemmt.

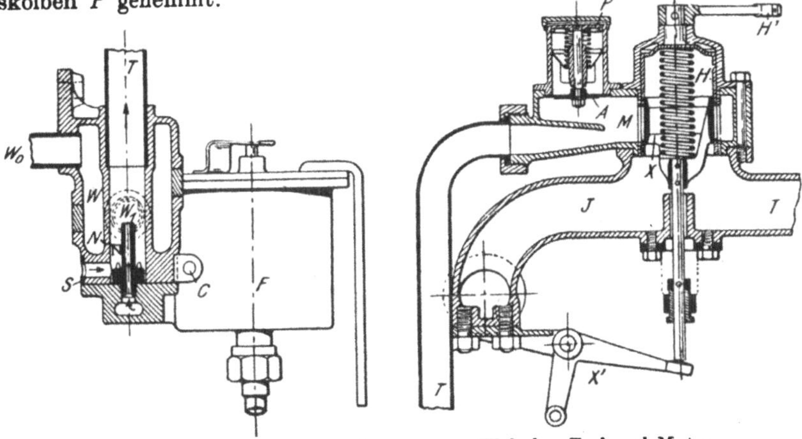

Fig. 112 und 113. Siddeley-Vergaser der Wolseley Tool and Motor Car Company in Birmingham.

Ein anderer Vergaser, der nach den gleichen Gesichtspunkten entworfen ist, ist der Siddeley-Vergaser der Wolseley Tool and Motor Car Co., s. Fig. 112 und 113. Die Einrichtung des Vergasers selbst, Fig. 112, unterscheidet sich von der eben beschriebenen durch den den Mischraum W_1 mit Düse *N* umgebenden Heizmantel *W*, W_0 sowie die Luftregelung *S* mit Regulierschelle *C*, während bei dem Mischgehäuse, Fig. 113, die vorhandenen Unterschiede nur rein baulicher Art sind. Sie betreffen den Mischraum *M*, wo der Mischkolbenschieber *X* mit Antrieb *X'* im Innern des Drosselschiebers *H* sitzt, der durch den Hebel *H'* eingestellt wird.

Die Vorteile, die eine mäßige Vergaserheizung bietet, werden heute allgemein anerkannt. In der Mehrzahl der Fälle begnügt man sich allerdings damit, einen Teil der Mischluft an dem Auspuffrohr der Maschine vorbei anzusaugen, während der andere Teil kalt zugeführt wird. Findet der Zutritt dieser kalten Luft erst statt, nachdem der Brennstoff in der warmen Luft verdampft worden ist, so erreicht man annähernd die gleiche Wirkung wie bei den Vergasern mit besonderem Mischgehäuse.

Berechnung der Vergaser.

Bei dem Versuch, den Gang einer Berechnung für Vergaser anzugeben, erhebt sich in erster Linie die Frage nach dem günstigsten Mischungsverhältnis zwischen Brennstoff und Luft. Hierfür lassen sich nach dem heutigen Stande unserer Kenntnis über die Arbeitsvorgänge in den Fahrzeugmaschinen für flüssigen Brennstoff bestimmte Regeln leider noch nicht aufstellen.

Die Aufgaben der Fahrzeugmaschine sind dafür auch zu verschieden. Während man bei ortfesten Anlagen ohne weiteres als günstigstes Mischungsverhältnis dasjenige ansehen darf, welches den geringsten Wärmeverbrauch für die Einheit der Leistung, also den besten thermischen Wirkungsgrad liefert, wird man bei Vergnügungsfahrzeugen und insbesondere bei Luftfahrzeugen zunächst noch danach streben müssen, mit einer Maschine von gegebenen Abmessungen eine möglichst hohe Leistung zu erzielen, d. h. also: als das vorteilhafteste Mischungsverhältnis dasjenige zu bezeichnen haben, welches auf 1 kg Maschinengewicht die höchste Leistung an der Welle ergibt. Dieser letztere Gesichtspunkt ist heute für die Abnahmeprüfung an den Maschinen, für das Einregeln der Vergaser usw. noch zumeist maßgebend, und daher kommt es vielleicht, daß der Brennstoffverbrauch im praktischen Betriebe in der Regel weit höher ist, als man nach den Ergebnissen der bereits vorliegenden wissenschaftlichen Untersuchungen erwarten sollte.

Als Kennzeichen für einen wirtschaftlichen Betrieb hätte die vollständige Verbrennung der Brennstoffes, also das Fehlen von brennbaren Bestandteilen (Wasserstoff, Kohlenoxyd) in den Auspuffgasen zu gelten. Daß dieser Betrieb nicht bei der höchsten erreichbaren Leistung der Maschine einzutreten braucht, beweisen z. B. die Abgasuntersuchungen von Hopkinson[1]) an einer Maschine der Daimler Company in Coventry.

Übrigens stimmen die Ergebnisse der Arbeiten von Neumann, Watson und Taylor[2]), die bis jetzt wohl die einzigen sind, aus denen man allgemeine Schlüsse dieser Art ziehen könnte, in vielen Beziehungen nicht miteinander überein. Bei Neumann (Versuche an einer Einzylindermaschine von De Dion & Bouton) ergibt sich der beste thermische Wirkungsgrad bei der höchsten Leistung und der höchsten Umlaufszahl, bei Watson (Versuche an einer Vierzylindermaschine mit verschiedenen Verdichtungsverhältnissen) dagegen bei etwa $^3/_4$ Leistung und entsprechend verminderter Geschwindigkeit, während Taylor (Versuche an einer Vierzylindermaschine mit angewärmten Gemischen) ebenfalls den besten thermischen Wirkungsgrad bei mittleren Leistungen und mittleren Geschwindigkeiten findet. Völlige Übereinstimmung besteht in den Ergebnissen nur in dem einen Punkte, daß nämlich die dem Brennstoff zugefügte Luftmenge größer sein muß, als die zur theoretischen Verbrennung erforderliche. Beträgt also z. B. das Mischungsverhältnis

$$z = \frac{Q_B}{Q_L}$$

für die theoretische Verbrennung 1 : 14,95, so findet Neumann die beste thermische Ausnutzung des Brennstoffes bei einem Mischungsverhältnis von etwa 1 : 17, ein Ergebnis, das auch mit den von Watson gefundenen Werten annähernd übereinstimmt.

Taylor dagegen findet, daß das wirtschaftlichste Mischungsverhältnis auch von der Umlaufzahl der Maschine abhängig ist, d. h., daß man bei höheren Umlaufzahlen mit niedrigeren Mischungsverhältnissen arbeiten müsse als bei geringeren Geschwindigkeiten.

Eine Erklärung dieser Widersprüche soll hier nicht versucht werden. Es liegt aber nahe, zu vermuten, daß die Notwendigkeit, den Brennstoff in der Maschine mit Luftüberschuß zu verbrennen durch die Rückstände der vorhergehenden Verbrennung in den Zylindern bedingt wird.

Auf alle Fälle kann man damit rechnen, daß das günstigste Mischungs-

---

[1]) Engineering 9. August 1907, S. 219.

[2]) The Horseless Age vom 4. März 1908.

verhältnis für eine Fahrzeugmaschine etwa bei 1 : 17, d. h. bei etwa 15 v. H. Luftüberschuß liegen wird. Dieser Wert ist erheblich geringer, als der von Sorel[1]) angegebene.

Die zweite Frage, deren Beantwortung für die Berechnung eines Vergasers erforderlich ist, betrifft den Unterdruck. Dieser ist an gewisse Grenzen gebunden. Er muß bei der Mindestgeschwindigkeit der Maschine immer noch ausreichen, um den Brennstoff mit einer gewissen Geschwindigkeit aus der Düse herauszutreiben, und er soll andererseits bei der Höchstgeschwindigkeit nicht so groß sein, daß dadurch die Leistung der Maschine wesentlich beeinträchtigt wird. Bei der Wahl dieser Grenzen des Unterdruckes ist ferner zu berücksichtigen, daß die Abmessungen des Vergasers und die Querschnitte der Leitungen nicht zu groß werden dürfen. Bei gegebenem Mindest-Luftquerschnitt des Vergasers kann man den während des Betriebes eintretenden Unterdruck dadurch etwas vergrößern, daß man den Luftkanal düsenartig bis in die Höhe des Brennstoffaustrittes zulaufen läßt und dahinter plötzlich erweitert. Dadurch tritt die schon erwähnte Strahlwirkung ein. Unter sonst gleichen Querschnittverhältnissen wird der höchste Unterdruck um so geringer sein, je weniger der Zutritt der Luft durch Drosselklappen, federbelastete Zusatzventile u. dgl. verzögert wird. Vergaser, bei denen auf jede Verengung der Luftquerschnitte verzichtet und die annähernde Proportionalität zwischen Brennstoff- und Luftmengen bei allen Unterdrücken lediglich durch die Ausflußverhältnisse der Brennstoffdüse aufrechterhalten wird, liefern daher bei gleichen Querschnittverhältnissen geringere Unterdrücke als Vergaser mit Luftregelung oder sie erhalten bei gleichen Unterdrücken geringere Abmessungen als diese.

Für einen Vergaser ohne Luftregelung wird man zu brauchbaren Verhältnissen gelangen können, wenn man den höchsten Unterdruck auf etwa 38 cm Wassersäule festsetzt. Sind die Ausflußverhältnisse der gewählten Düsenart durch genaue Eichversuche in der weiter oben beschriebenen Art ermittelt, so könnten die Hauptabmessungen des Vergasers für jeden Fall etwa nach folgendem Beispiel berechnet werden:

Es sei ein Vergaser zu entwerfen für eine Maschine mit 4 Zylindern von 85 mm Zyl.-Dmr. und 120 mm Hub, die bei 1300 Uml/min rd. 19 PS_e leistet.

Als mittleren Brennstoffverbrauch kann man dann, ungünstig, 0,33 kg/PS_e-st annehmen, so daß die minutlich zu liefernde Brennstoffmenge

$$G_B = \frac{0{,}33 \cdot 19}{60} = 0{,}1045 \text{ kg/min}$$

beträgt.

Nun ist
$$G_B = v_B \cdot F_B \cdot \gamma_B,$$
worin für unsern Fall

$$G_B = \frac{0{,}1045}{60} = 0{,}00174 \text{ kg/sek}$$

zu setzen wäre.

Da die Düsenbauart gewählt ist, so ist durch die Eichversuche die Beziehung
$$v_B = \alpha \sqrt{h}$$
ermittelt. Z. B. für die Düse von $F_B = 1{,}5328$ qmm freiem Querschnitt nach Fig. 105, S. 84, ergibt sich aus den in Fig. 100, S. 82, dargestellten Ergebnissen annähernd

$$v_B = 0{,}3357 \sqrt{h} \quad (v_B \text{ in m/sek}, h \text{ in cm Wassersäule})$$

und für den höchsten zugelassenen Unterdruck von $h = 38$ cm Wassersäule

$$v_B = 2{,}0694 \text{ m/sek}.$$

---

[1]) Carburation et combustion dans les moteurs à alcool, Paris 1904, S. 55.

Für das spezifische Gewicht kann man endlich als Mittelwert

$$\gamma_B = 700 \text{ kg/cbm}$$

einsetzen. Man erhält dann

$$F_B = 0{,}000001201 \text{ qm}$$
$$= 1{,}201 \text{ qmm}$$
$$d_B = 1{,}2369 \text{ mm.}$$

Für die Berechnung des engsten Luftquerschnittes im Vergaser kann man, da es sich stets um Druckverhältnisse von

$$\frac{p_0}{p} > 0{,}9$$

handelt, die vereinfachten Formeln[1]) anwenden

$$v_L = 24\,\varphi \sqrt{T\left(1 - \frac{p_0}{p}\right)},$$

worin für die Verhältnisse bei Vergasern

$$\varphi = 0{,}9$$

und für die mittlere Temperatur von 15°

$$T = 288^0$$

abs. sowie angenähert

$$p = 1 \text{ kg/qcm}$$

zu setzen sind.

Führt man den Unterdruck h in cm Wassersäule ein, so erhält die Formel mit den angegebenen Festwerten die Gestalt

$$v_L = 11{,}592\,\sqrt{h}.$$

In unserem Beispiel ergibt dies für den höchsten zugelassenen Unterdruck von $h = 38$ cm

$$v_L = 71{,}458 \text{ m/sek.}$$

Das von der Maschine sekundlich angesaugte Volumen, das man, wenn man von dem Einfluß der Undichtheit der Saugleitung sowie der Ventile absieht, annähernd dem Luftvolumen V_L gleichsetzen kann, beträgt

$$V_L = \eta \cdot \frac{\frac{d^2 \pi}{4} \cdot s \cdot n \cdot i}{2 \cdot 60}$$

Hierin bedeuten

$d = 0{,}085$ m den Zyl.-Dmr.,
$s = 0{,}120$ m den Hub,
$n = 1300$ Uml/min,
$i = 4$ die Zylinderzahl,
$\eta = 0{,}82$ den Lieferungsgrad

der Maschine als Saugpumpe. Dieser kann wegen des verhältnismäßig geringen Unterdruckes wesentlich besser angenommen werden als bei den Versuchen bis jetzt gefunden worden ist.

Das ergibt

$$V_L = 0{,}02548 \text{ cbm/sek.}$$

oder bei

$$\gamma_L = 1{,}188 \text{ kg/cbm}$$
$$G_L = 0{,}0293 \text{ kg/sek.}$$

was annähernd $= 17\,G_B$ ist.

[1]) Hütte 19. Aufl. 1905, S. 332.

Aus der oben berechneten Luftgeschwindigkeit erhält man den geringsten Luftquerschnitt des Vergasers

$$F_L = \frac{V_L}{v_L} = 3{,}566 \text{ qcm}.$$

Es erhebt sich noch die Frage, wie sich die Druckverhältnisse im Vergaser bei der Mindestumlaufzahl gestalten werden. Die Beantwortung ist aber nicht ohne weiteres möglich, da die zulässige Mindestumlaufzahl der Maschine von der Brennbarkeit des stark mit verbrannten Gasen verdünnten Benzin-Luftgemisches abhängig ist. Aus den vorliegenden Versuchen kann man jedoch wenigstens folgern, daß die untere Grenze für den Unterdruck an der Düse, d. h. derjenige Unterdruck, bei welchem der Brennstoff noch mit genügender Geschwindigkeit aus der Düse heraustritt, $h_{min} = 2$ cm Wassersäule ist. Bei diesem Unterdruck würde die Ausflußgeschwindigkeit v_B des Brennstoffes für die Düse mit gegebenem Ausflußgesetz

$$v_{B_{min}} = 0{,}3357 \sqrt{h_{min}} = 0{,}4748 \text{ m/sk}$$

und die Durchflußgeschwindigkeit der Luft

$$v_{L_{min}} = 11{,}592 \sqrt{h_{min}} = 16{,}393 \text{ m/sk}$$

betragen.

Die diesen Verhältnissen entsprechende Mindestumlaufzahl n_{min} der Maschine läßt sich ebenfalls leicht berechnen, da

$$V_{L_{min}} = F_L \cdot v_{L_{min}} = \frac{\frac{\pi d^2}{4} \cdot s \cdot n_{min} \cdot i \cdot \eta}{2 \cdot 60}$$

bekannt ist. Es ergibt sich hieraus

$$n_{min} = 314 \text{ Uml./min},$$

ein recht wahrscheinlicher Wert.

Hiermit sind alle für die Berechnung des Vergasers erforderlichen Abmessungen gegeben. Alles übrige ist Sache der baulichen Ausgestaltung, worüber einige Bemerkungen folgen sollen.

Die Bauteile des Vergasers.

Einen wesentlichen Teil des Vergasers bildet zunächst das Schwimmergehäuse. Der darin befindliche zylindrische Hohlschwimmer aus Messing- oder Kupferblech ist mit einer Ventilnadel so verbunden, daß er den Zutritt des unter geringem Überdruck befindlichen Brennstoffes absperrt, sobald er bis zu einer bestimmten Höhe, d. h. bis zum oberen Rand der Spritzdüse gestiegen ist. Diese Aufgabe erfüllen die heutigen Schwimmer trotz der lebhaften Erschütterungen, die das Fahren auf unebenen Straßen mit sich bringt, so gut, daß nach anderen Lösungen kaum gesucht zu werden braucht.

Man ist hierbei allerdings von der einfachsten Anordnung, s. Fig. 114, S. 94, wobei der Schwimmer das Ventil nach oben zu verschließt, abgegangen und hat fast allgemein die Anordnung gewählt, bei der die Bewegungen des Schwimmers durch kleine Gewichthebel auf einen Bund der Ventilspindel übertragen werden, z. B. Fig. 83, S. 70. Diese Bauart bietet mehrfach Vorteile. Abgesehen davon, daß sich die Zuleitung des Brennstoffes von unten konstruktiv bequemer lösen läßt, ermöglicht sie, den Schwimmer auch dynamisch auszugleichen, weil bei einem senkrechten Stoß Schwimmer und Hebelgewichte in anderer Richtung beschleunigt werden, als die von ihnen abhängige Nadel. Der größte Vorteil ist aber wohl, daß durch die Hebelübersetzung zwischen Schwimmer und Ventil die Empfindlichkeit der Regelung erheblich gesteigert wird.

In welcher Weise die Hebel auf die Ventilnadel wirken, ist dabei verhältnismäßig gleichgültig. Während in der Mehrzahl der Fälle der Angriffspunkt der Hebel oben liegt, kann man ihn ebensogut auch unter den Schwimmer verlegen, s. Fig. 115, wobei dann die Ventilspindel so schwer bemessen wird, daß sie das Gewicht der Hebel überwindet, wenn der Schwimmer seine höchste Stellung erreicht. Der hier abgebildete Vergaser von Louis Renault in Billancourt ist im übrigen als einer der ersten Versuche, mit dem Nebenluftverfahren zu brechen und die gesamte Luftzufuhr zu regeln, sehr beachtenswert. Der gesamte Luftzutritt wird hier durch ein großes Kegelventil *a* oberhalb des Mischraumes ver-

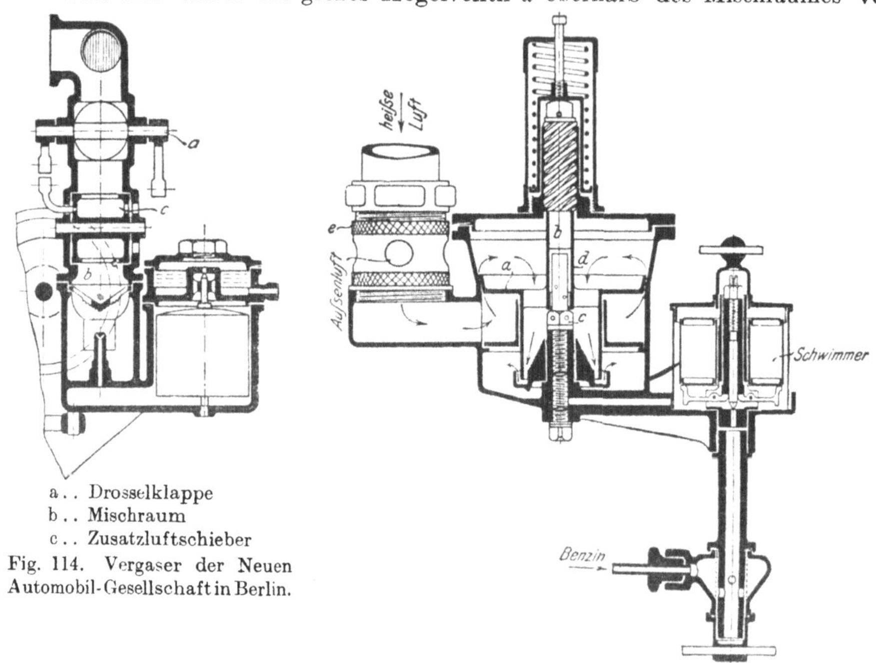

a.. Drosselklappe
b.. Mischraum
c.. Zusatzluftschieber

Fig. 114. Vergaser der Neuen Automobil-Gesellschaft in Berlin.

Fig. 115. Vergaser von Louis Renault in Billancourt.

mittelt, das sich bei steigendem Unterdruck weiter öffnet und sich hierbei mit Hilfe einer steilgängigen Schraubenspindel *b* im Gehäuse emporschraubt. Dadurch wird ein Flattern des Ventiles verhindert. Bei Stillstand der Maschine schließt sich das Ventil und läßt zum Andrehen an seinem Umfang nur einen schmalen Luftspalt frei, durch den die Luft in der Richtung der Pfeile an der Brennstoffdüse *c* vorbeigeführt wird. Das Gemisch tritt dann nach unten aus und wird zur Maschine geleitet. Die Brennstoffdüse ist in ihrem oberen Teile mit mehreren Bohrungen versehen, die in verschiedenen Höhen ausmünden und von der Hülse *d*, der Nabe des Ventilkegels nacheinander freigegeben werden. Ein Teil der Luft wird vorgewärmt, der andere, mit Hilfe des Ringschiebers *e* regelbare Teil unmittelbar von außen zugeführt. Der Vergaser ist also nebenbei eine Abart der häufig versuchten Registervergaser, über deren Wert weiter oben S. 78, das Erforderliche schon gesagt worden ist.

Häufig wird der Schwimmer nicht zentrisch um das Nadelventil, sondern seitlich davon angeordnet, was natürlich auch zulässig ist. Diese Bauart gewinnt bei den neueren Vergasern insofern besondere Bedeutung, als sie es gestattet, den Schwimmer konzentrisch um die Vergaserdüse zu legen, s. Fig. 110, S. 88. Bei den Vergasern, deren Schwimmer sich seitlich von der Düse befindet, wird nämlich offenbar die Höhenlage des Brennstoffspiegels in der Düse davon beeinflußt, ob der Wagen auf einer ebenen oder einer steigenden Straße fährt, insofern als auf der Steigung je nach der Stellung der Düse gegen den Schwimmer der Brennstoffspiegel entweder etwas höher oder niedriger ist als in der Ebene. Damit nun dann der Brennstoff nicht über den Düsenrand abfließt, auch wenn die Maschine stillsteht, pflegt man die Schwimmer solcher Vergaser so einzustellen, daß auf wagerechter Strecke der Brennstoffspiegel nicht ganz bis zum Düsenrand reicht. Damit wird aber eine wenn auch geringe Widerstandshöhe geschaffen, die durch den Unterdruck überwunden werden muß. Legt man aber den Schwimmer konzentrisch um die Düse, so tritt diese Erscheinung nicht auf, nach welcher Seite immer der Vergaser geneigt wird. Daneben liefert diese Anordnung auch in baulicher Hinsicht günstige, weil gedrängte Vergaser.

In welcher Weise bei dem Vergaser der Fahrzeugfabrik Eisenach, s. Fig. 72 und 73, S. 66, der Einfluß der seitlichen Neigungen beseitigt wird, ist bereits erwähnt worden.

Die Empfindlichkeit des Schwimmers wird ferner dadurch erhöht, daß man den inneren Durchmesser des Schwimmergehäuses nur wenig größer bemißt, als den Außendurchmesser des Schwimmers, so daß einer geringen Höhenveränderung des Schwimmers schon eine große Änderung des Brennstoffspiegels und damit des Auftriebes entspricht. Es ist aber nicht erforderlich, den Schwimmer zu führen. Die dadurch verursachte Reibung würde die Empfindlichkeit des Schwimmers sehr vermindern.

Bei den meisten Vergasern führt man die Spindel der Ventilnadel nach außen durch oder man bringt besondere Stängelchen an, mit denen man das Brennstoffventil öffnen kann. Dadurch wird der Mischraum des Vergasers mit Brennstoff überschwemmt, was das Andrehen der Maschine erleichtert. Obgleich dieses Hilfsmittel bei einem richtig bemessenen Vergaser nicht erforderlich ist, kann man es doch beibehalten, denn es kann vorkommen, daß sich das Brennstoffventil irgendwie festsetzt, was man sofort beseitigen kann, wenn die Spindel von außen leicht zugänglich ist.

Besondere Beachtung ist der Reinhaltung des Brennstoffes von festen Fremdkörpern zu schenken, welche die feinen Öffnungen der Düse verlegen oder sich zwischen das Brennstoffventil und seine Sitzfläche klemmen können, so daß es dauernd undicht wird. Obgleich der Brennstoff schon beim Einfüllen in den Wagenbehälter durch ein feinmaschiges Sieb gereinigt wird, empfiehlt es sich, solche Siebe auch an der Stelle einzubauen, wo die Brennstoffleitung an das Schwimmergehäuse angeschlossen ist, und überdies dafür Sorge zu tragen, daß alle Kanäle mit einer feinen Bürste überfahren werden können. Die Möglichkeit diese Kanäle von außen leicht zugänglich zu machen, ist übrigens in der Regel schon dadurch gegeben, daß sie aus dem Vollen gebohrt werden. Wo es die Bauart gestattet, empfiehlt es sich endlich auch, das Schwimmergehäuse oder die zur Düse führende Leitung mit einem Sack auszustatten, in dem sich die letzten Verunreinigungen niederschlagen können.

Da sich die Tauchtiefe eines Schwimmers bei den geringsten Änderungen im spezifischen Gewicht des Brennstoffes schon erheblich ändert, so muß bei jedem Schwimmer die Verbindung mit der Ventilspindel einstellbar sein. Die Düsen, deren Gestalt, wie gezeigt worden ist, auf ihre Liefermenge von großem Einfluß ist, werden in der Regel gesondert hergestellt und in den gegossenen Vergaserkörper eingesetzt. Wegen ihrer Empfindlichkeit gegen Fremdkörper sind die Düsen stets so zu lagern, daß sie von außen her mit einem Draht befahren werden können. Zwischen dem Mischraum des Vergasers und der Saugleitung der Maschine ordnet man in der Regel die Drosseleinrichtung so an, daß sie gewöhnlich in den Vergaser eingebaut wird. Ihre Aufgabe ist, wenn durch das weiter oben angegebene Verfahren der Einfluß des Unterdruckes auf das Mischungsverhältnis beseitigt worden ist, lediglich eine quantitative. Indem man durch Drosseln der Saugleitung weniger Gemisch in die Maschine einläßt, vermindert man ihre Leistung und allerdings auch den Unterdruck im Vergaser.

Die Zündung.

Im Gegensatz zu manchen ortfesten Verbrennungsmaschinen können für die Fahrzeugverbrennungsmaschine heute nur elektrische Zündvorrichtungen in Betracht gezogen werden, vorzugsweise solche, die ihren Strom von einer Magnetdynamo (mit einem zwischen den Schenkeln von Dauermagneten umlaufenden oder schwingenden bewickelten Anker) erhalten, seltener solche, die aus Akkumulatoren oder Trockenbatterien gespeist werden. Letztere pflegt man aber häufig als Aushilfe für den Fall mitzuführen, daß die Magnetdynamo versagt.

Ist also schon durch die Art der Stromquelle eine Unterscheidung der elektrischen Zündvorrichtungen in magnetelektrische und Batterie- oder Akkumulatoren-Zündvorrichtungen gegeben, so bildet ein weiteres, beide Arten betreffendes Unterscheidungsmerkmal die Art der Erzeugung des Zündfunkens, wobei man Kerzenzündungen und Abreißzündungen kennt. Zwischen den so entstehenden vier Hauptgruppen gibt es aber auch Übergangsbauarten, wie aus dem Nachfolgenden zu ersehen ist.

Batterie-Kerzenzündung.

Vom Gesichtspunkt der technischen Entwicklung aus betrachtet, wären an erster Stelle die Batterie-Kerzenzündungen zu erwähnen, deren grundsätzliche Anordnung etwa die alte Benz-Zündung, Fig. 116, zeigt. Die aus zwei Elementen bestehende Akkumulatorenbatterie *a*, *a* ist über die Klemme 1 und den Neefschen oder Wagnerschen Hammer *b* an die Primärwicklung der Induktionsspule angeschlossen. In die Rückleitung über die Klemme 2 sind ein mit der Maschinen- oder Steuerwelle umlaufender Stromschließer *c* sowie ein Handausschalter *d* auf dem Spritzbrett geschaltet. In dem Augenblick, wo der Primärstromkreis bei *c* vorübergehend geschlossen wird, werden in der Sekundärwicklung, die an einem Ende durch den Maschinenkörper geerdet und an dem andern Ende mit dem isolierten Mittelleiter der Zündkerze *e* verbunden ist, Ströme induziert, deren Spannung genügt, um den Abstand zwischen den beiden Kerzenenden durch einen Funken zu überbrücken. Durch Drehen des Verteilers *c* gegen die Welle, auf der er sitzt, kann man den Zeitpunkt der Zündung ändern. Der an die Primärwicklung im Nebenschluß gelegte Kondensator *f* soll verhindern, daß

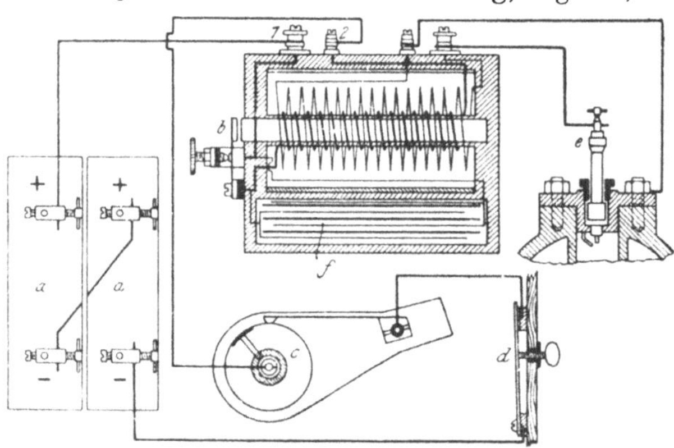

Fig. 116. Schaltplan der alten Benz-Zündung.

beim Öffnen des Primärstromkreises Funken entstehen und, da er beim Öffnen aufgeladen wird, die Induktionswirkung beim Schließen des Stromes verstärken.

Eine Vereinfachung dieser Zündvorrichtung, die aber auch nur vom Standpunkt der geschichtlichen Entwicklung aus zu erwähnen ist, hat die Fabrik

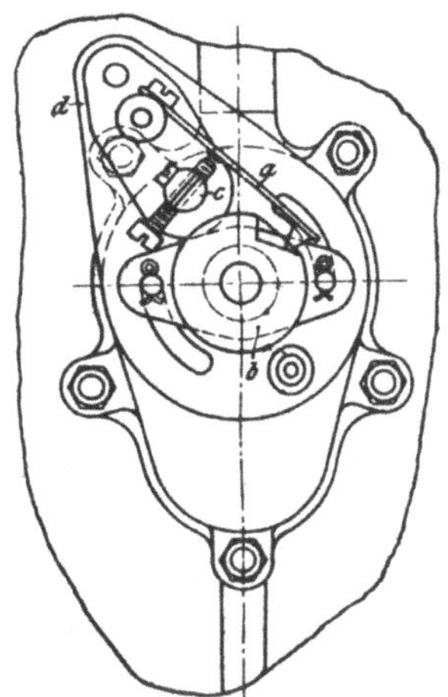

Fig. 117. Mechanischer Unterbrecher von De Dion & Bouton in Puteaux bei Paris.

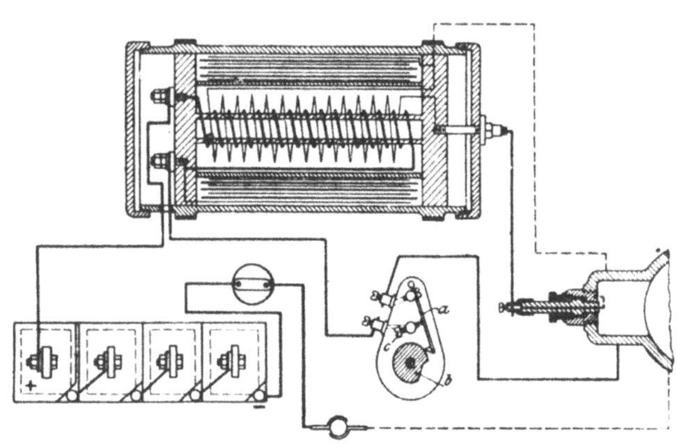

Fig. 118. Schaltplan der alten Zündung von De Dion & Bouton.

De Dion et Bouton in Puteaux bei Paris versucht, indem sie den elektromagnetischen Stromunterbrecher durch einen mechanischen Unterbrecher, Fig. 117, ersetzt hat. Die Unterbrecherstelle des Primärstromkreises befindet sich an einer Feder *a*, die bei jeder Umdrehung der Steuerwelle von dem Verteiler *b* einmal plötzlich abspringt. Sie ruft hierdurch an der Kontaktschraube *c* mehrere aufeinanderfolgende Unterbrechungen und Schließungen hervor. Die Platte *d* läßt sich um die Steuerwelle verdrehen, wodurch man den Zündzeitpunkt ändern kann. Die Schaltung ist nach Fig. 118 ohne weiteres verständlich. Der beschriebene mechanische Unterbrecher hat offenbar den Vorteil, daß er den Stromschlüssen weniger nacheilt und auch die Zündbatterien weniger beansprucht, als eine Zündeinrichtung nach Fig. 116, dagegen verlangt er, daß das Andrehen der Maschine mit einer gewissen großen Geschwindigkeit vorgenommen wird, weil sonst, wenn der Zahn an der Kontaktfeder *a* nicht schnell genug von der Scheibe *b* abspringen kann, keine oder nur ungenügend weite Schwingungen der Feder, also keine Stromschlüsse entstehen, ein Mangel, der bei der erstgenannten Einrichtung nicht vorhanden ist. Sucht man aber diesen Mangel dadurch zu vermindern, daß man die Schraube *c* verstellt, so wird die Stromquelle stark beansprucht; weil

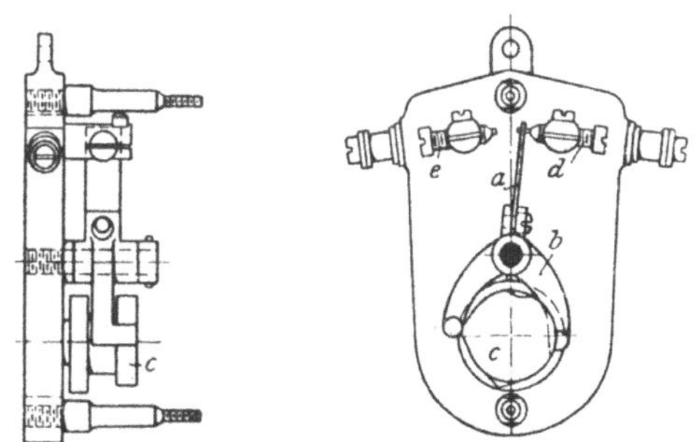

Fig. 119 und 120. Neuerer mechanischer Unterbrecher von De Dion & Bouton.

ihr Stromkreis dann bei den hohen Umlaufgeschwindigkeiten zeitweilig dauernd geschlossen gehalten wird.

Bei späteren Ausführungen haben daher De Dion & Bouton einen vollkommen zwangläufig schwingenden Unterbrecher, Fig. 119 und 120, S. 97, eingeführt. Die mit den Platinkontakten versehene Feder *a* ist hierbei an einem gegabelten Hebel *b* befestigt, der unter der Einwirkung einer mit der halben Umlaufzahl der Kurbelwelle angetriebenen Daumenscheibe *c* zum Ausschwingen gebracht wird. Die Feder *a* pendelt infolgedessen zwischen den Spitzen der stromführenden Schrauben *d* und *e* schnell hin und her, schließt und unterbricht hierbei abwechselnd den Primärstromkreis einer Induktionsspule und erzeugt hierdurch Stromstöße in der Sekundärwicklung, die die Funken an den Zündkerzen zur Folge hat. Der dargestellte Unterbrecher ist für eine Zweizylindermaschine bestimmt, bei der, weil die Kurbelzapfen um 180° gegeneinander versetzt sind, die Zündungen in ungleichen Zeitabständen aufeinanderfolgen müssen.

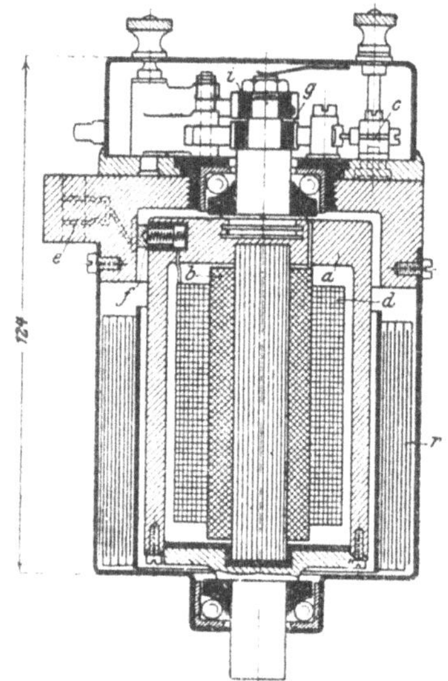

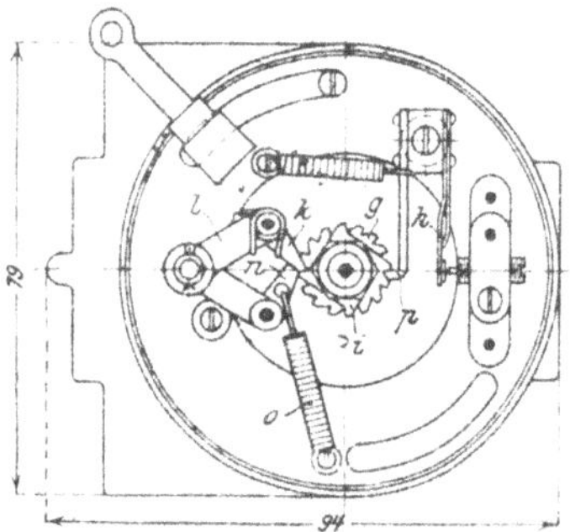

Fig. 121 und 122. Mechanischer Unterbrecher der Briggs and Stratton Company in Milwaukee, Wis.

Mechanisch betätigte Unterbrecher werden ferner in neuerer Zeit vielfach von amerikanischen Fabriken angewendet. Sie haben den Vorzug, daß sie auch bei den höchsten Umlaufzahlen der Maschinen nicht versagen, weil bei ihnen der Zündfunken durch keine Induktionswirkungen verzögert wird, und sie werden, damit sie möglichst sparsam mit dem Batteriestrom wirtschaften, immer so eingerichtet, daß sie nur eine einzige Unterbrechung, also nur einen Funken bei jeder Zündung liefern. Eine derartige Zündvorrichtung, die von der Briggs and Stratton Company in Milwaukee, Wis. hergestellt wird, zeigen die Figuren 121 und 122. Das zylindrische Gehäuse, das unmittelbar auf die Maschine aufgesetzt und an die senkrechte Steuerwelle angeschlossen wird, enthält eine umlaufende Induktionsspule ohne Hammerunterbrecher. Die Spule hat ein Hartgummigehäuse *a*, dessen metallener unterer Deckel in seiner Fortsetzung das eine Spindelstück bildet, während das zweite oben in den Boden des Gehäuses eingegossen ist. Beide Wicklungen der Induktionsspule sind aus Emailledraht hergestellt. Die primäre Wicklung *b* ist mit ihren beiden Enden an die Teile der Spindel gelegt und erhält den Batteriestrom über den Unterbrecher, von dem ein Kontakt *c* an die Batterie angeschlossen wird. Der Primärstromkreis wird durch den Körper der Maschine, an den der zweite Pol der Batterie gelegt ist, vervollständigt. Die Sekundärwicklung *d* der Induktionsspule steht mit dem Stromverteiler *e* durch eine Schleifkohle *f* in Verbindung, während ihr zweites Ende ebenfalls geerdet ist. Der Unterbrecher selbst ist eine Art Sperrwerk, das ein auf das obere Ende der Spindel lose aufgeschobenes Sperrad *g*, im vorliegenden Falle, bei jeder Umdrehung viermal um je einen Zahn weiterschaltet und dadurch jedesmal bei *e* und *h* einen Stromschluß von kurzer Dauer hervorbringt.

Mit der Spindel läuft das vierzähnige Sperrad *i* um, das mit Hilfe der Klinke *k* den Winkelhebel *l* mitnimmt und hierdurch die Sperrklinke *n* um eine Teilung des Sperrades *g* weiterschaltet. Eine Feder *o* zieht dann die Klinke mit dem Winkelhebel *l* wieder gegen einen Anschlag zurück und bewirkt, daß durch das Überspringen der Klinke *p* der Kontakt gebildet wird.

Der Zündzeitpunkt wird verändert, indem man die ganze, das Unterbrecherwerk tragende obere Platte zwischen den Anschlägen der Stromverteilerplatte gegen die Spindel verstellt. Die Induktionsspule sitzt in einem aus Aluminium gezogenen Gehäuse, umgeben von dem zylindrischen Kondensator *r*.

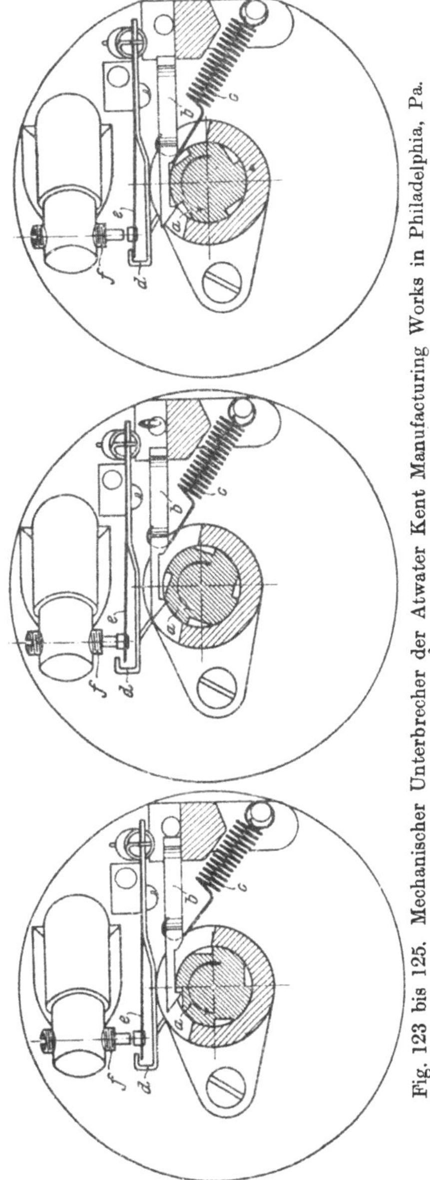

Fig. 123 bis 125. Mechanischer Unterbrecher der Atwater Kent Manufacturing Works in Philadelphia, Pa.

Bei einem anderen mechanischen Unterbrecher, Fig. 123 bis 125, der Atwater Kent Manufacturing Works in Philadelphia, Pa. wird von der gezahnten Scheibe *a* auf der Welle des Stromverteilers ein verschiebbarer Haken *b* bei jeder Umdrehung viermal mitgenommen, der von einer Feder *c* gehalten wird. Sobald der Haken von der Spitze des Zahnes abgleitet, Fig. 124, und auf den glatten Umfang der Scheibe gelangt, stößt er nach oben gegen einen federnden Hebel *d*, durch den die stromführende Feder *e* niedergehalten wird, und ermöglicht daher, daß sich auf kurze Zeit ein Kontakt an der Schraube *f* bildet. Einen Augenblick später zieht die Feder *c* den Haken *b* wieder in den nächstfolgenden Einschnitt hinein, wodurch der Hebel *d* frei wird und den Stromübergang unterbricht.

Der wesentlichste Nachteil des magnetischen Unterbrechers, der durch die mechanischen Unterbrecher beseitigt werden soll, besteht darin, daß seine Schwingungszahl von der Maschinengeschwindigkeit unabhängig ist. Wenn man nämlich berücksichtigt, daß die Feder eines gewöhnlichen Wagnerschen Hammers in der Sekunde nur zwischen 160 und 175 einfache Schwingungen macht, d. h. nur 80 bis 87,5 Stromunterbrechungen gestattet, so erkennt man sofort, daß bedeutende Schwierigkeiten auftreten müssen, wenn die Zeit, während der der Stromverteiler den Primärstrom geschlossen hält, unter $^1/_{90}$ sek sinkt, weil dann, bevor die Feder den Strom einmal geöffnet und wieder geschlossen hat, die Unterbrechung schon durch den Stromverteiler eingeleitet worden ist. Im günstigsten Falle wird man dann an der Zündkerze nur einen einzigen von der Öffnung und vom Schließen des Stromes herrührenden Funken erhalten, in vielen Fällen aber überhaupt keinen. Diese Schwierigkeiten treten nun tatsächlich ein, wenn der Stromverteiler, der auf etwa 0,1 seines Umfanges den Strom schließt, 600 Uml/min macht, denn die für die Zündung verfügbare Zeit beträgt dann nur 0,01 sek.

Selbsttätige Unterbrecher mit hoher Schwingungszahl.

Die magnetischen Unterbrecher mit sehr hoher Schwingungszahl, die sich hierdurch erforderlich gemacht haben, beruhen im wesentlich darauf, daß man eine Verbindung von mehreren Unterbrecherfedern verwendet, die sich in ihrer Wirkung sozusagen gegenseitig ergänzen sollen. Bei dem Unterbrecher von Arnoux & Guerre, Fig. 126, der 436 Unterbrechungen in der Sekunde ermöglichen soll, also bei weitem mehr als bei den höchsten Umlaufzahlen von Fahrzeugmaschinen, in Frage kommen, ist außer der 0,2 bis 0,3 mm dicken Ankerfeder *a* aus sehr magnetischem Federstahl eine zweite, viel weichere Feder *b* vorhanden, die sich mit einer gewissen Anfangsspannung gegen den Rücken der Feder *a* legt. Wird der über die beiden Federn verlaufende Stromkreis am Verteiler geschlossen, so folgt zunächst die Feder *b* der von dem Kern der Induktionsspule angezogenen Feder *a* so weit, bis sie durch einen Vorsprung *c* aufgehalten und der Strom unterbrochen wird.

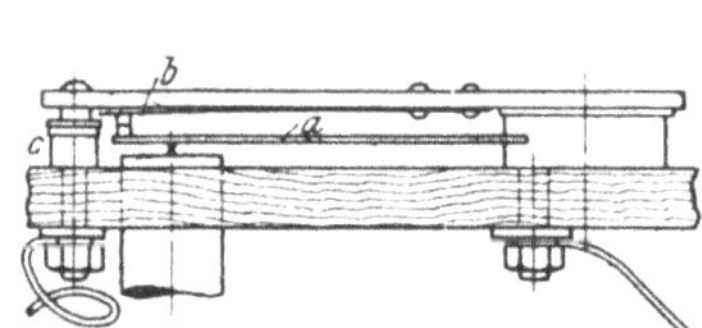

Fig. 126. Magnetischer Schnellunterbrecher von Arnoux & Guerre.

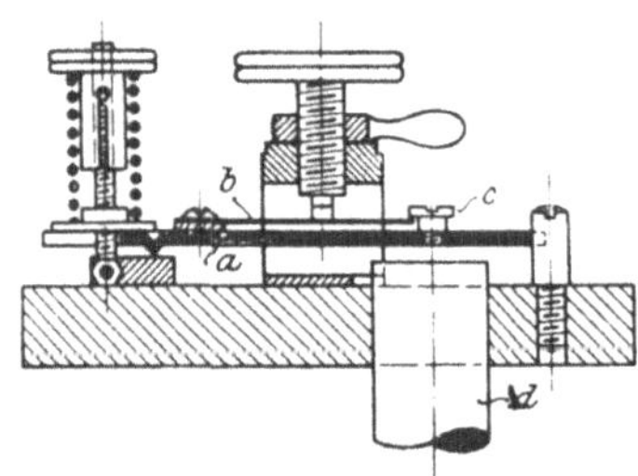

Fig. 127. Magnetischer Schnellunterbrecher, Bauart Gawron der „Rapid"-Akkumulatoren- und Motorenwerke, Berlin.

Bei dem Unterbrecher, Bauart Gawron, Fig. 127, der von den „Rapid"-Akkumulatoren- und Motorenwerken, Berlin, hergestellt wird, ist der Anker *a* als doppelarmiger, auf einer Schneide beweglicher und einseitig von einer Feder belasteter Hebel ausgeführt, auf dessen Rücken die eigentliche Kontaktfeder *b* befestigt ist. Wird der Anker von dem Kern der Spule *d* angezogen, so nimmt die Schraube *c* die Feder nach kurzer Zeit mit und unterbricht so zwangläufig den Strom.

Lacoste endlich setzt den Anker ebenfalls aus zwei Federn zusammen, von denen die eine wesentlich weichere in der Ruhelage des Ankers gegen den Kontakt so stark angedrückt wird, daß sie sich nicht sogleich ablöst, also den Strom nicht unmittelbar darauf unterbricht, wenn der Anker angezogen wird.

Bei allen diesen Unterbrechern hat man mit der Abnutzung der Kontakte zu rechnen und häufiges Nachstellen der Kontaktschrauben sowie Erneuern ihrer Platinspitzen in den Kauf zu nehmen. Man vermeidet diese Unbequemlichkeit sowie das dauernde Überwachen der Zündung, und erreicht nebenbei vollkommene Unabhängigkeit der Zahl der Unterbrechungen von der Umlaufgeschwindigkeit der Maschine, wenn man die Hochfrequenzströme benutzt, wie sie beim Entladen von Kondensatoren entstehen. Eine solche Zündung, Fig. 128, rührt von Sir Oliver Lodge her. In die Sekundärwicklung der Induktionsspule *T*, deren primärer Stromkreis durch den Stromverteiler *J* zeitweilig geschlossen wird, sind außer den beiden bei *P* und *Q* endigenden Zündkerzenleitern eine Vorschaltfunkenstrecke A, B sowie zwei Kondensatoren CC' und DD' geschaltet, die durch eine Brücke E mit großem Ohmschen und großem induktiven Widerstand kurzgeschlossen sind. Jedesmal beim Schließen des Primärstromkreises entstehen dann sowohl bei AB als auch bei PQ Funkenstrecken, deren Schwingungszahl etwa 100 Millionen in der Sekunde beträgt. Natürlich können beide Funkenstrecken auch in der Form von Zündkerzen in dem Zündraum eines Maschinenzylinders angeordnet werden. Man erreicht dadurch, daß das Gemisch bei solchen Maschinen, die einen sehr flachen Kompressionsraum haben, schneller entzündet wird, und ferner, daß keine Störung des Zündvorganges eintreten kann, wenn eine der Zündkerzen etwa durch verkohltes Öl verunreinigt worden ist.

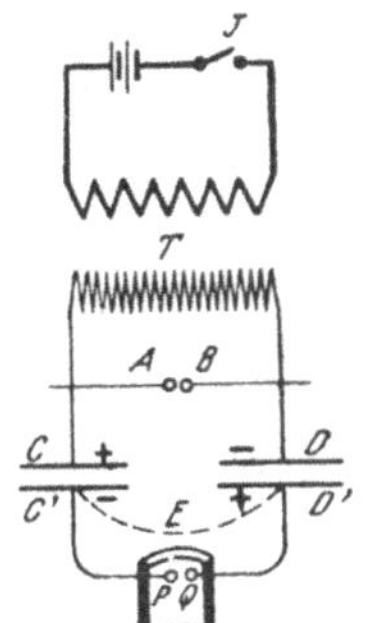

Fig. 128. Hochfrequenz-Zündung von Sir Oliver Lodge.

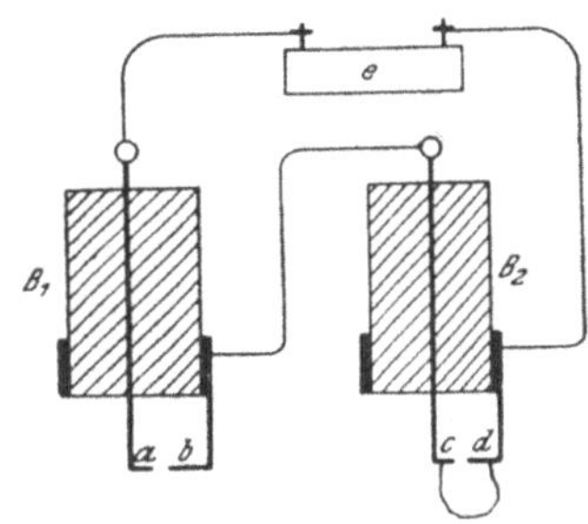

Fig. 129. Wirkungsweise von hintereinandergeschalteten Funkenstrecken.

In der Tat hat man erst in den Hochfrequenzströmen eine Erklärung für folgende auffallende Erscheinung gefunden: Schaltet man, Fig. 129, zwei Kerzen mit den Funkenstrecken ab und cd in dem Sekundärstromkreis einer Induktionsspule e hintereinander und schließt man die eine Kerze durch einen feinen Draht (bei einer wirklichen Zündkerze genügt auch ein kräftiger, von dem Gewinde bis zum isolierten mittleren Leiter verlaufender Bleistiftstrich) kurz, so erhält man trotzdem an beiden Kerzen Funken, sobald man den Primärstromkreis der Spule schließt; dagegen erhält man gar keine Funken mehr, wenn man die Funkenstrecke ab aus dem Hochspannungskreis ausschaltet.

Beim Schließen des Primärstromkreises entsteht im Falle der Fig. 128 in der Hochspannungswicklung der Induktionsspule ein Stromstoß, durch den die Elektroden der Funkenstrecke AB und die Kondensatoren geladen werden. Tritt dann bei AB eine schwingende Entladung ein, so gerät auch die in den Kondensatoren aufgespeicherte Elektrizität plötzlich in schwingende Bewegung, die den Luftwiderstand zwischen den Polen P und Q leichter überwindet, als den Widerstand der Brücke E. Im zweiten Falle, Fig. 129, bilden die Körper der Zündkerzen selbst die Kondensatoren und der Bleistiftstrich oder eine die Polenden c und d verbindende, z. B. von verbranntem Schmieröl herrührende Kohlenstoffablagerung stellt die Brücke E dar.

Die offenbaren Vorteile, die parallel zu den Zündstromkreisen geschaltete besondere Funkenstrecken bieten, hat man auch weiter ausgenutzt; man überwacht z. B. das Arbeiten der Zündung dadurch, daß man die den Zündstromkreisen entsprechenden Vorschaltfunkenstrecken nebeneinander auf dem Spritzbrett anordnet. Auch wenn kein Kurzschluß an den Zündkerzen vorhanden ist, verbessern die Vorschaltfunkenstrecken den Betrieb, weil die Isolierung der Zündkerzen bei ihrer Erwärmung verschlechtert wird. Tophan und Tisdall[1]) haben

[1]) Engineering, 28. Dezember 1906.

gelegentlich ihrer Versuche mit einer Fahrradmaschine von De Dion & Bouton durch unmittelbare Messungen gefunden, daß sich der Widerstand zwischen den Leitern einer Porzellan-Zündkerze, der bei Zimmertemperatur mehr als 1000 Megohm betragen hatte, beim Erhitzen auf Rotglut bis auf 2 Megohm verminderte, aber auch schon vorher bei den im Betriebe vorkommenden Erwärmungen bis auf 6 Megohm sank. Die Folgen dieses verminderten Isolationswiderstandes waren Störungen in der Zündung, die sich aber sofort beseitigen ließen, wenn man die Vorschaltfunkenstrecke benutzte.

Die Gründe, die dazu geführt haben, daß reine Batterie- oder Akkumulatorenzündungen heute immer weniger verwendet werden, sind in erster Linie in der leichten Erschöpfbarkeit der Stromquelle zu suchen. Der Strom von 2 bis 3 Amp. und 4 bis 5 Volt, den man zum Betriebe einer solchen Kerzenzündung braucht, kann entweder von galvanischen oder von Trockenelementen oder von 2 Akkumulatorzellen von etwa 40 Amperestunden Kapazität geliefert werden und reicht wohl in der Regel für große Wegstrecken aus (bis zu 5000 km). Da man aber in der Mehrzahl der Fälle über den Zustand der Batterie nicht genau unterrichtet ist, so ist man, um Störungen mitten in der Fahrt sicher zu vermeiden, zumeist genötigt, eine vollständig aufgeladene Aushilfsbatterie mitzuführen, so daß die Zündanlage ziemlich viel Raum beansprucht und teuer wird. Dazu kommen die Induktionsspulen, wovon man für jeden Zylinder eine braucht und die gegen Erwärmung und Erschütterungen recht empfindlich sind, sowie endlich manche Schwierigkeiten mit Isolationsstörungen bei den Strömen von 10000 bis 15000 Volt Spannung in den Zündleitungen.

Batterie-Abreißzündung.

Einen Teil dieser Nachteile kann man bei den Batterie-Abreißzündungen, die allerdings nur selten verwendet worden sind, vermeiden. Zur Erzielung eines ausreichenden Abreiß-Zündfunkens sind erfahrungsgemäß nur Spannungen von 50 bis 100 Volt erforderlich, da die Stärke des Extrastromes, der den Abreißfunken erzeugt, nur von der Selbstinduktion des Stromkreises sowie von der Geschwindigkeit abhängig ist, mit der die Unterbrechung vor sich geht. Nachteile dieser Zündung bestehen aber darin, daß in den Kompressionsraum des Maschinenzylinders von außen her zu bewegende Kontakte eingeführt werden müssen, was zu Spannungsverlusten durch die schwerlich ausbleibende Undichtheit der Führung Veranlassung bietet, sowie ferner, daß der Stromverbrauch verhältnismäßig groß ist, weil der Stromkreis kurze Zeit, bevor der Abreißfunken erzeugt werden soll, geschlossen werden muß. Endlich erfordert die Abreißzündung ein zwangläufig gesteuertes Gestänge, dessen selten gleichmäßige Abnutzung das Einstellen der Zündabstände in den einzelnen Zylindern einer und derselben Maschine erschwert.

Magnetdynamo.

Schon aus dieser einfachen Aufzählung der Nachteile kann man entnehmen, warum die Abreißzündungen erst mit der Einführung der Magnetdynamos, die in ihren ersten Ausführungen niedrige, gerade nur für Abreißzündungen ausreichende Spannungen lieferten, ihre volle Bedeutung erlangt haben. In Verbindung mit den sogenannten Niederspannungsdynamos haben denn auch die Abreißzündungen hauptsächlich durch die Bevorzugung, die ihnen von der Daimler-Motoren-Gesellschaft zuteil geworden war, lange Jahre hindurch das Feld gegen die Hochspannungszündungen behauptet, bis sie dann schließlich doch durch die magnetelektrischen Hochspannungs- und Lichtbogenzündungen abgelöst worden sind.

Die Entwicklung der dynamoelektrischen Zündmaschine für Motorfahrzeuge, deren erste Anwendung bei Verbrennungsmaschinen sich bis in die Zeiten von Lenoir zurück verfolgen läßt, nimmt ihren eigentlichen Aufschwung erst mit der Zünddynamo von Robert Bosch, D.R.P. Nr. 99399, Fig. 130 und 131, bei der zum ersten Male ermöglicht wurde, den Zündstrom ohne Zuhilfenahme von Schleifbürsten abzunehmen und weiterzuleiten. Das Kennzeichnende der Bosch-Dynamo besteht darin, daß der Siemenssche I-Anker *a*, der bei den früheren Zünddynamos eine umlaufende oder schwingende Bewegung zu machen hatte, in den hufeisenförmigen Dauermagneten *b* feststeht und daß die Kraftlinien nur durch eine über den Anker *a* geschobene breit geschlitzte Büchse *c* aus weichem Schmied-

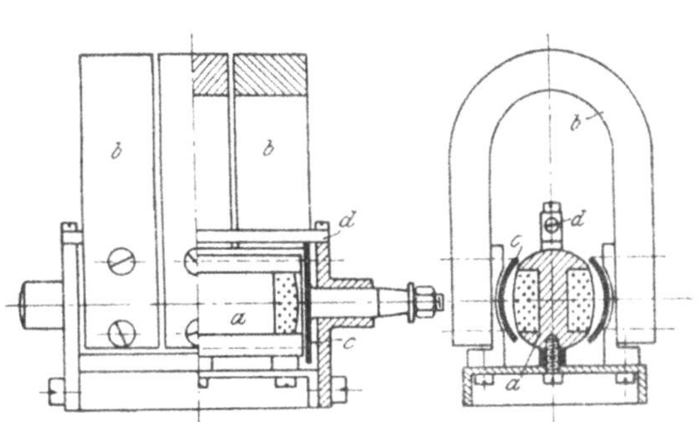

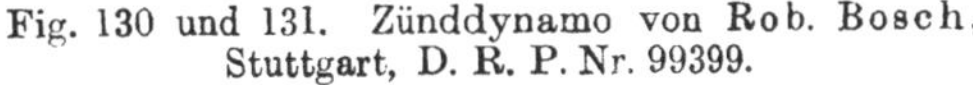
Fig. 130 und 131. Zünddynamo von Rob. Bosch, Stuttgart, D. R. P. Nr. 99399.

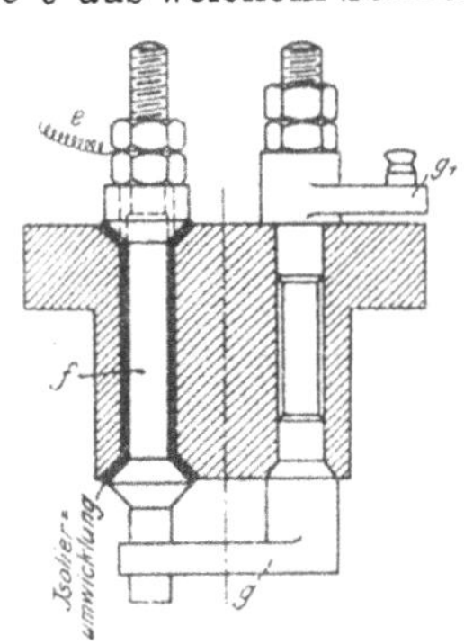

Fig. 132. Zündflansch einer Abreißzündung.

eisen abgelenkt werden. Während einer vollen Umdrehung der Büchse *c* werden in der Wicklung des Ankers zwei Wellen eines Wechselstromes erzeugt, dessen Höchstwerte der wagerechten und der senkrechten Stellung der Büchsenhälften entsprechen, während die Nullwerte in denjenigen Stellungen auftreten, wo die Büchsenhälften unter 45° stehen. Dieser Strom kann an den feststehenden Enden *d* der Ankerwicklung entnommen und — bei Mehrzylindermaschinen über einen geeigneten Verteiler — einerseits durch die Leitung *e* zu dem isolierten Zündstift *f*, Fig. 132, der Abreißzündung, andererseits durch den Körper der Dynamo und der Maschine geerdet und somit auch an den Unterbrecherhebel gg_1 angeschlossen werden. Der Hebel gg_1 ist mit dem Zündstift *f* in einem in dem Kompressionsraum des Zylinders besonders eingesetzten Zündflansch genau abgedichtet.

Die Fortschritte in der Konstruktion der Zünddynamos haben aber später die durch die erwähnten Kraftlinien-Leitstücke bedingte Verwicklung überflüssig erscheinen lassen. Wenigstens werden neuerdings Zünddynamos für verschiedene Arten von Zündungen ausgeführt, die ohne diese Leitstücke arbeiten. So zeigt Fig. 133 einen Schnitt durch eine neuere Bosch-Zünddynamo für niedrig gespannten Strom,

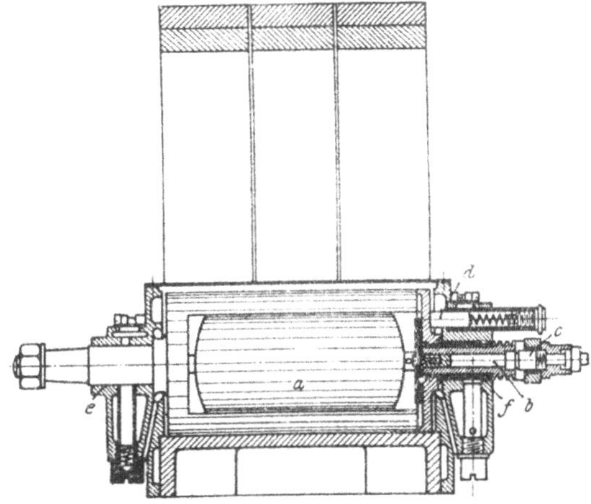

Fig. 133. Neuer Zünddynamo für niedriggespannten Strom von Rob. Bosch, Stuttgart.

bei der wieder der Anker *a* umläuft und der Strom von dem einen, an den isolierten Bolzen *b* in der Achse des Ankers angeschlossenen Ende der Wicklung auf einen darübergeschobenen, nach außen isolierten Bolzen *c* übergeleitet und von hier dem Verteiler zugeführt wird. Das andere Ende der Wicklung dagegen ist an das Ankereisen gelegt und der Strom wird von diesem über eine Kohlenbürste *d* auf den Körper der Zünddynamo und damit auch der Maschine übergeleitet, ohne daß er die geschmierten Lagerstellen *e* und *f* zu durchdringen braucht.

Einen wesentlichen Bestandteil dieser Zündvorrichtungen bilden die Abreißgestänge, deren Aufgabe es ist, in dem geeigneten Augenblick die aufeinanderliegenden Kontakte im Maschinenzylinder möglichst plötzlich zu trennen. Sie sollen aber, da sie in unmittelbarer Verbindung mit der Maschinensteuerung stehen, auch dort, s. S. 218, besprochen werden.

Hochspannungsdynamo.

Die neuere Entwicklung der magnetelektrischen Zündmaschinen ist hauptsächlich dahin gerichtet, auch hochgespannte, für den Betrieb von Zündkerzen geeignete Ströme zu erzeugen, und zwar bereits bei den kleinen Umlaufgeschwindigkeiten, die beim Ankurbeln der Maschinen erreicht werden können. Das Mittel hierzu sind Induktionswicklungen, und nur bezüglich der Anordnung dieser Wicklungen sind die kennzeichnenden Unterschiede zwischen den Erzeugnissen der bekannten Fabriken zu suchen.

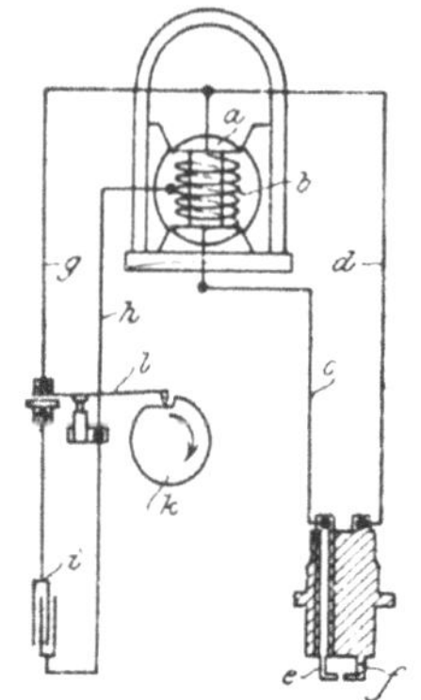

Fig. 134. Wirkungsweise der Hochspannungs - Lichtbogenzündung von Rob. Bosch, Stuttgart.

So ist bei der sogenannten Hochspannungs-Lichtbogenzündung von Rob. Bosch in Stuttgart, Fig. 134, die sekundäre Wicklung nur als eine Fortsetzung der primären Ankerwicklung ausgeführt, indem ein Teil der einfachen Wicklung *b* des umlaufenden Ankers *a* durch die an das eine Ende und an die Mitte der Wicklung gelegten Leitungen *g* und *h* als primärer Teil abgezweigt ist. Die Leitungen *g* und *h* sind in der Regel kurz geschlossen und können mit Hilfe des umlaufenden Schalters *k*, *l* vorübergehend getrennt werden. Bei der Drehung des Ankers *a* wird in diesem kurz geschlossenen Teil der Wicklung ein starker Strom erzeugt, der im Anker ein Magnetfeld hervorruft. Dieses hat die entgegengesetzte Richtung des Feldes der Feldmagneten und schwächt dieses somit. In dem Augenblick, wo die Zündung stattfinden soll, wird durch den Schalter *k*, *l* die primäre Wicklung unterbrochen. Das Magnetfeld des Ankers verschwindet plötzlich und ebenso plötzlich steigt das nunmehr ungeschwächte Feld der Dauermagnete. In der ganzen Wicklung wird dann ein Strom induziert, dessen Spannung zunächst die Entfernung der an die Enden der Wicklung mit Hilfe der Leitungen *c* und *d* angeschlossenen Zündkerzenleiter *e* und *f* überbrückt und nachher dem durch den Umlauf des Ankers erzeugten, niedriger gespannten Strom den Übergang über die durch den Lichtbogen bereits erwärmte und deshalb besser leitende Funkenstrecke ermöglicht. Der Anker des Induktors muß natürlich so eingestellt sein, daß in dem Augenblick, wo der Kurzschluß der Leitungen *g* und *h* stattfinden soll, in dieser Wicklung gerade die größte Stromstärke vorhanden, das verschwindende Ankerfeld und die dadurch verursachte Steigerung des Dauerfeldes somit am stärksten sind. Parallel zu den Kurzschlußkontakten liegt ein Kondensator *i*, der die Funken bei der schnellen Stromunterbrechung beseitigt und außerdem bewirkt, daß an der Kerze eine stark schwingende Funkenstrecke gebildet wird.

Daß in der Tat bei dieser Anordnung sozusagen ein Nachbrennen des Lichtbogens erzielt werden kann, wird durch die in Fig. 135 wiedergegebenen Aufnahmen bewiesen, diese zeigt links den Funken einer Lichtbogenzündung und rechts denjenigen einer Zündung mit Induktionsspule und magnetischem Unterbrecher, die aus einer Magnetdynamo für niedrig gespannten Strom gespeist wird.

Fig. 135. Aufnahme von Funken von gewöhnlichen und von Lichtbogenzündungen.

Einen Anhalt für die wirkliche Ausführung dieser Zünddynamo geben die Fig. 136 und 137, die eine Zünddynamo für leichte Vier- und Sechszylindermaschinen darstellen. Das Dauermagnetfeld bilden hier drei kräftige hufeisenförmige Stahlmagnete *a*, zwischen denen der in einem besonderen Gehäuse eingeschlossene I-Anker *b* umläuft. Da der Anker bei jeder Umdrehung zweimal die Höchstwerte der Spannung erreicht, so kann er alle 180° einen Zündfunken abgeben. Für eine Vierzylindermaschine muß der Anker daher mit der Umlaufzahl der Kurbelwelle, für eine Sechszylindermaschine muß er aber mit der $1\frac{1}{2}$fachen Umlaufzahl der Kurbelwelle angetrieben werden.

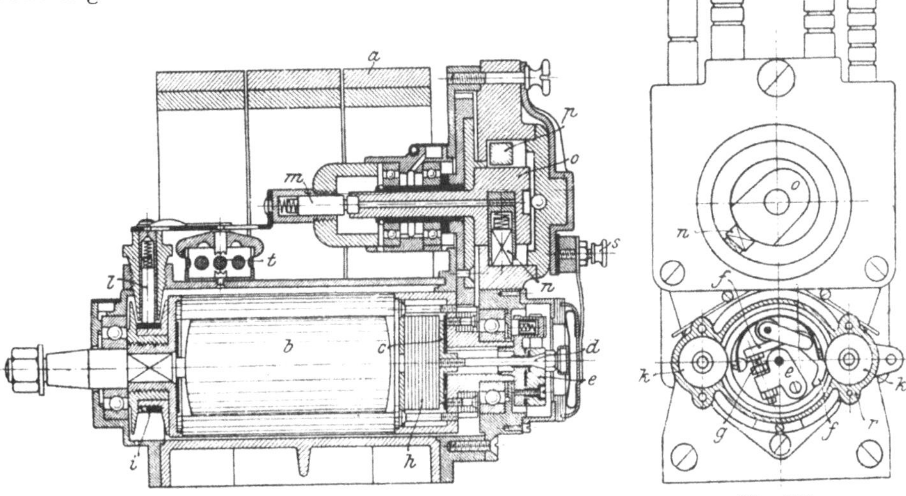

Fig. 136. Fig. 137.

Fig. 136 und 137. Hochspannungs-Lichtbogen-Zünddynamo für Vier- und Sechszylindermaschinen von Rob. Bosch, Stuttgart.

Die Wicklung des Ankers besteht aus zwei Teilen, von denen der primäre wenige Windungen aus dickerem Draht und der sekundäre viele Windungen aus dünnerem Draht erhält. Die Primärwicklung ist mit dem einen Ende an den Eisenkern des Ankers, mit dem anderen über die Messingplatte *c* und die Schraube *d* an das Kontaktstück *e* angeschlossen, sobald der federbelastete Winkelhebel *f* an der Platinschraube *g* anliegt. Parallel zu diesem Stromkreis ist der Kondensator *h* geschaltet.

Außerdem steht das Ende der Primärwicklung mit dem einen Ende der Sekundärwicklung in leitender Verbindung, deren zweites Ende an den Schleifenring *i* angeschlossen ist. Bei jeder Umdrehung des Ankers *b* wird der Kontakt zwischen dem Hebel *f* und der Platinschraube *g* durch die beiden Fiberrollen *k*, an denen das äußere Ende des Hebels *f* vorbeikommt, zweimal gelöst und durch diese Aufhebung des Kurzschlusses in der Primärwicklung werden, wie bereits erläutert, kräftige Stromstöße in die Sekundärwicklung gesandt, die über die Kohlebürste *l* und das Kohlegleitstück *m* auf den durch eine Stirnradübersetzung angetriebenen, ebenso wie der Anker in Kugellagern laufenden, mit einer Schleifkohle *n* versehenen beweglichen Teil *o* des Stromverteilers übertragen werden. Das aus Hartgummi hergestellte Gehäuse des Stromverteilers, das, wie ersichtlich, zum Teil in die Höhlung der Hufeisenmagnete *a* eingelassen ist, enthält auf der Innenfläche einzelne Metallplättchen *p*, die je an einen der Anschlußstöpsel *q* angeschlossen sind. Da der Körper des Ankers *b* durch das Gehäuse geerdet ist, so wird, sobald an einer Kerze der Funken überspringt, der Stromkreis über den Körper der Maschine geschlossen.

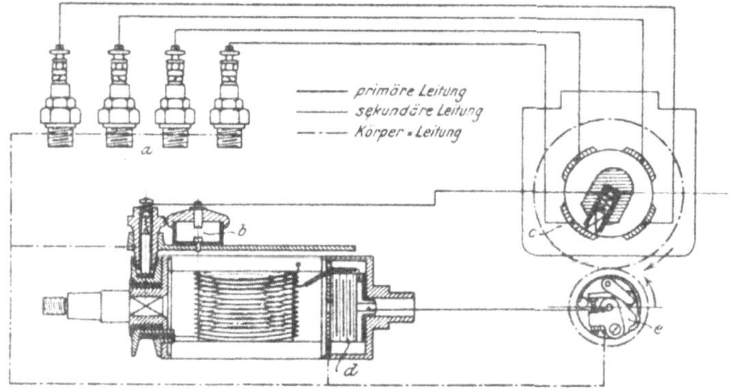

a = Zündkerzen. *b* = Sicherheitsfunkenstrecke. *c* = Kontaktflächen des Stromverteilers. *d* = Kondensator. *e* = Kontakthebel.

Fig. 138. Schaltplan der Hochspannungs-Lichtbogenzündung von Rob. Bosch, Stuttgart, für eine Vierzylindermaschine.

Die Zahnradübertragung zwischen der Anker- und der Verteilerwelle muß so gewählt werden, daß der Verteiler mit der gleichen Geschwindigkeit umläuft wie die Steuerwelle der Maschine, so daß nach jeder zweiten Umdrehung der Kurbelwelle jeder Zylinder einen Zündstrom erhalten hat. Die Zahl der Metallplättchen im Verteiler und dementsprechend auch die Zahl der Anschlußstöpsel für die Zündleitungen entspricht der Anzahl der vorhandenen Zylinder.

Die Fiberrollen *k*, durch die der Hebel *f* abgelenkt wird, sind in einem kon zentrisch zum Anker drehbaren Gehäuse *r* gelagert und können daher, wenn der Zündzeitpunkt geändert werden soll, verstellt werden.

Das Maß der Verstellbarkeit des Zündzeitpunktes wird durch die Länge der stromleitenden Kontakte *p* des Verteilers bestimmt, da in dem Augenblicke, wo der Kontakthebel *f* abgehoben wird, die Kohle *n* des Verteilers noch in leitender Verbindung mit der Zündkerze sein muß. Bei der vorliegenden Ausführung entspricht die Länge der Verteilerkontakte einem Drehwinkel des Verteilers von etwa 40° und einem Kurbelwinkel von ebensoviel bei Vierzylindersowie bei 27° bei Sechzylindermaschinen.

Die Zündung wird abgestellt, indem man unter Umgehung des Unterbrechers *f*, *g* die Primärwicklung des Ankers *b* kurzschließt. Ein an die Schraube *s* angeschlossener isolierter Draht führt zu diesem Zwecke zu dem einen Pol des Ausschalters, dessen zweiter Pol mit dem Maschinenkörper leitend verbunden ist. Durch die Sicherheitsfunkenstrecke *t*, deren Länge 6 bis 7 mm beträgt, wird die Wicklung des Ankers gegen solche Überspannungen geschützt, die bei Brüchen einer der Zündkerzenleitungen oder bei zu großen Abständen der Zündkerzenelektroden hervorgerufen werden könnten. Selbstverständlich muß beim Auftreten eines Funkens an der Sicherheitsfunkenstrecke die Zündung mit Hilfe des Kurzschlußschalters sofort abgestellt werden, da die Ankerwicklung dauernd diesen Spannungen nicht gewachsen ist.

Zur näheren Erläuterung der Wirkungsweise dient auch der in Fig. 138 wiedergegebene Schaltplan.

Von der hier gegebenen Darstellung weichen die für kleinere Maschinen gebräuchlichen Bauarten der Bosch-Lichtbogen-Zünddynamo, abgesehen von der selbstverständlichen Vereinfachung der Stromverteilung nur durch gewisse Vereinfachungen des Unterbrechers ab, die darin bestehen, daß statt der Fiberrollen

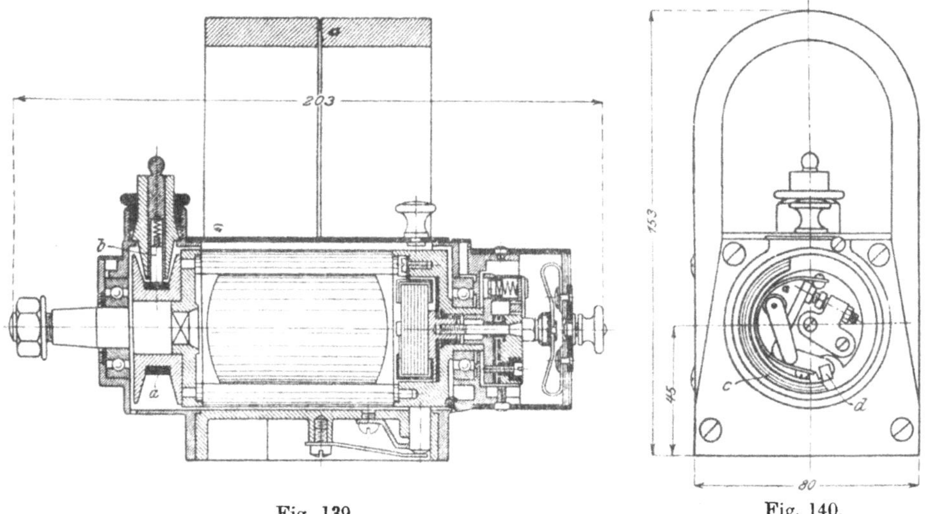

Fig. 139. Fig. 140.

Fig. 139 und 140. Lichtbogen-Zünddynamo von Rob. Bosch, Stuttgart, für Einzylindermaschinen.

Daumenstücke vorhanden sind, die den Unterbrecherhebel im geeigneten Augenblicke ablenken. So zeigen Fig. 139 und 140 die Bauart der Bosch-Dynamo für Einzylindermaschinen. Der Stromverteiler fällt hier fort, an dessen Stelle wird der Zündstrom unmittelbar von der Klemme der auf dem Ring *a* schleifenden Kohle *b* abgenommen. Der Schleifring ist wie früher an das zweite Ende der Sekundärwicklung des Ankers angeschlossen. Der Verteiler liefert nur eine Unterbrechung des Kurzschlusses der Primärwicklung bei jeder Umdrehung des Ankers. Diese wird durch eine Erhöhung *c* im Innern des Unterbrechergehäuses bewirkt, auf die der mit der Ankerwelle umlaufende Unterbrecherhebel *d* aufläuft. Die Ankerwelle kann unmittelbar mit der Steuerwelle der Maschine gekuppelt werden.

Auch bei den für Zweizylindermaschinen bestimmten Zünddynamos läßt sich die Anwendung eines besonderen Stromverteilers noch umgehen, s. Fig. 141 bis 143, S. 108, indem man die Zündleitungen an zwei einander gegenüber liegende Schleifkohlen *a* und *l* legt und den Schleifring *c* auf der Ankerwelle nur zur Hälfte leitend ausführt. Der Unterbrecher erhält zwei Daumen *d* und *e* und läuft wie der Anker der Zünddynamo und der Schleifring des Verteilers mit der Geschwindigkeit der Steuerwelle, so daß auf jede Umdrehung der Maschine eine Zündung entfällt. (Allerdings ist diese gleichmäßige Aufeinanderfolge der Zündungen nur dann möglich, wenn die Kurbeln der beiden Zylinder nicht gegeneinander versetzt sind.) Eine besondere Bauart der Zündung für Zweizylindermaschinen ist ferner in Fig. 144 und 145 wiedergegeben. Diese ist für Maschinen mit zwei etwa unter 90° winkelförmig gegeneinander gestellten Zylindern bestimmt, wie aus der Versetzung der Daumen für den Unterbrecherhebel ersehen werden kann. Damit ferner in den beiden Zylindern möglichst gleich starke Zündfunken entstehen, hat man die Polschuhe *a* des Ankers zur Hälfte abgeschnitten. Dadurch werden gewissermaßen zwei getrennte Zünddynamos geschaffen.

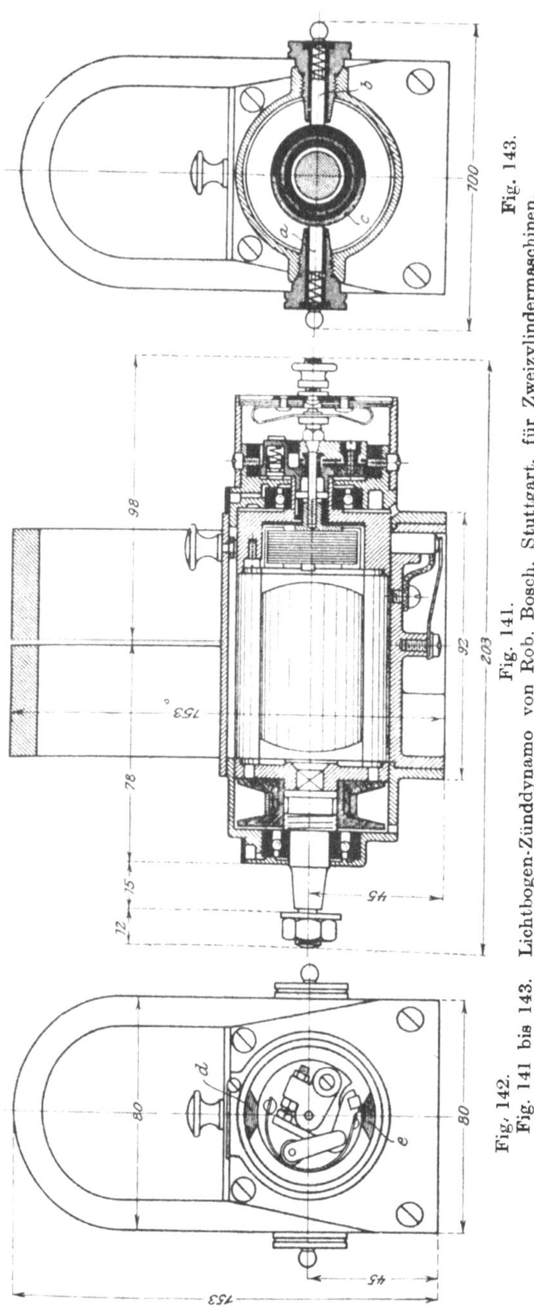

Fig. 143.

Fig. 141.

Fig. 142.

Fig. 141 bis 143. Lichtbogen-Zünddynamo von Rob. Bosch, Stuttgart, für Zweizylindermaschinen.

Eine Lichtbogen-Zünddynamo von Bosch, bei der der Anker feststeht und nur die Kraftlinienleitstücke umlaufen, ist in Fig. 146 und 147 dargestellt. Ihre Wirkungsweise entspricht im wesentlichen derjenigen der anderen Lichtbogen-Zünddynamos, nur in baulicher Hinsicht sind Unterschiede vorhanden. Das Ende der primären Wicklung ist durch die hohle Welle der Kraftlinienleitstücke hindurch mit Hilfe eines Messingrohres *a* und einer Stromschiene *b* an die Kontaktschraube *c* leitend angeschlossen, von der der Unterbrecherhebel *d*, dessen innerer Arm auf der Daumenscheibe *e* schleift, zeitweilig abgehoben wird. Dadurch wird der Primärstromkreis an dieser Stelle unterbrochen. Parallel zu dieser Unterbrechungsstelle ist der hier über dem Anker angeordnete Kondensator *f* geschaltet. Der durch die Unterbrechung entstehende Zündstrom wird durch den gebogenen Kohlehalter g, der an das Ende der Sekundärwicklung gelegt ist, zu der mit der Geschwindigkeit der Kraftlinienleitstücke umlaufenden Verteilerscheibe h geleitet, deren Schleifring nacheinander mit den Kohlen der Anschlußklemmen k in Verbindung kommt. Um den Zündzeitpunkt zu verstellen, verdreht man den

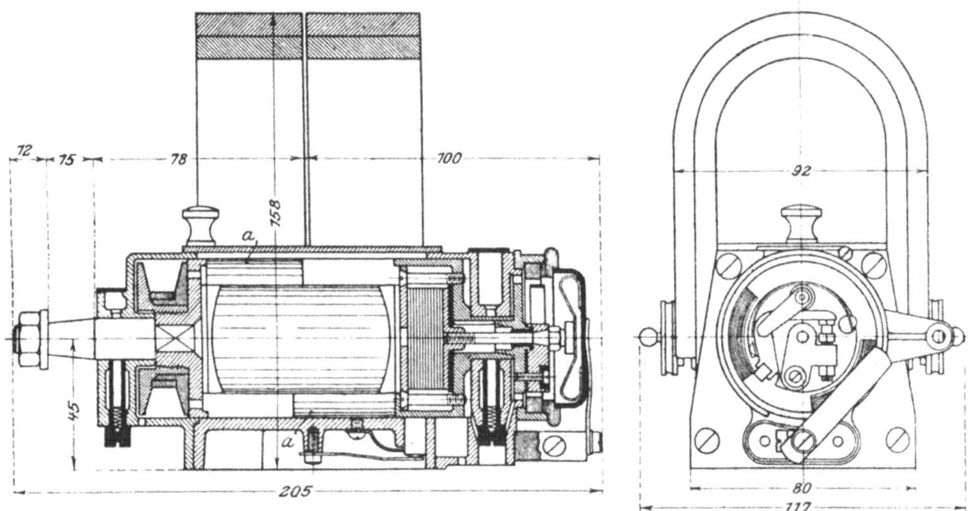

Fig. 144 und 145. Lichtbogen-Zünddynamo von Rob. Bosch, Stuttgart, für Maschinen mit zwei unter 90° gegeneinander geneigten Zylindern.

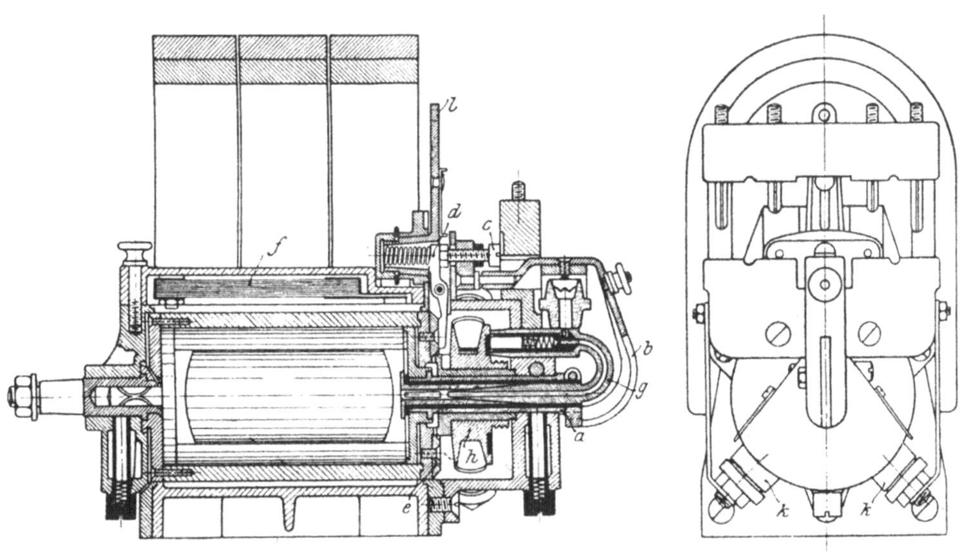

Fig. 146 und 147. Lichtbogen-Zünddynamo von Rob. Bosch, Stuttgart, mit feststehendem Anker.

Hebel l, dessen Achse mit derjenigen der Kontaktschraube e übereinstimmt und auf dem der Unterbrecherhebel d gelagert ist. Dadurch wird die Stellung des Unterbrecherhebels gegenüber den Daumen auf der Scheibe e geändert.

Bei allen beschriebenen Zünddynamos ist zu beachten, daß der kräftigste Zündfunken nur bei bestimmten Stellungen des Ankers oder der Kraftlinienleitstücke erzeugt werden kann. Die Stellung ist daher stets so angegeben, daß diese kräftigste Wirkung bei der im gewöhnlichen Betriebe vorkommenden Vorzündung erreicht wird. Wird der Zündzeitpunkt verändert, so kann man nicht mehr auf die volle Zündwirkung rechnen. Schwierigkeiten können sich hieraus aber nur ergeben, wenn man, wie es sonst üblich ist, beim Ankurbeln der Maschine etwas Nachzündung einstellt. Hiervon wird denn auch in den Anleitungen abgeraten.

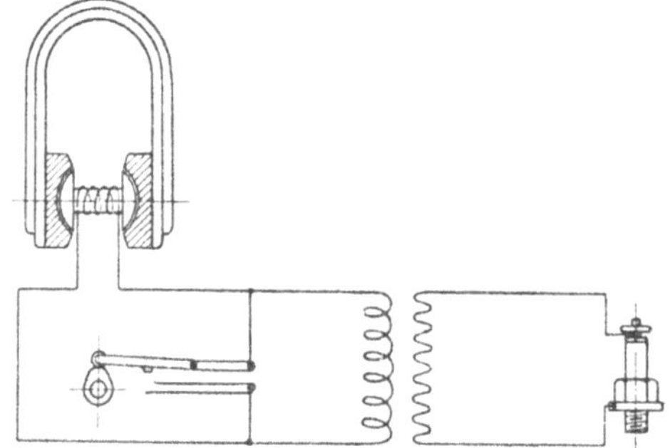

Fig. 148. Plan der älteren Hochspannungszündung von Eisemann & Co., Stuttgart.

Die Hochspannungs-Zünddynamos, Bauart Bosch, sind in der Hauptsache auch für alle anderen neueren Erzeugnisse auf diesem Gebiete vorbildlich geworden. Selbst Eisemann & Co. in Stuttgart, bei dessen Zünddynamos der hochgespannte Strom ursprünglich in einer von dem Dynamoanker völlig getrennten Transformatorspule erzeugt wurde, wie aus dem Schaltplan in Fig. 148 hervorgeht, ist gegenwärtig ebenfalls zu der doppelten Ankerbewicklung und zur Erzeugung des Zündstromes durch Aufhebung des Kurzschlusses in der Primärwicklung des Ankers übergegangen, siehe Fig. 149 und 150. Die Wirkungsweise dieser Zünddynamo bedarf nach dem, was über die Bosch-Zündung gesagt ist, keiner Erläuterung

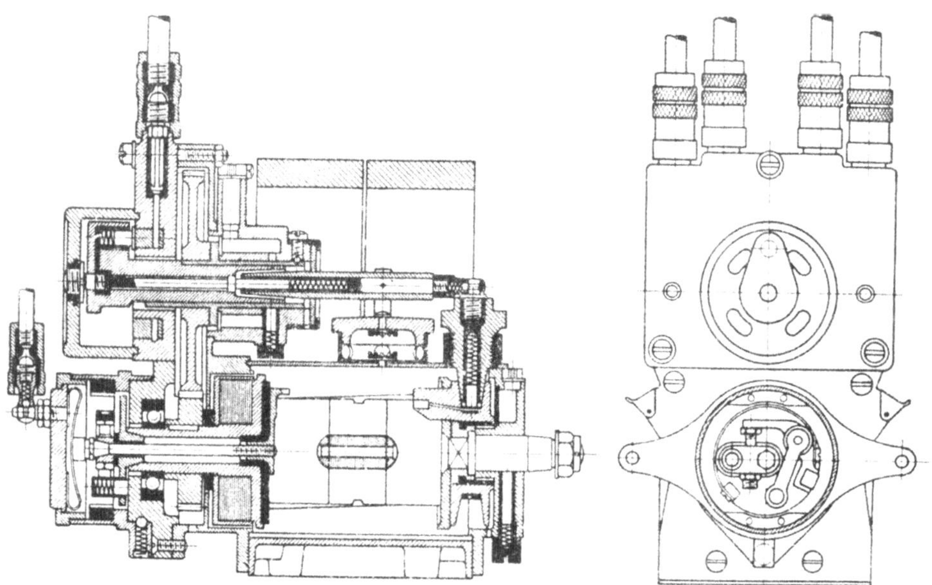

Fig. 149 und 150. Neuere Hochspannungs-Zünddynamo von Eisemann & Co., Stuttgart.

mehr. Wie bei der Bosch-Dynamo ist auch hier ein auf dem Ende der Ankerachse befestigter Unterbrecher vorhanden, der zweimal bei jeder Umdrehung den Kurzschluß in der Primärwicklung aufhebt und einen Stromstoß von hoher Spannung in die Sekundärwicklung sendet. Dieser entlädt sich über die Zündkerze und ermöglicht, daß auf kurze Zeit ein Stromübergang mit verminderter Spannung an dieser Stelle stattfindet, also ein Lichtbogen gebildet wird. Die Bauart des Verteilers, dem der Zündstrom durch eine Schleifbürste auf der Ankerachse zugeführt wird, unterscheidet sich von derjenigen von Bosch durch die senkrechte Anordnung der stromführenden Metallplättchen. Ein Ausschalter, der die Primärwicklung vor dem Unterbrecher kurzschließt, ist auch hier vorhanden.

Doppelzündungen.

Wie schon eingangs erwähnt worden ist, pflegt man in Verbindung mit den Zünddynamos auch heute noch gelegentlich Batteriezündungen zur Aushilfe für den Fall von ernstlichen Störungen an den Dynamos sowie zur Erleichterung des Ankurbelns der Maschine mitzuführen. Während man früher großes Gewicht darauf gelegt hat, solche Aushilfszündungen vollständig von den anderen zu trennen, ja sogar besondere Zündkerzen für die Batteriezündung angeordnet hat, um z. B. während eines Rennens, lediglich durch Umschalten der Zündung jede Störung, auch solche an den Zündkerzen, augenblicklich beseitigen zu können, stellt man heute, wo die Rennen ihre Bedeutung verloren haben und in erster Linie auf Einfachheit und Übersichtlichkeit der Zündanlage Wert gelegt wird, die sogenannten Doppelzündungen her, bei denen die Erfahrungen im Bau von Zünddynamos mitverwertet sind.

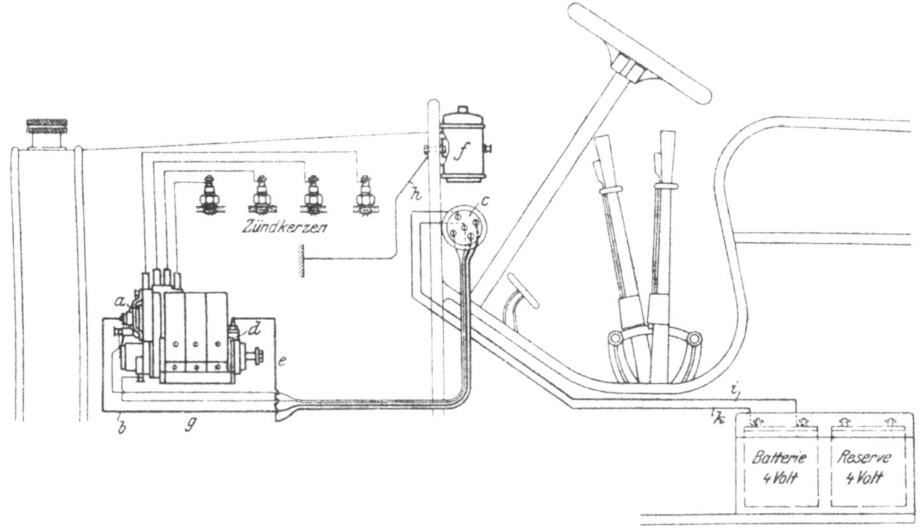

Fig. 151. Schaltplan der Doppelzündung von Rob. Bosch, Stuttgart.

Der Schaltplan, Fig. 151, einer Doppelzündung von Bosch läßt die Wirkungsweise dieser Einrichtung erkennen. Der umlaufende Stromverteiler *a* der Zünddynamo, an den die Zündleitungen, die zu den Kerzen führen, in der bekannten Weise angeschlossen sind, ist für beide Arten von Zündungen gemeinsam und erhält den Hochspannungsstrom durch eine Leitung *b*, die an den Umschalter *c* auf dem Spritzbrett angeschlossen ist. Solange die Magnetzündung im Betriebe ist, wird diese Leitung mit hochgespanntem Strom aus der an den Stromabnehmer *d* der Zünddynamo angeschlossenen Leitung *e* über den Umschalter *c* gespeist. Wenn dagegen die Batteriezündung benutzt werden soll, so erhält die Leitung *b* wieder über den Umschalter *c* den hochgespannten Strom aus einer Induktionsspule *f*, deren Primärwicklung durch die Leitung *g* an einen mechanischen Unterbrecher angeschlossen ist und deren Primärstromkreis durch eine Leitung *h* vom Gehäuse der Induktionsspule zum Körper der Maschine vervollständigt wird. Von den Batterieleitungen *i* und *k* ist, wie ersichtlich, die eine an die Mitte des Umschalters und dadurch an den Körper der Maschine, die zweite über den Umschalter an die Primärwicklung der Induktionsspule angeschlossen.

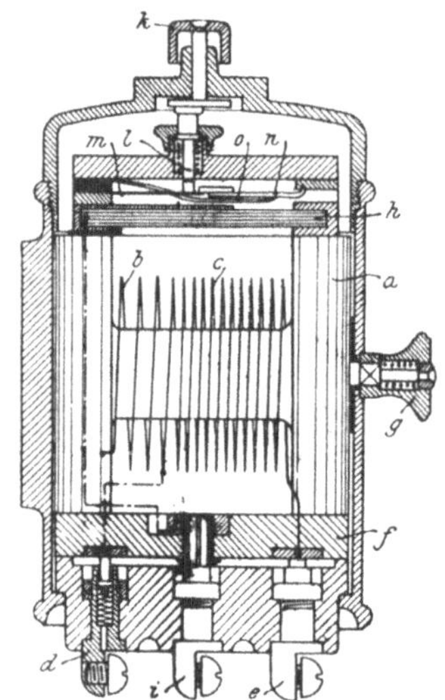

Fig. 152. **Zündspule** zur Doppelzündung von Rob. Bosch, Stuttgart.

Die Zündspule selbst, Fig. 152, besitzt ein Metallgehäuse von verhältnismäßig geringen Abmessungen und als Induktionskörper den Anker einer magnetelektrischen Lichtbogenzündung. Der Eisenkern ist also ein I-Weicheisenstück *a* von der bekannten Form, das eine Primärwicklung *b* und eine daran unmittelbar anschließende Sekundärwicklung *c* trägt. Der Primärstromkreis erhält durch die an der Verbindungstelle zwischen Primär- und Sekundärwicklung angeschlossene Batterie über die Klemme *d* niedriggespannten Strom und wird, da der Anfang der Primärwicklung an dem Eisenkerne liegt, über das Gehäuse und den Körper der Maschine sowie durch die vom Unterbrecher der Zünddynamo kommende Leitung *g*, s. Fig. 151, vervollständigt. Wird dieser Stromkreis plötzlich geöffnet, so wird hierdurch in der Sekundärwicklung ein Strom von hoher Spannung erzeugt, der über die Klemme *e* nach dem Verteiler geleitet wird. Die Strom-Zu- und -Ableitstelle befinden sich auf einem Umschalter *f*, der sich mit dem Induktionskörper mit Hilfe des Knopfes *g* verdrehen läßt, wenn die Batteriezündung aus- und die Magnetzündung eingeschaltet werden soll.

Der Kondensator *h* über der Induktionsspule ist mit einem Belag an den Körper der Maschine und mit dem anderen an die Klemme *i* angeschlossen und somit parallel zum Primärstromkreis geschaltet.

Damit gegebenenfalls die Maschine vom Führersitz aus ohne Kurbeln angelassen werden kann, ist in dem Gehäuse der Zündspule oben ein kleiner durch den Kern der Induktionsspule betätigter elektromagnetischer Unterbrecher angebracht. Drückt man nämlich den Knopf *k* nieder, so wird durch den die Feder *m* berührenden Stift *l* ein Stromkreis geschlossen, der über die Batterie, die Primärwicklung, das Gehäuse, den Stift *l* und die Feder *m* sowie den Umschalter *f* zur Batterie zurück verläuft und durch den der Kern *a* erregt wird, so daß er das Ankerstück *n* anzieht. Hierdurch wird aber die Feder *m* frei und der Kontakt wird unterbrochen. Eine Feder *o* führt den Anker *n* und damit die Feder *m* wieder nach oben zurück, schließt also wieder den Stromkreis. Die Einrichtung soll gestatten, vom Führersitz aus in der Sekundärsspule eine Reihe von Stromstößen hervorzurufen, die in der gerade mit der Sekundärwicklung verbundenen Zündkerze mehrere Funken erzeugen und womit, wenn in dem betreffenden Zylinder noch brennbares Gemisch vorhanden ist, die Maschine in Gang gesetzt werden kann.

Die zu der beschriebenen Zündvorrichtung gehörige Lichtbogen-Zünddynamo, Fig. 153 und 154, unterscheidet sich von der nach Fig. 136 und 137, S. 105, zunächst dadurch, daß die unmittelbare Verbindung zwischen der Schleifbürste *l* und der Achse des Stromverteilers fortfällt und die Schleifbürste bei 1 an den Umschalter der Induktionsspule angeschlossen wird. Dem Verteiler wird hingegen bei 2 der hochgespannte Zündstrom zugeleitet, was durch Einsetzen eines besonderen Kohleschleifstückes 3 ermöglicht wird. Außer dem bekannten Unterbrecherhebel *f*, dessen Aufgabe es ist, die Primärwicklung der Zünddynamo in dem Augenblicke, wo gezündet werden soll, kurzzuschließen, erhält die Zünddynamo noch einen weiteren, von der Daumenscheibe 4 angetriebenen Unterbrecherhebel 5, der in den gleichen Zeitabständen den Batteriestromkreis kurzschließt. Die Batterie wird bei 6 angeschlossen und der Strom verläuft dann über den Unterbrecherhebel 5 und das Gehäuse der Maschine zur Primärwicklung der Induktionsspule. Der Zündzeitpunkt wird dadurch verstellt, daß man das Gehäuse *r* verdreht. Diese Verstellung wirkt gleichzeitig für beide Arten der Zündung, da in dem Gehäuse der Unterbrecherhebel 5 gelagert ist.

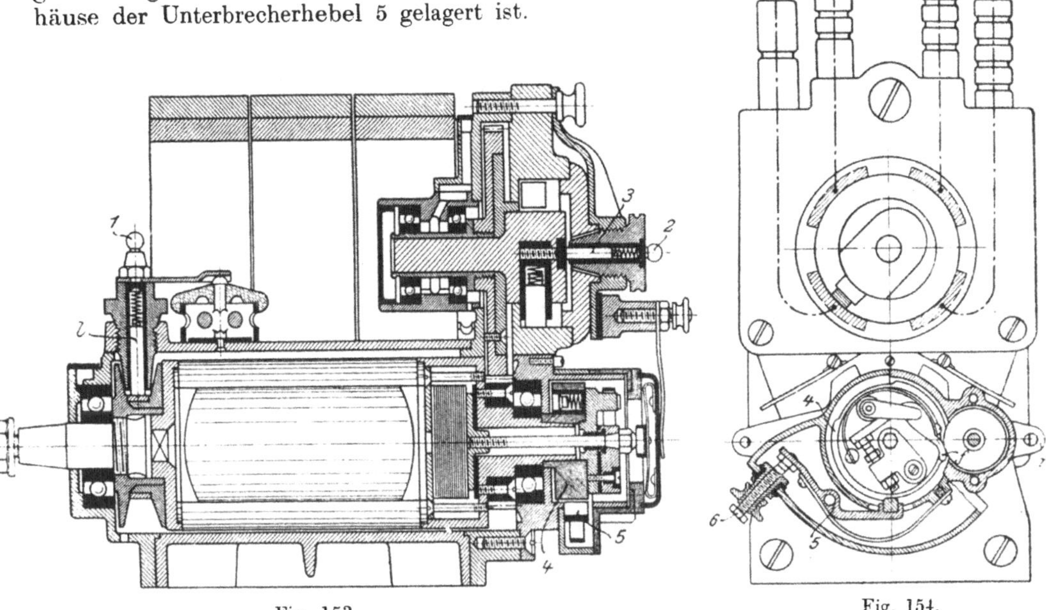

Fig. 153. Fig. 154.

Fig. 153 und 154. Lichtbogen-Zünddynamo zur Doppelzündung von Rob. Bosch, Stuttgart.

Zu beachten ist, daß man beim Anlassen vom Sitze aus auf Spätzündung einstellen und, sobald die Maschine in Gang kommt, den Druckknopf *k* wieder loslassen muß, damit nicht zu viel von dem Strom der Batterie verbraucht wird. Außerdem muß man, da zugleich mit der Maschine auch die Zünddynamo in Gang kommt, die Batterie möglichst schnell ausschalten, um Strom zu sparen und etwaige Rückwirkungen auf die Batterie zu vermeiden.

Durch das Umschalten von Magnetzündung auf Batteriezündung wird im übrigen die Magnetzündung vollkommen abgestellt.

Andere dynamo-elektrische Zündmaschinen.

Gegenüber den im vorstehenden besprochenen Bauarten von magnetelektrischen Zündmaschinen kommen die vielen davon abweichenden Konstruktionen wegen der geringen praktischen Bedeutung, die sie erlangt haben, kaum in Betracht. Sie sind vielmehr nur als Vorschläge anzusehen, die dazu dienen sollen, gewisse tatsächlich vorhandene Mängel der gebräuchlichen Zünddynamos mit leider unzureichenden Mitteln zu beseitigen. So stellt Fig. 155, S. 114, eine Zündmaschine dar, bei der der umlaufende Dynamoanker mit allen seinen empfindlichen stromführenden Teilen fortfallen soll. Bei dieser Zünddynamo, die von der Witherbee Igniter Company in Springfield, Mass., herrührt, wird der Kraftlinienstrom einer Anzahl von Dauermagneten a, der in der Regel über die Weicheisenkerne b und c von zwei Spulen mit feiner Drahtwicklung sowie durch die Brücke d geschlossen gehalten wird, im Augenblicke der Zündung durch einen Anker e kurz geschlossen. Die plötzliche Verminderung der magnetischen Kraftlinien in den Kernen b und c soll in den Induktionsspulen einen Stromstoß von hoher Spannung hervorrufen, der über die Klemmen f und g auf den trommelförmigen Verteiler h übertragen wird. Die Einrichtung zeichnet sich in der Tat durch große Einfachheit aus. Der bewegliche Anker e ist mit starken Federn gegen die Brücke d abgestützt und wird durch eine Druckstange i abgehoben, die von der Daumenmuffe k auf der von der Maschine angetriebenen Welle l bewegt wird. Durch Verschieben der Muffe kann man den Zündzeitpunkt verändern; außerdem kann man hier den Anker e bei Stillstand der Maschine so schnell senken, daß man einen Funken an der Zündkerze erzeugt und die Maschine gegebenenfalls auch selbst anläuft. Gegen die weitergehende Verwendung dieser Zündeinrichtung dürften aber ihre großen Abmessungen sprechen.

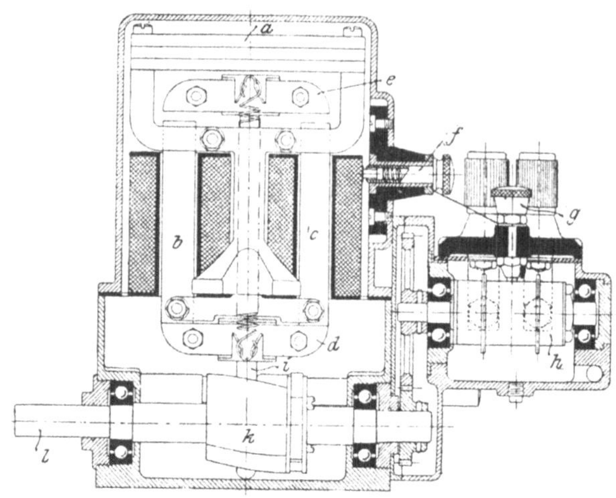

Fig. 155. Zündmaschine der Witherbee Igniter Company in Springfield, Mass.

Eine größere Anzahl von Vorschlägen befaßt sich damit, dem Anker des Magnetinduktors bei dem verhältnismäßig langsamen Drehen mit der Anlaßkurbel vorübergehend eine so große Geschwindigkeit zu erteilen, daß ein kräftiger, auch bei hoher Verdichtungsspannung überspringender Funken erzeugt wird. Erwähnenswert sind hier die Konstruktionen von Unterberg & Helmle in Durlach sowie von Breguet. Bei der Zünddynamo von Unterberg & Helmle, Fig. 156 und 157, ist auf der Antriebswelle a eine Scheibe b gelagert, die beim Andrehen der Maschine das eine Ende c einer Feder e mitnimmt. Das zweite Ende d dieser Feder ist mit dem Dynamoanker durch eine Scheibe f verbunden. Im Ruhezustande wird der Dynamoanker zunächst dadurch festgehalten, daß sich die in einem Schlitz der Scheibe f befindliche Kugel g gegen eine Rippe h des Gehäuses stützt. Wird also angedreht, so wird zunächst die Feder angespannt. Erst nach Verlauf einer

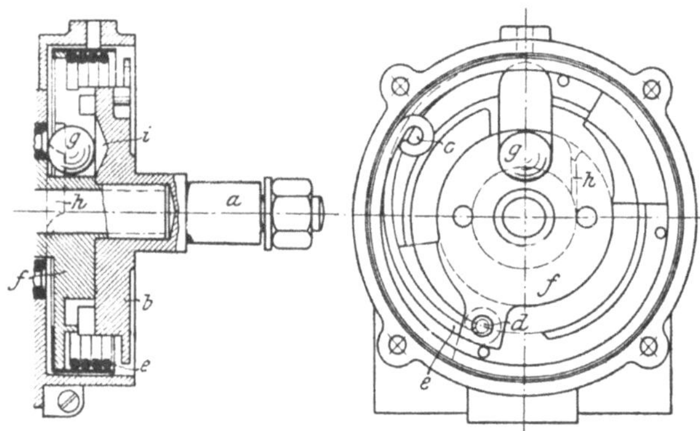

Fig. 156. Zünddynamoantrieb von Unterberg & Helmle in Durlach.

gewissen Drehung kommt die Kugel *g* einer Vertiefung *i* in der Scheibe *b* gegenüber, fällt in diese ein und gibt dadurch den Anker frei, der nun unter der Wirkung der Feder nach vorwärts schnellt. Die Lage der Vertiefung ist so gewählt, daß auch mit Rücksicht auf die Lage des Ankers gegenüber dem Magneten eine günstige Wirkung erzielt wird. Sobald die Maschine mit voller Geschwindigkeit läuft, wird die Kugel *g* durch die Fliehkraft aus dem Bereich der Rippe *h* gebracht und die Dynamo unter Vermittlung der Feder gleichförmig angetrieben.

Auch die Einrichtung von Breguet beruht darauf, daß zunächst bei festgestelltem Anker eine Feder aufgewunden wird, deren Spannung, sobald sie eine bestimmte Größe erreicht hat, den Widerstand der Feststellvorrichtung des Ankers überwindet, so daß der Anker mit großer Geschwindigkeit vorwärts gedreht wird. Zu erwähnen wäre noch, daß bei den Zünddynamos von Breguet die umlaufenden Verteilerkohlen die leitenden Metallflächen nicht unmittelbar berühren, sondern von ihnen durch kleine Funkenstrecken getrennt sind, die gewissermaßen als Vorschaltfunkenstrecken die Wirkung der Zündfunken verstärken sollen. Daneben wird hierdurch vermieden, daß die Verteilerkohlen wegen ihrer Abnutzung häufig ausgewechselt werden müssen. Von Breguet rührt ferner eine Einrichtung her, die gleichzeitig mit dem Unterbrecher der Primärwicklung die Feldmagnete gegen den Anker entsprechend verstellt, derart, daß bei jeder Einstellung des Zündzeitpunktes die Funken immer nur dann erzeugt werden können, wenn der Strom im Anker seinen Höchstwert erreicht hat.

Eine solche Zünddynamo wird heute von dem Unionwerk Mea G. m. b. H. in Feuerbach bei Stuttgart erzeugt. Die ganz nach dem Bosch-Verfahren mit zwei hintereinander liegenden Ankerwicklungen für Hochspannungs-Lichtbogenwirkung eingerichtete Dynamo benutzt keinen Hufeisenmagneten, sondern einen Glockenmagneten, der drehbar in dem Gehäuse der Zünddynamo angeordnet ist, und an seinem geschlossenen Ende die Steuerscheibe des Unterbrechers trägt. Die Achse des Magneten stimmt mit der Ankerachse überein. Beim Verstellen der Steuerscheibe wird also auch der Magnet verstellt und die Folge davon ist, daß die Zündung immer nur dann eintritt, wenn der Strom im Anker seinen Höchstwert besitzt.

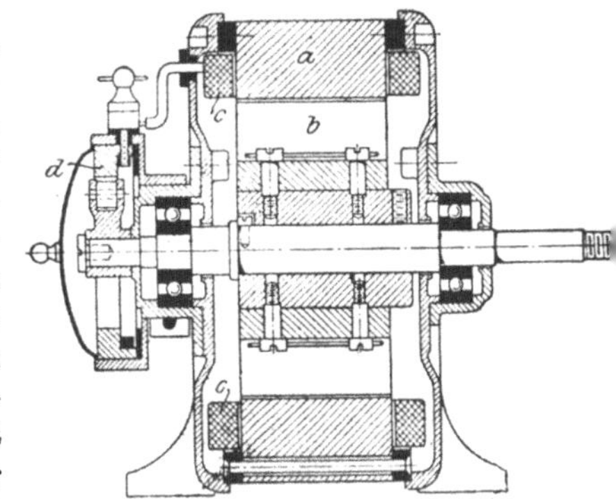

Fig. 157. Zünddynamo, Bauart von Pittler, der Auto-Teil-Gesellschaft in Berlin.

Auch bei den neuen Zünddynamos von Eisemann & Co. mit selbsttätiger Verstellung des Zündzeitpunktes, siehe S. 125, wird der gleiche Erfolg erzielt.

Ob es Zweck hat, die etwas empfindlichere Bauart solcher Zünddynamos in den Kauf zu nehmen, um bei allen Einstellungen des Zündpunktes gleich kräftige Funken zu erhalten, scheint noch nicht unbestritten zu sein. Vollständigen Ersatz für die häufig angewendeten Doppelzündungen mit zwei unabhängigen Stromquellen bieten sie nicht.

Zu erwähnen wären endlich noch die Vorschläge, die Zünddynamos durch wirkliche Dynamomaschinen zu ersetzen, die fortlaufend Strom liefern und gegebenenfalls auch als Stromquellen für die Beleuchtung des Motorwagens verwendet werden können. Hierher gehört z. B. die magnetelektrische Zündvorrichtung, Bauart von Pittler, der Auto-Teil-Gesellschaft in Berlin, Fig. 157, bei der im Innern des aus gestanztem Eisenblech gebildeten Ankerkörpers *a* der aus 6 Hufeisenmagneten zusammengesetzte Läufer *b* so gelagert ist, daß sich sämtliche 12 Pole dieser Magnete — abwechselnd Nord- und Südpol — in gleichen

Abständen nach außen richten und ihnen die nach innen gerichteten 12 Zähne des Ankerkörpers gegenüberstehen. Um diese ist wie bei einer gewöhnlichen Wechselstrommaschine die Wicklung *c* gelegt, in der die Induktionsströme erzeugt werden. Ein Ende dieser Wicklung ist geerdet, das andere ist mit der Primärwicklung einer Induktionsspule verbunden, die ohne Zuhilfenahme eines Unterbrechers — da in der Primärwicklung ein Wechselstrom vorhanden ist — in der Sekundärwicklung den Zündstrom erzeugt. Durch den Kollektor *d*, der aus 12 voneinander isolierten, an die Wicklung *c* des Ankers angeschlossenen Abschnitten besteht, wird die Wicklung bei langsamem Drehen der Achse *d* 12mal bei jeder Umdrehung kurz geschlossen und wieder unterbrochen. Die hierbei entstehenden Extraströme verstärken die Spannung in dem parallel dazu geschalteten Hauptstromkreis der Wicklung, wodurch das Ankurbeln der Maschine erleichtert wird. Beim Steigen der Umlaufzahl schaltet sich der Kollektor unter dem Einfluß der Fliehkraft ganz selbsttätig aus. Die von dieser Maschine gelieferte Zündstromspannung steigt mit der Umlaufzahl. Die Maschine kann daher bei geeigneter Wahl der Umlaufzahl zum Zünden von beliebig großen Maschinen verwendet werden. Ihre Anwendbarkeit für die Beleuchtung des Wagens ist jedoch eben wegen dieser Abhängigkeit von der Umlaufzahl beschränkt, im Gegensatze zu der Dynamo von Henry Leitner[1]), einer Weiterbildung der für die Zwecke der Zugbeleuchtung entworfenen Leitner-Lucas-Dynamo[2]), die besonders für gleichbleibende Spannung bei ziemlich weit schwankenden Umlaufzahlen konstruiert ist. Die Regelung der Spannung wird hierbei durch ein Paar von Hilfsbürsten erreicht, die die Feldstärke beeinflussen. Wegen der Einzelheiten dieser Maschine, die mehr in das Gebiet der Elektrotechnik fallen, sei auf die angegebenen Quellen verwiesen. Bemerkenswert ist aber, daß es gelungen ist, bei einer Ausführung dieser Dynamo, die in einem Motoromnibus der London General Omnibus Company eingebaut worden ist, s. Fig. 158, das Gewicht der Dynamo auf etwa 16 kg zu beschränken. Diese Zündmaschine wird mit Geschwindigkeiten von 500 bis 3000 Uml/min betrieben und liefert 6 Amp. und 10 Volt, womit außer der Primärwicklung der Zündspule die Scheinwerfer- und Fahrtanzeigelampen sowie die Lampen im Innern des Wagenkastens gespeist werden können. Allerdings muß bei Stillständen des Wagens eine kleine Akkumulatorenbatterie aushelfen, die während des Tages aufgeladen wird.

Fig. 158. Zünd- und Lichtdynamo von Henry Leitner.

Zündkerzen.

Die Zündkerzen, die in Verbindung mit den Hochspannungs-Zündvorrichtungen dazu dienen, im Verdichtungsraum des Maschinenzylinders eine für die Zündung des brennbaren Gemisches geeignete Funkenstrecke zu bilden, bestehen im wesent-

[1]) Engineering vom 23. August 1907.
[2]) Engineering vom 16. Februar 1906.

lichen aus einer mit dem Körper der Maschine leitend verbundenen und einer hiervon möglichst gut zu isolierenden Elektrode. Ihre Bauart hat, wie vieles auf dem Gebiete des Motorfahrzeugwesens in der ersten Zeit, große Wandlungen durchgemacht, doch kann man heute die Gesichtspunkte, die für die Konstruktion von Zündkerzen maßgebend sind, als ziemlich festgelegt ansehen. Nach den bis heute vorliegenden Erfahrungen, die sich allerdings ausschließlich auf praktische Beobachtungen gründen, scheint ein wesentliches Merkmal zuverlässiger Zündkerzen der Hohlraum zu sein, der jenseits der Funkenstrecke im Innern des Körpers der Zündkerze gebildet wird, und der sich beim Verdichtungshub zum Teil mit den unverbrennbaren Rückständen der vorhergehenden Zündung füllt, derart, daß im Gebiete der Funkenstrecke selbst immer gut brennbares Gemisch vorhanden ist. Nach einer anderen Erklärung für die große Betriebssicherheit solcher Zündkerzen entzündet sich im Augenblick der Zündung das in dem Hohlraum ver-

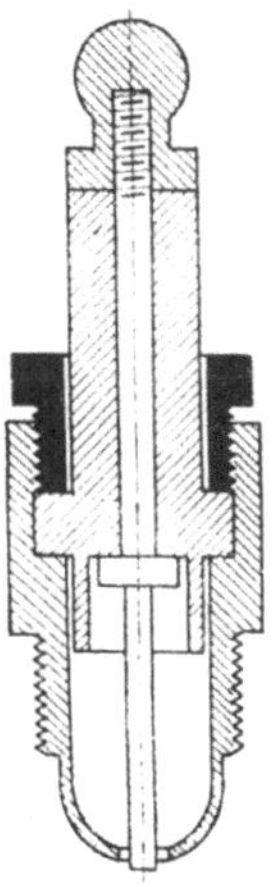

Fig. 159. Zündkerze von A. Horch & Co. in Zwickau.

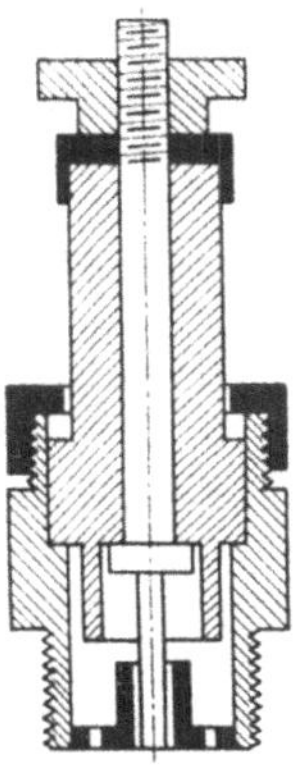

Fig. 160. Zündkerze von Völker & Prügel in Obernburg.

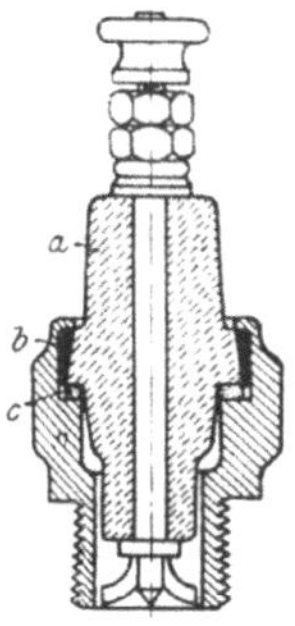

Fig. 161. 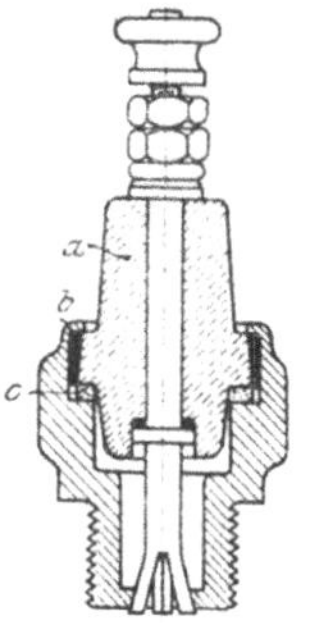 Fig. 162. Zündkerzen von Rob. Bosch, Stuttgart.

Fig. 163.

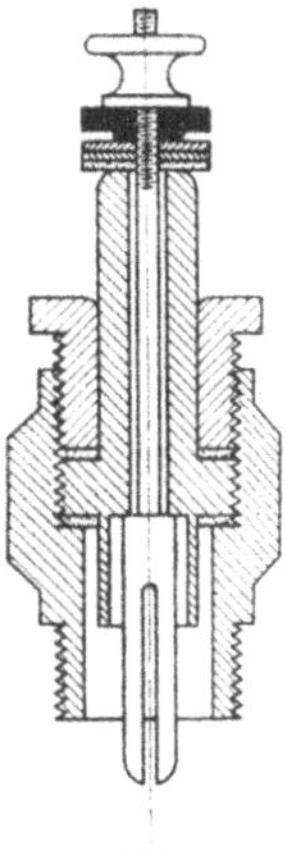

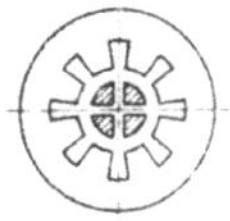

Fig. 164. Französische Zündkerze.

dichtete brennbare Gemisch, und infolgedessen schlägt nach außen eine Stichflamme heraus, die dazu beiträgt, etwa an den Elektroden festgebranntes Öl oder dgl. abzuschleudern und dadurch dauernd Kurzschlüsse der Elektroden unmöglich zu machen. Der erwähnte Hohlraum wird bei den Zündkerzen dadurch gebildet, daß man als die eine Elektrode, die mit dem Maschinenkörper leitend verbunden wird, das in die Zylinderöffnung einzuschraubende Gewindestück benutzt. Die weitere Gestaltung der Elektroden hat aber scheinbar auf die Güte der Zündkerze nur untergeordneten Einfluß. Bei der Zündkerze von A. Horch & Cie. in Zwickau in Sachsen, Fig. 159, wird der Hohlraum durch eine kugelige Fortsetzung des Gewindestückes nach unten hin abgeschlossen, bei derjenigen von Völker & Prügel in Obernburg, Fig. 160, durch einen Metalldeckel, der mit einer langen Nabe das untere Ende der isolierten Elektrode umschließt. Im Gegensatz hierzu läßt Bosch bei seinen Zündkerzen, Fig. 161 und 162, das Gewindestück glatt, er spaltet aber dafür das untere Ende der isolierten Elektrode, um auf diese Weise die erforderlichen kurzen Funkenstrecken zu erhalten. Endlich ist bei der in Fig. 163 und 164 dargestellten Zündkerze, die von angesehenen französischen Fabriken angewendet wird, das untere Ende des Gewindestückes mit einem sternförmig ausgefrästen Deckel versehen. Auch De Dion & Bouton lassen bei ihren Zündkerzen den Zündfunken nicht einfach über zwei Drahtspitzen, sondern über einen Ringspalt überspringen. Eine solche Zündkerze hat sich bei den Versuchen von Neumann[1]) so gut bewährt, daß ein Aussetzen der Zündung überhaupt nicht festgestellt worden ist.

Von besonderer Wichtigkeit ist es, den mittleren Leiter der Zündkerze gut zu isolieren. Während man früher hierfür nur Porzellan verwenden konnte, das den hohen Temperaturen im Zylinder nur schlecht Widerstand leistete und wegen seiner Sprödigkeit nur schwer genügend dicht angezogen werden konnte, ist man heute fast ausschließlich zu Steatit, einer porzellanähnlichen, aber künstlich hergestellten Isoliermasse, übergegangen und hat auch die Befestigung dieser Isolierkörper so verbessert, daß Brüche durch zu scharfes Anziehen der Abdichtung nur mehr selten vorkommen. Die Überwurfmuttern oder dgl. die zur Befestigung der Porzellanisolatoren dienten, kommen in Fortfall, dagegen werden die Steatitkörper *a*, Fig. 161 und 162, S. 117, mit kegeligen Paßflächen versehen und durch verstemmte Messingringe *b* gegen eine wärmeschützende Asbestpackung *c* so festgezogen, daß ein Nachspannen wegen Undichtheit nicht erforderlich werden kann. Dadurch wird die Bauart der Zündkerze sehr einfach.

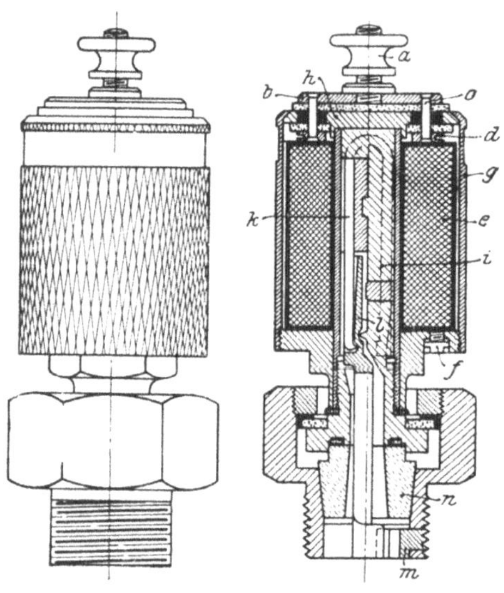

Fig. 165. Fig. 166.
Fig. 165 und 166. Elektromagnetische Abreiß-Zündkerze, Bauart Honold, von Rob. Bosch, Stuttgart.

Ein Verändern der in der Regel auf 0,4 mm bemessenen Länge der Funkenstrecke, das manchmal bei wesentlichen Änderungen in der Betriebsspannung der Zündung erwünscht sein kann, läßt sich bei den Zündkerzen nach Fig. 159, 161, 162 und 163 ohne weiteres durchführen.

Eine besondere Gruppe für sich bilden die elektromagnetischen Abreiß-Zündkerzen, von denen vorläufig nur ein in der Praxis ausreichend bewährter Vertreter, die Bauart Honold von Rob. Bosch in Stuttgart, bekannt ist, Fig. 165 und 166. Die Kerze verwirklicht einen Gedanken, der schon wiederholt aufgetaucht, aber bis dahin noch niemals brauchbar ausgeführt worden ist, nämlich das Abreißgestänge einer Abreißzündung durch eine elektrische Steuerung zu ersetzen. Ihre Wirkungsweise ist im wesentlichen diejenige eines elektromagnetischen Unterbrechers, mit dem Unterschiede allerdings, daß die Zahl der Unterbrechungen ausschließlich durch die von der Zünddynamo ausgesandten Induktionsstöße bestimmt wird. Der bei der Klemme *a* zugeführte Strom gelangt über die Platte *b*, die Niete *c* und den Ring *d* zu der mit sehr feinem Emailledraht bewickelten Spule *e*, von hier aus durch die Schraube *f* und den Mantel *g* der Spule in das Gehäuse *h* sowie den Weicheisenkern *i*, die Feder *k* und den in einer Schneide gelagerten Abreißhebel *l*, von dessen unterem Ende er durch das Gewindestück *m* auf den Maschinenkörper übergeleitet wird. Der hier angegebene Weg des Stromes

[1]) s. a. a. O. S. 8.

ist durch Isolierungen bestimmt, die z. B. den unmittelbaren Übergang von c auf h sowie von g auf m verhindern. Für den letztgenannten Zweck ist ein Steatitkegel n bestimmt, der zugleich den Verdichtungsraum der Maschine nach außen hin abdichtet.

In dem Augenblicke der Zündung liegt der Kontakthebel l an m an, so daß der von der Zünddynamo ausgehende Stromstoß in der angegebenen Weise verlaufen, den Weicheisenkern i erregen und, da dieser den als Anker dienenden Kontakthebel l anzieht, im nächsten Augenblicke unterbrochen werden kann, wobei bei m der Abreißfunken erzeugt wird. Die Zündkerze soll sich trotz ihres großen Gewichtes und trotzdem sie hohen Temperaturen ausgesetzt ist, bis jetzt gut bewährt haben. Sie ist allerdings nicht für so niedrig gespannte Ströme geeignet, wie die bekannten Abreißzündungen, und wird daher in Verbindung mit einer Hochspannungsdynamo verwendet. Zu einer besonders starken Entwicklung dieser Art von Zündkerzen dürfte es wohl, nachdem in den letzten Jahren die wichtigsten Mängel der Kerzenzündungen beseitigt worden sind, kaum mehr kommen; der Wert der Abreißzündungen lag eben in der Unempfindlichkeit der Kontakte gegen verspritztes Öl, in der Möglichkeit, niedrige Zündspannungen zu verwenden und, hierdurch bedingt, in der großen Zuverlässigkeit beim Andrehen und beim Betrieb der Maschine. Die wichtigsten dieser Kennzeichen darf man heute auch bei den Kerzenzündungen, insbesondere bei den Lichtbogenzündungen als vorhanden ansehen, während andererseits die Anwendung niedrig gespannter Zündströme auch bei der magnetischen Zündkerze nicht möglich ist.

Bau der Zündvorrichtungen.

Der Bau der Zündvorrichtungen hat von allem Anfang an in den Händen von Sonderfabriken gelegen, und daher mag es auch kommen, daß über wissenschaftliche Untersuchungen auf diesem Gebiete bis jetzt verhältnismäßig wenige Unterlagen vorhanden sind. Allerdings sind die beim Entwurf der Zündvorrichtungen auftretenden Fragen, soweit sie nicht rein in das Gebiet der Elektrotechnik fallen, vielfach nur auf Grund von praktischen Beobachtungen zu lösen, die für jede Maschinenbauart wiederholt werden müssen.

Als feststehend kann man aber ansehen, daß die Wirksamkeit einer gegebenen Zündeinrichtung von der Spannung des Primärstromkreises ziemlich unabhängig ist. Das geht nicht nur aus den Versuchen von Lutz[1]) hervor, der bei der von ihm geprüften De Dion & Bouton-Einzylindermaschine den gleichen Zusammenhang zwischen Umlaufzahl und Bremsleistung fand, wenn die Zündung aus einer Akkumulatorenbatterie von 3 Zellen (5,9 Volt Spannung) oder aus einer solchen von 2 Zellen (4,1 Volt Spannung) gespeist wurde, sondern auch aus den Versuchen von Davenport[2]). In beiden Fällen handelt es sich allerdings nur um Zündungen mit hochgespanntem Strom, also Kerzenzündungen, jedoch mit mechanischen Unterbrechern im Primärstromkreis. Davenport fand, daß beim Betrieb der Zündung mit 4 Volt der Stromverbrauch doppelt so hoch war, wie bei 2 Volt, und empfiehlt daher, die Zellen paarweise parallel zu schalten, weil sie dann doppelt so lange aushalten, wie bei Hintereinanderschaltung.

Kerzenzündungen mit selbsttätigen Primärstromunterbrechern scheinen sich — weniger vielleicht mit Bezug auf die Maschine, als mit Bezug auf ihren Kraftverbrauch und ihre Betriebsicherheit — unter sonst gleichen Verhältnissen bei höheren Spannungen besser zu verhalten, als bei niedrigen, wie aus oszillogra-

[1]) Mitteil. üb. Forschungsarb., Heft 69, S. 13.

[2]) Engineering vom 22. Febr. 1907.

phischen Beobachtungen von J. F. Springer hervorgeht[1]), hauptsächlich auch deshalb, weil mit steigender Primärspannung auch die Schwingungszahl des Unterbrechers wächst und das Nacheilen des Funkens gegenüber dem Unterbrecher abnimmt. Springer betrachtet die Zündvorrichtungen ohne Rücksicht auf die Maschine und schreibt für die Induktionsspulen von Kerzenzündungen mit selbsttätigen Unterbrechern kleine Eisenkerne aus feinem isoliertem Eisendraht, kleinen Widerstand der Primär- und ebenfalls verhältnismäßig kleinen Widerstand der sekundären Wicklung vor, ferner eine außerordentlich schnellschwingende Unterbrecherfeder, die so eingestellt werden muß, daß sie den Magnetkern in dem gleichen Augenblick berührt, wo der Strom unterbrochen wird, und die nicht zittern darf, sondern gleichmäßig zwischen Kern und Kontaktschraube hin- und herschwingen muß. Der aus Glimmerscheiben bestehende Kondensator soll klein, die Spannung der Batterie hoch, aber ihr innerer Widerstand soll gering sein. Die Dauer des Stromschlusses auf dem Hochspannungsverteiler ist so kurz zu bemessen, daß höchstens zwei Stromunterbrechungen auf jede Zylinderzündung entfallen.

Nachstehend ist einiges aus diesen Versuchen zusammengestellt:

Versuchsreihe Nr.	1	2	3	4	5
Spannung der Zündbatterie V	6,6	4,3	6,5	6,5	6,5
Zahl der Unterbrecherschwingungen in der Sekunde	115	112	108	107	98
Nacheilen des Zündfunkens gegenüber dem Stromschluß . . . . sek	0,0065	0,0017	0,0099	0	0
Mittlere Primärstromstärke . . . . Amp.	1,61	2,65	1,7	1,57	1,65
Höchste " . . . . Amp.	4,7	4,7	3,4	4,16	4,16
Dauer des Primärstromschlusses . . . . . sek	0,0051	0,0067	0,0079	0,0062	0,007
" der Primärstromunterbrechung . . . sek	0,0036	0,003	0,002	0,0031	0,003
Annähernde Dauer des Sekundärstromes . sek	0,0014	∞	0,001	0,002	0
Höchste Sekundärstromstärke . . . . . Amp.	0,038	0,045	0,026	0,023	0
Länge der Funkenstrecke . . . . mm	6,35	0	6,35	6,35	∞
Art des Zündfunkens	gut	—	gering	gut	—

Die Spannung im Sekundärstromkreis wurde mit Hilfe einer aus zwei Nadeln und einer Mikrometerstellvorrichtung bestehenden Funkenstrecke gemessen und betrug bei drei eingeschalteten Akkumulatorzellen 11800 Volt. Die oben angegebenen Funkenstrecken von 6,35 mm Länge sind natürlich für Zündkerzen, die im Verdichtungsraum eines Maschinenzylinders arbeiten, viel zu groß. Sie sind offenbar nur gewählt worden, um bei Versuchen ohne Maschine in den Spannungs- und Stromverhältnissen an die praktischen Betriebsbedingungen nahe heranzukommen.

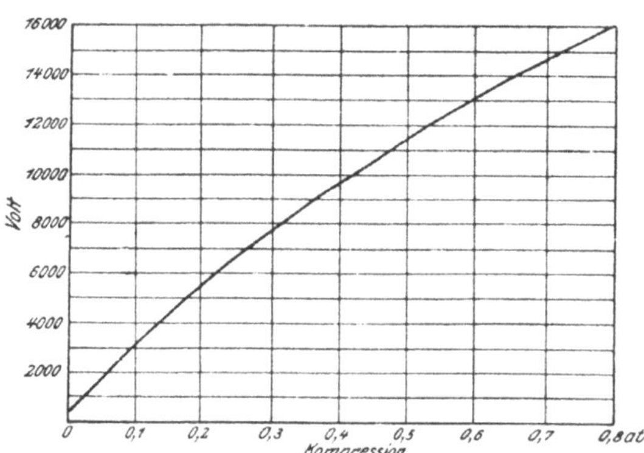

Fig. 167. Abhängigkeit der erforderlichen Zündstromspannung von der Höhe der Verdichtung.

Die wirkliche Länge der Funkenstrecke wird bei den neueren Lichtbogenzündungen auf 0,4 bis 0,5 mm bemessen. Die zum Durchschlagen dieser Strecke er-

[1]) Electrical World vom 24. Nov., 8. u. 29. Dez. 1906.

forderliche Spannung hängt unter sonst gleichen Verhältnissen von der Höhe des Verdichtungsdruckes ab. Fig. 167 zeigt die Abhängigkeit der Spannung des Zündstromes für eine Funkenstrecke von 0,5 mm von dem Verdichtungsdruck. Davenport fand bei seinen Versuchen, daß sich die von ihm verwendete Einzylindermaschine von 4 PS bei etwa 0,75 mm langer Funkenstrecke am besten verhielt. Seine Versuche, bei denen mit gleichbleibender Primärspannung die Länge der Funkenstrecke zwischen 0,25 und 1,25 mm verändert wurde, zeigten, daß beim Vergrößern der Funkenstrecke über das angegebene Maß von 0,75 mm hinaus Schwierigkeiten beim Ankurbeln entstehen und zeitweise ein Versagen der Zündung im Dauerbetriebe erst unter 0,635 mm zu vermeiden ist. Andererseits wird durch zu kleine Funkenstrecken offenbar die Leistung der Maschine, wenn auch nicht erheblich, verringert, weil die Verbrennung nicht genügend kräftig eingeleitet wird.

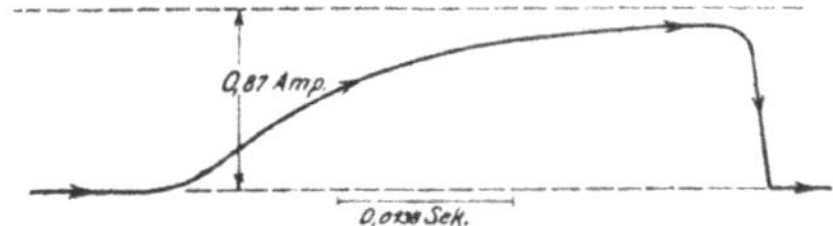

Fig. 168. Stromverlauf bei der Abreißzündung mit Batterie und Induktor.

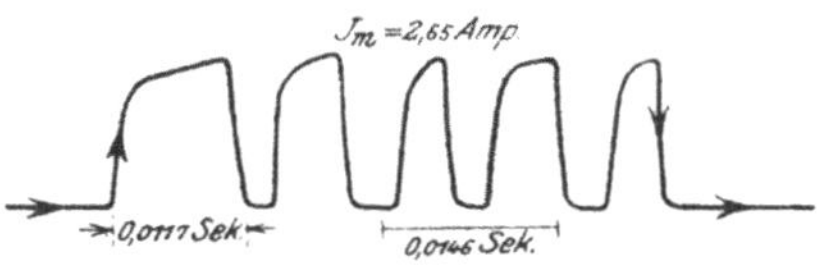

Fig. 169. Stromverlauf bei der Kerzenzündung mit Batterie und Induktor.

Abreißzündungen haben, wie aus einem Vergleich der auf annähernd gleichen Zeitmaßstab bezogenen oszillographischen Aufnahmen des Stromverlaufes in Fig. 168 und 169 zu erkennen ist, den großen Nachteil, daß bei ihnen die Stromstärke gegenüber den Hochspannungszündungen mit Unterbrecher nur verhältnismäßig langsam wächst. Das langsamere Steigen der Feldstärke in der Induktionswicklung hat daher auch zur Folge, daß die Funkenentladung keine so stark zersetzende und zündende Wirkung hat, wie bei den Hochspannungszündungen. Die Wirksamkeit der Entladungen von Abreißzündungen kann man, wie Springer angibt, verbessern, wenn man die Batteriestromstärke und den Widerstand der Induktionswicklung gegenüber dem Widerstand der gebildeten Funkenstrecke verhältnismäßig niedrig hält. Der Eisenkern ist aus geglühten und langsam abgekühlten, in Schellack isolierten Weicheisenstücken von hoher Permeabilität und geringer Hysterese zusammenzusetzen und erhält eine Länge von 4,5 bis zu 7 Durchmessern. Die Länge der Funkenstrecke kann nur auf dem Wege des Versuchs gefunden werden. Sie hat aber verhältnismäßig wenig Einfluß; Versuche mit Funkenstrecken von 0,78 bis 23,8 mm Länge, die von Springer an einer Einzylindermaschine von White angestellt wurden, haben wenigstens keine Veränderung der Leistung erkennen lassen. In jedem bestimmten Falle muß die Länge der Funkenstrecke den gerade vorliegenden Verhältnissen in bezug auf die Gestalt der Abreißkontakte, die Geschwindigkeit der Stromunterbrechung, den Verdichtungsdruck, die Induktionsspule und die Batteriespannung angepaßt werden.

Eine besondere Eigenschaft der Abreißzündungen sowie der mit mechanischen Unterbrechern arbeitenden Hochspannungszündungen ist die verhältnismäßige Steigerung der Inanspruchnahme der Batterie bei geringen Umlaufgeschwindigkeiten, bewirkt durch die verhältnismäßig längere Dauer der Kontakte.

Erwähnt sei endlich noch die vielfach beobachtete Tatsache, daß eine und dieselbe Maschine mit Magnetzündung eine nicht unwesentlich höhere Höchstleistung zu ergeben pflegt, als mit Batteriezündung. Die Ursache dieser Erscheinung läßt sich, da eingehende Versuche darüber nicht vorliegen, nur vermuten. Wahrscheinlich hat die Art des Zündfunkens, der bei Magnetzündung kräftiger sein dürfte, als bei Batteriezündung, einen Einfluß auf die Dauer der Verbrennung. Das ließe sich leicht feststellen, wenn man prüfen würde, wie sich die erforderlichen Voreilwinkel des Zündkontaktes, oder, genauer gesagt, wie sich die Zeiten zwischen dem Überspringen des Funkens und dem Höchstdruck im Zylinder bei den beiden Zündarten verhalten.

Der Zündzeitpunkt.

Die wichtigste Frage, die dem Motorwagenkonstrukteur bei den Zündvorrichtungen entgegentritt, ist wohl, in welchem Zeitpunkte die Ladung gezündet werden soll. Daß es bei Verbrennungsmaschinen ganz allgemein erforderlich ist, das verdichtete Gemisch zu zünden, bevor der Kolben seinen oberen Totpunkt erreicht hat, ist schon lange bekannt. Dennoch sagt Güldner[1]) z. B. hierüber folgendes: „Ausgeführte Maschinen verhalten sich bezüglich des Einflusses des Zündzeitpunktes auf die Leistungsfähigkeit und Wirtschaftlichkeit sehr verschieden. Zuweilen werden dann die besten Werte erreicht, wenn so früh gezündet wird, daß die Verdichtungslinie mit einem deutlich ausgeprägten Bogen in die Verpuffungslinie übergeht und jede Entflammung durch ein deutliches Knucksen vernehmbar wird. Die meisten Motoren vertragen hingegen eine derart kräftige Vorzündung viel weniger als eine mäßige Spätzündung. Daß die Diagrammfläche und damit die Arbeitsleistung bis zu einer gewissen Grenze durch Nachzündung vergrößert werden kann, ist ja ohne weiteres klar; man stößt aber nicht selten auf die weniger verständliche Beobachtung, daß auch die Wärmeausnutzung bei etwas verspäteter Entflammung am günstigsten ausfällt."

Auch E. Meyer[2]) scheint, allerdings an einer einzelnen Maschine, ähnliche Beobachtungen gemacht zu haben: „Je früher der Zündbeginn, um so mehr Wärme geht an die Wandung über. Für einen mittleren Zündbeginn ist der Wärmeverbrauch am günstigsten; aber dieser Zündbeginn braucht nicht sorgfältig innegehalten zu werden, da sich der Verbrauch in den Grenzen von ungefähr 15° Kurbelwinkel nur unwesentlich ändert und lediglich für sehr frühe Zündungen (20° Kurbelwinkel vor dem Totpunkt) erheblich zunimmt. Im übrigen wird bei späterem Zündbeginn zwar der Arbeitsverlust durch Streuung vermehrt, aber dafür der Arbeitsverlust durch Wärmeabfuhr an die Wandung verringert."

Die vorstehend gekennzeichneten Anschauungen treffen nun für die üblichen Fahrzeugmaschinen auf keinen Fall zu. Im Gegenteil: durch praktische Beobachtungen ist als erwiesen anzusehen, daß eine Fahrzeugmaschine ihre geforderte volle Leistung nur dann erreichen kann, wenn mit Vorzündung gearbeitet wird, und daß bei Spätzündung die Nutzleistung erheblich vermindert wird. Die Erklärung für diesen Widerspruch mit den Anschauungen anerkannter Forscher auf dem Gebiete der Verbrennungsmaschinen liegt offenbar in der wesentlich höheren Geschwindigkeit der Fahrzeugmaschinen. Während bei ortfesten, langsam laufenden Verbrennungsmaschinen, auf die die Beobachtungen von Güldner und E. Meyer anzuwenden sind, verspätete Zündung nur die Folge hat, daß der höchste Kolbendruck nicht genau im Totpunkt, sondern etwas später erreicht wird, wobei sich hieraus unter Umständen nicht einmal eine Verminderung der Diagrammfläche, also der indizierten Leistung zu ergeben braucht, tritt bei Fahrzeugmaschinen schon, wenn man im Totpunkt zündet, der höchste Kolbendruck erst am Ende des Expansionshubes auf, so daß eine richtige Entspannung der Gase gar nicht mehr zustande kommt. Die Folge hiervon ist eine erhebliche Abnahme der Leistung, verbunden mit wesentlicher Steigerung des spezifischen Brenn-

---

[1]) Verbrennungsmaschinen, 2. Aufl., S. 172.

[2]) Untersuchungen am Gasmotor, Z. Ver. deutsch. Ing. 1902, S. 1037.

stoffverbrauchs und einem erhöhten Verlust durch die mit den Auspuffgasen abgeleitete Wärme.

Wird dagegen so zeitig vor dem oberen Hubende gezündet, daß der volle Verbrennungsdruck im Totpunkt schon vorhanden ist, so liefert die Maschine ihre größte Leistung und den besten thermischen Wirkungsgrad. Eine wesentliche Erhöhung der vom Kühlwasser aufgenommenen Wärme tritt dabei nicht ein, obgleich man das nach den Bemerkungen von Güldner eigentlich erwarten sollte; wahrscheinlich reicht die Zeit, die zur Ableitung der Wärme verfügbar ist, nicht aus, um erhebliche Unterschiede zwischen dem einen und dem anderen Vorgang auftreten zu lassen.

Die Versuche von Neumann[1]), deren Ergebnisse in bezug auf Bremsleistung N_e, thermischen Wirkungsgrad η_{te}, spezifischen Wärmeverbrauch WE/st-PSe und Wärmeverlust durch die Auspuffgase Q_z in Fig. 170 bis 174, S. 124, für verschiedene Umlaufzahlen n und Gemischverhältnisse wiedergegeben sind, eignen sich vorzüglich dazu, die besonderen Verhältnisse, die bei der Fahrzeugmaschine vorliegen, zu kennzeichnen. Aus diesen Versuchen folgt, daß es unbedingt vorteilhaft ist, möglichst frühzeitig zu zünden. Eine Grenze wird dem nur gesetzt durch das Verhalten der Maschine selbst, die bei zu großer Vorzündung bedenklich zu klopfen beginnt. Die Ergebnisse zeigen aber ferner, daß es nur von schädlichem Einfluß auf die Wirtschaftlichkeit der Maschine sein kann, wenn man versucht, ihre Leistung durch die Stellung des Zündzeitpunktes zu beeinflussen, weil bei jeder Geschwindigkeit der Maschine eine bestimmte Einstellung des Zündzeitpunktes die wirtschaftlichste ist. Die Leistung der Maschine kann daher immer nur so geregelt werden, daß man mit Hilfe des Drosselschiebers die Füllung verändert und bei jeder Einstellung des Drosselschiebers diejenige Stellung des Zündhebels aufsucht, welche die größte Maschinenleistung ergibt.

Eine Ausnahme bildet nur das Ankurbeln der Maschine. Hier liegt beim Einstellen auf Vorzündung wegen der geringen Geschwindigkeit, mit der die Andrehkurbel mit der Hand bewegt wird, stets die Gefahr vor, daß das Gemisch schon vor dem oberen Totpunkt vollständig entzündet und der Kolben entgegengesetzt zu seinem Antrieb zurückgeschleudert wird Abgesehen davon, daß hierbei, wenn der Sicherheitskurbel versagt, schwere Verletzungen möglich sind, läuft die Maschine dann unter Umständen auch in der falschen Richtung weiter; sie muß also abgestellt und noch einmal angedreht werden. Man vermeidet dies, indem man beim Ankurbeln auf Zündung im Totpunkte einstellt.

Man hat sich nun bis in die neueste Zeit hinein damit begnügt, den Zündzeitpunkt vom Führersitz aus verstellbar zu machen, beim Andrehen der Maschine auf Zündung im Totpunkt einzustellen und im Verlaufe des Betriebes den vor dem Totpunkt eingestellten Zündzeitpunkt nur soweit zu verändern, als es zum Erreichen der günstigsten Arbeitsweise der Maschine vorteilhaft schien. Daß hierbei vielfach Mißgriffe vorkamen, weil nur der Wagenführer in der Lage ist, die Arbeitsweise der Maschine zu beurteilen, ist selbstverständlich. Zudem stellt die Einwirkung des Zündzeitpunktes auf die Leistung der Maschine ein so bequemes und verführerisches Mittel zum Regeln der Wagengeschwindigkeit dar, daß man vielfach auf Kosten des Brennstoffverbrauches den Zündhebel an Stelle des Drosselschiebers hierzu benutzt hat. Zum Schutze hiergegen hat man bei kleinen Wagen, bei denen das Andrehen der Maschine nicht schwer fällt, auch dann, wenn die Zündung weiter vor dem Totpunkt eingestellt ist, wiederholt den Versuch gemacht, den Zündhebel vollständig fortzulassen und mit unveränderlich eingestellter Vorzündung zu arbeiten. Da nun jeder Leistung der Maschine eine bestimmte Einstellung des Zündzeitpunktes entspricht, so ist dieses

[1]) a. a. O. S. 26.

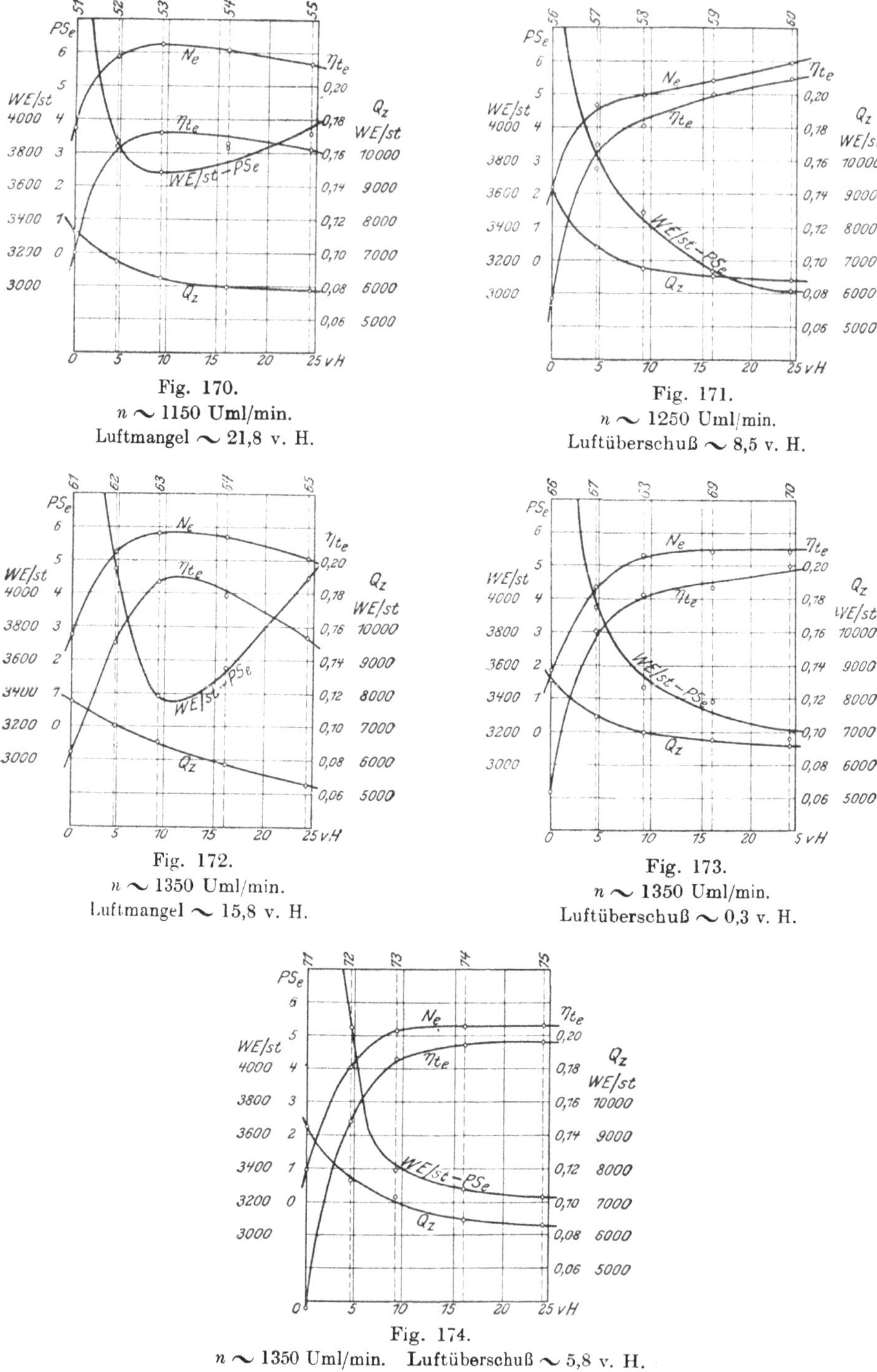

Fig. 170.
$n \sim 1150$ Uml/min.
Luftmangel $\sim$ 21,8 v. H.

Fig. 171.
$n \sim 1250$ Uml/min.
Luftüberschuß $\sim$ 8,5 v. H.

Fig. 172.
$n \sim 1350$ Uml/min.
Luftmangel $\sim$ 15,8 v. H.

Fig. 173.
$n \sim 1350$ Uml/min.
Luftüberschuß $\sim$ 0,3 v. H.

Fig. 174.
$n \sim 1350$ Uml/min. Luftüberschuß $\sim$ 5,8 v. H.

Fig. 170 bis 174. **Einfluß des Zündzeitpunktes auf die Leistung usw.** bei verschiedenen **Umlaufzahlen und Mischungsverhältnissen der Ladung.**

Verfahren, wenn auch nicht so unwirtschaftlich wie das Regeln der Maschinenleistung mit dem Zündhebel, so doch auch nicht ganz vollkommen. Hierzu kommt, daß man bei größeren Maschinen die Nachzündung nicht entbehren kann, wenn man sie überhaupt mit der Hand andrehen will.

Einen Ausweg soll die neuere selbsttätige Zündverstelleinrichtung von Ernst Eisemann & Co. in Stuttgart bieten. Bei dieser Vorrichtung, Fig. 175 und 176, ist zwischen die Antriebswelle *a* und die Ankerwelle *b* der Zünddynamo ein Fliehkraftregler eingeschaltet, dessen Schwunggewichte *c* an der mit der Ankerwelle verbundenen Hülse *d* drehbar sind. Die Schwunggewichte verschieben bei ihrem Ausschlag eine auf dem Steilgewinde der Welle *a* aufgeschobene und in der Hülse *b* kulissenartig geführte Mutter *e* derart, daß die Ankerwelle gegen die Antriebswelle etwas verdreht wird. Während also bei langsamem Gang der Welle *a* (etwa bis zu 250 Uml/min) die Zündung annähernd im Totpunkt eintritt, wird, sobald eine bestimmte Geschwindigkeit überschritten ist, die Ankerwelle plötzlich so weit verstellt, daß sich 10° bis 12° (Kurbelwinkel) Vorzündung ergeben, und

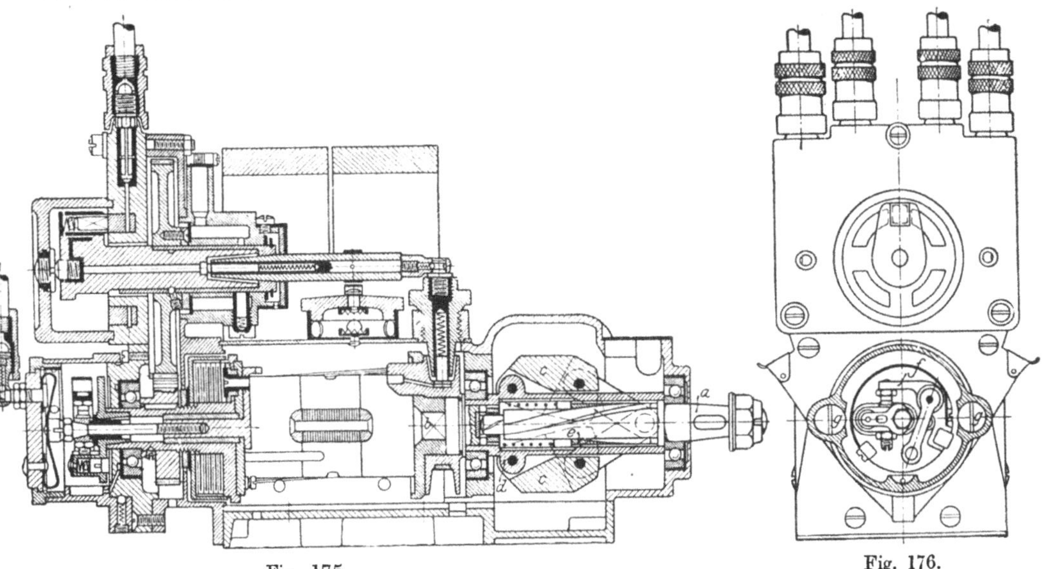

Fig. 175. Fig. 176.

Fig. 175 und 176. Zünddynamo mit selbsttätiger Einstellung des Zündzeitpunktes von Eisemann & Co., Stuttgart.

dieses Voreilen steigt dann mit wachsenden Umlaufzahlen proportional weiter. Als Nebenvorteil ergibt sich hierbei, daß der Anker immer, wenn die Zündung eintritt, die gleiche günstigste Stellung gegenüber dem Magneten haben kann; im Gegensatze zu andern Zündvorrichtungen wird nämlich hier während der Regelung des Zündzeitpunktes an der Lage der für die Stellung des Unterbrecherhebels *f* maßgebenden Anschläge *g* nichts geändert.

Durch die selbsttätige Vorrichtung zum Einstellen des Zündzeitpunktes wird den oben erwähnten Mißbräuchen der Zündung zum Regeln der Fahrgeschwindigkeit auf Kosten des Brennstoffverbrauchs vorgebeugt. Ferner wird der Wagenführer von der Sorge um die Stellung des Zündhebels vollständig entlastet. Vom Standpunkte der Betriebssicherheit und Einfachheit der Bauart ist auch kaum was gegen diese Vorrichtung einzuwenden.

Wie groß in einem bestimmten Falle die Vorzündung bemessen werden muß, um zu den günstigsten thermischen Verhältnissen zu gelangen, kann man heute nur durch den praktischen Versuch ermitteln. Es liegt nahe, zu vermuten, daß schwächere Gemische größere Vorzündungen zulassen werden als stärkere. Bei den Versuchen von Neumann hat man beobachtet, daß starke Gemische bei steigender Vorzündung früher schärfere Explosionen und Stöße zur Folge hatten, als schwache Ladungen, bei denen man fast bis an die 60° Kurbelwinkel betragende Grenze der Einstellbarkeit gehen konnte.

Ein gewisser Zusammenhang zwischen dieser Beobachtung und der durch Versuche festgestellten Abnahme der Zündgeschwindigkeit von Benzindampf-Luftgemischen mit zunehmendem Luftgehalt, ist leicht einzusehen, wie ja überhaupt die Notwendigkeit, vor dem Totpunkt zu zünden, eine Folge der beschränkten Zündgeschwindigkeit ist.

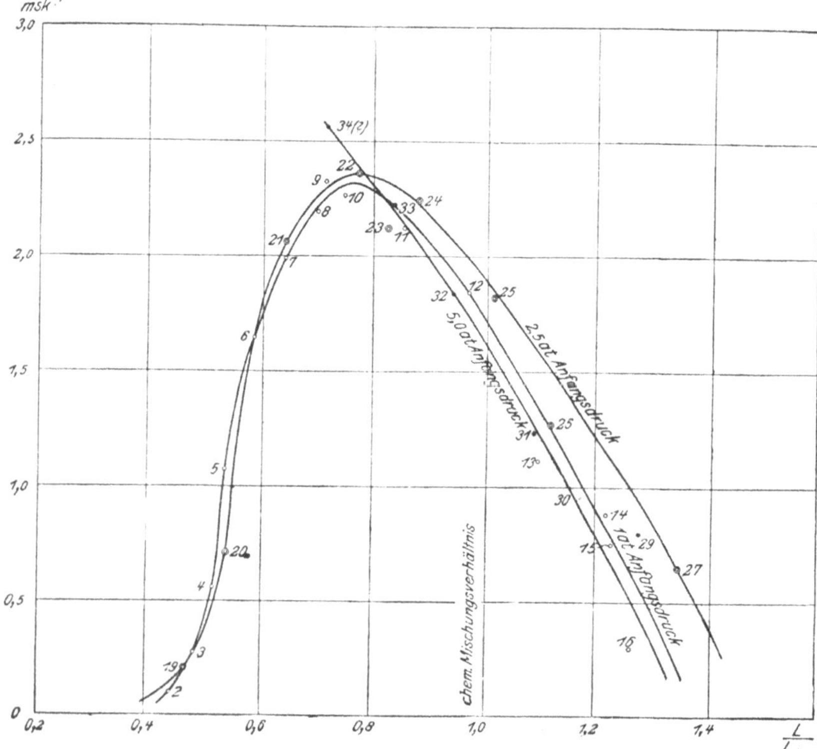

Fig. 177. Änderung der Zündgeschwindigkeit von Benzindampf-Luftgemischen mit dem Mischungsverhältnis.

Nach den Versuchen[1]), die Neumann an der Langenschen Bombe mit verschieden starken Gemischen angestellt hat, und deren Ergebnisse in Fig. 177 wiedergegeben sind, ist die Zündgeschwindigkeit von Benzindampf-Luftgemischen ziemlich klein, und sie erreicht im Höchstfall den vom Anfangsdruck der Ladung nahezu unabhängigen Wert von 2,3 m/sek. Da bei der Fahrzeugmaschine das eintretende Gemisch durch die Rückstände der vorhergehenden Verbrennung verschlechtert wird, so dürfte man nicht einmal diesen Wert erwarten. Die Versuche zeigen ferner, daß die Zündgeschwindigkeit vom Anfangsdruck verhältnismäßig wenig abhängt und daß die höchste Geschwindigkeit bei 25 v. H. Luftmangel gegenüber der theoretischen Luftmenge L_{chem} erreicht wird, also offenbar

[1]) Mitteilungen über Forsch.-Arb., Heft 79, S. 47.

nicht bei dem Mischungsverhältnis, das für die Ausnutzung des Brennstoffs am günstigsten ist.

Ob man diese Werte den Vorgängen in der Fahrzeugmaschine ohne Einschränkung zugrunde legen darf oder nicht, entzieht sich vorläufig unserer Kenntnis. Es ist aber anzunehmen, daß auch Versuche an der Maschine selbst eine gewisse Abhängigkeit der Zündgeschwindigkeit von der Stärke der Ladung bestätigen werden.

Auf die Bemessung der Vorzündung hat auch die Bauart der Zündvorrichtung einen Einfluß. Bei Zündvorrichtungen mit elektromagnetischen Unterbrechern dauert es meßbar lange Zeit, bevor der durch das Schließen des primären Stromkreises erregte Elektromagnet seinen Anker anzieht und durch Unterbrechen des Primärstromkreises den Zündstrom in der Sekundärwicklung erzeugt, siehe auch weiter oben, S. 99. Dementsprechend bleibt der Zündfunke hinter dem Stromstoß stets etwas zurück, und da für die Einstellung der Vorzündung nicht der Zündfunken selbst, sondern nur der Unterbrecher herangezogen werden kann, so muß dieser Zeitunterschied mit berücksichtigt werden. Bei zwangläufig angetriebenen Unterbrechern, die, wie erwähnt, heute sowohl bei Batteriezündungen als auch bei magnetelektrischen Zündungen vielfach verwendet werden, fällt diese Rücksicht fort.

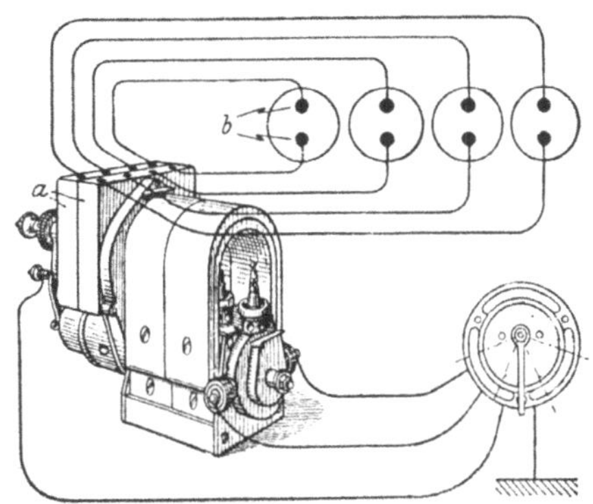

Fig. 178. Zweifunkenzündung von Rob. Bosch, Stuttgart.

Endlich kann auch die Bauart der Maschine einen großen Einfluß auf das Maß der erforderlichen Vorzündung ausüben. Hierauf gründet sich die neue Zweifunkenzündung von Robert Bosch in Stuttgart, Fig. 178, bei der der Zündstrom über einen Doppelverteiler *a* zu zwei Reihen von Zündkerzen *b* fortgeleitet wird, zu dem Zweck, die Ladung durch Entzündung an zwei Stellen schneller zu verbrennen. Besonders vorteilhaft äußert sich der Einfluß dieser Zündart bei Maschinen mit symmetrisch angeordneten Ventilen, also mit langgestrecktem, flachem Verdichtungsraum. Hier wird die Ladung wesentlich schneller verbrannt, wenn man über jedem Ventil eine Zündkerze anordnet. Aus den Ergebnissen von Versuchen an einer so gebauten Sechszylindermaschine von 90 mm Zylinderdurchmesser und 100 mm Hub, deren Welle mit einem Windflügeldynamometer belastet war, Fig. 179 bis 182, S. 128, ist ersichtlich, daß je nach der Vergasereinstellung

bei einfacher Zündung	1000	1100	1130	und 1160	Uml/min und
„ doppelter „	1030	1140	1190	„ 1210	„

als Höchstgeschwindigkeiten erhalten worden sind. Da bei dem Windflügeldynamometer die aufgezehrte Leistung der 3. Potenz der Umlaufzahl proportional ist, so ergeben sich recht ansehnliche Unterschiede in den erreichten Höchstleistungen zugunsten der Doppelzündung. In allen vier Fällen ist die Höchstleistung bei einfacher Zündung mit annähernd 45° und bei Doppelzündung mit etwa 35° Vorzündung erreicht worden.

Durch die Doppelzündung wird also in dem vorliegenden Fall tatsächlich eine Verminderung der erforderlichen Vorzündung erzielt, die Wärmeverluste während des Zündvorganges werden geringer und daraus ist wohl die erzielte größere Höchstleistung zu erklären.

Daß sich hierbei die günstigste Einstellung des Zündzeitpunktes von der

Stellung des Vergasers anscheinend als unabhängig erwiesen hat, während andere Ergebnisse von Versuchen darauf hinzuweisen scheinen, daß die Zusammensetzung

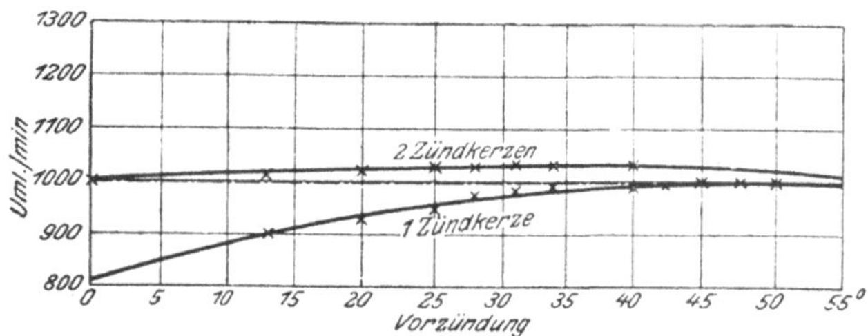

Fig. 179. Vergaserstellung 6 mm.

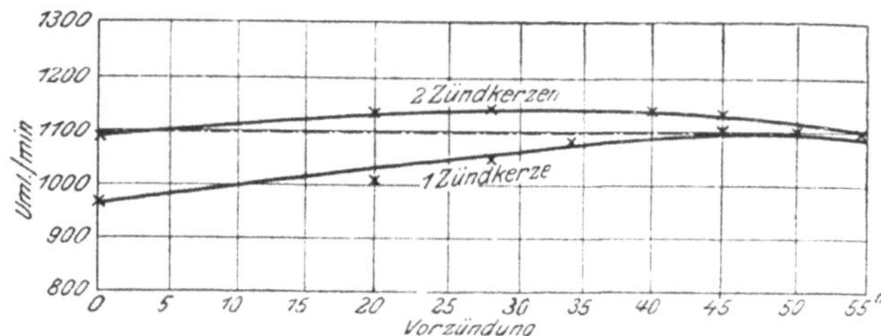

Fig. 180. Vergaserstellung 8 mm.

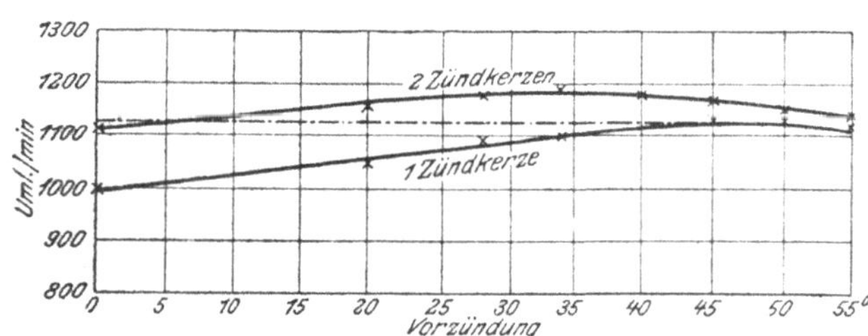

Fig. 181. Vergaserstellung 10 mm.

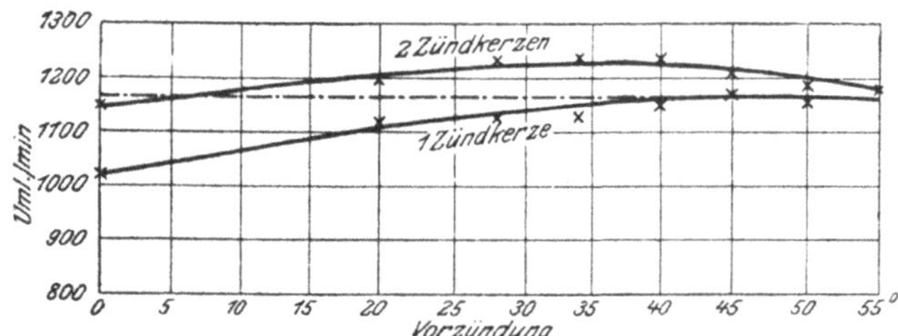

Fig. 182. Vergaserstellung 12 mm.

Fig. 179 bis 182. Einfluß der Zweifunkenzündung auf die Leistung.

des Gemisches einen wesentlichen Einfluß auf das günstigste Maß der Vorzündung ausübt, läßt sich zunächst noch nicht aufklären, da Messungen über die Zusammensetzung des Gemisches bei diesen Versuchen nicht angestellt worden sind.

Die Fahrzeug-Verbrennungsmaschine.

Allgemeines.

Der nachstehende Abschnitt beschränkt sich, soweit praktisch greifbare Konstruktionsangaben in Frage kommen, entsprechend dem Stande unserer heutigen Kenntnisse hauptsächlich auf die normalen Wagenmaschinen, d. h. einfachwirkende Verbrennungsmaschinen für flüssigen Brennstoff, die mit vier stehenden, zumeist paarweise zusammengegossenen Viertaktzylindern mit Wasserkühlung und Ventilsteuerung versehen sind. Daneben ist es aber auch erforderlich, auf die Anwendungen, die diese Maschinen gefunden haben, Rücksicht zu nehmen. Die Möglichkeit, z. B. ein Boot von 8,5 m Länge und nur 0,58 m Tiefgang mit einer so leistungsfähigen Maschine auszurüsten, daß eine Geschwindigkeit von 8,5 Knoten erzielt werden kann, hat dazu geführt, daß viele neuere Boote für den Hafen- und Fährverkehr mit solchen Maschinen versehen werden. Segeljachten und andere Segelboote, insbesondere solche für Fischereizwecke, dann aber auch Küstenfahrzeuge und Lastboote auf Binnenwasserstraßen werden in immer steigendem Maße durch den Einbau der unverhältnismäßig geringen Raum beanspruchenden Maschinenanlage, die gegebenenfalls nur zur Aushilfe verwendet zu werden braucht, von den Windverhältnissen sozusagen unabhängig gemacht. Daneben kann diese Maschine auch beim Betrieb von Segel- und Netzwinden sowie beim Verladen von Gütern gute Dienste leisten.

Einen entscheidenden Einfluß auf die zukünftige Entwicklung der Fahrzeugmaschine für flüssigen Brennstoff verspricht endlich die Luftschiffahrt zu nehmen, ein Gebiet, wo zunächst die Alleinherrschaft der Verbrennungsmaschine unbestritten ist.

Diese Anwendungen der im Motorwagenbau vervollkommneten Fahrzeug-Verbrennungsmaschine sind allerdings heute noch nicht so fortgeschritten, daß sich feststehende Regeln für ihren Bau ausgebildet hätten, allein die ganze Entwicklung läßt erkennen, daß für jede dieser Anwendungen die weitere Ausbildung der Wagenmaschine nach bestimmten Richtungen hin erfolgen muß, die sich bereits deutlich unterscheiden lassen. So hat man bei den Maschinen für Motorboote weniger Rücksicht auf möglichste Gewichtsbeschränkung sowie auf den Einfluß von Erschütterungen der Unterlage während der Fahrt zu nehmen, dagegen großes Augenmerk auf Benutzung wenig feuergefährlicher Brennstoffe, auf das Anlassen usw. zu richten. Bei der Luftschiffahrt ist das ganze Bestreben heute darauf gerichtet, Maschinen mit möglichst gleichförmigem Drehmoment und möglichst geringem Eigengewicht auf 1 PS zu erzeugen, was zu ganz bestimmten, im Wagenbau nicht in Frage kommenden Bauarten geführt hat.[1]) Bei der Aufmerksamkeit, die man gegenwärtig der Motorluftschiffahrt zuwendet, erscheint es daher durchaus zeitgemäß, auf diese Anwendungen der Wagenmaschine an der geeigneten Stelle hinzuweisen.

Berechnung der Hauptabmessungen.

Es liegt nahe, als Ausgangspunkt für die Berechnung der Hauptabmessungen einer Wagenmaschine die Nutzleistung zu wählen, über die in einem gegebenen

[1]) Zusammenfassende Berichte über diese Sonderbauarten der Fahrzeugmaschine für flüssigen Brennstoff liegen außerhalb des Rahmens dieses Buches. Die Gründe hierfür sind schon auf S. 9 mitgeteilt worden. Ich verweise wieder auf einige Aufsätze aus der Z. Ver. deutsch. Ing.: Über Bootmaschinen s. Z. Ver. deutsch. Ing. 1909, S. 1176; 1910, S. 1465, 1815. Über Luftfahrzeugmaschinen s. Z. Ver. deutsch. Ing. 1909, S 441, 1178; 1910, S. 409, 886, 1816.

Falle an den Treibrädern eines Wagens verfügt werden soll, s. weiter oben S. 23 u. f. Dieser natürlichste Weg ist aber, selbst dann, wenn die wesentlichen Einzelheiten des Wagengetriebes festliegen, ungangbar, weil die hierzu erforderlichen zuverlässigen Erfahrungszahlen über die Verluste in den Wagengetrieben noch vollständig fehlen. Laboratoriumsversuche an Getrieben haben zumeist zu günstige, wenig verwendbare Ergebnisse geliefert, weil dabei auf die Erschütterungen während der Fahrt zu wenig Rücksicht genommen worden ist.[1]) Aber auch die von den inneren Widerständen des Wagengetriebes absehende Aufgabe, die Abmessungen einer Maschine von einer bestimmten Nutzleistung an der Welle zu berechnen, läßt sich nicht so ohne weiteres durchführen, wenn man nicht gewisse vereinfachende Annahmen macht.

Nun ist aber gerade im Motorfahrzeugbau das Bedürfnis außerordentlich groß, auf einfachem Wege von den leicht meßbaren Größen des Maschinenzylinders zu Werten zu gelangen, die, wenn auch nicht unmittelbar die Nutzleistungen selbst, so doch diesen Nutzleistungen proportionale Werte darstellen. Die umfangreiche Anwendung, die der Motorwagen noch heute auf dem Gebiete des Sportwesens findet, läßt daher die sogenannten „Wertungsformeln", die einzigen Mittel, um die Leistungsfähigkeit und die wirklichen Leistungen verschieden gebauter Wagen miteinander zu vergleichen, bis jetzt noch nicht entbehrlich erscheinen. Dazu kommt, daß im Deutschen Reich, s. Anhang, S. 462, und auch in anderen Ländern die Motorfahrzeuge mit einer Steuer belegt werden, die nach der Leistung ihrer Maschinen bemessen wird. In allen diesen Fällen haben daher die Leistungsformeln, so wenig zuverlässig sie auch sein mögen, ihre praktische Berechtigung. Nur muß man sich bei ihrem Gebrauch stets vergegenwärtigen, daß die aus solchen Formeln errechneten Werte auf keinen Fall die wirklichen Leistungen der Maschinen darstellen, sondern nur Vergleichszahlen sind, die, und zwar auch nur unter ganz bestimmten Verhältnissen, gestatten, die Leistungen verschiedener Fahrzeugmaschinen gegeneinander abzuwägen.

Der wissenschaftliche Wert dieser Leistungsformeln ist daher außerordentlich gering. Von ihrer Wiedergabe und von der Erörterung der Erwägungen, die bei ihrer Aufstellung maßgebend gewesen sind, kann daher im vorliegenden Falle wohl abgesehen werden; eine Ausnahme sei nur mit der deutschen Steuerformel gemacht, die für Viertaktmaschinen gültig ist:

$$N = 0{,}3 \cdot i \cdot d^2 \cdot s,$$

worin N die Leistung in sogenannten Steuerpferdestärken,
i die Anzahl der Zylinder,
d der Zylinderdurchmesser in cm,
s der Kolbenhub in m

sind. Diese auf Grund von Verhandlungen zwischen den beteiligten Fachverbänden und dem Reich aufgestellte Formel ist auf den Voraussetzungen aufgebaut, daß bei allen normalen Wagenmaschinen eine gewisse Unveränderlichkeit des mittleren Kolbendruckes sowie der mittleren Kolbengeschwindigkeit vorhanden ist, Voraussetzungen, die, nebenbei bemerkt, beide zugleich offenbar selten zutreffen werden. Außerdem soll die Formel schon berücksichtigen, daß nicht die volle Maschinenleistung, sondern nur 80 v. H. davon an den Wagentreibrädern verfügbar sind.

In Wirklichkeit ist natürlich die nach der Steuerformel berechnete Leistung einer Maschine von ihrer Bremsleistung weit entfernt. In Deutschland ist es üblich, beide Leistungen in der Forn eines Bruches anzugeben, derart, daß z. B. eine Maschine von 6/14 PS 6 PS nach der Steuerformel und 14 PS_e an der Bremse

[1]) s. Z. Ver. deutsch. Ing. 1907, S. 1581; 1910, S. 2113.

liefert. Das Bedenkliche ist nun aber, daß das Verhältnis zwischen Steuer- und Bremsleistung nicht unveränderlich ist, sondern mit der Bauart der Maschine schwankt. Es kann dann — mir ist aus eigener Erfahrung ein solcher Fall bekannt — vorkommen, daß man aus den Abmessungen einer Maschine auf eine viel höhere Bremsleistung schließt, als die Maschine wegen ihrer Bauart liefern kann.

Bei allem, was gegen den wissenschaftlichen Wert der Leistungsformeln gesagt worden ist, kann man doch nicht in Abrede stellen, daß sie unter den heutigen Verhältnissen bei der Festlegung der Hauptabmessungen einer Maschine mitunter recht gute Dienste leisten können. Die Aufgabe wird in den seltensten Fällen so allgemein gestellt sein, daß dem Konstrukteur bei der Wahl der Veränderlichen d, s und n vollkommen freie Hand gegeben ist. Vor allem ist bei den meisten Fabriken das Verhältnis $s:d$ für Maschinen bestimmter Gattungen ziemlich genau festgelegt. Es schwankt im äußersten Falle zwischen 1 und 1,4 (für besonders langhubige Maschinen), wird aber im Durchschnitt bei den Maschinen der laufenden Reihenherstellung selten den Wert von 1,2 wesentlich übersteigen. Jedenfalls läßt sich bei diesem Hubverhältnis die den langhubigen Maschinen zugeschriebene bessere Brennstoffausnutzung auch schon erreichen.

Die Aufgabe kann nun entweder so gestellt werden, daß eine Maschine bei dem bestimmten Verhältnis $s:d$ eine gewisse Dauerleistung, z. B. 12 PS_e, an der Bremse entwickeln und trotzdem nach der Steuerformel nur 6 PS (niedrigste Steuerklasse für Motorwagen) haben soll. Die Abmessungen der Maschinenzylinder sind dann aus der Steuerformel leicht zu finden, während die erforderliche Umlaufzahl, da man bei einer gegebenen Bauart immer ziemlich genau den erreichbaren mittleren effektiven Kolbendruck p_e kennen wird, aus der normalen Leistungsformel der Viertakt-Verbrennungsmaschine

$$N_e = \frac{p_e \cdot F \cdot s \cdot n}{2 \cdot 60 \cdot 75}$$

bestimmt werden kann. Hierin sind

N_e die Dauerleistung an der Bremse in PS_e,
p_e der mittlere effektive Kolbendruck in kg/qcm,
F die Kolbenfläche in qcm,
s der Hub in m,
n die Uml/min.

Für die hieraus ermittelte mittlere Kolbengeschwindigkeit sind dann insbesondere die Ventilquerschnitte zu bemessen, damit die Leistung nicht infolge von Drosselverlusten zu gering wird.

Eine nach diesem Vorgang entworfene Maschine ergibt dann bei verschiedenen Umlaufzahlen eine **Kennlinie**, d. h. eine Linie der Leistungen bezogen auf die Umlaufzahlen oder Kolbengeschwindigkeiten, die von einer durch die Zündfähigkeit des Gemisches bedingten untersten Grenze bis zu einem der normalen Umlaufzahl entsprechenden Höchstwert in sanfter Krümmung ansteigt, s. Fig. 183,

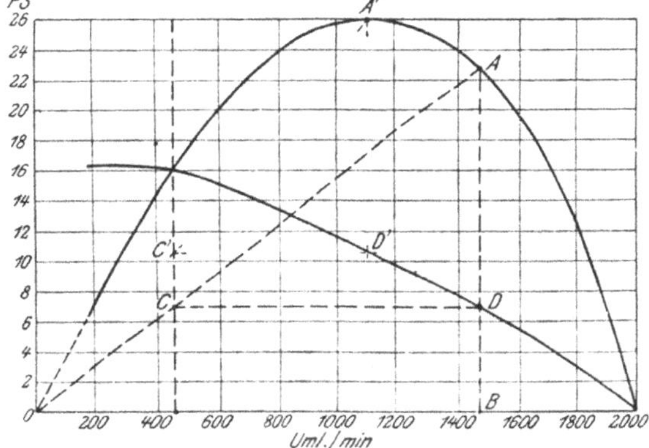

Fig. 183. Kennlinien einer Wagenmaschine.

und von da an bei weiterem Steigen der Umlaufzahl wieder, und zwar etwas schneller als beim Ansteigen, bis auf Null abfällt. Voraussetzung ist dabei allerdings, daß bei jeder Umlaufzahl die Gemischverhältnisse, soweit sie nicht an und für sich unveränderlich sind, durch Regeln des Vergasers auf den jeweils günstigsten Wert gebracht werden und dann die Zündung auf das vorteilhafteste eingestellt wird, d. h. also, daß bei jeder Umlaufzahl der günstigste Betriebszustand der Maschine ausfindig gemacht wird. Geschieht das nicht[1]), so liefert die Maschine z. B. bei einer und derselben Umlaufzahl unter Umständen völlig verschiedene Leistungen oder bei ganz verschiedenen Umlaufzahlen gleiche Leistungen usw. Hierin liegt ein wesentlicher Unterschied zwischen der Verbrennungsmaschine und der Dampfmaschine, und in dem Mangel an der Erkenntnis dieser Verhältnisse ist wohl die Ursache für die häufig widersprechenden Ergebnisse zu erblicken, die manche Untersuchungen an Fahrzeugmaschinen bis jetzt geliefert haben.

Die Bestimmung dieser Kennlinie bei ausgeführten Maschinen bietet ein wichtiges Hilfsmittel zur Bewertung der Maschinen hinsichtlich ihrer Leistungsfähigkeit · und sollte daher heute von den Fabriken um so mehr angestrebt werden, als die Kenntnis von dem geringen wissenschaftlichen Wert der Wettfahrten immer weitere Verbreitung erlangt. Leider ist diese Kennlinie nicht so leicht zu bestimmen, wie z. B. bei Elektromotoren, die einfach bei bestimmten Umlaufzahlen abgebremst zu werden brauchen, weil hier bei jeder Umlaufzahl die Belastung des Bremshebels zugleich mit der Einstellung des Vergasers und der Zündung verändert werden muß. Man geht am besten so vor, daß man, nachdem die gewünschte Umlaufzahl durch Verändern der Belastung erreicht ist, an dem Vergaser und an dem Zündhebel so lange stellt, bis keine durch Schnellerlaufen der Maschine erkennbare Steigerung der Leistung eintritt. Daraus ergibt sich auch, daß die Bestimmung der Kennlinie ziemlich zeitraubend ist.

Aus der Kennlinie kann man mit Hilfe einer sehr einfachen Konstruktion[2]) den Verlauf der Drehmomente ableiten. Ist nämlich N die Leistung der Maschine bei einer gewissen Umlaufzahl n, so stellt der Ausdruck

$$\frac{N \cdot 75 \cdot 60}{n} = p$$

die Arbeit der Maschine in mkg dar, die auf eine Umdrehung entfällt. Durch Umformung dieser Gleichung erhält man

$$\frac{N}{p} = \frac{n}{60 \cdot 75} \text{ und}$$

$$\frac{N}{\frac{1}{10} p} = \frac{n}{450}.$$

Diese Proportion ist in Fig. 183, S. 131, zeichnerisch dadurch dargestellt, daß beliebige Punkte A, A' mit dem Anfangspunkt 0 verbunden und von den Schnittpunkten C und C' dieser Geraden mit der Ordinate für $n = 450$ Wagerechte bis zum Schnitt D und D' mit den für n geltenden Ordinaten der Punkte A und A' gezogen sind. Die Ordinaten DB stellen dann $\frac{1}{10} p$ oder p im zehnfachen Maßstabe der Leistungen N dar, wie sich aus der Ähnlichkeit der Dreiecke ergibt.

---

[1]) Vgl. z. B. die von Lutz aufgenommenen Leistungskurven, Mitteil. üb. Forschungsarb., Heft 69.
[2]) Heirman, a. a. O. S. 88 u. f.

Da nun aber auch

$$M_d = \frac{p}{2\pi},$$

so stellen die Ordinaten der so gewonnenen Linie den Verlauf der Drehmomente der Maschine dar. Diese Linie also ist eine zweite wichtige Kennlinie der Maschine. Sie zeigt, daß das Drehmoment bei einer viel kleineren Umlaufzahl, als derjenigen, welche der Höchstleistung entspricht, einen größten Wert besitzt, und daß das Drehmoment mit steigender Umlaufzahl stetig abnimmt. Insofern nach der Gleichung

$$N = \frac{p_e \cdot F \cdot s \cdot n}{2 \cdot 60 \cdot 75}$$

der Ausdruck $\frac{N}{n}$ bei unveränderten Zylinderabmessungen, also für eine und dieselbe Maschine, auch proportional ist dem Werte von p_e, stellt die zweite Linie auch den Verlauf der mittleren effektiven Kolbendrücke mit steigender Umlaufzahl dar, und zwar in einem Maßstabe, der ebenso wie der Maßstab der Drehmomente sehr leicht aus den vorstehenden Gleichungen berechnet werden kann.

Im allgemeinen dürfte allerdings die heutige Fahrzeugmaschine während des Betriebes kaum die eben besprochene Leistungskurve liefern. Das hängt damit zusammen, daß sich bei den heutigen Vergasern mit jeder neuen Umlaufzahl die Gemischverhältnisse bei weitem nicht in der richtigen Weise ändern und daß der Wagenführer im Laufe der Fahrt weder die heute noch erforderlichen Änderungen an dem Vergaser vornehmen, noch die Einstellung des Zündzeitpunktes regeln kann. Dessenungeachtet bleibt die Erzielung einer Leistungskurve nach Fig. 183 das Ziel, dem alle Versuche, die heutige Fahrzeugmaschine zu vervollkommnen, zustreben müssen. Um es zu erreichen, muß man den Vergaser so verbessert haben, daß er zu jeder Umlaufzahl der Maschine ein Gemisch von ganz bestimmter, dem jeweiligen Betriebszustand am günstigsten entsprechende Zusammensetzung liefert, muß ferner der Zündzeitpunkt selbsttätig auf die günstigste Lage eingestellt werden. Ansätze zu solchen Verbesserungen sind, wie aus den vorhergehenden Abschnitten zu ersehen ist, bereits vorhanden. Dem Drosselschieber aber ist die Aufgabe zuzuweisen, die seiner Bezeichnung entspricht, nämlich, den Überschuß an Leistung der Maschine zu beseitigen, also die Fahrgeschwindigkeit des Wagens zu vermindern, wo es die Straßenverhältnisse gebieten.

Andererseits kann unter Umständen beim Entwurf einer Maschine von gegebener Dauerleistung an der Bremse auch die Umlaufzahl gegeben sein, z. B. wenn die Maschine mit einem Getriebe von gegebener Übersetzung zusammenarbeiten und dabei eine bestimmte Geschwindigkeit nicht überschreiten soll, ein Fall, der bei Motorbooten und Motorlastwagen häufig vorkommen dürfte. In diesem Falle wird man umgekehrt aus der Formel

$$N_e = \frac{p_e \cdot F \cdot s \cdot n}{2 \cdot 60 \cdot 75}$$

unter Einführung des bekannten Verhältnisses $s : d$ und des wenigstens als Mittelwert annähernd bekannten p_e den Zylinderdurchmesser berechnen können.

Von der Genauigkeit, mit der der Wert von p_e eingesetzt wird, hängt es natürlich ab, ob sich dann bei dem Abbremsen der Maschine auf dem Prüfstande die geforderte Höchstleistung tatsächlich bei der gewählten oder berechneten Umlaufzahl ergibt oder nicht. Die Erfahrungen, die bis jetzt vorliegen, sind noch nicht so reichhaltig, daß man ganz bestimmte Angaben über die Werte von p_e machen könnte. Der größte Teil der bekanntgegebenen Versuchswerte bezieht sich offenbar nicht auf die günstigsten Arbeitsverhältnisse der betreffenden Maschine. Immerhin dürfte es für eine überschlägliche Rechnung genügen, wenn man je nach der Güte des Brennstoffes mit $p_e = 4{,}8$ bis $5{,}5$ kg/qcm rechnet, immer vorausgesetzt, daß der wirtschaftlichste Betrieb gemeint ist. Läßt man dagegen diese Voraussetzung, z. B. bei der Berechnung einer Maschine für Luftfahrzeuge, fallen, so kann man natürlich, weil die Zündfähigkeit des Benzindampf-Luftgemisches nach oben hin nicht scharf begrenzt ist, ebenso wie nach unten hin, bei genügender Brennstoffverschwendung auch noch viel höhere Werte von p_e erreichen.

Hat man endlich beim Entwurf einer Maschine außer der Dauerleistung an der Bremse und etwa dem Verhältnis $s:d$ nichts anderes zu berücksichtigen, so kann man auch den von Güldner[1]) angegebenen Weg bei der Berechnung der Hauptabmessungen einschlagen. Das Güldnersche Verfahren stützt sich auf den Luftbedarf der Maschine und setzt voraus, daß für die zu entwerfende Maschinengattung Mittelwerte der verschiedenen Wirkungsgrade bereits vorliegen. Diese Voraussetzung wird aber, soweit es sich um Fahrzeugmaschinen handelt, nur selten erfüllt sein, da die wissenschaftliche Untersuchung auf diesem Gebiete erst langsam Boden gewinnt. Der Vollständigkeit halber mag trotzdem der Gang dieser Berechnung angegeben werden.

Ist g_B der auf 1 PS$_e$-st bezogene, hier als bekannt vorauszusetzende Verbrauch der Maschine in kg/PS$_e$-st (annähernd 0,25 bis 0,35 kg/PS$_e$-st), so hat man zunächst mit Hilfe der gegebenen Leistung N_e den stündlichen Brennstoffverbrauch

$$G_B = N_e \cdot g_B \text{ in kg/st}$$

und hieraus unter der weiteren Voraussetzung, daß das günstigste Mischungsverhältnis x von Benzindampf und Luft (etwa 1 : 17) bekannt ist, den stündlichen Luftbedarf

$$G_L = x \cdot G_B \text{ in kg/st}$$

zu berechnen.

Geht man nicht von dem spezifischen Brennstoffverbrauch g_B, sondern von dem thermischen Wirkungsgrad η_ω aus, so ist der Luftbedarf nach der Formel

$$G_L = \frac{N_e \cdot 75 \cdot 3600}{\eta_\omega \cdot H_u \cdot 428} \cdot x \text{ in kg/st}$$

zu ermitteln, worin man

$$\eta_\omega = 0{,}20$$

setzen darf. H_u ist der untere Heizwert des Brennstoffes in WE/kg. Die so bestimmte Luftmenge

$$V_L = G_L \cdot \frac{1}{\gamma_L}$$

muß von der Maschine angesaugt werden, wobei man den geringen Raumbedarf der Brennstoffdämpfe, der nur etwa 2 bis 3 v. H. beträgt, vernachlässigt. Ist

$$V_m = i \cdot \frac{\pi d^2}{4} \cdot s \text{ in cbm}$$

das gesamte Hubvolumen der Maschine, das bei jeder zweiten Umdrehung zum Ansaugen frei gemacht wird, so gilt

$$V_L = \eta_s \cdot \frac{n}{2} \cdot 60 \cdot V_m,$$

worin η_s das Füllungsverhältnis der Maschinenzylinder (etwa 0,8) ist.

Hieraus kann man nach Annahme einer geeigneten Umlaufzahl das Hubvolumen und aus diesem mit Hilfe der weiter oben stehenden Gleichung bei an-

---

[1]) Verbrennungsmaschinen, 2. Aufl., S. 208.

genommener Zylinderzahl i und angenommenem Verhältnis $s:d$ die Zylinderabmessungen berechnen.

Jedes der beschriebenen Berechnungsverfahren setzt somit eine Reihe von Annahmen voraus, die nur auf Grund einer längeren Praxis in der richtigen Weise getroffen werden können. Die Grenzen für die Annahme bezüglich des Verhältnisses $s:d$ sind bereits weiter oben S. 131, angegeben. Der Mittelwert von $s:d = 1{,}2$ gilt jedoch nur für Motorwagen. Wo besondere Gründe vorliegen, das Gewicht der Maschine im Verhältnis zu ihrer Leistung gering zu halten, z. B. bei Luftfahrzeugen, kann man auch, selbst wenn es in geringem Maße auf Kosten der Wirtschaftlichkeit geschieht, kleinere Werte von $s:d$ verwenden, wobei aber die übrigen Festwerte entsprechend berichtigt werden müssen; in ähnlicher Weise wird man dort, wo außer auf die Wirtschaftlichkeit des Betriebes keinerlei Rücksichten genommen zu werden brauchen, wo es also insbesondere auf etwas Mehrgewicht der Maschine nicht ankommt, auch mit größeren Werten von $s:d$ rechnen dürfen. Man ist hierin sogar schon bis zu $s:d = 1{,}7$ bei Bootmaschinen gekommen.

Einen Anhalt für die Beurteilung des Einflusses, den das Hubverhältnis auf das Gewicht der Maschine für die Einheit der Leistung ausübt, bietet die beigefügte Zahlentafel, die dem Bulletin de la Commission Technique de l'Automobile Club de France vom Februar 1908 entnommen ist, und die sich auf die Ergebnisse einer Umfrage stützt:

Einfluß des Hubverhältnisses auf das Maschinengewicht.

Zylinder-Durchmesser mm	Hub mm	Hub-verhältnis $s:d$	Uml/min	Größte Bremsleistung PS_e	Maschinengewicht	
					insgesamt kg	kg/PS_e
170	150	0,88	1300	102	370	3,62
150	150	1,00	1000	80	300	3,75
180	170	0,94	1100	127	480	3,78
160	98	0,61	1300	95	395	4,15
160	160	1,00	1100	90	380	4,22
155	175	1,12	1100	100	450	4,50
145	160	1,10	1360	84	412	4,90
102	116	1,13	1460	37	233	6,29
120	140	1,16	1200	44	300	6,81
120	140	1,16	1200	60	420	7,00
150	138	0,92	1200	70	497	7,01
110	130	1,18	1500	43	311	7,24
112	130	1,16	1200	38	368	9,68
110	120	1,09	1100	35	350	10,00
110	130	1,18	1300	35	353	10,08

Es ist natürlich an dieser Stelle nicht möglich, den Einfluß des Hubverhältnisses anders als in mehr oder weniger allgemeiner Form zu behandeln. In der Praxis wird es nicht immer leicht sein, den hier angeführten Erwägungen zu folgen, weil andere, mitunter wichtigere bauliche Fragen berücksichtigt werden müssen. So hängt z. B. unter Umständen die Wahl des Hubverhältnisses auch von der Anordnung der Steuerventile, von der Anzahl der Lager für die Kurbelwelle usw. ab.[1])

Ungefähr die gleichen Angaben wie für das Hubverhältnis lassen sich hinsichtlich der Annahmen für die Umlaufzahlen machen. Für Motorwagen kommen

[1]) Vgl. Engineering vom 22. Januar 1909.

in normalen Fällen von den schwersten bis zu den leichtesten Ausführungen im Mittel etwa Geschwindigkeiten der Kurbelwelle zwischen 900 und 1200 Uml/min in Betracht, wobei in der Regel die höheren Umlaufzahlen für die leichteren Wagen Verwendung finden. Unter diese Werte zu gehen, empfiehlt sich eigentlich nur für Bootsmaschinen, darüber hinaus geht man bei allen Maschinen, bei denen es auf geringes Gewicht ankommt, insbesondere bei solchen für Luftfahrzeuge. Die Angaben beziehen sich außerdem nur auf jene Geschwindigkeiten, die der mittleren Dauerleistung entsprechen. Bei allen Arten von Maschinen, selbst auch bei den Bootsmaschinen, werden sich wesentliche Überschreitungen der angegebenen mittleren Umlaufzahlen im Betriebe niemals vermeiden lassen. Bei der Berechnung des Triebwerkes muß hierauf besonders Rücksicht genommen werden.

Einen brauchbaren Anhalt für die Wahl der Hauptabmessungen und der mittleren Umlaufzahl kann man auch aus folgenden Leitsätzen gewinnen:[1])

Bei gleichbleibendem Hub sind die mittleren Umlaufzahlen derjenigen Maschinen größer, die größere Zylinderdurchmesser haben.

Bei gleichbleibenden Zylinderdurchmessern sind die mittleren Umlaufzahlen derjenigen Maschinen höher, deren Hübe größer sind.

Diese Leitsätze, die der im allgemeinen Maschinenbau gebräuchlichen Voraussetzung von der Gleichförmigkeit der mittleren Kolbengeschwindigkeit geradezu widersprechen, werden durch die Praxis auch ziemlich gut bestätigt. Ihre Richtigkeit gründet sich darauf, daß bei Maschinen von unveränderlichem Hub die bei hohen Umlaufzahlen wachsenden Reibungsverluste infolge der Massenwiderstände mit wachsenden Zylinderdurchmessern stärker zunehmen als die Leistung, so daß, um gleich wirtschaftlichen Betrieb zu erlangen, Maschinen mit größeren Zylinderdurchmessern langsamer laufen müssen, als Maschinen mit kleineren Zylindern. Die Grenzen, die sich hierbei für Maschinen von 120 mm Hub ergeben, sind etwa:

70 mm	Zylinderdurchmesser	1500	bis	1800	Uml/min,
85 ,,	,,	1200	,,	1500	,,
100 ,,	,,	1000	,,	1300	,,

Hält man andererseits den Zylinderdurchmesser fest, so ergibt sich, daß man mit wachsendem Hub auch die Umlaufzahl erhöhen kann, weil weder die Reibungsverluste infolge der Massendrücke zunehmen, noch die Wirtschaftlichkeit verschlechtert wird. Die Grenze für die Erhöhung der Umlaufzahl zieht dann nur der Abfall des volumetrischen Wirkungsgrades der Maschine.

Für Maschinen von 90 mm Zylinderdurchmesser ergeben sich hierbei folgende Mittelwerte:

100 mm	Hub	1200 Uml/min,
130 ,,	,,	1250 ,,
150 ,,	,,	1450 ,,

In den vorstehenden Bemerkungen ist auch schon alles, was über die allgemeinen Arbeitsvorgänge in der Viertakt-Verbrennungsmaschine für den Fahrzeugbetrieb zu sagen wäre, soweit darüber das Lehrbuch von Güldner keine Auskunft gibt, ziemlich vollständig enthalten. Bei den nachfolgenden Erörterungen wird also stets angenommen, daß beim Ansaugen der Ladung möglichst geringer Unterdruck im Zylinder entsteht, daß die Verdichtung soweit getrieben wird, daß auf der einen Seite die günstige Wärmeausnutzung von annähernd 20 v. H. erreicht, andererseits aber ein zu scharfer Gang und jede Überanstrengung beim Andrehen der Maschine vermieden wird. Es wird ferner stets ange-

[1]) Louis Lacoin, The Horseless Age, 8. Februar 1911.

nommen, daß die Zündung so frühzeitig vor dem oberen Totpunkt eintritt, daß beim Beginn des Kraft- und Expansionshubes schon der volle Kolbendruck wirkt und daß endlich der Auspuff rechtzeitig und weit genug weit geöffnet wird, damit im Augenblicke des Ansaugens kein oder nur geringes Rückströmen von verbrannten Gasen in die Saugleitung stattfinden kann. Weiteres hierüber findet sich bei der Besprechung der Steuerung, S. 165, der Vergaser, S. 60, der Zündvorrichtungen, S. 96, usw.

Wahl der Zylinderzahl.

Rücksichten auf die bei allen Fabriken durchgeführte Reihenerzeugung der Fahrzeugverbrennungsmaschinen machen es noch oft so gut wie unmöglich, irgendeines von den geschilderten Berechnungsverfahren für die Hauptabmessungen anders als in ganz besonderen Ausnahmefällen anzuwenden. In den vielen kleineren Fabriken begnügt man sich noch vielfach mit Ein- oder Zweizylindermodellen, die lediglich durch mehrfaches Aneinanderreihen zu Maschinen für höhere Leistungen zusammengesetzt werden müssen. Da eine und dieselbe Maschine bei größerer oder geringerer Inanspruchnahme geringe Veränderungen in der Dauerleistung zuläßt, z. B. eine Einzylindermaschine 6 bis 7 PS_e liefern kann, so kann man durch Verdoppeln, Verdreifachen usw. der Zylinder Maschinen erhalten, die 12 bis 14 PS_e, 18 bis 21 PS_e usw. leisten, ohne die Zylindermodelle abändern zu müssen.

Zu bemerken ist allerdings, daß dieses Verfahren von den großen Motorwagenfabriken nicht mehr allgemein geübt wird, sondern viel eher von Fabriken, die sich nebenbei in höherem Maße mit der Herstellung von kleinen ortfesten Maschinen für Pumpen- und Dynamoantrieb befassen. Die Reihenerzeugung im Motorwagenbau ist heute bereits so durchgebildet, daß sich die meisten Fabriken darauf beschränken müssen, einige wenige Bauarten herzustellen. Dazu kommt, daß in den letzten Jahren von der Verwendung von Maschinen mit weniger als 4 Zylindern bei Motorwagen immer mehr abgegangen wird, wie noch weiter unten erläutert werden soll.

Neben den, wie erwähnt, nicht mehr so sehr in Frage kommenden Rücksichten auf die Reihenerzeugung sprechen aber auch Rücksichten auf das Gewicht, die Herstellkosten und die dynamischen Verhältnisse der Maschine unbedingt dafür, zum Zwecke der Erhöhung der Leistung über ein bestimmtes Maß hinaus nicht die Zylinderabmessungen zu vergrößern, sondern die Anzahl der Zylinder zu vermehren. In anschaulicher Weise wird dies von W. Pfitzner[1]) an der Hand von Zahlenangaben bewiesen, die allerdings für die heutigen Verhältnisse kaum mehr maßgebend sind. Pfitzner geht von einer Einzylindermaschine von 4,5 PS Leistung aus, die 94 kg wiegt (das verhältnismäßig große Gewicht erklärt sich daraus, daß das bei Vermehrung der Zylinder ziemlich unverändert beibehaltene Schwungrad und die Zubehörteile miteingerechnet sind). Er findet dann, daß die entsprechende Zweizylindermaschine mit den gleichen Zylinderabmessungen 123 kg, also nur 31 v. H. mehr bei doppelter Leistung, die Dreizylindermaschine 144 kg, also 53 v. H. mehr, die Vierzylindermaschine 180 kg oder 51 v. H. mehr und die Sechszylindermaschine 239 kg oder 154 v. H. mehr wiegen würde. Andererseits steigen die Kosten der Herstellung für jeden neuen Zylinder um je 50 v. H. Auf Grund dieser Zahlen findet Pfitzner dann weiter, daß, wenn man nur das geringste Gewicht in Betracht zieht, die Einzylindermaschinen nur bis zu 2,5 PS, die Zweizylindermaschine von 2,5 bis 4,5 PS, die Dreizylindermaschine von 4,5 bis 7,5 PS, die Vierzylindermaschine von 7,5 bis 12,5 PS und darüber hinaus die Sechszylindermaschine am günstigsten ist. Zieht man aber die Kosten der Herstellung in

[1]) Pfitzner und Urtel, Der Automobilmotor, S. 36 f.

Betracht, so ergibt sich, daß man bis zu 7,5 PS der Einzylindermaschine, von da bis zu 18 PS der Zweizylindermaschine, von da bis zu 29 PS der Dreizylindermaschine und bis zu 42 PS der Vierzylindermaschine den Vorzug geben wird, während über 42 PS hinaus die Sechszylindermaschine die günstigste ist.

Wie bereits angedeutet, sind die vorstehenden Erwägungen für die Wahl der Zylinderzahlen heute nicht mehr ausschlaggebend. Man steht heute fast ausnahmslos auf dem Standpunkt, daß eine Wagenmaschine mindestens 4 Zylinder haben muß, wenn sie für die heutigen Ansprüche genügend ruhig und frei von Erschütterungen laufen soll. Dies hat z. B. dazu geführt, daß man bei den meisten Motordroschken die Zweizylindermaschinen allmählich durch Vierzylindermaschinen ersetzt, ja daß man sogar bei den kleinen Motorwagen, deren Leistung nach der Steuerformel noch nicht einmal 6 PS beträgt, gänzlich im Widerspruch mit der Rücksicht auf die Kosten, die Vierzylindermaschinen anwendet, nur um einen von Erschütterungen genügend freien Lauf zu erreichen.

Solche Rücksichten sind allerdings nur bei den Wagenmaschinen, gegebenenfalls auch noch bei den Maschinen für Luftfahrzeuge zu üben, wo die Erschütterungen verhältnismäßig bewegliche Fahrzeugteile treffen und daher auf die Insassen übertragen werden. Bei den vielen ortfesten Anlagen mit solchen Maschinen und auch bei den Maschinen für Motorboote ist der Unterbau genügend stark, um solche Rückwirkungen aufzuheben. Hier wird man gegebenenfalls die eingangs angeführten Erwägungen benutzen können.

Dynamik der Fahrzeugmaschine.

Schon die vorstehenden Erörterungen geben Veranlassung, die bei Maschinen mit verschiedenen Zylinderzahlen auftretenden freien Kräfte und Momente näher zu untersuchen. In Betracht gezogen sind hierbei zunächst nur Maschinen der normalen Bauart, bei denen die stehenden Zylinder nebeneinander angeordnet sind; Sonderbauarten lassen sich dann auf Grund der Ergebnisse dieser Untersuchungen ohne Schwierigkeiten auch beurteilen. Die Untersuchung wird am besten getrennt ausgeführt, hinsichtlich der in den Zylindern auftretenden treibenden Kräfte und hinsichtlich der durch ihr Triebwerk verursachten Beschleunigungs- und Verzögerungskräfte.

Was zunächst die treibenden Kräfte anbelangt, so leuchtet sofort ein, daß wegen der Bauart der Maschinen unmittelbare Rückwirkungen der auf die Motorkolben ausgeübten Drücke nach außen nicht gelangen können. Diese Rückwirkungen werden vielmehr von der starren Verbindung des Zylinders mit dem Kurbelgehäuse aufgenommen, worin die Kurbelwelle gelagert ist, s. Fig. 184; nach außen gelangen dagegen die seitlichen Kolbendrücke und die durch sie erzeugten Momente, die, und zwar gänzlich unabhängig von der Zylinderzahl stets das Bestreben haben, die ganze Maschine entgegengesetzt zur Drehrichtung der Kurbelwelle um diese Welle als Achse zu drehen; dies hat zur Folge, daß die dem Kurbelgehäuse als Auflager dienenden Längsträger des Wagenrahmens und damit zugleich die Vorderfedern des Wagens verschieden stark belastet werden, wie man insbesondere bei sehr leicht gebauten und mit unverhältnismäßig starken Maschinen versehenen Rennwagen beobachten kann. Der Einfluß dieser Erscheinung, der überdies durch die Rückwirkung an der Maschinenwelle noch unterstützt wird, ist aber trotzdem bei normalen

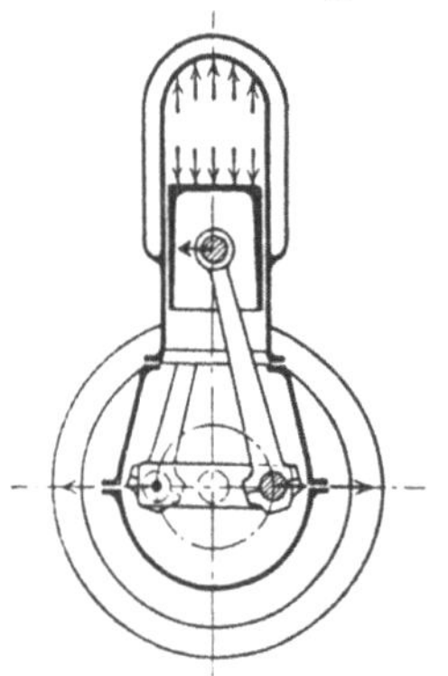

Fig. 184. Ausgleich der treibenden Kräfte in einer Wagenmaschine.

Wagen nicht sehr bedeutend, jedenfalls ist er nicht so wesentlich, daß man bis jetzt in größerem Maßstabe den Versuch unternommen hätte, von irgendeiner der vielen Zylinderanordnungen Gebrauch zu machen, durch die diese Rückwirkungen vermieden werden können. Viel wichtiger als diese Wirkung der seitlichen Kolbendrücke ist ihr Einfluß auf die Abnutzung der Zylinder. Das hat Veranlassung geboten, sich in neuerer Zeit mit dem Ausgleich der Seitendrücke, s. weiter unten, S. 144, näher zu beschäftigen.

Einen großen Einfluß übt die Zylinderzahl auf die Gleichförmigkeit des Drehmomentes aus. Da man bei Fahrzeugmaschinen hinsichtlich des Schwungradgewichtes äußerst beschränkt ist, so bietet die Vermehrung der Zylinder das beste Mittel, um bei gegebenem Schwungradgewicht die höchste Gleichförmigkeit des Drehmomentes zu erzielen. In anschaulicher Weise zeigt Fig. 185, um wieviel gleichmäßiger sich bei gleicher Leistung der Maschine die Umfangskräfte an der Kurbelwelle gestalten, wenn die Anzahl der Zylinder erhöht wird Ein Er-

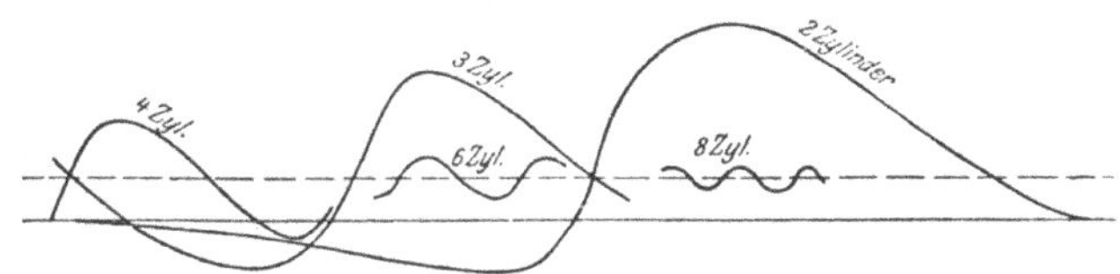

Fig. 185. Wachsende Gleichförmigkeit des Drehmomentes mit der Zylinderzahl.

gebnis der praktischen Erfahrungen ist es nun, daß man bei den Maschinen für Motorwagen im allgemeinen nur bis zu vier Zylindern geht, obgleich Maschinen mit sechs Zylindern naturgemäß noch gleichförmiger laufen. Der Unterschied zwischen der Vierzylindermaschine und der Sechszylindermaschine ist aber nicht mehr so groß, daß er die große Vermehrung der Herstellkosten bei der Sechszylindermaschine rechtfertigen würde. Das schließt allerdings nicht aus, daß man bei Luxusfahrzeugen, die besonders ruhig laufen sollen, gegebenenfalls auch bei Luftfahrzeugen, tatsächlich Maschinen mit 6 Zylindern anwendet.

Der Ausgleich der treibenden Kräfte ist somit für die Bedürfnisse des Motorwagenbaues mit der üblichen Bestimmung des erforderlichen Schwungradgewichtes erledigt. Dieses wird man den besonderen vorliegenden Verhältnissen anzupassen haben. Beim Motorwagen wird man in der Regel die Kupplung als Teil des Schwungrades ausbilden, bei Luftfahrzeugen, die im allgemeinen ohne Kupplung arbeiten, wird man die in der Luftschraube enthaltene Schwungmasse berücksichtigen, während man bei Wasserfahrzeugen unter Umständen geringere Zylinderzahlen und dafür schwerere Schwungräder zulassen darf.

Besondere Beachtung verdient hierbei noch die Zweizylindermaschine. Bei dieser ist der Ausgleich der treibenden Kräfte insofern ungünstig, als sich wegen der Kurbelversetzung um 180°, s. Fig. 186, S. 140, die Zündungen in ungleichmäßigen Zeitabständen folgen müssen. Sucht man diesen Fehler, der insbesondere bei Leerlauf und bei langsamem Gang deutlich merkbare Ungleichförmigkeiten im Drehmoment hervorruft, zu vermeiden, so bleibt nur die in Fig. 187, S. 140, dargestellte Kurbelanordnung übrig, die hinsichtlich der Massenwirkungen sehr ungünstig ist.

Zu berücksichtigen wäre eigentlich noch, daß die in einem Tangentialdruckdiagramm einer Mehrzylindermaschine vereinigten Umfangskräfte in verschiedenen Ebenen auftreten und daher mit Bezug auf einen beliebigen Punkt der Kurbelwelle Momente erzeugen. Es erübrigt sich aber auf die Untersuchung dieser Momente einzugehen, da die Fahrzeugmaschine in ihrer heutigen Bauart ohne weiteres als in sich starrer Körper angenommen werden darf. Eine Wirkung dieser Momente nach außen hat sich, soweit bis jetzt bekannt ist, im Wagenbetriebe noch nicht fühlbar gemacht. Sie wird wohl durch die Aufhängung der Maschine im Wagen vollständig aufgehoben.

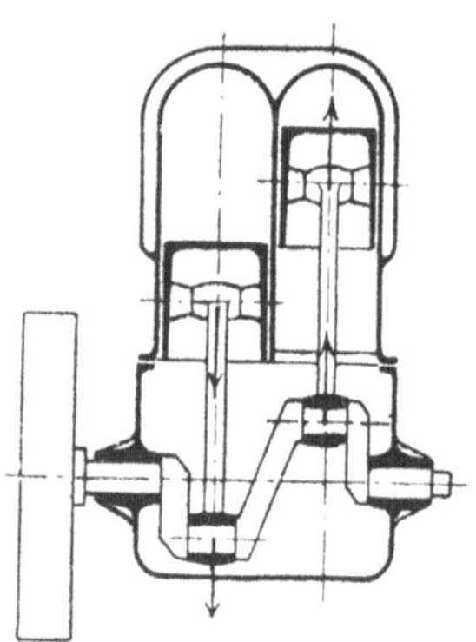

Fig. 186. Gebräuchliche Kurbelanordnung der Zweizylindermaschine. (Ungleichmäßige Zündfolge.)

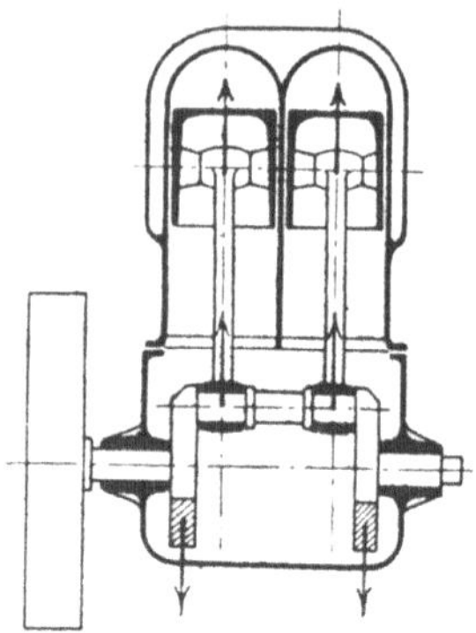

Fig. 187. Zweizylindermaschine mit gleichläufigen. Kurbeln. (Gleichmäßige Zündfolge.)

Ebenso wie der Ausgleich der treibenden Kräfte weist auch der Ausgleich der Massenwirkungen von Fahrzeugmaschinen unbedingt auf die Notwendigkeit der Vermehrung der Zylinder hin, da man die unnütze Vergrößerung des Maschinengewichts durch Gegengewichte vermeiden muß. In sehr einfacher Weise läßt sich der Einfluß der Zylinderzahl auf den Massenausgleich erkennen, wenn man die auftreten-

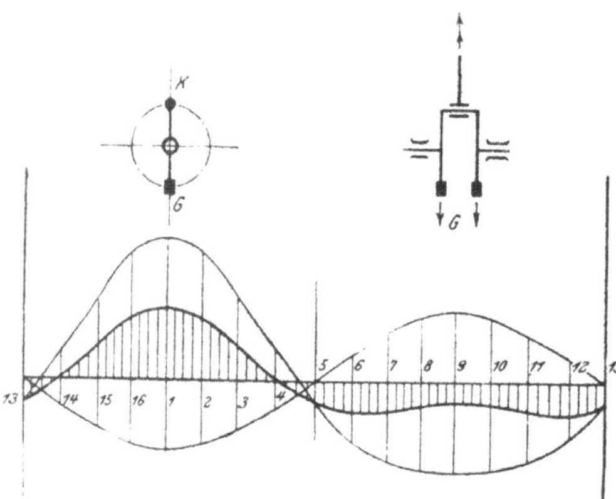

Fig. 188. Verlauf der Massenkräfte einer Einzylindermaschine.

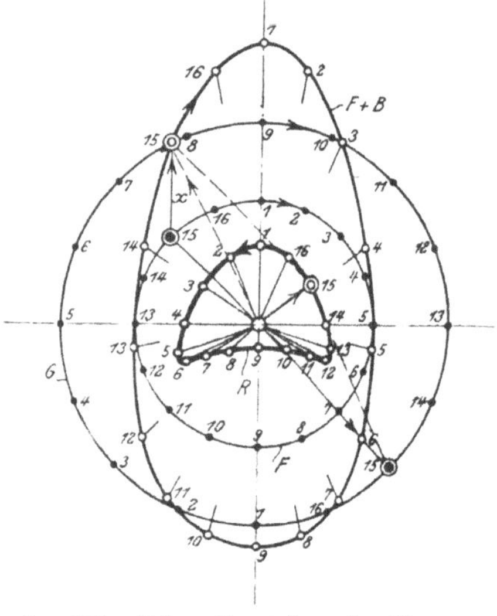

Fig. 189. Polare Darstellung der Massenkräfte einer Einzylindermaschine mit Gegengewicht.

den Kräfte und Momente bei den Maschinen mit 1 bis 6 Zylindern nacheinander untersucht.[1]) Bei der Einzylindermaschine, Fig. 188, treten nur Massenkräfte und keine Massenmomente auf. Der Kolben mit einem Teil der Schubstange liefert eine senkrecht schwingende Einzelkraft und die umlaufenden Teile liefern eine

[1]) Pfitzner und Urtel, Der Automobilmotor, S. 165 f.

Fliehkraft, die ihre Richtung mit der Kurbel ändert. Die Fliehkraft läßt sich durch ein unter 180° gegen die Kurbel K gestelltes, zweckmäßigerweise in zwei symmetrische Hälften geteiltes Gegengewicht vollständig ausgleichen, sie ist daher in Fig. 188 nicht erst eingetragen. Der Ausgleich der vom Kolben herrührenden Massenwirkung ist aber nicht vollständig möglich. Man kann die Verhältnisse nur bessern, indem man an der Kurbel ein weiteres Gegengewicht anbringt, dessen Fliehkraft halb so groß ist, wie die größte senkrechte Massenkraft des Kolbens. Weiter gehen darf man nicht, da sonst die wagerechten Komponenten der Fliehkraft dieses Gegengewichtes zu großen Einfluß gewinnen.

Sehr anschaulich wirkt die Darstellung in einem Polardiagramm, Fig. 189, worin Richtung und Länge der Fahrstrahlen die Richtung und die Größe der entsprechenden Kräfte anzeigen. Bei dieser Darstellung wird durch den Kreis F der Verlauf der freien Fliehkraft gezeigt, die der Wirkung der umlaufenden Maschinenteile entspricht. Der Kreis F ist in 16 gleichen Wegen der, wie angenommen wird, gleichförmig umlaufenden Kurbel entsprechende Teile eingeteilt. An jeder Stelle des Kreises sind nun mit den Fliehkräften die senkrechten Massenkräfte durch geometrische Addition vereinigt. Als Beispiel ist im Punkte 15 für eine Massenkraft x, die senkrecht nach aufwärts aufgetragen ist, die entsprechende Konstruktion ausgeführt. Den Verlauf der gesamten Massenkräfte des Triebwerkes ohne Ausgleichgewicht stellt somit die Eilinie $F + B$ dar. Die Fliehkraft des Gegengewichts muß so groß sein, daß sie das arithmetische Mittel zwischen dem Höchstwert der $F + B$-Kurve und den durch den Halbmesser des F-Kreises dargestellten Fliehkräften bildet. Da dieses Gegengewicht um 180° versetzt gegen die Kurbel angeordnet wird, so ist auch

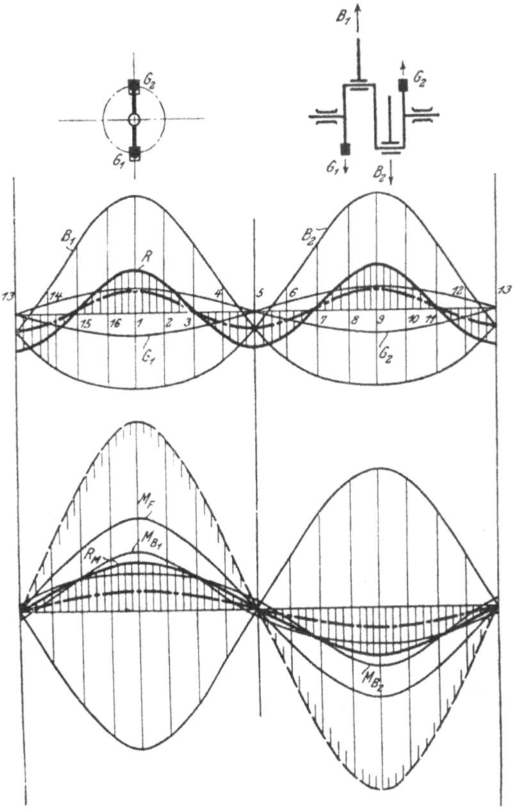

Fig. 190. Massenkräfte und Massenmomente einer Zweizylindermaschine.

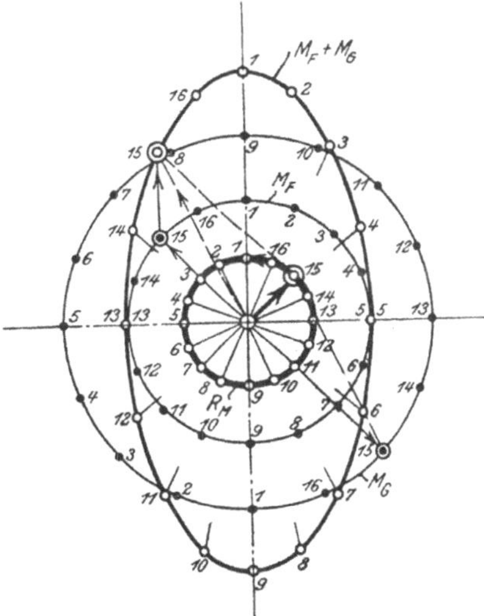

Fig. 191. Günstigster Ausgleich der Massenmomente einer Zweizylindermaschine.

die Einteilung des ihm entsprechenden Kreises G gegen diejenige des Kreises F um ebensoviel versetzt. Die einander entsprechenden Fahrstrahlen der $F+B$-Kurve und des Kreises G ergeben, nach dem Kräfteparallelogramm zusammengesetzt, Fahrstrahlen einer Kurve R, die den Verlauf der bei dem Massenausgleich übrig bleibenden freien Kraft im Polardiagramm darstellt. Diese zeigt insbesondere, daß es keinen Zweck hat, den Ausgleich der senkrechten Kräfte durch Vergrößerung des Gegengewichts G noch weiter verbessern zu wollen, weil damit die Höhe der R-Kurve wohl vermindert, aber auch gleichzeitig ihre Breite vergrößert werden würde.

Für die Zweizylindermaschine, bei der, wie bereits erwähnt, die Ungleichheit der Zündabstände bei einer Kurbelverstellung von 180° in den Kauf genommen werden muß, ist der Verlauf der Massenkräfte und der Massenmomente durch die Diagramme in Fig. 190 veranschaulicht. Hier ergibt sich, daß freie Massenkräfte der umlaufenden Teile nicht mehr vorhanden sind, da die Kurbeln einander genau gegenüberstehen. Die Zusammensetzung der von den schwingenden Teilen herrührenden Massenkräfte B_1 und B_2 ergibt eine Linie R, deren Schwingungszahl doppelt so groß ist wie die Umlaufzahl der Maschine. Außerdem treten aber freie Massenmomente M_{B_1} und M_{B_2} und freie Momente der Fliehkräfte M_F auf, die vereinigt eine Linie R_M ergeben. Die Wirkung dieser Momente kann durch Gegengewichte G_1 und G_2 an den Kurbeln ausgeglichen werden, deren Fliehkräfte sich gegenseitig aufheben, die aber ein dem Massenmoment R_M entgegengesetzt wirkendes Fliehkraftmoment erzeugen. Vollständiger Ausgleich ist also auch in diesem Falle wie bei der Einzylindermaschine unmöglich. Die günstigste Verteilung der Momente ergibt sich, wenn man wieder das ausgleichende Fliehkraftmoment als arithmetisches Mittel zwischen den Fliehkraftmomenten der umlaufenden Teile und dem Höchstwert der Linie R_M bestimmt, wie aus der polaren Darstellung in Fig. 191 zu ersehen ist. Es ergibt sich dann ein resultierendes Moment R_M von unveränderlicher Größe, das mit gleichbleibender Geschwindigkeit entgegengesetzt zur Kurbel umläuft. Daneben bleibt die freie Massenkraft der Kolben bestehen, deren Schwingungszahl jedoch in der Regel über der Schwingungszahl des Wagenrahmens liegt und daher zu Resonanzwirkungen nicht zu führen braucht.

Führt man diese Betrachtungen in genau der gleichen Weise an einer Dreizylindermaschine durch, deren Kurbeln um 120° gegeneinander versetzt sind und deren Zündungen sich innerhalb zweier Wellenumdrehungen in gleichen Abständen folgen, so ergibt sich, daß sich die freien Massenkräfte der hin- und hergehenden sowohl wie auch die Fliehkräfte der umlaufenden Teile ohne Zuhilfenahme von Gegengewichten ausgleichen. Sieht man als Momentenebene die durch die Mitte des mittleren Zylinders gelegte Ebene an, so kommen für die Bildung von Massenmomenten nur die beiden äußeren Zylinder in Frage. Auch diese Momente lassen sich in einem polaren Diagramm, ähnlich wie bei der Zweizylindermaschine addieren, wobei die Fliehkraftmomente ebenso wie die schwingenden Momente der Kolben Berücksichtigung finden müssen, und dann durch ein Gegengewicht ausgleichen. Der günstigste Ausgleich ergibt sich wieder, wenn man das Fliehkraftmoment der Gegengewichte als das arithmetische Mittel zwischen dem größten Massenmoment und dem Fliehkraftmoment der umlaufenden Teile bestimmt. Das freie Massenmoment, das dann übrigbleibt, unterscheidet sich von demjenigen, welches sich bei der Zweizylindermaschine ergibt, in der Hauptsache dadurch, daß es bei seinem Umlauf um die Welle nicht gleichförmig wandert und außerdem auch seine Größe verändert. Für die Zwecke eines günstigen Ausgleichs empfiehlt es sich, die Gegengewichte senkrecht zu der mittleren Kurbel anzuordnen und wie üblich symmetrisch gegen die Maschinenmitte sowie gegeneinander zu verteilen, derart, daß sie keine freien Fliehkräfte erzeugen.

Erst bei der Vierzylindermaschine kann man ohne Verwendung von Gegengewichten zu einem für praktische Zwecke ausreichenden Massenausgleich gelangen. Dazu ist es notwendig, die Kurbeln so anzuordnen, daß sich die schwingenden Massen ausgleichen, ohne freie Momente zu liefern. Dies führt zu der üblichen Kurbellage, bei der die beiden inneren und die beiden äußeren Kurbeln

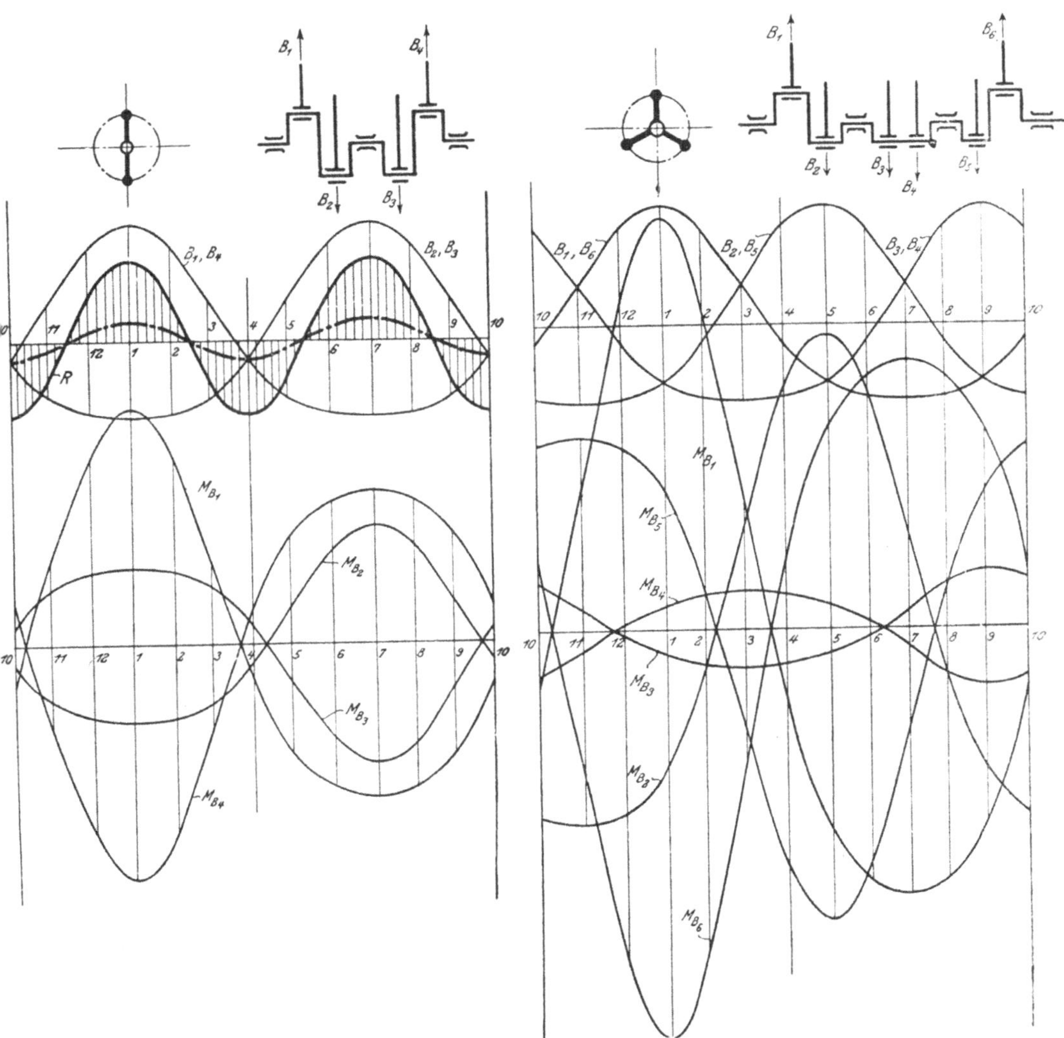

Fig. 192. Massenkräfte und Massenmomente einer Vierzylindermaschine.

Fig. 193. Massenkräfte und Massenmomente einer Sechszylindermaschine.

je gleich gerichtet sind und bei der diese Paare unter 180° gegeneinander stehen, s. Fig. 192. Die Maschine stellt sich dann, abgesehen von der Aufeinanderfolge der Zündungen, in dynamischer Hinsicht einfach als eine Verdoppelung der bereits besprochenen Zweizylindermaschine dar. Wie bei dieser bleibt also auch hier von den Kolben eine freie schwingende Massenkraft übrig, deren Schwingungszahl der doppelten Umlaufzahl der Kurbelwelle entspricht und deren Größe in dem gleichen

Verhältnis zur Maschinenleistung steht wie bei der Zweizylindermaschine. Dagegen sind wegen der symmetrischen Anordnung der Zylinder und Triebwerke gegeneinander freie Massenmomente nicht mehr vorhanden, vielmehr wirken die freien Massenmomente der einen Maschinenhälfte genau entgegengesetzt denjenigen der anderen.

Bei der **Sechszylindermaschine**, Fig. 193, ist es endlich möglich, die Vorteile der Dreizylindermaschine und der Vierzylindermaschine insofern zu vereinigen, als die Sechszylindermaschine aus zwei symmetrisch gegeneinandergestellten Dreizylindermaschinen zusammengesetzt ist. Wie bei der Dreizylindermaschine sind demnach keine freien Massenkräfte vorhanden, während die Massenmomente wie bei der Vierzylindermaschine durch die symmetrische Anordnung der Maschinenhälften gegeneinander aufgehoben werden.

Die vorstehende Betrachtung der Maschinen mit verschiedenen Zylinderzahlen ergibt, daß mit Rücksicht auf einen ausreichenden Massenausgleich erst die Maschine mit 4 Zylindern ohne Zuhilfenahme von Gegengewichten an den Kurbeln ausgeführt werden kann. Sie bestätigt also, was die praktische Erfahrung schon längst gezeigt hat, nämlich, daß erst Maschinen mit 4 Zylindern in ihren Massenwirkungen soweit ausgeglichen sind, daß man sie in Personenfahrzeugen, die einigermaßen von den Erschütterungen der Maschine frei bleiben sollen, einbauen kann[1]).

Zur Vervollständigung einer Untersuchung über die Dynamik der Fahrzeugmaschine gehört schließlich auch die Betrachtung der bereits erwähnten **seitlichen Kolbendrücke**. Bestimmt man auf Grund eines gegebenen oder angenommenen Indikatordiagramms, einer gegebenen Umlaufzahl und eines bestimmten Wertes für das Gewicht der hin und hergehenden Massen den Verlauf der wirksamen Kolbendrücke während der vier aufeinanderfolgenden Takte, Fig. 194, und daraus den Verlauf der auf die Kolbenbahn entfallenden Seitendrücke, Fig. 195, so erkennt man: da sich die Vorgänge in einem Zylinder stets in der gleichen Reihenfolge abspielen, müssen die während des Krafthubes auftretenden größten Seitendrücke immer nach der gleichen Seite der Maschine hin gerichtet sein; ist die Auflagefläche des Kolbens nicht sehr groß bemessen, so muß auf dieser Seite des Zylinders die größte Abnutzung auftreten; in der Tat hat man beobachtet, daß die Zylinder mit der Zeit nach dieser Seite hin unrund auslaufen.

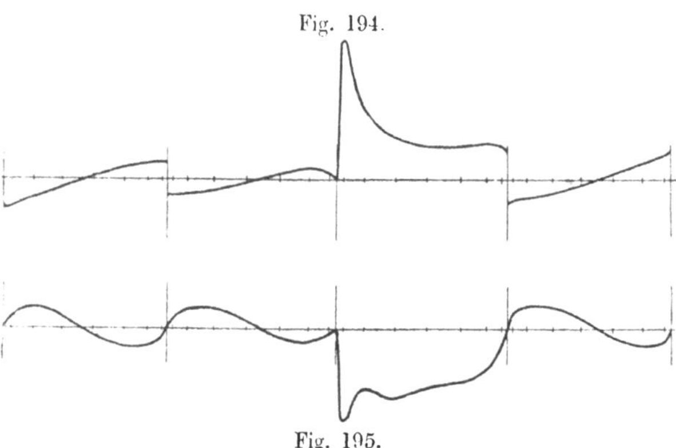

Fig. 194 und 195. Kolbendrücke und Seitendrücke in einem Zylinder während der vier Arbeitstakte einer Wagenmaschine.

Der geschilderte Vorgang spielt sich nun in der gleichen Weise in allen Zylindern einer z. B. 4 Zylinder besitzenden Maschine ab mit dem einzigen Unterschiede, daß derjenige Zylinder, wo der größte Seitendruck auftritt, sinngemäß, d. h. in der Reihenfolge der Zündungen wechselt, vgl. Fig. 196. Winkler[2]) hat

[1]) Eine sehr vollständige Untersuchung über den Einfluß von Zylinderzahl und Zylinderanordnung auf die Kraftverhältnisse in Wagen- und anderen Fahrzeugmaschinen hat vor kurzem Dr. Ing. Otto Kölsch im Verlag von Jul. Springer, Berlin, veröffentlicht.

[2]) Der Motorwagen, 1906, S. 180 u. f.

nun gezeigt, daß die Resultierenden aus den Seitendrücken, die in allen 4 Zylindern gleichzeitig auftreten, bis auf eine kurze, bei jeder halben Umdrehung der Kurbelwelle wiederkehrende Zeit bei einer rechtslaufenden Maschine stets nach links gerichtet sind, wobei ihre Größe nach einem bestimmten, wiederkehrenden Gesetze wechselt. Auf diese Wirkung der Seitendrücke ist schon auf S. 139 aufmerksam gemacht worden. Die unmittelbaren Folgen des resultierenden Seitendruckes sind die dauernde einseitige Belastung des Rahmens sowie der Federn, dann aber auch, weil der Angriffspunkt der Resultierenden stetig wechselt, Schwingungen der ganzen Maschine um ihre senkrechte Achse.

1. Zylinder	2. Zylinder	3. Zylinder	4. Zylinder	Bild der Kurbelwelle
Zündung	Verdichtung	Aus	Ans.	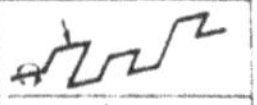
Aus	Zündung	Ans.	Verdichtung	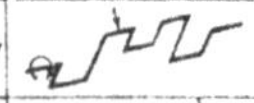
Ans.	Aus	Verdichtung	Zündung	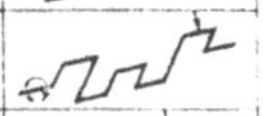
Verdichtung	Ans.	Zündung	Aus	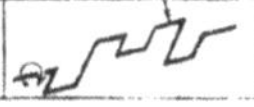

Fig. 196. Wandern des größten Seitendruckes in einer Vierzylindermaschine.

Wie bereits erwähnt, hat man es im Motorfahrzeugbau bis jetzt nicht für erforderlich gehalten, den Wirkungen dieser Seitenkräfte zu begegnen, da sie sich vorläufig für den Betrieb des Motorwagens nicht störend erwiesen haben. In ihrer Wirkung auf die erhöhte Abnutzung der Kolbenbahnen dagegen sind die Seitenkräfte anscheinend viel bedenklicher, da man es ihnen zum Teil zuzuschreiben hat, wenn die Zylinder nach verhältnismäßig kurzer Zeit nachgebohrt werden müssen. Eine Abhilfe dagegen ist offenbar schon erreicht, wenn es gelingt, die Kolben während eines wesentlichen Teiles der Zeit auch nach der anderen Seite des Zylinders zu drücken, also die Abnutzung auf die ganze Lauffläche des Zylinders besser zu verteilen.

Diesen Zweck verfolgt das heute im Motorwagenbau vielfach und namentlich in den Vereinigten Staaten fast allgemein angewendete Verfahren, die Zylindermitten gegen die durch die Kurbelwelle gelegte senkrechte Ebene in derjenigen Richtung zu versetzen, welche dem Drehsinn der Kurbel entspricht, ein Verfahren, das bei der Maschine von Richard Brasier, Fig. 197, zum erstenmal für neuere Fahrzeugmaschinen ausgeführt worden ist.

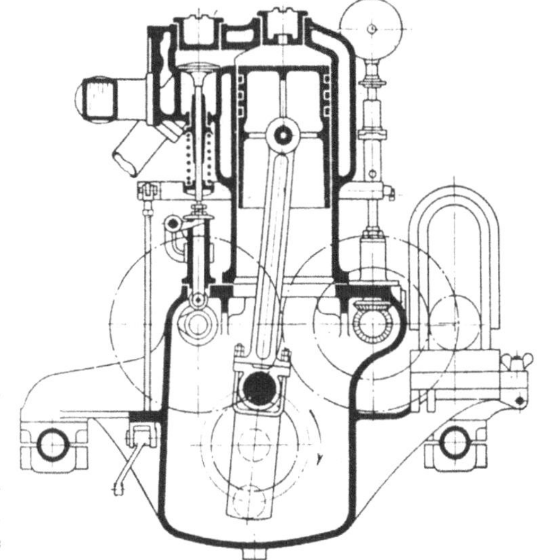

Fig. 197. Maschine von R. Brasier mit versetzten Zylindern.

Durch diese Versetzung der Zylinder (geschränkter Kurbeltrieb) wird die Kinematik des üblichen Schubkurbelgetriebes etwas abgeändert. Bezeichnet man mit

r die Kurbellänge.

$a = \frac{L}{r} = \frac{1}{\lambda}$ das Verhältnis der Stangenlänge zur Kurbellänge,

L die Stangenlänge und

$k = \frac{x}{r}$ das Verhältnis der Zylinderversetzung zur Kurbellänge, s. Fig. 198, so ist der Hub

$$\overline{AB} = r\left[\sqrt{(a+1)^2 - k^2} - \sqrt{(a-1)^2 - k^2}\right]; \text{ also } > 2r.^{1)}$$

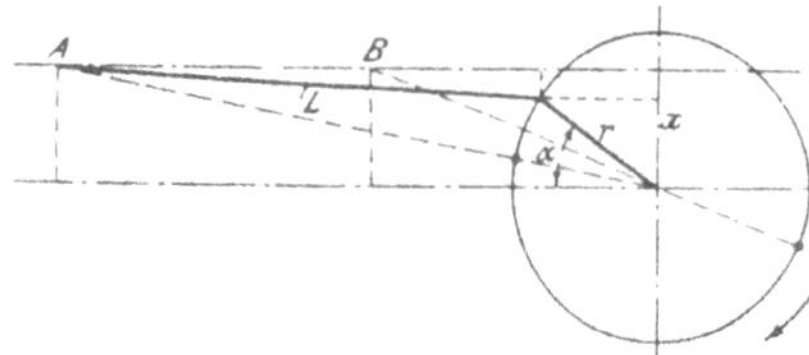

Fig. 198. Geschränkter Kurbeltrieb.

Der Unterschied beträgt, wie aus der nachstehenden Zahlentafel zu entnehmen ist, gegenüber dem normalen Schubkurbelgetriebe bis zu 7 v. H. Als erster Vorteil der Zylinderversetzung ergibt sich demnach, daß die Bauhöhe der Maschine, bestimmt bei normalen Maschinen durch die Summe von Stangenlänge und Kurbellänge, bei Maschinen mit versetzten Zylindern geringer wird als bei sonst gleichen Maschinen mit nicht versetzten Zylindern.

$r = 1$

L/r	k	Hublänge	Hubvergrößerung v. H.
beliebig	0	2,00000	0,00
3	0,1	3,00375	0,06
3	1,0	2,42279	7,04
4	1,0	2,21180	3,50
5	1,0	2,12930	2,15
6	1,0	2,08730	1,01

Ist y der Abstand des Kolbens von dem äußeren Hubende, entsprechend einem Kurbelwinkel α, so gilt

$$\frac{y}{r} = \sqrt{(a+1)^2 - k^2} - \cos\alpha - \sqrt{a^2 - (k - \sin\alpha)^2}.$$

Durch doppelte Differentiation dieser Gleichung nach der Zeit erhält man unter Anwendung einiger Vereinfachungen die Kolbenbeschleunigung, die, mit der Masse M der hin- und hergehenden Teile die Beschleunigungsdrücke ergibt. Die Formel hierfür

$$B = \frac{M r^2}{r} \cdot (a^{-1} \cdot k \cdot \sin\alpha + \cos\alpha + a^{-1} \cdot \cos 2\alpha)$$

unterscheidet sich von der für den normalen Kurbelbetrieb geltenden

$$B = \frac{M v^2}{r} (\cos\alpha \pm a^{-1} \cdot \cos 2\alpha),$$

die man erhält, wenn man

$$\lambda = a^{-1}$$

einsetzt, abgesehen von dem doppelten Vorzeichen, nur durch das Glied

$$a^{-1} \cdot k \cdot \sin\alpha$$

das für $k =$ Null ausfällt.

Den Verlauf der Beschleunigungskräfte oder vielmehr nur den Wert des Klammerausdruckes

$$a^{-1} \cdot k \cdot \sin\alpha + \cos\alpha + a^{-1} \cdot \cos 2\alpha$$

[1]) Proceedings of the American Society of Mechanical Engineers, Februar 1909.

für verschiedene Kurbelwinkel α und für verschiedene Werte von a und k zeigt die nachstehende Zahlentafel:

Kurbelwinkel in Graden	$L/r = 3$		$L/r = 3{,}5$	$L/r = 4$	$L/r = 4{,}5$		
	$k = 0{,}30$	$k = 0{,}50$	$k = 0{,}20$	$k = 0{,}30$	$k = 0{,}30$	$k = 0{,}40$	$k = 0{,}50$
15	1,280	1,297	1,229	1,200	1,175	1,181	1,187
30	1,083	1,116	1,037	1,028	1,010	1,021	1,033
45	0,778	0,825	0,747	0,760	0,754	0,769	0,785
60	0,419	0,477	0,406	0,440	0,447	0,465	0,485
75	0,067	0,131	0,066	0,104	0,131	0,152	0,174
90	— 0,233	— 0,166	— 0,229	— 0,175	— 0,156	— 0,134	— 0,111
105	— 0,450	— 0,386	— 0,451	— 0,404	— 0,385	— 0,364	— 0,344
120	— 0,580	— 0,523	— 0,594	— 0,560	— 0,553	— 0,535	— 0,515
135	— 0,636	— 0,589	— 0,666	— 0,654	— 0,660	— 0,645	— 0,629
150	— 0,650	— 0,617	— 0,695	— 0,704	— 0,722	— 0,711	— 0,699
165	— 0,653	— 0,635	— 0,703	— 0,731	— 0,757	— 0,751	— 0,745
180	— 0,667	— 0,667	— 0,714	— 0,750	— 0,778	— 0,778	— 0,777
195	— 0,703	— 0,721	— 0,733	— 0,769	— 0,791	— 0,797	— 0,803
210	— 0,750	— 0,783	— 0,752	— 0,778	— 0,788	— 0,799	— 0,810
225	— 0,778	— 0,825	— 0,747	— 0,760	— 0,754	— 0,769	— 0,785
240	— 0,753	— 0,811	— 0,692	— 0,690	— 0,669	— 0,687	— 0,707
255	— 0,644	— 0,708	— 0,561	— 0,548	— 0,513	— 0,534	— 0,556
270	— 0,433	— 0,500	— 0,343	— 0,325	— 0,288	— 0,310	— 0,333
285	— 0,127	— 0,191	— 0,044	— 0,040	0,003	0,018	— 0,040
300	0,246	0,189	0,308	0,310	0,331	0,313	0,293
315	0,636	0,589	0,667	0,654	0,660	0,545	0,629
330	0,983	0,950	0,981	0,954	0,944	0,933	0,917
345	1,228	1,211	1,199	1,164	1,141	1,135	1,129
360	1,333	1,333	1,286	1,250	1,222	1,222	1,222

Es ist insbesondere zu beachten, daß sich die Werte im Gegensatze zu dem gewöhnlichen Kurbelgetriebe nicht mehr von 180° zu 180°, sondern erst nach einer vollen Umdrehung wiederholen.

Bestimmt man nun mit Hilfe eines angenommenen Indikatordiagrammes für gegebene Werte von Umlaufzahl, Gewicht der hin- und hergehenden Teile, Zylinderabmessungen usw. den Verlauf der Seitendrücke bei einem solchen Kurbelgetriebe in einem einzelnen Zylinder, so findet man, daß für das gebräuchlichste Verhältnis von

$$\frac{L}{r} = 4{,}5$$

der größte durch den Explosionsdruck hervorgerufene Seitendruck (im ersten Takt) mit zunehmender Versetzung k abnimmt, während der im zweiten Takt auftretende größte Seitendruck, der hauptsächlich durch die Massenwirkung verursacht ist, mit zunehmendem k gleichfalls zunimmt. Als günstigsten Wert der Versetzung k, d. h. als denjenigen Wert, wobei diese beiden höchsten Seitendrücke einander gleich werden, erhält man etwa $k = 0{,}16$ für $n = 1500$ Uml/min.

Bei einer Maschine, deren Zylindermitten gegen die Kurbelwelle um 16 mm für je 100 mm Kurbellänge versetzt sind, wird somit erreicht, daß der Kolben während des Auspuffhubes mit der gleichen Kraft nach rechts an die Zylinderlauffläche angedrückt wird, wie er bei dem vorhergehenden Explosionshube nach links angedrückt worden ist. Der größte Seitendruck, der hierbei überhaupt erreicht wird, ist aber wesentlich kleiner als der größte Seitendruck bei einem normalen Kurbelgetriebe; der Unterschied beträgt etwa 18,3 v. H.

Die von den Linien der Seitendrücke und der Achse eingeschlossenen Flächen kann man ferner als Maße für die entsprechende Reibungsarbeit des Kolbens ansehen. Die Mittelwerte dieser Reibungsarbeit nehmen bei gleichen Stangenverhältnissen $a=\frac{L}{r}$ mit zunehmender Versetzung der Zylinder auf derjenigen Seite ab, nach welcher der Kolben beim Explosionshub angedrückt wird, während sie auf der anderen Seite etwas zunehmen. Das günstigste Verhältnis, nämlich gleiche Reibungsarbeit auf beiden Kolbenseiten, erhält man für die oben angegebenen Maschinenverhältnisse bei $k=0{,}38$.

Die Versetzung der Zylinder gegen die Kurbelwelle hat demnach tatsächlich den Erfolg, daß innerhalb der einzelnen Zylinder entweder die größten Seitendrücke oder die durch die Seitendrücke hervorgerufenen Reibungsarbeiten der Kolben nach beiden Seiten hin gleichmäßig verteilt werden können. Sie ist daher schon aus diesem Grunde innerhalb der angegebenen Grenzen als durchaus empfehlenswert zu bezeichnen, zumal da ernstliche Schwierigkeiten bei der Herstellung der Maschinen daraus nicht erwachsen können. Durch die Verminderung des größten überhaupt auftretenden Seitendruckes wird außerdem die Schmierung erleichtert, und überdies wird auch die Wirkung der Seitendrücke nach außen verringert. Aus der bereits erwähnten Vergrößerung des Hubes ergibt sich ein, wenn auch geringer, Gewinn an Leistung gegenüber Maschinen von gleicher Bauhöhe und, weil die Explosionshübe sowie die Saughübe länger sind als die Verdichtungs- und die Auspuffhübe, auch ein geringer Gewinn an spezifischer Leistung gegenüber Maschinen von gleichem Gewicht für die Einheit der Leistung.

Andererseits hat die Versetzung der Zylinder bei den üblichen Zylinderzahlen keinen merkbar nachteiligen Einfluß auf die Gestaltung des Massenausgleiches. Wie bei den gewöhnlichen Maschinen wird bei drei um 120° versetzten Kurbeln wohl ein Ausgleich der Massenkräfte, aber nicht ohne Zuhilfenahme von Gegengewichten ein Ausgleich der von den Massenkräften hervorgerufenen Momente erreicht, während sich die Maschinen mit 4 und mit 6 Zylindern in bezug auf die Massenkräfte und Massenmomente fast ebenso verhalten wie die üblichen Maschinen. Bei seiner Untersuchung über den Einfluß der Zylinderversetzung bei Fahrzeugmaschinen findet von Doblhoff[1]) etwas abweichend von dem Vorstehenden, daß sich die vorteilhaftesten Verhältnisse bei einer Versetzung um die halbe Kurbellänge ergeben. Die günstigste Versetzung ist natürlich für verschiedene Werte von $\lambda=\frac{r}{L}$ verschieden. Sie schwankt für Werte von $\lambda=\frac{1}{3{,}5}$ bis $\frac{1}{5}$ zwischen $k=0{,}38$ bis $0{,}58$.[2])

Auf einige bauliche Vorteile der Zylinderversetzung sei bei dieser Gelegenheit noch aufmerksam gemacht. Legt man nämlich alle Ventile auf eine und dieselbe Seite des Zylinders, und zwar entgegengesetzt zu derjenigen Seite, nach welcher der Zylinder gegen die Welle versetzt ist, so kann man verhältnismäßig kleinere Zahnräder für den Antrieb der Steuerwelle verwenden und jedenfalls Zwischenräder vermeiden. Dagegen muß der Zylinder mit einem Schlitz versehen werden, damit die Pleuelstange nicht anschlägt. Man kann aber auch den Zylinder so weit abschneiden und den Kolben am unteren Hubende um so viel überlaufen lassen, wenn es sich mit den Forderungen verträgt, die an die Führung des

[1]) Der Motorwagen 1910, S. 287 u. f.

[2]) Der Motorwagen 1910, S. 486.

Kolbens gestellt werden müssen. Es empfiehlt sich, die Maschine, in der Fahrtrichtung gesehen, nach rechts laufen zu lassen, im Gegensatz zu gewöhnlichen Maschinen, die in der Regel nach links laufen. Die Steuerventile liegen dann auf der linken Seite, wenn die Zylinder gegen die Kurbelwelle nach rechts versetzt sind, also außerhalb des Bereiches der gewöhnlich rechts von der Maschine befindlichen Lenksäule des Wagens; demgegenüber sind die Ventile sonst ziemlich unzugänglich, da sie in der Fahrtrichtung rechts von den Zylindern angeordnet werden.[1])

Den Abschluß einer vollständigen Dynamik der Fahrzeugmaschinen hätte die Berechnung des erforderlichen Schwungradgewichtes nach dem im übrigen bekannten Verfahren aus der größten Überschußfläche des Tangentialdruckdiagrammes zu bilden. Eine Betrachtung des Tangentialdruckdiagrammes für eine Maschine von vier und mehr Zylindern zeigt jedoch, daß die Überschußflächen schon so gering sind, daß von einer nennenswerten Größe des Schwungradgewichtes zur Erzielung einer bestimmten Gleichförmigkeit des Ganges kaum mehr die Rede sein kann. In der Tat wird das Schwungradgewicht bei Fahrzeugmaschinen auch nicht mehr von der Rücksicht auf die Gleichförmigkeit des Ganges im dauernden Betriebe, sondern von anderen Umständen bestimmt, die es als überflüssig erscheinen lassen, die Schwungradberechnung in der üblichen Weise nach dem Tangentialdruckdiagramm vorzunehmen. Bestimmend für die Größe des Schwungradgewichtes ist vielmehr bei Fahrzeugmaschinen, daß das Schwungrad das Andrehen der Maschine erleichtern und während der Fahrt das Überwinden plötzlicher Widerstände ohne allzu großen Abfall der Umlaufzahl gestatten soll. Die hierfür erforderlichen Schwungradgewichte sind mehr durch die Erfahrung als durch die Rechnung bestimmbar, und um so weniger berechenbar als man sich je nach der Art des Fahrzeuges, um das es sich in einem bestimmten Falle handelt, in den Abmessungen und den Gewichten verschiedenen Beschränkungen unterwerfen muß. Für kleine und mittlere Personenwagen ist z. B. der größte Schwungraddurchmesser durch die verfügbare Rahmenbreite an engere Grenzen gebunden, als bei schweren Motorwagen, deren Schwungräder auf der anderen Seite das Andrehen nicht so leicht zu machen brauchen, weil im Gegensatze zu den Personenwagen stets kräftige Führer vorhanden sein werden. Für Personenwagen kann man ziemlich unabhängig von den Zylinderabmessungen den Außendurchmesser des Schwungrades mit 520 bis 550 mm annehmen, und wenn der Wagen nicht mit Kegelkupplung, sondern mit Lamellenkupplung versehen ist, auch noch wesentlich kleiner, z. B. nach der Formel

$$D = 11{,}5\frac{s}{2} - 29{,}718\,\text{cm},$$

worin s den Hub in cm darstellt.

Das Gewicht des Schwungrades nimmt mit der Leistung annähernd proportional zu. Nach den mir vorliegenden Angaben für Personenwagen erhält man gute Mittelwerte für das Schwungradgewicht nach der Formel

$$G = 1{,}1 \text{ bis } 1{,}35\,N\,\text{kg},$$

worin N die Bremsleistung der Maschine in PS_e ist. Auch hier wird in letzter Linie

[1]) Der Vollständigkeit halber muß ich noch auf schlechte Erfahrungen aufmerksam machen, die man, wie ich einem Bericht in der Zeitschrift „The Horseless Age“ vom 28. Oktober 1908 entnehme, mit der Zylinderversetzung bei der Maschine von Knight gemacht haben soll. Da wissenschaftliche Versuche über den Erfolg der Zylinderversetzung noch nicht angestellt worden sind, so muß man zunächst zur Kenntnis nehmen, daß sowohl Knight als auch die Société Métallurgique in Brüssel ganz im Gegensatze zu dem, was man erwarten sollte, beobachtet haben, daß die Maschinen nicht schneller als mit 1150 Uml/min laufen können, ohne zu stoßen, und daher keine günstige Höchstleistung entwickeln.

die Bestimmung der Maschine von Einfluß sein, insofern als man bei Personenwagen mit dem Gewicht sparsam umgehen muß. Daß z. B. für Luftschiffmaschinen möglichst keine Schwungräder verwendet werden, ist hiernach verständlich.

Bei den großen Umfangsgeschwindigkeiten, die sich bei schnellaufenden Fahrzeugmaschinen ergeben, kommt man von der Anwendung gußeiserner Schwungräder immer mehr ab. Man macht schon häufig die Schwungräder aus Schmiedestahl, um Brüche mit Sicherheit vermeiden zu können. Vielfach werden allerdings die Schwungradarme als Ventilatorflügel ausgebildet, mit der Aufgabe, die Luft aus dem Raum über der Maschine abzusaugen. Solche Räder müssen, wenn nicht aus Gußeisen, aus Gußstahl hergestellt werden. Für die Bemessung der Schwungradnabe gelten die Regeln des allgemeinen Maschinenbaues. Üblich ist aber, das Schwungrad ohne Nabe durch eine Scheibenkupplung mit der Kurbelwelle zu verbinden. Die Befestigung ist auf das größte auftretende Drehmoment zu berechnen, s. Fig. 183, S. 131.

Bei den neueren, niedrig gebauten Motorwagen ist schließlich noch zu beachten, daß der Kranz des Schwungrades nicht zu nahe an die Oberfläche der Straße herankommen darf, damit nicht bei starkem Durchfedern des Rahmens ein Stein berührt wird. Insofern ist der zulässige größte Schwungraddurchmesser auch von der Rahmenhöhe, den Wagenrädern und von dem Einbau der Maschine im Wagen abhängig.

Für ortfeste Anlagen mit Fahrzeugverbrennungsmaschinen wird dagegen die Schwungradberechnung in der üblichen Weise durchgeführt werden können. Man benutzt hierzu ein angenommenes Indikatordiagramm und legt für das Gewicht der hin- und hergehenden Teile, bezogen auf die Einheit der Kolbenfläche, einen Wert von $\frac{G}{F} = 0{,}045$ kg/qcm zugrunde. Nach **Güldner**[1]) beträgt für Wagenmaschinen $\frac{G}{F} = 0{,}04$ bis $0{,}025$ kg/qcm. Nach **Kölsch**[2]) für neuere Zwei- bis Vierzylindermaschinen etwa 0,03 bis 0,035 kg/qcm. Eine andere Formel für das Gewicht der hin- und hergehenden Teile in kg, die bis zu Zylinderdurchmessern von rd. 100 mm ebenfalls brauchbare Werte liefert, lautet $G = 0{,}7936\,d - 4{,}6886$. Hierin ist d der Zylinderdurchmesser in cm. Die Größe des Ungleichförmigkeitsgrades

$$\delta = \frac{v_{max} - v_{min}}{v_{mittel}}$$

wird bei den üblichen Vierzylindermaschinen für solche Betriebe mit etwa $\frac{1}{30}$ bis $\frac{1}{40}$ angesetzt werden können.

Anordnung der Zylinder.

In dem vorstehenden Abschnitt ist nur von solchen Maschinen die Rede gewesen, bei denen die Zylinder in einer Reihe hintereinander über der Kurbelwelle stehen. Diese Bauart kann heute als die bei Motorwagen so gut wie ausschließlich angewendete betrachtet werden. Sie hat sich im Laufe der langen Versuchsjahre immer nur als die beste erwiesen und dürfte auch in absehbarer Zukunft ohne zwingende Gründe nicht mehr verlassen werden.

Solche zwingende Gründe können aber, wenn auch nicht bei Motorwagen, so doch bei anderen von ähnlichen Maschinen betriebenen Fahrzeugen auftreten. Handelt es sich z. B. darum, eine Maschine zu bauen, die bei geringstem Gewicht

---

[1]) Verbrennungsmaschinen, 2. Aufl., S. 281.

[2]) a. a. O. S. 9.

und geringstem Raumbedarf die größte Leistung liefert, wobei unter Umständen auf Zugänglichkeit und Übersichtlichkeit der Teile, sowie auf unbedingte Zuverlässigkeit im Betriebe nicht so großer Wert gelegt zu werden braucht, wie bei den heutigen Motorwagen, so können Maschinen mit V-förmig oder sternförmig angeordneten oder gegenläufigen Zylindern stets gewisse Vorteile bieten. In erster Reihe kommen also solche Maschinen für Luftfahrzeuge sowie für schnellaufende Motorboote in Betracht, während bei Motorwagen, seitdem die Schnelligkeitsfahrten in den Hintergrund gedrängt worden sind, kaum ein Bedürfnis nach solchen Maschinen vorliegen dürfte.

Obgleich demnach die allgemeine Anordnung der Zylinder bei den Wagenmaschinen heute ziemlich festgelegt ist, bleibt dennoch eine Reihe von Fragen, die mit der Zylinderanordnung im engsten Zusammenhange stehen, auch heute

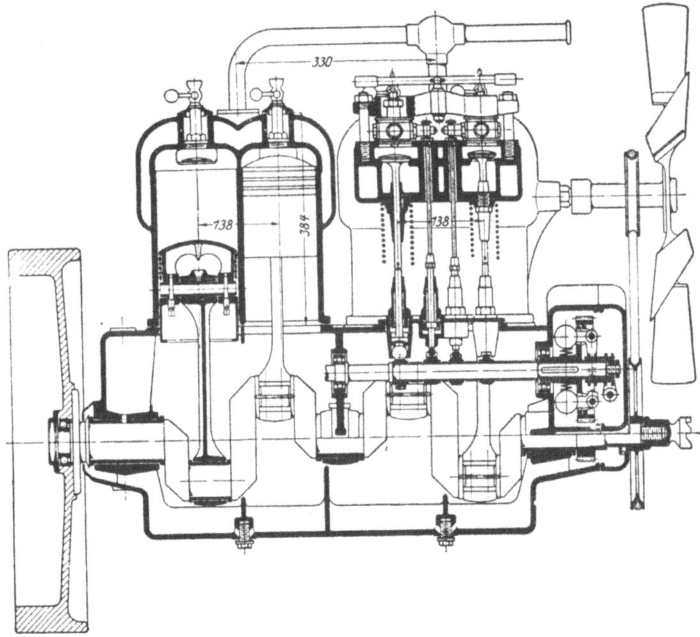

Fig. 199. Vierzylindermaschine mit paarweise zusammengegossenen Zylindern.

noch grundsätzlich zu entscheiden. In erster Linie handelt es sich darum, ob der Zylinder einzeln, paarweise zusammengegossen oder in noch größeren Blöcken hergestellt werden sollen. Für die Vereinigung mehrerer Zylinder zu einem gemeinsamen Blockkörper sprechen die Vereinfachungen durch den Fortfall der im Betriebe leicht undicht werdenden Verbindungsstellen in den Kühlwasserleitungen, durch die Verringerung der Baulänge der Maschine bei gleichbleibenden Zylinderdurchmessern sowie durch die Möglichkeit, mehrere Zylinder gleichzeitig auf mehrspindligen Bohrmaschinen zu bearbeiten. Gegen die Vereinigung spricht andererseits die Unmöglichkeit, einen etwa im Betriebe schadhaft gewordenen, oder mit Gußfehlern behafteten oder im Laufe der Bearbeitung unbrauchbar gewordenen Zylinder für sich auszuwechseln; mit steigender Anzahl der zu einem Block vereinigten Zylinder wachsen die Schwierigkeiten, fehlerlose Stücke der immer verwickelter werdenden Zylinderkörper aus der Gießerei zu erhalten.

Die bisherige Praxis hat, indem sie offenbar den Mittelweg zwischen diesen beiden entgegengesetzten Richtungen gewählt hat, im allgemeinen entschieden, daß es am zweckmäßigsten ist, die Zylinder nur paarweise zusammenzugießen, siehe z. B. Fig. 199, S. 151. Diese Bauart gestattet dadurch, daß man das Wellenlager zwischen beiden Zylindern eines Zylinderpaares fortlassen und die Einströmkanäle für beide Zylinder vereinigen kann, erhebliche Vereinfachungen bei gleichzeitiger Verminderung des Gewichtes, sie fordert aber, daß die Kurbelwelle, deren freie Länge vergrößert wird, in dem gleichen Verhältnisse verstärkt wird. Wenn es möglich ist, die gesamte Länge der Maschine durch Vereinigen von je 2 Zylindern zu verringern, so dürfte sich wegen der verminderten Baulänge der ganzen Maschine die Kurbelwelle trotzdem billiger stellen als diejenige einer Maschine mit einzelnen Zylindern.

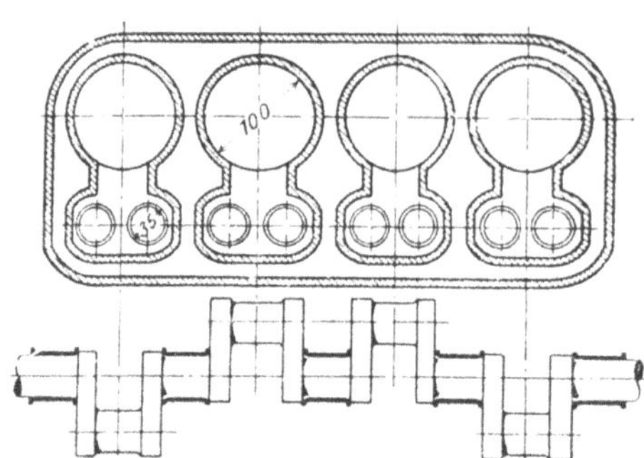

Fig. 200. Maschine, deren Ventile auf einer Seite liegen.

Bemerkt sei aber, daß sich grundsätzliche Entscheidungen über diese Frage nicht fällen lassen. Bei solchen Maschinen, deren Ventile auf der gleichen Zylinderseite liegen, s. Fig. 200, bietet es offenbar unter Umständen wenig Vorteile, die Zylinder paarweise zu vereinigen, da sich die Zylindermittel wegen der breiten Ventilgehäuse nicht mehr nähern lassen. Bei solchen Maschinen wird es zweckmäßiger sein, die Bauart mit getrennten Zylindern beizubehalten und die Kurbelwelle in 5 Lagern laufen zu lassen, wenn nicht wichtige Gründe der Bearbeitung dagegen sprechen.

Entscheidend für die ganze Stellungnahme der Praxis gegenüber der Frage, wieviel Zylinder miteinander vereinigt werden sollen, dürften wohl in erster Linie die erwähnten Gußschwierigkeiten gewesen sein. Sobald es unsere Gießereien fertig gebracht hatten, mehr als 2 Zylinder mit genügender Sicherheit, d. h. ohne allzu viele Fehlgüsse zusammenzugießen, ist man auch bei den Motorwagen zu Maschinen mit 4 zusammengegossenen Zylindern übergegangen, vorläufig allerdings vorwiegend bei kleinen Motorwagen, wegen der geringeren Zylinderabmessungen. Aber auch bei größeren Maschinen ist die Annahme dieser Maßregel zu erwarten, sobald die Gußtechnik weiter fortgeschritten sein wird. Zunächst müssen zwar wegen der Schwierigkeiten beim Gießen die Wandstärken der Vierzylinderblöcke reichlicher bemessen werden, als bei einzelnen oder paarweise zusammengegossenen Zylindern, was zur Folge hat, daß man gegenüber den Maschinen mit einzelnen Zylindern oder Zylinderpaaren wohl kaum viel an Gewicht spart. Dieser Umstand spielt aber bei den an und für sich geringen Abmessungen der Maschinen für kleine Motorwagen keine Rolle gegenüber den Vorteilen, die sich aus der Möglichkeit ergeben, gleichzeitig mehrere Zylinder in einer sehr genauen Vorrichtung zu bearbeiten. Bevor aber die Vierzylinderblöcke nicht mindestens ebenso gießbar sind, wie die Zwillingszylinder, dürften sie bei größeren Maschinen kaum allgemein eingeführt werden.[1])

Daß man die Zylinder so nahe aneinander rückt, wie es ihre sonstige Bauart ermöglicht, ist selbstverständlich; das Bestreben, durch das Aneinanderrücken der Zylinder an Baulänge und an Gewicht der Maschine zu sparen, soll aber nicht so weit gehen, daß man den wenn auch nur geringen Zwischenraum zwischen

[1]) Auf der letzten Internationalen Automobil-Ausstellung, Berlin 1911, waren schon Sechszylindermaschinen mit zusammengegossenen Zylindern mehrfach zu sehen; das ist ein Beweis dafür, daß die Gießereien große Fortschritte gemacht haben.

den einzelnen Zylindern, der vom Kühlwasser bespült werden kann, fortläßt, Fig. 201 und 202. Abgesehen davon, daß dieser Spielraum die Kühlung verbessert, gestattet er auch jedem Zylinder, sich namentlich in dem oberen, den höchsten Temperaturen ausgesetzten Teile frei auszudehnen; unter Umständen kann man das Fehlen dieses Zwischenraumes als die Ursache von Rissen im Zylindergußstück ansehen, die wiederholt während des Betriebes eingetreten sind, und wegen des Eindringens von Kühlwasser in die Zylinder die ganze Maschine unbrauchbar gemacht haben.

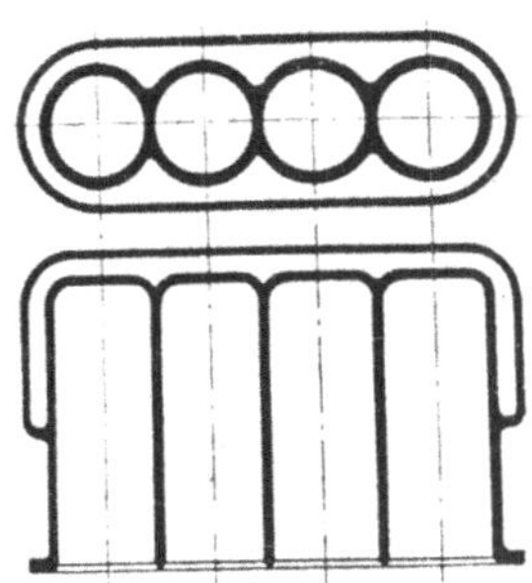

Fig. 201. Zylinderblock ohne Spielraum zwischen den Zylindern.

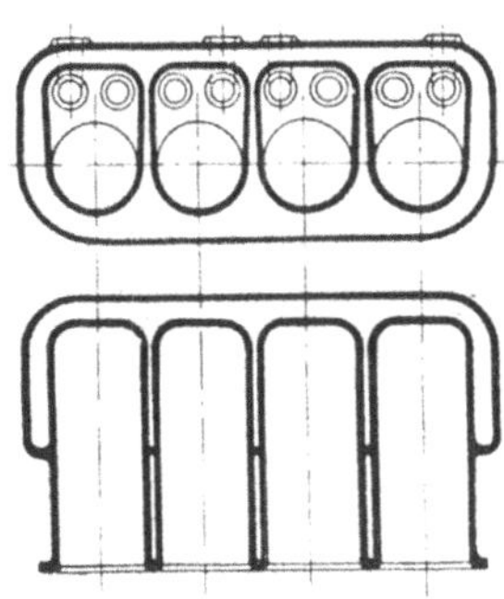

Fig. 202. Zylinderblock mit Spielraum zwischen den Zylindern.

Die Verbindung aller 4 Zylinder einer Fahrzeugmaschine zu einem starren widerstandsfähigen Gußstück hat auch noch den Vorteil, daß z. B. die Verteilleitungen für die frischen und die verbrannten Gase unmittelbar an die Zylinder angegossen werden können; man kann ferner das ganze Steuergetriebe staubdicht einkapseln, Fig. 203, und damit auch das Geräusch der Maschine vermindern, was sich für Maschinen, die z. B. bei den Fahrzeugen von Verkehrsunternehmungen dauernd im Betriebe stehen, vorteilhaft erweisen dürfte. Maschinen, deren Steuerung unter leicht abnehmbaren Deckeln versteckt ist, werden neuerdings vielfach gebaut. Einen Schritt weiter in dieser Richtung würde es endlich darstellen, wenn man den Vierzylinderblock auch mit der oberen Hälfte des Kurbelgehäuses vereinigte. Man hätte dann unter Umständen sogar die Möglichkeit, alle Lagerstellen der Maschine in einem einzigen Gußkörper unterzubringen, der mit Vorrichtungen genau bearbeitet werden kann.

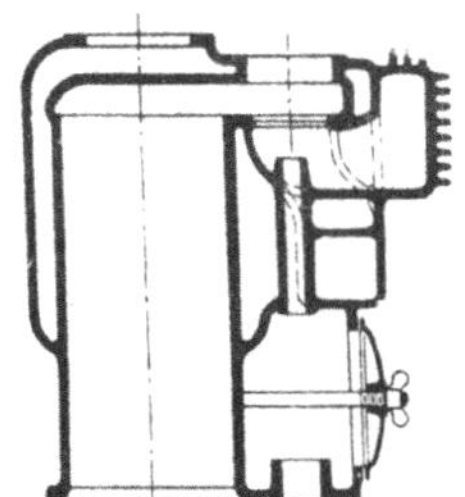

Fig. 203. Zylinderblock mit angegossenem Auspuffstutzen und verdeckter Steuerung.

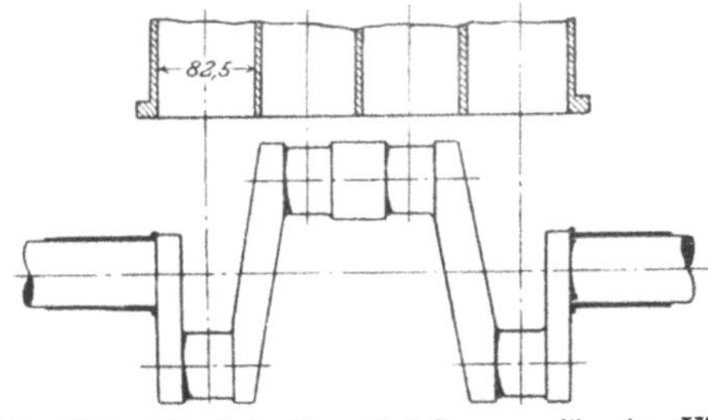

Fig. 204. Kurbelwelle mit 2 Lagern für eine Vierzylindermaschine mit zusammengegossenen Zylindern.

Für die Anordnung der Zylinder gegeneinander ist auch bestimmend, welcher Lagerung man bei der Kurbelwelle den Vorzug gibt. Ebenso wie bei Maschinen mit paarweise zusammengegossenen Zylindern die Anwendung von 3 Kurbelwellenlagern eine natürliche Lösung darstellt, bei der man den unentbehrlichen

Raum zwischen den Zylinderpaaren zweckmäßig ausnutzen kann, ebenso scheint es naheliegend, bei solchen Maschinen, bei denen alle 4 Zylinder in einem Block zusammengegossen sind, die Kurbelwelle nur mehr an den beiden Enden zu lagern, Fig. 204, S. 153. Der hieraus folgende Mehraufwand an Wellenstahl wird durch die Verkürzung der Welle reichlich wettgemacht. Daneben ergibt sich aber der Vorteil, daß man das Kurbelgehäuse nicht mehr in der wagerechten Mittelebene der Kurbelwelle zu teilen braucht, sondern es, was für die Herstellung viel bequemer ist, in einer senkrechten Ebene teilen kann, wobei man die Trennfuge zugleich mit den Öffnungen für die Hauptlager bearbeiten kann. Wegen der großen freien Länge, welche die Kurbelwelle hierbei erhält, dürfte es aber dann zweckmäßig sein, Kugellager zu verwenden, die größere Durchbiegungen der Kurbelwelle im Betriebe gestatten, und in diesem Falle wird man sogar die senkrechte Teilfuge des Kurbelgehäuses ganz fortlassen und das Kurbelgehäuse aus einem Stück herstellen können, weil die Kurbelwelle von oben her eingeführt werden kann. Gegebenenfalls würde es auch angängig sein, die Kurbelwelle in der Mitte zu teilen, um sie in das Kurbelgehäuse einsetzen zu können.

Anordnung der Steuerventile.

Die Unterschiede in den Bauarten der von den verschiedenen Fabriken hergestellten Fahrzeugmaschinen bestehen, da in der allgemeinen Anordnung der Zylinder große Übereinstimmung herrscht, vornehmlich in der Anordnung der Steuerventile. Auf diesem Gebiete ist man von einer Einheitlichkeit der Anschauungen über die Vorteile und Nachteile verschiedener Bauarten noch recht weit entfernt. Die geltenden Anschauungen stützen sich, insbesondere auch in diesem Punkte so gut wie ausschließlich auf Annahmen, deren Richtigkeit keineswegs erwiesen ist. Vergleichende Versuche mit Maschinen verschiedener Bauart, die allein imstande wären, Aufschlüsse über den Wert der verschiedenen Ventilanordnungen zu liefern, sind von unabhängigen Stellen bis jetzt nicht veröffentlicht worden. In Ermangelung solcher Versuche muß man es sich versagen, eine oder die andere Anordnung als die zweckmäßigere zu bezeichnen; man muß sich vielmehr darauf beschränken, dasjenige anzuführen, was nach dem Stande unserer Kenntnis dafür oder dagegen spricht.

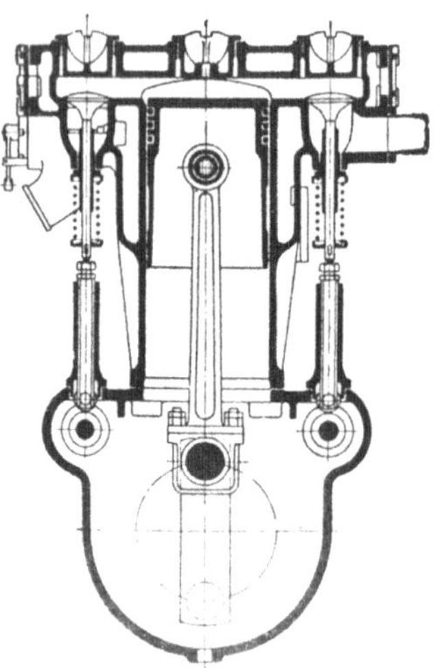

Fig. 205. Maschine mit symmetrischer Ventilanordnung.

Bei der üblichsten Bauart, Fig. 205, liegen die Steuerventile in besonderen seitlichen Ausbauten des als Verdichtungsraum dienenden Zylinderkopfes und geben dem Zylinder im senkrechten Längsschnitt die Form eines T. Diese erste Maschinenbauart mit gesteuerten Ventilen, die noch heute zahlreiche Anhänger hat, erfordert zwei Steuerwellen und bedingt außerdem einen sehr flachen, breit ausgedehnten Kompressionsraum, in dem sich die Zündung verhältnismäßig langsam fortpflanzt. Dem soll bekanntlich durch Anordnung einer zweiten Zündkerze über dem Auspuffventil abgeholfen werden, vgl. S. 127.

Die als überflüssige Zugabe empfundene Verdoppelung der Steuerwellen vermeidet die Zylinderbauart, Fig. 206 und 207, bei der die Steuerventile alle nebeneinander auf einer Zylinderseite liegen. Vorteilhaft sind hier, daß das von dem kühlen Gemisch umspülte Einlaßventil verhältnismäßig nahe bei dem den heißen Gasen ausgesetzten

Auslaßventil liegt, ferner der Fortfall der seitlichen Ausbauten, wenigstens auf einer Zylinderseite, der Fortfall der einen Steuerwelle sowie die Übersichtlichkeit

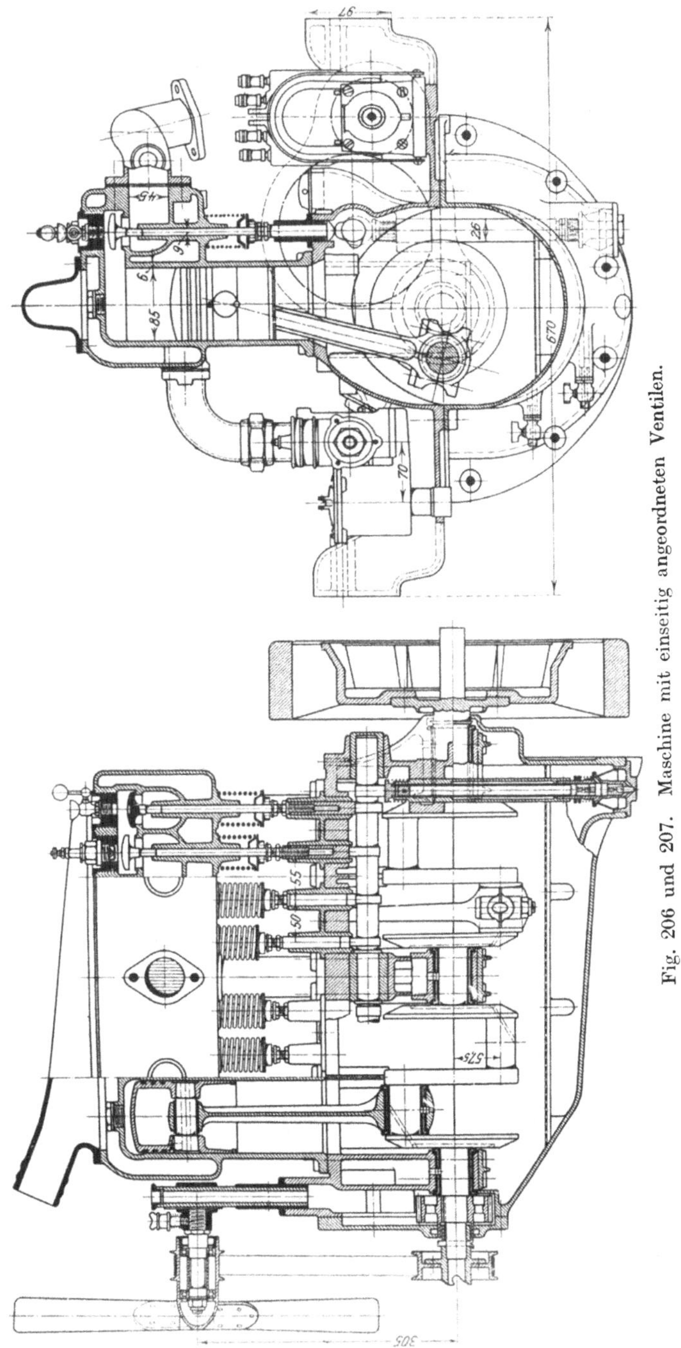

Fig. 206 und 207. Maschine mit einseitig angeordneten Ventilen.

der ganzen Ventilanordnung. Nachteilig ist dagegen, daß der einseitige Ausbau für die Ventile, der gewöhnlich breiter ausfällt als der Zylinder, wie in Fig. 200, S. 152, gezeigt worden ist, die Mindestentfernung der Zylinder bestimmt, daß sich die Anschlußleitungen für Einlaß und Auspuff auf der gleichen Seite der Maschine

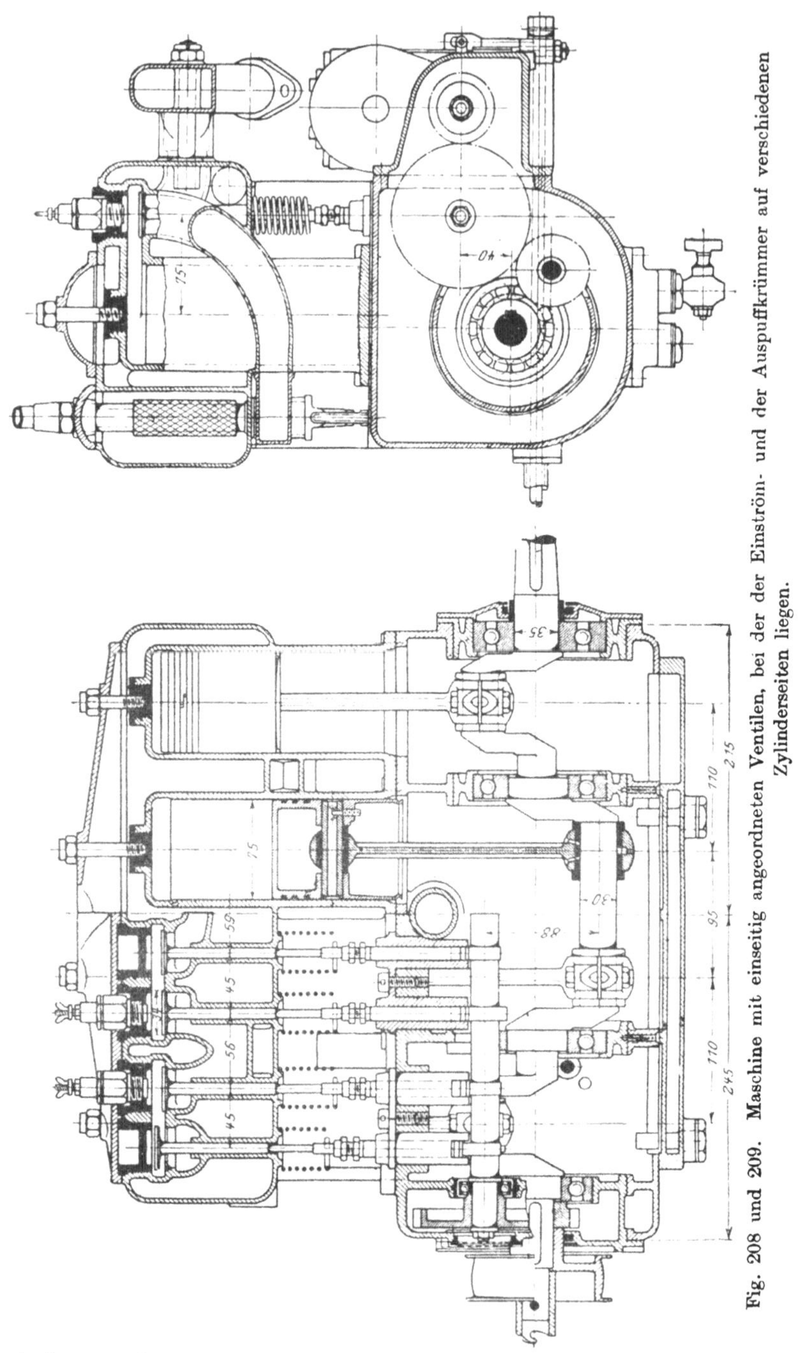

Fig. 208 und 209. Maschine mit einseitig angeordneten Ventilen, bei der der Einström- und der Auspuffkrümmer auf verschiedenen Zylinderseiten liegen.

nur schwierig unterbringen lassen, und daß sie den Zugang zu den Ventilfedern erschweren, insbesondere da man an dem hoch erhitzten Auspuffrohr vorbeigreifen muß. Diese Schwierigkeit wird auch dann nicht wesentlich vermindert, wenn man die Einströmleitung durch das Zylindergußstück hindurch auf die andere Seite der Maschine führt, Fig. 208 und 209. Es kommt hier noch dazu, daß man in den meisten Fällen eine besondere Hilfswelle für den Antrieb der Zünddynamo und der Kühlwasserpumpen nicht umgehen kann, während bei den Maschinen mit zwei Steuerwellen Zünddynamo und Kühlwasserpumpe gegebenenfalls von den Hinterenden der Steuerwellen aus angetrieben werden könnten, entweder unmittelbar, wenn die Umlaufzahl ausreichend hoch ist, oder sonst durch eine einfache Zahnradübersetzung. Zugunsten der zuerst erwähnten T-Bauart wird gegen die vorliegende, sog. L-Bauart noch eingewandt; daß die stark unsymmetrisch gebauten Zylinder Formänderungen durch die hohen Temperaturen leichter ausgesetzt sind als die symmetrisch gebauten.

Die beiden besprochenen Ventilanordnungen haben heute die größte Verbreitung bei den Maschinen für Motorwagen erlangt. Ihr entscheidender Vorzug besteht darin, daß die Ventile in außerordentlich einfacher Weise unmittelbar durch Stößel von der Daumenwelle aus angetrieben werden können. Die Ventile sind ferner durch die Deckelverschraubungen von oben her stets leicht zugänglich und nachschleifbar. Ihre Führungen lassen sich mit dem Kühlmantel so verbinden, daß sie auch gekühlt werden, und die Bearbeitung der Ventilsitze mit den Spindelführungen ist sehr einfach. Wenn man trotzdem gelegentlich zu anderen Ventilanordnungen gegriffen hat, insbesondere dann, wenn es sich um Maschinen für besondere Zwecke, z. B. für einen Rennwagen, für Motorboote, für Luftfahrzeuge usw. handelte, so lassen sich hierfür hauptsächlich zwei Gründe anführen:

1. Durch die seitlichen Ausbauten für die Ventile erhält der Verdichtungsraum des Zylinders eine im Verhältnis zu seinem Inhalt große Oberfläche, die die Wärmeübertragung auf die Wände gerade in der Zeit der höchsten Zylindertemperaturen begünstigt, also die ausreichende Kühlung erschwert und die in der Form von Nutzleistung gewinnbare Wärmemenge vermindert. Von diesem Gesichtspunkte aus wäre der Verdichtungsraum zweckmäßig halbkugelig zu gestalten, da er dann die kleinste Oberfläche erhält.

2. Die inneren Flächen der zu den Ventilkammern führenden Zylinderräume lassen sich nicht bearbeiten. Die vom Gießen her verbleibenden Unebenheiten begünstigen das Niederschlagen von festen, kohleartigen Rückständen, die sich bei unvollkommener Verbrennung des Betriebstoffes, sowie beim Verbrennen des Schmieröls bilden. Diese Kohlenablagerungen werden durch die Zündungen dauernd glühend erhalten und können zu Selbstzündungen des Gemisches beim Einströmen und während der Verdichtung, also zu erheblichen Betriebsstörungen der Maschine Veranlassung bieten. Außerdem wird durch die Unebenheiten dieser Flächen die wärmeaufnehmende Oberfläche noch weiter vergrößert.

Erscheinen deshalb, natürlich nur für ganz bestimmte Zwecke, die Ventilanordnungen mit hängenden Ventilen einigermaßen berechtigt, weil sie in der Tat dazu geeignet sind, die Form des Verdichtungsraumes an die Halbkugel anzunähern, so kann man andererseits denjenigen Maschinenbauarten, bei denen man nur die Einlaßventile hängend und die Auslaßventile stehend angeordnet hat, Fig. 210 bis 213, S. 158, als wesentliche Fortschritte gegenüber der üblichen Bauart nicht mehr ansehen. Sie scheinen vielmehr hauptsächlich aus dem Bestreben hervorgegangen zu sein, dem alle Jahre Abänderungen fordernden Geschmack der Käufer von Motorwagen entgegenzukommen. Für die erheblich gesteigerten Schwierigkeiten beim Antrieb der Einlaßventile, für die Umständlichkeit, beim Herausnehmen der Einlaßventile auch die Einströmleitung entfernen zu müssen, bieten diese Konstruktionen, abgesehen davon, daß man behauptet, das Auspuffventil werde durch das frische Gemisch besser gekühlt, nur den Gegenwert, daß man in der Lage ist, den Querschnitt der Einlaßventile fast beliebig groß zu bemessen, also eine Ma-

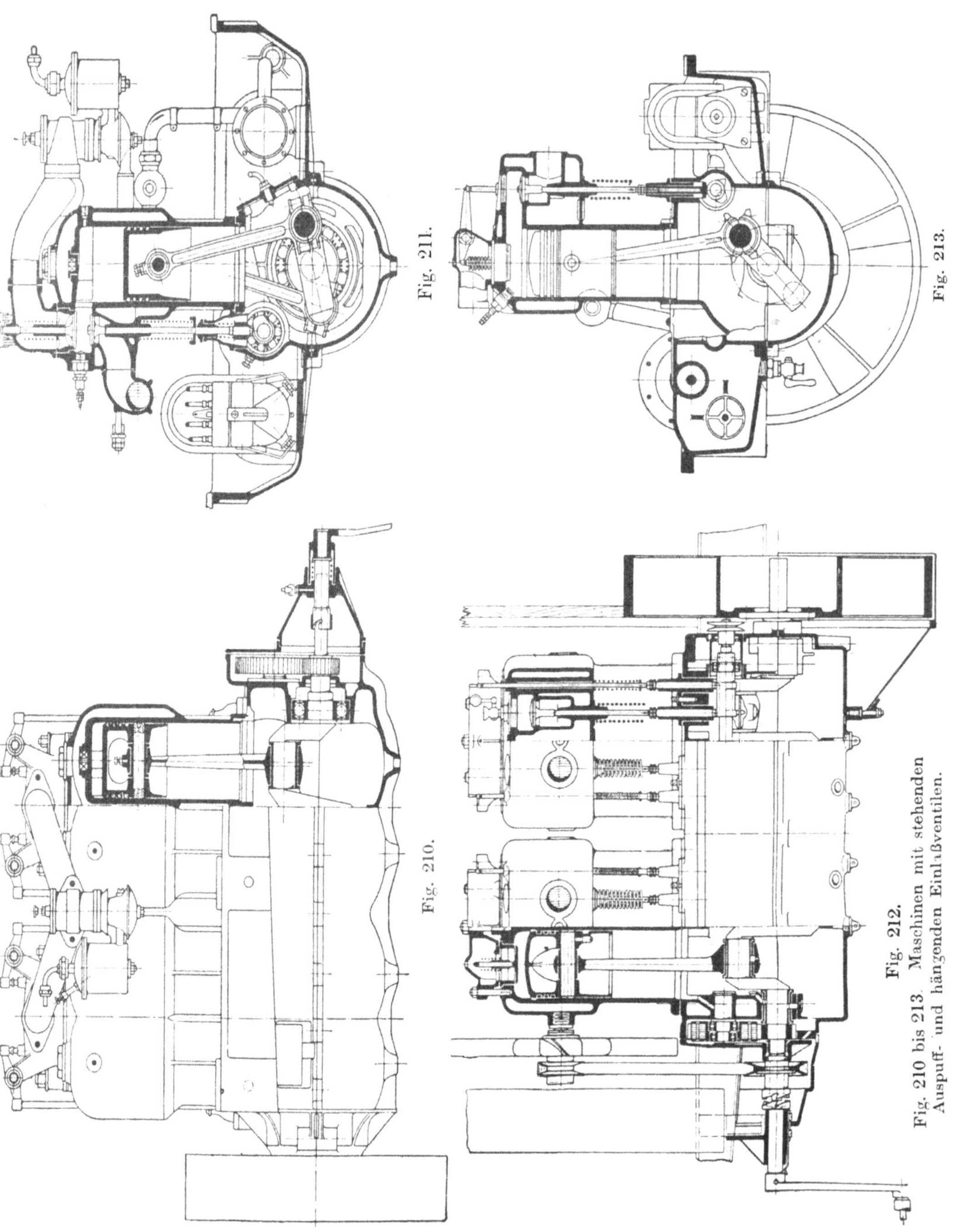

Fig. 211. Fig. 213. Fig. 210. Fig. 212.

Fig. 210 bis 213. Maschinen mit stehenden Auspuff- und hängenden Einlaßventilen.

schine von gegebenen Abmessungen mit ungewöhnlich hoher Umlaufzahl zu betreiben und dennoch die Zylinder ausreichend mit Gemisch zu füllen. Eine solche

Eigenschaft hätte offenbar nur bei Maschinen für Rennwagen und ähnliche Fahrzeuge praktischen Wert. Auch für Luftfahrzeuge wird diese Bauart gewisse Vorteile bieten. In der Tat ist eine Ventilanordnung ähnlich derjenigen in Fig. 212 und 213 ursprünglich bei den sehr erfolgreichen Mercedes-Rennwagen des Jahres 1903 und später bei den Luftschiffmaschinen der Daimler-Motoren-Gesellschaft verwendet worden, bei denen ihre Anwendung auch recht wohl verständlich erscheint. Die Übertragung einer solchen Konstruktion auf Motorwagen für den normalen Betrieb, die man mitunter noch heute antreffen kann, ist aber offenbar auf die blinde Nachahmungssucht zurückzuführen, mit der noch vor einigen Jahren auf diesem Gebiete gearbeitet wurde.

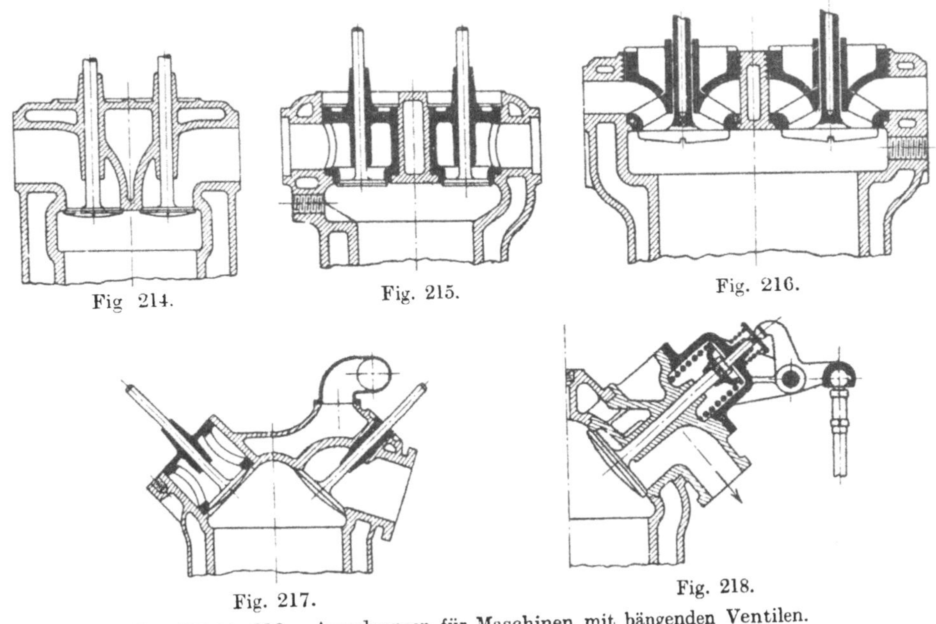

Fig. 214. Fig. 215. Fig. 216. Fig. 217. Fig. 218.

Fig. 214 bis 218. Anordnungen für Maschinen mit hängenden Ventilen.

Für die gewöhnliche Wagenmaschine, von der keine Sonderleistungen erwartet werden, sind aber auch die rein hängenden Ventilanordnungen gemäß Fig. 214 bis 218 im allgemeinen nicht angebracht. Bei den gewöhnlichen Wagen kommt es in der Regel nicht darauf an, ob etwas mehr oder etwas weniger Kühlwasser mitgeführt werden muß, ist also die Rücksicht auf die vergrößerte Wärmeabgabe des Verdichtungsraumes bei stehenden Ventilen nicht sehr schwerwiegend. Beweis dafür ist z. B. die steigende Verwendung der Kühlung mit selbsttätigem Wasserumlauf, die verhältnismäßig großen Wasservorrat erfordert. Auch wird man selten in der Lage sein, den durch die gedrängtere Bauart des Verdichtungsraumes vielleicht wirklich erreichbaren Gewinn an Höchstleistung auszunützen, da die Motorwagen ohnedies aus Rücksicht auf den Straßenverkehr ihre höchste erreichbare Geschwindigkeit beschränken müssen. Andererseits sollen sich Maschinen, bei denen die Einlaßventile in seitlichen Ausbauten liegen, erfahrungsgemäß leichter herunterdrosseln lassen, ohne Fehlzündungen zu geben, wahrscheinlich weil dann in der Nähe der Einlaßventile stets ziemlich reines Gemisch vorhanden ist. Solche Maschinen laufen daher im unbelasteten Zustande weniger geräuschvoll als Maschinen mit günstiger gestaltetem Verdichtungsraum. Aber auch im ordentlichen Betriebe dürfte das Geräusch bei Maschinen mit hängenden

Ventilen größer sein als bei normal gebauten Maschinen, weil die vielen Gelenke und Hebel des Ventilantriebes notgedrungen zum Klappern neigen.

In letzter Linie dürfte, wie schon bemerkt, vergleichenden wissenschaftlichen Versuchen die Entscheidung darüber anheimzustellen sein, ob und inwieweit überhaupt die gegenwärtig noch geltenden Vermutungen über die Zweckmäßigkeit der gedrängten Gestaltung des Verdichtungsraumes berechtigt sind, denn es ist noch gar nicht erwiesen, daß diejenige Wärmemenge, welche bei solchen Maschinen nicht ins Kühlwasser gelangt, nicht etwa in der Hauptsache dazu dient, den Auspuffverlust zu erhöhen, oder daß bei den Maschinen mit hängenden Ventilen unter sonst gleichen Verhältnissen die Wärmeausnutzung wirklich wesentlich verbessert wird.

Bei der Bedeutung, die den Maschinen mit hängenden Ventilen beigemessen zu werden pflegt, ist es nicht unwichtig, auch auf die Schwierigkeiten hinzuweisen, die der Einbau dieser Ventile verursacht.[1]) Das nächstliegende Mittel, die Ventile an den unteren Rändern von zwei in den Zylinderkopf eingelassenen Krümmern abdichten zu lassen, Fig. 214, S. 159, ist schon deshalb zumeist unverwendbar, weil die so verfügbar werdenden Ventilquerschnitte zu gering sind. Man müßte entweder die Zylinderdurchmesser den Hüben gegenüber unverhältnismäßig groß machen, also ungewöhnlich kleine Hubverhältnisse anwenden, oder die Zylinderköpfe bedeutend erweitern, was im Grunde genommen wieder auf seitliche Ausbauten, also ungünstig gestaltete Verdichtungsräume hinauslaufen würde. Dazu kommt, daß man solche Ventile nur nach unten hin herausnehmen kann, also ebensooft, als man die Ventilsitze nachschleifen will, die Zylinder von den Kurbelgehäusen abschrauben muß.

Da es recht häufig vorkommt, daß die Ventile auf ihre Sitze frisch aufgeschliffen werden müssen, so ergibt sich als erstes Erfordernis der hängenden Ventilanordnung die Verwendung von getrennten Ventileinsätzen, Fig. 215, die gleichzeitig mit den Ventilen nach oben herausgenommen werden können. Die Ventileinsätze erhöhen aber die Schwierigkeiten, den erforderlichen Querschnitt der Ventile unterzubringen, derart, daß man hierbei Erweiterungen der Zylinderköpfe nicht mehr vermeiden kann. Diese Erweiterungen dienen auch dazu, zu verhindern, daß ein von der Spindel abgerissenes Ventil in den Zylinder fällt und dort großen Schaden verursacht.[2]) Allerdings ist der Umstand, daß überhaupt eine Sicherung für solche Fälle getroffen werden muß, nicht gerade ein Vorteil der hängenden Ventilanordnung, ganz abgesehen davon, daß man auch damit gegen Herabfallen des Ventiltellers noch nicht unbedingt gesichert wird. Das Gewicht dieser Einsätze zu verringern und durch ihre Gestalt die Führung der Gase zu verbessern, ist die Aufgabe der in Fig. 216 wiedergegebenen Zylinderbauart.

Die Notwendigkeit, getrennte Ventileinsätze zu verwenden, bringt aber ein anderes, namentlich bei den Auspuffventilen fühlbar werdendes Übel mit sich, das darin besteht, daß die Sitzflächen ungenügend gekühlt werden. Da sich die Sitze nicht mehr auf dem Metall des Zylinders, sondern auf dem der Einsätze befinden, so werden sie von der Wirkung des Kühlwassers in der Regel nicht mehr ausreichend erreicht. Aus diesem Grunde mag bei der Bauart gemäß Fig. 217 bei dem Auspuffventil der Ventilleinsatz wieder ganz fortgelassen worden sein,

---

[1]) Vgl. Der Motorwagen 1908, S. 564.

[2]) Will man diesen Schutz auch bei Ventilen ohne besondere Einsätze verwenden, so begegnet man Schwierigkeiten, weil man die Ventilspindel nicht von unten durchziehen kann. Eine Abhilfe hiergegen bietet das von der Daimler-Motoren-Gesellschaft verwendete Mittel, die Spindel in einer Büchse zu führen, die beim Einsetzen oder Herausnehmen der Ventile zunächst entfernt wird. Dadurch kann man die Ventilspindel soweit nach der Mitte verschieben, daß man an dem Absatz im Zylinder vorbeikommt.

allerdings nur mit dem Erfolg, daß nunmehr Undichtheiten, die wegen ihres Einflusses auf die Endspannung der Verdichtung besonders unbequem sind, nur um so schwerer beseitigt werden können. Besondere Opfer sind endlich erforderlich, wenn man beiden Bedingungen genügen will, Fig. 218, d. h. getrennte Ventileinsätze verwendet, die ausreichend gekühlt sind.

Den Schwierigkeiten, ausreichend große Querschnitte in den Ventilen unterzubringen, ist man bei den Bauarten nach Fig. 217 und 218 dadurch aus dem Wege gegangen, daß man die Ventile geneigt zur Zylinderachse angeordnet hat. Ergibt dies eine noch bessere Annäherung des Verdichtungsraumes an die Kugelform als die senkrecht eingehängten Ventile, so nimmt man hiermit ein neues Übel, nämlich die Unbequemlichkeiten beim Bearbeiten der Sitzflächen, in den Kauf, was bei einer Massenerzeugung, wie sie die Motorwagenfabriken pflegen, nicht unterschätzt werden darf. Aber auch hiervon abgesehen, sind Ventilspindeln, bei denen sich die ausgeschliffenen mitunter auch mit weicher Bronze ausbüchsten Führungen durch das Gewicht der Ventile einseitig abnutzen können, nicht zu empfehlen. Das Vorstehende genügt wohl, um zu beweisen, daß es, wie eingangs bemerkt, kaum ratsam sein wird, ohne besonders zwingende Gründe von der bewährten einfachsten Anordnung der seitlich vom Zylinder stehenden Steuerventile abzugehen.

Zylinder.

Die Mindestabmessungen, die die Zylinderwand an derjenigen Stelle erhalten darf, welche nicht mehr durch den angegossenen Kühlwassermantel verstärkt wird, ind bei den Maschinen von Motorwagen in der Regel weniger durch die Beanspruchungen als durch die Rücksicht auf die Gußschwierigkeiten begrenzt. Rechnet man ausgeführte Maschinenzylinder. vgl. Fig. 219 bis 224, S. 162, in bezug auf die Zugbeanspruchungen in der Achsrichtung nach, die der untere Mantelquerschnitt $\pi s(D+s)$ in qcm (D = Zylinderdurchmesser, s = Wanddicke) durch den höchsten Kolbendruck (etwa 25 kg/qcm) erfährt, so ergeben sich im Mittel Werte, die weit unter der zulässigen Zerreißfestigkeit liegen. Ähnlich liegt der Fall, wenn man den Zylinder wie einen Dampfkessel auf Aufreißen in der Längsrichtung nachrechnet und hierbei von der Verstärkung durch den Kühlmantel vollständig absieht. Als Zerreißquerschnitt in qcm von 1 cm Länge ist hierbei $2s \cdot 1$ einzusetzen.

Die Wandstärke des Zylinders wird in der Regel zwischen 6 und 10 mm angenommen, wobei die Anforderungen, die ein solches Stück an die Gießerei stellt, bereits recht hoch sind. Das Nachrechnen der Festigkeit hat dagegen dort stattzufinden, wo man, wie z. B. bei Maschinen für Luftfahrzeuge, Fig. 225, S. 163, die Zylindermäntel von den Kühlmänteln gesondert und z. B. aus Stahl herstellt, damit an Gewicht gespart wird. Hierbei hat man außer den angegebenen Untersuchungen über die Widerstandsfähigkeit des Mantels auch Rücksicht zu nehmen auf die Biegungsfestigkeit des durch die Befestigungsschrauben beanspruchten Flansches sowie auf die Beanspruchung des Flansches durch die seitlichen Kolbendrücke.

Die allgemeine bauliche Gestaltung der Zylinder ist aus den wiedergegebenen Konstruktionszeichnungen, Fig. 219 bis 224, ersichtlich. Da es sich bis jetzt immer noch als das Beste erwiesen hat, die Zylinder mit durchgehender Stange zu bohren, so müssen in den Zylinderköpfen Öffnungen ausgespart werden, die nachher entweder zum Einsetzen von kleinen Einfüllhähnen[1]) dienen oder, wie bei dem Deckelverschluß von de Dion & Bouton, Fig. 226, S. 163, gegen den Kühlmantel in besonderer Weise abgedichtet werden. Wohl hat man auch schon vielfach versucht, die Zylinder z. B. auf senkrechten Bohr- und Drehbänken vorzubearbeiten und dann auszuschleifen,

[1]) Vergl. die Erklärung auf S. 213.

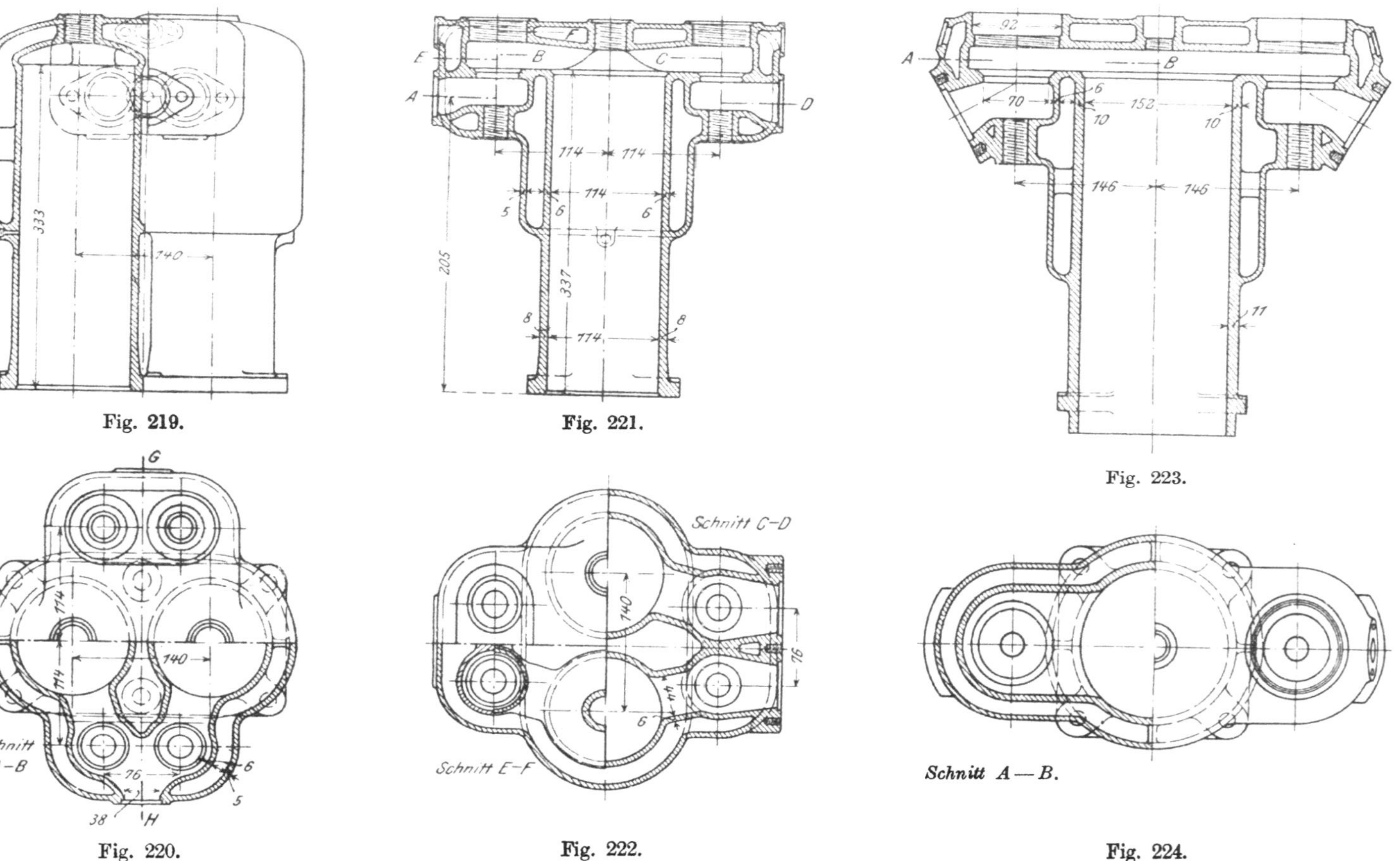

Fig. 219. Fig. 221. Fig. 223.

Fig. 220. Fig. 222. Fig. 224.

Fig. 219 bis 224. Schnittzeichnungen ausgeführter Maschinenzylinder.

wie es mit Rücksicht auf die vollkommene Austauschbarkeit der Teile erwünscht wäre. Die Versuche haben aber bis jetzt wenig Erfolg gehabt. Der Umfang der Reihenerzeugung ist anscheinend noch nicht groß genug, um den Bau von Sondermaschinen anzuregen, weil fast jede Fabrik eine Mehrzahl von Maschinengrößen herstellen muß. Außerdem hat man noch immer gerade bei den Maschinenzylindern gegen die Anwendung der Schleifarbeit gewisse Bedenken, weil man glaubt, daß die in den Zylindern zurückbleibenden Schmirgelkörner eine erhöhte Abnutzung der Kolben zur Folge haben könnten. Die Genauigkeit, mit der man die Zylinder auf den gebräuchlichen Maschinen ausschleifen könnte, wäre übrigens nicht sehr groß, wenn man auf die durchgehende und an beiden Enden gelagerte Spindel verzichten wollte. Man zieht es daher fast allgemein vor, die Zylinder auszubohren und das Beseitigen der letzten Unebenheiten dem Einlaufen auf dem Prüfstande zu überlassen.

Bei der Bemessung der Wandstärke des Zylindermantels braucht man in der Regel nicht dafür Vorsorge zu treffen, daß der Zylinder, weil er sich abgenützt hat, später noch einmal nachgebohrt werden muß. Unter normalen Verhältnissen ist die Lebensdauer der Lauffläche nicht geringer als diejenige der ganzen Maschine. Ausgenommen hiervon sind höchstens solche Maschinen, die für Motordroschken, Motoromnibusse u. dgl. bestimmt sind, bei denen also mit großer, dauernder Inanspruchnahme zu rechnen ist und bei denen man auf die Vornahme umfangreicherer Ausbesserungen im Betriebe eingerichtet ist. Für solche Zwecke sind zu der ermittelten Mindestwandstärke der Zylinder 2 bis 3 mm für das Nachbohren zuzuschlagen. Bei den Maschinen für Privatfahrzeuge hingegen kommt der Fall, daß sich die Zylinder ungewöhnlich stark abnutzen und daher nachgebohrt werden müssen, eigentlich nur dann vor, wenn z. B. die Schmierung versagt hat und die Kolben verrieben worden sind. Dieser Ausnahmefall tritt aber

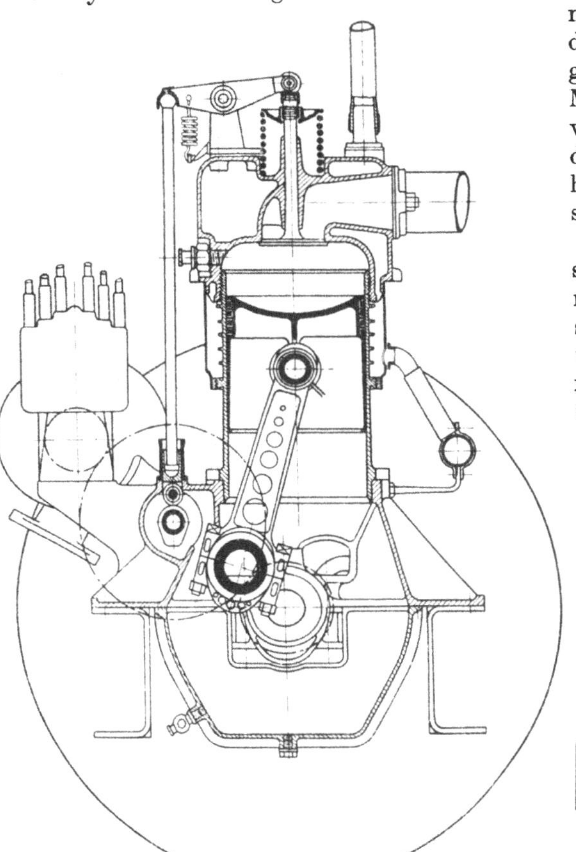
Fig. 225. Maschine mit Stahlzylinder für Luftfahrzeuge.

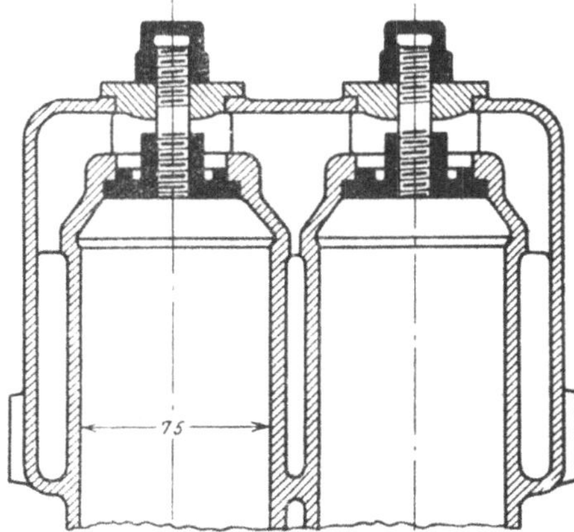

Fig. 226. Deckelverschluß von de Dion & Bouton.

bei der umfangreichen Anwendung von selbsttätigen Umlaufschmiervorrichtungen für Maschinen heute nur selten ein. Es kommt hinzu, daß dem Privaten, der nicht über eine eigene Ausbesserwerkstatt verfügt, das Nachbohren einer einigermaßen abgenutzten Maschine fast ebenso große Kosten verursacht, wie die Anschaffung einer ganz neuen Maschine. Besondere Einsatzzylinder werden aus den gleichen Gründen bei Motorwagen nicht mehr verwendet.

Auch bei den Kühlmänteln, die den Zylindermantel soweit zu umgeben haben, als er im untersten Totpunkt der Kurbel den heißen verbrannten Gasen ausgesetzt wird, werden die Wandstärken lediglich durch gießereitechnische Rücksichten bestimmt. Die Wandstärken können aber wesentlich geringer gewählt werden als diejenigen der Zylinder, weil etwaige Fehler beim Gießen sofort bemerkt und verhältnismäßig leicht ausgebessert werden können. Die fertigen Gußstücke werden in den Kühlmänteln mit Wasserleitungsdruck, in den Zylindern häufig auch nur mit dem gleichen Druck geprüft, da es sich nicht um Festigkeitsproben, sondern nur um Proben auf Dichtheit handelt. Die Breite des Kühlmantels läßt sich bestimmen, wenn man berücksichtigt, daß der Wasserinhalt durch die zugeführte Wärme des Zylinders nicht über 90° erhitzt werden soll. Da aber Erfahrungszahlen über die Wärmemengen, die hier in Betracht kommen, sowie über die Wärmeübertragungsziffern nicht vorliegen, so begnügt man sich vorläufig mit Durchschnittszahlen. Die Breite des Kühlmantels schwankt hiernach je nach der Zylinderleistung zwischen 10 und 20 mm. Man kann sie auch annähernd nach der Formel

$$b = 1{,}746 - 0{,}0375\,D$$

berechnen, worin

b die Breite des Mantels in cm und

D der Zylinderdurchmesser in cm. sind.

Hiernach nimmt die Breite mit wachsendem Zylinderdurchmesser etwas ab. Der Inhalt des Kühlmantels nimmt aber trotzdem für größere Zylinder zu.

Der wesentlichste Faktor bei der Herstellung der Zylinder ist die Gießerei. Es bedarf so langjähriger Erfahrungen, um die geeignetste Gattierung, die Gießtemperaturen und zweckmäßigste Nachbehandlung der Gußstücke herauszufinden, daß es die meisten kleineren Motorwagenfabriken vorziehen, ihre Gußstücke von außerhalb zu beziehen. Eine der bekanntesten Handelsgießereien für diese Zwecke ist diejenige von Ludwig Loewe & Co. in Berlin.

Die hauptsächlichen Anforderungen, die an den Zylinderguß gestellt werden, sind geschlossenes, feinkristallinisches Gefüge, ausreichende Härte bei leichter Bearbeitbarkeit, niedrige Schmelztemperatur und eine Zerreißfestigkeit von mindestens 1750 kg/qcm. Beim Gießen der Zylinder legt man daher Wert auf schnelle Abkühlung, die durch die verwendeten geringen Wandstärken ohnedies begünstigt wird. Aus Rücksichten auf die Festigkeit wird der gesamte Kohlenstoffgehalt möglichst niedrig bemessen; zu diesem Zwecke pflegt man dem Eisen auch Stahlabfälle beizumengen. Eine mittlere Analyse von Gußeisen für Zylinder ergibt

Gesamtkohlenstoffgehalt	3,1 v. H.
Graphit	2,5 v. H.
Gebundener Kohlenstoff	0,6 v. H.
Silizium	1,8 v. H.
Schwefel . . . . weniger als	0,8 v. H.
Phosphor	0,5 v. H.
Mangan	0,7 v. H.

Die Steuerung.

Für die gebräuchlichsten Vierzylinder-Viertaktmaschinen, bei denen aus den bereits erörterten dynamischen Rücksichten der 1. und der 4., sowie der 2. und der 3. Kurbelzapfen gleichlaufen und jedes dieser Paare um 180° gegen das andere versetzt ist, kann die Aufeinanderfolge der Arbeitsvorgänge in den einzelnen Zylindern nur nach einem von den nachstehenden Plänen stattfinden, worin die Zündungen durch einen Stern bezeichnet sind. Die Nullwerte der Kurbelwinkel sind hierbei stets vom oberen Totpunkt aus, die Reihenfolge der Zylinder ist von einem Maschinenende aus gerechnet. Hieraus ergibt sich eine einfache Einstellung der Steuerdaumen für die 4 Einlaß- und Auspuffventile, die aber noch einiger durch die Geschwindigkeitsverhältnisse bedingter Berichtigungen bedarf.

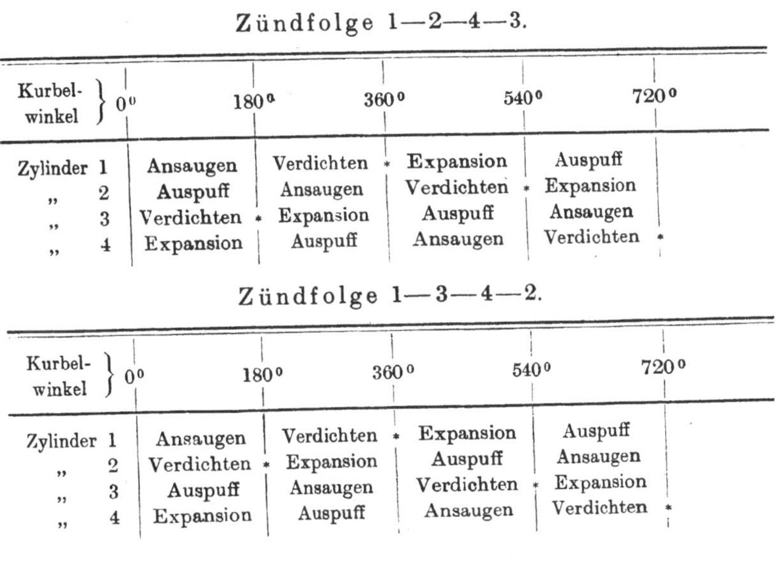

Zündfolge 1—2—4—3.

Kurbelwinkel	0°	180°	360°	540°	720°
Zylinder 1	Ansaugen	Verdichten *	Expansion	Auspuff	
„ 2	Auspuff	Ansaugen	Verdichten *	Expansion	
„ 3	Verdichten *	Expansion	Auspuff	Ansaugen	
„ 4	Expansion	Auspuff	Ansaugen	Verdichten *	

Zündfolge 1—3—4—2.

Kurbelwinkel	0°	180°	360°	540°	720°
Zylinder 1	Ansaugen	Verdichten *	Expansion	Auspuff	
„ 2	Verdichten *	Expansion	Auspuff	Ansaugen	
„ 3	Auspuff	Ansaugen	Verdichten *	Expansion	
„ 4	Expansion	Auspuff	Ansaugen	Verdichten *	

Ansaugen.

Die Praxis hat ergeben, daß es nicht richtig ist, die Saugventile genau im oberen Totpunkt zu öffnen und im unteren zu schließen. Wegen der lebendigen Kraft, die der Strom der vor dem ausschiebenden Kolben befindlichen Auspuffgase im oberen Totpunkt erlangt hat, ist es für eine möglichst vollständige Entleerung der Zylinder von Auspuffgasen günstiger, wenn das Auspuffventil erst etwas hinter dem oberen Totpunkt geschlossen wird, also etwa erst, wenn bereits der Kolben 1 bis 1,5 v. H. des neuen Hubes zurückgelegt hat. Da es auf keinen Fall zweckmäßig sein kann, das Einlaßventil zu öffnen, bevor das Auspuffventil geschlossen ist, so ergibt sich hieraus, daß man das Einlaßventil im äußersten Falle erst bei 2 bis 2,5 v. H. des Abwärtshubes öffnen kann. In manchen Fällen wird diese Eröffnung sogar noch etwas verzögert, d. h. man wartet ab, bis der Druck im Zylinder durch die Expansion aus dem Verdichtungsraum über dem Kolben etwas unter die Atmosphäre, womöglich sogar unter den etwas geringeren Druck der Saugleitung gesunken ist, und man vermeidet dadurch, daß beim Öffnen des Einlaßventiles zunächst ein Teil der verbrannten Rückstände aus dem Zylinder in die Saugleitung zurücktritt und dort die gleichförmige Strömung des Gemisches stört.

In ganz entsprechender Weise wird der Schluß des Einströmventiles ein Stück hinter den unteren Totpunkt, d. h. bei etwa 10 bis 12,5 v. H. des nächsten Aufwärtshubes liegen müssen, damit die beschleunigte Gemischsäule den Zylinder möglichst vollständig füllt und nicht gerade in dem Augenblicke, wo sie die höchste Geschwindigkeit erlangt hat, abgeschnitten wird. Die für den Einzelfall erforderliche Größe dieses Nacheilens der Einlaßsteuerung gegen die Kolbenbewegungen läßt sich nicht genau angeben. Sie ist von den Widerständen der Saugleitung, von der Kolbengeschwindigkeit, und insofern die Trägheit des Gemischstromes in Betracht kommt, auch von der Art des Brennstoffs abhängig. Die angegebenen Durchschnittswerte sind aber in der Regel gut brauchbar.

Man sollte annehmen, daß die Steuerung für alle Zylinder einer Viertaktmaschine genau gleich eingestellt werden müßte. Daß dies in der Regel nicht der Fall ist, liegt in erster Reihe daran, daß es streng genommen nicht möglich ist, die Ansaugwiderstände der 4 Zylinder ganz gleich zu erhalten. Bei dem üblichen Saugstutzen, Fig. 227, wie er für eine Vierzylindermaschine mit zusammengegossenen Zylindern verwendet werden kann, sind an die Öffnung auf der einen Seite der Vergaser und an die 4 Öffnungen auf der anderen Seite je einer der 4 Zylinder angeschlosssen. Es ist augenscheinlich, daß die Länge der Saugwege zwischen dem Vergaseranschluß und den mittleren Zylindern bedeutend geringer ist als die Länge der Wege zwischen dem Vergaseranschluß und den äußeren Zylindern. Diese Längenunterschiede bedingen, ganz abgesehen von den größeren Ablenkungswinkeln, daß die äußeren Zylinder größere Saugwiderstände zu bewältigen haben als die beiden inneren Zylinder. Bei gleicher Einstellung der Steuerungen würden also die inneren Zylinder mehr (d. h. weniger verdünntes) Gemisch erhalten und daher auch höhere Leistungen entwickeln als die beiden äußeren.

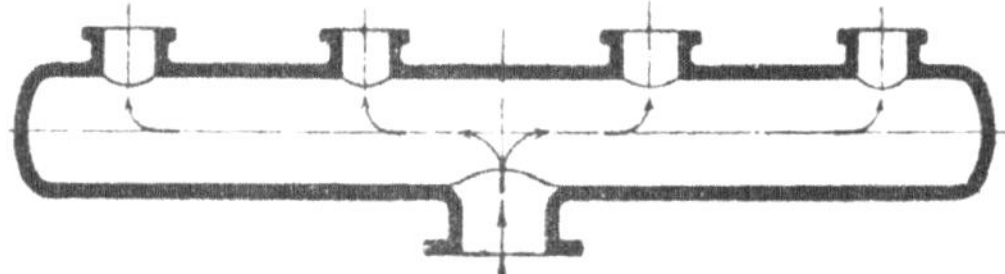

Fig. 227. Gewöhnlicher Saugstutzen für eine Vierzylindermaschine.

Fig. 228.

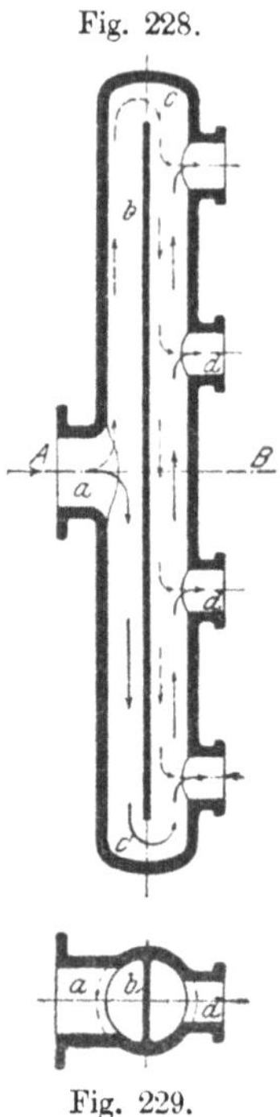

Fig. 229.

Fig. 228 u. 229. Verbesserter Saugstutzen von Bugatti (Deutz) für eine Vierzylindermaschine.

Ein zweckmäßiger Vorschlag, diese Unterschiede wenigstens annähernd auszugleichen, wird durch den Saugstutzen von **Bugatti** (Deutz), Fig. 228 und 229, verwirklicht, wobei in das Ansaugrohr eine an ihren Enden *c* und *c'* durchbrochene Scheidewand *b* eingebaut ist. Jeder Zylinder saugt hier die eine Hälfte seiner Ladung an dem einen Ende *c* und die andere an dem zweiten Ende *c'* vorbei an, derart, daß die Summen der Saugwege von den Anschlußstutzen *d* bis zur Öffnung *a* für alle Zylinder gleich und ihre Saugwiderstände daher ziemlich gleich groß sind. In Wirklichkeit dürften allerdings auch hier kleinere Unterschiede dadurch hervorgerufen werden, daß die äußeren Zylinder bei der ihnen benachbarten Öffnung in der Scheidewand geringeren Saugwiderständen begegnen und daher von dieser Seite mehr als die Hälfte ihrer Ladung ansaugen werden. Eine Verbesserung gegenüber den üblichen Saugstutzen läßt sich aber bei dieser Konstruktion nicht in Abrede stellen.

Bei Vierzylindermaschinen mit mindestens paarweise zusammengegossenen

Zylindern kann man die Ungleichheiten der Saugwiderstände zumeist dadurch beseitigen, daß man die Einlaßventile in gemeinsame Kammern legt und so die Zahl der Anschlußstellen des Saugstutzens auf die Hälfte vermindert, s. z. B. Fig. 206 und 207, S. 155. Im übrigen hilft man sich in der Praxis damit, daß man die Einlaßventile derjenigen Zylinder, welche den größeren Saugwiderstand haben, etwas früher öffnet. Die Unterschiede in derEinstellung der Steuerdaumen, die sich hieraus ergeben, betragen bis zu 2,5 v. H. des Hubes. Sie lassen sich nur auf dem Prüfstand ermitteln, da sie von vielen baulichen Einzelheiten der Maschine abhängig sind. So selbstverständlich es ist, daß man bei der Führung des angesaugten Gemisches scharfe Ablenkungen des Gasstromes vermeiden soll, so wichtig wird es hier, diese Rücksicht in ganz besonders hohem Maße zu üben, wo von der Führung des Gemischstromes nicht nur die Leistung der Maschine, sondern auch die Gleichförmigkeit ihres Ganges beeinflußt werden kann. Das Bestreben muß stets darauf gerichtet sein, die Bedingungen für eine möglichst ungestörte Strömung des Gemisches im Saugstutzen zu erfüllen. Je gleichförmiger diese Strömung ist, desto besser arbeitet jeder von den heutigen Vergasern, desto besser werden die Zylinder gefüllt und desto größer ist die von einer Maschine mit gegebenen Abmessungen erreichbare Höchstleistung.

Die Aufgabe, das Gemisch auf die verschiedenen Zylinder einer Maschine gleichförmig zu verteilen, gewinnt mit zunehmender Zahl der Zylinder erhöhte Bedeutung. Den Schwierigkeiten, die sich hierbei einstellen, ist man z. B. bei der Luftschiffmaschine der Neuen Automobil-Gesellschaft, von der ein Zylinderschnitt in Fig. 225, S. 163, wiedergegeben ist, dadurch aus dem Wege gegangen, daß man nur je 2 Zylinder an einen Vergaser angeschlossen hat. Sie sind aber auch sonst nicht unüberwindlich, wenn man die Zweige der Saugleitung entsprechend verteilt und im übrigen den Ausgleich mit Hilfe der Steuerung der Einströmventile verbessert. Einen Ausgleich der auf die einzelnen Zylinder entfallenden Ladungen kann man auch dadurch erhalten, daß man die Einlaßventile verschieden lang hinter dem unteren Totpunkt geöffnet hält. Unter Umständen ist man dann aber genötigt, die Ladung derjenigen Zylinder, welche die günstigeren Ansaugverhältnisse haben, zu vermindern. Die Leistung der Maschine wird also etwas geringer ausfallen als bei dem anderen Ausgleichverfahren.

Störungen des Ansaugens können endlich auch durch Resonanzerscheinungen verursacht werden. Es empfiehlt sich daher, bei der Bemessung der Länge der Saugleitungen auf die mittlere Umlaufzahl der Maschine zu achten. Wie die Rechnungen von Voissel[1]) zeigen, kann man die wiederkehrenden Druckschwankungen in der Saugleitung vermeiden, wenn man ihre Länge so bemißt, daß die Eigentonhöhe der Luftsäule in der Saugleitung möglichst weit von der Resonanz entfernt ist. Ein anderes, in vielen Fällen ausreichendes Mittel besteht darin, daß man die Luftsäule in der Saugleitung mittels durchbrochener Zwischenwände und mehrfacher Richtungsänderungen in mehrere kleinere Abschnitte teilt. Allerdings dürfen hierdurch keine zu großen Druckverluste hervorgerufen werden.

Verdichtung.

Das in den Zylinder mit etwas Unterdruck eintretende brennbare Gemisch muß, bevor es entzündet wird, ziemlich hoch verdichtet werden, wie es dem bekannten Kreislauf der Viertakt-Verbrennungsmaschine von Otto entspricht. Die Höhe des hierbei erreichbaren Enddruckes kann man, sobald das Verdich-

---

[1]) Mitteil. üb. Forschungsarb., Heft 106.

tungsverhältnis bekannt ist, unter der Voraussetzung adiabatischer Zustandsänderung nach

$$P_e = P_a \left(\frac{V_a}{V_e}\right)^n = P_a \cdot \varepsilon^n$$

berechnet, worin

P_e den Enddruck der Verdichtung in kg/qcm,
P_a den Anfangsdruck in kg/qcm,
V_e das Endvolumen der Verdichtung,
V_a das Anfangsvolumen,
ε das Verdichtungsverhältnis und
n den Exponenten der Polytrope $PV^n = \text{const.}$

darstellt. Für überschlägliche Berechnungen genügt es, mit einem Anfangsdruck P_a von 0,94 bis 0,96 kg qcm abs. zu rechnen und als Endvolumen V_e die Summe aus dem Hubvolumen $\frac{\pi}{4} \cdot D^2 \cdot s$ und aus dem Inhalt des Verdichtungsraumes anzunehmen. Den Exponenten n der Polytrope wählt man zwischen 1,3 und 1,4 (nach Güldner 1,35).

Da man in der Regel nicht die Endspannung, sondern den für eine bestimmte als zulässig erachtete Endspannung erforderlichen Inhalt des Verdichtungsraumes suchen wird, so ist für solche Berechnungen die Formel

$$V_e = V_a \left(\frac{P_a}{P_e}\right)^{\frac{1}{n}}$$

zu empfehlen, worin man für

$$V_a = \frac{\pi}{4} D^2 s + V_e$$

zu setzen hat. Hiernach ist

$$V_e = \frac{\frac{\pi}{4} D^2 \cdot s \cdot \left(\frac{P_a}{P_e}\right)^{\frac{1}{n}}}{1 - \left(\frac{P_a}{P_e}\right)^{\frac{1}{n}}}.$$

In dieser Formel sind alle Werte bekannt.

Während man bei ortfesten Verbrennungsmaschinen im allgemeinen nur mit denjenigen Vorteilen der Vorverdichtung zu rechnen hat, welche sich aus der Verbesserung des thermodynamischen Wirkungsgrades des Kreislaufes ergeben, und welche über eine bestimmte Grenze hinaus nicht mehr sehr wesentlich sind, ja sogar dann zu einer Verminderung des Gesamtwirkungsgrades führen können, kommt bei den schnellaufenden Fahrzeugmaschinen als ein Vorteil der hohen Verdichtung des Gemisches noch hinzu, daß, je geringer der Inhalt der Verbrennungskammer verhältnismäßig ist, also je höher die Vorverdichtung getrieben werden kann, desto kräftiger das Gemisch bei dem vorhergehenden Ansaughub durch die bei den hohen Kolbengeschwindigkeiten ohnedies stets beschränkten Querschnitte der Einlaßventile angesaugt wird. Überdies ist es gerade die große, fast bis zur Selbstzündung des Gemisches gesteigerte Vorverdichtung, die, wie schon erwähnt, die ursprüngliche Fahrzeug-Verbrennungsmaschine von Daimler gegenüber allen früheren Maschinen kennzeichnete und der allein es zu verdanken war, wenn man sie mit so hohen Umlaufzahlen betreiben konnte, wie sie bei Motorfahrzeugen gebraucht werden. Die hohe Vorverdichtung begründet bis zu einem gewissen Grade den weichen Gang der Maschine und sie ermöglicht bei gleichen Abmessungen der Zylinder höhere Leistungen bei besserem Wirkungsgrad zu erzielen. Aus der nachstehenden Zahlentafel, die dem Versuchsbericht von Watson[1]) entnommen ist, kann man ersehen, wie sich bei einer Vierzylindermaschine von 85 mm Zylinderdurchmesser und 120 mm Hub die erreichbare Höchstleisung mit steigendem Verdichtungsverhältnis steigert, wobei gleichzeitig auch der beste thermische Wirkungsgrad erhöht wird. Die Angaben über Höchstleistungen und Wirkungsgrade beziehen sich allerdings nicht auf die gleichen Versuche; während die Wirkungsgrade bei einem Mischungsverhältnis von Luft und Brennstoff von 17 : 1 (dem Gewichte nach) erhalten worden sind, hat man bei den Versuchen, welche die Höchstleistungen ergeben haben, wesentlich reichere Gemische verwenden müssen; die entsprechenden Verhältnisse von Luft zu Brennstoff betragen hier 11,6 : 1, 11,8 : 1 und 12,8 : 1.

Versuchsreihe	Verdichtungsverhältnis	Höchstleistung PS	Uml/min	bester therm. Wirkungsgrad v. H.
A	4,71	19,9	1284	28
B	4,35	18,8	1265	27
C	3,92	17,7	1255	26

Ungeachtet der Vorteile, welche die Erhöhung der Vorverdichtung bis zu der durch den verwendeten Brennstoff gezogenen Grenze der Selbstzündung offenbar bietet, ist man bei den gängigen Fahrzeugmaschinen in neuerer Zeit mit dem zugelassenen Höchstdruck bei der Verdichtung wieder etwas zurückgegangen. Solange es, z. B. bei den Rennen, darauf ankam, bei einem gegebenen kleinsten Maschinengewicht die höchsten Leistungen zu erreichen, solange die Bedienung der Maschine ausschließlich in die Hände kräftiger, in der Behandlung der Maschine sehr erfahrener Leute gegeben war, war es auch verständlich, daß man mit den Verdichtungen immer höher ging. Die Endspannungen, die hier erreicht wurden, haben häufig über 6 at, in einem Falle sogar 7,7 at betragen. Mit steigender Vorverdichtung wachsen aber die Anstrengungen, die das Andrehen der Maschinen verursacht. Besitzt man auch in den bekannten Einfüllhähnen auf den Zylinderköpfen sowie in den verschiebbaren Steuerwellen mit besonderen Auspuffdaumen für das Andreben geeignete Mittel, um die Verdichtung während des Anlassens zu vermindern, vgl. S. 213, so ist es doch, solange die Zylinderdurchmesser nicht über 85 bis 90 mm betragen, unter den heutigen Verhältnissen schon aus Rücksicht auf die Einfachheit der Maschine durchaus wünschenswert, ohne solche Mittel auskommen zu können. Das ist aber nur möglich, wenn der Enddruck der Vorverdichtung nicht über 5 at beträgt.

Hohe Verdichtungen erfordern ferner reichlichere Kühlung der Maschine und eine sehr glatte Form des Zündraumes ohne Winkel und Ecken, die heiß bleiben und zu Vorzündungen Anlaß geben können. Bei hohen Verdichtungen wird der Betrieb der Maschine mit kleinen Umlaufzahlen erschwert, so daß man innerhalb der Städte mit starkem Straßenverkehr zu häufigem Umschalten des Getriebes gezwungen ist. Allerdings liegen in bezug auf diesen Punkt auch widersprechende Angaben vor.

Zu der neuerdings eingetretenen Verminderung der Verdichtung mag ferner der Umstand beigetragen haben, daß die benzinähnlichen Brennstoffe viel mehr schwere Kohlenwasserstoffe enthalten als die früheren und daher leichter als früher zu Vorzündungen neigen. Für normale Verhältnisse kann man daher als Grenzen der zulässigen Enddrücke für die Vorverdichtung etwa 4,9 bis 5,95 at angeben, wobei die höheren Werte für größere, mit besonderen Andrehvorrichtungen ver-

[1]) a. a. O.

sehene Maschinen, die niedrigeren für Maschinen mit 4 Zylindern für den normalen Wagen Geltung haben. Außerdem spielt auch die Umlaufzahl und die Art des Betriebes bei der Wahl der Verdichtung eine gewisse Rolle.

Soll eine gegebene Maschine auf ihre Verdichtungsverhältnisse genau untersucht werden, so ist es, streng genommen, nicht zulässig, die Summe aus Hubvolumen und Inhalt des Verdichtungsraumes zum Inhalt des Verdichtungsraumes einfach ins Verhältnis zu setzen, wie es häufig geschieht, sondern man muß dann Beginn und Ende der Verdichtung entsprechend der Einstellung der Steuerung genau berücksichtigen. Da das Ende des Ansaughubes in der Regel hinter dem unteren Totpunkte liegt, so findet die Verdichtung des Gemisches nicht mehr auf der ganzen Hublänge, sondern nur auf einem Teil des Rückhubes statt, der etwa 0,9 betragen dürfte. In die Rechnung wäre somit statt des ganzen Hubvolumens nur 90 v. H. davon einzuführen. Damit in den einzelnen Zylindern keine verschieden großen Enddrücke der Verdichtung erreicht werden, empfiehlt es sich nicht, die Ladungen dadurch auszugleichen, daß man die Einströmventile verschieden spät schließen läßt, sondern nur dadurch, daß man sie verschieden zeitig hinter dem oberen Totpunkt öffnet. Das ist aus anderen Gründen auch schon weiter oben, S. 167, empfohlen worden. Während des Verdichtens wird ferner das Gemisch durch die heißen Wände des Zylinders und des Zündraumes erheblich erwärmt. Durch diese Erwärmung wird der Einfluß des verspäteten Schließens der Einströmventile auf den Verdichtungsdruck wieder etwas ausgeglichen. Welcher von diesen Einflüssen aber überwiegt, oder wie weit es zulässig ist, bei der Berechnung des Enddruckes der Verdichtung an die Stelle des tatsächlichen Verdichtungsverhältnisses lediglich das theoretische einzuführen, ist eine Frage, die nur durch Versuche aufgeklärt werden kann.

Zündung und Expansion.

Gegen Ende der Verdichtung wird das Gemisch entzündet. Der Zeitpunkt der Zündung wird dadurch bestimmt, daß im oberen Totpunkt der höchste Druck im Zylinder erreicht und die Ladung somit vollständig verbrannt sein muß, derart, daß sich im Indikatordiagramm die Linie der Drucksteigerung infolge der Zündung der Linie der Verdichtung möglichst gleichförmig anschmiegt. In diesem Falle werden auch Stöße, wie sie bei allzu frühem Zünden auftreten können, vermieden, und die höchste Leistung der Maschine erreicht. Die Stöße bei zu frühem Zünden, welche ganz besonders für das Triebwerk der Maschine gefährlich werden können, rühren wahrscheinlich davon her, daß sich beim Verdichten schon brennenden Gemisches am Ende des Hubes der Druck im Zylinder zu schnell steigert. Andererseits nimmt die Leistung ab, wenn zu spät gezündet worden ist, wie bereits weiter oben, S. 122, dargelegt ist. Die günstigste Einstellung der Zündung ist in der Regel von der Belastung der Maschine nicht unabhängig und nur durch Versuche zu ermitteln. Daher muß der Zündzeitpunkt auch dort, wo er durch die Steuerung bestimmt ist, wie bei den Abreißzündungen, veränderlich sein.

Für den Entwurf des theoretischen Indikatordiagramms einer Fahrzeug-Verbrennungsmaschine kann man annehmen, daß die Expansion nach einer Adiabate mit dem Exponenten $k = 1,4$ vor sich geht. Da hauptsächlich im ersten Teile der Expansion Wärme an die Zylinder stark abgegeben wird, während am Ende der Expansion eher Wärme von den Zylinderwänden auf die verbrannten Gase zurückströmt, so entspricht der Verlauf der tatsächlichen Expansionslinie etwa demjenigen von anfänglich stark überhitztem Dampf in einer Dampfmaschine. Leider fehlt es noch an Geräten, mit deren Hilfe man den Verlauf der Drücke im Zylinder einer

Fahrzeugmaschine mit ausreichender Sicherheit aufnehmen könnte. Wäre das möglich, so böten die Indikatordiagramme eine Möglichkeit, die Expansionsgesetze genauer zu untersuchen, als es bis jetzt geschehen ist. Selbst die höchsten Temperaturen, die im Zylinder auftreten, sind nur unvollkommen bekannt. Nach Güldner wäre die höchste Temperatur auf etwa 2000° abs. und die Endtemperatur der Expansion auf rund 800° abs. zu veranschlagen.

Neumann[1]) berechnet aus den an ein Abgaskalorimeter abgegebenen Wärmemengen, daß die Temperatur der Abgase mit wachsender Größe der Vorzündung in folgender Weise abnimmt:

Vorzündung in v. H. des Kolbenweges	Temperatur der Abgase °C
0	1120
4,6	980
9,4	925
16,0	865
24,3	845

Diese Berechnung hat aber zur Voraussetzung, daß die Ladung in der Maschine vollkommen verbrannt worden ist, was nur selten der Fall sein dürfte.

Auspuff.

Die Eröffnung des Auspuffventils wird ziemlich allgemein auf etwa 10 bis 15 v. H. vor dem unteren Totpunkt festgesetzt. Da die Auspuffgase dann noch immer unter einem ansehnlichen Drucke stehen, so treten sie mit großer Geschwindigkeit, nach Güldner mit 800 bis 900 m/sek, aus und bewirken, daß der Druckausgleich mit der Atmosphäre bis zum Hubende bereits ziemlich hergestellt ist. Das starke Geräusch, das hierbei entsteht, muß durch Auspufftöpfe gemildert werden. Es liegt nahe, bei verhältnismäßig langhubigen Maschinen das Auspuffventil etwas später zu öffnen und dadurch das Auspuffgeräusch etwas zu mildern. Zylinder und Verdichtungsraum bleiben am Ende des Expansionshubes mit verbrannten Gasen von annähernd atmosphärischem Druck gefüllt, die bei dem folgenden Aufwärtsgang des Kolbens teilweise ausgeschoben werden. Damit auch hierbei die Beschleunigungsverhältnisse der Gassäule ausgenutzt werden, die sich in einer wenn auch geringen Drucksteigerung der Gase im Zylinder äußern, empfiehlt es sich, das Auspuffventil erst etwa 1,5 v. H. hinter dem oberen Hubende zu schließen, selbstverständlich aber nicht später, als das Einströmventil geöffnet wird.

Der große Wärmeverlust, den die mit hoher Temperatur entweichenden Auspuffgase bedingen, ist ein kaum zu beseitigendes Kennzeichen jeder Kolben-Verbrennungsmaschine. Er beträgt selbst bei der besten Wärmeausnutzung in der Maschine immer noch mehr als 35 v. H. der ganzen in der Form von flüssigem Brennstoff zugeführten Wärmemenge und ist bei Fahrzeugmaschinen wohl deshalb noch größer als bei ortfesten Verbrennungsmaschinen, weil bei den Fahrzeugmaschinen das Hubverhältnis aus bereits erörterten Rücksichten kleiner ist und daher die Expansion früher durch den Auspuff unterbrochen werden muß. Alle Kolbenmaschinen leiden aber unter der Unmöglichkeit, das Arbeitsvermögen eines Gases von hoher Temperatur aber geringem Überdruck wirtschaftlich auszunützen. Diese Fähigkeit ist nur Turbinen gegeben, im vorliegenden Falle Gasturbinen, die allerdings noch nicht genügend entwickelt sind.

[1]) a. a. O. S. 35.

Durch die mit hohen Temperaturen entweichenden Auspuffgase werden ferner die Auspuffventile stark in Mitleidenschaft gezogen. Die Auswahl eines Baustoffes, der diesen Temperaturen auf die Dauer gewachsen ist, hat deshalb lange Zeit Schwierigkeiten bereitet. Man ist hierbei bis zu Nickelstahl von 35 v. H. Nickelgehalt gekommen, der sich wohl gut bewährt hat, allein wegen seiner Gefügeänderungen bei größerem Alter nicht verläßlich genug ist. Andererseits hat es nicht an Vorschlägen gefehlt, den größten Teil der Auspuffgase auch bei Viertaktmaschinen nicht durch das Auspuffventil, sondern durch eine Reihe von Schlitzen entweichen zu lassen, die von dem Kolben am unteren Hubende freigelegt werden. Die Durchführung dieser Vorschläge scheitert jedoch bei Viertaktmaschinen daran, daß man auch diese Auspufföffnungen mit gesteuerten Ventilen versehen muß, wenn sie nicht den Saughub stören sollen. Läßt man nämlich diese Öffnungen dauernd frei, so werden am Ende des Saughubes die Auspuffgase in den Zylinder zurückgesaugt. Wegen dieser Ventile bedingt aber die Verwendung des sogenannten Hilfsauspuffs eine wesentliche Verminderung der Einfachheit der Maschine, weil das eigentliche Auspuffventil für den Ausschub der verbrannten Gase auch nicht entbehrt werden kann. An die allgemeine Verwendung des Hilfsauspuffs der von der H. H. Franklin Manufacturing Company in Syracuse, N. Y., praktisch versucht worden ist,[1]) ist daher kaum zu denken.

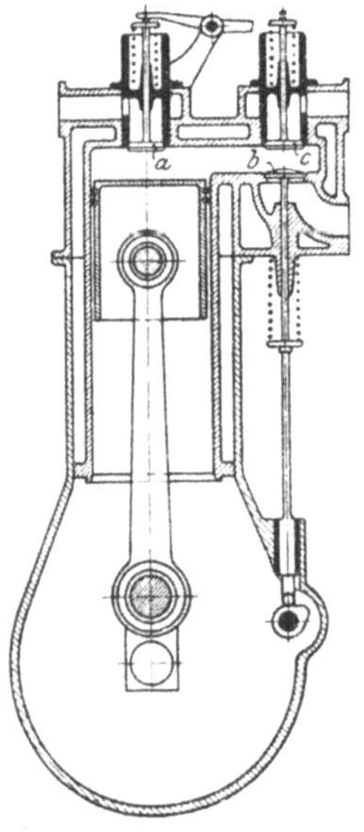

Fig. 230. Sechstaktmaschine von Rollason.

Es hat auch nicht an Versuchen gefehlt, die Verschlechterung, die das angesaugte frische Gemisch durch die in dem Verdichtungsraum zurückbleibenden Reste an Auspuffgasen erfährt, zu vermindern. Rollason[2]) hat z. B. vorgeschlagen, zwischen den Auspuffhub und den darauffolgenden Saughub einer Viertaktmaschine noch zwei Leerhübe einzuschalten, bei denen frische Luft in die Zylinder angesaugt und hiernach wieder ausgestoßen wird. Diese Sechstaktmaschine, Fig. 230, besitzt also außer dem üblichen Einströmventil a und dem Auspuffventil b noch ein während des 5. und 6. Taktes offen bleibendes und sich vor dem Öffnen des Einströmventils schließendes Spülventil c, das besonders gesteuert werden muß. Prof. Burstall soll im Maschinenlaboratorium der University of Birmingham Versuche an einer solchen Maschine mit drei Zylindern von 127 mm Durchmesser und 146 mm Hub angestellt und hierbei einen thermischen Wirkungsgrad von 25 v. H. gefunden haben. Für die Zwecke des Fahrzeugbetriebes dürfte aber die Steuerung der Maschine zu verwickelt und die Leistung im Verhältnis zum Gewicht zu gering sein. In der Tat hat diese Maschine z. B. bei 717 Uml/min 14 PS_e geleistet, während man von einer Viertaktmaschine mit gleichen Zylinderabmessungen schon nach der Steuerformel

$$0{,}3 \cdot 3 \cdot 12{,}7^2 \cdot 0{,}146 = 21{,}19 \text{ PS}$$

verlangen müßte.

Ein anderer, von G. Malliary herrührender Vorschlag[3]) geht dahin, die große Anfangsgeschwindigkeit, mit der die Auspuffgase beim Öffnen des Auslaßventiles eines Zylinders entweichen, zum Absaugen der Gasreste aus einem anderen

[1]) Vergl. The Horseless Age 3. Februar 1909.

[2]) Der Motorwagen 1908, S. 112.

[3]) The Horseless Age, 14. Oktober 1908.

Zylinder zu benutzen. Bei einer Vierzylindermaschine, bei der je zwei Kurbeln unter 180° gegeneinander stehen, Fig. 231, kann man in der Tat sehen, daß in dem Augenblicke, wo aus dem Zylinder *A* die Auspuffgase mit großer Anfangsgeschwindigkeit austreten, der Kolben des Zylinders *B* bei noch geöffnetem Auslaßventil den Ausschub der Gase eben beendet. Da die Drücke in den beiden an den gleichen Auspuffkanal angeschlossenen Zylindern so wesentlich verschieden sind, so liegt nahe zu befürchten, daß der letzte Teil des Gasausschubes aus dem Zylinder *B* durch die von dem auspuffenden Zylinder *A* verursachte Druckstauung im Auspuffrohr gestört wird, daß also mehr Auspuffgase im Zylinder *B* zurückbleiben, als wenn jeder Zylinder ein unahängiges Auspuffrohr hätte. Tatsächlich sind schon Maschinen, bei denen jeder Zylinder mit einem besonderen Auspuffrohr ins Freie oder in einen allen Zylindern gemeinsamen Schalldämpfer auspufft, offenbar nur aus diesem Grunde, in vielen Fällen, z. B. für das Grand Prix-Rennen von der Daimler-Motorengesellschaft sowie fast allgemein bei den leichten Luftfahrzeugmaschinen ausgeführt worden.

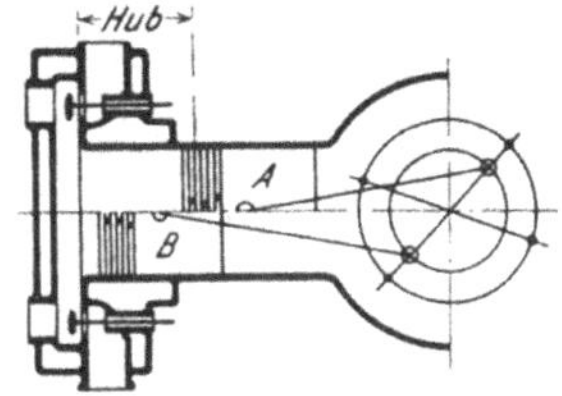

Fig. 231. Überschneiden der Auspuffzeiten zweier benachbarter Zylinder einer Vierzylindermaschine.

Bildet man daher den Auspuffstutzen in der aus Fig. 232 ersichtlichen Weise aus, d. h. führt man jedes Auspuffrohr eines Zylinders in der Form einer kegeligen Düse in den selbst kegelig ausgebildeten Auspuffkrümmer des nächsten Zylinders ein, so bringen die aus dem einen Zylinder austretenden Gase, gleichviel ob sie durch die innere Düse oder den Ringraum außerhalb der Düse strömen, eine Saugwirkung hervor, die nicht nur verhindert, daß sich die ausgeschobenen Gase in dem Auspuffrohr stauen, sondern sogar in dem gerade im Ausschub begriffenen Zylinder einen gewissen Unterdruck erzeugen, also die nachfolgende Füllung mit frischem Gemisch begünstigen. Arbeiten z. B. im vorliegenden Falle die Zylinder in der Reihenfolge 1 — 2 — 4 — 3, so beginnt der Auspuff im Zylinder 2 zu einer Zeit, wo der Zylinder 1 seinen Ausschub beendet. Die durch den Ringspalt *d* entweichenden Gase reißen daher durch den Krümmer *c* und das Rohr *g* einen großen Teil der Auspuffgase aus dem Zylinder 1 mit, die sonst darin hätten verbleiben müssen und die neue Ladung verschlechtert sowie vermindert haben würden. Beim Auspuffen des Zylinders 4 beendet Zylinder 2 seinen Ausschub und es tritt die besprochene Saugwirkung zwischen der Düse *l* und dem Krümmer *f* ein. Pufft dann der Zylinder 3 aus, so nehmen seine durch den Ringspalt des Krümmers *e* strömenden Gase die Reste der aus dem Zylinder 4 auszuschiebenden Gase mit, während der beim Auspuff von Zylinder 1 in der Düse *l* entstehende Unterdruck das Entleeren des Zylinders 3 begünstigt. Besonders wirksam könnte man diese Anordnung gestalten, wenn man, was allerdings aus wirtschaftlichen Rücksichten nicht zu empfehlen ist, die Einlaßventile etwas früher öffnete, als die Auspuffventile geschlossen würden. Man würde dann erreichen, daß jeder Zylinder mit brennbarem Gemisch vollständig ausgespült würde. Das Verfahren ließe sich gegebenenfalls bei Maschinen, die im Vergleich zu ihrem Gewicht besonders hohe Leistungen haben sollen und bei denen es auf etwas höheren Brennstoffverbrauch nicht ankommt, verwerten.

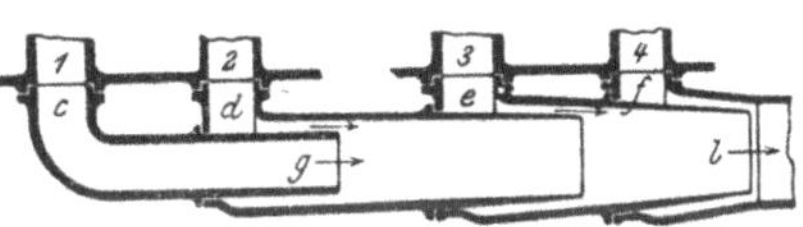

Fig. 232. Auspuffstutzen nach Malliary zum Absaugen der Auspuffgase aus den Zylindern.

Die Verteilung der Arbeitsvorgänge.

Die Verteilung der Arbeitsvorgänge in einer Viertaktmaschine mit 4 Zylindern für den Fahrzeugbetrieb stellt sich mit Rücksicht auf das Vorstehende somit etwa nach den Fig. 233 und 234 dar. Jedes der Bilder veranschaulicht die Vorgänge, die sich in den 4 Zylindern während einer vollen Umdrehung der Kurbel zu gleicher Zeit abspielen, und zwar vielleicht noch etwas klarer, als die Übersichten auf S. 165. Als Reihenfolge der Zündungen ist 1—2—4—3 angenommen. Es ist z. B. schon bei einem Blick auf diese Darstellungen zu erkennen, daß sich in Fig. 233 im oberen Totpunkte Zylinder 1 gerade beim Schließen des Auspuffventils befindet, während im Zylinder 2 der Auspuff eben begonnen hat, im Zylinder 3 der Saughub zu Ende geht und im Zylinder 4 der Krafthub beginnt.

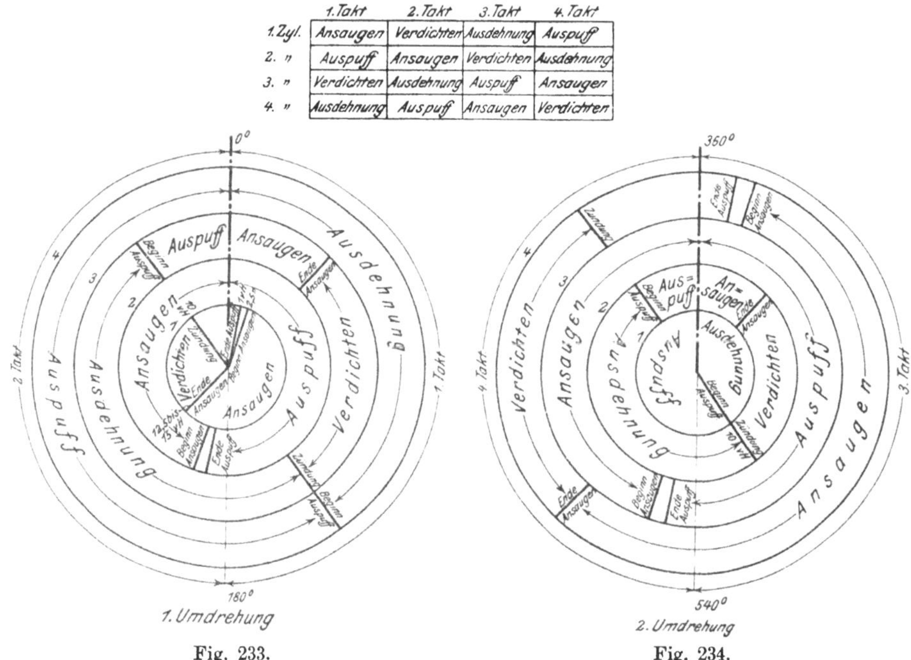

	1. Takt	2. Takt	3. Takt	4. Takt
1. Zyl.	Ansaugen	Verdichten	Ausdehnung	Auspuff
2. „	Auspuff	Ansaugen	Verdichten	Ausdehnung
3. „	Verdichten	Ausdehnung	Auspuff	Ansaugen
4. „	Ausdehnung	Auspuff	Ansaugen	Verdichten

Fig. 233. Fig. 234.

Fig. 233 und 234. Verteilung der Arbeitsvorgänge in den 4 Zylindern einer Fahrzeugmaschine.

Die Größe des Voreilens oder Nacheilens der Ventilbewegungen gegen die Kurbelbewegungen ist im vorstehenden nur annähernd angegeben worden. Die Praxis ist in dieser Hinsicht noch lange nicht einheitlich genug. Z. B. gibt es noch Maschinen, bei denen die Ventile genau im Totpunkte geöffnet oder geschlossen werden.[1]) Einer für Bootmaschinen geltenden Betriebsvorschrift der Daimler-Motoren-Gesellschaft sind folgende Angaben entnommen:

Öffnen der Einlaßventile . . .	7°	hinter dem oberen Totpunkt
Schließen der Einlaßventile .	11°	„ „ unteren „
Öffnen der Auslaßventile . . .	45°	vor „ „ „
Schließen der Auslaßventile .	6°	hinter dem oberen „

[1]) Im American Machinist Europ. Ausg. 1910, S. 912 findet sich eine umfassende Zusammenstellung hierüber, welche die bestehenden großen Schwankungen der Praxis deutlich zeigt.

Sinngemäß kann man nun auch für Maschinen mit mehr als 4 Zylindern die Reihenfolge der Arbeitsvorgänge derart ermitteln, daß sich die Zündungen in gleichen Zeitabständen folgen. Für eine Maschine mit 6 Zylindern ergibt sich z. B., daß die Kurbeln der Zylinder 1 und 6, 2 und 5, sowie 3 und 4 je gleichliegende Paare bilden müssen, die um 120° gegeneinander versetzt sind; dabei kann das Paar 1 bis 6 in der Drehrichtung entweder gegen das Paar 2 bis 5 oder gegen das Paar 3 bis 4 unter 120° gestellt werden. Die Zündungen folgen sich dann je nach der Kurbelstellung in einem der nachstehenden Sinne:

1—5—4—6—2—3
1—4—5—6—3—2
1—5—3—6—2—4
1—3—5—6—4—2
1—4—2—6—3—5
1—3—2—6—4—5
1—2—3—6—5—4
1—2—4—6—3—5

Danach bereitet der Entwurf der Steuerung auch für solche Maschinen keine Schwierigkeiten mehr.

Besondere Verhältnisse können nun noch bei solchen Maschinen auftreten, deren Zylinder nicht in einer Reihe hintereinander angeordnet sind. Handelt es sich um Maschinen der *V*-Bauart, Fig. 235, so kann man jede Zylinderreihe, die einen Schenkel des *V* bildet, wie eine gewöhnliche Maschine behandeln; mit anderen Worten: die Kurbeln der einen Zylinderreihe sind so gegeneinander zu versetzen, daß sich gleiche Zündabstände ergeben, und die Zündungen der zweiten Zylinderreihe, die sich ebenfalls in gleichen Abständen folgen, sind zwischen die Zündungen der ersten so einzuordnen, daß sich nunmehr alle Zündungen in gleichen Zeitabständen folgen. Es ergibt sich hieraus, daß bei einer Maschine, die 2 gegeneinandergeneigte Zylinderpaare, also insgesamt 4 Zylinder besitzt, eine gleichmäßige Aufeinanderfolge der Zündungen überhaupt nicht möglich ist, solange die Neigung der Zylinderpaare gegeneinander weniger als 180° beträgt und die gebräuchliche Kurbelversetzung von 180° beibehalten wird.[1]) Vielmehr folgen bei 90° Winkel zwischen den Seiten des *V* die Zündungen in jeder der beiden Seiten des *V* mit 180° und 540° Abstand aufeinander, und der kürzeste Abstand zweier Zündungen voneinander beträgt 90°, der längste Abstand 270°.

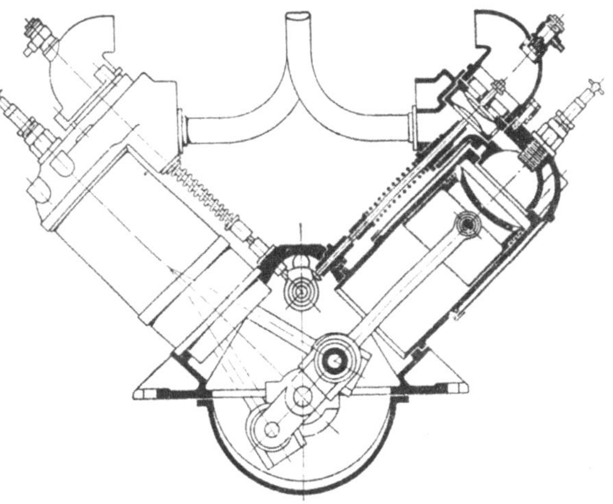

Fig. 235. Maschine mit V-förmig gestellten Zylindern.

Dagegen kann man bereits bei einer aus zwei Drillingen bestehenden 6 Zylindermaschine gleichförmige Zündabstände von je 120° erhalten, wenn man die Zylinder-

[1]) Maschinen mit gegenläufigen Kolben haben dagegen schon mit 2 Zylindern eine gleichförmige Aufeinanderfolge der Zündungen.

gruppen unter 120° gegeneinander stellt, und bei einer 8 Zylindermaschine gleichförmige Zündabstände von je 90°, wenn man die Zylindergruppen unter 90° gegeneinander stellt. Bezeichnet man die aufeinanderfolgenden Zylinder der einen Gruppe mit 1, 2, 3, 4, und diejenigen der anderen mit I, II, III, IV, so ist die Zündfolge zweckmäßig:

I — 4 — II — 3 — IV — 1 — III — 2

und nicht

I — 1 — II — 2 — IV — 4 — III — 3,

damit sich die Beanspruchungen auf die Kurbelwelle gleichförmiger verteilen. Da nämlich die Zylinder I und 1 auf den gleichen Kurbelzapfen wirken, so würde bei der zweiten Zündfolge jeder Kurbelzapfen kurz nacheinander zwei Krafthübe aushalten müssen. Aus den angegebenen Zündfolgen sieht man auch, daß jede Seite der Maschine wie eine gewöhnliche Vierzylindermaschine mit den Zündfolgen

I — II — IV — III und
1 — 2 — 4 — 3

arbeitet. Dementsprechend wären auch noch folgende Zündarten möglich:

I — 4 — III — 2 — IV — 1 — II — 3 oder
I — 1 — III — 3 — IV — 4 — II — 2,

die aber nicht günstiger sind, als die oben angegebenen.

Mit der Reihenfolge der Zündungen sind alle Arbeitsvorgänge in den Zylindern bestimmt, da es sich immer um Viertaktmaschinen handelt. Beim Aufkeilen der Steuerdaumen auf der gemeinsamen Steuerwelle muß nur noch beachtet werden, daß die Steuerdaumen der einen Maschinenhälfte gegen diejenigen der anderen um den halben Zündabstand + dem Winkel der Zylindergruppen gegeneinander in dem richtigen Sinne verstellt werden müssen. Läuft also in Fig. 235 die Maschine im Sinne des Uhrzeigers und folgen die Zündungen einander gleichmäßig im Abstande von 90° Kurbelwinkel, so müssen die halb so schnell und in entgegengesetzter Richtung umlaufenden Steuerdaumen der linken Maschinenseite um 90 + 45° gegen diejenigen der rechten Maschinenseite vorgedreht werden.

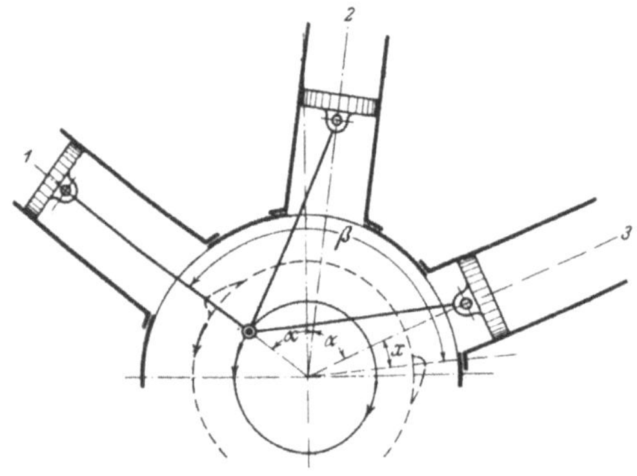

Fig. 236. Maschine mit sternförmiger Zylinderanordnung.

Neuerdings werden in der Flugtechnik auch Maschinen verwendet, deren Zylinder sternförmig unter gleichen Winkeln um einen gemeinsamen Kurbelzapfen verteilt sind, Fig. 236. Damit sich auch bei solchen Maschinen die Zündungen auf dem Kurbelkreise in gleichen Abständen folgen, muß die Anzahl der Zylinder ungerade sein.[1]) Bei der ersten Kurbelumdrehung zünden dann die Zylinder 1 — 3 — 5 — 7 usw., bei der zweiten die Zylinder 2 — 4 — 6. Die Steuerdaumen solcher Maschinen werden auf dem Umfange einer mit der halben Geschwindigkeit der Kurbelwelle umlaufenden Scheibe angeordnet, die sich entgegengesetzt zur Kurbelwelle dreht. Den Winkelabstand β der Steuerdaumen, z. B. für die Einlaßventile, findet man auf Grund folgender Überlegung:

[1]) Mémoires et compte rendu des travaux de la Société des Ingénieurs Civils de France, Dezember 1907.

Bei einer Zylinderzahl n beträgt der Winkel zwischen je 2 Zylindern $\alpha = \frac{2\pi}{n}$. Steht ein Steuerdaumen gerade bei dem Zylinder 1 in der wirksamen Stellung, so muß der nächstfolgende Steuerdaumen, da nach dem Zylinder 1 der Zylinder 3 an die Reihe kommen soll, gegen den ersten um $2\alpha +$ dem Winkel x versetzt sein, um den sich die Steuerscheibe dreht, wenn die Kurbel sich vom Zylinder 1 zum Zylinder 3, also um 2α weiterdreht. Daneben darf der zweite Steuerdaumen erst dann an die Stelle des ersten bei dem Zylinder 1 rücken, wenn dieser seinen Viertakt vollendet, die Kurbel also zwei volle Umdrehungen gemacht hat. Hieraus ergibt sich

$$\frac{\beta}{x} = \frac{4\pi}{2\alpha}$$

$$n\alpha = 2\pi$$

$$\frac{\beta}{x} = n; \quad x = \frac{\beta}{n}$$

$$\beta = 2\alpha + x = \frac{4\pi}{n} + \frac{\beta}{n}$$

$$\beta = \frac{4\pi}{n-1} = \frac{2\pi}{\left(\frac{n-1}{2}\right)}.$$

Die Daumenscheibe muß also bei n Zylindern $\frac{n-1}{2}$ Daumen haben und entgegengesetzt zur Kurbelwelle mit einer Geschwindigkeit umlaufen, die im Verhältnis $\frac{1}{n-1}$ zu derjenigen der Kurbelwelle steht. Die Anzahl der Steuerdaumen ergibt sich, da n ungerade ist, stets als ganze Zahl.

Bauteile des Triebwerkes.

Die Kolben werden ohne Ausnahme als lange, einseitig offene Tauchkolben ausgeführt und vorwiegend aus Gußeisen hergestellt. Ihre Abmessungen bestimmen sich durch die doppelte Aufgabe, den Zylinder abzudichten und als Kreuzköpfe zu dienen. Bestimmend für die Länge ist der größte auftretende Seitendruck, den man für 4,5fache Stangenlänge mit

$$N_{max} = 0{,}115\, P_{max}$$

setzen kann. Setzt man den spezifischen Druck auf die Gleitbahn mit

$$k_f = 1{,}5 \text{ kg/qcm}$$

fest und nimmt man $P_{max} = 20 \cdot \frac{\pi}{4} D^2$ ($D =$ Zylinderdurchmesser in cm), so erhält man aus

$$k_f \cdot L \cdot D = 0{,}115 \cdot 20 \cdot \frac{\pi}{4} D^2$$

$$L = 1{,}2\, D.$$

Hierin ist unter L nur die wirklich tragende Kolbenlänge zu verstehen, in welche die Kolbenringe, die lediglich zur Abdichtung dienen, eigentlich nicht eingerechnet werden dürften. Aus Rücksichten auf das Gewicht pflegt man aber die wirkliche Kolbenlänge auch nicht größer zu machen als $1{,}2\, D$, und sich mit dementsprechend höheren Gleitbahndrücken abzufinden. Ein Mittel zum Verringern der Gleitbahndrücke bietet die schon auf S. 145 besprochene Versetzung der Zylinder gegen die Kurbelwelle.

Wegen der genauen Abmessungen der selbstspannenden Kolbenringe für gegebene Zylinderdurchmesser sei auf die umfangreiche Literatur hierüber, z. B. auf das Lehrbuch von Güldner verwiesen. Für die Verhältnisse bei Fahrzeugmaschinen genügt es allerdings, zu wissen, daß man in der Regel drei bis vier Kolbenringe in dem Teil des Kolbens anordnet, der zwischen dem geschlossenen (oberen) Ende und dem Kolbenbolzen liegt, siehe Fig. 237, daß die Breite der Kolbenringe 5 bis 8 mm beträgt und daß die Abstände zwischen den Ringnuten gewöhnlich etwas größer sind als die Ringbreite. Die Kolbenringe werden zumeist auf einen Außendurchmesser abgedreht, der etwa 4 v. H. größer ist als der Zylinderdurchmesser, und zwar exzentrisch zu der inneren Höhlung, derart, daß sich die größte Dicke zur kleinsten Dicke wie 1 : 0,6 bis 1 : 0,8 verhält. Die Ringe werden dann schräg aufgeschnitten. Die bekannten treppenförmigen Verschneidungen der Ringenden werden seltener angewendet.

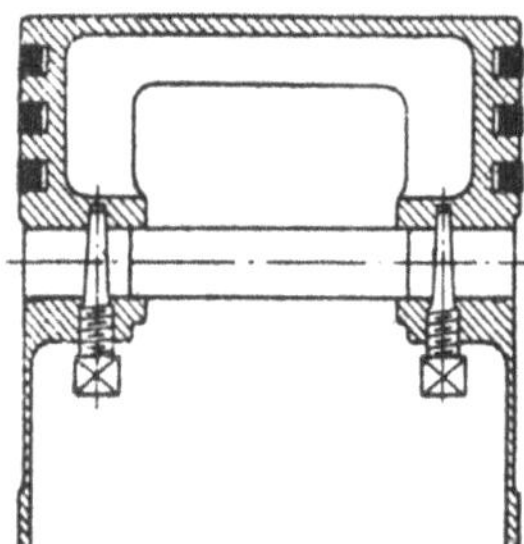

Fig. 237. Normaler Kolben.

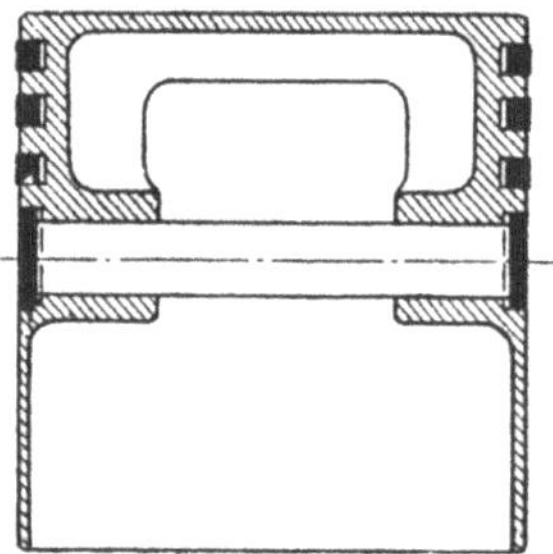

Fig. 238. Kolben mit Schleifring über den Bolzenlöchern.

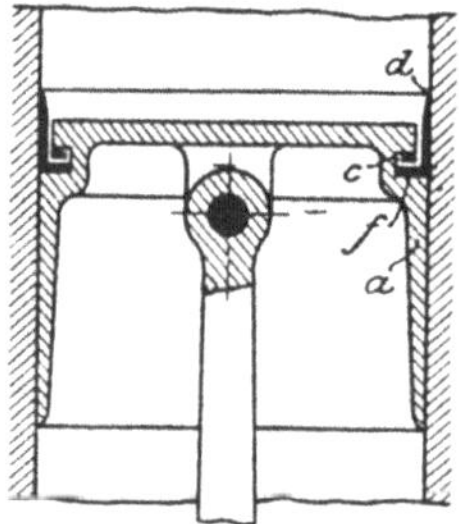

Fig. 239. Kolben der Société des Moteurs Gnôme in Paris.

Bei einigen Kolben findet sich auch in der Nähe der offenen Enden ein schmaler Kolbenring vor, der aber weniger für die Abdichtung als für die Aufnahme und Verteilung des Schmieröls bestimmt ist. Eine besondere Ausführung ist auch der Kolben in Fig. 238, wo zur Sicherung der Lauffläche gegen das Anstreifen des Kolbenbolzens ein breiter Ring um die Bolzenöffnungen gelegt ist. Da es leichtere und mindestens ebenso zuverlässige Sicherungen für die Kolbenbolzen gibt, so scheint diese Bauart, die zudem teuer ist, nicht notwendig.

Eine besondere Art von Kolbenringen, Fig. 239, wird von der Société des Moteurs Gnôme in Paris verwendet.[1]) Der Kolbenkörper *a* ist hier in der Nähe des Bodens mit einer einzigen Nut *c* versehen, in der ein mehrteiliger Ring *f* den kürzeren Schenkel eines L-förmigen Liderungsringes *d* festhält. Durch den Druck bei der Verdichtung und bei der Explosion soll der zugeschärfte und daher nachgiebige längere Schenkel des Ringes *d* an die Lauffläche dicht angepreßt werden. Die Bauart ermöglicht die Abdichtung bei äußerst geringem Aufwand an Gewicht. Der Ring *d* ist aus Messing hergestellt, da der Zylinder aus Stahl besteht.

Bei der Anordnung der Kolbenringe hat man, ebenso wie im allgemeinen Maschinenbau, darauf zu achten, daß der Kolben die Lauffläche überfahren muß, damit sich an den Hubenden keine Grate bilden. Der Überlauf reicht am oberen Hubende bis etwa zur Mitte des ersten Kolbenringes, der aus diesem Grunde nicht über 5 bis 6 mm von der äußeren Stirnwand entfernt sein soll. Da das untere Kolbenende zumeist keine Ringe hat, so ist man hier bei der Bemessung des Überlaufes nicht gehindert.

[1]) Engl. Pat. Nr. 21664/09.

Bei der Verteilung der Kolbenringe spielt auch die Entfernung des Kolbenzapfens vom Kolbenboden eine Rolle. Diese Entfernung wird dadurch bestimmt, daß der Kolben auf seiner ganzen wirksamen Lauffläche durch den Seitendruck sowie durch die Reibung des Kolbenbolzens möglichst gleichförmig belastet werden soll. Ist dies nicht der Fall, so kann es vorkommen, daß der Kolben sich, wenn auch sehr wenig, in dem Zylinder schief stellt und mit seinen Kanten auf der Lauffläche reibt. Trägt man also die einzelnen wirksamen Teile der Kolbenlauflänge L, wie sie sich aus der Verteilung der Kolbenringe und der Ausdrehung für den Kolbenbolzen ergeben, nebeneinander auf, Fig. 240, so ist offenbar die senkrecht zur Lauffläche gerichtete Belastung des Kolbens dann gleichförmig verteilt, wenn

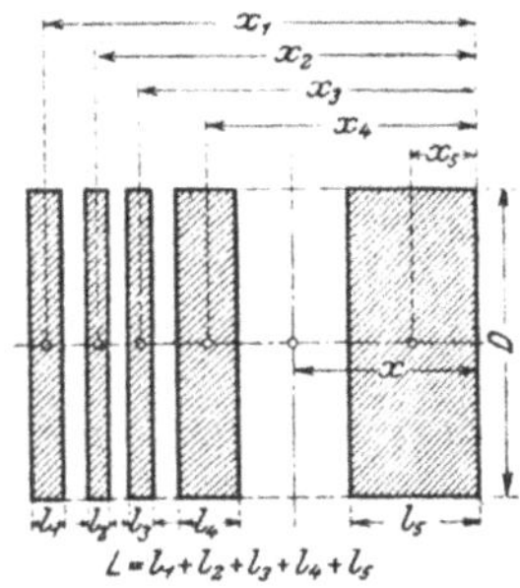

Fig. 240. Bestimmung der Verteilung der Kolbenringe.

$$l_1 x_1 + l_2 x_2 + l_3 x_3 + \ldots . L \cdot x,$$

d. h. der Kolbenbolzen, im Schwerpunkte der gesamten wirksamen Kolbenlänge angeordnet wird. Der hieraus gefundene Wert von x, d. h. des Bolzenabstandes vom offenen Ende des Kolbens, ist in der Regel kleiner als die Hälfte der wirklichen Kolbenlänge. Man kann ihn aber dennoch etwas größer bemessen, weil die Reibung des Kolbenbolzens gerade in dem Augenblicke, wo der größte Seitendruck auftritt, das Bestreben hat, den Kolben mit dem oberen Rande an die Zylinderwand zu drücken. Außerdem wird die Bauhöhe der Maschine unnötig vergrößert, wenn man den Kolbenbolzen zu tief lagert. Zu weit darf man aus den angegebenen Gründen aber auch in der entgegengesetzten Richtung nicht gehen. Eine bekannte Regel setzt den Abstand des Kolbenzapfens vom Kolbenboden mit 0,4 bis 0,57, im Mittel 0,5 der ganzen Lauflänge des Kolbens fest.

Wegen der großen Erwärmung, die das obere Kolbenende im Betriebe erfährt, muß der Kolben oben stets einen kleineren Durchmesser haben als unten. Einheitliche Regeln hierfür sind aber nicht vorhanden. Nach **Güldner** verjüngt sich der Kolben am geschlossenen Ende um 2 bis 5 v. H. Genauere Angaben enthält die nachstehende Zahlentafel[1]), aus der z. B. ersichtlich ist, daß man das Spiel bei Maschinen mit Luftkühlung, die sich erfahrungsgemäß stärker erhitzen als Maschinen mit Wasserkühlung, mitunter an beiden Kolbenenden gleich groß bemißt, also von einer Verjüngung des Kolbens überhaupt absieht.

Spielraum des Kolbens im Zylinder.

	Zylinderdurchmesser mm	Oberes Kolbenende kleiner um mm	Unteres Kolbenende kleiner um mm
Zylinder mit Wasserkühlung	95	0,15	0,051
	127	0,10	0,038
	117	0,25	0,025
	136	0,38	0,013
	117	0,15	0,076
	127	0,23	0,127
	102	0,18	0,101
Zylinder mit Luftkühlung	102	0,18	0,063
	108	0,20	0,051
	111	0,076	0,076
	140	0,076	0,076

[1]) The Horseless Age, 28. Juli 1908.

Allzu vorsichtig braucht man im übrigen bei den Fahrzeugmaschinen nicht zu sein, da die Kolbenringe bei den kleinen Zylinderdurchmessern, um die es sich hier zumeist handelt, ihre Aufgabe, abzudichten, gut erfüllen werden. Bei allzugroßem Spiel federn allerdings die Kolbenringe sehr stark, so daß sie in kurzer Zeit brechen. Auch liegt dann die Gefahr vor, daß die Ringe anfangen, mit einer Kante zu reiben und in kurzer Zeit ihre Nuten ausschlagen, was ein Klopfen des Kolbens zur Folge haben kann. Allzu genaues Einpassen der Kolben wird man auf der anderen Seite wegen der überflüssigen Erhöhung der Kolbenreibung zu vermeiden trachten. Letzten Endes hilft hier immer die Werkstätte, die die fertigen Maschinen so lange einlaufen lassen muß, bis sie genügend leicht gehen und ihre Nennleistung erreichen.

Den Kolbenboden führt man entweder ganz eben oder schwach gewölbt aus, am zweckmäßigsten aber ganz eben. Nach oben gewölbte Kolbenböden überhitzen sich leicht, weil die Wärmeableitung nach den Wandungen nicht schnell genug vor sich geht, nach unten gewölbte Böden haben außerdem noch den Nachteil, daß sich auf ihnen nach oben gesaugtes Schmieröl ansammeln und verbrennen kann. Man findet nach unten gewölbte Kolbenböden vielfach dort angewendet, wo die sonstige Bauart der Maschine einen kugelförmigen Verdichtungsraum ergibt, siehe z. B. Fig. 225, S. 163, und wo man durch den Kolbenboden eine Ergänzung dieser Kugelform anstrebt. Daß kugelförmige Böden etwas geringere Dicke erhalten dürfen als ebene, spielt bei den hier in Frage kommenden Abmessungen kaum eine Rolle, da man schon aus Rücksichten auf die Herstellung mit der Wanddicke des Bodens niemals unter

$$\delta = 0{,}11 D \text{ in cm (Bach)}$$

$$(D \text{ — Zylinderdurchmesser})$$

gehen wird. Allerdings findet man auch Angaben, wonach $\delta = 0{,}044\,D$ mit Mindestwerten von 3,5 bis 6 mm gewählt werden darf, allein diese scheinen nicht recht verläßlich, wenn man bedenkt, daß der Kolben immerhin Drücke bis zu 25 kg/qcm unter ungünstigen Temperaturverhältnissen aufzunehmen hat.

Besondere Ausnahmen sind allerdings die gelegentlich auch aus Stahl hergestellten Kolben der Luftfahrzeugmaschinen, bei denen sozusagen mit jedem Gramm haushälterisch umgegangen werden muß. Es ist selbstverständlich, daß man hierbei mit den Wanddicken bis an die Grenze des Zulässigen gehen wird.

Rippen oder andere Versteifungen des Kolbenbodens vermeidet man am besten vollständig. Man schiebt ihnen wohl die Fähigkeit zu, die Wärme schnell von dem heißen Kolbenboden abzuleiten, allein bei den unausbleiblichen Wärmedehnungen, denen diese Rippen ausgesetzt sind, liegt immer die Gefahr vor, daß sich die Kolben je nach der Anzahl der Rippen elliptisch oder viereckig ausdehnen und verreiben. Wenn schon Rippen nicht entbehrt werden können, so empfiehlt es sich, den Kolben an den entsprechenden Stellen seiner Lauffläche von vornherein etwas abzuschleifen. Aus dem gleichen Grunde bringt man dort, wo der Kolbenbolzen sitzt, eine etwa $^1/_2$ mm tiefe Ausdrehung der Lauffläche an, die nicht mit der Zylinderlauffläche in Berührung kommen soll.

Für den Durchmesser des Kolbenbolzens ist in der Regel weniger die Rücksicht auf die Biegungsbeanspruchung durch den höchsten Stangendruck oder den höchsten Kolbendruck maßgebend, als die Rücksicht auf den zulässigen Flächendruck k_f im geschlossenen Stangenkopf. Dieser Druck soll, wenn man einen höchsten Explosionsdruck von $p = 20$ kg/qcm zugrunde legt, damit die Schmierung nicht versagt, nicht mehr als höchstens $k_f = 150$ kg/qcm betragen. Berücksichtigt man ferner, daß für eine ausreichende Befestigung des Bolzens im Kolben zwei

Naben von etwa $0{,}8\,d$ (Bolzendurchmesser) erforderlich sind, s. Fig. 241, und daß die ganze Länge des Bolzens etwa $0{,}95\,D$ (Zylinderdurchmesser) betragen darf, damit der Bolzen nicht an der Zylinderwand schleifen kann, so erhält man folgende 2 Bedingungsgleichungen:

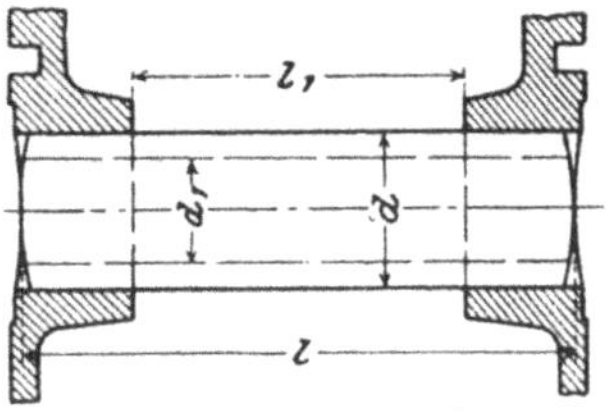

$$\frac{p\cdot\frac{\pi}{4}\cdot D^2}{l_1\cdot d}\leqq k_f$$

$$l_1+2\cdot 0{,}8d=0{,}95D.$$

Fig. 241. Kolbenbolzen.

Hieraus lassen sich l_1 und d berechnen. Setzt man, um unter der zulässigen Grenze zu bleiben, für

$$p = 20 \text{ kg/qcm.}$$
$$k_f = 125 \text{ kg/qcm,}$$

so ist für

$$D = 100 \text{ mm annähernd}$$
$$d = 26 \text{ mm und}$$
$$l_1 = 55 \text{ mm.}$$

Die Biegungsfestigkeit dieses Bolzens kann man mit Hilfe der Formeln:

$$\frac{\pi}{32}d^3\cdot k_b=\frac{p\cdot\frac{\pi}{4}D^2\cdot l}{4}$$

oder

$$\frac{\pi}{32}d^3\cdot k'_b=\frac{p\cdot\frac{\pi}{4}D^2}{2}\left(\frac{l}{2}-\frac{l_1}{4}\right)$$

nachprüfen. Da sie immer ausreichend groß sein wird, so kann man den Bolzen, um an Gewicht zu sparen und um das Schmieröl zuzuführen, mit einer Bohrung von der Weite d_1 versehen, die die größte Biegungsbeanspruchung bis an die zulässige Grenze steigert.

Nach Angaben aus der Praxis kann man die Abmessungen des Kolbenbolzens auch nach

$$d = 0{,}34\,D - 1{,}346 \text{ in cm,}$$
$$d_1 = 0{,}572\,d \text{ und}$$
$$l_1 = 2{,}25\,d$$

berechnen.

Die größten Kolbendrücke liefern dann für $p = 21$ at größte Biegungsbeanspruchungen von

$$k_b = 1820 \text{ bis } 2450 \text{ kg/qcm}$$

und Flächendrücke von

$$k_f = 133 \text{ bis } 168 \text{ kg/qcm.}$$

Da man die Kolbenbolzen immer nur aus besten Nickelstahlarten herstellt, so unterliegt es, wie die Zahlentafeln auf S. 33 bis 35 beweisen, kaum irgendwelchem Bedenken, mit den Beanspruchungen für solche nicht wechselnde Lasten bis zu 2500 kg/qcm und noch höher zu gehen.

In den meisten Fällen befestigt man den Kolbenbolzen in dem Kolbenkörper und nicht in der Stange. Den Durchmesser der Nabe kann man nach

$$d_1 = 1{,}2\,d + 0{,}635$$

berechnen, worin d den Bolzendurchmesser in cm darstellt.

Die Befestigung nach Fig. 237, S. 178, die von de Dion & Bouton herrührt, ist allerdings für die heutigen Verhältnisse zu teuer. Der Bolzen ist an beiden Enden mit genau ausgeriebenen Kegelöffnungen versehen und mit der Säge geschlitzt, so daß die Enden beim Einschrauben der Stifte aufgetrieben werden und gleichzeitig die Stifte sehr fest halten, wodurch ihre weitere Sicherung überflüssig wird. Man begnügt sich heute zumeist damit, den Bolzen mit dem einen Ende in die Kolbennabe fest einzutreiben und das andere Ende durch eine sorgfältig gesicherte Druckschraube festzustellen, s. Fig. 242. Sehr empfehlenswert ist es auch, zwei Druckschrauben zu verwenden, die durch einen gemeinsamen, federnden

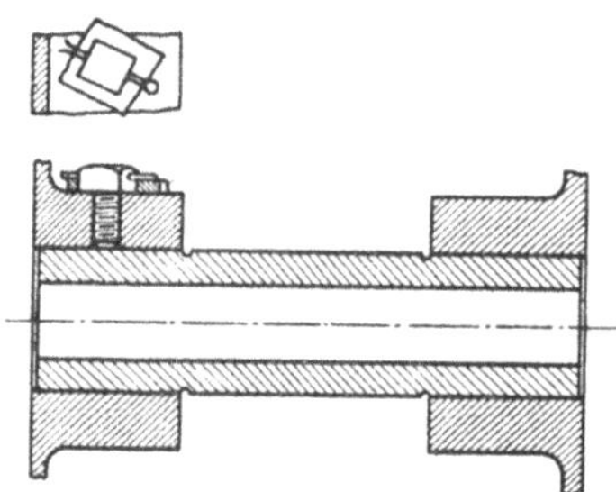

Fig. 242. Sicherung des Kolbenbolzens mit einer Druckschraube.

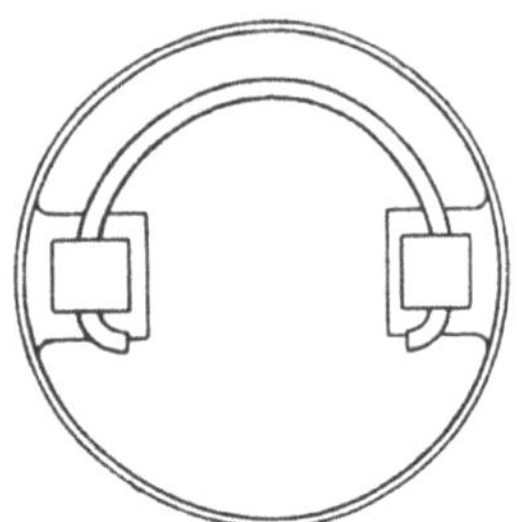

Fig. 243. Kolbenbolzensicherung mit 2 Druckschrauben und Sicherungsdraht.

Draht gesichert werden, Fig. 243. Diese Anordnung hat den Vorteil, daß der Splintdraht unmöglich herausfallen kann, was bei gewöhnlichen Splinten nicht ausgeschlossen sein soll. In allen Fällen läßt man aus Rücksicht auf die Kosten der Bearbeitung den Bolzen ganz zylindrisch durchgehen.

Bei überschläglichen Berechnungen von mittleren Maschinen kann man das Gewicht G_k des Kolbens ohne den Bolzen in kg aus folgender Formel:

$$G_k = 0{,}367\,D - 2{,}007 \quad (D = \text{Zylinderdurchmesser in cm})$$

und das Gewicht des Kolbenbolzens aus

$$G_k' = 0{,}049\,D - 0{,}29 \text{ berechnen.}$$

Die Bauart der Kurbelwelle wird in so hohem Maße von der Bauart der ganzen Maschine, insbesondere von der Zylinderanordnung beeinflußt, daß es nicht angängig ist, alle vorkommenden Fälle eingehend zu behandeln. Von der Zylinderanordnung ist, wie schon erwähnt, zum Teil die Zahl der Lagerstellen abhängig. Als üblich für die gewöhnliche Wagenmaschine kann man es ansehen, wenn zwischen den beiden Zylinderpaaren ein drittes Lager angeordnet wird. In ähnlicher Weise wird man bei Maschinen mit 6 Zylindern entweder zwei Zwischenlager verwenden, wenn die Zylinder paarweise gegossen sind, oder, was selten vorkommt, nur ein Zwischenlager, wenn die Zylinder zu dreien in einem Stück hergestellt werden. In der Regel macht es keine Schwierigkeiten, auf dem zwischen den Zylinderpaaren freibleibenden Raum die erforderlichen Längen der Lagerzapfen unterzubringen. Nur wenn Maschine nmit ungewöhnlich großem Hubverhältnis $s:d$ oder mit vier zusammengegossenen Zylindern vorliegen, tritt das Bedürfnis, die Lager stellen anders zu verteilen, lebhafter hervor.

In solchen Fällen hat man sich vielfach so geholfen, daß man die Zylindermitten gegen die Mitten der Kurbelzapfen in der Längsrichtung etwas versetzt hat, so daß also die Pleuelstangen unsymmetrische Köpfe erhalten, s. Fig. 244; von der Anwendung dieses Mittels ist aber auf jeden Fall abzuraten. Wie schon eine einfache Überlegung zeigt, entstehen bei dieser Anordnung Momente, welche die Kolbenbolzen, die Stangen und die Kurbelarme ungünstig beanspruchen. Insbesondere sind aber die Zugstangen für die Aufnahme von Biegungsmomenten senkrecht zu ihrer Schwingungsebene nicht eingerichtet. Auch die Verteilung der Drücke über die Laufflächen des Kolbenbolzens und des Kurbelzapfens, die schon bei symmetrischen Stangenköpfen unsicher ist, wird bei unsymmetrischen Köpfen sicher noch ungünstiger. Schließlich gibt es auch noch andere Wege, um, wo es notwendig ist, die Baulänge der Kurbelwellen zu verringern.

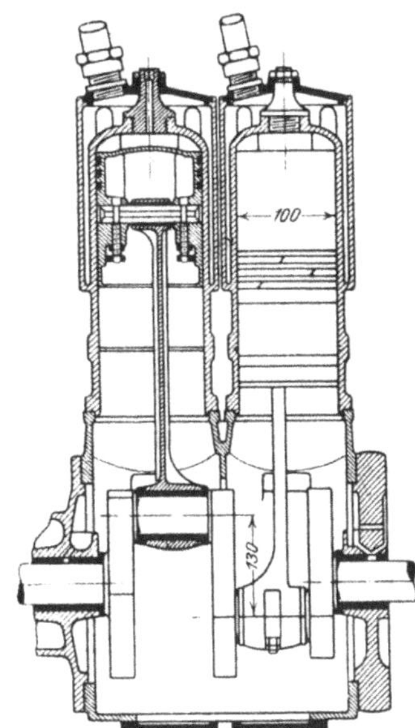

Fig. 244. Maschine mit versetzt angreifenden Pleuelstangen.

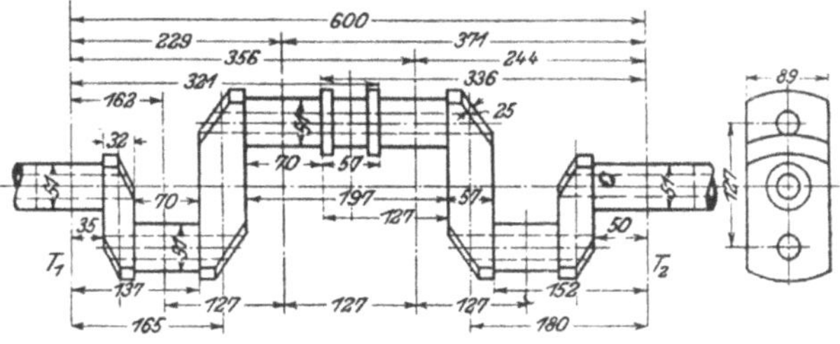

Fig. 245 und 246. Nur an 2 Stellen gelagerte Kurbelwelle für eine Vierzylindermaschine.

Ein solcher Weg, der bereits angedeutet worden ist, besteht darin, daß man das mittlere Lager ganz fortfallen läßt, s. Fig. 245 und 246; dadurch wird die Länge der Kurbelwelle soweit verkürzt, daß man dieses Mittel selbst bei Maschinen mit vier in einem Stück gegossenen Zylindern nicht voll ausnutzen kann, wenn nicht ungewöhnlich große Hubverhältnisse angewendet werden. Daher ist auch zwischen den beiden mittleren Kurbelzapfen ein an sich entbehrliches Wellenstück eingeschaltet, das dazu dienen kann, die Kurbelwelle auszuwuchten. Diese Bauart ist bei uns noch recht wenig verbreitet, wahrscheinlich auch mit Recht, denn, wenn die größte Durchbiegung nicht größer werden soll, als bei Maschinen mit drei Kurbellagern, so müssen die Abmessungen ganz erheblich verstärkt werden. Sie ist daher insbesondere in Verbindung mit der Lagerung der Kurbelwelle auf Kugeln zu empfehlen, wo man gegebenenfalls größere Wellendurchbiegungen in den Kauf nehmen darf.

Die Verwendung von Kugellagern für Kurbelwellen stellt ein auch unabhängig von dem Vorstehenden brauchbares Mittel zur Verringerung der Baulänge der Kurbelwelle dar, s. Fig. 247 und 248. Mit der umfangreichen Verwendung von Kugellagern im Motorfahrzeugbau hat ihre Herstellung solche Fortschritte gemacht, daß man sie heute wohl für die größten Beanspruchungen unbedenklich empfehlen kann. Daß es trotzdem gerade in der Anwendung von Kugellagern für die Kurbelwellen bis jetzt noch immer bei vereinzelten Ausführungen geblieben ist, erklärt sich wohl daraus, daß man insbesondere den hammerartig auftreffenden Drücken gegenüber noch gewisse Bedenken

Fig. 247.

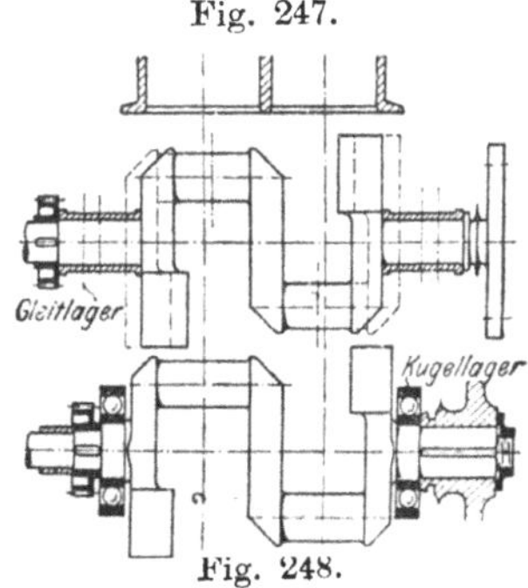

Fig. 248.

Fig. 247 und 248. Vergleich von Gleitlagern und Kugellagern.

hegt, daß in die Kurbelwellenlager immer größere Verunreinigungen eindringen können, die nur durch sehr reichliche Spülung zu entfernen wären und nicht zuletzt daraus, daß man die konstruktiven Schwierigkeiten, die sich hierbei ergeben, noch nicht ganz überwunden hat.

Grundbedingung für die Lagerung der Kurbelwelle auf Kugeln ist natürlich in erster Reihe, daß durch die ganze Bauart der Maschine die Möglichkeit geboten ist, den Hauptvorteil der Kugellager, nämlich die Verkürzung der Kurbelwelle, vollständig auszunützen, denn einzig und allein die angenommene Überlegenheit der Kugellager gegenüber den Gleitlagern in bezug auf die Reibungsverhältnisse rechtfertigt es bei solchen Konstruktionen, bei denen wirtschaftlich vorgegangen werden muß, nicht, Kugellager anzuwenden, ganz abgesehen davon, daß diese Überlegenheit noch nicht feststeht. Dem Vorteil der rollenden Reibung stehen nämlich die hohen Umfangsgeschwindigkeiten als Nachteil gegenüber.

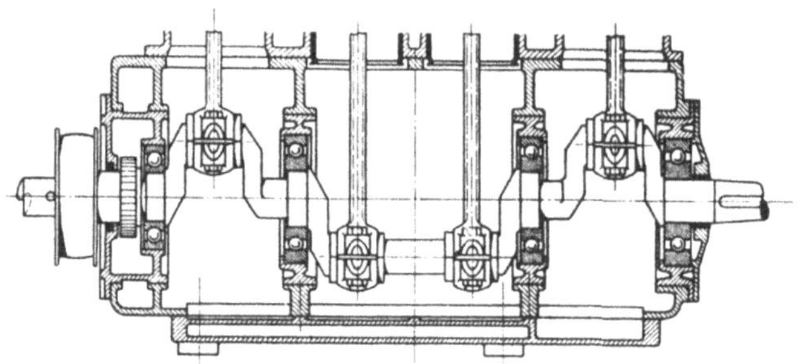

Fig. 249. Kurbelwelle der Berliner Motorwagenfabrik G. m. b. H. Berlin-Reinickendorf.

Läßt sich also die Maschine nicht wesentlich kürzer bauen, als mit Gleitlagern, so fällt die Notwendigkeit und Zweckmäßigkeit, Kugellager zu verwenden, ganz fort. Eine solche Kurbelwelle hat z. B. die in Fig. 249 teilweise wiedergegebene Maschine der Berliner Motorwagenfabrik, G. m. b. H. in Berlin-Reinickendorf. Hier sind die Mittenabstände zwischen den Zylindern, obgleich alle Zylinder zusammengegossen sind, aus weiter nicht zu erörternden Gründen so groß gewählt worden, daß man auch mit Gleitlagern keine längere Kurbelwelle erhalten hätte. Auch bei der Lastwagenmaschine von A. Saurer in Arbon (Schweiz), Fig. 250, hat so recht keine Veranlassung für die Anwendung von Kugellagern vorgelegen. Die Zylinder sind hier paarweise zusammengegossen und können nicht näher zusammengerückt werden, weil zwischen den Paaren Raum für die Nebeneinrichtungen frei bleiben muß. Der mittlere Teil der Kurbelwelle ist daher ebenso lang, als wenn er für Gleitlager bestimmt wäre, und was an den Enden an Baulänge gespart wird, ist nicht erheblich, wenn man die doppelte Lagerung des linken Wellenendes und den Raum für den Deckel auf dem rechten Ende in Rücksicht zieht.

Aber auch bei solchen Maschinen, deren ganzer Aufbau auf die Anwendung von Kugellagern hinzielt, muß man sich mit Schwierigkeiten abfinden, die man auch schon aus den Fig. 249 und 250 erkennen wird. Zunächst es, da man stets trachten wird, ungeteilte Kurbelwellen zu verwenden, schwer, das mittlere Kugellager auf die Welle aufzubringen. Man muß dieses Lager über mehrere Kurbelarme überschieben und den lichten Durchmesser seines inneren Laufringes größer machen als den Durchmesser des Wellenstückes, für das er bestimmt ist. Daraus ergibt sich, daß z. B. in Fig. 250 die Welle in der Mitte einen aufgesetzten oder aufgeschmiedeten Bund erhalten muß, der bei Gleitlagern fortfallen würde, und die Herstellung verteuert. Aber auch der Umstand, daß die drei Kugellager für eine und dieselbe Welle ungleiche Durchmesser erhalten müssen, wenn man nicht gar zu verschwenderisch bauen will, ist nicht sehr günstig. Bei der Welle in Fig. 249 sind vier Lager vorhanden, von denen die beiden mittleren besonders groß bemessen werden müssen. Auch diese Bauart, bei der die beiden mittleren Stangenköpfe ungenügende seitliche Führung haben, ist teuer wegen der besonderen Einsätze für die Kugellager, die genau gebohrt werden müssen, wegen der beiden großen Kugellager und wegen der angeschmiedeten Wellenbunde. Mit Rücksicht auf die Kosten würde daher eher noch die Bauart nach Fig. 250 vorzuziehen sein, weil hier nur ein Lager übergeschoben zu werden braucht. Daß auch die Kurbelarme an den Ecken bearbeitet werden müssen, damit man kleinere Laufringe überschieben kann, erhöht natürlich weiter die Kosten.

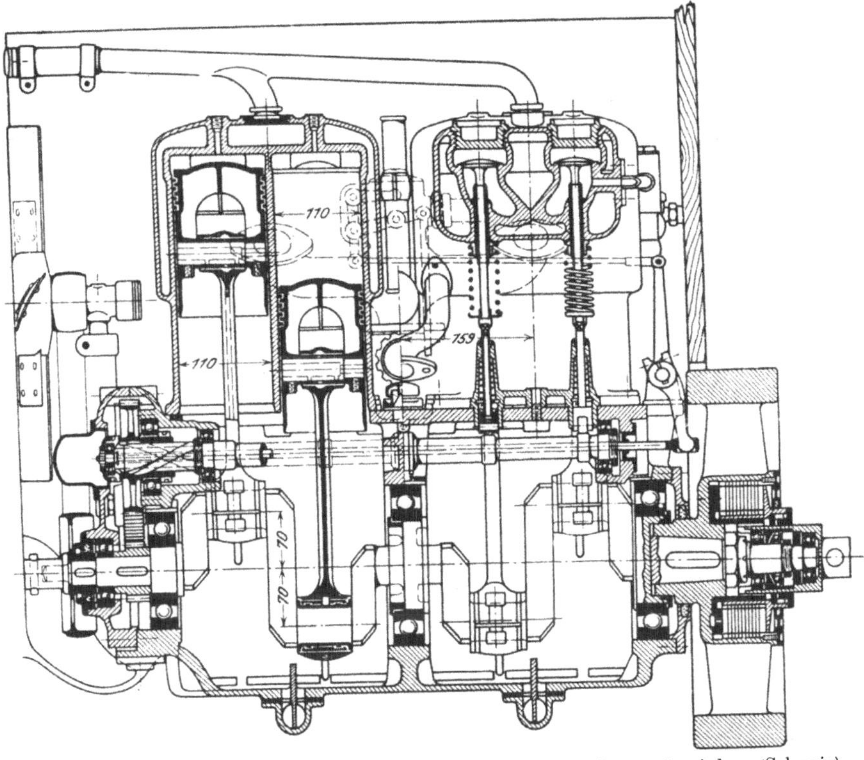

Fig. 250. Kugellagerung der Kurbelwelle bei der Maschine von A. Saurer in Arbon (Schweiz).

Zu alledem kommt noch der zweite Umstand, nämlich, daß die gewöhnlichen Ringlager wegen der Form ihrer Kugelrillen keine genügende Festlegung der Welle in der Achsrichtung ergeben. Man muß hierfür besondere Drucklager anordnen, die zugleich die Rückwirkung der Kupplung aufnehmen, oder die Welle mit Bunden an besonderen Leisten der Kurbelkammer schleifen lassen. Damit wird aber ein Teil der Kennzeichen der Gleitlager, bei denen sich diese Festlegung durch die ganze Bauart von selbst ergibt, wieder hergestellt.

Das Vorstehende läßt es bereits verständlich erscheinen, warum die Lagerung der Kurbelwellen auf Kugeln trotz der Vorteile, die Kugellager auf verschiedenen Zweigen des Maschinenbaues bieten, bis heute noch so wenig Anhänger gefunden hat. Am richtigsten scheint ihre Verwendung noch bei der in zwei Lagern laufenden Kurbelwelle, Fig. 245 und 246, S. 183, weil hier das Überschieben fortfällt und andererseits gerade Kugellager gestatten würden, in der Mitte der Welle größere elastische Durchbiegungen zuzulassen, als etwa 0,1 mm, wie bei Gleitlagern. Damit ließen sich die in anderer Beziehung weit ausreichenden Abmessungen solcher Wellen erheblich verringern.

Weiter oben ist schon erwähnt worden, daß man in der Regel trachten wird, ungeteilte Kurbelwellen zu verwenden, auch dann, wenn die Zahl der Zylinder mehr als vier beträgt. Darin soll aber keine unbedingt einzuhaltende Vorschrift erblickt werden. Wenn die Verbindungen sorgfältig hergestellt sind, ist eine mehrteilige Kurbelwelle mindestens ebenso sicher, wie eine aus einem Stück bestehende, und die Vorteile, die sich aus der Teilung ergeben, sind keineswegs zu verachten. Bei der in Fig. 251 teilweise dargestellten Maschine der Adlerwerke, vorm. Heinrich Kleyer in Frankfurt a. M. ist die Kurbelwelle aus drei Teilen zusammengebaut, von denen die beiden äußeren a und b je einen Lagerzapfen, einen Kurbelarm und einen Kurbelzapfen aufweisen und mit dem mittleren Teil c durch ge-

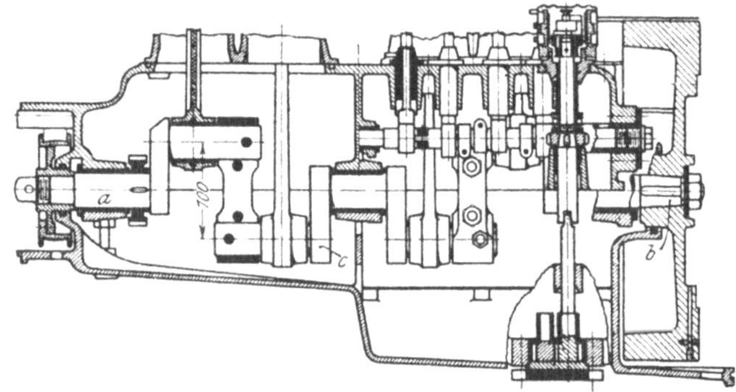

Fig. 251. Geteilte Kurbelwelle der Adlerwerke vorm. Heinr. Kleyer in Frankfurt a. M.

schlitzte und nach dem Aufziehen mit Hilfe von kegeligen Bolzen fest verschraubte Kurbelarme verbunden werden. Der mittlere Teil der Kurbelwelle besteht aus dem mittleren Lagerzapfen, zwei Kurbelarmen und zwei Kurbelzapfen. Es ist ersichtlich, daß durch diese Bauart die Herstellung der Kurbelwelle verbilligt und die Anwendung von ungeteilten Kurbelköpfen bei den Pleuelstangen ermöglicht wird. Daß man die Kurbelwelle auseinandernehmen muß, um die Stangenköpfe neu auszugießen, ist allerdings ein Nachteil, wie es auch überhaupt noch zweifelhaft ist, ob es nicht besser ist, nachstellbare Stangenköpfe anzuwenden. Die Schrauben, welche die Teile der Kurbelwelle zusammenhalten, müssen sehr sorgfältig eingepaßt und gesichert werden.

Für die Verwendung von Kugellagern kann man sich von der Teilung der Kurbelwelle besondere Vorteile kaum versprechen. Die Teilstelle müßte, damit das mittlere Kugellager über keinen Kurbelarm übergeschoben zu werden brauchte, gerade in der Mitte der Welle liegen, wo sie eigentlich wenig erwünscht ist. Da außerdem die Verbindung einen gewissen Raum beansprucht, so geht ein Teil des durch die Kugellager erlangten Vorteiles wieder verloren.

Wegen der Berechnung der Kurbelwellen ist zunächst auf die ausführlichen Angaben zu verweisen, die hierüber in dem Lehrbuch von Güldner zu finden sind. Insbesondere bieten die ausführlichen Beispiele der Berechnung einer 4fach gekröpften und einer 3fach gekröpften Welle für Schiffsmaschinen[1]) genügenden Anhalt für die Durchführung ähnlicher Berechnungen bei Wagen-

[1]) Vgl. 2. Aufl. S. 301 und 304.

maschinen. Nur muß man stets beachten, daß man in der Regel für Kurbelwellen von Fahrzeugmaschinen guten Nickelstahl anwendet und daher mit der zulässigen Beanspruchung auch über 1000 kg/qcm gehen darf. Auch das Schwungradgewicht spielt bei Wagenmaschinen keine so große Rolle wie bei den langsam laufenden Schiffsmaschinen.

In besonderen Fällen, wo es auf äußerste Sparsamkeit in dem Baustoffaufwand ankommt, wird sich die genaueste Nachrechnung der einzelnen Querschnitte unter Annahme der ungünstigsten Belastungsverhältnisse und Formänderungen,[1]) die vorkommen können, nicht umgehen lassen. Für den Normalfall kann man aber den Rechnungsvorgang wählen, der den nachstehenden Beispielen zugrunde gelegt ist:

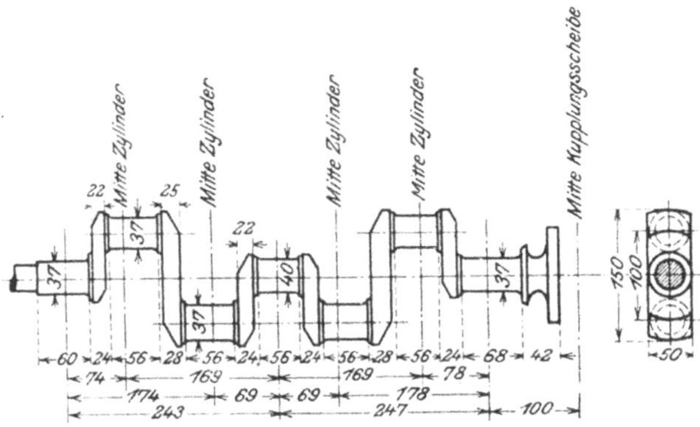

Fig. 252 und 253. Normale Kurbelwelle einer Vierzylindermaschine.

Fig. 252 und 253 stellen eine normale Kurbelwelle für eine 16pferdige Vierzylindermachine von

$$D = 90 \text{ mm und}$$
$$s = 100 \text{ mm}$$

dar, deren Berechnung nach Everding[2]) im Nachstehenden durchgeführt ist.

Nach dem in Fig. 254 wiedergegebenen Belastungsplan wirken an der Welle die

Kolbenkräfte P_0, P_1 und P_0' und P_1'

sowie das Schwungradgewicht P_2.

Diese ergeben die Auflagerdrücke T_0, T_1 und T_2, sowie an den Lagerstellen

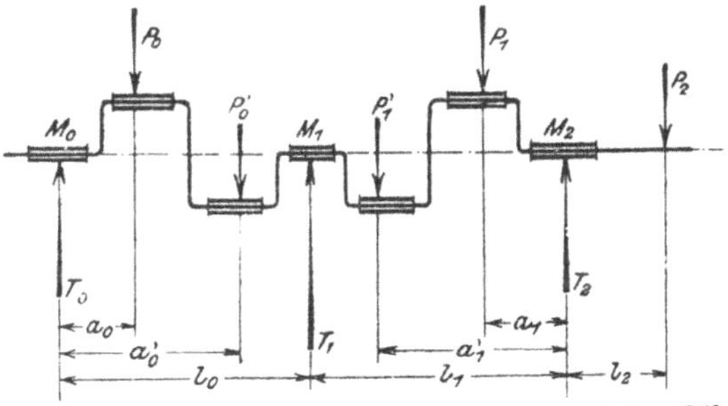

die Momente M_0, M_1 und M_2.

Fig. 254. Belastungsplan der Kurbelwelle Fig. 252 u. 253.

Nach Clapeyron ist nun für den auf drei festen Stützen ruhenden Träger ganz allgemein:

$$-M_0 l_0 - 2 M_1 (l_0 + l_1) - M_2 l_1 = \frac{P_0 \cdot a_0 (l_0^2 - a_0^2)}{l_0} + \frac{P_0' \cdot a_0' (l_0^2 - a_0'^2)}{l_0}$$
$$+ \frac{P_1 a_1 (l_1^2 - a_1^2)}{l_1} + \frac{P_1' a_1' (l_1^2 - a_1'^2)}{l_1} \text{ (Hütte).}$$

In dieser Gleichung hat man für den vorliegenden Fall zu setzen:

$$M_0 = 0, \qquad M_2 = P_2 \cdot l_2 = 150 \text{ cmkg,}$$

[1]) Vgl. hierüber z. B. E. Meyer, Z. Ver. deutsch. Ing. 1909 S. 295, Ensslin, Z. österr. Ing. u. Arch.-Ver. 1911 S. 228 u. f.

[2]) Der Motorwagen, 1909, S. 214 f.

wenn
$$P_2 = 15 \text{ kg},$$
$$l_2 = 10 \text{ cm}.$$

Ferner setze man für den ungünstigsten Fall, daß in zwei Zylindern zu gleicher Zeit Zündungen eintreten könnten:

$$P_0 = P_1 = \frac{\pi}{4} \cdot D \cdot 25 = \sim 1600 \text{ kg},$$

$$P_0' = P_1' = \frac{\pi}{4} \cdot D^2 \cdot 1{,}7 = \sim 100 \text{ kg}.$$

Nach Fig. 252 und 253, S. 187, sind ferner:

$a_0 = 7{,}4$ cm,	$l_0 = 24{,}3$ cm,
$a_0' = 17{,}4$ cm,	$l_1 = 24{,}7$ cm,
$a_1 = 7{,}8$ cm.	$l_2 = 10$ cm.
$a_1' = 17{,}8$ cm,	

Dann ist nach der obigen Gleichung

$$M_1 = -5959 \text{ cmkg}.$$

Die Auflagerdrücke T setzen sich je aus einem Teil A für die rechts vom betreffenden Lager bis zu dem nächsten wirkenden Kräfte und einem Teil B für die links vom Lager bis zu dem nächsten wirkenden Kräfte zusammen:

$$T_0 = A_0 + B_0,$$
$$T_1 = A_1 + B_1,$$
$$T_2 = A_2 + B_2.$$

Nun ist nach Clapeyron

$$A_0 = \frac{M_1 - M_0}{l_0} + \frac{P_0(l_0 - a_0)}{l_0} + \frac{P_0'(l_0 - a_0')}{l_0}$$
$$B_0 = 0$$

$$T_0 = \frac{M_1 - M_0}{l_0} + \frac{P_0(l_0 - a_0)}{l_0} + \frac{P_0'(l_0 - a_0')}{l_0}$$

$$A_1 = \frac{M_2 - M_1}{l_1} + \frac{P_1 a_1}{l_1} + \frac{P_1' a_1'}{l_1}$$

$$B_1 = \frac{M_0 - M_1}{l_0} + \frac{P_0 a_0}{l_0} + \frac{P_0' a_0'}{l_0}$$

$$T_1 = -\frac{M_1}{l_0} - \frac{M_1}{l_1} + \frac{M_2}{l_1} + \frac{M_0}{l_0} + \frac{P_1 a_1}{l_1} + \frac{P_1' a_1'}{l_1} + \frac{P_0 a_0}{l_0} + \frac{P_0' a_0'}{l_0}$$

$$A_2 = P_2$$

$$B_2 = \frac{M_1 - M_2}{l_1} + \frac{P_1(l_1 - a_1)}{l_1} + \frac{P_1'(l_1 - a_1')}{l_1}$$

$$T_2 = -\frac{M_2}{l_2} + \frac{M_1}{l_1} + \frac{P_1(l_1 - a_1)}{l_1} + \frac{P_1'(l_1 - a_1')}{l_1} + P_2.$$

Die Auflösung dieser drei Gleichungen ergibt für den vorliegenden Fall:

$$T_0 = 895{,}5 \text{ kg}; \quad T_1 = 1629 \text{ kg}; \quad T_2 = 890{,}5 \text{ kg}.$$

Nach den Ergebnissen dieser Rechnung sind in Fig. 255 die Momentenflächen aus den Momenten M_0, M_1 und M_2, begrenzt durch den Linienzug $h-b-c-e-f$

aufgetragen, wobei die Welle über der mittleren Stütze geteilt gedacht ist; die Momentenfläche der Einzelkräfte sind durch die Linienzüge $h-a-b$ und $c-d-e-f$ begrenzt, und die schraffierten Überschußflächen stellen die in den betreffenden Querschnitten tatsächlich auftretenden Biegungsmomente dar.

In der gleichen Weise kann man die Momente für den Fall bestimmen, daß sich die Welle um 180° weitergedreht hat, also

$$P_0 = P_1 = \sim 100 \text{ kg},$$
$$P_0' = P_1' = 1600 \text{ kg}$$

geworden sind. Unter Benutzung der gleichartigen Gleichungen erhält man:

$$M_0 = 0, \qquad T_0 = 228 \text{ kg},$$
$$M_1 = -7195 \text{ cmkg}, \qquad T_1 = 2954{,}5 \text{ kg},$$
$$M_2 = 150 \text{ cmkg}, \qquad T_2 = 232{,}5 \text{ kg}.$$

Die entsprechende Darstellung der Momentenflächen ist Fig. 256.

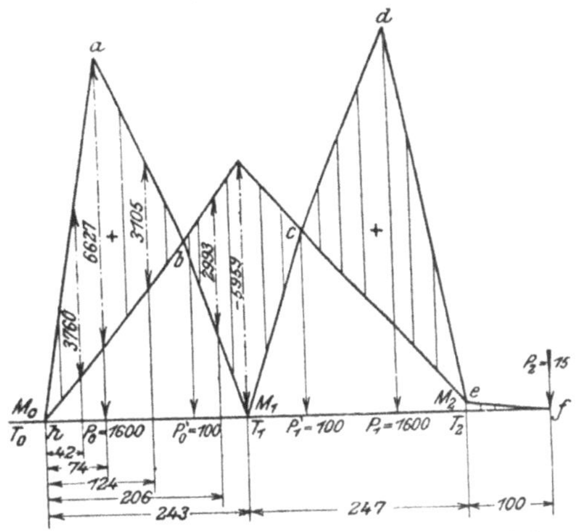

Fig. 255. Biegungsmomente in der Kurbelwelle bei gleichzeitiger Zündung im 1. und 4. Zylinder.

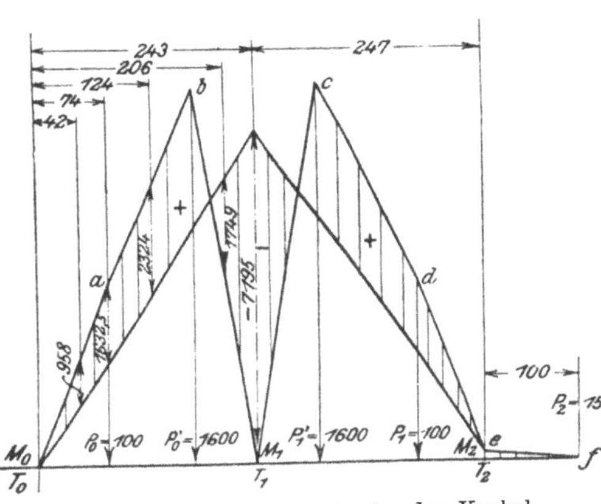

Fig. 256. Biegungsmomente in der Kurbelwelle bei gleichzeitiger Zündung im 2. und 3. Zylinder.

Zur Berechnung der Abmessungen in einem bestimmten Wellenquerschnitt zieht man dann das größere von den Biegungsmomenten heran, die sich aus den beiden Diagrammen ergeben. So hat z. B. der erste linke Kurbelarm in 42 mm Abstand von dem linken Lager gemäß

Fig. 255 . . . $3760 = 895{,}5 \cdot 4{,}2$ cmkg,
Fig. 256 . . . $958 = 228 \cdot 4{,}2$ cmkg

aufzunehmen, während der nächstfolgende Kurbelarm in 124 mm Abstand vom linken Lager gemäß

Fig. 255 . . . $3105 = 895{,}5 \cdot 12{,}4 - 1600 \cdot 5{,}0$ cmkg,
Fig. 256 . . . 2324 cmkg

aufzunehmen hat.

Der Kurbelzapfen in 74 mm vom linken Auflager hat im ungünstigsten Falle gemäß

Fig. 255 . . . $895{,}5 \cdot 7{,}4 = 6627$ cmkg

aufzunehmen und erhält nach

$$M_b = \frac{\pi}{32} d^3 \cdot k_b$$

$$d = 3{,}7 \text{ cm},$$

wenn für k_b etwa 1250 kg/qcm angenommen wird.

Das größte Biegungsmoment tritt im mittleren Lagerzapfen der Welle gemäß Fig. 256 auf; es beträgt

$$T_0 \cdot 24{,}3 - P_0 \cdot 16{,}9 - P_0' \cdot 6{,}9 = 7195 \text{ cmkg}.$$

Hier ist demnach ein Wellendurchmesser $d = 4$ cm angemessen.

Die Breite der Kurbelarme wird für alle Arme gleich groß mit

$$b = 5 \text{ cm}$$

zu wählen sein.

Aus

$$M_b = k_b \cdot \frac{b h^2}{6}$$

erhält man für die beiden äußeren Arme

$$h = 2{,}2 \text{ cm},$$

für die beiden nach innen folgenden Arme

$$h = 2{,}5 \text{ cm},$$

und für die beiden mittleren Arme, von denen der linke gemäß Fig. 255 ein Biegungsmoment von 2993 cmkg und gemäß Fig. 256 ein solches von 1749 cmkg aufzunehmen hat, die gleiche Höhe wie für die äußeren Arme.

Daß die Momente auf der rechten Seite der Welle etwas größer sind als auf der linken Seite, bildet kein Hindernis für die vollkommen symmetrische Ausbildung der Welle; der geringe Unterschied wird durch die zulässige höhere Beanspruchung ausgeglichen.

Streng genommen hätte man nun noch zu berücksichtigen, daß sich die Kolbenkraft am Kurbelzapfen in eine Tangentialkraft

$$T = \frac{P}{\cos\beta} \sin(\alpha + \beta)$$

und eine senkrecht hierzu gerichtete Kraft

$$R = \frac{P}{\cos\beta} \cos(\alpha + \beta)$$

zerlegt, die für einen Kurbelwinkel

$$\alpha = 30^0$$

und einen Stangenausschlag

$$\beta = 7^0$$

ihrer Höchstwerte von $T = \sim 960$ kg und $R = 1275$ kg erlangen. Diese Kräfte sind, jede Gruppe für sich, als biegende bzw. drehende Kräfte für die Welle zu betrachten; die biegenden Kräfte liefern mit Hilfe der Clapeyronschen Gleichungen die besprochenen Momentenlinien, die drehenden Kräfte Drehmomente, so daß in jedem Wellenquerschnitt Biege- und Drehmomente nach der bekannten Formel

$$M_r = 0{,}35 M_b + 0{,}65 \sqrt{M_b^2 + M_d^2}$$

zusammengesetzt werden können.

Die Rechnung bietet keine wesentlichen Unterschiede gegenüber den vorstehenden. Sie liefert auch keinen Anlaß, die oben ermittelten Abmessungen der Kurbelwelle zu verändern.

Weitere Nachrechnungen sind noch:

Flächendruck: Für den Kurbelzapfen ist bei

$$P = 1600 \text{ kg},$$
$$l = 5{,}6 \text{ cm},$$
$$d = 3{,}7 \text{ cm},$$
$$k_{max} = \frac{1600}{5{,}6 \cdot 3{,}7} = \sim 80 \text{ kg/qcm},$$

also weit unter der zulässigen Grenze.

Für den mittleren Lagerzapfen ist bei der ungünstigeren Stellung der Welle

$$T_1 = 2954{,}5 \text{ kg},$$
$$l = 5{,}0 \text{ cm},$$
$$d = 4{,}0 \text{ cm},$$
$$k_{max} = \frac{2954{,}5}{20} \sim 148 \text{ kg/qcm},$$

ein recht hoher Wert, der aber gerade bei dem mittleren Lager häufig nicht zu vermeiden ist. Bei den anderen Lagerzapfen ist die Flächenpressung viel geringer, insbesondere bei dem rechten, der das fliegende Schwungrad trägt.

Reibungsarbeit. Der von Güldner eingeführte Vergleichswert

$$k \cdot v = \frac{p_m \cdot D^2 \cdot n}{2400 \cdot l}$$

ergibt bei dem Kurbelzapfen für

$$D = 9 \text{ cm},$$
$$l = 5{,}6 \text{ cm},$$
$$p_m = 5 \text{ kg/qcm},$$
$$n = 1200 \text{ Uml/min},$$
$$k \cdot v = 36 \text{ mkg/sek},$$

während erfahrungsgemäß bis zu 35 mkg/sek zulässig sind. Etwas ungünstiger dürfte sich aber die Reibungsarbeit für das mittlere Lager stellen, dessen höchster Flächendruck schon ungewöhnlich groß ist. Nimmt man an, daß sich der mittlere Auflagerdruck dieses Lagers zu dem höchsten Auflagerdruck ebenso verhält wie der mittlere Kolbendruck zu dem höchsten Kolbendruck, so könnte man aus

$$t_m : T_1 = p_m : P,$$
$$t_m : 2954{,}5 = 3{,}5 : 1600,$$
$$t_m = 6{,}46 \text{ kg/qcm}$$

nach obiger Gleichung ebenfalls einen Vergleichswert für die Reibungsarbeit berechnen, wenn man nur für

$$l = 5{,}0 \text{ und}$$
$$t_m = 6{,}46 \text{ kg/qcm}$$

einführt. Dies ergibt

$$k \cdot v = 52{,}3 \text{ mkg/sek}.$$

Das Lager wird demnach nur bei sorgfältiger Schmierung laufen können, ohne sich übermäßig zu erhitzen.

Größte Durchbiegung unter der größten Kolbenkraft von 1600 kg nach

$$f = \frac{P \cdot l^3}{E \cdot J \cdot 48},$$

wobei die in Betracht gezogene Hälfte der Kurbelwelle als gerade Welle angesehen und von der Rücksicht auf den Druck im benachbarten Zylinder der Einfachheit halber abgesehen wird.

Für

$$P = 1600 \text{ kg},$$
$$l = 24{,}3 \text{ cm},$$
$$E = 2000000,$$
$$J = \frac{\pi d^4}{64} = 9{,}2,$$
$$f = 0{,}03 \text{ cm} = \frac{1}{810}.$$

Wesentlich genauer muß man schon vorgehen, wenn man bei der Berechnung einer vierfach gekröpften Welle mit nur zwei Lagern nicht auf übermäßig große Abmessungen oder zu hohe Beanspruchungen kommen will.

Für die Kurbelwelle nach Fig. 245 und 246, S. 183, die für eine Vierzylindermaschine von

$$D = 100 \text{ mm},$$
$$s = 125 \text{ mm}$$

berechnet ist, darf man nicht mehr von der Annahme ausgehen, daß der Höchstdruck

$$P_{max} = \frac{\pi}{4} \cdot 100 \cdot 20 = 1570 \text{ kg}$$

in zwei Zylindern zu gleicher Zeit auftritt. Vielmehr muß es genügen, wenn man von der größten Kraft in einem Zylinder ausgeht und hierbei zur Sicherheit nicht berücksichtigt, daß bei einer solchen, in der Regel sehr schnell laufenden Maschine gerade der Höchstdruck durch die Massenkräfte im Totpunkte erheblich vermindert wird. Dafür ist es andererseits auch wieder zulässig, von den zu gleicher Zeit in den anderen Zylindern auftretenden Kolbenkräften ganz abzusehen, so daß sich die Rechnung verhältnismäßig einfach stellt.

Man zerlegt die Stangenkraft $\frac{P_{max}}{\cos\beta}$ in eine tangential und eine in der Richtung der Kurbel liegende Teilkraft:

$$P_t = \frac{P_{max}}{\cos\beta} \sin(\alpha + \beta) = \sim 930 \text{ kg},$$

$$P_r = \frac{P_{max}}{\cos\beta} \cos(\alpha + \beta) = \sim 1280 \text{ kg}.$$

Jede dieser Kräfte erzeugt Auflagerdrücke; die größten Auflagerdrücke werden offenbar in dem links gelegenen Lager, und zwar dann entstehen, wenn im Zylinder 1 der Krafthub ausgeführt wird, nämlich

$$A_t = \frac{P_t \cdot 49{,}8}{60} = 772 \text{ kg},$$

$$A_r = \frac{P_r \cdot 49{,}8}{60} = 1062 \text{ kg}.$$

Der größte, überhaupt auftretende Auflagerdruck ist somit

$$A_{max} = \sqrt{A_t^2 + A_r^2} = 1313 \text{ kg},$$

und der Flächendruck

$$k_f = \frac{1313}{5,1 \cdot 7,0} = \text{rd. } 37 \text{ kg/qcm}.$$

Größtes Biegungsmoment an der linken Lagerkante:

$$M_b = 1313 \cdot 3,5 = 4595,5 \text{ cmkg}; \quad k_b = 375 \text{ kg/qcm}.$$

Biegungsmoment im linken Kurbelarm:

$$M_1 = A_r \cdot 5,1 = 5416 \text{ cmkg} = k_{b_1} \cdot \frac{8,9 \cdot 3,2^2}{6}; \quad k_{b_1} = \sim 360 \text{ kg/qcm},$$

$$M_2 = A_t \cdot 6,25 = 4826 \text{ cmkg} = k_{b_2} \cdot \frac{3,2 \cdot 8,9^2}{6}; \quad k_{b_2} = \sim 120 \text{ kg/qcm}.$$

Drehmoment im linken Kurbelarm:

$$M_d = A_t \cdot 5,1 = 3940 \text{ cmkg} = k_d \cdot \frac{2}{9} \cdot 3,2^2 \cdot 8,9; \quad k_d = 192 \text{ kg/qcm}.$$

Resultierendes Biegungsmoment:

$$M_b = \sqrt{M_{b_1}^2 + M_{b_2}^2}; \quad k_b = \sqrt{k_{b_1}^2 + k_{b_2}^2} = 380 \text{ kg/qcm}.$$

Resultierendes Moment:

$$M_r = 0,35 M_b + 0,65 \sqrt{M_b^2 + M_d^2}; \quad k_r = 0,35 k_b + 0,65 \sqrt{k_b^2 + k_d^2} = \sim 410 \text{ kg/qcm}.$$

Größtes Biegungsmoment im linken Kurbelzapfen:

$$M_b = 1313 \cdot 10,2 = 13393 \text{ cmkg}; \quad k_b = 1092 \text{ kg/qcm}.$$

Größter Flächendruck:

$$k_f = \frac{1570}{5,1 \cdot 7,0} = \sim 44 \text{ kg/qcm}.$$

Die stärksten Beanspruchungen der beiden mittleren Kurbelzapfen treten auf, wenn in den zugehörigen Zylindern gezündet wird. Diese ungünstigsten Momente sind annähernd:

für den linken Zapfen:

$$M_b = \frac{1570 \cdot 22,9 \cdot 37,1}{60} = 22316 \text{ cmkg}; \quad k_b = \sim 1820 \text{ kg/qcm},$$

für den rechten Zapfen:

$$M_b = \frac{1570 \cdot 35,6 \cdot 24,4}{60} = 22832 \text{ cmkg}; \quad k_b = \sim 1860 \text{ kg/qcm}.$$

Die Beanspruchungen der mittleren Kurbelarme auf Biegung und Drehung sind in ähnlicher Weise nachzurechnen, wie es oben für den einen Kurbelarm bereits geschehen ist, wobei aber untersucht werden muß, welche Belastung der Welle für den betreffenden Kubelarm am ungünstigsten ist. Solche zeitraubende Berechnungen sucht man in der Regel gern zu vermeiden, weshalb man die einmal berechneten Abmessungen der Kurbelwelle nach Möglichkeit beizubehalten trachtet.

Das Vorstehende dürfte als Hilfsmittel für die Wellenberechnung in den meisten Fällen genügen. Übermäßig hohe Sicherheit darf man natürlich von den so ermittelten Kurbelwellen nicht erwarten, da man stets die Rücksicht auf das Gewicht und den Preis zu nehmen hat. Gegen Unfälle ist die Kurbelwelle selbst dann nicht gefeit, wenn man sie nach dem bedeutend sichereren Verfahren von

Everding berechnet, wobei man annimmt, daß in zwei Zylindern zu gleicher Zeit Zündungen eintreten. Findet z. B. die Entzündung in einem Zylinder bereits bei Beginn der Verdichtung statt, so erlangt das brennende Gemisch einen Enddruck, dem selbst die sorgfältigst berechnete Kurbelwelle nicht standhalten kann. Wahrscheinlich sind viele Unfälle an Maschinen, bei denen die Kurbelwelle gebogen worden ist, die Schrauben eines Stangenkopfes gerissen waren oder gar ein Zylinder gesprengt wurde, auf eine solche ungewöhnlich zeitig erfolgte Frühzündung zurückzuführen.

Für den Erstentwurf mögen noch einige Faustregeln angegeben werden, die als Mittelwerte aus einer Reihe von amerikanischen Maschinen mit mittleren Zylinderabmessungen brauchbar sein dürften, aber natürlich ohne Nachrechnung für die Konstruktion zu unsicher sind.

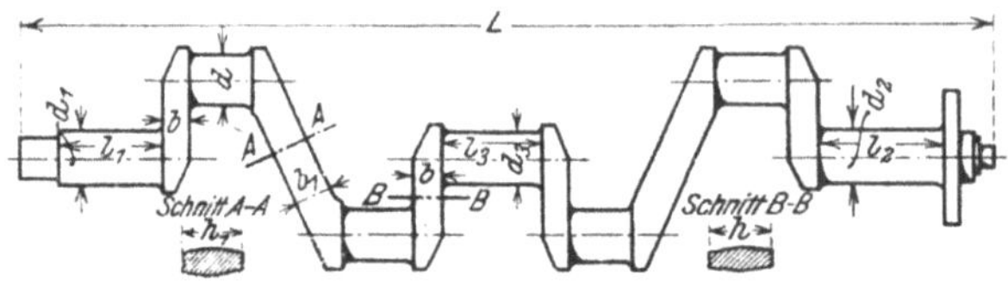

Fig. 257 bis 259. Kurbelwelle amerikanischer Maschinen.

Für Kurbelwellen der in den Fig. 257 bis 259 wiedergegebenen Bauart kann man annehmen:

Gesamtlänge der Kurbelwelle: $L = 7D + 15{,}24$ cm (D = Zylinderdurchmesser).

Durchmesser der Kurbelzapfen: $d = 0{,}53D - 1{,}5875$ cm,

Dicke der Kurbelarme: $b = 0{,}4D - 2{,}159$ cm,

$b_1 = 0{,}5D - 2{,}225$ cm,

Breite der Kurbelarme: $h = 0{,}333D + 4{,}318$ cm,

$h_1 = 8{,}99 - 0{,}667D$ cm,

Durchmesser der Lagerzapfen: $d_1 = 0{,}53D - 1{,}5875$ cm,

$d_2 = d_3 = d_1$,

Länge der Lagerzapfen: $l_1 = d_1 + 2{,}857$ cm

oder $l_1 = 1{,}67d_1 + 2{,}413$ cm,

$l_2 = 5{,}33d_2 - 14{,}376$ cm,

$l_3 = 2{,}8d_3 - 5{,}588$ cm.

Die Herstellung der Kurbelwellen für Fahrzeugverbrennungsmaschinen unterscheidet sich im allgemeinen nicht wesentlich von derjenigen anderer Kurbelwellen. Wie bei diesen werden die Stücke mit den vollen Kröpfungen unter dem Hammer roh vorgeschmiedet, worauf vor dem eigentlichen Bearbeiten die Kröpfungen in der bekannten Weise herausgeschnitten werden. Die hohen Kosten des Baustoffs und das Streben, die Bearbeitung zu verbilligen, haben aber dennoch gerade bei den in großer Zahl herzustellenden Kurbelwellen für Zwei- und Vierzylindermaschinen zu besonderen Arbeitsverfahren geführt, die sich, noch mehr als bei uns, in den Vereinigten Staaten besonders stark eingeführt haben. Hierher gehört namentlich das Schmieden der Kurbelwellen im Gesenk, wobei die aus einer Stange roh vorgebogenen Kurbelwellen im Gesenk dann so weit fertig bearbeitet werden, daß nur noch die Kurbel- und Lagerzapfen nachgedreht und geschliffen zu werden brauchen, während die Arme schwarz bleiben. Man sagt diesem Verfahren nach daß es Wellen liefert, deren Fasern genau nach der Form gebogen und nicht geschnitten sind. Die hierbei anzuwendende Wärmebehandlung ist aber noch nicht ausreichend erforscht.

Liegen die Zylinder weit genug auseinander, so pflegt man hierbei häufig die beiden Kurbelzapfen, die durch kein Lager getrennt sind, durch einen geneigten Kurbelarm zu verbinden. Man erhält dann, indem man den Arm wagerecht stellt, so große Öffnungen unter den Zylindern, daß man die Kolben an der Kurbelwelle vorbei herausziehen kann[1]), also beim Reinigen der Kolbenböden und Ringe die Zylinder nicht abzuschrauben braucht. Das mag bequem sein; es rechtfertigt aber nicht, die Zylinder weiter voneinander zu rücken, als unbedingt erforderlich ist.

Das Verfahren, die Kurbelzapfen und Lagerzapfen anzubohren und durch diese Bohrungen das Schmieröl zu verteilen, wird vielfach geübt. Bei Maschinen, die besonders leicht sein müssen, bohrt man die Zapfen auch in höherem Maße an, vgl. z. B. Fig. 245, S. 183. Fig. 260 zeigt die Welle einer 6 Zylinder-Luftschiffmaschine der Neuen Automobil-Gesellschaft, Berlin.

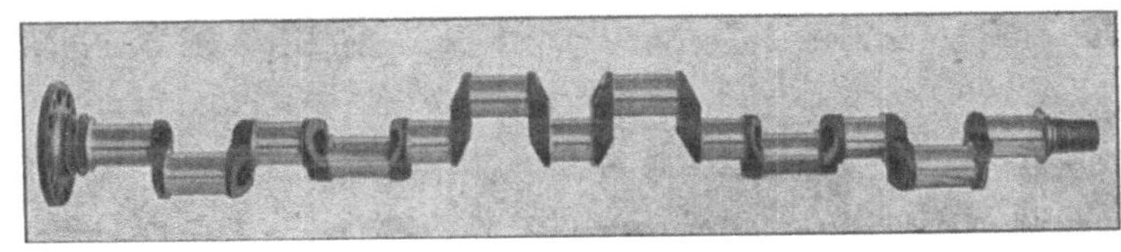

Fig. 260. Kurbelwelle einer 6 Zylinder-Luftschiffmaschine der Neuen Automobil-Gesellschaft, Berlin.

Die Pleuelstangen sind, nachdem Durchmesser und Länge der beiden zugehörigen Zapfen bereits bei der Berechnung der Kolben und Kurbelwellen ermittelt worden sind, in ihren Hauptverhältnissen als gegeben anzusehen. Die fast allgemein angenommene Bauart ergibt sich annähernd aus den Fig. 261 bis 266, S. 196, mit allen erforderlichen Einzelheiten. Die Stangen erhalten demnach geschlossene, mit geschliffenen Büchsen aus Stahlrohr versehene Augen an den Kolbenenden sowie offene, aber nicht, wie dargestellt, unsymmetrische, möglichst leicht gehaltene Marineköpfe an den Kurbelenden. Für die Schmierung des Kolbenbolzens muß stets gesorgt werden. Im vorliegenden Falle hat das Auge der Stange eine Öffnung, durch die von oben her eintropfendes Öl über einige Bohrungen der Stahlbüchse auf den Bolzen gelangt. Vielfach wird aber die schon erwähnte Bohrung des Kolbenbolzens hierfür benutzt. Einseitig geschlitzte Kolbenenden, in denen durch Anziehen von Schrauben eine Büchse festgeklemmt werden kann, sind nicht sehr zu empfehlen. Sie haben wohl den Vorteil, daß man sie nachstellbar machen kann, indem man die Stahlbüchse teilt, allein dieses Mittel zum Beseitigen etwa auftretenden toten Ganges ist viel umständlicher und teurer als das nächstliegende Auswechseln der Büchse. Da übrigens Kolbenzapfen und Laufbüchse gehärtet werden, so kann eine starke Abnutzung nach kurzer Betriebszeit nur dann eintreten, wenn einmal die Schmierung versagt hat.

Die Kurbelenden dagegen, die mit Weißmetall gefütterte Lagerschalen aus Bronze erhalten, schlagen sich erfahrungsgemäß in verhältnismäßig kurzer Zeit aus und müssen daher mit Beilagen nachstellbar gemacht werden. Da sie in der Hauptsache nach einer Seite beansprucht werden, so kann man ihre Deckelstücke viel schwächer bemessen als bei doppeltwirkenden Maschinen.

Zu erwägen wäre, ob es nicht zweckmäßig ist, bei den Köpfen von Bronze-

[1]) Der Vorgang ist im „Motorwagen" 1910, S. 729, abgebildet.

schalen überhaupt abzusehen und das Weißmetall unmittelbar in die Stangenteile einzugießen. Soweit bekannt, ist ein derartiger Versuch schon gemacht worden. Man könnte dadurch an Gewicht des Triebwerkes erheblich sparen und hätte, wenn die Köpfe ausgeschlagen sind, statt der Schalen die ganzen Stangen auszuwechseln, was für einen größeren Betrieb keine Mehrbelastung ergibt.

Die Kurbelenden erhalten in der Regel zwei, seltener vier Verbindungsschrauben, deren Muttern aus Rücksicht auf das beschränkte Kurbelgehäuse auf die Schaftseite gelegt werden. Die Muttern sind sorgfältig zu sichern. Die Schrauben berechnet man, obgleich sie niemals so hoch beansprucht werden, auf den vollen Explosionsdruck.

Die Schäfte endlich erhalten den bekannten I-Querschnitt, der im Gesenk fertig geschmiedet wird und in keiner Weise nachbearbeitet zu werden braucht. Der Querschnitt ergibt bei gleichem Gewicht ein größeres Trägheitsmoment, also eine höhere Knickfestigkeit als ein runder oder kantiger Querschnitt. Vielfach werden bei ganz billigen Ausführungen die Stangenschäfte noch aus Temperguß oder „sogenanntem" Stahlguß hergestellt, weil man die teuren Gesenke sparen will. Daß solche Stangen unzuverlässig sind, ist selbstverständlich; ebenso wie für die Kurbelwelle dürfen auch für die Stangen nur Baustoffe verwendet werden, die den hohen Beanspruchungen des Betriebes durchaus gewachsen sind. Ein Bruch an einer Pleuelstange, sogar nur der Verlust einer nicht ausreichend gesicherten Schraube kann die ganze Maschine zerstören, bevor man sie abstellen kann.

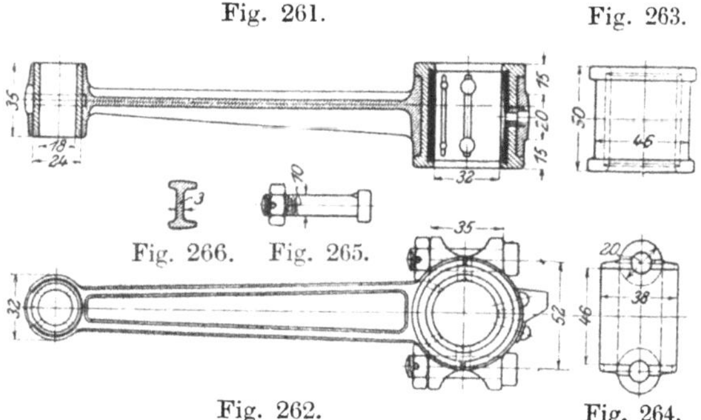

Fig. 261 bis 266. Normalbauart der Pleuelstangen.

Die Nachrechnung der in Fig. 261 bis 266 dargestellten, für eine Maschine von 75 mm Zylinderdurchmesser und 88 mm Hub bestimmten Pleuelstange ergibt:

Größte Stangenkraft: $P_{max} = 884$ kg,

Auflagerdruck im Kolbenende: $k_f = \frac{884}{1{,}8 \cdot 3{,}5} = 140$ kg/qcm,

Auflagerdruck im Kurbelende: $k_f = \frac{884}{3{,}2 \cdot 5} = 55{,}2$ kg/qcm,

Trägheitsmoment des kleinsten Stangenquerschnitts: 0,55 cm^4,
Knickfestigkeit der Stange:

$$P_z = \pi^2 \cdot \frac{E \cdot J}{L^2} = \pi^2 \cdot \frac{2\,000\,000 \cdot 0{,}55}{400} = 27\,100 \text{ kg},$$

Sicherheit gegen Knickgefahr: $= \sim 30$.

Die Stange könnte also anscheinend noch wesentlich schwächer bemessen werden, um so eher als man, wo es die Rücksicht auf die Gewichtbeschränkung erfordert, auch unter die bei Betriebsmaschinen gültige Grenze der 20fachen Knicksicherheit gehen kann. Wie die weitere Rechnung zeigt, liefert aber die Berechnung auf Knicksicherheit keine maßgebenden Werte.

Zu beachten ist, daß beim Durchgehen der Maschine keine gefährlichen Biegungsmomente in der Stange auftreten dürfen. Das Biegungsmoment in der Schwingungsebene der Stange ist nach Bach annähernd

$$M_b = \left(\frac{n}{300}\right)^2 \cdot r \cdot f \cdot \gamma \cdot \frac{L^2}{16} \text{ cmkg},$$

die diesem entsprechende Biegungsbeanspruchung

$$k_b = \left(\frac{n}{1200}\right)^2 \cdot r \cdot \gamma \cdot \frac{f \cdot L^2}{W} \text{ kg/qcm}.$$

Setzt man für den vorliegenden Fall (Fig. 261 bis 266)

$$n = 1800 \text{ Uml/min},$$

$$r = 4{,}4 \text{ cm},$$

$$\gamma = 0{,}008 \text{ kg/ccm},$$

ferner für den mittleren Stangenquerschnitt

$$f = 1{,}42 \text{ qcm},$$

für die Stangenlänge

$$L = 20 \text{ cm}$$

und für das Widerstandsmoment

$$W = 1{,}01 \text{ cm}^3,$$

so erhält man

$$k_b = \sim 50 \text{ kg/qcm}.$$

Die Gesamtbelastung dieses Querschnittes durch die Druckkraft und die Biegungsbeanspruchung beträgt

$$\frac{884}{1{,}42} + 50 = \sim 675 \text{ kg/qcm}.$$

Vielfach ist es üblich, den geringsten zulässigen Querschnitt der Schubstange nicht nach der Knickformel, sondern auf Grund der zulässigen Druckbeanspruchung zu bestimmen. Die Fläche des kleinsten Stangenquerschnittes ist im vorliegenden Falle

$$f_{min} = 1{,}08 \text{ qcm},$$

somit die Druckbeanspruchung bei der höchsten Kolbenkraft

$$k = \frac{884}{1{,}08} = \sim 820 \text{ kg/qcm}.$$

Die Sicherheit der Stange auf Druckfestigkeit ist also bei weitem nicht so groß, wie die Sicherheit gegen das Ausknicken.

Zweckmäßig wird man also bei jeder Schubstange auch die Beanspruchungen auf reine Druckfestigkeit nachrechnen müssen.

Auch bei der in Fig. 267 und 268, S. 198, dargestellten Zugstange einer langsamlaufenden Vierzylindermaschine der Neuen Automobil-Gesellschaft, Berlin, von 82 mm Zylinderdurchmesser ergibt die Nachrechnung auf Druckfestigkeit

$$k = 458 \text{ kg/qcm},$$

während die Sicherheit des kleinsten Stangenquerschnittes auf Knickfestigkeit annähernd 46fach ist.

Beim Entwurf einer Pleuelstange dürfte es einige Erleichterungen bieten, wenn man berücksichtigt, daß die Abmessungen A, B und C des Stangenquerschnittes, s. Fig. 269, im allgemeinen wenig schwanken. Als Mittelwerte kann man annehmen:

$$A = 4 \text{ bis } 5 \text{ mm},$$

$$B = 2{,}5 \text{ bis } 3 \text{ mm},$$

$$C = 3{,}5 \text{ bis } 4{,}5 \text{ mm}.$$

Ferner nimmt man in der Regel

$$\frac{h}{b} = 1{,}3 \text{ bis } 1{,}5.$$

Hieraus kann man, wenn man den kleinsten Druckquerschnitt nach

$$f_{min} = \frac{P_{max}}{k}$$

berechnet hat, wobei für Siemens-Martinstahl k höchstens 1000 kg/qcm

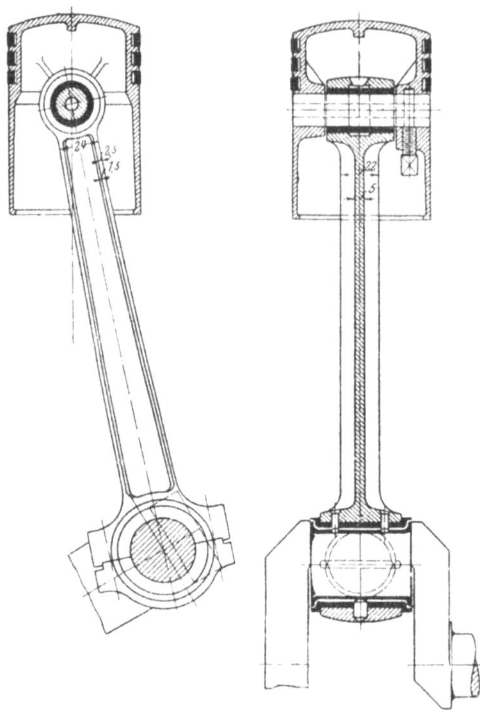

Fig. 267. Fig. 268.
Fig. 267 und 268. Pleuelstange der Neuen Automobil-Gesellschaft, Berlin.

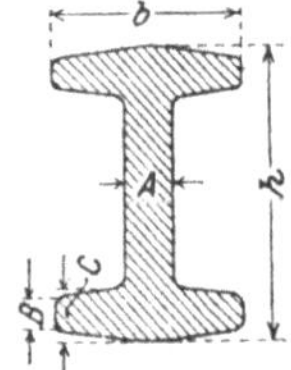

Fig. 269. Gebräuchlicher Querschnitt einer Pleuelstange.

betragen soll, die Breite b aus

$$f_{min} = 2b \cdot \frac{B + C}{2} + \left[\frac{h}{b} \cdot b - 2C\right] \cdot A$$

ganz genau berechnen. In dieser Gleichung sind die Werte von A, B, C und $\frac{h}{b}$ nach getroffener Wahl einzusetzen.

Für das Längenverhältnis der Zugstangen lassen sich kaum allgemein gültige Angaben machen. Selten macht man die Stangen länger als $4{,}6\,r$, vielfach aber auch zur Erzielung geringer Bauhöhe noch kleiner als $4\,r$. Ein guter Mittelwert ist

$$L = 4{,}25\,r.$$

Besondere Ausführungen von Zugstangen werden erforderlich, wenn man die Stangenknöpfe unsymmetrisch ausbilden muß, s. Fig. 244, S. 183, weil die Mitten der Zylinder nicht genau über den Mitten der Kurbelzapfen stehen. Solche Zugstangen empfiehlt es sich, nach den für exzentrisch beanspruchte Säulen geltenden Regeln nachzurechnen, wobei man die Kolbenkraft in der Mitte des Kolbenbolzens angreifend denkt.

Zugstangen, deren Kurbelenden offen und gegabelt sind, werden, allerdings nicht sehr oft, bei Maschinen angewandt, bei denen zwei V-förmig gestellte Zylinder auf einen gemeinsamen Kurbelzapfen wirken, Fig. 235, S. 175. Indessen zieht man es doch häufig vor, auch hier nur einfache Stangenknöpfe anzuwenden, die nebeneinander gelagert sind, und entweder die einander gegenüberliegenden Zylinder etwas versetzt anzuordnen oder die Stangenköpfe soweit exzentrisch auszubilden, daß der Unterschied wieder ausgeglichen wird.

Bei den Maschinen mit sternförmiger Zylinderanordnung kommt es endlich regelmäßig vor, daß an dem Kopfe einer Pleuelstange Augen angebracht sind, woran die Kurbelenden der anderen Stangen angreifen. In Anbetracht der Schwierigkeiten, denen man bei solchen Maschinen begegnet, wenn man die Auflagerflächen für 5 bis 7 Stangenköpfe auf einem einzigen Kurbelzapfen verfügbar machen soll, scheint diese Lösung noch die beste zu sein. Wenigstens hat man bei anderen Konstruktionen noch keine längere Betriebsdauer erzielt.

Für mittlere Ausführungen kann man das Gewicht einer Pleuelstange in kg nach einer der nachstehenden Formeln veranschlagen:

$$G = 0{,}000373\, L \cdot D^2 + 0{,}5436$$

oder

$$G = \frac{1}{71{,}21} D^2.$$

Hierin sind L die Länge der Pleuelstange und D der Zylinderdurchmesser in cm. Stangen, die besonders leicht sein sollen, werden an allen Stellen, wo sie fest genug erscheinen, ausgebohrt. Fig. 270 stellt die Zugstange einer Luftschiffmaschine der Neuen Automobil-Gesellschaft, Berlin, dar, bei der nicht allein der Steg des Schaftes, sondern auch der außerordentlich stark bemessene Deckel des offenen Endes mit Ausbohrungen versehen ist.

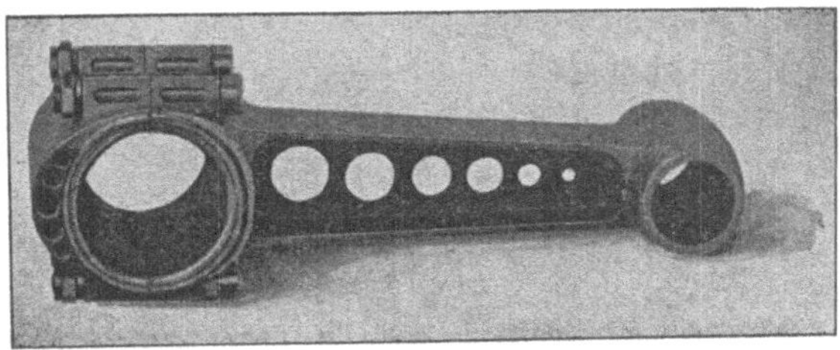

Fig. 270. Pleuelstange für eine Luftschiffmaschine der Neuen Automobil-Gesellschaft, Berlin.

Das Kurbelgehäuse wird in seiner Bauart durch eine ganze Reihe von Aufgaben bestimmt, die es zu erfüllen hat. In erster Linie hat es den Unterbau zu bilden, der die verschiedenen Zylinder einer Maschine zu einem in sich ausgeglichenen, starren Körper verbindet, also insbesondere die Lager für die Kurbelwelle aufzunehmen. Es hat ferner das ganze Gewicht der Maschine mit den Stößen, die beim Fahren auftreten, auf den Wagenrahmen zu übertragen und muß so eingerichtet werden, daß die ganze Maschine in den Wagenrahmen bequem eingebaut werden kann. Das für den Wagenantrieb verfügbare Drehmoment an der Kurbelwelle beansprucht die Verbindungen zwischen dem Kurbelgehäuse und dem Rahmen und muß bei der Bemessung dieser Teile berücksichtigt werden. Auf dem Kurbelgehäuse muß ferner Raum zum Lagern der Zubehörteile der Maschine, insbesondere der Zünddynamo und der Kühlwasserpumpe frei bleiben. Schließlich hat das Kurbelgehäuse auch als Ölbehälter für das Kurbelgetriebe der Maschine zu dienen und als solcher vollkommen dicht gegen Austritt von Öl sowie Eindringen von Staub zu sein.

Damit man die Kurbelwelle in die Lager einbauen kann, ist es in den meisten Fällen erforderlich, das Kurbelgehäuse in der durch die Lagermitten gehenden wagerechten Ebene zu teilen. Am nächsten scheint es nun zu liegen, die untere Hälfte der Kurbelkammer als tragenden Körper auszubilden und mit weit ausladenden Armen zu versehen, die sich gegen die Längsträger des Wagenrahmens legen, s. Fig. 271 und 272, S. 200. Diese Anordnung gestattet, die obere Hälfte des

Kurbelgehäuses verhältnismäßig leicht zu halten und aus einer billigen Aluminiumlegierung zu gießen, da sie in der Hauptsache nur von den Kolbenkräften auf

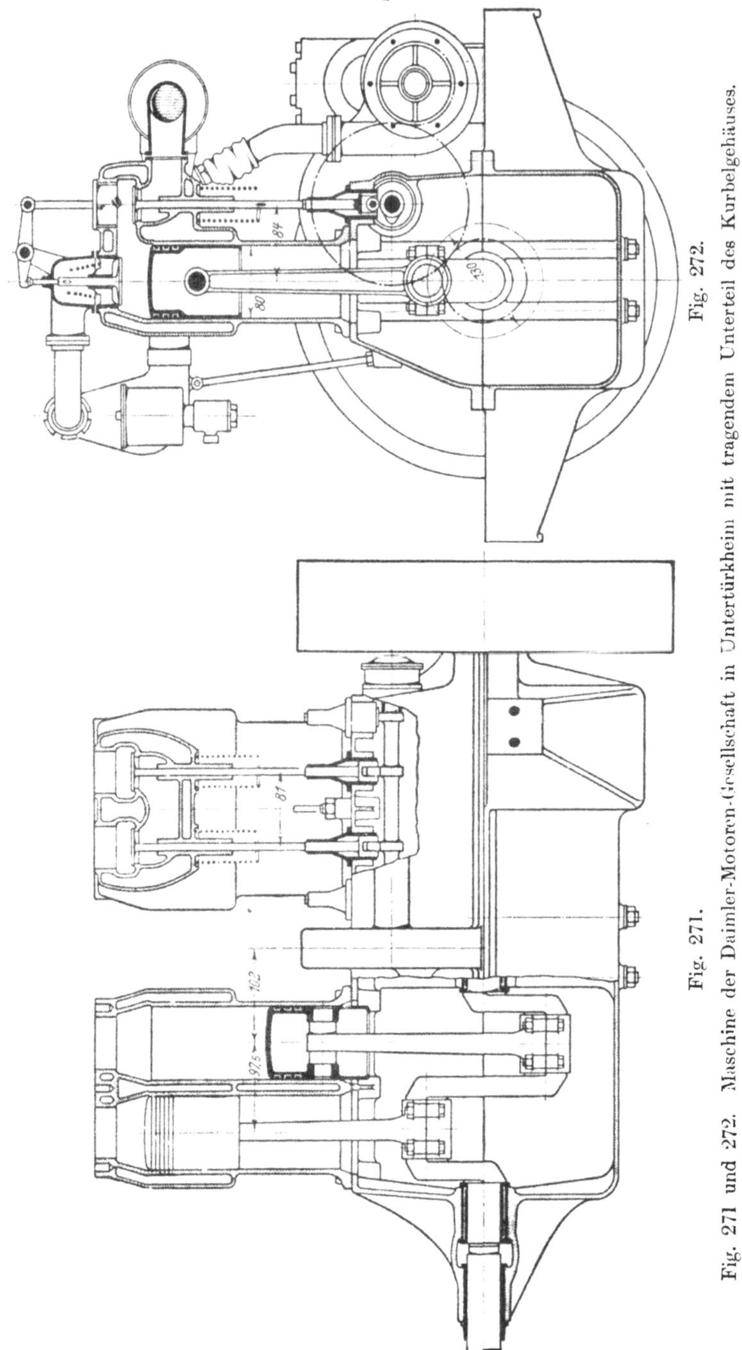

Fig. 272.

Fig. 271.

Fig. 271 und 272. Maschine der Daimler-Motoren-Gesellschaft in Untertürkheim mit tragendem Unterteil des Kurbelgehäuses.

Zug oder Druck beansprucht wird. Und selbst von diesen Beanspruchungen kann man sie teilweise entlasten, wenn man, wie das die in Fig. 271 und 272 dargestellte

Maschine der Daimler-Motoren-Gesellschaft in Untertürkheim erkennen läßt, einzelne von den Befestigungsschrauben der Zylinder gewissermaßen als Anker, welche die beiden Hälften des mittleren Lagers zusammenhalten, bis nach der unteren Hälfte der Kurbelkammer durchgehen läßt. Die Anordnung ist auch hinsichtlich der Bearbeitung und beim Zusammenbau der Maschine sehr bequem. Ihr einziger grundsätzlicher Nachteil ist, daß das Triebwerk, solange die Maschine im Rahmen eingebaut ist, nicht leicht zugänglich ist. Dem wäre im vorliegenden Falle, wo nur eine Steuerwelle vorhanden ist und Kühlwasserpumpe und Zünddynamo auf der Steuerungsseite der Maschine liegen, leicht abzuhelfen, indem man das Gehäuse auf der anderen Seite in der oberen Hälfte mit reichlich bemessenen Handöffnungen versieht; allein vielfach reichen solche Öffnungen wohl zum Nachziehen der unteren Stangenköpfe, aber nicht zum Herausnehmen einzelner Stangen mit dem Kolben aus, so daß man unter Umständen schon beim Auswechseln eines einzigen Kolbenringes die ganze Maschine aus dem Wagen ausbauen muß. Für Maschinen, die in Motorboote oder in die Gondeln von Luftschiffen eingebaut werden, muß man sich dennoch mit Handlöchern allein behelfen. Bei den Bootmaschinen liegt der Fall insofern noch etwas bequemer, als diese wegen ihres längeren Hubes in der Regel größere Kurbelgehäuse haben, die in der Tat durch Handöffnungen ausreichend zugänglich gemacht werden können. Wo die Maschine allein, d. h. ohne anschließendes Wagentriebwerk verwendet wird, ist es auch nicht so umständlich, einen Zylinder oder ein Zylinderpaar abzuschrauben, wenn man zu dem betreffenden Kolben gelangen will.

Die Notwendigkeit, verhältnismäßig schnell zu dem im Kurbelgehäuse versteckten Triebwerk zu gelangen, ist auch bei Wagen nicht unbestritten. Angesehene Fabriken legen Wert darauf, die Stangenköpfe und Lagerbüchsen so zu bemessen, daß die Maschine einer inneren Prüfung vor Ablauf einer gewissen Arbeitsdauer überhaupt nicht bedarf, wenn sie gut behandelt, d. h. geschmiert wird. Nach Ablauf dieser Zeit, bei Wagen im Privatbesitz, die nicht sehr stark benutzt werden, nach einigen Monaten, muß der ganze Wagen ohnedies in allen seinen Teilen gründlich nachgesehen werden, wobei auch die Maschine ausgebaut wird.

Nichtsdestoweniger legt man heute noch großen Wert darauf, insbesondere bei Wagen im Privatbesitz, verhältnismäßig leicht in das Innere des Kurbelgehäuses gelangen und Ausbesserungen der besprochenen Art vornehmen zu können, ohne die Maschine ganz ausbauen zu müssen. Ein Mittel hierzu besteht in der Anordnung leicht abnehmbarer Böden im Kurbelgehäuse, s. Fig. 273 und 274, S. 202, die so große Öffnungen ergeben, daß man von unten her auch die Deckelschrauben der Hauptlager nachziehen kann. Da aber hierdurch die Tragfähigkeit der Kurbelkammer stark vermindert wird, so ist es wohl richtiger, gemäß Fig. 275 die Kurbelwelle in dem mit den Tragarmen versehenen oberen Teil der Kurbelkammer aufzuhängen, derart, daß man den unteren Teil, der dann nur mehr die Rolle einer Ölmulde spielt, ganz fortnehmen kann, ohne die Kurbellager zu öffnen. Dadurch wird die Zugänglichkeit des Triebwerkes ganz wesentlich erhöht und, da man die untere Gehäusehälfte sehr leicht machen, z. B. sogar aus Blech pressen kann, eine Verminderung des Maschinengewichtes ermöglicht. Bedenken dagegen, daß bei dieser Anordnung die Deckelschrauben der Lager durch die Kolbenkräfte unmittelbar stark belastet werden, können wohl kaum geltend gemacht werden. Die Schrauben werden ebenso wie bei den anderen Kurbelgehäusen auf Zugfestigkeit für die volle Kraft eines Zylinders berechnet und müssen dieser ebenso Widerstand leisten, wie die im vorliegenden Falle nach unten gekehrten Lagerdeckel. Auch hier wird es sich empfehlen, einzelne von den Befestigungsschrauben der Zylinder durchgehen zu lassen und als Deckelschrauben für die Lager zu verwenden, weil man dadurch das Kurbelgehäuse etwas entlastet.

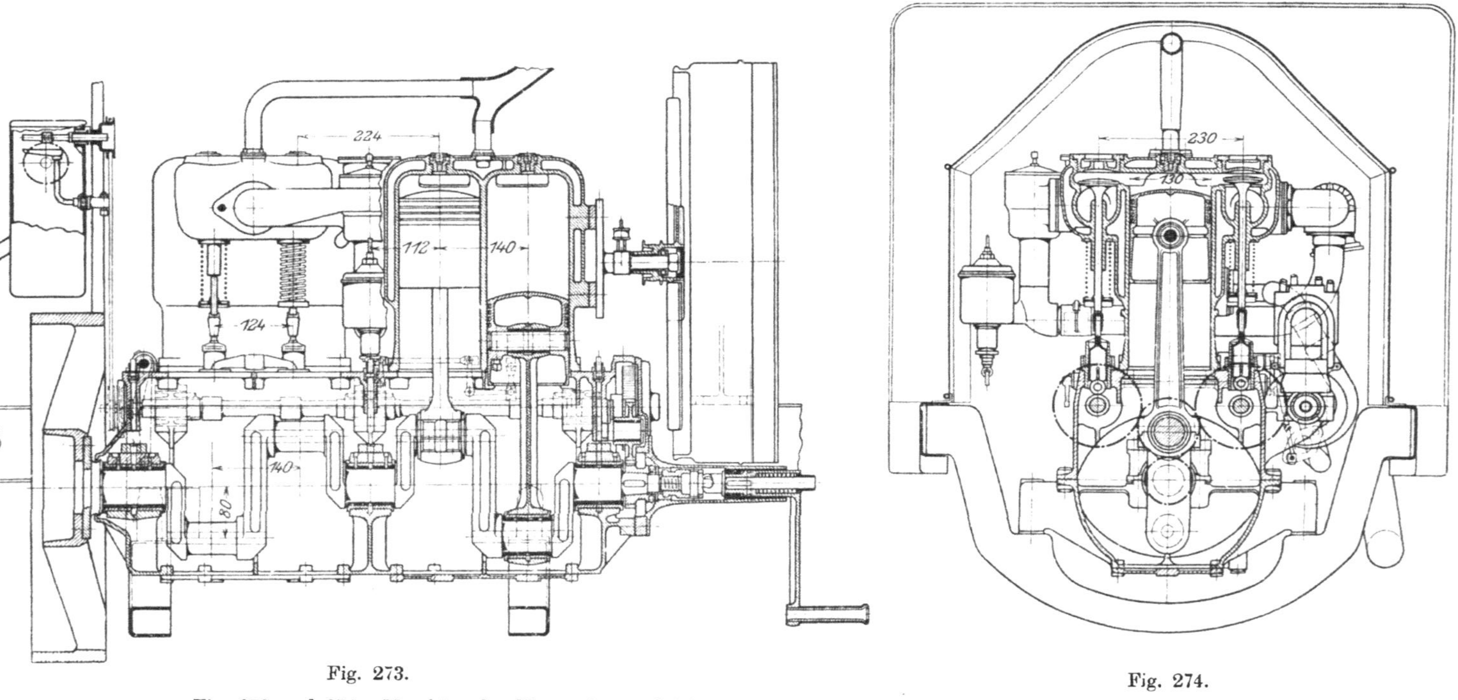

Fig. 273.

Fig. 274.

Fig. 273 und 274. Maschine der Neuen Automobil-Gesellschaft, Berlin mit Bodenöffnungen im Kurbelgehäuse.

Die Abmessungen des Kurbelgehäuses werden zunächst durch den größten von den Stangenköpfen beschriebenen Kreis bestimmt. Diesem ist insbesondere der Boden der Kurbelkammer möglichst genau anzuschließen, da jede überflüssige Vergrößerung des Kurbelgehäuses mit erheblicher Gewichtvermehrung verbunden ist. Für die Arme wählt man in der Regel irgendeinen Kastenquerschnitt mit günstiger Biegungsfestigkeit. Die gebräuchlichen Abmessungen der Arme sind so groß, daß ein Armpaar imstande ist, das ruhende Maschinengewicht mit Sicherheit zu tragen. Da während des Fahrens ganz erhebliche Mehrbelastungen der Arme auftreten, die sich schwer nachrechnen lassen, so empfiehlt es sich, die Arme sehr reichlich zu bemessen und, wenn es angängig ist, die Maschine mit ganz kurzen Armen in Hilfsträgern des Wagenrahmens zu lagern, s. Fig. 273, S. 202.

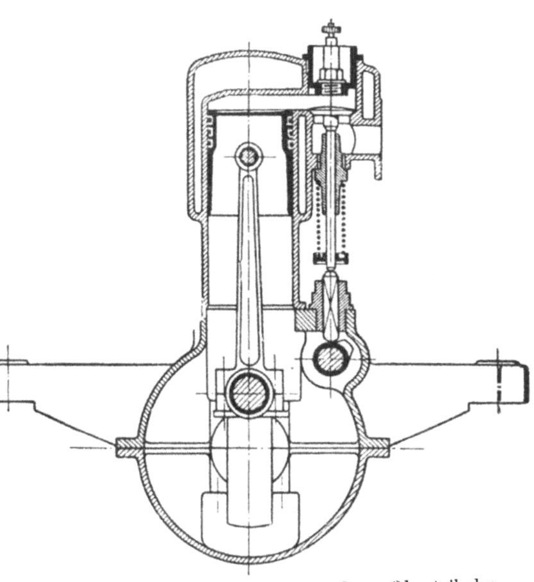

Fig. 275. Maschine mit tragendem Oberteil des Kurbelgehäuses.

Bei den wenigsten Maschinen läßt es sich vermeiden, daß infolge von Undichtheit der Kolben ein Teil der verbrannten Gase in das Kurbelgehäuse eindringt. Damit hierdurch kein Überdruck im Gehäuse hervorgerufen wird, der zur Folge haben könnte, daß die Kolben beim Ansaugen große Mengen von Schmieröl auf ihre Oberseite hinaufziehen, und daß an den Wellenöffnungen Öl herausgetrieben wird, wird jedes Kurbelgehäuse an geeigneter Stelle mit einer Entlüftöffnung versehen. die mit einem Sieb abgedeckt wird. Die Daimler-Motoren-Gesellschaft hat außerdem Kühlrippen an dem Kurbelgehäuse ihrer Motoromnibusmaschinen angebracht, um zu verhindern, daß sich die Gehäuse durch die verbrannten Gase zu stark erwärmen.

Seiner Bestimmung gemäß muß das Kurbelgehäuse auch alle zum Antrieb der Steuerung zählenden Teile umschließen, insbesondere auch die Zahnräder, welche die Bewegung von der Kurbelwelle auf die Steuerwelle übertragen. In diesen Rädern, die man früher unmittelbar hinter den Kühler legte, setzte sich sonst der ganze bei der Fahrt aufgewirbelte Staub fest, so daß sie geräuschvoll arbeiteten. Ob man, was das gute Aussehen fördert, das Rädergehäuse mit dem Kurbelgehäuse organisch verbindet, Fig. 276, oder ob man es, wie in Fig. 273, nur als Ansatz zum Kurbelgehäuse mit einem besonderen Deckel versieht, ist ziemlich gleich.

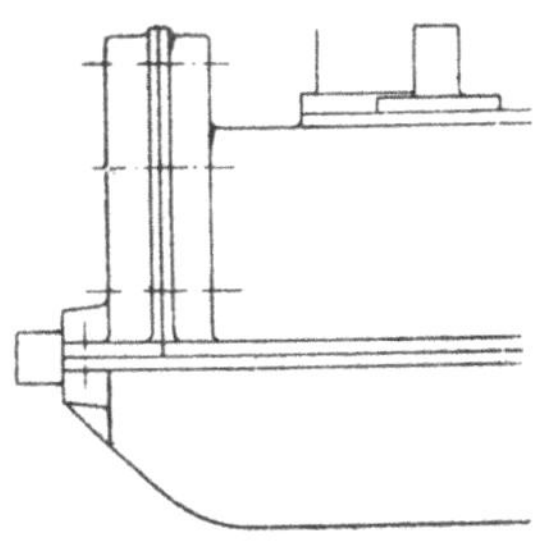

Fig. 276. Verbindung des Kurbelgehäuses mit dem Rädergehäuse der Steuerung.

Große Sorgfalt ist ferner auf die Öldichtheit des Kurbelgehäuses zu verwenden. Noch immer kann man öffentliche Standplätze von Motorwagen und von Motorwagen stark befahrene Straßen an den zahlreichen vorhandenen Ölflecken auf dem Pflaster erkennen. Alle Stellen des Kurbelgehäuses, die Schmieröl austreten lassen könnten, sind daher ebenso wie die anderen Teile des Wagens mit zuverlässigen Dichtungen versehen. Es genügt nicht, wie z. B. in Fig. 273, die Welle hinter dem linksseitigen Lager mit einem Abschleuderring zu versehen, durch den das abfließende Öl in die Kurbelkammer zurückgeleitet wird, sondern man muß dem Austritt von Öl noch durch Ringe aus Filz oder dgl. vorbeugen. Da ferner, insbesondere bei häufigerem Gebrauch, Bodenverschlüsse der in Fig. 273 und 274, S. 202, dargestellten Art, selten dicht bleiben, so ist aus Rücksicht auf die Reinlichkeit des Wagens davon abzusehen. Beim Durchführen der Schrauben nach unten, s. Fig. 271 und 272, S. 200, muß man ebenfalls darauf achten, daß die Teilfuge um die Schraubenlöcher herum gut abgedichtet wird.

Von Einfluß auf die Bauart der Kurbelgehäuse sind ferner die Anordnung, Steuerung und die Schmierung der Maschine.

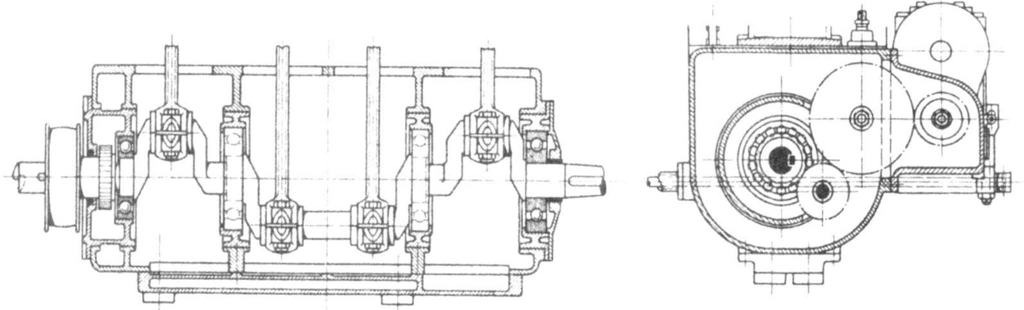

Fig. 277. Fig. 278.
Fig. 277 und 278. Nicht in der wagerechten Mittelebene der Welle geteiltes Kurbelgehäuse.

Als Baustoff verwendet man in der Regel bei Personenwagen eine durch Kupferzusatz zähe gemachte Aluminiumlegierung, bei schweren Motorwagen und bei Bootmaschinen ein gutes Gußeisen, während bei Luftfahrzeugen besonders leichte Legierungen in Betracht kommen.

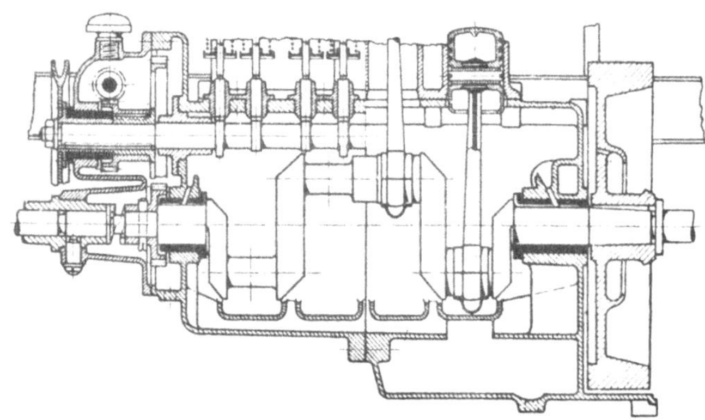

Fig. 279. Senkrecht geteiltes Kurbelgehäuse der Neckarsulmer Fahrradwerke A.-G.

Ausnahmen von der Regel, daß man das Kurbelgehäuse in der wagerechten Mittelebene teilt, kommen bei solchen Maschinen vor, deren Kurbelwellen auf Kugeln laufen und mit den zum Teil übergeschobenen Ringen von der Seite in das Kurbelgehäuse eingeführt werden können, Fig. 277 und 278; vom Standpunkte der Werkstätte aus hat diese Bauart den Vorteil, daß die Öffnungen für die vier Laufringe in einem Aufspannen genau ausgebohrt werden können; der Mangel einer Teilfuge hat aber zur Folge, daß große Bodenöffnungen angebracht werden müssen, um das Triebwerk zugänglich zu machen, und damit sind genau zu hobelnde, abzudichtende Flächen in den Kauf zu nehmen. Daß man bei Fortfall des mittleren Hauptlagers in der Senkrechten geteilte Kurbelgehäuse verwenden kann, ist bereits erwähnt worden. Eine entsprechende Ausführung, die von der Neckarsulmer Fahrradwerke-A.-G. herrührt, ist in Fig. 279 wiedergegeben.

Bauteile der Steuerung.

Steuerventile.

Von den weiteren allgemeinen Bauteilen der Fahrzeugmaschine für flüssigen Brennstoff seien zunächst die Steuerventile herausgegriffen, deren allgemein übliche Konstruktion etwa der Fig. 280 entspricht. Die Steuerventile werden hiernach als einfache Tellerventile ausgeführt, deren Spindeln in langen Bohrungen des Zylinderkörpers geführt sind, und durch Federn auf ihren Sitz niedergedrückt. Durch einen mit der Steuerwelle umlaufenden Daumen wird das untere Ende der Ventilspindel unter Vermittlung eines besonders geführten Stößels im geeigneten Augenblicke nach oben gedrückt, wodurch das Ventil geöffnet wird.

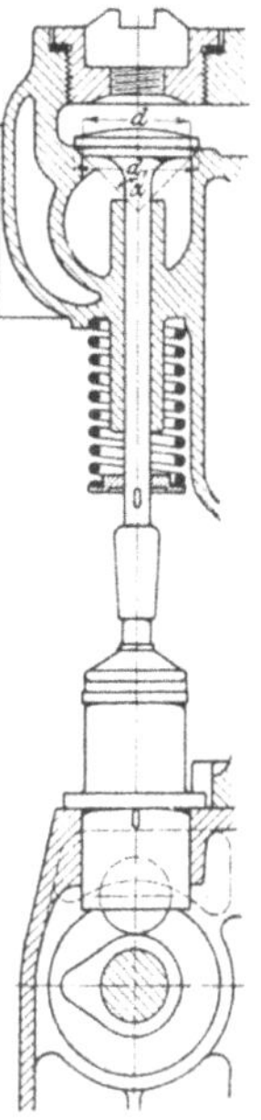

Fig. 280. Gebräuchliche Konstruktion eines Steuerventils und seines Antriebes.

Die Sitzfläche des Ventils ist in der Regel kegelig mit einem Spitzenwinkel von 90° bis 120°, häufig aber auch ganz eben. Für die kegelige Ausführung des Sitzes spricht vor allem die bessere, d. h. mit weniger Ablenkungen verbundene Führung des Gasstromes, also der geringere Ansaug- und Auspuffwiderstand; ferner setzen sich kegelige Ventilkörper, weil sie durch den Sitz etwas geführt werden, mit größerer Sicherheit zentrisch auf. Andererseits ist die genaue Bearbeitung der Sitzflächen nicht leicht; geringe Fehler in der Bearbeitung beeinflussen die Dichtheit des Abschlusses stärker, als bei ebenen Sitzflächen, da schon geringe Abweichungen in den Kegelwinkeln zu unvollkommenem Aufsetzen des Ventils führen. Hierauf ist insbesondere beim Aufschleifen zu achten.

Mehrsitzige Ventile hat man früher vielfach versucht, insbesondere als es sich darum handelte, den Durchflußquerschnitt von selbsttätigen Einlaßventilen zu vergrößern. Bei gesteuerten Ventilen, die heute ohne Ausnahme verwendet werden, liegt kein Bedürfnis mehr dafür vor. Mit einer einzigen Ausnahme (Napier) hat man daher gesteuerte mehrsitzige Ventile nicht mehr verwendet.

Bei der Wahl der Abmessungen der Steuerventile ist man hinsichtlich des Ventildurchmessers in erster Reihe durch die baulichen Verhältnisse der Maschine und die hohen Geschwindigkeiten beschränkt, die geringe Ventilgewichte zur Bedingung machen. Da man aber ferner auch den Ventilhub mit Rücksicht auf die kurze für die Ventilbewegung verfügbare Zeit klein bemessen muß, so ist man gezwungen, in den zugelassenen Gasgeschwindigkeiten weit über jene Grenzen hinauszugehen, die für ortfeste Betriebsmaschinen gezogen worden sind. Während man also bei solchen Maschinen mit mittleren, auf die mittlere Kolbengeschwindigkeit $\frac{ns}{30}$ bezogenen Gasgeschwindigkeiten von 25 m/sek zu rechnen pflegt und diese nur ausnahmsweise überschreitet, wird man bei Fahrzeugmaschinen bestenfalls als Mittelwert eine Geschwindigkeit von 40 und als Höchstwert eine solche von

60 m/sek zugrunde legen müssen, wenn man zu brauchbaren Verhältnissen gelangen will.

Sind

$$F = \frac{\pi}{4} D^2$$

die Kolbenfläche,

$$V = \frac{\pi n s}{60} \sin\alpha (1 \pm \lambda \cos\alpha)$$

annähernd die jeweilige Kolbengeschwindigkeit,

$$f = \pi d_m h$$

der jeweilige freie Durchflußquerschnitt des Ventils und

$$v = 40 \text{ bis } 60 \text{ m/sek}$$

die zugelassene Gasgeschwindigkeit im Ventil,
so gilt in jedem Augenblicke die Kontinuitätsgleichung

$$F \cdot V = f \cdot v.$$

Der größte erforderliche Ventilquerschnitt f_{max} ergibt sich, wenn man für V bei $\lambda = 1:5$

$$V_{max} = \frac{1{,}6 n s}{30}$$

einsetzt.

Für eine Maschine von

$D = 100$ mm Zylinderdurchmesser,

$s = 120$ mm Hub,

$n = 1200$ Uml/min,

ist $F = 78{,}54$ qcm

und $$V_{max} = \frac{1{,}6 \cdot 1200 \cdot 0{,}12}{30} = 7{,}68 \text{ m/sek},$$

somit ist für $v = 60$ m/sek als Höchstwert der zugelassenen Geschwindigkeit der erforderliche Durchflußquerschnitt

$$f_{max} = \frac{78{,}54 \cdot 7{,}68}{60} = 10{,}053 \text{ qcm.}$$

Für alle übrigen Kurbelstellungen und Kolbengeschwindigkeiten ändert sich f, oder weil f bei jeder Form der Sitzfläche stets annähernd proportional dem Ventilhub bleibt, nach Wahl des Durchmessers d_m auch der Ventilhub h in dem Maße als sich V ändert, wenn man überall die Gasgeschwindigkeit von 60 m/sek beibehält.

Soll aus dem so gefundenen größten erforderlichen Durchflußquerschnitt der mittlere Ventildurchmesser d_m berechnet werden, so muß man sich vergegenwärtigen, daß bei den üblichen Fahrzeugmaschinen wegen der hohen Umlaufzahlen die alte Regel

$$h_{max} = \frac{d_m}{4}$$

nicht anwendbar ist. Aus den schon erwähnten Gründen und auch deshalb, weil die Steuerdaumen nicht zu hoch sein dürfen, geht man mit dem größten Ventilhub selbst bei den größten Maschinen nicht über 12 bis 15 mm hinaus. Eine gut brauchbare Regel besagt, daß der Ventilhub 0,06 bis 0,1 des Zylinderdurchmessers betragen soll. Dabei ist in neuerer Zeit infolge des Wunsches, die Ventilsteuerung möglichst geräuschlos arbeiten zu lassen, das Bestreben, die Ventilhübe zu verringern, noch stärker geworden, so daß man sich vielfach an den angegebenen Mindestwert hält. Ist es unter diesen Umständen nicht möglich, mit der festgesetzten größten Geschwindigkeit auszukommen, so nehme man die Überschreitung der Geschwindigkeit ruhig in den Kauf. Der Erfolg ist natürlich, daß die Maschine unter Umständen keine so hohe Höchstleistung erreicht, wie mit ausreichenden Ventilquerschnitten. Wird aber hierauf großer Wert gelegt, so muß man den Zylinderdurchmesser und dementsprechend auch den Ventildurchmesser etwas vergrößern oder die Ventile verdoppeln (bei Rennwagen). Die Festlegung der Hauptabmessungen der Steuerventile (Durchmesser und größter Hub) setzt also stets eine Art Kompromiß voraus, das zwischen den Anforderungen an Geräusch im Betriebe und an Höchstleistung bei gegebenen Zylinderabmessungen geschlossen werden muß, und für das sich allgemeine Regeln nicht aufstellen lassen. Hier können nur die Erfahrungen mit bestimmten Maschinenbauarten entscheiden.

Setzt man als Mittelwert für den größten Ventilhub z. B.

$$h_{max} = 0{,}08\,D$$

fest, so kann man aus der Beziehung

$$f_{max} = \pi \cdot d_m \cdot h_{max}$$

bei bekanntem größtem Durchflußquerschnitt den Ventildurchmesser bestimmen. Unter der gleichen Voraussetzung kann man ferner für Näherungsrechnungen

$$f_{max} = \frac{\pi D^2}{30}$$

setzen, wenn man für die höchste Kolbengeschwindigkeit $V_{max} = 8$ m/sek und die höchste Gasgeschwindigkeit $v_{max} = 60$ m/sek annimmt. Der mittlere Ventildurchmesser ergibt sich dann bei $h_{max} = 0{,}08\,D$ mit

$$d_m = \frac{D}{2{,}4} = 0{,}417\,D.$$

Soweit es sich mit den baulichen Verhältnissen der Maschine vereinbaren läßt, darf man aber auch bis zu

$$d_m = 0{,}5\,D$$

gehen.

Die mittlere Ansaug- oder Ausschubgeschwindigkeit als Anhalt für die Berechnung der Ventilquerschnitte zu benützen, hat eigentlich wenig Wert, da bei den gebräuchlichen Maschinen die Ventile nur auf einem verhältnismäßig kleinen Teil des Hubes voll geöffnet sind. Dagegen kann es von Wert sein, diese Geschwindigkeit als Maß für die Bewegung des Gasstromes in den Ansaug- und Auspuffleitungen zu benutzen. Hierbei muß aber vorausgesetzt werden, daß der Querschnitt dieser Leitungen ebenso groß ist wie der größte Ventilquerschnitt und daß — was keinesfalls zutreffen wird — die Bewegung vom Beginn bis zum Ende des entsprechenden Kolbenhubes gleichförmig verläuft.

Diese mittlere Geschwindigkeit ist

$$v_m = \frac{\frac{\pi}{4} D^2 \cdot V_m}{\pi \cdot 0{,}08\,D \cdot \frac{1}{2{,}4} \cdot D} = 7{,}5\,V_m,$$

worin für

$$V_m = \frac{ns}{30}$$

zu setzen ist. Für das vorliegende Zahlenbeispiel erhält man

$$V_m = 4{,}8 \text{ m/sek},$$

$$v_m = 36 \text{ m/sek}.$$

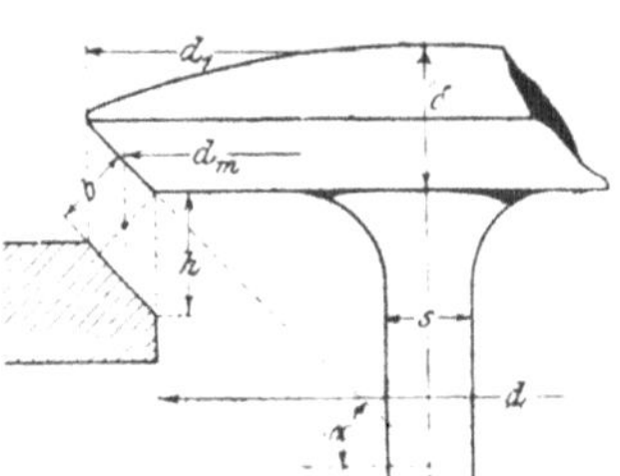

Fig. 281. Steuerventil mit kegelförmiger Sitzfläche.

Für Ventile mit kegelförmiger Sitzfläche, Fig. 280, S. 205, hat man, streng genommen, den jeweiligen freien Durchflußquerschnitt nicht nach

$$f = \pi d_m \cdot h$$

zu berechnen, worin

$$d_m = \frac{d + d_1}{2},$$

sondern der Durchflußquerschnitt ist als Mantelfläche eines abgestumpften Kegels anzusehen, dessen Seitenhöhe

$$b = h \cos \alpha$$

ist, s. Fig. 281, und dessen mittlere Grundlinie πd_m ist.

Da

$$d_m = d + b \sin \alpha$$

und

$$b = h \cos \alpha$$

so ist

$$f = \pi h \cos \alpha (d + h \cos \alpha \sin \alpha)$$

für $\alpha = 45^0$ ($\sin \alpha = \cos \alpha = 0{,}707$),

$$f = 2{,}2 h (d + 0{,}5 h)$$

für $\alpha = 60^0$ ($\sin \alpha = 0{,}866$, $\cos \alpha = 0{,}5$),

$$f = 1{,}57 h (d + 0{,}433 h)$$

für $\alpha = 90^0$

$$f = \pi d h.$$

Hat man hiernach in der einen oder anderen Weise die Lichtweite d des Ventilsitzes berechnet, so ergeben die von Güldner[1]) angeführten Formeln genügenden Anhalt zur Wahl der sonstigen erforderlichen Abmessungen.

Die Mindestdicke δ des Ventilsitzes berechnet man nach

$$\delta = \sqrt{\frac{p_{max} (0{,}5 \, d_1)^2}{400}} \text{ cm},$$

worin für p_{max} 20 bis 25 kg/qcm und für d_1 der größte Außendurchmesser des Ventiltellers zu setzen sind, die Dicke s der Ventilspindel annähernd nach

$$s = \frac{1}{8} d + 0{,}2 \text{ bis } \frac{1}{8} d + 0{,}4 \text{ cm}$$

und die Sitzbreite b nach

$$b = 0{,}01 \, d + 0{,}4 \text{ cm}.$$

Damit sind alle Unterlagen für die Konstruktion der Ventile gegeben.

Für das obige Zahlenbeispiel kann man entweder

$$d_m = 0{,}4 \, D = 40 \text{ mm und}$$

$$h_{max} = 0{,}08 \, D = 8 \text{ mm}$$

---

[1]) Verbrennungsmaschinen, 2. Aufl. S. 318.

annehmen so daß

$$f_{max} = \frac{\pi}{4} \cdot 4^2 \cdot 0{,}8 = 10{,}048 \text{ qcm},$$

oder, indem man, genauer vorgehend, Kegelventile mit $\alpha = 45^0$ Spitzenwinkel voraussetzt, bei gleich großem Hub $h_{max} = 8$ mm aus dem erforderlichen größten Durchflußquerschnitt

$$10{,}053 = 2{,}2 \cdot 0{,}8\,(d + 0{,}5 \cdot 0{,}4)$$

$$d = 55 \text{ mm}$$

finden. Ferner ergeben sich

$$b = 5 \text{ mm},$$

$$\delta = 2{,}5 \text{ mm},$$

$$s = 8 \text{ bis } 10 \text{ mm}.$$

Die Ventile werden heute zumeist mit der zugehörigen Spindel aus einem Stück Schmiedestahl oder Nickelstahl von 3,5 v. H. Nickelgehalt im Gesenk geschmiedet und sodann genau abgedreht. Dieses Herstellverfahren ist wohl teuer, aber zuverlässig. Versuche, Ventilspindel und Ventilteller getrennt herzustellen und dann zu verbinden, haben sich nicht besonders bewährt, selbst dann nicht, als man elektrische Schweißung der beiden vorher ineinander geschraubten Teile zu Hilfe nahm. Man verwendet daher das angegebene Verfahren auch dort, wo man, wie bei den Auspuffventilen, teuere, bis zu 35 v. H. enthaltende Nickelstahlsorten benutzen muß, um Anfressungen und Wärmeveränderungen des Ventilkörpers zu vermeiden. Besonders zu fürchten ist das Verziehen der Ventilteller unter dem Einfluß der hohen Auspufftemperaturen.

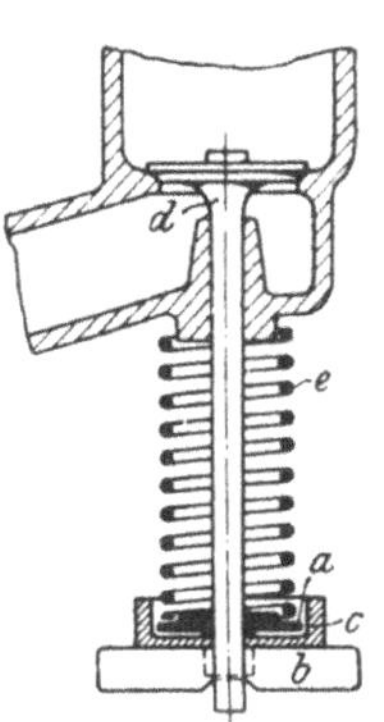

Fig. 282. Einrichtung zum Nachschleifen der Ventile.

Damit die Ventile in ihren Sitzen leicht nachgeschliffen werden können, versieht man die Teller oben mit eingefrästen Schlitzen, die bequemen Angriff für einen Schraubenzieher oder ein ähnliches Werkzeug bieten. Eine Anordnung, die gestattet, die Ventile ohne Abnahme der Deckeleinschlüsse nachzuschleifen, zeigt Fig. 282.[1]) Sie besteht im wesentlichen darin, daß zwischen Federteller *a* und Keil *b* ein zweiter Teller *c* eingefügt ist, der mit zwei Ansätzen um den Keil herumgreift. Man kann dann mit dem Keil die Spindel *d* drehen, ohne daß die Ventilfeder *e* mitgenommen wird. Zum Drehen ist so geringe Kraft erforderlich, daß man kein Werkzeug dazu braucht. Den erforderlichen Druck zum Einschleifen liefert die Feder selbst.

Die Länge der Ventilspindel soll mit Rücksicht auf die gute Führung des Ventils möglichst groß sein. Sie wird aber zumeist mehr als hierdurch durch die baulichen Verhältnisse der Maschine bestimmt. Z. B. reicht gerade bei den Maschinen mit hängenden Ventilen, wo die Art des Antriebs gute Führung der Ventilspindeln erfordern würde, der verfügbare Raum für eine ausreichend lange Führung selten aus.

Als besondere Bauarten sind solche Steuerventile aufzufassen, die gleichzeitig Einströmung und Auspuff steuern. In dem Bestreben, das Gewicht der Maschinen für Luftfahrzeuge zu verringern, ist man nämlich auch neuerdings wieder auf den alten, schon von Güldner abfällig beurteilten Gedanken der vereinigten Einlaß- und Auspuffventile zurückgekommen. Soweit man bis jetzt be-

[1]) Engl. Pat. Nr. 634/1909.

urteilen konnte, ist aber der Erfolg dieser neueren Konstruktionen nicht so groß gewesen, daß sie einen entscheidenden Einfluß auf den Bau von Fahrzeug-Verbrennungsmaschinen ausüben könnten. Die beiden bekanntesten Bauarten dieser vereinigten oder Doppelventile von **Farcot**, Fig. 283 und 284, und **R. Esnault-Pelterie**, Fig. 285, beruhen auf dem gleichen Grundgedanken, nämlich das Ventil in zwei Absätzen zu bewegen, derart, daß beim ersten Absatz nur der Auspuff geöffnet und bei dem zweiten Absatz der bis dahin geschlossen gehaltene Einströmkanal mit dem Zylinder verbunden, gleichzeitig aber der Auspuffkanal verschlossen wird. Das letztere tritt anscheinend bei dem Doppelventil von Farcot nicht ein; es läßt sich aber leicht erreichen, wenn man das tulpenförmige obere Ende des mit dem Ventilkegel *a* verbundenen Rohrschiebers *c* etwas breiter ausbildet, so daß es sich auf die Kappe *f* aufsetzen kann. Die durchlöcherte Kappe *f* über dem Ventilsitz *b* hat Öffnungen *g*, durch die gleichzeitig mit dem aus der Leitung *d* durch die Öffnungen *e* zuströmenden brennbaren Gemisch auch reine Luft angesaugt wird.

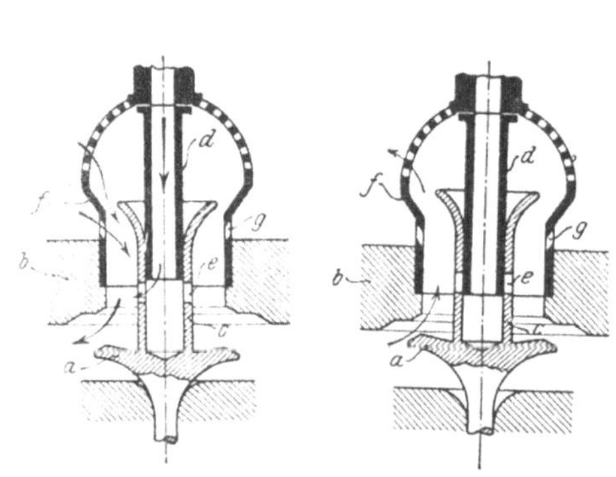

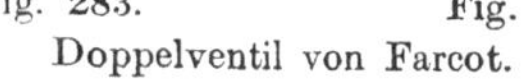

Fig. 283. Fig. 284.
Doppelventil von Farcot.

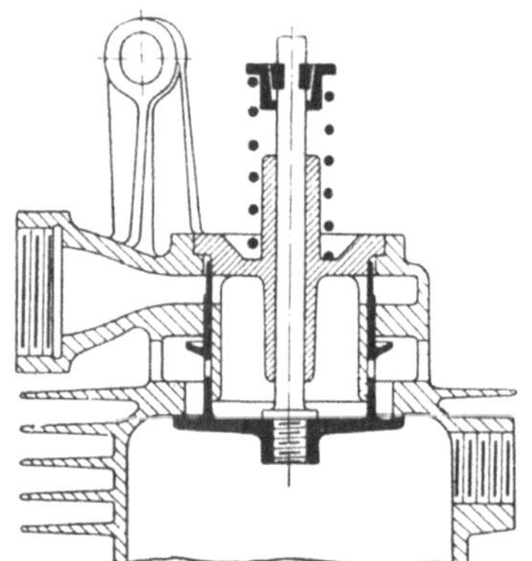

Fig. 285. Doppelventil von R. Esnault-Pelterie.

Bei dieser Art der Steuerung läßt sich aber nicht vermeiden, daß vorübergehend, nämlich in dem Augenblicke, wo man vom Auspuff auf Ansaugen übergeht, Einström- und Auspuffleitung unmittelbar miteinander verbunden werden. Daraus ergeben sich unter Umständen Störungen in der Einströmleitung, Rückzündungen, Rückstauen des Gemisches durch eintretende Auspuffgase usw. Aber auch hiervon abgesehen scheinen diese Ventile bedenklich. Sie erhitzen sich durch die Auspuffgase derart, daß es schwer sein dürfte, zu verhindern, daß sich das Gemisch an ihnen vorzeitig entzündet. Die Kolbenschieber müßten ferner geschmiert und gekühlt werden können, wenn sie dauernd dicht bleiben sollten.

Einen, allerdings nur geringen, Teil dieser Fehler beseitigt man bei den **zweiteiligen Doppelventilen**, Fig. 286 und 287, deren Kennzeichen darin besteht, daß die beiden für Einströmung und Auspuff bestimmten Ventile konzentrisch ineinander geführt werden, so daß man nur eine Ventilöffnung im Zylinder anzuordnen braucht. Hier kann es nicht vorkommen, daß Auspuffgase unmittelbar in die Saugleitung zurückströmen; dagegen bleiben die Übelstände betreffend die starke Erwärmung des Einströmventils und die schwierige Abdichtung des Kolbenschieberteiles bestehen. Besondere Vorteile in bezug auf Gewichtverminderung lassen solche Bauarten auch nicht mehr erwarten, da die Ventilkörper schwerer sind als gewöhnliche und besondere Steuergestänge für jeden Teil des Doppelventils auch notwendig sind. Hierzu wären noch die höheren Kosten der Bearbeitung zu rechnen. Alles in allem bleibt somit als Vorteil nur bestehen, daß man vielleicht den freien Querschnitt der Ventile größer machen kann, als unter Umständen bei Maschinen der üblichen Bauart. Soweit bis jetzt bekannt geworden ist, werden solche Ventile auch nur selten verwendet. In einem Falle ist die Konstruktion sogar aufgegeben worden, nachdem man sie mit großen Hoffnungen eingeführt hatte.[1]) Da man auch bei den Luftschiffmaschinen von solchen Ventilen keinen ausgedehnten Gebrauch gemacht hat, obgleich hier noch am meisten Anlaß dazu vorhanden gewesen wäre, so darf man annehmen, daß es vorläufig am besten ist, bei der bewährten einfachen Ventilbauart zu verbleiben.

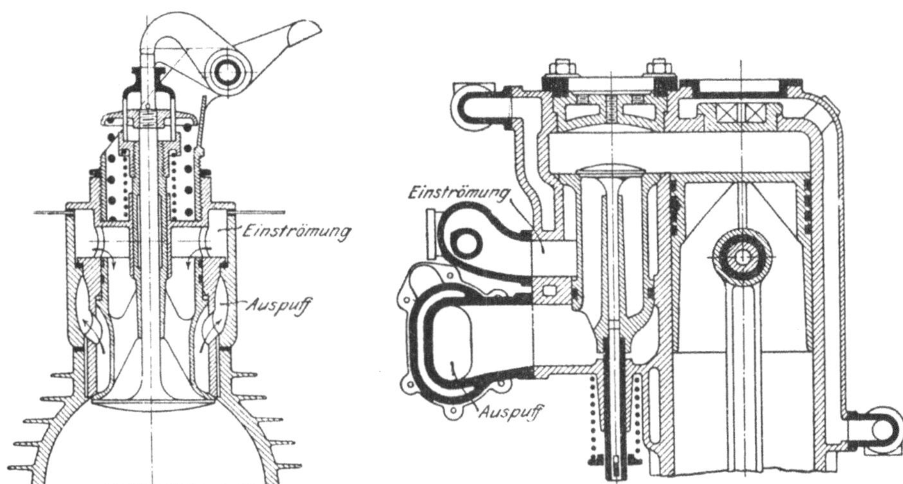

Fig. 286. Zweiteiliges Doppelventil der Usines Pipe in Brüssel.

Fig. 287. Zweiteiliges Doppelventil der Parsons-Motor Company in London.

Die Gestaltung der Ventilgehäuse ist im wesentlichen mit der Bauart des Zylinders gegeben. Zu achten ist darauf, daß starke Ablenkungen des Gasstromes, unnötige tote Ecken, schwer vom Gußsand und von verbranntem Schmieröl zu reinigende Winkel vermieden werden, sowie daß auf allen Seiten des Ventiles genügend freier Querschnitt vorhanden bleibt. Konstruktive Unbequemlichkeiten können sich hierbei ergeben, wenn es sich um Maschinen mit hängenden Ventilen handelt, bei denen man, wie erwähnt, in der Unterbringung der Ventile ohnedies beengt ist. Die Ventilgehäuse müssen Wassermäntel erhalten, die an die Kühlmäntel der Zylinder angeschlossen sind; insbesondere müssen die Sitzflächen der Auspuffventile unmittelbar gekühlt werden.

Zur Führung der Spindel im Ventilgehäuse benutzt man zumeist die genau ausgeschliffene Bohrung im Gußeisenkörper ohne Einsatzbüchse und ohne besondere Schmierung. Daher kommt es auch, daß durch diese Führung Luft in den Zylinder angesaugt wird, oder daß Auspuffgase hier austreten. Besondere Führungsbüchsen, die leicht ausgewechselt werden könnten, hat man dennoch nur selten angeordnet, weil es im allgemeinen die Arbeitsweise der Maschine wenig stört, ob sie einen Teil der Mischluft nicht aus dem Vergaser erhält. Bei Messungen an Maschinen muß aber hierauf geachtet werden, wenn man nicht zu unrichtigen Beobachtungen über das Mischungsverhältnis gelangen will. Gelegent-

[1]) Es handelt sich hierbei um die Maschine mit Luftkühlung und Hilfsauspuff der Franklin Mfg. Co. S. a. S. 172. Vgl. The Horseless Age vom 3. Febr. 1909 und 8. Febr. 1911.

lich setzt man auch solche Führungen nachträglich ein, wenn die Maschine einer gründlichen Ausbesserung unterzogen wird, vorausgesetzt, daß die Arbeit überhaupt lohnt. Zu erwägen wäre aber, ob es nicht ratsam wäre, die Führung gelegentlich zu schmieren, wenngleich es zu umständlich ist, an jeder Führung eine kleine Staufferbüchse anzubringen, wie man das auch schon getan hat.

Steuerdaumen und Gestänge.

Hat man die Aufeinanderfolge der Arbeitsvorgänge im Zylinder, d. h. die genauen Kurbelstellungen für das Öffnen und Schließen der Ventile, festgelegt und den erforderlichen größten Ventilhub berechnet, so kann man zum Entwurf der Steuerdaumen schreiten. Bei gegebenen Zylinderabmessungen und Ventildurchmessern verändern sich die erforderlichen Ventilhübe wie die Kolbengeschwindigkeiten, wenn die Durchflußgeschwindigkeit unveränderlich ist. Trägt man also, wie in Fig. 288, auf dem abgewickelten Kurbelkreise die Werte des Ausdruckes

$$\sin\alpha\,(1 \pm \lambda\cos\alpha)$$

für das gegebene Stangenverhältnis (1 : 5) auf, und zwar in einem solchen Maßstabe, daß die größte Ordinate, oder — angenähert — die Ordinate bei 90° Kurbelwinkel der berechneten größten Hubhöhe eines Ventiles entspricht, so kann man diese Linie unmittelbar als die Linie der erforderlichen Ventilerhebungen ansehen. In Fig. 289 trägt man hierauf über einem Grundkreise $a-b$, der durch den Durchmesser der Steuerwelle und das Spiel, das zwischen Stößel und Steuer-

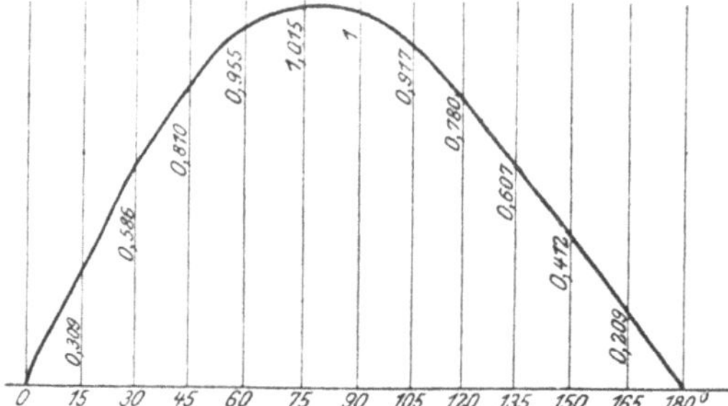

Fig. 288. Verlauf der Ventilhübe bei unveränderlicher Durchflußgeschwindigkeit.

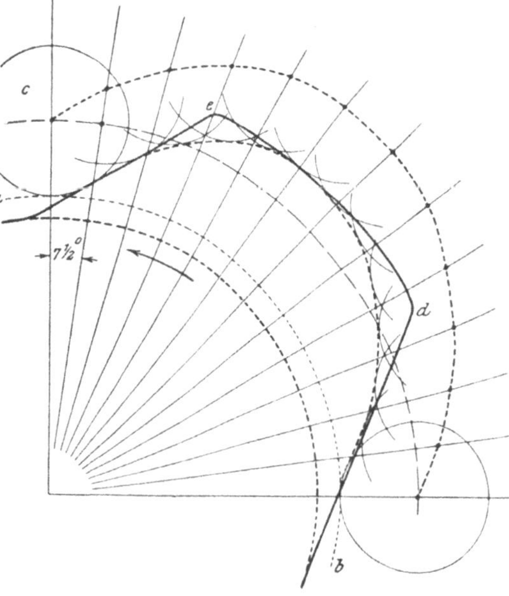

Fig. 289. Entwurf des Steuerdaumens.

daumen bei geschlossenem Ventil vorhanden sein muß, bestimmt wird, die so ermittelten Ventilhübe auf den je 15° Kurbelwinkel entsprechenden Fahrstrahlen auf, und erhält so die gestrichelt angedeutete theoretische Form des Steuerdaumens sowie die ebenfalls gestrichelte Bahn der Rolle c, die auf dem Daumen läuft. Da die Steuerwelle nur mit der halben Geschwindigkeit der Kurbelwelle umläuft, so beträgt der Winkelabstand je zweier Fahrstrahlen, die 15° Kurbelwinkel entsprechen, nur $7^1/_2{}^0$.

Für die endgültige, voll gezeichnete Gestalt des Steuerdaumens sind folgende Erwägungen maßgebend:

Der Übergang zwischen dem Daumen und dem Grundkreise soll auch bei hoher Umlaufzahl womöglich ohne hörbaren Stoß stattfinden, wobei auch die

Rolle c am Fußende des Stößels geschont wird. Demzufolge schließt man die gefundene Umrißlinie des Steuerdaumens entweder durch eine Tangente an die tiefste Stellung der Rolle oder durch eine Tangente an die Nabe des Steuerdaumens, bzw. an die Steuerwelle ab.

Da die Steuerdaumen in der Regel heute nicht mehr mit Formfräsern, sondern auf Schablonenfräsmaschinen bearbeitet werden, so zieht man es vor, den Daumen möglichst einfache Form zu geben, damit die Genauigkeit der Herstellung erhöht wird. Selbst sehr geringe Unterschiede in den Steuerdaumen einer und derselben Maschine können wesentlichen Einfluß auf ihren ruhigen Gang haben. Diese einfache Begrenzung der Daumenform ergibt sich, wenn man die erwähnten Tangenten verlängert und außen an die theoretische Daumenform einen berührenden Kreisbogen konzentrisch zur Mitte der Steuerwelle legt. Die hierbei entstehenden Ecken d und e, an denen die Ventileröffnungen über das erforderliche Maß hinausgehen, werden abgerundet.

Die angegebene Daumenform hat den Vorteil, daß sie das Ventil schneller öffnet, länger voll geöffnet erhält und schneller schließt als die theoretische. Da man vielfach aus Sparsamkeit oder aus anderen Rücksichten die Ventilquerschnitte nicht reichlich genug bemißt, so kann man bei so gestalteten Daumen einen Teil der Drosselverluste vermeiden, also bessere Zylinderfüllungen und geringere Gegendrücke erreichen.

Die weiter oben stehenden Berechnungen beziehen sich, streng genommen nur auf die Einlaßventile, bei denen die Gasgeschwindigkeiten in der Tat durch die Kolbengeschwindigkeiten mitbestimmt werden. Bei den Auspuffventilen liegen die Verhältnisse insbesondere im Augenblicke des Öffnens insofern anders, als hier die Gase weniger durch die Kolbenbewegung als durch ihren Überdruck herausgetrieben werden. Da es in jedem Falle zweckmäßig ist, die Auspuffgase bis zum Hubende aus dem Zylinder soweit zu entfernen, daß der Kolben bei dem Ausschub nur mehr annähernd atmosphärischen Gegendruck zu überwinden hat, so empfiehlt es sich, die Auspuffdaumen so zu gestalten, daß sie die Ventile schnell und auf den vollen Querschnitt öffnen. Aber auch bei den Einlaßventilen wird man durch schnelles Öffnen erreichen, daß sich der Druckausgleich zwischen Zylinder und Ansaugleitung beschleunigt, also der Verdichtungsraum schneller mit frischem Gemisch füllt. Auf der anderen Seite wird man durch schnelles Schließen der Ventile bessere Zylinderfüllungen erreichen können, weil man die Schließbewegung später beginnen lassen kann.

Den größten Durchgangsquerschnitt macht man bei den Auspuffventilen dadurch etwas größer als bei den Einlaßventilen, daß man ihren Daumen etwas größere Hubhöhe gibt.

Für das Andrehen ordnet man häufig neben den normalen Auspuffdaumen solche an, die verspäteten Schluß der Auspuffventile, also verminderten Verdichtungsdruck liefern, und die durch Verschieben der Steuerwelle zur Wirkung gebracht werden. Sind auf dieser Welle auch die Einlaßdaumen angeordnet, so müssen diese entsprechend breitere Laufflächen erhalten. In der Regel werden diese Hilfsdaumen unmittelbar an die normalen Daumen angesetzt, so daß die erforderliche Verschiebung der Steuerwelle, die auch den Antrieb beeinflußt, nur gering ist, s. a. weiter unten, S. 265.

Neuerdings wird von diesem Hilfsmittel weniger Gebrauch gemacht. Bei Maschinen bis zu 90 mm Zylinderdurchmesser kommt man auch ohne Verminderung der Verdichtung mit der Andrehkurbel durch, bei größeren Maschinen hilft man sich auch damit, daß man die schon auf S. 161 erwähnten Einfüllhähne etwas öffnet, wie man es in den ersten Jahren des Motorwagenbaues getan hat. Man nennt diese Hähne daher auch mit Vorliebe Kompressionshähne (eigentlich Décompressionshähne). Viel hat auch hierzu beigetragen, daß man heute bei den Vergnügungswagen Maschinen mit kleineren Zylinderabmessungen bevorzugt.

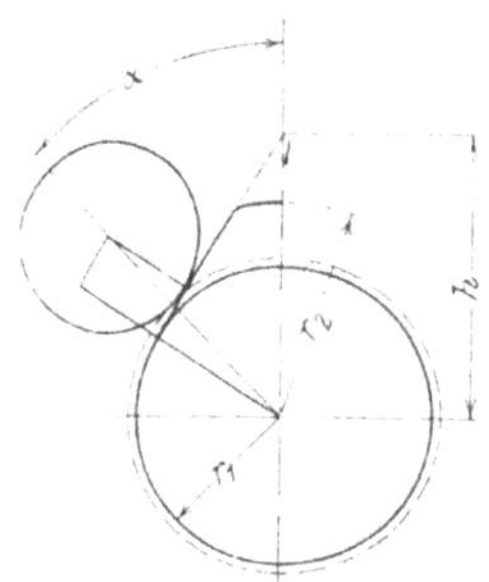

Fig. 290. Maße für Schablonen von Steuerdaumen.

Damit die Schablonen für die Daumen in der Werkstätte genau hergestellt werden können, empfiehlt es sich, die Form des Steuerdaumens nicht durch Winkel und schwer auffindbare Maße, sondern durch das Maß h, s. Fig. 290, die Halbmesser r_1 und r_2 sowie durch den Halbmesser der Eckenabrundung festzulegen. Nur für das Einstellen des Daumens auf der Steuerwelle muß der Winkel α gegeben sein.

Das Spiel, Fig. 289, S. 212, zwischen der in der tiefsten Lage befindlichen Rolle b und der Nabe des Steuerdaumens ist erforderlich, damit sich das Ventil unter dem Druck der Feder frei auf seinen Sitz auflegen kann, unbeeinflußt durch etwaige Wärmedehnungen der Ventilspindel im Betriebe. Es beträgt aber kaum mehr als 0,3 bis 0,6 mm.

Die Steuerdaumen werden nur noch selten getrennt von der Steuerwelle hergestellt und darauf mit Stiften oder Keilen oder durch Aufklemmen mit gesprengten Naben befestigt, s. Fig. 291 bis 294. Viel häufiger schmiedet man sie gleich mit der Steuerwelle im Gesenk aus, worauf sie auf der Schablonenfräsmaschine bearbeitet werden. Getrennt von der Steuerwelle kann man die Steuerdaumen allerdings bequem härten sowie in geeigneten Vorrichtungen in größerer Anzahl auf einmal bearbeiten, was billiger ist und größere Genauigkeit der Daumenform ergibt, weil wenigstens die 8 zu einer Maschine gehörigen Daumen zugleich

Fig. 291. Fig. 292.

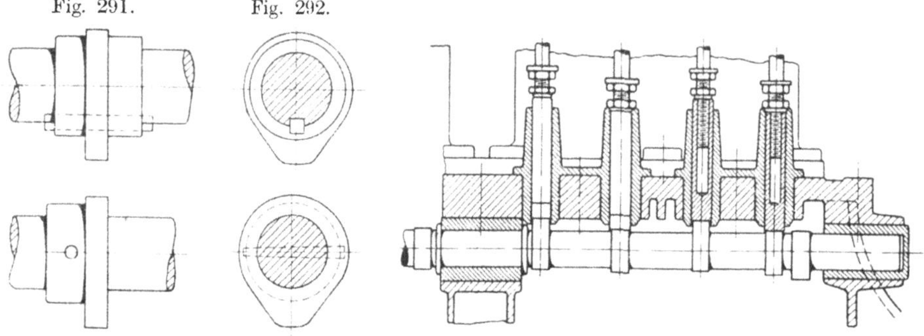

Fig. 293. Fig. 294.

Fig. 291 bis 294. Befestigungen für getrennt von der Steuerwelle hergestellte Steuerdaumen.

Fig. 295. Einbau einer Steuerwelle mit aufgeschmiedeten Daumen.

bearbeitet werden können. Die glatte Steuerwelle kann man ferner leicht von einer Seite in das Kurbelgehäuse einführen und durch ein mittleres ungeteiltes Lager durchziehen. Bei Steuerwellen die mit den Daumen zusammengeschmiedet sind, kann man auf der anderen Seite wohl etwas Gewicht an der Welle selbst ersparen, dafür aber muß man die Öffnung für die Lager so groß machen, daß man die Welle mit den Daumen durchziehen kann, und unverhältnismäßig dicke zweiteilige Lagerschalen verwenden, die, zwischen Bunden der Steuerwelle gehalten, mit ihr eingetrieben werden, s. Fig. 295. Von tatsächlicher Gewichtsersparnis ist daher kaum die Rede, auch dann nicht, wenn man das mittlere Lager für die Steuerwelle ganz fortläßt und die Welle entsprechend dicker macht.

Der Durchmesser der Steuerwelle beträgt im Mittel etwa 0,15 bis 0,18 des Zylinderdurchmessers und ist von der Anzahl der Zylinder ziemlich unabhängig. Die Berechnung auf Drehfestigkeit liefert wesentlich kleinere Abmessungen, selbst wenn man die Biegungsbeanspruchung durch den Federdruck mit berücksichtigt. Es empfiehlt sich aber, Durchbiegungen der Steuerwelle, die zu Ungenauigkeiten der Arbeitsweise führen könnten durch Wahl von reichlichen Abmessungen vorzubeugen. Bei Wellen, auf welchen die Steuerdaumen getrennt befestigt werden, kommt gegebenenfalls in Betracht, die Wellen aus nahtlosem Stahlrohr zu machen, was größere Steifigkeit bei geringem Aufwand an Baustoff ergibt. Allerdings wird dann der Durchmesser des Steuerdaumens etwas größer. Der Grundkreis des Steuerdaumens hängt wesentlich davon ab, ob die Steuerdaumen mit der Steuerwelle aus einem Stück geschmiedet oder getrennt davon bearbeitet werden. Auch im ersten Falle empfiehlt es sich, den Durchmesser des Grundkreises etwa 5 mm größer zu machen, als denjenigen der Steuerwelle, weil das die Bearbeitung erleichtert. Im zweiten Falle ist die Nabendicke (etwa 0,35 des Wellendurchmessers) bestimmend für die Größe des Grundkreises.

Breite des Steuerdaumens annähernd = Durchmesser der Ventilspindel + 1 bis 2 mm.

Die Stößel, welche die Bewegung von den Steuerdaumen auf die Ventilspindeln zu übertragen haben, sind genau in der Achse der Ventilspindeln geführte, an den unteren Enden mit gehärteten Laufrollen (von 20 bis 25 mm Durchmesser) oder gehärteten Gleitköpfen von halbkugeliger oder pilzförmiger Gestalt versehene und gegen Drehung gesicherte kleine Kolben, die häufig ausgehöhlt und in Rotgußbüchsen geführt sind, s. z. B. Fig. 296. Zwischen dem unteren Ende der Ventilspindel und dem stumpf daraufstoßenden oberen Ende des Stößels ist eine in der Regel aus ein paar Gegenmuttern bestehende Stellvorrichtung anzuordnen, die ermöglicht, die wirksame Spindellänge und das Spiel zwischen Spindel und Daumen zu regeln. Nach Fig. 295 und 296 kann man aber auch die Spindel in dem Stößel einschrauben und das Spiel zwischen das untere Ende des Stößels und den Daumen verlegen. Nach Lösen der Gegenmutter kann man die Spindel drehen, wenn das Spiel geregelt werden soll.

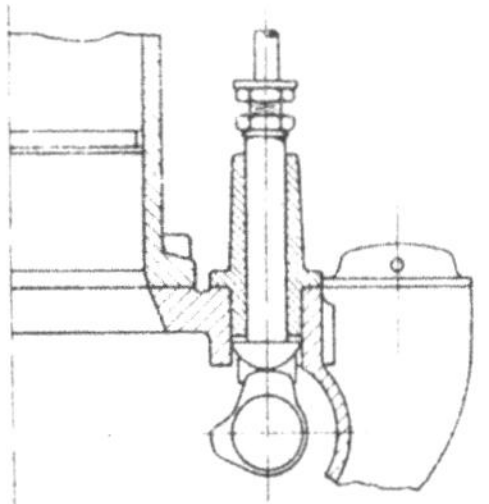
Fig. 296. Ventilstößel.

Die Dicke des Stößels wählt man annähernd doppelt so groß, wie die Dicke s der Ventilspindel und die Breite der Laufrolle etwa ebenso groß, wie die Breite des Steuerdaumens.

Bei der gebräuchlichen Anordnung der Steuerung steht die Steuerwelle mit ihrer Mitte genau unter der Achse der Ventilspindel. Hierbei entstehen in der Führung des Stößels verhältnismäßig große Seitendrücke, die den Reibungswiderstand der Steuerung erhöhen und ihre Abnutzung beschleunigen. Die Ursache dieses Seitendruckes ist die geneigte Stellung der Angriffsfläche des Steuerdaumens gegen die Achse des Stößels. Über seine Größe kann man sich leicht einen Überblick verschaffen, wenn man in jeder Stellung des Steuerdaumens den wirksamen Ventilwiderstand (Federdruck) in eine zur arbeitenden Fläche des Daumens senkrechte Seitenkraft und eine Seitenkraft senkrecht zur Stößelführung zerlegt, s. Fig. 297.

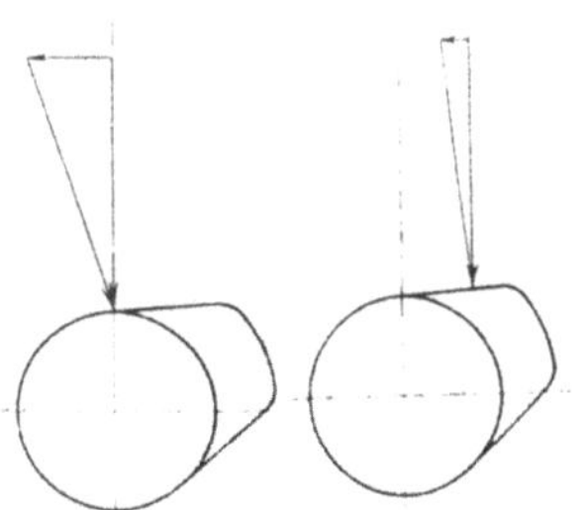
Fig. 297. Seitendrücke bei zentrischer und bei versetzter Ventilspindel.

Dinslage und Prätorius[1]) haben z. B. gezeigt, wie diese Seitendrücke bei einem gegebenen Spannungsgesetz der Ventilfeder ganz unzulässig groß werden können, wenn man an der theoretisch abgeleiteten Form des Steuerdaumens festhält. Diese Erscheinung ist, da sie erst in der Nähe der vollen Öffnung des Ventiles eintritt, ziemlich unabhängig vom Spannungsgesetz der Ventilfeder und von den hauptsächlich bei Beginn des Ventilhubes in Betracht kommenden Beschleunigungskräften des Ventiles. Schon aus Rücksicht hierauf hat man daher alle Veranlassung, sich der angenäherten, aus zwei Tangenten und einem Kreisbogen gebildeten Daumenform zu bedienen, die sich in bezug auf die Seitendrücke besser verhält, und auf volle Gleichförmigkeit der Durchflußgeschwindigkeiten im Ventile zu verzichten. Versetzt man aber die Ventilspindel gegen die Mitte der Steuerwelle, Fig. 297, S. 215, so wird offenbar der Verlauf der Seitendrücke auch bei der theoretischen Daumenform günstiger. In der Praxis wird man allerdings auch hier lieber von der angenäherten Daumenform Gebrauch machen, weil die theoretische bei Beginn des Ventilhubes einen ziemlich kräftigen Seitenstoß auf die Stößelführung ergibt, den man vermeiden kann.

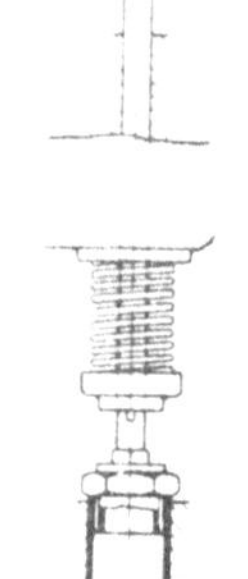

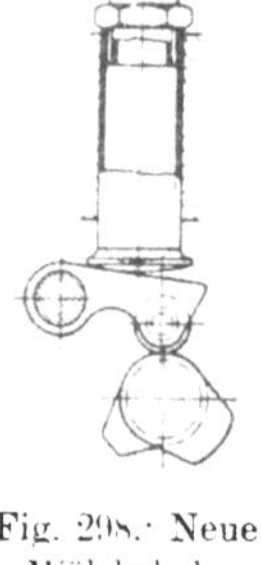

Fig. 298. Neue Wälzhebelsteuerung der Adlerwerke in Frankfurt a. M.

Es ist somit zweckmäßig, in allen Fällen die Steuerwelle etwas versetzt gegen die Mitten der Ventilspindeln zu lagern. Die Größe dieser Verschiebung wird dadurch begrenzt, daß die Steuerdaumen nicht zu groß werden und zu hohe Umfangsgeschwindigkeiten erhalten dürfen. Außerdem darf die Versetzung niemals so groß sein, daß in dem Falle, wo die Maschine infolge einer Frühzündung beim Andrehen rückwärts angetrieben wird, die Stößel beschädigt werden könnten.

Die weiter oben gestellte Forderung, daß die Ventile schnell geöffnet und geschlossen werden sollen, bringt mit sich, daß die meisten Ventilsteuerungen geräuschvoll arbeiten. Man kann das vermeiden, ohne auf die schnelle Bewegung der Ventile verzichten zu müssen, wenn man das im Kraftmaschinenbau bekannte Mittel der Wälzhebel[2]) zu Hilfe nimmt. Die Adlerwerke in Frankfurt a. M. haben bei ihren neueren Maschinen eine solche Steuerung verwendet, Fig. 298, bei der zwischen Steuerdaumen und Stößel ein mit einer Laufrolle versehener Wälzhebel eingeschaltet ist. Der Rücken dieses Hebels arbeitet mit der entsprechend gewölbten Fußfläche des Stößels derart zusammen, daß selbst bei der üblichen Form des Steuerdaumens das erste Anheben und das letzte Schließen des Ventiles mit großer Geschwindigkeit und dennoch ohne Stoß stattfindet. Die Anordnung hat nebenbei auch die bei steilen Steuerdaumen sehr erwünschte Wirkung, Seitendrücke von den Stößelführungen fernzuhalten. Damit sich die Laufrolle nicht von dem Steuerdaumen abhebt, wird sie durch eine um die Nabe des Hebels gelegte Feder angedrückt.

Unterlagen für den Entwurf des Steuergestänges für abnormale Ventilanordnungen bieten zunächst die Fig. 225, S. 163, 272 S. 200 und 286, S. 211. In allen Fällen, wo man nur die Einlaßventile hängend anbringt, bleibt die übliche Lagerung der Steuerwelle mit dem Antrieb der Auspuffventile ungeändert. Auf die Spindel des Einlaßventiles wirkt dann von oben her ein Schwinghebel, der durch eine lange Druckstange bestätigt wird. In Fig. 286 ist die Druckstange am oberen Ende mit einem Kugelkopf versehen zu denken. Liegen beide Ventile im Zylinder-

---

[1]) Der Motorwagen 1910, S. 597 ff.

[2]) s. z. B. Z. Ver. deutsch. Ing. 1908 S. 2043.

kopf, so kann man mitunter auch noch die übliche Anordnung der Steuerwelle beibehalten, s. Fig. 299. Da sich die Einlaß- und Auspuffbewegungen niemals überschneiden, so braucht man hierbei, wie ersichtlich, nicht einmal die Zahl der Druckstangen zu verdoppeln, wenn man die beiden Ventile eines Zylinders mit einem zweiarmigen Hebel antreibt, der von der Druckstange auf- und abgeschwungen wird. Für den Antrieb der Druckstange von den beiden Steuerdaumen aus ist ein Winkelhebel mit zwei Rollen erforderlich.

Vielfach wird aber dennoch die ganze Steuerwelle über die Zylinder gelegt, Fig. 300, und durch ein doppeltes Kegelräderpaar mit Standwelle angetrieben. Da man aber bei dieser Bauart alle Ventile in einer Reihe genau unter der Steuerwelle einbauen muß, so kommt man, wenn die Zylinderabstände festgelegt sind, in Schwierigkeiten bezüglich des freien Ventilquerschnittes. Größere Unabhängigkeit vom Zylinderabstand erlangt man, wenn man, wie bei der Steuerung von Bugatti (Deutz) in Fig. 301 bis 303, S. 218, die Ventile zu beiden Seiten der Steuerwelle lagert und ihre Spindeln durch kreisförmig gebogene, an den Enden mit Rollen versehene Gleitschuhe antreibt. Hierbei werden Seitendrücke, die wegen der unzureichenden Spindellänge besonders bedenklich wären, fast vollständig vermieden. Die Ventile sind hier außerdem gegeneinander so versetzt, daß sie etwas näher an die Zylindermitte herangerückt werden können, als wenn sie einander genau gegenüberlägen. Von dem gleichen Kunstgriff kann man auch bei der Steuerung nach Fig. 299 Gebrauch machen.

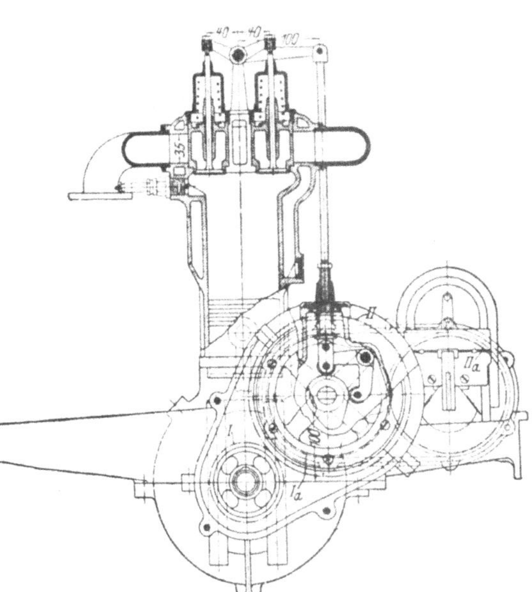

Fig. 299. Maschine mit hängenden Ventilen und unten liegender Steuerwelle.

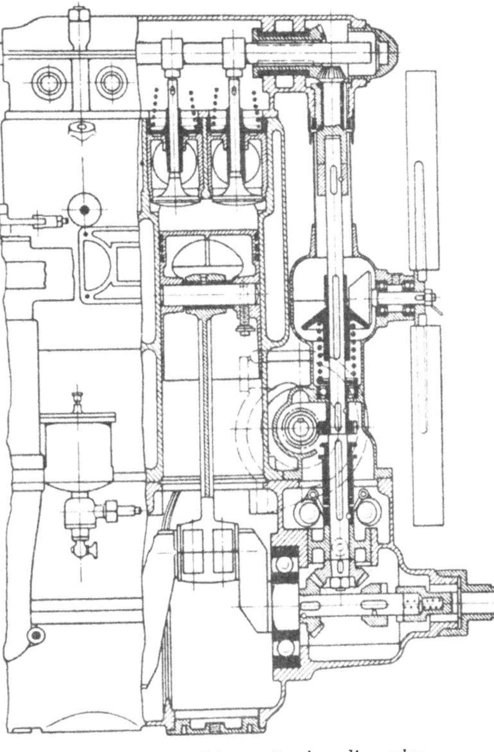

Fig. 300. Maschine mit oben liegender Steuerwelle.

Es erübrigt sich, nach dem schon früher Gesagten, nochmals auf die Nachteile hinzuweisen, die alle diese Steuerungen gegenüber den einfachen besitzen. Nachgetragen sei nur, daß man, um ein Ventil auszuwechseln oder einzuschleifen, das ganze Antriebsgehäuse mit der Steuerwelle abnehmen muß. Bei der Bugatti-

Steuerung ist allerdings hierfür schon Vorsorge getroffen, indem das sehr leicht gebaute Gehäuse mit wenigen Schrauben auf dem Zylindergußstück befestigt und durch eine leicht lösbare Klauenkupplung an den Antrieb angeschlossen ist. Einen Vergleich mit der einfachen Deckelverschraubung der üblichen Maschinen kann aber die Konstruktion nicht aushalten.

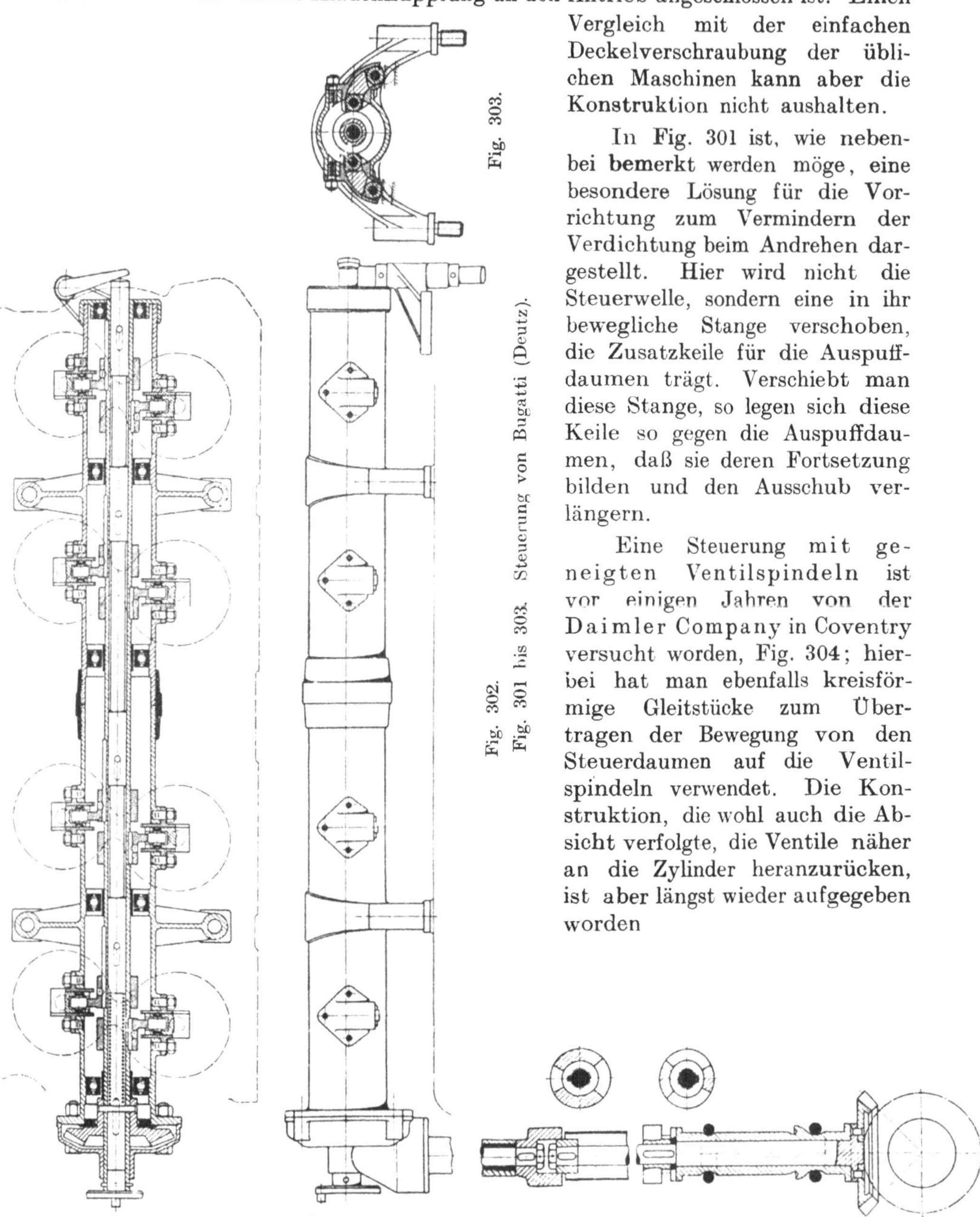

Fig. 303.

Fig. 302.

Fig. 301 bis 303. Steuerung von Bugatti (Deutz).

In Fig. 301 ist, wie nebenbei bemerkt werden möge, eine besondere Lösung für die Vorrichtung zum Vermindern der Verdichtung beim Andrehen dargestellt. Hier wird nicht die Steuerwelle, sondern eine in ihr bewegliche Stange verschoben, die Zusatzkeile für die Auspuffdaumen trägt. Verschiebt man diese Stange, so legen sich diese Keile so gegen die Auspuffdaumen, daß sie deren Fortsetzung bilden und den Ausschub verlängern.

Eine Steuerung mit geneigten Ventilspindeln ist vor einigen Jahren von der Daimler Company in Coventry versucht worden, Fig. 304; hierbei hat man ebenfalls kreisförmige Gleitstücke zum Übertragen der Bewegung von den Steuerdaumen auf die Ventilspindeln verwendet. Die Konstruktion, die wohl auch die Absicht verfolgte, die Ventile näher an die Zylinder heranzurücken, ist aber längst wieder aufgegeben worden

Gestänge für Abreißzündungen.

In Verbindung mit dem Steuergestänge steht ferner noch das Abreißgestänge für solche Maschinen, die mit Abreißzündung arbeiten. Die Abreißzündung wird in dieser Form, d. h. als Zündung mit niedriggespanntem Strom, bei Wagenmaschinen fast gar nicht mehr und auch bei kleinen ortfesten Maschinen nur selten angewendet, da sie durch die Hochspannungszündungen verdrängt worden ist. Zur allgemeinen Kenntnis genügen daher die Einzelheiten der Abreißzündung, die von der Daimler-Motoren-Gesellschaft in Marienfelde-Berlin noch heute bei ihren Bootsmaschinen benutzt wird, s. Fig. 305 bis 308. Unmittelbar bevor gezündet wer-

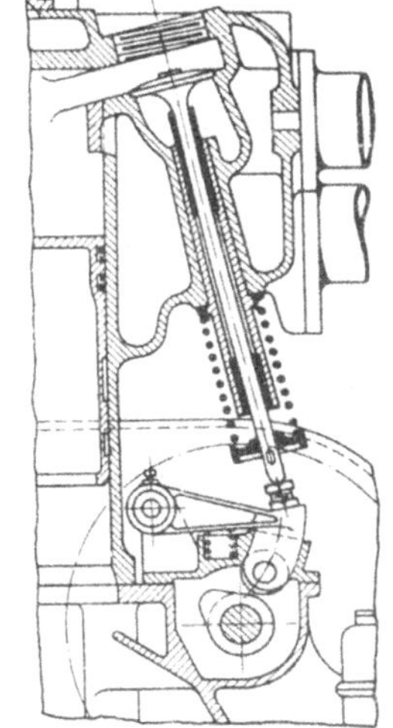

Fig. 304. Steuerung mit geneigten Ventilspindeln der Daimler Company in Coventry.

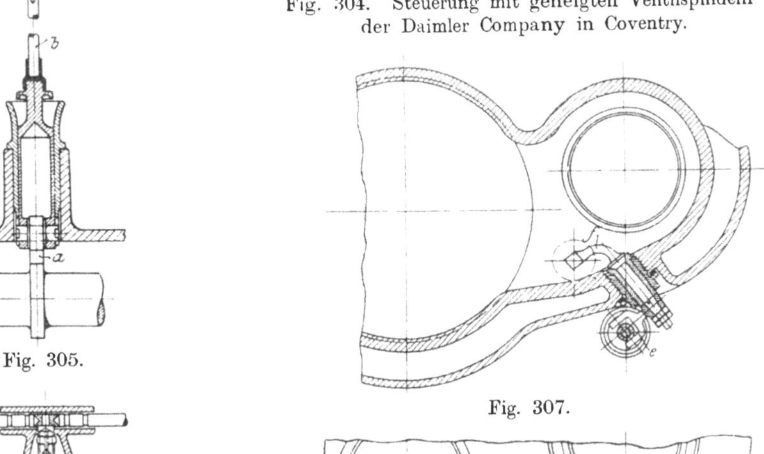

Fig. 305.

Fig. 307.

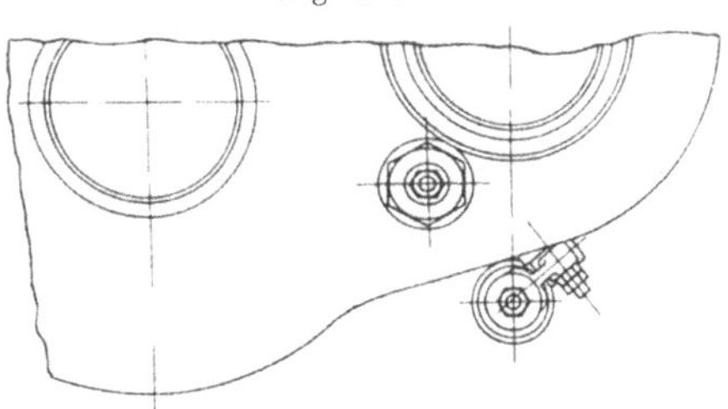

Fig. 306.

Fig. 308.

Fig. 305 bis 308. Einzelheiten der Abreiß-Zündgestänge der Daimler-Motoren-Gesellschaft, Berlin-Marienfelde.

den soll, hebt der Steuerdaumen *a* die mit Rolle und Stößel versehene und am oberen Ende geführte dünne Stange *b* an, wobei die Feder *c* zusammengedrückt wird. In ihrer höchsten Stellung, Fig. 305, haben die Mitnehmermuttern d an dem oberen Ende der Stange soviel Spiel gegenüber der Gabel e des Zündhebels, daß die bewegliche Elektrode f der Zündung durch die Feder g fest an die Elektrode h angedrückt wird. Der Zündstromkreis wird hierbei auf einen Augenblick geschlossen, und im nächsten Augenblicke reißt die Feder c die Elektroden auseinander, da die Rolle von dem steilen Daumen a herabgeglitten ist. Die Ausbildung des Zündflansches weicht gegenüber der in Fig. 132, S. 103, gegebenen allgemeinen Darstellung insofern ab, als die Elektroden senkrecht zueinandergestellt und von verschiedenen Seiten des Zylinders in den Verdichtungsraum eingeführt sind. Hierdurch soll Isolationsstörungen leichter vorgebeugt werden können.

Ventilfedern.

Bei der Berechnung der Ventilfedern hat man folgendes zu berücksichtigen:

1. Da das Gewicht des Ventils samt Spindel und allenfalls daranhängendem Stößel im Verhältnis zu der erforderlichen Schließkraft keine Rolle spielt, so muß die Mindestspannung der Feder so groß sein, daß sie das Ventil mit Sicherheit geschlossen erhält, auch dann, wenn im Zylinder ein (praktisch selten erreichbarer) Unterdruck von 0,4 at, und auf der anderen Seite des Ventils (bei Auspuffventilen) auch noch ein kleiner Überdruck von 0,2 at herrscht. Die Mindestspannung der Feder für das Ausströmventil ist selbstverständlich ebenso groß zu wählen. Ist d_m der mittlere Ventildurchmesser in cm, so gilt für die Mindestspannung der Feder

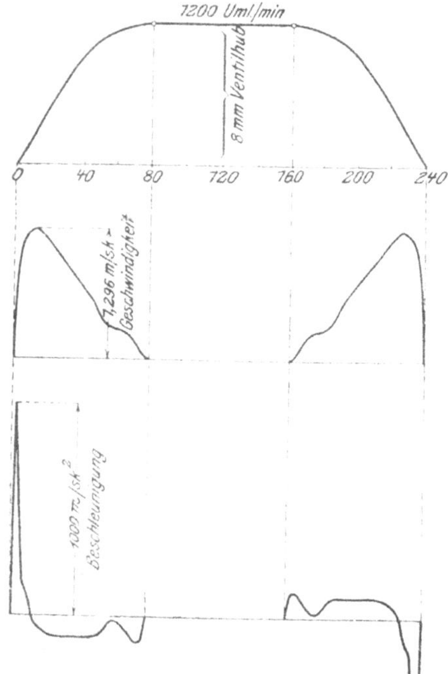

Fig. 309. Verlauf der Geschwindigkeiten und Beschleunigungen bei einem Steuerventil.

$$P_{min} = 0{,}6 \cdot \frac{\pi}{4} d_m^2 \text{ kg}.$$

2. Viel wichtiger als die Mindestspannung ist die erforderliche größte Spannung P_{max} der Feder. In der außerordentlich kurzen Zeit, die zum Bewegen des Ventiles zur Verfügung steht, muß der Federdruck die Masse des Ventiles mit Zubehör so beschleunigen können, daß der Stößel die Lauffläche des Steuerdaumens nicht verläßt, sonst arbeitet die Steuerung geräuschvoll. Einen klaren Überblick über die einschlägigen Verhältnisse verschafft man sich am schnellsten, wenn man den Verlauf der Geschwindigkeiten und Beschleunigungen des Ventiles, wie er durch die gewählte Form des Steuerdaumens bestimmt ist, auf zeichnerischem Wege verfolgt, Fig. 309. Als Beispiel ist hier ein Steuerdaumen von mittlerer Form vorausgesetzt, der bei einem über 240° Kurbelwinkel oder 120° Drehwinkel der Steuerwelle reichenden Ventilweg das Ventil während 80° Kurbelwinkel voll geöffnet hält und je 80° Kurbelwinkel für das Öffnen und Schließen verbraucht. Die Darstellung läßt sich für den vorliegenden Zweck ausreichend genau gestalten, wenn man aus der obersten Linie der Ventilerhebungen

die Unterschiede dh für gleiche Zeitabstände (hier für je 10° Kurbelwinkel) abgreift und in vergrößertem Maßstabe als Ordinaten einer Geschwindigkeitskurve aufträgt. In ähnlicher Weise ist aus der Geschwindigkeitskurve die unterste Beschleunigungskurve abgeleitet.

Das so erhaltene Diagramm lehrt, daß die größten Beschleunigungen und Verzögerungen beim Beginn des Öffnens und vor dem vollständigen Schließen des Ventils auftreten. Die entsprechenden Kräfte hierfür zu liefern, ist aber nicht die Aufgabe der Feder, sondern des Steuerdaumens, der hiernach außerordentliche Flächendrücke aufzunehmen hat. Die Aufgabe der Ventilfeder ist vielmehr, das geöffnete Ventil so zu verzögern, daß es nicht überöffnet und sein Stößel auf diese Weise den Daumen verläßt, sowie zu verhindern, daß der Stößel beim Beginn des Schließens hinter dem Daumen zurückbleibt. Daß die hierfür erforderlichen Beschleunigungen wesentlich geringer sind als diejenigen, die vom Steuerdaumen ausgehen, zeigt ein Blick auf Fig. 309.

Die größte Beschleunigung oder Verzögerung, die von dem Steuerdaumen ausgeübt werden muß, beträgt bei der angegebenen Daumenform für 1200 Uml/min etwa 1000 m/sek²[1]).

Ohne Benutzung dieses zeichnerischen Verfahrens läßt sich annähernd die erforderliche größte Beschleunigung des Ventils ermitteln, wenn man annimmt, daß die Bewegung des Ventils von der höchsten bis zur Schlußlage gleichförmig beschleunigt ist. Man hat somit

$$s = \gamma_m \cdot \frac{t^2}{2} \quad \text{und} \quad \gamma_m = \frac{2s}{t^2}.$$

Hierin ist für den vorliegenden Fall zu setzen:

$$s = h_{max} = 0{,}008 \text{ m},$$

$$t = \frac{40}{360} \cdot \frac{60}{1200} = {}^1/_{90} \text{ sek}$$

als diejenige Zeit, die erforderlich ist, um bei 1200 Uml/min 80° Kurbelwinkel zurückzulegen. Somit

$$\gamma_m = 129{,}6 \text{ m/sek}^2.$$

In Wirklichkeit ist die Bewegung nicht gleichförmig beschleunigt, sondern teils beschleunigt und teils verzögert, daher rührt die weit größere Beschleunigung, die die Zeichnung ergibt.

Legt man immerhin die überhaupt auftretende größte Ventilbeschleunigung der Federberechnung zugrunde, so ergibt sich die erforderliche Federkraft, die der Spannkraft im ganz zusammengedrückten Zustande entspricht, nach

$$P_{max} = m \cdot \gamma_{max}.$$

Die Größe von $m = \frac{G}{g}$ hängt von der Anordnung der Steuerung wesentlich ab. Bei der gebräuchlichen Bauart, wo Ventilspindel und Stößel getrennt sind, vgl. Fig. 280, S. 205, ist die von der Feder zu beschleunigende Masse am kleinsten, nämlich nur die Masse des Ventiltellers mit Ventilspindel. Das hier in Frage kommende Gewicht in kg kann man annähernd nach

$$G = 0{,}015 d_m^2$$

berechnen, worin d_m der mittlere Ventildurchmesser in cm ist.

---

[1]) Vgl. hierzu auch „Der Motorwagen" 1910, S. 244, 597 ff. und The Engineer, 16. Juni 1911, S. 614.

Für den vorliegenden Fall ist

$$d_m = 4 \text{ cm},$$

$$G = 0{,}240 \text{ kg}.$$

Bei anders angeordneten Steuerungen, insbesondere bei solchen, wo die Ventile durch lange Druckstangen von einer tiefliegenden Steuerwelle angetrieben werden, sind die von der Feder zu beschleunigenden Gewichte natürlich wesentlich größer, oft doppelt bis dreimal so groß wie oben berechnet. Das ist ein Grund mehr, der gegen diese Bauarten spricht. Jedenfalls wird man gut tun, wo immer es angängig, Steuergestänge aus Stahlrohr anzuwenden.

Durch die vorstehenden Erörterungen ist der Weg zum Bestimmen der erforderlichen höchsten und geringsten Federspannungen vorgezeichnet. Unter normalen Verhältnissen sind die so berechneten Werte nicht sehr groß. Bei dem gewählten Beispiel ist z. B.

$$P_{min} = 0{,}6 \cdot 12{,}566 = 7{,}5 \text{ kg},$$

$$P_{max} = \frac{0{,}24}{9{,}81} \cdot 1000 = \sim 25 \text{ kg};$$

man kann daher reichlich Zuschläge auf die Rechnungswerte vornehmen, damit allen Reibungswiderständen Rechnung getragen wird. Günstig wirkt bei der gebräuchlichen Ventilanordnung, daß das Gewicht der Ventile die Arbeit der Feder unterstützt, im Gegensatz zu den hängenden Ventilen. Andererseits ist zu berücksichtigen, daß wegen der häufigen Inanspruchnahme der Federn große Sicherheiten erforderlich sind. Man rechnet häufig

$$s = \frac{P}{P_{max}} = 1 + \frac{n}{150},$$

worin P die der Rechnung zugrundegelegte Höchstbelastung und n die Anzahl der minutlichen Federspiele sind.

Setzt man auf Grund dieser Erwägungen

$$P_{min} = 15 \text{ kg}$$

$$\text{und} \quad P_{max} = 30 \text{ kg}$$

fest, so kann man die Hauptangaben für die erforderlichen Federn bestimmen. Zunächst ist allerdings erforderlich, an der Hand der Bauverhältnisse der Maschine den Wicklungsdurchmesser D der zylindrischen Schraubenfeder anzunehmen. Bei normalen Maschinen reicht der Abstand zwischen Ventilspindel und Kühlmantel des Zylinders in der Regel aus, um eine Feder unterzubringen, deren Wicklungshalbmesser etwa 0,8 bis 0,9 des mittleren Ventildurchmessers beträgt.

Die für die Feder verfügbare Spindellänge ist ziemlich unbeschränkt. So zweckmäßig große Wicklungsdurchmesser sind, weil die Federn weniger leicht ausknicken, so vorsichtig muß man hierin sein, damit die Federn nicht zu nahe an die Zylinderwand kommen und sich zu stark erhitzen.

Bei oben eingehängten Ventilen hingegen muß man immer trachten, mit möglichst wenigen Federwindungen auszukommen, damit die Bauhöhe der Maschine nicht unnötig vergrößert wird; auch die Breite der Feder muß genau erwogen werden, da der Raum oben stets beengt ist und die Spindelführungen gut zugänglich sein müssen. Aus diesem Grunde ist auch schon versucht worden, bei solchen Steuerungen überhaupt keine Schraubenfedern, sondern Blattfedern zu verwenden, und zwar je eine Blattfeder gemeinsam für zwei Ventile.

Mit dem angenommenen Wert von D und der Größe von P_{max} findet man aus der G ü l d n e r schen Federtabelle, von der ein Teil auf S. 224 wiedergegeben ist, Drahtdicke δ und Gesamtfederung f für je 10 Gänge.

Z. B. ergibt die Tafel für

$$P_{max} = 30 \text{ kg} \quad \text{und}$$
$$D = 30 \text{ mm},$$
$$\delta = 4{,}5 \text{ mm},$$
$$f = 20 \text{ mm}.$$

Die geeignete Anzahl i der Federgänge ergibt sich aus dem verfügbaren Raum, aus der Bedingung, daß bei der größten Federbelastung noch etwa 2 bis 3 mm zwischen den aufeinanderfolgenden Drahtwindungen freibleiben müssen, sowie aus der geforderten Mindestspannung der Feder. Es muß nämlich die Gangzahl i derart gewählt werden, daß die durch die Gesamtfederung $f_{max} = \frac{i}{10} \cdot f$ bestimmte Neigung der Federspannungslinie bei der Federung von $\frac{i}{10} \cdot f - h_{max}$ (größter Ventilhub) die geforderte Mindestspannung ergibt, s. Fig. 310.

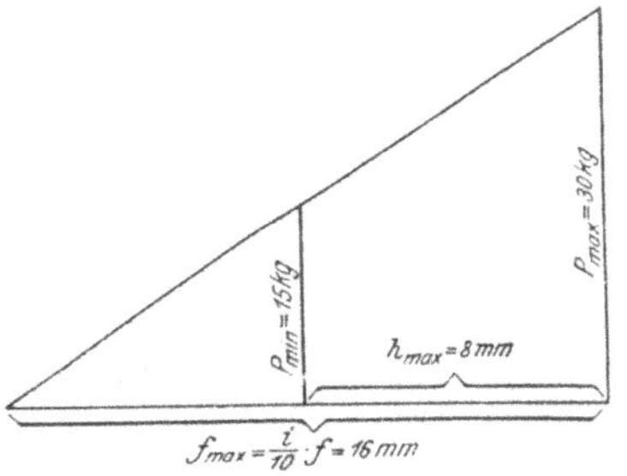

Fig. 310. Diagramm einer Ventilfeder.

Im vorliegenden Falle läßt sich der erforderliche Wert von i aus folgender Beziehung berechnen:

$$P_{max} : P_{min} = \frac{i}{10} \cdot f : \left(\frac{i}{10} \cdot f - h_{max}\right),$$

$$30 : 15 = \frac{i}{10} \cdot 20 : \left(\frac{i}{10} \cdot 20 - 8\right),$$

$$i = \frac{10 \cdot h_{max} \cdot P_{max}}{f \cdot (P_{max} - P_{min})} = 8.$$

Hierin sind

h_{max} der größte Ventilhub in mm,
f die aus der Tafel abgelesene Federung für 10 Windungen in mm,
P_{max} die größte Federkraft in kg,
P_{min} die kleinste Federkraft in kg.

Die Federtafel ist nach den Näherungsformeln

$$P_{max} = 10 \frac{\delta^3}{D} \text{ kg},$$

$$f = \frac{D^2}{10 \cdot \delta} \text{ mm}$$

berechnet, die man erhält, wenn man in den allgemeinen Formeln für zylindrische Schraubenfedern:

$$P_{max} = \frac{\pi \delta^3}{8 D} k_d \text{ kg} \quad \text{und}$$

$$f = i \frac{8 D^3 \cdot P_{max}}{\delta^4 \cdot E} \text{ mm},$$

für die zulässige Beanspruchung . . . $k_d = 2550$ kg/qcm,
für die Elastizitätsziffer . . . . . . $E = 800000$ kg/qcm[1]),
für die Windungszahl . . . . $i = 10$ einsetzt.

[1]) Werden, wie es die Regel ist, gehärtete Federn verwendet, so kann E auch größer werden. Wegen der Veränderlichkeit von E vgl. „Der Motorwagen" 1911, S. 222.

Die Werte von

D = Wicklungsdurchmesser,
f = Gesamtfederung und
δ = Drahtdicke

sind in mm, die Kraft P_{max} in kg einzusetzen.

Tafel für zylindrische Ventilfedern nach Güldner[1]).

Drahtdicke δ in mm		Wicklungsdurchmesser D in mm									
		20	25	30	35	40	45	50	55	60	65
3,0	P_{max} in kg . .	13,5	11	9,0	7,4	6,8	6,0	5,4	4,9	4,5	—
	f in mm . .	13,3	21	30	41	53	67	83	101	120	—
3,5	P_{max} in kg . .	24	17	14	12	10,7	9,5	8,5	7,8	7,1	6,6
	f in mm . . .	11,4	18	26	35	46	58	71	86	103	121
4,0	P_{max} in kg . .	32	25	21,3	18,3	16	14,2	12,8	11,6	10,7	9,9
	f in mm . . .	10	15,6	22,5	36,2	40	50,6	62,5	75,6	90	105
4,5	P_{max} in kg . .	45,5	36,4	30,4	26	22,8	20,2	18,2	16,5	15,2	14
	f in mm . . .	8,8	13,9	20	27,2	35,6	45	55,6	67,2	80	93,9
5,0	P_{max} in kg . .	62	50	42	36	31	27,7	25	22,7	20,8	19,2
	f in mm . . .	8,0	12,5	18	24,5	32	40,5	50	60,5	72	84,5
6,0	P_{max} in kg . .	108	86,4	72	61,7	54	48	43,2	39,3	36	33,2
	f in mm . . .	6,7	10,4	15	20,4	26,7	33,7	41,7	50	60	70,4

Die gespannte Baulänge l der Feder ergibt sich aus der schon erwähnten Bedingung, daß zwischen den Windungen 2 bis 3 mm freibleiben müssen:

$$l = i \cdot \delta + i \cdot 2 = i(\delta + 2) = 52 \text{ mm}$$

und die ungespannte Baulänge aus

$$l_1 = l + \frac{i}{10} \cdot f = i(\delta + 0{,}1 \cdot f + 2) = 68 \text{ mm},$$

f ist die aus vorstehender Tafel zu entnehmende Gesamtfederung für je 10 Federwindungen.

Kegelige Schraubenfedern mit rundem Drahtquerschnitt berechnet man unter der Annahme, daß der Wicklungsdurchmesser D gleichmäßig bis auf Null abnimmt, nach

$$P_{max} = \frac{\pi \delta^3 \cdot k_d}{8D} \text{ kg}$$

und

$$f = \frac{\pi i \cdot D^3 \cdot P_{max}}{\delta^4 \cdot E} = \pi i \frac{D^2 \cdot k_d}{4 \cdot \delta \cdot E} \text{ mm}.$$

Die Zeichen haben die gleiche Bedeutung wie bei den zylindrischen Federn.

Der Einbau der Federn wird derart vorgenommen, daß ein Ende der Feder auf dem Körper der Maschine, das andere auf einem Federteller abgestützt wird, den ein durch die Ventilspindel gesteckter Keil festhält. Da der Keil durch die Bauart des Tellers gegen Herausfallen gesichert werden muß, so bereitet es oft Schwierigkeiten, ihn herauszuziehen, wenn das Ventil ausgewechselt werden soll. Eine einfache Einrichtung hierfür, Fig. 311, ist eine Art Klammer, die sich Jeder aus einem Stück Messingrohr zurechtlöten und mit dem ausgeschnittenen Boden-

[1]) Für $E = 750000$ kg/qcm und $k_d = 4500$ kg/qcm hat Dijxhoorn eine ähnliche Federtafel in Z. Ver. deutsch. Ing. 1891, S. 1398 veröffentlicht.

lappen versehen kann, und mit der man die Ventilfeder faßt, solange sie ganz zusammengedrückt ist. Dreht man dann die Maschinenwelle etwas weiter, so läßt sich nunmehr der unbelastete Keil leicht herausziehen.

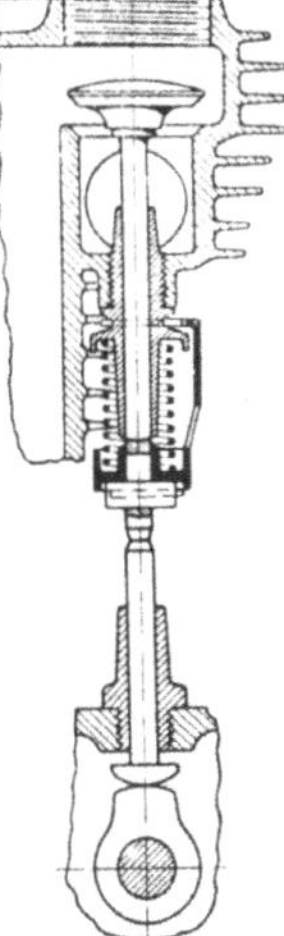

Fig. 311. Hilfsmittel für das Einbauen von Ventilfedern.

Mit Rücksicht darauf, daß durch das seitliche Ausknicken der Federn die Führung der Ventilspindel stark belastet wird, empfiehlt es sich, nach den von Hurlbrink[1]) angegebenen Regeln jede Ventilfeder auf Sicherheit gegen seitliches Ausknicken nachzurechnen. Die Formel hierfür lautet:

$$\mathfrak{S} = \frac{\lambda}{4} \cdot \frac{1}{\eta^2} \cdot \frac{r^2}{l(l_1 - l)} \geqq 6.$$

Für Federn von kreisförmigem Drahtquerschnitt setzt man $\lambda = 45$ und für die bei Ventilfeder üblichen Einspannungsverhältnisse $\eta = 0{,}67$.

r ist der Wicklungshalbmesser,
l die gespannte Baulänge.
l_1 die ungespannte Baulänge.

Für die weiter oben berechnete Feder ist

$$l = 52 \text{ mm},$$
$$l_1 = 68 \text{ mm},$$
$$r = 15 \text{ mm},$$
$$\mathfrak{S} \sim 7 \text{ mm}.$$

Zahnräder.

Die Zahnräder für den Antrieb der Steuerwelle oder Steuerwellen sind sorgfältig geschnittene, ohne Spielraum im Teilkreis arbeitende Stirnräder mit geraden Zähnen, deren Teilung für alle vorkommenden Verhältnisse mit 2π bis 3π ausreichend bemessen ist. In der Regel wird man mit einfacher Übersetzung von der Kurbelwelle zur Steuerwelle ausreichen, ohne bei dem erforderlichen Übersetzungsverhältnis 1 : 2 zu große Zahnräder auf der Kurbelwelle zu erhalten. Zu diesem Zwecke empfiehlt es sich, die Kurbelwelle dort, wo das Antriebsrad für die Steuerwelle aufgesetzt wird, auf etwa den halben Durchmesser abzusetzen. Diese Maßregel ist aber natürlich nur anwendbar, wenn man den Steuerungsantrieb von dem vorderen Ende der Kurbelwelle abnimmt und nicht, wie z. B. in Fig. 271 und 272, S. 200, von der Mitte. Macht der Durchmesser des größeren Zahnrades auf der Steuerwelle einen zu großen Ausbau des Kurbelgehäuses erforderlich, weil doch die Zahnräder im Kurbelgehäuse eingeschlossen werden müssen, so hilft man sich damit, daß man das Übersetzungsverhältnis teilt und ein Zwischenrad einschaltet. Diesen Ausweg hat man insbesondere bei Maschinen mit zwei Steuerwellen öfters verwendet, vgl. Fig. 273 und 274, S. 202.

Großer Wert ist auf die Geräuschlosigkeit des Laufes der Steuerräder zu legen. Solange man die Räder nicht im Kurbelgehäuse einkapselte, stellte man das Antriebsrad auf der Kurbelwelle aus Vulkanfiber her. Dieser Baustoff ist aber gegen den Angriff durch Schmieröl sehr empfindlich. Bei den im Kurbelgehäuse eingeschlossenen Steuerrädern erzielt man genügend ruhigen Lauf, wenn man die Zähne sorgfältig fräst. Man kann dann die großen Zahnräder auch aus Gußeisen, das Antriebsrad auf der Kurbelwelle aus Flußstahl herstellen. Zylindrische Steuerräder mit Schraubenzähnen werden verhältnismäßig selten angewandt, obgleich sie viel ruhiger laufen. Man vermeidet den bei diesen Rädern aus dem

[1]) Z. Ver. deutsch. Ing. 1910, S. 183.

Zahndruck folgenden Achsschub, wenn man den Zahnwinkel des getriebenen Rades kleiner wählt, als denjenigen des treibenden Rades, z. B. 30°:60°.

Zu erwähnen ist endlich, daß man in der neuesten Zeit mehrfach den Versuch gemacht hat, die Steuerwellen mit Gelenkketten anzutreiben, weil sie ruhiger arbeiten.

Kolbenschiebersteuerung.

Am Schluß der vorstehenden Übersicht über die Steuerteile für Fahrzeug-Verbrennungsmaschinen wäre noch des ersten erfolgreichen Versuches zu gedenken, Kolbenschieber als Steuerteile bei Verbrennungsmaschinen anzuwenden. Das große Aufsehen, das die Maschine des Amerikaners Knight erregt hat, ist nicht zum geringsten Teile darauf zurückzuführen, daß man es bis vor ganz unmöglich gehalten hat, Kolbenschieber zum Steuern von Verbrennungsmaschinen und insbesondere zum Steuern von so schnell laufenden Verbrennungsmaschinen zu benutzen, wie es die Fahrzeugmaschinen sind, und man kann hiernach ohne Schwierigkeiten berechnen, welche Hindernisse, welche Vorurteile zu überwinden waren, bevor man in Fachkreisen allen Ernstes auch nur an die Ausführbarkeit solcher Maschinen glaubte. Entscheidend für die Stellungnahme der Praxis gegenüber diesen Maschinen war eigentlich erst die Übernahme der Knight-Patente durch die englische Daimler-Gesellschaft und die Ankündigung, daß diese große Fabrik sich auf die Herstellung der Kolbenschieber im großen Maßstabe vorbereitet. Seitdem sind in Deutschland die Daimler-Motorengesellschaft, in Frankreich Panhard & Levassor, in Belgien die Minerva-Gesellschaft und in Italien die Delucca Daimler Co. als Herstellerinnen der Knight-Maschinen in die Öffentlichheit getreten, so daß binnen kurzem eine große Anzahl von Wagen dieser Art in den Verkehr gebracht sein dürften.

Die Wirkungsweise und Einrichtung der Maschine von Knight seien an der Hand der Ausführung einer Vierzylindermaschine von 100 mm Zylinderdurchmesser und 144 mm Hub, Fig. 312 bis 314, von Panhard & Levassor, Paris, besprochen, die in der Hauptsache mit der ursprünglichen englischen Bauart übereinstimmt. Der aus Gußeisen hergestellte, mit dem üblichen Wassermantel versehene, einzelne Zylinder *a* ist auf einen größeren Durchmesser ausgebohrt, als dem Kolben *b* entspricht, und in dem zwischen beiden entstehenden Ringraume sind dicht aneinander zwei Kolbenschieber *c* und *d* geführt, die durch Exzenter auf der Steuerwelle und kurze Gelenkstangen auf- und niederbewegt werden. Die Steuerwelle läuft mit der halben Geschwindigkeit der Kurbelwelle um, wie bei gewöhnlichen Maschinen, sie wird aber, in der Absicht, Geräusch zu vermeiden, nicht durch Zahnräder, sondern durch eine breite Renold-Zahnkette angetrieben. Die Daimler-Motorengesellschaft soll allerdings die Kette als unzuverlässig verworfen haben. Der eigentliche Arbeitsraum der Maschine liegt also im Inneren des Kolbenschiebers *c* und wird nach oben hin durch einen die Zündkerze tragenden Deckeleinschluß *f* begrenzt, dessen Kühlmantel mit demjenigen des Zylinders verbunden ist, und der durch sechs Stiftschrauben befestigt wird. Dieser Deckel bildet zusammen mit dem oberen Rande des Zylindergußstückes eine mit Kolbenringen abgedichtete, gut gekühlte Führung für die oberen Ränder der Kolbenschieber.

Aus der angegebenen Konstruktion ergibt sich zunächst eine sehr geschlossene, kugelähnliche Form des Zündraumes, der ausschließlich von glatten, leicht zu bearbeitenden Flächen begrenzt wird. Die Trennung von Zylinderkörper und Deckeleinschluß liefert sehr einfache, leicht mit dünnen Wänden herzustellende Gußstücke, die gestatten würden, die Zylinder zusammenzugießen. Die zentrale Anordnung entlastet die Kolbenschieber von einseitigen Drücken und gestattet, sie mit den kleinsten zulässigen Wanddicken herzustellen. In der Tat wiegt ein solcher Schieber nur 7 kg. Sein Bewegungswiderstand, der nur durch Reibung bedingt ist, wird dank einer sorgfältigen Schmierung sehr gering gehalten. Das

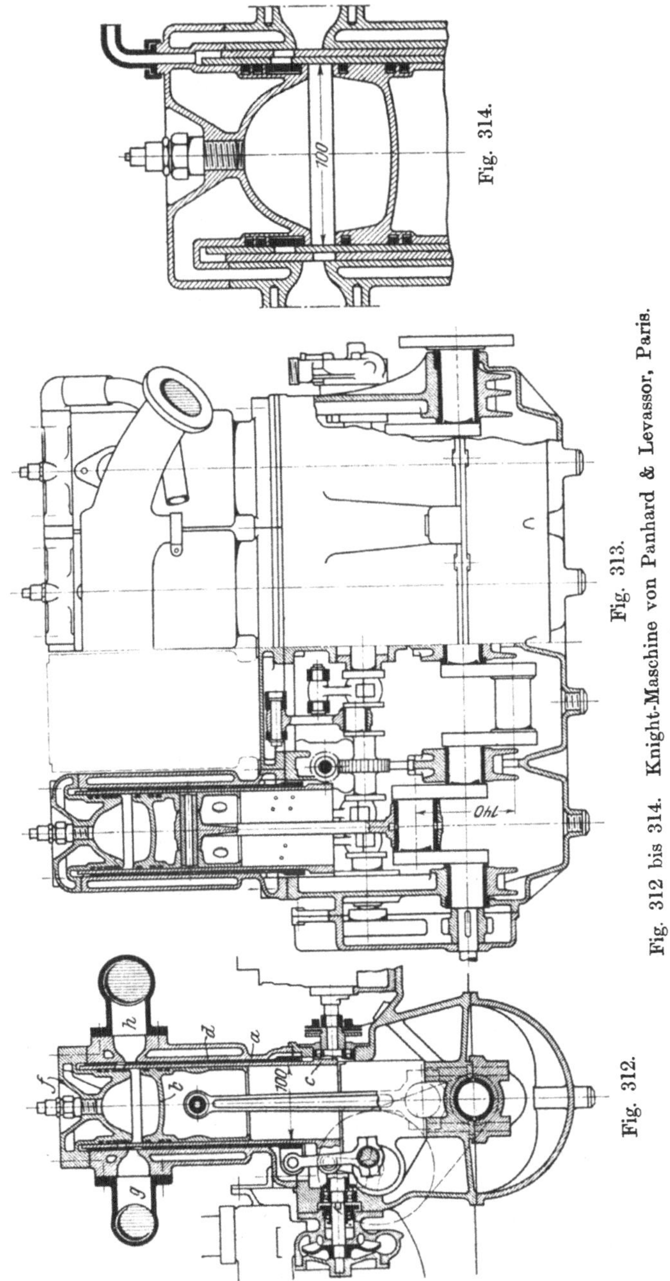

Fig. 314.

Fig. 313.

Fig. 312.

Fig. 312 bis 314. Knight-Maschine von Panhard & Levassor, Paris.

Schmieröl wird bei der vorliegenden Bauart unter Druck von oben in die Schieberführung eingeleitet. Bei den ursprünglichen Maschinen, die sich bei den schwersten Dauerproben bewährt haben, hat man aber auch mit dem von den Stangenköpfen abgespritzten Öl eine ausreichende Schmierung der Schieber erzielt.

Besonders auffallend ist, daß sich die Schieber nicht übermäßig erhitzen, obgleich sie nicht nur nicht gekühlt, sondern von gekühlten Flächen durch isolierende Schmierschichten getrennt sind. Der Grund ist wahrscheinlich, daß die Schieberkanten der größten Hitze, die im oberen Totpunkt des Kolbens auftritt, fast vollständig entzogen sind, s. Fig. 312, S. 228. Nur an den Kanten der Auspufföffnungen hat man bis jetzt leichte Anlauffarben bemerkt, die aber noch kein Abbröckeln der Kanten zur Folge gehabt haben. Auch der einseitige Angriff der Exzenter an den Schieberhülsen, den man für bedenklich halten könnte, hat sich bewährt. In der Tat ist die Führung der Schieber so lang, daß ein Ecken ausgeschlossen ist, vorausgesetzt, daß die Schieber richtig eingepaßt werden. Hierin liegt allerdings der Kern des ganzen Erfolges dieser Maschine, denn es bedarf großer Erfahrung, um zu verhindern, daß sich die Schieber verziehen, sowie um das erforderliche und zulässige Spiel zwischen Zylinder und Schiebern zu ermitteln, und einer sehr genau arbeitenden Werkstätte, um dieses Spiel auch dauernd einhalten zu können.

Die Steuerung der Maschine arbeitet folgendermaßen: Die Schieber sind auf entgegengesetzten Seiten mit Schlitzen versehen, welche die im Zylindergußstück ausgesparten Öffnungen g und h, Fig. 312, S. 227, für die Einströmung und den Auspuff öffnen und schließen. Das Exzenter für den Antrieb des inneren Schiebers befindet sich bei Beginn des Einströmens (oberer Totpunkt des Kolbens) annähernd in seinem unteren Totpunkt, und sein Hub ist etwa doppelt so groß, wie die 11 mm betragende Höhe der Schieberschlitze. Das zweite Exzenter, dessen Hub etwas größer ist, eilt dem ersten um 90° nach. Auf Grund dieser Angaben sowie weiterer Mitteilungen über die Verteilung der Arbeitsvorgänge ist das Diagramm der Steuerung in Fig. 315 entworfen. Am einfachsten gelangt man zu einer guten Übersicht über die Wirkungsweise der Steuerung, wenn man, wie in Fig. 316, S. 229, auf dem abgewickelten Umfang des Kurbel- oder Exzenterkreises zunächst die Schieberwege von ihrer Mittellage aufträgt. Die entstehenden Sinuslinien, von denen A für den inneren und B für den äußeren Schieber gilt, liefern, wenn man die Kanalweiten der Schieber und des Zylinders zu Hilfe nimmt, genaue Angaben über den Beginn und das Ende des Einströmens bzw. des Auspuffes. Die tatsächlichen Eröffnungen sind in Fig. 316 leicht schraffiert. Sind die Arbeitsvorgänge bereits vorher festgelegt, so kann man aus diesem Diagramm sofort die erforderlichen Kanalweiten entnehmen.

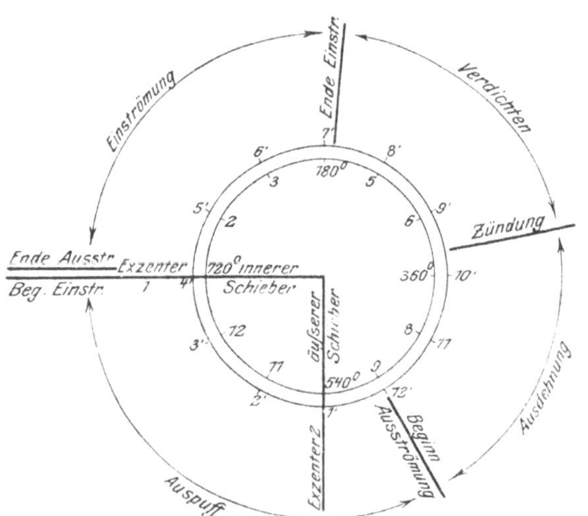

Fig. 315. Diagramm der Steuerung einer Knight-Maschine.

Die Darstellung ermöglicht ferner, zu beurteilen, wie schnell die Eröffnung und das Schließen auf der Einströmseite vor sich geht. Dadurch, daß die Schieber bei Beginn des Öffnens mit großer Geschwindigkeit in entgegengesetzten Richtungen bewegt werden, erreicht man geringe Drosselverluste, und hierin dürfte die Ursache für die guten Betriebseigenschaften der Maschine liegen. Der größte beim Einströmen freigelegte Querschnitt ist etwa 9 qcm, also noch nicht einmal so groß, wie man ihn bei Maschinen mit Ventilsteuerung wählen würde. Daß er dennoch genügt, daß er sogar die Maschine befähigt, mit viel höheren Umlaufzahlen zu arbeiten als die Ventilmaschine, liegt nur an der Abwesenheit der Drosselverluste. Beim Auspuff liegen die Verhältnisse nicht ganz so günstig. Die Eröffnung ist hier etwas schleichend, dafür aber ist der rund 10 qcm betragende Querschnitt der Auspuffschlitze auf der ganzen Länge des Ausschubes fast voll geöffnet.

Verfolgt man an der Hand dieses Diagramms die Bewegungen der Schieber gegeneinander sowie gegenüber den Kanälen im Zylinder, so findet man, daß nach Beendigung des Einströmens die Schlitze beider Schieber über den Einströmkanal wandern, wo sie, zwischen Deckeleinschluß und Zylinder abgedichtet, den Einwirkungen der hohen Drücke und Temperaturen vollständig entzogen sind. Erst bei Beginn des Auspuffes bewegen sich die Schieber wieder nach abwärts; der äußere schneller als der innere, der zunächst etwas nach aufwärts geht und dann bei seinem Niedergange den Ausschub beendet.

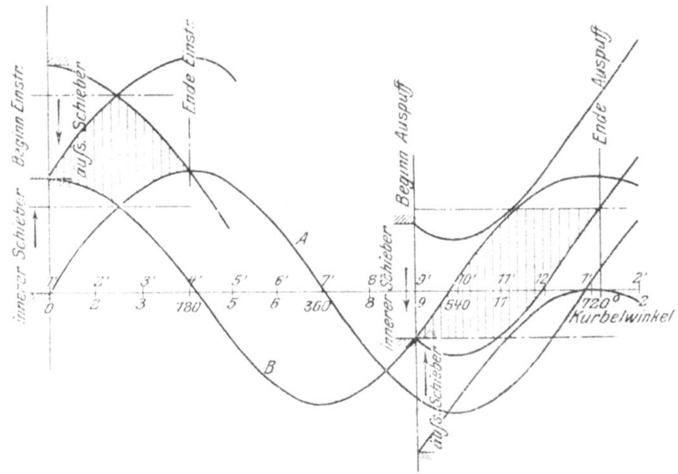

Fig. 316. Bewegungsvorgänge der Knight-Steuerung.

Daß die Maschine von **Knight** mit gutem Erfolge ausgeführt werden kann und durch das gänzliche Fehlen von Geräuschen, wie sie bei Ventilsteuerungen fast unvermeidlich sind, für Vergnügungswagen große Vorteile bietet, steht heute fest. Dafür bürgen bereits zahlreiche praktische Erfahrungen, insbesondere die Dauerprobe, die der Royal Automobile Club mit einer Maschine von 124 mm Zylinderdurchmesser und 130 mm Hub angestellt hat. Bei dieser Probe wurde die Maschine zunächst 132 Stunden auf dem Bock abgebremst, dann in einem Wagen eingebaut, der auf der Brookland-Rennbahn 3200 km in höchstens 60 Stunden zurücklegen mußte, und hiernach ohne besondere Vorkehrungen wieder 5 Stunden auf dem Prüfstand abgebremst. Die Probe ergab nicht nur, daß keine Betriebsstörungen an der Maschine eingetreten waren, sondern auch, daß nach Beendigung der Dauerfahrt eine höhere Bremsleistung erzielt wurde als vorher.

Aber auch abgesehen von der Betriebsicherheit bietet die Maschine den Vorteil, daß sie dank ihrer ausgezeichneten Steuerungsverhältnisse gestattet, viel höhere Umlaufzahlen und damit viel höhere Leistungen zu erreichen, als Ventilmaschinen von gleichen Abmessungen. Die nachstehenden Zahlenangaben beziehen sich auf zwei Maschinen von Panhard & Levassor, von denen die eine (I) bei 100 mm Zylinderdurchmesser und 140 mm Hub Kolbenschiebersteuerung, und die andere (II) bei 100 mm Zylinderdurchmesser und 130 mm Hub Ventilsteuerung hat.

Uml/min	Bremsleistung in PS_e	
	Maschine I	Maschine II
700	23,75	19,0
800	27,0	21,75
900	30,5	24,0
1000	33,5	25,75
1100	36,25	27,5
1200	39,0	28,75
1300	41,5	29,75

Schon aus der Reihenfolge dieser Zahlen erkennt man, wie bei der Ventilmaschine der Verlauf der Leistungskurve immer flacher wird, während die Kurve bei der Knight-Maschine weiter ansteigt. Es bleibt noch hinzuzufügen, daß die gleiche Maschine bis zu 43,8 PS_e bei 1740 Uml/min geliefert hat, also bei einer Umlaufzahl, wo die Leistung der Ventilmaschine schon wesentlich abgefallen wäre.

Regelung.

Von Regelvorrichtungen im wahren Sinne des Wortes, d. h. Einrichtungen, deren Aufgabe es ist, die Leistung der Maschine der wechselnden Belastung selbsttätig anzupassen, läßt sich bei Fahrzeugmaschinen nicht gut sprechen. Bei solchen Maschinen, deren brennbares Gemisch außerhalb des Zylinders erzeugt wird, steht zum Verändern der Leistung nur der zwischen Vergaser und Maschine eingebaute Drosselschieber zur Verfügung, mit dessen Hilfe man die Menge des angesaugten Gemisches verändern kann. Da aber, wie früher gezeigt worden ist, hierbei eine Veränderung des frischen Gemisches, und, weil sich des Verhältnis zwischen Gemisch und zurückgebliebenen verbrannten Gasen ändert, auch eine Veränderung der Ladung stattfindet, so ist es nicht angängig, bei der Regelung mittels Drosselschiebers von einer reinen Füllungsregelung zu sprechen, wenngleich sie es eigentlich sein sollte. Die Vorgänge sind noch viel zu wenig erforscht, als daß sich feste Regeln für die Gestalt und Bemessung des Schiebers aufstellen ließen. Verschiedene Bauarten von Drosselschiebern sind in Verbindung mit Vergasern in dem betreffenden Abschnitt, S. 60 u. f., dargestellt.

Daß man die Veränderung des Zündzeitpunktes zum Regeln der Maschinenleistung nicht benutzen darf, ist schon gesagt worden. Der Zündzeitpunkt muß aus Rücksicht auf die Wirtschaftlichkeit stets seine günstigste Stellung haben und darf bei Änderung der Leistung nur so weit verstellt werden, als es eben jene Rücksicht erfordert.

Es liegt nahe, den Drosselschieber mit einem Fliehkraftregler so zu verbinden, daß er das Überschreiten einer bestimmten Höchstgeschwindigkeit verhindert. Von diesem, bei ortfesten und bei Bootmaschinen gebräuchlichen Mittel ist man aber bei Wagenmaschinen heute fast gänzlich abgekommen, obgleich auch hier eine Sicherung gegen zu schnellen Gang beim plötzlichen Entlasten, z. B. beim Lösen der Kupplung, erwünscht ist. Man sichert sich aber hiergegen derart, daß man den Drosselhebel durch eine Feder so belastet, daß er stets selbsttätig in seine Endlage zurückkehrt (Accélérateur) oder durch ein Gestänge, das beim Niederdrücken des Kupplungshebels den Drosselschieber schließt, s. a. S. 287.

Maschinen, die mit Brennstoffeinspritzung arbeiten, werden bei Motorwagen nicht verwendet. Sie lassen sich sehr leicht durch Verändern des Pumpenhubes oder durch anderweitige Veränderung der bei jedem Einspritzhub geförderten Brennstoffmenge regeln, aber nur in verhältnismäßig engen Grenzen, weil mit dem Verändern der Brennstoffmenge eine Veränderung des Mischungsverhältnisses eintritt, die leicht zu Fehlzündungen führt.

Schmierung.

Der Durchbildung von sachgemäßen Schmiervorrichtungen für Fahrzeug-Verbrennungsmaschinen hat man erst verhältnismäßig spät angefangen, die erforderliche Sorgfalt zu schenken. Man begnügte sich bis dahin so gut wie ausschließlich damit, das Kurbelgehäuse der Maschine von Zeit zu Zeit mit einer gewissen Menge von Schmieröl aus einer mitgeführten Ölkanne zu füllen und überließ es den in dieses Ölbad eintauchenden Pleuelstangenköpfen, das Öl auf die Lager und Zapfen der Kurbelwelle sowie auf die übrigen Schmierstellen zu verteilen. Erst als mit dem zunehmenden Verkehr von Motorfahrzeugen in den öffentlichen Straßen der Großstädte die Klagen über die Belästigung des Verkehrs durch das ständige Rauchen der Motorwagen immer lauter wurden, erst als die Aufsichtsbehörden sich dieser Beschwerden annahmen und drohten, jedem übermäßig rauchenden Motorwagen die Fahrterlaubnis zu entziehen, fing man an, in größerem Umfang auf Abhilfe Bedacht zu nehmen.

Nun stehen sich allerdings die Anforderungen, welche die Kurbelwelle und die Kolbenbahnen an die Schmierung stellen, ziemlich widersprechend gegenüber. Während die Kurbellager um so besser arbeiten werden, je größere Schmierölmengen man ihnen zuführt, sind die Kolbenbahnen gegen übermäßiges Schmieren insofern empfindlich, als das überflüssige Schmieröl während des Saughubes auf die Oberseite des Kolbens gelangt, bei der Zündung der Ladung mit verbrennt und hierbei den bekannten blauen Rauch im Auspuff entwickelt, abgesehen davon, daß sich die unvermeidlichen festen Rückstände der Verbrennung auf den Kolben, Ventilen usw. ansetzen und mit der Zeit glühend werden, so daß Vorzündungen entstehen, wenn die Zündung nicht schon vorher infolge von Kurzschlüssen versagt hat. Die alte Tauchschmierung konnte diesen Übelstand nur vermeiden, wenn das Ölbad andauernd auf genau gleicher Höhe erhalten wurde. Das ist aber bei längeren Fahrten nicht möglich, denn man muß entweder am Anfang der Fahrt einen Überschuß von Schmieröl in das Kurbelgehäuse einfüllen, oder Gefahr laufen, daß infolge einer geringen Unachtsamkeit die Schmierung unterwegs ganz versagt, was sehr üble Folgen für die Maschine nach sich ziehen kann. Die Furcht vor solchen Unfällen mag auch bei Maschinen mit Tauchschmierung vielfach zu übermäßigem Schmieren Veranlassung geboten haben, das — solange die Zündung in Ordnung bleibt — lange nicht so gefährlich ist.

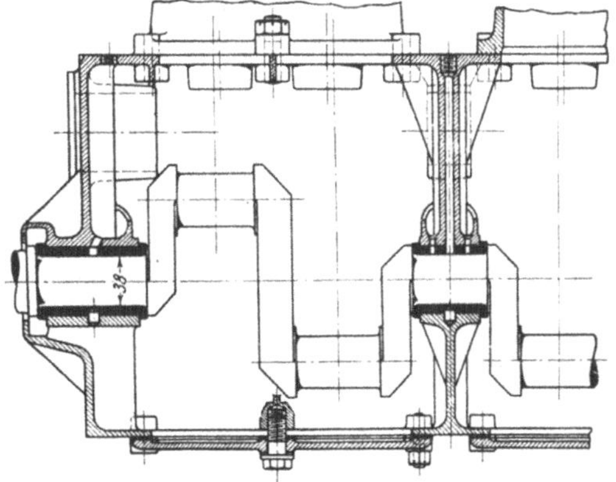

Fig. 317. Verbesserte Tauchschmierung.

Die einfachste Verbesserung der Tauchschmierung, Fig. 317, besteht darin, daß man in geeigneter Höhe über der Maschine, z. B. am sogenannten Spritzbrett vor dem Führersitze, einen Ölbehälter mit mehreren Tropfgläsern anordnet, die durch getrennte Leitungen mit den zu den Kurbellagern führenden Bohrungen des Kurbelgehäuses verbunden sind. Unter Umständen verlegt man auch noch besondere Leitungen, aus denen Öl auf die Stangenköpfe abtropft, oder man

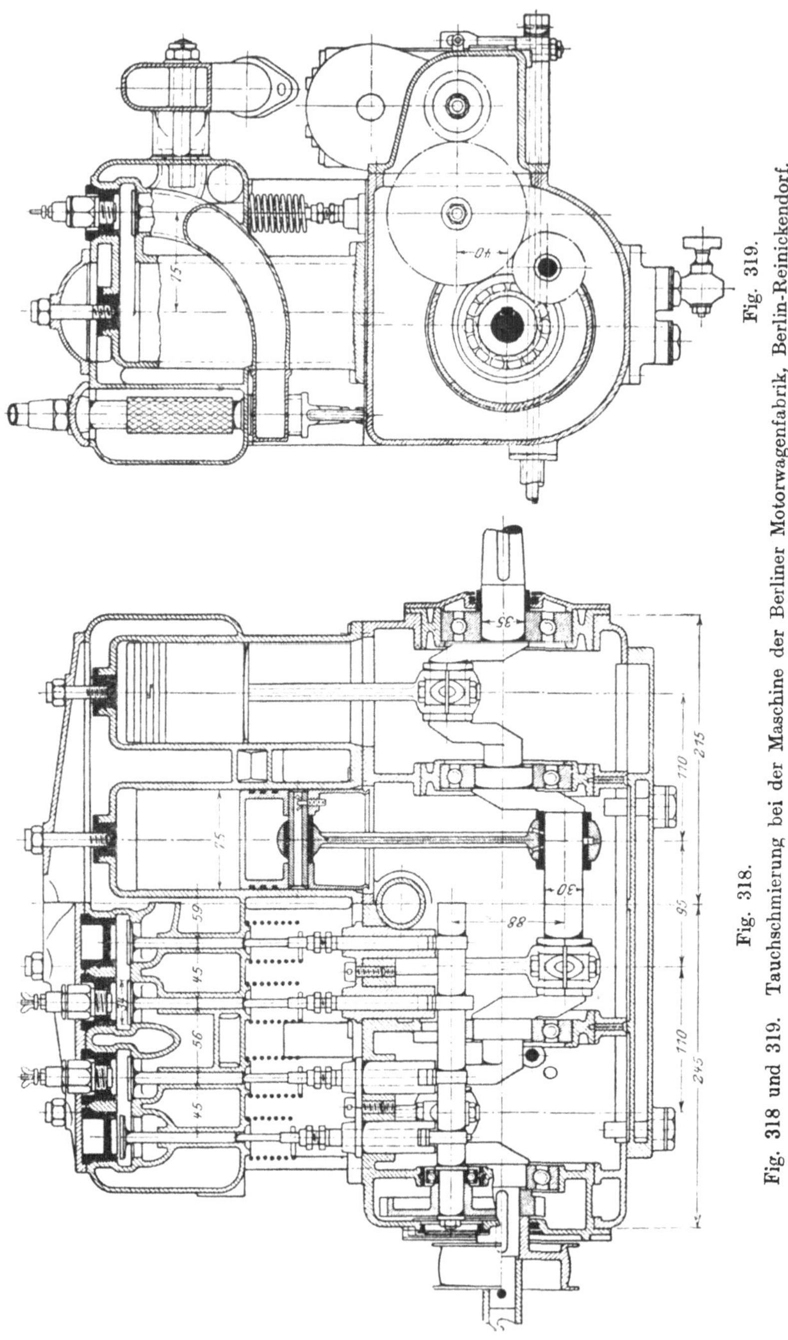

Fig. 319.

Fig. 318.

Fig. 318 und 319. Tauchschmierung bei der Maschine der Berliner Motorwagenfabrik, Berlin-Reinickendorf.

läßt, wie im vorliegenden Falle, die Köpfe in das Ölbad eintauchen, das sich auf dem Boden der Kurbelkammer ansammelt und sich aus dem Ablauf der Lager soweit ergänzt, als es durch Verbrennen oder Undichtheiten verbraucht wird. Durch die Stangenköpfe wird das Öl umhergeschleudert; es gelangt hierbei auf die Kurbelzapfen und Kolbenbahnen sowie von den Ölschnauzen der Lagerkörper wieder auf die Lager, so daß der frische Ölzufluß nur die Verluste zu decken braucht. Bildet man, wie die Zeichnung, S. 231, zeigt, den Boden der Kurbelkammer derart aus, daß sich das Öl beim Fahren auf geneigter Straße oder bei plötzlicher Geschwindigkeitsänderung des Fahrzeuges nicht an einem Ende der Maschine sammeln kann, so hat man tatsächlich erreicht, daß die Höhe des Ölbades dauernd gleich erhalten wird, also einem Hauptfehler der Ölbadschmierung abgeholfen.

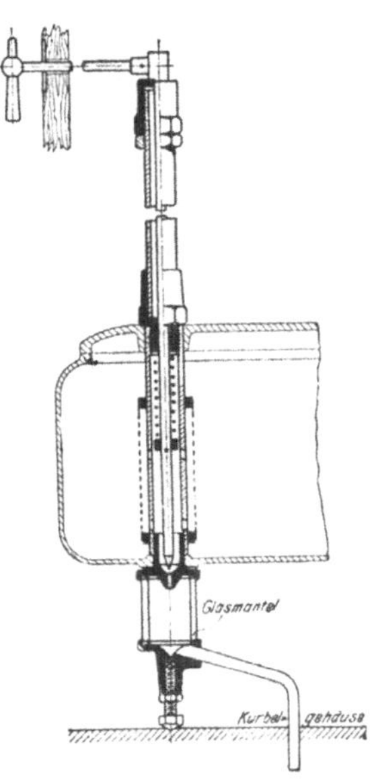

Fig. 320. Ölabfüllvorrichtung der Berliner Motorwagenfabrik, Berlin-Reinickendorf.

In ähnlicher Weise arbeitet die Schmierung der Vierzylindermaschine der Berliner Motorwagenfabrik, Berlin-Reinickendorf, Fig. 318 und 319. Symmetrisch zu dem Ausbau, der die Steuerventile enthält, trägt hier das Zylindergußstück einen zweiten Ausbau, der durch eine eingegossene Wand von dem Kühlmantel getrennt ist und als Ölbehälter dient. Aus diesem läßt man das Öl mit Hilfe des in Fig. 320 dargestellten, durch einen Hebel am Spritzbrett zu bedienenden Hebel in die Kurbelkammer nach Maßgabe des Verbrauchs abtropfen. Der untere Teil des Ölventils ist zwischen Ölbehälter und Kurbelgehäuse mit einem Glasmantel versehen, damit man das Abtropfen auch während der Fahrt an dem Spritzbrett vorbei beobachten kann. Auf dem Boden der Kurbelkammer wird das Öl durch drei kurze Standrohre und die Hohlkammern des Bodens, welche die Abteilungen der Kurbelkammer miteinander verbinden auch beim Fahren auf geneigten Straßen gleichmäßig verteilt.

Diese Anordnung ist sehr einfach, da sie nicht so vieler getrennten Ölleitungen bedarf, wie diejenige nach Fig. 317, S. 231. Sie gestattet allerdings nicht, den Betrieb der Schmierung zu überwachen, da z. B. sehr leicht der Fall eintreten kann, daß infolge großer Ölverluste, die nicht bemerkt zu werden brauchen, der Ölvorrat im Kurbelgehäuse plötzlich ungenügend wird. Diesen Fehler teilt sie aber mit der Anordnung nach Fig. 317, wenngleich dort wenigstens die Lager etwas besser gesichert sind.

Bei neueren Schmiervorrichtungen legt man, um den Betrieb überwachen zu können, großen Wert darauf, das Öl wenigstens den empfindlichsten Schmierstellen, nämlich den Kurbellagern, unter Druck zuzuführen. Man verwendet hierzu entweder eine Reihe von kleinen Druckpumpen, die nebeneinander auf dem Spritzbrett angeordet sind und durch eine Kette oder ein Exzenter von der Maschine angetrieben werden (Friedmann-Pumpen, Bosch-Pumpen usw.), oder, und zwar ist das die häufigste Lösung, eine einzige größere Pumpe, die ausreicht, um den ganzen Ölbedarf der Maschine in ständigen Umlauf zu versetzen. Diese Anordnung setzt aber voraus, daß das Öl, nachdem es von den Zapfen abgeschleudert und aus den Lagern abgelaufen ist, in einem Sack der Kurbelkammer zusammenläuft, damit es von hier mit Hilfe der Pumpe aufs neue in den Kreislauf eingeführt werden kann. Bevor das Öl zur Pumpe gelangt, muß es durch Siebe gereinigt werden, die abgeschliffene Metallteilchen zurückhalten.

Eine ziemlich vollkommene Durchbildung dieser Umlaufschmierung besitzt die neuere Maschine von De Dion & Bouton, Fig. 321 und 322. Das auf den Boden des Kurbelgehäuses ablaufende Öl gelangt durch ein Sieb *a* in den Ölsumpf und wird von hier durch eine von der Steuerwelle angetriebene Kapselpumpe *b* mit senkrechter Welle in eine Verteilleitung *c* gedrückt, die durch Bohrungen *d* mit den zu den Lagern führenden Ölleitungen *e* in Verbindung steht. Aus den Lagern läuft das Öl weiter unter Druck durch die Bohrungen der Zapfen und Kurbelarme bis zu den Laufflächen der Kurbelzapfen und wird hier abgespritzt.

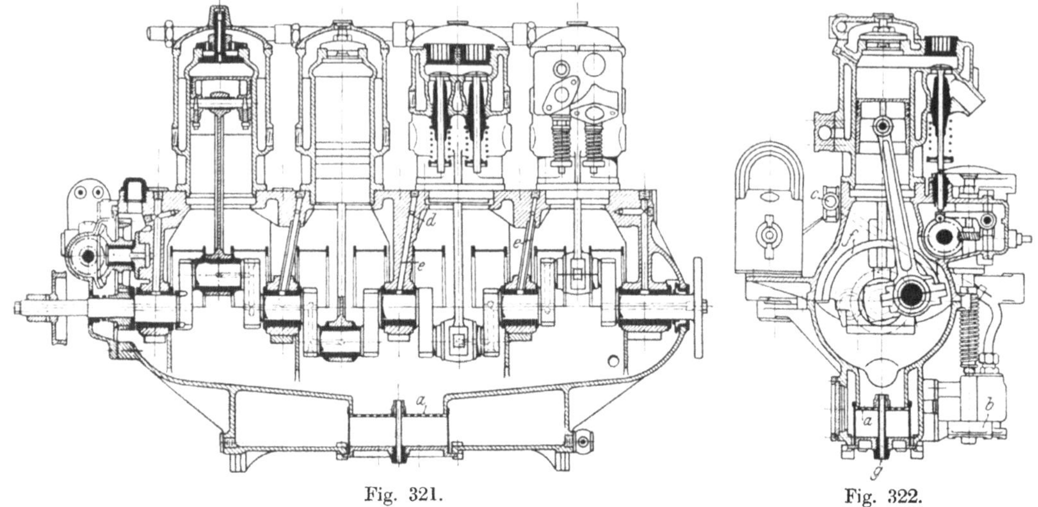

Fig. 321. Fig. 322.

Fig. 321 und 322. Schmierung der neueren Maschinen von De Dion & Bouton.

Die Ausführung ist in mancher Beziehung lehrreich: Zunächst darf sie insofern als vorbildlich hingestellt werden, als sie beinahe alle außerhalb des Kurbelgehäuses liegenden Ölleitungen beseitigt und hierdurch die Übersichtlichkeit und Zugänglichkeit der Maschine verbessert. Die große Zahl der sonst vielfach erforderlichen Ölleitungen macht jeden kleinsten Eingriff schwer, weil man befürchten muß, etwas an der Schmierung in Unordnung zu bringen. Dieser Erfolg ist aber hier mit einem zum Teil überflüssigen Aufwand an Bohrungen erzielt, die teuer herzustellen und wegen ihrer scharfen Kanten schwer rein zu erhalten sind. Verstopfen sich die Bohrungen, so versagt die ganze Schmierung. Wohl kann man sich hiergegen etwas sichern, wenn man beim regelmäßigen Reinigen der Maschine Petroleum in das Kurbelgehäuse einfüllt und durch die Pumpe in alle Ölkanäle drücken läßt.

Der Nachahmung wert ist ferner, daß in den Antrieb der Pumpe eine Feder eingeschaltet ist, die verhindert, daß die Zähne abgebrochen werden, wenn sich irgendein fester Körper in der Pumpe fängt.

Als ein allen vollkommenen Umlaufschmierungen eigentümlicher Mangel kennzeichnet sich jedoch der Umstand, daß von den Stangenköpfen zu viel Schmieröl abgespritzt wird, nämlich fast die ganze in Umlauf gesetzte Ölmenge. Damit nicht zu viel Schmieröl auf die Kolbenbahnen gelangt, ist man gezwungen, halbzylindrische Fangwände *f* aus Blech über der Kurbelwelle anzuordnen, die zwischen sich nur gerade für die Stangen ausreichenden Raum frei lassen. Bedenken erregt ferner das Überlaufrohr *g*, das verhindern soll, daß in das Kurbelgehäuse zu viel Öl eingefüllt wird, das aber zur Folge haben dürfte, daß das Öl, auch wenn es nicht bis zum oberen Rande des Überlaufes steht, im Betriebe abtropfen wird. Ein grundsätzlicher Mangel ist endlich das gänzliche Fehlen von Mitteln, die es gestatten würden, den Betrieb der Schmiervorrichtung bequem zu überwachen.

An der Hand der vorgeführten Beispiele lassen sich die allgemeinen Gesichtspunkte für den Entwurf einer Schmiervorrichtung leicht feststellen. Da es durchaus wünschenswert ist, die Kurbellager sehr reichlich und mit fließendem Öl zu schmieren, so wird man, wo immer es geht, diese Stellen an eine unter einem Druck von 1,5 bis 2 at arbeitende und durch eine Pumpe betriebene Umlaufschmierung anschließen. Damit man diese gut überwachen kann, ohne eine größere Anzahl von Leitungen offen verlegen zu müssen, bringt man an der Maschine eine Verteilleitung an, die durch Abzweige mit den Lagern verbunden wird. Es verursacht geringe Kosten, wenn man alle diese Leitungen, oder wenigstens die Verteilleitung gleich in das Kurbelgehäuse eingießt, und man beseitigt damit eine weitere Möglichkeit von Ölverlusten. Die Verteilleitung wird durch einen lediglich zur Überwachung dienenden Strang an ein Manometer auf dem Spritzbrett angeschlossen. Noch besser als ein Manometer ist allerdings eine Einrichtung, die neben der Druckanzeige auch die Möglichkeit bietet, den Druck in der Leitung zu ändern. Bei steigender Umlaufzahl wächst nämlich das Ölbedürfnis der Maschine nicht in dem gleichen Maße wie der Druck in der Verteilleitung; man vermeidet also überflüssigen Kraftaufwand, wenn man diesen Druck vermindern kann.

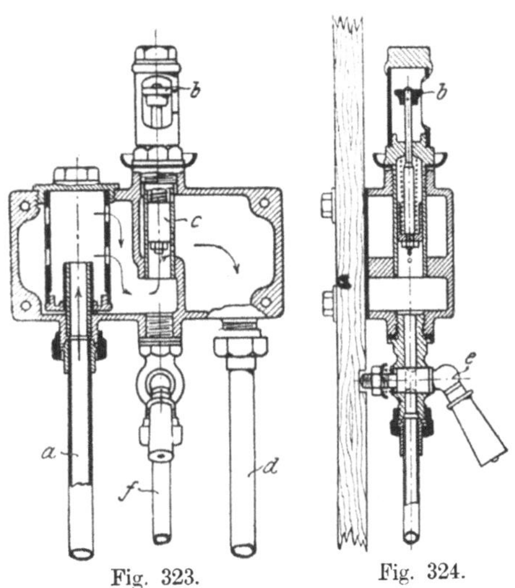

Fig. 323. Fig. 324.

Fig. 323 und 324. Schmierölregler der Adler-Werke in Frankfurt a. M.

Eine hierfür geeignete Vorrichtung, Fig. 323 und 324, wird von den Adler-Werken in Frankfurt a. M. angewendet. Die Vorrichtung regelt allerdings die gesamte in Umlauf versetzte Ölmenge. Das aus der Leitung *a* von der Pumpe her aufsteigende Öl muß einen mit einer Feder belasteten und mit einem Zeiger *b* versehenen Kolben *c* anheben, bevor es durch die Öffnungen in der Führungshülse dieses Kolbens in die zum Verteilrohr führende Leitung *d* gelangt. Durch Einstellen des Hahnes *e* kann man einen größeren oder geringeren Teil des geförderten Öles in die Leitung *f* fließen lassen, die an den Ölsumpf angeschlossen ist, so daß die Menge des zu den Lagern gelangenden Öles vermindert wird. Aus der Stellung des Zeigers *b* erkennt man, ob Druck in der Ölleitung herrscht, also die Schmierung in Ordnung ist. Hat der Ölvorrat soweit abgenommen, daß der Zeiger *d* seinen Stand nicht erreicht, selbst wenn man den Hahn *e* vollständig geschlossen hat, so muß schnell nachgefüllt werden. Die Tatsache, daß der Hahn geschlossen worden ist, dient aber als ausreichende Erinnerung daran, daß die Zeit zum Nachfüllen gekommen ist.

Nach den weiter oben angeführten Grundsätzen läßt sich die beschriebene Einrichtung wie bei dem Schmierölregler der Daimler-Motoren Gesellschaft, Berlin-Marienfelde, Fig. 325, S. 236, dahin vereinfachen, daß man das Rohr *a* mit der ganzen zweiten Kammer fortfallen läßt und nur dafür Sorge trägt, daß ein Teil der geförderten Ölmenge zurück zum Kurbelgehäuse ablaufen kann. Damit entfällt eine von den drei Leitungen zwischen Spritzbrett und Maschine, und man gewinnt daneben den Vorteil, daß das Öl in der Verteilleitung unter Druck steht, während es bei den anderen Einrichtungen lediglich unter dem Einfluß der Schwere in die Lager fließt.

Die Anordnung der zu den Lagern führenden Ölkanäle sowie der Schmiernuten muß darauf Rücksicht nehmen, daß die Lager fast ständig von oben her belastet sind. Daß Öl ist daher auf die Oberseite der Lagerzapfen zu leiten.

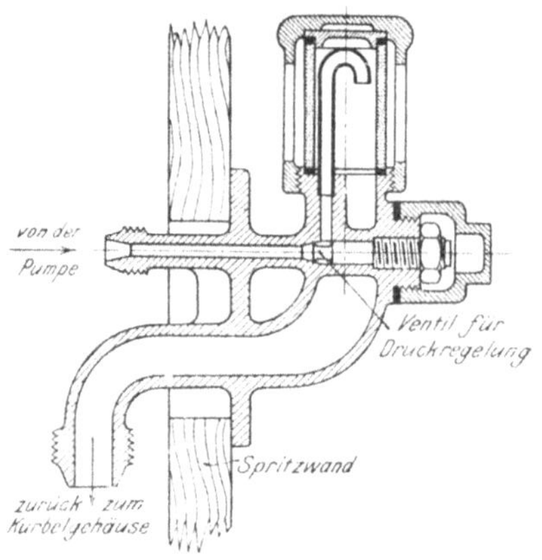

Fig. 325. Schmierölregler der Daimler-Motoren-Gesellschaft, Berlin-Marienfelde.

Die Stangenköpfe und Kurbelzapfen schließt man zweckmäßig nicht unmittelbar an die Druckschmierung an. Man vermeidet die Herstellung der kostspieligen Bohrungen in den Zapfen und Armen sowie die Folgen des zu reichlich abspritzenden Öles, indem man entweder aus der erwähnten Verteilleitung Öl auf die vorbeikommenden Stangenköpfe abtropfen läßt (hierbei muß aber reichlich geschmiert werden, wenn man sicher sein will, daß überhaupt Öl auf die Köpfe gelangt), oder indem man das aus den Lagern ablaufende Öl unter dem Einfluß der Fliehkraft in die Bohrungen der Kurbelzapfen gelangen läßt. Hierzu dienen in die Kurbelarme eingefräste Nuten oder die schon aus dem Dampfmaschinenbau bekannten Schmierkurbelscheiben. Bei der Maschine von Gebr. Windhoff in Rheine i. W., s. Fig. 326 und 327, hat die Kurbelwelle scheibenförmige Arme, in denen die Schmier kurbelscheiben als ausgefräste Höhlungen erscheinen. Diese sind durch geneigte Bohrungen an die Laufflächen des Kurbelzapfens angeschlossen. Bei dieser Schmierung gelangt nur ein Teil des in die Lager gedrückten Öles in die Stangenköpfe, die Gefahr des zu reichlichen Schmierens ist daher beseitigt.

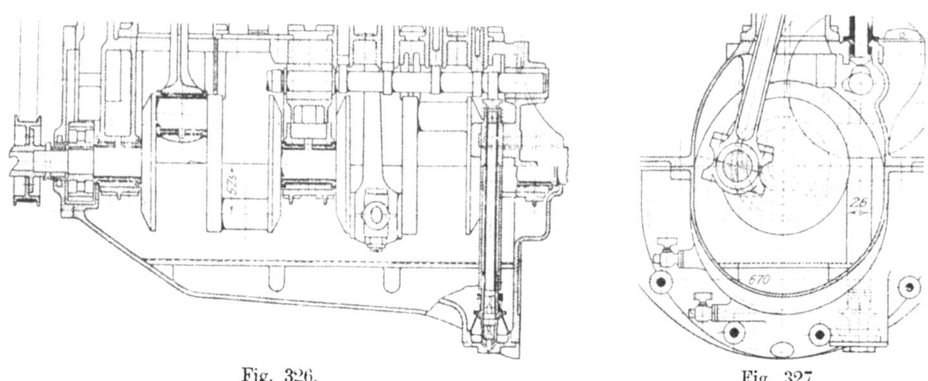

Fig. 326. Fig. 327.

Fig. 326 und 327. Schmierung der Maschine von Gebr. Windhoff in Rheine i. W.

Für die Ölpumpen sind Einfachheit und Betriebssicherheit die wichtigsten Bedingungen, da mit dem Versagen der Pumpe die ganze Umlaufschmierung versagt, und zwar so gründlich, daß mitunter die Maschine nicht schnell genug zum Stillstand gebracht werden kann, ohne daß ein Schaden an den Lagern eintritt. Die große Abhängigkeit von der Pumpe ist der einzige wirkliche Fehler der neueren Umlaufschmierungen; sie läßt es aber auch verständlich erscheinen, warum man noch immer vielfach an der Tauchschmierung festhält.

Einen Versuch, diesen Fehler wenigstens teilweise zu beseitigen und dennoch mit selbsttätigem Ölumlauf zu arbeiten, hat die Wolseley Tool and Motor Car Company in Birmingham in neuerer Zeit unternommen, s. Fig. 328 und 329. Die Anlage ist als eine vereinigte Tauch- oder Ölbad- und Umlaufschmierung zu bezeichnen. Die Ölpumpe *a* ist hier unmittelbar unterhalb der Steuerwelle angeordnet, von der sie durch ein Paar von Schraubenrädern *b* angetrieben wird, und durch ein Saugrohr *c* mit dem Ölsack des Kurbelgehäuses verbunden. Die Pumpe fördert das Öl nicht allein in die Tropfrohre *d* über den Kurbellagern, sondern speist auch eine Reihe von schmalen Ölträgen *e*, die in die untere Hälfte des Kurbelgehäuses mit eingegossen sind und in welche die Pleuelstangenköpfe mit Löffeln *f* eintauchen. Beim Versagen der Pumpe ist immer noch soviel Öl in den Trögen vorhanden, daß die Maschine in aller Ruhe zum Stillstand gebracht werden kann, zumal da sich das von den Stangenköpfen abspritzende Öl auch auf der Oberseite der Lager sammelt. Immerhin hat sich auch hier die Notwendigkeit herausgestellt, die Kolbenbahnen durch eingegossene Wände *g* im oberen Teil der Kurbelkammer gegen zu reichliche Schmierung zu schützen. Damit wird aber das ganze Kurbelgehäuse recht wenig zugänglich. Die Kolbenbolzen, die nicht ausgebohrt und daher auf das Öl angewiesen sind, das von unten her auf die Innenseiten der Kolben *h* abspritzt und von dort herabtropft, werden ungenügend geschmiert. Die Rippen auf der Innenseite der Kolbenböden, die das Abtropfen erleichtern sollen, können dem auch wenig abhelfen. Der Grundgedanke dieser Schmierung ist aber trotzdem nicht zu verwerfen. Er ist auch bei den neueren Knight-Maschinen der Daimler-Company in Verbindung mit einer im Kurbelgehäuse angeordneten Mehrkolben-Schmierpumpe angewendet worden.

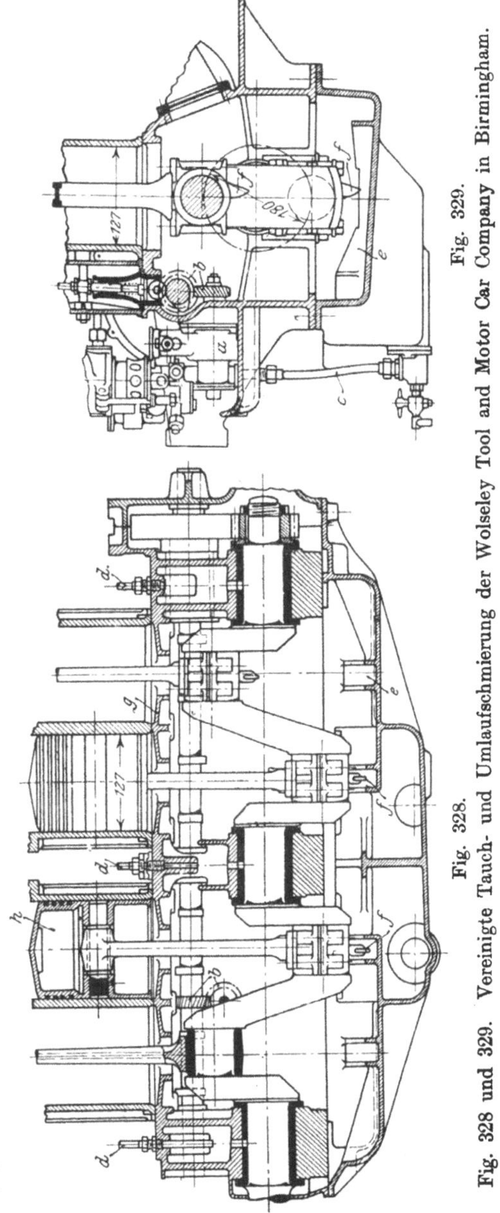

Fig. 329.

Fig. 328.

Fig. 328 und 329. Vereinigte Tauch- und Umlaufschmierung der Wolseley Tool and Motor Car Company in Birmingham.

Bei den üblichen Bauarten von Ölpumpen, s. Fig. 322, S. 234 und 326, S. 236, liegt allerdings zu Befürchtungen wegen plötzlichen Versagens wenig Anlaß vor. Am sichersten scheinen die Zahnradpumpen, die sich höchstens in ihrer Leistung verschlechtern, aber kaum gänzlich versagen können. Bei Kolbenpumpen hat man immer noch die Ventile in den Kauf zu nehmen, oder mindestens ein Ventil, da man die Pumpe als Schöpfpumpe ausbilden kann. Der Antrieb der Pumpe durch einen Daumen auf der Steuerwelle in Verbindung mit einer Feder ist einfacher als der durch ein vollständiges Exzenter. Die Kolbenabdichtung macht auch ohne Stopfbüchsen keine Schwierigkeiten.

Die Leistung der Pumpe ist in der Regel weit größer als der mittlere Bedarf. Kolbenpumpen mit vollem Kolben erhalten etwa 10 mm Durchmesser und 15 bis 20 mm Hub, Zahnradpumpen etwa 40 mm Durchmesser und 15 mm Zahnbreite. Da der tatsächliche Verbrauch an Schmieröl unter mittleren Verhältnissen nur etwa 0,03 bis 0,04 kg/PS_e-st beträgt, so genügen die angegebenen Abmessungen, um reichlich das 10 bis 20fache dieser Ölmenge in Umlauf zu bringen

Für die Schmierung der Kolbenlauffläche braucht man keinerlei besondere Vorkehrungen zu treffen. Im Gegenteil ist oben gezeigt worden, daß vielfach Schutzmittel gegen zu reichliche Schmierung erforderlich sind. Nichtsdestoweniger tauchen Vorschläge in dieser Richtung, insbesondere dahingehend, daß das Schmiermittel unter Druck auf die Kolbenlaufbahn gebracht werden müsse, wie bei den ortfesten Verbrennungsmaschinen, häufig auf. Liegen wirklich Besorgnisse der Art vor, daß zu wenig Öl auf die Kolben gelangen könnte, so kann man allenfalls eine Nut in das untere Kolbenende eindrehen, die das Öl sammelt. Viel Zweck hat das aber auch nicht, weil sich die Nut bald mit verbrannten Ölresten u. dergl. vollsetzt.

Auch die Kolbenzapfen werden durch das Öl geschmiert, das von der Spritzschmierung so nebenbei für sie abfällt. Da sie in gehärteten Büchsen laufen, so ist auch ihr Ölbedürfnis wesentlich geringer als das der Kurbel- und Lagerzapfen. Ein Teil des Öles gelangt durch die Längsbohrung des Zapfens von der Kolbenlauffläche in den Stangenkopf, der andere Teil tropft von der Innenseite des Kolbenbodens auf den Stangenkopf herunter. Das Abtropfen kann durch Stifte, die in den Kolbenboden eingesetzt werden oder durch Rippen begünstigt werden, sonst fließt das Öl an der Seite ab.

In ähnlicher Weise kann man sich auch, was die Schmierung der Steuerwelle und Steuerdaumen anbelangt, ganz auf das Öl verlassen, das von den Stangenköpfen abspritzt und den ganzen Luftraum der Kurbelkammer mit einem feinen Öldunst erfüllt. Häufig sind die Zahnräder für den Antrieb der Steuerwelle nicht im Kurbelgehäuse selbst, sondern in einer davon getrennten Kammer eingeschlossen. In diesem Falle muß man durch einen Abzweig von der Verteilleitung für ihre Schmierung sorgen.

Die Eigenschaften des Schmieröls für Fahrzeug-Verbrennungsmaschinen sind etwa diejenigen guter Gasmaschinenschmieröle. Da sich niemals verhindern läßt, daß ein Teil des Schmieröls mit der Ladung verbrennt, so ist es zweckmäßig, soweit die Schmierfähigkeit nicht leidet, weniger auf sehr hohen Flammpunkt, über 300 bis 350°, der ja doch nicht genügen würde, als vielmehr darauf zu achten, daß das Öl sehr wenig festen Rückstand hinterläßt. Bei einem guten Schmieröl soll dieser Rückstand möglichst weniger als 1 v. H. betragen. Schmieröle mit verhältnismäßig niedrigem Flammpunkt sind in dieser Hinsicht vorteilhafter als solche mit hohem Flammpunkt.

Günstige Erfahrungen will man neuerdings mit der Graphitschmierung, insbesondere bei Anwendung des nach dem Verfahren von Dr. E. G. Acheson entflockten, d. h. in Wasser oder Öl äußerst fein verteilten künstlichen Graphits[1]) gemacht haben. Diese Schmiermittel, welche von der International Acheson Graphite Company in Hamburg erhältlich sind, sollen sich als Zusätze zu

[1]) Vgl. Z. Ver. deutsch. Ing. 1907 S. 1240.

dem gewöhnlichen Schmieröl gut eignen und keine Kurzschlüsse an den Zündkerzen verursachen.

Kühlung.

Jede Verbrennungsmaschine muß gekühlt werden, damit keine Frühzündungen entstehen, die Zylinder durch übermäßige Erhitzung nicht leiden, die Schmierung des Kolbens überhaupt möglich ist und keine zu hohe Erwärmung des einströmenden Gemisches stattfindet, die bei gegebenen Zylinderabmessungen die erreichbare Höchstleistung herabsetzen würde. Die mit Rücksicht auf alle diese Umstände praktisch für zulässig erachtete Höchstemperatur der Zylinderwandung beträgt etwa 350° C. Sie tritt natürlich nur im Verdichtungsraum auf und nimmt nach dem offenen Zylinderende in der gleichen Weise wie die Temperatur der verbrannten Gase während des Ausdehnungshubes schnell ab.

Wie weit diese Annahmen zutreffen, entzieht sich übrigens in Ermanglung von Versuchen auf diesem Gebiete unserer Kenntnis. Ebensowenig ist noch die Frage geklärt, ob, insbesondere für Fahrzeugmaschinen, eine Kühlung der Zylinder über das unbedingt erforderliche Maß hinaus Vorteile bringen kann. Wohl liegt nahe, zu vermuten, daß ganz allgemein bei den Verbrennungsmaschinen jede zu weit getriebene Kühlung eine Vergrößerung der Wärmeverluste darstellt, die den thermodynamischen Wirkungsgrad herabsetzen muß. Mag das auch bei den Fahrzeug-Verbrennungsmaschinen zutreffen, so ist doch nicht ausgeschlossen, daß die Leistungsfähigkeit der Maschine durch starke Kühlung erhöht werden kann, weil der kälter gehaltene Zylinder bei jedem Saughub ein größeres Gewicht von brennbarem Gemisch erhält. Versuche, die an einer Maschine mit veränderlicher Kühlung angestellt worden sind,[1]) scheinen dies zu bestätigen. Da es zunächst bei den Fahrzeugmaschinen immer noch mehr auf die Leistung bei gegebenen Zylinderabmessungen als darauf ankommt, ob der spezifische Brennstoffverbrauch etwas größer ist oder nicht, so sind vielleicht die Vorteile stärkerer Kühlung nicht von der Hand zu weisen, wenngleich man wegen der Beschränkungen im Gewicht niemals viel Gebrauch davon machen wird. Zur Erzielung starker Kühlung ist es aber nicht immer notwendig, das Gewicht des Kühlers und des Wasservorrats zu vergrößern; es genügt mitunter auch — und das hat man bei den erwähnten Versuchen auch getan — nur den Ventilator mit höherer Geschwindigkeit zu betreiben.

In bezug auf die Wärmemenge Q in WE/st, die durch die Kühlung beseitigt werden muß, liegen die Verhältnisse bei den Fahrzeugmaschinen in mancher Hinsicht noch günstiger als bei ortfesten Verbrennungsmaschinen ähnlicher Betriebsart. Der Anteil an der gesamten, in der Form von Brennstoff zugeführten Wärmemenge, der in nutzbare Arbeit umgewandelt werden kann, also der thermische Wirkungsgrad, kann bei den Fahrzeugmaschinen ebenfalls bis zu 25 v. H. und noch mehr erreichen. Die Kühlung wird ferner dadurch unterstützt, daß das Fahrzeug bewegt ist und die Zylinder einem bewegten, für Wärme sehr aufnahmefähigen Luftstrom ausgesetzt werden. Erschwerend wirkt dagegen, daß die Fahrzeugmaschine mit fortgesetzt schwankender Belastung arbeitet und hierbei — das ist das wesentliche — jenen günstigen thermischen Wirkungsgrad infolge der Unvollkommenheit der Regelung bei weitem nicht erreicht. Soweit das bisherige vorliegende Versuchsmaterial eine Beurteilung dieser Verhältnisse überhaupt gestattet, läßt sich daher nur sagen, daß der Kühlwasserverlust je nach dem Betriebsverhältnisse zwischen 32 und 42 v. H. der zugeführten Gesamtwärme schwanken kann.

---

[1]) The Horseless Age, 14. Juli 1909.

Immerhin würde man zu ungünstig rechnen, wollte man die erforderliche Kühleinrichtung auf den größten von diesen Werten und den Höchstverbrauch an Brennstofl in der Zeiteinheit bemessen. Man muß hierbei bedenken, daß sich die ungünstigen thermischen Wirkungsgrade zumeist dann ergeben, wenn die Maschine nicht mit voller Belastung arbeitet, während die günstigsten Wirkungsgrade besonders bei oder in der Nähe der Höchstleistung erreicht werden. Die durch die Kühlung abzuleitende Wärmemenge wird also trotzdem dann am größten sein, wenn, ungünstig gerechnet, 20 v. H. der Gesamtwärme in Nutzarbeit umgewandelt werden, und beträgt dann etwa 35 v. H. der Gesamtwärme. Der Rest entfällt auf Verluste durch die Auspuffgase und anderes. Ist G_B der Brennstoffverbrauch der Maschine in kg/PSe-st bei der Höchstleistung N_e und H_u der untere Heizwert des Brennstoffes, so erhält man die stündlich abzuleitende Wärmemenge ganz allgemein aus

$$Q = \alpha \cdot G_B \cdot N_e \cdot H_u .$$

Für

$$\alpha = 0{,}35$$

$$N_e = 30 \text{ PS}_e$$

$$G_B = 0{,}30 \text{ kg/PS}_e\text{-st}$$

$$H_u = 11000 \text{ WE/kg}$$

$$Q = 34650 \text{ WE/st.}$$

Da der Wärmewert der abgegebenen Nutzarbeit

$$\frac{75 \cdot 3600 \cdot N_e}{424} = \eta_t \cdot G_B \cdot N_e \cdot H_u ,$$

worin η_t den thermischen Wirkungsgrad darstellt, so kann man, auch ohne daß der spezifische Brennstoffverbrauch der Maschine bekannt ist, die durch Kühlung zu beseitigende Wärmemenge in ein bestimmtes Verhältnis zur abgegebenen Nutzarbeit setzen

$$Q = k \cdot \frac{75 \cdot 3600}{424} \cdot N_e \text{ in WE/st,}$$

wobei

$$k = \frac{\alpha}{\eta_t} .$$

Nimmt man annähernd $k = 1{,}5$, so erhält man den schon von Güldner aufgestellten Ausdruck

$$Q = 1000\, N_e ,$$

worin N_e in PSe einzusetzen ist. Aus den schon angegebenen Gründen empfiehlt es sich jedoch, wo immer die Verhältnisse es gestatten, mindestens mit

$$Q = 1200 \text{ bis } 1300\, N_e \text{ in WE/st}$$

zu rechnen.

Die Unterlagen zur Berechnung der Wärmenge Q sind somit nicht sehr genau. Daraus allein erklärt sich auch schon, warum man sich heute bei den Kühleinrichtungen von Fahrzeugmaschinen noch fast ausschließlich mehr auf das Ausprobieren als auf das Berechnen verläßt, zumal da auch die Verfolgung der Wärmevorgänge, die sich bei dem eigentlichen Kühlvorgang abspielen, nicht sehr einfach und wegen der fehlenden Wärmedurchgangs- und Wärmeleitungsziffern noch ganz unsicher ist.

Das Mittel zum Kühlen der Zylinder ist mit Ausnahme von ortfesten und Schiffsmaschinen in letzter Linie immer die Luft, sei es, daß man die Zylinder selbst mit Luft bespült, welche die Wärme aufzunehmen hat (Luftkühlung), oder daß man die Zylinder mit Kühlmänteln versieht, in denen Wasser umläuft (Wasserkühlung). Damit sich das Wasser nicht zu stark erwärmt und verdampft, muß es in einer durch die Luft gekühlten Vorrichtung (Kühler) wieder abgekühlt werden, bevor es den neuen Kreislauf beginnt. Nur ortfeste und Maschinen für Wasserfahrzeuge werden mit ständigem Zu- und Ablauf von frischem Kühlwasser arbeiten können.

Unmittelbare Kühlung.

Die Luftkühlung, oder, genauer gesagt, unmittelbare Luftkühlung, ist die ältere Form der Kühlung von Fahrzeugmaschinen und schon von Daimler versucht worden. Man rühmt ihr gelegentlich noch heute die große Einfachheit nach, weil sie keiner Pumpe mit Leitungen sowie keines Kühlers bedarf, sie hat sich aber niemals umfangreicher Anwendung erfreuen können. Am wichtigsten ist noch ihre Verwendung bei den kleinen Maschinen von Motorfahrrädern, wo sie auch tatsächlich den Anforderungen des Betriebes zu genügen scheint. Fig. 330 bis 332, S. 242, zeigen die Einzelheiten einer Zweizylinder-Fahrradmaschine der Neckarsulmer Fahrradwerke A.-G. in Neckarsulm, die bei 52 mm Zylinderdurchmesser und 74 mm Hub bis zu 3,6 PS_e leistet und als Vertreterin dieser Gruppe von Fahrzeugmaschinen an dieser Stelle kurz besprochen werden möge. Die Maschine wird mit den beiden unter 45° gegeneinandergestellten Zylindern in der Mittelöffnung des Rahmens so gelagert, daß neben dem aufrecht stehenden Zylinder noch eine allerdings weit hinausgeschobene und deshalb durch einen Zug von vier Stirnrädern angetriebene Zünddynamo untergebracht werden kann. Die kühlende Oberfläche der Zylinder, die annähernd bis zum Hubende reicht, ist mit angegossenen Rippen versehen, die auch bei dem geneigten Zylinder wagerecht gestellt sind, damit die Luft während der Fahrt in allen Zwischenräumen strömen kann. Durch die Stellung der Zylinder gegeneinander wird erreicht, daß die den senkrechten Zylinder verlassende erhitzte Luft nicht — oder nur zum geringsten Teile — auf die Rippen des geneigten Zylinders auftrifft; damit wird ein Nachteil beseitigt, der der Luftkühlung bei Maschinen mit mehreren stehenden Zylindern anhaftet. Nicht beseitigt wird allerdings der Übelstand, daß die von der Fahrtrichtung abgewendeten Zylinderseiten weniger gekühlt werden, als die in der Fahrtrichtung liegenden.

Die Kühlrippen erstrecken sich auch auf die seitlich angebauten Ventilgehäuse, in denen beide Ventile gesteuert werden, und zwar die Auspuffventile *a* durch einen gemeinsamen Steuerdaumen *b* auf der von der Kurbelwelle *c* im Verhältnis von 1 : 2 angetriebenen Steuerwelle *d*, die beiden oben liegenden Einströmventile *e* von zwei auf besonderen Wellen gelagerten Steuerdaumen *f* und *g*, deren Bewegung durch Kugelstößel *h* auf die außen geführten Zugstangen *i* übertragen wird, s. a. Fig. 330.

In dem Kurbelgehäuse, das in der senkrechten Mittelebene geteilt ist und an 3 Stellen mit Hilfe von Klammern am Rahmen befestigt wird, greifen die beiden Pleuelstangen an einem gemeinsamen Kurbelzapfen an, der die Verbindung der beiden mit Gegengewichten versehenen und als Schwungräder ausgebildeten Kurbelscheiben bildet. Die beiden Teile der Kurbelwelle laufen in Gleitlagern, gegebenenfalls auch in Kugellagern. Die Kurbelscheiben verspritzen das in das Kurbelgehäuse eingefüllte Schmieröl, das von den Zylindern durch eingegossene Scheidewände ferngehalten wird. Die beschriebene Bauart des Kurbelgehäuses ist kennzeichnend für die meisten Fahrradmaschinen und das ist um so bemerkenswerter, als sie auch schon von Daimler eingeführt worden ist.

Als besonderes Merkmal der vorliegenden Maschine ist zu erwähnen, daß die Riemenscheibe *k*, die den Antrieb mittels Keilriemens aus Gummi auf das Hinterrad überträgt, nicht auf der Kurbelwelle, sondern auf einer Hilfswelle *l* sitzt und mit Zahnradübersetzung *n*, *o* bewegt wird. Sie läßt sich mit Hilfe des Hebels *m* um die Kurbelwelle schwenken, wobei der Riemen gespannt oder entspannt wird.

Fig. 330.

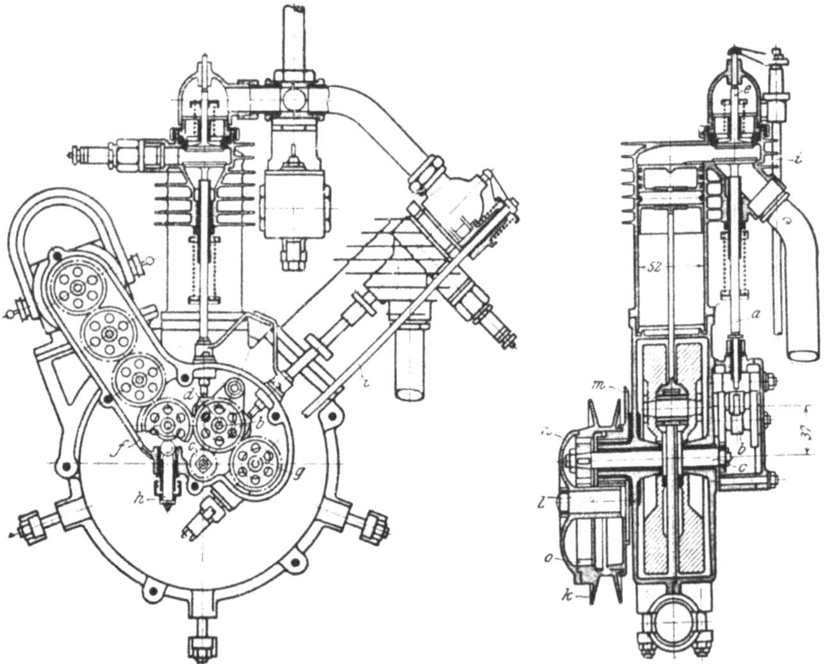

Fig. 331. Fig. 332.

Fig. 330 bis 332. Zweizylinder-Fahrradmaschine mit Luftkühlung der Neckarsulmer Fahrradwerke A.-G. in Neckarsulm.

Bei größeren Zylinderabmessungen hat sich die Ableitung der Wärme der Zylinder unmittelbar durch Luft so schwierig erwiesen, daß man, von Ausnahmen abgesehen, fast allgemein zur Wasserkühlung übergegangen ist. Das liegt nicht allein an der Unmöglichkeit, die wärmeabgebende Oberfläche der Zylinder über ein gewisses Maß hinaus zu vergrößern, sondern auch an der geringen spezifischen Wärme der Luft und an dem Umstande, daß sich die Wärme nicht schnell genug über die ganze Oberfläche der Kühlrippen verteilt, wenn diese eine gewisse Länge überschreiten.

Ausnahmen auf dem Gebiete der Wagenmaschinen liegen insbesondere in den Vereinigten Staaten vor, wo eine Anzahl ganz angesehener Fabriken (z. B. The Franklin Manufacturing Co., Syracuse, N. Y., Knox Automobile Co., Springfield, Mass., u. a.) den Bau solcher Maschinen fast ausschließlich und mit gewissem

Fig. 333. Maschine mit Luftkühlung der Knox Automobile Co., Springfield, Mass.

Erfolge betreibt. Die bei uns ziemlich vernachlässigte Technik dieser Maschinen ist hier in mancher Beziehung auch gefördert worden, wenngleich damit wesentliche Fortschritte in der eigentlichen Frage der Luftkühlung nicht erreicht worden sind. Vielmehr beschränken sich diese Fortschritte auf die Ausbildung der Kühlflächen, z. B. auf den Ersatz der Rippen durch eingeschraubte Stachel, s. Fig. 333, oder eingegossene Kupferstifte, Stahlrippen usw. Auch hier hat man indessen bereits eingesehen, daß zu einer wirksamen Luftkühlung neben ausreichender Kühlfläche eine gewisse Mindestgeschwindigkeit der vorbeigeführten wärmeaufnehmenden Luft erforderlich ist, die, insbesondere bei langsamer Fahrt auf Steigungen, durch einen Ventilator erzeugt werden muß. Daneben hat man die zwangläufige Bewegung der Luft ausgenutzt, um eine bessere Kühlung der von dem ersten Zylinder verdeckten hinteren Zylinder zu erreichen, indem man besondere Luftleitungen und die Zylinder umgebende Luftmäntel einbaute. Der endgültige Erfolg dieser Verbesserungen ist aber bis jetzt ausgeblieben.

Besondere Beachtung hat man ferner der unmittelbaren Luftkühlung bei den für die Luftfahrzeuge bestimmten Maschinen entgegengebracht, und zwar insofern mit Recht, als es hier in der Tat möglich scheint, die Gewichtersparnis, die der

Fortfall des Wasservorrates, des Kühlers und der Zubehörteile mit sich bringt, auszunützen. Auch hier hat sich aber die zwangläufige Führung des künstlich in Bewegung gesetzten Luftstromes als das einzig Richtige erwiesen, wenngleich

Fig. 334.

Fig. 335.

Fig. 334 und 335. Luftschiffmaschine mit Luftkühlung von Louis Renault in Billancourt.

die Zugänglichkeit der Teile der Maschine durch die Blechummantelungen leidet. Was die Betriebsicherheit anbelangt, so genügt es, darauf hinzuweisen, daß z. B. die in Fig. 334 und 335 dargestellte Maschine von Louis Renault in Billancourt, die 8 Zylinder von 90 mm Durchmesser und 120 mm Hub besitzt, bei einer Prüfung durch die Commission Technique de l'Automobile Club de France drei Stunden ohne Störung mit voller Belastung gelaufen ist. Die Ergebnisse dieses Versuches waren:

Zeit in Minuten nach Beginn	15	30	45	60	75	90	105	120	135	150	165	180
Uml/min . . .	1830	1830	1833,2	1833,2	1833,2	1833,2	1840	1836,6	1836,6	1836,6	1843,2	1843,2
PS_e	61	61	60,3	60,3	60,3	60,3	60,3	60,3	60,3	60,3	60,9	60,0

Diese Gleichmäßigkeit im Verlauf der Bremsleistung ist für eine Maschine mit Luftkühlung besonders auffallend und darf als Beweis dafür gelten, daß keine Überhitzung der Zylinder innerhalb der drei Stunden eingetreten war. Dabei ist die Leistung der Maschine nicht wesentlich geringer ($p_e \sim 4{,}95$ at), als sie bei Wasserkühlung gewesen wäre. Aus den obigen Ergebnissen und den sonstigen Messungen an der Maschine sind folgende Angaben abgeleitet:

Dauer des Versuches	3 Std.
Mittlere Umlaufgeschwindigkeit	1835,8 Uml/min
Mittlere Bremsleistung	60,5 PS_e
Stündl. Gesamtverbrauch an Brennstoff . .	21,61 kg/st
Stündl. Gesamtverbrauch an Schmieröl . .	2,899 kg/st
Gewicht der Maschine mit Zubehörteilen . .	179,5 kg
Desgl. mit Betriebstoffen für 1 Std. . . .	204,009 kg
Desgl. auf 1 PS_e	3,37 kg/PS_e
Desgl. ohne Betriebstoffe	2,96 kg/PS_e
Spezifischer Brennstoffverbrauch	0,357 kg/PS_e-st
Spezifischer Schmierölverbrauch	0,048 kg/PS_e-st

Bemerkt sei, daß eine solche Maschine trotz ihrer Zuverlässigkeit für den Wagenantrieb kaum brauchbar wäre; hier gehen die Anforderungen an sichere Bauart und an Zugänglichkeit der Teile bedeutend weiter, als sie von der Maschine erfüllt werden könnten.

Für den Betrieb von Luftfahrzeugen, wo man nach dem gegenwärtigen Stande der Technik die Anforderungen noch nicht so hoch zu stellen braucht, stellt aber die Maschine von Renault zweifellos einen Erfolg dar, der der Luftkühlung gutgeschrieben werden muß. In noch viel höherem Maße kommen die Vorteile der Luftkühlung bei den Maschinen mit umlaufenden Zylindern zur Geltung, weil hier die Einrichtungen für die Luftführung fortfallen können. Von diesen Maschinen hat allerdings bis jetzt nur eine, diejenige der Société des Moteurs Gnôme in Paris, Ausführungen in größerem Maßstabe erlebt, aber die Erfolge, die sie gezeitigt hat und die Fortschritte der neueren Flugtechnik, die ihr zu danken sind, beweisen, daß man sich hier auf dem richtigen Wege befindet und daß es nicht ausschließlich die Folge der Mode ist, wenn auf der Fliegerwoche 1910 zu Reims von 65 Flugmaschinen nicht weniger als 34 mit Maschinen von Gnôme versehen waren. Die Maschine von Gnôme ist in den Fig. 336 und 337, S. 246, wiedergegeben. Sie hat 7strahlig um einen gemeinsamen, feststehenden Kurbelzapfen angeordnete Zylinder von 105 mm Durchmesser und 110 mm Hub, die mit den scharfkantigen Kühlrippen aus Nickelstahl, und zwar aus dem Vollen herausgedreht werden. Durch die feststehende Kurbelwelle werden Brennstoff und Schmieröl zugeführt. Von den Pleuelstangen hat eine einen großen mit zwei Kugellaufringen versehenen Kurbelkopf, an dem die anderen Stangenköpfe drehbar sind. Die selbsttätigen Einlaßventile liegen in den Kolben, deren Abdichtung bereits auf S. 178 erwähnt ist, die Auspuffventile werden mit Druckstangen von einer gemeinsamen Daumenscheibe gesteuert und öffnen unmittelbar ins Freie.

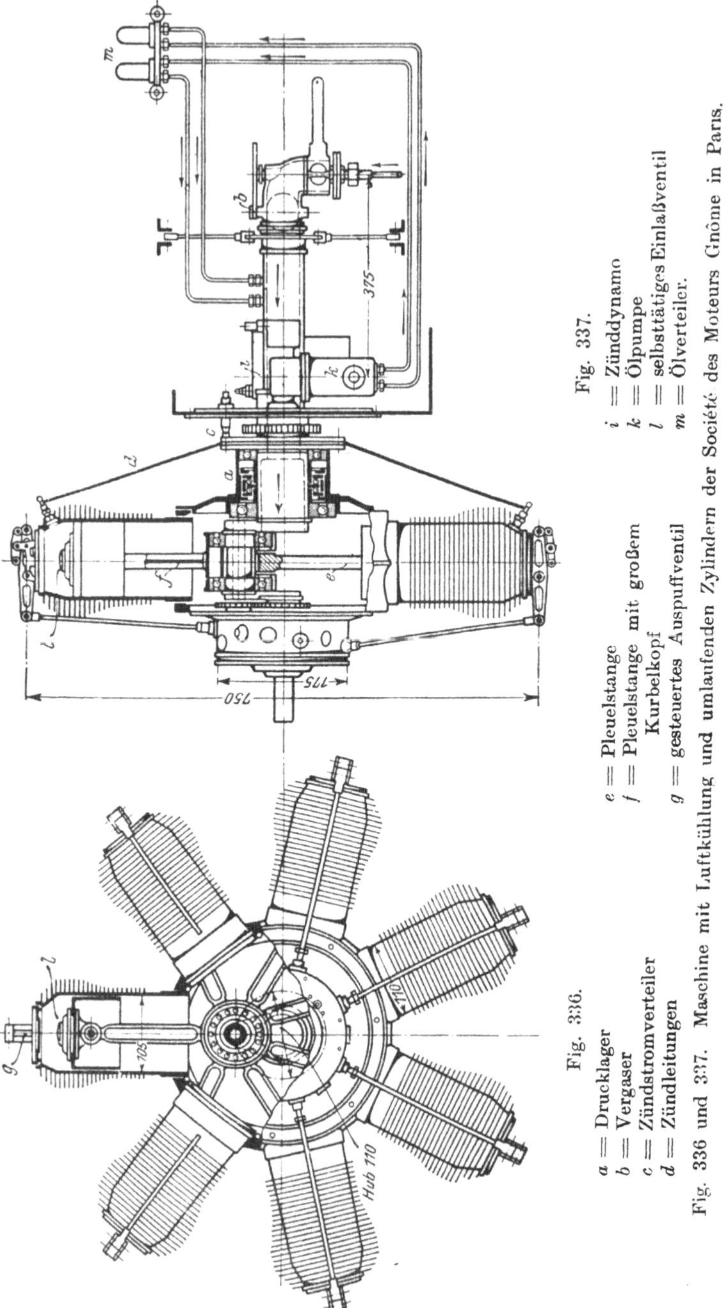

Fig. 336.

a = Drucklager
b = Vergaser
c = Zündstromverteiler
d = Zündleitungen

Fig. 337.

e = Pleuelstange
f = Pleuelstange mit großem Kurbelkopf
g = gesteuertes Auspuffventil
i = Zünddynamo
k = Ölpumpe
l = selbsttätiges Einlaßventil
m = Ölverteiler.

Fig. 336 und 337. Maschine mit Luftkühlung und umlaufenden Zylindern der Société des Moteurs Gnôme in Paris.

Eine Maschine mit 7 Zylindern von 110 mm Durchmesser und 120 mm Hub, die im Laboratorium des Automobile Club de France geprüft worden ist, hat bei zwei aufeinanderfolgenden Versuchen die nachstehenden Ergebnisse geliefert:

Versuch	Nr.	1	2
Dauer des Versuches	min	10	77
Mittlere Umlaufzahl	Uml/min	2354	2136
Mittlere Leistung	PS_e	34,2	25,3
Spez. Brennstoffverbrauch	kg/PS_e-st	0,359	0,359
Spez. Schmierölverbrauch	kg/SP_e-st	0,184	0,184
Gewicht mit Zubehör	kg	82	82
Gewicht mit Betriebstoffen für 1 Std.	kg	100,57	95,78
Desgl.	kg/PS_e	2,94	3,78

Die Berechnung der Kühlflächen und Luftgeschwindigkeiten für eine Maschine mit Luftkühlung ist mit den heutigen Hilfsmitteln noch nicht durchführbar, denn man kennt weder das Gesetz, wonach sich die im Zündraum frei werdende Wärme über die Oberfläche der Kühlrippen verteilt, noch die Grundlagen für den Wärmeübergang durch Strahlung und Leitung zwischen den Kühlrippen und der vorbeistreichenden Luft. Wahrscheinlich gilt für diesen Übergang ein Gesetz von der Form

$$Q = F\left[\frac{\left(\frac{T_1}{100}\right)^4 - \left(\frac{T_2}{100}\right)^4}{\frac{1}{C_1} + \frac{1}{C_2} - \frac{1}{C}} + k\,(t_1 - t_2)\right],$$

wie es sich bei den Versuchen von Wamsler[1]) an Heizkörpern in ruhender Luft ergeben hat. Hierin stellt der erste Teil des Klammerausdruckes die durch Wärmestrahlung abgegebene, nach dem Stephanschen Gesetz berechnete Wärmemenge, und der zweite Teil die durch Wärmeleitung der Luft und Strömung abgegebene Wärmemenge dar. T_1 und T_2 bzw. t_1 und t_2 sind die absoluten und gewöhnlichen Temperaturen der wärmeabgehenden und wärmeaufnehmenden Körper, F die Oberfläche des wärmeabgebenden Körpers, C die Strahlungskonstante des absolut schwarzen Körpers, C_1 und C_2 die Strahlungskonstanten des wärmeabgebenden und wärmeaufnehmenden Körpers und k eine Wärmeleitungsziffer, die selbst wieder vom Temperaturgefälle und von den Abmessungen des wärmeabgebenden Körpers abhängig ist. Es liegt nahe, zu vermuten, daß die Werte von C_1 und k auch von der Luftgeschwindigkeit beeinflußt werden, so daß selbst angenäherte Zahlen hierfür vorläufig nicht angegeben werden können.

Mithin bleibt beim Entwurf einer solchen Maschine nichts anderes übrig, als die Zylinder mit Kühlflächen zu versehen, soweit als es nach der Bauart zulässig scheint, und beim Anstellen von Dauerversuchen auf dem Prüfstande die erforderliche Ventilatorgeschwindigkeit zu bestimmen, bei der der Betrieb mit Sicherheit aufrecht erhalten werden kann. Da der Kraftaufwand des Ventilators von der Maschine geleistet werden muß, so fällt die Nutzleistung der Maschine, sobald die Ventilatorarbeit unnötig groß wird, während sie solange ansteigen wird, als durch die Verbesserung der Zylinderkühlung mit Hilfe des Ventilators die Betriebsbedingungen der Maschine verbessert werden. Hierin liegt ein Mittel, die günstigste Ventilatorgeschwindigkeit durch den Versuch zu bestimmen.

Mittelbare Kühlung.

Bei der mittelbaren Kühlung strömt durch die Mäntel, die etwa die Hälfte der Zylinder und die Zylinderköpfe vollständig umschließen, vgl. Fig. 219 bis 224, S. 162, Wasser, das entweder durch eine Pumpe oder selbsttätig (Thermosyphonkühlung) in Umlauf versetzt wird. Sind die unterste oder Eintrittstemperatur τ_1 und die

[1]) Mitteil. üb. Forschungsarb., Heft 98/99.

durch den Siedepunkt als äußerster Grenze bestimmte zulässige Höchsttemperatur τ_2 des Kühlwassers gegeben, was in der Regel der Fall ist, so kann im Beharrungszustande in einer Stunde eine Wärmemenge

$$Q = c \cdot (\tau_2 - \tau_1) \cdot w \cdot 60 \text{ in WE/st}$$

von der minutlich durchgeleiteten Kühlwassermenge w kg/min abgeführt werden die gleich sein muß jener Wärmemenge

$$Q = 1200 \text{ bis } 1300\, N_e \text{ in WE/st,}$$

die auf den Abkühlverlust entfällt.

Setzt man einfach $c = 1$

und $Q = 1200\, N_e$,

so ergibt sich der Kühlwasserbedarf der Maschine aus

$$w = \frac{20\, N_e}{\tau_2 - \tau_1} \text{ in ltr/min oder kg/min.}$$

In der Regel wird man trachten,

$$\tau_2 = 90^0$$

$$\tau_1 = 30^0$$

einzuhalten. Dann ist

$$w = \frac{1}{3} N_e \text{ ltr/min.}$$

Bei ortfesten sowie bei Boot- und Schiffsmaschinen, wo man dauernd über frisches Kühlwasser in unbeschränkter Menge verfügt, empfiehlt es sich, die Grenzen für τ_2 noch etwas niedriger zu setzen. Gewöhnlich ist hier in die Pumpenleitung ein Drosselhahn eingebaut, den man solange verstellt, bis das ablaufende Kühlwasser etwa 70° hat. Die hierfür erforderliche Kühlwassermenge ist u. a. von der Anfangstemperatur, also von der Jahreszeit abhängig.

Die Übertragung der Wärme von den erhitzten Zylinderwänden auf das durch die Kühlmäntel fließende Wasser ist von dem jeweiligen Temperaturgefälle zwischen Zylinderwandung und Kühlwasser, von der gesamten bespülten Oberfläche F sowie von einer Wärmeübergangsziffer abhängig, deren Wert sich mit der Wassergeschwindigkeit ändert. Die stündlich übertragene Wärmemenge muß im Beharrungszustande wieder dem oben ermittelten Werte von Q entsprechen. Somit ist

$$Q = \alpha \cdot F \cdot (t - \tau),$$

wenn man mit t die mittlere Temperatur der Zylinderwandung

und mit τ die mittlere Temperatur des Kühlwassers

bezeichnet.

Recht angenähert kann man

$$t = 350^0 \text{ C,}$$

d. h. gleich der praktisch aus Rücksicht auf die Schmierung zulässigen Höchsttemperatur setzen. Der Wert nimmt bereits darauf Rücksicht, daß die mittlere Temperatur des Zylinders selbst jenen Wert nicht erreicht, weil sich der Zylinder in den drei auf den Expansionshub folgenden Hüben wieder abkühlt, daß aber andererseits die mittlere Temperatur des Verdichtungsraumes an jene Grenze nicht gebunden ist. Da nun auch die mittlere Temperatur τ des Kühlwassers und die Wärmemenge Q bekannt sind, so gestattet diese Gleichung annähernd den Wert der Wärmeübergangsziffer α für 1 qm Kühlfläche zu berechnen die unter gegebenen Verhältnissen erreicht werden muß.

Für diese Ziffer gilt z. B. nach der Hütte[1]):

$$\alpha = 300 + 1800\sqrt{v}.$$

Kennt man daher α, so kann man hieraus die erforderliche Wassergeschwindigkeit in den Kühlmänteln und, da die Kühlwassermenge bekannt ist, auch den Querschnitt der Kühlmäntel berechnen.

Für eine Maschine mit vier Zylindern von je 100 mm Durchmesser und 130 mm Hub, die im Mittel $N_e = 20$ PSe leistet und deren wärmeabgebende Oberfläche bei allen vier Zylindern zusammengenommen $F = 2200$ qcm beträgt, sei z. B. der erforderliche Querschnitt der Kühlmäntel zu berechnen.

Zunächst ist die insgesamt zu beseitigende Wärmemenge

$$Q = 1200\, N_e = 24\,000 \text{ WE/st}$$

und die erforderliche Kühlwassermenge

$$w = \frac{1}{3} N_e = 6{,}667 \text{ ltr/min}.$$

Nimmt man als mittlere Temperatur der Zylinderwand

$$t = 350^0$$

und als mittlere Temperatur des Kühlwassers

$$\tau = 60^0 \quad (\tau_1 = 30^0, \ \tau_2 = 90^0)$$

an, so ist nach obigem

$$\alpha = \frac{Q}{F \cdot (t - \tau)} = \frac{24\,000}{2200 \cdot 10^{-4} \cdot (350 - 60)} = \sim 376 \text{ WE/qm-st}$$

für 1 qm Kühlfläche und 1^0 Temperaturunterschied.

Aus

$$v = \frac{(\alpha - 300)^2}{1800^2}$$

erhält man nach Einsetzen des Wertes für α

$$v = \frac{5776}{3240\,000} = 0{,}00178 \text{ m/sek}.$$

Da die Kühlwassermenge

$$w = \frac{6{,}667}{60 \cdot 1000} \text{ cbm/sek}$$

beträgt, so ist nach

$$w = f \cdot v$$

der erforderliche Querschnitt der Kühlmäntel

$$f = \frac{6{,}667}{60 \cdot 1000 \cdot 0{,}00178} = 0{,}0624 \text{ qm} = 624 \text{ qcm}.$$

Dieser Querschnitt ist auf die Kühlmäntel von 4 Zylindern zu verteilen. Bezeichnet man mit d den inneren Durchmesser und mit s die radiale Breite des Ringraumes, den der Kühlmantel bildet, so ist

$$f = 4\left[\frac{\pi}{4}(d + 2s)^2 - \frac{\pi}{4}d^2\right] = 4\pi(ds + s^2)$$

für $d = \sim 12$ cm erhält man folgende Gleichung:

$$s^2 + 12s - 49{,}7 = 0$$

[1]) 18. Aufl. S. 275.

$$s = -6 \pm \sqrt{36 + 49{,}7}$$

$$s = \sim 25 \text{ bis } 30 \text{ mm}.$$

Dieser Wert ist etwa doppelt so groß, als er in der Praxis ausgeführt wird, vgl. die Angaben auf S. 164. Man hätte hieraus zu schließen, daß die Annahmen, die hier bezüglich der Temperatur t gemacht worden sind, ebenso wie die Rechnungen bezüglich der Wärmeübertragung nicht ganz mit der Praxis übereinstimmen. Der Hauptgrund für diese mangelnde Übereinstimmung dürfte aber darin zu suchen sein, daß man in der Praxis die umlaufende Wassermenge w nicht so groß bemißt, wie hier angenommen worden ist. Immerhin hat die vorgeführte Rechnung den Zweck, zu zeigen, wie man diese Vorgänge rechnerisch verfolgen könnte, erfüllt. Durch Versuche lassen sich leicht die Annahmen für t und die Formel für α so berichtigen, daß man einen praktisch brauchbaren Anhalt für die Berechnung der Wasserkühlung gewinnt.

Kühlwasser.

Bevor auf die übliche Ausführung der Kühleinrichtungen näher eingegangen wird, sind einige Bemerkungen über das Kühlwasser erforderlich. Daß man hierzu nach Möglichkeit weiches Wasser ohne Säuregehalt anwenden wird, um die Kühlmäntel wie den Kühler selbst vor kalkigen Ablagerungen und Anfressungen zu schützen, ist wohl selbstverständlich. Kann man wirklich einmal nicht vermeiden, daß ungeeignetes Wasser eingefüllt wird, so trachte man bei der nächsten Gelegenheit den ganzen Wasservorrat zu erneuern, denn Störungen an den Kühleinrichtungen gehören zu den unangenehmsten, die man auf der Fahrt erleiden kann.

Bei der Anordnung der Kühlmäntel muß auch darauf gesehen werden, daß sich keine toten Ecken bilden, die nicht nur für den Wärmeübergang wertlos, sondern auch deshalb gefährlich sind, weil sich hier besonders leicht Ablagerungen bilden. Die Gesamtanlage jeder Kühleinrichtung, die die Kühlpumpe mit den Leitungen zum Kühler und zu den Zylindermänteln umfaßt, soll so hergestellt werden, daß der ganze Wasservorrat an einer tiefsten Stelle mit Sicherheit abgelassen werden kann, und sich keine Säcke bilden, die einfrieren, wenn der betreffende Wagen längere Zeit im Frost stehen bleiben muß. Da das Ablassen des Wassers z. B. beim Versagen der Maschine inmitten einer Fahrt sehr unerwünscht ist, so pflegt man sich gegen das mit Recht gefürchtete Einfrieren der Kühlmäntel auch dadurch zu sichern, daß man dem Kühlwasser gewisse Stoffe zusetzt, die den Gefrierpunkt herabsetzen. Die Wirksamkeit einiger solcher Stoffe zeigt die nachstehende Zahlentafel. Am meisten bevorzugt wird zurzeit der Holzgeist, weil er die Kühlwasserleitungen nicht angreift. Seine ungünstige Eigenschaft, leicht zu verdampfen, sucht man durch einen geringen Zusatz von Glyzerin etwas zu vermindern. Gegen den Zusatz von Salzen spricht der Umstand, daß diese auskristallisieren und allmählich die Leitungen und den Kühler überziehen, während Glyzerin, wenn es dem Wasser in größeren Mengen zugesetzt wird, die Kautschukrohre der Wasserleitungen angreift.

Die Abmessungen der Kühlwasserleitungen zwischen Umlaufpumpe und Maschine sowie zwischen der Maschine und dem Kühler können innerhalb sehr weiter Grenzen beliebig gewählt werden, da Beschränkungen bezüglich der Wassergeschwindigkeit kaum zu machen sind. Die Leitungen werden in den Regel aus nahtlosem Kupferrohr (wahrscheinlich wegen der erhöhten Wärmeausstrahlung und wegen des guten Aussehens) zurecht gebogen und erhalten bei kleinen Maschinen nicht wesentlich unter 20 mm, bei größeren Maschinen 25 bis 30 mm l. W. Zwischen Pumpe und Maschine ist die Leitung in so viel Stränge zu verzweigen, als getrennte Zylinder bzw. Zylinderblöcke vorhanden sind, und mit jedem Strang ist die entsprechende Rohrverschraubung an dem Zylinder durch eine Kautschukmuffe zu verbinden. Ähnlich ist auch der Anschluß der Kühlmäntel an die zum Kühler führende Leitung mit beweglichen Muffen auszuführen, damit infolge der unvermeidlichen Erschütterungen keine Brüche eintreten. Es empfiehlt sich, insbesondere dort, wo mehr als zwei Abzweigungen vorhanden sind, die Leitungsquerschnitte auf möglichst gleiche Wassergeschwindigkeiten zu berechnen, sonst tritt leicht der Fall ein, daß der größte Teil des Kühlwassers durch die der Pumpe zunächst liegenden Zylinder getrieben wird, während sich die anderen Zylinder überhitzen.

Größe des Zusatzes in v. H.	Absol. Alkohol		Kochsalz		Holzgeist		Kalziumchlorid		Holzgeist-Glyzerin zu gleichen Teilen		Glyzerin	
	Gefrierpunkt °C	spez. Gew. d. Lösung	Gefrierpunkt °C	spez. Gew. d. Lösung	Gefrierpunkt °C	spez. Gew. d. Lösung	Gefrierpunkt °C	spez. Gew. d. Lösung	Gefrierpunkt °C	spez. Gew. d. Lösung	Gefrierpunkt °C	spez. Gew. d. Lösung
5	— 2,22	0,994	— 3,33	1,038	— 3,89	0,993	— 2,50	1,043	— 2,22	—	— 1,11	1,011
10	— 4,44	0,987	— 6,67	1,076	— 7,78	0,987	— 6,67	1,086	— 3,89	—	— 2,22	1,023
15	— 6,67	0,980	— 10,00	1,114	— 11,67	0,981	— 12,22	1,129	— 6,67	—	— 3,89	1,034
20	— 9,16	0,974	— 13,33	1,152	— 15,56	0,975	— 18,89	1,172	— 10,00	—	— 5,56	1,046
25	— 11,11	0,967	— 17,78	1,190	— 19,45	0,969	— 28,89	1,215	— 13,89	—	— 7,78	1,057
30	— 13,61	0,960	—	—	— 23,34	0,963	—	—	— 20,56	—	— 9,44	1,069
35	— 16,11	0,954	—	—	— 27,23	0,957	—	—	—	—	— 11,67	1,081
40	— 18,33	0,947	—	—	— 31,12	0,951	—	—	—	—	— 13,89	1,093
45	— 20,55	0,940	—	—	—	—	—	—	—	—	— 16,67	1,105
50	— 22,83	0,934	—	—	—	—	—	—	—	—	— 20,00	1,117

Ein genau geregelter Umlauf des Wassers innerhalb der Kühlmäntel wird überhaupt selten zu erreichen sein, da man die Zahl der Rohranschlüsse auf ein Mindestmaß beschränken muß. Aus diesem Grunde empfiehlt es sich, das Kühlwasser stets in der Nähe der durch Überhitzung am meisten gefährdeten Auspuffventile, d. h. an dem unteren Ende des Kühlmantels auf derjenigen Seite der Maschine einzuführen, auf der die Auspuffventile liegen, weil man dann wenigstens sicher ist, daß an dieser gefährlichen Stelle stets Wasserbewegung vorhanden sein wird. Zur Ableitung des heißen Kühlwassers eignet sich die höchste Stelle des Kühlmantels, bei Zylinderpaaren in der Regel eine Stelle zwischen den beiden Zylindern, vgl. z. B. Fig. 328, S. 237; diese Stelle soll so gewählt werden, daß etwa in den Kühlmänteln gebildeter Dampf mit Sicherheit dahin entweichen kann, ohne an irgendeiner Stelle Dampfsäcke zu bilden. Aus dem gleichen Grunde kann die Leitung zum Kühler etwas nach oben geneigt verlegt werden.

Die allgemeine Anordnung der Kühlleitungen wird im übrigen durch die Bauart der Maschine bestimmt. Sie soll gestatten, die üblichen Eingriffe an der Maschine ungehindert vorzunehmen und womöglich auch größere Ausbesserungen an der Maschine auszuführen, ohne die Verschraubungen lösen zu müssen. In dieser Hinsicht läßt sich an vorhandenen Ausführungen mit einiger Erfahrung manches noch bessern.

Eine Möglichkeit, die Anlage der Leitungen wesentlich zu vereinfachen, liegt bei den Maschinen vor, deren Zylinder in einem Block zusammengegossen sind und deren Kühlmantel daher einen zusammenhängenden Raum bildet. Es erscheint aber fraglich, ob es auch hier nicht vorteilhafter sein wird, die Zuleitung des Wassers wenigstens an zwei getrennten Stellen vorzunehmen, weil dadurch der Umlauf besser gesichert werden kann.

Umlaufpumpen.

Die Pumpen zur Erzeugung der Umlaufbewegung des Kühlwassers werden vorwiegend als Schleuderradpumpen, seltener als Kapselpumpen aus Bronze ausgeführt und unmittelbar von der Steuerwelle oder einer ebenso schnell laufenden Hilfswelle angetrieben. Da die Fördermengen und die Gegendrücke stets sehr gering sind und da ferner die Pumpen immer derart angeordnet werden können, daß ihnen das Kühlwasser mit Gefälle vom Kühler zuläuft, so lohnt es nicht, der Ausbildung der Pumpenlaufräder besonders große Sorgfalt zuzuwenden. Eine Pumpe etwa nach Fig. 338 und 339 genügt z. B. in mehr als ausreichendem Maße

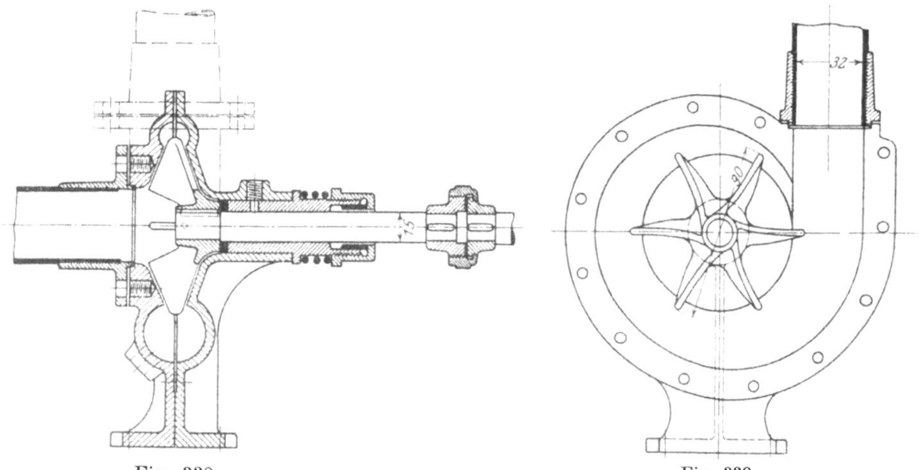

Fig. 338. Fig. 339.

Fig. 338 und 339. Einfache Umlaufpumpe für Wasserkühlung.

den gestellten Anforderungen. Wesentlich einfachere Ausführungen der Pumpenlaufräder weisen ferner die Pumpen der Wolseley Tool and Motor Car Company, Fig. 340 und 341, und von Panhard & Levassor, Fig. 342 und 343, auf

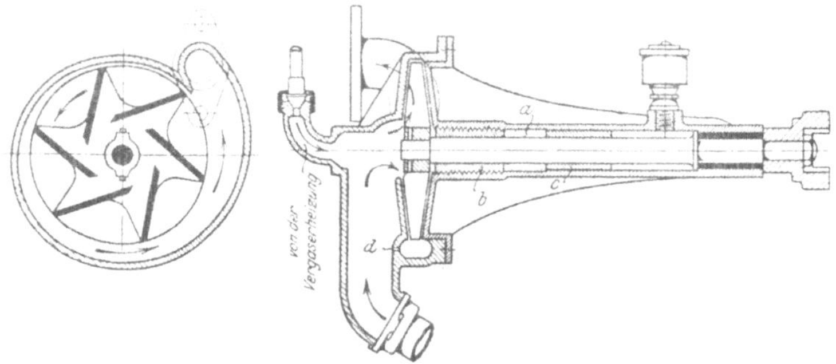

Fig. 340. Fig. 341.

Fig. 340 und 341. Umlaufpumpe der Wolseley Tool and Motor Car Company.

Wie ersichtlich, ist bei der letzteren Pumpe das Laufrad aus einer Blechscheibe derart ausgestanzt, daß an beiden Seiten schaufelähnliche Lappen gebildet werden. Das einzige, worauf mit Sorgfalt geachtet werden soll, ist die Abdichtung der Pumpenwelle im Gehäuse. Man läßt selbstverständlich die Welle nicht durch die Pumpe durchgehen, so daß nur eine Stelle abgedichtet zu werden braucht; diese aber muß stets beobachtet werden, wenn man nicht Gefahr laufen will, unterwegs das Kühlwasser zu verlieren. Zweckmäßig erscheint darum die Anordnung bei der Pumpe nach Fig. 340 und 341, wo der metallische Packungsstoff *a* zwischen zwei langen Laufbüchsen *b* und *c* angeordnet ist und vor die Büchse *c* Öl eingepreßt wird. Die Büchsen verhindern den Austritt von Wasser aber auch die Verunreinigung des Kühlwassers durch das Schmiermittel. Eine Bohrung *d* im Pumpengehäuse ermöglicht, das Gehäuse vollständig zu entleeren, was sonst bei wagerechter Lage der Pumpenwelle nicht möglich wäre.

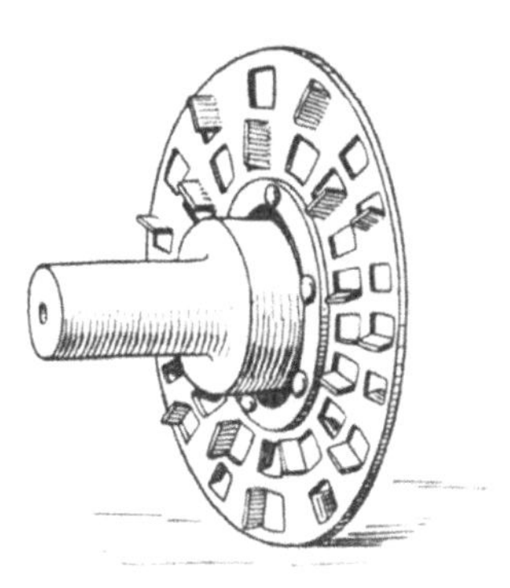

Fig. 342.

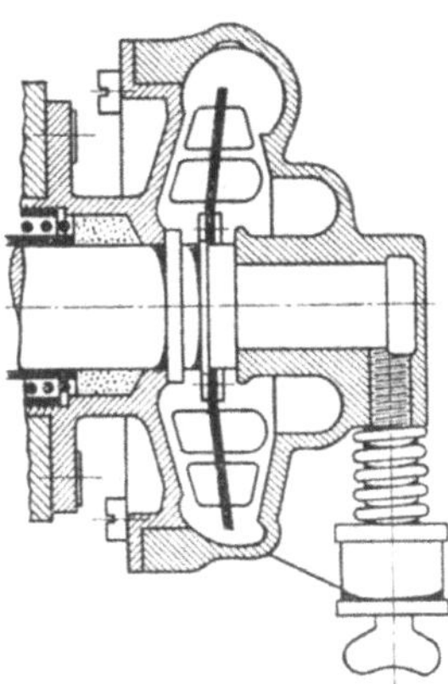

Fig. 343.

Fig. 342 und 343. Umlaufpumpe von Panhard & Levassor.

Der Antrieb der Kühlwasserpumpen muß ebenso wie derjenige der Ölpumpen gegen Brüche durch Gegenstände, die sich im Laufrade festsetzen, gesichert werden. Am einfachsten wohl, indem man in die Wellenkupplung einen dünnen Stift oder eine Feder einsetzt. Der allenfalls auch bruchsichere Antrieb durch Reibräder ist als unzuverlässig nicht zu empfehlen.[1])

Kolbenpumpen werden beim Motorwagen als Kühlwasserpumpen selten verwendet, häufiger dagegen bei ortfesten und Bootmaschinen, wo größere Kühlwassermengen in Betracht kommen und das Kühlwasser zumeist auf eine gewisse Höhe angesaugt werden muß.

Kühlung mit selbsttätigem Umlauf.

Über das Wesen der Kühlung mit selbsttätigem Wasserumlauf oder, wie sie von ihrem ersten und anfangs fast ausschließlichen Benutzer, Louis Renault, Billancourt genannt worden ist, Thermosyphonkühlung, sind, soweit die vorliegende Literatur erkennen läßt, noch ziemlich unzutreffende Annahmen verbreitet, obgleich die Verhältnisse gar nicht so verwickelt sind. Zunächst bleiben die Werte von Q (stündlich zu beseitigende Wärmemenge) und dementsprechend auch von w (umlaufende Wassermenge in ltr/min) ungeändert, da durch den selbsttätigen Kühlwasserumlauf keine Änderung in dem Übergang der Wärme von den Zylinderwandungen auf das Kühlwasser eintritt. Ebenso kann man auch an der Bestimmung der erforderlichen Wassergeschwindigkeit aus der Wärmeübergangsziffer festhalten. Während aber die Wassergeschwindigkeit bei der Kühlung mit Umlaufpumpe durch die Pumpe selbst leicht geregelt werden kann, ist man bei der

[1]) Eine große Anzahl von beweglichen Kleinkupplungen, die sich für den Pumpenantrieb und für den Antrieb von Zünddynamos eignen hat O. Winkler in Dinglers polyt. Journal 1911 S. 631 u. 659 beschrieben.

Kühlung mit selbsttätigem Umlauf in dieser Hinsicht an bestimmte Verhältnisse gebunden, die sich aus der Gesamtanordnung der Maschinenanlage ergeben.

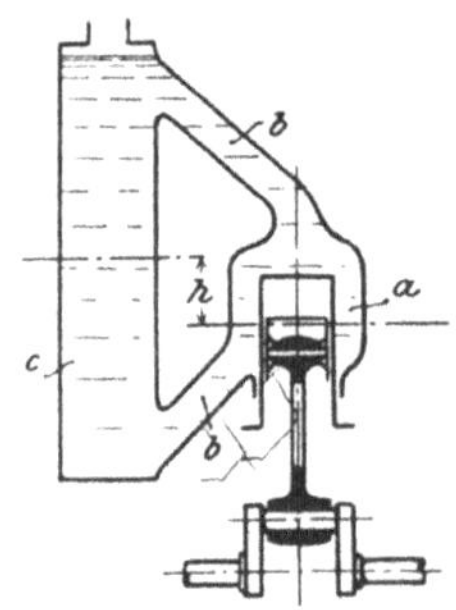

Fig. 344. Anordnung der Thermosyphonkühlung.

Für die Berechnung sind die Regeln für die Niederdruck-Warmwasserheizungen[1]) unmittelbar anzuwenden. Unter Bezugnahme hierauf hat man in Fig. 344 den Kühlmantel a der Maschine als Heizkessel, die Leitungen b als Rohrleitungen der Heizanlage und den Kühler c als Heizkörper anzusehen, der die Wärme abzugeben hat. Sind dann τ_1 und τ_2 die unterste und die höchste Wassertemperatur, w die umlaufende Wassermenge in kg/min, deren Dichte sich infolge der Temperaturänderungen zwischen den Werten γ_1 und γ_2 ändert, so gilt für die stündlich abzuführende Wärmemenge

$$Q = 60\,w\,(\tau_2 - \tau_1).$$

Da nun das stündlich umlaufende Wassergewicht

$$60\,w = 3600 \cdot 1000 \cdot \frac{\pi d^2}{4} \cdot v \cdot \frac{\gamma_1 + \gamma_2}{2},$$

wenn d der Rohrdurchmesser in m

und v die Geschwindigkeit in m/sk

ist, so folgt aus

$$Q = 3600 \cdot 1000 \cdot \frac{\pi d^2}{4} \cdot v \cdot \frac{\gamma_1 + \gamma_2}{2} \cdot (\tau_2 - \tau_1)$$

$$v = \frac{Q}{3600 \cdot 1000 \cdot \frac{\pi d^2}{4} \cdot \frac{\gamma_1 + \gamma_2}{2} \cdot (\tau_2 - \tau_1)}.$$

Die Bewegung des Wassers wird durch den Druckunterschied zwischen der wärmeren und der kälteren Wassersäule hervorgerufen. Dieser läßt sich durch die Höhe h einer Wassersäule ausdrücken und muß so groß sein, daß trotz der verschiedenen Bewegungswiderstände die erforderliche Geschwindigkeit auch tatsächlich erreicht wird. Im Beharrungszustande gilt daher die Gleichung

$$h\,(\gamma_2 - \gamma_1) = \frac{v^2}{2g} \cdot \frac{\gamma_1 + \gamma_2}{2} \left(\frac{\varrho}{d}\,l + \Sigma \xi\right).$$

In dieser Gleichung sind

h der Abstand von Mitte Kühler zu Mitte Kühlmantel der Maschine, siehe Fig. 344,

$\varrho = 0{,}01439 + \frac{0{,}0094711}{\sqrt{v}}$ (nach Weisbach)

und $\Sigma \xi$ die Summe der in der ganzen Anlage vorkommenden einmaligen Widerstände, für die zu setzen sind:

bei einem rechtwinkligen Knie	$\xi = 1{,}0$
bei einem Bogen	$\xi = 0{,}5$
bei einer großen Querschnitterweiterung (Anschluß an den Kühler oder Kühlmantel)	$\xi = 1{,}0$
bei kleinen Querschnitterweiterungen	$\xi = 0{,}0$

Bei der Anwendung dieser Regeln auf die vorliegenden Kühleinrichtungen hätte man demnach mit der berechneten Geschwindigkeit v aus der Formel für

[1]) Vgl. Rietschel, Heiz- und Lüftanlagen, sowie Allg. Automobil-Zeitung vom 29. März 1907.

Q oder für v das zugehörige d zu berechnen und nachzuprüfen, ob sich der hiernach berechnete Wert von h durch die Bauart der Maschine erfüllen läßt. Da der Wert von h um so größer wird, je größer die Widerstände sind und je kleiner d ist, so trachtet man, die Leitungen zwischen Kühler und Kühlmantel möglichst weit und glatt zu machen. Vielfach schließt man daher die Maschine oben nicht mit einem verzweigten Rohr, sondern mit einer gegossenen Kappe an den Kühler an, die alle Teile des Kühlmantels gleichmäßig bedeckt, vgl. Fig. 326 und 327, S. 236. Aus Rücksicht auf die Wärmeübertragung soll jedoch stets die erforderliche Geschwindigkeit v, wie man sie aus der Wärmedurchgangsziffer berechnet hat, eingehalten werden.

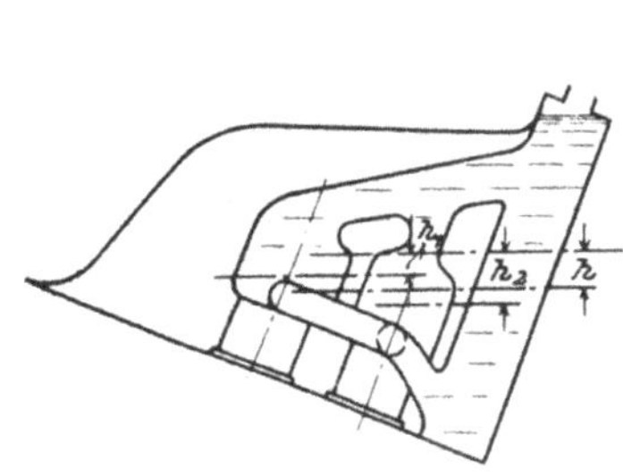

Fig. 345.

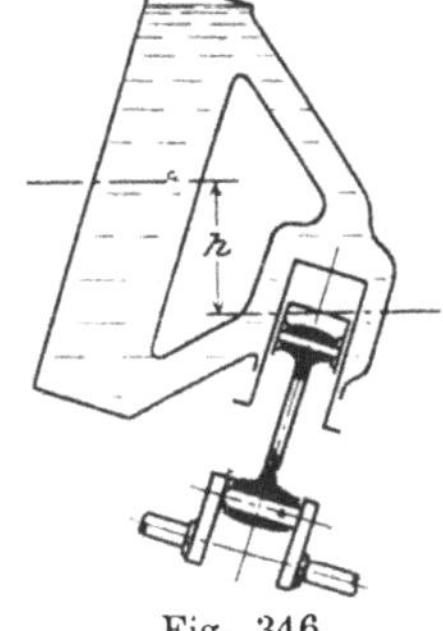

Fig. 346.

Fig. 345 und 346. Die Thermosyphonkühlung auf Steigungen.

Die Wirkungsweise der Kühlung mit selbsttätigem Umlauf wird durch das Fahren auf Steigungen insofern beeinflußt, als sich hierbei die für die Umlauf geschwindigkeit maßgebende Höhe h ändert. Liegt der Kühler in der Fahrtrichtung hinter der Maschine, Fig. 345, so wird h und auch der Mittelwert von h für alle getrennten Kühlmäntel um so kleiner, je steiler die Straße ansteigt, liegt der Kühler vor der Maschine, Fig. 346, so erhöht sich die Umlaufgeschwindigkeit des Kühlwassers mit wachsender Steigung. Bei der Berechnung muß der voraussichtliche mittlere Mindestwert berücksichtigt werden. Selbstverständlich ist es zweckmäßiger, den Kühler vor die Maschine zu legen, da erhöhter Wasserumlauf bei angestrengtem Betrieb der Maschine nur erwünscht sein kann. Daß trotzdem bei dem Renault-Wagen von der Anordnung des Kühlers hinter der Maschine bis heute nicht abgegangen ist, liegt wohl hauptsächlich an dem Streben, die kennzeichnende Form der Hauben, s. Fig. 345, festzuhalten.

Die Anwendung einer Kühlung mit selbsttätigem Wasserumlauf ist nur möglich, wenn die Kühlmäntel der Maschine um ein bestimmtes Maß h tiefer gelegt werden können als der Kühler. Da die Lage des Kühlers durch die Rahmenhöhe gegeben ist, so muß man die Maschine tieflegen, was bei vielen Wagen nicht mehr möglich ist, wenn man mit dem Gehäuse in sicherer Entfernung vom Boden bleiben will. In der Praxis zieht man ferner bei Kühlungen mit Umlaufpumpe in der Regel vor, die Wassergeschwindigkeiten viel höher zu machen als der Berechnung aus der Wärmedurchgangsziffer α entspricht und daher mit verhältnismäßig engen Querschnitten der Kühlmäntel und schmalen Kühlern auszukommen, weil man dabei an Wagengewicht spart und außerdem die Kühlung für das Fahren auf Steigungen leistungsfähiger macht. Bei der Kühlung mit selbsttätigem Umlauf ist man jedoch hinsichtlich der Wassergeschwindigkeiten gebunden, die Querschnitte des Kühlmantels und der Leistungen müssen größer bemessen werden, und dies hat zur Folge, daß auch der mitzuführende Wasservorrat größer wird. Der einzige wirkliche Vorteil dieser Kühlung, nämlich keiner Pumpe zu bedürfen und unbedingt betriebsicher zu sein, wird hierdurch ziemlich aufgewogen, und dies erklärt, warum dieses Verfahren trotz seiner Einfachheit noch keine größeren Fortschritte gemacht hat. Erst in der neueren Zeit haben sich die Anhänger dieser Kühlung gemehrt. Sie läßt sich nämlich besonders gut bei kleinen Motorwagen anwenden, wenn man beim Entwurf des Rahmens darauf Rücksicht nimmt.

Kühler.

Zum Übertragen der Wärme, die in den Zylindermänteln an das Wasser abgegeben worden ist, auf die Luft dient der Kühler, im allgemeinen ein aus zahlreichen Zellen bestehender, ständig mit frischer Luft bespülter Behälter, dessen Aufgabe darin besteht, das Wasser auf einer möglichst großen Oberfläche der Einwirkung von kühlenden Wänden auszusetzen. Seine ursprüngliche, von Panhard & Levassor herrührende Ausbildung als zusammenhängende Rippenrohrschlange, die wegen des großen Druckverlustes unvorteilhaft war, ist heute allgemein zugunsten jener Form aufgegeben worden, bei der viele parallele Wasserfäden gebildet werden. Je nachdem hierbei das Wasser durch enge Spalten zwischen wagerechten Röhrchen hindurchgeführt wird, die für den Luftdurchfluß dienen, oder durch senkrechte Rohre oder rohrähnliche Kanäle fließt, die von außen mit Luft bespült sind, kann man die heute üblichen Kühlerbauarten in solche mit Luftröhren und solche mit Wasserröhren unterscheiden; beide finden ausgedehnte Verwendung.

Luftröhrenkühler sind in ihrer ersten Gestalt, Fig. 347, auf die Daimler-Motoren-Gesellschaft (Maybach) zurückzuführen. Sie bestehen aus einer großen Anzahl von quadratischen Messingröhrchen, die in der ersichtlichen Weise nebeneinandergelegt, durch etwa 0,5 mm dicke Messingdrähte an den Enden in Abstand gehalten und dann durch ein herumgelegtes Blech so abgeschlossen werden, daß, wenn die Rohrenden miteinander verlötet sind, zwischen den Rohren feine senkrechte Kanäle entstehen, die miteinander und mit den Wasserbehältern über und unter den Rohren Verbindung haben. Dadurch wird eine im Verhältnis zum Raumbedarf des Kühlers außerordentlich große vom Wasser berührte Oberfläche gewonnen, die von der Luft gut bespült werden kann. Diese Eigenschaft hat den Erfolg des unter der Bezeichnung „Bienenzellenkühler“ bekannt gewordenen Kühlers der Daimler-Motoren-Gesellschaft begründet. Die neueren Weiterbildungen dieser Bauart haben diesen Erfolg nicht zu übertreffen vermocht. Sie gehen darauf aus, kleine Nachteile der beschriebenen Bauart, die von der Daimler-Motoren-Gesellschaft bis auf den heutigen Tag festgehalten worden ist zu beseitigen. Zunächst hat man versucht, auch die wagerechten Rohrseiten durch Einlegen von Drähten zu Wasserkanälen auszubilden und so die Kühlfläche annähernd zu verdoppeln. Diese wagerechten Wasserzellen lassen sich aber schwer entwässern und neigen, weil in ihnen stets geringe Wassergeschwindigkeit herrscht, leicht dazu, sich mit abgelagertem Schlamm u. dgl. zu verstopfen. Infolgedessen ist man darauf verfallen, die Röhrchen mit sechskantigem Querschnitt so ineinander zu fügen, daß keine Fläche wagerecht liegt und auch runde Rohre zu verwenden. Statt die Abstände durch eingelegte Messingdrähte zu bestimmen, weitet man die Enden der Rohre mit Hilfe eines Dornes kegelig auf, oder man versieht die Rohre mit etwas verdickten Köpfen an den Enden.

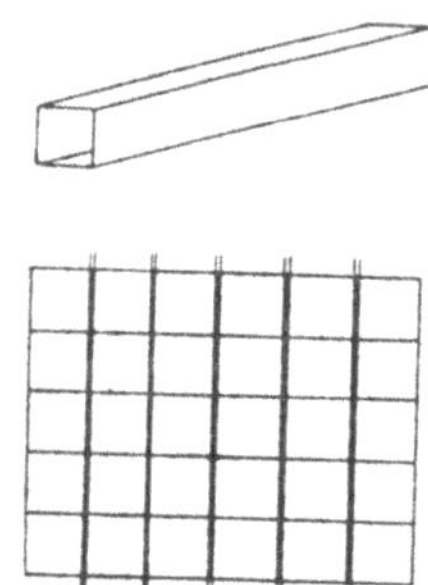

Fig. 347. Teile des Luftröhrenkühlers der Daimler-Motoren-Gesellschaft.

Alle diese Verbesserungen haben aber das Hauptübel des Luftröhrenkühlers nicht beseitigt, das in der Lötung der Rohrenden besteht. Von der Dichtheit dieser Lötung, die allgemein so vorgenommen wird, daß man den fertig zusammengebauten Röhrenkörper mit den Enden kurze Zeit in ein flüssiges Zinnbad eintaucht, hängt die Wasserdichtheit des Kühlers ab. Da der Kühler stets an dem Vorderende des Wagens angeordnet wird, damit der Luftzutritt möglichst nicht gehindert wird, so läßt sich selten vermeiden, daß auch bei geringfügigen Zusammenstößen des Wagens in erster Linie der Kühler beschädigt wird und seinen Wasservorrat verliert. Aber auch im regelmäßigen Betrieb kann man geringe Undichtheiten solcher Kühler, die durch Wärmedehnungen und andere Formänderungen veranlaßt sein dürften, vielfach beobachten.

Wasserrohrkühler haben diesen Nachteil im allgemeinen nicht, weil die Rohre, in denen das Kühlwasser fließt, bei einem Zusammenstoß gelegentlich auch stark verbogen werden können, ohne zu brechen. Sie sind in bezug auf die wasserberührte Kühlfläche zwar nicht so vorteilhaft wie die Luftröhrenkühler, lassen sich aber, wie die Erfahrungen beweisen, ebenfalls mit gutem Erfolg anwenden. Die einfachste Bauart des Wasserrohrkühlers besteht aus einer Anzahl von glatten oder mit Kühlrippen versehenen Messing- oder Kupferrohren, die dicht in die Böden einer oberen und einer unteren Wasserkammer eingesetzt sind: Fig. 348 zeigt z. B. einen Kühler von Renault zugleich mit der Gesamtanordnung seiner Kühlung mit selbsttätigem Wasserumlauf. Die Kühlrippen auf den Rohren werden am einfachsten so hergestellt, daß man einen gegebenenfalls gekräuselten Blechstreifen schraubenförmig zusammenrollt und auf das Rohr aufschiebt. Da sie

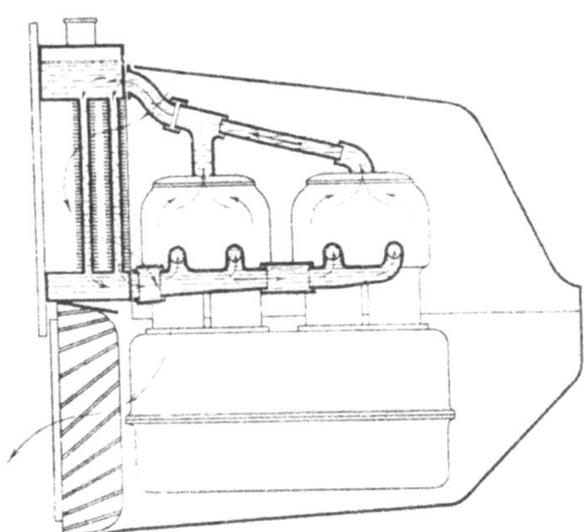
Fig. 348. Wasserröhrenkühler von Renault.

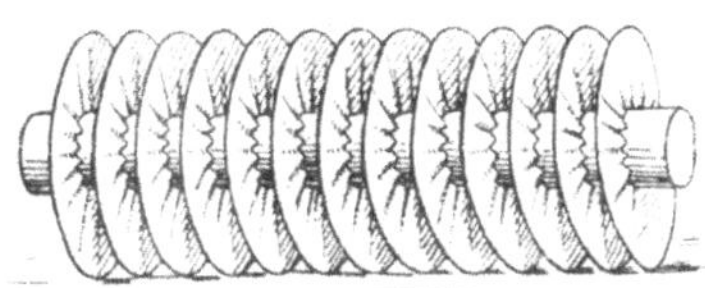
Fig. 349. Kühlerrohr von Franz Sauerbier, Berlin.

in dieser Form als wärmeabgebende Kühlflächen keinen großen Wert haben, verbindet sie Franz Sauerbier, Berlin, Fig. 349, dadurch metallisch mit dem Rohr, daß er das fertige Rippenrohr in ein Zinnbad taucht. Die Neue Automobil-Gesellschaft setzt bei ihren Kühlern, Fig. 350 und 351, S. 258, alle sehr eng gehaltenen Rohre in einen zylindrischen Körper ein, der aus dem Gehäuse des Kühlers herausgezogen und daher bequem gereinigt werden kann. Neuerdings werden einzelne Reihen dieses Kühlers auch mit Rippen versehen, während früher nur ganz glatte Rohre verwendet worden sind. Die Anzahl der für eine bestimmte Kühlfläche erforderlichen Rohre wird hierdurch verringert, teilweise allerdings auf Kosten des Wertes der Kühlfläche. Gelegentlich benutzt man hierbei auch flachgedrückte Rohre in etwa 9 mm Mittenabstand an den Flachseiten. Solche Rohre sollen sich insofern wirksamer als runde Rohre erwiesen haben, als bei ihnen die Kühlfläche von 0,3 qm/PS_e auf 0,18 qm/PS_e herabgesetzt werden kann. Erwähnt sei noch die neueste Bauart von Wasserrohrkühlern, die von der Pariser Omnibus-Gesellschaft erprobt wird. Bei dieser bilden die Wasserröhren zu beiden Seiten des Ventilators zwei kreisförmig gekrümmte Bündel, durch welche die Kühlluft radial nach außen tritt[1]).

[1]) The Horseless Age. 6. Dezember 1911.

Die Mitte zwischen den beiden Hauptarten bilden die sogenannten Scheidenkühler, eigentlich auch Wasserrohrkühler, jedoch mit dem Merkmal, daß die Wasserrohre verhältnismäßig schmale und längliche Querschnitte haben. Der Hauptzweck dieser Bauart dürfte wohl sein, Wasserrohre verwenden zu können und dennoch dem Aussehen der Daimler-Kühler, die als sehr geschmackvoll gelten,

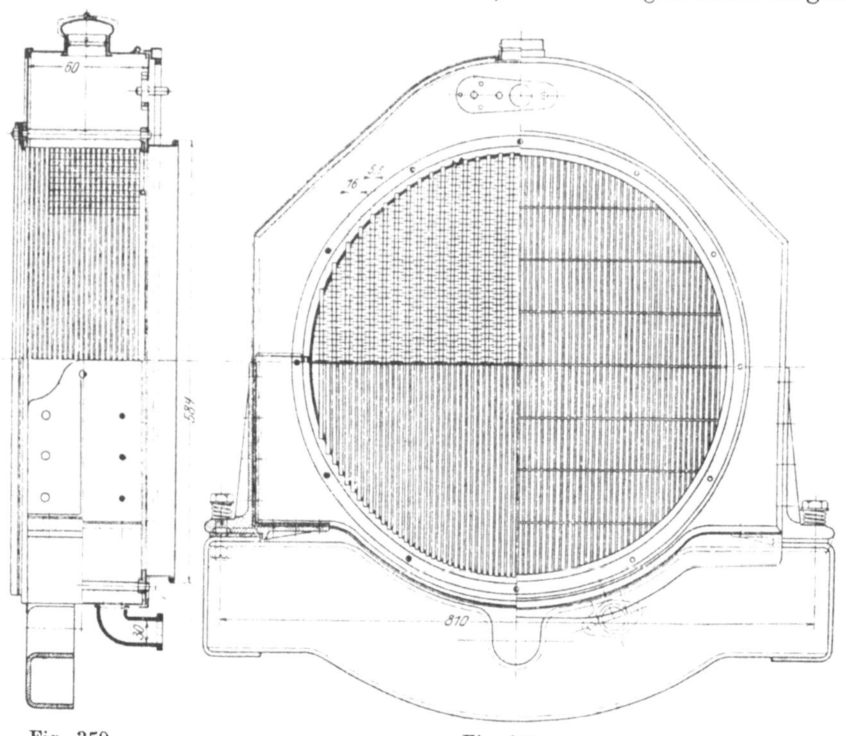

Fig. 350. Fig. 351.

Fig. 350 und 351. Röhrenkühler der Neuen Automobil-Gesellschaft.

nahezukommen. Solche Kühler kann man z. B. nach Fig. 352 aus Rohren zusammensetzen, welche die ganze Tiefe des Kühlers einnehmen und in Ausschnitten von Querblechen durch Eintauchen in Zinn verlötet werden (Adlerwerke), oder sie lassen sich auch aus ⊓⊔⊓-förmig gefalzten Blechen zusammenlegen, wobei die Zwischenräume zwischen je zwei benachbarten Blechen durch Verlöten der Stirnkanten zu Wasserrohren ausgebildet werden (Windhoff). Die Vorteile der Wasserrohrkühler gehen hierbei allerdings zum Teil verloren, weil die Wasserröhren leicht undicht werden können, wenngleich die Zahl der Lötfugen kleiner bleibt, als bei Luftröhrenkühlern.

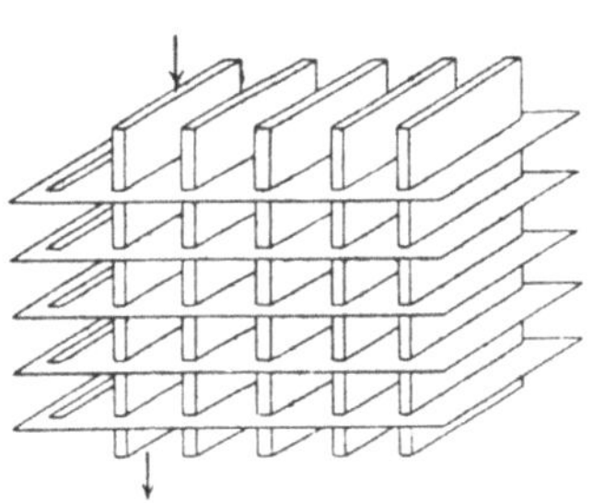

Fig. 352. Scheidenkühler.

Die gebräuchlichen Regeln für die Bemessung von Kühlern bei gegebener Leistung der Maschine gründen sich fast nur auf Betriebserfahrungen und werden zumeist in der Form gegeben, daß eine bestimmte Anzahl qm Kühlfläche für 1 PS Bremsleistung gefordert wird. Diese Erfahrungswerte müssen bei jeder Bauart des Kühlers festgestellt werden, da sie von dem Wert der Teile der Kühlfläche abhängig sind. Ähnlich verhält es sich mit Zahlen, die den Rauminhalt des Kühlers in Beziehung zu dem Zylinderinhalt der Maschine bringen wollen. Für Luftröhrenkühler sollen z. B. auf 1 ccm Hubraum 4,25 bis 4,5 ccm Rauminhalt des Kühlers erforderlich sein. Andere Normalien, wie z. B. die nachstehenden von Gebr. Windhoff, s. die Zahlentafel, sehen als Vergleichsmaß des Kühlers nicht seine kühlende Oberfläche, sondern seine Stirnfläche an.

Normalabmessungen von Kühlern von Gebr. Windhoff in Rheine i. W.

Für PS	oder für Gesamtinhalt der Zylinder in ccm	Kühlertiefe 60 mm		Kühlertiefe 90 mm		Kühlertiefe 100 mm		Kühlertiefe 120 mm	
		Stirnfläche qm	Gewicht rd. kg	Stirnfläche qm	Gewicht rd. kg	Stirnfläche qm	Gewicht rd. kg	Stirnfläche qm	Gewicht rd. kg
6	875	0,10	13,5	—	—	—	—	—	—
7	1050	0,12	15	—	—	—	—	—	—
8	1225	0,14	16,5	—	—	—	—	—	—
9	1400	0,16	18	—	—	—	—	—	—
10	1575	0,18	19,5	—	—	—	—	—	—
12	1750	0,20	20,5	0,15	19	—	—	—	—
14	2100	0,22	21,5	0,17	21	—	—	—	—
16	2450	0,25	23	0,19	23	0,17	23	—	—
18	2800	0,28	25	0,21	25	0,19	24	0,16	23
20	3150	0,32	26	0,23	26	0,20	25,5	0,18	23,5
22	3500	0,35	28	0,25	27	0,22	27	0,19	26
25	4025	—	—	0,28	29	0,24	28,75	0,20	27
28	4550	—	—	0,30	31	0,26	30	0,22	28
32	5250	—	—	0,33	32	0,28	31,5	0,24	29,5
38	6125	—	—	0,36	36	0,31	33	0,27	31,5
45	7000	—	—	—	—	0,35	36,5	0,29	36,5
50	7875	—	—	—	—	0,37	38	0,31	37,5
55	8750	—	—	—	—	0,39	40	0,33	40
65	10500	—	—	—	—	—	—	0,40	45,5
75	12250	—	—	—	—	—	—	0,47	51
85	14000	—	—	—	—	—	—	0,54	57,5
95	15750	—	—	—	—	—	—	0,60	64
105	17500	—	—	—	—	—	—	0,66	70

Berechnung der Kühlfläche.

Unterlagen für den Gang einer Berechnung der Kühlfläche liefert die im nachfolgenden ausschließlich benutzte Arbeit von v. Doblhoff[1]), wonach man unter gewissen Annahmen die erforderliche Stirnfläche eines Kühlers in qm mit Hilfe der Formel

$$F_{st} = \frac{\dfrac{1}{\varphi k} + \dfrac{1}{500\, V_f \lambda \varrho}}{\dfrac{\vartheta_1 - \tau_1}{1000\, N_e} - \dfrac{1}{2\, W}}$$

berechnen kann. Die Annahmen, auf die sich diese Formel stützt, sind

1. daß man in k nur die Wärmeübergangsziffer vom Kühler auf die Luft und nicht eine Wärmedurchgangsziffer für den ganzen Vorgang der Wärmeübertragung sehen darf, die sich eigentlich aus einem Wärmeübergang vom Wasser auf Metall, einem Durchgang der Wärme durch die Metallwand und einem Übergang vom Metall auf die Luft zusammensetzt. Diese Annahme ist zulässig, da der Fehler sehr gering wird. Setzt man z. B. in der bekannten Formel für die Wärmedurchgangsziffer

[1]) Untersuchung von Automobil-Kühlern, Mitteil. üb. Forschungsarb., Heft 93.

$$k = \frac{1}{\frac{1}{\alpha_1} + \frac{1}{\frac{\lambda}{d}} + \frac{1}{\alpha_2}}$$

für die Wärmeübergangsziffer von Wasser auf Metall

$$\alpha_1 = 4000; \quad \frac{1}{\alpha_1} = 0{,}00025,$$

für die Wärmeleitzahl bei Messing

$$\lambda = 72 \text{ bis } 108$$

und die Wanddicke $d = 0{,}0001$ bis $0{,}0002$ m,

im ungünstigsten Falle also $\frac{1}{\frac{\lambda}{d}} = 0{,}0000028,$

so kann man, da der Wert von k bis zu 110 betragen kann, in der Tat mit genügender Annäherung die Übergangziffer an die Luft $\alpha_2 = k$ setzen.

2. Die zweite Annahme, die gemacht werden muß, ist, daß sich die Temperatur der Luft im Kühler ebenso wie diejenige des Wassers in der Richtung der Strömung linear verändert, die Temperatur der Luft also zu- und diejenige des Wassers abnimmt.

In der oben angegebenen Formel stellt φ das der betreffenden Kühlerbauart eigentümliche Verhältnis zwischen der ganzen Kühlfläche und der Stirnfläche F_{st} dar. Da Versuche mit Rippenkühlern nicht vorliegen, so wird man zur Sicherheit die Rippenflächen nur mit der Hälfte in Ansatz bringen dürfen, während die vom Wasser berührte Fläche voll gerechnet werden darf. Für einen Kühler mit runden Luftröhren ergibt sich $\varphi = 37$.

Für einen Kühler mit flachgedrückten Wasserröhren $\varphi = 0{,}28$, ein Wert, der sich aber durch künstliches Vergrößern der Rohroberfläche oder durch Rippen erhöhen läßt.

Die ebenfalls in der Formel vorkommende Größe λ ist das der betreffenden Kühlerbauart eigentümliche Verhältnis zwischen dem kleinsten Querschnitt der Luftwege und der Stirnfläche. Auch dieser Wert ist bei Kühlern mit Luftröhren günstiger ($\lambda = 0{,}628$) als bei solchen mit Wasserröhren ($\lambda = 0{,}429$). Die angegebenen Werte lassen sich bei Näherungsrechnungen unmittelbar verwenden, da sie für Kühler der gleichen Grundbauart nur wenig veränderlich sind. Scheidenkühler hat man hierbei in die Gruppe der Wasserrohrkühler zu rechnen.

Die Größe V_f stellt eine ideelle Fahrgeschwindigkeit in km/st dar, d. h. diejenige Fahrgeschwindigkeit, bei welcher der Kühler die gleiche Wärmemenge übertragen könnte, wenn er vollkommen frei aufgestellt wäre und ohne Ventilator arbeiten würde. Das Verhältnis zwischen V_f und der wirklichen Fahrgeschwindigkeit des Wagens wird von der Umlaufzahl und dem Ort der Aufstellung des Ventilators, von der Anordnung des Kühlers und dem Widerstand beeinflußt, den die hinter dem Kühler aufgestellte Maschine der durchstreichenden Luft bietet. Mit wachsender Fahrgeschwindigkeit nähert sich dieses Verhältnis immer mehr der Einheit, wie ja schon lange bekannt ist, daß der Ventilator bei großer Fahrgeschwindigkeit keinen Einfluß mehr hat.

In der Regel werden die Geschwindigkeiten der Ventilatoren mit etwa 2000 Uml/min gewählt. Für solche Verhältnisse kann man bei der üblichen Anordnung der Maschinenanlage bei der kleinsten in Betracht kommenden Geschwindigkeit für das Berganfahren (10 bis 15 km/st) V_f etwa 1,5 bis 2 mal so groß wählen wie die Fahrgeschwindigkeit. Bei niedrigeren Umlaufzahlen des Ventilators (1000 bis 1200 Uml/min) soll für V_f höchstens das 1,2 bis 1,5 fache der Fahrgeschwindigkeit eingesetzt werden.

Die Zahl ϱ trägt dem Umstande Rechnung, daß die Luftgeschwindigkeit vor und hinter dem Kühler wegen der Reibung im Kühler nicht gleich sein kann. Sie ist, wie die Versuche beweisen, von der Fahrgeschwindigkeit unabhängig und als ein Festwert anzusehen, für dessen Größe lediglich die Bauart des Kühlers maßgebend ist. Bei Luftröhrenkühlern kann man, wenn man es nicht überhaupt vernachlässigt ($\varrho = 1$), ϱ etwa 0,9 setzen. Bei Wasserröhrenkühlern ist der Wert etwas ungünstiger, $\varrho = 0{,}8$. Sicher ist aber nicht, ob nicht andere Kühlerbauarten, z. B. solche mit vielen eng gestellten Rippen und kleinen Luftdurchlässigkeitsziffern, auch noch geringere Werte von ϱ liefern werden. Das läßt sich erst von Fall zu Fall auf Grund eines Versuches entscheiden.

Was endlich die Wärmedurchgangziffer k anbetrifft, so kann man diese am einfachsten aus dem Diagramm, Fig. 353, unmittelbar abnehmen, aus dem ihre Abhängigkeit von der ideellen Fahrgeschwindigkeit ersichtlich ist. Die Linie k_1 bezieht sich hierbei auf einen Luftröhrenkühler, während die Linien k_2 und k_3 an Wasserröhrenkühlern gewonnen sind. Es zeigt sich, daß in bezug auf die Werte von k die Wasserröhrenkühler überlegen sind, und diese Überlegenheit ist, wie ein Beispiel weiter unten zeigt, von so großem Einfluß, daß unter sonst gleichen Verhältnissen solche Kühler in der Regel kleinere Stirnflächen erfordern als Luftröhrenkühler, trotzdem diese in bezug auf die Luftdurchlässigkeit (λ) sowie auf das Verhältnis von Kühlfläche zu Stirnfläche (φ) vorteilhafter sind. Die Mehrzahl der Fabriken ist daher wohl aus diesem Grunde zu Kühlern mit Wasserrohren übergegangen, zumal da auch der Druckverlust im Wasserröhrenkühler wesentlich geringer ist als im Luftröhrenkühler.

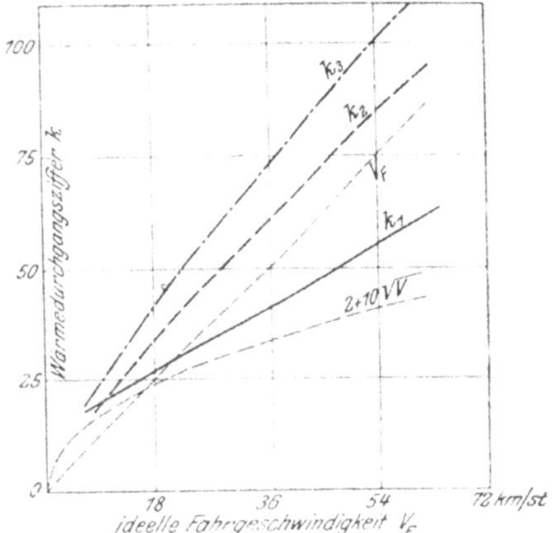

Fig. 353. Wärmedurchgangziffern für Kühler.

Es zeigt sich ferner, daß der Wert von k in allen Fällen, wo es sich um höhere Fahrgeschwindigkeiten handelt, von der Ziffer α_2 für den Wärmeübergang an Luft wesentlich abweicht. Unter der Annahme, daß die Luftgeschwindigkeit im Kühler mit der Fahrgeschwindigkeit übereinstimmt, also für $\varrho = 1$, ist in Fig. 353 der Verlauf der Werte von α_2, wie sie sich aus der bekannten Formel[1])

$$\alpha_2 = 2 + 10\sqrt{v} \quad (v \text{ in m/sek})$$

ergeben, eingetragen. An der Zulässigkeit der eingangs erwähnten Annahme, daß $k \sim = \alpha_2$ gesetzt werden kann, wird aber hierdurch dennoch nichts geändert, denn die Berechnung gilt für die ungünstigsten Verhältnisse, wo kleine Fahrgeschwindigkeiten in Frage kommen, und hierbei ist der Unterschied zwischen den Werten von k und α_2 nicht sehr groß.

Von den übrigen Größen, die in der Formel für die Kühlerstirnfläche Verwendung finden, sind

- ϑ_1 die Eintrittstemperatur des Kühlwassers in °C (die höchste zulässige Wassertemperatur),
- τ_1 die Eintrittstemperatur der Luft in °C,
- $1000\,N_e$ die Wärmemenge in WE/st, die stündlich abgeleitet werden muß (N_e in PSe),
- W die umlaufende Kühlwassermenge in kg/st.

[1]) z. B. Hütte, 18. Aufl., S. 275.

Die Ableitung der Formel stützt sich auf die Tatsache, daß man die mittlere Austrittstemperatur ϑ_2 des Kühlwassers mit Hilfe eines in das Ablaufwasser eintauchenden Thermometers und die mittlere Austrittstemperatur der Luft τ_2 dadurch annähernd beobachten kann, daß man die Mittelwerte der Ablesungen an vier über die ganze Höhe des Kühlers verteilten, untereinander angeordneten Thermometern bestimmt. Die Anfangstemperaturen ϑ_1 und τ_1 von Wasser und Luft sind als über die ganzen Eintrittsquerschnitte gleichmäßig verteilt anzusehen. Macht man nun weiter die schon erwähnten, durchaus gebräuchlichen Annahmen, daß die Temperaturzunahme der Luft und die Temperaturabnahme des Wassers geradlinig verläuft, so gelten unter Benutzung der Bezeichnungen c_v und c_l für die spezifischen Wärmen von Wasser und Luft sowie von W und L für die Wasser- und Luftmengen folgende Gleichungen für die übergehende Wärmemenge in WE/st:

$$Q = W \cdot c_w \cdot (\vartheta_1 - \vartheta_2)$$

$$Q = L \cdot c_l (\tau_2 - \tau_1)$$

$$Q = F \cdot k \cdot (\vartheta_m - \tau_m) = F \cdot k \cdot \left(\frac{\vartheta_1 + \vartheta_2}{2} - \frac{\tau_1 + \tau_2}{2}\right).$$

Hierin sind F die gesamte Abkühlfläche des Kühlers

und k die entsprechende Wärmeübergangsziffer.

Da
$$\vartheta_2 = \vartheta_1 - \frac{Q}{W \cdot c_w}$$

und
$$\tau_2 = \tau_1 + \frac{Q}{L \cdot c_l},$$

so ist auch

$$Q = F \cdot k \cdot \left(\frac{\vartheta_1 + \vartheta_1 - \dfrac{Q}{W \cdot c_w}}{2} - \frac{\tau_1 + \tau_1 + \dfrac{Q}{L \cdot c_l}}{2}\right)$$

$$\frac{Q}{F \cdot k} = \vartheta_1 - \tau_1 - \left(\frac{Q}{2\,W \cdot c_w} + \frac{Q}{2\,L \cdot c_l}\right)$$

$$Q = \frac{\vartheta_1 - \tau_1}{\dfrac{1}{F \cdot k} + \dfrac{1}{2\,W \cdot c_w} + \dfrac{1}{2\,L \cdot c_l}}.$$

Diese Gleichung besagt zunächst, daß bei unveränderten Wasser- und Luftmengen für einen gegebenen Kühler die abgegebene Wärmemenge proportional dem Unterschiede $\vartheta_1 - \tau_1$ der Eintrittstemperaturen von Wasser und Luft ist, eine sehr einfache Beziehung, die durch die Versuche gut bewiesen worden ist, und aus der man das Verhalten eines Kühlers unter geänderten Betriebsbedingungen leicht ermitteln kann.

Für die Luftmenge L in cbm/st kann man auf folgendem Wege einen anderen Ausdruck ableiten:

Querschnitt: $F_{st} \cdot \lambda$

Geschwindigkeit: $v_f\,(\text{m/sk}) \times \varrho \times 3600$

$$L = F_{st} \cdot \lambda \cdot \varrho \cdot v_f \cdot 3600.$$

Setzt man ferner $c_l = 0{,}25$ für Luft von $60°$, so wird

$$c_l \cdot L = 0{,}25 \cdot 3600 \cdot F_{st} \cdot \lambda \cdot \varrho \cdot v_f.$$

Endlich kann man setzen

$$F = F_{st} \cdot \varphi.$$

Die Gleichung für die Wärmemenge erhält dann die Form

$$Q = \frac{\vartheta_1 - \tau_1}{\frac{1}{F_{st}}\left(\frac{1}{\varphi k} + \frac{1}{1800 \lambda \cdot \varrho \cdot v_f}\right) + \frac{1}{2W}}$$

und wenn man für $Q = 1000\, N_e$

und für $v_f = \frac{V_f}{3{,}6}$ (V_f in km/st)

einführt und nach F_{st} auflöst, so erhält man den weiter oben angegebenen Ausdruck:

$$F_{st} = \frac{\frac{1}{\varphi \cdot k} + \frac{1}{500 \cdot V_f \cdot \lambda \cdot \varrho}}{\frac{\vartheta_1 - \tau_1}{1000\, N_e} - \frac{1}{2W}}.$$

Beispiel:

Für eine Maschine von $N_e = 20$ PS und eine Kühlwassermenge von $W = 1000$ kg/st sei zu prüfen, welche Kühlerbauart vorteilhafter ist. Die ideelle Fahrgeschwindigkeit betrage $V_f = 36$ km/st (entsprechend einer Bergfahrt mit 18 km/st Geschwindigkeit und 1800 Uml/min des Ventilators. Das Temperaturgefälle ($\vartheta_1 = 95^0$, $\tau_1 = 25^0$) betrage $\vartheta_1 - \tau_1 = 70^0$.

Für einen Wasserröhrenkühler wären dann auf Grund der obigen Angaben und von Fig. 353, S. 261, zu setzen:

$\lambda = 0{,}420$
$\varphi = 28$
$k = 65$
$\varrho = 0{,}8$

$$F_{st} = \frac{\frac{1}{28 \cdot 65} + \frac{1}{500 \cdot 36 \cdot 0{,}42 \cdot 0{,}8}}{\frac{70}{20 \cdot 1000} - \frac{1}{2 \cdot 1000}} = 0{,}238 \text{ qm}.$$

Für einen Luftröhrenkühler hingegen:

$\lambda = 0{,}628$
$\varphi = 37$
$k = 40$
$\varrho \sim = 1$

$$F_{st} = \frac{\frac{1}{37 \cdot 40} + \frac{1}{500 \cdot 36 \cdot 0{,}628 \cdot 1}}{\frac{70}{20 \cdot 1000} - \frac{1}{2 \cdot 1000}} = 0{,}254 \text{ qm}.$$

Die bauliche Gestaltung des Kühlers hängt im wesentlichen von der Form der Haube ab, welche die Maschine abdeckt und deren vorderen Abschluß der Kühler bildet. Man ist gewohnt, die Form des Kühlers als das Kennzeichen eines bestimmten Erzeugnisses anzusehen, wie auch jede Fabrik bestrebt ist, dem Kühler ihre eigene Form zu geben. So ist der annähernd quadratische Kühler ein Kennzeichen aller Daimler-Wagen, war der kreisrunde Kühler bis vor kurzer Zeit ein Kennzeichen der Neuen Automobil-Gesellschaft usw. Das den Kühler umschließende Gehäuse, dessen Form sich an die Form der Haube anschließt, soll aus möglichst kräftigem Blech hergestellt sein, damit es die winkelförmigen Laschen gut aufnehmen kann, mit denen der Kühler vorne auf dem Rahmen befestigt wird. Mitunter wird das Gehäuse auch gegossen und mit Kühlrippen versehen. Die Verbindung zwischen Kühler und Rahmen darf niemals starr sein, da die Längsträger des Wagens während der Fahrt unvermeidliche Verschiebungen gegeneinander erfahren. Damit aber kein Klappern der Verbindung eintritt, legt man zwischen Kühler und Rahmen kurze Schraubenfedern oder andere nachgiebige Mittel ein.

Bei Luftfahrzeugen hat man in der letzten Zeit ganz gute Erfahrungen mit Kühlern gemacht, die nicht aus Messing, sondern aus Aluminium bestehen. Abgesehen von den Vorteilen, die das geringe spezifische Gewicht des Aluminiums bietet (2,75 gegen 8,5) ist auch die Wärmeleitziffer des Aluminiums (175) höher als diejenige von Messing (55 bis 110). Leider fehlt es noch an geeigneten Verfahren, die Fugen solcher Kühler durch Löten zu verbinden. Gegenwärtig werden für Luftschiffe Luftröhrenkühler verwendet, bei denen die Rohrenden in zwei senkrechten Rohrböden durch Auftreiben mittels Dornes befestigt werden, eine Verbindung, die, wenn sie überhaupt dicht ist, weder Drücke noch die Erschütterungen beim Wagenbetriebe aushalten würde.[1])

Vieles auf dem Gebiete der Maschinenkühlung bleibt noch immer der Forschung auf dem Wege des Versuches überlassen. Ebenso unsicher, wie man vorläufig in der Schätzung der abzuführenden Wärmemenge und ihrer Abhängigkeit von der Betriebsart der Maschine ist, ist man es auch in der Wahl der Kühlwassermenge und allen anderen maßgebenden Größen. Erwähnt möge noch werden, daß auch schon versucht worden ist, statt des Wassers Öl als Kühlflüssigkeit zu verwenden, dessen kleine spezifische Wärme (etwa 0,40 bis 0,42) aber eine größere Kühleroberfläche bedingt.

Anlassen.

Innerhalb der bei Motorwagen in Betracht kommenden Abmessungen der Zylinder können die Maschinen ohne besondere Schwierigkeit mit Hilfe der bekannten Handkurbel, Fig. 354, angedreht werden. Die Kurbel ist an ihrer Nabe mit zwei Klauenzähnen versehen und nimmt, wenn sie gegen die Maschine hin gedrückt und dann gedreht wird, entsprechende Zähne oder auch einfache runde Stifte mit, die auf einer Muffe auf der Verlängerung der Kurbelwelle sitzen. Im regelmäßigen Betriebe muß die Kurbel durch eine Feder ausgerückt werden, die beim Andrehen zusammengedrückt wird. Die Nabe ist in einer geschmierten Hülse zu führen, die im Kurbelgehäuse eingesetzt ist. Je nach der Größe des Wagens macht man die Kurbel von Mitte Nabe bis Mitte Griff 160 bis 240 mm lang. Die zulässige Länge wird dadurch begrenzt, daß man mit der Hand zwischen den vorstehenden Enden der Rahmenlängsträger bequem hindurchkommen muß. Der Griff an der Kurbel besteht aus Holz oder einem Messingrohr und muß leicht drehbar sein. Die Kurbel wird während der Fahrt in einer Riemenschlinge wagerecht gehalten, damit sie nicht herunterhängt und irgendwo anstößt.

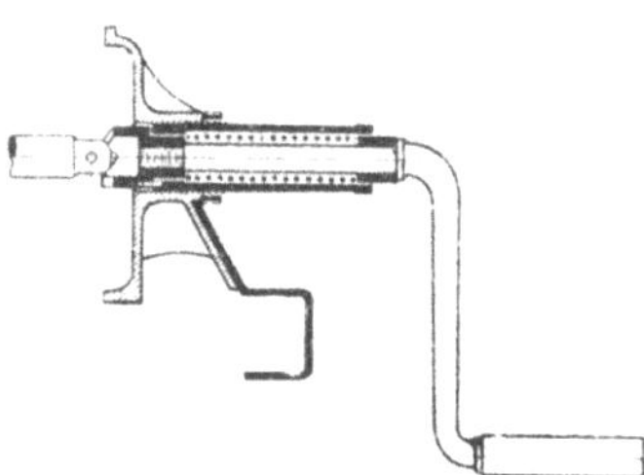

Fig. 354. Anlaßkurbel.

Größere Zylinderdurchmesser (etwa von 90 mm an) machen Einrichtungen zum Vermindern der Verdichtung beim Andrehen erforderlich, damit das Andrehen nicht allzu beschwerlich wird. Solche sind in den Hähnen auf dem Verdichtungsraum, durch die man, wenn es nicht anders geht, auch etwas Benzin in die Zylinder eintropfen kann, um das Anspringen zu erleichtern, immer vorhanden, auch bei kleineren Maschinen. Eine besondere Einrichtung hierfür, wobei die Auspuffventile mit Hilfe besonderer, durch Verschieben der Steuerwelle zur Wirkung kommender Daumen verspätet geschlossen werden, ist schon auf S. 218 erwähnt. Fig. 355, S. 265, zeigt, wie man das Eindrücken der Andrehkurbel mit dem Verschieben der Steuerwelle auch zwangläufig verbinden kann. Man erhält hierbei die linke Hand

[1]) Näheres hierüber s. Der Motorwagen 1910, S. 237.

frei, mit der man sonst den Hebel zum Verschieben der Steuerwelle festhalten müßte, so daß man sich mit der Hand auf den Rahmen stützen kann.

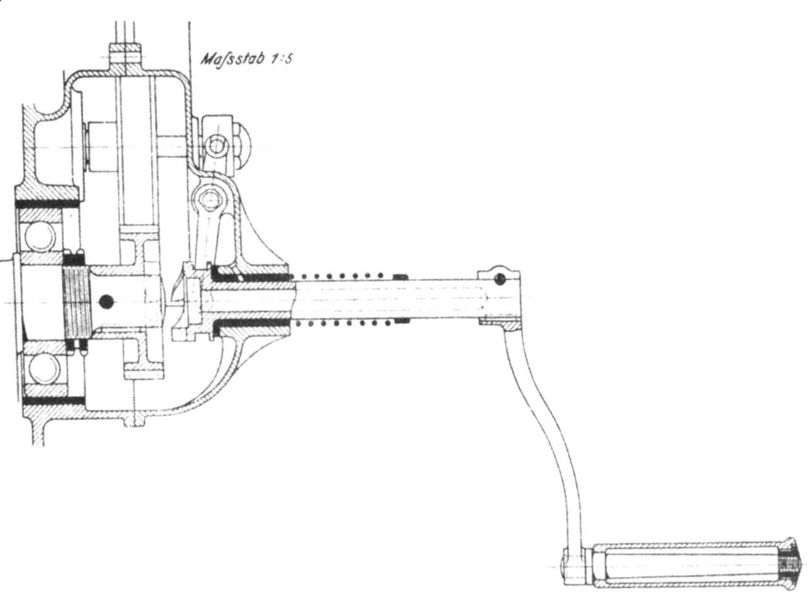

Fig. 355. Verschieben der Steuerwelle beim Eindrücken der Andrehkurbel.

Die Form der Klauen auf der Nabe der Andrehkurbel bietet die Sicherheit, daß der Eingriff mit der Kurbelwelle selbsttätig gelöst wird, sobald diese beim Einsetzen der Zündungen schneller läuft, als die Kurbel gedreht werden kann. Einen Schutz gegen sehr heftige Rückschläge, die bei Frühzündung in einem Zylinder auftreten können, bietet sie allerdings nicht. Soll auch diese Gefahr ausgeschlossen werden, so muß die Kurbel nach der Art der Sicherheitskurbel der Gasmotoren-Fabrik Deutz mit zwei getrennten Sperrwerken versehen sein, s. Fig. 356 und 357. Die Kurbel ist in der bekannten Weise an der mit der Spindel *a* zusammenhängenden Nabe *b* mit Klauenzähnen versehen und nimmt beim Drehen im Sinne des Uhrzeigers den in das Ende der Kurbelwelle *c* gesteckten Bolzen *d* mit. Läuft die Kurbelwelle voraus, so löst sich diese Kupplung selbsttätig, indem

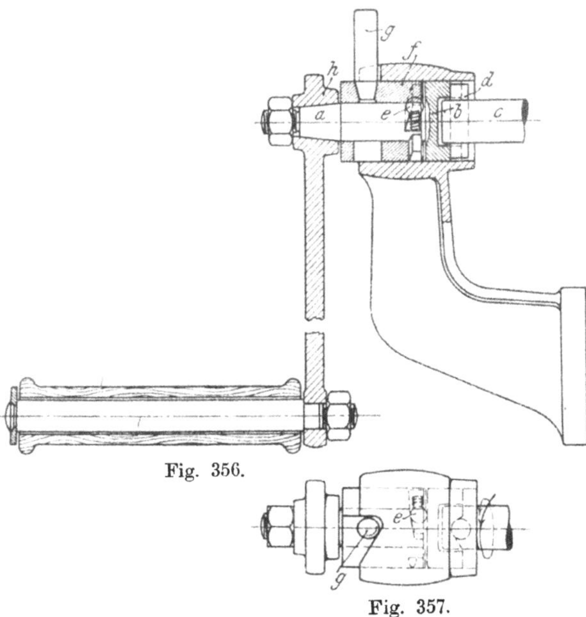

Fig. 356.

Fig. 357.

Fig. 356 und 357. Sicherheits-Andrehkurbel der Gasmotoren-Fabrik Deutz.

die Kurbelnabe nach links herausgedrängt wird. Läuft dagegen die Kurbelwelle rückwärts, so wird hierbei die Nabe *b* durch die Klemmkugeln *e* mit der Muffe *f* gekuppelt, die lose auf der Spindel *a* sitzt und gegen Mitnahme in der Drehrichtung der Andrehkurbel durch den Bolzen *g* gesichert ist. Bei der gewaltsamen Rückwärtsdrehung gleitet der Bolzen *g* aus seiner Vertiefung empor und die Muffe *f* nimmt die ganze Kurbel mit, deren Eingriff somit gelöst wird.

Ein großes Bedürfnis nach so weitgehender Sicherung beim Andrehen hat sich aber bis jetzt kaum fühlbar gemacht. Das liegt hauptsächlich daran, daß Frühzündungen bei Wagenmaschinen außerordentlich selten geworden sind. Allen Wagenführern wird eingeprägt, daß sie beim Andrehen den Verstellhebel der Zündung auf Spätzündung einstellen müssen; trotzdem könnte, z. B. infolge von glühend gebliebenen Kohlenstücken beim Andrehen nach einer kurzen Pause Frühzündung eintreten, allein ein solcher Fall liegt schon außerhalb des Bereiches der Wahrscheinlichkeit. Durch die neue Eisemannsche Einrichtung, s. S. 125, wird übrigens ganz selbsttätig beim Andrehen auf Spätzündung eingestellt, so daß auch bei einem Versehen des Wagenführers ein Unfall für ausgeschlossen erachtet werden kann.

Vor einigen Jahren war das Interesse für Vorrichtungen, die das Anlassen der Maschine vom Führersitz aus ermöglichen, sehr groß. Man empfand plötzlich die Notwendigkeit, beim Versagen der Maschine absteigen und mitunter in recht beschwerlicher Weise die Andrehkurbel bedienen zu müssen, als große Unbequemlichkeit und sann auf Abhilfe. Von den vielen Vorschlägen die hierfür gemacht worden sind, hat sich nur das Anlassen mit Druckluft als ausführbar erwiesen, wenngleich auch solche Einrichtungen nur ausnahmsweise verwendet werden dürften. Das Wesen dieser Einrichtung mag an der Hand der Ausführung von A. Saurer in Arbon (Schweiz), S. 267, besprochen werden, die sich nur in den Einzelheiten der Steuerung von anderen unterscheidet. Die Anlaßvorrichtung erfordert neben einem Druckluftbehälter einen Kompressor, Fig. 358 und 359, ein Steuergehäuse am Spritzbrett, Fig. 360 und 361, sowie eine besondere Steuerung an der Maschine, Fig. 362 und 363, ist also so verwickelt, daß der damit erzielte Vorteil recht klein erscheint. Der einfachwirkende Kompressor *a*, dessen Zylinder mit Kühlrippen versehen ist, wird von der Hauptwelle *b* des Wagens durch ein Rädervorgelege angetrieben, das man einrückt, indem man den Hebel *c* auf dem Führersitz aus der Mittelstellung II in die Lage I bringt. Der Kompressor fördert dann Druckluft durch das geöffnete Ventil *d*, Fig. 360, über die Leitung *e* in den Luftbehälter, der solange aufgeladen wird, bis der Druck nicht mehr steigt. Der schädliche Raum des Kompressors ist so bemessen, daß beim Erreichen eines bestimmten Höchstdruckes nichts mehr gefördert wird. Das Manometer *f* zeigt diesen Druck an, da der Raum *g* mit dem Raum über dem Ventil *d* in Verbindung steht. Ist der Höchstdruck erreicht, so schließt man das Ventil *d*, damit der Kompressor entlastet wird, und schaltet den Kompressor aus. Um die Maschine in Gang zu setzen, öffnet man zunächst das Ventil *d* und sodann durch Umlegen des Hebels *c* in die Stellung III das Ventil *h*, wodurch Druckluft über die Leitung *i* in das Steuergehäuse, Fig. 362 und 363, gelangt. Der hierin gelagerte, von der Steuerwelle durch Kegelräder und eine senkrechte Spindel in Umlauf versetzte Rohrschieber *k* läßt dann durch einen seiner Schlitze und den daran anschließenden Kanal des Verteilgehäuses *l* sowie durch eines der selbsttätigen Ventile *m* die Druckluft gerade in denjenigen Zylinder eintreten, welcher sich in der richtigen Hubstellung befindet. Erfahrungsmäßig reicht ein Druck von 3,5 at aus, um die Maschine soweit zu beschleunigen, daß sie sofort in regelmäßigen Gang kommt. Da der Luftbehälter bis zu 40 at aushalten kann, so läßt sich darin verhältnismäßig viel Luft aufspeichern und der Kompressor braucht nur selten in Tätigkeit gesetzt zu werden.

Man kann die Druckluft auch zum Betriebe der Huppe und zum Aufpumpen der Luftreifen benutzen.

Maschinen, die mit Batterie-Kerzenzündung, also mit Induktionsspule und Neefschem Hammer arbeiten, kann man unter gewissen Voraussetzungen häufig durch einfaches Verstellen des Stromverteilers in Gang bringen. Da jede Vierzylindermaschine, wenn sie sich selbst überlassen bleibt, in jener Stellung zur Ruhe kommt, wo alle Kurbeln wagerecht liegen, weil sich nur dann alle Kolbendrücke das Gleichgewicht halten, so braucht man nur in demjenigen Zylinder, welcher sich in der richtigen Hubstellung befindet, das Gemisch zu entzünden, um die Maschine in Gang zu setzen. Brennbares Gemisch wird in der Regel in dem Zylinder vorhanden sein, wenn man die Maschine bei abgestellter Zündung und nicht vollständig geschlossenem Drosselhahn auslaufen läßt. Man hat dann nur darauf zu achten, daß der Verteiler stark auf Frühzündung verdreht werden muß, damit der Funken in dem richtigen Zylinder überspringt. Die Erfahrung hat bewiesen, daß die Maschine mitunter in Gang kommen kann, auch wenn in dem Zylinder gar kein Überdruck vorhanden ist. Die Anwendbarkeit dieses Verfahrens ist also nicht von der Dichtheit der Kolben abhängig, wie

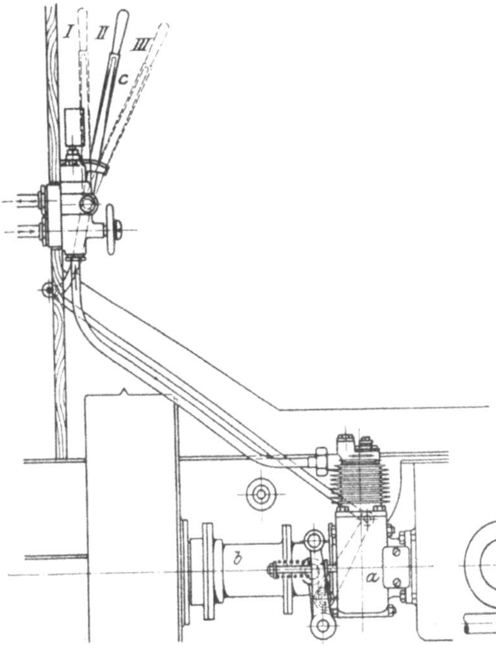

Fig. 358. Fig. 359. Fig. 361. Fig. 360. Fig. 362. Fig. 363.

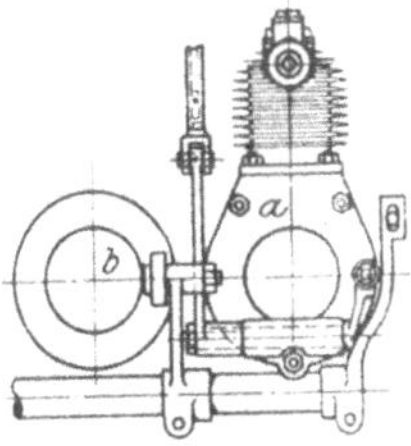

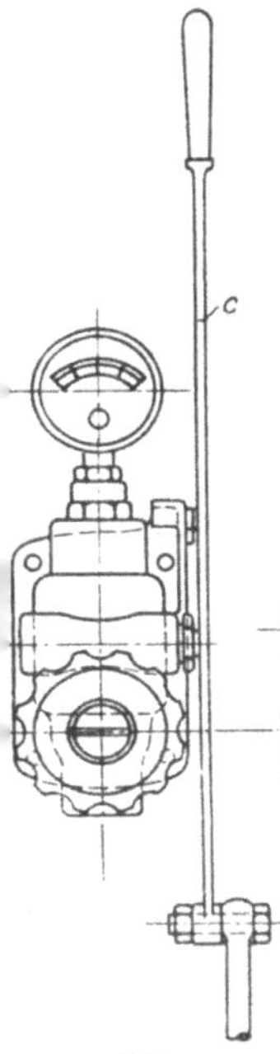

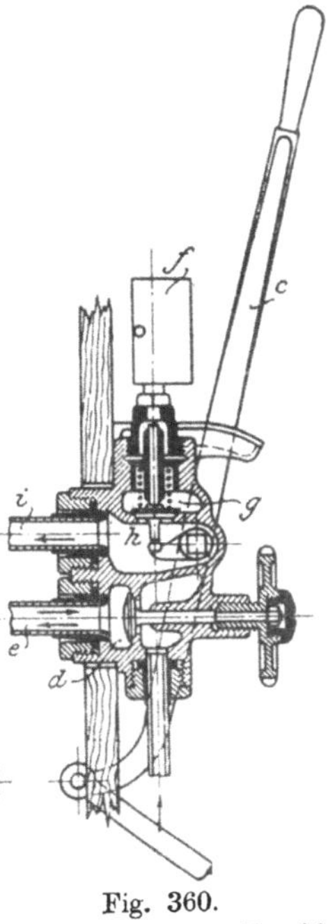

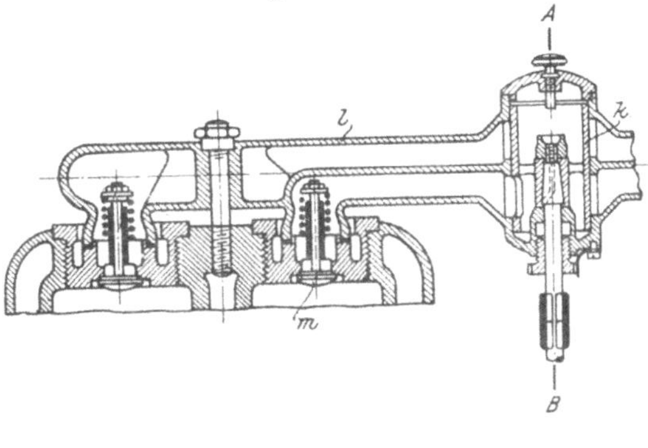

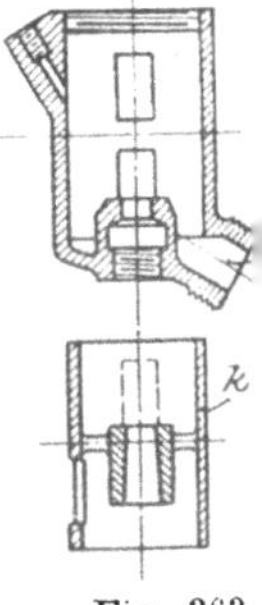

Fig. 358 bis 363. Druckluft-Anlaßvorrichtung von A. Saurer in Arbon (Schweiz).

man noch vielfach glaubt, sondern nur davon, daß überhaupt zündbares Gemisch im Zylinder bleibt. Diese Bedingung läßt sich, wie es scheint, leicht erfüllen.

Bei Maschinen von großen Zylinderabmessungen, also insbesondere solchen für Motorboote, lassen sich besondere Einrichtungen zum Anlassen selten umgehen. Für diese Maschinen kann man entweder die beschriebene Druckluft-Anlaßvorrichtung oder statt der Druckluft die hochgespannten Explosionsgase verwenden, die man durch Rückschlagventile aus den Zylindern in einen Behälter abzapft. Dadurch kann man den Kompressor umgehen. Die Daimler-Motoren-Gesellschaft in Berlin-Marienfelde und die Neue Automobil-Gesellschaft in Berlin haben ihre rd. 100 pferdigen Motorbootmaschinen für die deutsche Marine mit einer anderen Anlaßeinrichtung versehen[1]): In dem Zylinder einer kleinen Handpumpe, die an einen Benzinvergaser angeschlossen ist, stellt man brennbares Gemisch her und drückt es durch eine Verteilleitung in die Zylinderköpfe. Sodann setzt man eine kleine Zünddynamo ebenfalls mit der Hand in Tätigkeit und diese entzündet die Ladung zunächst in dem gerade auf Hub stehenden und dann in den richtig folgenden Zylindern, so daß die Maschine in Gang kommt. Diese Einrichtung hat sich bis jetzt als recht zuverlässig erwiesen.

Schalldämpfer.

Der große Überdruck, mit dem die Auspuffgase aus dem Zylinder entweichen, macht Einrichtungen zum Dämpfen des Auspuffgeräusches bei Motorwagen zur unbedingten Notwendigkeit. Die Aufgabe des Auspufftopfes ist, durch Abkühlung und allmähliche Entspannung den Druck der Auspuffgase möglichst nahe an denjenigen der Außenluft heranzubringen. Ein Teil dieser Aufgabe wird schon durch die Auspuffleitung erfüllt, deren Querschnitt man zweckmäßig $1^1/_2$ mal so groß macht, wie den freien Querschnitt des Auspuffventiles, und die man vielfach durch die ganze Länge des Wagens zu dem hinten angebrachten Auspufftopf führt, so daß ihre verhältnismäßig große Oberfläche reichliche Gelegenheit zur Abkühlung der Gase bietet. Im Auspufftopf schaltet man gewöhnlich mehrere Kammern mit großer Oberfläche und einem Vielfachen des Inhaltes eines Zylinders hintereinander, wobei die Querschnitte der Verbindungsöffnungen zwischen den Kammern entsprechend der Druckabnahme der Auspuffgase zunehmen. Auf diese Weise vermeidet man, daß die Maschinenleistung durch Gegendruck vermindert wird. Wie die tägliche Beobachtung im Straßenverkehr beweist, ist es bei Beobachtung dieser einfachen Regeln durchaus möglich, das Auspuffgeräusch, das früher mit dem Motorwagen unlösbar verknüpft schien, vollständig zu beseitigen und die neueren auf geräuschlose Maschinensteuerungen abzielenden Bestrebungen beweisen, daß heute nicht mehr im Auspuff der geräuschvollste Teil des Motorwagens erblickt wird.

Die bauliche Durchführung der angeführten allgemeinen Regeln ist auf zahlreiche Arten möglich. Während einzelne Fabriken den Auspufftopf durch eine Anzahl aufeinanderfolgender blasenartiger Erweiterungen der Auspuffleitung ersetzen, andere, noch einfacher, die Auspuffleitung auf ihrer ganzen Länge mit feinen Öffnungen versehen, wird doch bei der Mehrzahl der Gedanke der aufeinanderfolgenden großen Kammern als der beste angesehen. Bei dem Schalldämpfer der Adlerwerke, Fig. 364 und 365, S. 269, strömen die Auspuffgase zunächst durch zwei große, durch einen gelochten Boden getrennte Kammern und sodann durch ein verhältnismäßig fein gelochtes Siebrohr in eine dritte Kammer, welche die Gase durch ein ähnliches, rechtwinklich zum ersten gestelltes Siebrohr wieder verlassen. Sehr einfach herzustellen sind Auspufftöpfe aus einer Reihe von konzentrisch inein-

[1]) Vgl. Z. Ver. deutsch. Ing., 1910, S. 1464; 1911, S. 1471.

ander gesteckten, an entgegengesetzten Enden gelochten Rohren, Fig. 366, die mit Hilfe einer durchgehenden Schraubenspindel zwischen zwei Böden festgehalten werden und zwischen denen die Gase abwechselnd in entgegengesetzten Richtungen

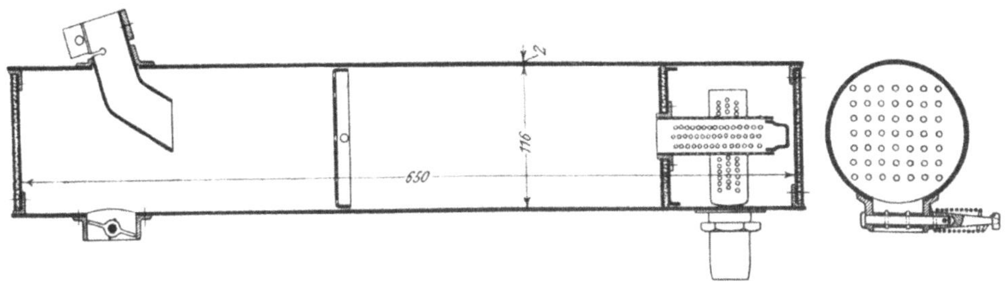

Fig. 364. Fig. 365.
Fig. 364 und 365. Schalldämpfer der Adlerwerke.

hindurchgeführt werden, ähnlich einfach sind auch solche, bei denen die ineinandersteckenden Rohre exzentrisch liegen, Fig. 367 und 368, bei denen man also außer der erwähnten Zickzackführung auch noch eine Bewegung der Gase nach dem

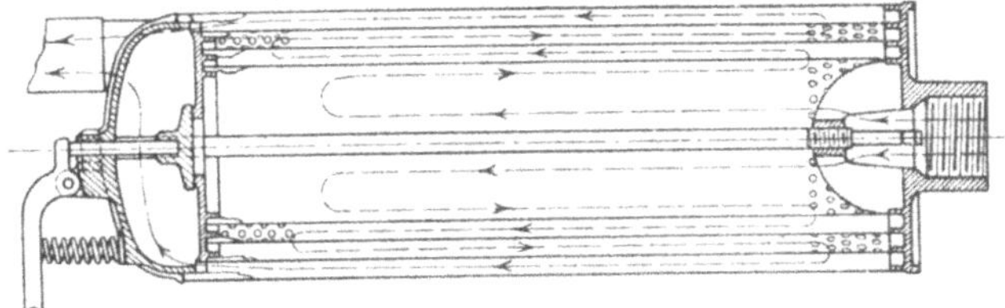

Fig. 366. Schalldämpfer aus konzentrischen Rohren.

sich erweiternden Teil jeder Kammer hin erreichen kann. Die angeführten Beispiele genügen, um einen Anhalt für die Vielmöglichkeit brauchbarer Lösungen zu gewinnen.

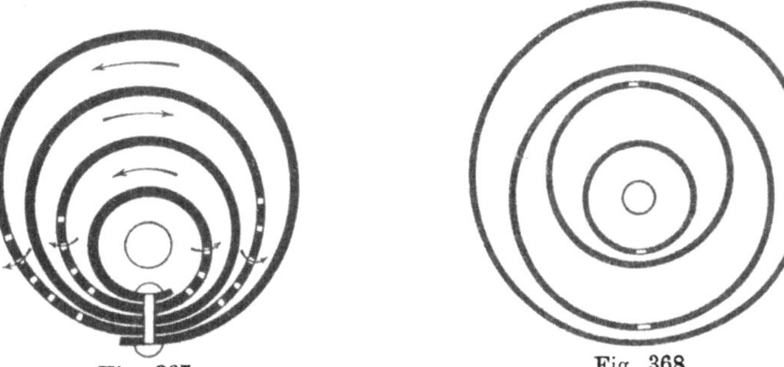

Fig. 367. Fig. 368.
Fig. 367 und 368. Schalldämpfer aus exzentrischen Rohren.

Jeder Auspufftopf muß mit einer Klappe oder einem Ventil versehen werden, das gestattet, die Gase ungehindert austreten zu lassen. Es empfiehlt sich, dieses Ventil stets so anzuordnen, daß es sich bei starkem Überdruck im Auspufftopf selbsttätig öffnet, weil man dann bei einer Explosion im Auspufftopf (dem bekannten „Knallen") vermeidet, daß der Auspufftopf gesprengt werden kann. Davon unabhängig soll das Blech, aus dem der Topf genietet oder geschweißt wird, nicht zu schwach, sondern einigen Atmosphären Innendruck gewachsen sein.

Explosionen im Auspufftopf und in der Auspuffleitung treten bei der Fahrt fast immer dann ein, wenn infolge Versagens von Zündungen unverbranntes Gemisch in die Auspuffleitung ausgestoßen wird. Das Gemisch entzündet sich dann an den heißen Rohrwandungen und verbrennt mit lebhaftem Knall. Häufig treten aber auch solche Explosionen beim Anlassen auf, insbesondere dann, wenn man die Maschinen durch Einschalten der Zündung vom Sitz aus anläßt und zu diesem Zweck vorher mit abgestellter Zündung auslaufen läßt. Das in der Auspuffleitung vorhandene brennbare Gemisch wird hierbei nicht selten durch die heißen Auspuffgase entzündet. Maschinen mit 6 und mehr Zylindern sollen sich hierbei ungünstiger verhalten als Maschinen mit 4 Zylindern, weil bei ihnen die Zeitabstände zwischen den Zündungen geringer sind.

Bei Maschinen für lenkbare Luftschiffe muß die Gefahr des Knallens mit besonderer Sorgfalt vermieden werden, denn die aus dem Auspufftopf herausschlagende Flamme kann den ganzen Gasvorrat in Brand setzen. Es empfiehlt sich hier vielleicht, nicht mehr als 4 Zylinder an einen Auspufftopf anzuschließen. Bei Flugmaschinen hat man vorläufig, wohl aus Rücksicht auf Gewichtersparnis noch keine Auspufftöpfe und auch keine eigentlichen Auspuffleitungen.

Bootmaschinen können sehr leicht gekühlte Auspufftöpfe erhalten. Auch kann man hier die Gasreste durch eine Art Schornstein ableiten.

Nicht so leicht wie das Geräusch läßt sich allerdings der Geruch der Auspuffgase beseitigen. Da dieser in erster Linie auf unverbrannten Brennstoff zurückzuführen ist, so muß angestrebt werden, das Gemisch bei jeder Leistung der Maschine in solcher Zusammensetzung herzustellen, daß es vollständig verbrannt werden kann. Von diesem Ideal ist man allerdings bei den heutigen Vergaserbauarten noch weit entfernt. Versuchen aber, die Gase dadurch geruchlos zu machen, daß man sie über gewisse Absorptionsmittel leitet, könnte man, selbst wenn sie von Erfolg begleitet wären, kaum wissenschaftliche Beachtung schenken.

Allgemeine Anordnung der Zubehörteile.

Die mit der Maschine in Verbindung stehenden Zubehörteile, deren Aufgaben in den vorstehenden Abschnitten erörtert worden sind, müssen in dem verfügbaren beschränkten Raum, den die Haube bietet, übersichtlich und leicht zugänglich angeordnet werden. Da die Motorwagen heute schon vielfach von technisch wenig vorgebildeten Führern bedient werden müssen, so ist auf die Erfüllung dieser eigentlich selbstverständlichen Forderung hier ein ganz besonderes Gewicht zu legen. Im allgemeinen wird man also trachten müssen, die Zubehörteile, den Vergaser, die Zünddynamo, die Kühlwasserpumpe, die Schmierpumpe sowie alle zur Maschine gehörigen Leitungen in dem vorhandenen Raum gleichmäßig zu verteilen und ihre Wirksamkeit durch ein Mindestmaß an Leitungen und Hebelwerk zu sichern. In der Durchführung dieses Planes verhalten sich nun, auch wenn man sich ausschließlich auf Maschinen mit vier in einer Reihe hintereinander stehenden Zylindern beschränkt, die Bauarten je nach der Anordnung der Steuerung recht verschieden.

Maschinen mit einer einzigen Steuerwelle: Einström- und Auspuffventile liegen hier auf einer Maschinenseite, die Rohrkrümmer für die Zuführung des frischen Gases und für die Ableitung der Auspuffgase müssen also auf der Ventilseite der Maschine angebracht werden; damit man sich beim Anfassen der Steuerung, z. B. beim Einstellen der Spindellängen, die Hände nicht unbedingt verbrennen muß, bringt man wenigstens den Auspuffkrümmer oben und das Einlaßrohr darunter an. Wird dann der Vergaser, wie es nahe liegt, in der Zweigstelle des zweiarmigen Einströmkrümmers angeordnet, so ist fast die ganze Ventilseite der Maschine mit Zubehörteilen verbaut, Fig. 369. Aus diesem Grunde scheint es zweckmäßig, wie bei der Maschine nach Fig. 318 und 319, S. 232, die paarweise nebeneinanderliegenden Einlaßventile durch zwei eingegossene Krümmer an ein Ansaugrohr anzuschließen, das auf der entgegengesetzten Seite der Maschine liegt und an das man den Vergaser sehr bequem anbauen kann. Da auch die Lenksäule, von der aus man den Drosselschieber einstellt, auf dieser Seite liegt, so braucht auch das Stellwerk nicht, wie bei anderen Maschinen, zwischen den Zylinderpaaren hindurchgeführt zu werden. Diese Bauart eignet sich also sehr gut dafür, das Aussehen der Maschine zu vereinfachen, allerdings muß man die Einströmkanäle so bemessen, daß sie die Zylinderabstände nicht unnötig vergrößern.

Fig. 369. Anordnung der Zubehörteile bei einer Maschine der Adlerwerke.

Beim Antrieb von Zünddynamo und Kühlwasserpumpe läßt sich die Verwendung einer besonderen Hilfswelle schon deshalb nicht umgehen, weil die normale Zünddynamo bei Vierzylindermaschinen die gleiche Umlaufzahl haben muß, wie die Kurbelwelle und weil auch bei der Umlaufpumpe höhere Umlaufzahlen zur Verminderung der Abmessungen sehr erwünscht sind. Sehr oft wird diese Hilfswelle quer vor die Maschine gelegt und durch Schraubenräder im Verhältnis von 1 : 2 von dem Ende der Steuerwelle angetrieben, Fig. 370. Man setzt dann die Kühlwasserpumpe auf die (linke) Ventilseite der Maschine, erhält also kurze Leitungen zum Kühler und zur Maschine, während die Lage der Zünddynamo auf der rechten Seite das Hebelwerk für die Verstellung des Zündzeitpunktes verkürzt und eine bequeme Anordnung der Zündleitungen gestattet. Beim Öffnen der Haube sind diese Teile bequem zugänglich, da sie ganz vorne liegen. Nicht so bequem ist die Anordnung der Teile, wenn man nach Fig. 272, S. 200, die Hilfswelle auf der

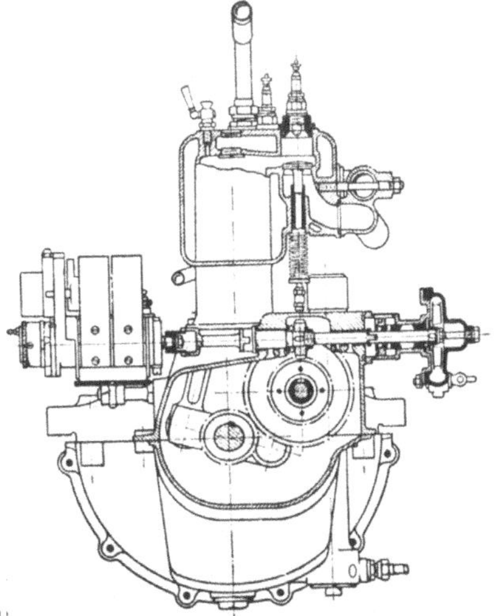

Fig. 370. Antrieb von Zünddynamo und Umlaufpumpe bei einer Maschine der Adlerwerke.

Ventilseite parallel zur Steuerwelle legt. Der zwischen den Längsträgern des Wagens verfügbare Raum wird zwar gut ausgenützt, auch braucht man nur eine Seite der Haube zu öffnen, um zu beiden Teilen gelangen zu können, dagegen versperren die Kühlwasserleitungen, die unnötig lang sind, den Zugang zu der Steuerung. Die Anordnung wird geradezu unmöglich, wenn man nicht von oben her eingesetzte Ventile verwendet oder den Vergaser mit dem Ansaugrohr nicht auf andere Weise auf die gegenüberliegende Maschinenseite versetzen kann. Berücksichtigt man, daß hierbei die rechte Seite fast unbenützt bleibt, so stellt sich unter Umständen eine Bauart etwa nach Fig. 329, S. 237, wobei die Hilfswelle auf der rechten Maschinenseite, sozusagen als zweite Steuerwelle gelagert wird, noch als die bessere Lösung dar. Man muß dann nur dafür sorgen, daß die Steuerung nicht schon durch den Vergaser mit Ansaugrohren und den Auspuffkrümmer unzugänglich gemacht wird.

Maschinen mit zwei Steuerwellen: Der Vorteil, den man zugunsten dieser Bauart geltend zu machen pflegt, nämlich daß man hier gegebenenfalls ohne Hilfswelle auskommen kann, wird in der Praxis selten zu erreichen sein. Vergaser mit Einströmleitungen auf der einen (rechten) und Auspuffkrümmer auf der anderen (linken) Seite der Maschine machen diesen Teil der Verteilung sehr bequem, und das ist der wesentliche Vorzug dieser Bauart. Dagegen wird man beim Antrieb von Zünddynamo und Kühlwasserpumpe auch hier nicht umhin können, zu der einfachsten Lösung, der kurzen Hilfswelle, zu greifen. Es liegt wohl nahe, Zünddynamo und Kühlwasserpumpe auf die Enden der Steuerwellen aufzusetzen. Hierfür sind aber (bei Vierzylindermaschinen) ihre Umlaufzahlen nicht hoch genug, man muß also schon wenigstens ein Vorgelege anwenden, wenn man sich mit den großen Abmessungen der Pumpe abfinden will. Soll ferner die Länge der Maschine nicht übermäßig groß werden, so muß man die Antriebzahnräder der Steuerwellen nach hinten legen, wo sie große Durchmesser erhalten, weil das Rad auf der Kurbelwelle nicht klein genug gemacht werden kann. Läßt man die Zahnräder vorne und versucht die Pumpe und die Zünddynamo nach hinten zu legen, so erhält man lange Kühlleitungen. Man kommt also schließlich dahin, die kurze Hilfswelle parallel zur Steuerwelle auf die Auslaßseite zu legen, s. Fig. 273, S. 202, zumal da man in der Breite zwischen den Wagenträgern nicht sehr beschränkt ist. Die Zustellung des Hebelwerkes für die Verstellung des Zündpunktes bleibt aber auch dann noch sehr unbequem. Die obige Erörterung zeigt, wie wenig Vorteile die Steuerung mit zwei Wellen bietet und daß man, wenn es die Anordnung der Rohrleitungen gestattet, auf alle Fälle davon Abstand nehmen soll.

Maschinen mit obenliegender Steuerwelle: Hier lassen sich die Vorteile, die für die Maschinen mit zwei Steuerwellen bezüglich des Vergasers und der Rohranschlüsse geltend gemacht worden sind, ebenfalls erreichen. Daß die Steuerung trotzdem unzugänglich bleibt, braucht nicht an den Leitungen, sondern nur an der Steuerwelle zu liegen. Unten herum bleibt der ganze Raum an den Zylindern für die Zünddynamo und die Pumpe frei, die man am einfachsten wohl wieder auf eine quer vor der Maschine liegende Welle setzen wird. Die Welle kann bequem von der senkrechten Kegelradwelle angetrieben werden, die zur Steuerwelle hinaufführt und die man aus den gleichen Gründen, die für die Steuerzahnräder gelten, stets am vorderen Maschinenende anordnet. Vergaser und Zünddynamo werden dann rechts, Auspuffkrümmer und Kühlwasserpumpe links von der Maschine liegen, wie es am bequemsten ist.

Für die Unterbringung der Schmierpumpe bietet das Kurbelgehäuse in der Regel reichlich Gelegenheit. Allerdings ist die Pumpe im Gehäuse wenig zugänglich, allein die Bedenken dagegen sind nicht erheblich, da z. B. an einer kleinen Kolbenpumpe, schwer irgend etwas versagen kann. Gegen das Anordnen der

Schmierpumpe außen am Kurbelgehäuse, vgl. Fig. 321 und 322, S. 234, spricht, und zwar entschieden, der Umstand, daß die erforderlichen Rohranschlüsse undicht werden können, so daß der Ölvorrat ausläuft.

Die Lage des gegebenenfalls vorhandenen Ventilators unmittelbar an der Hinterseite des Kühlers ist durch seine Aufgabe bestimmt. Man treibt ihn mittels eines runden oder flachen Riemens von der Kurbelwelle der Maschine (im Höchstfalle mit etwa 2000 Uml/min) und setzt häufig das Lager auf einen durch eine Feder belasteten Hebel, so daß die Federspannung den Riemen stets gespannt hält. Den Stützpunkt des Ventilatorlagers soll im allgemeinen nicht der Zylinderkörper bilden, dessen dünner Kühlmantel leicht beschädigt werden kann, sondern eine besondere Säule, z. B. wie in Fig. 326 und 327, S. 236, das zum Entlüften des Kurbelgehäuses dienende Rohr.

Zweitaktmaschinen.

Der Wunsch, die gebräuchlichen Viertaktmaschinen bei Motorfahrzeugen durch Zweitaktmaschinen zu ersetzen, ist fast ebenso alt, wie die ganze neuere Motorfahrzeugtechnik. Immer wieder hat die Aussicht, die Zahl der Krafthübe im Verhältnis zur Viertaktmaschine verdoppeln und — vorausgesetzt, daß die Umlaufzahl gleich bleibt — das auf die Einheit der Leistung entfallende Gewicht wesentlich vermindern zu können, zu Versuchen in dieser Richtung Anlaß geboten, die trotzdem bis heute ergebnislos geblieben sind. Für den Motorwagen und für die Luftschifffahrt hat die Zweitaktmaschine, wie sie ursprünglich gedacht war, nämlich betrieben mit leicht verdampfenden Brennstoffen, auch heute noch keine praktische Bedeutung, und es scheint ausgeschlossen, daß sich an diesem Zustande in absehbarer Zeit etwas ändern wird. Es läßt sich aber nicht in Abrede stellen, daß die Arbeiten auf diesem Gebiete eine gewisse Vorstufe für die Zweitaktmaschinen mit Brennstoffeinspritzung gebildet haben, denen schon eine große Bedeutung zukommt. Von diesem Standpunkt aus mag es gerechtfertigt erscheinen, wenn diesem Gegenstande ein kurzer Abschnitt gewidmet wird.

Die erste brauchbare Anregung für den Bau einer Zweitaktmaschine für den Fahrzeugantrieb scheint von Deutschland ausgegangen zu sein. Die in Fig. 371 und 372, S. 274, wiedergegebene Zwillingsmaschine von Heinrich Söhnlein in Wiesbaden[1]) ergibt bei 180° Kurbelstellung zwei Krafthübe für jede Kurbelumdrehung, ist also, was Gleichförmigkeit des Umlaufes und Ausgleich aller Kräfte, einschließlich der Wirkungen der hin und her gehenden Massen anbelangt, der Vierzylinder-Viertaktmaschine vollkommen gleichwertig. An Einfachheit ist sie ihr aber noch weit überlegen, denn gesteuerte Ventile für den Eintritt und Austritt aus den Zylindern sind hier überhaupt nicht vorhanden. Kennzeichnend für die Maschine ist die Anwendung der Kurbelkammer *b* als Pumpenraum für den entsprechenden Zylinder *a*. Die Lager der Welle sind zu diesem Zwecke gasdicht abgeschlossen. Der aufsteigende Kolben *d* erzeugt in der Kurbelkammer einen Unterdruck, wodurch das Ventil *e* geöffnet und Brennstoff in den als Vergaser dienenden Raum *f* angesaugt wird. Nach dem Freilegen der Öffnung *g* füllen sich die Kurbelkammer und die Leitungen *h* und *i* mit Luft von atmosphärischer Spannung. Geht dann der Kolben nieder, so wird die Luft zunächst etwas verdichtet und durch Hinüberdrücken von Luft in den Vergaserraum *f* brennbares Gemisch gebildet. Über dem Kolben hat gleichzeitig eine Verbrennung mit anschließender Entspannung stattgefunden. Die verbrannten Gase puffen, sobald der Kolben die Öffnung *k* freilegt, aus und werden von dem unmittelbar darauf durch die Öffnung *m* eintreten-

[1]) Zeitschr. des Mitteleuropäischen Motorwagen-Vereins 1903.

den, durch den Löffel n am Kolben nach oben abgelenkten frischen Gemisch allmählich verdrängt. Die Leistung kann mit Hilfe des Drosselhahnes durch Ändern der Ladung geregelt werden. Der Vergaserraum ist mit einem Heizmantel versehen, so daß auch Spiritus oder Petroleum darin verdampft werden können.

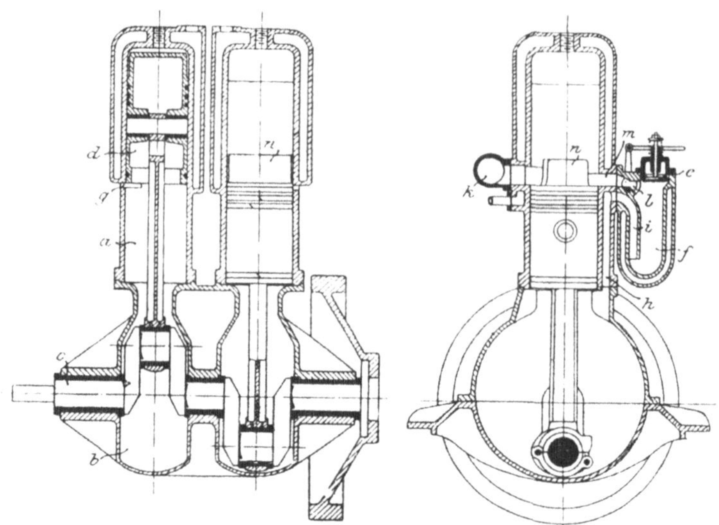

Fig. 371 und 372. Zwillingsmaschine von Heinrich Söhnlein, Wiesbaden.

Maschinen dieser Bauart hat man insbesondere in den Vereinigten Staaten, wo das Bedürfnis nach sehr billigen Maschinen groß ist, vielfach ausgeführt. Man unterscheidet hier die mit Fig. 371 und 372 übereinstimmende Bauart (Zweischlitzmaschine) von derjenigen, bei welcher die Überströmöffnung von der Öffnung zum Vergaser getrennt ist (Dreischlitzmaschine), vgl. auch Fig. 373. Aber auch in Deutschland hat z. B. die Gebr. Körting A.-G. in Hannover auf eine ähnlich wirkende, eigentlich noch einfachere Bauart von Hardt, Fig. 373, viele und nicht ganz ohne Erfolg gebliebene Mühe verwendet. Die Maschine sollte mit Lampenpetroleum, das außerhalb der Zylinder verdampft wurde, betrieben und für Unterseeboote verwendet werden. Sie hat sich in dieser Form nicht bewährt[1]), weil sich die Petroleumdämpfe im Kurbelgehäuse mit dem verspritzten Schmieröl anreicherten, so daß die Zündkerzen verrußten und der Schmierölverbrauch unzulässig hoch wurde. Mit der abgeänderten Bauart, Fig. 374, die sich von der früheren dadurch unterscheidet, daß eine besondere, von dem Kurbelgehäuse getrennte Spülpumpe zwischen der Unterseite des Kolbens und der Kreuzkopfführung vorhanden ist, die aber auch ohne Steuerventile arbeitet, sollen gute Erfahrungen gemacht werden sein.

Zu ähnlichen Ergebnissen ist man auch in Frankreich gelangt. Die beiden einzigen Maschinen, die sich dem Wettbewerb 1907 des Automobile Club de France unterzogen, waren die Maschinen von Tony Huber-Peugeot und von Legros, beides Maschinen, die mit besonderen Pumpenräumen versehen sind.[2])

Über Erfahrungen mit Zweitaktmaschinen der in Rede stehenden Art lassen sich nur aus einer Versuchsarbeit von Prof. Watson und R. W. Fleming[1]) einige

---

[1]) Vgl. Norddeutsche Zeitschr. f. d. ges. techn. Industrie, 1. Febr. 1911.

[2]) Mémoires et Compte rendu des travaux de la Société des Ingénieurs Civils de France, 1908.

[3]) Institution of Automobile Engineers, London, 1910. Eine neuere Versuchsarbeit von Scheit und Bobeth aus dem Maschinenlaboratorium der Techn. Hochschule in Dresden konnte nicht mehr berücksichtigt werden. Vgl. Z. Ver. deutsch. Ing. 1912.

wichtige Aufschlüsse gewinnen. Aus den Versuchen geht hervor, daß bei Geschwindigkeiten zwischen 600 und 1500 Uml/min zwischen 35 und 7 v. H. der angesaugten Ladung in den Auspuff gehen, und daß ferner der volumetrische Wirkungsgrad der Maschine innerhalb der gleichen Grenzen von 63 auf 38 v. H. fällt. Daraus allein erklärt sich der geringe mittlere Kolbendruck, der bei der besten Gemischzusammensetzung von etwa 4,4 at bei 600 Uml/min bis auf etwa 3,36 at bei 1500 Uml/min abnimmt. Daß unter diesen Umständen die Nutzleistung dieser Maschine auch im besten Falle hinter derjenigen einer Viertaktmaschine von gleichen Abmessungen zurückbleibt, trotzdem bei dieser nur halb soviel Krafthübe auftreten, überrascht nicht weiter. Die bei den genannten Versuchen benutzte Maschine mit einem Zylinder von rd. 82,5 mm Durchmesser und 82,5 mm

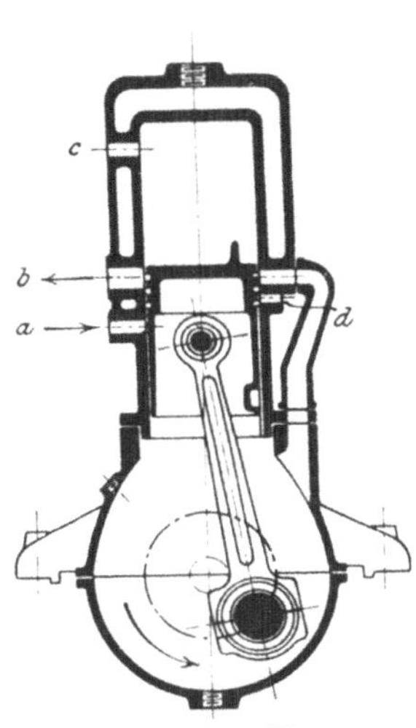

a = Anschluß vom Vergaser,
b = Auspuff,
c = Zündkerzeneinsatz,
d = Lufteinlaß.

Fig. 373. Zweitaktmaschine, Bauart Hardt.

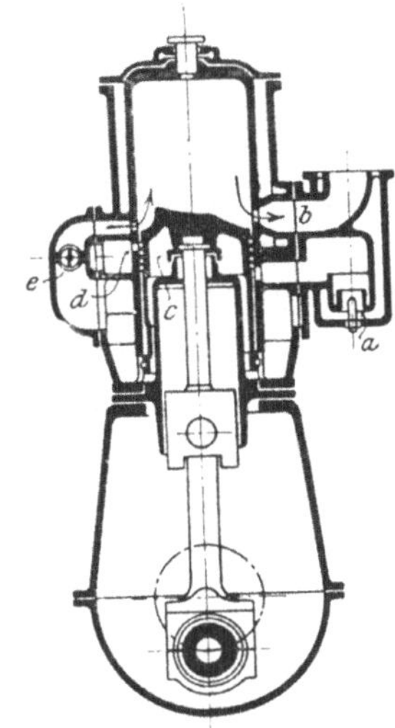

a = Vergaser, *c* = Spülluftpumpe,
b = Auspuff, *d* = Lufteinlaß,
e = Drosselhahn in der Überströmleitung.

Fig. 374. Neuere Zweitaktmaschine der Gebr. Körting A.-G. in Hannover.

Hub würde, wenn sie eine Viertaktmaschine gewesen wäre, nach der üblichen Leistungsformel, bei $p_e = 5{,}5$ at mittleren Kolbendruck und $n = 1600$ Uml/min

$$\frac{5{,}5 \cdot 53{,}46 \cdot 0{,}0825 \cdot 1600}{2 \cdot 60 \cdot 75} = 4{,}32 \text{ PS}$$

geleistet haben, während sie in Wirklichkeit als höchste Bremsleistung etwa 3,7 PS und erst nachdem man durch Ausfeilen der Kanalöffnungen die Drosselung des Gemisches vermindert hatte, rd. 4,5 PS ergeben hat.

Diese Erfahrung hat man auch bei den Versuchen des Automobile Club de France gemacht. Die Maschine von Tony Huber-Peugeot leistete bei Zylinderabmessungen von 140 × 140 mm und rd. 1400 Uml/min nur 12,86 PS, die Maschine von Legros bei Zylinderabmessungen von 100 × 120 mm und 970 Uml/min nur 12,25 PS_e, während sie als Viertaktmaschinen bedeutend höhere Leistungen erreicht haben würden.

Zurzeit bietet die Zweitaktmaschine also keine Aussicht jene Wünsche zur Erfüllung zu bringen, denen sie eigentlich ihre große Beachtung verdankt. Es erscheint insbesondere aussichtslos, durch Übergang auf das Zweitaktverfahren das

Gewicht der Maschine im Verhältnis zu ihrer Leistung vermindern zu wollen. Auf der anderen Seite bietet sie allerdings dort, wo die Gewichtfrage keine so große Rolle spielt, wegen ihrer Einfachheit gewisse Vorteile. Ihren Hauptnachteil, den großen Brennstoffverbrauch hat man beseitigt, indem man dazu überging, den Brennstoff in den Zylinder einzuspritzen. Da sich das leicht entzündliche Benzin für dieses Arbeitsverfahren nicht eignet, ist man zum Betrieb mit schwereren Brennstoffen übergegangen, und die Rohöl-Zweitaktmaschine mit Glühkopfzündung, die sich hieraus entwickelt hat, ist als eine der aussichtsreichsten Kleinkraft- und Kleinbootmaschinen anzusehen, über die man heute verfügt.[1])

Kupplungen.

Die auch im allgemeinen Maschinenbau gebräuchlichen leicht ein- und ausrückbaren Reibkupplungen haben sich unter dem Einfluß der besonderen Anforderungen des Motorwagenbetriebes in ihren Einzelheiten ganz selbständig weiter entwickelt, obgleich die bekannten Hauptarten beibehalten worden sind. Wie im allgemeinen Maschinenbau kann man demnach auch bei Motorwagen Kegelkupplungen, Kupplungen mit zylindrischer und solche mit ebener Reibfläche unterscheiden.

Allen Motorfahrzeugkupplungen gemeinsam ist der Umstand, daß sie im regelmäßigen Betriebe viel häufiger ein- und ausgerückt werden müssen als z. B. Transmissionskupplungen. Die Anforderungen in dieser Beziehung sind natürlich im städtischen Verkehr mit seinen unzähligen Hindernissen unvergleichlich höher als bei einer Fahrt auf offener Landstraße, allein auch hier muß die Kupplung sehr häufig betätigt werden, weil vor jedem Umschalten des Wechselgetriebes und vor jedem Bremsen die Kupplung gelöst werden muß, damit die Maschine leer weiterlaufen kann und nicht stecken bleibt. Man hat berechnet, daß bei einem Motoromnibus im Berliner Straßenverkehr die Kupplung im Laufe eines Tages mindestens 1000 mal aus- und eingerückt wird. Damit hierbei der Fahrer nicht ermüdet und kein Unfall eintritt, muß die Kupplung stets mit sehr geringem Kraftaufwand ausrückbar sein. Im eingerückten Zustande ist der Fußhebel entlastet, und der erforderliche Druck wird von einer Feder geliefert.

Eine weitere außerordentlich wichtige Bedingung ist, daß sich die Kupplung im Betriebe sanft einrückt, d. h. zunächst eine Zeitlang schleift bis die zu beschleunigende Masse in Bewegung gekommen ist. Auch im eingerückten Zustande muß die Kupplung beim Auftreten plötzlicher großer Widerstände nachgeben und Überbeanspruchungen von der Maschine fernhalten können. Eine Kupplung, die plötzlich faßt, bringt unzulässige Stoßkräfte in die Zahnräder des Getriebes, ganz abgesehen davon, daß ruckweises Anziehen des Wagens auch für die Wageninsassen unangenehm ist. Eine Kupplung, die nicht rechtzeitig nachgibt, hat zur Folge, daß die Maschine bei irgendeinem Hindernis stecken bleibt und frisch angedreht werden muß.

Der Ausrückteil der Kupplung soll geringe Masse haben und, auch wenn er nicht gebremst wird, sofort nach dem Ausrücken langsamer laufen, damit das Getriebe leicht umgeschaltet werden kann. Geringes Gesamtgewicht, Einfachheit und Zugänglichkeit der Bauart sind weitere Forderungen, die man ganz allgemein an die Kupplungen zu stellen hat.

---

[1]) Näheres hierüber s. Z. Ver. deutsch. Ing., 1910, S. 1468, 1814, ferner Dittmer, Lickfeld und Romberg, Motoren und Winden für die See- und Küstenfischerei. R. Oldenbourg, München, 1911

Die einfachste und wohl immer noch am weitesten verbreitete Motorwagenkupplung ist die **Kegelreibkupplung, Fig. 375 und 376**, bei der ein auf der getriebenen Welle sitzender Kegel *a* durch eine Feder *b* ständig in die entsprechende Kegelöffnung des Schwungrades der Maschine gedrückt wird. Die Kupplung läßt sich durch Druck auf den Fußhebel *c* fast augenblicklich lösen. Dieser Hebel sitzt mit dem zum Anziehen der Getriebebremse *e* dienenden zweiten Fußhebel *d* auf gemeinsamer Spindel und die Naben dieser Hebel sind, am einfachsten etwa durch einen Zahn, derart miteinander gekuppelt, daß man wohl die Kupplung allein aus- und einrücken, aber nicht die Bremse anziehen kann, ohne zuvor die Kupplung gelöst zu haben. Diese Verbindung zwischen Kupplungs- und Bremshebel ist aus schon erwähnten Gründen bei allen Wagen zweckmäßig. Soll der Wagen längere Zeit stehen bleiben, so kann man die Fußhebel mit Hilfe der Sperrklinken *f* in der Ruhelage sichern.

Kupplungen dieser Bauart lassen sich ohne grundsätzliche Änderungen auch heute noch gut verwenden. Der bewegliche Kegel wird mit einem Streifen aus Leder od. dgl. belegt, der mit Hilfe einiger kräftiger Kupfernieten befestigt, mitunter genau abgedreht wird, und zum Schutz gegen den Einfluß von Feuchtigkeit und Schmieröl mit Rizinusöl getränkt werden kann. Damit sich

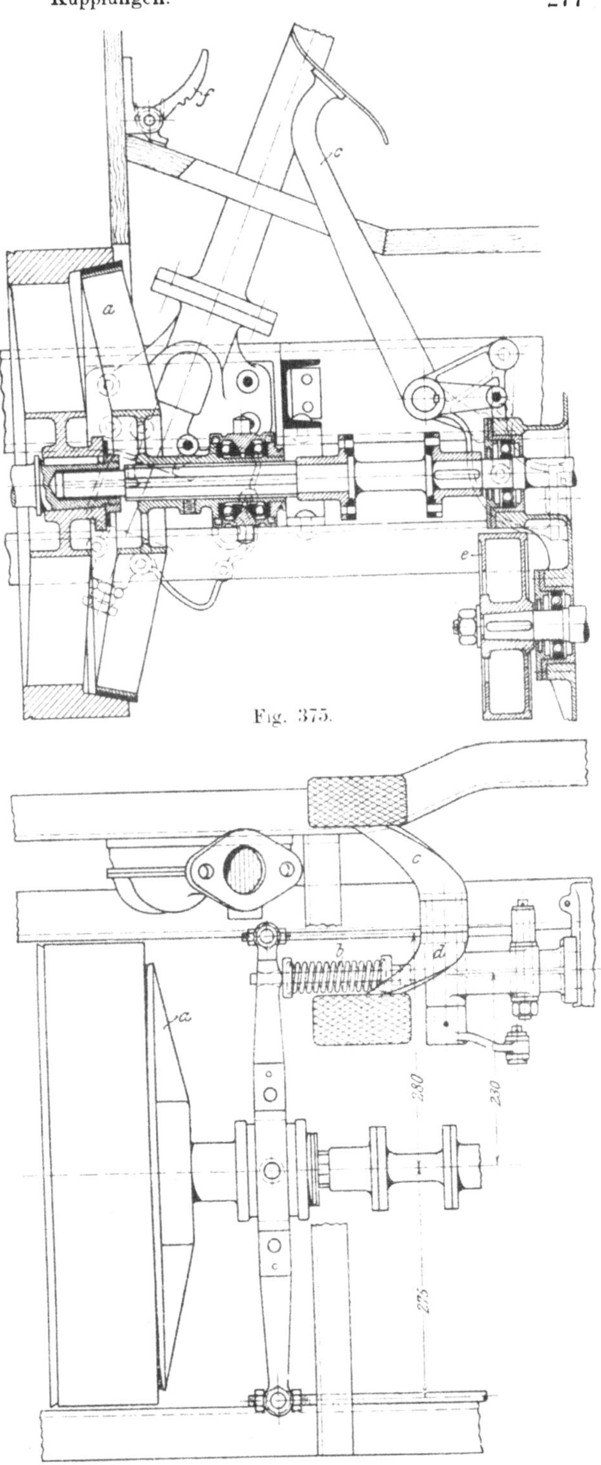

Fig. 376.

Fig. 375 und 376. Kegelreibkupplung für einen Motoromnibus der Daimler-Motoren-Gesellschaft.

der Lederbelag bei dem häufigen Ausrücken nicht abstreift, pflegt man auch an dem inneren Rand des Reibkegels einen kleinen Absatz anzubringen, gegen den sich der Belag stützt. Bei sorgfältiger Ausführung und richtiger Wahl der Abmessungen haben sich solche Kupplungen immer noch gut bewährt. Ihr einziger Nachteil ist die leichte Abnutzbarkeit des Lederbelages, dessen Erneuerung aber nur unerhebliche Kosten verursacht.

Bei gegebenem zu übertragenden Drehmoment in mkg

$$M_d = 716{,}2\frac{N}{n}$$

oder gegebener Umfangskraft

$$T = \frac{M_d}{r}$$

berechnet man, wenn die Reibungsziffer $\mu = \operatorname{tang} \varrho$ gegeben ist, den kleinsten zulässigen Anpressungsdruck P in kg an der Hand der Fig. 377 nach folgenden Regeln[1]):

$$P = 2R\sin(\alpha + \varrho)$$

$$T = \frac{M_d}{r} = 2\mu \cdot R \cdot \cos\varrho = 2R\sin\varrho$$

$$T = P\frac{\sin\varrho}{\sin(\alpha+\varrho)} = P\frac{\mu}{\sin\alpha + \mu\cos\alpha}$$

$$P = \frac{M_d}{r} \cdot \frac{\sin\alpha + \mu\cos\alpha}{\mu}.$$

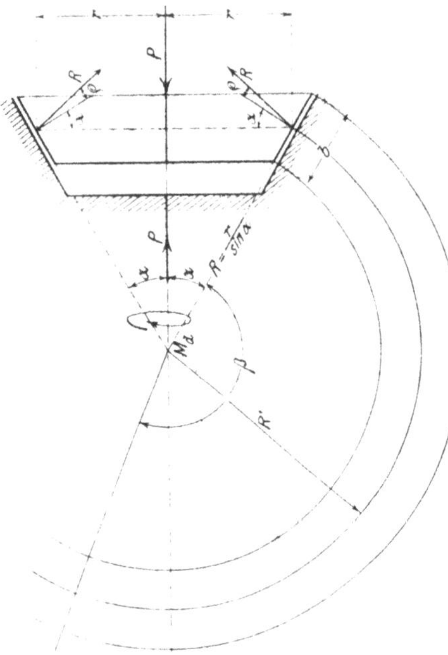

Fig. 377. Berechnung der Kegelkupplung.

Die Breite b des Kegels wird nur dadurch bestimmt, daß der Flächendruck bei Lederbelag möglichst nicht über 0,7 kg/qcm steigen darf. Als Belastung, die über die ganze Fläche $2r\pi \cdot b$ des Kegels gleichmäßig verteilt ist, hat man $2R = \frac{P}{\sin(\alpha+\varrho)}$ anzusehen. Der Lederstreifen ist als Ausschnitt eines Kreisringes vom mittleren Halbmesser $R' = \frac{r}{\sin\alpha}$ herzustellen, dessen Zentriwinkel β sich aus der Beziehung:

$$2r\pi = 2R'\pi\frac{360}{\beta}$$

$$\beta = \frac{360}{\sin\alpha} \cdot r$$

ergibt.

Unter Berücksichtigung der baulichen Verhältnisse der Maschine, insbesondere der Größe des Schwungrades wird man r in der Regel wählen und daraus mit der bekannten Leistung der Maschine P berechnen können. Zu beachten ist, daß das Drehmoment der bei Fahrzeugen gebräuchlichen Viertaktmaschinen bei den niedrigen Umlaufzahlen etwas größer ist als bei den höheren, weil der mittlere Kolbendruck mit zunehmender Leistung etwas abnimmt, s. Fig. 183, S. 131. Auch während einer Umdrehung schwankt das Drehmoment je nach der Zylinderzahl. Die Unterschiede sind allerdings nicht so groß, daß sie sich nicht durch Wahl eines etwas

[1]) Bach, Maschinenelemente, 10. Aufl., S. 395.

höheren Wertes von P als des berechneten, ausgleichen lassen würden. Sie werden überdies durch das Schwungrad ausgeglichen, das immer schwerer ist als der geforderten Gleichmäßigkeit des Ganges entspricht.

Zu der gleichen Beziehung wie oben kann man auch auf einem etwas anderen Wege gelangen: Nimmt man an, die Kupplung befände sich im Eingriff, dann stehen die Kräfte R, Fig. 377, S. 278, genau senkrecht auf den Kegelflächen und ihre Größe wird dadurch bestimmt, daß ihre wagerechten Teilkräfte dem Anpressungsdruck P_1 das Gleichgewicht halten müssen:

$$P_1 = 2R \cdot \sin\alpha .$$

Damit die Kupplung nicht gleitet, muß außerdem im äußersten Falle

$$M_d = 2R \cdot \mu \cdot r = \mu \cdot r \cdot \frac{P_1}{\sin\alpha}$$

sein, somit ist im eingerückten Zustande

$$P_1 = \frac{M_d}{r} \cdot \frac{\sin\alpha}{\mu} .$$

Beim Einrücken ist aber eine größere Kraft erforderlich, weil die gleitende Reibung der Kegel gegeneinander in der Achsrichtung überwunden werden muß

$$P = 2R \cdot \sin\alpha + 2R\mu\cos\alpha$$

$$= 2R(\sin\alpha + \mu\cos\alpha)$$

$$M_d = 2R \cdot \mu r = \mu \cdot r \cdot \frac{P}{\sin\alpha + \mu\cos\alpha}$$

$$P = \frac{M_d}{r} \cdot \frac{\sin\alpha + \mu\cos\alpha}{\mu} ,$$

wie oben.

Das heißt: Ist die Kupplung einmal eingerückt, so bedarf es einer wesentlich geringeren Kraft, um sie in diesem Zustande zu erhalten.

Bei Kupplungen mit Lederbelag schwanken die Werte für μ zwischen 0,15 und 0,25, doch empfiehlt es sich, mit dem kleinsten Werte zu rechnen.

Da α niemals bis auf die Größe von ϱ sinken darf, das bei dem kleinsten Werte von μ etwa $8^\circ 30'$ beträgt, so wählt man für α Werte von 9 bis 10°, um eine günstige Übersetzung zu erhalten.

Für $\mu = 0{,}15$ und $\alpha = 9^\circ$

ist $$P = 2{,}03 \frac{M_d}{r} ,$$

für $\mu = 0{,}15$ und $\alpha = 10^\circ$

ist $$P = 2{,}14 \frac{M_d}{r} .$$

Häufig geht man aber auch mit α bis zu 12° und

$$P = \sim 3 \frac{M_d}{r} .$$

Durch den Wert von P ist die Mindestspannung der Feder, oder, wenn zwischen Kupplung und Feder eine Übersetzung eingeschaltet wird, Fig. 376, S. 277, der entsprechende Teil der Federspannung bestimmt. Die Feder soll so gewählt werden, daß die Spannung während des Ausrückhubes nicht zu schnell ansteigt. Die Größe des Hubes beträgt bei Kegelkupplungen 10 bis 15 mm. Der erforderliche Druck auf den Fußhebel soll rd. 18 bis 20 kg nicht übersteigen. Da der

Ausschlag des Fußhebels etwa 80 mm beträgt, so sind alle Verhältnisse für die Übersetzung bestimmt. Ergeben sich starke Abweichungen von diesen Werten, so muß man den Kegeldurchmesser ändern. Andererseits wähle man den Hub des Fußhebels nicht zu klein, weil sonst die Regelbarkeit des Anpressungsdruckes leidet.

Wegen ihrer günstigen Reibungsverhältnisse, die bei einiger Aufmerksamkeit ein sehr sanftes Ingangsetzen des Wagens sichern, und wegen ihrer Billigkeit werden die beschriebenen Reibkupplungen heute immer noch gerne angewendet. Sie sind aber inzwischen in mancher Hinsicht verbessert worden. Das allmähliche Eingreifen sucht man z. B. dadurch noch besser zu sichern, daß man, wie in Fig. 378 angedeutet ist, in dem Reibkegel eine Anzahl (6) von federnden Stiften oder auch von Blattfedern unter dem Lederbelag anbringt. Der Belag wird an diesen Stellen etwas gehoben und kommt beim Einrücken zunächst nur hier mit der Gleitfläche des Schwungrades in Berührung. Erst beim weiteren Eindrücken des Reibkegels werden die Stifte soweit zurückgedrängt, daß eine gleichmäßige Reibfläche gebildet wird. Weitere Verbesserungen der ursprünglichen Kegelkupplung betreffen die Entlastung der Kurbel- und der Getriebewelle von den Rückwirkungen des Federdruckes sowie den Ersatz der Lederreibflächen durch metallische Reibflächen.

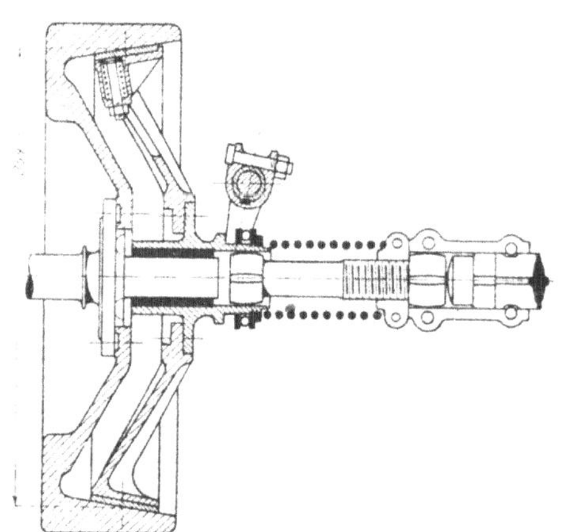

Fig. 378. Kegelkupplung mit federndem Lederbelag.

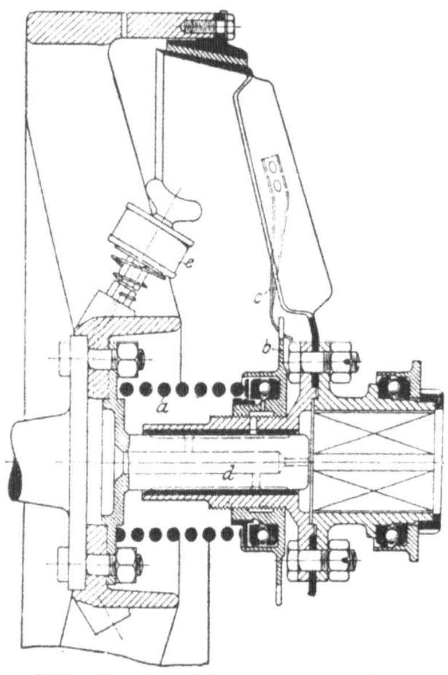

Fig. 279. In der Achsrichtung entlastete Kupplung der Neuen Automobil-Gesellschaft, Berlin.

In der Achsrichtung entlastete Kupplungen haben insbesondere für Wellen Vorteile, die auf gewöhnlichen Ring-Kugellagern laufen, also in erster Reihe für die Getriebewellen. Aus diesem Grunde begnügt man sich vielfach damit, die Kupplung nach der Getriebeseite vollständig und nach der Maschinenseite nur während des Betriebes zu entlasten, Fig. 379, indem man den Reibkegel nach innen beweglich macht und die Feder *a* zwischen den Naben des Kegels und des Schwungrades einspannt. Die Federdrücke gleichen sich somit innerhalb der Kupplung vollständig aus, solange diese eingerückt ist. Beim Ausrücken trifft der auftretende Achsschub nur die Kurbelwelle, die in der Regel nicht auf Kugeln läuft und durch geeignete Bunde ohnedies gegen ein Wandern in der Längsrichtung gesichert zu werden pflegt. Die dargestellte Kupplung, die von der Neuen Automobil-Gesellschaft herrührt, hat einen aus Blech gepreßten, mit ventilatorartigen Flügeln versehenen Ausrückkegel mit einem Belag aus Kamelhaaren. Der Kegel stützt sich gegen einen an das Schwungrad angeschraubten Ring, der den Lederbelag trägt. Dieser Ring ist zweiteilig und läßt sich daher, ohne daß sonst etwas an der Kupplung verändert zu werden braucht, schnell herausnehmen, wenn der Lederbelag einer Erneuerung bedarf. Die Feder a läßt sich durch Drehen der Mutter b nachspannen, die gegen Zurückdrehen durch die Blattfeder c gesichert ist. Durch die Anordnung der Feder im Innern der Kupplung wird allerdings das Nachspannen etwas weniger bequem, doch muß dies gegenüber den Vorteilen des Ausgleiches in den Kauf genommen werden.

In baulicher Hinsicht zu erwähnen ist ferner die Führung des Kegels auf einem die Verlängerung der Maschinenwelle bildenden Zapfen d, der mit seinem Flansch zugleich mit dem Schwungrade an dem Flansch der Maschinenwelle befestigt wird. Da neuerdings großer Wert darauf gelegt wird, daß in die Treibwelle zwischen Kupplung und Getriebe eine gelenkige Verbindung eingeschaltet ist, so muß hierdurch für die Zentrierung des Reibkegels gesorgt werden. Die Führung des Reibkegels und die Einrückmuffe werden von einer Staufferbüchse e aus geschmiert, deren Inhalt durch die Bohrung des Zapfens d zutritt. Einen vollständigen Ausgleich der Federrückwirkungen erzielt die Daimler-Motoren-Gesellschaft bei ihrer neuesten Kupplung mit zwei beim Einrücken voneinander, beim Ausrücken zueinander beweglichen Reibkegeln, die zugleich dazu dienen, die Reibfläche zu vergrößern.[1])

Bei dem ständigen Wechsel im Betrieb eines Motorwagens, namentlich wenn im starken Straßenverkehr gefahren werden soll, bereitet es große Bequemlichkeit, wenn man die Geschwindigkeit des Wagens in weiten Grenzen durch stärkeres oder schwächeres Eindrücken der Kupplung, also zum Teil unter andauerndem Schleifen des Kegels regeln kann, ohne das Wechselgetriebe schalten zu müssen. Eine solche Behandlung verträgt die gewöhnliche Lederkupplung, Fig. 375 und 376, S. 277, auf längere Zeit nicht. Der Belag erhitzt sich und wird brüchig; außerdem liegt dann immer die Gefahr vor, daß sich die Kupplung klemmt, was zu Unfällen führen kann. Beim Schleifen erhitzt sich nämlich der Reibkegel wegen seines isolierenden Belages weniger als das Schwungrad. Rückt man daher die Kupplung in diesem Zustande auf längere Zeit ein, so dringt der Reibkegel tiefer als sonst in die Öffnung ein und wird darin festgeklemmt, wenn das Schwungrad erkaltet.

Aus diesen Gründen und weil man danach strebt, die Kupplungen staubdicht einzuschließen, bevorzugt man in neuerer Zeit vielfach Kupplungen mit metallischen Laufflächen. Bei diesen kann man wegen der kleineren Reibungsziffer (für trockene Reibflächen etwa $\mu = 0{,}1$ bis 0,12, für geschmierte bedeutend weniger, $\varrho = 6$ bis 7^0) mit dem Winkel α bis auf 9 bis 10^0 heruntergehen und andererseits die Flächendrücke auf dem Reibkegel steigern. Allerdings geht man hierin nicht über die für geschmierte Zapfen geltenden Werte hinaus, damit sich die Reibflächen nicht verfressen, sondern stets geschmiert bleiben.

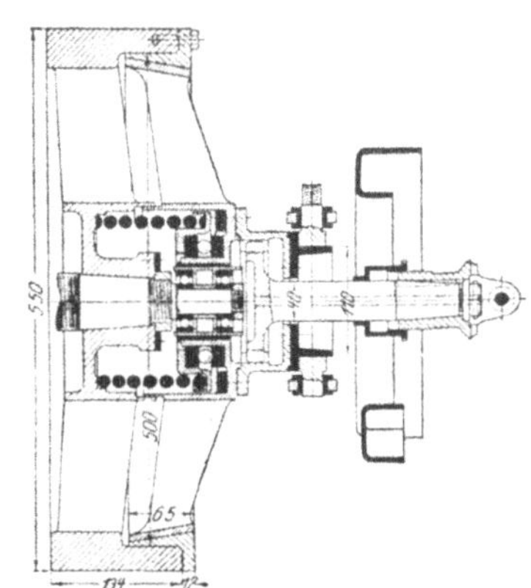

Fig. 380. Metallische Kegelkupplung der Daimler-Motoren-Gesellschaft.

Eine offene Reibkupplung mit teilweise ausgeglichener Federrückwirkung und blankem Aluminiumreibkegel, die von der Daimler-Motoren-Gesellschaft für einen 3 Tonnen-Lastwagen ausgeführt ist, zeigt Fig. 380. Die Kupplung unter-

[1]) Vgl. Der Motorwagen, 1909, S. 861.

scheidet sich, ausgenommen den Kegel, nicht wesentlich von anderen Kegelkupplungen, muß aber, damit sie sich sanft einrücken läßt, geschmiert werden, wozu von Zeit zu Zeit etwas Öl auf die Reibflächen gebracht wird. Höhere Flächendrücke und reichlichere Schmierung gestattet die im Durchmesser verhältnismäßig wesentlich kleiner gehaltene Kupplung von Gebr. Windhoff, Fig. 381, deren Gehäuse *a* auf der Innenseite nur eine Reihe von kegeligen Paßflächen *b* und nicht eine ununterbrochene Kegelfläche aufweist. Der metallische Kegel *c* wird dadurch angedrückt, daß die kräftige Feder *d* eine kegelige Hülse *e* nach vorwärts und damit die Kugeln *f* nach außen treibt. Dadurch wird eine sehr große Übersetzung zwischen Feder und Kegel erzielt. Da man aber mit Hilfe des Fußhebels *g* nur die Hülse *e*, nicht aber den Kegel *c* zurückziehen kann, so kann die Kupplung leicht versagen, wenn sich der Kegel verfrißt. Dagegen kann mitunter auch das Füllen des Gehäuses mit Öl nicht sichern.

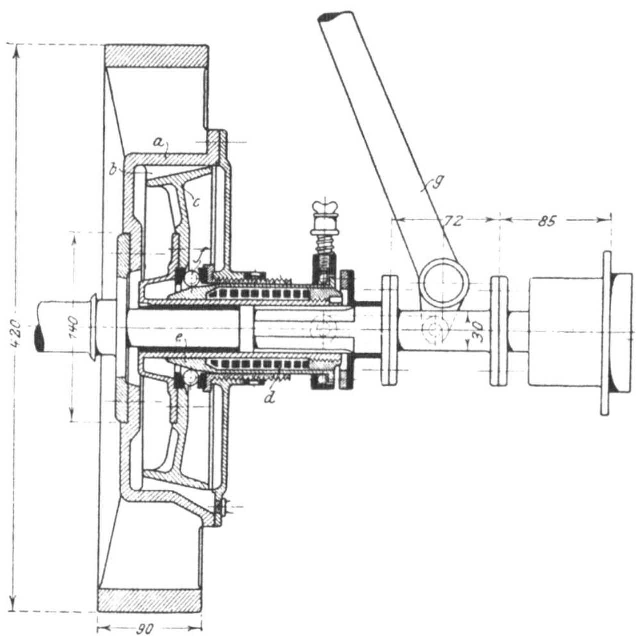

Fig. 381. Metallische Kegelkupplung von Gebr. Windhoff.

Die Ausrückbarkeit der Kupplung muß vor allen Dingen dadurch sichergestellt sein, daß man den Kegel fest mit dem Ausrückgestänge verbindet. Diese Bedingung darf man auch bei Kupplungen mit metallischen Reibflächen nicht übersehen, wenigstens nicht, sofern es sich um kegelige Reibflächen handelt. Metallische Kupplungen mit ebenen Reibflächen lösen sich, wenngleich unter Kraftaufwand, auch dann, wenn die Flächen verrieben sind. Hier kann man also von der obigen Bedingung absehen; allerdings nimmt man damit in den Kauf, daß sich der Eingriff niemals so schnell lösen läßt, wie z. B. bei der einfachen Kegelkupplung.

Metallische Kupplungen mit zylindrischen Reibflächen, deren Wirkungsweise mit derjenigen einer Innenbremse übereinstimmt, werden heute nur selten verwendet. Sie haben den Nachteil, daß der Weg der Reibbacken zwischen vollständiger Lösung und vollständigem Eingriff außerordentlich gering ist, daß sich also die Kraftübertragung mit Hilfe des Fußhebels fast gar nicht regeln läßt.

Eine einzige in diese Gruppe fallende Abart, die einige Beachtung gefunden hat, ist die Kupplung mit einem um eine Trommel gewundenen Federband der Daimler-Motoren-Gesellschaft, die sich durch Anspannen der Feder sehr sanft anziehen läßt und nur einer geringen Anzugkraft bedarf. Sie wird aber auch nicht mehr oft ausgeführt.

Für einigermaßen bedeutende Maschinenleistungen kommen dagegen fast ausnahmslos Lamellen-Kupplungen (Westonsche Kupplungen) in Betracht, deren Hauptvorteile in der großen Reibfläche bei geringem Raumbedarf und darin zu erblicken sind, daß sie sich selbst bei unvorsichtiger Handhabung niemals plötzlich einrücken lassen, weil auch dann immer noch die einzelnen Scheiben nacheinander zum Eingriff kommen müssen. Weniger angenehm ist allerdings, daß die Kupplungen, insbesondere wenn bei niedriger Außentemperatur das Öl im Gehäuse eingedickt ist, großen Widerstand beim Andrehen der Maschine verursachen.

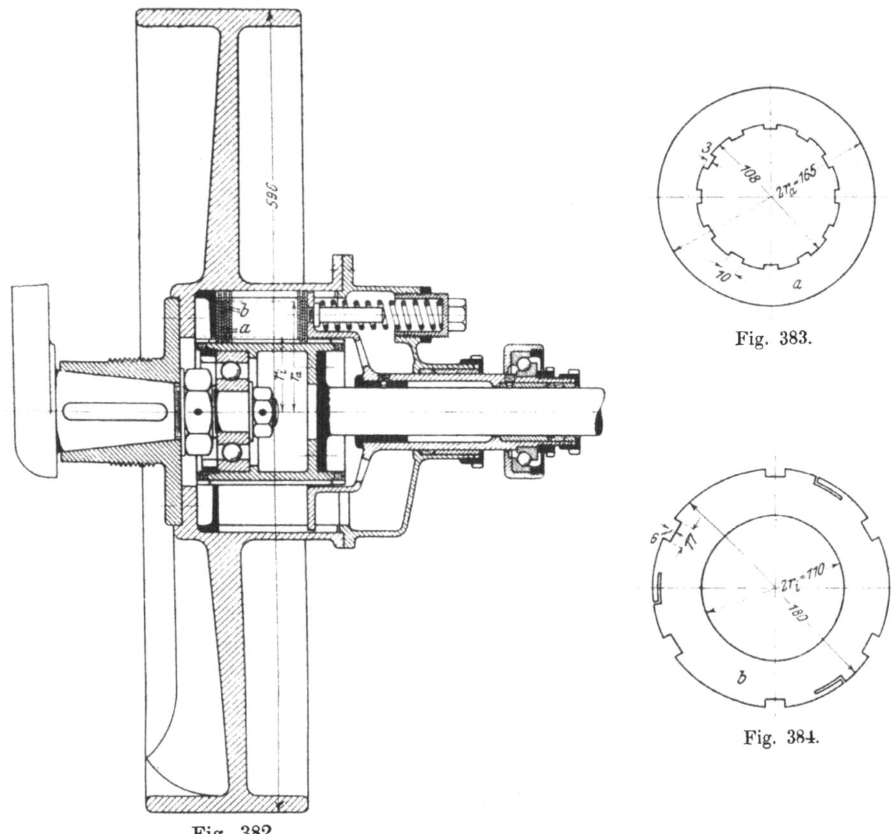

Fig. 382. Fig. 383. Fig. 384.

Fig. 382 bis 384. Lamellenkupplung.

Das Wesen der Lamellenkupplungen, Fig. 382, ist wohl bekannt. In dem Gehäuse werden zwei Gruppen von Scheiben *a* und *b*, wovon die ersteren, Fig. 383, auf der getriebenen Welle und die letzteren, Fig. 384, in dem Gehäuse gegen Drehung gesichert sind, durch eine Feder derart gegeneinander gedrückt, daß auf den großen Reibflächen eine für die Kraftübertragung ausreichende Reibung erzeugt wird. Beim Nachlassen des Federdruckes sollen in die Scheiben gestanzte, aus der Scheibenebene herausgebogene federnde Streifen die Scheiben voneinanderdrücken.

Die Reibungsverhältnisse bei solchen Kupplungen sind von Winkler[1]), allerdings nur rechnerisch, untersucht worden, unter der Annahme, daß die bei den bekannten Versuchen von Lasche[2]) gefundenen Beziehungen über den Einfluß von Geschwindigkeit, Temperatur und Flächendruck auf die Reibung von Lagerzapfen mit hoher Umfangsgeschwindigkeit auch auf die Verhältnisse bei Lamellenkupplungen anwendbar sind.

Sind p der zulässige Flächendruck in kg/qcm
und μ die Reibungsziffer,

so kann man bei Gleitgeschwindigkeiten, die größer als 1 m/sek sind, die spezifische Reibung

$$p \cdot \mu = 0{,}04 \text{ kg/qcm}$$

setzen, während sich die Abhängigkeit des Flächendruckes von der Umfangsgeschwindigkeit u in m/sek durch die Beziehung

$$p = \frac{8}{u},$$

oder da

$$u = \frac{2 r_a \pi \cdot n}{60 \cdot 100},$$

für $n = 1200$ Uml/min durch die Beziehung

$$p = \sim \frac{6{,}4}{r_a} \quad (r_a \text{ in cm})$$

ausdrücken läßt.

Diese Angaben haben aber nur solange Geltung, als die Gleitgeschwindigkeit der Lamellen mehr als 1 m/sek beträgt. Unterhalb dieser Grenze fällt der Wert von μ ganz erheblich. Das kann zu der häufig beobachteten Erscheinung führen, daß eine Lamellenkupplung auch in längerer Zeit nicht zum vollen Eingriff gelangt, weil immer, wenn die Relativgeschwindigkeit der treibenden gegenüber den von ihnen mitgenommenen getriebenen Lamellen unter eine bestimmte Größe fällt, wegen der Abnahme der Reibung wieder stärkeres Gleiten der Lamellen eintritt. Dieser Zustand läßt sich nur dadurch beseitigen, daß man auf kurze Zeit die Maschine abdrosselt, so daß bei dem verlangsamten Gang des Wagens und der verminderten Umfangskraft der volle Eingriff erzielt wird, und erst dann den Wagen weiter beschleunigt.

Unter den vorstehenden Voraussetzungen berechnet sich das günstigste Verhältnis zwischen r_a und r_i, d. h. derjenige Wert von r_i, bei dem mit gegebenem r_a und mit den obigen Werten für p und μ das größte Drehmoment übertragen werden kann, durch Differenzieren der Formel für das Drehmoment mit

$$r_i = \frac{r_a}{3}.$$

Da es aber auch bei kleinen Abmessungen von r_a schwierig ist, die ganze Breite der Lamellen gleichmäßig zum Tragen zu bringen und das Öl auf die ganze Reibfläche zu verteilen, so wählt man praktisch

$$\frac{r_a}{r_i} = m = 0{,}6 \text{ bis } 0{,}8.$$

Das mit einem Reibflächenpaar übertragbare Drehmoment in cmkg ist

$$m_d = r \cdot T,$$

[1]) Der Motorwagen 1907. S. 903 ff.

[2]) Z. Ver. deutsch. Ing. 1902, S. 1881 ff.

worin
$$r = \frac{r_a + r_i}{2}$$

und
$$T = P \cdot \mu .$$

Überdies ist P bestimmt durch
$$P = \pi (r_a^2 - r_i^2) \cdot p = (r_a^2 - r_i^2) \cdot \frac{6,4}{r_a} \cdot \pi$$
$$\mu = \frac{0,04\, r_a}{6,4}$$
$$m_d = (r_a^2 - r_i^2) \cdot \frac{6,4}{r_a} \cdot \pi \cdot \mu \cdot \frac{r_a + r_i}{2} = 0,02\, (r_a + r_i)(r_a^2 - r_i^2) \cdot \pi .$$

Aus der angenähert stets richtigen Beziehung

Fußhebelweg $\times$ Fußhebeldruck = Hub der Kupplungsmuffe $\times P$

erhält man, wenn für den Fußhebeldruck 18 kg, für den Fußhebelweg 80 mm, und für den Hub der Kupplungsmuffe bei a Reibflächenpaaren mit je 0,35 mm größtem Abstand $0,35 \cdot a$ gesetzt werden,
$$P = \frac{80 \cdot 18}{0,35} \cdot \frac{1}{a}; \qquad a \cdot P = 4000 .$$

Hiermit und mit dem Obigen wird
$$a \cdot P = \sim a \cdot 20 \cdot r_a (1 - m^2) = 4000$$
$$a = \frac{200}{r_a (1 - m^2)}$$
$$M_d = a \cdot m_d = 4\, r_a^2\, \pi (1 + m) .$$

Damit man keine zu großen Kupplungen erhält, setzt man in diese Gleichung nicht den vollen Wert von
$$M_d = 71\,620 \frac{N}{n} ,$$
sondern nur einen Bruchteil davon ein, weil man durch Vermindern der Relativgeschwindigkeit zwischen den Lamellen auf Null beim Umschalten von einer Stufe auf die andere die Reibungsverhältnisse bedeutend verbessern kann. Die Reibungsziffer beträgt dann $\mu' = 0,14$ und man kann, um das gleiche Drehmoment wie sonst zu übertragen, statt dem vollen Werte von M_d den Wert
$$\frac{\mu}{\mu'} \cdot M_d = 0,045\, r_a \cdot M_d$$
einführen. Für 1200 Uml/min erhält man somit aus
$$0,045 \cdot r_a \cdot N \frac{71\,620}{1200} = 4\, \pi\, r_a^2 (1 + m)$$
die übertragbare Leistung
$$N = 4,7\, r_a (1 + m) .$$

Für die in Fig. 382 bis 384, S. 283, dargestellte Kupplung gelten folgende Abmessungen:
$$r_a = 82,5 \text{ mm}$$
$$r_i = 55 \text{ mm}$$
$$m = 0,667$$
$$p = \frac{6,4}{r_a} = 0,776 \text{ kg/qcm}$$
$$P = \pi (r_a^2 - r_i^2) \cdot p = 92,18 \text{ kg}.$$

Die Kupplung erhält

$$a = \frac{4000}{P} = \sim 44$$

Reibflächenpaare oder insgesamt 44 Lamellen und ist imstande bei 1200 Uml/min

$$N = 4{,}7 \cdot r_a (1 + m) = \sim 64{,}7 \text{ PS}$$

zu übertragen.

Eine gleichwertige Kegelkupplung mit metallischen Reibflächen müßte, da der mittlere Halbmesser aus Rücksicht auf das Schwungrad höchstens etwa

$$r = 290 \text{ mm}$$

betragen darf, bei $\alpha = 9^0$ und $\mu = 0{,}10$ einen Anpressungsdruck von

$$P = \frac{M_d}{r} \cdot \frac{\sin\alpha + \mu\cos\alpha}{\mu} = \frac{71\,620 \cdot 64{,}7}{1200 \cdot 29} \cdot \frac{0{,}1564 + 0{,}1 \cdot 0{,}9877}{0{,}1} = \sim 133 \text{ kg}$$

erhalten, der sich aber noch wesentlich erhöhen würde, wenn die Reibflächen dauernd geschmiert wären. Zur Berechnung der erforderlichen Breite der Kegelfläche setze man annähernd, vgl. S. 278,

$$2R = \frac{P}{\sin\alpha} = 830 \text{ kg}$$

$$p = 0{,}7 \text{ kg/qcm}$$

$$b = \frac{830}{2\pi r \cdot p} = \sim 65 \text{ mm}.$$

Für eine und dieselbe Maschinenleistung kann man je nach der für das Verhältnis m getroffenen Wahl verschiedene geeignete Lamellenkupplungen erhalten. Die Auswahl unter diesen bestimmt sich nach der Rücksicht, die man auf die lebendige Kraft des getriebenen Kupplungsteiles nimmt. Unter mehreren gleichwertigen Kupplungen wird man derjenigen den Vorzug zu geben haben, bei welcher die getriebenen Lamellen die kleinste lebendige Kraft haben, also das Umschalten am wenigsten stören. Diese lebendige Kraft ist, wenn man die Dicke der Lamellen mit etwa $\delta = 0{,}015\, r_a$ annimmt, proportional einem Ausdrucke von der Form $r_a^4 (1 + m^2)$, der im günstigsten Falle den kleinsten Wert haben muß.

Rücksichten auf die Fliehkräfte sprechen auch gegen den wiederholt gemachten Versuch, die zahlreichen Lamellen durch wenige kräftig gehaltene ebene Reibringe zu ersetzen. Am bekanntesten von diesen Scheibenkupplungen ist die von de Dion & Bouton, Fig. 385, S. 287, die dadurch gelöst wird, daß man die Muffe *a*, die auf der eigentlichen Kupplungsmuffe aufgeschraubt ist, gegen das Schwungrad hin verschiebt. Hierbei wird durch drei Hebel *b* der Druck der Federn auf den Ring *c* aufgehoben, so daß die Scheibe *d* auf der getriebenen Welle frei wird. Die Reibflächen werden mit Graphit geschmiert.

Da sich das Schwungmoment des angetriebenen Kupplungsteiles unter eine bestimmte Größe niemals herabdrücken läßt, so werden heute vielfach besondere Mittel verwendet, um die Getriebewelle nach dem Lösen der Kupplung schnell abzubremsen. Eine solche Einrichtung, welche die Daimler-Motoren-Gesellschaft, Marienfelde, schon im Jahre 1906 bei Motorlastwagen und Motoromnibussen verwendet hat, Fig. 386, S. 287, wirkt so, daß beim Lösen der Kupplung, also beim Verschieben der Muffe *a* auf der Welle *b* ein ebenfalls auf dieser Welle längsverschieblicher Reibkegel *c* in die mit dem Getriebegehäuse verbundene, feststehende Öffnung *d* federnd eingedrückt wird. Den gleichen Zweck verfolgt der mit dem Kupplungshebel verbundene, auf der Stirnseite mit einer Lederscheibe versehene Hebel *a*, Fig. 387, der sich beim Abkuppeln gegen den Flansch *b* der Ausrückmuffe legt.

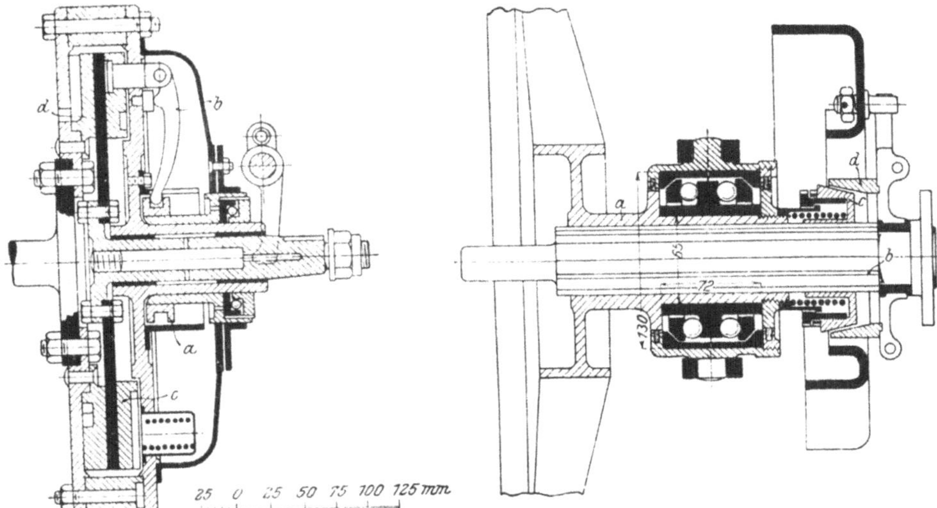

Fig. 385. Scheibenkupplung von de Dion & Bouton.

Fig. 386. Einrichtung der Daimler-Motoren-Gesellschaft zum Abbremsen der ausgekuppelten Getriebewelle.

Der Notwendigkeit, die Masse des getriebenen Kupplungsteiles möglichst klein zu halten, wird man aber durch solche Bremsvorrichtungen nicht enthoben, denn eine einfache Überlegung zeigt, daß der damit beabsichtigte Erfolg, nämlich das Schlagen der Zahnräder beim Umschalten zu vermindern, je nach der Anordnung des Getriebes entweder nur beim Schalten auf eine höhere oder nur beim Schalten auf eine niedrigere Geschwindigkeit erzielt wird. S. a. S. 303.

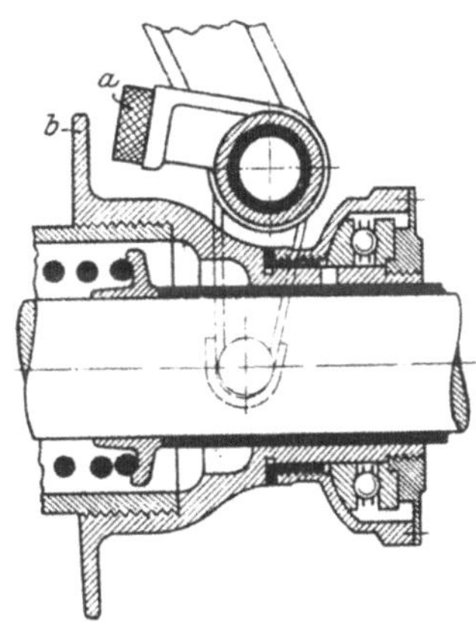

Fig. 387. Vorrichtung zum Abbremsen der Getriebewelle.

Wird bei belasteter Maschine die Kupplung plötzlich gelöst, so steigt die Umlaufzahl der Maschine sehr schnell, d. h. die Maschine geht durch. Gegen das große Geräusch, das hierbei die Maschine verursacht, bieten auch Sicherheitsregler, die beim Überschreiten der Höchstgeschwindigkeit den Drosselschieber schließen, wenig Schutz, weil sie in der Regel zu spät eingreifen, denn sie dürfen nicht sehr empfindlich eingestellt werden. Aber auch abgesehen von dem Geräusch ist das zeitweilige Durchgehen der Maschine deshalb stets störend, weil es starke Luftstöße im Vergaser hervorruft und hierdurch unnötig hohen Brennstoffverbrauch nach sich zieht. Aus diesem Grunde hat man es bei Wagenmaschinen fast ganz aufgegeben, den Drosselschieber an einen Sicherheitsregler anzuschließen, bringt diesen aber in manchen Fällen mit dem Kupplungshebel in Verbindung. Die Maschine wird also, so oft die Kupplung gelöst wird, abgedrosselt und am Durchgehen gehindert. Fig. 388 und 389, S. 288, zeigen, wie diese Aufgabe bei einem Wagen der Berliner Motorwagenfabrik in Berlin-Reinickendorf gelöst worden ist, ohne die übliche Einstellbarkeit des Drosselschiebers vom Lenkrade aus zu behindern.

Die Spindel *a* des wagerechten Kolbenschiebers wird hier durch eine Feder stets in die Schlußlage gedrängt. Sie ist mit einem beweglichen Querhaupt *b* versehen, das an dem einen Ende mit dem mit der Handverstellung des Drosselschiebers verbundenen Hebel *c*, an dem anderen von einer Stange *d* mit dem Kupplungshebel *e* in Verbindung gehalten wird. Löst man die Kupplung, so dreht sich das Querhaupt um das erstere Ende und der Schieber schließt sich. Davon unabhängig kann man den Schieber auch durch Nachlassen des Hebels *c* verstellen, wobei dann das Querhaupt um das zweite Ende gedreht wird.

Eine besondere Bauart von Lamellenkupplungen, die für schwere Motorwagen und Schiffsmaschinen geeignet ist, ist diejenige von **Hele-Shaw**, Fig. 390, bei der die Reibflächen nicht eben, sondern kegelig gestaltet sind. In bezug auf sanften Eingriff bietet diese Kupplung alle Vorteile der Lamellenkupplungen; der für ein bestimmtes Drehmoment erforderliche Durchmesser ist aber kleiner als bei Kupplungen mit ebenen Lamellen, weil die Kegelflächen große Reibflächen darbieten. Prof. Hele-Shaw, der über diese Kupplung im Jahre 1903 berichtet hat[1]), hat durch Versuche gefunden, daß der günstigste Kegelwinkel etwa 35° beträgt. Zu beachten ist, daß bei dieser Kupplung nur die Kegelflächen, aber nicht die ebenen Flächen der Lamellen aufeinanderliegen.[2]) Die Lamellen erhitzen sich nicht so leicht wie gewöhnliche. Der Ölumlauf wird durch einige Öffnungen in den Reibflächen begünstigt.

Fig. 388.

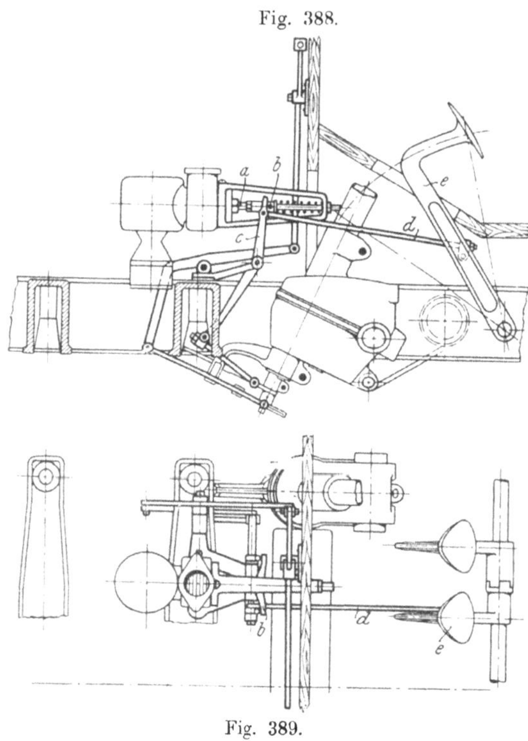

Fig. 389.

Fig. 388 und 389. Einrichtung zum Verhindern des Durchgehens der Maschine beim Abkuppeln.

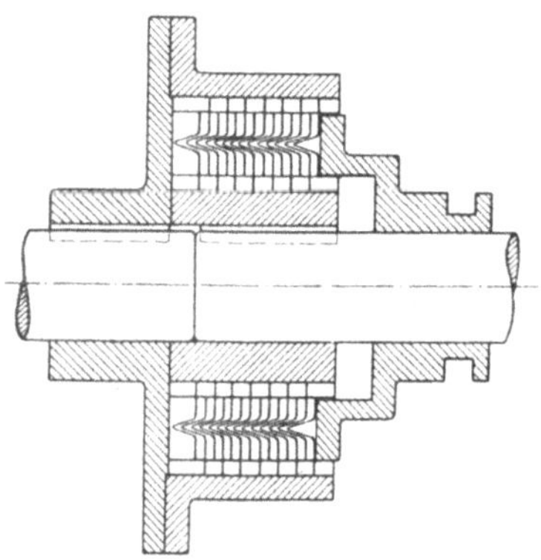

Fig. 390. Lamellenkupplung von Hele-Shaw.

Vom Standpunkte der Berechnung hat man eine solche Kupplung nach den für Lamellenkupplungen angegebenen Regeln zu behandeln, jedoch mit dem Unterschiede, daß die auf den Kegeln liegende Reibfläche nicht unmittelbar durch die Federkraft, sondern wie bei Kegelkupplungen durch die darauf entstehenden Normaldrücke belastet werden. Da auch die Reibflächen nicht mehr Kreisringe

[1]) Proceedings of the Institution of Mechanical Engineers, Juli 1903.

[2]) Im Gegensatze zu dem, was **Heirmann**, a. a. O. S. 193, annimmt.

sondern Kegelflächen sind, so haben die Formeln für Lamellenkupplungen hier keine unmittelbare Geltung, wenngleich sich die richtigen Formeln leicht ableiten lassen.

Die Handhabung jeder Motorwagenkupplung erfordert immer einige Übung, wenn Betriebstörungen ausgeschlossen sein sollen. Nachdem die Maschine angedreht und durch Drosseln des Vergasers auf die niedrigste zulässige Umlaufzahl gebracht worden ist, lüftet man bei eingeschaltetem ersten Gang des Wechselgetriebes ganz allmählich den Fuß auf dem Kupplungshebel. Ein Teil der in dem Schwungrad aufgespeicherten lebendigen Kraft wird dann, während die Reibflächen der Kupplung noch aufeinander gleiten, auf das Getriebe des Wagens übertragen, der sich langsam in Bewegung setzt. Möglichst in dem gleichen Augenblicke muß aber der Drosselschieber etwas geöffnet werden, damit die Umlaufzahl der Maschine nicht sinkt. Versäumt man dies, so bleibt die Maschine stecken, ebenso auch, wenn man die Kupplung zu schnell einschaltet. Öffnet man dagegen den Drosselschieber zu hastig, so geht die Maschine durch und die Kupplung muß viel länger schleifen, als wenn die Maschine langsam liefe. Eine Beschleunigung der Maschine soll erst dann vorgenommen werden, wenn der Wagen die der kleinsten Umlaufzahl der Maschine entsprechende Geschwindigkeit erlangt, also die Kupplung voll gefaßt hat.

Wie hieraus hervorgeht, läßt sich beim Anfahren das Gleiten der Kupplung niemals umgehen.

Das Gleitenlassen der Kupplung benutzt man auch häufig als ein Mittel, um vorübergehend die Fahrgeschwindigkeit in weiten Grenzen zu vermindern, ohne das Getriebe schalten zu müssen. Soll z. B. ein Wagen mit eingeschalteter Höchstgeschwindigkeit (unmittelbarem Eingriff) vorübergehend und langsamer fahren als mit etwa 10 km/st, d. h. als mit jener Geschwindigkeit, welche der kleinsten zulässigen Maschinenumlaufzahl entspricht, so lüftet man etwas die Kupplung, wodurch ein Teil der Maschinenleistung in gleitender Reibung aufgezehrt wird. Man hat dann den Vorteil, daß man bei einiger Übung lediglich mit Kupplung und Drosselhebel den Wagen schnell wieder auf hohe Geschwindigkeit bringen kann, wenn die Straße frei geworden ist.

Eine allerdings wenig empfehlenswerte Hilfe bietet endlich das vorübergehende Gleitenlassen beim Fahren auf Steigungen. Sinkt nämlich die Umlaufzahl der Maschine infolge des großen Steigungswiderstandes, so sinkt damit auch ihre Leistung. Man kann nun unter Umständen die Verhältnisse etwas verbessern, wenn man dann die Kupplung etwas gleiten läßt. Der Verlust in den Reibflächen kann nämlich mehr als wett gemacht werden durch die Steigerung der Maschinenleistung infolge ihrer höheren Umlaufzahl. Mitunter kann man solche Steigungen auch auf die Weise überwinden, daß man bei starkem Sinken der Maschinengeschwindigkeit die Kupplung plötzlich löst und, nachdem die Maschine wieder eine hohe Umlaufzahl erlangt hat, wieder ebenso schnell einrückt. Dabei wird offenbar auch die lebendige Kraft des Schwungrades zu Hilfe genommen; die Beanspruchungen der Verbände und der Zahnräder werden aber bei einer solchen Behandlung des Wagens unzulässig gesteigert.

Wechselgetriebe.

Der Notwendigkeit, daß Übersetzungsverhältnis zwischen der immer schnell laufenden Maschine und der auch bei sehr schnell fahrenden Wagen bedeutend langsamer umlaufenden Treibachse in weiten Grenzen veränderlich zu machen, um trotz des nur wenig veränderlichen Drehmomentes der Maschine stark wechselnde Wagenwiderstände überwinden zu können, wird man bei den heutigen Motorwagen fast ausschließlich durch Zahnräder-Wechselgetriebe gerecht, deren Übersetzungsverhältnis durch Verschieben der Zahnräder geändert wird. Solche Getriebe sind, z. B. vom Werkzeugmaschinenbau her, schon lange bekannt. Die besonderen Forderungen, die der Motorwagenbetrieb an sie stellt, haben aber so bestimmend auf die Bauart eingewirkt, daß man sie als ausschließlich zum Motorwagen gehörende Teile ansehen muß. Kennzeichnend für diese Getriebe ist der Umstand, daß sie geschaltet werden müssen, während der Wagen im Fahren ist. Den hierbei auftretenden heftigen Stößen, die mit unverhältnismäßig starker Abnutzung der Zahnkanten verbunden sind, haben sich nur die besten Stahlarten gewachsen gezeigt, allerdings auch diese nur auf gewisse Dauer. Daneben haben aber auch die Rücksicht auf weitgehende Gewichtsbeschränkung und möglichst günstigen Wirkungsgrad des Getriebes bei der Entwicklung der gegenwärtigen Bauarten mitgewirkt.

Schubgetriebe.

Die gebräuchlichen Zahnräder-Wechselgetriebe lassen sich grundsätzlich unter zwei Gesichtspunkten betrachten, nämlich nach der Anzahl der verschiebbaren Rädermuffen und nach der Art der Kraftdurchführung. Die am nächsten liegende Anordnung, Fig. 391, hat eine einzige Rädermuffe, deren Zahnkränze 1, 2 und 3 nacheinander mit den Zahnkränzen 1'. 2' und 3' auf der Vorgelegewelle in Eingriff gebracht werden können. Der bei A zugeführte Antrieb wird bei B an der Vorgelegewelle abgenommen. Will man von einer Stufe (1 — 1') auf eine nicht unmittelbar darauf folgende (3 — 3') übergehen, so muß man die Räder der dazwischen liegenden Stufen durchziehen (Durchzugschaltung).

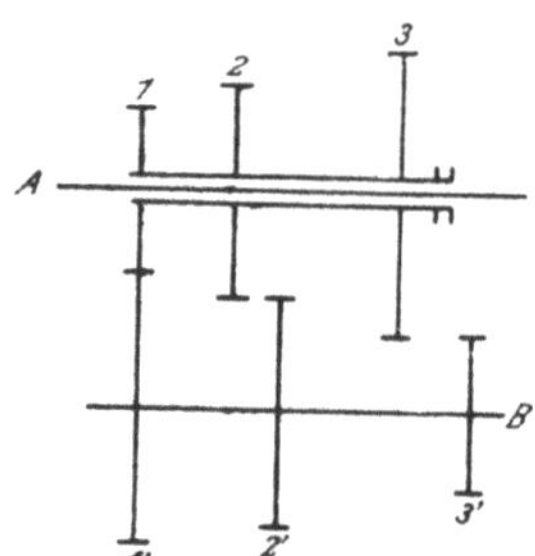

Fig. 391. Schubgetriebe mit einer einzigen verschiebbaren Rädermuffe.

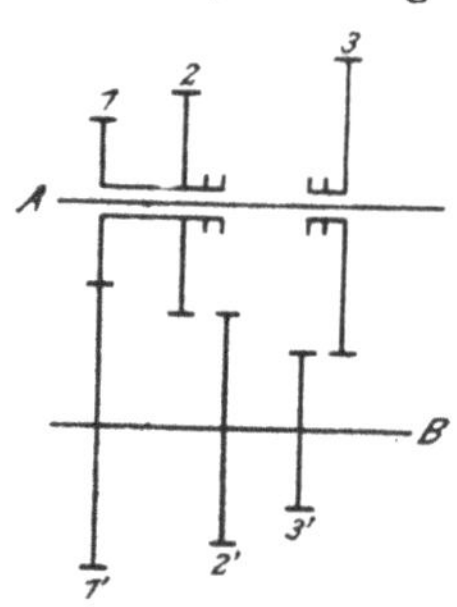

Fig 392. Schubgetriebe mit zwei verschiebbaren Rädermuffen.

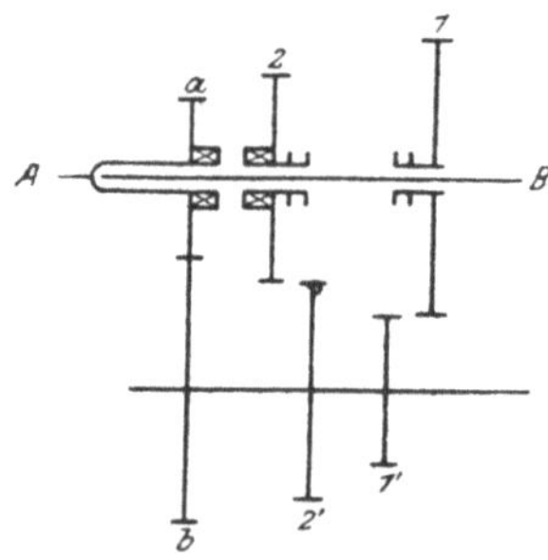

Fig. 393. Schubgetriebe mit zwei verschiebbaren Rädermuffen und unmittelbarem Eingriff.

Die Entfernung der Zahnräder voneinander wird bei dieser Anordnung insbesondere bei einer Vermehrung der Stufen verhältnismäßig groß. Das ergibt umfangreiche, schwere Getriebegehäuse und große Wellenlängen. Diesen Nachteil kann man beseitigen, wenn man, Fig. 392, Rad 3 auf eine besondere Muffe setzt, die natürlich auch ihr besonderes Verschiebegestänge erhalten muß. Zugleich fällt aber auch das Durchziehen fort, da man 1 und 2 von einer Stelle und 3 von einer anderen Stelle aus schalten kann.

Die dritte Anordnung, Fig. 393, unterscheidet sich von der eben beschriebenen nur dadurch, daß der Antrieb durch das Getriebe gerade hindurchgeleitet, also nicht mehr an dem Ende der Vorgelegewelle abgenommen wird. Bei der Höchstübersetzung (1:1) sind die Räder *a* und 2 gekuppelt, so daß an dem Ende *B* die gleiche Geschwindigkeit herrscht wie an dem Ende *A*. (Unmittelbarer Eingriff.) Eine ausführliche Erörterung der Vorteile und Nachteile der behandelten Hauptbauarten findet sich in den nachfolgenden Absätzen.

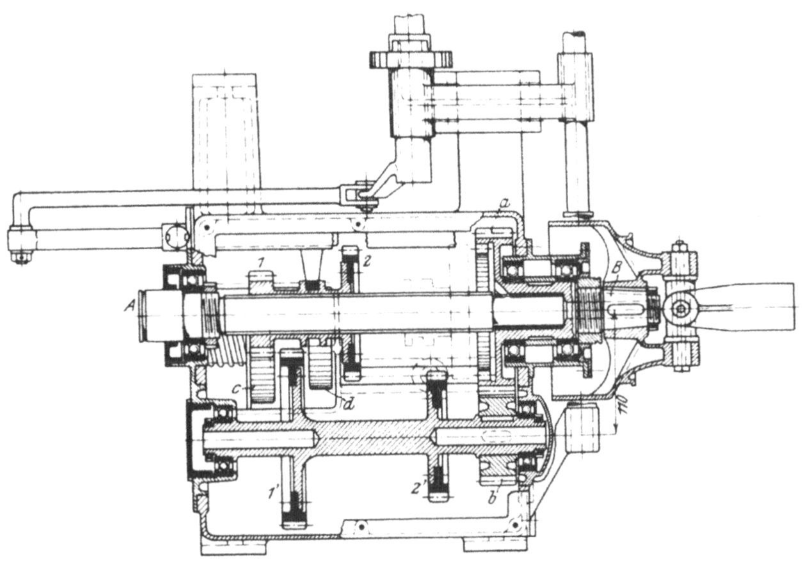

Fig. 394. Wechselgetriebe der Siemens-Schuckert-Werke, Berlin, Nonnendamm.

In seiner einfachsten, auch heute noch anwendbaren Form kann das Wechselgetriebe eine einzige verschiebbare Rädermuffe auf der treibenden Welle erhalten, Fig. 394, mit Zahnrädern 1 und 2, die mit entsprechenden, unverschiebbaren Zahnrädern 1′ und 2′ in Eingriff gebracht werden können. Die bei *A* von der Maschinenwelle her eingeleitete Bewegung wird beim Verschieben der Muffe nach rechts über die Zahnräder 1 und 1′ (kleinste Geschwindigkeit) oder die Räder 2 und 2′ (mittlere Geschwindigkeit) auf die Vorgelegewelle übertragen und gelangt von hier über die stets im Eingriff stehenden Zahnräder *a* und *b* auf das bei *B* anschließende Wagentriebwerk. Verschiebt man die Muffe noch weiter nach rechts, zieht man also das Zahnrad 2 durch Rad 2′ durch, so kann man die Zähne von 2 mit der Innenverzahnung von *a* in Eingriff bringen, also das Ende *B* des Getriebes ebenso schnell laufen lassen wie das Ende *A*. (Unmittelbarer Eingriff, Höchstgeschwindigkeit.) Drückt man andererseits die Muffe aus der gezeichneten Stellung (Leerlauf), worin das Rad 1 bereits mit Rad *c* im Eingriff steht, noch weiter nach links, so wird Rad *c* mitgenommen und das mit ihm verbundene Rad *d* mit 1′ in Eingriff gebracht. Infolgedessen wird die Bewegung zwischen 1 und 1′ umgekehrt (Rücklauf). Die Räder *c* und *d* sind mit gemeinsamer Nabe auf einer kurzen Hilfswelle lose aufgeschoben und werden durch eine Feder stets in die gezeichnete Stellung zurückgeführt.

Getriebe dieser Art werden auch heute noch verwendet. Ihre Bedienung ist sehr einfach, da nur ein einziger Hebel erforderlich ist. Wie das in Fig. 395 wiedergegebene Getriebe der neuen Pariser Motoromnibusse zeigt, kann man die Welle des Schalthebels unmittelbar in den Getriebekasten einführen und dort mit einem Arm versehen, der an der verschiebbaren Rädermuffe angreift. Auf diese Weise vermeidet man eine besondere geführte Schaltstange, vgl. Fig. 394, S. 291.

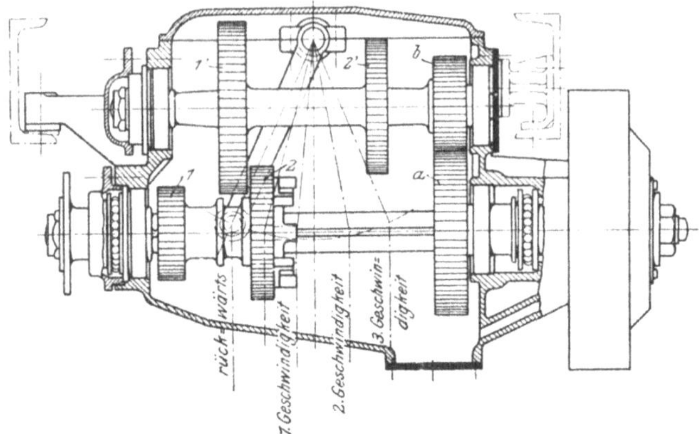

Fig. 395. Wechselgetriebe der neuen Pariser Motoromnibusse.

Opfert man den Vorteil der Einfachheit, oder soll das Getriebe mit mehr als drei Stufen versehen werden, so kann man mehr als eine verschiebbare Muffe auf der treibenden Welle anordnen und dadurch die Baulänge des Getriebes wesentlich vermindern. In der Tat wird schon bei dem Getriebe in Fig. 394, S. 291, etwa $^1/_4$ der Länge gespart, wenn man, wie strich-punktiert angedeutet ist, die Räder 1 und 2 auf getrennten Naben verschiebbar macht und mit getrennten Schaltstangen versieht. Die Ersparnis steigert sich bis 50 v. H., wenn es sich um Getriebe mit 4 Stufen handelt.[1]) Hier müssen also zwei getrennte Rädermuffen verwendet werden. Im allgemeinen wird man aber auch schon bei drei Stufen auf die einfache Durchzugschaltung verzichten, denn die Anforderungen, die heute an den ruhigen Lauf der Wechselgetriebe gestellt werden, lassen sich nur erfüllen, wenn man möglichst kurze, von elastischen Durchbiegungen so gut wie frei bleibende Wellen verwenden kann.

Das hiernach für Wagen mit kleiner und mittlerer Maschinenleistung als normal anzusehende dreistufige Wechselgetriebe der Siemens-Schuckert-Werke, Berlin-Nonnendamm, ist in Fig. 396 bis 398, S. 293, dargestellt. Abgesehen davon, daß die Zahnräder 1 und 2 getrennt verschiebbar sind, weist es gegenüber dem Getriebe nach Fig. 394 noch folgende wesentliche Unterschiede auf: Die Zahnräder *a* und *b* sitzen hier auf der Antriebseite *A*, und zwar sitzt das größere hiervon auf der Vorgelegewelle und nicht, wie in Fig. 394, S. 291, das kleinere. Kuppelt man bei diesem Getriebe beim Fahren mit der Höchstgeschwindigkeit Rad 2 mit *a*, so läuft die Vorgelegewelle viel langsamer mit als früher. Ferner braucht das Rücklaufrad *c* nicht mehr verschiebbar zu sein und unter Federdruck zu stehen, weil es ohne Vermittlung eines zweiten Rades *d*, wie in Fig. 394, mit dem verschiebbaren Rade 1 selbst in Eingriff gebracht werden kann.

[1]) Man kann allerdings auch 4 stufige Getriebe mit Durchzugschaltung verkürzen, wenn man z. B. bei der ersten Stufe auf der Vorgelegewelle zwei Räder kuppelt, also nur zwei Räder darauf verschiebbar macht. Ein solches Getriebe von Armstrong, Withworth & Co. ist in „Engineer“ vom 15. November 1907 (s. a. Der Motorwagen, 1909 S. 186) besprochen.

Soll ein derartiges Getriebe 4 Stufen erhalten, Fig. 399 und 400, S. 294, so müssen drei Schaltstangen vorhanden sein, da zwei hiervon durch die Schaltungen 1 — 1′, 2 — 2′, 3 — 3′ und 3 — *a* voll in Anspruch genommen sind. Die dritte Schaltstange bedient dann das Rücklaufrad *c* allein, das doppelte Breite besitzt und zwischen die außer Eingriff befindlichen Räder 1 und 1′ eingeschoben wird.

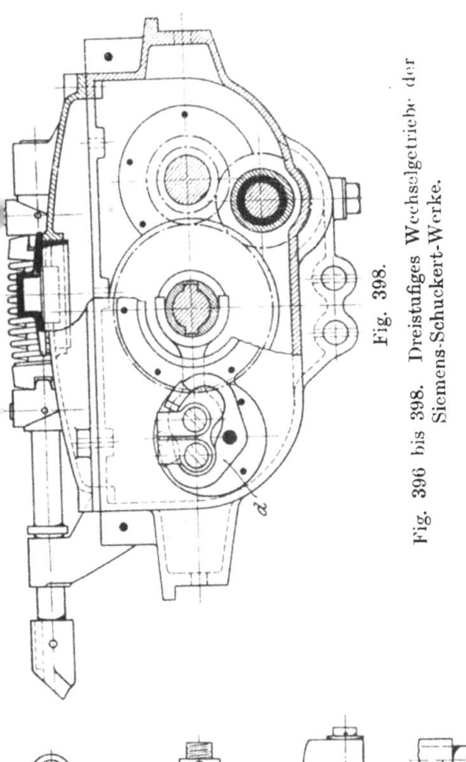

Fig. 398.

Fig. 396 bis 398. Dreistufiges Wechselgetriebe der Siemens-Schuckert-Werke.

Wie aus dem Obigen hervorgeht, sind alle neueren Getriebe solche mit unmittelbarem Eingriff bei Höchstgeschwindigkeit. Es hat nur weniger Jahre bedurft, bis diese von Louis Renault, Billancourt, zuerst ausgeführte Getriebebauart fast allgemeine Anwendung gefunden hat, ein Erfolg, der durch ihre Vorzüge durchaus gerechtfertigt wird. In Verbindung mit dem gebräuchlichen Kardanantrieb gestattet diese Bauart zunächst, Maschinen- und Treibwelle in die Längsachse des Wagens zu legen, also den Antrieb, wie es als das natürlichste erscheint, in gerader Linie durchzuführen. Das ist bei Getrieben, bei denen der Antrieb stets von der Vorgelegewelle abgenommen wird, nur möglich, wenn die Vorgelegewelle unter der Treibwelle liegt, eine Anordnung, die sich für Personenwagen

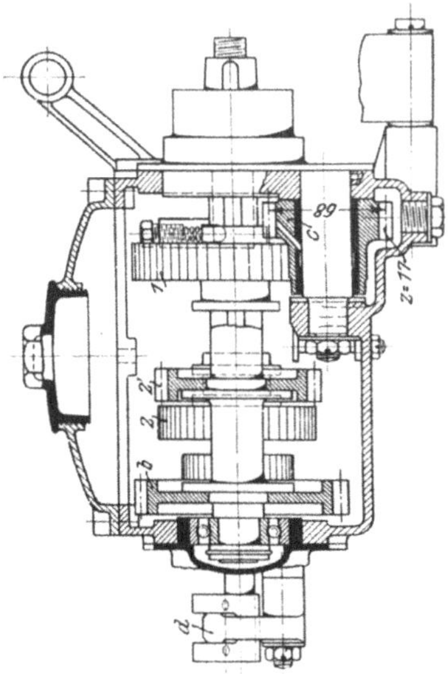

Fig. 396.

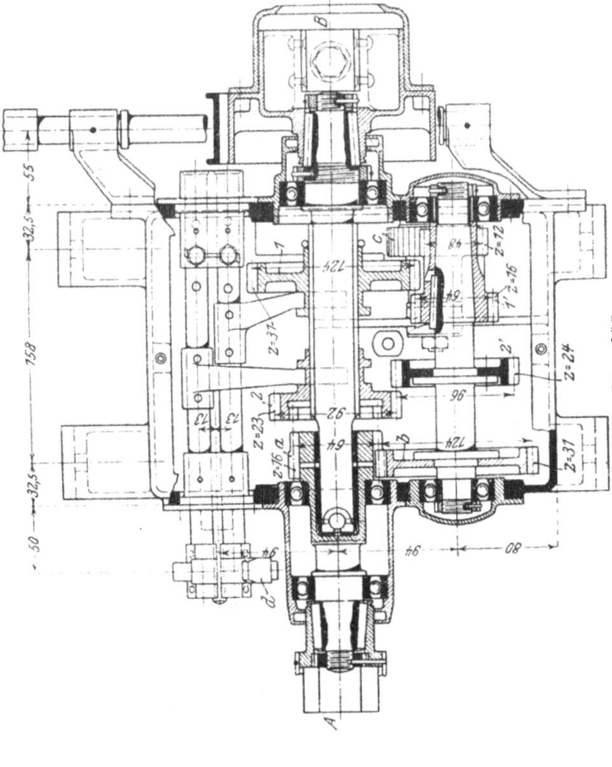

Fig. 397.

nicht eignet, weil das Getriebegehäuse zu nahe an die Straßenoberfläche gelangt. Aber auch abgesehen von diesem Einbauvorteil hat das Getriebe mit unmittelbarem Eingriff bei der Höchstgeschwindigkeit wegen seines geräuschlosen Ganges und guten Wirkungsgrades bei dieser Schaltung große Vorzüge. Allerdings stehen auch bei der Höchstgeschwindigkeit die Zahnräder *a* und *b* im Eingriff, so daß die ganze Vorgelegewelle mit laufen muß. Die Erfahrung hat aber gelehrt, daß dieser Umstand die Geräuschlosigkeit des Ganges nicht zu beeinträchtigen vermag, da die Räder *a* und *b* keine Kraft zu übertragen haben und außerdem, vgl.

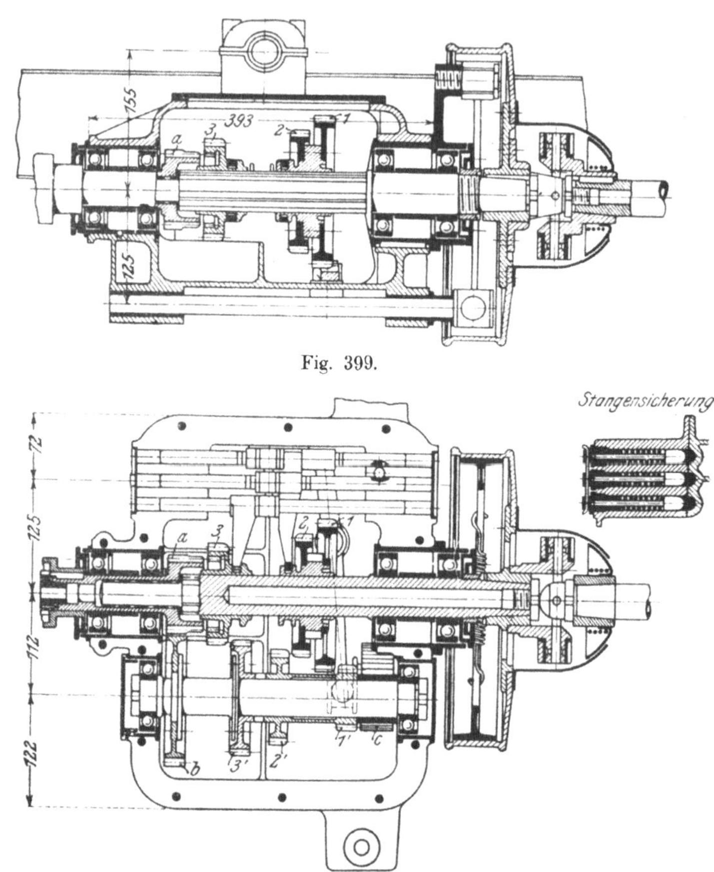

Fig. 399.

Fig. 400.

Fig. 399 und 400. Vierstufiges Wechselgetriebe der Neuen Automobil-Gesellschaft, Berlin.

Fig. 396 bis 398, S. 293, die Umlaufzahl der Vorgelegewelle niedrig gehalten werden kann. Im übrigen liegt es sehr nahe, das Rad *b* auf der Vorgelegewelle verschiebbar zu machen und einen Hebel mit dem Schaltwerk des Rades 2 so zu kuppeln, daß der Eingriff zwischen *a* und *b* gelöst wird, wenn man 2 und *a* kuppelt.

Ein solches Getriebe, das von der Fabrique Nationale d'Armes de Guerre in Herstal bei Lüttich gebaut wird, stellen die Fig. 401 bis 404, S. 295, ausführlich dar. Der Schalthebel *a* verdreht, je nachdem ob er nach auswärts (links) oder nach einwärts (rechts) umgelegt worden ist, entweder das Rohr *b* oder das Rohr *c*, die beide lose auf die Welle *d* des Handbremshebels aufgeschoben sind. Dreht man das Rohr *b* in der Fahrtrichtung, so verschiebt der Hebel *e* die Stange *f*, deren

Gabel das Rad 2 mit dem Rad g in unmittelbaren Eingriff bringt (Höchstgeschwindigkeit). Zugleich wird durch den Hebel h der Eingriff zwischen g und i gelöst, so daß die Vorgelegewelle stillgesetzt ist. Verschiebt man weiter die Stange f (durch entgegengesetzte Bewegung des Hebels a) aus der Mittellage in entgegengesetzter Richtung, so werden die Zahnräder 2 und 2' in Eingriff gebracht (mittlere Geschwindigkeit). Die kleinste Geschwindigkeit erhält man, wenn man den Schalthebel a nach einwärts legt und dann in der Fahrtrichtung dreht. Durch den Hebel k wird dann die Stange l verschoben, welche die Räder 1 und 1' kuppelt. Bei der entgegengesetzten Verschiebung der Stange l kuppelt man endlich 1 mit m auf der sonst stillstehenden Rücklaufwelle, wobei zugleich n mit 1' gekuppelt wird.

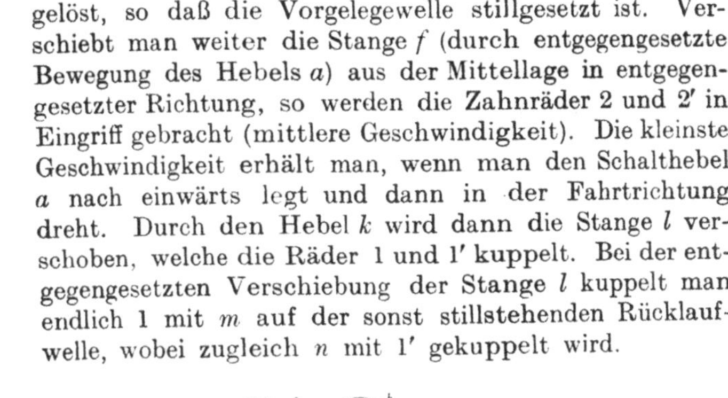
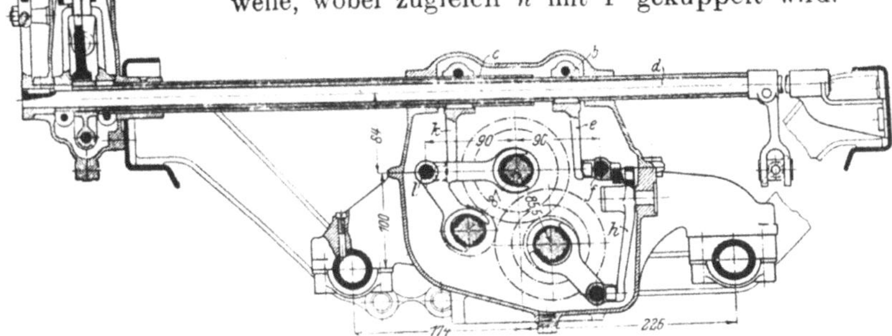

Fig. 401.

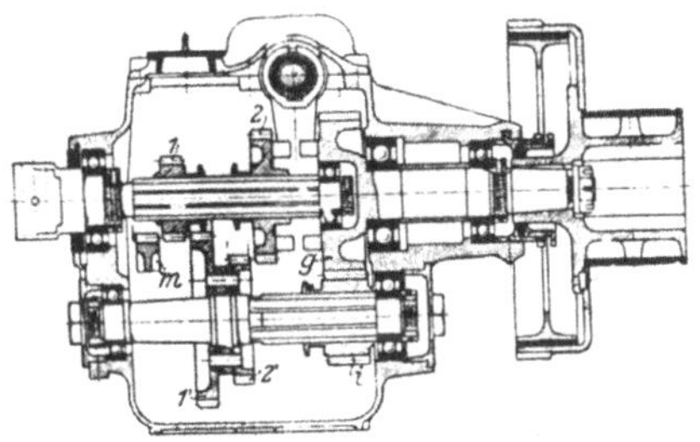

Fig. 402.

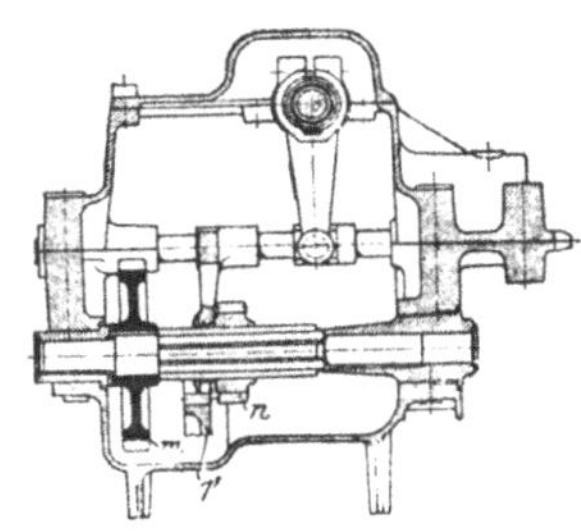

Fig. 404.

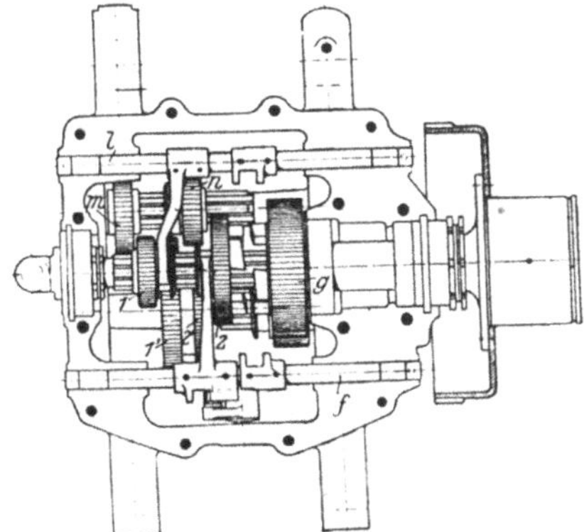

Fig. 403.

Fig. 401 bis 404. Wechselgetriebe der Fabrique Nationale d'Armes de Guerre in Herstal bei Lüttich.

Gegen Getriebe mit unmittelbarem Eingriff hat man ferner auch den Einwand erhoben, daß dem günstigen Wirkungsgrad und ruhigen Lauf bei der Höchstgeschwindigkeit ein um so ungünstigerer Wirkungsgrad und um so geräuschvollerer Gang bei kleineren Geschwindigkeiten entgegenstehe, weil dann der Antrieb stets über zwei Paare von Zahnrädern übertragen werden müsse.[1]) Der Einwand kann aber höchstens mit Bezug auf das Geräusch zutreffen. Wie Versuche mit solchen und anderen Wechselgetrieben ergeben haben[2]), liegen ihre mechanischen Wirkungsgrade wegen der sorgfältigen Bearbeitung der Zähne und wegen der reichlichen Schmierung im allgemeinen sehr hoch, bei unmittelbarem Eingriff erheblich über 90 v. H., und bei den anderen Stufen auch noch über 80 v. H., demnach sind die Unterschiede in den Wirkungsgraden bei verschiedenen Schaltungen fast unerheblich. Was das Geräusch anbetrifft, so muß man berücksichtigen, daß jedes Wechselgetriebe so abgestuft werden muß, daß der Wagen möglichst dauernd mit der Höchstgeschwindigkeit betrieben werden kann. Die anderen Stufen sollen nur das Anfahren und das Überwinden von Steigungen gestatten. Das größere Geräusch wird sich also, wenn überhaupt, so doch nur ausnahmsweise bemerkbar machen.

Ein wichtiger Vorteil der Getriebe mit unmittelbarem Eingriff ist ferner, daß ihre Gehäuse bei einer gegebenen Reihe von Übersetzungen kleiner und daher leichter ausfallen als bei den anderen Getrieben, weil nämlich die Größe des Getriebegehäuses hauptsächlich von dem Abstand der Getriebewellen bestimmt wird. Für diesen Abstand ist aber die größte Übersetzung des Getriebes insofern maßgebend, als das kleine Rad auf der Vorgelegewelle aus Rücksicht auf den ruhigen Gang eine bestimmte Mindestzähnezahl, also auch einen Mindestdurchmesser erhalten muß. Man kann nun offenbar das andere Rad kleiner halten und so die Wellen näher zusammenrücken, wenn man, wie bei einem Getriebe mit unmittelbarem Eingriff, die geforderte größte Übersetzung auf zwei Paare von Zahnrädern verteilen kann.

Bei schweren Motorfahrzeugen, die in ihrer Fahrgeschwindigkeit beschränkt sind, könnte es unbequem sein, die bei der Höchstgeschwindigkeit erforderliche, auch noch ziemlich große Übersetzung lediglich in dem Getriebe hinter dem Wechselgetriebe unterbringen zu müssen. Aus diesem Grunde scheint man bei solchen Wagen den Getrieben nach Fig. 392, S. 290, noch immer den Vorzug zu geben. Das Bedürfnis, Getriebe mit unmittelbarem Eingriff zu verwenden, ist allerdings bei dieser Gruppe von Motorwagen noch nicht sehr groß, da sie auch aus anderen Gründen bei weitem nicht geräuschlos genug arbeiten.

Schaltung der Schubgetriebe.

Die Schaltung eines Wechselgetriebes ist so lange verhältnismäßig einfach, als es sich um eine verschiebbare Rädermuffe handelt, s. Fig. 391, S. 290, 394 und 395, S. 291 und 292. Man braucht dann nur den Handhebel in irgendeiner Weise mit der im Getriebegehäuse verschiebbaren Schaltstange in Verbindung zu bringen und den in der Regel an einem Bogen geführten Schalthebel mit Hilfe einer Sperrklinke oder einer anderen, vom Griff aus lösbaren Sperrvorrichtung gegen unbeabsichtigte Verstellung zu sichern. Daß man bei solchen Getrieben auch die Schaltstange, die mit einem Gabelarm die Rädermuffe umfaßt, ganz vermeiden kann, ist bereits erwähnt worden, s. Fig. 395, S. 292. Diese Bauart ist anzustreben; läßt sich aber nicht oft durchführen, weil man bei gewöhnlichen Motorwagen mit

---

[1]) Vgl. Der Motorwagen, 1908, S. 328.

[2]) Vgl. Z. Ver. deutsch. Ing. 1907 S. 1581.

dem Getriebe nicht so weit nach vorne rücken kann, wie das hierbei erforderlich ist.

Verwickelt wird aber das Schaltgestänge, wenn man zwei und drei Schaltstangen verwendet, um die Länge des Getriebekastens in den zulässigen Grenzen zu halten. Noch vor gar nicht langer Zeit waren dann ebensoviele getrennte Handhebel erforderlich als Schaltstangen vorhanden waren, eine Bauart, die zur Verwirrung des Wagenführers und zu Mißgriffen beim Schalten führen mußte. So hat das für 4 Vorwärtsstufen und eine Rückwärtsstufe eingerichtete, ältere Wechselgetriebe der Daimler-Motorlastwagen, Fig. 405 bis 407, drei getrennte Handhebel *a*, *b* und *c*, von denen *a* und *c* auf der Welle *d* lose aufgeschoben sind, während der Hebel *b* fest darauf aufgekeilt ist. Mittels Hebels *a* werden, je nachdem, ob er zurückgezogen oder in der Fahrtrichtung verstellt wird,

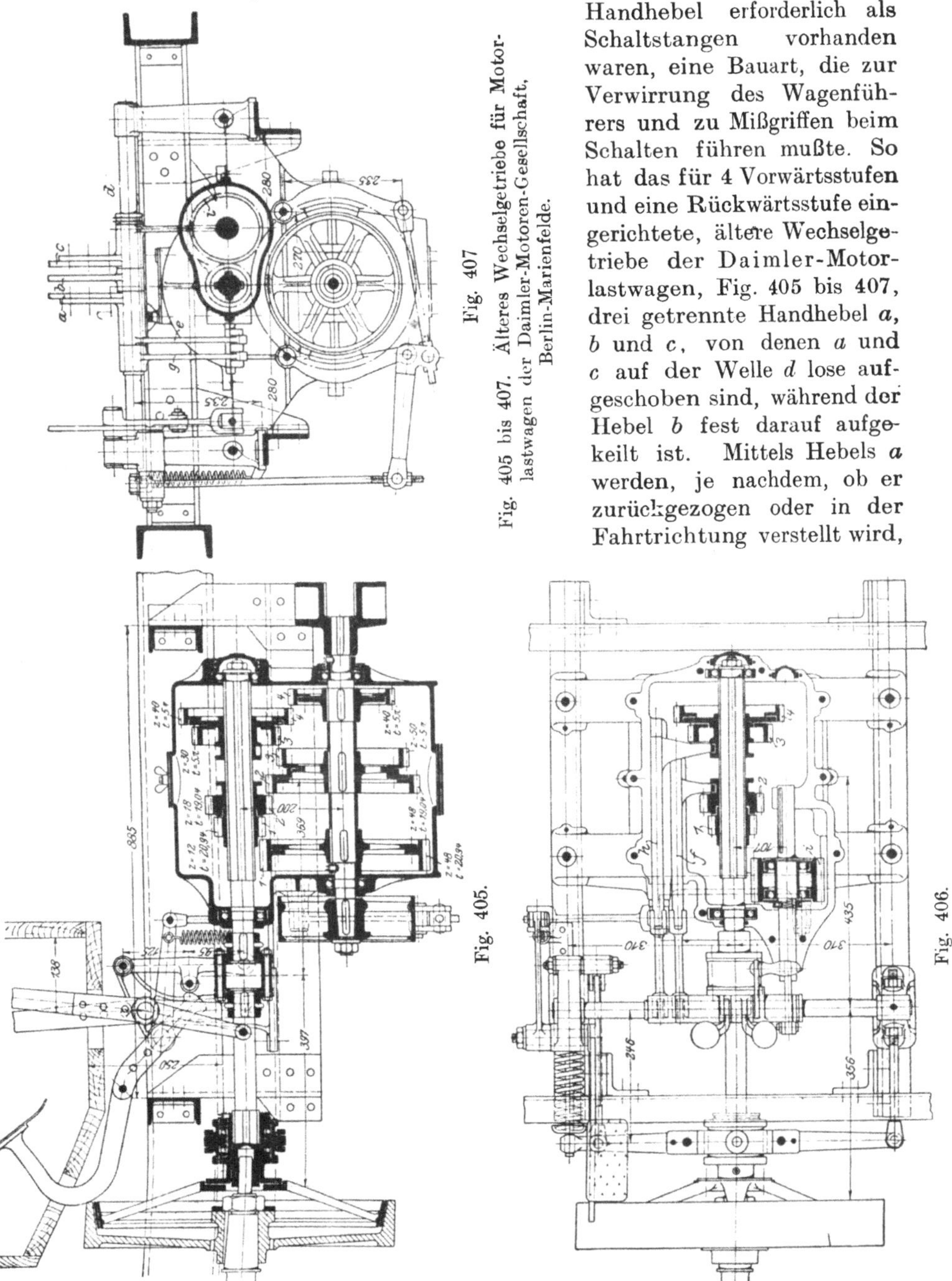

Fig. 407.

Fig. 405.

Fig. 406.

Fig. 405 bis 407. Älteres Wechselgetriebe für Motorlastwagen der Daimler-Motoren-Gesellschaft, Berlin-Marienfelde.

entweder die Räder 1 und 1 oder die Räder 2 und 2 gekuppelt, wobei die vierkantig geführte Schaltstange *f* durch den unteren Arm *e* verschoben wird. In ähnlicher Weise dient Hebel *b* mittels des ebenso wie dieser Hebel auf der Welle *d* aufgekeilten Hebels *g* zum Verschieben der Schaltstange *h* und zum Einstellen der dritten und vierten Geschwindigkeit. Mit Hilfe des Hebels *c* endlich wird die an einem Längskeil geführte Spindel des breiten Rücklaufrades *i* verschoben.

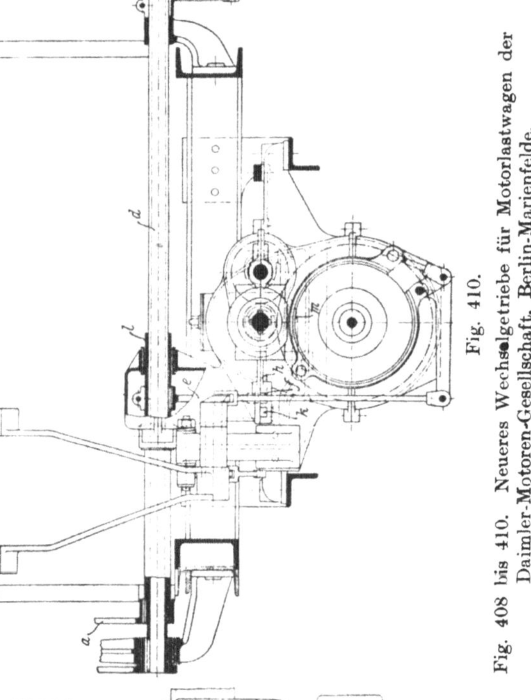

Fig. 410.

Fig. 408 bis 410. Neueres Wechselgetriebe für Motorlastwagen der Daimler-Motoren-Gesellschaft, Berlin-Marienfelde.

Abhilfe gegen die Vielzahl der Schalthebel bietet die sogenannte Mercèdes- oder Kulissenschaltung, die in neuerer Zeit bei den meisten Motorwagen angewendet wird und deren Kennzeichen darin besteht, daß der Handhebel selbst senkrecht zu seiner Schwingebene verschiebbar gemacht wird, so daß er durch diese Bewegung mit den verschiedenen Schaltstangen im Getriebegehäuse gekuppelt werden kann. Bei dem in Fig. 408 bis 410 wiedergegebenen neueren Getriebe der Daimler-Motoren-Gesellschaft in Marienfelde ist der Handhebel *a* auf dem auf der Hohlwelle *d* längsverschieblichen Rohr *l* aufgekeilt, das über den

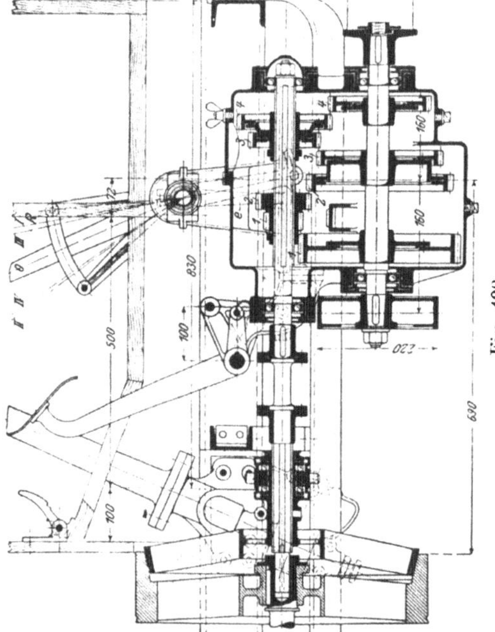

Fig. 408.

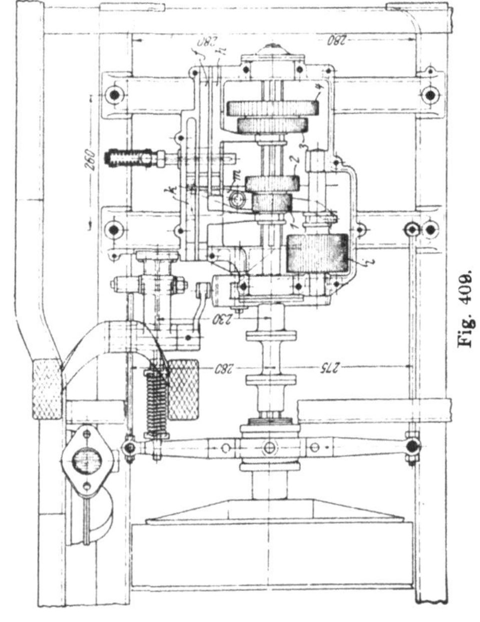

Fig. 409.

Schaltstangen f, h, k mit einem Hebel e versehen ist. Je nach der Einstellung dieses Rohres faßt das untere Ende des Hebels e zwischen die Ansätze einer der Schaltstangen, die man nun durch Umlegen des Handhebels a nach vorwärts oder rückwärts in dem einen oder anderen Sinne verschieben kann. Die Verschiebung der Schaltstange k wird durch einen zweiarmigen Hilfshebel m auf das verschiebbare Rücklaufrad i übertragen.

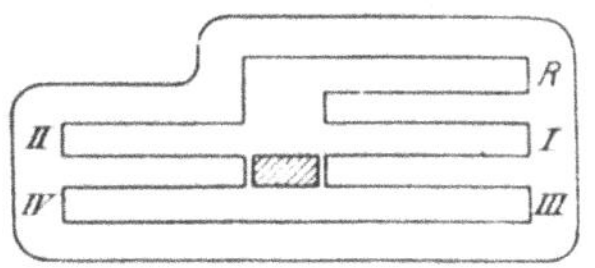

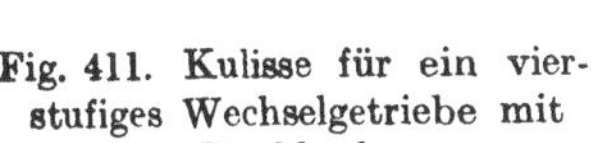
Fig. 411. Kulisse für ein vierstufiges Wechselgetriebe mit Rücklauf.

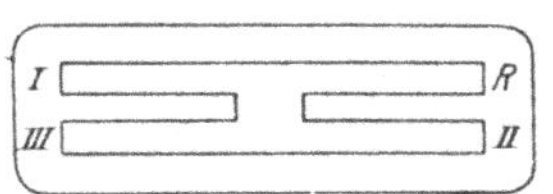

Fig. 412. Kulisse für ein dreistufiges Wechselgetriebe mit Rücklauf.

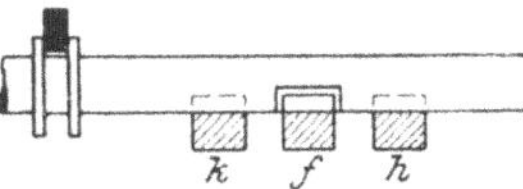

Fig. 413. Schaltstangen-Verriegelung des Daimler-Getriebes, Fig. 408 bis 410, S. 298.

Die beschriebene Bauart, die das Schalthebelwerk außerordentlich vereinfacht, macht zur Bedingung, daß der Übergang des Schalthebels von einer Schaltstange zur anderen nur in der Mittellage des Schalthebels vorgenommen wird, damit beim Verschieben das untere Ende des Hebels e auch wirklich zwischen die Vorsprünge der Schaltstangen fassen kann. Man ermöglicht dies durch Führung des Schalthebels a in einem mehrere parallele Kulissenführungen enthaltenden Bogen, Fig. 411, dessen Stege nur in der Mittellage des Handhebels durchbrochen sind, und der auch gestattet, aus der Mittelstellung des Handhebels jede beliebige Schaltung vorzunehmen. Die Anordnung der Schlitze soll immer so getroffen werden, daß

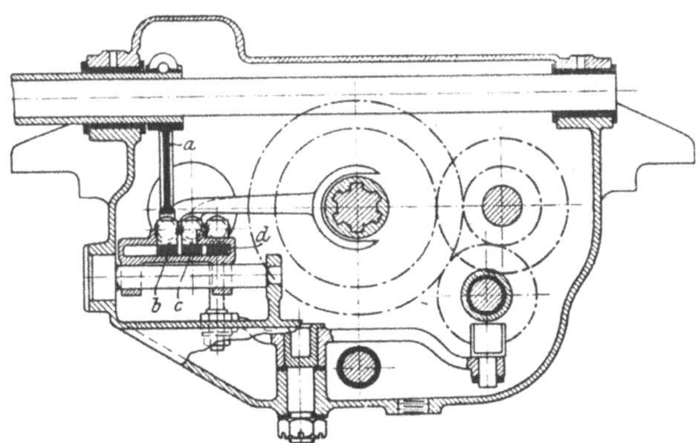

Fig. 414. Schaltstangen-Verriegelung der Minerva-Getriebe.

man aus der Bewegung des Handhebels ungefähr auf die zu erwartende Schaltung schließen, also auch bei völliger Dunkelheit kaum fehlerhaft schalten kann. Mit anderen Worten: Rückwärtsfahrt soll stets durch eine Bewegung des Handhebels entgegengesetzt zur Fahrtrichtung eingeleitet werden. Von zwei in einer und derselben Kulisse einstellbaren Schaltungen soll diejenige für die höhere Fahrgeschwindigkeit stets durch Umlegen des Handhebels nach vorwärts erhalten werden. Die entsprechenden Stufen der Fahrtgeschwindigkeit werden in der aus Fig. 411 ersichtlichen Weise auf der Kulisse eingeschlagen. Für ein Getriebe mit drei Vorwärtsstufen ergibt sich, entsprechend dem oben Gesagten, eine Kulisse nach Fig. 412.

Mit der Anwendung der Kulissenschaltung nimmt man zugleich die Notwendigkeit in den Kauf, die Schaltstangen gegen unbeabsichtigte Verschiebungen mit Hilfe besonderer Riegel zu sichern, denn nur so ist es möglich, daß alle Schaltstangen in ihrer Mittellage stehen, wenn man den Schalthebel in die Mittelstellung bringt. Diesem Zweck wird durch Schneidenbolzen, die unter Federdruck stehen, und in entsprechende Kerben der Schaltstangen eingreifen, vgl. Fig. 399 und 400, S. 294 (Nebenfigur), nur unvollkommen genügt, denn bei Erschütterungen während der Fahrt könnten solche Sperrungen gelöst werden. Da das Versagen der Schaltung eine zu große Gefahr für den Wagen bedeutet, so müssen genau und zuverlässig wirkende Verriegelungen angewendet werden. Bei dem in Fig. 408 bis 410, S. 298, dargestellten Getriebe besteht die Verriegelung aus einem runden oder vierkantigen, unter Federdruck stehenden Bolzen (s. Fig. 409), der quer zu den Schaltstangen verschiebbar ist und in Ausfräsungen der Schaltstangen eingreift, s. Fig. 413, S. 299. Durch einen mit dem Handhebel schwingenden Hebel, an dessen unterem Ende ein zwischen die Bunde des Riegels fassender Bogen angeordnet ist, wird der Riegel verschoben, sobald man den Handhebel auf seiner Welle verschiebt. Die ausgefräste Stelle des Riegels, die gemäß Fig. 413 die Schaltstange *f* freigegeben hatte, gibt dann eine andere Schaltstange frei, hält aber dafür die beiden übrigen in der Mittellage fest.

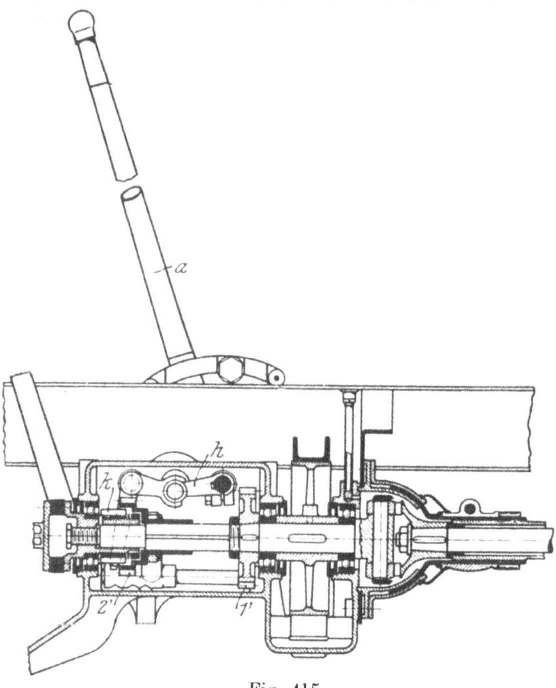

Fig. 415.

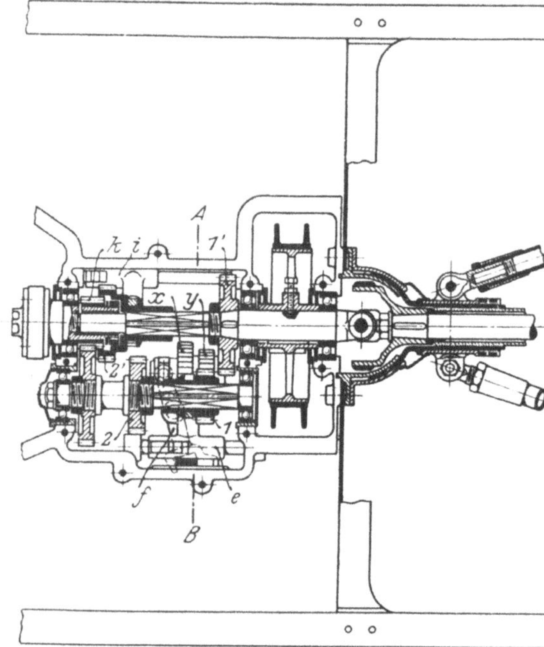

Fig. 416.

Für nicht mehr als zwei Schaltstangen ist auch die in Fig. 396 bis 398, S. 293, dargestellte Verriegelung geeignet, die aus einem schwingend gelagerten Ringe *d* besteht. Die beiden Schaltstangen tragen nach oben gerichtete Fortsätze und zwischen diese greift entweder das eine oder das andere Ende des Ringes, je nachdem ob man mit Hilfe des mit dem Handhebel verbundenen, in die Öffnung des Ringes fassenden kurzen Schalthebels die Öffnung des Ringes über die eine oder die andere Schaltstange bringt.

Auf einem ähnlichen Gedanken beruht auch die in Fig. 414, S. 299, dargestellte, für mehr als zwei Schaltstangen geeignete Verriegelung der Fabrik Minerva in Antwerpen. Der Ring, in dessen Öffnung wieder das untere Ende des mit dem Handhebel verbundenen Hebels a eingreift, ist hier auf einem Bolzen gestützt, damit er nicht eckt. Seine Enden bewegen sich zwischen den nach oben gerichteten Anschlägen der Schaltstangen b, c und d derart, daß immer nur eine Schaltstange eine Längsverschiebung machen kann, während die beiden anderen genau in der Mittelstellung gesichert werden.

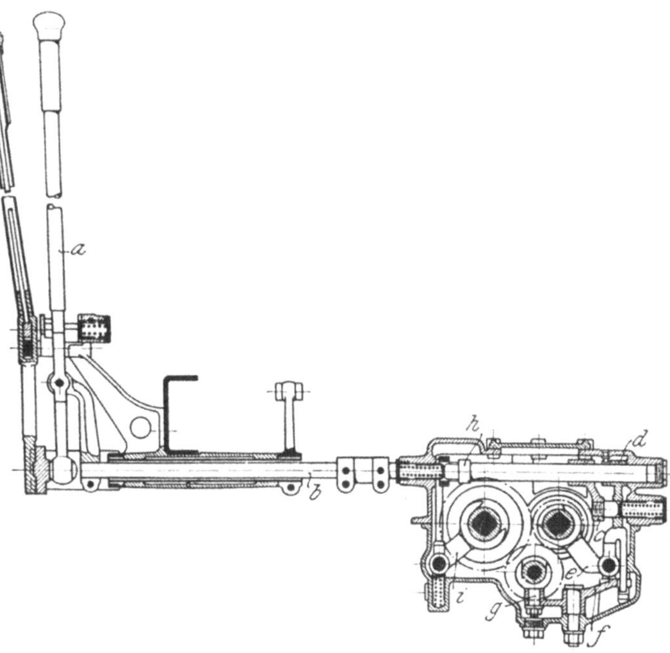

Fig. 417. Schnitt $A—B$.

Fig. 415 bis 417. Wechselgetriebe eines kleinen Wagens der Adlerwerke in Frankfurt a. M.

Während Wechselgetriebe mit mehr als drei Stufen heute fast ausnahmslos mit Kulissenschaltung versehen werden, pflegt man bei dreistufigen Getrieben häufig zu anderen Schaltanordnungen zu greifen, weil man die Kulisse und die Verriegelungen umgehen will. In der Regel bedient man sich dabei eines Handhebels, der, abgesehen von seiner Schwingung in der Fahrtrichtung, eine senkrecht hierzu gerichtete Schwingung um einen tief liegenden Zapfen ausführen kann. Hierher gehören das schon erwähnte Getriebe der Fabrique Nationale in Herstal Fig. 401 bis 404, S. 295, sowie das Getriebe der kleinen Wagen der Adlerwerke in Frankfurt a. M., Fig. 415 bis 417. Legt man nämlich den in Fig. 417 in der Mittelstellung gezeichneten Handhebel a nach rechts um, wobei auch die mit ihm verbundene durchgehende Schaltstange b nach rechts verschoben wird, so tritt der Mitnehmerbolzen auf dem Hebel c ganz in die entsprechende Öffnung des Hebels d ein, der auf der Schaltstange lose drehbar ist. Je nachdem ob man nun den Handhebel a nach vorwärts oder nach rückwärts ausschwingt, kuppelt man entweder mit Hilfe der auf einer runden Stange geführten Gabel e die Zahnräder 1 und 1′, oder mit Hilfe einer anderen, auf dem zweiarmigen Hebel f drehbar aufgesetzten Gabel g die Räder 1 und x sowie y und 1′ (Rückwärtsfahrt). Legt man dagegen den Handhebel a nach links (in Fig. 417) aus, so tritt der Mitnehmerstift auf dem Hebel h in Tätigkeit. Man kann nunmehr, indem man den Handhebel entweder nach rückwärts oder nach vorwärts ausschwingt, entweder mittels der gerade geführten Gabel i die Zahnräder 2 und 2′ miteinander, oder das Rad 2′ mit dem stets umlaufenden Rade k auf der Getriebewelle in Eingriff bringen (Höchstgeschwindigkeit). Da die Mitnehmerbolzen in die ihnen entsprechenden Öffnungen nur dann eintreten, wenn sich die Hebel in ihrer durch Federn gesicherten Mittellage befinden, so läßt sich die Schaltstange b nur verschieben, nachdem man den Handhebel in die Mittellage zurückgeführt hat. Der Übergang von einer Stufe auf die andere ist somit hier ebenso wie bei der Kulissenschaltung nur über die Mittellage möglich. Gegen unbeabsichtigte Verschiebungen der Schalthebel und Zahnräder bieten aber die Federn, wie schon erwähnt, keine genügende Sicherheit. Dazu kommt, daß man hier ebenso wie bei dem Getriebe nach Fig. 401 bis 404, S. 295, den Fortfall der Kulisse nur mit einem erheblichen Mehraufwand an Zwischenhebeln erkauft hat, welche die Zuverlässigkeit der Schaltung nicht erhöhen. Daher scheint es fraglich, ob diese Schaltungen gegenüber denjenigen mit Kulissen Vorteile bieten können.

Fig. 418.

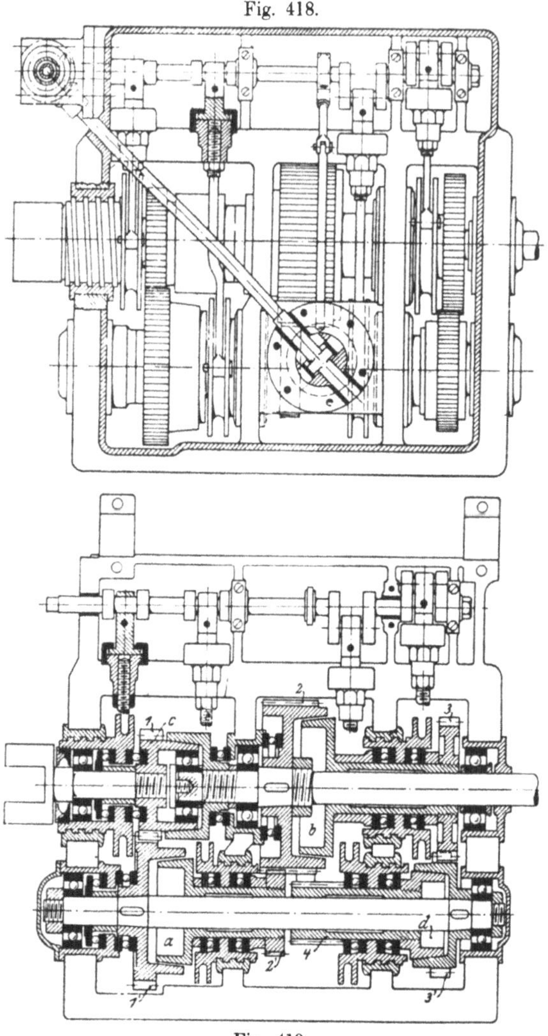

Fig. 419.

Fig. 418 und 419. Wechselgetriebe von Wickstedt & Co.

Die größte Beanspruchung erfahren die Zahnräder eines Wechselgetriebes durch das unvermeidliche Verändern der Schaltung während der Fahrt und die hierbei auftretenden Stöße. Um z. B. bei dem in Fig. 408 bis 410, S. 298, dargestellten Getriebe von der ersten auf die zweite Geschwindigkeitsstufe zu gelangen, löst man das Getriebe zunächst durch einen Tritt auf den Kuppelungshebel von der Maschinenwelle und legt sodann, während der Wagen weiterfährt, den Handhebel aus der Lage I in die Lage II um. Hierbei wird zunächst das Rad 1 aus dem Eingriff mit Rad 1′ gelöst (Mittelstellung des Handhebels) und dann der Kranz des Rades 2 demjenigen des umlaufenden Rades 2′ so genähert, daß, sobald sich Zahnlücke des einen und Zahn des zweiten gegenüberstehen, das Rad 2 vollständig in den Eingriff mit Rad 2′ eingeschoben werden kann. Daß bei der hierauf stattfindenden plötzlichen Mitnahme von 2 mit der ganzen Welle Stöße auftreten müssen, erscheint leicht verständlich.

Diese Stöße zu mildern hat man schon lange versucht, allerdings bis heute nur mit wenig Erfolg. Als das brauchbarste Mittel zum Mildern der Stöße hat sich bis heute erwiesen, die Masse der Treibwelle mit ihren Zahnrädern möglichst klein zu halten, da der Stoß mit dieser Masse wächst. Teilweise bewährt hat sich ferner die schon erwähnte Vorrichtung zum Abbremsen der von der Kupplung losgelösten Welle, s. Fig. 386, S. 287, die darauf ausgeht, den Unterschied zwischen den Umfangsgeschwindigkeiten der zu kuppelnden Zahnrädern zu beseitigen. Die Einrichtung läßt sich aber nur bei bestimmten Schaltbewegungen anwenden. Soll

z. B. bei dem Getriebe nach Fig. 392, S. 290, während der Wagen gleichförmig weiterrollt, 1—1' gelöst und 2—2' in Eingriff gebracht werden, so kann es offenbar nur erwünscht sein, wenn man durch Bremsen der Welle von 2 den großen Unterschied zwischen den Umfangsgeschwindigkeiten von 2 und 2' vermindert. Dagegen hätte es keinen Zweck, beim Übergang von 2—2' auf 1—1' die Welle A zu bremsen, da 1 ohnedies schon zu langsam läuft. Um den Stoß zu vermindern müßte man vielmehr mit Hilfe der Getriebsbremse die Welle von 2' verlangsamen, was sich aber bei der Kürze der Zeit, innerhalb deren geschaltet werden muß, kaum durchführen läßt. Bei einem solchen Getriebe leistet also die beim vollständigen Auskuppeln in Tätigkeit tretende Bremse nur dann gute Dienste, wenn es sich um den Anfahrvorgang handelt. Das ist ja auch der häufigste Fall, wo Schaltungen während der Fahrt vorzunehmen sind. Auch bei einem Getriebe nach Fig. 393, S. 290, könnte eine mit der Kupplung verbundene Bremse beim Schalten von einer niedrigen auf eine höhere Fahrgeschwindigkeit Vorteile bringen, und zwar hier um so mehr, als die Masse der frei weiter laufenden Zahnräder größer ist, als bei dem Getriebe nach Fig. 392.

Mit Ausnahme der beschriebenen Vorrichtung, deren Wirksamkeit allerdings zu sehr von dem Wagenführer abhängig ist, um im praktischen Betriebe großen Erfolg haben zu können, muß man die anderen zahlreichen Versuche, die alle den Zweck haben, daß Schlagen der Zahnräder beim Umschalten zu vermeiden, wenngleich nicht gerade als verfehlt, so doch vorläufig als praktisch bedeutungslos ansehen. Es empfiehlt sich aber, darauf hinzuweisen, da die weitere Entwicklung der Getriebe noch nicht abzusehen ist.

Es liegt nahe, die den einzelnen Geschwindigkeiten entsprechenden Zahnräderpaare ständig im Eingriff zu belassen und das Ein- oder Ausschalten der Stufen durch Kupplungen, am besten wohl durch die geräuschlosen Reibkupplungen zu bewirken. Versuche mit solchen Wechselgetrieben haben De Dion & Bouton, allerdings ohne Erfolg, schon vor längerer Zeit gemacht[1]). Ein neueres Getriebe dieser Art, das von Wicksteed & Co. herrührt und auf der Olympia-Ausstellung 1907 in London vorgeführt worden ist, zeigen die Fig. 418 und 419, S. 302. Jede Geschwindigkeitsstufe ist hier mit einer eigenen Kegelreibkupplung versehen, und alle Kupplungen werden von einer gemeinsamen Kurbelwelle aus durch Stangen und flachgängige Gewinde so betätigt, daß immer nur eine von ihnen eingerückt sein kann. Beim Fahren mit der kleinsten Geschwindigkeit ist die Kupplung a eingerückt und der Antrieb wird über die Zahnräder 1—1' und 2'—2 fortgeleitet. Für die mittlere Geschwindigkeit ist die Kupplung b bestimmt, welche die Übertragung durch die Zahnräder 1—1' und 3'—3 ermöglicht, während bei der höchsten Geschwindigkeit mit Hilfe der Kupplung c unmittelbarer Eingriff hergestellt wird. Beim Rückwärtsfahren wird durch Einrücken der Kupplung d ein Zahnrad 4 eingeschaltet, wobei zwischen diesem und dem Zahnrad 2 die Bewegung mit Hilfe eines Zwischenrades umgekehrt wird.

Umlaufgetriebe.

Häufiger als die vorstehend beschriebenen Getriebe haben, insbesondere bei den kleinen amerikanischen Wagen, Umlaufgetriebe[2]) Verwendung gefunden, die ebenfalls eine Veränderung der Übersetzungen gestatten, ohne daß die Zahnräder außer Eingriff gebracht zu werden brauchen. Die einfachste Anordnung eines

---

[1]) Z. Ver. deutsch. Ing. 1904, S. 1844.

[2]) Eine sehr übersichtliche Berechnung der Übersetzungen ist in Werkstatts-Technik 1910, S. 269 und 390, veröffentlicht. S. a. Der Motorwagen. 1911, S. 270 ff.

solchen Getriebes, Fig. 420, besteht aus zwei Gruppen von Umlaufrädern, bei denen einmal der Steg und einmal das Außenrad mit Hilfe von Bandbremsen festgehalten werden kann. Die Bewegung wird von dem Kettenrad weitergeleitet. Hält man den Steg fest, so läuft das mit Rad a_2 gekuppelte Kettenrad in entgegengesetzter Richtung zur Welle. Das Getriebe wirkt wie ein doppeltes Vorgelege mit der Übersetzung

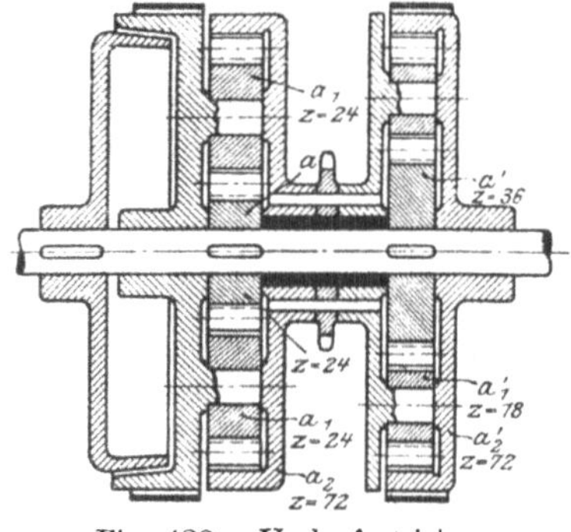

Fig. 420. Umlaufgetriebe.

$$\frac{n_1}{n} = \frac{24}{24} \cdot \frac{24}{72} = \frac{1}{3},$$

wenn die eingeschriebenen Zähnezahlen der Räder a, a_1, a_2 berücksichtigt werden.

Hält man dagegen a_2' fest, so ergibt sich die Übersetzung zwischen dem mit Kettenrade verbundenen Steg und der Antriebswelle aus

$$\frac{n_1}{n} = \frac{1}{1 + \frac{72}{18} \cdot \frac{18}{36}} = \frac{1}{3}.$$

Endlich kann man auch den Steg der Räder a_1 unmittelbar mit der Welle kuppeln, so daß beide Teile des Getriebes mit dem Kettenrade wie ein Stück mit der Welle umlaufen. Das ergibt also die Höchstgeschwindigkeit mit der Übersetzung 1:1.

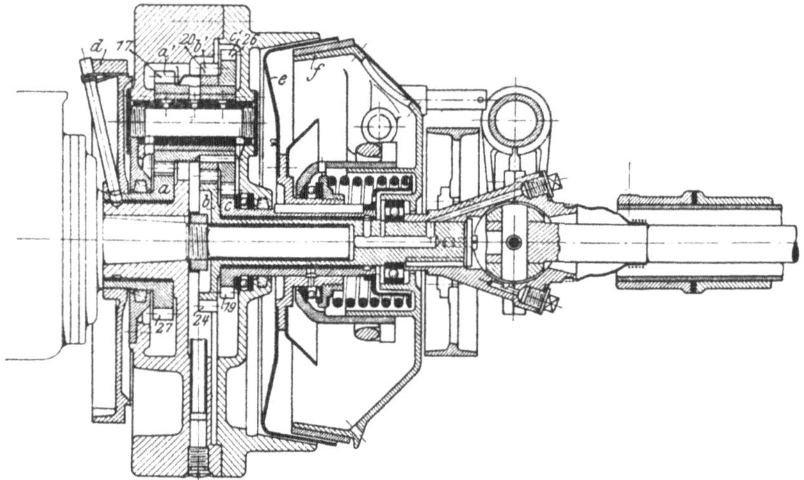

Fig. 421. Umlaufgetriebe der Berliner Motorwagenfabrik, Berlin-Reinickendorf.

Bei dem in Fig. 421 dargestellten Planetengetriebe, einem der wenigen, die auch bei uns (bei den Wagen der Berliner Motorwagenfabrik, Berlin-Reinickendorf) Anwendung gefunden haben, hat man vermieden, die Umlaufräder a', b' und c' fliegend anzuordnen. Sie sitzen gemeinsam auf hohlen Zapfen, die im Schwungrade eingebaut sind. Die ihnen entsprechenden Zahnräder a, b und c sind alle außen verzahnt. Das mittlere b leitet die Bewegung auf die Wagenwelle weiter, die beiden anderen können festgestellt werden.

Kinematisch unterscheidet sich dieses Getriebe insofern von demjenigen in Fig. 420, als hier der Steg, der von dem Schwungrade gebildet wird, niemals festgehalten werden kann. Stellt man Rad a fest, indem man eine auf die Scheibe d wirkende Handbremse anzieht, so ergibt sich folgende Übersetzung zwischen der Maschinenwelle (Umlaufzahl des Schwungrades — hier zugleich des Steges $= n$) und der Welle des Zahnrades b:

$$\frac{n_1}{n} = 1 - \frac{27}{17} \cdot \frac{20}{24} = -\frac{11}{34},$$

also Rücklauf mit annähernd $\frac{1}{3}$ Geschwindigkeit. Hält man andererseits c fest, indem man den Kupplungskegel e gegen den feststehenden Gehäuseteil zurückzieht, so lautet die Übersetzung:

$$\frac{n_1}{n} = 1 - \frac{19}{26} \cdot \frac{20}{24} = +\frac{61}{156} \sim +\frac{1}{2{,}55},$$

also Vorwärtsgang mit verminderter Geschwindigkeit. Kuppelt man endlich, indem man den Kegel e der Wirkung seiner Feder überläßt, Rad c mit dem Schwungrade, so läuft das ganze Getriebe in einem Stück mit (Höchstgeschwindigkeit).

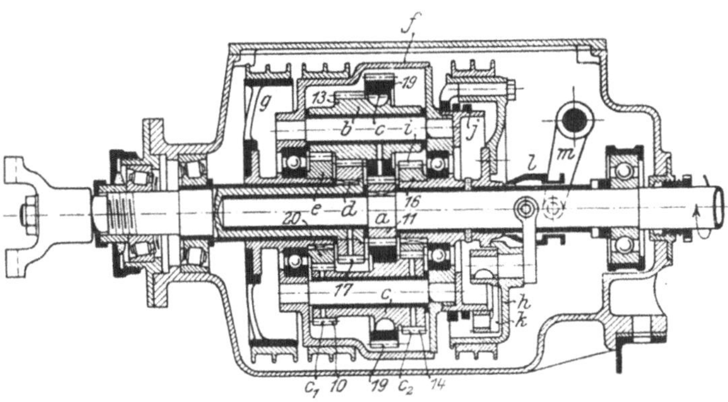

Fig. 422. Dreistufiges Umlaufgetriebe mit Rücklauf der Adams Manufacturing Company in Bedford.

In Fig. 422 ist endlich ein Umlaufgetriebe der Adams Manufacturing-Company in Bedford dargestellt, welches drei Vorwärtsstufen und eine Rückwärtsstufe liefert, also hinsichtlich der Anzahl der Geschwindigkeiten dem gebräuchlichen Wechselgetriebe gleichkommt. Allerdings sind hierzu drei Bremsen und eine Kupplung erforderlich. Die eingeschriebenen Zahlen stellen die (angegenommenen) Zähnezahlen der Räder dar.

Man denke sich zunächst Rad e mit Hilfe der auf die Scheibe g wirkenden Bremse festgehalten. Dann läuft das den Steg bildende Gehäuse f unter der Wirkung des von dem Zahnrade a kommenden Antriebes mit einer Geschwindigkeit um, die im Verhältnis

$$-\frac{a}{c} \cdot \frac{c_1}{e} = -\frac{11}{19} \cdot \frac{10}{20} = -\frac{11}{38}$$

kleiner ist als die Umlaufzahl der treibenden Welle, und zwar in entgegengesetzter Richtung, also negativ. (Wäre nämlich nicht e fest, sondern f, so würde e in der Richtung von a mit der so verminderten Geschwindigkeit umlaufen müssen.) Im übrigen wirken die Räder e, c_1 und b. d, wobei d den Antrieb fortleitet, wie andere Umlaufgetriebe, deren Steg angetrieben ist. Die Übersetzung zwischen d und dem Steg ist also

$$1 - \frac{e}{c_1} \cdot \frac{b}{d} = 1 - \frac{20}{10} \cdot \frac{13}{17} = -\frac{9}{16}$$

und die Gesamtübersetzung

$$\left(-\frac{11}{38}\right)\cdot\left(-\frac{9}{16}\right)=+\frac{33}{136}\sim\frac{1}{4{,}12}$$

für die erste Geschwindigkeit.

Hält man andererseits mit Hilfe der zweiten Bremse das Gehäuse f, also den Steg fest, so wirkt das Getriebe als doppeltes Vorgelege mit der Übersetzung

$$+\frac{a}{c}\cdot\frac{b}{d}=+\frac{11}{19}\cdot\frac{13}{17}=+\frac{143}{323}\sim\frac{1}{2{,}26}$$

für die zweite Geschwindigkeit.

Die Höchstgeschwindigkeit mit $\frac{1}{1}$ Übersetzung ergibt sich, wenn man die Trommeln f und h miteinander kuppelt, so daß das Getriebe mit der Welle umläuft. Hierfür ist eine Bandfeder j bestimmt, die mit einem Ende an der Trommel h und mit dem anderen an dem Ende der auf der Trommel gelagerten Kurbel k befestigt ist. Die Feder wird auf dem Rand der Trommel f festgezogen, wenn man mit Hilfe des Hebels m und eines Schleifkegels l die Kurbel k verstellt.

Beim Rückwärtsgang endlich muß man mittels der dritten Bremse das auf der Nabe der Trommel h aufgekeilte Rad i festhalten. Die den Steg bildende Trommel f läuft dann wieder entgegengesetzt zum treibenden Rade a mit einer Geschwindigkeit, die im Verhältnis

$$-\frac{a}{c}\cdot\frac{c_2}{i}=-\frac{11}{19}\cdot\frac{14}{16}=-\frac{74}{152}$$

verkleinert ist. (Man denke sich wieder den Steg fest, dann läuft das Rad i mit dieser Geschwindigkeit vorwärts.)

Die Übersetzung zwischen dem angetriebenen Rade d und dem Stege ist jetzt

$$1-\frac{i}{c_2}\cdot\frac{b}{d}=1-\frac{16}{14}\cdot\frac{13}{17}=+\frac{15}{119}$$

und die Gesamtübersetzung

$$\left(-\frac{77}{152}\right)\cdot\left(+\frac{15}{119}\right)=\sim-\frac{1}{16},$$

also außerordentlich niedrig. Dieser Fehler läßt sich aber sehr leicht beseitigen wenn man die Räder c_2 und i umstellt. Hätten nämlich

$$i-19$$

und

$$c_2-16$$

Zähne, so ändert sich

$$-\frac{a}{c}\cdot\frac{c_2}{i}\quad\text{in}\quad-\frac{11}{19}\cdot\frac{16}{14}=-\frac{88}{133},$$

$$1-\frac{i}{c_2}\cdot\frac{b}{d}\quad\text{in}\quad1-\frac{14}{16}\cdot\frac{13}{17}=+\frac{45}{136}$$

und die Gesamtübersetzung in

$$\left(-\frac{88}{133}\right)\cdot\left(+\frac{45}{136}\right)\sim-\frac{1}{4{,}1}.$$

Da die beiden in Rede stehenden Zahnräder soweit sie bei den anderen Schaltungen aufeinander abgerollt werden, frei laufen können, so wird durch diese Änderung an der sonstigen Wirkungsweise des Getriebes nichts geändert.

Reibrädergetriebe.

Um das Geräusch der Zahnräder zu vermeiden, hat man vielfach Versuche mit Reibrädergetrieben angestellt. Das einfache, nur für geringe Leistungen bestimmte Diskusgetriebe, Fig. 423 und 424, ergibt, wenn man die mit einem Lederrand versehene Scheibe *a* längs der blanken, treibenden Scheibe *b* mit Hilfe des Dreieckhebels *e* auf der genuteten Welle *f* verschiebt, Geschwindigkeiten der Welle f,

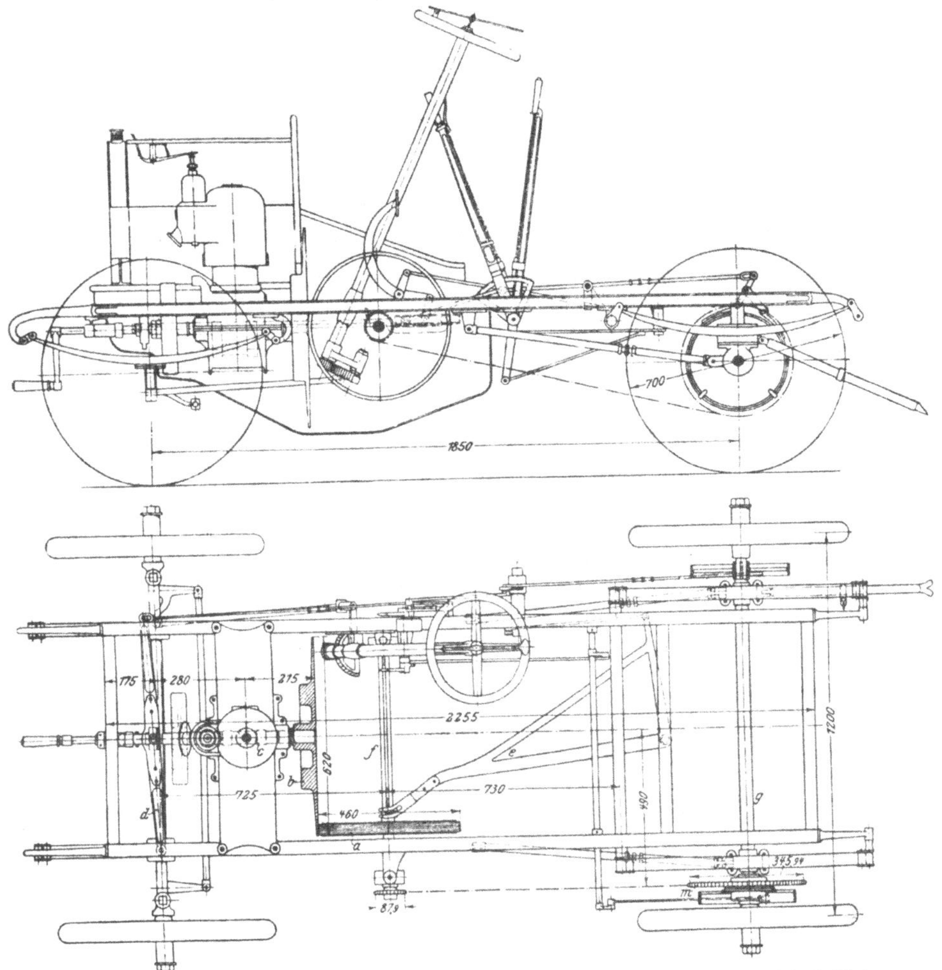

Fig. 423 und 424. Einfaches Diskusgetriebe der Nürnberger Motorfahrzeugfabrik Union.

die von dem Höchstwert vorwärts über Null zum Höchstwert in der entgegengesetzten Richtung ganz allmählich übergehen. Die Welle *c* der Maschine, worauf die treibende Reibscheibe *b* sitzt, kann in ihrer Längsrichtung mit Hilfe des Hebels *d* durch Druck auf den Fußhebel um so viel verschoben werden, als zum Andrücken der Reibscheiben erforderlich ist. Damit läßt sich die Kraftübertragung regeln und zugleich das Getriebe als Reibkupplung verwenden.

Für größere Leistungen ist das Reibgetriebe der Nürnberger Motorfahrzeugfabrik Union in Fig. 425 und 426, S. 308, bestimmt; das Getriebe besteht hier aus vier Scheiben *a*, *a'* und *b*, *b'*. Die Scheiben *b*, *b'*, die mit Leder belegt sind und durch Drehen einer steilgängigen Schraubenspindel verstellt werden, sitzen auf genuteten Wellenstücken c' c', deren äußere Enden in den um senkrechte Zapfen verstellbaren Lagern d, d' laufen. Die inneren Enden dieser Wellen sind in einem gemeinsamen Lagerkörper e mit exzentrisch eingesetzten Lagerschalen drehbar. Durch Verdrehen dieser Lagerschalen werden die Mitten der beiden Wellen so gegeneinander verstellt, daß man bei Vorwärtsfahrt die Scheiben a und b, sowie

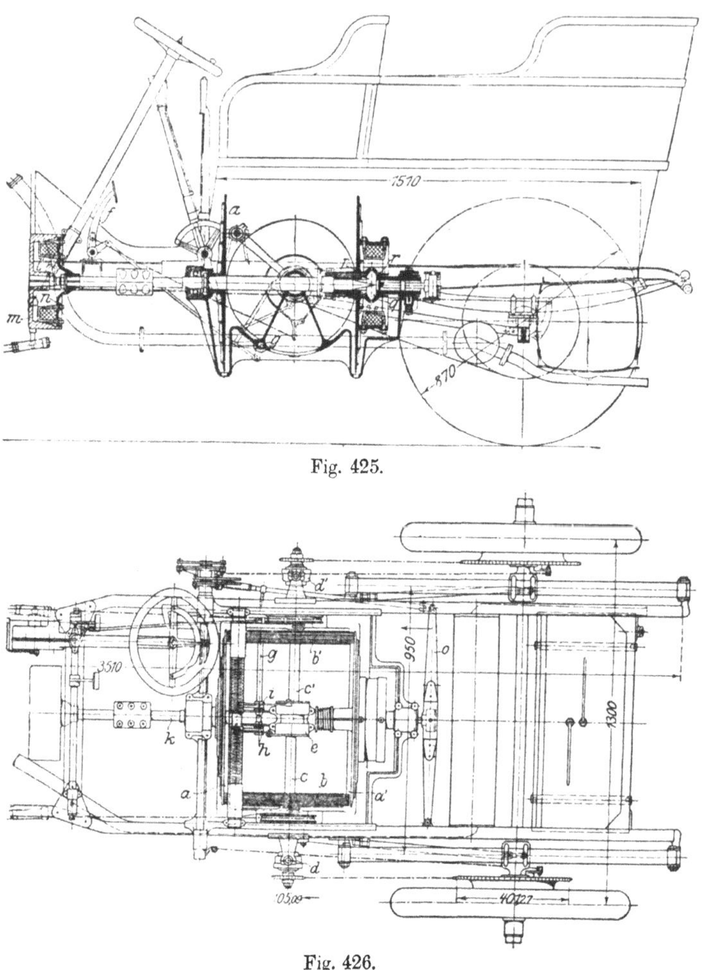

Fig. 425.

Fig. 426.

Fig. 425 und 426. Reibgetriebe mit 4 Scheiben der Nürnberger Motorfahrzeugfabrik Union.

a' und b' kuppeln, bei Stillstand die Verbindung zwischen den Scheiben vollständig lösen und bei Rückwärtsfahrt die Scheiben a und b' sowie a' und b kuppeln kann. Zum Verdrehen der Lagerschalen dienen ein Fußhebel f und eine Hilfswelle g mit Hebeln h und i, die mit Zugstangen an den Lagerschalen angreifen.

Bei diesem Getriebe wird somit die Kraft durch zwei symmetrisch zur Wagenachse liegende Reibscheiben aufgenommen, die in der gleichen Richtung laufen und infolgedessen beide durch Ketten mit den Hinterrädern verbunden werden können. Das Getriebe ist nicht nur Wechselgetriebe und Kupplung, sondern auch Ausgleichgetriebe, denn die Nachgiebigkeit des Reibräderantriebes verhindert, daß die Hinterräder auf dem Boden schleifen. Die Welle der Maschine braucht hier nicht verschoben zu werden. Sie ist mit der Treibwelle *k* durch eine Gummipufferkupplung verbunden, die geringe Längsverschiebungen der Welle *k* gestattet. Diese Kupplung besteht aus einem kräftigen Kautschukring *l*, der zwischen Mitnehmern *m* und *n* auf der mit der Maschine und der mit der Welle *k* verbundenen Hälfte befestigt ist. Beim Verstellen des Hebels *o* in der angegebenen Pfeilrichtung werden die beiden Keile *p* und *q* nach außen und hierdurch die beiden Teile einer zweiten, mit der Reibscheibe *a'* verbundenen Gummikupplung auseinandergedrückt. Während hierdurch die Scheibe *a'* unmittelbar an den Umfang einer der Scheiben *b* angepreßt wird, überträgt sich der Zug auf den Kupplungsteil *r* durch die Welle auch auf die andere Reibscheibe *a*. Infolgedessen gleichen sich die Kräfte, die zum Andrücken der Scheiben erforderlich sind innerhalb des Getriebes vollständig aus.

Ein anderes Reibscheibengetriebe für größere Leistungen, das z. B. von der Berliner Motorwagenfabrik in Reinickendorf bei Motordroschken benutzt worden ist, ist das von Friedrich Erdmann in Gera, Fig. 427 und 428. Die mit Leder überzogene Reibscheibe *a*, gegen welche die beiden Scheiben *b* und *c* gleichmäßig angedrückt werden, ist auf der Maschinenwelle *g* aufgekeilt. Zwischen den Scheiben *b* und *c* läuft das auf der Treibwelle verschiebbare Reibrad *d*, das auf einer Seite mit einem Kupplungskegel versehen ist, so daß es bei der größten Geschwindigkeit in eine entsprechende Öffnung der Scheibe *a* eingedrückt werden kann. Zugleich werden die Scheiben *b* und *c* auseinandergezogen, Fig. 428, und jede Reibradübertragung ist ausgeschaltet.

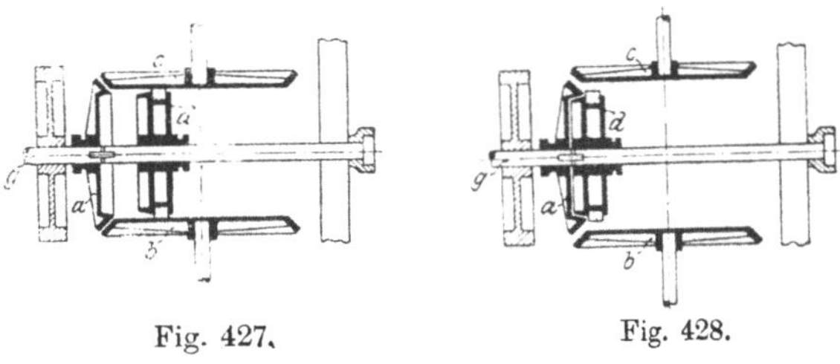

Fig. 427. Fig. 428.

Zu erwähnen wäre endlich noch ein Reibräderumlaufgetriebe von L. M. Dietrich, Kansas City, Mo., Fig. 429, bei dem gleichzeitig durch die Kugelgestalt der beiden mit Kegelzahnkränzen versehenen, in entgegengesetzten Richtungen umlaufenden Scheiben *a* und *b* die bei allen Diskusgetrieben auftretende, Gleitverluste verursachende Linienberührung durch eine Flächenberührung ersetzt wird. Das Reibrad *c*, das auf einem mit der getriebenen Welle fest verbundenen Arme *d* gelagert ist, läuft in der dargestellten Lage lediglich um sein Kugellager. Wird es aber geneigt, so wird der Arm *d* mit der Welle mit dem Unterschiede der Geschwindigkeiten bewegt, die an den Berührungsstellen des Reibrades und der Scheiben herrschen. Die Drehrichtung des Armes wird durch die Neigung des Rades bestimmt.

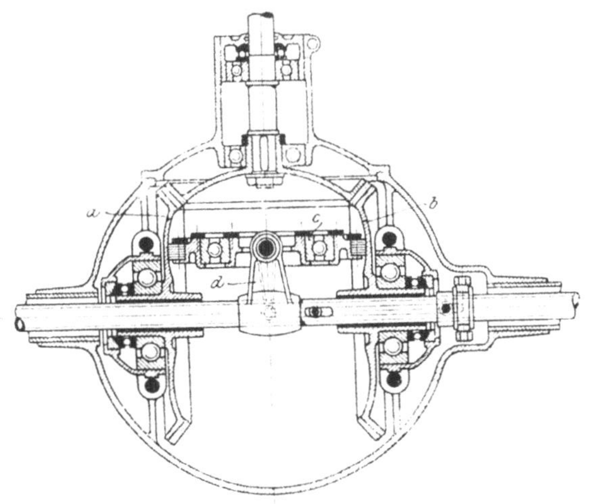

Fig. 429. Reibräderumlaufgetriebe von L. M. Dietrich, Kansas City, Mo.

Elektrische Kraftübertragung.

Unter den Mitteln zum Ersatz der Räderwechselgetriebe sind ferner jene Versuche zu erwähnen, welche eine Umwandlung der an der Maschinenwelle verfügbaren Leistung bezwecken. Am weitesten fortgeschritten ist hierbei wohl die elektrische Kraftübertragung, bei der eine mit der Fahrzeugmaschine gekuppelte Dynamomaschine den Strom für die Wagenelektromotoren liefert. Durch Regeln, Vermindern oder Steigern, der Spannung der Dynamomaschine, deren Stromstärke hierbei steigt oder fällt, kann man erreichen, daß die Benzinmaschine dauernd gleichförmig belastet bleibt, obgleich die Wegwiderstände stark wechseln. Dieses von der Compagnie Parisienne des Voitures Electriques Kriéger, von der Norddeutschen Automobil- und Motoren-A.-G. in Bremen sowie von der Britisch Thomson-Houston Co. benutzte Verfahren ist das einfachste, weil es keiner Akkumulatorenbatterie bedarf. Bei der Anordnung von Henry Pieper in Lüttich, die auch von anderen benutzt worden ist, dient die mit der Wagenmaschine gekuppelte Dynamo nicht unmittelbar zum Antrieb mit Kraftübertragung. Sie lädt vielmehr eine Akkumulatorenbatterie auf, und läuft, wenn z. B. auf einer Steigung plötzlich große Widerstände auftreten, als Motor mit, so daß sie die Wagenmaschine nur zu unterstützen hat[1]).

Auch Druckluftübertragung[2]) und Druckölübertragung[3]) sind bereits in Erwägung gezogen und gelegentlich ausgeführt worden.

In eine Kritik der vorstehenden Getriebe sei nicht eingetreten. Das Urteil, das die Praxis über sie gefällt hat, beweist, daß sich alle bisherigen Versuche, das Zahnräderwechselgetriebe zu beseitigen, noch nicht bewährt haben. Die vorstehende Übersicht mag daher in erster Linie als Warnung vor ähnlichen, in irgendeiner neuen Gestalt immer wieder auftauchenden Neuerungen dienen. Die Entwicklung des Motorwagens ist durch den Erfindungsdrang in den ersten Jahren nicht wenig gehemmt worden. Nachdem sich die Ansichten geklärt und gewisse Normalbauarten herausgebildet haben, ist es hauptsächlich die wissenschaftliche Forschung an dem heutigen Motorwagen, der der Ingenieur seine Aufmerksamkeit zuwenden soll. Weniger erfinden, mehr konstruieren, sei auch hier endlich das Losungswort.

Berechnung der Übersetzungen.

Die Berechnung der Übersetzungen eines für einen gegebenen Wagen bestimmten Zahnräderwechselgetriebes setzt neben der Kenntnis aller Einzelheiten des Wagens auch diejenige des Verhaltens der Maschine bei verschiedenen Belastungen und der Straßenverhältnisse voraus, für welche der Wagen vorzugsweise bestimmt ist. Da die Maschine am günstigsten und wirtschaftlichsten arbeitet, wenn sie ihre Höchstleistung bei einer bestimmten Umlaufzahl abgeben kann, so sind die Räderübersetzungen ganz allgemein so zu wählen, daß diese Umlaufzahl bei jeder Schaltung auch eingehalten werden kann. Die Kenntnis der Kennlinien der Maschine, s. S. 131, ist hierzu in erster Reihe erforderlich.

Natürlich läßt sich die Höchstleistung der Maschine, z. B. wegen des Zustandes der Straße oder wegen zu starken Verkehrs nicht immer voll ausnützen, so daß dann der Gang des Wagens mit Hilfe des Drosselschiebers verlangsamt werden muß. Allein diese Fälle sollen immer nur die Ausnahmen bilden. Hat also der Wagen vorzugsweise in solchen Straßen, d. h. mit verminderter Geschwindigkeit zu verkehren, so ist dieser Umstand im Interesse der Wirtschaftlichkeit schon

[1]) Vgl. Z. Ver. deutsch. Ing. 1907, S. 1062.

[2]) S. Le Génie Civil, 15. Januar 1910, S. 208.

[3]) Z. Ver. deutsch. Ing. 1907, S. 1066; Der Motorwagen 1910, S. 323.

bei der Bemessung der Maschine so zu berücksichtigen, daß die Maschine dann voll beansprucht werden kann. Die Anwendung dieser Regeln wird in der Praxis vielfach durch den Umstand gehemmt sein, daß die meisten Wagen sowohl in stark befahrenen Straßen als auch auf freier Strecke verkehren sollen; für diese wird sich eine solche Beschränkung der Leistung nicht ausführen lassen, wenn der Besitzer, die Aussicht, auf freier Straße viel schneller fahren zu können als mitten im Verkehr, nicht opfern will. Dagegen dürfte sich bei den gewerblichen und den im öffentlichen Verkehr benutzten Motorwagen, über deren unzulässig hohe Geschwindigkeit nicht selten Klage geführt wird, manches in dieser Richtung tun lassen. Dabei braucht die Beschränkung der Leistung nicht so weit zu gehen, daß die Möglichkeit, schnell anzufahren, vermindert wird.

Vielfach paßt man die Gesamtübersetzung dadurch an die Geländeverhältnisse an, daß man das Getriebe an der Hinterachse verändert, d. h. ein Kettenrad bei Kettenwagen oder ein Kegelrad bei Kardanwagen auswechselt, siehe auch S. 332. Damit läßt sich — innerhalb gewisser Grenzen — die obige Forderung, daß die Maschine vorzugsweise mit voller Leistung arbeiten soll, ebenfalls erfüllen. Da die Straßenverhältnisse außerordentlich wechseln, so wäre anders eine geordnete Massenerzeugung von Motorwagen in dem heutigen Umfange gar nicht denkbar.

Bei Annahme der Höchstgeschwindigkeit V in km/st, gegebenen Abmessungen des Wagens, gegebenen Straßenverhältnissen und gegebener Maschinenleistung N in PS ist auch die kleinste Übersetzung m zwischen Maschinenwelle und Wagenrädern gegeben; der Gesamtwiderstand

$$W = w_r + w_s + w_l$$

(siehe S. 10ff.) des Wagens in Verbindung mit der Fahrgeschwindigkeit bestimmt die an den Treibrädern erforderliche Nutzleistung

$$N_e = \frac{W \cdot V \cdot 1000}{75 \cdot 3600}\,\text{PS}$$

der Maschine und der Wirkungsgrad η_g der ganzen Übertragung die Leistung an der Maschinenwelle. Aus der aus den Kennlinien bekannten günstigsten Umlaufzahl n der Maschine, dem Durchmesser D der Treibräder in Metern und der Geschwindigkeit V in km/st findet man die erforderliche kleinste Gesamtübersetzung $\frac{1}{m}$ aus

$$m = \frac{60 \cdot \pi \cdot D \cdot n}{1000\,V}.$$

Hiervon entfällt ein Teil m_1 auf die unveränderliche Übersetzung des Hinterradantriebes, während der andere m_2 die veränderliche Übersetzung des Wechselgetriebes darstellt

$$m = m_1 \cdot m_2.$$

Die größte Übersetzung zwischen Maschinenwelle und Hinterrädern wird, wenn die Maschinenleistung durch das Vorstehende festgelegt worden ist, durch die größte Steigung bestimmt, auf der der Wagen noch imstande sein soll, anzufahren. Beträgt hierbei der Gesamtwiderstand des Wagens

$$W' = w_r + w_s'$$

(vom Luftwiderstand sei abgesehen), so muß außer dieser Kraft eine beschleunigende Kraft an den Treibrädern verfügbar bleiben

$$f = \frac{Q}{g} \cdot \gamma,$$

wobei γ je nach den vorgeschriebenen Anfahreigenschaften des Wagens zu bestimmen sein wird ($\gamma = 2$ bis 3 m/sek²). Demnach gilt, wenn der Wirkungsgrad der Übertragung

$$\frac{N}{N_e} = \eta_g$$

als unveränderlich angesehen werden darf,

$$N_e = \frac{(W' + f) \cdot V_1 \cdot 1000}{75 \cdot 3600} \text{ PS},$$

worin V_1 in km/st, die Mindestgeschwindigkeit des Wagens, der günstigsten Umlaufzahl der Maschine n infolge der größten Übersetzung $\frac{1}{m'}$ des Getriebes genau entsprechen muß,

$$m' = \frac{60 \pi D n}{1000 V_1}.$$

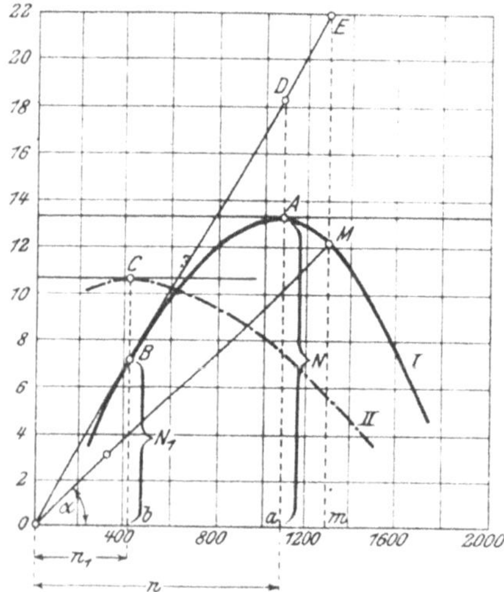

Fig. 430. Bestimmung der Getriebeabstufung aus den Kennlinien der Wagenmaschine.

Für die Aufteilung der Übersetzungen zwischen den beiden im Vorstehenden berechneten Grenzstufen hat man das Verhalten der Maschine bei veränderlicher Belastung zu berücksichtigen. Es seien in Fig. 430[1]) die Kennlinien I und II, die die Abhängigkeit der Leistung und des Drehmomentes von der Umlaufzahl darstellen, gegeben. Ist bei einem gegebenen Wagen die kleinste Übersetzung m richtig bestimmt worden, so halten sich bei der Höchstgeschwindigkeit V in km/st die Höchstleistung $Aa = N$ in PS der Maschine und die Leistung der Widerstände genau das Gleichgewicht. Ebenso halten sich das Moment M_w der Wagenwiderstände und das entsprechend übersetzte Drehmoment der Maschine $m \cdot M_t$ das Gleichgewicht.

$$M_w = m \cdot M_t.$$

Sieht man — nur vorläufig — von dem Luftwiderstand ab, so kann man in einer Widerstandsziffer w die gesamten Widerstände des Wagens für je 1000 kg Wagengewicht zusammenfassen; ist G das Wagengewicht in kg, so gilt für diesen Fahrtzustand

$$N = \frac{G \cdot w \cdot V}{3600 \cdot 75}.$$

Innerhalb gewisser, allerdings geringer Grenzen, paßt sich nun die Wagenmaschine wechselnden Fahrwiderständen vollkommen selbsttätig an, ohne daß man an der Getriebeübersetzung etwas zu ändern braucht. Nimmt, etwa auf einer schwach geneigten Gefällstrecke, der Widerstand etwas ab, so steigt die Wagengeschwindigkeit V, aber nicht in dem gleichen Maße, wie w abgenommen hat, weil sich, vgl. Fig. 430, mit zunehmender Umlaufzahl der Maschine auch die Leistung vermindert. Wächst andererseits, z. B. infolge einer zusätzlichen Steigung, der Widerstand, so nimmt V ab, und zwar in um so höherem Maße, als sich mit abnehmender Umlaufzahl auch die Leistung der Maschine verringert.

[1]) Girardault und Bethenod, Génie Civil, 17. April 1909, S. 429.

Die Grenze der Anpaßfähigkeit der Maschine ist offenbar erreicht, wenn mit steigendem Widerstande die Umlaufzahl der Maschine bis auf den Wert $ob = n_1$ und ihre Leistung auf $Bb = N_1$ gesunken ist, d. h. diejenigen Zahlen, welche dem größten Drehmoment Cb der Maschine entsprechen. Eine zusätzliche Steigung x_1 in v. T., die den Widerstand bis zu diesem Grenzwert erhöht, könnte im äußersten Falle noch mit unveränderter Übersetzung befahren werden, und zwar mit einer Geschwindigkeit U_1 in km/st, die sich aus

$$N_1 = \frac{G \cdot (w + x_1)\, U_1}{3600 \cdot 75}$$

berechnen läßt, da für $G = 1000$ kg

$$w_s = x_1$$

ist.

Sobald jedoch der Widerstand diese Höchstgrenze übersteigt, muß die Maschine stecken bleiben, weil bei weiterer Abnahme der Umlaufzahl auch ihr Drehmoment zu fallen beginnt. Bevor dieser Fall eintritt, ändert man daher die Übersetzung des Getriebes, und zwar derart, daß die neue Übersetzung m' wieder Gleichgewicht zwischen dem Momente M_w' der Wagenwiderstände und dem übersetzten Momente M_t bei der Höchstleistung der Maschine N ergibt

$$M_w' = m' \cdot M_t .$$

Die nunmehr allmählich auf N steigende Leistung der Maschine beschleunigt den Wagen. Seine neue Höchstgeschwindigkeit V_1 ergibt sich aus

$$N = \frac{G \cdot (w + x_1) \cdot V_1}{3600 \cdot 75} .$$

Zwischen den Wagengeschwindigkeiten U_1 und V bei der früheren Übersetzung besteht ein festes Verhältnis

$$\frac{U_1}{V} = \frac{n_1}{n} = k ,$$

das durch die Umlaufzahlen n und n_1 bei der Höchstleistung und bei dem größten Drehmoment der Maschine bestimmt wird.

Da ferner
$$\frac{N_1}{N} = \frac{U_1}{V_1} ,$$

so ist auch
$$\frac{1}{k} \cdot \frac{N_1}{N} = \frac{V}{V_1} .$$

Hieraus läßt sich die Übersetzung $\frac{V}{V_1}$ berechnen, wenn lediglich die Leistungen der Maschine N und N_1 sowie die zugehörigen Umlaufzahlen gegeben sind.

Steigt nun x_1 weiter, so nimmt die Fahrgeschwindigkeit V_1 und mit ihr auch die Umlaufzahl n der Maschine wieder ab. Eine neue Veränderung der Übersetzung wird erforderlich, wenn bei einer Steigung x_2 die Umlaufzahl der Maschine wieder auf n_1 und ihre Leistung auf N_1 gefallen sind. Die Fahrgeschwindigkeit U_2 des Wagens ergibt sich dann aus

$$N_1 = \frac{G \cdot (w + x_2) \cdot U_2}{3600 \cdot 75} .$$

Mit der neueren Übersetzung, die wieder gestattet, die Höchstleistung der Maschine zu entfalten, gilt wieder

$$N = \frac{G \cdot (w + x_2) \cdot V_2}{3600 \cdot 75} .$$

Da wieder
$$\frac{U_2}{V_1}=k,$$
so ist auch
$$\frac{1}{k}\cdot\frac{N_1}{N}=\frac{V_1}{V_2}.$$

Diese Rechnung läßt sich in ähnlicher Weise auch für einen dritten Wert x der Steigung fortführen.

Es ergibt sich also
$$\frac{V}{V_1}=\frac{V_1}{V_2}=\ldots\ldots=\frac{1}{k}\cdot\frac{N_1}{N}=s.$$

Das heißt: Die mit einem Wechselgetriebe nacheinander einzustellenden Geschwindigkeiten nehmen in geometrischer Reihe ab. Der Quotient s dieser Reihe
$$s=\frac{1}{k}\cdot\frac{N_1}{N}=\frac{n}{n_1}\cdot\frac{N_1}{N}$$
ist eine ganz von den Betriebseigenschaften der Wagenmaschine, d. h. von ihrer Höchstleistung und von der Leistung bei dem größten Drehmoment, sowie von den entsprechenden Umlaufzahlen abhängige Zahl, die als Kennzeichen für das Anpaßvermögen der Maschine an die wechselnden Fahrwiderstände angesehen werden kann. Je größer dieses Anpaßvermögen, desto kleiner ist die Zahl, desto größer können die Abstufungen des Getriebes gewählt werden und desto weniger Stufen sind innerhalb gegebener Grenzen der Übersetzung erforderlich.

Eine zeichnerische Darstellung für den Wert von s läßt sich leicht ableiten. Für einen beliebigen Punkt M der Leistungskurve stellt zunächst in dem Dreieck oMm der Winkel α ein Maß für das Drehmoment dar, das diesem Punkte der Leistungskurve entspricht, da
$$\operatorname{tg}\alpha=\frac{\overline{Mm}}{om}$$
als Quotient aus Leistung und entsprechender Umlaufzahl dem Drehmoment proportional sein muß. Das größte Drehmoment muß daher in demjenigen Punkte B der Leistungskurve I auftreten, in dem diese von einer aus o gezogenen Tangente berührt wird, denn für diesen Punkt erreicht $\operatorname{tg}\alpha$ einen Höchstwert.

Nach Fig. 430, S. 312, ist ferner
$$s=\frac{n}{n_1}\cdot\frac{N_1}{N}=\frac{\overline{Oa}}{Ob}\cdot\frac{\overline{Bb}}{\overline{Aa}}=\frac{\overline{Da}}{\overline{Aa}},$$
$$\text{da}\ \frac{\overline{Oa}}{Ob}=\frac{Da}{Bb}.$$

Damit ist eine einfache Darstellung des Wertes s gegeben.

Bei den üblichen Wagenmaschinen ist s verhältnismäßig klein, etwa zwischen 1,2 und 1,5, so daß es einer zu großen Anzahl von Stufen bedürfte, um einen gegebenen Geschwindigkeitsbereich bei Wahrung der günstigsten Arbeitsweise der Maschine auszufüllen. Man ist daher vielfach genötigt, größere Abstufungen zuzulassen, was zur Folge hat, daß die Maschine bei der einer Stufe entsprechenden Höchstgeschwindigkeit nicht mit ihrer günstigsten, sondern mit einer höheren Umlaufzahl om laufen muß, die einer kleineren Leistung Mm entspricht und für die sich auch
$$s'=\frac{\overline{Em}}{\overline{Mm}}$$
tatsächlich größer herausstellt.

Durch Regeln des Vergasers läßt sich allerdings auch erzielen, daß die Maschine erst bei der entsprechend höheren Umlaufzahl ihre Höchstleistung erreicht. Wird aber, wie es mitunter der Fall ist, hierdurch keine Steigerung der Höchstleistung erzielt, so wird die Maschine im Verhältnis zu ihrer Leistung schwerer, also für gewisse Zwecke weniger geeignet.

Durch die Berücksichtigung des Luftwiderstandes werden die vorstehenden Rechnungen in folgender Weise beeinflußt:

Für die Fahrt in der Ebene gilt bei Höchstgeschwindigkeit

$$N = \frac{V(G \cdot w + \alpha V^2)}{3600 \cdot 75},$$

wobei mit αV^2 der zusätzliche Luftwiderstand bezeichnet werde.

Beim Abfallen der Geschwindigkeit auf der Steigung x_1 ist der Luftwiderstand zu vernachlässigen, daher wie früher

$$N_1 = \frac{G(w + x_1) U_1}{3600 \cdot 75},$$

während nach dem erfolgten Umschalten des Getriebes

$$N = \frac{V_1 [G(w + x_1) + \alpha V_1^2]}{3600 \cdot 75}.$$

Mit

$$\frac{G(w + x_1)}{3600 \cdot 75} = \frac{N_1}{U_1}$$

und

$$U_1 = k \cdot V$$

ist

$$k \cdot \frac{N}{N_1} = \frac{V_1}{V} + \frac{\alpha}{3600 \cdot 75} \cdot \frac{k}{N_1} \cdot V_1^3$$

und

$$\frac{V_1}{V} = k \cdot \frac{N}{N_1} - \frac{\alpha}{3600 \cdot 75} \cdot \frac{k}{N_1} \cdot V_1^3.$$

Bei der zweiten Stufe hätte man in ähnlicher Weise

$$\frac{V_2}{V_1} = k \cdot \frac{N}{N_1} - \frac{\alpha}{3600 \cdot 75} \cdot \frac{k}{N_1} \cdot V_2^3.$$

Da

$$V_1 > V_2 > \cdots;$$

so muß auch

$$\frac{V_1}{V} < \frac{V_2}{V_1} < \cdots\cdots$$

sein, d. h.:

Bei Berücksichtigung des Luftwiderstandes steigern sich die günstigsten Fahrgeschwindigkeiten nicht mehr genau nach einer geometrischen Reihe, sondern in etwas abnehmendem Verhältnis. Die höheren Geschwindigkeiten liegen, mit anderen Worten, weniger weit auseinander als die niedrigeren.

Es bliebe noch zu prüfen, ob sich die abgeleiteten Regeln auf das Anfahren anwenden lassen:

Ist einmal der Wagen mit der größten Übersetzung, also der ersten Geschwindigkeit in Gang gesetzt[1]), so steigt seine Fahrgeschwindigkeit mit zunehmender Leistung der Maschine. Sobald die Maschine die ihrer Höchstleistung N entsprechende Umlaufzahl n, Fig. 430, S. 312, erreicht hat, muß, damit der Anfahrvorgang nicht unnötig verzögert wird, umgeschaltet werden, und zwar, damit die Maschine nicht stecken bleibt, höchstens auf eine solche Übersetzung, daß die neue Umlauf-

[1]) Bevor der Wagen die der Mindestumlaufzahl der Maschine entsprechende Fahrgeschwindigkeit erreicht hat, muß die Kupplung schleifen.

zahl der Maschine, die sich aus der zunächst unveränderlich bleibenden Wagengeschwindigkeit ergibt, im äußersten Falle der Umlaufzahl n_1 gleich ist. Der Beschleunigungsvorgang setzt sich dann in ähnlicher Weise fort. Also auch diese Überlegung ergibt, daß die — ohne Rücksicht auf Luftwiderstand — in einem festen Verhältnis zunehmenden Übersetzungen am günstigsten sind, weil sie die kürzesten Anfahrzeiten ergeben werden.

Auf einem anderen Wege gelangt auch Heirman[1]) zu der Forderung, daß vom Luftwiderstand abgesehen — die Übersetzungen in geometrischer Reihe zunehmen müssen:

In Fig. 431 stellen die vier von 0 ausgehenden Geraden den Verlauf der Wagengeschwindigkeiten in km/st bei zunehmenden Umlaufzahlen der Maschine und vier beliebig angenommenen Getriebeübersetzungen dar. Beim Ingangsetzen mit der 1. Stufe steigt die Umlaufzahl der Maschine allmählich bis auf den der Höchstleistung entsprechenden Wert (1050 Uml/min), wobei der Wagen eine Geschwindigkeit von 10 km/st (Punkt A) erreicht. Wird nun der zweite Gang eingeschaltet, so entspricht dieser zunächst unverändert bleibenden Wagengeschwindigkeit eine Umlaufzahl (bei E) der Maschine von etwa 450 Uml/min. Der Wagen wird nun weiter beschleunigt, bis bei C (23 km/st) abermals, und zwar auf die dritte Geschwindigkeit, umgeschaltet wird. Hierbei fällt die Umlaufzahl der Maschine auf F (670 Uml/min) zurück, usw. Es liegt nahe, zu vermuten, daß die Dauer des Anfahrvorganges um so kürzer sein wird, je vollständiger man den zulässigen Geschwindigkeitsabfall der Maschine ausnutzen kann. Die Abschnitte $\overline{AE}$, $\overline{CF}$ und $\overline{DG}$ müssen also bei einem richtig verteilten Getriebe gleich groß werden. Die Maßregel hat daneben auch die Wirkung, daß die Stöße, die beim Einrücken der Maschine auftreten müssen, bei allen Stufen gleich groß werden. Das ist der Zweck, den Heirman bei seiner Ableitung im Auge hat. Sind V_1, V_2, V_3 und V_4 die erste bis vierte Wagengeschwindigkeit und n und n_1 die höchste und niedrigste zulässige Umlaufzahl der Maschine, so würde hiernach folgende Beziehung gelten:

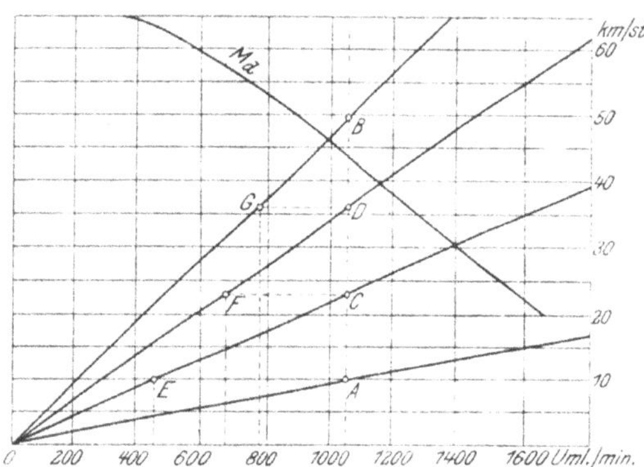

Fig. 431. Ableitung der Getriebeabstufung nach Heirman.

$$\frac{n_1}{n} = \frac{V_1}{V_2} = \frac{V_2}{V_3} = \frac{V_3}{V_4},$$

woraus

$$V_2^2 = V_1 \cdot V_3$$

$$V_3^2 = V_2 \cdot V_4$$

und

$$V_2 = \sqrt[3]{V_1^2 \cdot V_4}; \qquad V_3 = \sqrt[3]{V_4^2 \cdot V_1}$$

oder bei einem dreistufigen Getriebe:

$$V_2 = \sqrt{V_1 \cdot V_3}.$$

Das Ergebnis stimmt aber nur in der Hauptfrage mit dem früheren überein; denn in der vorliegenden Rechnung ist ganz willkürlich angenommen, daß die Fahrgeschwindigkeiten selbst in dem Verhältnis $\frac{n_1}{n}$ abgestuft werden müssen, was, wie oben gezeigt worden ist, nicht ganz zutrifft.

[1]) S. a. a. O., S. 210 ff.

Vorgänge beim Schalten.

Man ist nunmehr in der Lage, sich die gesamten Vorgänge, die sich während eines einmaligen Schaltens des Wechselgetriebes abspielen, zu vergegenwärtigen: Der Wagen werde z. B. auf eine höhere Geschwindigkeit geschaltet. Man kuppelt zu diesem Zwecke zunächst die Maschine ab, indem man auf den Kupplungshebel tritt. Die Maschine wird hierbei plötzlich entlastet, geht aber nicht durch, sondern stellt sich vielmehr auf ihre Leerlaufgeschwindigkeit ein, wenn man, vgl. S. 287, dafür sorgt, daß mit dem Lösen der Kupplung das Schließen des Drosselschiebers verbunden wird. Die Leerlaufgeschwindigkeit der Maschine wird in der Regel zwischen der Umlaufzahl n bei der Höchstleistung und der Umlaufzahl n_1 bei dem größten Drehmoment liegen. Die von der Maschine abgekuppelte treibende Welle des Wechselgetriebes, die zunächst mit der Umlaufzahl n weiterläuft, wird erst abgebremst, vgl. S. 286, und dann wird umgeschaltet, wobei diese Welle — gleichförmige Fahrgeschwindigkeit vorausgesetzt — eine niedrigere Umlaufzahl erhält. Wird dann die Kupplung wieder eingerückt, wobei sich auch der Drosselschieber der Maschine öffnet, so muß im allgemeinen die Umlaufzahl der Maschine zunächst bis auf n_1 abnehmen, bevor der Wagen weiter beschleunigt wird.

Beim Schalten von einer höheren auf eine niedrigere Fahrgeschwindigkeit wiederholen sich diese Vorgänge in ähnlicher Weise, mit dem Unterschiede aber, daß wegen der Vergrößerung des Übersetzungsverhältnisses die Umlaufzahl der treibenden Vorgelegewelle höher sein wird als früher. Man vermeidet daher das Auftreten von heftigen Stößen hierbei, wenn man das Schalten langsam vornimmt, derart, daß in der Zwischenzeit die Fahrgeschwindigkeit des Wagens noch etwas weiter abgenommen haben kann. Im Gegensatz hierzu muß man beim Schalten auf schnellere Fahrt (Anfahren) möglichst ohne Zeitverlust vorgehen, um die Stöße zu mildern. Hierbei ist natürlich vorausgesetzt, daß man z. B. beim Befahren einer Steigung mit dem Umschalten nicht so lange zögert, bis die Umlaufzahl der Maschine gesunken ist, oder beim Anfahren die Maschine nicht übermäßig schnell laufen läßt.

Auf jeden Fall zeigt diese Schilderung, welche Schwierigkeiten gerade die Benzinmaschine im Wagenbetrieb bereitet, und daß ihre sonstigen Vorzüge in der Tat unübertrefflich sein müssen, wenn es bis heute noch nicht gelungen ist, sie zu ersetzen.

Bauteile der Wechselgetriebe.

Von den Bauteilen der Wechselgetriebe sind in erster Linie die Zahnräder zu beachten. Rücksichten auf die Massenerzeugung fordern hier die Verwendung möglichst gleichartiger Evolventenverzahnungen, deren Erzeugende häufig unter größerem Winkel als dem üblichen von 75° geneigt angenommen wird, um gelegentlich auch Räder mit weniger als 14 Zähnen benutzen zu können. Allerdings wird man nur da unter diese Grenze gehen, wo man auf Geräuschlosigkeit des Ganges nicht mehr so sorgfältig zu sehen braucht, z. B. bei den Rücklaufrädern. Bei der Wahl der Verzahnung ist nicht so sehr auf die Festigkeit der Zähne, als auf ihr Verhalten gegenüber der Abnutzung im Dauerbetriebe zu achten. Besonders geeignet würden daher für den vorliegenden Zweck Zähne mit der Verzahnung der All-

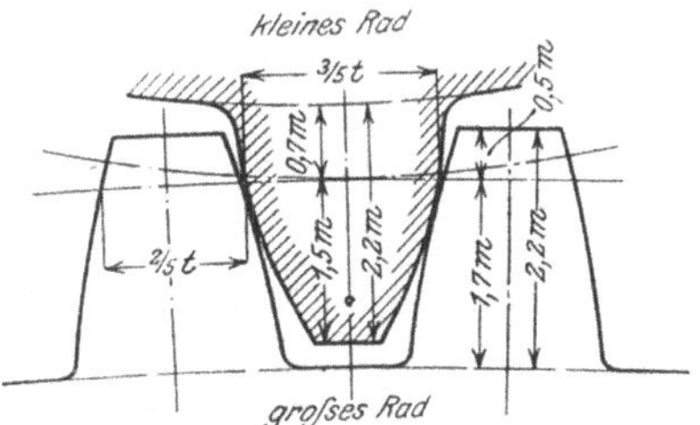

Fig. 432. Verzahnung der Allgemeinen Elektricitäts-Gesellschaft, Berlin.

gemeinen Elektricitäts-Gesellschaft, Berlin, Fig. 432,[1]) erscheinen, wenn die Zähne an beiden Zahnrädern gleich gemacht werden könnten. Allerdings läßt sich diese Verzahnung bei Motorwagen auch ungeändert verwenden, da der Fall, wo aus dem angetriebenen das treibende Zahnrad wird, nicht die Regel bildet. Immerhin hat man den von Lasche gezeigten Weg, die hohen Gleitgeschwindigkeiten durch Verkürzung der Kopfhöhe der Zähne zu vermeiden, auch bei anderen, neueren Verzahnungen für Motorwagengetriebe befolgt, in erster Reihe bei der abgestumpften Zahnform (stub tooth gearing) der Fellows Gear Shaper Co. in Springfield, Vt., auf deren Maschinen die Zahnflanken genau nach dem Abwälzverfahren gehobelt werden können. Die nachstehende Zahlentafel enthält einige Angaben über die Zahnabmessungen bei verschiedenen Teilungen sowie zugleich die zugehörigen, eigentümlichen Bezeichnungen mit Doppelzahlen, von denen die erste den in Amerika gebräuchlichen diametral pitch $\left(\frac{z}{p}=d\right)$, die zweite die Kopfhöhe andeutet:

Bezeichnung	Modul $m = \frac{t}{\pi}$	Zahndicke im Teilkreis $= \frac{t}{2}$ mm	Kopfhöhe mm	Fußhöhe mm
4—5	$\frac{25,4}{4}$	9,97	$\frac{25,4}{5} = 5,08$	6,35
5—7	$\frac{25,4}{5}$	7,96	$\frac{25,4}{7} = 3,63$	4,53
6—8	$\frac{25,4}{6}$	6,65	$\frac{25,4}{8} = 3,18$	3,77

Die Fußhöhe wird um $^1/_5$ größer gewählt als die entsprechende Kopfhöhe. Die Erzeugende dieser Zähne wird mit 85° 30′ gegen die Zentrale geneigt angenommen, so daß sich breite, äußerst kräftige Zähne ergeben.

In der Mehrzahl der Fälle wird aber an der üblichen Elvoventenverzahnung festgehalten, wobei die Erzeugende unter 80 bis 85° 30′ gegen die Zentrale geneigt wird. Das hängt zum Teil mit der großen Verbreitung zusammen, welche die Fräsmaschinen von Brown & Sharpe für diese Zwecke erlangt haben.

Die Herstellung und Bearbeitung der Zahnräder bildet einen der schwierigsten Teile des Motorwagenbaues. Die Räder müssen auf der einen Seite sehr genau geschnitten und glatt bearbeitet werden, damit sie ruhig laufen, während sich andererseits beträchtliche Formänderungen bei dem darauffolgenden Härten kaum vermeiden lassen. Ungehärtete Zahnräder wendet man aber selbst dann nicht an, wenn man die Zahnräder aus Nickelstahl fräst, da die gehärtete Oberfläche für die erste Zeit der Abnutzung ausgezeichnet widersteht. In Anbetracht dieser Schwierigkeiten kann man sich denken, mit welcher Sorgfalt die Fabriken ihre Herstellungsverfahren geheim halten. Im wesentlichen kommt es aber dabei auf den Vorgang beim Härten an. Da sich bei aller Vorsicht Formänderungen der Zahnräder niemals vermeiden lassen, so muß man vielfach die fertigen Getriebe auf dem Prüfstande längere Zeit mit Schmirgel einlaufen lassen, wobei sich die Ungenauigkeiten wegschleifen. Neuerdings wird vielfach versucht, die Zähne nach dem Härten genau nachzuschleifen[2]). Arbeitet das Getriebe schließlich ohne Ge-

[1]) Vgl. Lasche: Elektrischer Antrieb mittels Zahnräderübertragung, Z. Ver. deutsch. Ing. 1899, S. 1417 ff.

[2]) Über eine hierfür bestimmte Schleifmaschine von Meyer & Schmidt, Offenbach, ist in Z. Ver. deutsch. Ing. 1911, S. 1988, berichtet worden.

räusch, so sind die Zähne dann häufig so abgeschliffen, daß etwaige Unterschiede gegenüber den gebräuchlichen Zahnformen kaum mehr zu erkennen sind. Man erkennt hieraus, wie wenig Zweck es gerade hier haben würde, besondere Feinheiten in den Entwurf der Zahnformen verlegen zu wollen.

Für die Berechnung der Zahndicke a und Zahnbreite b bei gegebener Umfangskraft P gelten die bekannten, für genau geschnittene, gleichmäßig anliegende Zähne geltenden Regeln. Ist l die ganze Höhe des Zahnes, so gilt

$$P \cdot l = \frac{b\,a^2}{6} \cdot k_b .$$

Für Zähne nach Fig. 432, S. 317, wäre hierbei zu setzen:

$$a = \frac{t}{2}, \qquad l = 2{,}2\,m = 2{,}2\,\frac{t}{\pi},$$

somit

$$b = 16{,}8\,\frac{P}{k_b \cdot t}$$

$$k_b = 16{,}8\,\frac{P}{b\,.\,t}.$$

Die Werte von k_b, die bei ausgeführten Zahnrädern vorkommen, bewegen sich zwischen 15 und 35 kg/qmm bei Zahnrädern aus im Einsatz gehärtetem Kohlenstoffstahl und 20 und 45 kg/qmm bei Zahnrädern aus Nickelstahl von 3 v. H. Nickelgehalt. Die niedrigen Beanspruchungen sind für solche Zahnräder zu verwenden, die dauernd oder doch vorwiegend benutzt werden (z. B. für die Höchstgeschwindigkeit, während man insbesondere für die Rücklaufräder die höchsten Zahlen zulassen kann. Je breiter man die Zähne machen kann, ohne die Rücksicht auf das Gewicht und die Herstellungskosten zu verletzen, desto dauerhafter wird das Getriebe sein. Hierbei sprechen auch die Art des Fahrzeuges und die voraussichtliche Stärke seiner Inanspruchnahme mit.

Damit das Einrücken erleichtert wird, rundet man die Seitenflächen der Zähne an den erforderlichen Seiten ab. Hierzu dienen selbsttätige Fräsmaschinen mit senkrechten Spinden.

Wo es der Durchmesser der Zahnräder gestattet, stellt man die Zahnkränze getrennt von den Naben her und setzt, um etwas an Gewicht zu sparen, zwei Zahnkränze auf eine gemeinsame Nabe. Das ermöglicht, für die Naben billige und für die Kränze gute Baustoffe zu verwenden, sowie — was fast bei jedem Motorwagen vorkommt — die Zahnkränze gegen neue auszuwechseln, ohne daß man das Gehäuse auszubauen braucht. Die Schrauben, womit die Zahnkränze befestigt werden, müssen Kronenmuttern erhalten und sorgfältig versplintet werden. Die unverschiebbaren Zahnräder auf der Vorgelegewelle werden vielfach auf Flansche aufgesetzt, die an die Welle angeschmiedet sind.

Die Wellen müssen mit großen Sicherheiten gegen Verdrehungen und Durchbiegungen berechnet werden, weil Verdrehungen die Verschiebbarkeit der auf Längskeilen geführten Schalträder erschweren und Durchbiegungen die Geräuschlosigkeit des Ganges beeinträchtigen können. Es empfiehlt sich, jedes Getriebe belastet einlaufen zu lassen, damit man sein Verhalten im wirklichen Betriebe kennen lernt.

Wellen, auf denen die Schalträder sitzen, erhalten in der Regel viereckige abgerundete Querschnitte nach Fig. 433, S. 320, oder sie werden der ganzen Länge nach mit 6 oder 8 Nuten versehen, Fig. 434 und 435, die auf Nutenziehmaschinen hergestellt werden und genau auf die Nuten in den Zahnradnaben passen müssen. Den wirksamen Durchmesser solcher Wellen kann man auf Grund der Versuche von Larard[1]), die sich allerdings nur auf Verdrehen der Wellen erstrecken, mit 1,15 bis 1,16 d annehmen, wenn d der Kerndurchmesser ist. Annähernd dürfte das auch für die Biegungsbeanspruchungen zutreffend sein, worüber Unterlagen noch fehlen. Die Nutenwellen müssen, damit sich die Zahnräder darauf nicht leicht ausschlagen, gehärtet werden und werden entweder aus Kohlenstoffstahl oder aus Nickelstahl mit 3 v. H. Nickelgehalt hergestellt. Da sich die Härtung im Ölbade als ausgezeichnetes Mittel erweist, die vorübergehenden Verdrehungen und Durchbiegungen einzuschränken, so wendet man sie auch bei den Vorgelegewellen an.

Fig. 433.

Fig. 434.

Fig. 435.

Fig. 433 bis 435. Querschnitte von Getriebewellen.

Als **Lager** kommen nur Kugellager[2]) in Betracht, deren Vorzüge zu allgemein bekannt sind, um an dieser Stelle noch betont zu werden. Für Wechselgetriebe von Motorwagen haben Kugellager wegen ihrer geringen Baulänge besondere Vorzüge, weil sie kurze, steife Wellen ergeben. Ferner bietet die Widerstandsfähigkeit der Kugellager gegen Abnutzung den Vorteil, daß die Wellenmitten auch nach längerer Zeit ihren Abstand nicht verändern. Endlich spielt auch der geringe Reibungsverlust der Kugellager eine große Rolle. Die Abmessungen des für einen bestimmten Fall geeigneten Kugellagers bestimmen sich nach den Normalien der Fabriken aus der Belastung und der Umlaufzahl der Welle. Es ist aber allgemein üblich, solche Lager, die nicht im regelmäßigen Betriebe, sondern nur ausnahmsweise stark belastet werden, gegenüber den Normalien mit bis zu 100 v. H. zu überlasten, was nach den bisherigen Erfahrungen anstandslos zulässig ist. Andererseits empfiehlt es sich, bei den wichtigen, dauernd beanspruchten Lagern nach Möglichkeit nicht einmal bis zu derjenigen Grenze der Belastung zu gehen, welche nach den Normalien zulässig ist und so eine gewisse Sicherheit gegen die Wirkungen der unvermeidlichen Stöße zu erlangen.

Bei Getrieben mit unmittelbarem Eingriff, Fig. 396 bis 398, S. 293, muß das eine Ende der Schaltwelle im Inneren des treibenden Zahnrades a gelagert werden, das nur sehr selten Raum zur Unterbringung eines Kugellagers bietet, weil es möglichst kleinen Durchmesser haben soll. Der Lagerzapfen ist sehr reichlich zu bemessen und muß große Lauflänge erhalten, damit keine erhebliche Abnutzung eintreten kann. Am besten versieht man ihn mit einer harten, genau geschliffenen Laufbüchse aus Rübelbronze oder einer gehärteten Stahlbüchse.

Vor Beanspruchungen in der Achsrichtung, wie sie beim Schalten der Zahnräder auftreten, sind die Lauflager durch geeignete Wellenbunde oder Drucklager zu schützen. Das im Gleitlager laufende Ende der Schaltwelle stützt sich in der Regel auf eine Kugel, die in die Höhlung eingesetzt ist.

Das **Gehäuse** endlich hat im wesentlichen als Ölbehälter zu dienen, daneben aber auch die von den Zahndrücken herrührenden Beanspruchungen der Lager aufzunehmen und auf den Rahmen zu übertragen. Wie bei dem Kurbelgehäuse der Maschine so ist auch hier besondere Sorgfalt auf das Vermeiden von Ölaustritt an denjenigen Stellen zu verwenden, wo die Wellen ein- und austreten. Die Sicherungen gegen Ölaustritt bestehen neben Abstreifern auf den Wellen aus einer oder zwei Nuten, die in den Gehäuserand oder in eine besondere Verschraubung

[1]) The Horseless Age, 15. Febr. 1911.

[2]) Die Wiedergabe der Normalien der verschiedenen Fabriken hätte hier zu großen Raum beansprucht. Die Normalien sind leicht erhältlich. Vgl. auch Bauschlicher: Die Kugellagerungen. Verlag von M. Krayn, Berlin, Z. Ver. deutsch. Ing. 1908, S. 1185, sowie die Taschenbücher

eingedreht werden, Fig. 436. Es empfiehlt sich, die Nuten am Boden durch kleine Bohrungen mit dem Gehäuseinnern zu verbinden, damit das Öl daraus abfließen kann. Sind zwei Nuten vorhanden, der seltenere Fall, so füllt man nur die äußere mit einem dicht auf die Welle passenden Filzring. Auf dem Boden des Gehäuses ordnet man zweckmäßig einen kleinen Schmutzsack an, der entleert werden kann und in dem sich insbesondere die abgeschliffenen Metallteilchen sowie etwaige Schmirgel- und Sandkörnchen absetzen können.

Öffnungen des Gehäuses, durch die keine Welle durchtritt, sind mit abgedichteten Schraubkappen sorgfältig zu verschließen. Andere Durchbruchstellen der Gehäusewand, z. B. für die Schaltstangen, sind zu vermeiden, vielmehr sollen die Schaltstangen stets so angeordnet werden, daß sie sich ganz im Innern des Gehäuses befinden und von oben her betätigt werden können. Wenn es nicht anders geht, müssen auf die Öffnungen der Schaltstangenführungen Verschlußkappen geschraubt werden. Gegen diese Vorschrift wird noch häufig gefehlt, zum Nachteil der Reinlichkeit des Betriebes.

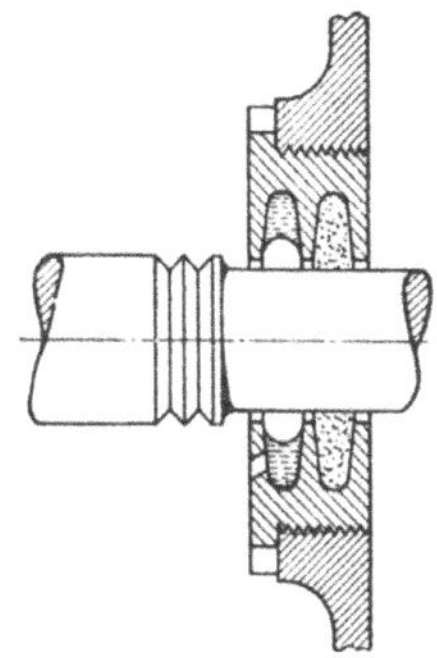

Fig. 436. Abdichtung für Getriebegehäuse.

Auf der Oberseite erhält das Gehäuse einen für das Einbauen der Zahnräder und für etwa erforderliches Abschrauben und Auswechseln eines Zahnkranzes ausreichend groß bemessenen, flachen Deckel, der ebenfalls abgedichtet werden muß. Zu erwägen wäre auch, ob man nicht hier eine Art Entlüftung anbringen sollte. Nicht selten entsteht nämlich infolge der Erhitzung des Gehäuseinhaltes ein Überdruck, der das Öl an den Wellenabdichtungen herausdrückt. Natürlich müßte die Entlüftöffnung Sicherheit gegen Ölverluste bieten.

Daß die Abmessungen des Gehäuses mit Rücksicht auf das Gewicht auf das äußerste zu beschränken sind, ist selbstverständlich. Aus dem gleichen Grunde werden die Gehäuse zumeist aus einer Aluminiumlegierung gegossen, deren Festigkeit für die hier auftretenden Beanspruchungen in der Regel ausreicht.

Die Schmierung aller Lager- und Laufstellen eines Getriebes wird dadurch bewirkt, daß die Zahnräder das eingefüllte Öl umherschleudern. Man zieht vielfach dicke Fette den flüssigen Ölen vor, weil diese das Rädergeräusch etwas dämpfen. Zu weit soll man aber hierin nicht gehen, da hierbei der Widerstand des Getriebes, insbesondere wenn die Füllung des Gehäuses beim Anfahren noch sehr kalt ist, beträchtlich steigen kann. Auch soll man das Gehäuse nicht höher als bis unter die Wellen füllen. Nach Angaben von Duckham[1]) kann man durch die Füllung des Getriebekastens bis zu 1,5 PS verlieren. Häufigeres und nicht allzu reichliches Einfüllen des Schmiermittels scheint daher geboten.

Rechnungsbeispiel.

Um die Anwendung der im Vorstehenden angegebenen Regeln zu zeigen, sei nun noch die Berechnung eines Wechselgetriebes in allen Einzelheiten durchgeführt:

Für einen kleinen Personenwagen, der, mit zwei Personen besetzt, rund 850 kg wiegt und auf guter Straße mit 20 kg/t Fahrwiderstand bei einer Luftwiderstandsfläche von 1,1 qm eine Höchstgeschwindigkeit von 60 km/st erreichen soll, sei ein Wechselgetriebe zu entwerfen, das drei Vorwärtsstufen mit unmittelbarem Eingriff bei Höchstgeschwindigkeit und eine Rücklaufstufe hat.

Zur Bewältigung des Fahr- und des Luftwiderstandes bei der Höchstgeschwin-

[1]) The Horseless Age, 29. Dezember 1909.

digkeit dürfte — mit Annahme eines rund 0,6 betragenden Gesamtwirkungsgrades der Übertragung — eine Maschine genügen, die rund 14 PS_e bei 1400 Uml/min leistet. Aus dem angenommenen Durchmesser der Hinterräder (etwa 0,75 m) ergibt sich die Übersetzung des Kegelgetriebes in der Hinterachse (etwa 1 : 3,2).

Die kleinste Übersetzung des Wechselgetriebes ist mit $m = 1:1$ gegeben, da das Getriebe unmittelbaren Eingriff haben soll.

Die größte Übersetzung wählt man derart, daß auf den größten, voraussichtlich zu bewältigenden Steigungen (15 v. H.) die Leistung der Maschine noch voll ausgenützt werden kann. Hieraus ergibt sich, daß die größte Gesamtübersetzung $\frac{1}{14}$, und die größte Übersetzung des Wechselgetriebes etwa $m_2 = \frac{1}{4,8}$ betragen darf.

Die mittlere Übersetzung des Getriebes wird mit Rücksicht auf den Luftwiderstand näher an die kleinste Übersetzung zu legen sein, also

$$\frac{m}{m_1} < \frac{m_1}{m_2},$$

m_1 kann hiernach zwischen $\frac{1}{2,2}$ und $\frac{1}{2,1}$ betragen.

Der kleinste zulässige Abstand der beiden Getriebewellen wird durch die kleinste zulässige Zähnezahl bestimmt, die fast allgemein mit $z = 14$ angenommen wird. Um den Durchmesser des kleinsten Zahnrades zu bestimmen, muß man die Teilung kennen, für die der größte auftretende Zahndruck maßgebend ist. Aus $N = 14$ PS und $n = 1400$ Uml/min ergibt sich $M_d = 71620 \cdot \frac{N}{n} = 716,2$ cmkg an der treibenden Welle. Für das erste treibende Rad, das möglichst klein sein muß, gilt nun

$$P = \frac{M_d}{r} = \frac{M_d \cdot 2\pi}{14\,t},$$

wenn das Rad mindestens 14 Zähne haben darf.

Aus der Gleichung für die Zahnfestigkeit

$$P \cdot l = \frac{b \cdot a^2}{6} \cdot k_b$$

erhält man ferner, wenn man

$$l = 0,7\,t$$
$$b = 2\,t$$
$$a = \frac{t}{2}$$
$$k_b = 2500 \text{ kg/qcm}$$

einsetzt,

$$P \cdot 0\,7\,t = \frac{2\,t \cdot \frac{t^2}{4}}{6} \cdot 2500$$

$$P = \frac{2500}{8,4} \cdot t^2.$$

Somit ist

$$\frac{M_d \cdot 2\pi}{14\,t} = \frac{2500}{8,4} \cdot t^2$$

$$t^3 = \frac{16.8 \cdot \pi \cdot M}{14 \cdot 2500} = 1,0793$$

$$\sim 1,025 \text{ cm}$$

Bei einem Getriebe mit unmittelbarem Eingriff, siehe Fig. 393, S. 290, ist jedoch das kleine Rad auf der Antriebswelle nicht dasjenige, welches den größten Zahndruck aufzunehmen hat, sondern es ist dies das Rad 1 auf der Vorgelegewelle, dessen Zahndruck annähernd 2,2[1]) mal so groß ist, wie derjenige des Rades a. Für ein solches Getriebe muß man daher die Gleichung für P abändern,

$$P = 2{,}2 \cdot \frac{M_d \cdot 2\pi}{14 \cdot t} = \frac{2500}{8{,}4} \cdot t^2.$$

Somit ist

$$t^3 = 2{,}374$$

$$t = 1{,}334 \text{ cm}.$$

Hiernach wäre

$$t = 4\pi$$

zu wählen.

Für das geforderte Getriebe mit unmittelbarem Eingriff hat man die größte Übersetzung in zwei, am besten, gleiche Teile zu zerlegen, von denen jeder

$$\frac{1}{\sqrt{4{,}8}} = \frac{1}{2{,}19}$$

beträgt. Der kleinste zulässige Abstand der beiden Wellen ist dann, da das erste Rad einen Durchmesser von

$$14 \cdot 4 = 56 \text{ mm}$$

erhalten muß,

$$\frac{56}{2} + 2{,}19 \frac{56}{2} = 3{,}19 \cdot 28 = \sim 90 \text{ mm}.$$

Hätte man dagegen kein Getriebe mit unmittelbarem Eingriff, sondern ein solches nach Fig. 392, S. 290, zu entwerfen, so müßte der Mindestabstand der Wellen

$$\frac{56}{2} + 4{,}8 \frac{56}{2} = 5{\cdot}8 \cdot 28 = \sim 165 \text{ mm}$$

betragen, da die größte Übersetzung mit einem einzigen Räderpaare hervorzubringen ist. Der bedeutende Vorteil des ersten Getriebes leuchtet hier sofort ein.

Nach diesen vorbereitenden Rechnungen ist man in der Lage, das Wechselgetriebe in seinen Hauptteilen zu entwerfen, Fig. 437, und 438, S. 327; bei der genauen Ermittlung der Zähnezahlen ist zu beachten, daß die Wellenabstände aus Bequemlichkeit für die Werkstätte möglichst runde Maße sein sollen und daß ferner die Zähnezahlen zweier miteinander zusammenarbeitender Räder nach Möglichkeit kein gemeinschaftliches Maß enthalten, damit immer neue Zähne miteinander in Eingriff kommen müssen[2]). Die Teilung wählt man der Einfachheit halber für alle Räder gleich groß. Das Rücklaufgetriebe besteht aus zwei mit der Vorgelegewelle dauernd mitlaufenden Zahnrädern c und d, die den gleichen Modul erhalten müssen, wie das Zahnrad 1′, da d mit 1′ gekuppelt wird.

Die Einzelheiten des Getriebes sind in der nachstehenden Zahlentafel zusammengestellt. Neben dem Modul m, den Zähnezahlen z und den Teilkreisdurchmessern d sind darin die Zahndrücke P enthalten, die aus $N = 14$ PS und $n = 1400$ Uml/min berechnet sind, ferner die angenommenen Zahnbreiten b und die hieraus folgenden Beanspruchungen der Zähne.

---

[1]) Nämlich: $\sqrt{\text{größte Übersetzung}}$, hier $= \sqrt{4{,}8}$.

[2]) Die Ansichten über die Zweckmäßigkeit dieser Maßnahme sind verschieden. Ihre Gegner behaupten, daß solche Zahnräder überhaupt niemals ganz geräuschlos laufen.

Bezeichnung des Zahnrades	$m = \frac{t}{\pi}$	z	d mm	P kg	b mm	k_b kg/qmm
a	4	14	56	256	22	15,6
b	4	31	124	256	22	15,6
1	4	14	56	566	22	34,5
1'	4	31	124	566	22	34,5
2	4	23	92	345	20	23,1
2'	4	22	88	345	20	23,1
c	4	13	52	721	22	43,9
d	4	11	44	721	22	43,9
1' bei Rücklauf	4	31	124	721	22	43,9

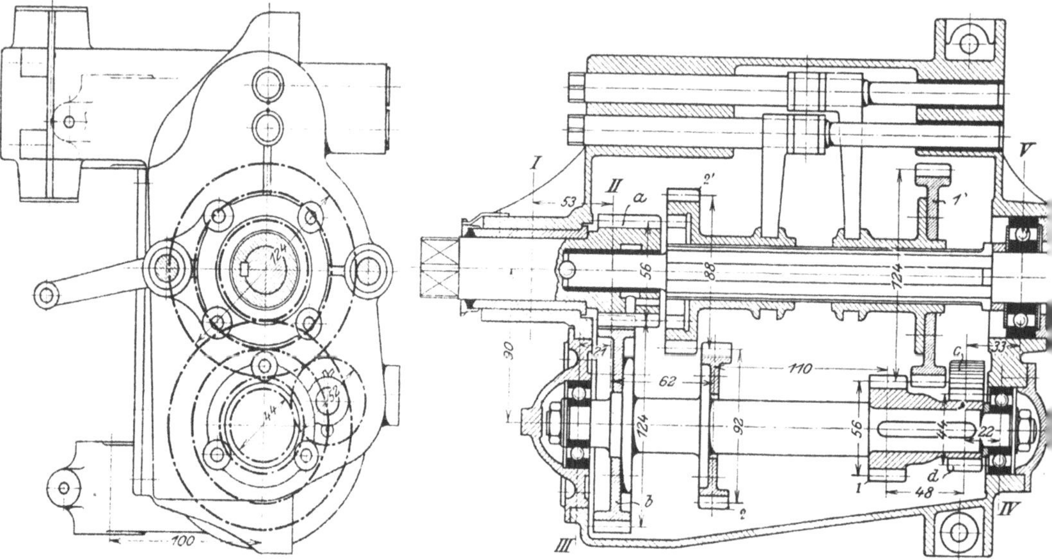

Fig. 437 und 438. Entwurf eines Wechselgetriebes.

Die Vorschrift, daß die Mindestzahl der Zähne 14 betragen muß, hat natürlich nicht für die Rücklaufräder Geltung, auf deren geräuschlosen Gang man keinen Wert zu legen braucht. Ebenso dürfen auch die Zahndrücke beim Rücklauf bis hart an die Grenze des Zulässigen steigen, um so mehr, als die Maschine hierbei kaum mit voller Leistung zu arbeiten pflegt. Immerhin zeigt die Zusammenstellung, daß man die Zahnräder mit Ausnahme der Räder a und b aus gutem Nickelstahl herstellen muß, wenn sie nicht bedenklich überlastet werden sollen. Die Räder a und b müssen aber gut gehärtet werden, da sie dauernd im Eingriff stehen und bei der Höchstgeschwindigkeit ganz ruhig laufen müssen.

Mit den obigen Zähnezahlen erhält man folgende Übersetzungen:

$$m = 1$$

$$m_1 = \frac{14}{31}\,\frac{23}{22} = \frac{1}{2{,}12}$$

$$m_2 = \frac{14}{31}\,\frac{14}{31} = \frac{1}{4{,}9}.$$

Die Bedingung $\frac{m}{m_1} = 2,12 < \frac{m_1}{m_2} = \frac{4,9}{2,12} = 2,31$

ist also auch erfüllt.

Fraglich bleibt allerdings, ob so große Veränderungen in der Übersetzung mit der Anpaßfähigkeit der Maschine im Einklang stehen werden. Wahrscheinlich nicht, die Maschine wird also in ihrer Umlaufzahl nicht bis auf jene Grenze herabgehen können, bei der sie ihr größtes Drehmoment entwickelt, und man wird beim Wachsen des Fahrwiderstandes früher auf die nächstgrößere Übersetzung zurückgehen müssen, als es sonst erforderlich wäre. Das sind aber Mängel, die man angesichts der Unvollkommenheiten der heutigen Wagenmaschinen in den Kauf nehmen muß. Wichtig ist dagegen, das Wechselgetriebe bei allen Stufen mit der Umlaufzahl der Maschine bei Höchstleistung in Einklang zu bringen, damit die Maschine voll ausgenutzt werden kann. Diese Forderung ist durch die obige Verteilung der Stufen gut erfüllt.

Die Belastungen der in Fig. 438, S. 324, angegebenen Lagerstellen bei den verschiedenen Schaltungen des Getriebes ohne Rücksicht auf Reibungsverluste zeigt die nachstehende Zahlentafel:

	1. Gang	2. Gang	3. Gang	Rücklauf
Lager I	$\frac{256\cdot 253}{306} - \frac{566\cdot 81}{306} = 62$ kg	$\frac{345\cdot 191}{306} - \frac{256\cdot 253}{306} = 3$ kg	0	$\frac{256\cdot 253}{306} + \frac{721\cdot 33}{306} = 280$ kg
Lager II	$\frac{566\cdot 81}{253} = 182$ kg	$\frac{345\cdot 191}{253} = 261$ kg	0	$\frac{721\cdot 33}{253} = 94$ kg
Lager III	$\frac{256\cdot 242}{263} - \frac{566\cdot 70}{263} = 95$ kg	$\frac{256\cdot 242}{263} - \frac{345\cdot 180}{263} = 9$ kg	0	$\frac{256\cdot 242}{263} + \frac{721\cdot 22}{263} = 222$ kg
Lager IV	$\frac{566\cdot 193}{263} - \frac{256\cdot 21}{263} = 395$ kg	$\frac{345\cdot 83}{263} - \frac{256\cdot 21}{263} = 89$ kg	0	$\frac{256\cdot 21}{263} + \frac{721\cdot 241}{263} = 656$ kg
Lager V	$\frac{566\cdot 225}{306} - \frac{256\cdot 53}{306} = 372$ kg	$\frac{345\cdot 115}{306} - \frac{256\cdot 53}{306} = 86$ kg	0	$\frac{256\cdot 53}{306} + \frac{721\cdot 225}{306} = 520$ kg

Bei der Berechnung der Drücke für das als Gleitlager entworfene Lager I hat man sich das Lager II fortzudenken und die obere Welle als einen in den Lagern I und V ruhenden Balken anzusehen. Dagegen hat Lager II von den Zahnrädern *a* und *b* keine Drücke aufzunehmen, sondern nur diejenigen, welche auf die Räder 1' und 2' gelangen.

Die Drücke, die beim Rücklauf auftreten, müssen durch geometrische Summierung ermittelt werden. Die entsprechenden Kräftepläne sind der Deutlichkeit wegen in den Fig. 439 bis 442, S. 326, wiedergegeben.

Die Untersuchung zeigt, daß die Lager I und II bei allen Schaltungen niedrig belastet bleiben. Es rechtfertigt sich daher, diese Lager als Gleitlager auszubilden. Für ausreichende Schmierung des Lagers II muß aber durch passende Bohrungen gesorgt werden. Besonders stark belastet sind aber die Lager IV und V, insbesondere bei Rückgang. Für diese und für das Lager III sind nach den Normalien Kugellager derart auszuwählen, daß die Belastung bei eingeschaltetem 1. Gang höchstens 60 bis 80 v. H. der zulässigen erreicht. Bei Rücklauf können erhebliche Überlastungen zugelassen werden.

Die günstigen Belastungsverhältnisse der Lager bei Höchstgeschwindigkeit des Wagens — es treten natürlich kleine Belastungen infolge von Reibungsverlusten auf — sind ein besonderes Kennzeichen dieser Getriebeanordnung. Ihnen ist nicht zuletzt der geräuschlose Gang solcher Getriebe zuzuschreiben. Da vorwiegend mit der Schaltung für Höchstgeschwindigkeit gefahren wird, so wird auch die Abnutzung des Getriebes viel geringer sein, als bei anderen Getriebeanordnungen.

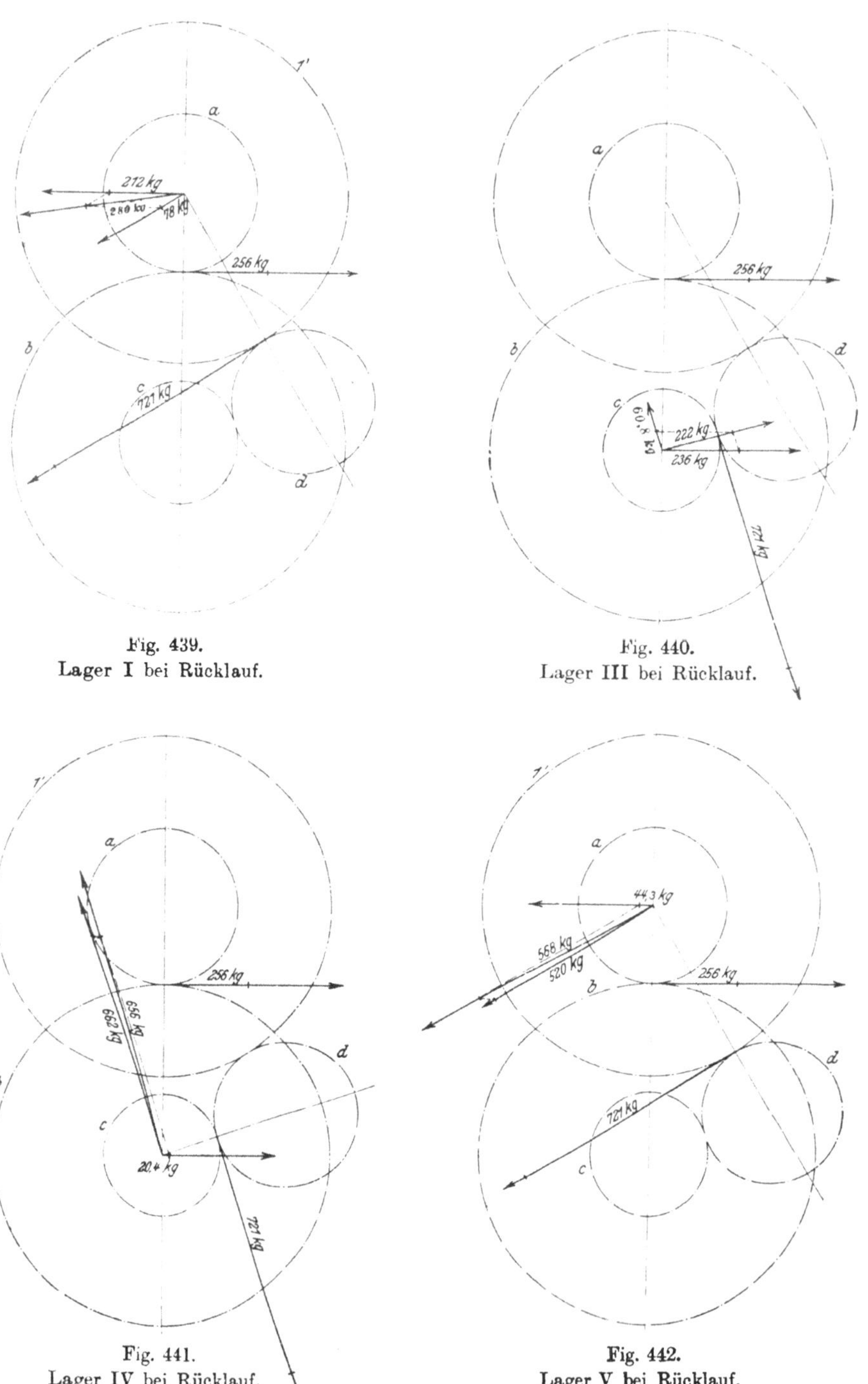

Fig. 439.
Lager I bei Rücklauf.

Fig. 440.
Lager III bei Rücklauf.

Fig. 441.
Lager IV bei Rücklauf.

Fig. 442.
Lager V bei Rücklauf.

Mit Hilfe der gefundenen Lagerbelastungen und der bekannten Lagerdrücke lassen sich nunmehr auch die Abmessungen der Wellen insbesondere daraufhin nachrechnen, ob die Durchbiegungen innerhalb der zulässigen Grenzen bleiben.

Hinterachsantrieb.

Die Anordnung des Hinterachsantriebes, worunter alle zwischen dem Wechselgetriebe und den Treibrädern des Wagens liegenden Teile des Wagengetriebes zusammengefaßt sein mögen, wird im wesentlichen dadurch bedingt, ob es sich um einen Wagen mit Treibwelle (Kardanwagen) oder um einen Wagen mit Kettenübertragung handelt, vgl. Fig. 8 bis 11, S. 7 und 8. Bei Kardanwagen schließt sich an das Wechselgetriebe die Gelenkwelle, an deren Ende ein in dem Hinterachsgehäuse sitzendes Ausgleichgetriebe die zu den Treibrädern führenden Querwellen antreibt, bei Kettenwagen zweigen die Querwellen in der Regel schon von dem Gehäuse des Wechselgetriebes ab, das somit zugleich das Ausgleichgetriebe aufnimmt, und von den Enden dieser Wellen werden mit Hilfe von Ketten die auf den Enden der Hinterachse lose sitzenden Hinterräder bewegt.

Die aus dem allgemeinen Maschinenbau bekannten Einzelteile dieser Antriebsarten sind im nachstehenden kurz besprochen, bevor auf die für den Motorfahrzeugbau wichtigere Anordnung der Antriebe selbst eingegangen ist.

Ausgleichgetriebe.

Ausgleichgetriebe werden vorzugsweise als Kegelrädergetriebe, Fig. 443 und 444, ausgeführt, während Getriebe mit Stirnrädern, Fig. 445 und 446, S. 328, fast gar nicht mehr verwendet werden. Die Bauart mit Stirnrädern rührt aus den ersten Jahren des Motorwagenbaues her, wo man trachtete, Kegelräder wegen der für ihre Bearbeitung notwendigen Sondermaschinen möglichst zu vermeiden, und sich mit

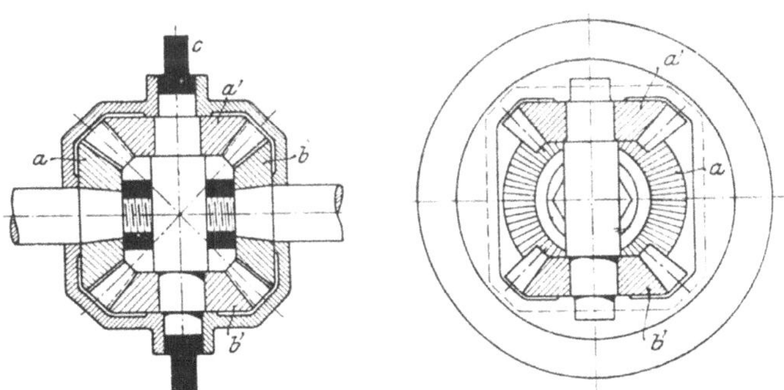

Fig. 443 und 444. Kegelräder-Ausgleichgetriebe.

den Stirnradfräsmaschinen zu behelfen. Bei der heute üblichen Massenerzeugung ist dieser Standpunkt natürlich längst aufgegeben, zumal die Kegelrädergetriebe manche Vorteile bieten. Wegen der verhältnismäßig geringeren Zahndrücke können ihre Abmessungen kleiner gehalten werden, als bei gleich hoch belasteten Stirnrädergetrieben, ein Umstand, der insbesondere bei Kardanwagen wichtig ist, wo das Ausgleichgetriebe in dem Hinterachsgehäuse sitzt und ohne Vermittlung der Wagenfedern auf die Laufreifen der Räder drückt. Beim Kegelrädergetriebe kann man ferner im äußersten Falle mit 4, beim Stirnrädergetriebe nicht unter 6 Zahnrädern auskommen.

Für den größten Zahndruck im Ausgleichgetriebe ist nicht so sehr die Leistung der Wagenmaschine, als die Adhäsion des Wagens in Rechnung zu ziehen. Man nimmt hierbei an, daß bei dem in Fahrt begriffenen Wagen die Hinterräder durch unvorsichtiges Anziehen der Getriebebremse festgehalten sind, so daß die Räder gleiten. Das Drehmoment, das hierbei in das Ausgleichgetriebe gelangt, ist lediglich von dem Gleitwiderstand der Wagenräder und von dem auf diesen Rädern lastenden Teil des Wagengewichtes abhängig. Es empfiehlt sich, als Gleitziffer, sehr sicher, etwa $\mu = 0{,}4$ bis 0,6 anzunehmen.

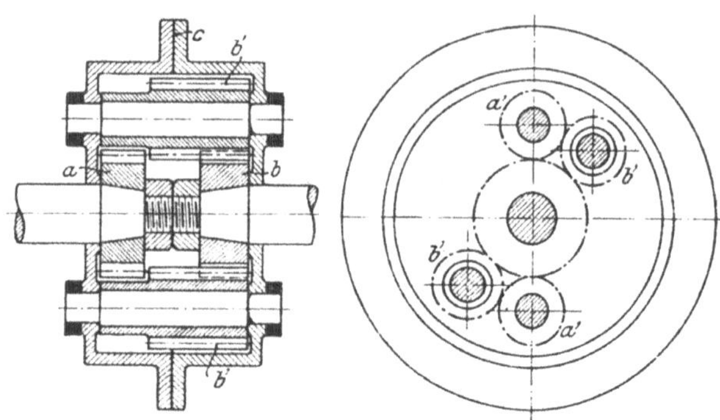

Fig. 445 und 446. Stirnräder-Ausgleichgetriebe.

Die Wirkungsweise des Ausgleichgetriebes ergibt sich aus derjenigen der Umlaufgetriebe [1]). Sind w_a, w_b und w_c die Winkelgeschwindigkeiten des ersten und letzten Rades der Räderkette $a - a' - b' - b$ sowie des Steges c, so gilt allgemein

$$w_b - w_c = \frac{a}{a'} \cdot \frac{b'}{b} (w_c - w_a),$$

worin a, a', b, b' die Halbmesser darstellen.

Bei allen Ausgleichgetrieben ist

$$a = b$$

und $a' = b'$,

somit $w_a + w_b = 2 w_c$.

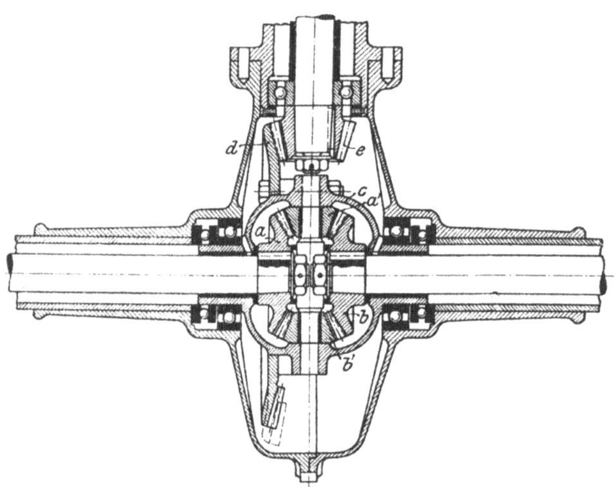

Fig. 447. Antrieb des Ausgleichgetriebes.

In der Regel wird der mit dem Gehäuse verbundene Teil c des Getriebes durch die Maschine angetrieben, Fig. 447, indem man auf das Gehäuse ein Kegelrad d aufsetzt, das von einem zweiten e auf der Treibwelle bewegt wird. Aus der obigen Beziehung ergibt sich, daß die an die Räder a und b des Getriebes angeschlossenen Treibräder des Wagens stets derart umlaufen müssen, daß die Summe ihrer Winkelgeschwindigkeiten das Doppelte der Winkelgeschwindigkeit des Gehäuses ergibt.

Beim Fahren in gerader Richtung ist $w_a = w_b$, also auch

$$w_c = w_a = w_b,$$

[1]) Vgl. Grashof, Maschinenlehre II.

und das Getriebe läuft als Ganzes um, ohne daß die Zahnräder a—a' bzw. b—b' aufeinander abrollen.

Fährt hingegen der Wagen in einer Krümmung vom mittleren Halbmesser R, Fig. 448, und sind α der in der Zeiteinheit durchfahrene Winkel, sowie r der Halbmesser der Räder, so gilt:

$$r w_c = R\alpha$$

$$r w_a = \left(R + \frac{b}{2}\right)\alpha$$

$$r w_b = \left(R - \frac{b}{2}\right)\alpha$$

$$w_a + w_b = \frac{1}{r}(2R\alpha) = 2w_c.$$

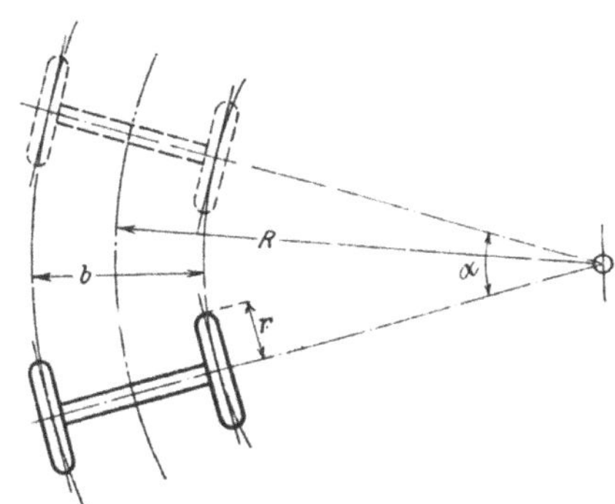

Fig. 448. Wirkungsweise des Ausgleichgetriebes in Krümmungen.

Wird endlich ein Rad festgehalten, z. B. $w_a = 0$, so ist

$$w_b = 2w_c,$$

d. h. es dreht sich das andere Rad doppelt so schnell vorwärts.

Die bauliche Anordnung der Ausgleichgetriebe soll in Verbindung mit den Hinterachsantrieben besprochen werden, von denen sie sich nicht gut trennen läßt. Hier sei nur einer von der üblichen abweichenden Bauart des Ausgleichgetriebes gedacht, die von der Daimler-Motoren-Gesellschaft herrührt, Fig. 449, und

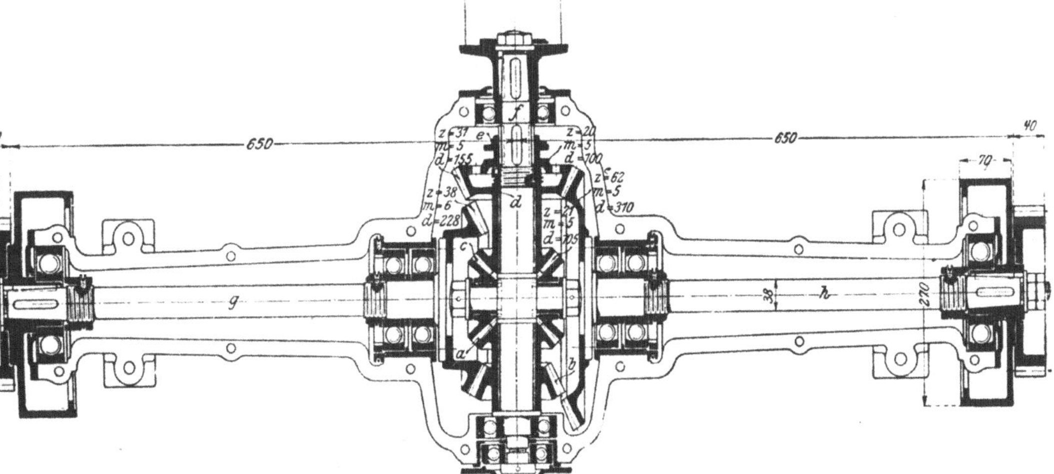

Fig. 449. Ausgleichgetriebe für gestürzte Hinterräder der Daimler-Motoren-Gesellschaft.

die insofern grundsätzlich neu ist, als die beiden Zwischenräder des Getriebes nicht durch das Gehäuse, sondern von innen heraus in Umlauf versetzt werden. Die Zapfen, auf denen diese Zahnräder lose laufen, sind zu diesem Zweck durch eine entsprechende Öffnung in der Verlängerung der Wagentreibwelle f hindurchgesteckt. Die Ausgleichräder a und c treiben hier nicht, wie üblich, unmittelbar die Ausgleichwellen, sondern sitzen mit anderen Kegelrädern b und d auf gemeinsamen Hülsen und diese Räder greifen erst in die auf den Enden der Ausgleichwellen g und h aufgekeilten Kegelräder ein. Der Zweck dieser Anordnung ist hauptsächlich, daß man die Wellen g und h etwas nach abwärts neigen, also die Hinterräder stürzen kann, ohne den guten Eingriff zu stören, während bei den üblichen Getrieben die Ausgleichwellen in der Ebene der Mitten der Zwischenräder liegen müssen. Ob dieser Vorteil durch die starke Vermehrung der Zahnräder nicht etwas teuer erkauft wird, bleibe dahingestellt.

Das Getriebe zeigt ferner eine Vorrichtung, mit der man die Ausgleichwirkung zeitweilig aufheben kann. Sie besteht aus einer Zahnradmuffe e, die mit Längskeil auf der Welle f verschiebbar ist und mit deren Hilfe man die Hülse der Zahnräder c und d mit der Welle f kuppeln kann. Dadurch wird jede Bewegung der Ausgleichwellen gegeneinander unmöglich gemacht und das Ausgleichgetriebe als ein Ganzes umgetrieben.

Mit der Prüfung der Entbehrlichkeit des Ausgleichgetriebes oder mit seinem Ersatz durch andere Vorrichtungen, z. B. Sperrwerke, die eine Bewegung der Ausgleichwellen gegeneinander nur in geringerem Maße gestatten, hat man sich vielfach, aber ohne Erfolg befaßt. Auf der einen Seite hat man nämlich beobachtet, daß erfolgreiche Rennwagen kein Ausgleichgetriebe besessen haben, auf der anderen Seite schreibt man mit gewisser Berechtigung dem Ausgleichgetriebe die Schuld an dem seitlichen Schleudern der Wagen auf feuchtem, schlüpfrigem Pflaster zu. Richtig ist nun, daß ein Wagen, namentlich bei sehr hoher Geschwindigkeit, das Ausgleichgetriebe entbehren kann, weil sich bei schneller Fahrt der in Krümmungen erforderliche Ausgleich zwischen den Bewegungen der Hinterräder dadurch ergibt, daß in der Regel nur eines der Räder den Boden berührt, während sich das andere in der Luft weiterdreht. Allein es wäre bedenklich, diesen Umstand als Beweis für die vollständige Entbehrlichkeit des Ausgleichgetriebes auch bei normaler Fahrgeschwindigkeit ansehen zu wollen, wo eines der Räder unbedingt gleiten müßte.

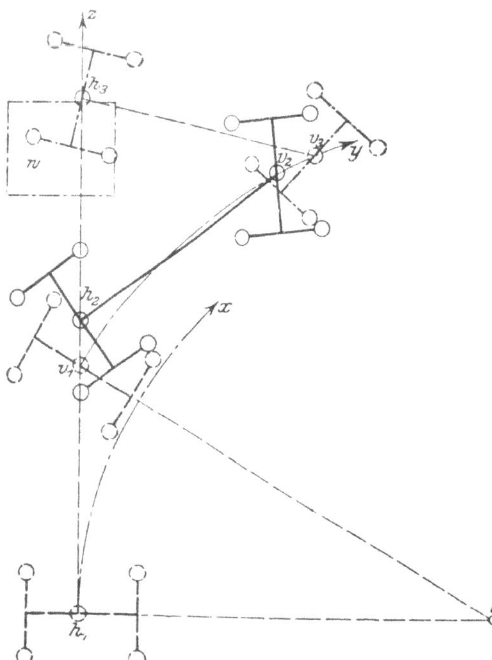

Fig. 450. Vorgang beim seitlichen Schleudern in Krümmungen.

Richtig ist ferner, daß, sobald auf glatter Fahrbahn verschiedene Widerstände an den Umfängen der Treibräder herrschen, durch das Ausgleichgetriebe ein Drehmoment erzeugt wird, das trachtet, den Wagen um eine zur Fahrbahn senkrechte Achse zu drehen, und, wenn die Treibräder gegen eine Verschiebung senkrecht zu ihrer Ebene nicht genügend Widerstand leisten, diese Drehung (seitliches Schleudern bei gerader Fahrtrichtung) auch einleitet. Allein diese Form des seitlichen Schleuderns ist nicht die einzige. Viel häufiger tritt das Schleudern beim Fahren in Krümmungen auf, s. Fig. 450. Beim Fahren in einer Krümmung beschreibt, solange der Wagen nicht schleudert, die Mitte h der Hinterachse den Kreisbogen $h_1 x$, wenn die Mitte v der Vorderachse den Bogen v_1, v_2, v_3, y macht. Gleiten aber die Hinterräder, so läuft h in der Richtung h_1, h_2, h_3 weiter und das Untergestell nimmt nacheinander die Stellungen an, die voll und strichpunktiert gezeichnet sind. Mit dieser Form des seitlichen Schleuderns hat aber das Ausgleichgetriebe nichts zu tun. Sie wird dadurch hervorgerufen, daß der wesentlich schwerere hintere Teil des Wagens sich in der früheren Fahrtrichtung weiterbewegt, wenn die Hinterräder auf der Fahrbahn keinen Widerstand gegen seitliches Gleiten finden. Gerade diese Art des Gleitens ist im Stadtverkehr besonders gefährlich, weil der Wagenführer die Herrschaft über die Wagenbewegungen in einem Augenblicke, wo sie unbedingt erforderlich wäre, vollständig verliert. Befände sich z. B. bei w ein Hindernis, etwa ein an der Bordschwelle haltender Wagen, an dem der Lenker des Motorwagens seitlich vorbeifahren wollte, so wäre nach der vorliegenden Darstellung ein Zusammenstoß unvermeidlich.

Gegen diese Art des seitlichen Schleuderns bietet offenbar auch das Weglassen des Ausgleichgetriebes keinen Schutz. Berücksichtigt man, daß beide Formen des Schleuderns nur dann auftreten können, wenn die Treibräder an der Fahrbahn zu geringen Widerstand gegen ein Gleiten senkrecht zu ihrer Ebene finden, so wird man mit Recht einen wirksamen Schutz gegen das Schleudern weniger im Fortlassen des Ausgleichgetriebes als in der Sicherung der Radreifen gegen solche Gleitbewegungen zu suchen haben (Gleitschutzreifen, Verbesserung der Straßen).

Von diesem Standpunkt aus erübrigt es sich, die Vorschläge zum Ersatz des Ausgleichgetriebes näher zu erörtern, die übrigens meines Wissens noch nicht ausgeführt worden sind. Auch die weiter oben erwähnte Feststellung des Ausgleichgetriebes, die ursprünglich gleichfalls als Sicherung gegen das Schleudern dienen sollte, hat hiernach im allgemeinen wenig Zweck. Sie wird aber mitunter bei schweren Lastwagen angewendet, weil sie in Fällen, wo etwa das eine Treibrad nicht genügend Halt am Boden findet, das Gleiten dieses Rades verhindert und infolgedessen unter Umständen sogar erst das Anfahren möglich macht. In allen anderen Fällen erscheint nach dem heutigen Stande unserer Kenntnisse das Ausgleichgetriebe als Mittel zum Vermindern der Reifenabnutzung unumgänglich notwendig.

Übertragung der Bewegung auf das Ausgleichgetriebe.

Zur Übertragung des Antriebes auf das Gehäuse des Ausgleichgetriebes bedient man sich in der Regel eines Kegelräderpaares, Fig. 447, S. 328, dessen Übersetzung bei Kardanwagen zwischen 1 : 3 und 1 : 4 bemessen zu werden pflegt. Bei Kettenwagen wird diese Übersetzung kleiner gewählt, weil ein Teil der erforderlichen Gesamtübersetzung im Kettenantrieb enthalten ist. Das Übersetzungsverhältnis dieses Kegelradtriebes wird bei Kardanwagen nach unten hin dadurch begrenzt, daß das große Kegelrad auf einem Flansch des Gehäuses der Ausgleichräder festgeschraubt wird und daher einen gewissen Mindestdurchmesser haben muß, nach oben hin durch die Rücksicht auf das mit zunehmendem Durchmesser des großen Kegelrades erheblich wachsende Gewicht des Hinterachsgehäuses. Berücksichtigt man ferner, daß für die Mindestzähnezahl des kleinen Kegelrades die bereits bei den Wechselgetrieben angeführten Bedingungen gelten, so lassen sich, wenn die Zahndrücke bekannt sind, die erforderlichen Abmessungen des Räderpaares leicht berechnen. Auch bei diesen Rädern empfiehlt es sich, zu prüfen, ob die beim Gleiten der Hinterräder, z. B. bei zu scharfem Anziehen der Getriebebremse, auftretenden Zahndrücke nicht etwa größer sind, als die Zahndrücke, die sich bei der größten Getriebeübersetzung ergeben. Für die Zahnabmessungen gelten im übrigen die gleichen Regeln wie für die Wechselgetriebe.

In neuerer Zeit hat man insbesondere in England vielfach den Versuch gemacht, diese Kegelradübertragung durch Schnecken- oder Schraubenradübertragung zu ersetzen, die mancherlei Vorteile bieten. Vor allem gestatten sie bei Einhaltung der zulässigen Gehäuseabmessungen bedeutend größere Übersetzungsverhältnisse in den Hinterachsantrieb zu verlegen, wodurch bei kleinen Wagen die Zahndrücke im Wechselgetriebe verringert werden können und bei schweren Motorwagen die Anwendung eines einfachen Vorgeleges zwischen Wechselgetriebe und Hinterrädern ermöglicht wird. Durch die Fortschritte in der Bearbeitung dieser Getriebe ist es ferner gelungen, ihren Gang sehr lange geräuschlos zu gestalten, was bei dem wachsenden Verkehr mit Motorwagen nicht zu unterschätzen ist. Endlich bieten die Schraubengetriebe wegen der Veränderlichkeit ihrer Übersetzung bei gleichbleibendem Abstand zwischen treibender und getriebener Welle gewisse Vorteile in der Werkstätte, die stets darauf eingerichtet sein muß, das Gesamtübersetzungsverhältnis einer Wagenbauart auf einfache Weise zu verändern, um den Wagen verschiedenen Geländeverhältnissen anzupassen. Bei Wagen mit Kegelradübertragung wechselt man hierzu das Kegelräderpaar aus und sorgt durch entsprechende Bemessung des Gehäuses dafür, daß auch ein etwas größeres Räderpaar darin untergebracht werden kann, s. Fig. 447, S. 328. In der Regel muß man aber hierbei geringe Verschiebungen der Hinterachsmitte gegen den Antrieb in den Kauf nehmen, weil die kleinste Zähnezahl des antreibenden Kegelrades gegeben ist. Das ist bei dem Schraubenantrieb nicht erforderlich, wie die nachstehenden[1]) Angaben über 5 Schraubengetriebe für 127 mm Wellenabstand beweisen. Die Getriebe sind für einen kleinen Wagen bestimmt, dessen Maschine bei rd. 1600 Uml/min bis zu 15 PS entwickelt, und lassen sich austauschen, ohne daß irgendeine andere Veränderung an dem Wagenantrieb vorgenommen zu werden braucht.

Auswechselbare Schneckengetriebe.

Nr.	1	2	3	4	5
1. Schnecke:					
Durchmesser im Teilkreis (r) . . . mm	50,8	50,8	50,8	57,15	63,5
Außendurchmesser . . . . „	57,3	56,9	57,56	63,11	70,36
Innerer Durchmesser . . . . . . „	42,67	43,18	42,32	48,46	54,91
Teilung (t) . . . . „	20,57	20,57	22,79	23,75	23,92
Steigung (h)	$6t$	$7t$	$7t$	$7t$	$8t$
Steigungswinkel $\left(\operatorname{tg}\alpha = \frac{h}{2r\pi}\right)$	52° 15′	47° 55′	48° 5′	47° 10′	46° 8′
2. Schneckenrad:					
Zähnezahl	31	31	28	26	25
Teilung (t) . . . . mm	20,57	20,57	22,79	23,75	23,92
Teilkreisdurchmesser . . . . . . „	203,2	203,2	203,2	196,85	190,5
Kleinster Kopfkreisdurchmesser . „	209,7	209,3	209,96	203,81	197,35
3. Übersetzungsverhältnis	5,166 : 1	4,428 : 1	4,00 : 1	3,714 : 1	3,125 : 1

Bemerkt sei noch, daß alle vorstehenden Schneckengetriebe für trapezförmigen Zahnquerschnitt im Mittelschnitt mit $77^1/_2{}^0$ Seitenwinkel entworfen sind. Dieser etwas größere Winkel wird wegen der geringen Kopfhöhe (etwa $0{,}2\,t$) und der hieraus folgenden leichten Bearbeitbarkeit vielfach bevorzugt.

Daß man nicht schon viel früher in größerem Umfang Schneckenübertragung verwendet hat, ist unter anderem sicher auf ein gewisses Vorurteil gegen die Reibungsverluste solcher Getriebe zurückzuführen. Dieses Vorurteil ist aber, wie schon die Versuche von Bach und Roser[2]) bewiesen haben, unbegründet; die

[1]) The Horseless Age, 16. November 1910.
[2]) Z. Ver. deutsch. Ing. 1903, S. 221.

bei diesen Versuchen ermittelten Wirkungsgrade von rd. 80 v. H. verbessern sich noch wesentlich, wenn man zu so großen Steigungswinkeln übergeht, wie sie hier erforderlich sind, denn die Reibungsverluste vermindern sich mit zunehmendem Steigungswinkel[1]). Große Steigungswinkel sind aber bei diesen Getrieben, die möglichst nach beiden Richtungen, d. h. von Schnecke auf Rad oder von Rad auf Schnecke, gleiche Widerstände haben sollen, Bedingung.

Schon die obenstehende Zahlentafel zeigt, wie große Spielräume das Schneckengetriebe bei der Wahl des Übersetzungsverhältnisses bietet. Kommen hier 6- bis 8gängige Schnecken in Betracht, die man, wie der Hinterachsantrieb der Wolseley Tool and Motor Car Company in Birmingham, Fig. 451 bis 454, S. 334, erkennen läßt, als Schraubenräder mit einem Bruchteil eines vollen Schraubenganges ausführen kann, so wird man andererseits bei langsam laufenden Motorwagen, die Übersetzungsverhältnisse von 1:8 und mehr erfordern, bis auf 5- und 4gängige Schnecken heruntergehen können, wobei aber stets der Steigungswinkel über 30 bis 35° gehalten werden muß. Ein solches Getriebe von Dennis Bros. in Guildford, das sich bei Motoromnibussen vielfach bewährt hat, zeigen die Fig. 455 und 456, S. 335.

Was die Berechnung des Schneckengetriebes anbelangt, so ist man hier ganz auf die Erfahrungen des übrigen Maschinenbaues und auf eigene Versuche angewiesen, da die wenigen Fabriken, die über Erfahrungen mit solchen Getrieben aus dem Motorwagenbau verfügen, diese äußerst sorgfältig geheim halten. Wegen der hohen Umlaufzahlen der Schnecke muß man die Zahnbelastungen so klein wie möglich halten, obgleich andererseits bei sorgfältiger Bearbeitung mit Reibungsziffern $\mu = 0{,}02$ und auch noch weniger gerechnet werden darf. Die Zahnbreite b in der bekannten Formel

$$P = k \cdot b \cdot t$$

---

[1]) Nach der Hütte ist, von Lagerreibungen abgesehen, das an der Schneckenwelle erforderliche Drehmoment

$$M_d = P \cdot r \frac{h + 2 r \pi \cdot \mu}{2 \pi r - \mu h},$$

wenn P der Zahndruck in kg auf dem Umfange des Schneckenrades,
r der Halbmesser des Schneckenteilkreises in cm,
h die Steigung der Schnecke in cm und
μ die Reibungsziffer (Stahl auf Bronze 0,03 und weniger) sind.

Den theoretischen Wirkungsgrad des Schneckengetriebes kann man finden, wenn man in obigen Ausdruck $\mu = 0$ setzt,

$$M_d' = P \cdot r \frac{h}{2 r \pi}$$

und dann den Wert

$$\eta = \frac{M_d'}{M_d} = \frac{\frac{h}{2 r \pi}}{\frac{h + 2 r \pi \mu}{2 r \pi - \pi h}}$$

ableitet. Setzt man noch

$$\frac{h}{2 r \pi} = \operatorname{tg} \alpha,$$

worin α den Steigungswinkel der Schnecke darstellt, so folgt aus Obigem

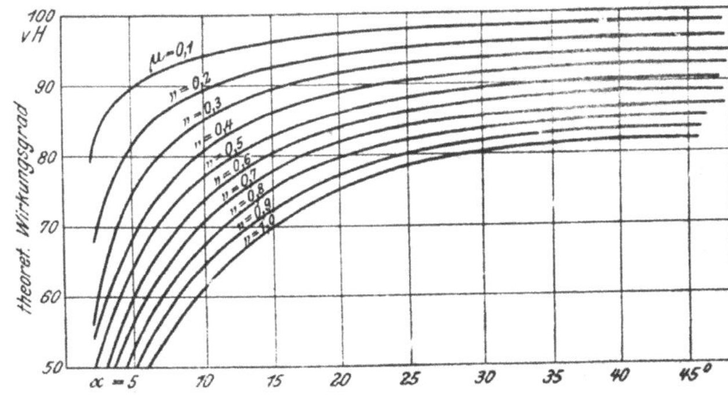

$$\eta = \frac{\operatorname{tg} \alpha (1 - \mu \operatorname{tg} \alpha)}{\operatorname{tg} \alpha + \mu}.$$

Den Verlauf dieses Wertes für verschiedene Werte von μ und von α zeigt die beigefügte Figur.

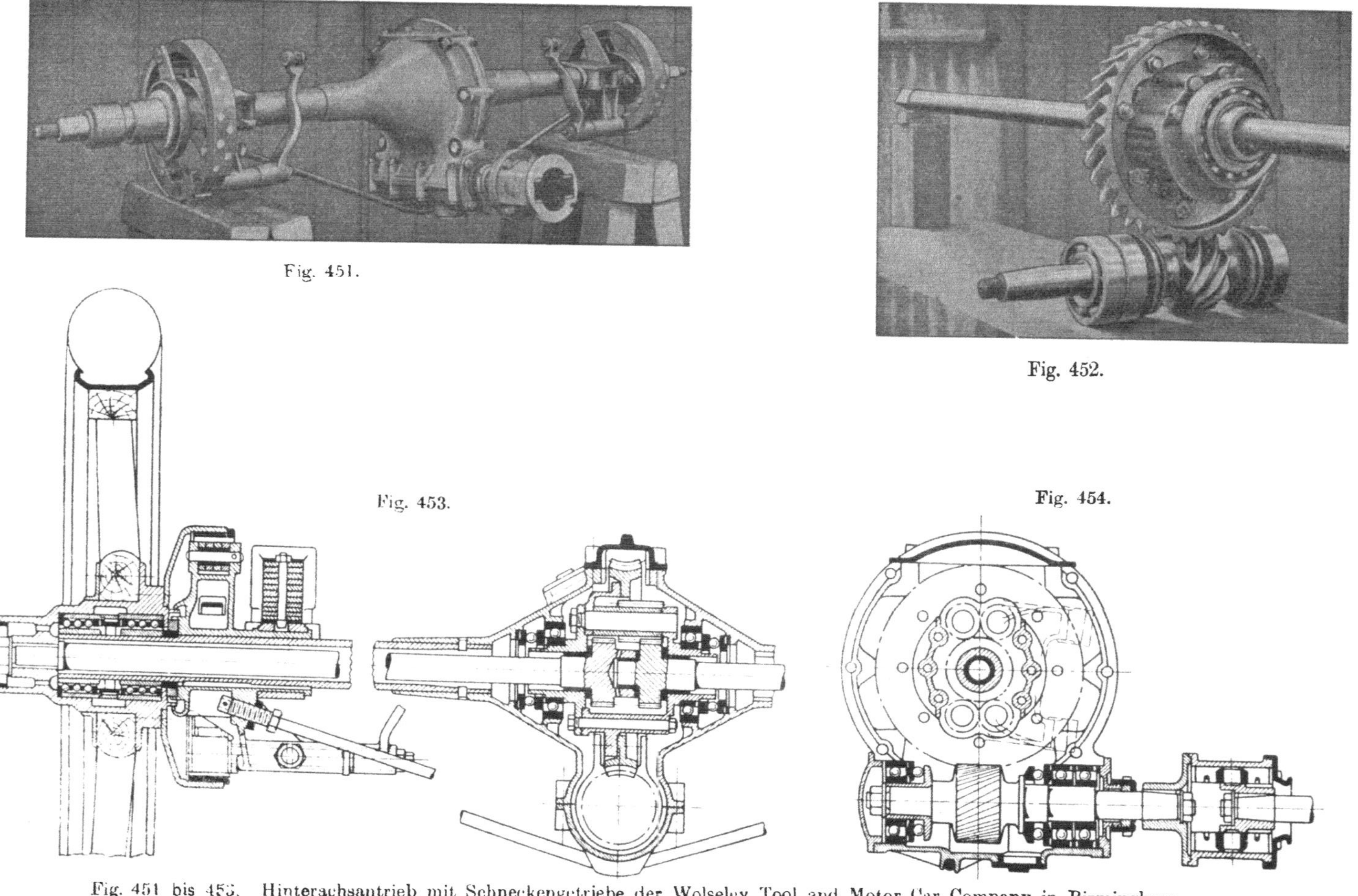

Fig. 451.

Fig. 452.

Fig. 453.

Fig. 454.

Fig. 451 bis 455. Hinterachsantrieb mit Schneckengetriebe der Wolseley Tool and Motor Car Company in Birmingham.

für den Zahndruck ist der großen Steigung wegen wesentlich kleiner als bei ortfesten Antrieben. In der Regel wird der von den Zahn umspannte Winkel β zwischen 60 und 80° betragen.

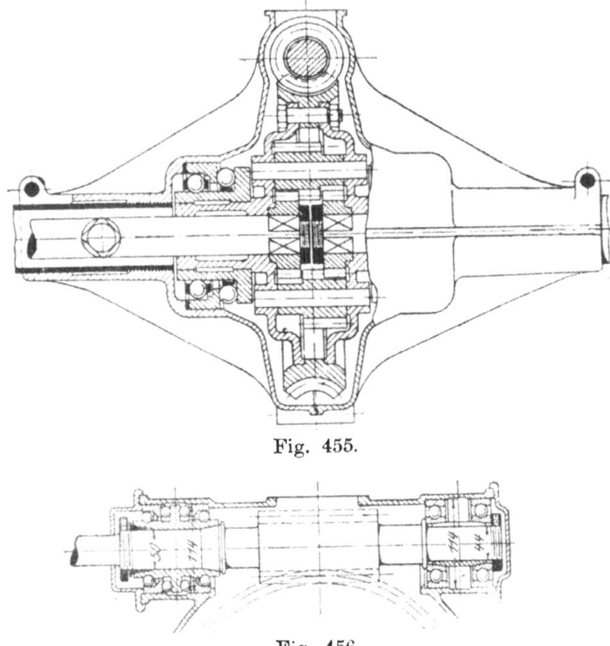

Fig. 455.

Fig. 456.

Fig. 455 und 456. Schneckengetriebe von Dennis Bros. in Guildford für Motoromnibusse.

In Deutschland ist von Ausführungen dieser Art, abgesehen von vereinzelten Versuchen, wenig bekannt geworden. Neuerdings scheint man aber den Schneckenübertragungen etwas größere Beachtung zu schenken. Die einzige deutsche Fabrik, die sich schon einige Jahre dauernd, wenngleich nur in kleinem Umfange mit dem Bau solcher Getriebe für Motorfahrzeuge befaßt, ist die Maschinenfabrik Pekrun, Coswig bei Dresden, deren Schneckengetriebe, Fig. 457, durch die Verbindung einer hohlen Schnecke (Globoidschnecke) mit einem besonders gestalteten Schneckenrade gekennzeichnet ist. Dieses Rad hat nämlich kegelig oder auch ballig geformte, gehärtete Stahlrollen statt Zähne, und soll durch das Vermeiden von gleitenden Zahnflächen die Reibungsverluste wesentlich vermindern. Allerdings dürften sich hieraus beträchtliche Auflagerdrücke ergeben, auf die insbesondere bei den aus Phosphorbronze her-

Fig. 457. Schneckengetriebe der Maschinenfabrik Pekrun, Coswig bei Dresden.

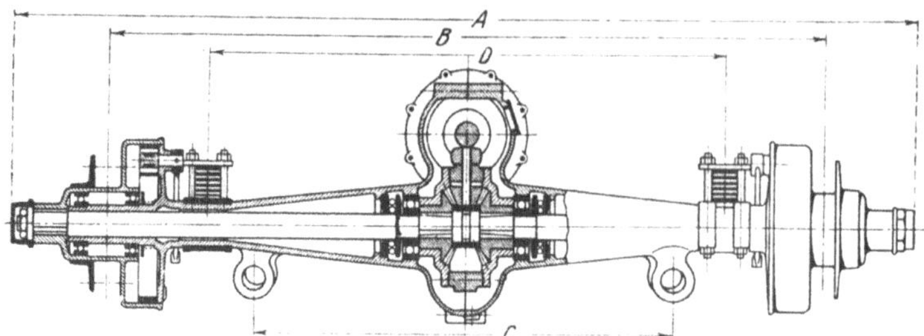

Fig. 458.

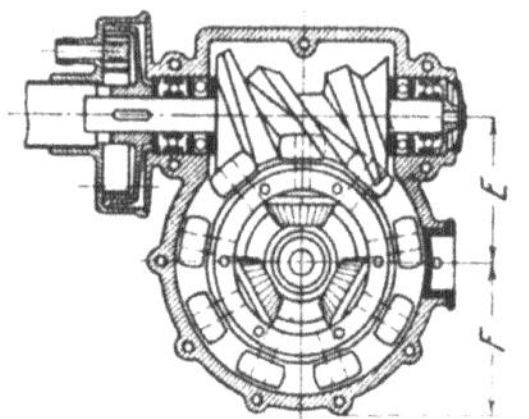

Fig. 459.

Fig. 458 und 459. Hinterachse mit Pekrun-Schneckengetriebe.

gestellten Schnecken Rücksicht zu nehmen ist. Die Fabrik stellt die mit ihrem Getriebe versehenen Wagenachsen fertig zum Einbau in das Untergestell her, s. Fig. 458 und 459; Angaben über die Verwendung und die Hauptmaße solcher Achsen sind hierunter beigefügt:

Wagenachsen mit Pekrun-Getriebe.

Bauart	A mm	B mm	C mm	D mm	E mm	F mm	Gewicht rd. kg	Bestimmt für
A 16	1400	1200	nach Angabe des Bestellers	860	95	95	70	Kleine Wagen mit 6- bis 8pferdiger Benzinmaschine oder 2- bis 3pferdigem Elektromotor. Höchstgewicht belastet rd. 800 kg
A 19	1570	1300		950	105	110	100	Leichte Stadtwagen mit 10- bis 14pferdiger Benzinmaschine oder 4 bis 5pferdigem Elektromotor. Höchstgewicht belastet rd. 1500 kg
A 26	1710	1400		1050	140	150	150	Schwere Reisewagen mit 18- bis 24pferdiger Benzinmaschine oder 6- bis 8pferdigem Elektromotor. Höchstgewicht belastet rd. 3000 kg
A 30	1760	1400		1020	175	180	200	Kleine Omnibusse mit 30- bis 36pferdiger Benzinmaschine oder 10- bis 12pferdigen Elektromotor. Höchstgewicht belastet rd. 5000 kg
A 40	2160	1660		1290	230	250	450	Große Omnibusse mit 35- bis 50pferdiger Benzinmaschine oder Vorspannmaschinen. Höchstgewicht belastet rd. 10 000 kg

Über praktische Erfahrungen mit Pekrun-Getrieben bei Motorwagen ist mir bis jetzt noch nichts bekannt geworden.

Teile des Kettenantriebes.

Auf die Teile des Kettenantriebes braucht an dieser Stelle nur kurz eingegangen zu werden, da, wie noch weiter unten erläutert ist, die Verwendung des Kettenantriebes ständig abnimmt. Wie bereits erwähnt, ist für Wagen mit Kettenantrieb kennzeichnend, daß das Ausgleichgetriebe mit dem Antrieb für die beiden Querwellen im Gehäuse des Wechselgetriebes gelagert wird, s. Fig. 460, eine Bauart, die sich hier um so bequemer, d. h. mit um so geringerer Erweiterung des Getriebekastens durchführen läßt, als die Zahndrücke im Ausgleichgetriebe wie in den treibenden Kegelrädern bedeutend kleiner sind, als bei Wagen mit Kardanantrieb. Das Übersetzungsverhältnis der Kegelräder, die das Gehäuse des Ausgleichgetriebes antreiben, beträgt hierbei in der Regel annähernd 1 : 1, da ein wesentlicher Teil der Übersetzung auf den Kettenantrieb hinter dem Wechselgetriebe entfällt Daraus ergibt sich auch, daß das große Kegelrad nicht, wie bei Kardanantrieb auf den Flansch des Gehäuses des Ausgleichgetriebes aufgeschraubt werden kann.

Fig. 460. Getriebegehäuse eines Wagens mit Kettenantrieb.

Als eine besondere Ausführungsform von Getrieben dieser Art verdient das in den Fig. 461 bis 463, S. 338, dargestellte erwähnt zu werden, welche 1907 von der Daimler Motor Co. (1904) in Coventry ausgeführt worden ist. Das für einen 42pferdigen Wagen mit Kettenantrieb bestimmte Getriebe hat vier Vorwärtsgeschwindigkeiten (1 — 1′, 2 — 2′, 3 — 3′, 3 — *a*) und unmittelbaren Eingriff bei der Höchstgeschwindigkeit, wobei das Gehäuse *b* des Ausgleichgetriebes durch einen Schneckentrieb *c*, *d* bewegt wird. Bemerkenswert ist aber, daß die verschiebbaren Schalträder, wie bei anderen Getrieben mit unmittelbarem Eingriff, auf der treibenden Welle *e* sitzen und der Antrieb bei allen anderen Schaltungen, ebenso wie beim Rücklauf (1 — *f* — 1′), mit Hilfe eines zweiten Schneckentriebes *g*, *h* auf das Gehäuse *b* fortgeleitet wird, so daß auch bei diesen Schaltungen (mit Ausnahme des Rücklaufes) nur ein einziges Stirnräderpaar des Wechselgetriebes im Eingriff zu stehen braucht.

Natürlich ist diese Konstruktion, die inzwischen wohl längst schon wieder aufgegeben sein dürfte, nicht etwa vorbildlich zu nennen. Sie ist aber insofern lehrreich, als sie zeigt, welche Mühe man aufgewendet hat, um gewisse angebliche Nachteile der Getriebe mit unmittelbarem Eingriff zu beseitigen. Wie unerheblich diese Nachteile sind, ist bereits weiter oben, S. 293, erörtert worden. Immerhin muß es die Fabrik schon damals verstanden haben, sehr gut laufende Schneckentriebe herzustellen, wenn sie glaubte, gegenüber dem Fehlen des zweiten

Fig. 461.

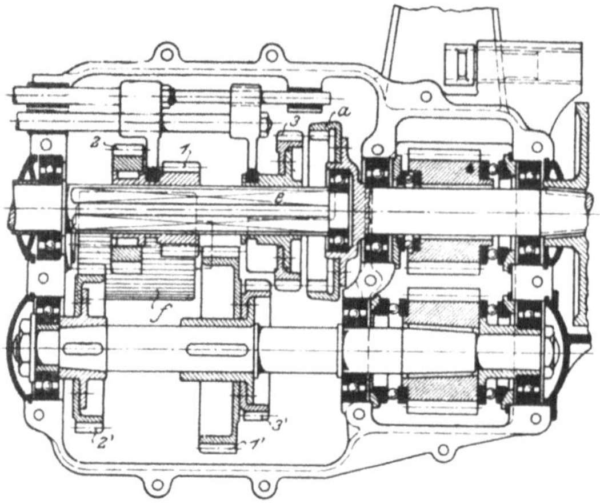

Fig. 463.

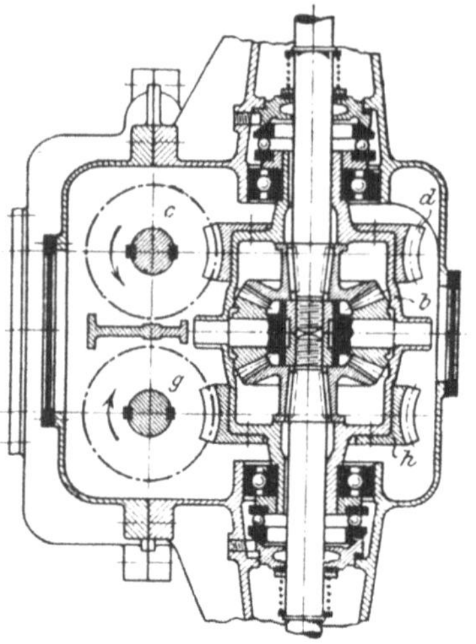

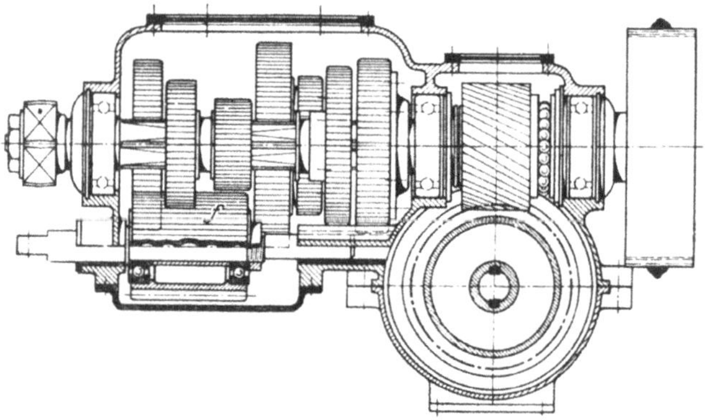

Fig. 462.

Fig. 461 bis 463. Getriebe für Kettenwagen der Daimler Motor Co. (1904) in Coventry.

Stirnräderpaares den leer mitlaufenden Schneckentrieb in den Kauf nehmen zu können.

Fig. 464. 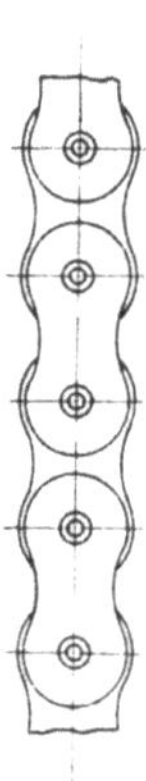 Fig. 465. 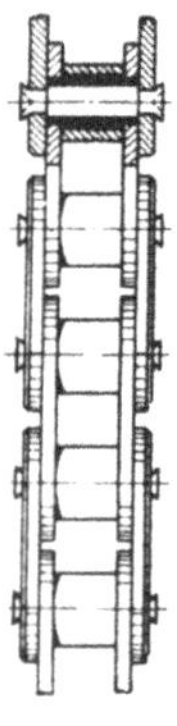 Fig. 466.

Fig. 464 bis 466. Einfache Rollenkette.

Ketten und Kettenräder, die Bestandteile des Kettentriebes von den Enden der Querwellen auf die Hinterräder, sind in der Regel Erzeugnisse von Sonderfabriken und von dem Motorwagenbauer nach vorhandenen Normalien oder Preislisten auszuwählen, die auch die wichtigsten Angaben über die Wahl der Abmessungen enthalten. Für Motorwagen kommen vorzugsweise Rollenketten in Betracht, Fig. 464 bis 466, bei denen jedes zweite Glied aus zwei durch hohle Zapfen *a* verbundenen Laschen *b* gebildet wird. Über diese Zapfen werden vor dem Vernieten der Laschen Rollen *c* geschoben, die sich beim Auflaufen oder Ablaufen der Kette drehen und dadurch den Gleitwiderstand der Kette vermindern. Diese Glieder werden durch andere Laschen *d* mit Hilfe von Zapfen e verbunden, die durch die hohlen Zapfen a hindurchgesteckt und an den Enden vernietet werden.

Bei der Auswahl von Ketten und Kettenrädern nach den beigefügten Zahlentafeln in Verbindung mit den normalen Radbauarten in Fig. 467 bis 471 beachte man, daß die angegebenen Zerreißfestigkeiten wohl zutreffen, daß aber die tatsächlichen Belastungen der Ketten im Dauerbetriebe nur den 10. bis 20. Teil dieser Werte erreichen dürfen, wenn störendes Längen der Kette vermieden werden soll. Die Mindestzahl der Zähne auf dem kleinen Kettenrade beträgt 8 bis 9, soll aber, damit der Antrieb nicht allzu geräuschvoll arbeitet, nicht erreicht werden; es erhält daher gewöhnlich 10 bis 12 Zähne. Die Zähnezahl des großen Kettenrades wird durch das Übersetzungsverhältnis (1 : 3 bis 1 : 4) bestimmt und wird möglichst so gewählt, daß ein und dasselbe Kettenglied möglichst selten mit dem gleichen Zahn zusammenkommt, vgl. die Bemerkung auf S. 323. Der Mindestabstand der Radmitten soll etwa gleich $1^1/_2$ Durchmessern des großen Kettenrades sein, ist in der Regel aber größer. Die Spannung der Kette wird nach dem Gefühl derart eingestellt, daß die Kette im Ruhezustande nur wenig durchhängt. Zu schlaffe Ketten schleudern, zu scharf gespannte Ketten reiben sich an den Kettenrädern. Beides erkennt man an dem stärkeren Geräusch.

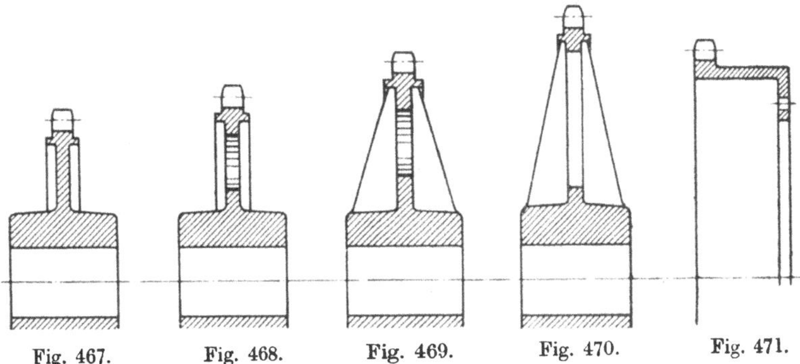

Fig. 467. Fig. 468. Fig. 469. Fig. 470. Fig. 471.

Fig. 467 bis 471. Normale Kettenräder.

Teilkreisdurchmesser normaler Kettenräder von W. Wippermann jr., Hagen i. W.

Teilung — mm	31,8	35	38,1	40	44,5	50,8	57,2	63,5
8 Zähne	91,8	101	110	115,5	128,4	146,8	165,2	183,4
9 „	93	102,4	111,4	117	130	148,6	167,2	185,8
10 „	102,8	113,2	123,2	129,4	144	164,4	185,1	205,5
12 „	122,8	135	147,1	154,5	172	196,3	221	245
14 „	142,8	157,2	171	179,7	200	228,2	257	285
16 „	163,2	179,8	195,5	205,5	228,5	261	294	326
18 „	183,2	201,6	219,5	230,4	256,4	292,8	330	366
20 „	203	224	243,5	255,6	284,4	323	366	406
25 „	253,5	279	304	319	354,8	405	456	507
30 „	304,3	285	364,5	382,8	426	486	547,5	607,5
35 „	355,3	391	426	447	497,5	568	638	710
40 „	406	446	486	510	567	647,5	728	809
45 „	455	502	546	573	637,5	727,5	818	910
50 „	507	558	607	637,5	708	810	912	1011
55 „	558	615	668	702	781	892	1000	1114
60 „	607,5	669	728	764	851	971	1092	1214
65 „	657,5	725	788	827,5	921	1051,8	1183	1315
70 „	710	780	850	892	993	1134	1274	1418

Normale Rollenketten von W. Wippermann jr., Hagen i. W.

Teilung	Gliederbreite		Rollen-durchmesser	Zerreiß-festigkeit	Gewicht
	innere	äußere			
mm	mm	mm	mm	kg	kg/m
31,8	12,7	29,3	15.9	3 000	2,080
31,8	17	33,3	15,9	3 000	1,920
31,8	14,2	27	15,9	3 000	2,830
31,8	14,2	31	19	4 000	2,7 10
31,8	16	32,3	19	4 000	2,810
31,8	19,6	36	19,01	4 000	3,080
31,8	20	36	16	4 000	2,380
35	16	29,5	15,5	3 000	1,800
35	16	29.5	16	3 000	1,850
35	18	31,5	16	3 000	2,040
35	11	27,3	18	4 500	2,340
35	16	32,3	18	4 500	2,640
35	16	32,3	19	4 500	2,650
35	18	34,3	18	4 500	2,750
35	13	29,5	19	4 500	2,550
35	19,6	36	19,05	4 500	2,920
36	25,4	41,7	17	4 500	2,800
38,1	15	31	18	4 000	2,700
38,1	12,7	29,5	19	4 000	2,700
38,1	14,2	31	19	4 000	2,800
38,1	19,5	36	19	4 000	3,200
38,1	16	35.3	21,6	5 500	3,880
38,1	22	42,5	21.6	5 500	4,500
38,1	19	44,5	25,4	7 000	5,500
38,1	25,4	51	25,4	7 000	6,200
40	17,5	34,3	18	4 500	2,480
40	20,1	36,4	18	4 500	2,640
40	20,1	36,4	21,6	5 500	3,090
40	25	41,5	19	4 500	3,050
40	20	36,4	20	4 500	2,900
40	20	36	16	4 500	2,400
44,5	19	44,5	25,4	8 500	6,000
44,5	25,4	51	25,4	8 500	6,600
44,5	31	58,5	27,9	12 000	8,000
44,5	30	49,5	22,3	7 500	4,720
44,5	25	44,5	22,3	7 500	4,300
48	30	55	24,9	7 500	5,400
48	25,4	51	24,9	7 500	5,600
48	40	66	24,9	7 500	6,700
50,8	22,2	54	29,2	12 500	8,500
50,8[1])	31	62	29,2	12 500	9,500
57,2	25,4	57,5	34,3	17 500	10,000
57,2	34,3	66,5	34,3	17 500	11,000
63,5	28,5	65,5	39,4	26 000	14,200
63,5	38,1	75	39,4	26 000	16,000
69,9	31,8	76,2	44,5	32 000	19,000
69,9	42	86,4	44,5	32 000	20,500
76,2	34,9	84	48,3	40 000	23,000
76,2	45,7	95	48,3	40 000	25,000

[1]) Einheitskette der Versuchs-Abteilung der Verkehrstruppen, s. Anhang, S. 454.

Zahnketten, Fig. 472 und 473, die sich wegen ihrer großen Anzahl von Laschen nicht recken können und die auch bei hoher Umfangsgeschwindigkeit und starker Abnutzung der Kettenräder geräuschlos arbeiten, weil hierbei die Zähne der Laschen an den Flanken der Radzähne soweit emporklettern bis der tote Gang beseitigt ist, und weil die Form der Kettenglieder ein Abrollen an den Zahnflanken gestattet, s. Fig. 474, werden in neuerer Zeit nicht nur für Hinterachsantriebe, sondern auch für den Antrieb der Steuerwellen von Wagenmaschinen und für Wechselgetriebe vorgeschlagen. Die bekanntesten Ketten dieser Art, die sich nur durch

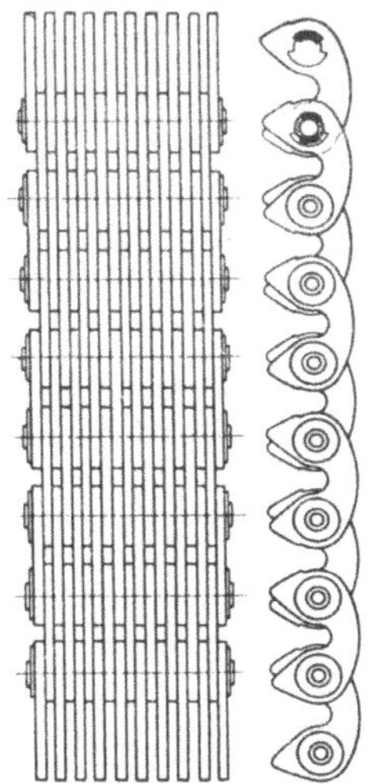

Fig. 472 und 473. Zahnkette.

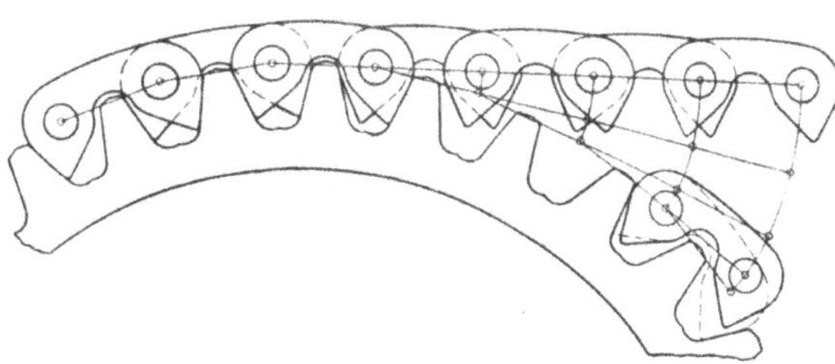

Fig. 474. Abrollen einer Zahnkette.

Einzelheiten in der Bauart der Zapfen unterscheiden, werden von Hans Renold, Manchester, und der Morse Chain Co. in Ithaka, N. Y., für Teilungen von $^1/_2$ bis 3 Zoll engl., neuerdings auch in Deutschland von W. Wippermann jr., hergestellt[1]).

Hinterachsen sind je nach der Bauart des Antriebes Hohlachsen, in deren Innenraum Zahnräder und Wellen für den Antrieb gelagert sind, oder Vollachsen. Sie nehmen an den Enden die stets lose aufgeschobenen Hinterräder auf, stehen also still und bilden ferner die Auflager für die Mitten der Hinterfedern, deren Drücke sie auf die Räder übertragen. Die Beanspruchung durch die Federdrücke oder das Wagengewicht wird um so größer, je größer das Wagengewicht und je größer der Abstand zwischen Radmittelebene und Mitte der Federauflage (Hebelarm des Biegungsmomentes) ist. Außer diesen, senkrecht nach unten gerichteten Belastungen treten aber auch durch den Antrieb bzw. das Bremsen Belastungen auf, und zwar annähernd wagerechte Schubkräfte, die durch geeignete Streben auf den Rahmen übertragen werden, bei Hohlachsen außerdem Drehmomente. Bei schweren Motorwagen überwiegen im allgemeinen die vom Wagengewicht herrührenden Beanspruchungen. Die Achsen sind daher zweckmäßig so zu entwerfen, daß ihr größtes Widerstandsmoment gegen senkrecht gerichtete Biegungskräfte besonders groß ist (I-Querschnitte). Die Stegdicken dürfen aber auch hier wegen der Biegungsmomente der Treib- und Bremskräfte nicht zu gering bemessen werden. Bei Hohlachsen sind die Einflüsse von Wagengewicht und Treibkräften annähernd gleich. Es empfehlen sich also gleichmäßige Rohrquerschnitte.

Bauart und Einzelheiten des Hinterachsantriebes.

Bauart und Einzelheiten des Hinterachsantriebes hängen in so ausgedehntem Maße von dem Verhalten der Hinterachse während der Fahrt ab, daß es zunächst unbedingt notwendig ist, sich hierüber volle Klarheit zu verschaffen. Das kann

[1]) Normalien sind z. B. in The Horseless Age vom 18. Mai 1910 mitgeteilt.

nur geschehen indem man von dem grundlegenden Unterschied zwischen Motorfahrzeug und Eisenbahn, nämlich der Straße ausgeht, deren Oberfläche im Gegensatz zum Eisenbahngleis in weiten Grenzen schwankende Unebenheiten aufweist. Ein großer Teil der Einflüsse, die diese Unebenheiten auf die Bewegungen des Wagens ausüben, wird durch die außerordentlich nachgiebigen Luftreifen vollständig beseitigt, vgl. S. 15, den Rest müssen jedoch die Federn aufnehmen, die zwischen Wagenachse und Rahmen eingeschaltet sind, und eben mit den Bewegungen, die hierbei die Wagenachse gegen den Rahmen ausführen muß, hat man sich eingehend zu beschäftigen, da sie die Übertragung des Antriebes auf die Achse beeinflussen.

Es liegt nun nahe, im Interesse der leichteren Übertragung des Antriebes nur solche Bewegungen der Wagenachse gegen den Rahmen zuzulassen, die für die Abfederung unbedingt erforderlich sind, alle übrigen aber durch geeignete Stützen auszuschließen.

Solche unbedingt erforderliche Bewegungen der Wagenachse sind:

1. Schwingung in annähernd senkrechter Ebene: Beide Räder überfahren gleich hohe Wegunebenheiten, z. B. eine Rinne quer zur Straße, wobei sich die Achse parallel zu sich selbst verstellt, Fig. 475 und 476. In der Regel hat die Achse infolge einer Stütze a, die an dem Rahmen drehbar ist, einen festen Abstand von dieser Stelle des Rahmens, so daß ihre Mitte auf einem Bogen schwingen muß, also gegen die Aufhängestellen der Federn verschoben wird. Tatsächlich schwingt also die Achse hierbei nicht allein auf- und abwärts, sondern auch vor- und rückwärts.

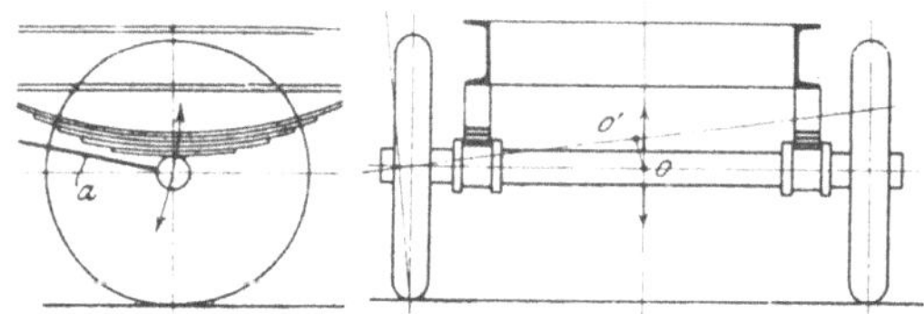

Fig. 475 und 476. Zulässige Bewegungen der Hinterachse.

In manchen Fällen läßt man die Stützen ganz fort und läßt an ihre Stelle die Federn treten, deren vordere Enden dann an dem Rahmen unverschiebbar angeschlagen werden müssen. Die Vor- und Rückwärtsbewegung der Achse beim Auf- und Abwärtsschwingen wird dann durch die halbe Federlänge als Halbmesser bestimmt, ohne daß sonst Änderungen eintreten.

Macht man endlich die Stützen a verhältnismäßig lang und legt man ihre Drehpunkte an solche Stellen des Rahmens, daß die Stützen bei belasteten Wagen eine wagerechte Mittellage einnehmen, so kann man die Verschiebungen der Achse beim Auf- und Abschwingen auf ein verschwindend kleines Maß einschränken.

2. Drehung in annähernd senkrechter Ebene: Fährt nur ein Rad, z. B. das rechte, über ein größeres Hindernis, so vollführt die Achse eine Drehung um die augenblickliche Berührungsstelle des anderen (linken) Rades, s. Fig. 476. Die Folge hiervon ist, daß sich die Mitte o der Achse nach o' verschiebt, wobei die Achse eine auf- und abwärtsgerichtete (infolgedessen, s. unter 1, also auch eine vor- und rückwärtsgerichtete) Schwingung und außerdem eine Bewegung senkrecht zur Längsachse des Wagens ausführt. Man wird durch vorsichtiges Fahren stets trachten, diese Seitenbewegungen der Achse, bei denen die Federn in der Ebene ihrer Blätter durchgebogen werden, innerhalb kleinen Grenzen zu erhalten. Sie lassen sich aber, was bei manchen Wagen versucht worden ist, nicht vollständig beseitigen. Bei starken Drehungen der Achse können anderseits Verschiebungen von 50 mm und mehr auftreten, worauf unter Umständen Rücksicht zu nehmen ist.

Außer den hier erwähnten können aber auch noch andere Bewegungen der Achse durch Weghindernisse veranlaßt werden, insbesondere Verschiebungen und

Drehungen in einer wagerechten Ebene (beim Anfahren beider Räder oder nur eines Rades gegen einen Baumstamm). Diese Bewegungen, die für die Abfederung nicht erforderlich sind, müssen durch Stützen verhindert werden.

Damit der Wagen genügend abgefedert ist, muß die Wagenachse also auf- und abwärts sowie etwas in ihrer eigenen Längsrichtung schwingen und sich außerdem so verdrehen können, daß ungleiche Durchbiegungen der Federn möglich sind. Andere Bewegungen brauchen nicht zugelassen zu werden.

Bei Beobachtung des Vorstehenden lassen sich grobe Fehler in der Anordnung des Hinterachsantriebes stets vermeiden. Wie die nachfolgende Besprechung zeigt, sind die bis jetzt vorliegenden Ausführungen nicht durchweg als vollkommen im Sinne der obigen Erörterung zu bezeichnen. An der Hand der Erfahrungen, die mit den einzelnen Bauarten gemacht worden sind, ist es aber leicht, die für die jeweils vorliegenden Betriebsverhältnisse am besten geeignete Bauart auszuwählen.

Für die Anordnung des Kettenantriebes, Fig. 477, ergeben sich im wesentlichen folgende Regeln: Die kleinen Kettenräder 1, die auf den Außenenden der Querwellen aufgekeilt sind, werden unverschieblich an den Längsträgern des

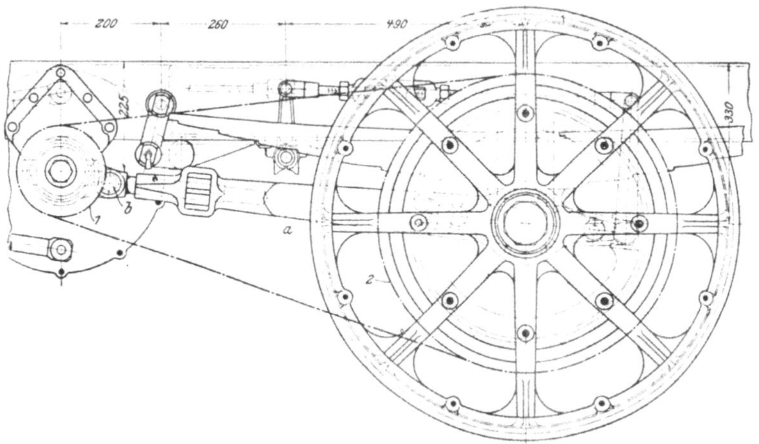

Fig. 477. Anordnung des Kettenantriebes für einen Motorlastwagen der Neuen Automobil-Gesellschaft.

Rahmens gelagert, die großen Kettenräder 2 unmittelbar mit den lose auf die Hinterachszapfen aufgeschobenen Hinterrädern verschraubt. Damit sich beim Auf- und Abschwingen die Mittenentfernung dieser Räder nicht ändert, stützt man die Hinterachse gegen den Rahmen durch Streben a (Kettenspanner) ab, die zweiteilig und in der Länge mit Hilfe von Muttern nachstellbar sein müssen, damit man etwaige durch Strecken der Kette entstehende Längenänderungen ausgleichen und die Spannung der Ketten regeln kann. Auch das Auflegen der Ketten wird durch die Stellbarkeit der Streben a erleichtert. Die vorderen Enden dieser Streben sind in der Achse der kleinen Kettenräder 1 drehbar zu lagern; es genügt aber auch, wenn besondere Drehzapfen b in Augen des Getriebegehäuses möglichst nahe an dem Wellenmittel befestigt werden. Die hinteren Enden sind lose drehbar auf entsprechende Bunde der Hinterachse aufzusetzen.

Bei der beschriebenen Anordnung lassen sich aber gewisse Ungenauigkeiten in der Übertragung nicht vermeiden. Treten z. B. ungleiche Federdurchbiegungen auf, dreht sich also die Hinterachse senkrecht zur Fahrtrichtung so verdrehen sich auch die großen Kettenräder gegen die Ebenen der kleinen Kettenräder. Damit die Ketten diesen Bewegungen einigermaßen folgen können und nicht mit den Laschen auf die Zähne auflaufen, muß man ihre lichte Breite stets wesentlich größer wählen als die Zahnbreite der Kettenräder. Die beiden Teile der Streben sind ineinander drehbar, so daß die Streben hierdurch nicht beansprucht werden. Auch den unvermeidlichen Seitenverschiebungen der Hinterachse läßt sich bei den Kettentrieben nur durch reichliches Bemessen der lichten Kettenbreite Rechnung tragen. Die Streben aber werden hierbei um ihre Vorderenden abgebogen; sie sind auch zu diesem Zwecke flach ausgeschmiedet, damit sie dabei nicht übermäßig beansprucht werden. Bei anderen Ausführungen bringt man an den Vorderenden der Streben nicht einfache, sondern Kreuzgelenke an, damit die Streben den Seitenverschiebungen der Achse ungehindert folgen können, oder man läßt die Hinterenden der Streben mit zwei Zapfen an besonderen Ringen auf der Hinterachse angreifen.

Alle diese Mittel gestatten aber nicht, die Ungenauigkeit des Kettenlaufes zu beseitigen. Die hiermit verbundenen hohen Beanspruchungen rechtfertigen es, daß man bei der Bemessung der Ketten mit ungewöhnlich hohen Sicherheiten rechnet. Sie liefern aber auch die Erklärung für das nie zu beseitigende Geräusch der Ketten sowie für das andauernde Abnehmen der Anwendung dieses Antriebes bei leichten Personenfahrzeugen. Die Abneigung gegen den Kettenantrieb wird ferner dadurch gefördert, daß die Ketten dem Straßenstaub stark ausgesetzt sind, durch den insbesondere die Kettenräder unverhältnismäßig schnell abgenutzt werden. Man hat wohl versucht, diesem Übel durch Einschließen der Ketten in leichte Gehäuse zu begegnen, die auch das Geräusch etwas abdämpfen. Solche Gehäuse werden aber beim Reißen einer Kette leicht zerstört, und außerdem können sie Veranlassung zu ernsteren Beschädigungen des Wagens bieten, wenn die Kette nicht abfällt, sondern sich in einem Wagenteil verfängt. Die Lage der kleinen Kettenräder in annähernd der Mitte der Wagenlänge erschwert außerdem die Ausbildung des Wagenkastens mit seitlichen Türen und die außen sichtbaren Ketten stören die schönen Linien eines eleganten Wagenaufbaues. Bei gegebener Spurweite müssen endlich die Wagenfedern verhältnismäßig näher aneinander gerückt werden, damit zwischen ihnen und den Rädern die Ketten untergebracht werden können. Hierdurch werden die Beanspruchungen der Hinterachse gesteigert und die Seitenstabilität des Wagens vermindert.

Gegenüber diesen Nachteilen bietet der Kettenantrieb aber auch erhebliche Vorteile, die darin bestehen, daß die durch das Wagengewicht schwer belastete Hinterachse ungeteilt und mit einem für ihre Beanspruchungen günstigen I-Querschnitt ausgeführt werden kann, und daß ferner mit Ausnahme der leichten Kettenräder und Ketten kein Teil des Wagenantriebes auf der Hinterachse gelagert zu werden braucht. Die verhältnismäßig leichte Hinterachse vermag daher den Bodenunebenheiten vollkommener zu folgen, so daß Stöße und Kraftverluste, die eintreten müssen, wenn sich die Hinterräder von der Straße abheben und wieder auftreffen, vermindert werden können. In Verbindung hiermit ergibt sich auch eine geringere Beanspruchung und größere Lebensdauer der Bereifung.

Aus den bis heute vorliegenden Erfahrungen kann man schließen, daß die erwähnten Vorteile des Kettenantriebes hauptsächlich bei schweren, oder mit verhältnismäßig kräftigen Maschinen versehenen, also Rennwagen u. dgl., zur Geltung kommen, wo die großen Abmessungen der Rädergehäuse gefährliche unabgefederte Belastungen der Hinterachse ergeben würden. Aber auch auf diesem Gebiete schreitet die Verwendung des Wellenantriebes ständig fort, so daß sich nicht sagen läßt, ob man in der Zukunft den Kettenantrieb nicht ganz aufgeben wird.

Die erwähnten Ungenauigkeiten des Kettenantriebes kann man vermeiden, wenn man, wie beim Kardanantrieb, die Bewegung vom Getriebegehäuse zur Mitte der Hinterachse mit Hilfe einer Gelenkwelle und einer Kegelradübertragung fortleitet, da hierbei die Hinterachse beliebige Bewegungen gegen den Wagenrahmen ausführen kann, ohne daß der richtige Eingriff der Kegelräder gestört zu werden braucht. Nach der Art der Abstützung der Hinterachse gegen den Rahmen kann man zwei Hauptanordnungen für Untergestelle mit Kardanantrieb unterscheiden:

1. Die Bewegungen der Hinterachse beim Auf- und Abschwingen werden durch die Länge der Hinterfedern bestimmt, Fig. 478 und 479, die mit ihren

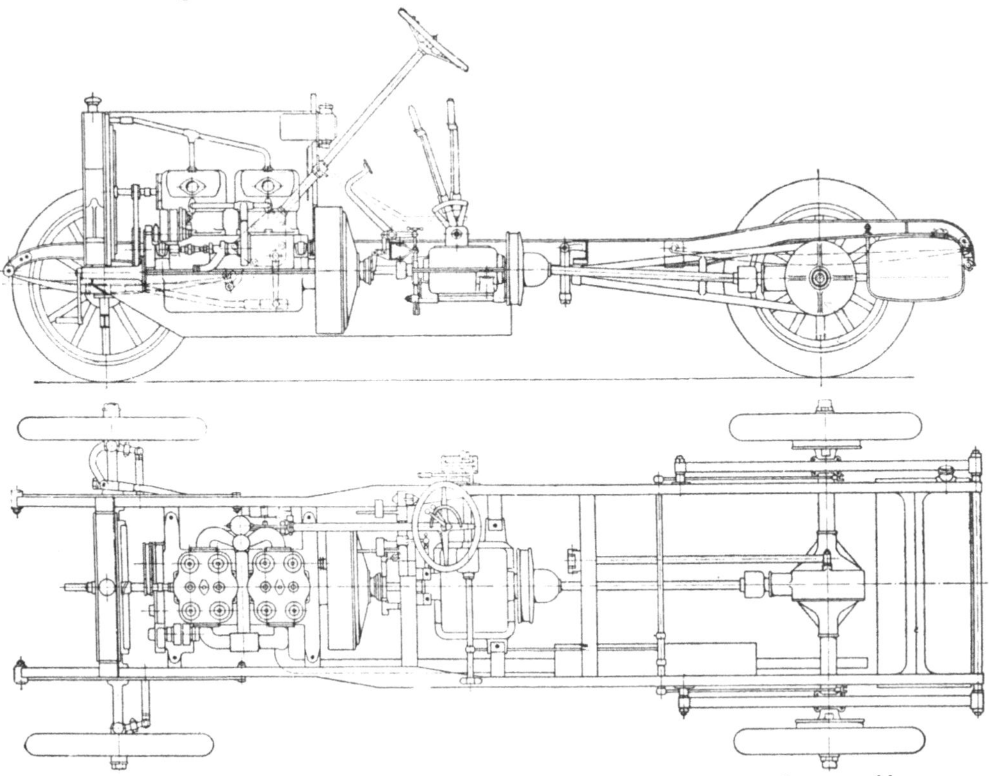

Fig. 478 und 479. Kardanwagen der Neuen Automobil-Gesellschaft, Berlin, mit fest angeschlagenen Hinterfedern.

vorderen Enden fest an dem Rahmen angeschlagen sind und daher die Schubkräfte auf den Rahmen übertragen. Hierbei ist der Abstand zwischen Getriebekasten und Hinterachse Veränderungen unterworfen, die sich sowohl aus der Schwingung der Achse als auch aus Durchknickungen der Federn ergeben. Infolgedessen muß die Gelenkwelle zwischen Getriebe und Hinterachse mit einer Ausdehnkupplung versehen werden. Diese Wagenbauart wird heute vorzugsweise bei Personenwagen von mittlerer Maschinenleistung (Reisewagen) angewendet.

Eine Abart dieses Antriebes ist jene, bei der die Hinterachse nicht durch die Federn, sondern durch besondere, längere Stangen gegen den Rahmen abgestützt wird. Bei dieser Bauart können die beiden Federenden beweglich am Rahmen angebracht werden, weil die Federn von dem Schub der Hinterachse entlastet sind. Sie ist aber etwas verwickelter als die weiter oben beschriebene Bauart und wird daher weniger häufig ausgeführt.

2. Die Bewegungen der Hinterachse beim Auf- und Abschwingen werden durch eine einzige, lange, unmittelbar hinter dem Getriebegehäuse am Rahmen anschließende Hohlstütze bestimmt, Fig. 480 und 481, die in der Längsmittelebene des Wagens liegt und hinsichtlich der Aufnahme von Schubkräften von den Bewegungen der Hinterachse fast unabhängig ist. Diese Stütze kann mit

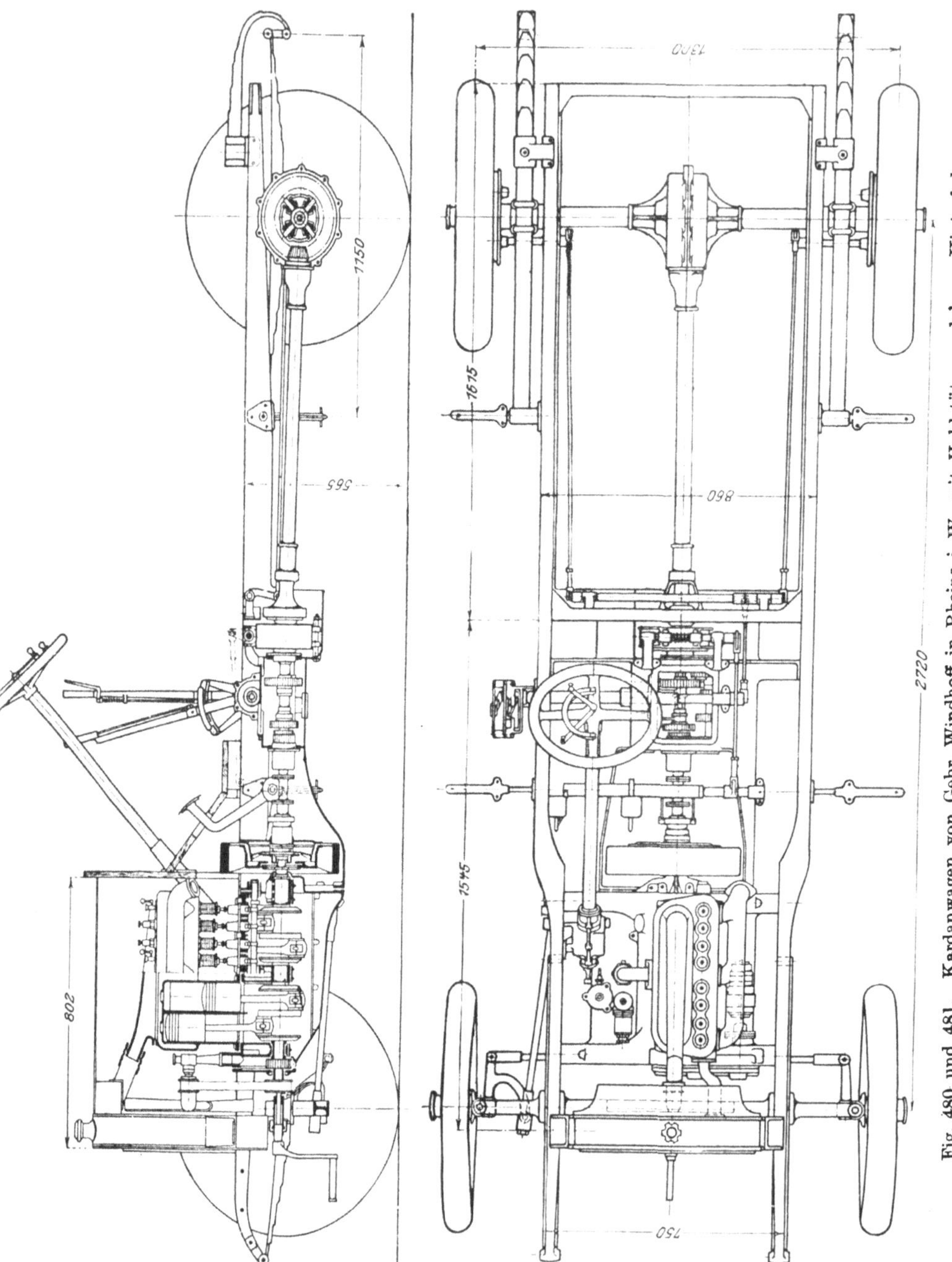

Fig. 480 und 481. Kardanwagen von Gebr. Windhoff in Rheine i. W. mit Hohlstütze und losen Hinterfedern.

der Hinterachse starr verbunden werden und dient zur Aufnahme der Wagenwelle, die somit nur dort, wo die Stütze an den Rahmen anschließt, ein Gelenk zu erhalten braucht. Diese Bauart ist wegen ihrer Einfachheit und ihrer Einbauvorteile mit Recht bei allen neueren kleinen Motorwagen eingeführt worden.

Von den Bauteilen der beschriebenen Kardanantriebe sind die Gelenke, die, wie erwähnt in die Treibwellen eingeschaltet werden müssen, die empfindlichsten. Sie haben verhältnismäßig große Kräfte zu übertragen, da aus Rücksichten auf Wagengewicht und Raum die Außenabmessungen weitgehend einzuschränken sind, sie sind ferner dem von unten her aufsteigenden Staub ausgesetzt, da sie keine besonderen Gehäuse erhalten, und sie müssen sorgfältig geschmiert und gegen das Abschleudern des Schmiermittel gesichert werden, wenn man übermäßige Abnutzung bei den hohen Umlaufzahlen vermeiden will.

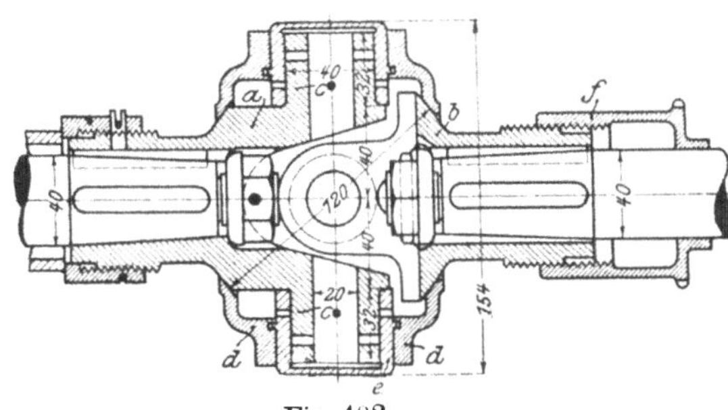

Fig. 482.

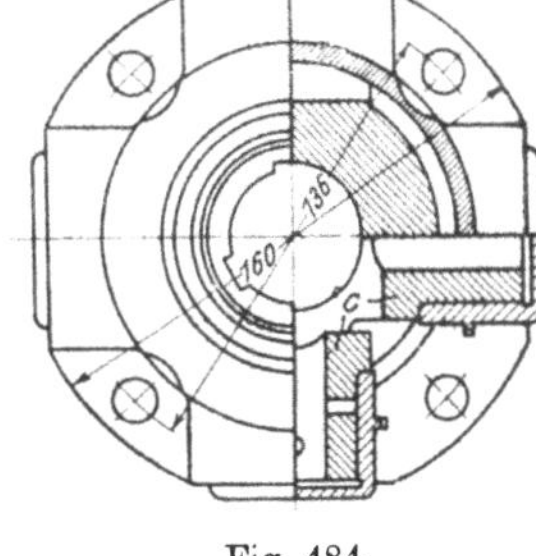

Fig. 484.

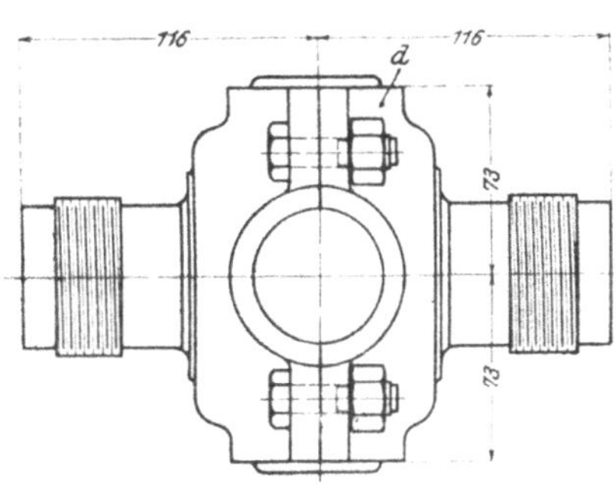

Fig. 483.

Fig. 482 bis 484. Kreuzgelenk der Daimler-Motoren-Gesellschaft.

Für Antriebe der Bauart unter 1. kann man dort, wo die Welle an das Wechselgetriebe anschließt, ein reines Kreuzgelenk verwenden, dessen zweckmäßigste Bauart, Fig. 482 bis 484, nach dem Muster der Daimler-Motoren-Gesellschaft aus zwei mit den Wellenenden verkeilten, kreuzförmig ineinander gesteckten Gabeln *a* und *b* gebildet wird. Die vier nach außen gerichteten Zapfen *c* dieser Gabeln sind in entsprechenden Öffnungen eines zweiteiligen Gehäuseringes *d* drehbar, der das Gelenk zusammenhält. Die hohlen Zapfen laufen in einteiligen Lagerbüchsen *e*, die durch Bunde im Gehäuse festgehalten werden und nach außen hin durch Böden so abgeschlossen sind, daß kein Staub an die Laufflächen gelangen kann. Von den Wellenseiten wird das Eindringen von Staub dadurch verhindert, daß die Hälften des Gehäuses *d* mit Kugelflächen an entsprechenden Gleitflächen der Gabeln abdichten. Das Innere des Gehäuses kann daher mit Fett gefüllt werden. Durch Nachziehen der Überwurfmutter *f*, deren Höhlung ebenfalls Fett enthält und durch Nuten in der Nabe der Gabel *b* mit dem Innern des Gehäuses verbunden ist, kann man das Schmiermittel über die Bohrungen der Zapfen *c* auf die Laufflächen drücken.

Die beschriebene Anordnung liefert eine äußerst gedrängte Bauart bei reichlich bemessenen Gleitflächen. Zu größeren Außendurchmessern gelangt man, wenn man, was heute wohl nur selten geschieht, das Gelenk aus einem Zapfenkreuz und zwei dieses Kreuz umgreifenden Gabeln zusammensetzt. Sehr geschätzt war früher ein derartiges Gelenk von A. Horch & Cie. in Zwickau, Sa., Fig. 485; dieses kennzeichnet sich dadurch, daß das Zapfenkreuz *a* als Hohlkörper ausgebildet ist und nach Abschrauben des Deckels *b* mit Fett gefüllt werden kann, so daß die Schmierung der Gleitflächen der Zapfen *c* durch die Fliehkraft unterstützt wird. Die Zapfen sind mit kegeligen Ansätzen in den Augen der Gabeln *d* und *e* eingepaßt und werden darin durch Muttern *f* festgezogen. Ein ähnliches Kreuzgelenk von R. Brasier, Paris, zeigt ferner Fig. 486.

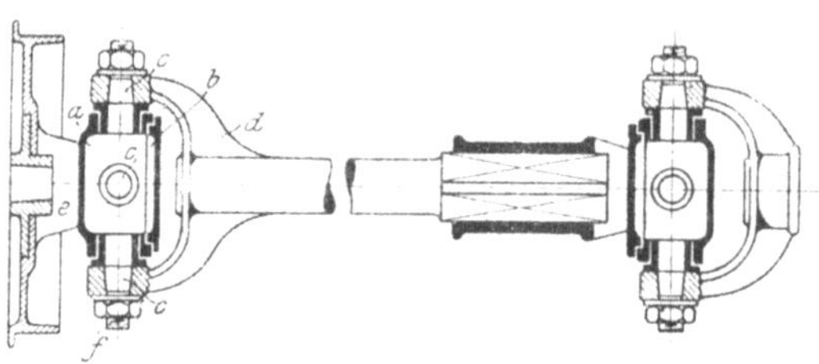

Fig. 485. Kreuzgelenk von A. Horch & Cie., Zwickau i. Sa.

Für das hintere Ende der Gelenkwelle, das bei Antrieben der Bauart unter 1, S. 345, außer einem Gelenk noch eine Ausdehnungskupplung erhalten muß, wendet man die Konstruktion gemäß Fig. 485, wobei das vierkantig abgesetzte Wellenende in in der Nabe der einen Gabelhälfte des Gelenkes frei verschiebbar ist, nicht mehr an. Die Bauart ist zu verwickelt und nicht sicher genug, weil sich die Gleitflächen der Ausdehnkupplung nicht schmieren lassen. Infolgedessen schlägt sich die Kupplung leicht aus. Da es sich immer nur um geringe Winkelabweichungen handelt, so verwendet man entweder ein Gelenk mit zwei Gleitsteinen, Fig. 486, oder ein sogenanntes Knochengelenk. Bei der erstgenannten Bauart werden auf den Zapfen der einen Kupplungshälfte vierkantige Gleitbacken drehbar aufgesetzt, die sich in dem entsprechenden Gehäuse auf der anderen Welle verschieben können. Die Außenflächen der Steine sind ferner

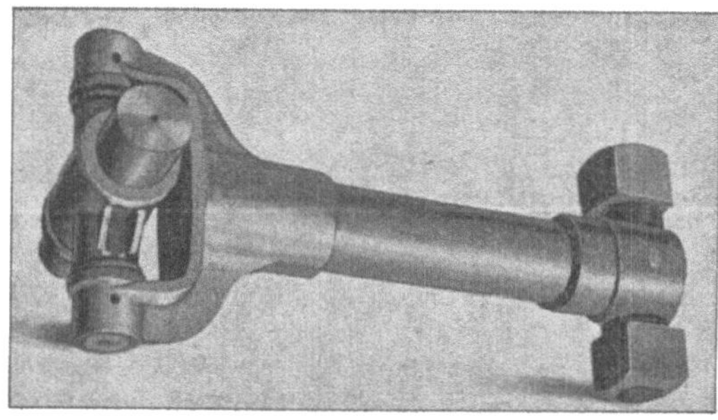

Fig. 486. Kreuzgelenk von R. Brasier, Paris.

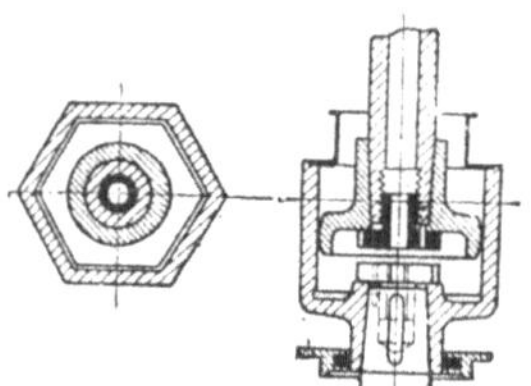

Fig. 487 und 488. Knochengelenk der Neuen Automobil-Gesellschaft.

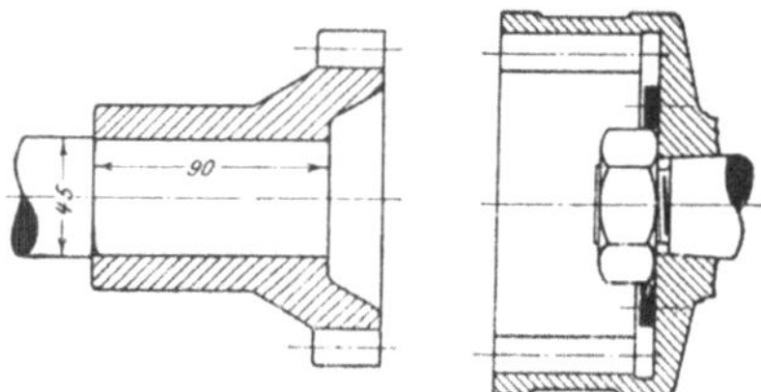

Fig. 489 und 490. Knochengelenk der Daimler-Motoren-Gesellschaft.

kugelig abgedreht, so daß auch geringe Neigungen der Welle gegen die andere zulässig sind. Bei Knochengelenken, Fig. 487 bis 490, erhält die eine Welle einen mehrkantigen, kugelig abgedrehten Kopf oder bei sehr geringen Winkelabweichungen auch nur einfach eine gezahnte Muffe, die andere Welle die dazu passende Führungshülse. Da der ruhige, stoßfreie Gang solcher Gelenke davon abhängt, daß die Gleitflächen ohne Spiel eingepaßt werden, und dauernd genau passen, so ist es unbedingt erforderlich den einen Teil sorgfältig zu härten, den anderen aus guter Phosphorbronze herzustellen, sowie die Gleitflächen zu schmieren und dauernd vor Staub zu bewahren. Zu diesem Zweck füllt man die Höhlung der Führungshülse mit Fett und verschließt in der Regel ihre Öffnung durch einen an der Welle abschießenden Lederbeutel.

Gelenke mit Gleitsteinen, also mit geringer Achsbeweglichkeit, werden hier und da auch für Kardanantriebe der Bauart unter 2., S. 346, angewendet, obgleich hier, streng genommen, die wirksame Länge der Gelenkwelle unveränderlich ist, s. Fig. 491; in Wirklichkeit ist nämlich bei Schwingungen der Hinterachse nicht die Länge der Gelenkwelle, sondern diejenige der Achsstütze unveränderlich, und auch diese nur solange, als sich die Kugelgleitflächen, die das Gelenklager der Stütze und gleichzeitig den staubdichten Abschluß für das Wellengelenk bilden, nicht abnützen. Da somit die Mitten des Stützlagers und des Wellengelenkes im allgemeinen nicht übereinstimmen werden, so vermeidet man Störungen in der Übertragung, wenn man das Wellengelenk etwas längsbeweglich macht. Außerordentlich wichtig ist, daß man auf diese Weise auch vermeidet, daß die Schubkräfte, die von dem Lager der Stütze aufzunehmen sind, jemals das Wellengelenk belasten könnten. Gegenüber diesem Vorteil fällt der Umstand, daß Gleitsteingelenke höhere Reibungsverluste haben, als Kreuzgelenke mit 4 Zapfen, nicht allzuschwer ins Gewicht. Wie ersichtlich, eignet sich diese Bauart vorzüglich dazu, Staub von den Gelenkstellen fernzuhalten und der Stütze ein für die Schubkräfte ausreichendes großfläches Lager zu bieten, das der Hinterachse nach allen Richtungen die geforderte Beweglichkeit gewährt.

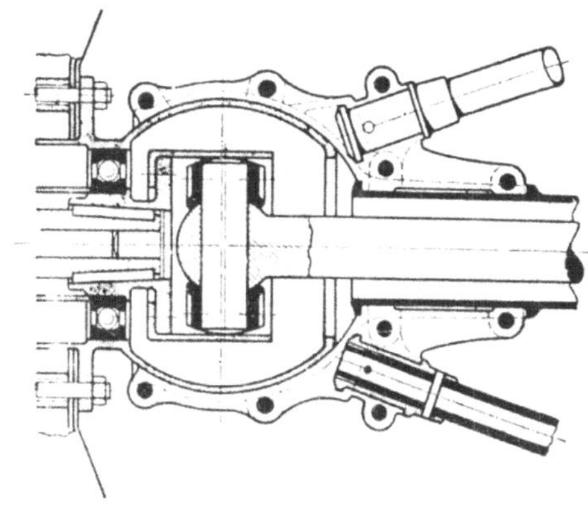

Fig. 491. Gleitsteingelenk für einen kleinen Motorwagen der Daimler-Motor-Gesellschaft.

Aus den angeführten Gründen ist die Bauart des Wellengelenkes bei dem Stützenlager der Sheffield Simplex Motor Car Works, Sheffield, Fig. 492, nicht als zweckmäßig zu bezeichnen, so geschickt das Stützlager selbst auch sonst durchgebildet ist. Es ist in dem entsprechend rahmenförmig ausgeschmiedeten mittleren Querträger des Wagenrahmens eingebaut, der den äußeren Lagerkörper bildet und die Lagerschalen trägt.

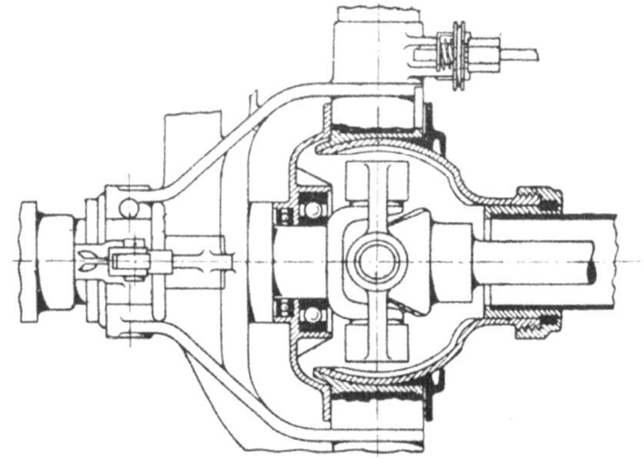

Fig. 492. Wellengelenk mit vier Zapfen und Stützenlager der Sheffield Simplex Motor Car Works, Sheffield.

Bei vielen neueren kleinen Motorwagen lagert man das vordere Ende des Stützrohres nicht mit einer Kugel, sondern mit einer breit ausladenden kräftigen Gabel an dem Querträger des Rahmens oder am Getriebegehäuse, Fig. 493 bis 495, offenbar in der Absicht, Seitenbewegungen der Hinterachse überhaupt zu verhindern und dadurch Durchbiegungen der Hinterfedern nach den Seiten zu vermeiden[1]). Die Gabel greift an zwei wagerechten Zapfen an, deren Mitten annähernd mit der Mitte des Wellengelenkes übereinstimmen, und ist außerdem auf dem Ende des Stützrohres frei drehbar, so daß Schwingungen der Hinterachse auf dem durch die Länge des Stützrohres gegebenen Kreisbogen sowie Drehungen der Hinterachse um die Längsachse des Stützrohres möglich sind. Daß sich durch

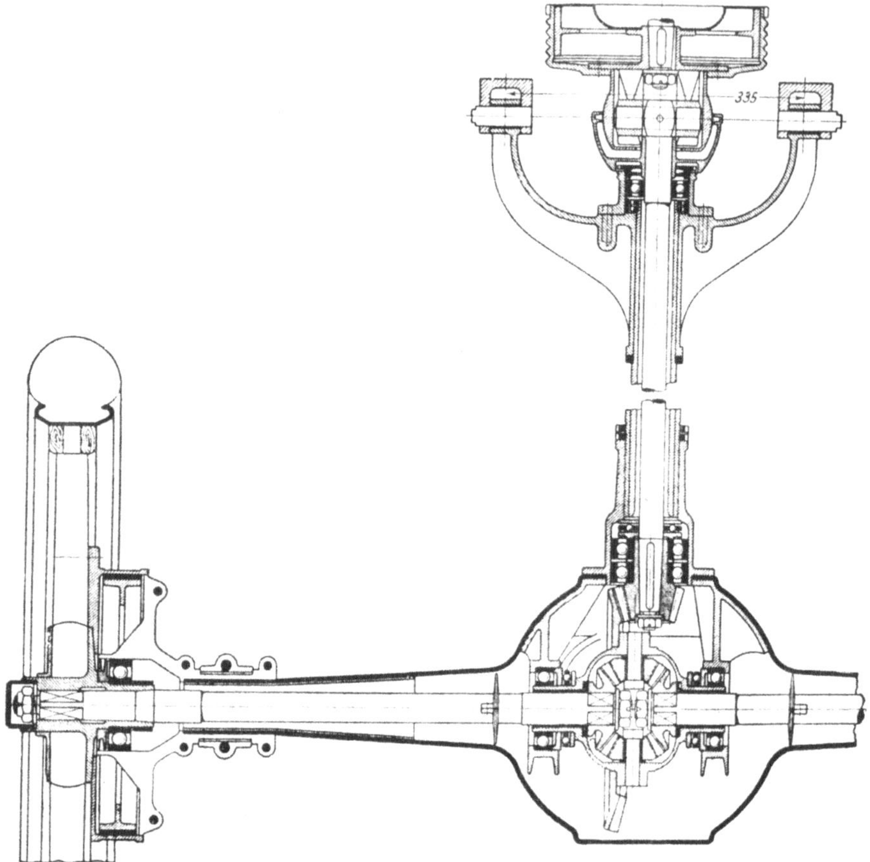

Fig. 493. Kardanantrieb mit Gabelstütze der Neckarsulmer Fahrradwerke A.-G.

diese Bauart Seitenbewegungen der Hinterachse gänzlich verhindern lassen könnten, erscheint aber kaum glaublich. Wenn man sich vergegenwärtigt, daß die großen Kräfte, die diese Seitenbewegungen verursachen, an einem Hebelarme von der Länge des Stützrohres wirken, so erkennt man sofort, daß die Seitenbewegung der Hinterachse auch bei solcher Ausführung des Stützrohrlagers eintreten wird. Da das Lager die Bewegung nicht zuläßt, so biegt sich entweder das Stützrohr oder seine Gabel oder endlich der Rahmenquerträger durch, in jedem Falle müssen also üble Folgen eintreten, wenn große Seitenbewegungen der Hinterachse erforderlich sind. Trotzdem haben sich Wagen mit dieser Abstützung bisher viel-

[1]) Vgl. Lutz, Das Fahrgestell von Gaskraftwagen, M. Krayn, Berlin 1911.

fach bewährt. Diese Erfahrung schließt aber nicht aus, daß sich auf ungünstiger Straße ihr Fehler dennoch geltend macht.

Im übrigen gilt bezüglich des Wellengelenkes auch für diese Bauart das oben Gesagte, d. h. das Gelenk muß Längsbewegung erhalten.

Fig. 494.

Fig. 495.

Fig. 494 und 495. Kardanantrieb mit Gabelstütze der Neckarsulmer Fahrradwerke A.-G.

Auch die Hinterachsbrücken der Motorwagen mit Wellenübertragung bedürfen schon bei der Entscheidung hinsichtlich ihrer Bauart sehr sorgfältiger Erwägungen. Die Hinterachsbrücke ist ein Gehäuse, welches das ganze Ausgleichgetriebe mit seinem Antrieb sowie die zu den Naben der Hinterräder führenden Querwellen aufzunehmen hat, und außerdem so kräftig gebaut sein muß, daß es seine Aufgabe als treibende, d. h. wegen der Adhäsion mit etwa $^2/_3$ des Wagengewichtes belastete Hinterachse erfüllen kann. Diese an sich schon schwere Aufgabe wird bei Wagen mit Wellenantrieb noch dadurch besonders erschwert, daß das Gewicht des Gehäuses mit den darin gelagerten Teilen ziemlich groß ist, und daß die Stöße beim Auf- und Abschwingen der Hinterachse ohne Vermittlung der Wagenfedern nur durch die nachgiebige Bereifung der Hinterräder gemildert werden können. Das so entstehende Hämmern der Hinterräder auf der Straße beansprucht nicht allein das Gehäuse sondern auch die Zahnräder und Lager darin außerordentlich stark. Hieraus erklärt es sich, warum die früheren Kardanwagen, bei denen die ganzen Hinterachsbrücken aus Eisen oder Stahl gegossen wurden, keinen rechten Fortschritt in der Verwendung des Wellenantriebe bringen konnten, denn je widerstandsfähiger man, durch schlechte Erfahrungen gewitzigt, die Hinterachsbrücken machte, desto schwerer wurden sie, desto größer also auch wieder ihre Beanspruchungen.

Zu befriedigenden Hinterachsbauarten ist man erst gelangt, als man lernte, die Verwendung von gegossenen Gehäuseteilen weitgehend einzuschränken. Bei der heute fast allgemein üblichen Bauart der Hinterachsbrücken stellt man den mittleren, das Rädergetriebe aufnehmenden Teil e, Fig. 496, mit möglichst dünnen Wandungen aus Stahlguß oder einem ähnlichen Sondereisen (Flexilis-Stahlguß usw.) her und preßt die die Querwellen l umschließenden, nahtlos gewalzten Stahlrohre

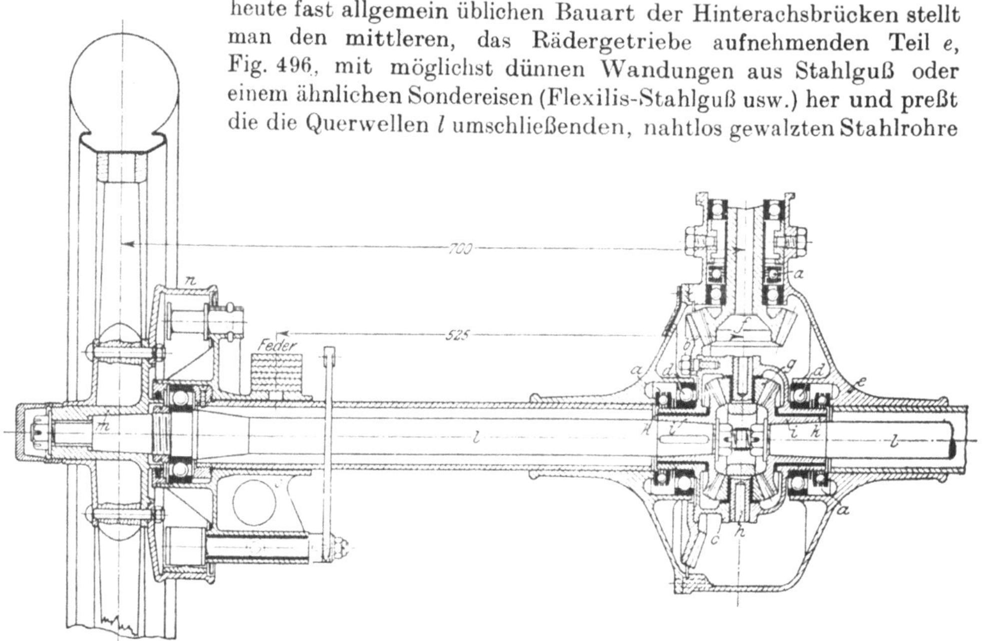

Fig. 496. Hinterachsbrücke eines Personenwagens der Neuen Automobil-Gesellschaft.

in die Naben des Mittelstückes ein. Statt dieser Rohre kann man auch nahtlos gewalzte Kegelhülsen verwenden, die mit Flanschen an das um die Naben verkürzte Mittelstück angeschraubt werden und die der Hinterachsbrücke das Aussehen eines Trägers von gleicher Fertigkeit verleihen. In dem Mittelstück lassen sich Hülsen u. dgl. zur Aufnahme der erforderlichen Lauf- und Drucklager d und a bequem eingießen. Das Gehäuse wird zweckmäßig nicht in der am stärksten beanspruchten senkrechten Mittelebene, sondern seitlich davon geteilt, wobei auch der Einbau der Zahnräder erleichtert wird. Außerdem pflegt man es durch ein aus zwei Zugstangen bestehendes Sprengwerk zu unterstützen, das die Durchbiegungen infolge von Stößen vermindert. Die Teilfuge ist natürlich öldicht zu verschließen. Der eine Deckel wird mit einer Füllöffnung für Schmieröl versehen.

Die Lagerung der treibenden Kegelräder *f* und *b* ist ganz unabhängig von derjenigen der Räder des Ausgleichgetriebes. Dieses ist als ein Ganzes in einem Gehäuse *c* untergebracht, das mit Durchbrechungen für den Ölzutrit versehen ist, das große Kegelrad *b* trägt und mit seiner Nabe auf einem Kugellager *d* mit Drucklager *a* in einer entsprechenden Ausnehmung des Hinterachskörpers läuft. Das Ausgleichgetriebe besteht im vorliegenden Falle aus vier auf einem Zapfenkreuz *h* gelagerten Zwischenrädern *g* sowie aus zwei Ausgleichrädern *i*, die auf die Enden der Querwellen *l* aufgekeilt und mit ihren Naben in Bronzebüchsen *k* des Gehäuses *c* geführt sind. Etwaige Abnutzung dieser Führungen kann den ruhigen Gang der Kegelräder *f* und b nicht stören, da dieser nur von den Kugellagern *d* abhängt. Dagegen wird der Lauf des Ausgleichgetriebes davon betroffen.

Das kleine Kegelrad *f*, das den ganzen Antrieb der Hinterachse vermittelt, wird vielfach fliegend auf dem Wellenstück angeordnet, das in der Verlängerung der Gelenkwelle liegt. Bei stark beanspruchten Getrieben, z. B. denjenigen von Motorlastwagen, bereitet es aber keine Schwierigkeiten, im Gehäuse auch noch Raum für ein Außenlager zu schaffen, wie das Ausgleichgetriebe für Motorlastwagen der Neuen Automobil-Gesellschaft, Fig. 497, beweist.

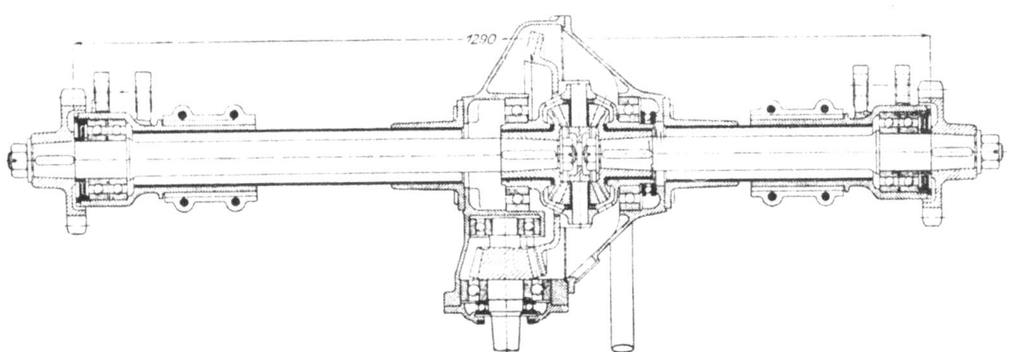

Fig. 497. Ausgleichgetriebe für Motorlastwagen der Neuen Automobil-Gesellschaft.

Vielfach hat man versucht, das Gewicht der Hinterachsbrücken durch weiter getriebene Beseitigung der Gußteile noch mehr zu vermindern. In der Tat liegt es recht nahe, die ganze Hinterachsbrücke aus zwei durch eine Längsnaht verbundenen, im Gesenk aus Stahlblech gepreßten Teilen herzustellen, s. Fig. 493 bis 495, S. 350 und 351. Groß wird aber die Gewichtersparnis, die sich auf diese Weise erreichen ließe, auf keinen Fall. Schon bei der üblichen Bauart entfällt der wesentliche Teil des Gewichtes nicht auf das Gehäuse, sondern auf die Zahnräder und Kugellager, an deren Gewichte sich nicht sparen läßt. Der geringe Gewinn, den die aus Blech gepreßten Hinterachsbrücken bieten, wird dann noch dadurch vermindert, daß besondere Tragkörper für die Lager der Querwellen eingebaut werden müssen, die mit ihren Anschlußstücken und Verbindungen unverhältnismäßig schwerer werden, als unmittelbar eingegossene, vgl. Fig. 493. Statt gegossener Tragkörper werden bei der Hinterachsbrücke eines Siemens-Schuckert-Wagens, Fig. 498, S. 354, solche aus Stahlblech verwendet, die auf den Deckel der sonst durch autogene Schweißung aus einem Stück hergestellte Hinterachsbrücke aufgeschweißt werden. In letzter Linie dürften wohl die Kosten bei der Wahl zwischen gewöhnlichen und Hinterachsbrücken aus Preßblech entscheiden; da die Bauarten verschiedener Fabriken zu verschieden sind und fast jede Fabrik ihre eigenen Gesenke haben müßte, so werden gepreßte Hinterachsbrücken nur dann

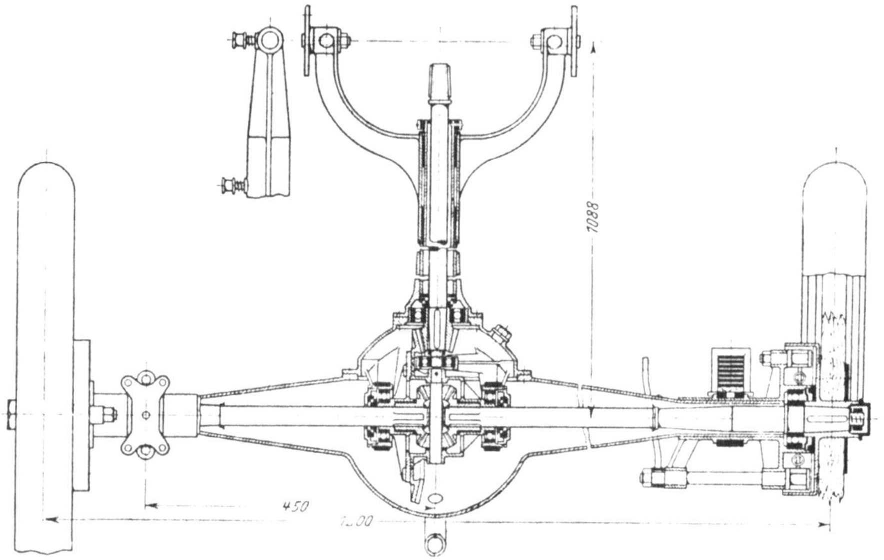

Fig. 498. Aus Blech gepreßte Hinterachsbrücke eines Siemens-Schuckert-Wagens.

in Frage kommen, wenn große Reihen von gleichen Wagen gebaut werden können.

Die Querwellen werden noch immer vielfach sowohl in den Seitenrädern des Ausgleichgetriebes als auch in den Naben der Wagenräder mit genau passenden Kegelbunden, Vierkanten und Längskeilen befestigt. Bei den starken Erschütterungen, welche die Hinterräder eines Motorwagens während der Fahrt erfahren, kann es kaum ausbleiben, daß sich diese Verbindungen trotz sorgfältiger Arbeit lockern,

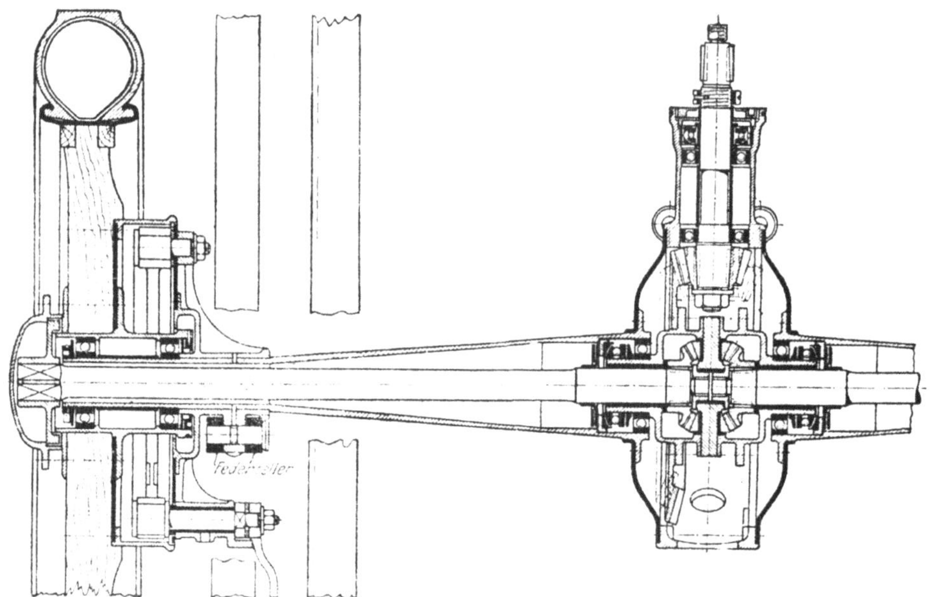

Fig. 499. Hinterachsbrücke eines kleinen Wagens der Gasmotoren-Fabrik Deutz.

die Vierkante ausschlagen und die Keile verloren gehen, da die Wellen dauernd Verbiegungen erfahren. Es scheint daher geboten, diese Einflüsse von den Querwellen fernzuhalten und die Aufnahme der Stöße den Hinterachsbrücken zuzuweisen, die ohnedies dafür berechnet werden müssen und deren vorübergehende Durchbiegungen die Kraftübertragung auf die Räder nicht zu beeinträchtigen brauchen. Das geschieht, indem man die Querwellen, wie bei dem kleinen Wagen der Gasmotoren-Fabrik Deutz, Fig. 499, S. 354, mit Vierkanten oder Keilen nur leicht in die Naben der Ausgleichräder einpaßt und ihre Außenenden mit Hilfe von beweglichen Klauenkupplungen an den Naben der Wagenräde angreifen läßt. Die Hinterräder selbst müssen dann auf den Enden der Hinterachsbrücke und nicht auf denjenigen der Querwellen gelagert werden. Geringe Verbiegungen der Hinterachse werden nun von den beweglichen Kupplungen ausgeglichen, solange die Querwellen genügend Spiel im Hinterachsgehäuse haben. Die Außenenden der Querwellen dürfen daher nicht gelagert werden. Die dargestellte Bauart verteuert allerdings den Hinterachsantrieb, weil sie größere Hinterradnaben und Kugellager erfordert. Sie ließe sich auch umgehen, wenn man die Hinterachsbrücke gegen Durchbiegungen sehr sicher berechnen und darin die Wellen möglichst nahe an den Radebenen lagern könnte. Da hierdurch aber eine Steigerung des Gewichtes der Hinterachse bedingt wird, so wird jene Bauart, bei der trotz Durchbiegungen der Hinterachsbrücke ernstliche Schäden vermieden werden, den Vorzug verdienen.

Mit den vorstehenden Betrachtungen eng verknüpft ist die Behandlung der Wirkungsweise der Achsabstützung. Aus dem Vorgang beim Antrieb des Wagens ergibt sich zunächst, daß jede Motorwagenhinterachse einen wagerechten Schub erfährt, dessen Größe der jeweils in der Mitte der Treibräder angreifenden Antriebskraft entspricht. Dieser Schub wird bei Kettenwagen, s. Fig. 477, S. 343, durch die bereits erwähnten Streben auf den Rahmen übertragen. Diese Streben haben außerdem die wagerechte Teilkraft des Kettenzuges aufzunehmen. Bei Wagen mit Wellenantrieb nach Fig. 478 und 479, S. 345, werden die Schubkräfte durch die Federn aufgenommen, bei solchen nach Fig. 480 und 481, S. 346, durch die Stützrohre. Bei Wagen mit Wellenantrieb entstehen ferner als Rückwirkungen der Kegelradübertragung Drehmomente, die entgegensetzt zu der Bewegung der Querwellen drehen und ebenso groß sind, wie die Drehmomente dieser Wellen. Diese Momente werden bei Wagen nach Fig. 478 und 479 durch eine mit der Hinterachsbrücke verbundene, mit der Spitze am Rahmen nachgiebig gelagerte Dreieckstütze, Fig. 500, oder eine ähnliche Stütze aus Preßblech aufgenommen, während bei Wagen nach Fig. 480 und 481 die Stützrohre auch diese Aufgabe mit übernehmen.

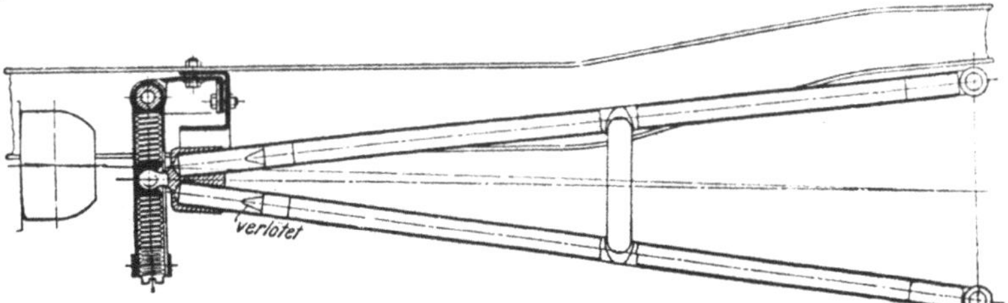

Fig. 500. Drehmomentstütze eines Personenwagens der Neuen Automobil-Gesellschaft.

Zu beachten ist, daß alle erwähnten Abstützungen nach beiden Richtungen hin wirksam sein müssen und gleichstark zu bemessen sind, wenngleich die Schubkräfte beim Rückwärtsfahren selten so groß werden, wie beim Vorwärtsfahren.

Die in Fig. 500 dargestellte nachgiebige Lagerung der Drehmomentstütze am Rahmen soll bei plötzlichem Einrücken der Kupplung oder unvorsichtigem Anziehen der Bremsen allzuheftige Stöße von dem Getriebe fernhalten. Ein ähnliches Mittel hat auch H. Büssing in Braunschweig bei seinen Lastwagen mit

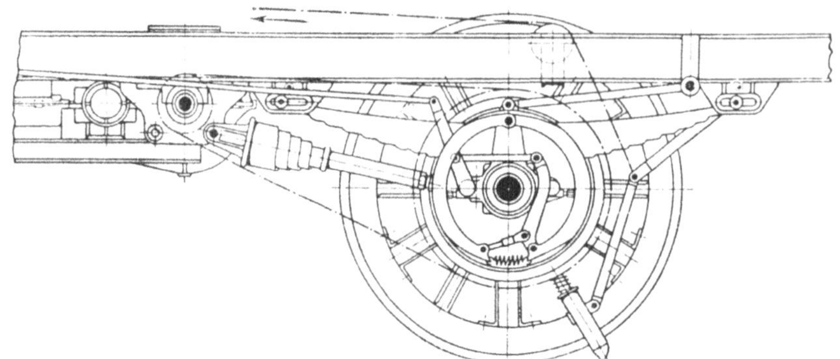

Fig. 501. Federnde Kettenstütze von H. Büssing in Braunschweig.

Kettenantrieb angewendet, s. Fig. 501, wobei in die Kettenstützen Federn eingeschaltet sind, die erst bei Überschreitung des mittleren Achsschubes nachgeben. Bei sorgfältiger Wartung und Führung des Wagens erscheinen allerdings solche Aushilfsmittel, wie Erfahrungen mit anderen Wagen beweisen, nicht erforderlich.

Fig. 502.

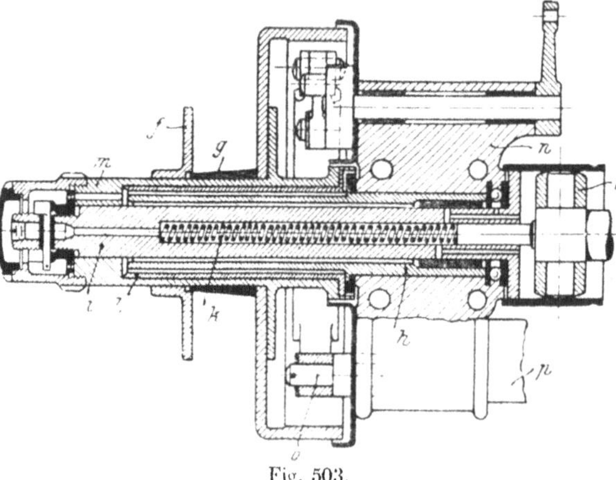

Fig. 503.

Fig. 502 und 503. Hinterachsantrieb von de Dion & Bouton für leichte Personenwagen.

Mehrfach angewendet wird ferner bei Wagen mit Wellenantrieb nach Fig. 480 und 481 eine Sicherung gegen übergroße Beanspruchungen der Hinterachsbrücke in dem Falle, wo ein Hinterrad gegen ein größeres Hindernis, z. B. eine Bordschwelle anfährt. Diese Sicherung besteht aus zwei Zugstangen, mit deren Hilfe die freien Enden der Hinterachsbrücke gegen das Lagergehäuse oder die Gabel der Rohrstütze verspannt werden. Z. B. ist das Gelenk in Fig. 491, S. 349, für solche Spannstangen eingerichtet.

Der weiteren Verbreitung des Wellenantriebes bei Motorwagen, insbesondere bei schweren Personenwagen und den auf Vollgummireifen laufenden Motorlastwagen, steht das große, unmittelbar auf die Radreifen hämmernde Gewicht der Hinterachsbrücken sehr störend im Wege. Da die bis jetzt bekannten Mittel zum Vermindern dieses Gewichtes (Anwendung hochwertige Baustoffe, sparsame Bemessung der Teile) hierbei bereits erschöpft worden sind, da insbesondere von dem Ersatz der ge-

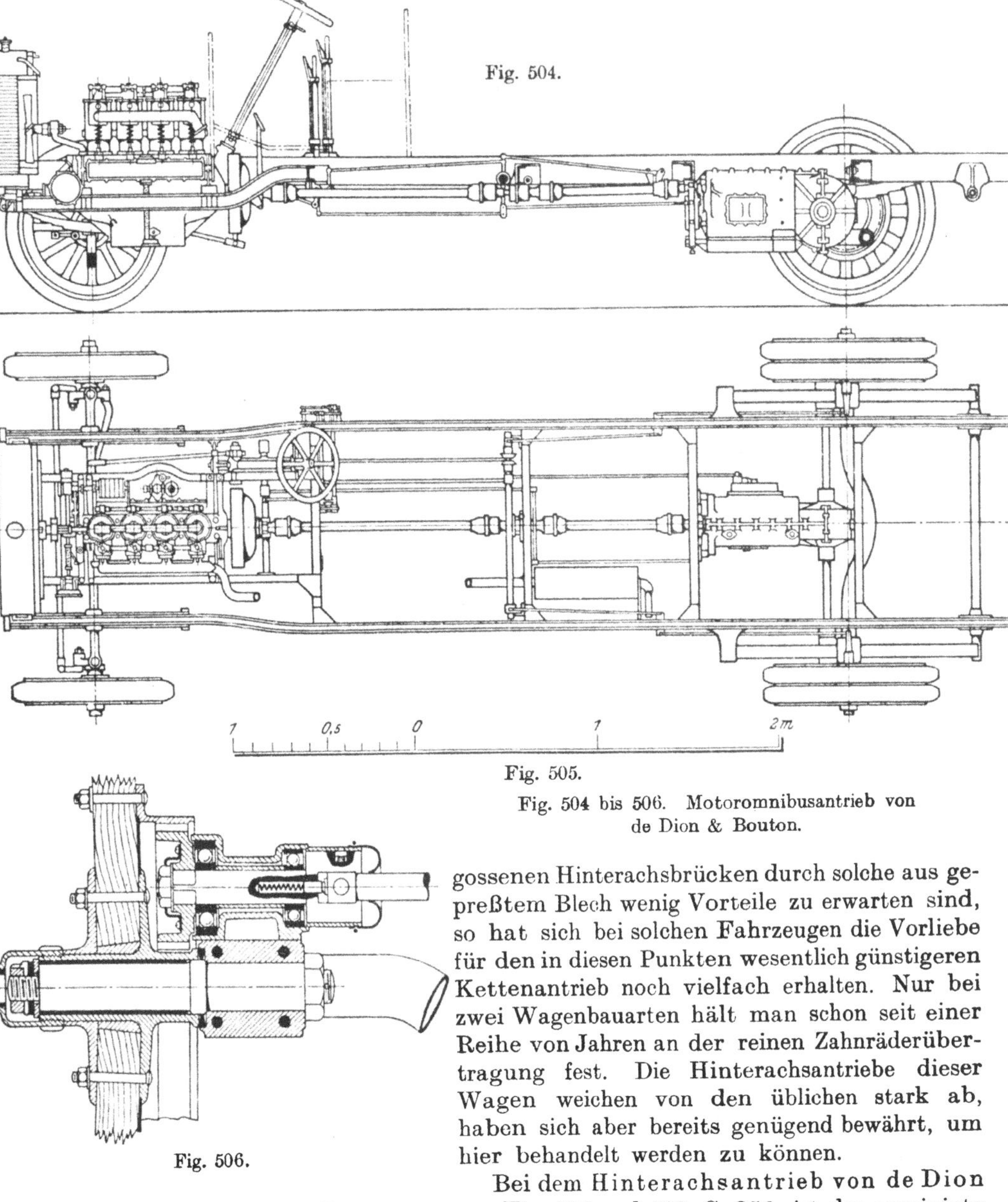

Fig. 504.

Fig. 505.

Fig. 506.

Fig. 504 bis 506. Motoromnibusantrieb von de Dion & Bouton.

gossenen Hinterachsbrücken durch solche aus gepreßtem Blech wenig Vorteile zu erwarten sind, so hat sich bei solchen Fahrzeugen die Vorliebe für den in diesen Punkten wesentlich günstigeren Kettenantrieb noch vielfach erhalten. Nur bei zwei Wagenbauarten hält man schon seit einer Reihe von Jahren an der reinen Zahnräderübertragung fest. Die Hinterachsantriebe dieser Wagen weichen von den üblichen stark ab, haben sich aber bereits genügend bewährt, um hier behandelt werden zu können.

Bei dem Hinterachsantrieb von de Dion & Bouton für leichte Personenwagen, Fig. 502 und 503, S. 356, ist das vereinigte Wechsel- und Ausgleichgetriebegehäuse a im Rahmen gelagert und so weit nach hinten gerückt, daß die Mitten der Ausgleichwellen b mit denjenigen der Hinterräder in einer senkrechten Ebene liegen. Zwischen den auf den Enden der Hinderachse c

aufgeschobenen Hinterrädern und dem Getriebegehäuse, das vermöge der Wagenfedern gegen diese senkrecht beweglich ist, stellen die Ausgleichwellen *b* die Verbindung her, die zu diesem Zwecke an beiden Enden mit Gelenken *d* versehen sein müssen. Die Bauart dieser mit kugelig abgedrehten Gleitsteinen *e* versehenen Gelenke zeigt Fig. 503. Den Antrieb auf das Rad, das durch eine aufgeschraubte Vorlegescheibe *f* auf der Kegelhülse *g* gehalten wird, vermittelt eine durch den Radzapfen *h* nach außen durchtretende Welle *i*, in deren Inneren eine Feder *k* zur Vermeidung etwaigen toten Ganges in den Wellengelenken untergebracht ist; diese Welle greift an der auf der Laufbüchse *l* beweglichen Traghülse *m* des Rades an. Der Radzapfen *h* ist fest in einem Gußstück *n* gelagert, das gleichzeitig

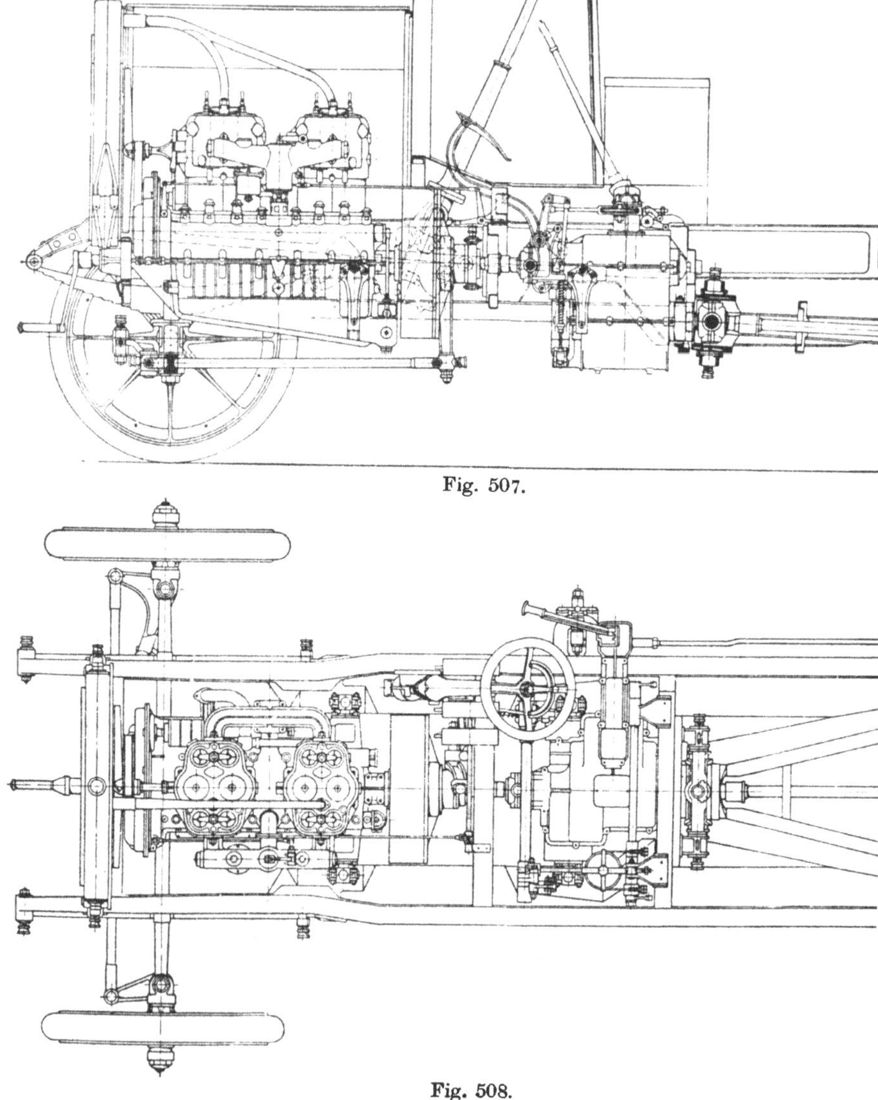

Fig. 507.

Fig. 508.

Fig. 507 und 508. Hinterachsantrieb der Daimler-Motoren-

zur Aufnahme der Bremszapfen *o* dient und mit der Hinterachse bei *p* zusammenhängt.

Der beschriebene Antrieb wird auch bei schweren Motorwagen (Motoromnibussen) ausgeführt, mit dem Unterschied. daß die Querwellen nicht die Radzapfen, sondern Vorgelegezahnräder (Ritzel) antreiben, die in Zahnkränze an den Hinterrädern von innen eingreifen, s. Fig. 504 bis 506, S. 357.

Eine flüchtige Überlegung beweist, daß dieser Antrieb insofern alle Vorteile des reinen Wellenantriebes besitzt, als bei allen unvermeidlichen Bewegungen der Hinterachse gegen den Rahmen die Genauigkeit der Übertragung gewahrt bleibt. Er hat aber auch den wichtigsten Vorzug des Kettenantriebes, da das unabgefedert auf den Hinterrädern lastende Gewicht gering ist. Die wagerechten Schubkräfte werden hier von der Hinterachse über die Federn auf den Rahmen übertragen, was höchstens bei den schweren Motorwagen als bedenklich angesehen werden könnte; nicht zweckmäßig ist, daß bei den schweren Motorwagen auch die Drehmomente durch die Federn aufgenommen werden müssen, was sonst vermieden wird. Die Anbringung einer geeigneten Achsabstützung begegnet aber kaum Schwierigkeiten. Bei leichten Personenwagen treten wesentliche Dreh-

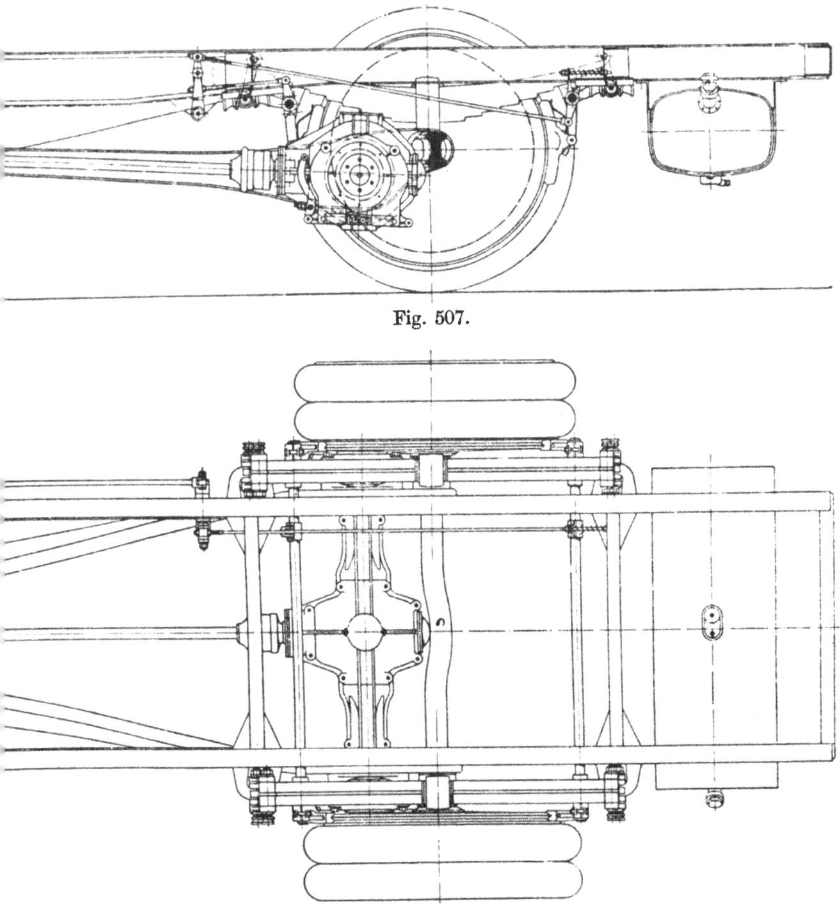

Fig. 507.

Fig. 508.

sellschaft, Berlin-Marienfelde, für schwere Motorwagen.

momente in der Hinterachse nicht auf. Sehr empfindlich sind aber die unvermeidlichen Gelenke, die, von dem unmittelbar an den Hinterrädern wirkenden oder nur durch die letzte Räderübersetzung verminderten Drehmoment belastet, bei großen Flächendrücken wegen der Kürze der Wellen starke Winkelabweichungen auszugleichen haben, also unverhältnismäßig hoch beansprucht werden. Störend beim Entwurf eines solchen Antriebes ist ferner, daß der lichte Spielraum zwischen dem Getriebegehäuse und der Hinterachse so groß bemessen werden muß, daß das Gehäuse selbst bei stärkster Durchbiegung der Hinterfedern nicht aufschlagen und beschädigt werden kann. Damit das Gehäuse nicht zu hoch und für das Aufsetzen eines Wagenkastens unbequem eingebaut zu werden braucht, muß man die Hinterachse nach unten durchkröpfen und ferner Hubbegrenzungen für die Wagenfedern anordnen. Vielfach vermeidet man dieses Übel dadurch, daß man die Hinterachse nicht nach unten, sondern nach hinten durchkröpft.

Für Motorlastwagen und Motoromnibusse hat sich ferner, wie bekannt, der Hinterachsantrieb der Daimler-Motoren-Gesellschaft, Berlin-Marienfelde, gut bewährt, dessen neueste, im Laufe mehrerer Jahre herausgebildete Anordnung aus Fig. 507 und 508, S. 358 und 359, zu ersehen ist. Das Kennzeichen dieser Bauart bildet ein aus zwei gepreßten Blechträgern bestehender Hilfsrahmen, Fig. 509, dessen Schenkel an den Enden der Hinterachse drehbar sind und dessen Spitze mit Hilfe eines Kreuzgelenkes an dem mittleren Querträger des Wagenrahmens nach allen Richtungen hin beweglich ist. Durch diesen Rahmen wird die Wagenhinterachse gegen den Rahmen so abgestützt, daß sie alle unvermeidlichen Bewegungen gegen den Wagenrahmen ausführen kann. Die Wagentreibwelle ist in der Mittelebene des Rahmenkreuzgelenkes ebenfalls mit einem festen Kreuzgelenk und an dem anderen Ende mit einer Ausdehnkupplung versehen und bewegt ein Ausgleichgetriebe, dessen Gehäuse zwischen den Schenkeln des Hilfsrahmens fest eingebaut ist und, damit es diesen versteift, aus Stahlguß hergestellt wird. An den Enden der Querwellen greifen kleine Zahnräder (Ritzel) von innen in Zahnkränze an den Hinterrädern an. Dieser Eingriff bleibt bei allen Bewegungen, welche die Hinterachse gegen den Rahmen ausführt, ungestört.

Fig. 509. Hilfsrahmen des Hinterachsantriebes der Daimler-Motoren-Gesellschaft.

Hinsichtlich der Übertragung der wagerechten Schubkräfte von der Hinterachse auf den Rahmen zeigt dieser Antrieb alle Vorzüge der neueren Wagen mit Wellenantrieb und Stützrohr, s. Fig. 480 und 481, S. 346. Drehmomente in der Hinterachse als Rückwirkungen des Antriebes oder der Bremsen sind hier nicht vorhanden, dagegen treten Rückwirkungen dieser Art im Gehäuse des Ausgleichgetriebes auf, die nach oben oder nach unten gerichtete Belastungen im vorderen Gelenk des Hilfsrahmens erzeugen. Der Antrieb entspricht somit in den für die Übertragung wesentlichen Punkte allen Anforderungen. Wenn er hinsichtlich der Belastung der Hinterradreifen nicht so günstig ist, wie etwa derjenige von de Dion & Bouton oder der Kettenantrieb, so muß man demgegenüber berücksichtigen, daß diese Belastung infolge der Anordnung des Ausgleichgetriebes auf einer Vorgelegewelle mit ziemlich großer Übersetzung immerhin verhältnismäßig geringer ist, als bei dem üblichen Wellenantrieb, wo die Hinterachse durch das Getriebegehäuse gebildet wird, sowie ferner, daß auch die vorerwähnten Antriebe Nachteile bieten, die hier nicht vorhanden sind.[1])

Die Entwicklung des Hinterachsantriebes mit fester Zahnräderübertragung bei schweren Motorwagen ist im übrigen durchaus noch nicht als abgeschlossen anzusehen, denn die Schwierigkeiten, für die in Frage kommenden Belastungen ausreichend starke Hinterachsbrücken zu entwerfen, die allein den Anlaß zu den vorstehenden Bauarten geboten haben, lassen sich auch auf einen anderen Wege umgehen. Bei den neuen Pariser Motoromnibussen, die von Schneider & Co. in Creuzot gebaut sind und von denen im Laufe weniger Jahre als Ersatz für alle vorhandenen Pferdeomnibusse nicht weniger als 800 Stück eingestellt werden sollen, hat sich z. B. ein Antrieb bewährt, bei dem ein entsprechend leicht gehaltenes Gehäuse für den Kegelradantrieb und das Ausgleichgetriebe in einer Ausnehmung der festen Hinterachse gelagert ist, Fig. 510 und 511, die alle Beanspruchungen

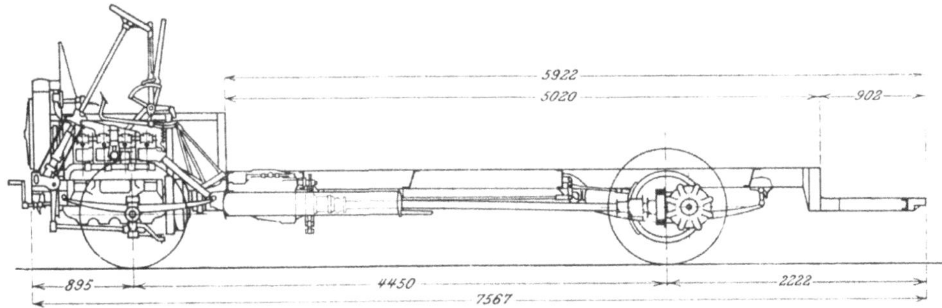

Fig. 510.

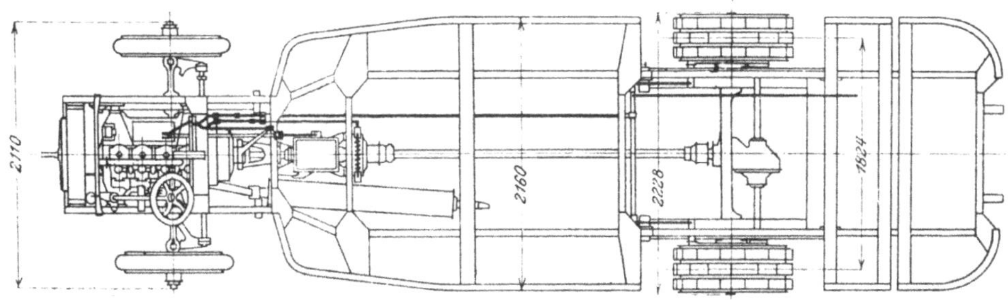

Fig. 511.

Fig. 510 und 511. Untergestell der Pariser Motoromnibusse von Schneider & Co., Creuzot.

aufzunehmen hat. Die Belastung der Hinterräder ist hierbei trotz wesentlich einfacherer Anordnung kaum größer als bei dem beschriebenen Antrieb der Daimler-

[1]) Wie ich erst neuerdings erfahren habe, hat die Daimler-Motoren-Gesellschaft diese Bauart wieder aufgegeben. Bestimmend hierfür war, soweit ich unterrichtet bin, das schlechte Verhalten des Kreuzgelenkes an der vorderen Spitze des dreieckigen Hilfsrahmens, das angeblich nicht ausreichend geschmiert werden konnte. Bei den nach dieser Bauart ausgeführten Motorlastwagen hat man daher die Schubbalken nachträglich wieder getrennt voneinander an der Querstütze des Rahmens angehängt. Daß auch vielfach Rahmenbrüche bei diesen Wagen vorgekommen sein sollen, liegt wohl mehr an einem Fehler in der Berechnung, als an der Bauart selbst.

Motoren-Gesellschaft, und der Eingriff zwischen den Ritzeln an den Enden der Querwellen und den Zahnkränzen an den Hinterrädern läßt sich sehr leicht von allen Bewegungen der Hinterachse unabhängig machen, indem man die Ritzeln ähnlich lagert, wie in Fig. 506, S. 357. Es muß nur noch dafür Sorge getragen werden, daß die unvermeidlichen Durchbiegungen der Hinterachse den Zahneingriff der Kegelräder nicht stören können, indem man, wie aus dem Schnitt des Getriebes, Fig. 512, ersichtlich ist, geringe Schwingungen der Wellenenden in den Seitenrädern des Ausgleichgetriebes zuläßt.

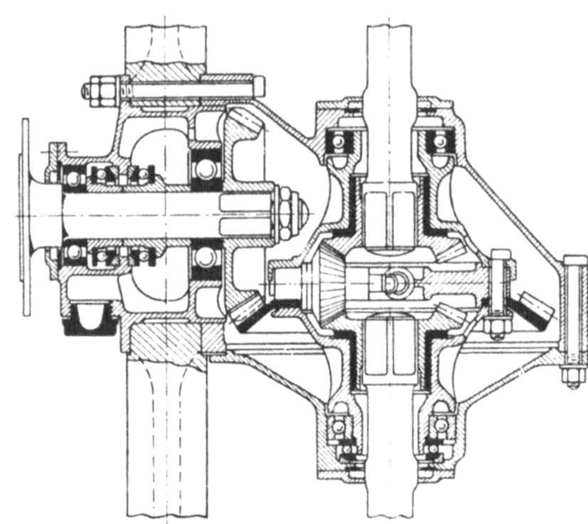

Fig. 512. Ausgleichgetriebe der neuen Pariser Omnibusse

Bei dieser Bauart wird das für die Tragfähigkeit sehr unvorteilhafte starke Durchkröpfen der Hinterachse vermieden. Die Schubkräfte können entweder wie im vorliegenden Falle, durch die Federn oder durch besondere Stützen auf den Rahmen übertragen werden, ebenso wie die Drehmomente. Die Gelenkwelle ist jedenfalls leicht vor Belastungen, die hieraus entstehen könnten, zu schützen. Mit einem ähnlichen Antrieb ausgestattete Motoromnibusse verkehren seit einigen Monaten auch auf Berliner Straßen. Obgleich die Versuche damit noch nicht abgeschlossen sind, läßt sich trotzdem schon jetzt hervorheben, daß sich gerade diese Wagen durch auffallend ruhigen Gang auszeichnen, und daß insbesondere bei ihnen von dem sonst bei Motoromnibussen kaum fehlenden Geräusch des Getriebes nichts zu vernehmen ist.

Wenig Beachtung hat man anscheinend bis jetzt dem Umstande geschenkt, daß durch den beweglichen Hinterachsantrieb ganz allgemein auch die Gleichförmigkeit der Bewegung der angetriebenen Teile beeinträchtigt wird. Verschiebt sich z. B. bei einer Kettenübertragung, Fig. 513, infolge des Federspieles die Mitte *o* des an dem Rahmen gelagerten kleinen Kettenrades nach *o'*, wobei ein beliebiger Punkt *a* des Kettenrades nach *a'* gelangt, so muß das große Kettenrad eine geringe Drehung von *b* nach *b'* ausführen, wenn die Länge der Kette unverändert bleibt. Bei entgegengesetzter Verschiebung von *o* dreht sich auch das große Kettenrad entgegengesetzt. Das Federspiel hat also bei Kettenwagen zur Folge, daß die Hinterräder, während sie gleichförmig umlaufen, stoßartig vorwärts- und zurückgezerrt werden, und da die Räder diesen Einflüssen nicht folgen können, so werden hierdurch zum Teil die Ketten, zum Teil die Gummireifen, zum Teil wird aber auch rückwirkend das Wechselgetriebe höher beansprucht.

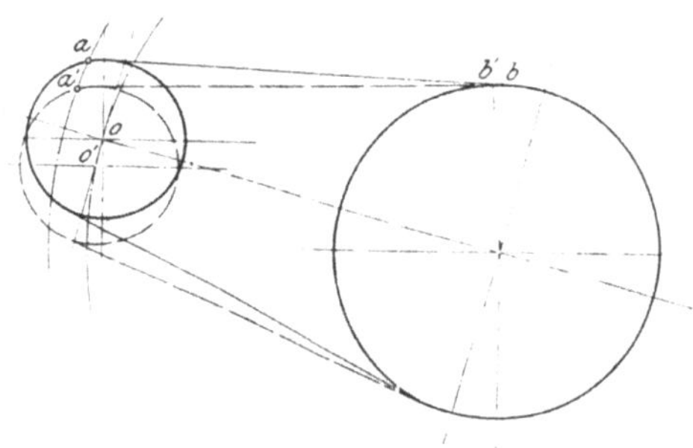

Fig. 513. Ungleichförmigkeiten beim Kettenantrieb.

Bei Kardanwagen können zwei Ursachen für das Auftreten von Ungleichförmigkeiten im Hinterachsantrieb vorhanden sein. Zunächst ist, ganz allgemein betrachtet, die Gelenkwelle *b* gegen die treibende Welle *a* des Wechselgetriebes auch dann schon um einen Winkel α geneigt, Fig. 514, wenn die Federn ihre Mittelstellung haben. Läuft die Getriebewelle mit einer Winkelgeschwindigkeit ω_a gleichförmig um, so ergibt sich aus der Neigung der Wellen gegeneinander eine Ungleichförmigkeit der Gelenkwelle, deren Winkelgeschwindigkeit wie bekannt[1]) einen Höchstwert

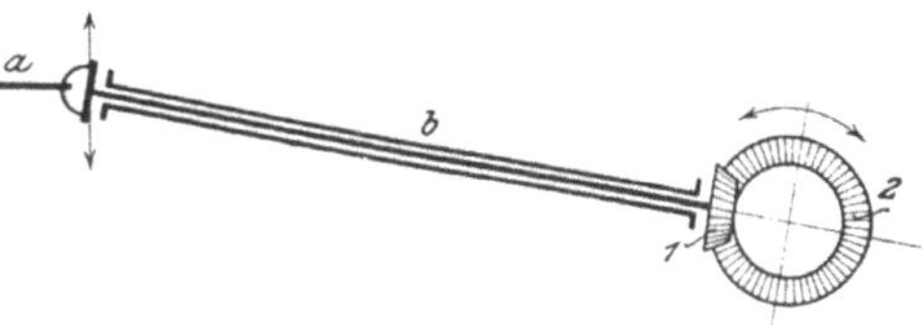

Fig. 514. Ungleichförmigkeiten beim Kardanantrieb.

$$\omega_{b\,max} = \omega_a \cdot \frac{1}{\cos\alpha}$$

und einen Mindestwert

$$\omega_{b\,min} = \omega_a \cdot \cos\alpha$$

erhält; die größte Ungleichförmigkeit der angetriebenen Welle ist

$$m = \frac{\omega_{b\,max}}{\omega_{b\,min}} = \frac{1}{\cos^2\alpha}$$

und die größte Schwankung des Übersetzungsverhältnisses

$$\delta = \frac{\omega_{b\,max}}{\omega_a} - \frac{\omega_{b\,min}}{\omega_a} = \frac{\sin^2\alpha}{\cos\alpha}$$

Die größte Winkelabweichungen Δ der getriebenen Welle in Graden gegenüber der gleichförmigen Drehung kann man nach Winkler[2]) nach

$$\Delta = \operatorname{arc\,tang}\left(\frac{\operatorname{tang} x}{\cos\alpha}\right) - x$$

berechnen, wenn x den Drehwinkel der treibenden Welle darstellt.

Für			
$\alpha =$	10^0	20^0	30^0
$m =$	1,031	1,132	1,333
$\delta =$	$\frac{1}{32{,}67}$	$\frac{1}{8{,}03}$	$\frac{1}{3{,}46}$
$\Delta^0 =$	$0^0 26' 15''$	$1^0 46' 55''$	$5^0 7' 0''$

Die ungünstige Wirkung der Wellenneigung kann allerdings, wie ebenfalls bekannt ist, bei Kardanwagen mit zwei Wellengelenken, Fig. 478 und 479, S. 345, dadurch vollkommen beseitigt werden, daß man das Wellenstück in der Hinterachsbrücke, das die Fortsetzung der Gelenkwelle bildet, gegen diese um $-\alpha$ neigt, während sie bei Wagen mit einem einzigen Wellengelenk, Fig. 480 und 481, S. 346, bestehen bleiben. Bei diesen wie auch bei den vorerwähnten Wagen wird man aber stets trachten, die Wagenteile im Rahmen derart anzuordnen, daß bei normaler Belastung des Rahmens nach Möglichkeit alle Winkelabweichungen der Wellen vermieden werden, also die Fortleitung des Antriebes über die Gelenkwelle in möglichst geradem Zuge stattfindet. Die Winkelabweichungen, die infolge des Federspieles eintreten, lassen sich dann in sehr geringen Grenzen halten, wenn die Gelenkwelle möglichst lang bemessen wird.

1) Vgl. Grashof, Theoretische Maschinenlehre II.
2) Der Motorwagen 1911, S. 337 ff.

Die zweite Ursache der Ungleichförmigkeit, die bei allen Wagen mit Kardanantrieb vorhanden ist, ist ähnlich der bei dem Kettenantrieb bereits besprochenen. Denkt man sich, daß bei einem solchen Wagen der Rahmen gegen die Hinterachse gesenkt oder gehoben wird, wie es beim Spiel der Federn eintritt, Fig. 514, S. 363, so müssen hierbei, ganz abgesehen von der Wirkung des Wellengelenkes, ganz ähnliche Stöße im Sinne der Drehrichtung und entgegengesetzt dazu in den Kegelrädern 1 und 2 auftreten, welche die Hinterachse antreiben, wie früher in dem großen Kettenrade. Die hierdurch bedingten Drehungen der Hinterachse werden aber bei Kardanwagen, gleich großes Federspiel vorausgesetzt, gegen Kettenwagen insofern verkleinert als die Gelenkwelle etwa doppelt so lang ist wie die Kettenstützen und die Rahmenbewegung in der Mitte niemals so groß ist, wie in der Nähe der Hinterachse.

Die vorstehenden Betrachtungen beweisen, daß man heute von einem vollständig einwandfreien Hinterachsantrieb auch bei den neuesten Motorfahrzeugen noch recht weit entfernt ist. Da die erwähnten Unvollkommenheiten in den Kauf genommen werden müssen, so ist es zweckmäßig, sich die Tragweite ihres Einflusses, der sich natürlich schwer nachrechnen läßt, wenigstes soweit klar zu machen, wie es die Sicherheit der Wagenteile erfordert. Die erwähnten Ungleichförmigkeiten haben offenbar Stöße im gesamten Getriebe zur Folge, die sich durch zweckmäßige Anordnung der Kettenräder sowie durch Vermeidung von überflüssigen Winkelabweichungen der Wellen wohl mildern, aber niemals beseitigen lassen. Daher rührt die starke Abnutzung der Zahnräder und anderen Getriebeteile, mit der man nun einmal bei Motorwagen zu rechnen gewohnt ist. Die Gesellschaften, die Motorwagen im öffentlichen Verkehr betreiben, sind heute allgemein darauf eingerichtet, bestimmte Teile des Wagengetriebes ganz regelmäßig in gewissen kurzen Zeitabständen mit möglichst geringem Zeitaufwand durch neue zu ersetzen, damit das sich allmählich einstellende Geräusch wieder gemildert wird. Die kleinen Zahnräder, durch welche die Hinterräder der Daimler-Lastwagen, Fig. 507 und 508, S. 358, angetrieben werden, halten z. B. nur etwa 10000 km Wegstrecke aus, bei den Ketten so schwerer Motorwagen hat man angeblich Mühe, die halbe Lebensdauer zu erreichen.

Fig. 515. Federnde Wellenkupplung der Société la Métallurgique, Brüssel.

Von den Mitteln, die man bisher vorgeschlagen hat, um das Auftreten solcher Stöße zu verhindern, sind scheinbar an geeigneter Stelle in das Getriebe eingeschaltete Federn die zweckmäßigsten. Soweit bekannt, hat bis jetzt nur die Société la Métallurgique, Brüssel, (Bergmann-Elektrizitätswerke) dieses Mittel in größerem Umfange bei ihren Wellengelenken, Fig. 515, angewendet, die unter Vermittelung einer Federkupplung von der Getriebewelle bewegt werden. Es liegt aber nahe, an dem Erfolg dieser Einrichtung zu zweifeln, da sie von anderen Fabriken nicht benutzt wird. In der Tat können auch die Federn das Auftreten von Ungleichförmigkeiten im Antrieb nicht verhindern, sie erhöhen sie vielleicht sogar, da sie den Teilen des Antriebes größere Beweglichkeit gegeneinander verleihen. Sind aber solche Bewegungen möglich, so lassen sich auch die Stöße kaum vermeiden. Bei unvorsichtigen Eindrücken der Kupplung oder Anziehen der Bremsen wirken diese Federn natürlich ebenso wie andere Sicherungen, z. B. die von H. Büssing, Fig. 501, S. 356.

Bei der Berechnung der Abmessungen für die Bauteile eines gegebenen Hinterachsantriebes muß man sich immer vergegenwärtigen, daß ein wahrscheinlich bedeutender Teil der Beanspruchungen, die im wirklichen Betriebe auftreten, der Berechnung mit einfachen Hilfsmitteln gar nicht zugänglich ist, weil die dynamischen Vorgänge in den Wagenteilen von verschiedenen, ganz unregelmäßig verlaufenden Einflüssen, insbesondere den von Fall zu Fall wechselnden Bodenunebenheiten, der Fahrgeschwindigkeit usw. abhängig sind. Man muß sich also damit begnügen, diesen Einflüssen durch Wahl hoher Sicherheitszahlen Rechnung zu tragen, ist aber auch hierin wiederum durch die Rücksicht auf das zulässige Wagengewicht sehr beschränkt. Die Folge davon ist, daß man bei einzelnen Teilen höhere Abnutzungen zuläßt als sonst im Maschinenbau üblich ist, bei anderen, von deren Zuverlässigkeit die Sicherheit des ganzen Wagens abhängt, besonders vorsichtig in der Wahl der Abmessungen vorgeht. Genaue Angaben hierzu lassen sich bei dem heutigen Stande der Motorwagentechnik nicht machen. Diese hängen noch in jedem Einzelfalle von den Erfahrungen einer Fabrik ab und sind, selbst wenn sie zugänglich wären, noch lange nicht so erprobt, daß man daraus allgemein gültige Regeln ableiten könnte. Mehr als bei einem anderen Motorwagenteil ist hier die bekannte Regel gebräuchlich, einen zu schwachen Teil solange zu verstärken, bis er genügend sicher ist, bzw. einen zu starken solange zu verschwächen, bis die zulässige Grenze erreicht wird.

Nichtsdestoweniger vermag eine lediglich auf die bekannten Beanspruchungen gestützte Berechnung der Teile wenigstens einen Anhalt für die erforderlichen Mindestabmessungen zu bieten. Diese Berechnung gestaltet sich für Hinterachsantriebe aller Bauarten so einfach, daß es wohl ausreicht, wenn im Nachfolgenden nur eine allgemeine Übersicht über die in Frage kommenden Belastungen gegeben wird.

Zunächst einige allgemeine Angaben über die zu berücksichtigenden Kräfte und Momente:

Es seien

Q das Gesamtgewicht des Wagens in t,

Q_r die Gesamtbelastung (Adhäsionsgewicht) der Hinterräder in t,

μ die Gleitziffer der Hinterradreifen (0,4 bis 0,6),

w der bei Einschaltung der größten Übersetzung $\frac{1}{i}$, also der kleinsten Geschwindigkeit, zu bewältigende Gesamtwiderstand in kg/t,

r der Halbmesser der Hinterräder in m,

$\frac{1}{i_1}$ die größte Übersetzung des Wechselgetriebes (bei Kettenwagen einschließlich der Kegelradübersetzung),

$\frac{1}{i_2} = \frac{i_1}{i}$ die Übersetzung des Hinterachsantriebes,

M_d das größte erreichbare Drehmoment der Maschine in mkg,

derart, daß ohne Rücksicht auf innere Widerstände des Wagengetriebes

$$M_d \cdot i = Q \cdot w \cdot r = 1000 \cdot Q_r \cdot \mu \cdot r,$$

dann gilt für **Kettenwagen:**

a) Kettenspanner aus S. S. M.-Stahl geschmiedet, auf Knickfestigkeit beansprucht durch den Achsschub vermehrt um den Zug in den treibenden Kettentrümmern.

Größter Achsschub für einen einzelnen Kettenspanner $= 500 \cdot Q_r \cdot \mu$

Zug in der treibenden Kette $= \dfrac{\frac{1}{2} \cdot i \cdot M_d}{\text{Halbmesser des großen Kettenrades}}$

$= \dfrac{\frac{1}{2} \cdot i_1 \cdot M_d}{\text{Halbmesser des kleinen Kettenrades}}$,

wenn $\frac{1}{i_2}$ die Kettenübersetzung ist.

Andere Beanspruchungen, insbesondere Biegung durch Seitenverschiebung der Achse und Verdrehungen dürfen bei richtiger Anordnung des Antriebes nichtauftreten.

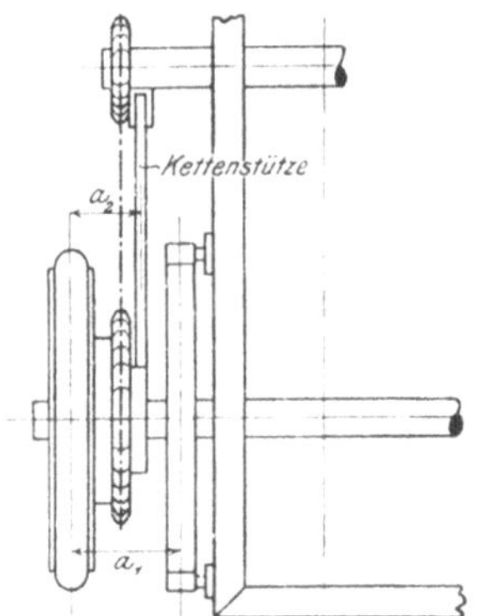

Fig. 516. Berechnung der Hinterachse eines Kettenwagens.

b) Hinterachse aus gutem Nickel-, oft auch Chromnickelstahl geschmiedet, an den Zapfenenden gehärtet, auf Biegung beansprucht durch Wagengewicht (Q_r — Gewicht der Hinterräder $= Q_h$) und durch die Belastung der Kettenspanner.

Moment des Wagengewichtes $M_1 = \frac{Q_h}{2} \cdot 1000 \cdot a_1$ (a_1 = Abstand des Federauflagers von der Radmittelebene, s. Fig. 516).

Moment des Kettenstützdruckes (s. auch oben) $M_2 = \frac{1}{2}$ (Achsschub + Kettenzug)$\cdot a_2$ (a_2 = Abstand der Kettenstütze von der Radmittelebene).

Gesamt-Moment annähernd $M = \sqrt{M_1^2 + M_2^2}$

Drehmomente sind außer demjenigen der vernachlässigten Zapfenreibung nicht vorhanden.

Für Kardanwagen mit zwei Wellengelenken:

a) Die Wellengelenke und die Welle werden ausschließlich durch das Drehmoment $i_1 \cdot M_d$ belastet (Flächendrücke der Gelenkzapfen höchstens 80 bis 90 kg/qcm, Zapfen außerdem auf Biegung beansprucht). Bei schnellem Fahren über Unebenheiten biegen sich lange Gelenkwellen unter dem eigenen Gewichte leicht durch, was zwar die Übertragung nicht stört, aber leicht einen unruhigen Eindruck macht. Unter Umständen wird es sich empfehlen, nachzurechnen, ob die volle Welle nicht durch eine Hohlwelle aus Stahlrohr ersetzt werden kann. Versuche von Lehmbeck[1]) sollen allerdings ergeben haben, daß sich Hohlwellen hinsichtlich der Schwingungen bei hoher Umlaufzahl ungünstiger verhalten als volle Wellen.

b) Die Drehmomentstütze hat das größte Drehmoment $i \cdot M_d$ auf den Rahmen zu übertragen. Die Spannung der Federn im Rahmenauflager, s. Fig. 500, S. 355, ist mit Berücksichtigung des großen Hebelarmes so zu bemessen, daß die Stütze erst beim Überschreiten von $i \cdot M_d$ nachgibt. Die Beanspruchungen der Stütze selbst richten sich nach ihrer Bauart. Aus Blech gepreßte, starr an der Hinterachsbrücke befestigte Stützen sind auf reine Biegung, andere, wie diejenige in Fig. 500, auf Zug und Druck beansprucht, während insbesondere die Befestigungszapfen am Gehäuse der Hinterachse auf Biegung beansprucht sind.

c) Die Hinterfedern haben den Schub (je 500 $Q_r \cdot \mu$) der Hinterachse aufzunehmen. Sie müssen auf Knickfestigkeit nachgerechnet werden und dürfen sich bei dem größten Schub nicht wesentlich ausbiegen, damit sich der Wagen beim Anfahren nicht hinten emporhebt.

[1]) Zeitschr. des Mitteleuropäischen Motorwagen-Vereins 1911, S. 458.

d) Die Hinterachsbrücke hat zwei zwischen den Federauflagern gleichbleibende Biegungsmomente, nämlich

Moment des Wagengewichtes $M_1 = \frac{Q_h}{2} \cdot 1000 \cdot a$ (a = Abstand der Radmittelebene von dem Federauflager, s. Fig. 517 und 518).

Moment des Achsschubes $M_2 = \frac{Q_r}{2} \cdot 1000 \cdot \mu \cdot a$

auszuhalten; die Kräfte treten beide in den Radebenen auf und wirken am gleichen Hebelarm a senkrecht zueinander; diese Momente setzen sich zu einem Moment

$$M = \sqrt{M_1^2 + M_2^2}$$

zusammen.

Außerdem hat man, wenn G (kg) das ganze Gewicht der Hinterachsbrücke samt den zugehörigen Teilen der Gewichte der Drehmomentstütze und der Gelenkwelle darstellt, rd. 0,75 G als in der Mitte der Hinterachsbrücke vereinigtes Gewicht einzuführen, dessen größtes Moment

$$M_3 = 0{,}75\, G \cdot \frac{s}{4} \quad (s = \text{Spurweite des Wagens})$$

in der Mitte auftritt und im gleichen Sinne wirkt, wie M_1. Der gefährliche Querschnitt liegt somit in der Mitte der Hinterachsbrücke. Endlich hat die Hinterachsbrücke in ihrer ganzen Länge auch noch das größte Drehmoment $i \cdot M_d$ auszuhalten, zumal da gewöhnlich auch die Bremsrückwirkungen über die Hinterachsbrücke auf die Drehmomentstütze übertragen werden.

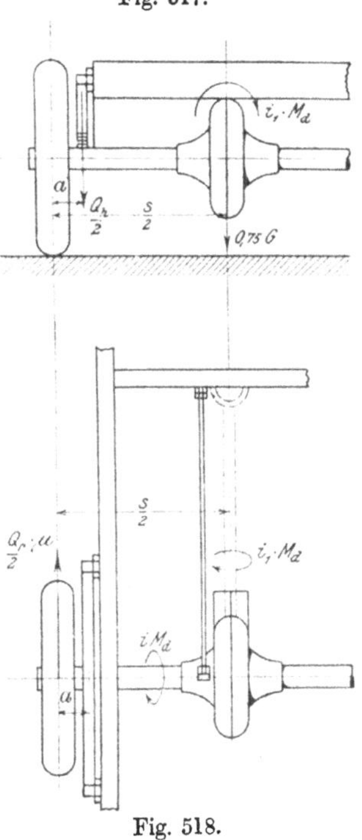

Fig. 517 und 518. Berechnung des Hinterachsantriebes eines Kardanwagens.

Ein kleineres Drehmoment $i_1 \cdot M_d$, das in der senkrecht durch die Hinterachse gelegten Ebene dreht, Fig. 517 und 518, sucht ferner das eine Hinterrad zu entlasten, das andere stärker zu belasten, wodurch das Biegungsmoment des Wagengewichtes etwas beeinflußt wird. Man hat diesem Drehmoment deshalb einige Aufmerksamkeit geschenkt, weil man glaubte, durch die einseitige Verminderung des Raddruckes, die es zur Folge hat, die Neigung der Kardanwagen zum seitlichen Schleudern erklären zu können. Indessen hat Müller[1]) gezeigt, daß dieser Einfluß nur äußerst gering sein kann und z. B. bei einer elektrischen Motordroschke, deren Batterie vorne gelagert ist, 0,5 bis höchstens 2,5 v. H. des verfügbaren Raddruckes beträgt. Bei der Festigkeitsberechnung der Hinterachse spielen so kleine Kräfte eine zu geringe Rolle, als daß es notwendig wäre, auf dieses Drehmoment überhaupt Rücksicht zu nehmen.

e) Die Querwellen sollen bei richtiger Bauart der Hinterachsbrücke nur durch das halbe größte Drehmoment $\frac{1}{2} \cdot i \cdot M_d = \frac{\pi}{32} \cdot d^3 \cdot k_d$ beansprucht werden. Da sie aber dann nur mit den inneren Enden festgespannt, außen dagegen gar nicht unterstützt sind, so ist es zweckmäßig, sie, soweit es die Beanspruchung durch das Drehmoment zuläßt, bis etwa zur halben Länge durch Ausbohren zu erleichtern. $\left(\frac{1}{2} \cdot i \cdot M_d = \frac{\pi}{32} \cdot \frac{D^4 - \delta^4}{D} \cdot k_d\right)$

[1]) Zeitschr. des Mitteleuropäischen Motorwagen-Vereins 1908, S. 213.

Für **Kardanwagen mit einem einzigen Wellengelenk** erfährt die vorstehend angegebene Berechnungsweise einige Abänderungen:

a) bleibt unverändert,

b) fällt weg, da keine besondere Drehmomentstütze vorhanden ist,

c) fällt weg, da die Hinterfedern keinen Achsschub aufzunehmen haben.

Für b und c tritt ein

b_1) das Stützrohr, das sowohl das größte Drehmoment $i \cdot M_d$, als auch den größten Achsschub $1000 \cdot Q_r \cdot \mu$ auf den Rahmen überträgt. Beide Einflüsse bringen zunächst Belastungen des gelenkigen Lagers der Stütze am Rahmen hervor, wobei allerdings die Belastung durch das Drehmoment infolge der großen Länge der Stütze wesentlich gemildert wird. Immerhin muß das in der Regel aus zwei Kugelflächen gebildete Lager mit reichlichen Gleitflächen (Flächendruck etwa 50 bis 80 kg/qcm) versehen und gut geschmiert werden. Hängt man die Stütze mit einer Gabel und zwei Zapfen am Rahmen auf, so steigern sich die Schwierigkeiten, ausreichend große Gleitflächen unterzubringen, es müssen daher besonders harte Laufbüchsen benutzt werden. Diese Schwierigkeiten liegen auch vor, wenn man, vgl. Fig. 507 bis 509, S. 358, die Hinterachsstütze mit einem Zapfenkreuz am Rahmen befestigt. Der Fall wird im übrigen sehr wesentlich dadurch erleichtert, daß diese Gelenke keine Bewegung zu übertragen haben, daß also ihr Reibungswiderstand keinen großen Einfluß auf den Gang des Wagens ausübt. Durch häufiges Nachstellen muß man aber dafür Sorge tragen, daß das Wellengelenk durch den Schub nicht belastet wird.

Das Stützrohr selbst wird durch den Achsschub auf Knickung bzw. Druckfestigkeit und durch das größte treibende Drehmoment an der Stelle, wo es an das Gehäuse der Hinterachsbrücke anschließt, am stärksten auf Biegung beansprucht. Dagegen wird es durch das weiter oben erwähnte Drehmoment $i_1 \cdot M_d$ nicht belastet.

d) Die Belastungen der Hinterachsbrücke gestalten sich bei diesem Antrieb wesentlich ungünstiger, als bei dem vorigen.

Unverändert bleiben zunächst

$$M_1 = \frac{Q_h}{2} \cdot 1000 \cdot a \quad \text{und}$$

$$M_3 = 0{,}75\, G \cdot \frac{s}{4},$$

die in gleichen Sinne wirken und addiert werden können. Der gefährliche Querschnitt in der Mitte wird aber außerdem von dem Moment M_2' des Achsschubes beansprucht, das jetzt den Wert

$$M_2' = \frac{Q_r}{2} \cdot 1000 \cdot \mu \cdot \frac{s}{2}$$

erlangt.

Außer dem so erhaltenen Gesamt-Biegungsmoment

$$M = \sqrt{(M_1 + M_3)^2 + M_2'^2}$$

ist, wie früher das größte Drehmoment $i \cdot M_d$ zu berücksichtigen, das beim Bremsen das ganze Hinterachsgehäuse belastet.

e) bleibt unverändert.

Die vorstehenden Bemerkungen, die sich auf die von den drei üblichen Hauptarten abweichenden Hinterachsantriebe leicht anwenden lassen, sollen nur einen allgemeinen Überblick über die wichtigsten Belastungen geben, auf die man bei der Berechnung eines Hinterachsantriebes zu achten hat. Bei Anwendung der üblichen Sicherheitsziffern, die für die Wellen mit 7 bis 8, für Hinterachsen aber mit 10 und noch mehr bemessen werden, genügt die Berechnung nach den obigen Regeln für die praktischen Bedürfnisse vollkommen. In der Tat erscheint der praktische Wert der schon vorliegenden, weitergehenden Berechnungen von Hinterachsbrücken, die den einzelnen Belastungen durch Berücksichtigung der Lagerung der Zahnräder genauer nachzugehen versuchen,[1]) recht zweifelhaft, solange man gezwungen ist, mit Rücksicht auf die unberechenbaren Einflüsse der Fahrbahnunebenheiten so hohe Sicherheitsziffern zu verwenden.

Fahrwerk.

Die Gesamtheit der im Vorstehenden besprochenen Teile eines Motorwagens kann als das Triebwerk bezeichnet werden. Zur Aufnahme dieser Teile, sowie der Nutzlast dient nun das Fahrwerk, im wesentlichen der Wagen selbst, der allerdings gegenüber dem Pferdewagen wesentliche Unterschiede aufweist. Vor allem sind hier Wagenkasten und Rahmen streng voneinander geschieden. Der Wagenkasten ist das Erzeugnis des Wagenbauers, der Rahmen dagegen bildet einen Bestandteil des Untergestells, das von der Motorwagenfabrik gebaut wird.[2]) Ebenso bilden Federn, Räder, Bremsen und Lenkvorrichtung Teile des Untergestells.

Wagenkasten.

Angesichts der Mannigfaltigkeit von Formen, die der Wagenkasten erhalten kann, und der Abhängigkeit dieser Formen von dem Geschmack des Einzelnen sowie von der Mode kann hier auf diesen Teil des Wagens nur soweit eingegangen werden, als er Bauart und Abmessungen des Wagenrahmens beeinflußt. Die gebräuchlichen Aufbauten für Personenfahrzeuge (soweit sie nicht gewerblichen Zwecken dienen) werden heute durchweg so entworfen, daß Vorder- und Hinterplätze von der Seite aus zugänglich sind; sie unterscheiden sich zunächst hinsichtlich ihrer Sitzzahl (2, 4, 6 und mehr Sitzplätze), dann aber auch darin, ob sie offen, geschlossen oder mit abnehmbarem, bzw. zurücklegbarem Verdeck versehen werden. Durch diese Einzelheiten brauchen gegebenenfalls, wie aus den in Fig. 519 bis 526, S. 370, dargestellten Beispielen von Wagen der Daimler Company in Coventry hervorgeht, die Hauptabmessungen des Untergestells, nämlich Spurweite und Achsstand nicht beeinflußt zu werden, wie ja überhaupt jede Fabrik danach streben wird, möglichst vielen verschiedenen Bedürfnissen mit einer einzigen Rahmenbauart gerecht zu werden.

In der Regel werden sich jedoch zwei Bauarten von Rahmen, die eine für kleine und Stadtwagen, die andere für größere und Reisewagen aus Preisrücksichten selten umgehen lassen. Normalien für solche zwei Hauptbauarten, die im wesentlichen noch heute als maßgebend gelten dürften, hat schon im Jahre 1905 die Chambre Syndicale de l'Automobile aufgestellt[3]), vgl. Fig. 527 bis 530, S. 371. Der

---

[1]) Vgl. Zeitschr. des Mitteleuropäischen Motorwagen-Vereins 1909, S. 226 u. F. The Horseless Age. 14. Dez. 1910 und 8. März 1911.

[2]) Diese Scheidung braucht aber nicht auch äußerlich auffallend zu sein. Im Gegenteil, die großen Fortschritte, die man neuerdings gerade im Bau von Wagenkasten gemacht hat, beruhen darauf, daß man die Kastenform dem ganzen Fahrzeug besser anpaßt, so daß es als ein einheitlicher Körper erscheint.

[3]) Périssé, Automobiles à pétrole, 1907, S. 341.

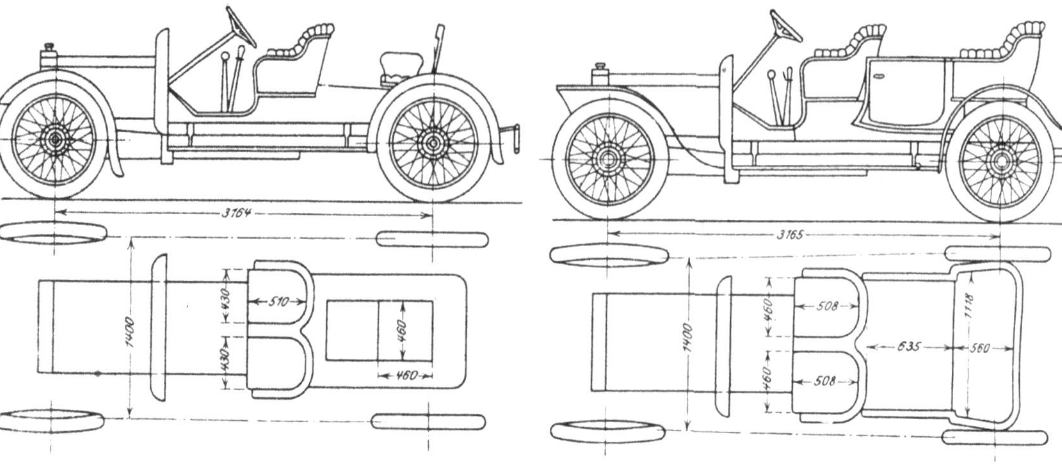

Fig. 519 und 520. Zweisitziger Phaeton mit hinterem Klappsitz.

Fig. 521 und 522. Viersitziger Phaeton.

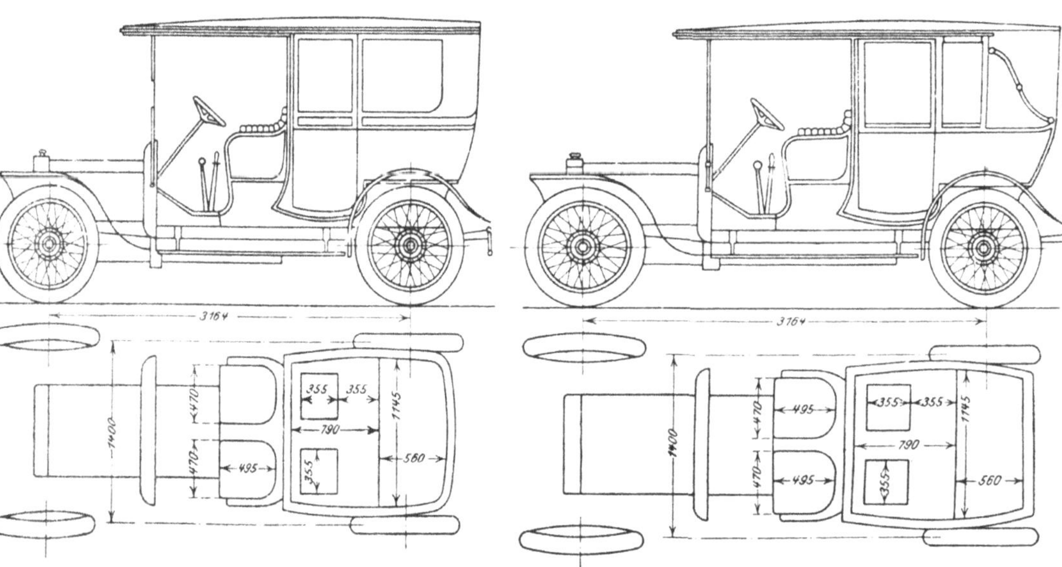

Fig. 523 und 524. Sechssitzige Limousine.

Fig. 525 und 526. Sechssitzige Landaulette.

Fig. 519 bis 526. Verschiedene Formen von Wagenkasten.

kleine Wagen, der für eine Nutzlast von 600 kg und für eine Maschine von 12 bis 20 PS berechnet ist, hat vier gleiche Räder von 810 mm Durchmesser für 90 mm-Reifen und glatt durchgehenden Rahmen, während der größere Wagen für 1000 bis 1200 kg Nutzlast und 24 bis 30 PS Maschinenleistung mit Rädern von 880 mm Durchmesser bei 120 mm-Reifen versehen ist und einen vorne um je 50 mm auf jeder Seite abgekröpften Rahmen erhält, damit die Lenkräder weiter nach einwärts gestellt und kleinere Krümmungen befahren werden können.

In neuerer Zeit legt man allgemein Wert darauf, den Rahmen möglichst tief zu lagern. Da der Boden des Wagenkastens noch 60 bis 80 mm höher liegt als die Oberkante des Rahmens, und man mehr als eine Auftrittstufe nicht verwenden kann, so wird bei den dargestellten Rahmen der Einstieg etwas beschwerlich. Zudem verbessert die niedrige Rahmenlage die Seitenstabilität und das Aussehen des Wagens. Den Anstoß zu diesen Bestrebungen hat unter anderem auch die Ausschrei-

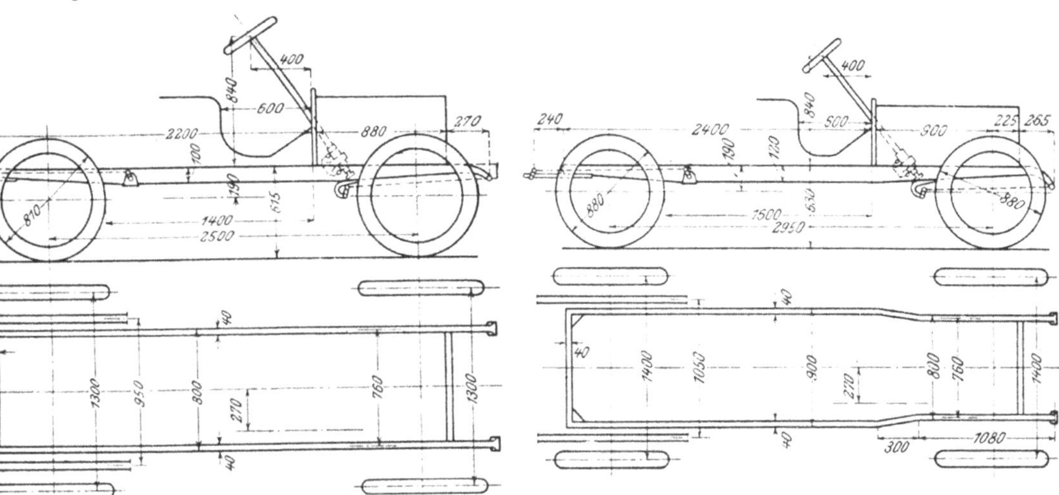

Fig. 527 und 528. Kleiner Wagen, 12 bis 20 PS. Fig. 529 und 530. Großer Wagen, 24 bis 30 PS.

Fig. 527 bis 530. Normalbauarten für Untergestelle der Chambre Syndicale de l'Automobile.

bung zur Prinz Heinrich-Fahrt 1909 gegeben. Bei der in Fig. 527 bis 530 dargestellten Rahmenbauart wird man jedoch durch das Schwungrad sowie die Gehäuse der Maschine und des Ausgleichgetriebes, die man in gewisser Entfernung von der Straßenoberfläche halten muß, gehindert, den Rahmen tiefer zu legen. Infolgedessen ist man bei größeren Wagen dazu übergegangen, die Rahmen hinten nach aufwärts zu biegen, Fig. 531 und 532, S. 372. Bei kleinen Wagen hat der allgemeine Übergang zu Vierzylindermaschinen sowie etwas reichlicheres Bemessen der Sitztiefen zu einer geringen Vergrößerung des Achsstandes (auf etwa 2700 mm) gegenüber Fig. 527 und 528 geführt, während man die Tieflage des Rahmens zum Teil durch Anwendung von kleineren Raddurchmessern, zum Teil durch weitgehendes Kröpfen der Vorderachse erreichen konnte, ohne den Rahmen biegen zu müssen.

Mitunter kann man beobachten, daß in dem Bestreben, den Wagenrahmen tief anzuordnen, zu weit gegangen wird. Schon bei der gebräuchlichen Bauart bleiben unter den Wagenachsen je nach der Größe des Wagens 230 bis höchstens 300 mm frei, unter der Schalung, die das Kurbelgehäuse nach unten hin schützt, in der Regel noch weniger (200 mm). Es leuchtet ein, daß so geringe Abstände nicht nur für das Fahrzeug, sondern auch für zufällig zwischen die Räder geratende Hunde usw. sehr gefährlich werden und geeignet sind, die Möglichkeit, daß ein Unfall gelegentlich von milderen Folgen begleitet sein könnte, ganz auszuschließen. Vorschriften darüber, wie groß der geringste Abstand zwischen den Teilen des Untergestells und der Fahrbahn sein darf, finden sich nur in den von der Heeresverwaltung erlassenen Bestimmungen für Motorwagen (250 mm für Personen- und 280 mm für Lastfahrzeuge)[1]). Es würde sich aber empfehlen, wenn auch z. B. bei den vorgeschriebenen Prüfungen für andere Motorwagen hierauf mehr als bisher geachtet würde.

[1]) S. Anhang S. 453 und 457.

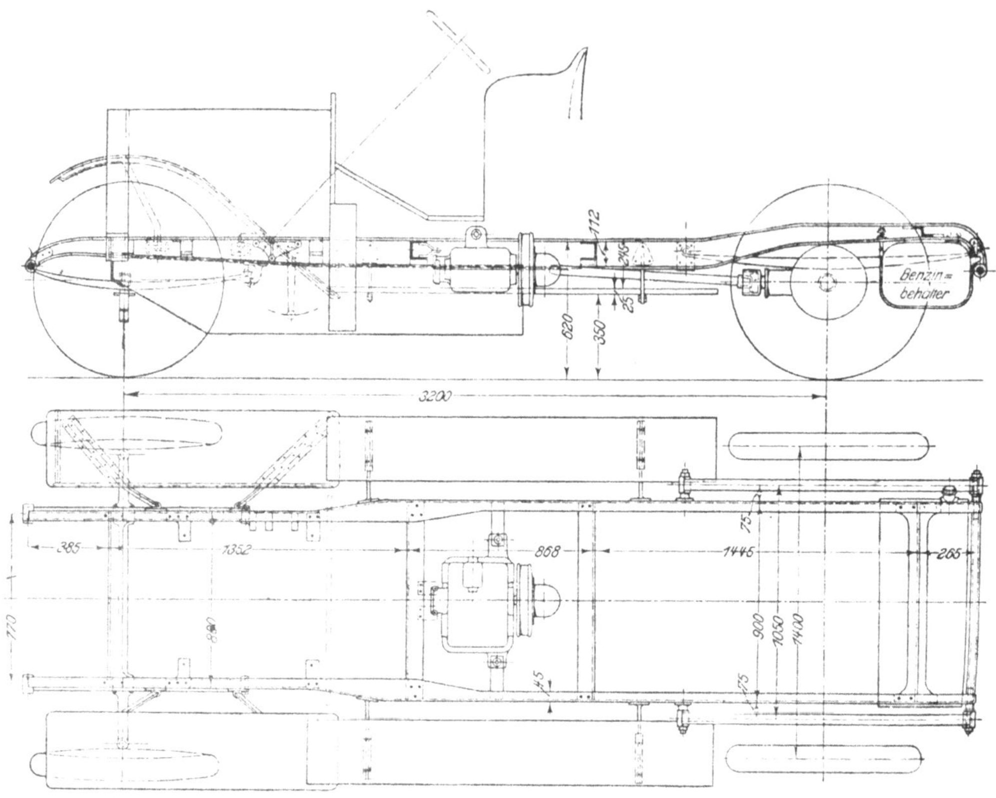

Fig. 531 und 532. Rahmen des Personenwagens der Neuen Automobil-Gesellschaft.

Für die Abmessungen der Wagenkasten von Motordroschken bestehen in Berlin folgende Vorschriften:

1. Höhe der Wagen:
   a) vom Erdboden bis zum Auftritt höchstens . . . . 0,32 m
   b) vom Auftritt bis zum oberen Teil der Schwelle höchstens 0,26 „
   c) vom Fußboden des Wagens bis zur Sitzschwinge mindestens . . . . 0,32 „
   d) von der Sitzschwinge bis zur Decke mindestens . . 1,20 „
   e) Höhe der Tür von der Schwelle bis zur Fensterstange mindestens . . . . 1,25 „
2. Weite der Türöffnung mindestens . . . . 0,55 „
3. Äußere Breite der Wagen über den Sitzen von Armlehne zu Armlehne mindestens . . . . 1,25 „
4. Innere Breite des Wagenkastens über den Rücksitzen mindestens . . . . 1,10 „
5. Länge des Wagenkastens über den Sitzen von der Vorderwand bis zur Rückwand:
   a) bei viersitzigen Wagen mindestens . . . . 1,50 „
   b) bei zweisitzigen Wagen mindestens . . . . 1,25 „
   c) von Sitzschwinge zu Sitzschwinge mindestens . . . 0,52 „

Die angegebenen Maße haben sich gut bewährt und können daher auch bei anderen Wagen eingehalten werden, wenngleich kleine Abweichungen nach unten

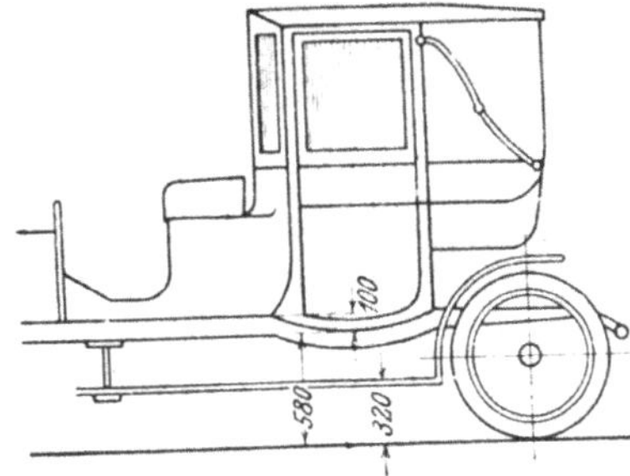

Fig. 533. Unter der Wagentür durchgebogener Rahmen.

auch noch zulässig sein dürften. Hervorzuheben ist, daß die Berliner Polizeibehörde schon frühzeitig auf die Einhaltung des niedrigen Auftrittes (580 mm) im Interesse der Bequemlichkeit Wert gelegt hat, eine Vorschrift, die man vor einigen Jahren nur so zu erfüllen vermochte, daß man den Rahmen unter der Tür nach unten durchbog, s. Fig. 533. Bei den gegenwärtigen Wagen mit tiefliegendem Rahmen ist diese Maßnahme nicht mehr erforderlich.

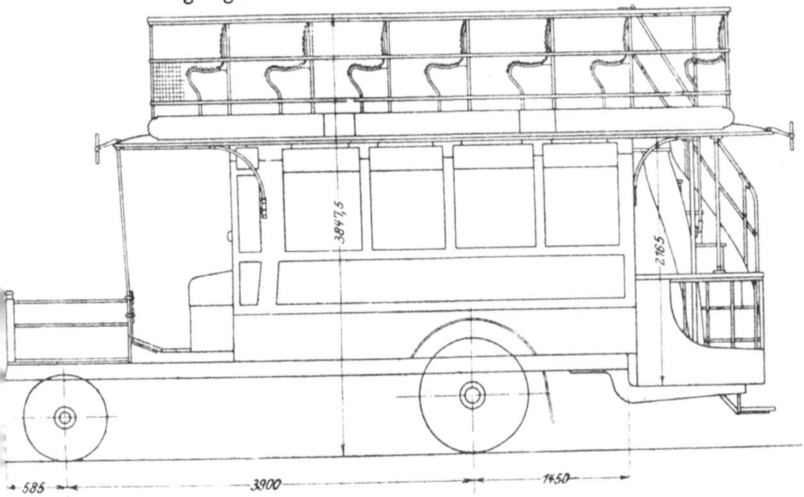

Fig. 534.

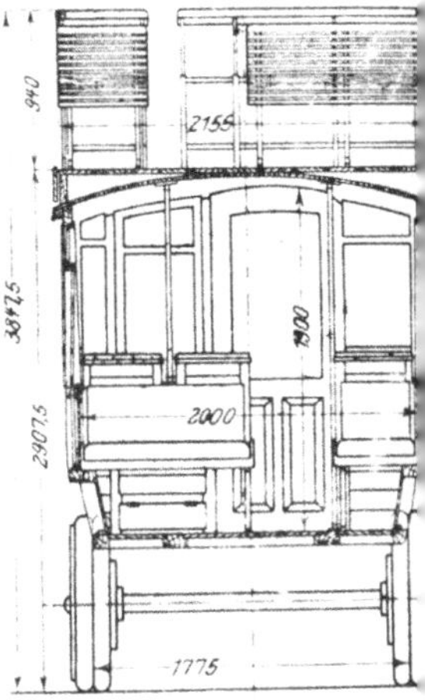

Fig. 537.

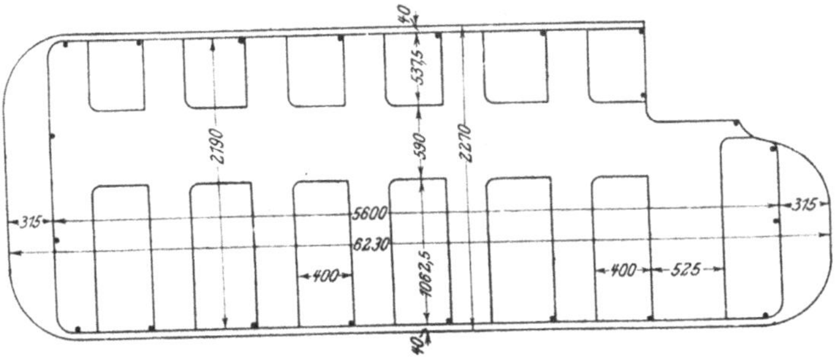

Fig. 535.

Oberes Verdeck.

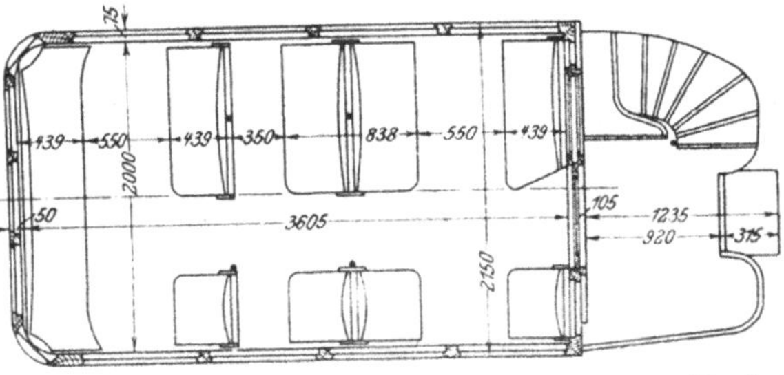

Fig. 536.

Innenraum.

Fig. 534 bis 537. Berliner Motoromnibus mit Verdeck.

Als eine besondere Art von Personenmotorwagen im öffentlichen Verkehr sind noch die Motoromnibusse zu erwähnen, deren Wagenkästen von Fall zu Fall im Einvernehmen mit den Aufsichtsbehörden entworfen werden müssen. Für den Berliner Verkehr sind in der letzten Zeit die in den Fig. 534 bis 540 dargestellten Aufbauten zugelassen worden[1]), von denen diejenige mit Decksitzen für 36 Sitzplätze bemessen ist und rund 2500 kg wiegt, während diejenige ohne Decksitze 16 Sitzplätze enthält und 1800 kg wiegt. Diese Wagenkästen sind ganz

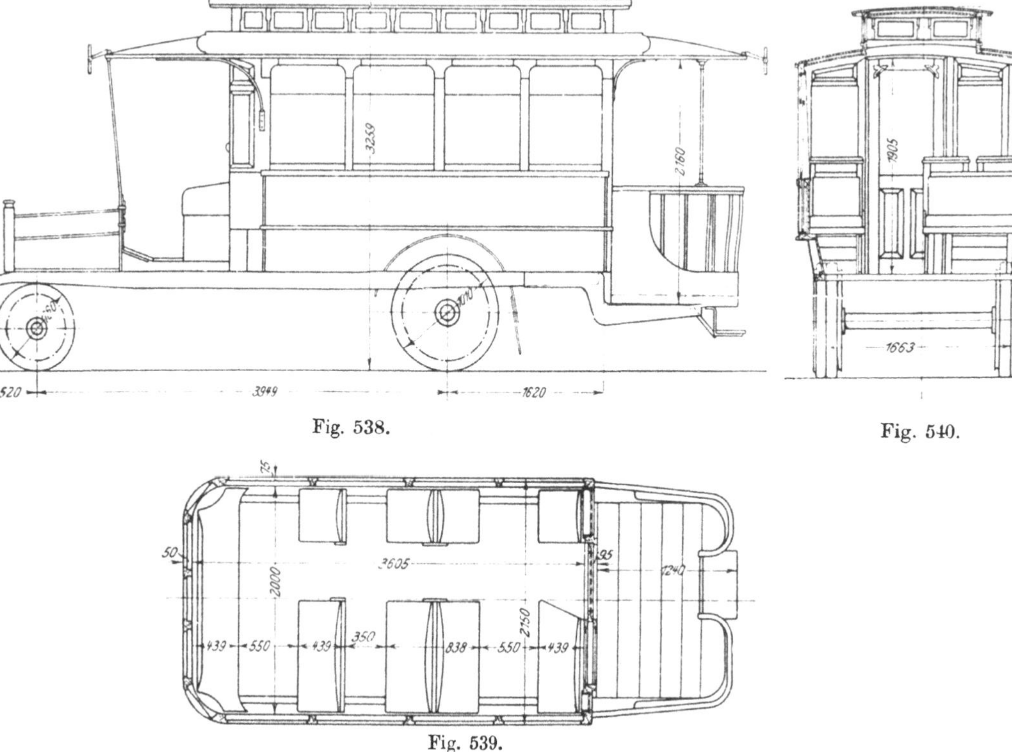

Fig. 538.

Fig. 540.

Fig. 539.

Fig. 538 bis 540. Berliner Motoromnibus ohne Verdeck.

besonders hohen Beanspruchungen ausgesetzt. Wegen der unvermeidlichen Erschütterungen können die Holzverbände nur mit durchgehenden Schrauben und Muttern und nicht mit Holzschrauben zusammengehalten werden. Bei den Wagen mit Decksitzen treten ferner beim Anfahren und Bremsen infolge der hochliegenden Belastung starke Drehbeanspruchungen der Pfosten ein, auf die Rücksicht genommen werden muß. Beachtenswert ist endlich, daß man stets trachtet, durch entsprechende Verteilung der Sitzplätze das größere Gewicht links (in der Fahrtrichtung gesehen) von der Mitte anzuordnen, weil die Fahrzeuge zumeist auf der rechten, nach rechts etwas abfallenden Straßenseite verkehren und man auf diese Weise ungleiche Federdurchbiegungen und annähernd wagerechte Lage des Wagenbodens erreichen will.

Bei Motorlastwagen richtet sich die Art des Wagenaufbaues immer nach den von Fall zu Fall vorliegenden Bedürfnissen. Hiernach kann man Wagen mit

[1]) Die Unterlagen hat mir die Hannoversche Waggonfabrik, Linden-Hannover, freundlichst überlassen.

kastenförmigem Aufbau unterscheiden (vornehmlich kleinere Wagen, die als Lieferwagen von Warenhäusern benutzt werden, aber auch gelegentlich größere Ausführungen als Möbel- und Teppich-Lieferwagen), sowie Plattformwagen für größere Lasten bis zu 5 t, bei denen die Wagenplattform in der Regel mit einer niedrigen Einfassung versehen ist. Die Plattform kann auch nach hinten kippbar eingerichtet werden, wodurch das Entladen beschleunigt wird. Nach der Art des zu befördernden Gutes wird auf die verfügbare Ladefläche mehr oder weniger Wert zu legen sein. Wagen dieser Art werden von den Heeresverwaltungen benutzt. Für sie sind besondere Bauvorschriften erlassen worden, s. Anhang S. 451.

Wagenrahmen.

Beim Entwurf des Untergestells für einen bestimmten Wagen geht man am besten von der Maschine aus, deren größte Baulänge gewöhnlich bereits gegeben ist. Der Kühler vor der Maschine und das Spritzbrett hinter der Maschine sind so nahe an die Maschine heranzurücken, daß nur zum Durchgreifen ausreichende Zwischenräume frei bleiben. Den Kühler stellt man annähernd über die Vorderachse des Wagens. An das Spritzbrett schließt sich dann der Führersitz, dessen Abmessungen von der Art des Wagens abhängen. Bei schnellfahrenden Personenwagen zieht man heute, insbesondere auch des Aussehens wegen, niedrige, tiefgebaute, bequeme Führersitze mit entsprechend stark geneigter Lenksäule vor. Die feste Sitzhöhe darf hierbei 280 bis 350 mm nicht übersteigen, während die feste Sitztiefe 450 bis 500 mm betragen muß. Durch die erforderliche Polsterung wird die tatsächliche wirksame Sitzhöhe auf 350 bis 400 mm vergrößert, die Sitztiefe auf 380 bis 430 mm vermindert. Wagen, die für gewerbliche Unternehmungen bestimmt sind, erhalten vielfach höher gebaute, weniger tiefe Sitze mit entsprechend steiler gestellten Lenksäulen, wobei man an Rahmenlänge sparen oder bei gleicher Rahmenlänge längere Aufbauten verwenden kann (feste Sitzhöhe etwa 400 mm, feste Sitztiefe ebenfalls etwa 400 mm).

Durch diese Unterschiede wird auch die Entfernung zwischen Spritzbrett und fester Rückwand des Führersitzes beeinflußt, da der erforderliche Abstand zwischen Vorderkante des Führersitzes und Spritzbrett im wesentlichen von der Stellung des Führers abhängig ist. In der Regel schwankt dieser Abstand zwischen 600 mm für kleine und gewerbliche Motorwagen und 650 bis 700 mm für schnellfahrende Personenwagen.

Sind diese Maße festgelegt, so kann man hiernach auch — am einfachsten durch den Versuch — die beste Anordnung der Hebel, die zum Bedienen des Wagens erforderlich sind, bestimmen, s. Fig. 541 bis 544, S. 376. Die Stellung der Hinterachse und die Länge des ganzen Rahmens sind nunmehr von der für den Wagenaufbau erforderlichen freien Länge abhängig, die Stellung der Hinterachse insofern, als man stets trachten wird, die Gewichte des Wagenaufbaues zu beiden Seiten der Hinterachse gleichmäßig zu verteilen, insbesondere da man verhindern muß, daß etwa nach hinten überhängendes Gewicht eine Verminderung des Druckes auf die Vorderachse hervorbringt.

Die Bauteile des Wagenrahmens sind zwei Längsträger sowie drei oder mehr Querträger, von denen in der Regel zwei an den Enden, die anderen an geeigneten Stellen dazwischen angebracht werden. Alle diese Teile werden heute fast ausnahmslos aus Stahlblech von 4 bis höchstens 7 mm Dicke mit [-förmigem Querschnitt in passenden Gesenken gepreßt, während Stahlrohre und Walzeisen für diese Zwecke beinahe aufgegeben worden sind. Die Anwendung gepreßter Rahmenteile hat hier ebenso wie z. B. im Eisenbahnwagenbau große Gewichtersparnis bei mindestens gleicher Festigkeit ermöglicht, und ihre Einführung ist eines der kennzeichnenden Merkmale jener neueren Richtung gewesen, die den ganzen Umschwung im Motorwagenbau zu Ende der 90er Jahre herbeigeführt hat.

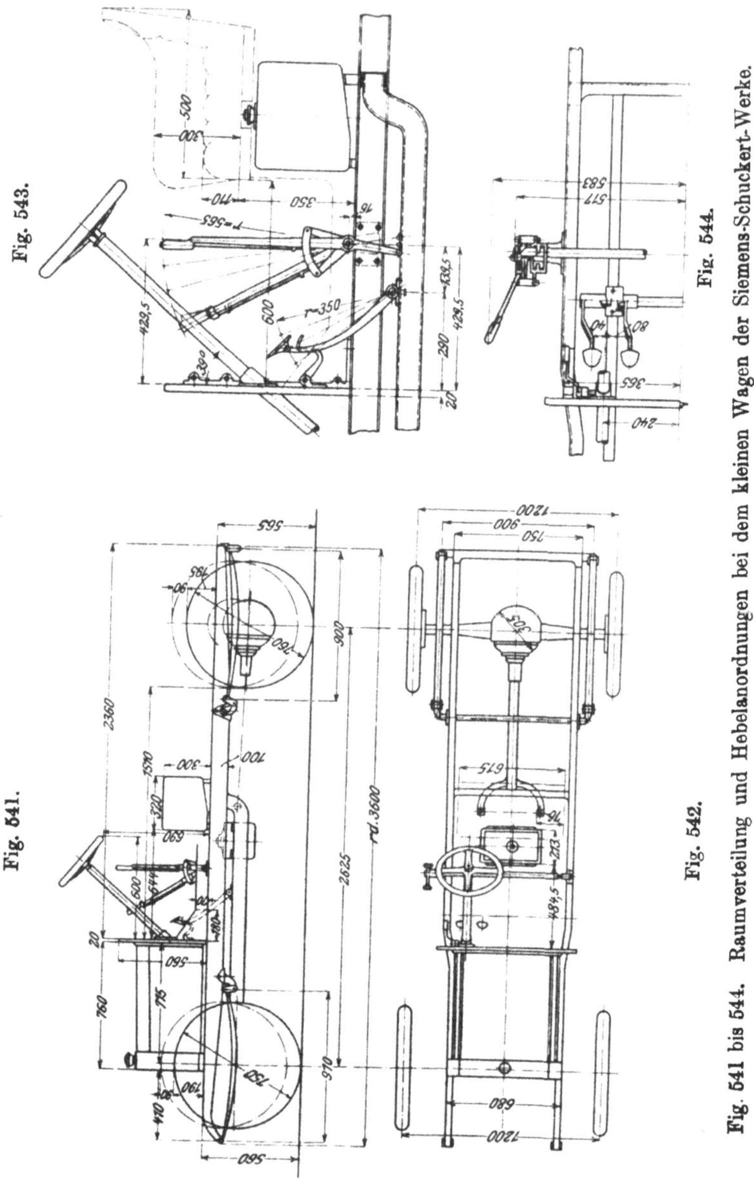

Fig. 541. Fig. 542. Fig. 543. Fig. 544.

Fig. 541 bis 544. Raumverteilung und Hebelanordnungen bei dem kleinen Wagen der Siemens-Schuckert-Werke.

Die gebräuchliche Rahmenbauart für kleine und mittlere Personenwagen zeigen die Fig. 545 und 546, S. 377. Die Längsträger, deren Höhe entsprechend den nach der Mitte ihrer freitragenden Länge hin zunehmenden Biegungsmomenten wächst, werden annähernd unter dem Führersitz in der Ebene ihres Steges abgekröpft, derart, daß der Rahmen vorne um etwa 100 mm schmäler ist, als hinten. Die Kröpfung ist möglichst schwach gekrümmt auszuführen und durch Verbreitern der Gurte, insbesondere des Untergurtes, zu verstärken, da hier leicht Brüche eintreten können. An den vorderen Enden werden die Längsträger so abgebogen, daß sie sich an die in die Höhlung einzunietenden Federösen anschließen, die Form der hinteren Enden hängt von der Bauart der Abfederung ab. Im vorliegenden Falle ruht der Wagen hinten auf zwei Längsfedern und einer Querfeder, deren Auflager die hintere Querstütze des Rahmens bildet. Diese ist daher durch einen Winkelrahmen noch besonders versteift.

Bei der Verteilung der mittleren Querversteifungen ist auf die besondere Bauart und Anordnung des Triebwerkes Rücksicht zu nehmen. Bei dem hier dargestellten Rahmen werden z. B. Maschine und Wechselgetriebe von einem zwischen den Längsträgern sitzenden Hilfsrahmen aufgenommen, der tief nach unten durchgebogen ist und vorne auf einer Querstütze aufliegt. Diese wird in der Regel nach unten durchgebogen, damit der darauf sitzende Kühler nicht zu hoch wirkt. Die Lage der mittleren Querstütze ist hiernach insofern gegeben, als die an das Wechselgetriebe anschließende Gelenkwelle mit der Hinterachsabstützung möglichst lang gemacht werden muß.

Der große Erfolg, der die Einführung der Preßblechrahmen begleitete, war Anlaß zu Versuchen, möglichst viele Rahmenteile aus einem Stück herzustellen, um das Lockerwerden der Nietverbindungen zu vermeiden. Wieweit diese Versuche getrieben wurden, zeigt der in Fig. 547 bis 552, S. 378, wiedergegebene Rahmen eines italienischen Wagens, bei dem beide Längsträger mit Querträgern und Hilfsrahmen

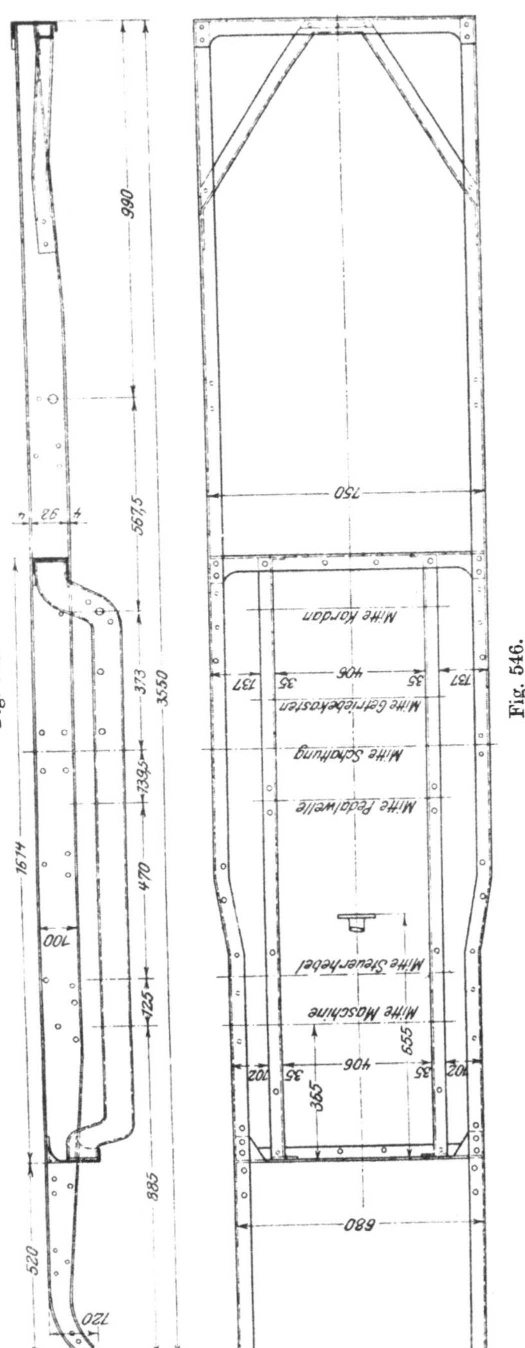

Fig. 545.

Fig. 546.

Fig. 545 und 546. Rahmen für einen kleinen oder mittleren Wagen.

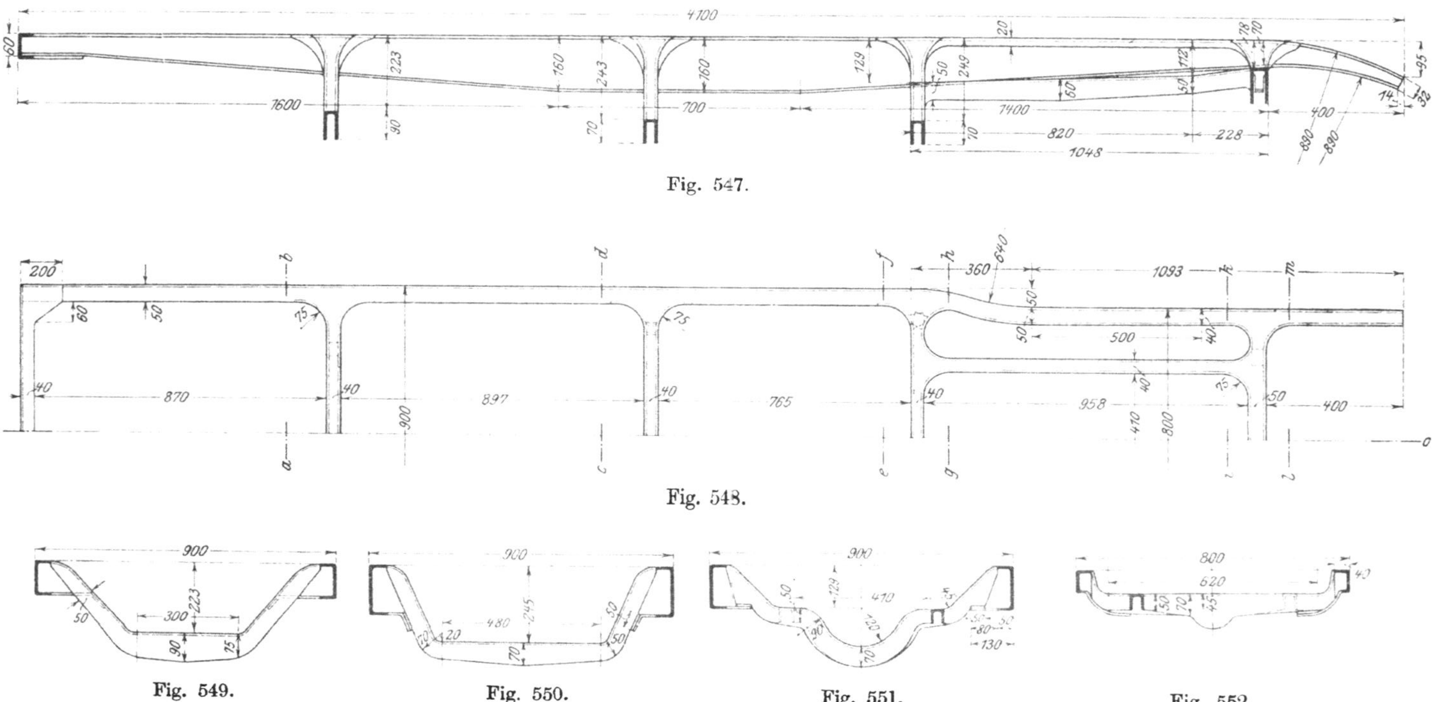

Fig. 547.

Fig. 548.

Fig. 549.

Fig. 550.

Fig. 551.

Fig. 552.

Fig. 547 bis **552. Vollständig aus einem Stück Blech ausgeschnittener und gepreßter Rahmen.**

aus einer großen Blechtafel ausgeschnitten, dann in U-form gepreßt und schließlich gebogen worden sind, so daß man nur für die hintere Querstütze und für einzelne Knotenpunkte Nietverbindungen anzuwenden braucht. Die Verwendung solcher Rahmen verbietet sich jedoch heute schon wegen ihrer unverhältnismäßig hohen Kosten. Zudem ist die Gefahr sehr groß, daß an den meist stark beanspruchten Anschlußstellen der Querstützen infolge der Bearbeitung Risse entstehen, die schwer zu beseitigen sind, während Nietverbindungen leicht ausgebessert werden können.

Bei schweren Motorlastwagen hat man an der Verwendung von gewalzten ⊏-Eisen für die Rahmen vielfach noch heute festgehalten, weil die Kosten der Matrizen bei der geringen Anzahl von Rahmen, die hergestellt werden, zu hoch sind, zumal da auch die Rücksicht auf Gewichtverminderung und auf gutes Aussehen hier keine solche Rolle spielt. Bis heute hat nur die Daimler-Motoren-Gesellschaft, die in Untertürkheim über eine eigene Presse für Rahmenteile verfügt, auch bei ihren größten Lastwagen aus Blech gepreßte Rahmen verwendet, s. Fig. 553 und 554, S. 380, während die Neue Automobil-Gesellschaft die Längsträger ihrer Motorlastwagenrahmen aus Blech schmiedet.

Die Berechnung der Rahmenteile auf Biegung bereitet keine sonderlichen Schwierigkeiten, wenn die Verteilung der Belastungen infolge des eingebauten Triebwerkes und des Wagenaufbaues bekannt ist. Da wegen der unberechenbaren zusätzlichen Beanspruchung durch Stöße usw. bei der Fahrt mit hoher Sicherheit (6 bis 8) gerechnet werden muß, so genügt es in der Regel, aus den wichtigsten Belastungen durch Maschine, Wechselgetriebe und Wagenkasten annähernd das größte Moment zu ermitteln und hiernach den gefährlichen Querschnitt der Längsträger zu prüfen. Die allgemeine Formgebung der Längsträger ist im übrigen durch die Bauart des Wagens zumeist gegeben. Von den Querstützen empfiehlt es sich, insbesondere auf die mittlere zu achten, die gegebenenfalls durch den ganzen Hinterachsschub oder durch Rückwirkungen der Bremse stark beansprucht werden kann.

Beim Einbau des Triebwerkes in den Wagenrahmen ist immer zu bedenken, daß der Rahmen nicht in sich starr ist und — selbst wenn man keine Rücksicht auf das Gewicht zu nehmen braucht — durch keine wie immer geartete Versteifung dauernd in sich starr gemacht werden kann. Es ist daher unmöglich, zu verhindern, daß sich insbesondere bei schneller Fahrt über unebene Straßen, die Längsträger vorübergehend durchbiegen. Bei den aus dünnem Blech gepreßten Rahmenteilen tritt noch hinzu, daß solche Träger nur eine sehr geringe Widerstandsfähigkeit gegen Verdrehung besitzen; angeblich kann man bei manchen Rahmen die eine Ecke ein ganzes Stück vom Boden abheben, ohne daß die drei anderen Ecken den Boden verlassen. Ist diese Behauptung für die meisten Rahmen vielleicht übertrieben, so kennzeichnet sie doch die außerordentliche Nachgiebigkeit des Preßblechrahmens gegen Drehbeanspruchungen seiner Teile.

Während der Fahrt hat man daher mit allen möglichen vorübergehenden Formänderungen des Rahmens zu rechnen; nicht nur, daß sich Längsträger und Querstützen durchbiegen, auch Schiefstellen der hintersten Querstütze gegen die vorderste, verbunden mit Verdrehen der Längsträger und Voreilen des einen Längsträgers gegen den anderen kann eintreten. Setzt man daher, wie es früher stets geschehen ist und auch heute noch oft geschieht, die Maschine und das Wechselgetriebe (vom Hinterachsantrieb ist weiter unten die Rede) fest in den Rahmen ein, so muß man gewärtigen, daß bei Formänderungen des Rahmens Beanspruchungen in die Gehäuse oder in ihre Stützarme getragen werden, denen sie nicht gewachsen sind (viele Gehäusebrüche sind hierauf zurückzuführen), sowie

Fig. 553.

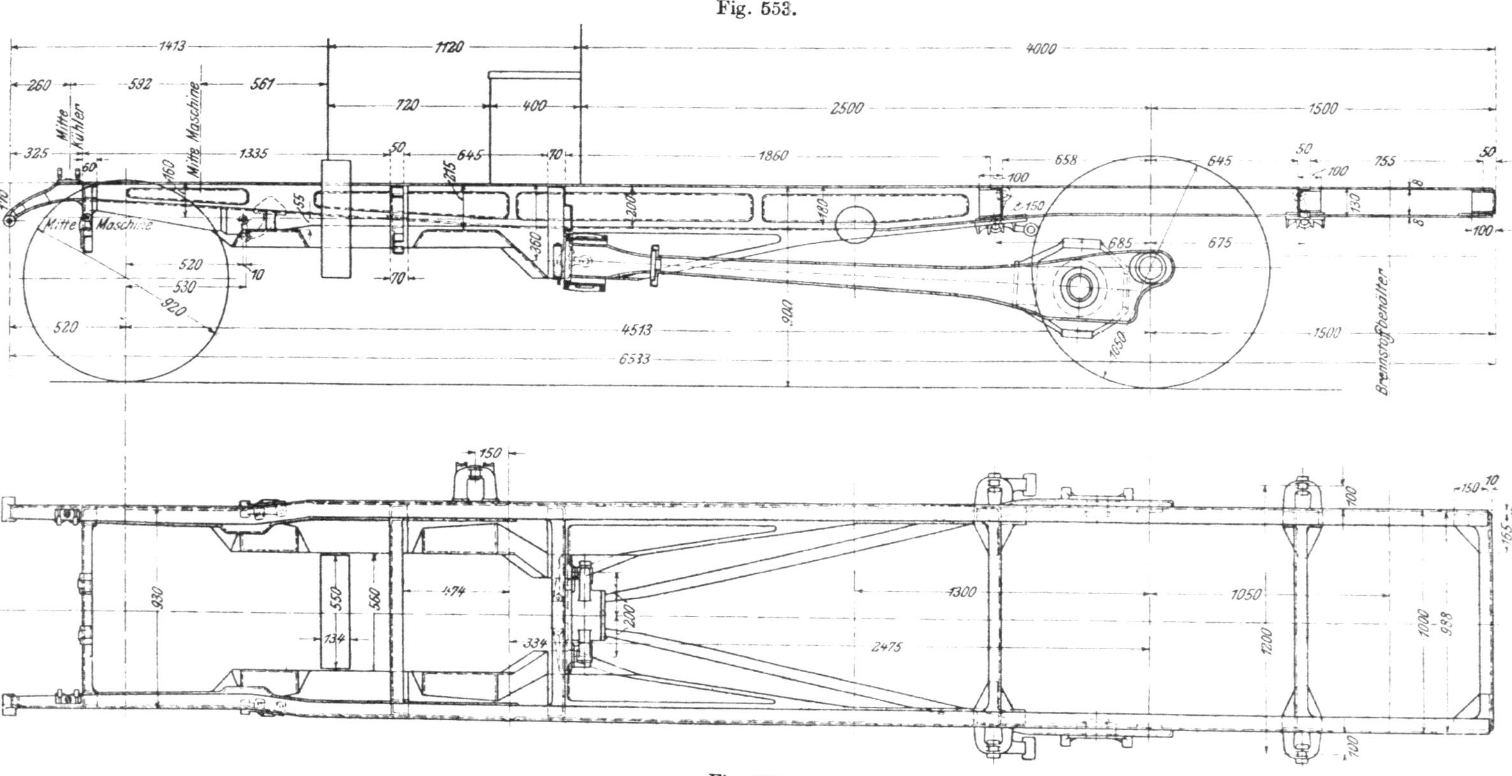

Fig. 554.

Fig. 553 und 554. Aus Blech gepreßter Lastwagenrahmen der Daimler Motoren-Gesellschaft.

daß infolge der Verschiebungen zwischen Maschine und Getriebe die Übertragung des Antriebes gestört wird.

Als bewährter Schutz gegen die schädlichen Einflüsse der vorübergehenden Formänderungen des Rahmens gilt heute die sogenannte **Dreipunktlagerung.** Man hängt hierbei Maschine und Wechselgetriebe in der Regel getrennt von einander an drei möglichst weit auseinander gelegenen Stellen mit Kreuzgelenken derart in dem Rahmen ein, daß auf der einen Seite die unentbehrliche Aufnahme der Drehmomentrückwirkungen nicht gestört wird, auf der anderen Seite aber jede der Gelenkstellen unter dem Einfluß von Formänderungen des Rahmens geringe Bewegungen ausführen kann, ohne das Gehäuse zu beanspruchen.

In mustergültiger Weise ist dieses Verfahren bei dem in Fig 507 und 508 S. 358 und 359 dargestellten Untergestell eines 5 t-Motorlastwagens der Daimler-Motoren-Gesellschaft durchgeführt: Das Gehäuse der Maschine ruht hier mit seinem vorderen Ende in einem großflächigen Lager, dessen Kugelbewegung geringes Heben und Senken des hinteren Endes (z. B. bei Durchbiegungen der Längsträger) zuläßt, während das hintere Ende mit zwei nach außen gerichteten Zapfen in Lagerbüchsen aufgehängt ist, die selbst um Achsen parallel zur Wagenlängsachse drehbar sind. Bei ungleichen Durchbiegungen der Längsträger senken sich also die hinteren Enden des Gehäuses verschieden stark, ohne daß Beanspruchungen im Gehäuse auftreten könnten. Bei alledem wird die Rückwirkung des Maschinendrehmomentes durch einen der Zapfen mit Sicherheit auf den Rahmen übertragen.

Eine ähnliche Lagerung ist auch bei dem Getriebegehäuse zu bemerken, mit dem Unterschiede, daß hier das hintere Ende um die Längsachse beweglich ist.

In der Regel wird es nicht erforderlich sein, den Gedanken der Dreipunktlagerung so vollkommen durchzuführen, wie es hier geschehen ist, da es sich immer nur um geringe Bewegungen handelt. Vielfach genügt es, wenn man das Maschinengehäuse mit den üblichen vier Armen auf die Längsträger aufsetzt und nur durch die Art der Befestigung Rücksicht auf etwaige Formänderungen des Rahmens nimmt. Ähnlich pflegt man auch bei dem Getriebegehäuse zu verfahren. Man vermeidet dabei einen Nachteil der vollkommenen Dreipunktlagerung, der darin besteht, daß verhältnismäßig große Kräfte durch die beweglichen Lagerstellen auf den Rahmen übertragen werden müssen.

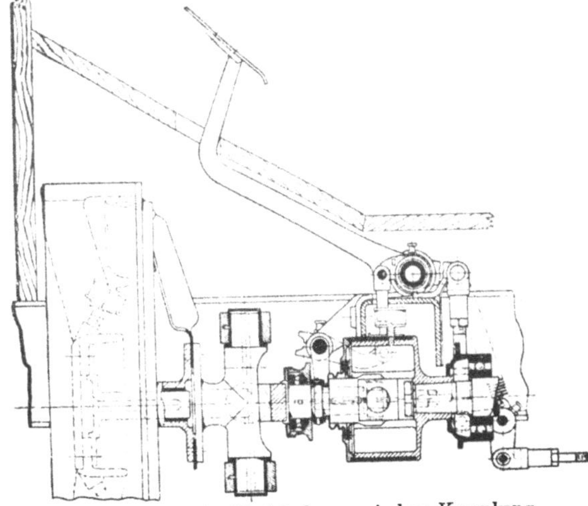
Fig. 555. Bewegliche Verbindung zwischen Kupplung und Getriebe. (Neue Automobil-Gesellschaft, Berlin.)

Auch in diesem Falle muß man jedoch daran festhalten, daß bei Formänderungen des Rahmens Verschiebungen des Getriebegehäuses gegen die Maschine eintreten, denen durch eine bewegliche Verbindung von Maschine und Getriebe Rechnung zu tragen ist. Die Aufgabe ist grundsätzlich nach den gleichen Gesichtspunkten zu behandeln wie bei der Gelenkwelle von Kardanwagen, nur müssen hier, da beide Teile fest im Rahmen gelagert sind, zwei Gelenke verwendet werden, von denen eines Längsverschiebung besitzt. Die Bauart dieser Verbindung bei einem Motorlastwagen der Neuen Automobil-Gesellschaft, Berlin, zeigt Fig. 555.

Im Zusammenhange mit der Notwendigkeit, das Gehäuse des Wechselgetriebes beweglich im Rahmen aufzuhängen, steht weiter, daß auch die zum Schalten des Getriebes erforderlichen Hebel bei Formänderungen des Rahmens ihre Lage gegenüber dem Wechselgetriebe nicht verändern dürfen, da die Sperrung sonst leicht in Unordnung gerät und die ganze Schaltung versagt. Fast allgemein lagert man daher die die Schaltung tragenden Wellen, gegebenenfalls in einem Ausschnitt der Rahmenträger, unmittelbar auf dem Gehäuse des Wechselgetriebes, s. z. B. Fig. 408 bis 410, S. 298, und befestigt nur die Kulisse oder den gezahnten Bogen für den Schalthebel auf dem Rahmen selbst.

Daß auch der Kühler nicht fest, sondern beweglich auf die Längsträger des Rahmens zu setzen ist, erscheint nach dem Vorstehenden selbstverständlich. Ist doch der Kühler wegen seines leichten Zusammenbaues mit Hilfe von Lötungen zur Aufnahme von Beanspruchungen infolge von Formänderungen des Rahmens noch viel weniger geeignet als etwa das Kurbelgehäuse. Schon die unvermeidlichen Erschütterungen während der Fahrt lockern mit der Zeit die Verbände des Kühlers, so daß Wasser daraus verloren geht und die Kühlung gestört wird. Schwierigkeiten infolge der Rahmen-Formänderung vermeidet man, indem man, wie bei dem Kühler für Motoromnibusse der Daimler-Motoren-Gesellschaft, Fig. 556 bis 558, das Kühlgehäuse mit Kreuzgelenken in den Rahmen einbaut, in einfacheren Ausführungen aber auch, indem man Federn unter die Köpfe der zum Befestigen des Kühlers dienenden Schrauben einlegt.

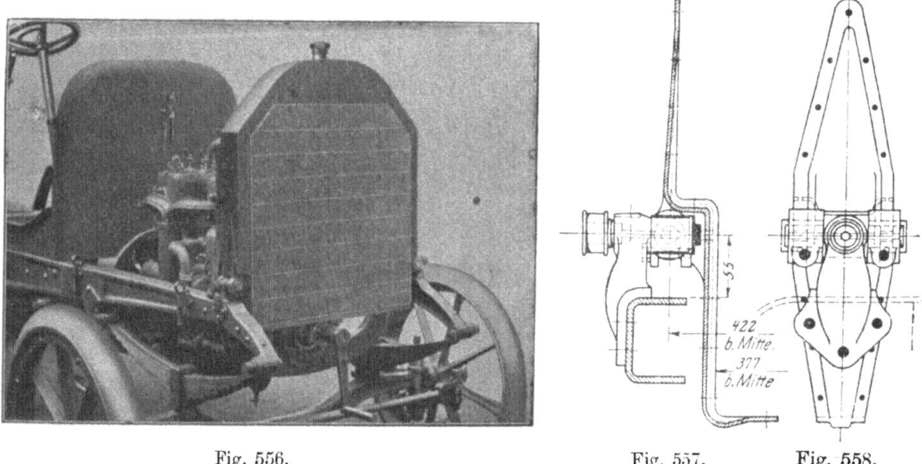

Fig. 556. Fig. 557. Fig. 558.

Fig. 556 bis 558. Einbau des Kühlers bei Motoromnibussen der Daimler-Motoren-Gesellschaft.

Bei kleineren und mittleren Wagen ist man, geleitet von dem Wunsche, Verschiebungen von Maschine und Wechselgetriebe gegeneinander auszuschließen und die Kreuzgelenkverbindungen zwischen diesen Teilen zu umgehen, vielfach zu sogenannten Blockkonstruktionen, d. h. Verbindungen von Maschine und Wechselgetriebe zu einem starren Ganzen, übergegangen, s. Fig. 559 und 560, S. 383. Solche Konstruktionen haben, abgesehen davon, daß sie in der Tat keiner Gelenkverbindungen bedürfen, den Vorteil, daß in der Fabrik Maschine und Wechselgetriebe fertig zusammengebaut, auf dem Prüfstand gemeinsam untersucht und sodann zusammen in den Rahmen eingesetzt werden können. Einbaufehler treten also hier schwerer ein als bei dem üblichen Verfahren. Größere gewerbliche Betriebe können ferner solche Blöcke zum schnellen Auswechseln bereithalten und damit längere Betriebsunterbrechungen ihrer Wagen vermeiden.

Fig. 559.

Fig. 560.

Fig. 559 und 560. Blockkonstruktion der Adlerwerke in Frankfurt a. M.

Auch hier gibt es aber eine Reihe von Schwierigkeiten. Eine gewisse Mindestentfernung zwischen Maschine und Getriebe muß immer eingehalten werden, damit nötigenfalls die Kupplung ausgebaut oder nachgespannt werden kann. Bei größter Sparsamkeit mit diesem freien Raum wird das Gewicht des Triebwerkes durch das in der Regel gegossene Verbindungsstück zwischen Kurbel- und Getriebegehäuse, das gleichzeitig als Ölmulde dient, nicht unwesentlich erhöht. Nicht zu unterschätzen ist ferner der Umstand, daß der verhältnismäßig lange Block bei festem Einbau im Rahmen durch die Formänderungen des Rahmens gefährlich beansprucht werden kann und daß andererseits eine Dreipunktlagerung wegen der großen freitragenden Länge, die dann der Block erhält, auch nicht ohne Bedenken ist. Diese Schwierigkeiten wachsen mit zunehmender Maschinenleistung, so daß bei größeren Wagen Blockkonstruktionen dieser Art kaum anwendbar sind.

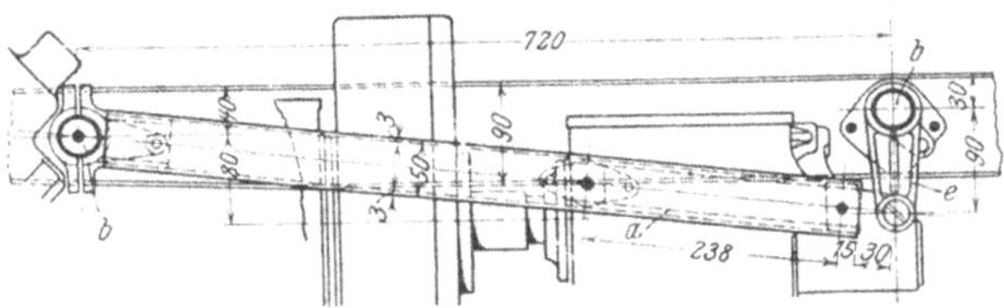

Fig. 561.

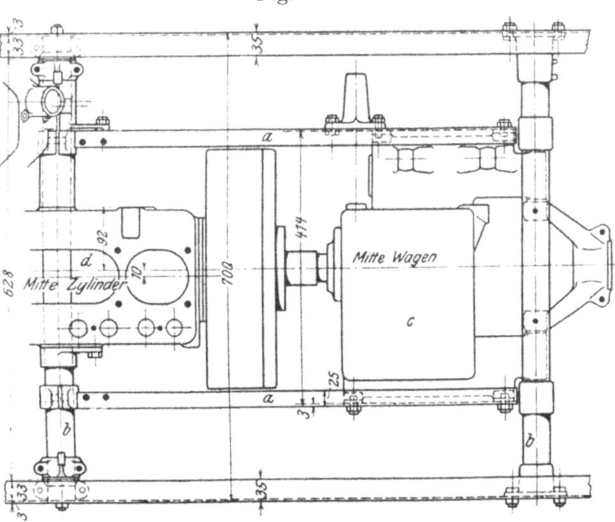

Fig. 562.

Fig. 561 und 562. Blockkonstruktion der Berliner Motorwagenfabrik, Reinickendorf.

Dagegen würde sich eine Blockbauart, entsprechend den Fig. 561 und 562, die von der Berliner Motorwagenfabrik, Reinickendorf, bei kleinen Personenwagen ausgeführt worden ist, unter Umständen auch für große Wagen gut eignen. Der Block wird hier nicht durch starre Verbindung der Gehäuse, sondern durch eine Art Hilfsrahmen gebildet, der aus zwei [-Eisen *a*, *a* als Längsträgern und rohrförmigen Querstützen *b*, *b* des Wagenrahmens als Querträgern besteht. Zwischen den Längsträgern ist das Gehäuse *c* des Wechselgetriebes fest eingepaßt, während die Maschine *d* an der durch sie hindurchgeführten vorderen Querstütze aufgehängt ist. Die vorderen Enden der Träger *a* sind an dem vorderen Rohr leicht drehbar, ihre hinteren Enden sind aber nicht unmittelbar, sondern mit Hilfe kurzer Hebel *e* an dem hinteren Rohr aufgehängt. Bei dieser Bauart werden die Vorteile der Blockbauart für die Werkstätte voll erreicht, wenn man die Rohre *b* durch andere Rohre ersetzt, solange der Block zusammengebaut und geprüft wird. Der Einbau des Blockes im Rahmen ist, wenn die Träger a teilbare Köpfe erhalten, noch leichter als bei der früheren Bauart. Von Formänderungen des Rahmens ist ein solcher Block viel weniger abhängig als ein gegossener, er trägt unter Umständen sogar zur Versteifung des Rahmens bei. Das Wichtigste ist, daß man, ohne das Wagengewicht wesentlich zu steigern, den Block soweit verlängern kann, als es die Zugänglichkeit der Kupplung erfordert.

Der Hinterachsantrieb wird durch die vorübergehenden Formänderungen des Rahmens je nach seiner Bauart verschieden beeinflußt, doch decken sich diese Einflüsse, die ihrer Größe nach sehr untergeordnet sind, ihrer Art nach mit denjenigen, welche von den Bewegungen der Hinterachse herrühren und schon früher besprochen worden sind. Bei Kettenantrieb haben Durchbiegungen der Längsträger die Wirkung von Zusammendrückungen der Hinterfedern, die gleich groß oder verschieden sein können. Bei Kardanwagen mit zwei Wellengelenken und besonderer Drehmomentstütze äußern sich Durchbiegungen der Längsträger wie plötzliche Überschreitungen des Drehmomentes, während Verdrehungen der Träger keinen Einfluß auf die Übertragung ausüben. Bei Kardanwagen mit einem einzigen Wellengelenk kämen höchstens Durchbiegungen der mittleren Querstütze in der Richtung des Achsschubes in Betracht, bei denen sich der ganze Hinterachsantrieb mit den Federn gegen den Rahmen verschiebt.

Federn.

Die Federn, die zwischen Rahmen und Achsen eingeschaltet werden müssen, damit die Stöße beim Fahren über Unebenheiten gedämpft werden, führt man heute vorwiegend als einfache, kreisförmig gebogene Blattfedern (sog. Halbellipsenfedern) aus, Fig. 563 bis 565, deren genaue Abmessungen von Fall zu Fall durch

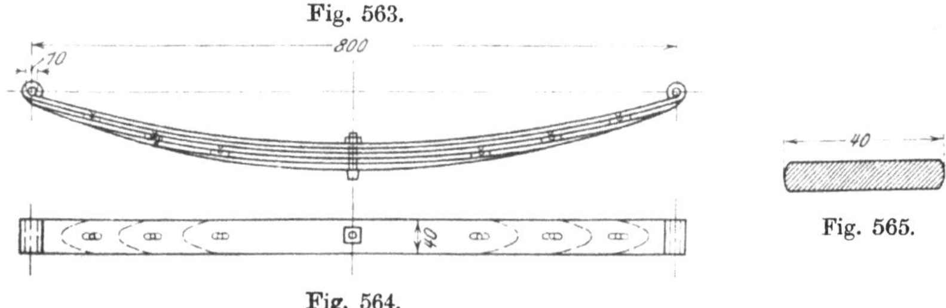

Fig. 563 bis 565. Normale Halbellipsenfeder.

die praktische Erfahrung ermittelt werden müssen, weil die gute Abfederung eines Wagen von vielen verschiedenen Einflüssen abhängt. Da die Wirksamkeit der Wagenfedern zum großen Teil darauf beruht, daß die verhältnismäßig große Masse des Rahmens mit dem Aufbau in gleicher Höhe verbleibt, während die leichtere Achse über die Unebenheiten hinwegrollt, so ändert sich die Güte der

Abfederung auch mit der Bauart des Antriebes und der Nutzlast des Wagens. Die Durchbiegung, welche die Wagenfedern im Betriebe erfahren, ist ferner von der Reibung der Federblätter und von zusätzlichen Beanspruchungen der Federn in ihrer Längsrichtung sowie durch Seitenbewegungen der Achse abhängig. Dazu kommt, daß den Wagenfedern nur ein Teil der gesamten Abfederung des Wagens zufällt. Bei schnellfahrenden Personenwagen halten die Luftreifen die kurzen Erschütterungen, die von dem Straßenboden ausgehen, so zurück, daß nur ein Teil davon überhaupt in die Achse des Wagens gelangt, s. S. 14. Soweit sich diese Erschütterungen über die Federn auf den Wagenkasten fortpflanzen, werden sie außerdem durch die weitgehende Polsterung der Wagensitze gedämpft. Den Wagenfedern selbst bleibt somit die Aufgabe, starke Erschütterungen, die z. B. beim Fahren über eine Rinne oder über unregelmäßiges Steinflaster unvermeidlich sind, in langsame Schwingungen des Wagenrahmens zu verwandeln.

Nach Lanchester[1]) soll die minutliche Anzahl von Doppelschwingungen der Wagenfeder unter 90 betragen, wenn die Abfederung genügen soll. Da die Schwingungsdauer t einer solchen Feder ziemlich genau mit derjenigen eines mathematischen Pendels übereinstimmt, dessen Länge gleich der Durchbiegung f der Feder unter dem auf sie entfallenden Teil der Wagenlast im ruhenden Zustande ist,

$$t = \pi \sqrt{\frac{f}{g}},$$

so kann man hieraus bei angenommener Schwingungszahl die erforderliche Anfangsdurchbiegung der Feder berechnen. Bei n minutlichen Doppelschwingen ist die Dauer der einfachen Schwingung in Sekunden

$$t = \frac{60}{2n} = \frac{30}{n}$$

und

$$f = \frac{900}{\pi^2 \cdot n^2} \cdot g$$

für

$$n = 100, \; 95, \; 90, \; 85, \; 80, \; 75, \; 70$$

ist

$$f = \; 90, \; 100, \; 110, \; 125, \; 141, \; 160, \; 184 \text{ mm}$$

Bei Annahme einer bestimmten Schwingungszahl ist hiermit auch die Anfangsdurchbiegung der Feder gegeben, aus der man mit Hilfe der bekannten Formeln für die Federn von Eisenbahnfahrzeugen die Abmessungen berechnen kann.

Nach der Hütte[2]) ist, vgl. Fig. 566, die Tragkraft

$$2P = 2n \cdot \frac{b h^2}{6} \cdot \frac{k_b}{l + p \operatorname{tang} \alpha},$$

worin b die Breite,
h die Dicke eines Blattes,
n die Anzahl der Blätter,
$k_b = 5800$ bis 6500 kg/qcm die zulässige Beanspruchung,
l die auf jeder Seite freitragende Federlänge,
p die Pfeilhöhe und
α den durch die Richtung der Gehänge bestimmten Winkel darstellt.

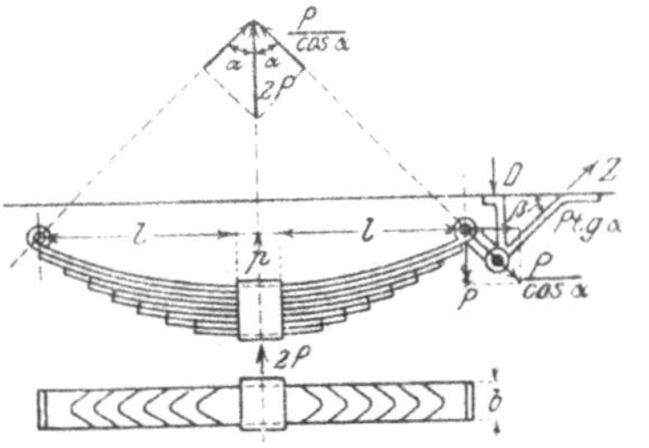

Fig. 566. Berechnung der Federn für Eisenbahnfahrzeuge.

[1]) Engineering, 13. März 1908.
[2]) 19. Aufl. 1905, S. 450.

Für die zulässige größte Durchbiegung gilt

$$f_1 = 6\,\frac{l^2}{nb\cdot h^3}\,\frac{P\,(l+p\,\mathrm{tang}\,\alpha)}{E} = \frac{l^2}{h}\cdot\frac{k_b}{E}.$$

f_1 ergibt sich, wenn man zu dem Werte f der Anfangsdurchbiegung 100 bis 130 mm für zusätzliche Durchbiegung bei Stößen zuschlägt.

Bei Motorfahrzeugen macht man in der Regel $\alpha = 0$. Aus den so vereinfachten Gleichungen kann man, von bestimmten Blattquerschnitten ($b \times h$) ausgehend, bei gegebener Größe von $2P$ (die Achsbelastungen sind im allgemeinen schon von der Rahmenberechnung bekannt) und von f die freie Federlänge l und die Anzahl n der Blätter bestimmen.

Solche Rechnungen werden sich bei ungewöhnlich schweren Motorwagen, insbesondere bei Motoromnibussen, deren Abfederung mit Rücksicht auf die Fahrgäste großer Sorgfalt bedarf, nicht vermeiden lassen, zumal da die Anzahl bewährter Ausführung noch recht beschränkt ist.

Allerdings zeigt sich dabei sofort, daß so große Anfangsdurchbiegungen, wie sie die Rechnung nach Lanchester ergibt, mit Rücksicht auf die Raumverhältnisse unzulässig sind. Unter diesen Werten zu bleiben ist um so weniger bedenklich, als diese Rechnung ohne Rücksicht auf die bremsende Wirkung der Reibung der Federblätter angestellt ist und sich daher in der Wirklichkeit die als zulässig erachteten höchsten Schwingungszahlen schon für kleinere Anfangsdurchbiegungen ergeben werden. Girardault[1]) hat für die Dauer der Federschwingungen eine Gleichung von der Form

$$t = \pi\sqrt{\frac{f}{(1-\mu)\,g}}$$

abgeleitet, worin μ die Reibungsziffer für die gleitende Reibung der Federblätter (0,02 bis 0,06) darstellt.

In der Tat geht man heute bei der Berechnung der Federn weniger von den Schwingungszahlen, als von der Tragfähigkeit und von der zulässigen Gesamtlänge der Federn aus. Auch für diese Angaben lassen sich die obigen Gleichungen bequem verwenden. — Bei den leichteren, schnellfahrenden Personenwagen genügt es vielfach, eine Auswahl unter den gängigen Federn bekannter Federfabriken zu treffen. Angaben über einige Federn sind nachstehend angeführt:

Federn der Etablissements Lemoine.[2])

Entfernung der Federaugen belastet mm	Normalbelastung kg	Anzahl der Federblätter	Breite der Federblätter mm	Mittlere Höhe eines Federblattes mm	Durchbiegung im ganzen mm	Durchbiegung für je 100 kg mm
1000	300	7	50	6,57	48	16
1000	200	6	50	6,18	46	23
1050	350	7	55	6,71	56	16
1050	400	8	55	6,75	54	13,5
1300	300	8	50	6,06	120	40
1300	350	8	50	6,38	126	40,7
1400	300	7	55	6,36	138	46
1400	400	9	55	6,39	140	35
1450	500	10	55	6,85	140	28
1450	600	11	55	7,00	141	23,5
1500	650	10	60	7,45	143	22
1500	700	11	60	7,50	140	20

[1]) La Génie Civil vom 5. und 12. Februar 1910.
[2]) The Horseless Age, 10. November 1909.

Federn nach Angaben von Périssé.[1])

	Entfernung der Federaugen unbelastet mm	Entfernung der Federaugen belastet mm	Anzahl der Federblätter	Breite der Federblätter mm	Höhe der Federblätter: oberstes Blatt mm	Höhe der Federblätter: folgende Blätter mm	Pfeilhöhe unbelastet mm	Pfeilhöhe belastet mm	Normal belastung kg	Durchbiegung im ganzen mm	Durchbiegung für je 100 kg mm
Vorderfedern	880	900	7	50	7	6,5+6,5+6+6+5+5	63	120	380	57	15
	965	1000	7	50	7	6,5+6,5+6,5+6,5+5+5,5	75	151	420	76	18,1
	965	1000	7	45	7	7+6,5+6,5+6+6+6	106	185	475	79	16,6
	900	910	5	45	7	6+6+6+6	48	70	175	22	12,5
	880	890	6	50	7	7+7+7+7+7	56	90	325	34	10,5
	880	900	4	40	7	6,5+3+3	80	108	200	28	14
	790	800	5	40	6	5,5+5+5+5	110	136	150	26	17,3
	880	900	6	45	7	7+6,5+6,5+6+6	106	140	250	34	13,6
Hinterfedern	1340	1380	7	50	8,5	8+8+7,5+7+7+6,5	62	160	500	98	19,6
	960	1000	7	45	7	7+6,5+6,5+6+6+6	68	153	475	85	17,9
	1100	1120	6	45	7	7+7+6+6+6	28	90	205	62	30,3
	1380	1410	9	50	7	7+7+7+7+7+7+7+7	43	140	450	97	21,6
	1170	1200	6	50	8	7+7+7+7+6	90	143	220	53	24,2
	980	1000	7	50	8	7+6,5+6,5+6,5+6+6	100	125	225	25	11,1

Wie aus den letzten Spalten der beiden Zahlentafeln ersichtlich ist, dürfte die Weichheit der Federn, d. h. die Durchbiegung für je 100 kg Belastung, bei Personenfahrzeugen etwa 15 bis 20 mm betragen, ohne daß es jedoch möglich wäre, bestimmte Grenzen festzulegen. Bei Lastfahrzeugen, deren Hinterfedern mit 2000 kg und mehr belastet sind, müssen natürlich viel härtere Federn verwendet werden. In der Wahl zu weicher Federn ist man dadurch behindert, daß die übliche lichte Entfernung zwischen Rahmen und Achse, die für die zusätzlichen Federdurchbiegungen verfügbar ist, bei Vorderachsen etwa 100, bei Hinterachsen etwa 130 mm beträgt, und daß die neueren Bestrebungen, den Rahmen tief zu legen, nur geeignet sind, diese Maße noch weiter zu beschränken. Wie groß nun die Kräfte werden können, die das Federspiel veranlassen, hängt natürlich von der Fahrgeschwindigkeit und von der Straße ab, also von Umständen, die sich beim Entwurf nur ganz annähernd berücksichtigen lassen. So braucht man für eine Motordroschke in der Regel geringeres Federspiel zuzulassen als für den gleichen Wagen, wenn er für Reisezwecke auch auf Landstraßen benutzt werden soll. Man wird also, wenn gleich großer Spielraum verfügbar ist, im ersten Falle weichere Federn benutzen können.

Bestehen Widersprüche zwischen dem vorhandenen Spielraum und der geforderten Weichheit der Federn, so muß man künstlich verhindern, daß der Rahmen auf die Achse aufschlägt; hierzu sind die Federdämpfer bestimmt. Ein anschauliches Beispiel eines solchen Falles zeigt die Abfederung in Fig. 567.

Fig. 567. Weiche Abfederung bei einem Motorlastwagen der Automobil-Gesellschaft, Berlin.

[1]) Périssé, Automobiles, S. 368.

Es handelt sich um das Untergestell eines normalen Motorlastwagens der Neuen Automobil-Gesellschaft, Berlin, das mit einem veränderten Aufbau als Beförderungsmittel für Fremdenrundfahrten benutzt werden sollte. Damit vorne weichere Federn eingebaut werden konnten, hat man zwischen Federböcke und Rahmen Kautschukklötze eingelegt, die allenfalls vorkommende Schläge des Rahmens gegen die Federböcke mildern sollen. Kautschukklötze als Sicherungen gegen das Aufschlagen des Rahmens auf die Achsen fordert auch die Heeresverwaltung, s. Anhang, S. 459.

Die gebräuchliche Anordnung der Federn am Wagenrahmen ergibt sich etwa aus Fig. 531 und 532, S. 372. Von den vier Halbellipsenfedern werden die vorderen mit den Mittelebenen genau in die senkrechten Trägheitsebenen der Längsträger gelegt, damit sie keine Drehbeanspruchungen erzeugen. Diese Federn müssen den Zug vom Rahmen auf die Vorderachse übertragen. Ihre Vorderenden erhalten daher feste Gelenkverbindung mit den in die umgebogenen Enden der Längsträger eingesetzten Federhänden, während die hinteren Enden mit (gewöhnlich) stehenden Doppellaschen an hornförmig gekrümmten Auslegern befestigt werden. Alle Gelenke sind öfter zu schmieren, da sie verhältnismäßig stark belastet sind. Zu empfehlen ist die Einrichtung der Daimler-Motoren-Gesellschaft, wobei jeder Gelenkzapfen mit Höhlung und Bohrungen versehen und durch Aufsetzen eines geeigneten Deckels zur Stauffenbüchse ausgebildet ist. Beachtung verdient auch die Befestigung der gekrümmten Ausleger am Rahmen, wobei Verbiegungen der Untergurte der Längsträger vermieden werden müssen. Lassen sich die gekrümmten Ausleger dadurch vermeiden, daß man die Längsträger stärker nach unten krümmt, wobei die Federlaschen entweder unmittelbar am Untergurt oder an einem in dem Steg des Längsträgers gelagerten Zapfen angebracht werden können, so ist diese Lösung jedenfalls vorzuziehen.

Die Hinterfedern müssen außerhalb der Längsträger angeordnet werden, damit die Hinterachse durch das Wagengewicht nicht zu stark beansprucht wird. Außerdem ist bei Wagen mit Kardanantrieb eine Kröpfung der Achse, die allein gestatten würde, den erforderlichen Raum für das Federspiel frei zu machen, nicht zulässig. Das Federspiel wird also hier von der Lage der Hinterachse gegen den Rahmen bestimmt und muß möglichst ohne Dämpfvorrichtungen eingehalten werden. Die Befestigung der Hinterfedern am Rahmen richtet sich, wie schon aus Früherem hervorgeht, nach der Bauart des Hinterachsantriebes. Im vorliegenden Falle, wo es sich um einen Kardanwagen mit zwei Wellengelenken handelt, übernehmen die Federn die Übertragung des Hinterachsschubes auf den Rahmen. Ihre Vorderenden sind daher an festen Zapfen drehbar, während die Hinterenden mit Hilfe von Stehlaschen an den hinteren Federhänden des Rahmens hängen. Die Drehmomente, die durch die Seitenlage der Federn gegenüber den Längsträgern des Rahmens hervorgerufen werden, sollen durch Abstützungen möglichst unschädlich gemacht werden. Am besten ist es, beide Federenden an Stangen zu befestigen, die quer durch den Rahmen hindurchgezogen sind, s. Fig. 532, S. 372.

Der Grundsatz, daß die einfachste Form die beste und richtigste ist, wird insbesondere bei der Ausbildung der Federbefestigung nicht immer befolgt. Viel weiter verbreiteter als die hintere Aufhängung der Hinterfedern nach Fig. 531 und 532 ist z. B. die Anwendung von eigenartig geformten, nach mehreren Richtungen gekrümmten Tragarmen, die einzeln geschmiedet werden müssen und keiner Berechnung zugänglich sind. Vor solchen Bauteilen kann nicht genug gewarnt werden.

Neben der beschriebenen gibt es aber eine Reihe von abweichenden Federanordnungen, die hauptsächlich den Zweck verfolgen, dem Rahmen die

Schwingungen um seine Längsachse zu erleichtern und dadurch gewisse Härten der üblichen Abfederung zu mildern. Zu erwähnen ist hier vor allem die Anordnung mit je $1^1/_2$ Federn auf jeder Rahmenseite, Fig. 568 und 569, die sich besonders gut für die neueren Rahmen mit aufwärts gebogenen Längsträgern eignet und jede künstliche Verlängerung der Längsträger mit Hilfe von geschmiedeten Federhänden überflüssig macht. Die in der Nähe des Rahmenendes in einem geeigneten Federbock eingespannte Halbfeder ist nach unten soweit abgebogen, daß in der Rundung die für den Angriff der Vollfeder dienende Stehlasche bequem untergebracht werden kann, s. a. Fig. 570. Eine andere, gegen Seitenschwingungen des Rahmens noch nachgiebigere Abfederung ist die Plattformfederung, Fig. 571; hierbei ruht der Rahmen in der Mitte seiner hinteren Querstütze auf einer Querfeder, welche die hinteren Enden der Längsfedern gelenkig verbindet. Dadurch wird der Rahmen nur an drei Stellen unterstützt. Die Abfederung hat den Vorteil, daß sie kurze Längsfedern benutzt und sehr wenig nach hinten ausbaut, also überhängende Wagenaufbauten zuläßt. Die hintere Querstütze muß aber besonders stark ausgeführt werden, vgl. Fig. 545 und 546, S. 377, da sie annähernd

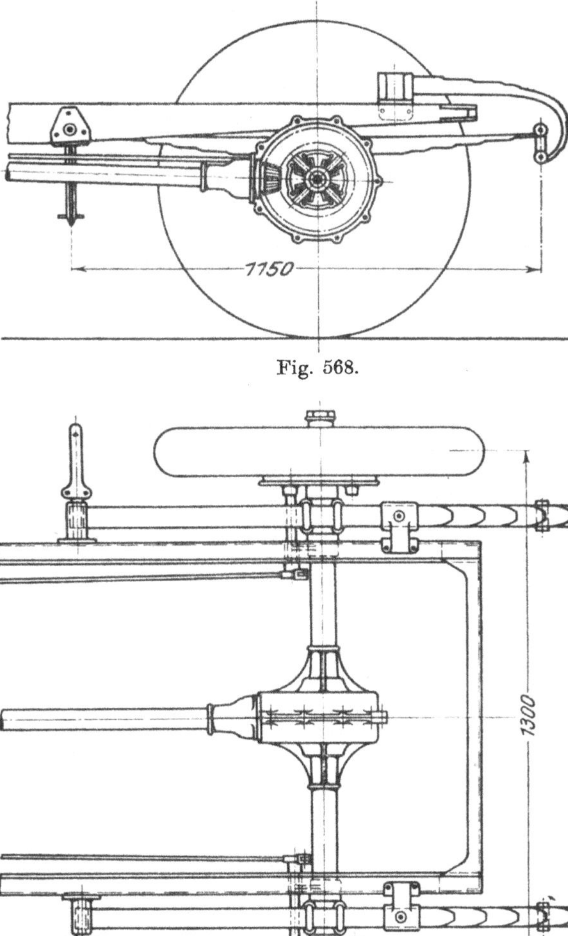

Fig. 568.

Fig. 569.

Fig. 568 und 569. Abfederung mit $1^1/_2$-Ellipsenfedern.

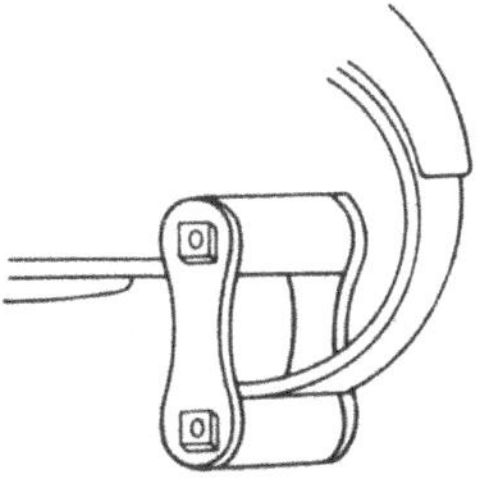

Fig. 570. Verbindung für $1^1/_2$-Ellipsenfedern.

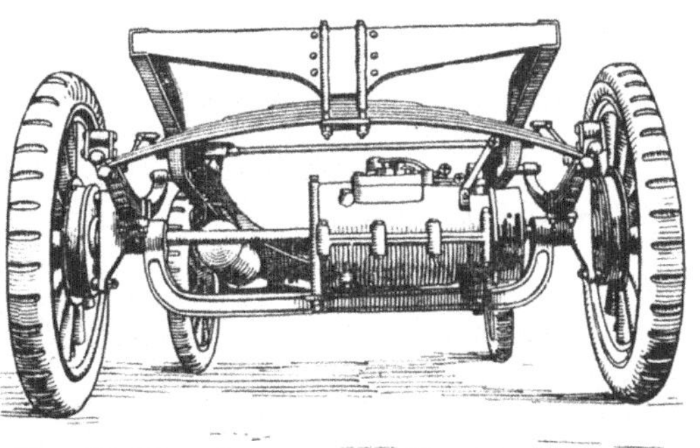

Fig. 571. Plattformfederung.

die Hälfte des ganzen Achsdruckes aufzunehmen hat. Die dargestellte Art der Befestigung für die Querfeder, die keinen sehr sicheren Eindruck macht, wird mitunter durch noch weniger geeignete Konstruktionen ersetzt, bei denen gegossene, weit nach hinten ausladende Konsolen verwendet werden.

Eine beachtenswerte Verbesserung der Abfederung, die sich bei schweren Motoromnibussen gut bewährt hat, rührt von H. Büssing in Braunschweig her, Fig. 572 und 573. Von der Erwägung ausgehend, daß die bei schweren Motorlastwagen gebräuchlichen harten Blattfedern die kleinen, rasch aufeinander folgenden Erschütterungen, die bei leichten Wagen von den Luftreifen aufgefangen werden, nicht aufnehmen können, sondern fast ungedämpft auf den Rahmen fortleiten, hat man hier zwischen die eigentlichen Wagenfedern und den Rahmen noch besondere kurze Schraubenfedern eingeschaltet, die diesen Schwingungen leicht folgen können. Bei der dargestellten Ausführung, welche die Vorderfedern betrifft, wird der Rahmenzug durch wagerechte Laschen auf die Wagenfeder übertragen, an deren Ende der senkrechte Zug der Schraubenfeder angreift.

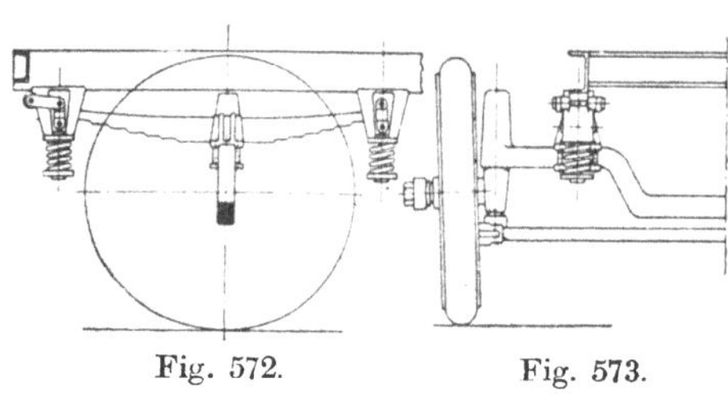

Fig. 572. Fig. 573.

Fig. 572 und 573. Doppelabfederung von H. Büssing in Braunschweig.

In anderen Fällen ist es gelungen, die gleichen Erschütterungen dadurch vom Wagenkasten fernzuhalten, daß man zwischen Wagenkasten und Wagenrahmen kleine Blattfedern eingelegt hat (Motoromnibusse der Straßenbahn Düsseldorf).

Die zuletzt erwähnten Verbesserungen kommen für Fahrzeuge mit Luftreifen nicht so sehr in Betracht; sie gewinnen aber in neuerer Zeit an Bedeutung, da man insbesondere bei gewerblichen Personenwagen in zunehmendem Maße bestrebt ist, wegen der hohen Kosten statt Luftreifen Vollreifen zu verwenden. Allerdings bedarf es noch des Nachweises, daß die Schraubenfedern an dieser Stelle dauerhafter sind als in den zahlreichen federnden Rädern, mit denen man, bisher leider vergebliche, Versuche angestellt hat. Neuerdings werden verschiedene Arten von ähnlichen Zusatzfedern, unter anderen sogar Einrichtungen mit Zusatzfedern, die bei verschieden großen Belastungen in Wirkung treten sollen, auch für Fahrzeuge mit Luftreifen angeboten und benutzt.

Federdämpfer, die, wie schon oben erwähnt, in manchen Fällen unvermeidlich sind, wo sich die Anforderungen an die Weichheit der Federn mit der für das Federspiel verfügbaren Höhe nicht anders vereinigen lassen, sollen nur verwendet werden, wenn sie unbedingt erforderlich sind.

Nach ihrer Wirkungsweise kann man unterscheiden

1. Federdämpfer mit annähernd gleichförmiger Bremswirkung, z. B. große Luftpuffer, die zwischen Rahmen und Federgehänge eingeschaltet sind und die nebenbei auch eine den Luftreifen ähnliche Dämpfwirkung ausüben,

2. Federdämpfer, deren Bremswirkung mit der Federdurchbiegung linear ansteigt, z. B. Bremsen, die sich immer fester anziehen, je stärker die Federschwingung ist,

3. hydraulische Federdämpfer, deren Wirkung mit derjenigen der Ölkatarakte übereinstimmt.

Am einfachsten und zuverlässigsten erscheinen noch die Federdämpfer der Gruppe 1, wenngleich ihr Einfluß auf die Verminderung des Federspieles verhältnismäßig gering ist. Die Bauarten der anderen beiden Gruppen sind wegen der großen Zusatzbelastungen der Achsen, die sie im Gefolge haben, kaum zu empfehlen.[1])

Der Verbindung der Federn mit den Achsen wird häufig noch nicht die Aufmerksamkeit geschenkt, welche sie mit Rücksicht auf die Sicherheit des Fahrzeuges verdient, denn von der Unveränderlichkeit der Lage der Federn gegenüber den Achsen hängen die Genauigkeit der Lenkung und die Wirksamkeit des Hinterachsantriebes ab. Die gebräuchliche Bauart der Wagenfedern, s. Fig. 563 bis 565, S. 384, weist zur Sicherung gegen Verdrehungen der Federlagen gegeneinander kurze in Schlitzen bewegliche Stifte und als Sicherung gegen Längsverschiebungen einen verhältnismäßig schwachen, durch alle Federlagen hindurchgehenden Bolzen mit kegeligem Kopf auf. Bei schweren Motorfahrzeugen sichert man die Federlagen dadurch gegen Verdrehungen, daß man die Federblätter mit Wulsten und diesen entsprechenden Rillen auswalzt, s. Fig. 574. Die Vorderachse erhält angeschmiedete Flanschen mit je einer mittleren, zu dem Kegelkopf des durchgehenden Bolzens passenden Öffnung und je vier Seitenlöchern. Mit Hilfe von zwei Bügeln (Briden) wird die Feder gegen eine nachgiebige Unterlage aus Holz oder Leder festgezogen, damit die Paßfläche nicht der Federkrümmung entsprechend ausgehöhlt zu werden braucht. Bei schweren Motorwagen ist es zweckmäßig, den durch die Feder hindurchgehenden Bolzen durch Anwendung besonderer Federböcke, die mit Nasen versehen sind, von den Scherbeanspruchungen durch die Zug- oder Schubkräfte im Rahmen zu entlasten. Der Bolzen kann auch elliptischen Querschnitt erhalten, damit seine Festigkeit erhöht wird, ohne daß die Federblätter stärker geschwächt zu werden brauchen.[2])

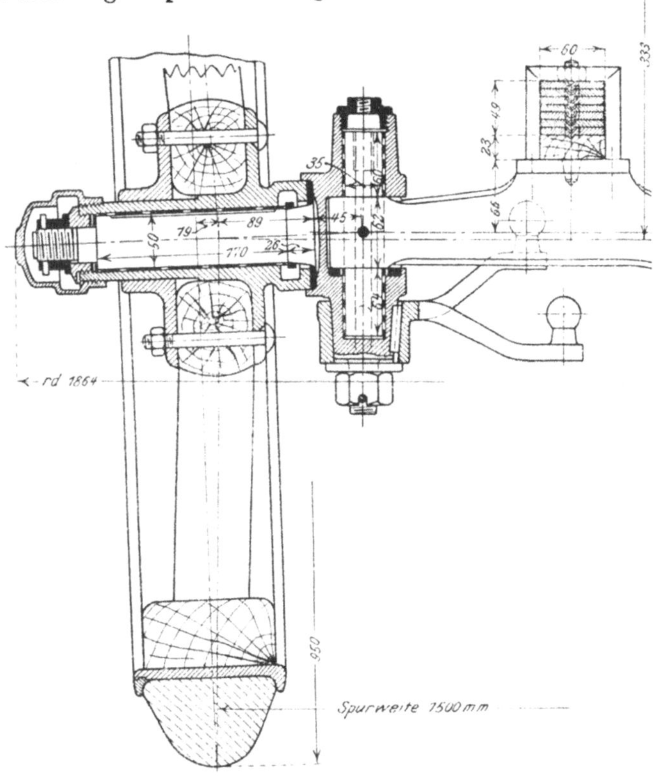

Fig. 574. Vorderrad eines Motorlastwagens der Daimler-Motoren-Gesellschaft.

Die gleichen Bemerkungen treffen auch auf die Verbindung der Federn mit den Hinterachsen von Kettenwagen zu. Da bei Abnutzung der Kette Nach-

[1]) Eine eingehende Würdigung der Federdämpfer auf die hiermit verwiesen sei, findet sich im Génie Civil vom 5. und 12. Februar 1910.

[2]) S. Zeitschr. des Mitteleuropäischen Motorwagen-Vereins 1910, S. 27 und 47.

stellungen der Hinterachsen erforderlich sind, so empfiehlt es sich, die Federn, die ohnedies keine Schubkräfte aufzunehmen haben, nicht fest, sondern verschiebbar am Rahmen zu lagern, damit ihre Belastung beim Verstellen der Hinterachse nicht verändert wird.

Bei Kardanwagen dagegen müssen besondere Federböcke verwendet werden, die auf dem als Hinterachse dienenden Rohr frei drehbar sind, s. z. B. Fig. 498, S. 354, wenn man zusätzliche Durchbiegungen der Federn infolge der beim Schwingen der Hinterachse eintretenden Drehungen der Hinterachse gegen den Rahmen vermeiden will. Diese Vorschrift gilt gleichmäßig für Wagen mit einem Wellengelenk und mit zwei Wellengelenken, da durch diese Lagerung der Federn die Möglichkeit, Schubkräfte mit Hilfe der Federn auf den Rahmen zu übertragen, in keiner Weise vermindert wird. Auch bei den neueren Motorlastwagen der Daimler-Motoren-Gesellschaft sitzen die Federböcke *a*, Fig. 575, beweglich auf der Hinterachse *b*, die starr mit den gepreßten Stützbalken *c* verbunden ist und daher beim Federspiel geringe Drehungen gegen den Rahmen ausführen muß. Die Federböcke sind hier, den großen Beanspruchungen entsprechend, als kräftige Schmiedestücke in einem Stück ausgeführt, mit Laufbüchsen versehen und von der Seite aufgeschoben.

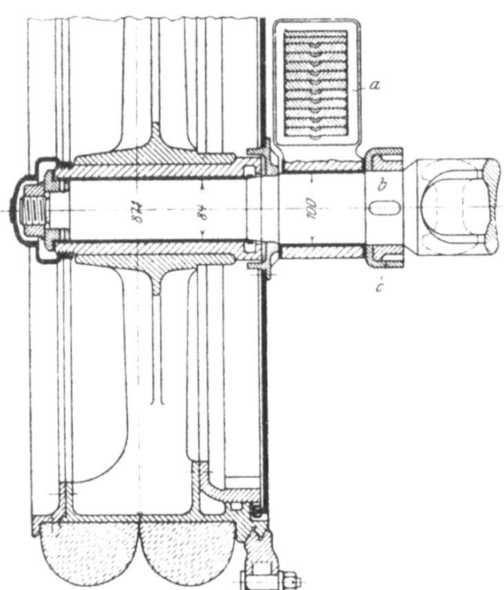

Fig. 575. Hinterachse eines Motorlastwagens der Daimler-Motoren-Gesellschaft.

Daß die obigen Regeln bei vielen Kardanwagen nicht befolgt werden, darf in Anbetracht der zahlreichen Verstöße, die man beim Bau von Motorwagen noch heute begeht, nicht weiter überraschen. Die Unsicherheit, die vorläufig in der Auswahl der geeigneten Wagenfedern herrscht, läßt zudem an dem fertigen Wagen kaum entscheiden, ob sich die Federn wirklich schlechter verhalten, wenn sie durch die Drehmomente in der Hinterachse belastet werden. Allein das widerspricht dem unzweifelhaft richtigen Grundsatz, jedem Bauteile möglichst nur die Belastungen zuzuweisen, für die er bestimmt ist, und sollte daher befolgt werden, zumal es dem Konstrukteur selten so leicht gemacht wird wie gerade hier.

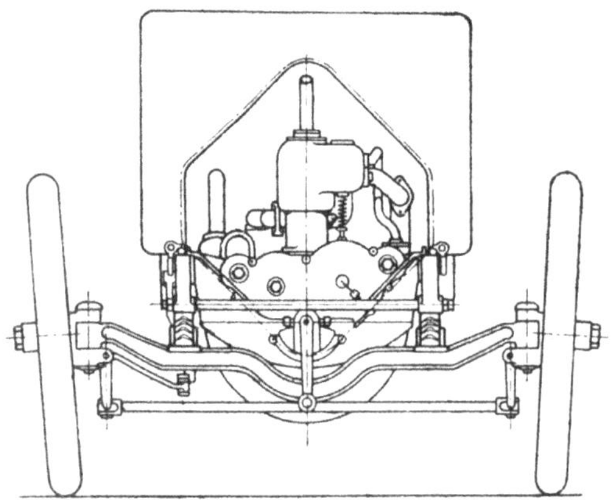
Fig. 576. Starke Durchkröpfung der Vorderachse.

Achsen.

Von den Achsen sind die Hinterachsen als Teile des Antriebes bereits besprochen worden, s. S. 341. Vorderachsen haben außer dem auf sie entfallenden Teil des Wagengewichtes, insbesondere dem Gewichte der Maschine, nur unwesentliche Kräfte aufzunehmen, da sie unter dem Rahmen unter Vermittlung der Federn nachgeschleppt werden. Sie werden aber teils wegen des erforderlichen großen Abstandes zwischen den Rädern und den Federauflagern, teils deshalb ungünstig belastet, weil sie wegen der tief liegenden Maschine in der Regel nach unten durchgebogen werden müssen, s. Fig. 576, S. 392. Der Querschnitt wird wie bei Hinterachsen I-förmig mit starker Ausrundung der Hohlkehlen ausgeführt, s. Fig. 577, nur ausnahmsweise finden auch Stahlrohre Anwendung (Adler).

Fig. 577. Querschnitt einer Vorderachse.

Radzapfen.

Wesentliche Bestandteile der Achsen sind die Radzapfen, die bei Vorderachsen der Lenkbarkeit der Räder wegen beweglich auszuführen sind. Bei leichten Motorwagen ist von Radzapfen im eigentlichen Sinne nicht die Rede, da die Räder mit Kugeln auf den Enden der Achsen laufen. Dagegen haben sich für die großen Belastungen bei schweren Motorwagen Kugeln oder Rollen zur Lagerung der Räder noch nicht eingeführt. Hier werden, wie aus Fig. 575, S. 392, hervorgeht, die Radnaben auf besondere Büchsen aufgepreßt, die unter Vermittlung von sogenannten Patentlaufbüchsen auf den Achszapfen laufen. Die dünnen Laufbüchsen sind mit zahlreichen Bohrungen versehen und sind auf dem Zapfen frei drehbar. Die Räder nehmen bei der Drehung entweder die Büchsen mit, oder sie laufen auf den feststehenden Büchsen.

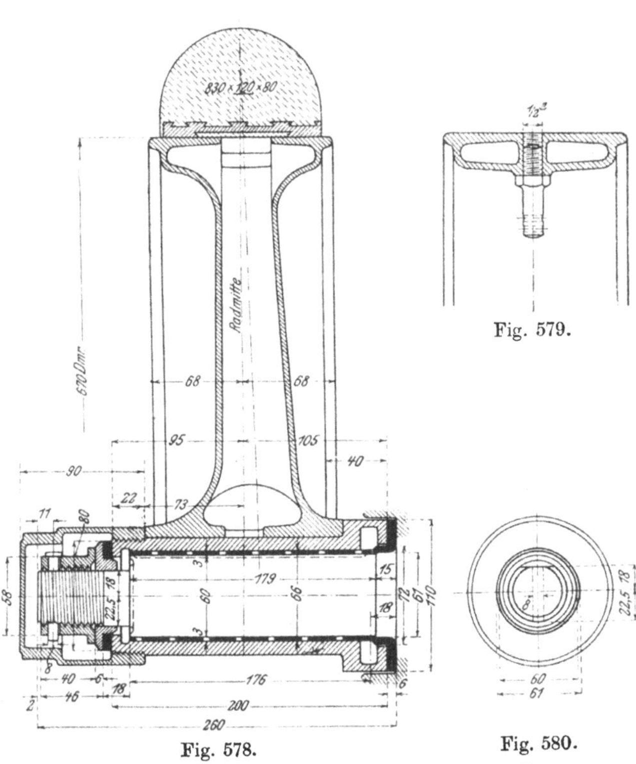

Fig. 578.

Fig. 579.

Fig. 580.

Fig. 578 bis 580. Normales Vorderrad für einen Motorlastwagen der preußischen Heeresverwaltung.

Für die Motorlastwagen der preußischen Heeresverwaltung sind vor kurzem neue Normalvorschriften erlassen worden, die mit dem Jahre 1913 Geltung erlangen sollen, s. a. Anhang S. 456. Die Einzelheiten der Normalien betreffend die Vorder- und Hinterräder sind aus den Fig. 578 bis 583 zu entnehmen.[1])

Besonders ungünstig werden die Radzapfen von Vorderachsen beansprucht, Fig. 584 und 585, S. 395, die an senkrechten, in der Regel in Öffnungen an den Enden der Vorderachse eingepreßten Zapfen (Lenkzapfen) drehbar sind. Die Rad-

1) Vgl. Der Motorwagen, 1911, S. 684.

zapfen müssen zu Gabeln ausgeschmiedet werden, welche die freien Enden der Lenkzapfen umfassen und wegen der seitlichen Lage des Raddruckes starke Biegungsmomente auszuhalten haben, s. a. Fig. 574, S. 391. Damit die Richtung dieser Kraft den Lagerstellen etwas genähert und auch der Einfluß von Stößen auf das Getriebe

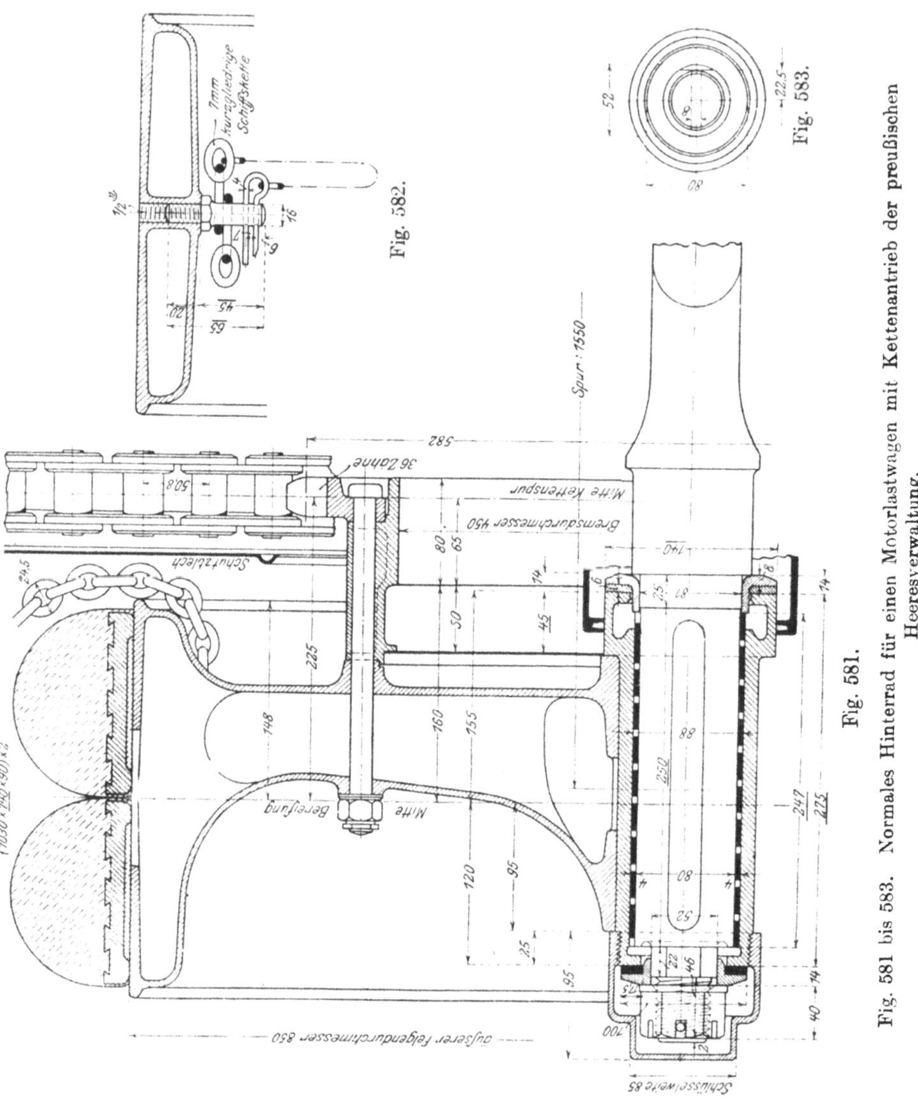

Fig. 581. Fig. 582. Fig. 583.

Fig. 581 bis 583. Normales Hinterrad für einen Motorlastwagen mit Kettenantrieb der preußischen Heeresverwaltung.

der Lenkung vermindert wird, „stürzt“ man allgemein die Vorderräder, d. h. man neigt die Radzapfen etwas nach abwärts (Neigung 1 : 15 bis 1 : 40 je nach der Größe und Art des Wagen); dadurch wird auch das Aussehen des Wagens verbessert, weil genau senkrecht stehende Räder leicht den Eindruck erwecken, als ob die Radzapfen infolge einer Durchbiegung der Achse nach oben gerichtet und die Räder unten auseinandergespreizt wären. Lagert man die Räder auf Kugeln, so kann man die Radzapfen nach außen kegelig verjüngen, da die äußeren Kugellager weniger belastet sind. Bei Gleitlagernaben umgibt man, wie schon weiter oben bemerkt, den Zapfen mit einer Patentbüchse. Ähnliche Büchsen erhalten auch die Laufstellen der Lenkzapfen. Diese Zapfen sind unter allen Umständen sicher, unverlierbar in den Enden der Vorderachse zu befestigen, also mit Stiften zu sichern oder, wenn sie kegelig ausgeführt sind, von obenher durchzustecken und nicht umgekehrt. Die Laufstellen der Vorderachsgabeln auf Kugeln zu lagern ist nicht erforderlich, da der Lenkwiderstand im allgemeinen nicht sehr groß ist. Ebenso ist es überflüssig, die in der Richtung der Radzapfen sowie der Lenkzapfen fallenden Druckkräfte mit Kugeln abzufangen.

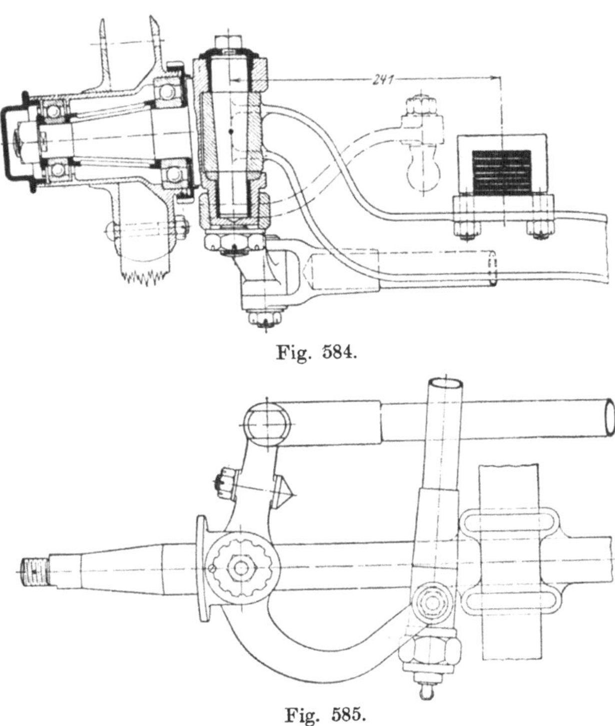

Fig. 584.

Fig. 585.

Fig. 584 und 585. Vorderachszapfen eines Personenwagens der Neuen Automobil-Gesellschaft, Berlin.

Einen Anhalt für die gebräuchliche Ausführung der Radzapfen und Radnaben für Kugellager bieten die Normalien der Schwedischen Kugellagerfabrik in Gotenburg, die in Verbindung mit Fig. 586 aus der nachstehenden Zahlentafel zu entnehmen sind.

Wegen der Einzelheiten der Sicherungen, der Schmierung, des Schutzes gegen Ölverluste, der Befestigung der Räder usw. genügt es, auf die Fig. 574, S. 391, sowie Fig. 587 und 588, S. 396, zu verweisen, die sich auf Ausführungen der Daimler-Motoren-Gesellschaft und der Neuen Automobil-Gesellschaft beziehen.

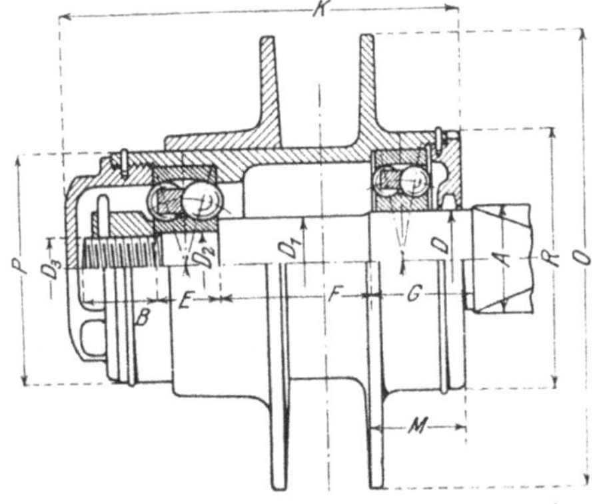

Fig. 586. Normales Radlager der Schwedischen Kugellagerfabrik in Gotenburg.

Normalien über Radzapfen und Radnaben der Schwedischen Kugellagerfabrik in Gotenburg.

D	D_2	D_3	D_1	A	B	E	F	G	K	M	O	P	R	Zulässige Belastung mit Luftreifen	Zulässige Belastung ohne Luftreifen
mm	mm	Engl. Zoll	mm	Engl. Zoll	mm	mm	mm	mm	mm	mm	mm	mm	mm	kg	kg
30	17	$^5/_8$	25	$1^1/_4$	18	20	47	37	127	35	147	72	84	550	450
35	20	$^3/_4$	30	$1^1/_2$	22	23	55	40	145	37	158	83	92	700	550
40	25	$^7/_8$	37	$1^5/_8$	26	25	60	44	160	41	182	92	102	850	700
45	30	$1^1/_8$	42	$1^7/_8$	32	28	68	48	180	45	203	103	115	1100	900
55	35	$1^3/_8$	49	$2^1/_4$	35	30	92	52	214	49	225	115	135	1400	1100
60	40	$1^1/_2$	55	$2^1/_2$	39	33	98	56	232	52	255	125	148	1650	1300
65	45	$1^5/_8$	62	$2^5/_8$	41	35	112	60	255	65	285	135	158	1850	1550
70	50	$1^7/_8$	67	$2^7/_8$	50	37	120	64	273	70	310	148	170	2350	1850

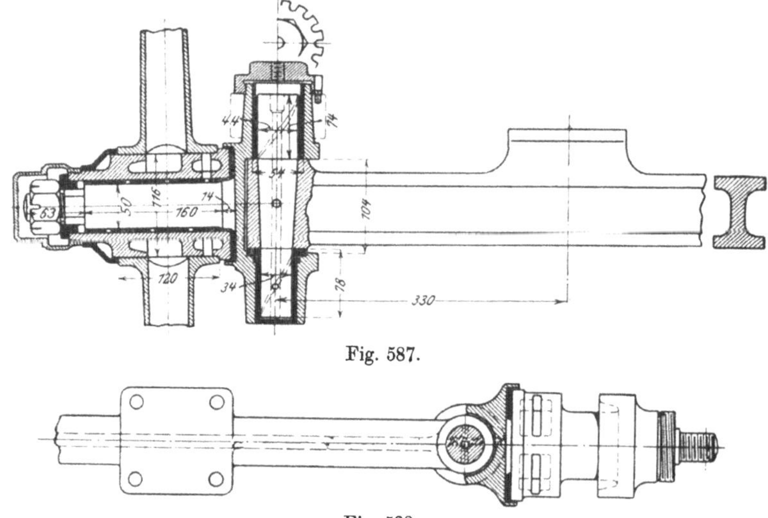

Fig. 587.

Fig. 588.

Fig. 587 und 588. Vorderachse eines Motorlastwagens der Neuen Automobil-Gesellschaft.

Räder.

Die Räder bestehen bei den leichten Personenwagen aus zweiteiligen Guß- oder Schmiedestahlnaben, s. z. B. Fig. 496, S. 352, zwischen deren Flanschen Sterne aus hölzernen Speichen festgehalten werden. Die Außenenden der Speichen werden durch eine Holzfelge gesteckt, die durch eine aus Blech gepreßte Hohlfelge für die Aufnahme des Luftreifens eingerichtet wird. Zumeist werden die Speichensterne mit zweiteiligem Felgenkranz, s. Fig. 589, S. 397, von Sonderfabriken bezogen und in den Wagenfabriken auf die Naben, Fig. 590, aufgesetzt, sowie mit den heiß aufgezogenen Stahlfelgen versehen. Die Anzahl der Speichen beträgt gewöhnlich 10 bis 12, je nach der Belastung (Vorderräder 10 Speichen). Der Speichenquerschnitt ist annähernd elliptisch, die inneren Speichenenden sind in der aus Fig. 589 ersichtlichen Weise zusammengefügt und ihre Dicke in der Achsrichtung nimmt nach der Mitte hin etwas zu, so daß die Speichen von den etwas ausgehöhlten

Nabenscheiben, Fig. 590, schwalbenschwanzartig gefaßt werden. Die Verbindungsschrauben gehen zwischen den Speichen hindurch. Für den Durchmesser der Nabenscheiben wird $D = 4$ bis $5d$ angegeben, wenn d der Durchmesser des Radzapfens ist. Bei Naben, die auf Kugeln laufen, kann für d der Durchmesser des gleichwertigen Gleitzapfens eingesetzt und aus $\frac{D-d}{2}$ die erforderliche Flanschbreite bestimmt werden.

Wird Radsturz verwendet, so setzt man den Speichenstern nicht eben, sondern kegelig zusammen, derart, daß der Raddruck immer in die Mitte der jeweils belasteten Speiche fällt, s. Fig. 574, S. 391. Diese Bauart verleiht den Rädern eine hohe Widerstandsfähigkeit gegen seitlich auf die Felge treffende Stöße, z. B. beim Anfahren gegen Bordschwellen. Hinterräder, die zumeist nicht gestürzt sind, erhalten jedoch ebene Speichenkränze.

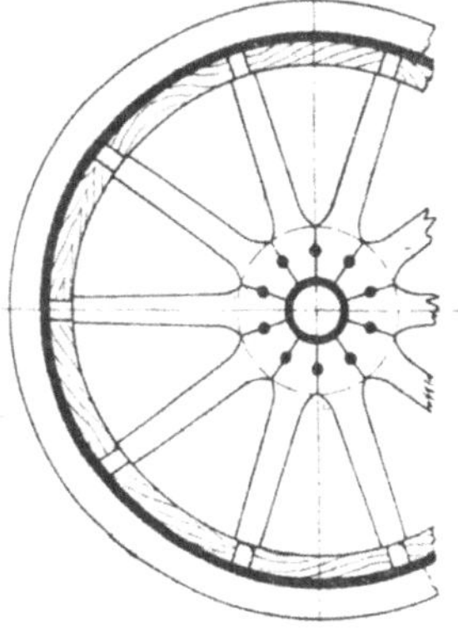

Fig. 589. Rohes Holzspeichenrad.

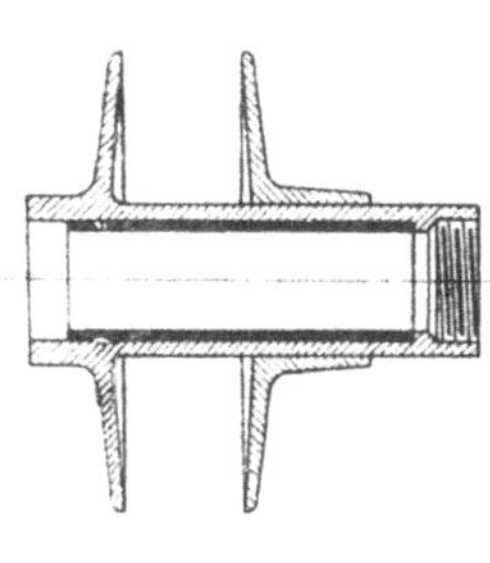

Fig. 590. Nabe für ein Holzspeichenrad.

Drahtspeichenräder finden in der Form von Ersatzrädern, die bei Beschädigung eines Luftreifens schnell ausgewechselt werden können, namentlich in England wieder größere Beachtung[1]). Die Daimler Company hat vor einiger Zeit sogar einen Motoromnibus mit solchen Rädern ausgerüstet. Von dem höheren Preise abgesehen, ergeben sich aber bei solchen Rädern Schwierigkeiten, wenn man die Speichen durch die Treibkräfte belastet. Ein großer Vorteil der Drahtspeichenräder ist ihr geringes Gewicht.

Mit wachsendem Raddruck werden die erforderlichen Abmessungen von hölzernen Radspeichen so groß, daß die Räder einen sehr plumpen Eindruck machen. Man ist daher hier vielfach zu Rädern aus Stahlguß übergegangen, deren Speichen entweder Kreuzquerschnitt erhalten, s. Fig. 575, S. 392, oder hohl mit elliptischem Querschnitt ausgeführt werden, s. Fig. 591; die Naben und Felgen werden verhältnismäßig dünn gegossen, damit Fehlgüsse vermieden werden. Man zieht dann die Räder auf besondere Laufnaben auf, die erst auf die Laufbüchsen der Radzapfen aufgepaßt werden.

Fig. 591. Stahlgußrad mit Hohlspeichen von A. Saurer in Arbon (Schweiz).

Wegen der Rücksichten, die auf die Höhenlage des Rahmens gegenüber der Straße genommen werden müssen, lassen sich einheitliche Regeln bezüglich der Wahl der Raddurchmesser nicht angeben. Bei Personenfahrzeugen hat sich der

[1]) Vgl. z. B. Engineering vom 26. November 1909.

Gebrauch ausgebildet, alle Räder gleich groß zu machen, weil man dann mit einem einzigen Ersatzreifen gegen Liegenbleiben während der Fahrt ausreichend gesichert ist. Die Raddurchmesser schwanken hierbei zwischen 750 und 950 mm. Es ist natürlich, daß man trachten wird, mit den kleinstmöglichen Rädern auszukommen, weil die Reifenkosten mit den Durchmessern nicht unerheblich steigen. Bei schweren Motorwagen, insbesondere Motoromnibussen und Motorlastwagen, wendet man, ebenfalls mit Rücksicht auf die Kosten für die Lenkräder, gern kleine Durchmesser an. Dadurch wird auch das Lenken der Fahrzeuge erleichtert. Die Motorwagen der preußischen Heeresverwaltung, s. a. Fig. 578 bis 583, S. 393 und 394, und Anhang S. 455, erhalten seit 1. April 1911 vorn 910 und hinten 1030 mm Raddurchmesser, was bei 120 und 160 mm Höhe der Gummireifen 670 und 850 mm Außendurchmesser der Radfelgen entspricht.

Die Bauart der Felgen ist von der Art der Bereifung abhängig. Für Luftreifen verwendet man im allgemeinen ⊔-förmig ausgehöhlte Felgenringe aus Schweißstahl, die heiß auf die Holzfelgen der Räder aufgezogen werden und deren umgebogene Ränder zum Festhalten der Laufdecken dienen. Aus den Fig. 592 bis 599 und aus der beigefügten Zahlentafel sind alle Einzelheiten normaler Felgen für Luftreifen zu entnehmen.

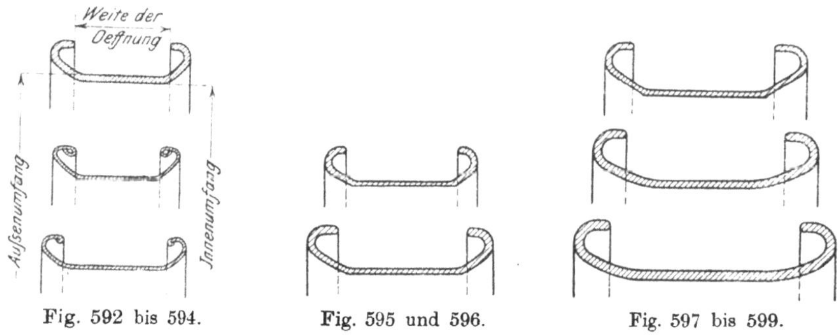

Fig. 592 bis 594. Fig. 595 und 596. Fig. 597 bis 599.

Fig. 592 bis 599. Querschnitte von normalen Felgen für Luftreifen.

Abmessungen von normalen Felgen für Luftreifen, vgl. Fig. 592 bis 599.

Querschnitt in Figur	Profil des Luftreifens mm	Außendurchmesser des ganzen Rades mm	Außenumfang der Felge mm	Innenumfang der Felge mm	Innerer Durchmesser der Felge mm	Weite der Öffnung mm
592 und 593	65	650	1595	1583	504	46 und 40
592 „ 593	65	700	1741	1731	551	46 „ 40
592 „ 593	65	750	1870	1860	592	46 „ 40
592 „ 593	65	800	2032	2023	644	46 „ 40
592 „ 593	65	830	2118	2108	671	46 „ 40
592 „ 593	65	840	2160	2152	685	46 „ 40
592 „ 593	65	860	2224	2215	705	46 „ 40
592 „ 593	65	900	2350	2341	745	46 „ 40
592 „ 593	65	950	2517	2507	798	46 „ 40
592 „ 593	65	1000	2670	2661	847	46 „ 40
592 „ 593	65	1030	2742	2733	870	46 „ 40
592 „ 593	65	1060	2859	2849	907	46 „ 40
592 „ 593	65	1360	3670	3661	1166	46 „ 40

Querschnitt in Figur	Profil des Luftreifens mm	Außendurchmesser des ganzen Rades mm	Außenumfang der Felge mm	Innenumfang der Felge mm	Innerer Durchmesser der Felge mm	Weite der Öffnung mm
594	80	700	1595	1583	504	48
594	80	750	1741	1731	551	48
594	80	800	1870	1860	592	48
594	80	830	2032	2023	644	48
594	80	860	2118	2108	671	48
594	80	900	2224	2215	705	48
594	80	950	2350	2341	745	48
594	80	1000	2517	2507	798	48
594	80	1030	2670	2661	847	48
595	85	700	1615	1598	508	51
595	85	750	1760	1742	554	51
595	85	800	1930	1912	608	51
595	85	860	2125	2107	671	51
595	90	710	1615	1598	508	51
595	90	760	1760	1742	554	51
595	90	810	1930	1912	608	51
595	90	840	2020	2002	637	51
595	90	870	2125	2107	671	51
595	90	910	2250	2233	711	51
595	90	960	2425	2406	766	51
595	90	1010	2575	2557	814	51
595	90	1030	2630	2611	831	51
595	90	1070	2778	2761	879	51
595	90	1110	2910	2893	921	51
595	90	1160	3070	3051	971	51
595	100	810	1930	1912	608	51
595	100	840	2002	2020	637	51
595	100	870	2125	2107	671	51
595	100	910	2250	2233	711	51
596	105	815	1930	1912	608	62
596	105	875	2125	2107	671	62
596	105	915	2250	2233	711	62
597	120	820	1783	1765	562	69
597	120	850	1874	1856	591	69
597	120	880	1980	1963	625	69
597	120	920	2096	2077	661	69
597	120	1020	2410	2391	761	69
597	120	1080	2628	2611	831	69
597	120	1120	2752	2733	870	69
598	135	895	1855	1838	585	78
598	135	935	2005	1986	632	78
599	150	1000	2210	2183	695	90

Bei Vollreifen werden die Felgen in der Regel zusammen mit den Reifen auf die Räder aufgezogen und durch seitliche Ringe gesichert. Näheres hierüber sowie über besondere Arten von Felgen findet sich weiter unten bei der Besprechung der Reifen, S. 401 u.f.

Bereifung.

Die Bereifung der Motorfahrzeuge darf, da sie einen wesentlichen Bestandteil der Abfederung darstellt, nur in seltenen Ausnahmefällen mit starren Mitteln (Eisen) vorgenommen werden, wie bei anderen Straßenfahrzeugen. Die Anwendung eiserner Radreifen verbietet sich hier nicht allein wegen der von der Straßenoberfläche herrührenden, bei einigermaßen hoher Geschwindigkeit für Fahrzeug wie Insassen unzulässig werdenden Erschütterungen, sondern auch deshalb, weil Eisenreifen bei ungünstiger Witterung oder auf Steigungen sehr leicht nicht genügende Reibung auf der Straßendecke erzeugen und infolgedessen der Antrieb versagen kann.

Da zahllose Versuche mit Holz- und Lederbereifung sich bis jetzt als aussichtslos erwiesen haben, so bleibt man — und zwar bis zu den höchsten Radbelastungen — nach wie vor auf Radreifen aus Gummi angewiesen, deren hohe Kosten bei der Beurteilung der Wirtschaftlichkeit eines Motorfahrzeugbetriebes mitunter den Ausschlag geben. Hat man doch z. B. berechnet, daß im Mittel bei einer Berliner Motordroschke die Reifenkosten höher sind, als die Brennstoffkosten.

Bei den Radreifen aus Gummi sind Luftreifen und Vollreifen voneinander zu unterscheiden. Luftreifen, die von dem Engländer Dunlop herrühren, beruhen hinsichtlich ihrer stoßdämpfenden Wirkung nicht so sehr auf der Nachgiebigkeit der Gummidecke, sondern auf der Zusammendrückbarkeit der ganzen in dem Luftschlauch eingeschlossenen Luft. Vollreifen hingegen, die älter sind als die Luftreifen, federn nur soweit, als es die in dem gedrückten Querschnitt vorhandene Gummimasse zuläßt. Daraus erklärt sich das wesentlich verschiedene Verhalten der beiden Reifenarten gegenüber Hindernissen, auf das schon auf S. 14 hingewiesen worden ist.

Den Aufbau eines normalen Luftreifens zeigt Fig. 600. Der aus weichem Gummi bestehende, tragende Luftschlauch *a* von rundem Querschnitt ist gegen Sprengung sowie Verletzung durch spitze Steine usw. durch eine Laufdecke *b* aus härterem Gummi gesichert, die mit Hilfe von Gewebeeinlagen besonders widerstandsfähig gemacht wird. Die Wulste *c* an den Rändern der Laufdecke legen sich, wenn der Luftschlauch aufgepumpt ist, hinter die Börtel der Felge *d* und werden außerdem durch Anziehen der Schlauchstützen mit Hülfe der Flügelschrauben *e* auseinandergedrückt, so daß sie gegen Herausspringen und gegen Verschiebung in der Felge gesichert sind. Der Luftschlauch ist mit einem Rückschlagventil versehen, dessen Klappe ein kurzes Stück weichen Schlauches bildet, und dieses Ventil sichert zugleich den Schlauch gegen Verschiebungen gegen die Felge.

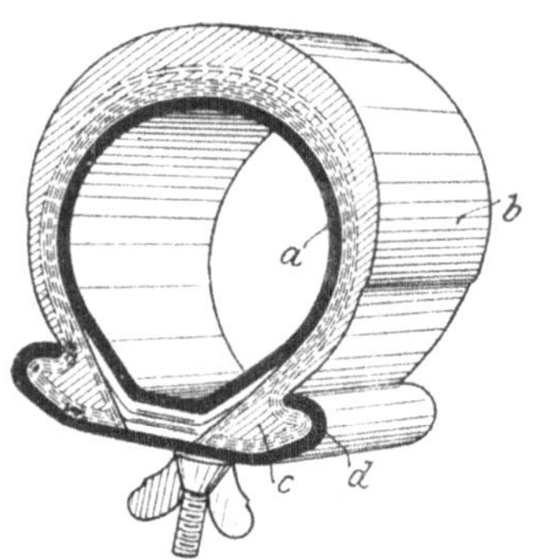

Fig. 600. Normaler Luftreifen.

Beim Aufbringen eines Reifens auf die Felge setzt man zunächst den einen Rand der Laufdecke in die entsprechende Höhlung der Felge, dann führt man das Schlauchventil durch die Öffnung der Felge und legt den nicht aufgepumpten Luftschlauch glatt um das Rad, und zum Schluß zwängt man mittels geeigneter Werkzeuge den zweiten Wulst der Laufdecke in den Felgenrand hinein, wobei vorübergehende starke Dehnungen der Laufdecke unvermeidlich sind, weil der Wulst einen kleineren Durchmesser hat als der äußere Felgenrand.

Um dieses mühsame und zeitraubende Verfahren, das bei jeder Beschädigung des Luftschlauches wiederholt werden muß, zu vermeiden, bedient man sich neuerdings zweier besonderer Bauarten von Radfelgen, nämlich der Ersatzfelgen und der teilbaren Felgen. Bei der sogenannten teilbaren Felge, Fig. 601, wird als Ersatz für einen etwa beschädigten Laufreifen ein anderer mitgeführt, welcher fertig auf eine passende Felge aufgezogen ist. Tritt ein Unfall ein, so löst man die Muttern e auf den Schrauben d und nimmt den Ring b ab, worauf sich die bisher benutzte Felge c von der festen Radfelge a leicht abnehmen und gegen die Felge mit dem Ersatzreifen auswechseln läßt. Der Ring b wird mitunter auch als federnder Sprengring ausgebildet und durch ein Kniehebelwerk angespannt, wodurch die Zeit zum Auswechseln eines Reifens noch weiter verkürzt wird. Teilbare Felgen im eigentlichen Sinne des Wortes, bei denen also die den Laufreifen aufnehmende Felge selbst geteilt ist, damit man den Reifen leichter aufbringen kann, werden nicht verwendet; man bezeichnet vielmehr schon die vorstehende Felgenbauart als teilbare Felge im Gegensatze zu solchen, bei denen die Radfelge selbst im ganzen vom Radkranz abgezogen und durch eine andere, mit aufgepumptem Reifen versehene ersetzt wird; diese Radfelge wird entweder mit Schrauben oder durch Verlängern der Radspeichen gesichert. In dieses Gebiet fallen auch die Ersatzräder, die im ganzen von der Achse abgezogen werden, und vornehmlich als Drahtspeichenräder ausgeführt sind.

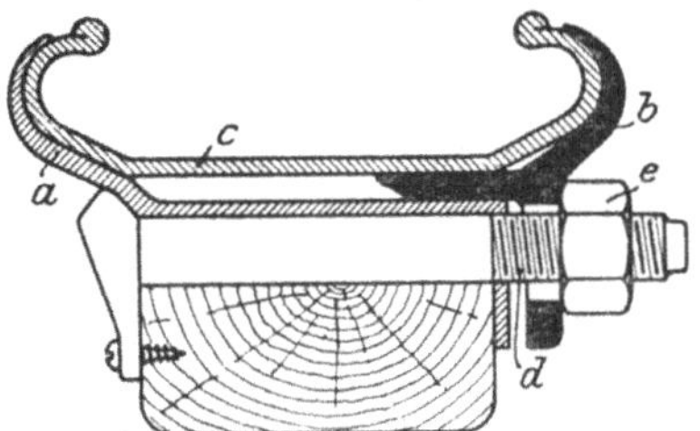

Fig. 601. Teilbare Felge.

Die Wahl der Abmessungen von Luftreifen wird durch Normalien bestimmt, welche die einschlägigen Sonderfabriken für ihre Erzeugnisse aufgestellt haben und von denen als Beispiel diejenigen der Continental Caoutchouc- und Gutta-Percha-Compagnie, Hannover, hier beigefügt sind. Beim Gebrauch dieser Normalien ist zu beachten, daß es bei Fahrzeugen, die dauernd im Betrieb stehen (Motordroschken), stets vorteilhaft sein wird, die angegeben zulässigen Belastungen als Höchstwerte anzusehen; man wird daher zur Sicherheit lieber die Reifen für die nächst höhere Belastung wählen. Die Angaben über den erforderlichen Innendruck sind sorgfältig einzuhalten, da insbesondere die Laufdecken beim Fahren mit ungenügend aufgepumpten Luftreifen stark leiden.

Tafel von normalen Continental-Luftreifen.

Profil (Querschnitt-Durchmesser) mm	Raddurchmesser mm	Zulässiger Raddruck kg	Erforderlicher Luftdruck im Innern at[1])
65 (II)	650	170	3,5
65 (II)	700	170	3,5
65 (II)	750	170	3,5
65 (III)	650	220	4,5
65 (III)	700	220	4,5
65 (III)	750	220	4,5
65 (III)	800	220	4,5
80 (II)	650	170	3,5
80 (II)	700	170	3,5
80 (II	750	170	3,5

[1]) Bei Reifen mit Gleitschützern ist um 1 at höherer Innendruck erforderlich.

Profil (Querschnitt-Durchmesser) mm	Raddurchmesser mm	Zulässiger Raddruck kg	Erforderlicher Luftdruck im Innern at
80 (II)	800	170	3,5
80 (II extra)	650	220	4,5
80 (II extra)	700	220	4,5
80 (II extra)	750	220	4,5
80 (II extra)	800	220	4,5
85 (II)	700	220	4
85 (II)	750	220	4
85 (II)	800	220	4
85 (II extra)	700	300	5
85 (II extra)	750	300	5
85 (II extra)	800	300	5
90	710	400	5
90	760	400	5
90	810	400	5
90	840	400	5
90	870	400	5
90	910	400	5
90	960	400	5
90	1010	400	5
90	1070	400	5
100	710	450	6
100	760	450	6
100	810	450	6
100	840	450	6
100	870	450	6
100	910	450	6
100	1010	450	6
105	765	500	6,5
105	815	500	6,5
105	875	500	6,5
105	915	500	6,5
120	760	600	7
120	820	600	7
120	850	600	7
120	880	600	7
120	920	600	7
120	1020	600	7
125	820	650	7,5
125	850	650	7,5
125	880	650	7,5
125	920	650	7,5
135	895	700	8
135	935	700	8

Auch bei den Luftreifen lassen sich manche Beschädigungen durch sachgemäße, sorgfältige Behandlung vermeiden. Man achte besonders darauf, daß sich der Reifen beim Einbau nicht klemmt, und daß sich im Innern der Laufdecke keine Sandkörner festsetzen. Es ist üblich den Luftreifen vor dem Einbau mit Federweiß einzupudern, um seine Reibung an der Decke zu vermindern.

Bei aller Sorgfalt lassen sich aber gelegentliche Schäden an den Luftreifen niemals ganz vermeiden. Diese haben nicht nur augenblickliche Unterbrechungen der Fahrt zur Folge, sondern sie bergen bei schnellem Fahren auch eine große

Gefahr in sich, weil die plötzliche Verkleinerung eines Raddurchmessers den Lauf des Fahrzeuges so verändert, daß es von seiner Fahrtrichtung abgetrieben werden und gegen ein Hindernis anlaufen kann. Die Tragfähigkeit der Luftreifen ist außerdem, wie die Normalien beweisen, sehr beschränkt. Der einzige Vorschlag zur Abhilfe hiergegen, der von Michelin[1]) herrührt, und dahin geht, mehrere gleiche Luftreifen nebeneinander auf den Radumfang zu setzen, um ein Vielfaches der Tragfähigkeit des einzelnen Luftreifens zu erzielen (Zwillingsreifen) ist noch zu wenig erprobt, um in größerem Umfange ausgeführt werden zu können, wahrscheinlich aber wegen seiner hohen Kosten nicht durchführbar.

Bei Motorfahrzeugen, deren Raddrücke 700 kg übersteigen, also bei fast allen Motorlastwagen, ist man auch schon wegen der geringen Tragfähigkeit der Luftreifen genötigt, zu Vollgummireifen überzugehen. Daß hiermit wegen der weit geringeren Nachgiebigkeit der Vollgummireifen auch eine weitgehende Verminderung der zulässigen Fahrgeschwindigkeit verbunden werden muß, ist selbstverständlich; im allgemeinen wird man bei Wagen, die auf Vollgummireifen laufen, selbst auf dem ausgezeichneten Großstadtpflaster eine Geschwindigkeit von 30 km als oberste Grenze ansehen dürfen, und auf Kopfstein- und schlechterem Pflaster die Geschwindigkeit noch wesentlich ermäßigen.

Dessenungeachtet bleibt der Motorwagen als Nutzfahrzeug auch bei verminderter Geschwindigkeit für jeden Betrieb wertvoll, in dem er ausreichend beschäftigt ist. Behält er z. B. als Schnellieferwagen für Warenhäuser mit 25 km/st Höchstgeschwindigkeit immer noch genügenden Vorsprung gegen Pferdefuhrwerke, die bei bester Pflege der Tiere höchstens 12 bis 15 km/st erreichen können, so ist er diesem auf der anderen Seite hinsichtlich seiner Leistungsfähigkeit weit überlegen, da er ohne Schwierigkeit 20 Stunden täglich im Betrieb erhalten werden kann, wo Pferdefuhrwerke selbst bei einmaligem Pferdewechsel höchstens 12 Stunden Tagesleistung erreichen.

Es mag gerade an dieser Stelle angebracht sein, darauf hinzuweisen, ein wie verhängnisvoller und leider weit verbreiteter Irrtum es ist, zu glauben, daß ein Motorfahrzeug, was immer es für Bestimmung hat, erst dann seiner Bezeichnung würdig geworden sei, wenn es über eine möglichst hohe Fahrgeschwindigkeit verfügt. Dieser Irrtum, der aus der sportlichen Vergangenheit des Motorwagen leicht zu erklären ist, ist durch die früheren Wettbewerbe von Motorlastwagen, bei denen man die Fahrgeschwindigkeit mit zur Beurteilung herangezogen hat, noch gefördert worden. Wer Motorfahrzeuge zu Nutzzwecken, insbesondere zur Beförderung von Gütern verwenden will, muß sich vergegenwärtigen, daß es zwecklos ist, einen Motorwagen mit einer Geschwindigkeit auszustatten, die schon aus Rücksicht auf den Straßenverkehr kaum jemals ausgenützt werden kann. Viel wichtiger ist hingegen, den Wagen in allen Einzelheiten so betriebsicher und zuverlässig zu machen, als man es heute imstande ist, damit die hohe Leistungsfähigkeit dieser Fahrzeuge durch allerlei Betriebstörungen nicht beeinträchtigt und so die Wirtschaftlichkeit des Betriebes ganz in Frage gestellt wird.

Von diesem Standpunkte aus betrachtet, erscheint der Vollgummireifen, der in seiner Unverletzlichkeit durch spitze Gegenstände, seiner Billigkeit und seiner größeren Lebensdauer ganz erhebliche Vorzüge gegenüber dem Luftreifen aufweist, als ein Mittel zum Begrenzen der zulässigen Höchstgeschwindigkeit bei Motorfahrzeugen für Nutzwecken sehr willkommen. Bei den Motordroschken sind allerdings die Ansprüche der Fahrgäste an Geschwindigkeit und ruhiges Fahren ohne Erschütterungen in den letzten Jahren durch dauerde Verwendung

[1]) Mémoires et compte rendu des travaux de la Société des Ingénieurs Civils de France, April 1908.

von Luftreifen so hoch geschraubt worden, daß es ohne grundsätzliche Regelung schwer möglich sein würde, die Abneigung der Fahrgäste gegen Wagen mit Vollgummireifen zu überwinden. Versuche, auch bei Motordroschken Vollgummireifen anzuwenden, sind übrigens dauernd im Gange.

Die beiden gebräuchlichen Arten der Befestigung von Vollgummireifen auf der Radfelge sind in Fig. 602 und 603 angedeutet. Im ersten Falle benutzt man eine einteilige auf den Radkranz *a* aufgepreßte Stahlfelge *b* von ⊔-förmigem Querschnitt, auf die der künstlich erweiterte Reifen *c* hinaufgewürgt wird. Der Reifen wird dann mit Hilfe von Spanndrähten *d* festgezogen, die sich auf die in

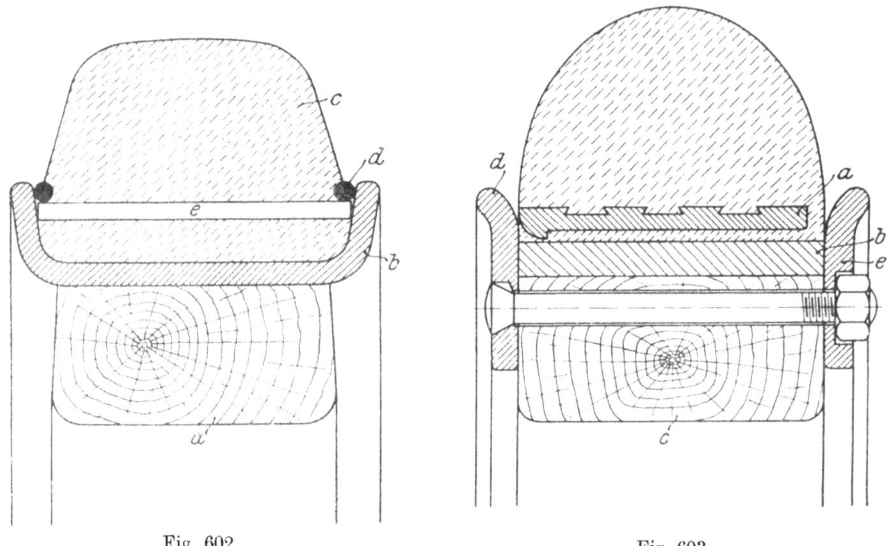

Fig. 602. Fig. 603.

Fig. 602 und 603. Befestigungen für Vollgummireifen.

der Gummimasse eingebetteten Querstifte *e* stützen. Bei der zweiten Bauart, Fig. 603, bei der das Auswechseln des Reifens leichter ist, ist in dem Reifen ein mit Schwalbenschwanznuten versehener Versteifungsring *a* eingebettet; der Reifen wird auf einem glatten Felgenringe *b* aufvulkanisiert und mit diesem Ring auf den Holzkranz *c* des Rades aufgepreßt. Durch die vorgeschraubten Ringe *d* und *e* wird der Reifen gegen Abfallen gesichert.

Aus den Fig. 602 und 603 sind gleichzeitig die üblichen Querschnittformen für Vollreifen ersichtlich, die im allgemeinen größere Mannigfaltigkeit aufweisen als bei Luftreifen.

Man verfolgt hiermit den Zweck, die Reifen besonders nachgiebig zu machen. Zu einiger Verbreitung soll es der Swinehart-Reifen, Fig. 604, gebracht haben, bei dem diese Nachgiebigkeit durch seitliche Einschnürungen des Reifenquerschnittes erreicht wird.

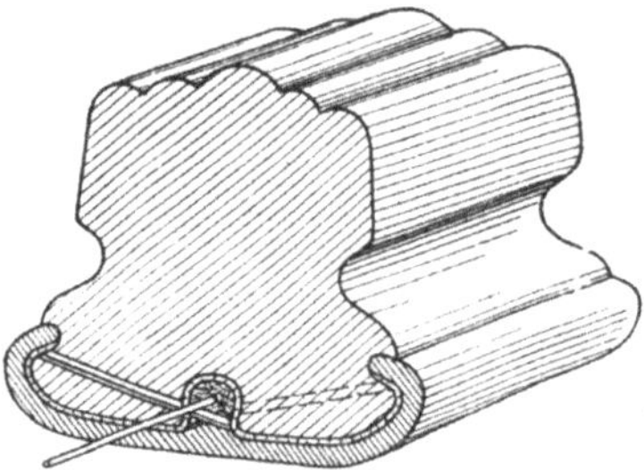

Fig. 604. Swinehart-Vollgummireifen.

Die erforderlichen Querschnittabmessungen, nämlich Breite und Höhe des Reifenquerschnittes, werden im übrigen durch die lediglich auf Grund von praktischen Erfahrungen aufgestellten Normalien bestimmt, von denen ein Beispiel beigefügt ist.

Tafel von normalen Continental-Vollreifen, Fig. 602 und 603, S. 404.

Für die Haltbarkeit der der Reifen leistet die Fabrik eine für eine Strecke von 15000 km gültige Garantie unter der Bedingung, daß diese Strecke von der Lieferung gerechnet, innerhalb eines Jahres zurückgelegt wird, und daß die Reifen nur auf guten öffentlichen Straßen benutzt werden. Die Reifen dürfen auch nicht stärker belastet werden, als nachstehend angegeben ist.

Profil (Breite)	Raddurchmesser	Durchmesser der Stahlfelge		Zulässiger Raddruck[1])
		innen	außen	
mm	mm	mm	mm	kg
65	700	580	600	350
65	800	679	699	350
65	950	829	849	350
65	1050	928	948	350
75	705	563	583	500
75	750	608	628	500
75	770	627	647	500
75	790	650	670	500
75	810	668	688	500
75	870	727	747	500
75	905	764	784	500
75	940	796	816	500
75	965	823	843	500
75	1050	908	928	500
75	1140	982	1002	500
85	700	554	574	600
85	800	654	674	600
85	850	701	721	600
85	900	754	774	600
85	950	795	815	600
85	1080	927	947	600
90	760	602	622	700
90	810	651	671	700
90	830	667	687	700
90	860	700	720	700
90	900	735	755	700
90	950	785	805	700
90	955	795	815	700
90	1020	861	881	700
100	700	540	560	850
100	770	602	622	850
100	820	650	670	850
100	830	653	673	850
100	850	681	701	850
100	870	701	721	850
100	900	731	751	850
100	920	752	772	850
100	950	786	806	850
100	1000	831	851	850
100	1030	881	901	850
100	1050	883	903	850
100	1160	999	1019	850
110	1055	880	900	1000

[1]) Man rechnet äußerst 125 kg Belastung für je 10 mm Reifenbreite. Diese Belastungen dürfen aber nicht erreicht werden, wenn die Garantie in Anspruch genommen werden soll.

Profil (Breite) mm	Raddurchmesser mm	Durchmesser der Stahlfelge innen mm	Durchmesser der Stahlfelge außen mm	Zulässiger Raddruck kg
120	750	570	590	1200
120	820	640	660	1200
120	830	650	670	1200
120	850	671	691	1200
120	880	701	721	1200
120	900	722	742	1200
120	930	751	771	1200
120	950	770	790	1200
120	1010	830	850	1200
120	1030	830	850	1200
120	1050	863	883	1200
120	1060	880	900	1200
120	1150	964	984	1200
120	1300	1121	1141	1200
120	1400	1221	1241	1200
120	1500	1321	1341	1200
125	1023	854/861 (kegelig)		—
140	830	646	670	1500
140	850	657	681	1500
140	900	710	734	1500
140	920	731	755	1500
140	930	747	771	1500
140	950	748	772	1500
140	1023	853/861 (kegelig)		1500
140	1030	826	850	1500
140	1050	845	869	1500
140	1120	916	940	1500
160	900	696	720	1800
160	970	746	771	1800
160	1030	826	850	1800
160	1050	826	850	1800
160	1060	837	861	1800
160	1070	846	870	1800

Für Doppelreifen sind die doppelten Belastungen zulässig.

Bei Betrieb mit Anhängern sind für die Hinterräder bei 3 t-Lastwagen 140er, bei 4 t- und 5 t-Wagen 160er Reifen zu wählen.

Bei Raddrücken über 1800 kg sind einfache Vollreifen auch nicht mehr anwendbar. Man benutzt dann Doppelreifen, Fig. 605, d. h. zwei Einzelreifen auf gemeinsamer Radfelge.

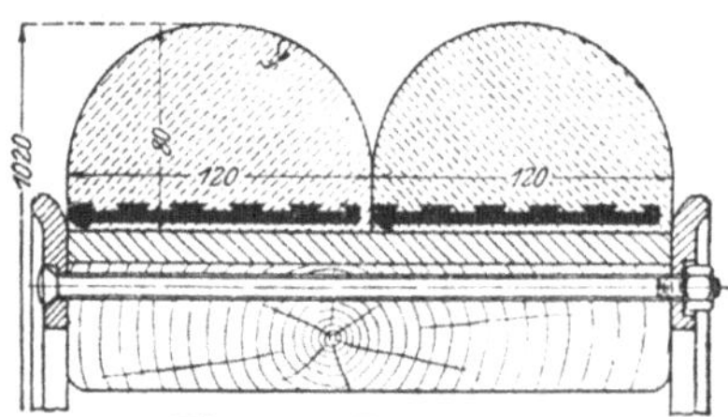

Fig. 605. Doppelreifen.

Gleitschützer sind Mittel, die zum Erhöhen des Widerstandes der Reifen gegen seitliches Gleiten auf der Fahrbahn dienen sollen. Bei Luftreifen bedient man sich vornehmlich flachköpfiger Stahlnieten, Fig. 606, S. 407, die entweder in der Gummimasse des Reifenmantels einvulkanisiert oder in einem besonderen Gleitschutzmantel aus Chromleder befestigt werden. Solche Mäntel werden gelegentlich auch bei leichteren Fahrzeugen mit Vollgummibereifung verwendet. Für schwere Fahrzeuge, z. B. Motoromnibusse, sind sie jedoch zu teuer. Man begnügt sich hier hauptsächlich mit dem geringen Schutz, den die Doppelreifen, Fig. 605, an sich schon bieten, da Besseres nicht vorhanden ist. Bei den Pariser Motoromnibussen sollen sich die Blockreifen, Fig 607, von Bergougnan & Cie in Clermont-Ferrand, von denen man — leider vergebens — große Ersparnisse in den Erhaltungskosten erwartet hatte, weil man glaubte, einzelne schadhafte Blöcke für sich auswechseln zu können, wenigstens als gute Gleitschützer erwiesen haben.

Fig. 606. Luftreifen mit Gleitschutznieten.

Fig. 607. Blockreifen von Bergougnan & Cie. in Clermont-Ferrand.

Federnde Radreifen, die ohne Zuhilfenahme des teuren Gummis eine nachgiebige Bereifung der Motorwagen mit Hilfe von Stahlfedern ermöglichen sollen, sind über die ersten Versuche noch nicht hinausgelangt. Es scheint zweifelhaft, ob es gelingen wird, einen Stahl zu finden, der den hier auftretenden Beanspruchungen gewachsen ist, ohne in kurzer Zeit zu ermüden. Abgesehen davon würde die Rückkehr zu fester Bereifung dem Betrieb der Motorwagen viel von seiner mit großer Mühe erreichten Geräuschlosigkeit nehmen.

Lenkung.

Einen für die Sicherheit des Fahrzeuges und seiner Insassen außerordentlich wichtigen Bestandteil des Fahrwerkes bildet die Lenkung. Im Gegensatz zu den Pferde- und Schienenfahrzeugen wird beim Lenken eines Motorwagens die Achse nicht verstellt, sondern man verdreht lediglich die in der Regel vorn befindlichen Lenkräder um senkrechte Achsen, die nahe an ihren Ebenen liegen. Dadurch wird erreicht, daß selbst bei starker Ablenkung der Räder die durch die Berührungsstellen der Räder mit dem Boden bestimmte Stützfläche des Wagens auf dem Boden und damit zugleich die Sicherheit des Wagens gegen Umkippen nur unwesentlich vermindert wird.[1]) Das Wesen dieser im Gegensatz zu der Drehschemellenkung der Pferdefahrzeuge als Achsschenkellenkung bezeichneten Lenkung die 1817 von Lankesberger für Pferdefuhrwerke versucht und später zuerst von Janteaud für Motorwagen angewendet worden sein soll, besteht somit darin, daß die Lenkräder auf Zapfen gelagert sind, die um senkrechte, d. h. im wesentlichen zu den Radebenen parallele Achsen geschwenkt werden können, Fig. 608 und 609, S. 408. Mit den Radzapfen oder Achsschenkeln a sind Lenkhebel b fest verbunden, deren Enden durch eine Lenkstange c gekuppelt sind. Einer der Lenkhebel ist mit

---

[1]) Vgl. Valentin: Die Lenkung der Kraftfahrzeuge, Der Motorwagen, 1907, S. 291 ff.

einem Steuerschenkel d versehen, an welchem die vom Handrad e aus mittels Steuerhebels f verstellbare Steuerstange g angreift. Die Lenkstange c kann, wie dargestellt, vor der Vorderachse oder auch hinter der Vorderachse angeordnet werden.

Fig. 608.

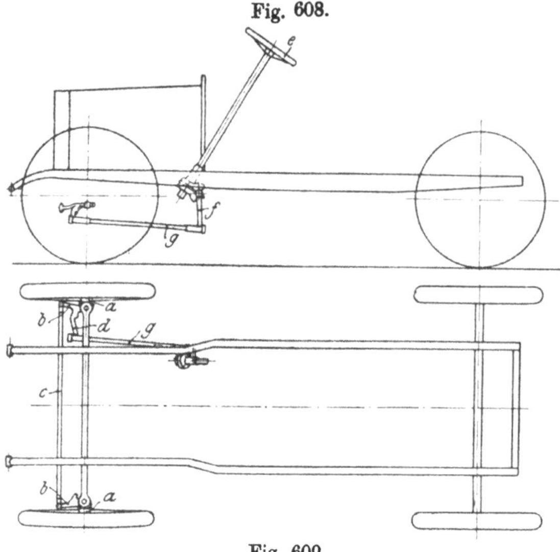

Fig. 609.

Fig. 608 und 609. Achsschenkellenkung.

Für die richtige Wirkungsweise der Lenkung gilt zunächst ganz allgemein die Bedingung, daß beim Befahren einer Krümmung keines der Wagenräder gezwungen werden darf, auf der Straßendecke zu schleifen, weil dies übermäßige Abnutzung der Reifen zur Folge hätte. Diese Bedingung wird erfüllt, wenn sich die Verlängerungen der Radzapfen in einem Punkte M der verlängerten Hinterachse HI des Wagens schneiden, Fig. 610 und 611, S. 409, weil dann in der Tat jedes Rad einen Kreisbogen mit der Mitte in M beschreibt. Aus dieser Bedingung ergibt sich, daß die Verstellwinkel α und β der beiden Achsschenkel ungleich sein müssen, und zwar ist

$$\operatorname{cotg} \alpha = \frac{r + \frac{b}{2}}{l}$$

$$\operatorname{cotg} \beta = \frac{r - \frac{b}{2}}{l}$$

somit

$$\operatorname{cotg} \alpha - \operatorname{cotg} \beta = \frac{b}{l}$$

Die einem gegebenen Werte von α entsprechende richtige Einstellung β des zweiten Achsschenkels findet man somit, indem man den einen Achsschenkel bis zum Schnitt M mit der verlängerten Hinterachse verlängert und M mit der Drehachse C des zweiten Achsschenkels verbindet.

Nach Elsner[1]) kann man aber das Aufsuchen des in der Regel außerhalb der Zeichenebene liegenden Punktes M umgehen, wenn man auf Grund der aus Fig. 610 und 611 ersichtlichen Konstruktion den Punkt F bestimmt.

Es ist dann

$$\sphericalangle FCE = \beta.$$

Beweis:

$$\operatorname{cotg} \alpha = \frac{\overline{GE} + \frac{b}{2}}{\overline{GF}}$$

$$\operatorname{cotg} FCE = \frac{\frac{b}{2} - \overline{GE}}{\overline{GF}}$$

[1]) Der Motorwagen, 1903, S. 230.

somit $$\operatorname{cotg}\alpha - \operatorname{cotg} FCE = 2\cdot\frac{\overline{GE}}{\overline{GF}} = 2\frac{\overline{EC}}{CH} = \frac{b}{l}$$

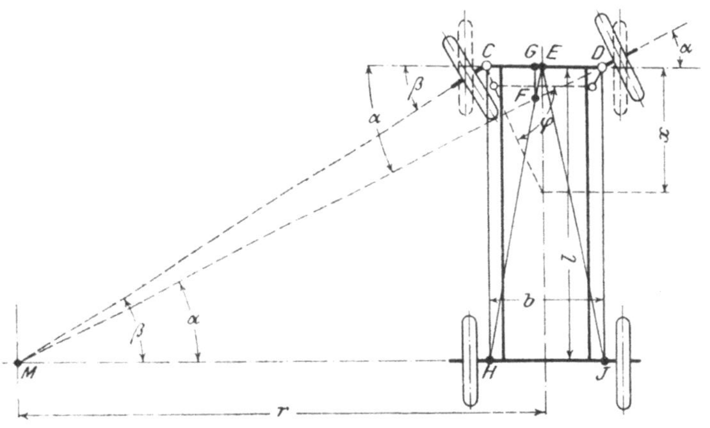

Fig. 610. Lenkstange hinter der Achse.

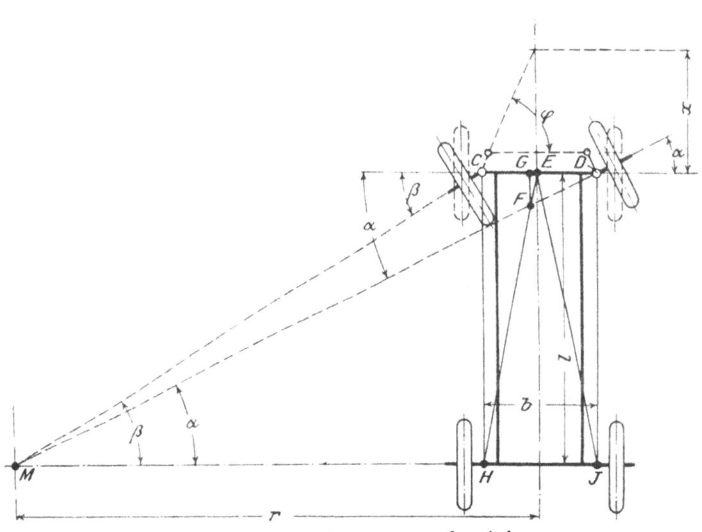

Fig. 611. Lenkstange vor der Achse.

Die obenstehende Bedingung läßt sich aber bei den gebräuchlichen Anordnungen der Lenkgestänge,' wobei die Lenkhebel durch eine Kuppelstange und die Wagenachse zu einem vor oder hinter der Achse liegenden gleichschenkligen **Lenktrapez** verbunden werden, nicht für alle Ausschläge der Lenkräder genau erfüllen. Man ist daher gezwungen, geringe Abweichungen in den Kauf zu nehmen. Diese Abweichungen dürfen aber im allgemeinen innerhalb des ganzen vorkommenden Lenkbereiches nicht größer sein, als etwa 1 bis $1^1/_2{}^0$, damit sie durch die seitliche Nachgiebigkeit der Luftreifen noch ohne Schleifen ausgeglichen werden können.

Die Genauigkeit der Lenkung ist nun in erster Linie von der Lage der Lenkhebel, also von der Größe des Winkels φ oder von der Strecke x abhängig, die der verlängerte Lenkhebel auf der Wagenachse abschneidet. Aber auch das annähernd dem Verhältnis von Spurweite zu Achsstand entsprechende Verhältnis $\frac{b}{l}$ sowie die Länge der Lenkhebel üben einen Einfluß auf die Genauigkeit des Lenkgetriebes aus.

Lutz[1]) hat die zulässigen Grenzen für die Wahl des Winkels φ in einer für den Entwurf gut brauchbaren Form auf zeichnerischem Wege ermittelt, indem er für verschiedene Stellungen der Räder die Abweichung der Bahn des Punktes F, s. Fig. 610 und 611, S. 409, die bei der theoretisch richtigen Lenkung die Gerade $\overline{EH}$ sein müßte, bei verschiedenen Formen des Lenktrapezes bestimmt und diejenigen Anordnungen herausgesucht hat, welche den geringsten mittleren Fehler aufweisen. Das Ergebnis dieser Untersuchung zeigen die Diagramme, Fig. 612 und 613, getrennt für vor und für hinter der Vorderachse angeordnete Lenkstange.

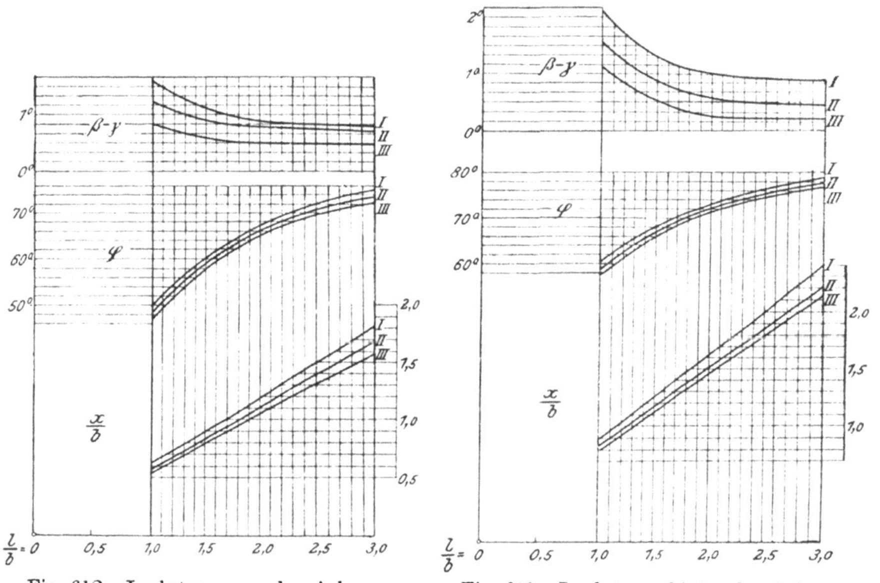

Fig. 612. Lenkstange vor der Achse. Fig. 613. Lenkstange hinter der Achse.

Fig. 612 und 613. Grenzwerte nach Lutz für ausreichend genaue Lenkvorrichtungen.

In diesen Diagrammen die alle für ein Verhältnis $\frac{\text{Länge der Lenkhebel}}{\text{Entfernung der Lenkzapfen}} = 0{,}14$ aufgestellt sind, sind zu oberst die bei verschiedenen Werten von $\frac{l}{b} = \frac{\text{Achsstand}}{\text{Entfernung der Lenkzapfen}}$ vorkommenden kleinsten mittleren Abweichungen des wirklichen Ausschlages γ von dem theoretisch erforderlichen β des zweiten Lenkrades, darunter die zugehörigen Werte von φ und zu unterst die entsprechenden Werte von $\frac{x}{b}$ eingetragen. Die mit *I* bis *III* bezeichneten Linien sind für größte Ausschläge α des einen Lenkrades von 45°, 40° und 35° gültig; sie zeigen, daß der unvermeidliche Fehler des Lenkgetriebes um so größer ist, je größer der erforderliche größte Ausschlag sein soll, je kleinere Krümmungen also das Fahrzeug befahren muß.

[1]) Der Motorwagen, 1908, S. 699 ff.

Setzt man als Höchstwert der zulässigen Abweichung des Winkels γ von dem theoretischen Werte β z. B. 1° fest, so ist für Werte von $\frac{l}{b}$ zwischen 1,5 und 2,5

bei einem größten Lenkausschlage von		35°	40°	45°
Lenkstange **vor** der Achse	φ . .	58° bis 69,5°	59° bis 71°	60° bis 72°
	$\frac{x}{b}$ . .	0,8 „ 1,3	0,84 „ 1,4	0,9 „ 1,5
Lenkstange **hinter** der Achse	φ . .	66° „ 74,5°	67° „ 75°	68° „ 76,5°
	$\frac{x}{b}$ . .	1,12 „ 1,79	1,17 „ 1,86	1,26 „ 2,0

Der **erforderliche größte Ausschlag** der Lenkräder wird gewöhnlich dadurch bestimmt, daß das Fahrzeug auf einer Straße von gegebener Fahrdammbreite vollständig wenden können soll, ohne mehrmals vor- und rückwärts fahren

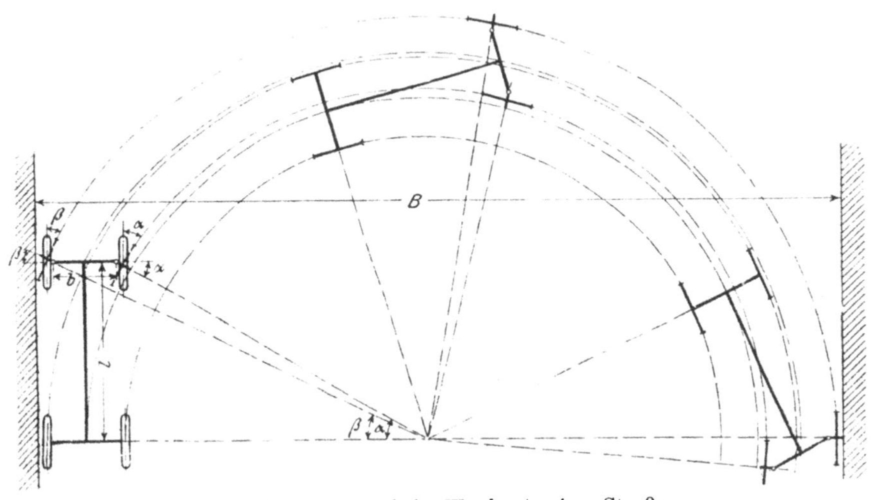

Fig. 614. Vorgang beim Wenden in einer Straße.

zu müssen. Der Vorgang hierbei ist in Fig. 614 durch die verschiedenen Stellungen, die der Wagen hierbei annimmt, gekennzeichnet. Es ist vorausgesetzt, daß der Wagen hart an der linken Bordschwelle steht, daß zunächst die Lenkräder soweit verdreht werden, als es möglich ist, und daß erst dann das Anfahren und Wenden vor sich geht.

Mit einer für diesen Zweck ausreichenden Annäherung kann man dann setzen:

$$B = b + l \operatorname{cotg} \alpha + \frac{l}{\sin \beta},$$

worin B die Straßenbreite in m,
b die Spurweite (annähernd = dem Abstand der Lenkzapfen) in m
l der Radstand in m
α und β die einander entsprechenden größten Lenkausschläge sind.

Da — unter der Voraussetzung, daß das Lenktrapez richtig arbeitet —

$$\operatorname{cotg} \alpha - \operatorname{cotg} \beta = \frac{b}{l}$$

$$\sin\beta = \frac{1}{\sqrt{1+\left(\operatorname{cotg}\alpha - \frac{b}{l}\right)^2}},$$

so ist

$$B = b + l\left[\operatorname{cotg}\alpha + \sqrt{1+\left(\operatorname{cotg}\alpha - \frac{b}{l}\right)^2}\right]$$

Bei gegebenem Werte von α kann man hieraus die für das vollständige Wenden erforderliche Mindestbreite der Straße berechnen.

Ist umgekehrt die Straßenbreite gegeben, so findet man durch Auflösen obiger Gleichung

$$\operatorname{cotg}\alpha = \frac{B^2 - 2bB - l^2}{2l(B-2b)}$$

für

$$B = 10\ \text{m}$$

$$b = 1{,}6\ \text{m},$$

$$l = 3{,}2\ \text{m},$$

ist

$$\alpha = 37^0.$$

Außer der Winkeleinstellung übt auch die Länge der Lenkhebel einen Einfluß auf das richtige Arbeiten der Lenkvorrichtung aus. Dieser Einfluß ist aber innerhalb der Werte $\frac{\text{Länge der Lenkhebel}}{\text{Entfernung der Lenkzapfen}} = 0{,}11$ bis $0{,}17$ von so untergeordneter Größe, daß er vernachlässigt werden darf, zumal da auch noch andere Einflüsse vorhanden sind, die sich rechnerisch oder zeichnerisch viel schwerer berücksichtigen lassen.

Zunächst liegen bei den ausgeführten Motorwagen die Radzapfen nicht, wie bei den bisherigen Untersuchungen angenommen worden ist, mit der Hinterachse in einer Ebene, sondern sie sind nach den beiden Seiten etwas geneigt, weil es üblich ist, die Lenkräder zu „stürzen“. Außerdem pflegt man, um das Flattern (seitliche Schwingen um die Lenkzapfen) zu vermeiden, gelegentlich die Radzapfen in der Mittelstellung für gerade Fahrt nicht genau in die Verlängerung der Vorderachse einzustellen, sondern etwas (0,5 bis 2^0) nach vorwärts zu neigen, so daß die Ebenen der Lenkräder beim Geradeausfahren nicht genau parallel sind und die Räder daher neben ihren Rollwiderstand einen geringen Gleitwiderstand überwinden. Für diese Maßnahme werden mitunter theoretische Gründe angeführt, wie z. B., daß etwas einwärts stehende Lenkräder das Freihändigfahren erleichtern usw. In Wirklichkeit hat sie aber einen rein praktischen Grund: Stellt man nämlich die Lenkräder beim neuen Wagon genau parallel ein, so dauert es eine gewisse Zeit bis sie infolge der Abnutzung der Lenkstangenzapfen bei Geradeausfahrt soweit auswärts geneigt sind und so flattern, daß eine Nachstellung der Lenkgestänge erforderlich ist. Die doppelte Lebensdauer des Lenkgestänges kann man offenbar erreichen, wenn man die Lenkräder anfangs nicht genau parallel, sondern um den zulässigen Fehler einwärts einstellt.

Um das Flattern der Lenkräder zu verhindern, hat man auch versucht, die Lenkzapfen nicht genau senkrecht zu stellen, sondern in der zum Wagenmittel parallelen senkrechten Ebene so zu neigen, daß, wie beim Vorderrad eines Fahrrades der Schnittpunkt der verlängerten Lenkzapfenachse mit der Straßenfläche vor der Berührungsstelle des Lenkrades und der Straße liegt. Durch diese Anordnung wird aber nicht nur keine Selbststeuerung des Lenkrades erzielt, sondern auch der Lenkwiderstand nicht unbeträchtlich gesteigert.

Von baulichen Einzelheiten abgesehen, unterscheiden sich die heute gebräuchlichen Anordnungen des Lenkgetriebes hauptsächlich durch die Lage der Lenkstange. Wie aus Fig. 610, S. 409, und 613, S. 410, hervorgeht, muß die Lenkstange, wenn sie vor der Achse liegt, länger, wenn sie hinter der Achse liegt, kürzer sein als der Abstand b der Lenkzapfen, damit ein brauchbares Lenkgetriebe gebildet wird. Mit anderen Worten: Liegt die Lenkstange vor der Achse, so sind die Lenkhebel nach auswärts, im anderen Falle sind sie nach einwärts zu neigen.

Liegt also die Lenkstange vor der Achse, so ist man, vorausgesetzt, daß man möglichst günstige Winkelstellungen φ für die Lenkhebel benutzen will, in der Bemessung der Länge der Lenkhebel, wie aus Fig. 615 ersichtlich ist, beschränkt, weil die Gelenke an den Enden der Lenkhebel l den Speichen der Räder nicht zu nahe kommen dürfen. Der Spielraum muß vielmehr ziemlich reichlich sein, damit die Berührung z. B. auch beim Anfahren des einen Lenkrades gegen einen Stein ausgeschlossen erscheint. Damit man nicht genötigt ist, den Abstand x der Radebene von der Mitte des Lenkzapfens zu vergrößern, was zu ungünstigen Belastungen des Lenkzapfens führen würde, muß man entweder die Hebellänge vermindern, was die zum Lenken erforderliche Kraft erhöht, oder den Winkel φ vergrößern, was zu Fehlern der Lenkung führt.

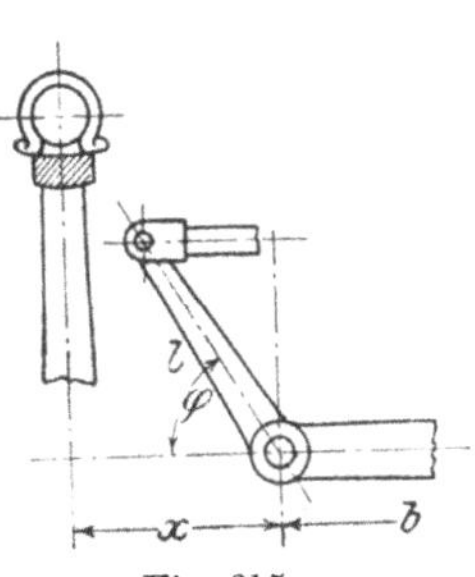

Fig. 615. Behinderung der Lenkung durch die Vorderräder.

Die Lage vor der Achse setzt ferner die Lenkstange der Gefahr aus, bei fast jedem Zusammenstoß des Wagens verbogen zu werden, sie macht außerdem das Aussehen des Wagens unruhig. Trotzdem hat man sie nicht allgemein aufgegeben. Zunächst ergibt sie, wie die Fig. 612 und 613 zeigen, bei Lenkgetrieben, die große Höchstausschläge zulassen müssen, größere Genauigkeit. Wichtiger als dieser Umstand ist aber wohl, daß die Lenkstange durch die wagerechten Kräfte, die während des Fahrens an den Radzapfen auftreten und insbesondere durch Stöße bedeutend gesteigert werden können, stets nur auf Zug und nicht auf Druck beansprucht, also verhältnismäßig leicht bemessen werden kann. Endlich läßt sich die Lenkstange vor der Achse leichter unterbringen und bequemer zugänglich machen, als hinter der Achse, wo sie ebenso wie die Achse nach unten durchgebogen und sehr nahe an den Boden verlegt werden muß, weil das Kurbelgehäuse der Maschine hier im Wege ist.

Daher kommt es, daß man bei schweren Motorfahrzeugen, insbesondere bei Motoromnibussen, bei denen bedeutende Lenkwiderstände auftreten und tief hinabreichende Teile vermieden werden sollen, vor der Achse liegende Lenkstangen anwendet, während man sie bei den meisten leichten Personenwagen des besseren Aussehens wegen hinter die Achse verlegt.

Die Anforderungen, die an die bauliche Ausbildung der Lenkvorrichtung zu stellen sind, sind in kurzer, treffender Form im Abschnitt IV der „Anweisung über die Prüfung von Kraftfahrzeugen", s. Anhang, S. 443, zusammengefaßt. Hiernach soll die Lenkvorrichtung so beschaffen sein, daß zu ihrer Bewegung und zu ihrem Festhalten ein möglichst geringer Kraftaufwand ausreicht. Einfacher Hebel- oder Zahnstangenantrieb ist nur für Wagen bis zu 350 kg Betriebsgewicht (für Dreiräder neuerdings bis zu 600 kg Betriebsgewicht) zugelassen, während bei schwereren Fahrzeugen Übersetzungen verwendet werden müssen, die nahezu selbstsperrend sein sollen. Die Anordnung der Steuerstange, die vom Steuerhebel zu einem der Lenkhebel führt, s. Fig. 608 und 609, S. 408, muß derart gewählt werden, daß beim Federn des Wagens kein Flattern der Vorderräder eintritt. Bei Steuerstangen mit Stoßfängern müssen die Kugelzapfen gegen Herausspringen und die Steuerstangen gegen Abfallen bei Abnutzung der Kugelpfannen gesichert werden.

Alle Bolzen des Lenkgestänges sind mit Kronenmutter und Splint oder ähnlich zu sichern. Außerhalb der Drehachse des Achsschenkels müssen alle Teile der Lenkung sowie die damit verbundenen Teile, sofern sie nicht im Rad selbst eingebaut sind, mit ihren tiefsten Stellen mindestens 15 cm über der Standfläche liegen und leicht zugänglich sein. Das hintere Gelenk der Steuerstange darf also durch ein den Rahmen unten abschließendes Blech nicht der Beobachtung entzogen werden. Gegen Eindringen von Staub dürfen die Gelenke durch Lederkappen geschützt werden, die man auch mit Fett füllen kann, so daß besondere Schmierbüchsen entfallen.

Von den Bauteilen der Lenkung sind die Radzapfen als Teile der Vorderachse bereits behandelt worden, s. S. 393. Als Ergänzung hierzu sei zunächst bemerkt, daß man, insbesondere bei leichten Wagen, vielfach die Vorderachsen gabelt und die Radzapfen mit langen Hülsen auf dem festgehaltenen Lenkzapfen lagert. Außerdem sei einer Bauart der Wagenachsenfabrik Pankow bei Berlin, Fig. 616, gedacht, bei der es gelungen ist, den Abstand der Radebene von der Achse des Lenkzapfens außerordentlich gering zu machen. Das gegabelte Ende der Vorderachse *a* trägt zwei nach unten gerichtete Zapfen *b*, an denen das Radzapfen-Schmiedestück *c* drehbar ist. Dieses Schmiedestück ist so ausgehöhlt, daß es die Radnabe *d* teilweise umschließt. Zwei große Kugeln *e* fangen die senkrechten Drücke auf; die Kugeln lassen sich mit Hilfe der Mutter *f* nachstellen.

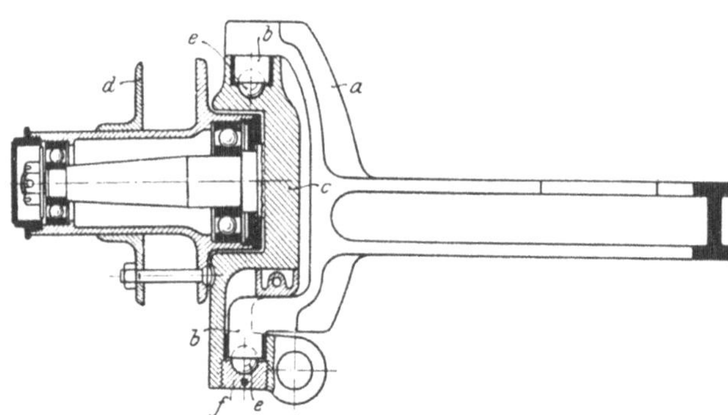

Fig. 616. Achsschenkellager der Wagenachsenfabrik Pankow bei Berlin.

Ferner gehört hierher die von Opel, Benz usw. angewendete, in Fig. 617 und 618 dargestellte Bauart[1]), deren Kennzeichen darin besteht, daß die Achsen der Radzapfen in der Mittellage für Geradeausfahrt nicht in der senkrechten Ebene liegen, die

Fig. 617.

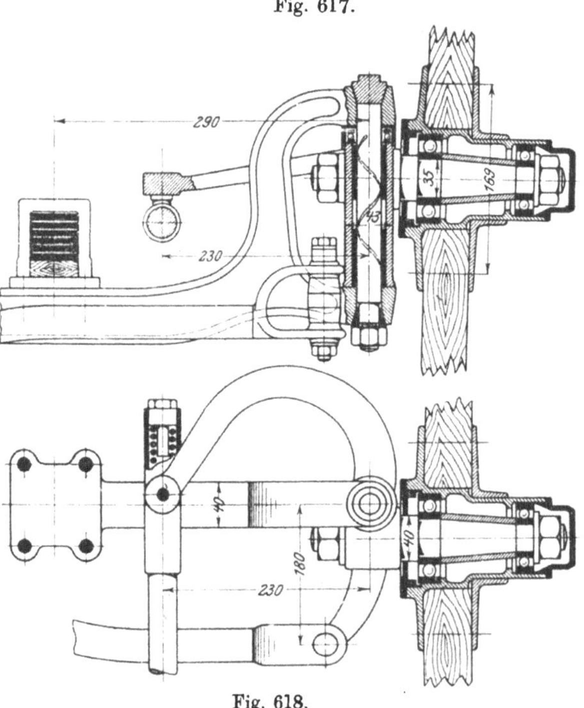

Fig. 618.

Fig. 617 und 618. Vorderachse mit versetzten Radzapfen.

[1]) Vgl. Z. Ver. deutsch. Ing. 1907, S. 751.

durch die parallelen Achsen der Lenkzapfen bestimmt wird, sondern parallel dazu etwas nach hinten verschoben sind, derart, daß der Fahrstrahl von der Mitte des Lenkzapfens nach der Mitte des Rades mit der Verlängerung der Achse einen Winkel von etwa 15° einschließt. Der Zweck dieser Anordnung ist im wesentlichen derjenige, welcher mit dem oben erwähnten geringen Einwärtsstellen der Lenkräder verfolgt wird, nämlich das Flattern der Lenkräder zu verhindern.

Bei der gebräuchlichen Anordnung der Radzapfen r, Fig. 619, wirkt nämlich die von den Rollwiderständen P an den Radzapfen herrührende resultierende Kraft $Q'-Q''$ in der die Lenkhebel c verbindenden Lenkstange b, die beim Geradeausfahren = Null ist, gleichviel ob die Lenkstange vor oder hinter der Achse liegt, sobald die Lenkräder nur wenig von ihrer geraden Richtung abweichen, stets so, daß sie bestrebt ist, die Ablenkung der Räder zu vergrößern. Das ergibt sich, wenn man die Werte von

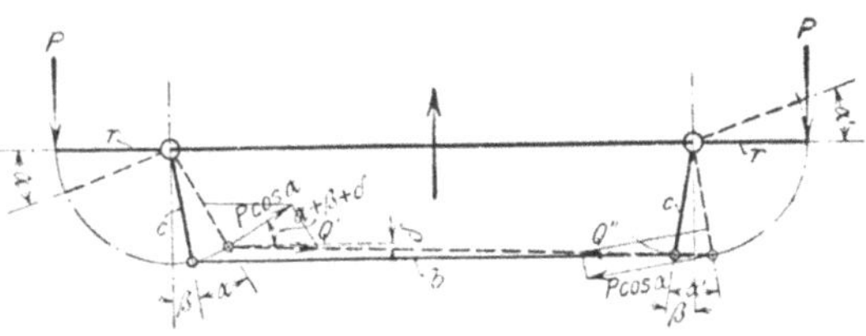

Fig. 619. Gewöhnliche Anordnung der Radzapfen.

$$Q' = \frac{P\cos\alpha}{\cos(\alpha+\beta+\delta)} \quad \text{und}$$

$$Q'' = \frac{P\cos\alpha'}{\cos(\alpha'-\beta+\delta)}$$

für ein gegebenes Lenktrapez bei verschiedenen Werten von α nachrechnet. Für $\beta = 10^0$ ergeben sich z. B. bei der dargestellten Ausführung

bei $\alpha = 20^0$ $\alpha' = 19^0$, $\delta = 2^0$,
und $\alpha = 10^0$ α' = etwas kleiner als 10^0, $\delta = 1^0$,

für diese Winkelwerte ist in der Tat

$$Q' > Q''.$$

Die Lenkräder haben also das Bestreben, weiter nach links herumzuschlagen, sobald sie nur einmal aus der genau nach vorne gerichteten Lage abgelenkt worden sind. Solche geringe Ablenkungen lassen sich aber schon wegen des stets vorhandenen toten Ganges von etwa 5° nicht vermeiden. Bei einiger Abnutzung der Gelenke wird 10° Spiel nicht selten.

Dieses Bestreben der Lenkräder tritt ebenso beim Ablenken nach rechts auf, wobei dann

$$\alpha' > \alpha \quad \text{und}$$
$$Q'' > Q'$$

sind.

Besonders gefährlich kann dieser labile Zustand der Lenkräder aber werden, wenn sich die recht empfindliche Verbindung zwischen dem Lenktrapez und der Steuersäule während der Fahrt löst. Denn dann schlagen die jeder Hemmung beraubten Lenkräder augenblicklich nach irgendeiner Seite soweit herum, als es der Rahmen gestattet, und das Fahrzeug rollt von der Straße herunter, bevor man Zeit gefunden hat, die Bremsen anzuziehen.

Durch die Lagerung der Radzapfen hinter den Lenkzapfen, Fig. 620, S. 416, soll dieser Zustand beseitigt werden; hier sind

$$Q' = \frac{P\cos(\alpha+\gamma)}{\cos(\alpha+\beta+\delta)} \quad \text{und} \quad Q'' = \frac{P\cos(\alpha'-\gamma)}{\cos(\alpha'-\beta+\delta)},$$

und diese Werte ergeben für $\gamma = 15^0$ unter Beibehaltung der obigen Größen von α, α', β und δ in beiden Fällen

$$Q' < Q'',$$

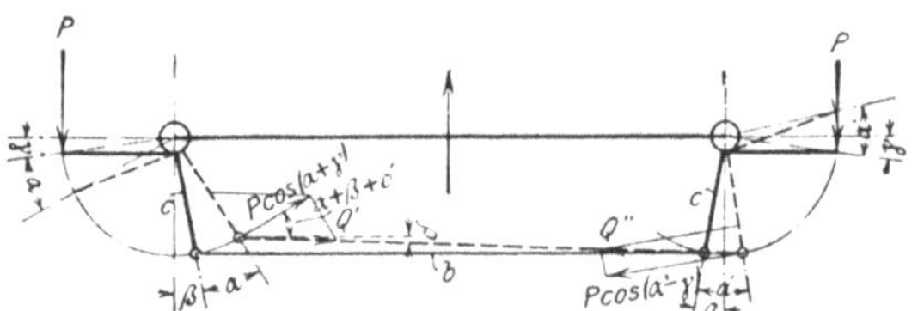

Fig. 620. Anordnung mit versetzten Radzapfen.

also ein Bestreben, die aus der geraden Richtung abgelenkten Räder wieder zurückzudrehen.

Trotz ihrer scheinbaren Vorteile wird aber diese Bauart der Radzapfen nicht häufig angewendet, wahrscheinlich weil sie im praktischen Betriebe doch nicht geeignet ist, dem Übel der üblichen Bauart zu steuern. Bei der vorstehenden Rechnung ist nämlich keine Rücksicht darauf genommen, daß außer den Rollwiderständen P der Lenkräder, die man wohl als gleich groß annehmen darf, noch andere Kräfte an den Radzapfen auftreten, sobald die Räder von der geraden Richtung abgelenkt werden. Die lebendigen Kräfte des Wagens haben nämlich das Betreben, den Wagen in der geraden Richtung weiterzubewegen, und ihnen wirken die Widerstände der Radreifen gegen seitliches Gleiten entgegen. Die Belastungen der Radzapfen durch diese Kräfte sind aber nicht gleich groß, sondern stets auf derjenigen Seite größer, nach welcher der Wagen abgelenkt werden soll, weil der Ausschlag α des Lenkrades auf dieser Seite größer ist als der Ausschlag α' auf der anderen Seite. Es liegt nahe, anzunehmen, daß sich aus diesem Grunde bei den von angesehenen Fabriken unternommenen Versuchen auch die neue Bauart der Radzapfen nach Fig. 617 und 618, S 414, als labil ($Q' > Q''$), also die mit der Versetzung der Radzapfen verbundene Verwickelung der Bauart als unwirksam und überflüssig erwiesen haben wird. Jedenfalls hat man von Ausführungen dieser Art seit mehreren Jahren nichts wieder gehört. Auch das Flattern der Lenkräder hat man durch sorgfältige Ausführung des Lenkgetriebes und vielleicht auch durch den schon erwähnten Kunstgriff längst zu beseitigen verstanden, ohne zu einer neuen Bauart der Radzapfen greifen zu müssen.

Bezüglich der Lenkhebel und Lenkstangen genügt es, in Verbindung mit den Vorschriften weiter oben auf Fig. 584 und 585, S. 395, zu verweisen, woraus mit genügender Annäherung geeignete Abmessungen entnommen werden können. In der Regel kann man die Lenkstange aus nahtlosem Stahlrohr herstellen, damit sie gegen Druckkräfte widerstandsfähiger ist und die Gabeln an den Enden einschrauben. Die Zapfen versieht man zweckmäßig oben mit festen Köpfen, damit sie nicht nach unten durchfallen können. Die unteren Enden erhalten Kronenmuttern mit Splinten. Auch kegelige Zapfen, mit denen man durch Nachziehen der Muttern etwaigen toten Gang im Lenktrapez beseitigen kann, sind für diesen Zweck gut geeignet. Besondere Schmiervorrichtungen pflegt man an diesen Zapfen nicht immer anzubringen; es empfiehlt sich jedoch, die Zapfen mit Bohrungen zu versehen und oben soweit auszuhöhlen, daß man daraus durch Einschrauben eines Bolzens oder Überschrauben einer Kappe, ähnlich wie bei den Zapfen der Federgehänge, eine Art Staufferbüchse herstellen kann.

Für den Antrieb der Lenkung ist auf dem Führersitz die Steuersäule mit einem Handrad angebracht, Fig. 621 bis 623, S. 417, mit dessen Hilfe man in dem gewöhnlich rechts von der Maschine (in der Fahrtrichtung gesehen) am Wagenrahmen oder besser am Kurbelgehäuse befestigten Getriebekasten unter Vermittlung einer Schnecke einen Schneckenradausschnitt verstellt, an dem ein zur Steuerstange führender Stellhebel angreift, vgl. auch Fig. 608 und 609, S. 408. Nach den weiter oben angeführten Vorschriften soll der Antrieb der Lenkung nahezu selbstsperrend sein. Dadurch soll verhindert werden, daß ein kräftiger Stoß gegen ein Lenkrad, wie er z. B. durch einen Stein oder durch Anfahren des Radzapfens gegen ein Hindernis hervorgerufen werden kann, dem Wagenführer das Steuer ganz aus der Hand schlägt, und daß der Wagenführer durch die Stöße, welche die Lenkräder während der Fahrt andauernd treffen, vorzeitig ermüdet wird. Andererseits darf das Getriebe nicht vollkommen selbstsperrend sein, damit die Lenkräder z. B. beim Anfahren gegen eine Bordschwelle nachgeben; sonst würde entweder der Wagen auf den Bürgersteig herauffahren, oder irgendein Teil der Lenkung beschädigt werden. Das richtige Maß der Selbstsperrung ist erreicht, wenn man die Lenkräder, indem man mit je einer Hand ein Rad erfaßt, mit äußerster Kraftanstrengung gerade noch herumdrehen kann.

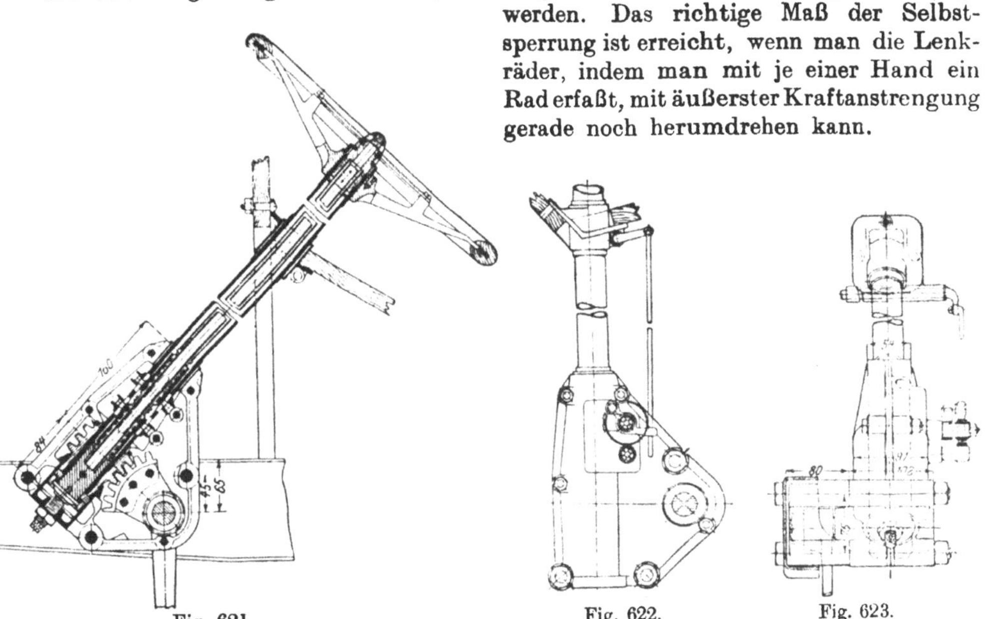

Fig. 621. Fig. 622. Fig. 623.

Fig 621 bis 623. Steuersäule eines Personenwagens der Neuen Automobil-Gesellschaft.

Durch die Bedingung der Selbstsperrung wird der Steigungswinkel α des Schneckengetriebes insofern bestimmt, als

$$\operatorname{tg}\alpha = \text{oder nahezu} = \mu$$

sein muß, wenn μ die Reibungsziffer der gleitenden Reibung ist. Obgleich praktisch $\mu = 0{,}1$ gesetzt werden darf, da das Schneckengetriebe dauernd geschmiert wird, geht man dennoch bei Personenfahrzeugen mit dem Werte von $\operatorname{tg}\alpha$ selten unter 0,15 bis 0,18, weil die Selbsthemmung durch die allgemeinen Lenkwiderstände unterstützt wird. Das ergibt

$$\alpha = 8 \text{ bis } 9^0.$$

Die Übersetzung des Lenkgetriebes soll derart bemessen werden, daß der Drehwinkel des Steuerrades und der Kraftaufwand beim Lenken gering sind. Das sind Vorschriften, die einander geradezu widersprechen und die sich somit nur bedingt erfüllen lassen werden. So wird man bei leichten, schnellfahrenden Wagen, deren Lenkwiderstände an und für sich gering sind, Gewicht auf kleinen Ausschlag des Steuerrades legen, damit der Wagen schnell gelenkt werden kann, während bei schweren Fahrzeugen, die ohnedies langsam fahren, größere Drehwinkel des Steuerrades zugelassen werden dürfen, damit die Kraftübersetzung größer wird.

Für den Entwurf kann man annehmen, daß die Kraft am Umfange des Handrades von 350 bis 400 mm Durchmesser 12 bis 15 kg betragen darf und daß die

Winkelverdrehung des Schneckenradausschnittes gewöhnlich mit 60° bemessen wird. Die einem Gesamtausschlag der Lenkräder von 70 bis 90° entsprechende Verdrehung des Steuerrades soll 360° bis 450° nicht übersteigen, wenn die Lenkung bequem bedienbar sein soll. Die größeren Winkel sind für schwere Wagen bestimmt.

Fig. 624.

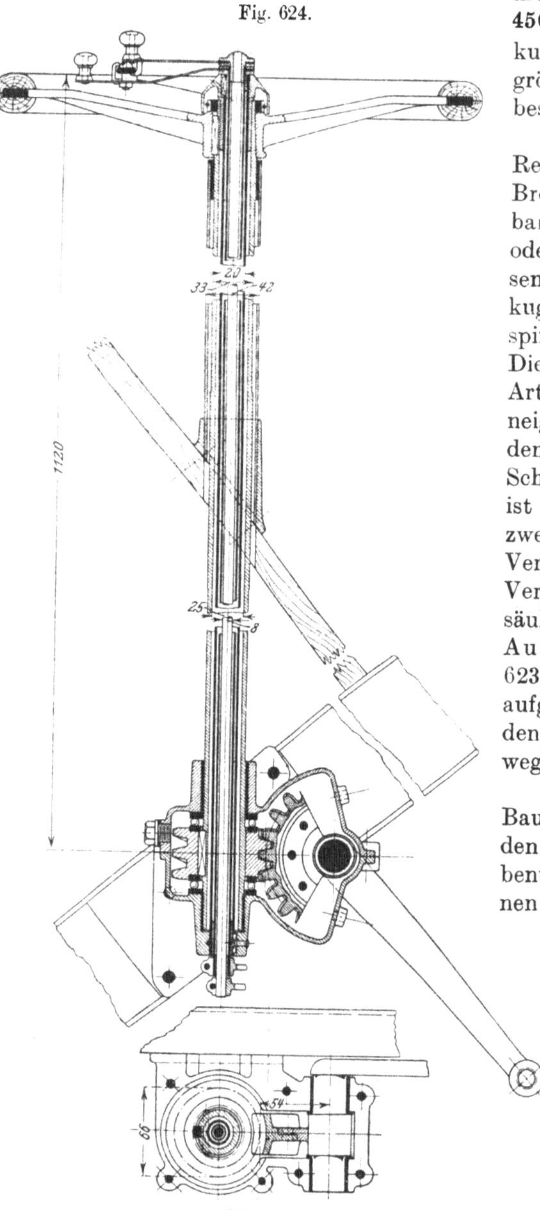

Fig. 625.

Fig. 624 und 625. Steuersäule des kleinen Wagens der Siemens-Schuckert-Werke.

Das Schneckengetriebe wird in der Regel zweigängig aus Stahlschnecke und Bronzerad (oder Stahlrad mit auswechselbarem Bronzekranz) in einem Stahlguß- oder Bronzegehäuse öldicht eingeschlossen, das auch die Stellringe oder Druckkugellager zur Entlastung der Handspindel von den Achsdrücken enthält. Die je nach Geschmack und nach der Art des Wagens mehr oder weniger geneigte Handspindel, die von einem auf dem Spritzbrett gelagerten, blanken Schutzrohr aus Messing umgeben ist, ist zumeist hohl und enthält eine oder zwei gesondert bewegliche Spindeln zum Verstellen des Zündzeitpunktes und der Vergaser-Drosselklappe. Bei der Steuersäule des Personenwagens der Neuen Automobil-Gesellschaft, Fig. 621 bis 623, S. 417, sind hierfür zwei Rohre mit aufgeschobenen Gewindehülsen vorhanden, auf denen getrennte Muttern die Bewegung auf das Regelgestänge übertragen.

Etwas einfacher gestaltet sich die Bauart der Steuersäule, wenn man für den Antrieb des Regelgestänges nur Hebel benutzt, wie bei der Steuersäule des kleinen Wagens der Siemens-Schuckert-Werke, Fig. 624 und 625. Allerdings wird dann die weitere Übertragung der Hebelbewegungen mitunter nicht leicht, insbesondere wenn man auf die Zugänglichkeit der Maschine Rücksicht nehmen will. Feste Regeln lassen sich aber hierfür nicht aufstellen. Es ist lediglich Sache des konstruktiven Geschicks, ob man sich besser oder schlechter über diese bei jedem Neuentwurfe auftretenden Schwierigkeiten hinweghilft.

Von dem mit den Schneckenradausschnitt des Steuergetriebes fest verbundenen Steuerhebel *c*, Fig. 626 und 627, S. 419, führt die Steuerstange *a* zu dem Steuerschenkel *b*, der mit einem der Lenkhebel oder mit einem der Lenkzapfen in fester Verbindung steht; diesem Teil fällt die wichtige Aufgabe zu, zwischen den mit dem Rahmen verbundenen, also abgefederten, und den mit der Achse verbundenen, also von allen Stößen der Fahrbahn fast unmittelbar berührten Teilen der Lenkung so zu vermitteln, daß weder die Lenkräder durch die Schwingungen der Federn verstellt, noch die Stöße auf das Handrad übertragen werden. Dem ersten Teil dieser Aufgabe wird man annähernd gerecht, wenn man bei normal belasteten Federn die Mittellage der Steuerstange *a* annähernd wagerecht und die Mittelstellungen des Steuerschenkels *b* sowie des Steuerhebels *c* annähernd senkrecht hierzu ausmittelt, wobei die durch das Federspiel hervorgerufenen Bewegungen der Lenkräder nicht mehr groß werden, dem zweiten Teil durch Einschalten von Dämpfungsfedern in die Steuerstange. Da die Steuerstange an den Enden mit Kugelgelenken versehen sein muß, weil die

Fig. 626.

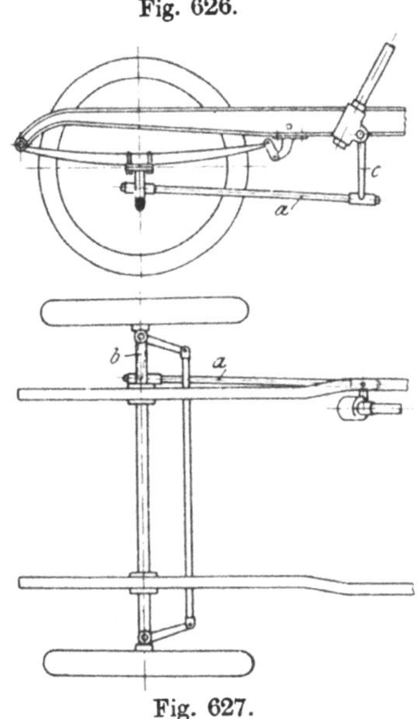

Fig. 627.

Fig. 626 und 627. Lenkgestänge.

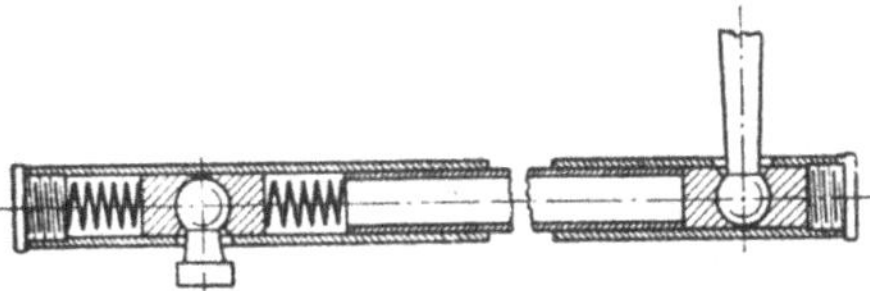

Fig. 628. Steuerstange mit Dämpfungsfedern.

durch sie verbundenen Hebel annähernd in aufeinander senkrechten Ebenen schwingen, so ist es am gebräuchlichsten, in den Enden der Hebel *b* und *c* mit Kegel und Schraubenmutter besondere Kugelzapfen zu befestigen, s. Fig. 584 und 585, S. 395, und von diesen einen in der hohlen Steuerstange in Pfannen zu lagern, die von Federn zusammengehalten werden, s. Fig. 628. Diese Bauart gewährt aber, obgleich man immer dafür sorgt, daß der Kugelzapfen auf dem Steuerschenkel nach aufwärts und nicht nach abwärts gerichtet ist, recht wenig Sicherheit gegen das Abfallen der Stange von den Zapfen, da sich die Lager infolge der Stöße verhältnismäßig schnell abnutzen, und es ist nur der Sorgfalt, mit der jeder Wagenführer vor einer Ausfahrt gerade diese Stellen nachsehen muß, zu danken, daß sich im ganzen wenig schwere Unfälle ereignen, bei denen das Lockerwerden dieser Verbindung die Ursache gewesen ist. Die Sicherheit der Steuerstangengelenke läßt sich erhöhen, wenn man die Öffnung für das Schenkelende kleiner macht als den Durchmesser des Kugelkopfes und den Kugelkopf von dem Rohrende her einführt; allerdings muß man hierfür das Rohrende schlitzen und den Schlitz durch eine übergeschraubte Kappe verdecken.

Fig. 629.

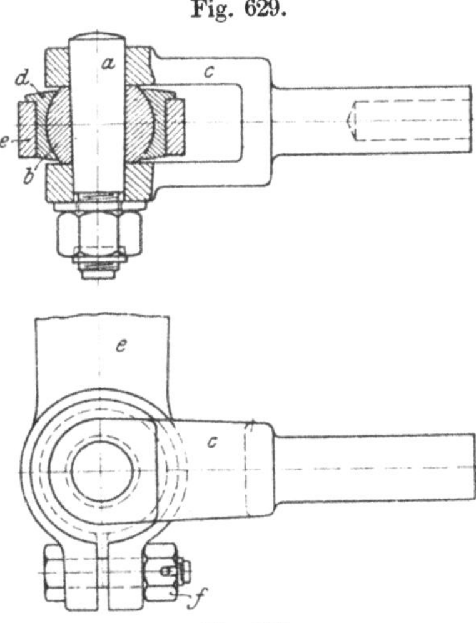

Fig. 630.

Fig. 629 und 630. Steuerstangengelenk von H. Büssing in Braunschweig.

Bei schweren Motorfahrzeugen, insbesondere Motoromnibussen verbietet sich die Anwendung von Dämpfungsfedern in Verbindung mit derartig leicht lösbaren Kugelgelenken aus Rücksichten auf die Sicherheit von selbst. Man ist dann im allgemeinen darauf angewiesen, an beiden Enden der Steuerstange zweiteilige Köpfe mit Kugelhöhlungen oder richtige Kreuzgelenke anzuordnen. Eine einfache und ebenso sichere Bauart des Gelenkes, Fig. 629 und 630, S. 419, die von H. Büssing in Braunschweig herrührt, besteht aus einer auf den Kegelzapfen *a* aufgeschobenen Kugel *b*, die in der Gabel *c* der Steuerstange festgehalten wird und deren zweiteilige Lagerschale *d* in der Gabel geringe Drehbewegungen machen kann. Diese Lagerschale wird in dem geschlitzten Ende *e* des entsprechenden Steuerhebels festgeklemmt und kann durch Anziehen der Mutter *f* nachgespannt werden, wenn die Verbindung nicht mehr ohne Spiel arbeitet.

Bremseinrichtungen.

Nach der „Verordnung über den Verkehr mit Kraftfahrzeugen“, s. Anhang, S. 436, ist jedes Motorfahrzeug mit zwei voneinander unabhängigen Bremseinrichtungen zu versehen, von denen jede auf die Wagenräder der getrennten Achsen gleichmäßig wirkt; mindestens eine Bremseinrichtung muß unmittelbar auf die Hinterräder oder auf Bestandteile, die mit diesen Rädern fest verbunden sind, wirken, und diese Bremse muß feststellbar sein. Jede Bremseinrichtung muß für sich geeignet sein, den Lauf des Fahrzeuges sofort zu hemmen und es auf die kürzeste Entfernung zum Stehen zu bringen.

Durch diese Vorschriften wird zunächst die Anordnung der Bremsen innerhalb des Untergestells weitgehend eingeschränkt. Betrachtet man die Untergestelle eines Wagens mit Kardanantrieb, Fig. 631, und eines Wagens mit Kettenantrieb, Fig. 632, worin

mit *M* die Maschine,
„ *G* das Getriebegehäuse,
„ *W* die Gelenkwelle,
„ *K* die Ketten und
„ *A* das Ausgleichgetriebe

bezeichnet sind, so muß nach obiger Vorschrift eine Bremsvorrichtung, die Bremsen *B*, auf die Hinterräder wirken, und man behält nur die Wahl bezüglich der Anordnung der zweiten Bremsvorrichtung frei,[1]) die zumeist als Getriebebremse, d. h. so ausgebildet wird, daß sie mit der ganzen oder einem Teile der Getriebeübersetzung auf die Hinterräder wirkt. Diese Bremsvorrichtung kann man nun entweder bei *I* zwischen Maschine und Wechselgetriebe, oder bei *II* zwischen Wechselgetriebe und Ausgleichgetriebe oder endlich bei *III* zwischen Ausgleichgetriebe und den Hinterrädern einschalten. Im letzten Falle müssen natürlich zwei Bremsen vorhanden sein. Zu diesen Anordnungen hat sich in neuerer Zeit noch eine weitere, nämlich die Lagerung der Bremsen an den Vorderrädern gesellt, die aber noch wenig verbreitet ist.

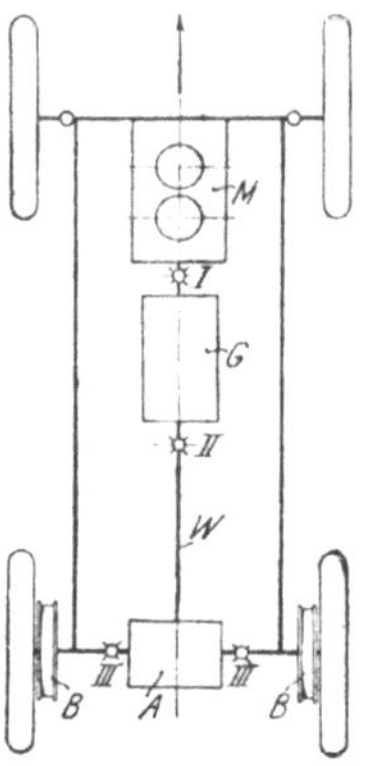

Fig. 631. Anordnung der Bremsen bei Kardanwagen.

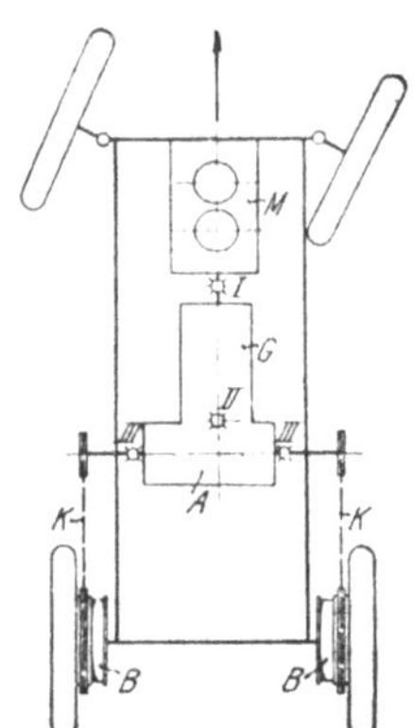

Fig. 632. Anordnung der Bremsen bei Kardanwagen.

Die Anordnung *I* wird heute gar nicht mehr verwendet, weil bei den meisten Motorwagen der Raum zwischen Kupplung und Wechselgetriebe zu beschränkt

[1]) Vgl. Z. Ver. deutsch. Ing. 1906, S. 246 ff.

ist, um eine Bremsscheibe hier unterbringen zu können. Man strebt ferner zumeist, wenigstens die Zahnräder des Wechselgetriebes vor den Beanspruchungen zu schützen, die beim Bremsen auftreten, um die Ruhe ihres Laufes nicht zu stören. Da endlich bei den meisten Bauarten von Wechselgetrieben Zwischenstellungen möglich sind, in denen die Verbindung zwischen treibendem und getriebenem Teil des Getriebes gelöst ist, so müßte man sich vor dem Anziehen einer Bremse, die vor dem Wechselgetriebe sitzt, stets vergewissern, ob das Getriebe nicht etwa auf Leerlauf steht. Die Daimler-Motoren-Gesellschaft bringt allerdings bei ihren Lastwagen-Wechselgetrieben, s. Fig. 405 bis 410, S. 297 und 298, Bremsen an, allein diese sitzen stets auf den Vorgelegewellen, die sich von dem Hinterachsantrieb nicht trennen lassen.

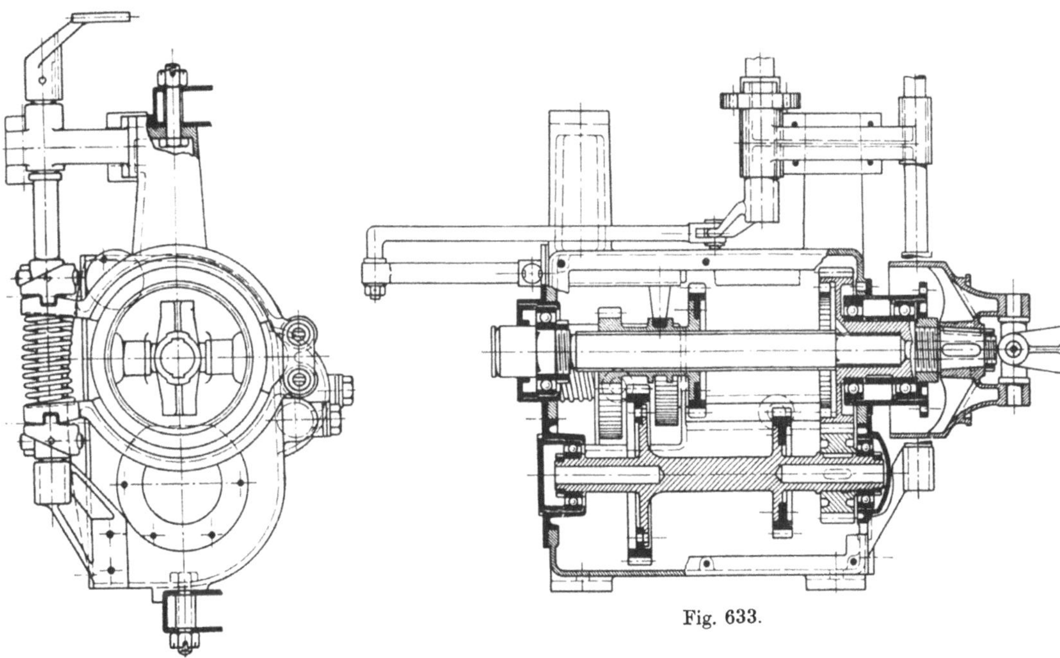

Fig. 634.

Fig. 633.

Fig. 633 und 634. Wechselgetriebe mit Bremse des kleinen Wagens der Siemens-Schuckert-Werke.

Die größte Verbreitung hat bei den heutigen, zumeist mit Wellenantrieb ausgerüsteten Personenwagen die Anordnung *II* gefunden, die in mancher Hinsicht große Vorteile bietet. Die Anordnung der Bremse unmittelbar hinter dem Wechselgetriebe, z. B. bei dem Getriebe des kleinen Wagens der Siemens-Schuckert-Werke, Fig. 633 und 634, gestattet, die Bremsscheibe organisch mit dem einen Teil des Kreuzgelenkes zu verbinden, also an Wellenlänge zu sparen. Die Bremsdrücke treten hierbei an einer Stelle der Getriebewelle auf, die schon aus anderen Gründen besonders sorgfältig gelagert werden muß. Da endlich an dieser Stelle immer ein Querträger des Rahmens vorhanden ist, so bereitet auch die sichere Lagerung des Bremsgestänges weniger Schwierigkeiten als bei anderen Anordnungen.

Die Anordnung *III* endlich hat nur für Kettenwagen und Wagen mit ähnlichem Antrieb Bedeutung. Bei Kardanwagen käme diese Anordnung in ihrer Wirkung den Hinterradbremsen gleich, die man also bequemer nur zu verdoppeln brauchte. Das ist aber nicht üblich. Dagegen pflegt man bei schweren Motorwagen mit Zahnräderübertragung auch auf den Ausgleichwellen Bremsen anzuordnen, s. Fig. 449, S. 329, ebenso wie auf den Ausgleichwellen von Motorwagen mit Kettenantrieb, Fig. 460, S. 337. Solche Wagen verfügen dann mitunter, weil man auch die Bremse am Wechselgetriebe beibehält und die Hinterradbremsen nicht fortlassen darf, über drei getrennte Bremsvorrichtungen, was nur zur Sicherheit des Betriebes beiträgt.

Was die Anordnung von Bremsen an den Lenkrädern anbelangt, so ist vor allem fraglich, ob solche Bremsen bei der Abnahme durch die Behörden als ausreichend zur Erfüllung der Vorschrift angesehen werden. Man hat geglaubt, sich über die baulichen Schwierigkeiten dieser Anordnung hinwegsetzen zu müssen, weil man bemerkt hatte, daß schnellfahrende Personenwagen mitunter an allen vier Rädern gebremst werden müssen, wenn sie schnell genug anhalten sollen, daß das seitliche Gleiten der Wagen auf schlüpfriger Straße beim Bremsen der Vorderräder nicht so leicht eintritt, wie beim Bremsen der Hinterräder und daß mitunter auf stark abschüssigen Straßen die Vorderräder größere Raddrücke erhalten, also besser zum Bremsen geeignet sein können als die Hinterräder. Diese Beobachtungen mögen zutreffen. Bei dem normalen Motorwagen, der keine übermäßig starke Maschine besitzt und mehr Verkehrs- als Sportfahrzeug sein soll, dürfte man aber auch ohne die Vorderradbremsen gut auskommen, wie die Erfahrungen der letzten Jahre beweisen. In der Tat sind die Bedenken, die zunächst gegen die Anwendung von Bremsen an den Lenkrädern sprechen nicht gering. Bei der gebräuchlichen Bauart der Vorderachsen müssen Rückwirkungen der Bremsdrücke in das Lenkgetriebe gelangen, die das Lenken außerordentlich er-

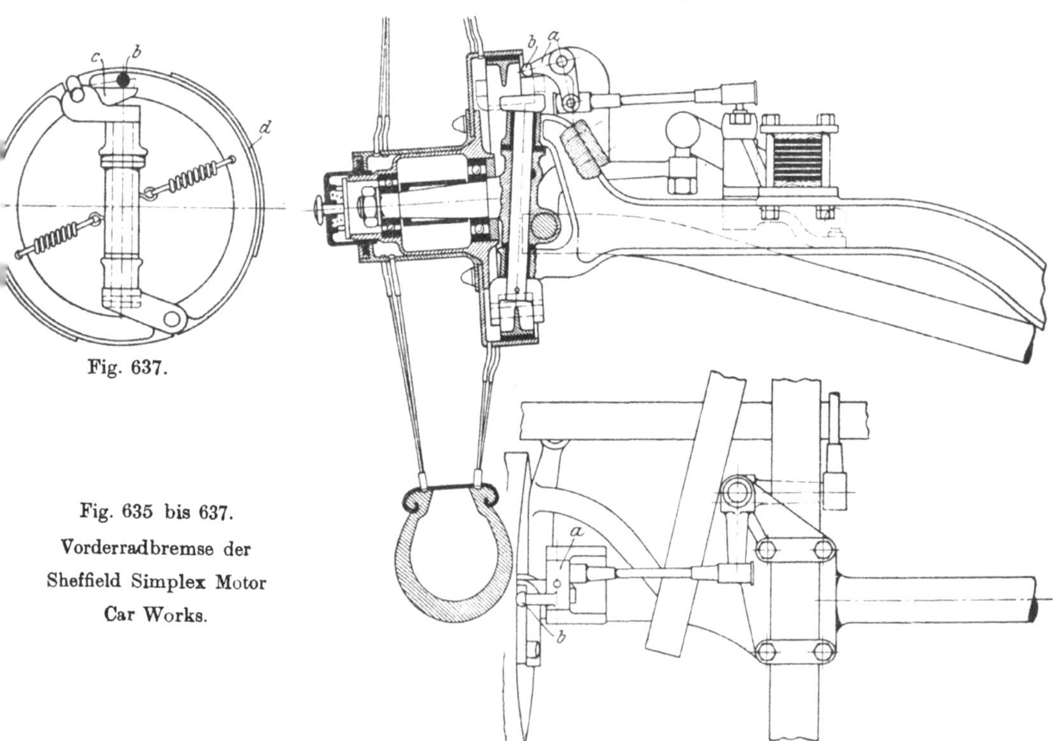

Fig. 635.

Fig. 637.

Fig. 636.

Fig. 635 bis 637. Vorderradbremse der Sheffield Simplex Motor Car Works.

schweren. Diese Rückwirkungen lassen sich zwar vermeiden, wenn man, wie schon wiederholt vorgeschlagen und versucht worden ist, entweder die Achse der Lenkzapfens in die Radebene legt oder die Räder soweit stürzt und die Lenkzapfen soweit nach außen neigt, Fig. 635 bis 637, S. 422, daß sich die Verlängerungen der Lenkzapfenachsen und die Radebenen auf der Fahrbahn schneiden. Aber auch dieses Mittel ist in der Praxis wegen der starken Neigung, die Räder und Lenkzapfen erhalten müßten, nicht ganz durchführbar, zumal da man auch schon früher die Erfahrung gemacht hat, daß zu starkes Stürzen der Lenkräder schädlich ist. Man muß also in jedem Falle die Rückwirkungen der Bremsen auf die Lenkung in den Kauf nehmen.

Zu diesem an und für sich bedenklichen Merkmal der Vorderradbremsen treten noch die baulichen Schwierigkeiten, die dadurch bedingt werden, daß die Bremsen bei jeder Einstellung der Lenkräder wirken sollen. Bei der hier dargestellten Ausführung der Sheffield Simplex Motor Car Works hat man diese Aufgabe gelöst, indem man den Winkelhebel *a* auf der Vorderachsgabel so gelagert hat, daß sein wirksamer Kugelkopf *b* genau in der Verlängerung der Lenkzapfenachse steht, also bei der Drehung des Lenkrades seine Stellung gegenüber dem Hebel *c*, auf den er drücken soll, nicht ändert. Der Hebel *c* hat einen zweiten Winkelarm, womit er die auf dem Lenkzapfen gelagerten Backen *d* und *e* der Vorderradbremse voneinander drückt, s. Fig. 637. In Wirklichkeit ändert sich nun zwar nicht die Lage, wohl aber die Bewegung des Kugelkopfes *b* gegen den Hebel *c* mit der Stellung des Lenkrades. Davon wird also zum Mindesten die Wirksamkeit der Bremse beeinflußt. Dabei ist die hier dargestellte Bauart noch verhältnismäßig die beste, die bis jetzt ausgeführt worden ist. Andere, bei denen der Antrieb der Bremse durch die Höhlung des Lenkzapfens zugeführt wird, sind schon wegen der Verminderung der Sicherheit der Lenkzapfen zu verwerfen.

Von den im allgemeinen Maschinenbau gebräuchlichen Bauarten von Bremsen kommen heute für Motorwagen fast nur mehr Backenbremsen in Betracht. Man ist von den Bandbremsen fast ganz abgekommen, weil sich die Bremsbänder selbst bei Anwendung von besonderen Bremsschuhen gegen unvorhergesehenes Reißen schwerer sichern lassen, als z. B. die Gestänge von Backenbremsen, und weil man auch bei bester Durchbildung der Bremsbandaufhängung selten vermeiden kann, daß sich die Bremsbänder ungleichmäßig von den Scheiben abheben. Durch die Erschütterungen bei der Fahrt kommen auch die Bremsbänder ins Schwingen, so daß sie fast dauernd auf den Bremsscheiben schleifen und sich ungleichmäßig abnützen. Alle diese Fehler sind bei den Backenbremsen, deren Teile genau geführt und zwangläufig bewegt werden, vermieden.

Wo die Bremsen dem Eindringen von Staub ausgesetzt sind, z. B. auf der Hinterachse, werden Innenbremsen, Fig. 638, bevorzugt, deren Gehäuse *a* aus einem Stück mit der Radnabe gegossen und deren Inneres durch einen zum Lagern der Bremsbacken *b* und der Schlüsselwelle *c* dienenden, mit der Hinterachsbrücke

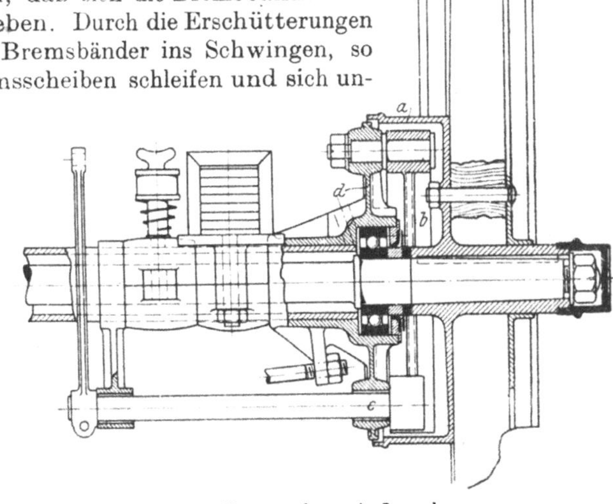

Fig. 638. Hinterachse mit Innenbremsen.

festverbundenen Deckel *d* fast staubdicht verschlossen werden kann. Solche Bremsen werden zumeist als einfache Schlüsselbremsen mit zwei gelenkig verbundenen, durch einen drehbaren Daumen voneinander zu entfernenden Backen aus Temper- oder Stahlguß mit Gußeisenschuhen gebaut, wobei man den erforderlichen Ausgleich zwischen den Drücken auf die Bremsbacken ganz selbsttätig durch das geringe Spiel der Schlüsselwelle in ihrem Lager erzielt. Größere Genauigkeit des Ausgleiches bietet die Bremse nach Fig. 639, bei der der Druck auf die mit Gleitschuhen *b* versehenen Backen *a* durch den in einem Schlitz der Schlüsselwelle frei beweglichen Keil *d* gleichmäßig verteilt wird. Der Keil drückt auf gehärtete Bolzen *e*, die in dem Gewinde der Backen verstellbar sind, damit man das freie Spiel der Backen der Abnutzung entsprechend regeln kann.

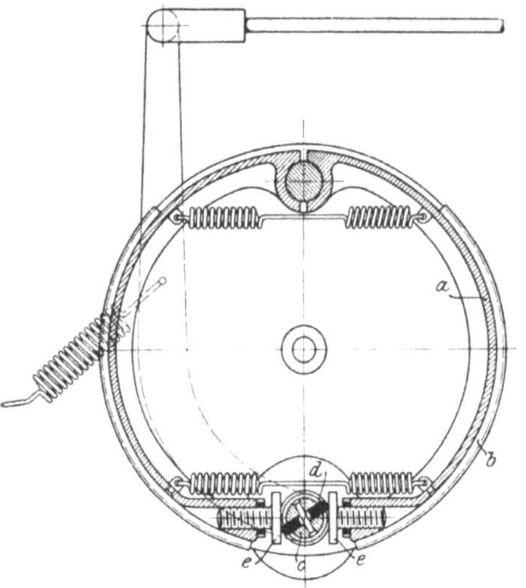

Fig. 639. Schlüsselbremse mit selbsttätigem Druckausgleich.

Diese Nachstellbarkeit fehlt bei den gebräuchlichen einfachen Schlüsselbremsen. Aus diesem Grunde und wegen der großen Flächendrücke, die an den Angriffstellen des Schlüssels bei größeren Bremskräften entstehen müssen, wendet man bei schweren Motorwagen lieber Hebelbremsen an, z. B. Fig. 501, S. 356.

Bei den Motorlastwagen der Daimler-Motoren-Gesellschaft werden neben einfachen Backenbremsen, die auf Keilnutenkränze an den Hinterrädern wirken, s. Fig. 575, S. 392, auf den Ausgleichwellen Backenbremsen benutzt, Fig. 640 bis 642, S. 425, die, obgleich Außenbremsen, dennoch gegen Verstauben der Bremsflächen gut geschützt sind. Die Bremsscheibe *a* sitzt hier zwischen dem Schubbalken *b* aus Preßblech und einer Blechscheibe *c*, die das Innere des Hinterrades mit Innenverzahnung bedeckt, und wird von den hohl geformten Bremshebeln *d*, die in ihrem Innern die beweglichen Bremsschuhe *e* tragen, fast vollständig eingehüllt. Die Bremshebel sind mit Hilfe des Trägers *f* an dem Schubbalken fest gelagert und ihre Drehzapfen sind außerdem durch eine Lasche *g* verbunden, die gleichzeitig den oberen dachartigen Abschluß für die Bremsscheibe bildet. Der Antrieb mittels des Hebels *h*, der an einem der Bremsschuhe gelagert ist, bietet vollständigen Ausgleich der Bremsdrücke und leichte Nachstellbarkeit mit Hilfe der Muttern auf der Verbindungsstange *i*.

Getriebebremsen, die in der Regel gegen Staub besser geschützt sind als die Hinterradbremsen, werden zumeist als Außenbremsen gebaut, schon weil sich die Lagerung der Backen an dem Getriebegehäuse leichter ausführen und zugänglicher gestalten läßt. Da die erforderlichen Bremskräfte hier geringer sind, als bei Hinterradbremsen, so kommt man in der Regel mit einfachen Bauarten aus, doch hat man besonderes Augenmerk auf den Ausgleich der Bremsdrücke zu richten, die das ohnehin stark beanspruchte Lager der Getriebewelle nicht überflüssig belasten sollen. Beispiele von solchen Bremsen zeigen u. a. die Fig. 405 bis 410, S. 297 und 298, 633 und 634, S. 421, usw.

Beim Einbau der Bremsen und ihres Antriebes hat man im allgemeinen die gleichen Regeln zu beachten, wie beim Einbau der anderen Wagenteile. Damit Formänderungen des Rahmens die Wirkungsweise der Bremsen nicht beeinflussen, empfiehlt es sich, z. B. bei Getriebebremsen die gesamten feststehenden Teile auf dem Gehäuse des Wechselgetriebes und nicht auf dem Rahmen zu lagern. Den sich hieraus ergebenden Beanspruchungen muß das Gehäuse seiner Bauart nach angepaßt werden. Das ist nicht schwer, da das Gehäuse ähnlichen, aber in entgegengesetzter Richtung wirkenden Belastungen beim Antrieb des Wagens ausgesetzt ist. Bei den Hinterradbremsen muß das Antriebsgestänge die durch die Bauart des Wagenantriebes gegebenen Bewegungen der Hinterachse während der Fahrt zulassen, ohne daß sich die Bremsbacken verstellen. Zu gleicher Zeit ist für die Übertragung der Drehmomentrückwirkungen in ähnlicher Weise

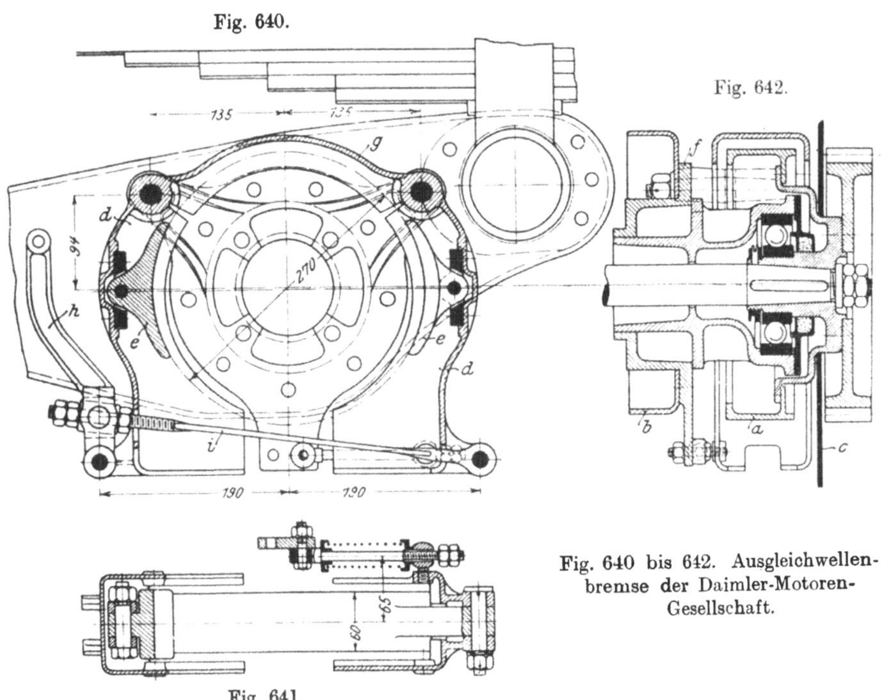

Fig. 640 bis 642. Ausgleichwellenbremse der Daimler-Motoren-Gesellschaft.

zu sorgen, wie bei den Antriebsdrehmomenten. Diese Anforderungen lassen sich am leichteten bei den Wagen mit einem einzigen Wellengelenk, Fig. 480 und 481, S. 346, erfüllen, wo das Lager der festen Hinterachsstütze alle Drehmomente abfängt. Man kann somit hier die Bremshebel mit allen zugehörigen Teilen in fester Verbindung mit der Hinterachsbrücke lagern, s. Fig. 631, S. 420, und ist gegen alle Beeinflussungen der Bremsen durch die Hinterachsschwingungen ziemlich gesichert, wenn man an der mittleren Querstütze des Rahmens, woran die Hinterachsstütze gelagert ist, die Welle für die Verbindungsstangen anordnet.

Weniger einfach ist die Lösung bei den Wagen mit zwei Wellengelenken, Fig. 478 und 479, S. 345; die Schwingungen der Hinterachse werden hier durch die Länge der Hinterfedern bestimmt, so daß man die Zwischenwelle für den Bremsantrieb in der Nähe der Vorderaugen der Hinterfedern anordnen muß. Da ferner die Rückwirkungen der Bremsdrehmomente in der Regel größer sind als diejenigen der Antriebsdrehmomente, so lassen sich vorübergehende Belastungen der Hinterfedern durch solche Drehmomente trotz des Vorhandenseins einer besonderen Drehmomentstütze kaum vermeiden.

Andere als die im wesentlichen senkrechten Schwingungen der Hinterachsbrücke braucht man bei der Anordnung des Bremsgestänges im Rahmen bei

Kardanwagen kaum zu berücksichtigen; denn die übrigen Schwingungen haben wegen des unvermeidlichen geringen toten Ganges im Bremsgestänge selten einen Einfluß auf die Bremsen.

Besondere Schwierigkeiten ergeben sich jedoch beim Einbau der Hinterradbremsen in Wagen mit Kettenantrieb. In unmittelbarer Nähe der Bremsscheiben, die sich zumeist im Inneren der großen Kettenräder befinden, sitzt auf der Hinterachse der Kettenspanner; auf diesem pflegte man früher die Bremsbacken zu lagern, ohne Rücksicht darauf, daß der Kettenspanner bei Schwingungen der Achse geringe Drehungen gegen die Achse ausführt; in diesem Falle treten Drehungen der Bremsbacken gegen die Bremsscheibe ein, die den Bremsvorgang ungünstig beeinflussen. Wenn die Kettenspanner Seitenbewegungen der Achse zulassen, müssen sich die Bremsbacken auch in der Achsrichtung gegen die Bremsscheibe verschieben. Bei neueren Kettenantrieben, vgl. Fig. 477, S. 343 und Fig. 501, S. 356, vermeidet man daher diese Bauart, indem man von dem Kettenspanner getrennte Tragkörper außerhalb der Kettenspanner zum Lagern der Bremsbacken auf der Achse befestigt, damit nicht verhältnismäßig lange Tragzapfen erforderlich werden; hierbei muß man aber die Kettenspanner näher zusammenrücken, hat also stärkere Beanspruchungen der Hinterachsen in den Kauf zu nehmen, außerdem werden die Achsen und mit ihnen die Hinterfedern durch die Rückwirkungen der Bremsdrehmomente belastet, was man stets vermeiden soll. Eine vollkommene Lösung dieser Schwierigkeiten hat man bis jetzt noch nicht gefunden.

Vom Standpunkte der Handhabung hat man zwischen Betriebsbremsen und Notbremsen zu unterscheiden. Betriebsbremsen sind vornehmlich zum dauernden Regeln der Fahrgeschwindigkeit bestimmt und werden ausschließlich als Getriebebremsen ausgeführt, damit sie mit möglichst geringem Kraftaufwand bedient und hinsichtlich ihrer hemmenden Wirkung weitgehend geregelt werden können. Zum Antrieb dient ein Fußhebel, da während der Fahrt beide Hände des Wagenführers anderweitig in Anspruch genommen sind. Notbremsen sollen bei Störungen der Betriebsbremsen eingreifen und kennzeichnen sich durch den fast unmittelbaren Angriff auf die zu hemmenden Wagenräder. Im regelmäßigen Betriebe werden sie nur bei längerem Aufenthalt des Fahrzeuges benützt. Daher muß der Hebel, der zum Anziehen dieser Bremsen dient, mit einem Sperrwerk (Zahnbogen mit Sperrzähnen und Klinke, die durch Druck auf den Handgriff des Hebels gelöst wird) versehen werden, das gestattet, die Bremsen dauernd angezogen zu halten. Ihrer ganzen Bestimmung nach werden die Notbremsen als jene Bremsvorrichtung auszuführen sein, die nach den Vorschriften der Verordnung unmittelbar auf die Hinterräder wirken muß. Sie werden durch einen Handhebel bedient, der außen am Längsträger des Rahmens gelagert und ähnlich wie der benachbarte Schalthebel für das Wechselgetriebe in einer Kulisse geführt wird.

Die Betriebsbremse wird gewöhnlich mit der Kupplung so verbunden, daß vor dem Anziehen der Bremse die Kupplung gelöst wird. Das trifft auch zu für solche Wagen, bei denen außer der immer als Notbremse dienenden Hinterradbremse zwei Getriebebremsen vorhanden sind. Damit nicht eine von diesen Getriebebremsen dauernd unbenutzt bleibt, und im gegebenen Falle dann versagt, kuppelt man diese beiden miteinander, so daß bei der Betriebsbremsung beide Getriebebremsen in Tätigkeit treten müssen. Die Notbremse ist vor dauernder Untätigkeit gesichert, da sie bei jedem längeren Aufenthalt des Wagens angezogen werden muß, damit der Wagen nicht beim Lösen der Getriebebremse von selbst weiter rollt.

Bei Bremsen die auf die Ausgleichwellen wirken (Anordnung *III*) hat man durch Ausgleichvorrichtungen dafür zu sorgen, daß sich die Backen bei beiden Bremsen mit der gleichen Kraft auflegen, selbst dann, wenn das freie Spiel der

Bremsbacken ungleich groß ist, ein Fall, der beim Nachstellen der Backen sehr leicht eintreten kann. Am einfachsten ist es, wenn man, wie in Fig. 643, die von den Bremshebeln kommenden Zugstangen *a* an einem gleicharmigen Hebel *b* angreifen läßt, dessen Drehzapfen in der zum Fußhebel führenden Stange *c* gelagert ist, mitunter benutzt man auch statt der Stangen *a* Drahtseile, die über eine Rolle an dem Ende der Bremsstange geführt werden, Fig. 644. Die Rolle muß mindestens 10 Seildurchmesser als Halbmesser haben.

Solche Ausgleichvorrichtungen sind, streng genommen, auch bei den Hinterradbremsen erforderlich, um so mehr als man das seitliche Gleiten auf ungleich starkes Anziehen der Hinterradbremsen zurückzuführen pflegt. Man läßt sie aber trotzdem vielfach fort, weil der Fall, daß die Hinterradbremsen schon während der Fahrt und nicht erst nach dem Anhalten des Wagens angezogen werden, verhältnismäßig selten eintritt, also dadurch die Gefahr des fehlenden Ausgleiches der Bremskräfte beseitigt wird. Außerdem gestaltet sich der Einbau der Ausgleichvorrichtung immer unbequem, so daß man sie gerne vermeidet, wenn es irgend möglich ist. Immerhin kommt es vor, daß man die beiden Bremsstangen an einem über die ganze Breite des Rahmens reichenden, mitunter gar in Schlitzen der Längsträger geführten Hebel angreifen läßt, oder daß man auf der Zwischenwelle, Fig. 645 und 646, einen Ausgleichhebel mit Kugelköpfen anordnet usw., alles Konstruktionen, von denen nur abgeraten werden kann. Wenig Zweck hat es auch, namentlich bei kleinen Motorwagen statt der Bremsstangen ein zusammenhängendes Drahtseil anzuwenden, das durch die Höhlung der Welle des Handhebels gezogen ist, Fig. 647 und 648. Da das Seil mehrfach mit ungenügend kleinem Halbmesser gekrümmt werden muß, so ist keine Aussicht auf einen Ausgleich der

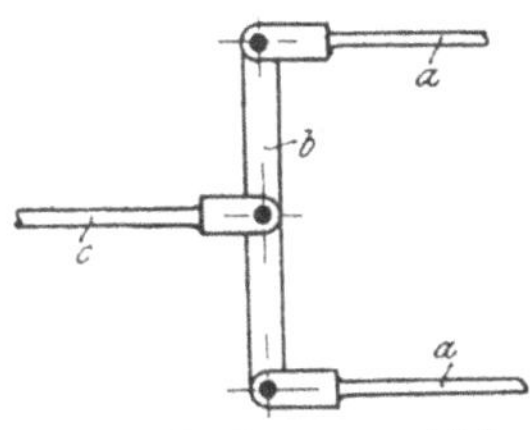

Fig. 643. Bremsausgleich durch Hebel.

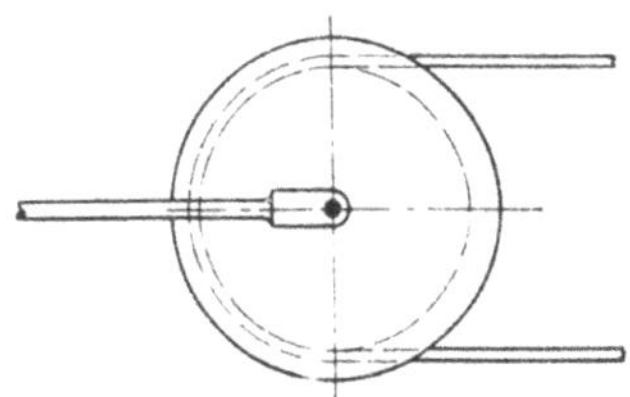
Fig. 644. Bremsausgleich durch Seil und Rolle.

Fig. 648.

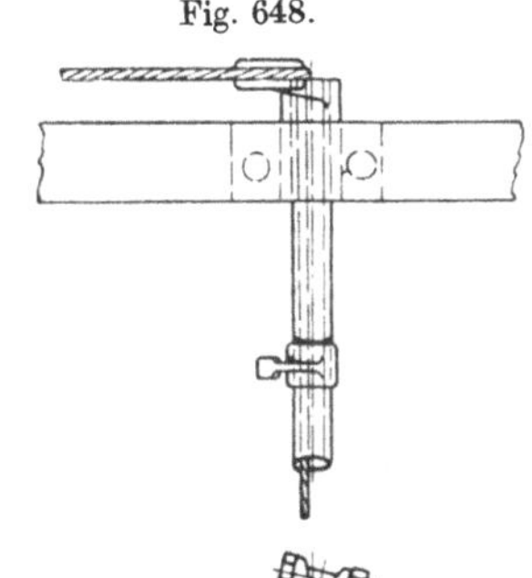

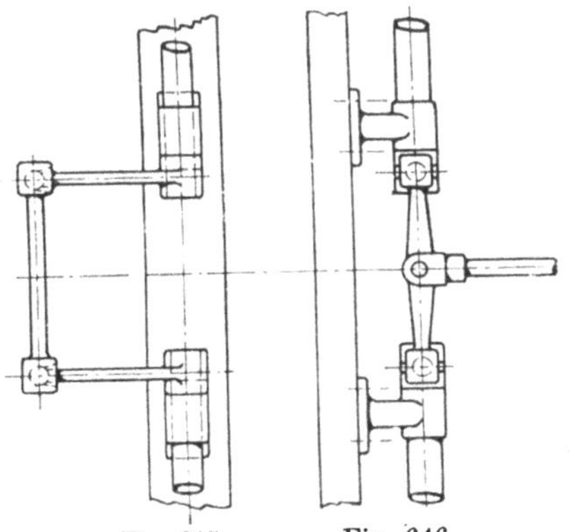
Fig. 645. Fig. 646.

Fig. 645 und 646. Ausgleich für Hinterradbremsen.

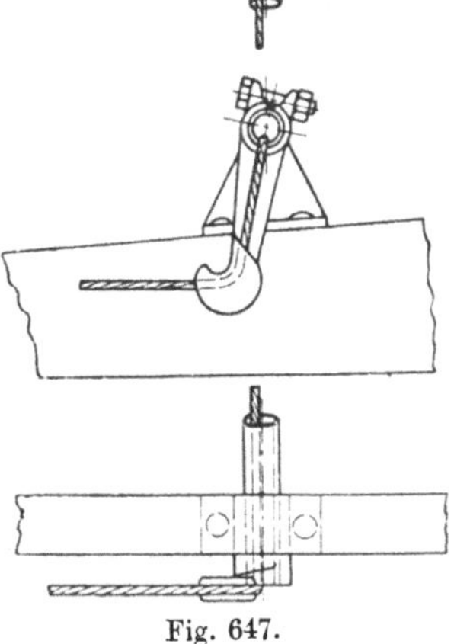
Fig. 647.

Fig. 647 und 648. Ausgleich für Hinterradbremsen mittels Drahtseiles.

Bremskräfte vorhanden. Wohl aber hat man baldiges Reißen des Seiles zu erwarten. Man wendet es daher schon immer seltener an.

Die allgemeinen Grundlagen für die Berechnung der Bremsen sind wohl aus den Taschenbüchern genügend bekannt. Soweit Bandbremsen überhaupt noch in Frage kommen, wäre als Ergänzung für das Bekannte auf die systematische Berechnung der Bandbremsen von Siebeck[1]) hinzuweisen, die insbesondere die bisher ungenügend geklärte Frage der Selbstsperrung einwandfrei löst.

Die besonderen Verhältnisse beim Motorwagen machen nur noch einige Angaben erforderlich, die über das allgemein Bekannte hinausgehen. In der Regel berechnet man jede Bremsvorrichtung derart, daß sie allein imstande sein soll, das Fahrzeug von einer Geschwindigkeit von 15 km/st bei wagerechter Fahrstraße auf einem Weg von 8 m zum Stillstand zu bringen.

Sind also

Q das Gesamtgewicht des Wagens in kg,
v die Fahrgeschwindigkeit in m/sek,
s die Bremsstrecke in m,
d der Durchmesser der Bremsscheibe in m,
D der Durchmesser der Hinterräder in m,

so kann man für Hinterradbremsen die erforderliche Bremsreibung B in kg auf dem Umfange der Bremsscheibe aus

$$\frac{Q}{g} \cdot \frac{v^2}{2} = B \cdot s \cdot \frac{d}{D}$$

$$B = \frac{Q \cdot v^2 \cdot D}{2 g \cdot s \cdot d} = 0{,}112 Q \cdot \frac{D}{d}$$

berechnen, wenn $v = 4{,}2$ m/sek (15 km/st), $s = 8$ m, $g = 9{,}81$ m/sek^2 angenommen werden.

Für Getriebebremsen, deren Welle a mal schneller läuft als die Hinterräder ist natürlich

$$B = 0{,}112 Q \cdot \frac{D}{d} \cdot \frac{1}{a}.$$

In dieser Formel sind D und a und annähernd auch Q vom Entwurf des Fahrzeuges her bekannt. Dem Bremsscheibendurchmesser sind durch die beschränkten Raumverhältnisse stets enge Grenzen gesetzt. Nach Lutz[2]) kann man annehmen

für Getriebebremsen:

bei mittleren Personenwagen $d = 170$ bis 200 mm (höchstens 250 mm)
bei schweren Motorwagen $d = 215$ bis 280 mm.

für Hinterradbremsen:

bei mittleren Personenwagen $d = 280$ bis 350 mm,
bei schweren Motorwagen $d = 350$ bis 500 mm.

Ist hiernach die erforderliche Bremsreibung B berechnet, so findet man die beim Anziehen der Bremse benötigte Kraft bei Bandbremsen aus

$$S_1 = B \frac{e^{f\alpha}}{e^{f\alpha} - 1}$$

$$S_2 = B \frac{1}{e^{f\alpha} - 1},$$

---

[1]) Z. Ver. deutsch. Ing. 1910, S. 630.

[2]) Der Motorwagen, 1906, S. 266 ff.

wenn S_1 und S_2 die Spannungen an den Enden des Bremsbandes sind, bei Backenbremsen aus

$$N = \frac{B}{f},$$

wenn N der Normaldruck des Bremsschuhes gegen die Brennscheibe ist.

Für die Reibungsziffer f kann man, da hauptsächlich weiche Gußeisenschuhe und Stahlgußscheiben in Betracht kommen

bei schnellfahrenden Wagen $f = 0{,}19$
bei langsamfahrenden Wagen $f = 0{,}30$

einsetzen.

Die zulässige Bremsreibung ist aber noch durch die Adhäsion an gewisse Grenzen gebunden, denn die Räder sollen im allgemeinen niemals so stark gebremst werden, daß sie blockiert werden, d. h. stehen bleiben und auf der Straße gleiten. Bei dem Wechsel, welchem die Gleitziffer μ der Radreibung ausgesetzt ist, vgl. S. 22, wird sich dies niemals ganz vermeiden lassen. Immerhin soll sich der Bremsweg von 8 m stets bei mittlerer Größe von μ noch erreichen lassen.

Bezeichnet man mit Q_r in kg den auf die Treibräder (gebremsten Räder) entfallenden Teil des Wagengewichtes Q, so muß, damit kein Gleiten der Räder eintritt,

bei Hinterradbremsen

$$B \cdot d \leqq \mu \cdot Q_r \cdot D$$

oder

$$B \leqq \mu \cdot Q_r \cdot \frac{D}{d},$$

bei Getriebebremsen mit $a$facher Übersetzung

$$B \cdot d \leqq \mu \cdot Q_r \cdot D \cdot \frac{1}{a}$$

oder

$$B \leqq \mu \cdot Q_r \cdot \frac{D}{d} \cdot \frac{1}{a}$$

sein.

Ein Vergleich mit den weiter oben stehenden Gleichungen für B ergibt, daß im äußersten Falle

$$0{,}112\,Q = \mu \cdot Q_r$$

sein darf.

Setzt man für $Q_r = 0{,}56\,Q$, d. h. den kleinsten bei normalen Motorwagen vorkommenden Wert ein, so ergibt sich

$$\mu = 0{,}20,$$

als diejenige Ziffer der gleitenden Radreibung, welche verfügbar sein muß, damit sich der Bremsweg von 8 m bei 15 km/st Fahrgeschwindigkeit noch einhalten läßt.

Für den Entwurf der Hebelübersetzungen berücksichtige man, daß man als Kraft zum Anziehen der Bremse mit der erforderlichen äußersten Stärke bei den Fußhebeln von Getriebebremsen nur zwischen 15 und 30 kg annehmen darf, damit die Bremse mit aller Feinheit geregelt werden kann. Mitunter reicht man auch noch mit geringeren Kräften aus, was jedenfalls angenehm ist. Bestimmend sind hierfür die verfügbaren Wege der Fußhebel, die selten mehr als 200 mm betragen. Bei Handhebeln für die Hinterradbremsen darf man mit Anzugskräften von 40 kg und Wegen bis zu 500 mm rechnen, ohne daß die Bedienung unbequem zu werden braucht. Besonders zu beachten ist aber, daß man der Berechnung des Bremsgestänges auf Festigkeit weit größere Werte zugrunde legen muß, als hier angenommen sind, weil im Notfalle die Hebel mit aller Kraft (bis zu 75 kg) angezogen werden können.

Zu erwähnen wäre noch das Bremsen eines Motorwagens mit der Maschine als ein Mittel, auf langen Gefällstrecken übermäßiges Erhitzen der Bremsen zu vermeiden. Das Mittel hat natürlich nur für bergige Gegenden Bedeutung, wo es häufig angewendet werden kann; in anderen Fällen ist davon abzuraten, weil damit eine bedenkliche Verwickelung der Maschinensteuerung verbunden ist. Am meisten Verbreitung hat bis jetzt die allerdings recht verwickelte Maschinenbremse von A. Saurer in Arbon (Schweiz) gefunden, Fig. 649 und 650, bei der ausschließlich von dem auf dem Steuerrad sitzenden Hebel a

Fig. 649.

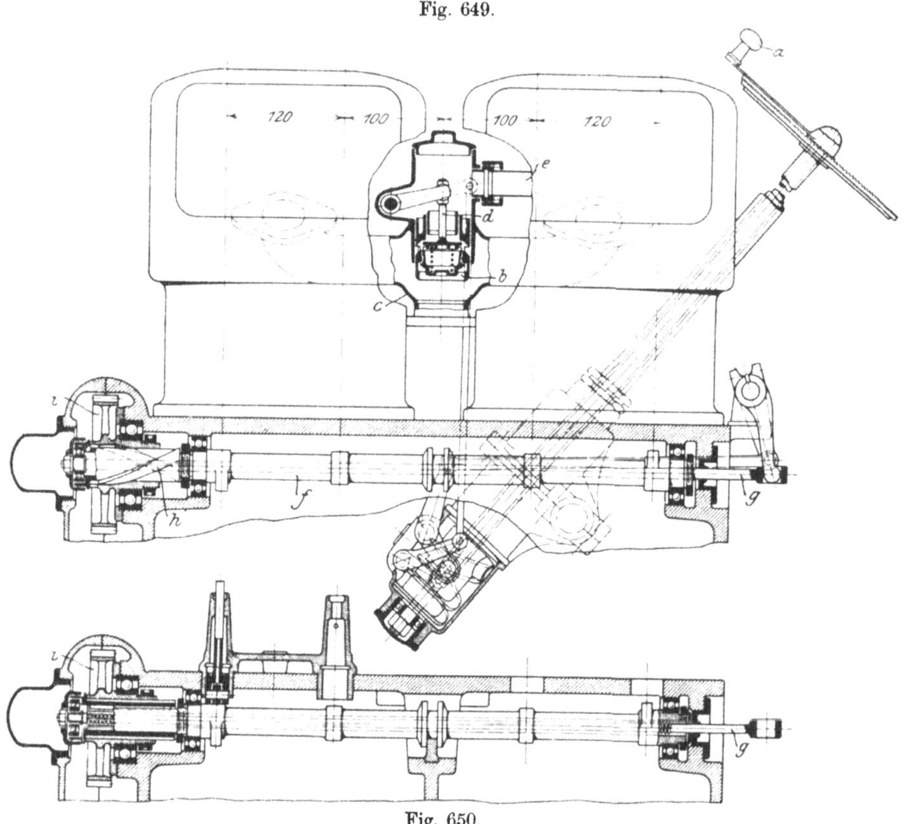

Fig. 650.

Fig. 649 und 650. Maschinenbremse von A. Saurer in Arbon (Schweiz).

aus zunächst die Verbindung der Saugleitung der Maschine mit dem Vergaser getrennt sowie gleichzeitig eine andere Verbindung nach außen hergestellt und dann auch die erforderliche Verstellung der Steuerwelle vorgenommen wird. Der Kolbenschieber im Ansaugrohr der Maschine drosselt nämlich mit seinem unteren Rand b den Zutritt des Gemisches zur Maschine, und dieser wird vollständig abgesperrt, wenn sich der Rand auf den Sitz c aufsetzt. Zu gleicher Zeit wird die Saugleitung der Maschine mit dem Inneren des Kolbenschiebers und, wenn bei weiterer Drehung des Hebels a das mit einer Feder belastete Tellerventil d geöffnet worden ist, über die Leitung e mit der Außenluft verbunden. Dreht man nun den Hebel a noch weiter, so wird durch ein anderes, ebenfalls von dem unteren Ende der Steuersäule aus angetriebenes Gestänge in der hohlen Auspuff-Steuerwelle f eine Stange g und mit ihr eine auf der Steuerwelle aufgekeilte steile

Schraube *h* verschoben, auf deren Gewinde das Antriebszahnrad *i* der Steuerwelle sitzt. Diese Verschiebung hat eine Verdrehung der Steuerwelle nach vorwärts um 80° zur Folge, so daß nunmehr die Auspuffventile bis zu 160° (Kurbelwinkel) früher geöffnet werden können.

Die Maschine wird hierdurch in einen im Zweitakt arbeitenden Kompressor umgewandelt, der während des früheren Saughubes durch die Einlaßventile Außenluft ansaugt und diese am Ende des Verdichtungshubes durch die sich schon dann öffnenden Auspuffventile ausstößt, ferner bei weiter geöffneten Auspuffventilen aus der Auspuffleitung abermals Luft ansaugt, die er nach dem Schluß der Auspuffventile verdichtet und beim Wiederöffnen der Einlaßventile ins Freie entweichen läßt. Der Kraftverbrauch soll etwa 75 v. H. der Maschinenleistung betragen, also einschließlich der Verluste im Wagentriebwerk ebenso groß sein, wie die Leistung, die für den Antrieb zur Verfügung steht.

Die Wirksamkeit dieser Einrichtung ist durch praktische Versuche bereits nachgewiesen. Da für die Anwendung der Maschine zum Bremsen ein großes Wagengewicht besonders vorteilhaft ist und damit auch Ersparnisse an Brennstoff verbunden sind, weil nunmehr die Maschine nicht andauernd leer mitzulaufen braucht, so hat man Vorrichtungen dieser Art insbesondere bei den Betrieben mit Motoromnibussen in bergigen Gegenden verwendet, u. a. auch bei den staatlichen Postmotorwagen in den Dolomiten.

Anhang.

Gesetz über den Verkehr mit Kraftfahrzeugen.

Vom 3. Mai 1909.

I. Verkehrsvorschriften.

§ 1. Kraftfahrzeuge, die auf öffentlichen Wegen oder Plätzen in Betrieb gesetzt werden sollen, müssen von der zuständigen Behörde zum Verkehre zugelassen sein.

Als Kraftfahrzeuge im Sinne dieses Gesetzes gelten Wagen oder Fahrräder, welche durch Maschinenkraft bewegt werden, ohne an Bahngleise gebunden zu sein.

§ 2. Wer auf öffentlichen Wegen oder Plätzen ein Kraftfahrzeug führen will, bedarf der Erlaubnis der zuständigen Behörde. Die Erlaubnis gilt für das ganze Reich; sie ist zu erteilen, wenn der Nachsuchende seine Befähigung durch eine Prüfung dargetan hat und nicht Tatsachen vorliegen, die die Annahme rechtfertigen, daß er zum Führen von Kraftfahrzeugen ungeeignet ist.

Den Nachweis der Erlaubnis hat der Führer durch eine Bescheinigung (Führerschein) zu erbringen.

Die Befugnis der Ortspolizeibehörde, auf Grund des § 37 der Reichs-Gewerbeordnung weitergehende Anordnungen zu treffen, bleibt unberührt.

§ 3. Wer zum Zwecke der Ablegung der Prüfung (§ 2 Abs. 1 Satz 2) sich in der Führung von Kraftfahrzeugen übt, muß dabei auf öffentlichen Wegen oder Plätzen von einer mit dem Führerschein versehenen, durch die zuständige Behörde zur Ausbildung von Führern ermächtigten Person begleitet und beaufsichtigt sein. Das gleiche gilt für die Fahrten, die bei Ablegung der Prüfung vorgenommen werden.

Bei den Übungs- und Probefahrten, die gemäß der Vorschrift des Abs. 1 stattfinden, gilt im Sinne dieses Gesetzes der Begleiter als Führer des Kraftfahrzeugs.

§ 4. Werden Tatsachen festgestellt, welche die Annahme rechtfertigen, daß eine Person zum Führen von Kraftfahrzeugen ungeeignet ist, so kann ihr die Fahrerlaubnis dauernd oder für bestimmte Zeit durch die zuständige Verwaltungsbehörde entzogen werden; nach der Entziehung ist der Führerschein der Behörde abzuliefern.

Die Entziehung der Fahrerlaubnis ist für das ganze Reich wirksam.

§ 5. Gegen die Versagung der Fahrerlaubnis ist, wenn sie aus anderen Gründen als wegen ungenügenden Ergebnisses der Befähigungsprüfung erfolgt, der Rekurs zulässig. Das gleiche gilt von der Entziehung der Fahrerlaubnis; der Rekurs hat keine aufschiebende Wirkung.

Die Zuständigkeit der Behörden und das Verfahren bestimmen sich nach den Landesgesetzen und, soweit landesgesetzliche Vorschriften nicht vorhanden sind, nach den §§ 20, 21 der Reichs-Gewerbeordnung.

§ 6. Der Bundesrat erläßt:

1. die zur Ausführung der §§ 1 bis 5 erforderlichen Anordnungen sowie die Bestimmungen für die Zulassung der Führer ausländischer Kraftfahrzeuge;
2. die sonstigen zur Erhaltung der Ordnung und Sicherheit auf den öffentlichen Wegen oder Plätzen erforderlichen Anordnungen über den Verkehr mit Kraftfahrzeugen, insbesondere über die Prüfung und Kennzeichnung der Fahrzeuge und über das Verhalten der Führer.

Soweit auf Grund der Anordnungen des Bundesrats die Militär- und Postverwaltung Personen, die sie als Führer von Kraftfahrzeugen verwenden, die Erlaubnis versagt oder entzogen haben, finden die Vorschriften des § 5 keine Anwendung.

Soweit der Bundesrat Anordnungen gemäß Abs. 1 nicht erlassen hat, können solche durch die Landeszentralbehörden erlassen werden.

Die Anordnungen des Bundesrats sind durch das Reichs-Gesetzblatt zu veröffentlichen. Sie kommen in Bayern nach näherer Bestimmung des Bündnisvertrags vom 23. November 1870 (Bundes-Gesetzbl. 1871 S. 9) unter III §§ 4, 5, in Württemberg nach näherer Bestimmung des Bündnisvertrags vom 25. November 1870 (Bundes-Gesetzbl. 1870 S. 654) unter Artikel 2 Nr. 4 zur Anwendung.

II. Haftpflicht.

§ 7. Wird bei dem Betrieb eines Kraftfahrzeugs ein Mensch getötet, der Körper oder die Gesundheit eines Menschen verletzt oder eine Sache beschädigt, so ist der Halter des Fahrzeugs verpflichtet, dem Verletzten den daraus entstehenden Schaden zu ersetzen.

Die Ersatzpflicht ist ausgeschlossen, wenn der Unfall durch ein unabwendbares Ereignis verursacht wird, das weder auf einen Fehler in der Beschaffenheit des Fahrzeugs noch auf einem Versagen seiner Verrichtungen beruht. Als unabwendbar gilt ein Ereignis insbesondere dann, wenn es auf das Verhalten des Verletzten oder eines nicht bei dem Betriebe beschäftigten Dritten oder eines Tieres zurückzuführen ist und sowohl der Halter als der Führer des Fahrzeuges jede nach den Umständen des Falles gebotene Sorgfalt beobachtet hat.

Wird das Fahrzeug ohne Wissen und Willen des Fahrzeughalters von einem anderen in Betrieb gesetzt, so ist dieser an Stelle des Halters zum Ersatze des Schadens verpflichtet.

§ 8. Die Vorschriften des § 7 finden keine Anwendung:

1. wenn zur Zeit des Unfalls der Verletzte oder die beschädigte Sache durch das Fahrzeug befördert wurde oder der Verletzte bei dem Betriebe des Fahrzeugs tätig war;
2. wenn der Unfall durch ein Fahrzeug verursacht wurde, das nur zur Beförderung von Lasten dient und auf ebener Bahn eine auf 20 Kilometer begrenzte Geschwindigkeit in der Stunde nicht übersteigen kann.

§ 9. Hat bei der Entstehung des Schadens ein Verschulden des Verletzten mitgewirkt, so finden die Vorschriften des § 254 des Bürgerlichen Gesetzbuchs mit der Maßgabe Anwendung, daß im Falle der Beschädigung einer Sache das Verschulden desjenigen, welcher die tatsächliche Gewalt über die Sache ausübt, dem Verschulden des Verletzten gleichsteht.

§ 10. Im Falle der Tötung ist der Schadensersatz durch Ersatz der Kosten einer versuchten Heilung sowie des Vermögensnachteils zu leisten, den der Getötete dadurch erlitten hat, daß während der Krankheit seine Erwerbsfähigkeit aufgehoben oder gemindert oder eine Vermehrung seiner Bedürfnisse eingetreten war. Der Ersatzpflichtige hat außerdem die Kosten der Beerdigung demjenigen zu ersetzen, dem die Verpflichtung obliegt, diese Kosten zu tragen.

Stand der Getötete zur Zeit der Verletzung zu einem Dritten in einem Verhältnisse, vermöge dessen er diesem gegenüber kraft Gesetzes unterhaltspflichtig war oder unterhaltspflichtig werden konnte, und ist dem Dritten infolge der Tötung das Recht auf Unterhaltung entzogen, so hat der Ersatzpflichtige dem Dritten insoweit Schadensersatz zu leisten, als der Getötete während der mutmaßlichen Dauer seines Lebens zur Gewährung des Unterhalts verpflichtet gewesen sein würde. Die Ersatzpflicht tritt auch dann ein, wenn der Dritte zur Zeit der Verletzung erzeugt, aber noch nicht geboren war.

§ 11. Im Falle der Verletzung des Körpers oder der Gesundheit ist der Schadensersatz durch Ersatz der Kosten der Heilung sowie des Vermögensnachteils zu leisten, den der Verletzte dadurch erleidet, daß infolge der Verletzung zeitweise oder dauernd seine Erwerbsfähigkeit aufgehoben oder gemindert oder eine Vermehrung seiner Bedürfnisse eingetreten ist.

§ 12. Der Ersatzpflichtige haftet:

1. im Falle der Tötung oder Verletzung eines Menschen nur bis zu einem Kapitalbetrage von fünfzigtausend Mark oder bis zu einem Rentenbetrage von jährlich dreitausend Mark,
2. im Falle der Tötung oder Verletzung mehrerer Menschen durch dasselbe Ereignis, unbeschadet der in Nr. 1 bestimmten Grenze, nur bis zu einem Kapitalbetrage von insgesamt einhundertfünfzigtausend Mark oder bis zu einem Rentenbetrage von insgesamt neuntausend Mark,
3. im Falle der Sachbeschädigung, auch wenn durch dasselbe Ereignis mehrere Sachen beschädigt werden, nur bis zum Betrage von zehntausend Mark.

Übersteigen die Entschädigungen, die mehreren auf Grund desselben Ereignisses nach Abs. 1 Nr. 1, 3 zu leisten sind, insgesamt die in Nr. 2, 3 bezeichneten Höchstbeträge, so verringern sich die einzelnen Entschädigungen in dem Verhältnis, in welchem ihr Gesamtbetrag zu dem Höchstbetrage steht.

§ 13. Der Schadensersatz wegen Aufhebung oder Minderung der Erwerbsfähigkeit und wegen Vermehrung der Bedürfnisse des Verletzten sowie der nach § 10 Abs. 2 einem Dritten zu gewährende Schadensersatz ist für die Zukunft durch Entrichtung einer Geldrente zu leisten.

Die Vorschriften des § 843 Abs. 2 bis 4 des Bürgerlichen Gesetzbuchs und des § 708 Nr. 6 der Zivilprozeßordnung finden entsprechende Anwendung. Das gleiche gilt für die dem Verletzten zu entrichtende Geldrente von der Vorschrift des § 850 Abs. 3 und für die dem Dritten zu entrichtende Geldrente von der Vorschrift des § 850 Abs. 1 Nr. 2 der Zivilprozeßordnung.

Ist bei der Verurteilung des Verpflichteten zur Entrichtung einer Geldrente nicht auf Sicherheitsleistung erkannt worden, so kann der Berechtigte gleichwohl Sicherheitsleistung verlangen, wenn die Vermögensverhältnisse des Verpflichteten sich erheblich verschlechtert haben; unter der gleichen Voraussetzung kann er eine Erhöhung der in dem Urteile bestimmten Sicherheit verlangen.

§ 14. Die in den §§ 7 bis 13 bestimmten Ansprüche auf Schadensersatz verjähren in zwei Jahren von dem Zeitpunkt an, in welchem der Ersatzberechtigte von dem Schaden und von der Person des Ersatzpflichtigen Kenntnis erlangt, ohne Rücksicht auf diese Kenntnis in dreißig Jahren von dem Unfall an.

Schweben zwischen dem Ersatzpflichtigen und dem Ersatzberechtigten Verhandlungen über den zu leistenden Schadensersatz, so ist die Verjährung gehemmt, bis der eine oder der andere Teil die Fortsetzung der Verhandlungen verweigert.

Im übrigen finden die Vorschriften des Bürgerlichen Gesetzbuchs über die Verjährung Anwendung.

§ 15. Der Ersatzberechtigte verliert die ihm auf Grund der Vorschriften dieses Gesetzes zustehenden Rechte, wenn er nicht spätestens innerhalb zweier Monate, nachdem er von dem Schaden und der Person des Ersatzpflichtigen Kenntnis erhalten hat, dem Ersatzpflichtigen den Unfall anzeigt. Der Rechtsverlust tritt nicht ein, wenn die Anzeige infolge eines von dem Ersatzberechtigten nicht zu vertretenden Umstandes unterblieben ist oder der Ersatzpflichtige innerhalb der bezeichneten Frist auf andere Weise von dem Schaden Kenntnis erhalten hat.

§ 16. Unberührt bleiben die reichsgesetzlichen Vorschriften, nach welchen der Fahrzeughalter für den durch das Fahrzeug verursachten Schaden in weiterem Umfang als nach den Vorschriften dieses Gesetzes haftet oder nach welchem ein anderer für den Schaden verantwortlich ist.

§ 17. Wird ein Schaden durch mehrere Kraftfahrzeuge verursacht und sind die beteiligten Fahrzeughalter einem Dritten kraft Gesetzes zum Ersatze des Schadens verpflichtet, so hängt im Verhältnisse der Fahrzeughalter zueinander die Verpflichtung zum Ersatze sowie der Umfang des zu leistenden Ersatzes von den Umständen, insbesondere davon ab, inwieweit der Schaden vorwiegend von dem einen oder dem anderen Teile verursacht worden ist. Das gleiche gilt, wenn der Schaden einem der beteiligten Fahrzeughalter entstanden ist, von der Haftpflicht, die für einen anderen von ihnen eintritt.

Die Vorschriften des Abs. 1 finden entsprechende Anwendung, wenn der Schaden durch ein Kraftfahrzeug und ein Tier oder durch ein Kraftfahrzeug und eine Eisenbahn verursacht wird.

§ 18. In den Fällen des § 7 Abs. 1 ist auch der Führer des Kraftfahrzeuges zum Ersatze des Schadens nach den Vorschriften der §§ 8 bis 15 verpflichtet. Die Ersatzpflicht ist ausgeschlossen, wenn der Schaden nicht durch ein Verschulden des Führers verursacht ist.

Die Vorschrift des § 16 findet entsprechende Anwendung.

Ist in den Fällen des § 17 auch der Führer eines Fahrzeugs zum Ersatze des Schadens verpflichtet, so finden auf diese Verpflichtung in seinem Verhältnisse zu den Haltern und Führern der anderen beteiligten Fahrzeuge, zu dem Tierhalter oder Eisenbahnunternehmer die Vorschriften des § 17 entsprechende Anwendung.

§ 19. In bürgerlichen Rechtsstreitigkeiten, in welchen durch Klage oder Widerklage ein Anspruch auf Grund der Vorschriften dieses Gesetzes geltend gemacht ist, wird die Verhandlung und Entscheidung letzter Instanz im Sinne des § 8 des Einführungsgesetzes zum Gerichtsverfassungsgesetze dem Reichsgerichte zugewiesen.

§ 20. Für Klagen, die auf Grund dieses Gesetzes erhoben werden, ist auch das Gericht zuständig, in dessen Bezirke das schädigende Ereignis stattgefunden hat.

III. Strafvorschriften.

§ 21. Wer den zur Erhaltung der Ordnung und Sicherheit auf den öffentlichen Wegen oder Plätzen erlassenen polizeilichen Anordnungen über den Verkehr mit Kraftfahrzeugen zuwiderhandelt, wird mit Geldstrafe bis zu einhundertfünfzig Mark oder mit Haft bestraft.

§ 22. Der Führer eines Kraftfahrzeugs, der nach einem Unfalle (§ 7) es unternimmt, sich der Feststellung des Fahrzeugs und seiner Person durch die Flucht zu entziehen, wird mit Geldstrafe bis zu dreihundert Mark oder mit Gefängnis bis zu zwei Monaten bestraft. Er bleibt jedoch straflos, wenn er spätestens am nächstfolgenden Tage nach dem Unfall Anzeige bei einer inländischen Polizeibehörde erstattet und die Feststellung des Fahrzeugs und seiner Person bewirkt.

Verläßt der Führer des Kraftfahrzeugs eine bei dem Unfalle verletzte Person vorsätzlich in hilfloser Lage, so wird er mit Gefängnis bis zu sechs Monaten bestraft. Sind mildernde Umstände vorhanden, so kann auf Geldstrafe bis zu dreihundert Mark erkannt werden.

§ 23. Mit Geldstrafe bis zu dreihundert Mark oder mit Gefängnis bis zu zwei Monaten wird bestraft, wer auf öffentlichen Wegen oder Plätzen ein Kraftfahrzeug führt, das nicht von der zuständigen Behörde zum Verkehre zugelassen ist.

Die gleiche Strafe trifft den Halter eines nicht zum Verkehre zugelassenen Kraftfahrzeugs, wenn er vorsätzlich oder fahrlässig dessen Gebrauch auf öffentlichen Wegen oder Plätzen gestattet.

§ 24. Mit Geldstrafe bis zu dreihundert Mark oder mit Gefängnis bis zu zwei Monaten wird bestraft:

1. wer ein Kraftfahrzeug führt, ohne einen Führerschein zu besitzen;
2. wer ein Kraftfahrzeug führt, obwohl ihm die Fahrerlaubnis entzogen ist;
3. wer nicht seinen Führerschein der Behörde, die ihm die Fahrerlaubnis entzogen hat, auf ihr Verlangen abliefert.

Die gleiche Strafe trifft den Halter des Kraftfahrzeugs, wenn er vorsätzlich oder fahrlässig eine Person zur Führung des Fahrzeugs bestellt oder ermächtigt, die sich nicht durch einen Führerschein ausweisen kann oder der die Fahrerlaubnis entzogen ist.

§ 25. Wer in rechtswidriger Absicht

1. ein Kraftfahrzeug, für welches von der Polizeibehörde ein Kennzeichen nicht ausgegeben oder zugelassen worden ist, mit einem Zeichen versieht, welches geeignet ist, den Anschein der polizeilich angeordneten oder zugelassenen Kennzeichnung hervorzurufen,
2. ein Kraftfahrzeug mit einer anderen als der polizeilich für das Fahrzeug ausgegebenen oder zugelassenen Kennzeichnung versieht,
3. das an einem Kraftfahrzeuge gemäß polizeilicher Anordnung angebrachte Kennzeichen verändert, beseitigt, verdeckt oder sonst in seiner Erkennbarkeit beeinträchtigt,

wird, sofern nicht nach den Vorschriften des Strafgesetzbuches eine höhere Strafe verwirkt ist, mit Geldstrafe bis zu fünfhundert Mark oder mit Gefängnis bis zu drei Monaten bestraft.

Die gleiche Strafe trifft Personen, welche auf öffentlichen Wegen oder Plätzen von einem Kraftfahrzeuge Gebrauch machen, von dem sie wissen, daß die Kennzeichnung in der im Abs. 1 unter Nr. 1 bis 3 bezeichneten Art gefälscht, verfälscht oder unterdrückt worden ist.

§ 26. Dieses Gesetz tritt hinsichtlich der Vorschriften über die Haftpflicht — Teil II — mit dem 1. Juni 1909, im übrigen mit dem 1. April 1910 in Kraft.

Verordnung über den Verkehr mit Kraftfahrzeugen.

A. Allgemeine Vorschriften.

§ 1. Als Kraftfahrzeuge im Sinne dieser Vorschriften gelten Wagen oder Fahrräder, die durch Maschinenkraft bewegt werden, ohne an Bahngleise gebunden zu sein, als Krafträder gelten Fahrzeuge, die vom Sattel aus gefahren werden und auf nicht mehr als drei Rädern laufen, wenn ihr Eigengewicht ohne Betriebsstoffe (bei elektrischem Antrieb ohne Akkumulatoren) 150 Kilogramm nicht übersteigt.

§ 2. Für den Verkehr mit Kraftfahrzeugen gelten sinngemäß die den Verkehr von Fuhrwerken oder von Fahrrädern auf öffentlichen Wegen und Plätzen allgemein regelnden Vorschriften, sofern nicht nachfolgend oder gemäß § 6 Abs. 3 des Gesetzes von den Landeszentralbehörden andere Bestimmungen getroffen werden.

Auf Kraftfahrzeuge, die für den öffentlichen Fuhrbetrieb verwendet werden, sowie auf die Führer dieser Fahrzeuge finden neben den nachstehenden Vorschriften die allgemeinen Bestimmungen über den Betrieb der Droschken, Omnibusse und sonstigen dem öffentlichen Transportgewerbe dienenden Fuhrwerke Anwendung.

Die nachstehenden Vorschriften finden keine Anwendung auf Straßenlokomotiven, Straßenwalzen, Zugmaschinen ohne Güterladeraum, deren betriebsfertiges Eigengewicht, und Lastkraftwagen, deren Gesamtgewicht (einschließlich Ladung) 9 Tonnen übersteigt, sowie auf selbstfahrende Arbeits- und Werkzeugmaschinen zu landwirtschaftlichen oder gewerblichen Zwecken (z. B. Dampf-, Motorpflüge, Motorsägen).

B. Das Kraftfahrzeug.

a. Beschaffenheit und Ausrüstung.

§ 3. Die Kraftfahrzeuge müssen verkehrssicher und insbesondere so gebaut eingerichtet und ausgerüstet sein, daß Feuers- und Explosionsgefahr sowie jede vermeidbare Belästigung von Personen und Gefährdung von Fuhrwerken durch Geräusch, Rauch, Dampf oder üblen Geruch ausgeschlossen ist.

Die Radkränze dürfen keine Unebenheiten besitzen, die geeignet sind, die Fahrbahn zu beschädigen.

Jedes Fahrzeug muß versehen sein:

1. mit einer zuverlässigen Lenkvorrichtung, die gestattet, sicher und rasch auszuweichen; die zur Lenkung benutzten Wagenräder sollen nach beiden Seiten möglichst weit einschlagen, um kurz wenden zu können;

2. mit zwei voneinander unabhängigen Bremseinrichtungen, von denen jede auf die Wagenräder der gebremsten Achse gleichmäßig einwirkt; mindestens eine Bremseinrichtung muß unmittelbar auf die Hinterräder oder auf Bestandteile, die mit diesen Rädern fest verbunden sind, wirken; diese Bremse muß feststellbar sein. Jede Bremseinrichtung muß für sich geeignet sein, den Lauf des Fahrzeugs sofort zu hemmen und es auf die kürzeste Entfernung zum Stehen zu bringen;
3. mit einer zuverlässigen Vorrichtung, die beim Befahren von Steigungen die unbeabsichtige Rückwärtsbewegung verhindert, sofern nicht eine der Bremsen diese Forderung erfüllt;
4. mit einer tieftönenden Huppe zum Abgeben von Warnungszeichen; falls die Huppe mehrtonig ist, müssen die verschiedenen Töne gleichzeitig anklingen;
5. nach eingetretener Dunkelheit und bei starkem Nebel mit mindestens zwei in gleicher Höhe angebrachten, die seitliche Begrenzung des Fahrzeugs anzeigenden, hellbrennenden Laternen mit farblosem Glase, die den Lichtschein derart auf die Fahrbahn werfen, daß diese auf mindestens 20 Meter vor dem Fahrzeug von dem Führer übersehen werden kann. Übermäßig stark wirkende Scheinwerfer dürfen nicht verwendet werden;
6. mit einer Vorrichtung, die verhindert, daß das Fahrzeug von Unbefugten in Betrieb gesetzt werden kann.

Auf Krafträder findet Nr. 3 keine Anwendung; Nr. 4 gilt mit der Maßgabe, daß die Huppe hochtönend sein muß. Für Kraftzweiräder gilt außerdem Nr. 5 mit der Einschränkung, daß eine Laterne der bezeichneten Art genügt.

Jeder Kraftwagen, dessen Eigengewicht 350 Kilogramm übersteigt, muß so eingerichtet sein daß er mittels der Maschine oder des Motors vom Führersitz aus in Rückwärtsgang gebracht werden kann.

Die Griffe zur Bedienung der Maschine oder des Motors und der im Abs. 1 bis 3 angeführten Einrichtungen müssen so angebracht sein, daß der Führer sie, ohne sein Augenmerk von der Fahrtrichtung abzulenken, leicht und auch im Dunkeln ohne Verwechselungsgefahr handhaben kann.

Jedes Kraftfahrzeug muß mit einem an einer sichtbaren Stelle des Fahrgestells angebrachten Schilde versehen sein, das die Firma, die das Fahrgestell hergestellt hat, die Fabriknummer des Fahrgestells, die Anzahl der Pferdestärken der Maschine oder des Motors (bei steuerpflichtigen Fahrzeugen auch die nach der Steuerformel berechnete Nutzleistung des Fahrzeugs) und das Eigengewicht des betriebsfertigen Fahrzeugs ergibt.

b. Antrag auf Zulassung eines Fahrzeugs.

§ 5. Wenn ein Kraftfahrzeug in Betrieb genommen werden soll, hat der Eigentümer bei der für seinen Wohnort zuständigen höheren Verwaltungsbehörde die Zulassung des Fahrzeugs schriftlich zu beantragen. Der Antrag muß enthalten:

1. Namen und Wohnort des Eigentümers,
2. Die Firma, die das Fahrgestell hergestellt hat, sowie die Fabriknummer des Fahrgestells,
3. die Bestimmung des Fahrzeugs (Personen- oder Lastfahrzeug),
4. die Art der Kraftquelle (Verbrennungsmaschine, Dampfmaschine, Elektromotor),
5. die Anzahl der Pferdestärken der Maschine oder des Motors (bei steuerpflichten Fahrzeugen auch die nach der Steuerformel berechnete Nutzleistung des Fahrzeugs),
6. das Eigengewicht des betriebsfertigen Fahrzeugs,
7. die zulässige Belastung in Kilogramm oder Personen (einschließlich Führer),
8. bei Fahrzeugen, deren Gesamtgewicht (einschließlich Ladung) 5 Tonnen übersteigt, die Achsdrucke im beladenen Zustand.

Dem Antrag ist das Gutachten eines von der höheren Verwaltungsbehörde eines Bundesstaats anerkannten Sachverständigen beizufügen, das die Richtigkeit der Angaben unter Nr. 4 bis 8 sowie ferner bestätigt, daß das Fahrzeug den nach dieser Verordnung zu stellenden Anforderungen genügt. Hinsichtlich der Nr. 5 kann das Gutachten des Sachverständigen durch eine Bescheinigung der Firma ersetzt werden, die die Maschine oder den Motor hergestellt hat. Das Gutachten hat der Antragsteller auf seine Kosten zu beschaffen.

Die höhere Verwaltungsbehörde ist befugt, auf Antrag einer Firma, deren Sitz sich im Bezirke der Behörde befindet, nach einer auf Kosten der Firma vorgenommenen Prüfung eine Bescheinigung darüber zu erteilen, daß eine fabrikmäßig gefertigte Gattung eines Kraftfahrzeugs den nach Maßgabe dieser Verordnung zu stellenden Anforderungen genügt (Typenprüfung). Die Typenbescheinigung gilt für das ganze Reich. Bei der Veräußerung eines Kraftfahrzeugs, das einer derart zugelassenen Gattung angehört, kann die Firma dem Abnehmer eine mit laufender Nummer versehene Ausfertigung der Bescheinigung, die auch die Richtigkeit der im Abs. 1 unter Nr. 4 bis 8 vorgeschriebenen Angaben bestätigen muß, mit der Wirkung verabfolgen, daß sie das im Abs. 2 geforderte Gutachten ersetzt; die Übereinstimmung der Ausfertigung mit der Originalbescheinigung muß amtlich beglaubigt sein. Über die solchergestalt in den Verkehr gebrachten Fahrzeuge hat die Firma ein Verzeichnis zu führen.

c. Zulassung zum Verkehr und Kennzeichnung.

§ 6. Die höhere Verwaltungsbehörde (§ 5 Abs. 1) entscheidet über den Antrag auf Zulassung des Kraftfahrzeugs zum Verkehr auf öffentlichen Wegen und Plätzen. Die Zulassung gilt für das ganze Reich.

Im Falle der Zulassung hat die höhere Verwaltungsbehörde das Kraftfahrzeug in eine Liste einzutragen, dem Fahrzeug ein polizeiliches Kennzeichen (§ 8) zuzuteilen und hiervon dem Antragsteller Mitteilung zu machen, sowie über die Zulassung und die Eintragung des Kraftfahrzeugs und die Zuteilung des Kennzeichens eine Bescheinigung auszufertigen. Die Aushändigung der Bescheinigung erfolgt durch die für den Ort, wo das Kraftfahrzeug in Betrieb gesetzt werden soll, zuständige Polizeibehörde.

Treten bei einem zum Verkehr auf öffentlichen Wegen und Plätzen bereits zugelassenen Kraftfahrzeug Änderungen ein, die eine Berichtigung der Liste und der Zulassungsbescheinigung erforderlich machen, so hat der Eigentümer unter Vorlegung der Zulassungsbescheinigung die Berichtigungen innerhalb zwei Wochen bei der zuständigen höheren Verwaltungsbehörde zu beantragen. Bei Änderung der Art der Kraftquelle, bei Einbau einer stärkeren Maschine oder eines stärkeren Motors, einer in ihrer Bauart oder Übersetzung veränderten Bremse oder Lenkvorrichtung bedarf es einer erneuten Zulassung, die der Eigentümer sofort unter Beifügung eines Gutachtens (§ 5 Abs. 2) bei der zuständigen höheren Verwaltungsbehörde zu beantragen hat.

Verlegt der Eigentümer eines Kraftfahrzeugs seinen Wohnort in den Bezirk einer anderen höheren Verwaltungsbehörde, so hat er bei dieser die erneute Zulassung des Fahrzeugs zu beantragen; der Beifügung des Gutachtens eines Sachverständigen (§ 5 Abs. 2, 3) bedarf es in diesem Falle nicht wenn die bisherige Zulassungsbescheinigung vorgelegt wird. Bei Anfertigung der neuen Zulassungsbescheinigung ist die bisherige einzuziehen.

Soll ein Kraftfahrzeug zum Verkehr auf öffentlichen Wegen und Plätzen nicht mehr verwendet werden, so hat der Eigentümer der zuständigen höheren Verwaltungsbehörde hiervon Mitteilung zu machen und ihr die Zulassungsbescheinigung sowie das Kennzeichen abzuliefern. Das Kennzeichen ist, sofern es nicht amtlich ausgegeben ist, nach Vernichtung des Dienststempels zurückzugeben. Unterbleibt die Ablieferung, so hat die höhere Verwaltungsbehörde die Zulassungsbescheinigung und das Kennzeichen einzuziehen oder, soweit die Einziehung des Kennzeichens nicht zulässig ist, den Dienststempel auf diesem augenfällig zu vernichten. In gleicher Weise ist auf Antrag der Steuerbehörde zu verfahren, wenn die Steuerkarte nicht rechtzeitig erneuert wird.

Geht ein zum Verkehr auf öffentlichen Wegen und Plätzen bereits zugelassenes Kraftfahrzeug auf einen anderen Eigentümer über, so hat dieser bei der für seinen Wohnort zuständigen höheren Verwaltungsbehörde die erneute Zulassung des Fahrzeugs zu beantragen; der Beifügung des Gutachtens eines Sachverständigen (§ 5 Abs. 2, 3) bedarf es in diesem Falle nicht, wenn die bisherige Zulassungsbescheinigung vorgelegt wird. Bei Ausfertigung der neuen Zulassungsbescheinigung ist die bisherige einzuziehen.

§ 7. Vorbehaltlich der Vorschriften in §§ 29, 35 muß jedes auf öffentlichen Wegen und Plätzen verkehrende Kraftfahrzeug das polizeiliche Kennzeichen (§ 8) tragen.

§ 8. Das von der höheren Verwaltungsbehörde zuzuteilende Kennzeichen besteht aus einem (oder mehreren) Buchstaben (oder römischen Ziffern) zur Bezeichnung des Bundesstaats (oder engeren Verwaltungsbezirkes) und aus der Erkennungsnummer, unter der das Fahrzeug in die polizeiliche Liste (§ 6 Abs. 2) eingetragen ist. Das Kennzeichen ist an der Vorderseite und an der Rückseite des Fahrzeugs nach außen hin an leicht sichtbarer Stelle anzubringen.

Das vordere Kennzeichen ist in schwarzer Balkenschrift auf weißem, schwarzgerandetem Grunde auf die Wandung des Fahrzeugs oder auf eine rechteckige Tafel aufzumalen, die mit dem Fahrzeug durch Schrauben, Nieten oder Nägel fest zu verbinden ist. Die Buchstaben (oder die römischen Ziffern) und die Nummern müssen in eine Reihe gestellt und durch einen wagerechten Strich voneinander getrennt werden. Die Abmessungen betragen: Randbreite mindestens 10 Millimeter, Schrifthöhe 75 Millimeter bei einer Strichstärke von 12 Millimeter, Abstand zwischen den einzelnen Zeichen und vom Rande 20 Millimeter, Stärke des Trennungsstrichs 12 Millimeter, Länge des Trennungsstrichs 25 Millimeter, Höhe der Tafel ausschließlich des Randes 115 Millimeter.

Bei dem an der Rückseite des Fahrzeugs mittels Schrauben, Nieten oder Nägel fest anzubringenden Kennzeichen sind die Buchstaben (römischen Ziffern) und die Nummer auf einer Viereckigen weißen, schwarzgerandeten Tafel in schwarzer Balkenschrift auszuführen. Die Tafel kann Bestandteil einer Laterne sein (vgl. § 11). Die Buchstaben (römischen Ziffern) müssen über der Nummer stehen. Die Abmessungen betragen: Randbreite mindestens 10 Millimeter, Schrifthöhe 100 Millimeter bei einer Strichstärke von 15 Millimeter, Abstand zwischen den einzelnen Zeichen und vom Rande 20 Millimeter, Höhe der Tafel ausschließlich des Randes 260 Millimeter. Das hintere Kennzeichen kann auch auf die Wandung des Fahrzeugs aufgemalt werden.

Kraftzweiräder sind von der Führung des hinteren Kennzeichens befreit. Bei ihnen genügt ein beiderseitig beschriebenes Kennzeichen, das an der Vorderseite in der Fahrtrichtung an leicht sichtbarer Stelle anzubringen ist. Das Kennzeichen ist in schwarzer Balkenschrift auf weißem, schwarzgerandetem Grunde auf eine rechteckige, an den Vorderecken leicht abgerundete Tafel aufzumalen, die mit dem Fahrzeug durch Schrauben, Nieten oder Nägel fest zu verbinden ist. Die Buchstaben (oder die römischen Ziffern) und die Nummer müssen in einer Reihe stehen und durch einen wagerechten Strich voneinander getrennt sein. Die Abmessungen betragen: Randbreite mindestens 8 Millimeter, Schrifthöhe 60 Millimeter bei einer Strichstärke von 10 Millimeter, Abstand zwischen den einzelnen Zeichen und vom Rande 12 Millimeter, Stärke des Trennungsstrichs 10 Millimeter, Länge des Trennungsstrichs 18 Millimeter, Höhe der Tafel ausschließlich des Randes 80 Millimeter.

§ 9. Die Kennzeichen müssen mit dem Dienststempel der Polizeibehörde (§ 6 Abs. 2 Satz 2) versehen sein. Zum Zwecke der Abstempelung des Kennzeichens hat die Polizeibehörde die Vorführung des Kraftfahrzeugs anzuordnen. Bevor sie die Abstempelung vornimmt, hat sie sich durch sorgfältige Prüfung davon zu überzeugen, daß das Fahrzeug insbesondere auch den Vorschriften der §§ 8, 10 und 11 entspricht.

§ 10. Die Kennzeichen dürfen nicht zum Umklappen eingerichtet sein; sie dürfen niemals verdeckt sein und müssen stets in lesbarem Zustand erhalten werden. Der untere Rand des vorderen Kennzeichens darf nicht weniger als 20 Zentimeter, der des hinteren nicht weniger als 45 Zentimeter vom Erdboden entfernt sein.

§ 11. Während der Dunkelheit und bei starkem Nebel ist das hintere Kennzeichen so zu beleuchten, daß es deutlich erkennbar ist. Die Beleuchtungsvorrichtung muß so eingerichtet sein, daß sie das Kennzeichen von keiner Seite verdeckt und weder vom Sitze des Führers, noch vom Innern des Wagens aus abgestellt werden kann.

Bei Kraftzweirädern ist das an der Vorderseite angebrachte Kennzeichen während der Dunkelheit und bei starkem Nebel so zu beleuchten, daß es von beiden Seiten deutlich erkennbar ist.

§ 12. Muß ein mit dem Dienststempel der Polizeibehörde versehenes Kennzeichen erneuert werden, so ist das Kraftfahrzeug wiederum entsprechend der Vorschrift im § 9 der Polizeibehörde vorzuführen; tritt die Notwendigkeit der Erneuerung an einem Orte ein, von dem aus die Polizeibehörde, die die erste Stempelung des Kennzeichens vorgenommen hatte, ohne Zeitverlust nicht erreicht werden kann, so ist das Fahrzeug der nächsten Polizeibehörde vorzuführen, die alsdann das erneuerte Kennzeichen mit dem Dienststempel zu versehen und, daß dies geschehen, in der Zulassungsbescheinigung (§ 6 Abs. 2) ersichtlich zu machen hat.

§ 13. Die Anbringung mehrerer verschiedener Kennzeichen ist unzulässig.

C. Der Führer des Kraftfahrzeugs.

a. Die Zulassung zum Führen.

§ 14. Wer auf öffentlichen Wegen und Plätzen ein Kraftfahrzeug führen will, bedarf der Erlaubnis der zuständigen höheren Verwaltungsbehörde. Die Erlaubnis gilt für das ganze Reich; sie ist zu erteilen. wenn der Nachsuchende seine Befähigung durch eine Prüfung dargetan hat und nicht Tatsachen vorliegen, die die Annahme rechtfertigen, daß er zum Führen von Kraftfahrzeugen ungeeignet ist.

Personen unter 18 Jahren ist das Führen von Kraftfahrzeugen, insbesondere auch von Krafträdern, nicht gestattet. Ausnahmen können von der höheren Verwaltungsbehörde mit Zustimmung des gesetzlichen Vertreters zugelassen werden.

b. Besondere Pflichten des Führers.

§ 15. Der Führer hat den Führerschein (§ 14 Abs. 3) sowie die Bescheinigung über die Zulassung des Kraftfahrzeugs (§ 6 Abs. 2) bei der Benutzung des Fahrzeugs auf öffentlichen Wegen und Plätzen bei sich zu führen und auf Verlangen den zuständigen Beamten vorzuzeigen.

§ 16. Der Führer ist dafür verantwortlich, daß das Kraftfahrzeug mit den nach dieser Verordnung vorgeschriebenen Vermerken und polizeilichen Kennzeichen versehen ist, daß das Kennzeichen in vorgeschriebener Weise beleuchtet ist, daß die zulässige Belastung nicht überschritten wird und daß das Fahrzeug sich in verkehrssicherem Zustand (§§ 3, 4) befindet; er hat sich vor der Fahrt von dem Zustand des Fahrzeugs zu überzeugen.

§ 17. Der Führer ist zu besonderer Vorsicht in Leitung und Bedienung seines Fahrzeugs verpflichtet. Er darf von dem Fahrzeug nicht absteigen, so lange es in Bewegung ist, und darf sich von ihm nicht entfernen, so lange die Maschine oder der Motor läuft; auch muß er, falls er sich von dem Fahrzeug entfernt, die Vorrichtung (§ 4 Abs. 1 Nr. 6) in Wirksamkeit setzen, die verhindern soll, daß ein Unbefugter das Fahrzeug in Betrieb setzt.

Der Führer ist insbesondere verpflichtet, dafür Sorge zu tragen, daß eine nach der Beschaffenheit des Kraftfahrzeugs (§ 3 Abs. 1) vermeidbare Entwickelung von Geräusch, Rauch, Dampf oder üblem Geruch in keinem Falle eintritt.

Das Öffnen etwa vorhandener Auspuffklappen ist verboten.

§ 18. Die Fahrgeschwindigkeit ist jederzeit so einzurichten, daß Unfälle und Verkehrsstörungen vermieden werden und daß der Führer in der Lage bleibt, unter allen Umständen seinen Verpflichtungen Genüge zu leisten.

Innerhalb geschlossener Ortsteile darf die Fahrgeschwindigkeit von 15 Kilometer in der Stunde nicht überschritten werden. Bei Kraftfahrzeugen von mehr als 5,5 Tonnen Gesamtgewicht beträgt die überhaupt zulässige Höchstgeschwindigkeit 12 Kilometer in der Stunde; sie kann — vorbehaltlich der Vorschrift in Satz 1 — bis auf 16 Kilometer gesteigert werden, wenn wenigstens die Triebräder mit Gummi bereift sind. Die höhere Verwaltungsbehörde kann höhere Fahrgeschwindigkeiten zulassen.[1])

Auf unübersichtlichen Wegen, insbesondere nach Eintritt der Dunkelheit oder bei starkem Nebel, beim Einbiegen aus einer Straße in die andere, bei Straßenkreuzungen, bei Straßeneinmündungen, bei scharfen Straßenkrümmungen, bei der Ausfahrt aus Grundstücken, die an öffentlichen Wegen liegen, und bei der Einfahrt in solche Grundstücke, bei der Annäherung an Eisenbahnübergänge in Schienenhöhe, ferner beim Passieren enger Brücken und Tore sowie schmaler oder abschüssiger Wege sowie da, wo die Wirksamkeit der Bremsen durch die Schlüpfrigkeit des Weges in Frage gestellt ist, endlich überall da, wo ein lebhafter Verkehr herrscht, muß langsam und so vorsichtig gefahren werden, daß das Fahrzeug sofort zum Halten gebracht werden kann.

§ 19. Der Führer hat entgegenkommende, zu überholende, in der Fahrtrichtung stehende oder die Fahrtrichtung kreuzende Menschen sowie die Führer von Fuhrwerken, Reiter, Radfahrer, Viehtreiber usw. durch deutlich hörbares Warnungszeichen rechtzeitig auf das Nahen des Kraftfahrzeugs aufmerksam zu machen; auf die Notwendigkeit, das Warnungszeichen abzugeben, ist in besonderem Maße an unübersichtlichen Stellen (§ 18 Abs. 3) zu achten.

Das Abgeben von Warnungszeichen ist sofort einzustellen, wenn Pferde oder andere Tiere dadurch unruhig oder scheu werden.

Innerhalb geschlossener Ortsteile sind Warnungszeichen mit der im § 4 Abs. 1 Nr. 4 vorgeschriebenen Huppe abzugeben. Außerhalb geschlossener Ortsteile kann das Warnungszeichen auch mit einer Fanfarentrompete abgegeben werden; dies Signalinstrument darf auch lose im Kraftfahrzeuge mitgeführt, und unter Verantwortung des Führers auch durch eine andere im Fahrzeug beförderte Person angewendet werden.

Das Abgeben langgezogener Warnungssignale, die Ähnlichkeit mit Feuersignalen haben, sowie die Verwendung anderer Signalinstrumente ist nicht statthaft.

§ 20. Merkt der Führer, daß ein Pferd oder ein anderes Tier vor dem Kraftfahrzeuge scheut, oder daß sonst durch das Vorbeifahren mit dem Kraftfahrzeuge Menschen oder Tiere in Gefahr gebracht werden, so hat er langsam zu fahren sowie erforderlichenfalls anzuhalten und die Maschine oder den Motor außer Tätigkeit zu setzen.

Auf den Haltruf oder das Haltzeichen eines als solcher kenntlichen Polizeibeamten hat der Führer sofort anzuhalten. Zur Kenntlichmachung eines Polizeibeamten ist auch das Tragen einer Dienstmütze ausreichend.

§ 21. Beim Einbiegen in eine andere Straße ist nach rechts in kurzer Wendung, nach links in weitem Bogen zu fahren. Diese Vorschrift gilt entsprechend für das Duchfahren von scharfen oder unübersichtlichen Wegekrümmungen.

Der Führer hat entgegenkommenden Kraftfahrzeugen, Fuhrwerken, Reitern, Radfahrern, Viehtransporten oder dergleichen rechtzeitig und genügend nach rechts auszuweichen oder, falls dies die Umstände oder die Örtlichkeit nicht gestattet, so lange anzuhalten, bis die Bahn frei ist.

Das Vorbeifahren an eingeholten Kraftfahrzeugen, Fuhrwerken, Reitern, Radfahrern, Viehtransporten oder dergleichen hat auf der linken Seite zu erfolgen.

D. Die Benutzung öffentlicher Wege und Plätze.

§ 22. Das Fahren mit Kraftfahrzeugen ist nur auf Fahrwegen gestattet. Auf Radfahrwegen und auf Fußwegen, die für Fahrräder freigegeben sind, ist der Verkehr mit Kraftzweirädern mit besonderer polizeilicher Genehmigung zulässig.

§ 23. Die Polizeibehörden können durch allgemeine polizeiliche Vorschriften oder durch besondere für den einzelnen Fall getroffene polizeiliche Anordnungen, soweit der Zustand der Wege oder die Eigenart des Verkehrs es erfordet, den Verkehr mit Kraftfahrzeugen überhaupt oder mit einzelnen Arten auf bestimmten Wegen, Plätzen oder Brücken verbieten oder beschränken. Für Wegestrecken, die dem Durchgangsverkehre dienen, steht diese Befugnis den Landeszentralbehörden zu; sie können die Befugnis auf die höheren Verwaltungsbehörden übertragen.

Polizeiliche Vorschriften oder Anordnungen für den Vekehr mit Kraftfahrzeugen, durch die wegen des Zustandes der Wege oder der Eigenart des Verkehrs eine Höchstgeschwindigkeit von weniger als 15 Kilometer in der Stunde festgesetzt wird, dürfen nur für solche Kraftfahrzeuge

[1]) Innerhalb Berlins sind 25 km zugelassen worden.

erlassen werden, deren Gesamtgewicht 5,5 Tonnen übersteigt. Zuständig sind die höheren Verwaltungsbehörden.

Diese können auch Vorschriften oder Anordnungen erlassen, durch die, abgesehen von dem Falle des Abs. 1, der Verkehr mit Kraftfahrzeugen für bestimmte Örtlichkeiten mit Rücksicht auf deren besondere Verhältnisse verboten oder beschränkt wird.

§ 24. Das Wettfahren und die Veranstaltung von Wettfahrten auf öffentlichen Wegen und Plätzen sind verboten.

Für Zuverlässigkeitsfahrten und ähnliche Veranstaltungen zu Prüfungszwecken ist die Genehmigung der zuständigen Behörde erforderlich; soweit mit ihnen Geschwindigkeitsprüfungen verbunden sind, ist die Genehmigung der Landeszentralbehörde erforderlich, die im Einzelfalle die Bedingungen festsetzt.

E. Das Mitführen von Anhängewagen.

§ 25. Soll von einem polizeilich zugelassenen Kraftfahrzeug ein Anhängewagen mitgeführt werden, so genügt die Anzeige bei der höheren Verwaltungsbehörde (§ 5), sofern den nachstehenden Bedingungen entsprochen wird:

1. der Anhängewagen muß versehen sein:
   a) mit einer sicher wirkenden Bremse;
   b) mit einer zuverlässigen, auf die Fahrbahn wirkenden Vorrichtung, die beim Befahren von Steigungen die unbeabsichtige Rückwärtsbewegung verhindert (Bergstütze);
2. die Radkränze des Anhängewagens dürfen keine Unebenheiten besitzen, die geeignet sind, die Fahrbahn zu beschädigen;
3. die Verbindung der Lenkvorrichtung des Anhängewagens mit dem Kraftfahrzeuge muß so beschaffen sein, daß die Räder des Anhängewagens auch in Krümmungen möglichst auf den Spuren der Räder des Kraftfahrzeugs laufen;
4. zwischen dem Anhängewagen und dem Kraftfahrzeuge muß außer der Hauptkuppelung noch eine Sicherheitskuppelung (Notkuppelung) vorhanden sein.

Der Anzeige hat der Eigentümer die Zulassungsbescheinigung für das Kraftfahrzeug sowie das Gutachten eines amtlich anerkannten Sachverständigen darüber beizufügen, daß den Vorschriften des Abs. 1 genügt ist; ein Vermerk über die Anzeige ist von der höheren Verwaltungsbehörde in die Liste und in die Zulassungsbescheinigung (§ 6 Abs. 2) aufzunehmen.

Der Führer ist dafür verantwortlich, daß der Anhängewagen sich in verkehrssicherem Zustand befindet und daß das Gesamtgewicht des Anhängewagens mit Nutzlast das jeweilige Gesamtgewicht des Kraftfahrzeugs mit Nutzlast nicht überschreitet. Falls die Bremse des Anhängewagens nicht vom Führersitze des Kraftfahrzeugs aus bedient werden kann, muß auf dem Anhängewagen ein Bremser mitfahren; in diesem Falle muß eine Verständigung zwischen Führer und Bremser möglich sein.

Das Mitführen von mehr als einem Anhängewagen ist nur auf Grund polizeilicher Erlaubnis zulässig; das gleiche gilt bezüglich des Mitführens von einem Anhängewagen, sofern den Bedingungen im Abs. 1 Nr. 1 bis 4 nicht genügt ist. In diesen Fällen ist der Erlaubnisschein bei der Fahrt mitzuführen und den Polizeibeamten auf Verlangen vorzuzeigen.

Werden Anhängewagen mitgeführt, so muß das dem Kraftfahrzeuge zugeteilte polizeiliche Kennzeichen (§ 8 Abs. 3) an der Rückseite des Schlußwagens angebracht sein.

F. Untersagung des Betriebs.

§ 26. Die Polizeibehörde kann jederzeit auf Kosten des Eigentümers eine Untersuchung darüber veranlassen, ob ein Kraftfahrzeug den nach Maßgabe dieser Verordnung zu stellenden Anforderungen entspricht.

Genügt ein Kraftfahrzeug diesen Anforderungen nicht, so kann seine Ausschließung vom Befahren der öffentlichen Wege und Plätze durch die höhere Verwaltungsbehörde verfügt werden.

§ 27. Werden Tatsachen festgestellt, die die Annahme rechtfertigen, daß eine Person zum Führen von Kraftfahrzeugen ungeeignet ist, so kann ihr die Fahrerlaubnis dauernd oder für bestimmte Zeit durch die für ihren Wohnort zuständige höhere Verwaltungsbehörde entzogen werden; nach der Entziehung ist der Führerschein der Behörde abzuliefern. Die Entziehung der Fahrerlaubnis ist für das ganze Reich wirksam. Im Falle der Entziehung der Fahrerlaubnis für bestimmte Zeit kann deren Wiedererteilung von der nochmaligen Ablegung einer Prüfung oder der Erfüllung sonstiger Bedingungen abhängig gemacht werden.

Personen, die nur während eines vorübergehenden Aufenthalts in dem Gebiete des Deutschen Reichs ein Kraftfahrzeug führen, kann aus Gründen, die nach Abs. 1 die Entziehung der Fahrerlaubnis rechtfertigen, die Führung des Kraftfahrzeugs durch Verfügung der zuständigen höheren Verwaltungsbehörde jederzeit untersagt werden. Die Untersagung ist für das ganze Reich wirksam.

G. Ausnahmen.

§ 28. Als vorläufig zum Verkehr auf öffentlichen Wegen und Plätzen zugelassen gelten Kraftfahrzeuge während der durch den amtlich anerkannten Sachverständigen vorzunehmenden technischen Prüfung. Die Vorschriften im § 15 über die Mitführung der Zulassungsbescheinigung findet in diesen Fällen keine Anwendung,

Während der Prüfungsfahrten haben die Kraftfahrzeuge ein besonderes Kennzeichen (Probefahrtkennzeichen) zu führen, auf das die Bestimmungen im § 8 mit der Maßgabe Anwendung finden, daß die Erkennungsnummer aus einer Null (0) mit einer oder mehreren nachfolgenden Ziffer besteht, daß das Kennzeichen in roter Balkenschrift auf weißen, rotgerandetem Grunde herzustellen ist und daß von der festen Anbringung der Kennzeichen abgesehen werden kann. Derartige, mit dem Dienststempel der höheren Verwaltungsbehörde versehene Kennzeichen sind dem amtlich anerkannten Sachverständigen (§ 5) zur Verwendung bei diesen Prüfungsfahrten zur Verfügung zu stellen.

§ 29. Von der Verpflichtung zur Führung des Kennzeichens (§ 7) sind befreit:
1. die Kraftfahrzeuge der Feuerwehr im Dienst,
2. die zu Zwecken der öffentlichen Straßenreinigung dienenden Kraftfahrzeuge.

§ 30. Von der Verpflichtung zur Führung eines gestempelten Kennzeichens sind befreit Kraftfahrzeuge, die auf der Fahrt zur Polizeibehörde zwecks Vorführung des Fahrzeugs und Abstempelung des Kennzeichens (§§ 6 und 3) öffentliche Wege und Plätze benutzen müssen. Als Ersatz für die fehlende Zulassungsbescheinigung und gleichzeitig als Ausweis für diese Fahrt dient die schriftliche Aufforderung der Polizeibehörde, das Fahrzeug vorzuführen.

§ 31. Zuverlässige Fabriken oder Händler, die mit den zum Verkaufe gestellten Fahrzeugen Probefahrten auf öffentlichen Wegen und Plätzen veranstalten wollen, erhalten, sofern sie bei der für den Sitz der Firmen zuständigen höheren Verwaltungsbehörde die Zulassung der Kraftfahrzeuge im Sinne der §§ 5, 6 bewirkt haben, auf Antrag widerruflich an Stelle der Zulassungsbescheinigung besondere Bescheinigungen und zu wiederkehrender Verwendung bei den einzelnen Kraftfahrzeugen Kennzeichen der im § 28 Abs. 2 bezeichneten Art. Eine Mitwirkung der Polizeibehörde (§ 6 Abs. 2 Satz 2, § 9) findet in diesen Fällen nicht statt. Soll eine Probefahrt über die Grenzen des Reichsgebiets ausgedehnt werden, so sind Kennzeichen und Bescheinigung vor dem Verlassen des Reichs auf dem deutschen Grenzzollamt abzuliefern.

Beim Verkauf eines jeden Fahrzeugs ist die Ausfertigung der Zulassungsbescheinigung und die Zuteilung des nunmehr endgültig zu führenden Kennzeichens ohne Verzug, jedenfalls aber innerhalb vierzehn Tagen bei der zuständigen höheren Verwaltungsbehörde (§ 5 Abs. 1) zu beantragen; die bisher geführte Bescheinigung ist abzuliefern.

§ 32. Auf die Kraftfahrzeuge der Miilitärverwaltung und der Postverwaltung finden die Bestimmungen dieser Verordnung mit der Maßgabe Anwendung, daß die Fahrzeuge Warnungszeichen auch mit anderen als den im § 19 Abs. 3 genannten Signalinstrumenten abgeben dürfen und daß eine jederzeitige Untersuchung der Fahrzeuge und ihre Ausschließung durch die höhere Verwaltungsbehörde (§ 29) nicht zulässig ist.

Die Kraftfahrzeuge der Postverwaltung brauchen außerdem nicht mit einer Huppe zum Abgeben von Warnungszeichen (§ 4 Abs. 1 Nr. 4) versehen zu sein. Die für die Fuhrwerke der Postverwaltung nach Reichs- oder Landesgesetzen bestehenden Sonderrechte gelten auch für die Kraftfahrzeuge der Postverwaltung.

§ 34. Für die Kraftfahrzeuge der Feuerwehren im Dienste gelten außer der im § 29 unter Nr. 1 bestimmten Ausnahme folgende Sonderbestimmungen.

Die Fahrzeuge brauchen nicht mit einer Huppe zum Abgeben von Warnungszeichen versehen zu sein (§ 4 Abs. 1 Nr. 4), dürfen Warnungszeichen auch mit anderen als den im § 19 Abs. 3 genannten Signalinstrumenten abgeben, unterliegen nicht den Vorschriften über die innezuhaltende Fahrgeschwindigkeit (§ 18) und sind befreit von den Vorschriften über das Ausweichen, Anhalten und Vorbeifahren in den im § 21 Abs. 2 und 3 genannten Fällen.

H. Verkehr über die Reichsgrenze und im Zollgrenzbezirke.

§ 36. Für die Zulassung und Kennzeichnung der zu vorübergehendem Aufenthalt in das Gebiet des Deutschen Reichs aus dem Ausland gelangenden außerdeutschen Kraftfahrzeuge und für die Zulassung der Führer solcher Fahrzeuge gelten bis auf weiteres die bisherigen landesrechtlichen Vorschriften mit der Maßgabe, daß im Zollgrenzbezirke die Beamten der Grenzzollverwaltung hinsichtlich der Kraftfahrzeuge die gleichen Befugnisse wie die Polizeibeamten haben.

Anweisung über die Prüfung von Kraftfahrzeugen.

I. Allgemeine Bestimmungen.

1. Bei der Beurteilung der Verkehrssicherheit eines Kraftfahrzeugs kommen nur die Teile in Betracht, deren Versagen an dem in Bewegung befindlichen Fahrzeug eine Gefahr für den öffentlichen Verkehr in sich schließt, nämlich Einrichtungen für Lenken, Bremsen, Verhinderung unbeabsichtigter Rückwärtsbewegung, Rückwärtsgang und Radkonstruktion. Diese Einrichtungen müssen unter allen Umständen so beschaffen sein, daß ihr Versagen bei sachgemäßer Unterhaltung und Bedienung nicht zu befürchten ist. Einrichtungen, deren Versagen nur den Antrieb des Fahrzeugs stört oder unmöglich macht (Störungen an der Maschine oder am Motor, an der Kupplung und dergleichen), kommen für die Prüfung nicht in Betracht.

2. Die Wahl der Materialien bleibt dem Fabrikanten unter eigener Verantwortlichkeit überlassen, jedoch müssen Vorderachsen, Lenkhebel und Lenkgestänge aus gezogenem oder geschmiedetem Material hergestellt werden. Die gewählten Abmessungen sind nur dann zu beanstanden, wenn sich bei der Prüfung bleibende Formveränderungen bemerkbar machen.

II. Feuers- und Explosionsgefahr.

1. Zur Vermeidung von Feuers- und Explosionsgefahr bei Fahrzeugen mit elektrischem Antrieb sind die unter Nr. XII besonders angegebenen Vorschriften für elektrisch betriebene Fahrzeuge zu beachten.

2. Bei Dampffahrzeugen muß die Kesselanlage, soweit dafür nicht von der zuständigen Behörde Ausnahmen zugelassen sind, den allgemeinen polizeilichen Bestimmungen über die Anordnung von Landdampfkesseln entsprechen. Ferner ist bei Verwendung fester Brennstoffe darauf zu achten, daß der Funkenauswurf verhindert wird. Endlich muß die Feuerstelle von allen brennbaren Teilen des Fahrzeugs genügend isoliert und der Aschenkasten so gebaut und angeordnet sein, daß keine glühenden Aschenteile herausfallen können.

2. Bei Fahrzeugen mit Verbrennungsmaschine sind zur Vermeidung von Feuers- und Explosionsgefahr folgende Vorschriften zu befolgen:

a) Behälter, die zur Aufnahme flüssigen Brennstoffs dienen, sind aus zähem, gegen Rost geschützten Material herzustellen; Nähte müssen, sofern sie nicht durch Nietung und Lötung, Hartlötung oder Schweißung hergestellt sind, doppelt gefalzt und gelötet sein. Die Behälter sind mit einem hydraulischen Überdruck von 0,3 Atmosphären auf Dichthalten zu prüfen; ihr Einbau in die Fahrzeuge ist so auszuführen, daß sie möglichst gegen Stoß geschützt sind; der tiefste Punkt der Behälter und ihrer Armatur muß auch bei vollbelastetem Fahrzeug mindestens 15 Zentimeter über dem Boden liegen. Das Füllrohr ist durch ein auswechselbares feinmaschiges Drahtnetz gegen das Hindurchschlagen von Flammen zu sichern. Geschweißte Behälter müssen mit mindestens einem Schmelzpfropfen oder Sicherheitsventile versehen sein. Alle Armaturteile müssen mit dem Behälter außer durch Lötung noch durch Nieten oder Schrauben verbunden sein. An dem tiefsten Punkte des Behälters ist eine Ablaßvorrichtung anzubringen, so daß eine völlige Entleerung erfolgen kann. An Vorrichtungen zur Anzeige des Flüssigkeitsstandes muß mindestens der untere Anschluß an den Behälter absperrbar sein. Erfolgt die Zuführung des Brennstoffs durch den Druck der Auspuffgase, so ist ein Reduzierventil mit vorgeschaltetem Siebe in die Druckgasleitung einzubauen.

b) Die Zuflußrohrleitung zur Maschine ist sorgfältig zu befestigen und so zu verlegen, daß ein Ausgleich von Längenänderungsn möglich ist. Die Verbindung einzelner Rohrstücke ist durch eine über beide Rohrenden geschraubte und verlötete Muffe oder durch eine Verschraubungsart mit metallischen Dichtungsflächen (Kegelnippel, Kugelnippel, gestauchte Rohrenden) herzustellen. In gleicher Weise ist die Befestigung der Rohre mit den Absperrvorrichtungen und Armaturteilen auszuführen, falls sie nicht hart eingelötet sind. Flanschverbindungen mit Stoffpackung sind unzulässig. Alle mit der Benzinleitung verlöteten Nippel müssen hart gelötet sein, während an den Brennstoffbehältern und ihren Armaturteilen, wenn die Lötung nur den Zweck hat, abzudichten, Weichlötung zulässig ist. In der Zuflußrohrleitung zur Maschine ist in der Nähe des Brennstoffbehälters eine Absperrvorrichtung einzuschalten; dieselbe muß von außen leicht zugänglich sein; bei Brennstofförderung durch Druckgase und Steigrohr genügt eine Einrichtung zum schnellen Ablassen des Druckes. Brennstoffleitung, Vergaser und Schwimmergehäuse sind so anzuordnen, daß etwa austretender Brennstoff nicht auf das Auspuffrohr, den Stromverteiler oder oder Magnetapparat tropfen kann; der aus dem Schwimmergehäuse und Vergaser etwa austretende Brennstoff ist unmittelbar ins Freie zu leiten.

c) Werden unterhalb des Wagens Schutzbleche angebracht, so muß die Beseitigung der sich in ihnen ansammelnden brennbaren Stoffe leicht möglich sein.

d) Die elektrischen Zündleitungen sind zu isolieren und so zu verlegen, daß Kurzschluß ausgeschlossen ist. Hochspannungsleitungen sind besonders sorgfältig zu verlegen. Glührohrzündung ist verboten.

III. Vermeidung von üblem Geruch, Rauch und Geräusch.

Die Verbrennung der Gase in der Maschine muß so vollkommen und die Ölzufuhr so eingerichtet sein, daß, abgesehen vom Anfahren nach längerem Stillstand, ein belästigender Rauch nicht entwickelt wird. Tauchschmierung ist zulässig, wenn eine Einrichtung zur Regelung des Ölstandes im Kurbelgehäuse vorhanden ist. Die Abführung der Verbrennungsgase bei Explosionsmaschinen und des Dampfes bei Dampfmaschinen hat unter Anwendung ausreichender schalldämpfender Mittel zu geschehen; Auspuffklappen oder andere Einrichtungen, die es ermöglichen, die Schalldämpfer in ihrer Wirkung abzuschwächen oder ganz auszuschalten, sind unstatthaft. Dampfkessel, die nicht mit Brennstoffen geheizt werden, die rauchlos verbrennen, sind mit ausreichenden, Rauch verhütenden Feuerungseinrichtungen zu versehen.

IV. Lenkvorrichtung.

1. Der Drehungswinkel der Lenkspindel soll der Geschwindigkeit des Fahrzeugs entsprechend möglichst gering sein.

2. Die Lenkvorrichtung muß so beschaffen sein, daß zu ihrer Bewegung und Festhaltung ein möglichst geringer Kraftaufwand ausreicht. Einfache Hebellenkvorrichtungen (auch Zahnstangenlenker und unmittelbar an einer Lenkspindel befestigte Hebel) sind nur bis zu einem Gewichte des betriebsfertigen Wagens von 350 Kilogramm zuzulassen.[1]) Bei Fahrzeugen mit höherem Gewichte müssen Lenkvorrichtungen mit Zwischenübersetzung (Schnecke, Schraube oder dergleichen) verwendet werden, die keinesfalls erheblich unter der Grenze der Selbsthemmung liegen. Das Gehäuse der Lenkvorrichtung muß fest gelagert sein. Die Anordnung und Lage der von dem Lenkhebel zu den Lenkschenkeln führenden Schubstange muß derart sein, daß bei Durchfederung des Wages kein unzulässiges Flattern der Vorderräder eintritt. Bei Schubstangen mit Stoßfängern müssen ausreichende Sicherungen dagegen vorhanden sein, daß ein Kugelzapfen aus der Stange herausspringt. Bei Verwendung von Kugelzapfen, insbesondere wenn sie hängend angebracht sind, muß dafür gesorgt werden, daß die Schubstange bei Verschleiß der Kugelpfannen oder Kugelzapfen nicht zu Boden fällt. Alle Bolzen des Lenkgestänges sind mit Kronenmutter und Splint oder gleichwertig gesicherten Muttern zu versehen. Außerhalb der Drehachse des Achsschenkels müssen alle Lenkungsteile, auch etwa mit denselben verbundene andere Organe (Elektromotoren), sofern sie nicht unmittelbar in das Rad eingebaut sind, mit ihrem tiefsten Punkte mindestens 15 Zentimeter über der Standfläche liegen und leicht zugänglich sein. Es darf also das hintere Gelenk der Schubstange nicht etwa durch ein vom Rahmen zum Trittbrett geführtes festes Blech oder dergleichen der Beobachtung entzogen werden; Lederkappen oder dergleichen zum Schutze der Gelenke sind zulässig.

V. Bremseinrichtungen.

1. Die Beurteilung der Bremswirkung muß dem sachverständigen Urteil des Prüfers überlassen bleiben[2]).

2. Drahtseile für den Bremsausgleich müssen an den Biegungen über einen Radius von mindestens zehnfachem Seildurchmesser geführt werden. Bremse oder Gestänge müssen nachstellbar eingerichtet sein. Die Nachstellvorrichtung muß leicht zugänglich sein. Bremsvorrichtungen sind nur dann als voneinander unabhängig zu betrachten, wenn sie nicht von einem Gestänge abhängen. Bremsen sind durch Hand- oder Fußhebel zu betätigen; bei Fahrzeugen mit einem Eigengewichte von mehr als 6 Tonnen und bei Anhängewagen sind Spindelbremsen zulässig Getriebebremsen müssen an einer solchen Stelle angebracht sein, daß sie auch bei Ausschaltung des Vorgeleges nicht unwirksam werden; bei Wagen von mehr als 2000 Kilogramm Eigengewicht sind sie mit Wasserkühlvorrichtung zu versehen. Elektrische Bremsen entsprechen nur dann den Vorschriften des § 4 Abs. 1 Nr. 2, wenn sie auf die Hinterräder wirken.

VI. Bergstützen usw.

Bergstützen müssen vom Führersitz aus bedient werden. Bergstützen sind in der Längsachse des Fahrzeugs oder symmetrisch zu ihr anzubringen und gegen Überklettern zu sichern.

---

[1]) Seit 1. März 1911 für dreiräderige Fahrzeuge bis zu 600 Kilogramm.

[2]) Die Angabe eines bestimmten Bremswegs für eine bestimmte Fahrgeschwindigkeit empfiehlt sich nicht wegen der Schwierigkeit der genauen Bestimmung der Fahrgeschwindigkeit, ferner wegen der Abhängigkeit von der Bodenbeschaffenheit, von der Art der Radbereifung, der Belastung und Gewichtsverteilung der Fahrzeuge.

VII. Huppen.

Als vorschriftsmäßige Huppen sind Signalinstrumente zu betrachten, bei denen der Ton durch Schwingungen von Metallzungen oder Platten (Membranen) jederzeit erzeugt werden kann.

VIII. Steuerformeln.

1. Bei Angaben der Steuerleistung ist die Nutzleistung des Fahrzeugs maßgebend. Die Berechnung erfolgt bei Viertakt-Verbrennungsmaschinen normaler Bauart nach der Formel $N = 0.3 \cdot i \cdot d^2 \cdot s$ worin N die Leistung in Pferdestärken, i die Zahl der Zylinder, d den Durchmesser der Zylinder im cm, s den Kolbenhub in m bedeutet.

2. Für Elektromobile ist die Nutzleistung neuer Fahrzeuge durch eine zweistündige Dauerbelastung des Motors im Versuchsraum zu ermitteln, wobei die nach den „Normalien für die Bewertung und Prüfung von elektrischen Maschinen und Transformatoren" des Verbandes deutscher Elektrotechniker ermittelte Temperaturzunahme der Wickelung die im § 19 daselbst angegebenen Grenzen weder überschreiten noch um mehr als $^1/_3$ unterschreiten darf. Von der hiernach ermittelten, dem Motor in Watt zugeführten Leistung sind bei Radnabenmotoren 10 Prozent, bei Motoren mit Vorgelege 30 Prozent in Abzug zu bringen, so daß sich die anzugebende Nutzleistung des Wagens berechnet: zu N in $\text{PS} = n \cdot \eta \frac{\text{Leistung in Watt}}{736}$, worin n die Zahl der Motoren, η den den obigen Abzügen entsprechenden Wirkungsgrad bedeuten, also 0,9 beziehungsweise 0,7,

3. Bei bereits im Gebrauche befindlichen Elektromobilen sind in der Regel die bisherigen Angaben, bei ausländischen Fahrzeugen die des Heimatszertifikats maßgebend. Im Zweifelsfall ist die Nutzleistung jedes Motors zu 2,5 PS anzunehmen.

4. Für Dampfmaschinen wird mit Rücksicht auf die große Verschiedenheit der Konstruktionen und Dampfspannungen davon Abstand genommen, eine Formel anzugeben, desgleichen für Zweitakt-Verbrennungsmaschinen und für Viertakt-Vertrennungsmaschinen anormaler Bauart, z. B. solche mit gegenläufigen Kolben (System Gobron-Brillé). Der Prüfer hat bei solchen Fahrzeugen nach sachverständigem Ermessen die Leistung zu bestimmen. Falls ein Bremszeugnis über die Normalleistung des Motors vorliegt, sind für Getriebeverluste 25 Prozent in Abzug zu bringen; der so berechnete Wert ist als Nutzleistung des Fahrzeugs zu bezeichnen.

IX. Eigengewicht.

Bei der Nachprüfung des Eigengewichts des Fahrzeugs sind Abweichungen von den Angaben auf dem Schilde des Fahrzeugs insoweit zulässig, als sie durch die Mitführung der Vorräte an Betriebsstoffen (Benzin, Öl, Karbid, Kühlwasser usw.) bedingt werden. Die Nachprüfung hat durch Wägung des ganzen Fahrzeugs zu erfolgen.

X. Typenprüfung.

1. Für die Typenprüfung kommen nicht die Aufbauten (Karosserie), sondern nur das Fahrgestell in Betracht. Die Prüfung der Huppe und der Laternen fällt fort.

2. Bei Anträgen auf Typenprüfung ist dem zuständigen amtlich anerkannten Sachverständigen von dem Fabrikanten oder Händler in je dreifacher Ausfertigung eine Beschreibung, eine schematische Zeichnung des Fahrgestells mit dem in Betracht kommenden Motor und Triebwerk, Bremsen und Lenkvorrichtung vorzulegen. In der Beschreibung sind anzugeben:

a) Firma, die das Fahrgestell herstellt,
b) Art des Fahrzeugs (Kraftwagen oder Kraftrad) Bestimmung des Fahrzeugs und Kennwort oder Unterscheidungszeichen für den Typ,
c) Art der Kraftquelle,
d) Bauart der Maschine oder des Motors. (Viertakt oder Zweitakt, Verbundwirkung oder einfache Wirkung, Hauptschluß oder Nebenschluß usw.),
e) Angaben für die Berechnung der Maschinen- oder Motorleistung (Zylinderzahl, Bohrung, Kolbenhub, Volt, Ampère),
f) Angaben über Bauart und Größe des Dampferzeugers, Kesseldruck, Akkumulatorenbatterie,
g) Art der Kraftübertragung (Gelenkwelle, Kette, Reibradgetriebe usw.),
h) Bauart und Übersetzung der Lenkvorrichtung,
i) Art und Zahl der Bremsen, Hauptabmessungen und Übersetzungsverhältnis,
k) Einrichtungen zur Verhinderung der unbeabsichtigten Rückwärtsbewegung auf Steigungen,
l) betriebsfertiges Eigengewicht des Fahrgestells,
m) Tragfähigkeit des Fahrgestells in Kilogramm,
n) Leistung der Maschine oder des Motors,
o) für steuerpflichtige Fahrzeuge außerdem Leistung des Fahrzeugs an den Triebrädern, berechnet nach der Steuerformel.

3. Der Sachverständige hat zu prüfen, ob die Beschreibung und die Zeichnungen, soweit sie Eigenschaft des Typs betreffen (vergleiche 2b bis k), mit der Ausführung übereinstimmen[1]), und nach praktischer Erprobung eines Fahrzeugs des Typs die mit Prüfungsvermerk versehene Zeichnung und Beschreibung der zuständigen höheren Verwaltungsbehörde mit einer Bescheinigung darüber vorzulegen, daß der Typ den polizeilichen Anforderungen entspricht. Wird dem Antrag auf Erteilung einer Typenbescheinigung entsprochen, so erlangt die Fabrik oder der Händler auf Grund dieser Bescheinigung die Genehmigung, Fahrzeuge, die mit diesem Typ übereinstimmen, mit eigener Bescheinigung in den Verkehr zu bringen. Mit der Bescheinigung der höheren Verwaltungsbehörde wird ein Stück der geprüften Zeichnung und Beschreibung durch Schnur und Siegel verbunden. Eine Abschrift der Bescheinigung ist mit einem Stücke der Beschreibung und Zeichnung dem zuständigen Sachverständigen von der genehmigenden Behörde zu übersenden.

4. In den von den höheren Verwaltungsbehörden zu erteilenden Typenbescheinigungen sind die obenerwähnten Angaben der Beschreibung und eine schematische Zeichnung des Fahrgestells als für den Typ maßgebend festzulegen.

5. Änderungen der vorstehenden, für die Typenbescheinigung maßgebenden Verhältnisse (vergleiche 2b bis k) bedingen eine erneute Anzeige bei dem Sachverständigen und Prüfung. Der Sachverständige hat entweder eine Ergänzung der Typenbescheinigung zu bewirken oder den Antragsteller zur Einreichung der für die neue Typenprüfung erforderlichen Unterlagen zu veranlassen.

6. Wünscht ein Fabrikant oder Händler in ein Fahrgestell bestimmter Bauart Maschinen verschiedener Stärke einzubauen, so muß bei der Typenprüfung das Fahrgestell mit der stärksten vorkommenden Maschine vorgeführt werden. Auf Grund dieser Prüfung ist alsdann der Sachverständige berechtigt, auch für das gleiche Fahrgestell mit schwächeren Maschinen Typenzeugnisse auszustellen.

7. Bei Meinungsverschiedenheiten zwischen den Fabriken und Händlern und den Sachverständigen über die Einwirkung von Abänderungen auf die Typengenehmigung entscheidet die zuständige höhere Verwaltungsbehörde.

XI. Ausführung der technischen Prüfung der Fahrzeuge.

1. Der Sachverständige hat sich zunächst am stillstehenden Fahrzeug davon zu überzeugen, ob es den vorstehenden Ausführungsbestimmungen entspricht. Bei Typenprüfungen hat der Sachverständige das Recht, in der Fabrik die für die Beurteilung der Verkehrsicherheit des Fahrzeugs wichtigen Teile auseinander nehmen zu lassen und zu untersuchen, sofern nicht gleiche Teile vorgelegt werden können; er hat festzustellen, ob die Ausführung des Fahrzeugs, soweit die unter Nr. X 2b bis k angegebenen Eigenschaften des Typs in Frage kommen, mit den Zeichnungen und Beschreibungen übereinstimmt. Bei den Prüfungen am stehenden Fahrzeug ist zum Beispiel festzustellen, ob die Steuersäule fest gelagert ist, ob in den Ausgleichgelenken des Steuergestänges nicht zuviel Spiel ist, ob die Räder unbehindert ausschlagen, ob die Bremshebel genügend leicht gehen, ob in allen kraftschlüssigen Verbindungen des Bremsgestänges nicht zuviel Spiel vorhanden ist, ob die Bremse richtig eingestellt ist und gleichmäßig anliegt, ob die Nachstellvorrichtungen leicht zugänglich sind, ob die Griffe zur Bedienung der Maschine usw. so angebracht sind, daß der Führer sie leicht und ohne Verwechselungsgefahr handhaben kann, ob Benzinbehälter und Rohrleitung den Vorschriften entsprechen, usw.

2. Bei allen Prüfungen muß eine Probefahrt stattfinden; für die Erprobung der Bremsen ist es von größter Wichtigkeit, daß das Fahrzeug bei der Probefahrt möglichst voll beladen ist; Typenprüfungen sind stets mit voller Nutzlast oder einer dem größten Karosseriegewicht einschließlich der höchstzulässigen Personenzahl entsprechenden Belastung vorzunehmen. Die Prüfung hat so lange zu dauern, bis der Sachverständige die volle Überzeugung von der Verkehrssicherheit des Fahrzeugs bei verschiedenen Geschwindigkeiten gewinnt. Die Versuche werden sich im wesentlichen auf die Lenkung, die Wirksamkeit der Bremsen, die Verhinderung der unbeabsichtigten Rückwärtsbewegung in Steigungen und die Fähigkeit der Rückwärtsbewegung des Fahrzeugs erstrecken; außerdem ist die Geräusch- und Geruchlosigkeit festzustellen. Vorrichtungen zur Verhinderung unbeabsichtigter Rückwärtsbewegung auf Steigungen müssen sowohl bei beladenem wie bei unbeladenem Fahrzeug erprobt werden. Es sind geeignete, möglichst wenig verkehrsreiche Straßen und Wege, die Gelegenheit bieten, das Fahrzeug auch in Steigungen und Gefällstrecken sowie in Kurven zu erproben, für die Probefahrt auszuwählen. Bei den Versuchen ist die erforderliche Vorsicht zur Vermeidung von Unfällen und Beschädigungen des Fahrzeugs anzuwenden. Die Prüfung von Krafträdern ist in der Weise vorzunehmen, daß der Fahrer mit dem Rade nach Anweisung des Sachverständigen bei verschiedenen Geschwindigkeiten diejenigen Übungen ausführt, die geeignet erscheinen, die Lenkbarkeit und Bremssicherheit darzutun.

3. Bei Kraftwagen hat der Sachverständige, nachdem er durch einige Vorversuche die Überzeugung von der Verkehrssicherheit des Fahrzeugs erlangt hat, der Prüfung auf dem Fahrzeug selbst

---

[1]) Bohrung und Kolbenhub müssen bei Typenprüfungen nachgemessen werden.

beizuwohnen[1]) und dem Führer, der die Berechtigung zum Fahren besitzen und sich bei schnellfahrenden Wagen über längere Fahrpraxis ausweisen muß, die erforderlichen Anweisungen zu geben. Nach der Probefahrt hat sich der Sachverständige davon zu überzeugen, daß keine dauernden Formveränderungen oder andere Veränderungen an Konstruktionsteilen eingetreten sind, die die Verkehrssicherheit gefährden können.

4. Bei Typenprüfungen sind nach befriedigendem Verlauf aller Prüfungen die dem Sachverständigen übergebenen Zeichnungen und Beschreibungen mit Prüfungsvermerk zu versehen.

XII. Vorschriften für elektrisch betriebene Kraftfahrzeuge.

1. Elektrische Maschinen.

Die elektrischen Maschinen sind so anzuordnen, das etwaige im Betrieb auftretende Feuererscheinungen keine Entzündung von brennbaren Stoffen hervorrufen können. In unmittelbarer Nähe der elektrischen Maschinen dürfen keine Rohrleitungen für brennbare Flüssigkeiten liegen.

2. Akkumulatoren.

Akkumulatorenzellen elektrischer Fahrzeuge können auf Holz aufgestellt werden, wobei eine einmalige Isolierung durch nicht Feuchtigkeit anziehende Zwischenlagen ausreicht. Soweit nur unterwiesenes Personal in Betracht kommt, braucht die Möglichkeit, daß eine Person Teile verschiedener Spannungen gleichzeitig berührt, nicht ausgeschlossen zu sein. Die Akkumulatoren dürfen den Fahrgästen nicht zugänglich sein. Es ist für ausreichende Lüftung zu sorgen. Für nicht Feuchtigkeit anziehende Zwischenlagen gilt auch ein zweimaliger Lackanstrich des Holzes mit einem säurebeständigen Lack.

Zelluloid ist zur Verwendung für Kästen und außerhalb des Elektrolyten unzulässig.

3. Leitung.

Der Querschnitt aller Leitungen zwischen Stromquelle und Antriebsmotor ist nach der Normalstärke der vorgeschalteten Sicherung laut folgender Tabelle oder stärker zu bemessen:

Querschnitt in qmm:	Normalstärke der Sicherung in Amp.:	Querschnitt in qmm:	Normalstärke der Sicherung in Amp.:
4	30	35	130
6	40	50	165
10	60	70	200
16	80	95	235
25	100	120	275

Drähte für Bremsstrom sind mindestens von gleicher Stärke wie die Fahrstromleitungen zu wählen.

Alle übrigen Leitungen dürfen im allgemeinen mit den in nachstehender Tabelle verzeichneten Stromstärken dauernd belastet werden:

Querschnitt in qmm.:	Stromstärke in Amp.:	Querschnitt in qmm.:	Stromstärke in Amp.:
0,75	6	25	80
1	6	35	100
1,5	10	50	126
2,5	15	70	160
4	20	95	190
6	25	120	225
10	35	150	260
16	60		

Blanke Leitungen sind zulässig, wenn sie sicher isoliert verlegt und gegen Berührung geschützt sind.

Isolierte Leitungen in Fahrzeugen müssen so geführt werden, daß ihre Isolierung nicht durch die Wärme benachbarter Widerstände oder Heizvorrichtungen gefährdet werden kann.

Die Verbindung der Fahr- und Bremsstromleitungen mit den Apparaten ist mittels Schrauben oder durch Lötung auszuführen.

Nebeneinander laufende isolierte Fahrstromleitungen müssen entweder zu Mehrfachleitungen mit einer gemeinsamen wasserdichten Schutzhülle zusammengefaßt werden derart, daß ein Verschieben und Reiben der Einzelleitungen vermieden wird (dabei ist die Isolierhülle an den Austritts-

[1]) Bei Kraftfahrzeugen, die keinen geeigneten Platz bieten, darf von der Befolgung dieser Vorschrift abgesehen werden, sofern der Sachverständige sich auf andere Weise die Überzeugung von der Verkehrssicherheit des Fahrzeugs verschaffen kann.

stellen von Leitungen gegen Wasser abzudichten), oder die Leitungen sind getrennt zu verlegen und, wo sie Platten, Wände oder Fußböden durchsetzen, durch Isoliermittel so zu schützen, daß sie sich an diesen Stellen nicht durchscheuern können.

In den Wagen dürfen isolierte Leitungen unmittelbar auf Holz verlegt und Holzleisten zu ihrer Verkleidung benutzt werden.

Leitungen, die einer Verbiegung oder Verdrehung ausgesetzt sind, müssen aus leicht biegsamen Seilen hergestellt und, soweit sie isoliert sind, wetterbeständig hergerichtet sein.

4. Sicherungen.

Jeder Motor muß eine Hauptabschmelzsicherung oder einen selbsttätigen Ausschalter haben. Jede Leitung, die keinen Fahrstrom führt, muß besonders gesichert sein. Bei solchen benzinelektrischen Fahrzeugen, die ohne Betriebsbatterie arbeiten (Fahrzeuge mit elektrischer Kraftübertragung), sind jedoch in den Hauptleitungen keine Sicherungen erforderlich.

Vom Fahrstrom unabhängige Bremsleitungen dürfen keine Sicherungen enthalten.

5. Ausschalter.

Es muß ein vom Führersitz aus bedienbarer Haupt- (Not-) Ausschalter vorhanden sein, der das Ausschalten des Fahrstromkreises unabhängig vom Fahrschalter gestattet. Der Notausschalter kann mit dem selbsttätigen Ausschalter (vergleiche unter 4) verbunden sein.

Vom Fahrstrom unabhängige Bremsstomkreise dürfen nur im Fahrschalter abschaltbar sein.

9. Lampen.

Lampenleitungen, die aus der Betriebsstromquelle gespeist werden, müssen mit einer wasserdichten Isolierhülle (Gummiaderleitung) versehen sein.

7. Freileitungen.

Für Freileitungen gelten die vom Verbande deutscher Elektrotechniker herausgegebenen Sicherheitsvorschriften für die Freileitungen von elektrischen. Straßenbahnen.

XIV. Gebühren.

Für die Prüfung von Kraftfahrzeugen stehen den amtlich anerkannten Sachverständigen Gebühren nach folgender Gebührenordnung zu,

Nr.	Angabe des Prüfungsgeschäfts	Gebührensatz M.
I.	Für die Typenprüfung	
	a) eines Kraftwagens	100
	b) eines Kraftrads	50
II.	Für die Prüfung einzelner Kraftfahrzeuge:	
	1. am Wohnsitz des Sachverständigen	
	a) für einen Kraftwagen	20
	b) für ein Kraftrad	15
	2. außerhalb des Wohnsitzes des Sachverständigen	
	a) für einen Kraftwagen	25
	b) für ein Kraftrad	20
	3. für weitere an dem gleichen Tage geprüfte Kraftfahrzeuge desselben Eigentümers in dem nämlichen Gemeinde- oder Gutsbezirke	
	a) für jeden Kraftwagen	10
	b) für jedes Kraftrad	7,50

Im übrigen gelten folgende allgemeine Bestimmungen:

1. Reisekosten oder andere Entschädigungen stehen den Sachverständigen nicht zu.
2. Bei Typenprüfungen — Nr. I der Gebührenordnung — ist es gleichgültig, ob die Prüfung am Wohnsitz oder außerhalb des Wohnsitzes des Sachverständigen stattfindet, oder ob sie in einem oder mehreren Prüfungsterminen erledigt wird.
3. Kann die Prüfung eines einzelnen Kraftfahrzeugs ohne Verschulden des Sachverständigen an dem festgesetzten Tage nicht beendet werden, so sind die unter Nr. II 1 oder 2 der Gebührenordnung angegebenen Beträge fällig; für die Fortsetzung einer derart unterbrochenen Prüfung stehen dem Sachverständigen die Gebührensätze nach Nr. II 3 der

Gebührenordnung mit der Maßgabe zu, daß bei einer Prüfung außerhalb des Wohnsitzes des Sachverständigen ein Zuschlag von 5 M zur Erhebung gelangt.

4. Ist die Prüfung mehrerer Kraftfahrzeuge desselben Eigentümers für einen Tag vereinbart und kann diese Prüfung ohne Verschulden des Sachverständigen an dem vereinbarten Tage nicht beendet werden, so finden für diese Berechnung der Gebühren die Vorschriften unter Nr. 3 der allgemeinen Bestimmungen entsprechende Anwendung.

5. Kann an einem vereinbarten Tage ohne Verschulden des Sachverständigen die Prüfung überhaupt nicht begonnen werden, so sind die unter Nr. II 1 oder 2 der Gebührenordnung für ein Kraftfahrzeug angegebenen Beträge fällig.

Anweisung über die Prüfung der Führer von Kraftfahrzeugen.

I. Die Erlaubnis zum Führen eines Kraftfahrzeugs erteilt die für den Wohnort der betreffenden Person oder für den Ort, wo sie den Fahrdienst erlernt hat, zuständige höhere Verwaltungsbehörde. Der Antrag auf Erteilung der Erlaubnis ist an die zuständige Ortspolizeibehörde zu richten. Dem Antrag ist beizufügen:

1. ein Geburtsschein,
2. eine Photographie (Brustbild in Visitformat, unaufgezogen),
3. ein Zeugnis eines beamteten Arztes darüber, daß der Antragsteller keine körperlichen Mängel hat, die seine Fähigkeit, ein Kraftfahrzeug sicher zu führen, beeinträchtigen können, insbesondere Mängel hinsichtlich des Seh- und Hörvermögens,
4. ein Nachweis darüber, daß er den Fahrdienst bei einer durch die zuständige höhere Verwaltungsbehörde zur Ausbildung von Führern ermächtigten Person oder Stelle (Fahrschule, Kraftfahrzeugfabrik) erlernt hat. Aus dem Nachweis muß die Dauer der praktischen Ausbildung im Fahren ersichtlich sein.

Die Ortspolizeibehörde hat zu prüfen, ob gegen den Antragsteller Tatsachen vorliegen (z. B. schwere Eigentumsvergehen, Neigung zum Trunke oder zu Ausschreitungen, insbesondere zu Rohheitsvergehen), die ihn als ungeeignet zum Führen eines Kraftfahrzeugs erscheinen lassen; nach Vornahme der Prüfung legt sie unter Mitteilung des Ergebnisses den Antrag mit seinen Anlagen der höheren Verwaltungsbehörde vor. Diese stellt zunächst durch Anfrage bei der für das Deutsche Reich bestehenden Sammelstelle für Nachrichten über Führer von Kraftfahrzeugen (Polizeipräsidium in Berlin) fest, was etwa über den Antragsteller dort bekannt ist. Ergeben die Feststellungen, daß er ungeeignet zum Führen eines Kraftfahrzeugs ist, so ist ihm die Erlaubnis zu versagen. Andernfalls übersendet die höhere Verwaltungsbehörde den Antrag nebst Anlagen dem amtlich anerkannten Sachverständigen (Ziffer II) zur Vornahme der Prüfung des Antragstellers über seine Befähigung zum Führen eines Kraftfahrzeugs. Der Antragsteller ist hiervon in Kenntnis zu setzen.

Für Reichs- oder Staatsbeamte, die als Führer von Kraftfahrzeugen verwendet werden sollen, kann der Antrag auf Erteilung der Erlaubnis zum Führen eines Kraftfahrzeugs von der vorgesetzten Behörde bei der Ortspolizeibehörde gestellt werden. Der Antrag muß die erforderlichen Angaben über den Personenstand des Prüflings enthalten und von den unter Nr. 2 bis 4 bezeichneten Anlagen begleitet sein. Von einer Feststellung, ob gegen den Prüfling Tatsachen vorliegen, die ihn als ungeeignet zum Führen eines Kraftfahrzeugs erscheinen lassen, hat die Ortspolizeibehörde in solchen Fällen abzusehen.

II. Die Prüfungen erfolgen bei den durch die höheren Verwaltungsbehörden amtlich anerkannten Sachverständigen.

Die Sachverständigen bestimmen den Zeitpunkt für die Prüfung.

Der Prüfling hat ein Kraftfahrzeug der Betriebsart und Klasse, für dessen Führung er den Nachweis der Befähigung erbringen will, für die Prüfung bereitzustellen. Das Fahrzeug muß, wenn die Witterungs- und Wegeverhältnisse dies notwendig erscheinen lassen, mit einem oder mehreren Gleitschutzreifen versehen sein.

III. Die Prüfung ist auf den Nachweis der Befähigung zum Führen bestimmter Betriebsarten und Klassen von Kraftfahrzeugen zu richten. Sie kann abgelegt werden für Kraftfahrzeuge mit Antrieb:

durch Elektromotoren,
durch Verbrennungsmaschinen,
durch Dampfmaschinen,
durch sonstige Maschinen,
und zwar:

1. für Krafträder,
2. für Kraftwagen mit einem betriebsfertigen Eigengewichte von mehr als 2,5 Tonnen,
3. für Kraftwagen mit einem betriebsfertigen Eigengewichte bis zu 2,5 Tonnen
   a) bis zu 10 PS (Leistung der Maschine oder des Motors),
   b) über 10 PS (Leistung der Maschine oder des Motors).

Personen, die für eine Betriebsart und Klasse von Fahrzeugen den Nachweis der Befähigung erbracht haben, können die Erlaubnis zum Führen von Fahrzeugen einer anderen Betriebsart oder Klasse nur auf Grund einer besonderen Prüfung für diese Betriebsart und Klasse erhalten; jedoch schließt der Nachweis der Befähigung zum Führen eines Fahrzeugs der Klasse 3b den der Befähigung für die gleiche Betriebsart der Klasse 3a ein.

IV. Die Prüfung zerfällt in einen mündlichen und einen praktischen Teil.

1. Die mündliche Prüfung erstreckt sich auf:

a) allgemeine Kenntnis der Hauptteile des vorgeführten Fahrzeugs, genaue Kenntnis der für die Beurteilung seiner Verkehrssicherheit in Betracht kommenden Teile (Lenkvorrichtung Bremsen, Geschwindigkeitswechsel, Rücklauf und Radbereifung);

b) Verhalten in besonderen Fällen (z. B. bei Schleudern des Wagens, bei Feuersgefahr am Fahrzeug, Wassermangel bei Dampferzeugern);

c) Beurteilung der Verkehrssicherheit des Fahrzeugs vor Antritt der Fahrt;

d) Kenntnis der für den Führer eines Kraftfahrzeugs maßgebenden gesetzlichen und polizeilichen Vorschriften.

2. Die praktische Prüfung umfaßt:

a) Feststellung der Wirksamkeit der Bremsen und Lenkvorrichtungen, Ingangsetzen des Motors nach vorheriger Prüfung der Zündvorrichtungen und einfache Fahrübungen auf kurzer Strecke (z. B. Einhaltung einer gegebenen Fahrtrichtung, Ausweichen von angedeuteten Hindernissen, schnelles Halten mit Benutzung der verschiedenen Bremsen, Rückwärtsfahren, Wenden mit und ohne Benutzung der Rückwärtsfahrt);

b) Probefahrt auf freier Strecke in mäßigem Verkehre mit Begegnen und Überholen von Fuhrwerk, Ausfahrt aus einem Grundstück, Einbiegen in Straßen, Anwendung des Warnungszeichens, Wechsel der Geschwindigkeit (wenn möglich auch in Steigungen und im Gefälle) unter Benutzung der verschiedenen zu Gebote stehenden Hilfsmittel, Handhabung der Bremsen unter verschiedenen Verhältnissen;

c) abschließende Prüfung in freier Fahrt, auch durch belebtere Verkehrsstraßen, in mindestens einstündiger Dauerfahrt unter Benutzung aller am Prüfungsort und in seiner näheren Umgebung zu Gebote stehenden Geländeverhältnisse.

Für die Führung von Krafträdern ist die Prüfung der Bauart des Fahrzeugs entsprechend zu gestalten. Nach dem Ermessen des Sachverständigen kann dabei die Dauer der unter 2c vorgeschriebenen freien Fahrt eingeschränkt werden.

Zur mündlichen Prüfung können mehrere Prüflinge gleichzeitig zugelassen werden. Der praktischen Prüfung für Kraftwagen ist jeder Prüfling einzeln zu unterziehen.

Die praktische Prüfung ist erst vorzunehmen, wenn der Prüfling die mündliche Prüfung bestanden hat. Zu der Prüfung gemäß 2c darf der Prüfling nur zugelassen werden, wenn er bei der Prüfung nach 2b volle Sicherheit, Ruhe und Gewandtheit gezeigt hat.

Bei den Fahrprüfungen für Kraftwagen (vergleiche 2b und c) muß der prüfende Sachverständige auf dem Wagen Platz nehmen[1]). Er hat bei der Fahrt von Anweisungen soweit irgend möglich abzusehen und sein Augenmerk besonders darauf zu richten, ob der Prüfling die nötige Ruhe und Geistesgegenwart, einen sicheren Blick und Verständnis für die Bedürfnisse des öffentlichen Verkehrs besitzt, sowie ob er Entfernungen richtig abzuschätzen, die Gelände- und Verkehrsverhältnisse besonders beim Wechsel der Geschwindigkeit zu berücksichtigen und zu benutzen, die Bremsen richtig zu handhaben und Geräusch- und Geruchbelästigung nach Möglichkeit zu vermeiden versteht.

Wenn der Prüfling bereits im Besitze der Fahrerlaubnis für eine bestimmte Betriebsart und Klasse von Fahrzeugen ist und die Ausdehnung der Fahrerlaubnis auf eine andere Betriebsart oder Klasse wünscht, kann die mündliche und praktische Prüfung nach dem Ermessen des Sachverständigen abgekürzt werden.

V. Bei der Abnahme der Prüfungen ist besonderes Gewicht auf die Fahrprüfungen zu legen; wenn der Prüfling bei diesen Unkenntnis oder Unsicherheit zeigt, ist die Prüfung abzubrechen. Die Prüfung ist nur dann als bestanden anzusehen, wenn der Prüfling in allen Gegenständen genügende Sachkenntnis bewiesen hat.

Über die zur Prüfung zugelassenen Personen und über das Ergebnis der Prüfung haben die amtlich anerkannten Sachverständigen ein Verzeichnis unter fortlaufender Nummer zu führen.

Nach Abschluß der Prüfung haben die Sachverständigen unter Rücksendung des Antrags und seiner Anlagen umgehend der höheren Verwaltungsbehörde über das Ergebnis zu berichten; hierbei ist die Nummer anzugeben, unter der die Eintragungen in das Verzeichnis erfolgt ist.

Ist die Prüfung bestanden, so ist insbesondere anzugeben, für welche Betriebsart und Klasse von Fahrzeugen der Prüfling sie abgelegt hat.

---

[1]) Bei Kraftfahrzeugen, die keinen geeigneten Platz bieten, darf von der Befolgung dieser Vorschrift abgesehen werden, sofern der Sachverständige sich auf andere Weise, z. B. durch Begleiten mit einem anderen Kraftfahrzeuge, von den Fähigkeiten Überzeugung verschaffen kann.

VI. Ergibt der Bericht des Sachverständigen, daß der Antragsteller die Prüfung nicht bestanden hat, so ist die nachgesuchte Erlaubnis zum Führen eines Kraftfahrzeugs von der höheren Verwaltungsbehörde zu versagen. Auf Antrag des Prüflings kann jedoch die höhere Verwaltungsbehörde ihre Entscheidung einstweilen aussetzen und die Zulassung zur Wiederholung der Prüfung bei demselben Sachverständigen in Aussicht stellen; die Wiederholung ist hierbei von dem Nachweis abhängig zu machen, daß der Prüfling in der Zwischenzeit weiteren gründlichen Unterricht genossen hat. Die Wiederzulassung darf keinesfalls vor Ablauf von 4 Wochen erfolgen. Wenn sich ergeben hat, daß dem Prüfling die nötige Vorsicht, Ruhe und Geistesgegenwart fehlt, kann ausdrücklich eine längere Frist festgesetzt werden. Macht der Prüfling von der Wiederzulassung zur Prüfung innerhalb der von der höheren Verwaltungsbehörde festgesetzten Frist keinen Gebrauch, so ist ihm die Fahrerlaubnis zu versagen.

Ergibt der Bericht des Sachverständigen, daß der Antragsteller die Prüfung bestanden hat, so erteilt die höhere Verwaltungsbehörde dem Prüfling den Führerschein für die betreffende Betriebsart und Klasse von Fahrzeugen, sofern nicht besondere Gründe, die nicht bereits vor der Erteilung des Auftrags zur Vornahme der Prüfung gewürdigt worden sind, zur Versagung der beantragten Erlaubnis führen müssen.

Über die von ihr ausgestellten Führerscheine hat die höhere Verwaltungsbehörde eine Liste zu führen; die Nummer der Liste ist in dem Führerschein anzugeben.

Von jedem Falle der Versagung der Erlaubnis der Aussetzung der Entscheidung oder der Erteilung eines Führerscheins hat die höhere Verwaltungsbehörde umgehend der Sammelstelle in Berlin Mitteilung zu machen. Das gleiche gilt in den Fällen des § 27 der Verordnung. In den Fällen der Versagung, Entziehung und Untersagung sind die Gründe kurz mitzuteilen.

VII. Der Antrag auf Erteilung eines Führerscheins gemäß § 40 der Verordnung ist bei der für den Wohnort des Antragstellers zuständigen Ortspolizeibehörde rechtzeitig vor dem 1. Oktober 1910 anzubringen. Dabei sind entsprechend Ziffer I eine Photographie, ein ärztliches Zeugnis und das Führerzeugnis vorzulegen, welch letzteres nach Aufnahme eines Vermerks über seinen Inhalt dem Antragsteller sofort zurückzugeben ist. Ferner ist dem Antrag beglaubigte Abschrift der polizeilichen Bescheinigung über die Zulassung des zurzeit von dem Antragsteller geführten Kraftfahrzeugs beizufügen. Auf das Verfahren finden im übrigen die Vorschriften unter Ziffer I Anwendung. Der Ablegung einer Prüfung bedarf es nicht. Die höhere Verwaltungsbehörde erteilt dem Antragsteller einen Führerschein für diejenige Betriebsart und Klasse von Kraftfahrzeugen, zu der das von ihm zur Zeit der Stellung des Antrags geführte Fahrzeug gehört. Hat der Antragsteller zu dieser Zeit kein Fahrzeug geführt, so kann er einen Führerschein ohne vorherige Ablegung einer neuen Prüfung nur dann erhalten, wenn er durch entsprechende Bescheinigungen oder in anderer Weise glaubwürdig dartut, daß er innerhalb des letzten halben Jahres ein Kraftfahrzeug geführt hat, und zu welcher Betriebsart und Klasse es gehörte.

Der Antragsteller hat bei Aushändigung des Führerscheins sein bisheriges Führerzeugnis abzuliefern.

Andere Berechtigungen als die durch den neuen Führerschein erteilten können nur auf Grund einer entsprechenden neuen Prüfung erworben werden (vergleiche Ziffer III Abs. 2).

Wenn der nach Abs. 1 zu fordernde Nachweis über das bisher geführte Fahrzeug nicht in glaubwürdiger Weise erbracht wird, oder wenn sich aus den angestellten Ermittelungen oder aus dem ärztlichen Zeugnis Tatsachen ergeben, die den Antragsteller als ungeeignet zum Führen eines Kraftfahrzeugs erscheinen lassen, so ist ihm durch Verfügung der höheren Verwaltungsbehörde die Ausstellung des Führerscheins zu versagen und gleichzeitig sein bisheriges Führerzeugnis einzuziehen.

VIII. Für die Erteilung der Erlaubnis zum Führen von Kraftfahrzeugen der Militärverwaltung und für die Entziehung dieser Erlaubnis gelten folgende Vorschriften:

Die Kriegsministerien bestimmen die militärischen Dienststellen, die zur Abhaltung der Prüfung sowie zur Erteilung und Entziehung der Fahrerlaubnis berechtigt sind. Die Prüfung erfolgt nach Maßgabe der Vorschriften unter Ziffer III, IV und V Abs. 1. Die erteilte Erlaubnis erstreckt sich auf bestimmte Betriebsarten und Klassen von Fahrzeugen entsprechend der Einteilung unter Ziffer III Abs. 1. Der darüber auszustellende Schein entspricht dem allgemein vorgeschriebenen Muster für den Führerschein, jedoch ist die Beifügung einer Photographie nicht erforderlich.

Der von einer Militärbehörde ausgestellte Erlaubnisschein gibt dem Inhaber auch die Berechtigung, ein entsprechendes Kraftfahrzeug zu führen, das nicht der Militärverwaltung gehört. Der Schein gilt nur für die Dauer der aktiven Dienstzeit und wird nach ihrer Beendigung eingezogen. In den Entlassungspapieren wird vermerkt, für welche Betriebsart und Klasse von Kraftfahrzeugen dem Inhaber die Fahrerlaubnis erteilt war.

Wenn der Inhaber eines von einer Militärbehörde ausgestellten Erlaubnisscheins nach seiner Entlassung aus dem Militärdienst einen Führerschein gemäß Ziffer VI zu erhalten wünscht, hat er einen dahingehenden Antrag unter Vorlegung seiner Entlassungspapiere, der Photographie und des ärztlichen Zeugnisses (Ziffer I) bei der Ortspolizeibehörde seines Wohnsitzes oder Entlassungsortes zu stellen. Die Ortspolizeibehörde legt den Antrag nach Vornahme der Prüfung gemäß Ziffer I

Abs. 3 der höheren Verwaltungsbehörde vor. Diese erteilt dem Antragsteller einen Führerschein für diejenige Betriebsart und Klasse von Kraftfahrzeugen, zu deren Führung er nach dem Vermerk in seinen Entlassungspapieren berechtigt war. Der Wiederholung der Prüfung bedarf es nicht, wenn der Antrag auf Erteilung des Führerscheins spätestens ein halbes Jahr nach der Entlassung aus dem Militärdienst gestellt wird. Ergeben die angestellten Ermittelungen oder das ärztliche Zeugnis Tatsachen, die den Antragsteller als ungeeignet zur Führung eines Kraftfahrzeugs erscheinen lassen, so ist ihm die Erteilung des Führerscheins zu versagen.

IX. Für die Prüfung von Führern stehen den amtlich anerkannten Sachverständigen Gebühren nach folgender Gebührenordnung zu:

Nr.	Angabe des Prüfungsgeschäfts	Gebührensatz bei Prüfung der Führer von Kraftwagen M.	Gebührensatz bei Prüfung der Führer von Krafträdern M.
I	Für die erste Prüfung von Führern am Wohnsitz des Sachverständigen	15	10
	außerhalb des Wohnsitzes des Sachverständigen	20	15
II	Für jede weitere in dem gleichen Prüfungstermine mit demselben Prüfling abgehaltene Prüfung für ein Kraftfahrzeug einer anderen Betriebsart oder Klasse	7,50	5

Im übrigen gelten folgende Bestimmungen:

1. Reisekosten oder andere Entschädigungen stehen den Sachverständigen nicht zu.
2. Ist der Prüfling bereits im Besitze der Fahrerlaubnis für eine bestimmte Betriebsart und Klasse von Fahrzeugen und findet die Prüfung zwecks Ausdehnung der Fahrerlaubnis auf eine andere Betriebsart oder Klasse statt, so stehen dem Sachverständigen für diese Ergänzungsprüfung die Gebührensätze nach Nr. II der Gebührenordnung mit der Maßgabe zu, daß bei einer Prüfung außerhalb des Wohnsitzes des Sachverständigen ein Zuschlag von 5 M. zur Hebung gelangt.

Grundzüge für die zur Förderung der Einbürgerung von Armeelastzügen von der Heeresverwaltung zu gewährenden Prämien.

1. Prämien werden nur gewährt für Armeelastzüge, die in ihrer Bauart den vom Kriegsministerium aufgestellten, weiter unten angeführten Bedingungen entsprechen.
2. Unternehmer, die Armeelastzüge kaufen und in Betrieb nehmen, können, wenn sie sich verpflichten, die Züge während der auf 5 Jahre bemessenen Lebensdauer jederzeit in einem solchen Zustand zu erhalten, daß ihre Verwendung für militärische Zwecke und ihre Übergabe in kriegsbrauchbarem Zustande im Mobilmachungsfalle gewährleistet ist, soweit die Mittel durch den Etat zur Verfügung gestellt werden, folgende Prämien erhalten:
   a) eine einmalige Beschaffungsprämie — für jeden Zug 4000 M.,
   b) Betriebsprämien — für jeden Zug am Schluß des 2., 3., 4. und 5. Betriebsjahres je 1000 M.[1]) Für Bruchteile eines Jahres wird eine Betriebsprämie nicht gezahlt.

   Eine Abtretung dieser Prämien an dritte Personen ist ausgeschlossen.
3. Besondere Prämien können an Personen oder Gesellschaften gewährt werden in folgenden Fällen:
   a) für Erfindungen, die den Bau von dem Pferdebetriebe wirtschaftlich überlegenen Fahrzeugen ermöglichen;
   b) für die Organisation von Hilfs- oder Nebenbetrieben, die durch Anlage von Unterbringungsräumen, Reparaturwerkstätten und Materialiendepots, sowie durch Heran-

[1]) Das erste Betriebsjahr rechnet von dem Tage, an dem der Lastzug vom Eigentümer in Betrieb genommen wird.

bildung eines tüchtigen Bedienungs- und Revisionspersonals in hervorragendem Maße geeignet sind, die mit dem Zwecke der Einbürgerung verfolgten militärischen Absichten zu fördern;

c) für erhebliche Verbesserungen an einzelnen Konstruktionsteilen.

4. Als Unternehmer im Sinne von 2 sind auch anzusehen:

a) Lastzugs-Betriebsgesellschaften, die selbständig oder in Anlehnung an eine Lastkraftwagenfabrik ein wirtschaftliches Unternehmen mittels Lastzügen betreiben, wenn ihre Kapitalkraft und Organisation die Gewähr für einen dauernden Bestand und für die Einbürgerung der Lastzüge bieten. Dagegen gelten Personen oder Gesellschaften, die sich mit der gewerbsmäßigen Herstellung von Lastzügen befassen, nicht zu den Unternehmern im Sinne von Ziffer 2;

b) Gesellschaften oder Personen, die von Fabriken Armeelastzüge kaufen und an Interessenten weitervermieten.

5. Die Subventionsberechtigung kann nur auf Grund von Prüfungsfahrten erworben werden; sie behält ihre Gültigkeit bis zu der nächsten Prüfungsfahrt, zu der von seiten der Heeresverwaltung eine Aufforderung ergeht.

Falls nicht zwingende Gründe eine Änderung erfordern sollten, werden für einen Subventionszeitraum von 5 Jahren 2 planmäßige Prüfungsfahrten stattfinden, an denen sich sämtliche subventionsberechtigten Fabriken zu beteiligen haben, und zwar:

a) zur Feststellung des während dieses Zeitraumes zu subventionierenden Typs;

b) zur Feststellung der Kriegsbrauchbarkeit etwa im Laufe der Zeit notwendig werdender Änderungen, sowie zur Gewinnung eines Urteils über die Leistungsfähigkeit der Fahrzeuge der miteinander in Wettbewerb tretenden Firmen.

Außerplanmäßige Prüfungsfahrten für einzelne Firmen sollen nur stattfinden:

a) wenn die alljährlichen Revisionen der subventionierten Züge ein ungünstiges Urteil über ein Fabrikat ergeben — die Subventionsberechtigung ist dann erneut darzutun, und

b) wenn eine Firma die Subventionsberechtigung erwerben will.

Für eine Firma, die sich von einer planmäßigen, rechtzeitig schriftlich bekannt gegebenen Prüfungsfahrt fernhält, erlischt die Subventionsberechtigung, es sei denn, daß das Fernbleiben bei ganz besonderen Ausnahmeumständen mit vorher eingeholtem Einverständnis der Heeresverwaltung geschieht.

Jahreszeit, Dauer der Prüfungsfahrt und Wahl der Fahrstraße unterliegt lediglich dem Ermessen der Heeresverwaltung.

6. Unternehmer, die Armeelastzüge kaufen wollen, haben sich an die subventionsberechtigten Firmen zu wenden, die öffentlich bekannt gegeben sind.[1]) Etwa erforderliche Anfragen hierüber sind an die Versuchs-Abteilung der Verkehrstruppen in Schöneberg bei Berlin, Siegfriedstraße Nr. 2, zu richten.

7. Die Heeresverwaltung behält sich das Recht vor, sich durch ihre Organe jederzeit von dem kriegsbrauchbaren Zustande aller Züge zu überzeugen und die Tagebücher einzusehen.

Bedingungen für den Bau von Armeelastzügen.

Gültig vom 1. April 1911.

Militärische Anforderungen.

1. Der Armeelastzug besteht aus einem Lastkraftwagen mit einem Anhänger. Er muß im Inland gebaut und von der Heeresverwaltung auf Grund eigener Erfahrung als kriegsbrauchbar anerkannt sein. Es unterliegt ausschließlich der Beurteilung der Heeresverwaltung, ob der Zug als kriegsbrauchbar anzusehen ist oder nicht.

2. **Der Lastkraftwagen** soll imstande sein, mit voller Besatzung und Ausrüstung mindestens 4000 kg Nutzlast und einen Anhänger mit Besatzung und mindestens 2000 kg Nutzlast, mithin eine Gesamtnutzlast von mindestens 6000 kg auf Straßen mit fester Decke zu befördern. Das Eigengewicht des betriebsfertigen Lastkraftwagens (gefüllte Benzin- und Ölbehälter, Werkzeug, Winden, gefüllter Sandkasten usw.) darf 4500 kg, das Gesamtgewicht einschließlich Bedienungspersonal unter keinen Umständen 9000 kg überschreiten, bei einem möglichst niedrig zu haltenden Druck der Triebachse. Bei höherem Gesamtgewicht übernimmt die Heeresverwaltung keine Vertretung gegenüber den Aufsichtsbehörden.

3. Die Höchstgeschwindigkeit soll in der Ebene 16 km/std. nicht überschreiten. Durchschnittliche Leistung: 12 km/std.

4. Der Lastzug muß auf festen Straßen alle vorkommenden Steigungen unter mittelgünstigen Verhältnissen bis 1:7 mit voller Last und beladenem Anhänger befahren können.

---

[1]) s. S. 455.

5. Der Vorrat an Betriebsstoffen in den am Kraftwagen eingebauten explosions- und feuersicheren Behältern muß auch unter ungünstigen Umständen für 250 km ausreichen. (Bei Dampffahrzeugen für 80 km.)
6. Der Wagenkasten des Kraftwagens muß mindestens 6 cbm Rauminhalt besitzen. Seine Breite darf höchstens 2 m betragen, von Außenwand zu Außenwand gemessen, bei annähernd 4 m Länge. Rück- und Seitenwände des Wagenkastens sind in Scharnieren, nach unten und außen klappbar, einzurichten. Zum Schutz der Nutzlast ist ein Wagenplan mittels Spriegel über den Kasten zu breiten und durch Ösen, Ringe, Kette und Schloß zu verschließen. Abnehmbare Aufsatzbretter, behufs Erreichung von 6 cbm Rauminhalt, sind zulässig, jedoch muß der feste Wagenkasten in jedem Falle 0,50 m Höhe haben. Die Höhe des Wagenplanes — vom Erdboden gemessen — muß unter 4,2 m bleiben.
7. Die größte Spurweite ergibt sich aus der Forderung, daß die Breite des Zuges an keiner Stelle 2,00 m überschreiten darf. Der Radstand soll 4,50 m nicht überschreiten. Am Wagen ist ein Behälter zur Aufnahme von Kettenarmierungen vorzusehen.
8. Das Bedienungspersonal — 3 bequeme Sitzplätze — soll durch geeignete Vorrichtungen am Wagendach, Seitenwände und Knieleder gegen die Witterung geschützt sein.
9. Außerhalb der Drehachse des Achsschenkels müssen alle Lenkungsteile, auch etwa mit demselben verbundene andere Organe, sofern sie nicht unmittelbar in das Rad eingebaut sind, mit ihrem tiefsten Punkte mindestens 28 cm über der Standfläche liegen und leicht zugänglich sein; außerdem muß jeder Teil des beladenen Wagens mindestens 28 cm über dem Erdboden liegen.
10. Vorn am Rahmen sind zwei Zughaken zu befestigen, an denen der ganze beladene Zug geschleppt werden kann. Hinten am Rahmen sind Zughaken für starke Sicherheitskupplungsketten anzuordnen.
11. Zwischen dem Wagenführer und dem Bremser des Anhängewagens ist eine gegenseitige zuverlässige Signalvorrichtung vorzusehen; zum Schutz des Bremsers ist zwischen Maschinenwagen und Anhänger ein abnehmbarer Staubschutz anzubringen.
12. Hinten und an den Seiten des Wagens sind Auftritte mit Vorrichtungen, um Stroh durchflechten zu können, anzubringen.
13. An Beleuchtung ist vorzusehen:
    a) zwei große, nicht blendende Azetylenscheinwerfer mit großem getrennten Entwickler,
    b) 2 Petroleumlaternen.
14. Vor den Triebrädern sind Sandkästen mit bequemer Füll- und Entnahmevorrichtung anzuordnen.
15. **Der Anhänger** soll in der Bauart dem Lastkraftwagen entsprechen und mit diesem den in der Form einheitlich durchgebildeten Lastzug bilden.
16. Bei einem Eigengewicht von höchstens 2000 kg soll der Anhänger eine Nutzlast von mindestens 2000 kg aufnehmen und so kräftig gebaut sein, daß er die Anhängung eines zweiten Anhängers gestattet und bei voller Beladung dauernd die Höchstgeschwindigkeit von 16 km/std. zuläßt. Das Gesamtgewicht des Anhängers (Eigengewicht und Nutzlast) darf bei gleichmäßiger Achsbelastung 5500 kg nicht übersteigen.
17. Der Anhänger soll aus einem chassisartigen Unterbau und einem in der Form dem Zweck entsprechenden Oberbau bestehen und darf an keiner Stelle die Breite von 2,00 m überschreiten. Er muß für den Zugtierbetrieb eingerichtet sein und die dafür erforderlichen Vorrichtungen mit sich führen.
18. Der Oberbau besteht aus einem Kasten und den Bremsersitzen. Die Seiten- und die Rückwand sind herunterklappbar. Der Rauminhalt beträgt mindestens 3 cbm und wird mittels Spriegel mit einem Plan bedeckt. Die Befestigung des Planes am Kasten erfolgt durch Ösen, Ringe, Ketten und Sicherheitsschloß. Die Höhe des Wagenplanes — vom Erdboden gemessen — muß unter 4,2 m bleiben.
19. Der Bremser muß von seinem Sitz den ganzen Zug übersehen können.
20. Vom Bremser zum Kraftwagenführer muß eine sicherwirkende Signalverbindung vorhanden sein.
21. Das Bremserpersonal ist durch geeignete Vorrichtungen gegen die Witterung zu schützen.

Technische Anforderungen.

Lastkraftwagen und Anhänger haben den Anforderungen der Verordnung über den Verkehr mit Kraftfahrzeugen vom 3. 2. 1910[1]) Rechnung zu tragen.

A. Lastkraftwagen.

Bauart. 1. Das Fahrzeug, Chassis und Oberbau, muß in bezug auf Form, Güte des Materials, der Bearbeitung und Zusammensetzung dem neuesten Stand der Technik entsprechen und völlige Betriebssicherheit auch im Winter gewähren.

---

[1]) s. S. 435.

2. Alle Hauptteile des Fahrzeugs, wie Motor, Kupplung, Schaltung und Getriebe usw. müssen übersichtlich und leicht zugänglich angeordnet sein.

3. Der Gang des Fahrzeugs muß möglichst geräuschlos sein.

Motor. 1. Anordnung. Der Motor soll vor dem Führersitz unter einer geräumigen, mit Vorrichtungen für Sicherheitsschlösser verschließbaren Haube, die den Überblick über die Fahrbahn bis dicht vor dem Fahrzeug nicht behindert, angeordnet sein.

2. Leistung. Bei normaler, durch einen Regulator zu begrenzenden Umdrehungszahl von 850 in der Minute soll der Motor mindestens 35 PS an der Bremse aufweisen.

3. Beschleuniger. Der Beschleuniger muß ermöglichen, beim 1. und 2. Gang und beim Leerlauf die Umdrehungen um etwa 100 in der Minute zu steigern. Beim 3. und 4. Gang muß der Beschleuniger zwangläufig ausgeschaltet sein.

4. Der Vergaser muß die dauernde Verwendung von Leicht- und Schwer-Benzin, Benzol und anderen gleichwertigen Betriebsstoffen gestatten.

5. Eine Einrichtung für die Verwendung von schwer entzündbaren Brennstoffen besonders für den Winterbetrieb ist vorzusehen.

6. Gaszufuhrhebel. Die Gaszufuhr muß bis zur normalen Umdrehungszahl des Motors durch einen auf dem Steuerrad angebrachten Handhebel zu regeln sein.

7. Die Kühlvorrichtungen müssen selbst bei lang andauernder langsamer Fahrt in starken Steigungen ausreichen. Das Wasser darf nicht zum Kochen oder Überlaufen kommen. An allen tiefliegenden Punkten der Kühlvorrichtung sind Ablaßvorrichtungen anzubringen, die ein schnelles, völliges Ablassen des Kühlwassers gestatten.

8. Die Schmierung muß gut wirken, zuverlässig und vom Führersitz auch bei Nacht zu beobachten sein.

Die Flüssighaltung des Öles im Winterbetriebe muß gewährleistet sein.

Kupplung. 1. Die Kupplung soll allmählich wirken, gut fassen und bei Betriebsstörungen ein leichtes Auswechseln der beschädigten Teile ermöglichen.

2. Die Wagenantriebsvorrichtung ist, wenn irgend möglich, so auszubilden, daß die zum Antrieb der Vorlegewellen von fahrbaren Werkstätten dienenden Riemenscheiben leicht und sicher anzubringen sind.

Schaltung. Die Schaltung ist als Kulissenschaltung mit sichtbarem Stempel der Gänge auszubilden.

Pedale. Die Pedale für die Kupplung (1), Bremse (2) und Beschleuniger (3) sind mit Aufschrift zu versehen. Das Kupplungspedal soll links vom Bremspedal liegen. Pedal 1 und 2 kuppeln oder bremsen unabhängig.

Getriebe. Die Getriebe können getrennt oder in einem Gehäuse vereint eingebaut sein.

Die Geschwindigkeiten des Fahrzeugs sollen bei normaler Umdrehungszahl (800—850) für die Stunde betragen:

1. Gang	3,00— 3,5 km
2. Gang	5,25— 6,5 „
3. Gang	9,00—11,00 „
4. Gang	16,00 „
Rückwärtsgang	bis 3,5 „

Kleinere Abweichungen (bis zu 10 v. H.) werden bis 31. März 1913 zugelassen. Die Höchstgeschwindigkeit darf 16 km die Stunde nicht überschreiten.

Antrieb. Beim Kettenantrieb ist die Einheitskette der Versuchs-Abteilung[1]) zu verwenden.

Bremsen. Die Bremsvorrichtungen müssen sicheres Befahren aller vorkommenden Gefälle auch mit Anhänger gewährleisten, außer der Hinterradbremse muß noch eine Getriebebremse vorhanden sein. Letztere wird durch Pedal 2 betätigt. Die Getriebebremse ist mit Wasserkühlung zu versehen. Die Hinterradbremse ist mit Ausgleich zu versehen und darf nicht auf die Laufreifen wirken.

Bergstütze. Das Fahrzeug ist mit einer gegen Überklettern gesicherten, besonders kräftigen Bergstütze, die auf die Fahrbahn wirkt, zu versehen.

An der Spritzwand muß eine Vorrichtung sein, die die jeweilige Stellung der Bergstütze ersehen läßt.

Betriebsstoffbehälter. Geschützte Anordnung unter dem Sitz oder am hinteren Ende des Rahmens. Die Brennstoffbehälter und die Druckleitungen sind an den tiefsten Punkten mit Ablaßvorrichtungen und herausnehmbaren Reinigungssieben zum Ablaufen und Durchblasen der Leitungen zu versehen.

Der Auspuff. Der Auspuff ist so auszubilden, daß das Geräusch der Auspuffgase auf ein Mindestmaß beschränkt wird. Das Rohrende des Auspuffs darf nicht nach der Seite und nach unten gebogen sein, damit Staubentwicklung möglichst vermieden wird.

---

[1]) s. die Kettentafel S. 340.

Kupplung für den Anhänger. Die Kupplung für den Anhänger muß etwa in Höhe von 85 cm gegen Zug und Druck gefedert im Rahmen des Maschinenwagens so weit nach hinten eingebaut sein, daß bei rechtwinkliger Stellung noch ein Abstand von ungefähr 30 cm zwischen Hinterwand des Kraftwagens und nächstem Teil des Anhängers vorhanden ist.

Wendefähigkeit. Die Wendefähigkeit des Fahrzeugs muß bei einem Radstand bis zu 4,5 m das Befahren einer Kurve von 6,5 m Halbmesser an den Innenrädern gestatten.

Räder. Die Räder sollen den gesetzlichen Bestimmungen entsprechen und sind derart zu konstruieren, daß Vorkehrungen zum Befahren von vereisten, beschneiten und schlüpfrigen Wegen leicht und sicher anzubringen sind.

Hierzu kommen zurzeit vollgummibereifte Räder mit Kettenarmierung in Betracht, der Wagen muß daher unter allen Umständen einen Satz Vollgummiräder besitzen.

Die Felgen sind für Vollgummibereifung einzurichten.

Die Herstellung der Räder aus Holz oder Stahl ist freigestellt.

Die Schmierung ist für Öl und Fett vorzusehen. (Große Ölkammern).

Abmessungen der Gummireifen. a) Vorderräder:

1. Innerer Durchmesser . . . . 670 mm
2. Äußerer Durchmesser . . . . 830 mm
3. Profil . . . . 120 mm

b) Hinterräder:

1. Innerer Durchmesser . . . . 850 mm
2. Äußerer Durchmesser . . . . . 1030—1040 mm
3. Profil . . . . 140 mm (doppelt).[1])

Ersatzteile. 2 Ansaug- und 2 Auspuffventile mit Federn, je ein vollständiger Satz Lager für Kolbenstangen und Kurbelwellen, 8 Kolbenringe, 1 Satz Packungen, 6 Staufferbüchsen verschiedener Größe, 4 vollständige Zündvorrichtungen, 5 m Zündkabel, 1 Federbügel für Vorderfedern, 4 Kettenglieder, 4 Kettengliederbolzen, event. 2 Ritzel, 10 m Ventilatorriemen, je 2 Bremsbacken für Getriebebremse und Hinterradbremse, 2 Abreißfedern, 2 Lederkonusse für Kupplungen, 1 m Wasserschlauch.

B. Anhänger.

Chassis. Am Chassis ist möglichst kein Teil, außer den Rädern, aus Holz herzustellen. Der tiefste Punkt darf nicht tiefer als 28 cm über der Standfläche liegen.

Kupplung. Die Kupplungsvorrichtung muß etwa 0,85 m über der Standfläche liegen, außer der Lenkdeichsel 2 Sicherheitsketten besitzen und muß das Einhalten einer Fahrkurve von 6 m Radius gestatten.

Bremse. Die Bremse — Backen-, Klotz- oder Spindelbremse, vom Bremsersitz aus zu bedienen, muß unbedingt zuverlässig sein.

Das Bremserpersonal ist durch geeignete Vorrichtungen gegen die Witterung zu schützen.

Federn des Wagens. Die Federn des Wagens müssen so stark sein, daß bei voller Beladung und 16 km Stundengeschwindigkeit kein Aufsetzen des Wagenkastens auf den Rädern stattfindet.

Drehgestell. Das vordere Drehgestell muß um 360° drehbar sein.

Bergstütze. Eine starke Bergstütze muß vom Bremsersitz aus betätigt werden können.

Räder. a) Die Räder müssen dauernd 16 km Stundengeschwindigkeit aushalten können.

b) Die 4 Räder des Anhängers müssen, falls sie für Gummibereifung bestimmt sind, einen Felgendurchmesser von 670 mm, wie die Vorderräder des Maschinenwagens, haben.

Bei Eisenbereifung wird als Außenmaß des Laufreifens 830 mm als Mindestmaß und 860 mm als Höchstmaß festgesetzt.

Die Abmessungen für Achsschenkel und Naben sind für Vorder- und Hinterräder gleich. Zeichnungen der Naben und Achsschenkel werden den Fabriken von der Versuchs-Abteilung zugestellt.

c) Für die Ölschmierung sind große Kammern mit bequemer Nachfüllvorrichtung vorzusehen.

d) Die Radkapseln sind gegen Lösen zu sichern.

Verzeichnis der Firmen, welche von der Heeresverwaltung subventioniert werden.[2])

1. Daimler-Motoren-Gesellschaft, Marienfelde b. Berlin.
2. Büssing, Braunschweig, Elmstraße.
3. Neue Automobil-Gesellschaft, Oberschöneweide b. Berlin.
4. Benz-Werke, Gaggenau, G. m. b. H. vorm. Süddeutsche Automobilfabrik, Mannheim.

---

[1]) Neuerdings werden Versuche mit einfachen, 280 mm breiten Reifen angestellt, s. S. 456.

[2]) Nach dem Stande vom Ende des Jahres 1911.

5. Motoren- und Lastwagen-Akt.-Ges. m. b. H. Aachen.
6. Norddeutsche Automobil- und Motoren-A.-G., Bremen-Hastedt.
7. Fahrzeugfabrik, Eisenach.
8. Bielefelder Maschinenfabrik, vorm. Dürkopp & Co., Bielefeld.
9. R. Nacke, Coswig.
10. Paul Heinrich Podeus, Wismar.
11. Heinrich Ehrhardt, Zella-St. Blasii.
12. Deutsche Last-Automobilfabrik-A.-G., Ratingen b. Düsseldorf.

Neue Vorschriften.

Für die nach dem 1. April 1913 einzustellenden Motorlastzüge ist beabsichtigt, neue Vorschriften zu erlassen, die zurzeit an der Hand einer Erstausführung erprobt werden. Diese Vorschriften weichen insbesondere hinsichtlich der zulässigen größten Hinterachsbelastung und hinsichtlich der zulässigen Spurweite von den früheren ab. Daneben sollen auch gewisse Normalien über die Bauteile zur ausschließlichen Anwendung gelangen.

Nach den neuen Vorschriften[1]) sind für die

Lastkraftwagen:

1. Die Nutzlast 4000 kg.

2. Das Eigengewicht betriebsfertig ausgerüstet ohne Bedienungsmannschaften höchstens 4000 kg. Dabei erstrebenswert das Verhältnis der Eigengewichtsachsdrücke der Vorder- und Hinterachse etwa 1750 kg zu 2250 kg.

3. Der größte zulässige Hinterachsdruck beladen 5500 kg.

4. Der größte zulässige Vorderachsdruck beladen 2500 kg.

Das zulässige Gesamtgewicht demnach 8000 kg.

5. Die größte Breite 2 m.

6. Die Außenmaße: Kastenlänge etwa 3,6 m, Breite (einschl. der Beschläge) 2 m.

Die Höhe der herunterklappbaren Seitenwände soll einem Inhalt des Kastens von 6 cbm entsprechen. Geschlossene Wagenkasten können von Fall zu Fall zugelassen werden; doch ist dann die Befestigung der Seitenwände (mit Scharnieren) so anzuordnen, daß die Seitenwände im Bedarfsfalle (nach Lösung der Versteifungsleisten usw.) leicht heruntergeklappt werden können.

7. Die Spurweite von Mitte bis Mitte der Hinterradbereifung 1550 mm.

8. Achsstand höchstens 4500 mm.

9. Brennstoffbehälter für 200 l Inhalt.

10. Ölbehälter für 10 l Inhalt.

11. Die Gummibereifung der Vorderräder $830 \times 120 \times 80$, bei einem äußeren Felgendurchmesser von 670 mm;

der Hinterräder $(1030 \times 140 \times 90) \times 2$ oder 1030×280 mit Mittelkerbe, bei einem äußeren Felgendurchmesser von 850 mm.

12. Räder aus Stahl oder Stahlguß.

13. Die Nabenverhältnisse, Laufzapfen und Zubehör zum Zwecke der gegenseitigen Auswechselbarkeit der Räder nach den Zeichnungen der Versuchsabteilung der Verkehrstruppen.[2]) Der Vorderradzapfen mit loser Messingbüchse: Durchmesser 60 mm, Länge 160 mm, Hinterradzapfen: Durchmesser 80 mm, Länge 240 mm.

14. Eingeschraubte Stifte in den Felgen mit Splintsicherung zur Befestigung der Gleitschutzketten nach der Zeichnung der Versuchsabteilung.[2])

15. Gleitschutzketten hinten und vorn aus kurzgliedriger Schiffskette (d = 7 mm). Spitze der Bergstütze nicht tiefer als die Hinterachse.

16. Motorleistung 35 PS bei normaler Umlaufzahl (850 Uml/min. gelten nicht mehr als Höchstgrenze). Ein Regler muß verhindern, daß sich die Geschwindigkeit um mehr als 15 v. H. über die mittlere Umlaufzahl erhebt. Die Maschine soll vom Spritzbrett aus angelassen werden können. Klappen im Kurbelgehäuse oder gleichwertige Anordnungen zur bequemen Auswechslung der Büchsen in den unteren Pleuelköpfen sind erwünscht. Ebenso die Möglichkeit, den Zentralöler bei Nacht zu beleuchten, um ihn kontrollieren zu können. Vorgeschrieben ist eine zuverlässige zwangläufige Schmierung. Die in der Maschine umlaufende Ölmenge muß so groß sein, daß die Öltemperatur in der Pumpe im Dauerbetrieb 80° C nicht überschreitet. Durch Schutzringe an der Hinterseite des Kühlers sind Zufälle infolge Abfliegens eines Ventilatorflügels zu verhindern.

[1]) vergl. den Abdruck in „Der Motorwagen" 1912, S. 75 u. f. Die Bestimmungen sind aber noch nicht endgültig genehmigt.

[2]) vergl. Fig. 578 bis 583, S. 393.

17. Antrieb des Wagens mittels Ketten (Subventionskette t = 50,8 mm), der Abstand von Mitte Hinterradbereifung bis Mitte Kettenrad 225 mm, zwischen Kettengetriebe und Felgenkranz ein Schutzblech, welches die Kette vor grobem Schmutz schützt und ein Hineinschlagen der Gleitschutzketten in das Kettengetriebe verhindert; geschlossene Kettenkasten sind zulässig, müssen aber im Kriegsfalle abgenommen und durch die mitzuliefernden Schutzbleche ersetzt werden können. Schutz des Kettenspannergewindes gegen Einrosten.

18. Das hintere Kettenrad 36 zähnig.

19. Die Geschwindigkeiten des Zuges bei normaler Umlaufzahl des 35 PS.-Motors beim

1. Gang	3 bis 4 km/st		10 v. H. Schwankungen sind zulässig.
2. „	5 „ 7 „		
3. „	9 „ 13 „		
4. „	16 „		
Rückwärtsgang wie beim 1. Gang.			

20. Bremstrommeldurchmesser der Hinterräder 450 mm, Breite 80 mm. Der Anhänger muß mittels durchgehender Bremse vom Maschinenwagen aus gebremst werden können. Auf dem Führersitz ist zu diesem Zweck eine Handspindelbremse einzubauen, an die ein in der Mittellinie des Maschinenwagens geführtes eisernes Zuggestänge (mit Kettenstücken, eingeschweißten Haken usw.) anschließt. Drahtseile als Zuggestänge sind ausgeschlossen.

21. Die Lenkverbindungsstange der Vorderräder ist möglichst geschützt (hinter der Vorderachse) anzuordnen.

22. Antrieb des Ventilators durch Riemen von mindestens 32 mm Breite.

23. Motorkupplung unmittelbare Außenkupplung mit Lederbelag von mindestens 60 mm Breite.

24. Möglichkeit, an einer Antriebswelle, welche die Umlaufzahl des Motors hat; eine geteilte Riemenscheibe von 300 mm Durchmesser und 80 mm Breite anzubringen.

25. Zündung des Motors durch einfache Magnetdynamo mit Zündkerzen. Eine zweite Magnetdynamo ist als Ersatz beizugeben. Verwendung von normalen Hochspannungskerzen, Gewinde 18 mm Durchmesser, 1,5 mm Steigung (normales Zündkerzengewinde), Gewindelänge 12 mm, Schaftlänge der Kerze 11 mm.

26. Verbindungsgummischläuche der Kühlwasserleitung mit einem lichten Durchmesser von 22 mm, 30 mm oder 50 mm.

27. Beförderung des Brennstoffes zum Motor mit natürlichem Gefälle, das auch bei Steigungen von 1:7 sichere Zufuhr von Brennstoff ergibt.

28. Einheitliche Abmessungen der Kompressionshähne ($^1/_4$ zöll. Gasgewinde-Zapfen), lichte Durchmesser der Füllstutzen zum Brennstoffbehälter 50 mm; Laternenhalter: Gabelweite für Scheinwerfer 200 mm, für Positionslaternen 140 mm; Ösenweite für Scheinwerfer 13″ Durchmesser, für Positionslaternen ebenfalls 13″ Durchmesser.

29. Die Anhängevorrichtung eine vertikal stehende Gabel mit Durchsteckbolzen nach Zeichnung der Versuchsabteilung. Am Maschinenwagen sind seitlich unten ein Gepäck- und ein Karabinerhaken anzubringen.

Besondere Vertragsbedingungen der Versuchs-Abteilung der Verkehrstruppen für die Lieferung von Personen-Kraftwagen mit Verbrennungsmotoren.

A. Militärische Anforderungen.

1. Wagenform:
   a) für 4sitzige Wagen (einschließlich Führer und Begleitmann): Doppelphaeton mit amerikanischen Klappverdeck (seitlicher Einstieg).
   b) für 6—7sitzige Wagen (einschließlich Führer und Begleitmann): feste oder abnehmbare Limusine, Limusine mit zurückschlagbarem Verdeck, Landaulet oder Doppelphaeton mit 2 Klappsesseln und amerikanischem Klappverdeck (seitlicher Einstieg).
2. Spurweite in den Grenzen von 1,30 m bis 1,50 m (von Mitte zu Mitte Radreifen).
3. Radstand in den Grenzen von 3 m bis 3,50 m.
4. Der tiefste Punkt des Kraftwagens soll mindestens 0,25 m über der Standfläche liegen.
5. Die Vorderräder sollen nach beiden Seiten möglichst weit einschlagen, um kurz wenden zu können.
6. Luftreifen:
   a) für 4sitzige Wagen, vorn: 915 × 105, hinten: 920 × 120.
   b) für 6—7sitzige Wagen, vorn: 915 × 105, hinten: 935 × 135.
   Ein Vorder- und ein Hinterrad sind diagonal mit einem Gleitschutzreifen zu versehen.
7. Die Höchstgeschwindigkeit soll in der Ebene 60—70 km/st betragen.

8. Der Wagen muß auf fester Straße Steigungen und Gefälle bis 1 : 5 bei voller Besetzung sicher fahren können.
9. Der Vorrat an Betriebsstoff und Kühlwasser muß mit Sicherheit, auch unter den ungünstigsten Verhältnissen für einen vollen Tagesmarsch von mindestens 300 km ausreichen. Die Kühlung des Motors soll so nachhaltig und die Kühlwassermenge so reichlich bemessen sein, daß das Fahren mit der Geschwindigkeit einer marschierenden Infanteriekolonne auch bei großer Hitze auf längere Zeit ohne übermäßige Erwärmung des Motors möglich ist.

B. Technische Anforderungen.

a) Motor und Getriebe.

1. Für 4sitzige Wagen 4zylindriger Viertaktmotor von mindestens 30 Brems-PS, für 6—7sitzige Wagen 4zylindriger Viertaktmotor von mindestens 40 Brems-PS vor dem Führersitz unter leicht abnehmbarer Haube. Der Motor muß auf der Bremse bei normaler Umdrehungszahl von 1000—1200 Uml/min seine volle Leistung haben. Auf leichte Zugänglichkeit aller Teile (Ventile, Zündapparat, Pumpe, Vergaser usw.) ist Wert zu legen. Der Motor muß leicht herausnehmbar sein.
2. Der Motor muß mit Benzin gleichmäßig und wirtschaftlich arbeiten. Die dauernde betriebssichere Verwendung von Benzol ist erwünscht.
3. Magnetelektrische Zündung (Abreiß- oder Lichtbogenzündung) mit verstellbarem Zündmoment, Magnet leicht auswechselbar. Außerdem Akkumulatorenzündung.
4. Alle beweglichen Motorteile sind nach Möglichkeit einzukapseln. Die richtige Einstellung der Zünd- und Ventilsteuerwellen ist auf dem Schwungrade und auf den Antriebszahnrädern zu bezeichnen. Zwischen Kühler und Motor ist ein durch einen runden Riemen angetriebener Ventilator anzubringen.
5. Regulierung der Umdrehungszahl in den Grenzen von 1200—300 Uml/min.
6. Wasserkühlung. Schnelles und völliges Ablassen des Wassers muß möglich sein; die Ablaßhähne sind an den tiefsten Punkten der Kühlanlage anzubringen. Die Pumpe muß durch Zahnräder angetrieben sein. Die Einfüllöffnung ist mit einem Sieb zu versehen.
7. Die Kupplung soll möglichst eine Lederkonuskupplung sein. Die Kraftübertragung soll unabhängig von Witterungseinflüssen sein und auch unter den größten Bewegungswiderständen (Sandwegen; starken Steigungen) sicher arbeiten.
8. Vier Vorwärtsgeschwindigkeiten und ein Rückwärtsgang, durch einen Hebel mit Kulissenschaltung leicht einzustellen. Die Einschaltung des Rückwärtsganges ist durch eine Sperrvorrichtung zu sichern. Bei der höchsten Geschwindigkeit soll die Kraftübertragung direkt erfolgen. Ein Motorbeschleuniger, der bei allen 4 Geschwindigkeiten betätigt werden kann, ist anzubringen.
9. Ausreichende Schmierung des Motors und Getriebes. Der vorschriftsmäßige Ölzufluß muß vom Führersitz zu erkennen und einzustellen sein. Der Ölbehälter ist in möglichster Nähe des Motors oder der Auspuffleitung (z. B. über dem Motor unter der Haube) anzubringen, damit das Öl bei Kälte nicht erstarrt. Freiliegende Ölleitungen sind nach Möglichkeit zu vermeiden.
10. Ein Pedal soll nur die Kupplung ausrücken; das andere betätigt oder die anderen betätigen eine oder mehrere Getriebsbremsen. Außerdem ist eine auf die Hinderradnaben wirkende, feststellbare, durch Rückwärtsziehen des Hebels zu betätigende Handbremse, durch die die Kupplung nicht ausgerückt wird, vorzusehen. Die Getriebebremsen sollen Außen-, die Hinderradbremse soll eine Innenbackenbremse sein.
11. Der Benzinbehälter muß gegen Stoß geschützt angebracht und explosionssicher sein. Der Behälter ist zu eichen, sein jeweiliger Inhalt soll leicht erkennbar sein. Falls die Betriebstoffzuführung nicht durch natürlichen Druck erfolgt, ist an der Spritzwand ein mit einer Einfüllöffnung versehener Sammelbehälter anzubringen, durch den der Betriebsstoff zum Vergaser fließt. Der Inhalt dieses Behälters muß zum Anlassen und Unterdrucksetzen des Hauptbehälters ausreichen. In der leicht zugänglichen Einfüllöffnung zum Betriebsstoffbehälter soll ein herausnehmbares Sieb sein.
12. Durchgängig sind Hartlötungen zu verwenden.
13. Alle wichtigen Teile müssen leicht zugänglich sein. Möglichst einheitliche Schrauben- und Mutterngrößen.
14. Alle Muttern sind gegen selbsttätiges Lösen zu sichern.
15. Eine durch Hebel feststellbare Auspuffklappe ist anzubringen.

b) Fahrzeug.

1. Betriebsfertiges Gewicht ohne Besetzung für 4sitzige Wagen 1000—1400 kg, für 6—7sitzige Wagen 1400—1900 kg (nach Größe des Fahrzeuges und Art des Wagenaufsatzes).
2. 4 (6—7) bequeme Sitzplätze einschließlich 2 Vordersitze für Führer und Begleitmann. Die Sitze sind mit Armlehnen zu versehen. Die Mittelsitze bei den 6—7sitzigen Wagen sollen zu-

sammenlegbare und hochklappbare Sessel mit Rücken- und Armlehnen sein. Auf dem Führersitz ist eine gut abschließende, lederne Spritzdecke anzubringen. Der Wagenaufsatz muß leicht abnehmbar sein; irgendwelche Rohrleitungen oder Gestänge sind an ihm nicht zu befestigen.

3. Die Polsterung ist aus dunklem, wetterbeständigem Leder herzustellen. Ledermuster sind vorher einzusenden. Ein Klapptisch sowie mehrere große Aktentaschen sind im Innern anzubringen.
4. An geeigneter Stelle ist ein Säbelbehälter für 4 Säbel, sowie ein Korb zur Unterbringung von Proviant vorzusehen; der Korb ist zum Schutze gegen Nässe und Staub auszuschlagen. Außerdem ist der Platz zur Unterbringung von Nachstehendem zu schaffen:
   a) 2 Gepäcksäcke für das Fahrpersonal,
   b) geringes Handgepäck,
   c) 2 Mäntel und 4 Schläuche.

   Säbel- und Proviantbehälter sind verschließbar aus gutem Korbgeflecht zu fertigen. Höhe des Säbelbehälters 1,20 m. An der Rückwand des Wagens ist eine solide, geräumige Gepäckrafft anzubringen.
5. Bei Limusinen- und Landauletwagenaufsatz ist der Führersitz fest zu überdachen und davor eine hochklappbare zweiteilige Glasscheibe anzubringen. Die Glasscheibe an der Rückwand des Führersitzes ist mit einer verschließbaren Öffnung zum Übermitteln von Befehlen aus dem Innern des Wagens an das Fahrpersonal zu versehen.

   Die Abmessungen der Karosserie müssen innen mindestens 1,44 m in der Breite und 1,86 m in der Länge betragen.

   Das amerikanische Klappverdeck bei Doppelphaetonwagenaufsatz soll auch das Bedienungspersonal schützen. An der Spritzwand ist eine abnehmbare, zweiteilige Glasscheibe vorzusehen. Höhe des Verdecks etwa 1,50 m über dem Fußboden des Wagens. Bei Limusinen- oder Landauletwagenaufsatz sind die Türen verschließbar einzurichten.
6. Für höchste Beanspruchung genügend starke, elastische Federung. Hinterfedern so lang wie möglich. Zwischen Rahmen und Federn sind Gummipuffer oder Stoßfänger anzubringen.
7. Die Bereifung ist von einer erstklassigen Gummifabrik zu beziehen, die für ihre Reifen die gesetzmäßige Garantie zu übernehmen hat.
8. Handliche Anbringung aller Hebel und Pedale. Lenkung stoßfrei. Der Führer muß das Steuerrad sowie alle Hebel mit angezogenem Pelze bequem handhaben können. Lauttönende Huppe mit Metallschlauch und Schutzkappe. Die Huppe ist nicht auf dem Kotflügel, sondern an der Spritzwand anzubringen. Die vorderen Kotflügel sollen gewölbt und nach der Haube zu geschlossen sein.
9. Vorn, neben dem Kühler, 2 gute, helleuchtende Azetylenscheinwerfer mit besonderem Entwickler von mindestens 6stündiger Brenndauer, an der Spritzwand 2 Petroleumlaternen, hinten eine Transparent-Nummer-Laterne nach Polizeivorschrift. Vor dem Zentralschmierapparat ist eine Handlaterne zur Beleuchtung der Schaugläser anzubringen; außerdem eine zum Kartenlesen hinreichende Beleuchtung des Wageninnern (bei offenem Doppelphaetonwagenaufsatz eine gut brennende Lampe an der Rückwand des Führersitzes über dem Kartentische). Für die Scheinwerfer und Petroleumlaternen sind Überzüge aus wasserdichtem Segeltuch mitzuliefern.
10. Haltbare Lackierung in bläulich-staubgrauer Farbe. Farbenproben sind bei der Versuchs-Abteilung der Verkehrstruppen anzufordern.
11. Haltbare Fußdecken für den Führersitz und das Wageninnere.
12. Ein Kilometerzähler, Steigungsmesser und eine zuverlässige, federnd aufgehängte Uhr an der Spritzwand. Jeder Kraftwagen ist mit einem Geschwindigkeitsmesser der deutschen Tachometer-Werke, G. m. b. H., auszurüsten.
13. Eine Handölkanne ist unter der Motorhaube anzubringen.
14. Zur Sicherung des Betriebes auf Steigungen ist eine Doppel-Bergstütze anzubringen.
15. Spritzblech, leicht abnehmbar, unter Motor und Getriebekasten.

Vorschriften[1] für Räume zur Unterbringung von Kraftwagen mit Verbrennungsmotoren.

1. Kraftwagen mit Benzin- und anderen Verbrennungsmotoren sind tunlichst in besonderen Baulichkeiten unterzubringen.

Die Benutzung von Kellerräumen ist in der Regel unzulässig.

2. Die Umfassungswände der Baulichkeiten sind massiv herzustellen.

[1]) des Polizei-Präsidiums Berlin.

Jeder einzelne Raum muß mit feuerfester Decke und feuerfesten Scheidewänden ohne Öffnungen von mindestens 10 cm Stärke abgeschlossen sein.

Etwa vorhandene Fenster und Oberlichte sind aus Siemens-Drahtglas, Elektro-„Galvano"-Mechanoglas oder gleichwertigem Material in Eisenrahmen herzustellen.

Reparaturwerkstätten müssen von den Wagenräumen durch feuerfeste Wände ohne Öffnungen von mindestens 10 cm Stärke abgeschlossen sein.

3. In einem und demselben Raume dürfen in der Regel 3 Wagen eingestellt werden.

4. Der unverbrennliche Fußboden muß ölfest sein und Gefälle nach einem herausnehmbaren Fangbehälter zur Aufnahme ausfließenden Benzins oder ähnlicher Brennstoffe haben. Reste von Benzin oder ähnlichen Brennstoffen dürfen keinesfalls in die städtische Kanalisation abgeführt werden.

Für die Ableitung der Abwässer ist die Genehmigung der Städtischen Polizeiverwaltung, Abteilung II, nachzusuchen.

5. Türen in Frontwänden müssen nach außen aufschlagen. Türen und Fenster unter Räumen zum dauernden Anfenthalt von Menschen müssen mindestens 1 m ausladende Schutzdächer oder 1 m tief herabhängende Schutzstreifen aus unverbrennlichem Material erhalten.

Als unverbrennliches Material gilt auch das oben unter 2, Absatz 3, erwähnte.

6. Feuerstätten dürfen in den Wagenräumen nicht vorhanden sein.

Niederdruck-Dampfheizung und -Warmwasserheizung ist zulässig. Die Heizregister und Heizrohre müssen aber durch Drahtgitter oder perforiertes Eisenblech mit ausreichendem Abstande geschützt sein.

7. Die Beleuchtung darf nur durch unter Luftabschluß brennende elektrische Glühlampen mit dicht schließenden Überglocken, die auch die Fassung der Lampen umschließen oder durch dicht von den Wagenräumen abgeschlossene Außenbeleuchtung erfolgen. Im übrigen sind die Vorschriften des Verbandes deutscher Elektrotechniker für die Errichtung elektrischer Starkstromanlagen maßgebend.

Wo aus Betriebsrücksichten Steckkontakte (z. B. zum Ableuchten der Wagen) nicht entbehrt werden können, ist gegen die Benutzung der v. Eickschen Steckkontakte, wenn sie durch ihre Ausführung und das verwendete Material ein sicheres Funktionieren gewährleisten und mindestens 1,5 m über dem Fußboden angebracht werden, nichts einzuwenden.

8. Der Wagenraum darf nur mit elektrischen oder Sicherheitslaternen nach Davyschem System betreten werden.

Anzünden von Feuer oder Licht, Anzünden und Auslöschen der Wagenlaternen, sowie Rauchen ist untersagt. Diese Anordnung ist an den Eingangstüren in augenfälliger Weise durch dauerhaften Anschlag bekanntzugeben.

9. Es ist für eine reichliche Bodenentlüftung Sorge zu tragen.

10. Für die Aufbewahrung der zum Betriebe erforderlichen Vorräte von Benzin oder anderen Mineralölen sind die Bestimmungen der Polizeiverordnung über den Verkehr mit Mineralölen maßgebend. In den Wagenräumen und Reparaturwerkstätten dürfen weder gefüllte, noch leere Gefäße für Benzin oder ähnliche Brennstoffe aufgestellt, auch mit Benzin getränkte, gebrauchte Putzlappen nicht aufbewahrt werden.

Auszug aus dem Reichsstempelgesetz.

Erlaubniskarten für Kraftfahrzeuge.

§ 56. Der Beförderung von Personen dienende Kraftfahrzeuge dürfen zum Befahren öffentlicher Wege und Plätze nur in Gebrauch genommen werden, wenn zuvor bei der zuständigen Behörde gegen Zahlung des Abgabebetrages eine Erlaubniskarte der im Tarife bezeichneten Art gelöst worden ist. Probefahrten gelten nicht als Ingebrauchnahme im Sinne dieser Vorschrift.

Welche Behörden zur Erteilung dieser Erlaubniskarten zuständig sind, wird hinsichtlich der das Reichsgebiet berührenden ausländischen Kraftfahrzeuge vom Bundesrat, im übrigen von den Landesregierungen bestimmt.

Auf die nach dem Tarife befreiten Kraftfahreuge findet die Vorschrift des Abs. 1 keine Anwendung. Die verkehrspolizeilichen Vorschriften der Landesgesetze werden hierdurch nicht berührt.

§ 57. Die Verpflichtung zur Lösung einer nach Tarifnummer 8 versteuerten Erlaubniskarte liegt dem Eigenbesitzer des Kraftfahrzeuges, und wenn ihm gegenüber auf Zeit ein anderer zum Besitze berechtigt ist, auf diese Zeit dem anderen ob. Die Verpflichtung des letzteren fällt weg, wenn ihm das Kraftfahrzeug nur zum vorübergehenden Gebrauch unentgeltlich überlassen worden und die Abgabe für die Ingebrauchnahme des Fahrzeugs bereits anderweit entrichtet ist.

Bei aus dem Ausland eingehenden Kraftfahrzeugen, für welche ein im Inland wohnender oder sich daselbst dauernd aufhaltender Steuerpflichtiger nicht vorhanden ist, ist die Erlaubniskarte von demselhen zu lösen, der das Kraftfahrzeug im Inland in Gebrauch nimmt.

§ 58. Die Erlaubniskarte wird auf ein Jahr ausgestellt, soweit nicht die Ausstellung auf einen kürzeren Zeitraum beantragt worden ist.

§ 59. Bei gleichzeitigem Besitze mehrerer Kraftfahrzeuge ist für jedes der Fahrzeuge eine besondere Erlaubniskarte zu lösen.

Stellt der Steuerpflichtige während der Gültigkeitsdauer der Erlaubniskarte an Stelle des bisherigen ein anderes Kraftfahrzeug ein, so ist er zur Entrichtung einer weiteren Stempelabgabe nur insoweit verpflichtet, als die Abgabe hinsichtlich des neuen Fahrzeuges sich höher als die Abgabe für das bisherige Fahrzeug berechnet. Der hiernach sich ergebende Betrag ist nur zur Hälfte zu erheben, wenn der Rest der Gültigkeitsdauer einer gelösten Jahreskarte vier Monate oder weniger beträgt.

Im Falle der Veräußerung eines Kraftfahrzeugs während der Gültigkeitsdauer der Erlaubniskarte kann die Karte auf den Namen des Erwerbers umgeschrieben werden. Letzterer hat alsdann bis zum Ablaufe der Gültigkeitsdauer eine Abgabe nicht zu entrichten. Die Vorschriften des Abs. 2 finden in diesem Falle keine Anwendung.

§ 60. Die Ausstellung der Erlaubniskarte ist spätestens drei Tage vor Ingebrauchnahme des Kraftfahrzeuges, bei im Gebrauche befindlichen Kraftfahrzeugen spätestens am dritten Tage vor Ablauf der Gültigkeitsdauer der alten Erlaubniskarte, die Umschreibung der Erlaubniskarte im Falle des § 59, Abs. 3 spätestens drei Tage vor Ingebrauchnahme des neuen Fahrzeugs bei der für den Wohn- oder Aufenthaltsort des Steuerpflichtigen zuständigen Behörde zu beantragen. Die Landesregierungen sind ermächtigt andere Fristen vorzuschreiben.

Für aus dem Auslande eingehende Fahrzeuge (§ 57, Abs. 2) ist die Ausstellung der Erlaubniskarte alsbald nach dem Grenzübertritte bei der nächsten zuständigen Behörde zu beantragen.

Der Antrag hat zu enthalten:

1. den Namen, Stand und Wohnort des Steuerpflichtigen;
2. die Bezeichnung des Kraftfahrzeuges nach den für die Erhebung der Abgabe wesentlichen Merkmalen;
3. den Zeitraum, für den die Ausstellung der Erlaubniskarte begehrt wird.

Gleichzeitig mit dem Antrage ist der erforderliche Stempelbetrag einzuzahlen.

§ 61. Die zur Ausstellung der Erlaubniskarte zuständige Behörde hat Stempelmarken im entsprechenden Betrag zu der Erlaubniskarte zu verwenden und die Stempelmarken zu entwerten.

Die Aushändigung der Erlaubniskarte darf nicht vor Einzahlung des Abgabebetrags erfolgen.

Die näheren Bestimmungen über Form und Inhalt der Erlaubniskarten trifft der Bundesrat. Er kann anordnen, daß die Entrichtung der Abgabe ohne Verwendung von Stempelmarken zu erfolgen hat.

§ 62. Soweit nach den verkehrspolizeilichen Bestimmungen für Kraftfahrzeuge die Führung polizeilicher Kennzeichen vorgeschrieben ist, darf die Zuteilung oder die Ausgabe der Kennzeichen nur gegen Vorlegung der ordnungsmäßig versteuerten Erlaubniskarte erfolgen.

Im Falle nicht rechtzeitiger Lösung einer neuen Erlaubniskarte hat die Polizeibehörde, und zwar, wenn sie nicht selbst die zur Ausstellung der Erlaubniskarte zuständige Behörde ist, auf Antrag der letzteren, die Beschlagnahme des für das im Gebrauch befindliche Kraftfahrzeug amtlich ausgegebenen Kennzeichens zu bewirken.

§ 63. Der Führer des Kraftfahrzeugs hat die Erlaubniskarte unterwegs stets bei sich zu führen. Er ist verpflichtet, sie auf Verlangen den sich durch ihre Dienstkleidung oder sonst ausweisenden Grenz- und Steueraufsichtsbeamten sowie den Aufsichtsbeamten der Polizeiverwaltung zum Nachweise der Erfüllung der Stempelpflicht vorzuzeigen und nötigenfalls die erforderliche Auskunft zu geben. Ein in der Fahrt begriffenes Kraftfahrzeug darf indessen lediglich aus diesem Anlaß außer im Grenzbezirke nicht angehalten werden.

§ 64. Die Nichterfüllung der Steuerpflicht wird mit einer Geldstrafe bestraft, welche dem fünf- bis zehnfachen Betrag der Abgabe für eine Jahreskarte gleichkommt.

Die Strafe trifft besonders und zum vollen Betrage jeden, der die ihm obliegende Verpflichtung zur Entrichtung der Abgabe nicht rechtzeitig erfüllt.

Kann der Betrag der hinterzogenen Abgaben nicht festgestellt werden, so tritt statt der im Abs. 1 bezeichneten Strafe eine Geldstrafe von einhundertfünfzig bis viertausend Mark für den einzelnen Fall ein.

Zur Sicherstellung der vorenthaltenen Abgabe, der Strafe und der Kosten kann das Kraftfahrzeug in Beschlag genommen werden.

§ 65. Durch die Vorschriften dieses Gesetzes wird die Erhebung landesgesetzlicher Gebühren für die Feststellung der Verkehrstauglichkeit des Kraftfahrzeugs und für die amtliche Kennzeichnung der Kraftfahrzeuge nicht ausgeschlossen. Der Bundesrat ist ermächtigt, für die hiernach zulässigen Gebühren Höchstsätze vorzuschreiben.

Im übrigen unterliegen Erlaubniskarten für Kraftfahrzeuge, für welche eine Reichsstempelabgabe nach den Vorschriften dieses Gesetzes zu entrichten ist, keiner weiteren Stempelabgabe (Taxe, Sportel usw.) in den einzelnen Bundesstaaten.

Tarif:

1	2	3				4
		Steuersatz				
		vom				
Nr	Gegenstand der Besteuerung	Hundert	Tausend	M.	Pf.	Berechnung der Stempelabgabe
8	**Erlaubniskarten für Kraftfahrzeuge.**					Von jeder einzelnen Karte
	a) Erlaubniskarten für Kraftfahrzeuge zur Personenbeförderung auf öffentlichen Wegen und Plätzen, und zwar:					Eine Befreiung von der Stempelabgabe findet statt: 1. hinsichtlich derjenigen Kraftfahrzeuge, welche zur ausschließlichen Benutzung im Dienste des Reichs eines Bundesstaats oder einer Behörde bestimmt sind; 2. hinsichtlich solcher Kraftfahrzeuge, die ausschließlich der gewerbsmäßigen Personenbeförderung dienen.
	1. für Kraftfahrräder	—	—	10	—	
	2. für Kraftwagen					
	a) von nicht mehr als 6 Pferdekräften .	—	—	25	—	
	b) von über 6, jedoch nicht mehr als 10 Pferdekräften	—	—	50	—	
	c) von über 10, jedoch nicht mehr als 25 Pferdekräften	—	—	100	—	
	d) von über 25 Pferdekräften	—	—	150	—	
	als Grundbetrag;					
	außerdem zu 2: von jeder Pferdekraft oder einem Teile einer Pferdekraft[1])					
	falls das Fahrzeug nicht mehr als 6 Pferdekräfte hat	—	—	2	—	
	falls dasselbe über 6, jedoch nicht mehr als 10 Pferdekräfte hat	—	—	3	—	
	falls dasselbe über 10, jedoch nicht mehr als 25 Pferdekräfte hat	—	—	5	—	
	im übrigen	—	—	10	—	
	Die Abgabe ermäßigt sich um die Hälfte, wenn die Ausstellung der Erlaubniskarte für einen 4 Monate nicht übersteigenden Zeitraum beantragt wird.					

[1]) Berechnung der Pferdekräfte nach der Steuerformel, S. 444.

Namen- und Sachverzeichnis.

Abbremsen der ausgekuppelten Getriebewelle 287.
Abdichtung für Getriebegehäuse 321
Abfederung 384
— und Rollwiderstand 12
Abgastemperaturen 171
Abmessungen der Maschine 129
Abreiß-Zündgestänge von Daimler 218.
Abreißzündung mit Batterie 102
— Stromverlauf 121
— Zündflansch 103
Abstützung der Hinterachse 355
Achsen 392
Achsschenkellager der Wagenachsenfabrik Pankow 414
Achsschenkellenkung 408
Adams, Umlaufgetriebe 305
Adhäsion 21
Adhäsionsgewichte für verschiedene Wagen 23
Adlerwerke, Anordnung der Zubehörteile der Maschine 271
— Blockkonstruktion 383
— Geteilte Kurbelwelle 186
— Schalldämpfer 269
— Schmierölregler 235
— Vergaser 68, 80
— Wälzhebelsteuerung 216
— Wechselgetriebe 300
AEG, Verzahnung von Evolventenrädern 317
Alkohol, Dampfspannungen 49
Aluminium 27
— und Al-Cu-Legierungen 27
Analyse von Benzin 39
— von Reinbenzol 45
— von denaturiertem Spiritus 46
Andrehkurbel 264
— von Deutz 265
Anhängewagen, Vorschriften der Heeresverwaltung 455
— Zulassung 440
Anlassen der Maschinen 264
— vom Führersitz 266
Anordnung der Bremsen 420
— der Steuerventile 154
— der Wagenfedern 388
— der Zubehörteile der Maschine 270
— der Zylinder bei Fahrzeugmaschinen 150
Ansaugen 165
Antrieb der Hinterachse 327
— der Lenkung 416
Antriebsvorgang beim Motorwagen 21
Arbeitsvorgänge in der Fahrzeugmaschine 136, 174
Armeelastzüge, Grundzüge für die Gewährung von Prämien 451
— Bauvorschriften 452
— neue Vorschriften 456
— Verzeichnis der zugelassenen Firmen 455
Arnoux, Versuche über den Fahrwiderstand 12
— & Guerre, Magnetischer Schnellunterbrecher 100
Atwater Kent, Mechanische Unterbrecher 99
Außenhandel von Deutschland mit Motorfahrzeugen 2
Ausflußgesetze verschiedener Brennstoffdüsen 82
Ausfuhr von Motorfahrzeugen aus Deutschland 2
Ausgleich der Drehmomente bei der Maschine 139
— der Massenwirkungen bei der Fahrzeugmaschine 140
— der Saugwiderstände 166
— der treibenden Kräfte bei der Fahrzeugmaschine 138
— der treibenden Kräfte bei der Zweizylindermaschine 139
— für Bremsen 426
Ausgleichgetriebe, Antrieb 328, 331
— Entbehrlichkeit 330
— für gestürzte Hinterräder von Daimler 329
— für Motorlastwagen der NAG 353
— für Motoromnibusse von Schneider 362
— mit Kegelrädern 327
— mit Stirnrädern 328
— Wirkungsweise 328.
Ausknicken von Ventilfedern 225
Ausnahmebestimmungen 441
Auspuff 171
Auspuffgase 41
Auspuffstutzen von Malliary 172
Auspufftöpfe 268
Auspuffverlust 171
Ausrüstung des Kraftfahrzeuges nach der Verordnung 435
Auswahl von Baustoffen 35

Backenbremse für Motorlastwagen von Daimler 425
Batterie-Abreißzündung 102
— -Kerzenzündung 96
Bauart der Kurbelwelle 182
— der Zylinder 161
Baustoffe für Motorwagen 27
Bauteile der Steuerung 205
— des Vergasers 93
Beanspruchungen für Spezialstähle 33
Benz, Erster Motorwagen 6
— alte Batterie-Kerzenzündung 96
Benzin 36
Benzinartige Brennstoffe, Heizwerte 47
Benzol 41
— Erzeugung 42
— Verdampfgeschwindigkeit 58
— -Vergaser 71
Berechnung der Bremsen 428
— der Dampfspannungen von Brennstoffen 50
— der Fahrwiderstände 23
— der Hauptabmessungen der Wagenmaschine 129
— der Kegelkupplung 278
der Kühlfläche 259
— der Kurbelwelle einer Vierzylindermaschine 186
— der Lamellenkupplungen 284
— der Partialdrücke von Brennstoffdämpfen 53
— der Steuerventile 205
— der Übersetzungen für Wechselgetriebe 310
— der Vergaser 89
— der Wagenfedern 385
— des Hinterachsantriebes 365
— des Verdichtungsraumes 168
— eines Wechselgetriebes 321
— von Motorlastwagen 24
Bereifung 400
— und Rollwiderstand 12
Bergougnan, Blockreifen 407
Bergstützen, Vorschriften 443
Berlin-Anhaltische Maschinenbau-A.-G., Benzolfabrik 43

Berliner Motorwagenfabrik, Blockkonstruktion 383
— Einrichtung zum Verhindern des Durchgehens der Maschine beim Abkuppeln 288
— in der Wagerechten ungeteiltes Kurbelgehäuse 204
— Kugellagerung der Kurbelwelle 184
— Tauchschmierung 232
— Umlaufgetriebe 304
— Vergaser 68
Bestand an Motorfahrzeugen im Deutschen Reich 1
— an Motorfahrzeugen in Frankreich 3
Bestandteile des Reinbenzols 45
— von denaturiertem Spiritus 46
Besteuerung von Kraftfahrzeugen 460
Bismarckhütte - Automobil - Spezialstähle 34
Blockkonstruktion der Adlerwerke 383
— der Berliner Motorwagenfabrik 383
Blockreifen von Bergougnan 407
Boden des Kolbens 180
Bosch, alte Zünddynamo 103
— Doppelzündung 111
— elektromagnetische Abreiß-Zündkerze 118
— Hochspannungs-Lichtbogenzündung 104
— Hochspannungs-Lichtbogen-Zünddynamo für Einzylindermaschinen 107
— Hochspannungs-Lichtbogen-Zünddynamo für Vier- und Sechszylindermaschinen 105
— Hochspannungs-Lichtbogen-Zünddynamo für Zweizylindermaschinen 108
— Lichtbogen-Zünddynamo mit feststehendem Anker 109
— Lichtbogen-Zünddynamo zur Doppelzündung 113
— neuere Zünddynamo für niedrig gespannten Strom 103
— Zündkerzen 117
— Zündspule zur Doppelzündung 112.
— Zweifunkenzündung 127
Brasier, Kreuzgelenk 348
— Maschine mit versetzten Zylindern 145
— Vergaser 66
Bremseinrichtungen 420
— Ausgleich 426
— Berechnung 428
— Einbau 424
— Handhabung 426
— Vorschriften 443
Bremsen mit der Maschine 430
Brennstoffdüsen für Vergaser 81
Brennstoffe für Motorwagen 36
— Dampfspannungen 49
Briggs and Stratton, mechanischer Unterbrecher 98
Britannia, Vergaser 65
British Association, Versuche über den Fahrwiderstand 18
Bronze 28
— -Aluminiumlegierungen 28
Büssing, Doppelabfederung 390
— Kettenstütze 356
— Steuerstangengelenk 419
Bugatti s. Deutz

Chromnickelstahl 32
Continental, Luftreifentafel 401
— Vollreifentafel 405

Dämpfe von Brennstoffen 48
Daimler, Abreiß-Zündgestänge 219
— älteres Wechselgetriebe 297
— Ausgleichgetriebe für gestürzte Hinterräder 329
— Backenbremse für Motorlastwagen 425
— Einbau des Kühlers im Rahmen 382
— Einrichtung zum Abbremsen der ausgekuppelten Getriebewelle 287
— erste schnellaufende Wagenmaschine 5
— erstes Motorzweirad 5
— Gleitsteingelenk 349
— Hinterachsantrieb für schwere Motorwagen 360
— Hinterrad für Motorlastwagen 392
— Kegelreibkupplung mit Lederbelag 277
— Knochengelenk 348
— Kreuzgelenk 347
— Kurbelgehäuse mit tragendem Unterteil 200
— Luftröhrenkühler 256
— metallische Kegelkupplung 281
— neueres Wechselgetriebe 298
— Rahmen für einen Motoromnibus 380
— Schaltstangen-Verriegelung für Schubgetriebe 299
— Schmierölregler 236
— Steuerung mit geneigten Ventilspindeln 219
— Vergaser 70, 71
— Vorderrad für Motorlastwagen 391
— Wagenkastenformen 370
— Wechselgetriebe für Kettenwagen 338
Dampfdichten von Brennstoffen 53
Dampfspannungen von Brennstoffen 49
Daumen für die Steuerung 212
Deckelverschluß für Zylinder von De Dion & Bouton 163
Denaturierter Spiritus 46
Dennis, Schneckenantrieb der Hinterachse 305.
Deutz, Andrehkurbel 265
— Hinterachsbrücke eines kleinen Wagens 354
Deutz, Saugstutzen für eine Vierzylindermaschine 166
— Steuerung für hängende Ventile 218
— Vergaser 71
Dietrich, Reibräderumlaufgetriebe 309
De Dion & Bouton, alte Zündung 97
— Deckelverschluß für Zylinder 163
— Hinterachsantrieb 356
— mechanischer Unterbrecher 97
— Scheibenkupplung 287
— Umlaufschmierung 234
— Vergaser mit Zwischenheizung 88
Diskusgetriebe, einfaches, der Union 307
v. Doblhoff, Berechnung der Kühlfläche 259
Dochtvergaser 60
Doppelabfederung von Büssing 390
Doppelreifen 406
Doppelventile 209
— von Esnault-Pelterie 210
— von Farcot 210
— von Parsons 211
— von Pipe 211
Doppelzündungen 111
Drehmoment-Ausgleich bei der Fahrzeugmaschine 139
— der Wagenmaschine 132
— -Stütze eines Personenwagens der NAG 355
Dreipunktlagerung 381
Dreizylindermaschine, Massenausgleich 142
Druckluft-Anlaßvorrichtung von Saurer 267
Druckschmierung 233
Druckschwankungen im Vergaser 85
Duraluminium 28
Duranametall 30
Durchbiegung von Kurbelwellen 192
Durchgehen der Maschine beim Abkuppeln 287
Dynamik der Fahrzeugmaschine 138
Dynamo-elektrische Zündmaschinen 113

Einbau der Bremsen 424
— des Triebwerkes 379
Einfuhr von Motorfahrzeugen nach Deutschland 2
Einseitig angeordnete Ventile 155
Einteilung der Wagenbauarten 9
Einzylindermaschine, Massenausgleich 140
Eisemann, alte Hochspannungszündung 110
— neuere Hochspannungs-Zünddynamo 110
— Zünddynamo mit selbsttätiger Einstellung des Zündzeitpunktes 125

Eisenach, Vergaser 66
Elektrische Kraftfahrzeuge, Vorschriften 446
— Kraftübertragung 310
— Zündvorrichtungen 96
Enddruck der Verdichtung 169
Erdmann, Reibrädergetriebe 309
Erste Wagenmaschine von Daimler 4
Erster Motorwagen von Benz 6
Erzeugung von Benzol 42
— von Motorfahrzeugen in Deutschland 2
Esnault-Pelterie, Doppelventil 210
Ewerding, Berechnung der Kurbelwelle einer Vierzylindermaschine 187
— Zulässige Beanspruchungen von Automobilstählen 33
Expansion 170
Explosionsgefahr bei Kraftfahrzeugen, Vorschriften 442

Fabrique Nationale, Wechselgetriebe 295
Fahrvorschriften 439
Fahrwerk 369
Fahrzeug-Verbrennungsmaschine 129
Farcot, Doppelventil 210
Federdämpfer 390
Federn für Wagen 384
— für Steuerventile 220
Federtafel nach Güldner 224
Federung und Rollwiderstand 12
Felgen für Luftreifen 398
— teilbare 401
Fellows, Verzahnung für Evolventenräder 318
Festigkeit von Aluminium und Al-Cu-Legierungen 27
— von Bronze-Aluminiumlegierungen 28
— von Duraluminium-Legierungen 29
Feuergefahr bei Kraftfahrzeugen, Vorschriften 442
Flächendrücke bei Kurbelwellen 191
Förderung mit Motorwagen auf Straßen 10
Formeln für die Maschinenleistung 130
— für amerikanische Kurbelwellen 194
Fraktionierte Verdampfung 37
Führerprüfung, Vorschriften 448
Führervorschriften 438

Gaggenau, Vergaser 70
Garagen, Polizeivorschriften 459
Gawron, Magnetischer Schnellunterbrecher 100
Gebühren für die Führerprüfung 451
— für die Prüfung von Kraftfahrzeugen 447
Gehäuse für Wechselgetriebe 320
Gelenke für Kardanwagen 347
Geschränkter Kurbeltrieb 145
Geschwindigkeit der Verdampfung 57
Gesetz betr. Kraftfahrzeuge 432
Gestänge der Steuerung 214
— für Abreißzündungen von Daimler 218
— für die Lenkung 419
Gestalt der Brennstoffdüse 81
Getriebebremsen des kleinen Wagens der Siemens-Schuckert-Werke 421
Getriebewellen 320
Gewicht der hin- und hergehenden Teile bei der Fahrzeugmaschine 150
— der Wagenmaschine bei verschiedenen Hubverhältnissen 135
— des Schwungrades 149
Gillet-Lehmann, Luftregler 80
Gleichdruckverbrennung 48
Gleitschützer 23, 406
Gleitsteingelenk von Daimler 349
Gleitziffern auf verschiedenen Straßen 22
Gnôme-Maschine, Kolben 178
— Luftkühlung 245
Günstigstes Mischungsverhältnis 89
Guillet, Versuche mit Chromnickelstahl 32
Gußeisen 27
— für Maschinenzylinder 164

Hängende Ventile 157
— Steuerung 216
Haftpflichtbestimmungen 433
Handhabung der Bremsen 426
— der Kupplung 289
Hardt, Zweitaktmaschine 275
Hauptabmessungen der Maschine 129
Heeresverwaltung, Normale Vorder- und Hinterräder für Motorlastwagen 393
Heizung des Vergasers 87
Heizwerte von Brennstoffen 46.
Hele-Shaw, Lamellenkupplung 288
Hexan, Verdampfgeschwindigkeit 58
Hilfsauspuff 172
Hinterachsantrieb 327
— für Motoromnibusse von Schneider 361
— für schwere Motorwagen von Daimler 360
— von De Dion & Bouton 356
Hinterachsbrücke aus Blech der Siemens-Schuckert-Werke 354
— eines kleinen Wagens von Deutz 354
— eines Personenwagens der NAG 352
— für Kardanwagen 351
Hinterachsen 341
— Abstützung 355
— zulässige Bewegungen 342
Hinterrad-Bremse 423
Hinterrad für Motorlastwagen der Heeresverwaltung 394
— für Motorlastwagen von Daimler 392
Hochdruckverbrennung 48
Hochfrequenz-Zündung 100
Hochspannungsdynamo 104
Horch, Kreuzgelenk 348
— Zündkerze 117
Hubverhältnis der Fahrzeugmaschine 135

Janteaud, Gleitziffern auf verschiedenen Straßen 22

Kalorimeter 47
Kardanantrieb, Berechnung 366
— der NAG mit fest angeschlagenen Hinterfedern 345
— von Neckarsulm mit Gabelstütze 350
— von Windhoff mit Hohlstütze und losen Hinterfedern 347
Kegelkupplung, Berechnung 278
— entlastete, der NAG 280
— metallische, von Daimler 281
— metallische, von Windhoff 282
— mit federndem Lederbelag 280
— mit Lederbelag von Daimler 277
Kennlinien der Wagenmaschine 131
Kennzeichnung eines Fahrzeuges 437
Kerzenzündung mit Batterie 96
— Stromverlauf 121
Kettenantrieb, Anordnung für einen Motorlastwagen der NAG 343
— Berechnung 365
— Teile 337
Kettenstütze von Büssing 356
Ketten und Kettenräder 338
Knight, Maschine von Panhard & Levassor 227
Knochengelenk der NAG 348
— von Daimler 348
Knox, Maschine mit Luftkühlung 243
Körting, Zweitaktmaschine 275
Kohlensäuregehalt der Auspuffgase 41
Kohlenwasserstoffe der Sumpfgasreihe 36
Kolben 177
— -Boden 180
— -Bolzen 180
— -Bolzensicherung 182
— der Gnôme-Maschine 178
— -Drücke, seitliche 144
— -Ringe 178
— -Schiebersteuerung 226
— -Schmierung 238
— -Spielraum im Zylinder 179
Kompression s. Verdichtung
Kraftfahrzeug-Gesetz 432
— -Schuppen, Polizeivorschriften 459

Kraftfahrzeug-Steuern 460
— -Verordnung 435
— -Vorschriften der Versuchs-Abteilung 457
Krebs, Vergasertheorie 63
Krefelder Automobil-Spezialstähle 34
Kreuzgelenk von Brasier 348
— von Daimler 347
— von Horch 348
— von Sheffield Simplex 349
Kruppsche Spezial-Automobilstähle 33
Kühler 256
— Einbau im Rahmen von Daimler 382
Kühlfläche, Berechnung 259
Kühlmantel für Zylinder 164
Kühlung 239
— mit selbsttätigem Umlauf 253
Kühlwasser 250
Kühlwasserpumpen 252
— von Panhard 253
— von Wolseley 252
Kugellager für Kurbelwellen 183.
Kulissen für Getriebeschaltung 299
Kupplung, bewegliche Verbindung mit Getriebe der NAG 381
— federnde, von Métallurgique 364
Kupplungen 276
Kurbelgehäuse 199
— der NAG mit Bodenöffnungen 202
— in der Wagerechten ungeteilt der Berliner Motorwagenfabrik 204
— mit tragendem Oberteil 203
— senkrecht geteilt, von Neckarsulm 204
— von Daimler mit tragendem Unterteil 200
Kurbeltrieb bei Zylinderversetzung 145
Kurbelwelle, Bauart 182
— -Berechnung 186
— der NAG für Luftfahrzeugmaschinen 195
— Flächendrücke 191
— Formeln, amerikanische 194
— für eine Vierzylindermaschine 183
— geteilte der Adlerwerke 186
— größte Durchbiegung 192
— Lager 183
— mit Kugellagern der Berliner Motorwagenfabrik 184
— mit Kugellagern von Saurer 185
— Reibungsarbeit 191

Lager für Kurbelwellen 183
— für Wechselgetriebe 320
Lamellenkupplungen 283
— Berechnung nach Winkler 284
— von Hele-Shaw 288
Lanchester, Oberflächenvergaser 60
Landaulette 370
Leistungsformel 130
Lemoine, Tafel von Wagenfedern 386
Lenkgestänge 419
Lenktrapez, Entwurf nach Lutz 410
Lenkung 407
— Vorschriften 443
Lichtbogen-Zünddynamo 104
Limousine 370
Lodge, Hochfrequenz-Zündung 100
Longmuir, Festigkeit von Nickelstahl 31
Longuemarre, Ausflußgesetz der Brennstoffdüse 82
— Vergaser 69
Luftfahrzeugmaschine, Bauart Gnôme 245
— Kolben Bauart Gnôme 178
— Kurbelwelle der NAG 195
— Pleuelstange der NAG 199
— Stahlzylinder der NAG 163
— Verteilung der Arbeitsvorgänge 175
— von Renault 244
Luftkühlung 241
Luftquerschnitt des Vergasers 92
Luftregler von Gillet-Lehmann 79
Luftreifentafel von Continental 401
Luftröhrenkühler von Daimler 256
Luftwiderstand 19
Lutz, Adhäsionsgewichte für verschiedene Wagen 23
— Entwurf des Lenktrapezes 410

Magnetdynamos 102
Malliary, Auspuffstutzen 173
Maschine, Berechnung der Hauptabmessungen 129
— mit Luftkühlung, Gnôme 245
— mit Luftkühlung von Knox 243
— mit Luftkühlung von Neckarsulm 241
— mit Luftkühlung von Renault 244
— mit einer Steuerwelle, Anordnung der Zubehörteile 270
— mit obenliegender Steuerwelle, Anordnung der Zubehörteile 272
— mit zwei Steuerwellen, Anordnung der Zubehörteile 272
— von Gottlieb Daimler 4
Maschinen-Bremse von Saurer 430
— der V-Bauart, Verteilung der Arbeitsvorgänge 175
— -Gewicht und Hubverhältnis 135
— -Gewicht und Zylinderzahl 137
— mit sternförmiger Zylinderanordnung, Verteilung der Arbeitsvorgänge 176
Maschinen-Wirkungsgrad und Verdichtung 169
Massenausgleich bei der Fahrzeugmaschine 140
Massengewichte der Fahrzeugmaschine 150
Maybach, Spritzvergaser 61
Mechanische Unterbrecher 97
Mehrdüsenvergaser 78
Mehrsitzventile 205
Mehrteilige Kurbelwelle 186
Métallurgique, federnde Wellenkupplung 365
Michelin, Versuche über den Fahrwiderstand 14
Minerva, Schaltstangen-Verriegelung für Schubgetriebe 299
Mischungsverhältnis, günstigstes 89
Mittelbare Kühlung 247
Motordroschken, Wagenkasten 372
Motoromnibusse, Wagenkasten 373
Motorzweirad von Gottlieb Daimler 5
— von Neckarsulm 242
Müller, Versuche über den Fahrwiderstand 13

Nachschleifen der Ventile 209
NAG, Anordnung des Kettenantriebes für einen Motorlastwagen 343
— Ausgleichgetriebe für Motorlastwagen 353
— bewegliche Verbindung zwischen Kupplung und Getriebe 381
— Drehmomentstütze eines Personenwagens 355
— entlastete Kegelkupplung 280
— Hinterachsbrücke eines Personenwagens 352
— Kardanantrieb mit fest angeschlagenen Hinterfedern 345
— Knochengelenk 348
— Kurbelgehäuse mit Bodenöffnungen 202
— Kurbelwelle für Luftfahrzeugmaschinen 195
— Pleuelstangen 198, 199
— Rahmen eines Personenwagens 372
— Stahlzylinder für Luftfahrzeugmaschinen 163
— Steuersäule eines Personenwagens 417
— Steuerventil und sein Antrieb 205
— Vergaser 67, 94
— Vorderachse eines Motorlastwagens 396
— Vorderachse eines Personenwagens 395
— Wasserröhrenkühler 258
— Wechselgetriebe 294

Neckarsulm, Kardanantrieb mit Gabelstütze 350
— Maschine mit Luftkühlung 241
— senkrecht geteiltes Kurbelgehäuse 204
Neumann, Analyse von Brennstoffen 39
— Abhängigkeit der Verdampfgeschwindigkeit von dem Mischungsverhältnis und von der Temperatur 59
— Zündgeschwindigkeit 126
— Zündzeitpunkt und Maschinenleistung 124
Nickelstahl 31
Normalbauarten von Motorwagen 7

Oberflächenvergaser 60
Ölbadschmierung 231
Öl für Fahrzeugmaschinen 238
Ölpumpen 237

Panhard, Knight-Maschine 227
— Krebs-Vergaser 64
— Kühlwasserpumpe 253
Parsons, Doppelventil 211
Partialdrücke von Brennstoffdämpfen 53
Pekrun, Schneckenantrieb der Hinterachse 335
Périssé, Tafel von Wagenfedern 387
Personen-Kraftwagen, Vorschriften der Versuchs-Abteilung 457
Pfitzner, Massenausgleich für Maschinen 140
Phaeton 370
Phosphorbronze 29
Pipe, Doppelventil 211
Pittler, Zünddynamo 115
Plattformfederung 389
Pleuelstange 195
— der NAG 198, 199
Polardiagramme für den Massenausgleich bei der Maschine 140
Prämien für Armeelastzüge, Grundzüge für die Gewährung 451
Progreß, Oberflächenvergaser 61
Prüfvorschriften für Kraftfahrzeuge 442
— für Führer 448
Pumpen für Kühlwasser 252
— für Schmieröl 237

Raddurchmesser und Rollwiderstand 11
Radfelgen aus Blech 398
Radlager der Schwedischen Kugellagerfabrik 395
Radzapfer 393
— Versetzung 414
Räder 360
Rahmen, aus einem Stück Blech gepreßt 378
— eines Personenwagens der NAG 372
Rahmen, Einbau der Bremsen 424
— Einbau des Triebwerkes 379
— für den kleinen Wagen der Siemens-Schuckert-Werke 376
— für einen Motoromnibus von Daimler 380
Regelung von Fahrzeugmaschinen 230
Reibrädergetriebe 307
— mit 4 Scheiben der Union 308
— von Dietrich 309
— von Erdmann 309
Reibungsarbeit bei Kurbelwellen 191
Reibungsziffern des Rollwiderstandes 10
Reifen 400
— und Rollwiderstand 12
Renault, Kühlung mit selbsttätigem Umlauf 253
— Maschine mit Luftkühlung 244
— Vergaser 94
— Wasserröhrenkühler 257
Résal, Reibungsziffern des Rollwiderstandes 10
Resonanzwirkungen beim Ansaugen 167
Révillon, Untersuchung über Stähle für Zahnräder 35
Rollason, Sechstaktmaschine 172
Rollenkette 338
Rollwiderstand 11
Rübel-Bronze 29
Rummel, Versuch mit Vergaserdüsen 74

Sauerbier, Wasserröhrenkühler 257
Saugstutzen für Vierzylindermaschinen 166
Saurer, Druckluft-Anlaßvorrichtung 267
— Kugellagerung der Kurbelwelle 185
— Maschinenbremse 430
Schalldämpfer 268
— der Adlerwerke 269
Schaltung der Schubgetriebe 296
Schaltvorgänge bei Wechselgetrieben 317
Scheibenkupplung von De Dion & Bouton 287
Scheidenkühler von Windhoff 259
Schlüsselbremse 424
Schmierkurbel von Windhoff 236
Schmieröl für Fahrzeugmaschinen 238
Schmierölregler der Adlerwerke 235
— von Daimler 236
Schmierpumpen 237
Schmierung von Fahrzeugmaschinen 231
Schneckenantrieb der Hinterachse 331
— von Dennis 335
— von Pekrun 335
— von Wolseley 334
Schneider, Ausgleichgetriebe für Motoromnibusse 362
— Hinterachsantrieb für Motoromnibusse 361
Schubgetriebe 290
— Schaltkulissen 299
— Schaltstangen-Verriegelung von Daimler 299
— Schaltstangen-Verriegelung von Minerva 299
— Schaltung 296
Schuppen für Kraftwagen, Polizeivorschriften 459
Schwedische Kugellagerfabrik, Radlager 395
Schwimmer für Vergaser 93
Schwungradgewicht 149
Sechstaktmaschine von Rollason 172
Sechszylindermaschine, Massenausgleich 144
— Verteilung der Arbeitsvorgänge 175
Seitendrücke der Ventilspindel 215
— des Kolbens 144
Seitliches Ausknicken von Ventilfedern 225
— Schleudern in Krümmungen 330
Selbsttätige Einstellung des Zündzeitpunktes 125
— Unterbrecher mit hoher Schwingungszahl 100
Sheffield Simplex, Kreuzgelenk 349
— Vorderradbremse 422
Sicherung des Kolbenbolzens 182
Siemens-Schuckert-Werke, Getriebebremse des kleinen Wagens 421
— Hinterachsbrücke aus Blech 354
— Rahmen für den kleinen Wagen 376
— Steuersäule des kleinen Wagens 418
— Wechselgetriebe 291, 293
Söhnlein, Zweitaktmaschine 273
Sorel, Verdampfungswärme zusammengesetzter Brennstoffe 54
Spannung des Zündstromes 119
Spannungslinien von Brennstoffen 51
Spielraum des Kolbens im Zylinder 179
— zwischen den Zylindern 153
Spiritus 46
— Dampfspannungen 49
— Verdampfgeschwindigkeit 58
Springer, Untersuchung von Zündvorrichtungen 120
Spritzvergaser 61
Stahl 31
Stahlzylinder der NAG für Luftfahrzeugmaschinen 163
Statistik über den Außenhandel Deutschlands mit Motorfahrzeugen 2

Statistik über den Bestand an Motorfahrzeugen 1
— über die Erzeugung von Motorfahrzeugen in Deutschland 2
— über Einfuhr und Ausfuhr an Motorfahrzeugen im Deutschen Reich 2
— über Motorfahrzeuge in Frankreich 3
Steigungswiderstand 19
Stempel für Erlaubniskarten 460
Sternmaschinen, Verteilung der Arbeitsvorgänge 176
Steuerdaumen 212
Steuerformel, deutsche 130
— Vorschriften 443
Steuergestänge 214
Steuern für Kraftfahrzeuge 460
Steuerräder 225
Steuersäule des kleinen Wagens der Siemens-Schuckert-Werke 418
— eines Personenwagens der NAG 417
Steuerstangen 419
— -Gelenk von Büssing 419
Steuerung der Fahrzeugmaschinen 165
— für hängende Ventile 216
— für hängende Ventile von Deutz 218
— mit geneigten Ventilspindeln von Daimler 219
— mit Kolbenschiebern 226
Steuerventile 205
— Anordnung 154
— Berechnung 206
— Geschwindigkeiten und Beschleunigungen 220
— hängende 157
— Nachschleifen 209
Steuerwelle 215
Stößel für die Steuerung 215
Stollen für Radreifen 23
Strafvorschriften 435
Stromverlauf bei Abreiß- und Kerzenzündungen 121
Subventionsbestimmungen 451
Swinehart, Vollgummireifen 404
Symmetrische Ventilanordnung 154

Tauchschmierung 231
— der Berliner Motorwagenfabrik 232
Temperatur am Ende der Expansion 171
— des gesättigten Gemisches 52
Theoretische Luftmenge für die Verbrennung von Benzin 38
Theorie der Vergaser 72
Thermosyphonkühlung 253
Triebwerkteile der Fahrzeugmaschine 177
Tyce, Ausflußgesetze verschiedener Brennstoffdüsen 82
Typenprüfung, Vorschriften 444

Umlaufgetriebe 303
— der Berliner Motorwagenfabrik 304
— von Adams 305
Umlaufpumpen für Kühlwasser 252
Umlaufschmierung 233
— von De Dion & Bouton 234
Umlaufzahl der Fahrzeugmaschine 135
Ungleichförmigkeit der Übertragung 362
Union, einfaches Diskusgetriebe 307
— Reibrädergetriebe mit vier Scheiben 308
Unmittelbare Kühlung 241
Unterberg & Helmle, Zünddynamoantrieb 114
Unterbrecher 97
— mit hoher Schwingungszahl 100
— von Arnoux & Guerre 100
— von Atwater Kent 99
— von Briggs and Stratton 98
— von De Dion & Bouton 97
— von Gawron 100
Unterdruck im Vergaser 91
Untergestell, Normalbauarten 371

Vanadiumstahl 33
Ventile 205
— -Anordnungen 151
— -Berechnung 206
— -Federn 220
— -Federn, seitliches Ausknicken 225
— -Stößel 215
Verbrennung bei Gleichdruck und bei Hochdruck 48
Verbrennungsgleichungen für Benzin 39
— für Benzol 45
Verbrennungsmaschine 129
Verdampfgeschwindigkeit 57
— Abhängigkeit von Mischungsverhältnis und Temperatur 59
Verdampfung, fraktionierte 37
— im Vergaser 87
— Kurve von Benzin 37
— Kurve von Handelsbenzol 45
— Kurve von Spiritus 46
— -Wärme von zusammengesetzten Brennstoffen 54
Verdichtung 167
— und Wirkungsgrad 169
— und Zündstromspannung 120
Vereinigte Ölbad- und Umlaufschmierung von Wolseley 237
Vergaser, Bauteile 93
— Berechnung 89
— der Adlerwerke 68, 80
— der Berliner Motorwagenfabrik 68
— der Britannia Engineering Co. 65
— der NAG 67, 94
— für Motorfahrzeuge 60
— mit Handregelung 69
— mit mehreren Düsen 77
Vergaser mit selbsttätiger Regelung 66
— Theorie 72
— Theorie von Krebs 63
— von Brasier 66
— von Daimler 70, 71
— von Deutz 71
— von De Dion & Bouton mit Zwischenheizung 88
— von Eisenach 66
— von Gaggenau 70
— von Lanchester 60
— von Longuemarre 69
— von Maybach 61
— von Panhard 64
— von Progreß 61
— von Renault 94
— von Windhoff 65
— von Wolseley 67, 89
— Zenith 78
Verkehrsvorschriften für Kraftfahrzeuge 432
Verordnung über den Verkehr mit Kraftfahrzeugen 435
Versetzen der Pleuelstangenköpfe 183
— der Radzapfen 414
— der Ventilspindel 215
— der Zylinder 145
Versuchs-Abteilung, Vorschriften über Personen-Kraftwagen 457
Verteilung der Arbeitsvorgänge 174
Verzahnung der AEG 317
— von Fellows 318
Vierzylindermaschine, Kurbelwelle 183
— Massenausgleich 143
— mit einseitig angeordneten Ventilen 155
— mit hängenden Einlaß- und stehenden Auspuffventilen 158
— mit paarweise zusammengegossenen Zylindern 151
— Saugstutzen 166
— Verteilung der Arbeitsvorgänge 174
— Wandern des größten Seitendruckes 145
V-Maschinen, Verteilung der Arbeitsvorgänge 175
Völker & Prügel, Zündkerze 117
Vollgummireifen, Befestigung 404
— Tafel von Continental 405
— von Swinehart 404
Vorderachse eines Motorlastwagens der NAG 396
— eines Personenwagens der NAG 395
Vorderradbremse von Sheffield Simplex 422
Vorderrad für Motorlastwagen der Heeresverwaltung 393
— für Motorlastwagen von Daimler 391

Wälzhebelsteuerung der Adlerwerke 216

Wärme-Dichte von flüssigen Brennstoffen 47
— Entwicklung bei Gleichdruck- und bei Hochdruckverbrennung 48
— -Preise von Brennstoffen 47
— -Verlust durch Kühlung 239
Wagenachsen 392
Wagenachsenfabrik Pankow, Achsschenkellager 414
Wagenfedern 384
— Anordnung 388
— Tafel von Lemoine 386
— Tafel von Périssé 387
— Verbindung mit den Achsen 391
Wagenform und Luftwiderstand 20
Wagenkasten 369
— für Motordroschken 372
— für Motoromnibusse 372
Wagenräder 396
Wagenrahmen 375
Wahl der Zylinderzahl 137
Wandstärke der Zylinder 161
Warmzerreißversuche mit Bronzen 31
Wasserkühlung 247
Wasserrohrkühler der NAG 258
— von Renault 257
— von Sauerbier 257
Watson, Reibungsziffern des Rollwiderstandes 11
— Druckschwankungen in der Saugleitung 85
Wechselgetriebe 290
— älteres, von Daimler 297
— Bauteile 317
— Berechnung der Übersetzungen 310
— der Adlerwerke 300
— der Fabrique Nationale 295
— der NAG 294
— der Siemens-Schuckert-Werke 291, 293
— für Kettenwagen von Daimler 338
— Lager 320
— neueres, von Daimler 298
— von Wicksteed 302
— Vorgänge beim Schalten 317
Wellen für Wechselgetriebe 320
Wert der Erzeugnisse der deutschen Motorfahrzeugfabriken 2
Wertungsformeln 130
Wicksteed, Wechselgetriebe 302
Widerstand auf Steigungen 19
Windhoff, Kardanantrieb mit Hohlstütze und losen Hinterfedern 346
— metallische Kegelkupplung 282
— Scheidenkühler 259
— Schmierkurbel 236
— Vergaser 65
Winkler, Berechnung der Lamellenkupplungen 284
Wippermann, normale Rollenketten 340
— normale Kettenräder 338
Witherbee, Zündmaschine 114
Wolseley, Kühlwasserpumpe 252
— Schneckenantrieb der Hinterachse 334
— vereinigte Ölbad- und Umlaufschmierung 237
— Vergaser mit Zwischenheizung 89

Zahnketten 341
Zahnräder für Steuerungen 225
— für Wechselgetriebe 317
— Stähle 35
Zenith, Vergaser 78
Zubehörteile der Maschine, allgemeine Anordnung 270
Zünddynamo, alte, von Bosch 103
— Antrieb von Unterberg & Helmle 114
— Hochspannung, für Einzylindermaschinen von Bosch 107
— Hochspannung, für 4- und 6-Zylindermaschinen von Bosch 105
— Hochspannung, für Zweizylindermaschinen von Bosch 108
— Hochspannung, von Eisemann 110
— Lichtbogen, mit feststehendem Anker 109
— Lichtbogen, zur Doppelzündung 113
— mit selbsttätiger Einstellung des Zündzeitpunktes von Eisemann 125
— neuere, für niedriggespannten Strom von Bosch 103
— von Pittler 115
Zündflansch für Abreißzündung 103
Zündgeschwindigkeit 126
Zündkerzen 116
— elektromagnetische von Bosch 118
— von Bosch 117
— von Horch 117
— von Völker & Prügel 117
Zündmaschine von Witherbee 114
Zündspule zur Doppelzündung von Bosch 112
Zündstrom, Einfluß der Spannung 119
Zündung 96
— alte, von Benz 96
— alte, von De Dion & Bouton 97
— alte, von Eisemann 110
— doppelte von Bosch 111
— für Hochspannungs-Lichtbogen von Bosch 104
— von Lodge 100
Zündzeitpunkt 122
— und Abgastemperatur 171
— und Maschinenleistung 124
Zulässige Beanspruchungen für Automobilstähle 33
— Bewegungen der Hinterachse 342
Zulassung eines Fahrzeuges 436
— eines Führers 438
— von Anhängewagen 440
Zusatzluftverfahren von Krebs 64
Zweifunkenzündung von Bosch 127
Zweitaktmaschinen 273
— von Hardt 275
— von Körting 275
— von Söhnlein 273
Zweiteilige Doppelventile 210
Zweizylindermaschine, Ausgleich der treibenden Kräfte 139
— Massenausgleich 141
Zwischenheizung für Vergaser 88
Zylinder, Anordnung bei Fahrzeugmaschinen 150
— aus Stahl 163
— -Block 152
— Deckelverschluß 163
— der Fahrzeugmaschine 161
— Versetzung 145
— -Zahl der Wagenmaschine 137
— -Zahl und Drehmoment 139